Springer-Lehrbuch

Frieder Häfner · Dietrich Sames
Hans-Dieter Voigt

Wärme- und Stofftransport

Mathematische Methoden

Mit 280 Abbildungen

Springer-Verlag
Berlin Heidelberg GmbH

Dr.-Ing. habil. Frieder Häfner
Thomas-Mann-Straße 41
O-9200 Freiberg/Sachsen

Dr. rer. nat. Dietrich Sames
Leonhard-Frank-Straße 36
O-7050 Leipzig

Dr.-Ing. Hans-Dieter Voigt
Berthold-Brecht-Straße 14c
O-3090 Magdeburg

ISBN 978-3-540-54665-8

Die Deutsche Bibliothek – CIP-Einheitsaufnahme
Häfner, Frieder:
Wärme- und Stofftransport: mathematische Methoden / F. Häfner ; D. Sames ; H.-D. Voigt.
Berlin ; Heidelberg ; New York ; London ; Paris ; Tokyo ;
Hong Kong ; Barcelona ; Budapest : Springer, 1992
  ISBN 978-3-540-54665-8   ISBN 978-3-662-00982-6 (eBook)
  DOI 10.1007/978-3-662-00982-6
NE: Sames, Dietrich:; Voigt, Hans-Dieter:

Dieses Werk ist urheberrechtlich geschützt. Die dadurch begründeten Rechte, insbesondere die der Übersetzung, des Nachdrucks, des Vortrags, der Entnahme von Abbildungen und Tabellen, der Funksendung, der Mikroverfilmung oder der Vervielfältigung auf anderen Wegen und der Speicherung in Datenverarbeitungsanlagen, bleiben, auch bei nur auszugsweiser Verwertung, vorbehalten. Eine Vervielfältigung dieses Werkes oder von Teilen dieses Werkes ist auch im Einzelfall nur in den Grenzen der gesetzlichen Bestimmungen des Urheberrechtsgesetzes der Bundesrepublik Deutschland vom 9. September 1965 in der jeweils geltenden Fassung zulässig. Sie ist grundsätzlich vergütungspflichtig. Zuwiderhandlungen unterliegen den Strafbestimmungen des Urheberrechtsgesetzes.

© Springer-Verlag Berlin Heidelberg 1992
Ursprünglich erschienen bei Springer-Verlag Berlin Heidelberg New York London Paris Tokyo Hong Kong Barcelona Budapest 1992

Die Wiedergabe von Gebrauchsnamen, Handelsnamen, Warenbezeichnungen usw. in diesem Werk berechtigt auch ohne besondere Kennzeichnung nicht zu der Annahme, daß solche Namen im Sinne der Warenzeichen- und Markenschutz-Gesetzgebung als frei zu betrachten wären und daher von jedermann benutzt werden dürften.

Sollte in diesem Werk direkt oder indirekt auf Gesetze, Vorschriften oder Richtlinien (z.B. DIN, VDI, VDE) Bezug genommen oder aus ihnen zitiert worden sein, so kann der Verlag keine Gewähr für Richtigkeit, Vollständigkeit oder Aktualität übernehmen. Es empfiehlt sich, gegebenenfalls für die eigenen Arbeiten die vollständigen Vorschriften oder Richtlinien in der jeweils gültigen Fassung hinzuzuziehen.

Satz: Reproduktionsfertige Vorlage der Autoren

68/3020 5 4 3 2 1 0 – Gedruckt auf säurefreiem Papier

Vorwort

Wärme- und Stofftransportprozesse stellen seit mehr als zweihundert Jahren ein Arbeitsgebiet dar, auf dem sich Naturwissenschaftler, Mathematiker und Ingenieure treffen. Jede Wissenschaftsdisziplin setzt dabei andere Schwerpunkte: die einen *klären* die Natur der Prozesse und ihre mathematische Beschreibung, die anderen *entwickeln* den mathematischen Apparat zur Lösung der Aufgabe und die dritten schließlich *wenden* dies alles zur Steuerung solcher Prozesse *an*. Die unterschiedliche Bewertung der Schwerpunkte führte in der Vergangenheit und führt auch noch heute zu einer nicht immer spannungsfreien Zusammenarbeit der Wissenschaftsdisziplinen.

Die Autoren - zwei Ingenieure und ein Physiker - legen nicht ohne eine gewisse Bangigkeit dieses Buch vor, weil es die Trennlinie zwischen mathematischen und ingenieurwissenschaftlichen Disziplinen oftmals überschreitet, im Grunde aber für den Anwender geschrieben wurde, nicht für den Entwickler von physikalischen oder mathematischen Theorien des Wärme- und Stofftransportes. Die physikalische und mathematische Darstellung und der Umfang jeder Teilaufgabe mag den Mathematiker nicht befriedigen; beides wurde bewußt in dem für Ingenieure, anwendungsorientierte Physiker, Chemiker und Mathematiker notwendigen Umfang dargestellt.

Das Kernstück des Buches entstand während der fast zwei Jahrzehnte dauernden Zusammenarbeit der Autoren auf den Gebieten der Modellierung und Simulation von Transportvorgängen unterschiedlichster Art - vom Gastransport in Rohrleitungsnetzen, der Strömung und dem Stofftransport in porösen Medien bis hin zu Temperaturausgleichprozessen.

Das Buch ist von den Autoren als Mischung von "Kochbuch" und "Speisekarte" gedacht. Manche "Gerichte" sind genau beschrieben und zum Nachmachen, Abschmecken und Verändern nach eigenem Belieben dargestellt. Andere "Speisen" wiederum werden fertig serviert, in Form von graphischen Darstellungen oder FORTRAN-

Programmen. Jeder Hobbykoch weiß jedoch auch, daß der Reiz der Küchenarbeit nicht so sehr vom Aufwaschen ausgeht, sondern vom Ausprobieren neuer Gerichte. Die Autoren hoffen, dem Leser einen Teil des "Aufwasches" abgenommen zu haben, "kochen" sollten Sie selbst!

Dem Leser soll es leicht gemacht werden, wichtige mathematische Aufgabenstellungen und die zugehörigen wesentlichen Lösungen schnell aus dem Text herauszufinden. Aufgabenstellungen sind deshalb stets in einen "schwarzen Kasten" gesteckt; Lösungen sind dagegen von einer Umrahmung mit seitlichen Doppelstrichen umgeben. Die Illustration der Aufgaben bzw. der Lösungen in Bildform wird, sofern vorhanden, in der rechten oberen Ecke angezeigt.

Die Tabellen 1.1, 1.2 und 1.3, die eine Schlüsselrolle bei der Übertragung der Ergebnisse in das jeweils interessierende Fachgebiet besitzen, sind zusätzlich zum Text auch auf einer Ausklapptafel dargestellt.

Die Verfasser danken einem großen Kreis von Fachkollegen für die konstruktive Mitarbeit und Kritik und sind auch weiterhin für kritische Hinweise dankbar. Insbesondere erwähnen sie die qualifizierten Beiträge von Herrn Dipl.-Chem. Dr.-Ing. Martin Schwan, Dresden, zu Kapitel 6 und von Herrn Dr. rer. nat. habil. Friedmar Unger, Freiberg, der Abschnitt 9.3 verfaßte.

Dem Verlag haben die Autoren für Freizügigkeit in der Bearbeitungsweise zu danken.

Ganz besonders danken die Verfasser jedoch ihren Familien, ohne deren Geduld und langandauerndes Verständnis das vorliegende Buch nicht zustande gekommen wäre. Wir widmen dieses Buch deshalb unseren lieben Frauen Barbara, Renate und Edeltraut und unseren Kindern Kristine, Peter und Susanne, Gunnar und Hagen, Kristin und Astrid.

Freiberg, Leipzig und Magdeburg, im Februar 1992

F. Häfner, D. Sames, H.-D. Voigt

Inhaltsverzeichnis

Symbolverzeichnis XIV

Einleitung 1

1 Transportmechanismen und ihre mathematische Beschreibung 5
  1.1 Wärmeleitung in Festkörpern und ruhenden Fluiden   6
    1.1.1 Das Fouriersche Gesetz der Wärmeleitung ...   6
    1.1.2 Die Wärmeleitungsgleichung   7
  1.2 Filterströmung – Geoströmung – Strömung in porösen Medien   8
    1.2.1 Das Darcysche Gesetz   8
    1.2.2 Die Differentialgleichungen der Filterströmung   10
  1.3 Isotherme Diffusion   14
    1.3.1 Das Ficksche Gesetz der Diffusion   14
    1.3.2 Die Diffusionsgleichung   16
    1.3.3 Räumliche Verteilung und Diffusion von Neutronen   16
  1.4 Stofftransport   17
    1.4.1 Konvektion und Dispersion   18
    1.4.2 Die Stofftransportgleichung   21
  1.5 Wärmetransport   24
  1.6 Quellen und Senken   26
  1.7 Koordinatensysteme   27
  1.8 Die partiellen Differentialgleichungen für die Strömung und den Transport   29
    1.8.1 Die Strömungsgleichung   29
    1.8.2 Die Transportgleichung   31
  1.9 Anfangs- und Randbedingungen   34
    1.9.1 Anfangsbedingungen   35
    1.9.2 Randbedingungen (RB) – Randwerte   35

    1.9.3 Randbedingungen im Unendlichen 40
    1.9.4 Randwert- und Anfangs-Randwertaufgaben . . 41

2 Einige Lösungsmethoden für Differentialgleichungen . . 43
  2.1 Gewöhnliche Differentialgleichungen 1. und 2. Ordnung 43
    2.1.1 Differentialgleichungen 1.Ordnung 43
    2.1.2 Differentialgleichungen 2.Ordnung 44
  2.2 Lösung von partiellen Differentialgleichungen
      mit Hilfe der Fourierschen Methode 54
    2.2.1 Allgemeine Darstellung der Methode 54
    2.2.2 Lösung der Strömungsgleichung 59
    2.2.3 Lösung der Transportgleichung 62
    2.2.4 Randbedingungen 3. Art für die
          Strömungsgleichung 65
    2.2.5 Die schnelle Fourier-Transformation 68
  2.3 Laplace-Transformation und Laplace-
      Rücktransformation 72
    2.3.1 Die Laplace-Transformation 72
    2.3.2 Rechenregeln bei der Laplace-Transformation 73
    2.3.3 Die Rücktransformation 77
    2.3.4 Berechnung von Korrespondenzen 80
    2.3.5 Lösung von partiellen Differentialgleichungen
          mit Hilfe der Laplace-Transformation 83
    2.3.6 Die praktische Durchführung 84
    2.3.7 Numerische Verfahren zur Rücktransformation 87
  2.4 Numerische Lösung von partiellen Differential-
      gleichungen 92
    2.4.1 Die Finite-Differenzen-Methode 95
    2.4.2 Die Finite-Elemente-Methode 105
    2.4.3 Die Bilanzmethode 114
    2.4.4 Die Randintegralgleichungsmethode 129
    2.4.5 Die Charakteristikenmethode 135
    2.4.6 Die Random-Walk-Methode 138
    2.4.7 Resumé 140

3 Typische Beispiele aus Arbeits- und Umwelt 145
  3.1 Wärmeleitung durch eine Hauswand 145
  3.2 Diffusion in einem Filterkörper 151
  3.3 Anströmung eines Brunnens 158
  3.4 Wärmetransport in Erdschichten 166
  3.5 Grundwasserreinigung in der Bodenzone -
      Denitrifikation 170

3.6 Temperaturspannungen in einem Massenbeton-
    Fundament 176
    3.6.1 Temperaturberechnung 177
    3.6.2 Spannungsberechnung 178
3.7 Stofftransport in einem Rieselfilm 181
    3.7.1 Das verfahrenstechnische Problem 182
    3.7.2 Allgemeine Aufgabenstellung und Lösungsweg 184
    3.7.3 Frobenius-Verfahren 185
    3.7.4 Darstellung der Lösung an einem Beispiel ... 186
3.8 Förderung aus einer Erdgasbohrung 187
    3.8.1 Die analytische Lösung 189
    3.8.2 Die numerische Lösung 194
    3.8.3 Vergleich der analytischen und
          der numerischen Lösung 196

4 Eindimensionale Strömung, Wärmeleitung und Diffusion 199
4.1 Aufgaben ohne Quellen 199
    4.1.1 Aufgaben in kartesischen Koordinaten
          in einseitig begrenzten Gebieten 200
    4.1.2 Aufgaben in kartesischen Koordinaten
          in beidseitig begrenzten Gebieten 202
    4.1.3 Radialsymmetrische Aufgaben
          in einseitig begrenzten Gebieten 211
    4.1.4 Radialsymmetrische Aufgaben
          in beidseitig begrenzten Gebieten 219
    4.1.5 Kugelsymmetrische Aufgaben
          in einseitig begrenzten Gebieten 228
    4.1.6 Kugelsymmetrische Aufgaben
          in beidseitig begrenzten Gebieten 235
4.2 Aufgaben mit Quellen 240
    4.2.1 Punktquellen 240
    4.2.2 Linienquellen 242
    4.2.3 Flächenquellen 244
    4.2.4 Innere homogene Quellen 253
    4.2.5 Ortsabhängige innere Quellen 262
4.3 Aufgaben mit ortsabhängigen Anfangsbedingungen 265
    4.3.1 Aufgaben in kartesischen Koordinaten
          in einseitig begrenzten Gebieten 265
    4.3.2 Aufgaben in kartesischen Koordinaten
          in beidseitig begrenzten Gebieten mit linearer
          Anfangsbedingung und der Randbedingung
          1. oder 3. Art 269
    4.3.3 Radialsymmetrische Aufgabe in einem
          unbegrenzten Gebiet mit stückweise
          konstanter Anfangsbedingung 271

4.3.4 Radialsymmetrische Aufgaben
in einseitig begrenzten Gebieten 272
4.3.5 Radialsymmetrische Aufgaben in beidseitig
begrenzten Gebieten mit logarithmischer
Anfangsbedingung und Randbedingungen 1. Art
an beiden Rändern oder Randbedingungen
2. und 1. Art 275
4.3.6 Kugelsymmetrische Aufgabe in einem
unbegrenzten Gebiet mit stückweise konstanter
Anfangsbedingung 277
4.3.7 Kugelsymmetrische Aufgaben in einseitig
begrenzten Gebieten mit parabolischer
Anfangsbedingung und der Randbedingung
1. oder 3. Art 279
4.4 Aufgaben mit zeitabhängigen Randbedingungen ... 279
4.4.1 Randbedingungen in Form eines zeitabhängigen
Polynoms 280
4.4.2 Randbedingungen mit exponentiellem Verlauf 287
4.4.3 Randbedingungen mit periodischem Verlauf 290
4.4.4 Differentielle Randbedingungen 292
4.5 Aufgaben mit ortsabhängigen Stoffwerten 303
4.5.1 Aufgaben in kartesischen Koordinaten
in einseitig begrenzten Gebieten 303
4.5.2 Aufgaben in kartesischen Koordinaten
in beidseitig begrenzten Gebieten mit
gebietsweise unterschiedlichen Stoffwerten .. 306
4.5.3 Radialsymmetrische Aufgaben mit gebietsweise
unterschiedlichen Stoffwerten 308
4.5.4 Kugelsymmetrische Aufgabe mit gebietsweise
unterschiedlichen Stoffwerten und
Anfangsbedingungen 311
4.5.5 Radialsymmetrische Aufgaben mit stetig
veränderlichen Stoffwerten 312
4.6 Spezielle Lösungen in einseitig begrenzten Gebieten 315
4.6.1 Nichtlineare radialsymmetrische Aufgaben ... 315
4.6.2 Aufgabe mit beweglicher Randbedingung
in kartesischen Koordinaten 320
4.6.3 Strömung mit freiem Rand (Stefan-Problem) 320

5 Zweidimensionale Strömung, Wärmeleitung und Diffusion 332
5.1 Aufgaben in einseitig begrenzten, geschichteten
Gebieten 332
5.1.1 Kartesische Koordinaten bei quasistationärem
Austausch 333

  5.1.2 Kartesische Koordinaten bei instationärem
     Austausch 338
  5.1.3 Radialsymmetrische Aufgaben 340
5.2 Aufgaben in geschichteten Gebieten
  mit gebietsweise geringen Leitfähigkeiten 343
  5.2.1 Aufgaben in kartesischen Koordinaten 344
  5.2.2 Radialsymmetrische Aufgaben 349
5.3 Aufgaben in geschichteten Gebieten mit
  verhindertem Austausch zwischen den Schichten . . 353
  5.3.1 Kartesische Koordinaten
     mit Randbedingungen 2. Art 354
  5.3.2 Radialsymmetrische Aufgaben
     mit Randbedingungen 2. Art 357
  5.3.3 Radialsymmetrische Aufgabe in einem
     beidseitig begrenzten Gebiet mit
     logarithmischer Anfangsbedingung 360
  5.3.4 Kartesische Koordinaten in einem einseitig
     begrenzten Gebiet mit unterschiedlichen An-
     fangsbedingungen und Randbedingungen 2. Art 361
  5.3.5 Radialsymmetrische Aufgaben in einem einseitig
     begrenzten Gebiet mit unterschiedlichen An-
     fangsbedingungen und Randbedingungen 2. Art 363
5.4 Aufgaben in mehrdimensionalen Gebieten 366
  5.4.1 Prinzipielle Formen der Lösungen 366
  5.4.2 Lösung für einen halbunendlichen Zylinder mit
     Randbedingungen 1. Art an Grundfläche und
     Mantel 368
  5.4.3 Lösung für eine Ecke mit Randbedingungen
     2. Art 370

6 Eindimensionaler Wärme- und Stofftransport 372
6.1 Aufgaben in kartesischen Koordinaten in einseitig
  begrenzten bzw. unendlichen Gebieten 372
  6.1.1 Randbedingungen 1. Art 372
  6.1.2 Randbedingungen 3. Art 408
  6.1.3 Eindimensionaler Transport bei inhomogenen
     Parametern 413
  6.1.4 Transport mit freiem Rand (Stefan-Problem) 416
6.2 Zweiseitig begrenztes Gebiet 421
6.3 Radialsymmetrische Probleme 425
  6.3.1 Quellenfreie Aufgabenstellungen 425
  6.3.2 Aufgabenstellungen mit Quellen 439
6.4 Kugelsymmetrische Probleme 440

6.5 Eindimensionaler Transport mit Wechselwirkungen
zwischen unterschiedlichen Phasen 443
   6.5.1 Wechselwirkungsmodelle 443
   6.5.2 Wechselwirkungen nach dem
        Gleichgewichtskonzept 445
   6.5.3 Wechselwirkungen nach dem stationären oder
        linearen Nichtgleichgewichtskonzept 445
   6.5.4 Wechselwirkungen nach dem nichtlinearen
        Nichtgleichgewichtskonzept 448
   6.5.5 Wechselwirkungen nach dem stationären oder
        linearen Nichtgleichgewichtskonzept bei
        radialsymmetrischem Transport 450

7 Mehrdimensionaler Wärme- und Stofftransport 456
7.1 Punktquellen im Raum 456
   7.1.1 Unendlicher zweidimensionaler Raum,
        Punktquelle im Ursprung 457
   7.1.2 Unendlicher dreidimensionaler Raum,
        Punktquelle im Ursprung 462
7.2 Linien-, Flächen- und Volumenquellen 465
   7.2.1 Unendlicher zweidimensionaler Raum
        mit Linien- und Flächenquellen 468
   7.2.2 Unendlicher dreidimensionaler Raum
        mit Linien-, Flächen- und Volumenquellen
        vom Dirac-Typ (Impulsquellen) 471
7.3 Transport in geschichteten Medien 473
   7.3.1 Lauwerier-Probleme 474
   7.3.2 Erweiterte Lauwerier-Probleme 478
   7.3.3 Dreidimensionale Lauwerier-Probleme 484
   7.3.4 Transport mit Konvektion in allen Schichten 490
   7.3.5 Geschichteter Transportraum
        in Zylindergeometrie 494

8 Numerische Lösung von mehrdimensionalen partiellen
Differentialgleichungen 497
8.1 Lösung der Strömungsgleichung mit der impliziten
   Bilanzmethode 497
8.2 Lösung großer, schwach besetzter,
   diagonaldominanter Gleichungssysteme 502
   8.2.1 Matrixformulierung des Gauß-Algorithmus . . 502
   8.2.2 Der Algorithmus "Geordnete Elimination" . . 505
   8.2.3 Das Restkorrekturverfahren 508
   8.2.4 Der Algorithmus "Unvollständige LU-Zerlegung" 508

8.3 Lösung der Transportgleichung mit der expliziten
   Bilanzmethode 512

9 Verfahren zur optimalen Prozeßsteuerung 518
9.1 Optimale Steuerung eines Aufheizprozesses 519
   9.1.1 Zielstellung der Steuerung 519
   9.1.2 Lösung des Anfangs-Randwertproblems 522
   9.1.3 Lösung des Steuerproblems 524
9.2 Einige Begriffe und Lösungsmethoden
   zur optimalen Steuerung 527
   9.2.1 Begriffe der Steuertheorie 527
   9.2.2 Bemerkungen zu Existenz und Eindeutigkeit
      optimaler Lösungen 528
   9.2.3 Lösung von Steuerproblemen mit Suchverfahren 531
9.3 Beispiel einer Prozeßsteuerung – Steuerung der
   Temperaturballigkeit von Walzen 534
   9.3.1 Darstellung des mathematischen Modelles . . 534
   9.3.2 Lösung des Steuerproblems 539
   9.3.3 Anwendung 542

10 Parameteridentifikation 546
10.1 Graphisch-analytische Parameterbestimmung
   (Geradenverfahren) 547
10.2 Parameterbestimmung mit dem Typkurven-Verfahren 553
10.3 Parameterbestimmung mit mathematischen
   Suchverfahren 556
10.4 Parameteridentifikation bei mehrdimensionalen
   Strömungs- und Transportvorgängen 556
   10.4.1 Gradientenverfahren 557
   10.4.2 Ein spezielles Gauß-Newton-Verfahren . . . 560

Anhang 565
A Tabellen physikalischer Stoffwerte 565
B Spezielle mathematische Funktionen 570
C Korrespondenzen der Laplace-Transformation 592
D FORTRAN-Programme 602

Literatur 613

Sachverzeichnis 623

Symbolverzeichnis

(Alle Maßeinheiten gelten in SI-Basiseinheiten: m, s, kg, J, Pa, W)

Zeichen	Bedeutung	Maßeinheit
A	Fläche	m^2
$A(x,y)$	spezielle Funktion (s. Anhang C)	
$Ai(x)$	Airy-Funktion 1. Art	
a	Temperatur-, Druckleitfähigkeit, allg. Leitzahl	m^2/s
$Bi(x)$	Airy-Funktion 2. Art	
C	Volumenkonzentration, Teildichte	kg/m^3
C	Konstante, $C = \ln \gamma = 0,577\ 215\ 565$	
C_M	Massenkonzentration	
Co	Courant-Zahl, $Co = w\, \Delta t / \Delta x$	
c	spezifische Wärme	$J/(kg\ K)$
	(c_p - bei konstantem Druck, c_v - bei konstantem Volumen)	
	(ρc) - spezifische Wärmekapazität	$J/(m^3 K)$
D	allgemeine Leitfähigkeit (s. Tab. 1.1, 1.3)	
	hydrodynamischer Dispersionskoeffizient	m^2/s
	summarischer Wärmetransportkoeffizient	$W/(m\ K)$
D_K	allgemeiner Konduktionskoeffizient	
	für Wärmeleitung: $D_K = \lambda$	
	für Stofftransport: $D_K = S\, D_m$	
D_m	molekularer Diffusionskoeffizient	m^2/s
D^*	mechanischer Dispersionskoeffizient	m^2/s
$\mathbf{D}$	Leitfähigkeitstensor	
$E(x)$	Einheits-Sprungfunktion	
$Ei(-x)$	Exponentialintegralfunktion	
$erf(x)$	Gaußsche Fehlerfunktion	

Zeichen	Bedeutung	Maßeinheit
erfc(x)	komplementäre Gaußsche Fehlerfunktion: erfc(x) = 1 - erf(x)	
erc(x,y)	spezielle Funktion: erc(x,y) = erfc(x) $\times$ exp(y)	
F(x,y,z)	spezielle Funktion (s. Anhang C)	
G(x,y)	spezielle Funktion (s. Anhang C)	
g	Erdbeschleunigung: g = 9,80 665 m/s^2	
H	Anfangswasserstand, wassergefüllte Schichtdicke	m
H(x,y)	spezielle Funktion (s. Anhang C)	
h	Wasserspiegelhöhe, Wasserstand	m
$I_0(x)$, $I_1(x)$,...	modifizierte Bessel-Funktionen 1. Art, 0.,1.,... Ordnung	
int^{n}erfc(x)	n-faches Integral der komplementären Gaußschen Fehlerfunktion	
inv erfc(x)	inverse komplementäre Gaußsche Fehlerfunktion	
$J_0(x)$, $J_1(x)$,...	Bessel-Funktionen 1. Art, 0.,1.,... Ordnung	
J(x,y)	Goldsteinsche J-Funktion	
$K_0(x)$, $K_1(x)$,...	modifizierte Bessel-Funktionen 2. Art, 0.,1.,... Ordnung	
k	allgemeiner Abbaukoeffizient (s. Tab.1.3) oder Durchlässigkeit	m^2
k_f	Durchlässigkeitsbeiwert	m/s
ker(x)	Kelvin-Funktion 1. Art	
kei(x)	Kelvin-Funktion 2. Art	
L	Länge	m
M	Mächtigkeit, Schichtdicke	m
m	Masse	kg
$\dot{m}$	Massenstrom	kg/s
$\dot{m}_A$	flächenbezogener (auf die senkrecht zur Transportrichtung stehende Fläche bezogener) Massenstrom	kg/(s m^2)
$\dot{m}_V$	Massenstromdichte (auf das Volumen bezogener Massenstrom)	kg/(s m^3)
N(x,y,z)	spezielle Funktion (s. Anhang C)	
n	Porenanteil, Porosität oder Normalenrichtung	

Zeichen	Bedeutung	Maßeinheit
n_t	totaler Porenanteil, Gesamtporosität	
$P(x,y)$	unvollständige, normierte Gammafunktion	
Pe	Peclet-Zahl, auf die Gesamtlänge bezogen: $Pe = w L/D$	
Pe^*	Peclet-Zahl, auf die Gitterlänge eines ortsdiskreten Gitternetzes bezogen (Gitter-Peclet-Zahl): $Pe^* = w \Delta x/D$	
p	Druck	Pa
	oder Laplace-Parameter $p = \sqrt{s/a}$	
Q	allgemeiner Stromterm	
Q_A	allgemeiner flächenbezogener Strom	
Q_{kum}	allgemeiner kumulativer (zeitintegrierter) Strom: $Q_{kum}(t) = \int_0^t Q(\tau)\, d\tau$	
Q_V	allgemeine Stromdichte	
$\dot{Q}$	Wärmestrom	W
$\dot{Q}_A$	flächenbezogener Wärmestrom	W/m²
$\dot{Q}_V$	Wärmestromdichte	W/m³
q	allgemeiner Quell/Senkenterm (s.Tab.1.1 und Tab.1.3)	
r	Radius oder	m
	allgemeine Koordinatenrichtung	m
r_0	Innenradius	m
R	Außenradius oder	m
	Retardationsfaktor beim Stofftransport	
S	allgemeiner Speicherkoeffizient (s.Tab. 1.1 und Tab.1.3) oder Speicherkoeffizient der Grundwasserströmung	
S_0	spezifischer Speicherkoeffizient der Grundwasserströmung	m⁻¹
$S(x,y)$	spezielle Funktion (s. Anhang C)	
s	Laplace-Variable (bei Laplace-Integration über der Zeit t)	
s'	Laplace-Variable (bei Laplace-Integration über t/S)	
T	Temperatur	K

Zeichen	Bedeutung	Maßeinheit
t	Zeit	s
u	allgemeine Lösungsfunktion (s. Tab.1.1 und Tab.1.3)	
V	Volumen	m^3
$\dot{V}$	Volumenstrom	m^3/s
$\dot{V}_A$	flächenbezogener Volumenstrom (Geschwindigkeit)	m/s
$\dot{V}_V$	Volumenstromdichte	s^{-1}
$W(x,y)$	Hantush-Funktion ($W(x,0) = -\text{Ei}(-x)$)	
w	Geschwindigkeit	m/s
x,y,z	kartesische Koordinaten	m
$Y_0(x), Y_1(x),\ldots$	Bessel-Funktionen 2. Art, 0., 1.,... Ordnung	
$Z(x,y,z)$	spezielle Funktion (s. Anhang C)	
Ze	Zerfalls- oder Abbauzahl: $Ze = kL^2/D$ oder $Ze = kL/w$	
Ze^*	Zerfalls- oder Abbauzahl, auf die Gitterlänge eines ortsdiskreten Gitternetzes bezogen: $Ze^* = k\Delta x^2/D$	
z_g	Realgasfaktor	
α	Randbedingungskoeffizient bei RB 3. Art oder Wärmeübergangskoeffizient oder Kolmationsfaktor bei der Grundwasserströmung	$W/(m^2\,K)$ s^{-1}
α_T	lineare Temperaturausdehnungszahl	K^{-1}
α_V	volumetrische Temperaturausdehnungszahl	K^{-1}
Γ	Rand des Gebietes/Raumes Ω	
δ	Dispersivität	m
δ_L	longitudinale Dispersivität	m
δ_T	transversale Dispersivität	m
$\delta(x)$	Einheits-Impulsfunktion (Dirac-Impulsfunktion)	
δ_{ij}	Kronecker-Symbol: $\delta_{ij} = \begin{cases} 1 & \text{für } i=j \\ 0 & \text{sonst} \end{cases}$	
γ	Eulersche Konstante: $\gamma = 1{,}781\,072$	
ε	spezifische innere Energie	J/kg

Zeichen	Bedeutung	Maßeinheit
Ω	zwei- oder dreidimensionaler Transportraum (Gebiet oder Raum)	m^2 oder m^3
ω	spezifische Enthalpie	J/kg
ρ	Dichte	kg/m^3
ρ_t	totale Dichte, Gesamtdichte	kg/m^3
η	dynamische Viskosität	Pa s
φ	ebener Winkel	
ϑ	Raumwinkel	
λ	Wärmeleitfähigkeit	W/(m K)
λ_Z	radioaktive Zerfallskonstante $\lambda_Z = \ln(2/\text{Halbwertszeit})$	s^{-1}
μ_n	Eigenwerte	
$\varkappa$	isotherme Kompressibilität	Pa^{-1}
$\varkappa_{Fl}$	isotherme Kompressibilität der Flüssigkeit	Pa^{-1}
$\varkappa_g$	isotherme Kompressibilität des Gases	Pa^{-1}
$\varkappa_f$	isotherme Kompressibilität des Porenraumes (formation)	Pa^{-1}

Indizes

Index	Bedeutung
A	flächenbezogen (auf die senkrecht zur Transportrichtung stehende Fläche bezogen)
a	Anfang
D	dimensionslos
Fl	Flüssigkeitsphase
g	Gasphase
L	bei $x = L$ (Rand)
m	Mittelwert
R	Rand oder bei $r = R$
V	auf das Volumen des Transportraumes bezogen
0	bei $x = x_0$ oder $r = r_0$
t	total, Gesamt-
$x, y, z,$ r, φ, ϑ	Komponente eines Vektors in dieser Koordinatenrichtung

Einleitung

Nachdem im ausgehenden Mittelalter die Bewegungsgesetze der Himmelskörper erkannt worden waren, wandten sich Physiker und Mathematiker mehr den Bewegungsvorgängen auf der Erde zu, insbesondere den unsichtbaren und bis dahin unbeschreibbaren Bewegungen von Wärme und Stoffen in Lösung. Europäische Physiker und Mathematiker (Daniel Bernoulli, Newton, Euler, Laplace, Fourier, Fick u.a.) begründeten die Theorien der Strömungsmechanik, der Wärmeleitung und der Diffusion. Die Fouriersche Differentialgleichung zur Beschreibung der Wärmefortleitung in Festkörpern beflügelte Generationen von Mathematikern zur Entwicklung eines Lehrgebäudes der partiellen parabolischen Differentialgleichungen. Ebenso führten die mathematischen Modelle der Strömungsmechanik zur Entwicklung der Feldtheorie mit ihren typischen, der Strömungsmechanik entlehnten Begriffen Gradient (grad) und Divergenz (div).

In der Neuzeit spaltete sich dieses Fachgebiet immer weiter auf, so daß wir heute mathematisch gleichartige Modelle in vielen physikalischen und ingenieurwissenschaftlichen Disziplinen antreffen. Es ist das Anliegen des vorliegenden Buches, eine Gruppe von physikalischen Bewegungs- und Transportvorgängen, die durch mathematisch ähnliche Modellgleichungen charakterisiert sind, einheitlich darzustellen und zu lösen. Dazu gehören:
- die Wärmeleitung und der konvektive Wärmetransport in Festkörpern, Flüssigkeiten und Gasen,
- die Strömung von Flüssigkeiten und Gasen,
- der konvektive Massentransport (Stofftransport) in Flüssigkeiten und Gasen und
- die isotherme Diffusion in Festkörpern, Flüssigkeiten und Gasen.

Unter konvektivem Transport soll dabei die Bewegung von Wärme bzw. Masse (Stoff) infolge einer strömenden Flüssigkeit bzw. eines strömenden Gases verstanden werden, wobei sich nahezu ausschließlich auf laminare Strömungsvorgänge ohne Trägheitseinfluß beschränkt wird. Zu diesem Thema kennen wir eine Anzahl ausgezeichneter Fachbücher, die mit den mathematischen Methoden ihrer Zeit Teile der o. g. Aufgaben behandeln. Aus der Fülle sollen die Bücher von Carslaw und Jaeger "Conduction of heat in solids" (1947), Lykov "Teorija teploprovodnosti" (1967), Tautz "Wärmeleitung und Temperaturausgleich" (1971), Brauer "Stoffaustausch einschließlich chemischer Reaktionen" (1971) und Peaceman "Fundamentals of numerical simulation" (1977) erwähnt werden. Das vorliegende Buch enthält die Ergebnisse dieser Standardwerke in solchen Fällen, in denen es der Vollständigkeit halber oder aus didaktischen Gründen geboten erschien. Das Hauptaugenmerk wird dagegen auf solche Aufgabenstellungen von Transportprozessen gelegt, deren Lösung mit den damaligen Methoden nicht praktikabel oder nicht möglich war. Den entscheidenden Fortschritt brachte die Entwicklung von arbeitsplatzgebundenen Computern, die jedem Interessierten die Nutzung von analytischen, halbanalytischen und numerischen Lösungsverfahren ermöglichen.

Das Studium des Buches setzt in etwa das mathematisch-physikalische Niveau der Grundlagenausbildung eines Hochschulingenieurs voraus. Eine kurze Darstellung der physikalischen Grundlagen von Strömungs- und Transportprozessen findet der Leser in Kapitel 1 und die der mathematischen Grundlagen in Kapitel 2. Für typische Strömungs- und Transportprozesse wird in Kapitel 3 sowohl der technische Hintergrund als auch der mathematische Lösungsweg ausführlich dargestellt. In dieser Machart ist die Anwendung der in den folgenden Kapiteln 4 bis 7 gesammelten Problemlösungen gedacht. Die Lösungen werden in der Regel graphisch dargestellt, um dem Leser ein Gefühl für den prinzipiellen Verlauf der Lösung zu vermitteln und als Testbeispiel für eigene Berechnungen zu dienen. Mit der in der Anlage D genannten Software, die vollständig auf der Diskette "Wärme- und Stofftransport" erhältlich ist, wird der Nutzer in die Lage versetzt, seine Problemlösung selbst zu programmieren. Als Programmiersprache wurde FORTRAN 77 gewählt. Sie ist für wissenschaftlich-technische Zwecke am weitesten verbreitet und sowohl für Personalcomputer als auch auf Großrechnern verfügbar.

In Kapitel 8 wird ein Einstieg in die numerische Lösung der mehrdimensionalen Strömungs- und Transportgleichung gegeben. Die Kapitel 9 und 10 behandeln eine Einführung in die optimale Steuerung von Transportprozessen und in die Parameteridentifikation. In vier Anhängen werden Stoffwerte, mathematische Spezialfunktionen, Laplace-Korrespondenzen und Software geboten. Bei der

Darstellung des Stoffes war es nicht immer möglich und erschien es auch nicht in jedem Fall erforderlich, auf die Ursprungsliteratur zu verweisen, da solche Quellen heute teilweise nicht mehr einfach zugänglich, jedoch in den o. g. Standardwerken enthalten sind. Wir haben uns jedoch bemüht, die in neuerer Zeit erschienenen Lösungen mit den uns bekannten Ursprungsautoren zu zitieren.

1 Transportmechanismen und ihre mathematische Beschreibung

Den Physikern und Ingenieuren begegnen Strömungs- und Transportvorgänge in vielfältiger Art in ihrem jeweiligen Arbeitsgebiet. Diese Probleme reichen von der Wärmeströmung, der laminaren und turbulenten Rohrströmung von Flüssigkeiten und Gasen, dem Transport von Stoffgemischen durch verfahrenstechnische Reaktoren, dem Neutronenfluß in Kernreaktoren, der Strömung von Grundwasser, Erdöl und Erdgas in der Erdkruste bis hin zur Ausbreitung von Schadstoffen in der Umwelt. Die Mannigfaltigkeit dieser Vorgänge kann nicht mehr einheitlich und in praktisch anwendbarer Form dargestellt werden. Aus diesem Grunde beschränkt sich das vorliegende Buch auf laminare Strömungs- und Transportvorgänge in homogenen und inhomogenen Medien. Im einzelnen werden folgende Prozesse betrachtet:

- *Strömungsprozesse*:
  . Wärmeleitung in Festkörpern und ruhenden Fluiden (Flüssigkeiten, Gase);
  . Filter- oder Geoströmung (Strömung in porösen Medien),
  . isotherme Diffusion in Feststoffen und ruhenden Fluiden;
- *Transportprozesse*:
  . Wärmetransport in fluiden Medien bei laminarer Strömung ohne Trägheitseinfluß;
  . Stofftransport (Massentransport) einzelner Komponenten eines Fluids bzw. einzelner Phasen nichtmischbarer Fluide bei laminarer Strömung ohne Trägheitseinfluß.

Das Kernstück aller dieser Prozesse ist die Bewegung von Wärme oder Masse infolge physikalischer Strömungs- und Transportmechanismen.

1.1 Wärmeleitung in Festkörpern und ruhenden Fluiden

1.1.1 Das Fouriersche Gesetz der Wärmeleitung

Die Erfahrung lehrt, daß Wärme stets von einem Punkt höherer Temperatur zu einem Punkt niedrigerer Temperatur fließt. Fourier erkannte eine lineare Gesetzmäßigkeit zwischen Wärmestrom und treibender Temperaturdifferenz

$$\dot{Q}_A = -\lambda \frac{\partial T}{\partial r} = -\lambda \, \text{grad} \, T \tag{1.1}$$

$\dot{Q}_A$ - Wärmestrom je Flächeneinheit, W/m^2; λ - Wärmeleitfähigkeit des Mediums, $W/(m\,K)$. Die Ableitung der Temperatur $\partial T/\partial r$ ist die Triebkraft des Wärmestroms; ihr negativer Wert entspricht dem Temperaturgefälle (Bild 1.1). Im Falle eines mehrdimensionalen Raumes wird der Temperaturgradient[1]

$$\text{grad} \, T = \left(\frac{\partial T}{\partial x}, \frac{\partial T}{\partial y}, \frac{\partial T}{\partial z}\right)^T \tag{1.2}$$

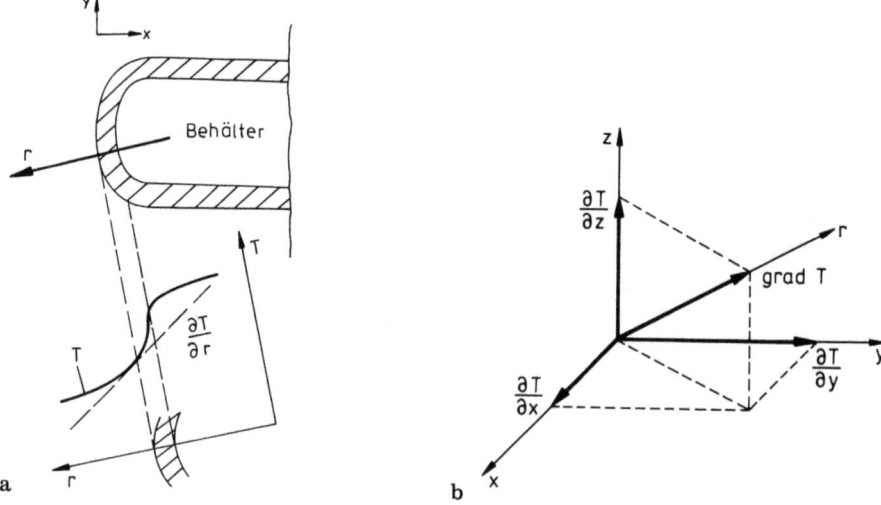

Bild 1.1. Ortsableitung und Gradient, a) Ortsrichtung r an einer Behälterwand, Temperaturverlauf in r-Richtung und Ortsableitung $\partial T/\partial r$, b) Gradientenvektor im Raum mit seinen Komponenten

---

[1] Der Vektor grad T ist ein Spaltenvektor; der Buchstabe T als Hochzahl bedeutet transponiert (Vertauschung von Zeilen mit Spalten).

definiert, der als vektorielle Größe im kartesischen Koordinatensystem die partiellen Ableitungen als Komponenten besitzt. Die Wärmeleitfähigkeit λ in Gl.(1.1) ist eine Stoffeigenschaft, die für viele Stoffe in weiten Temperaturgrenzen konstant ist. Anhang A enthält Zahlenwerte für eine Reihe von Materialien.

1.1.2 Die Wärmeleitungsgleichung

Die mathematische Beschreibung der Vorgänge bei der Wärmeleitung in nichtbewegten Medien (Festkörper, ruhende Fluide) geht von dem grundlegenden Erhaltungssatz der Energie aus. Der 1. Hauptsatz der Thermodynamik (Energieerhaltungssatz) wird auf einen Festkörper bzw. ein viskoses Fluid angewendet [1.1][2]:

$$\mathrm{div}\left[\rho\,\mathbf{w}\left(\frac{w^2}{2}+\omega\right)+\dot{Q}_A\right]+\frac{\partial}{\partial t}\left(\rho\,\frac{w^2}{2}+\rho\varepsilon\right)=\dot{Q}_V \qquad (1.3)$$

Dabei sind $\mathbf{w}$ - konvektiver Geschwindigkeitsvektor, ω - spezifische Enthalpie (Enthalpie je Masseneinheit), ε - spezifische innere Energie (innere Energie je Masseneinheit), $\dot{Q}_A$ - Wärmestrom infolge Wärmeleitung (Energiestrom je Flächeneinheit); $\dot{Q}_V$ - Wärmestrom je Volumeneinheit infolge Quellen/Senken. Betrachtet man ein ruhendes Medium ($\mathbf{w} = 0$) und beschränkt sich auf den Fall konstanter Dichte (inkompressibles Medium ohne Volumenänderung mit der Temperatur), dann wird (1.3) zu

$$\mathrm{div}\,\dot{Q}_A + \rho\,\frac{\partial \varepsilon}{\partial t} = \dot{Q}_V\,. \qquad (1.4)$$

Die spezifische innere Energie ist

$$\varepsilon = \int_{T_0}^{T} c_v\,\mathrm{d}T' + \varepsilon_0 \qquad (1.5)$$

mit c_v - spezifische Wärme bei konstantem Volumen und T_0, ε_0 - Bezugswerte. Unter Voraussetzung der Volumenkonstanz eines inkompressiblen Mediums gilt $c_v = c_p = c =$ konst. und $\omega = \varepsilon$ mit

---

[2] Der Differentialoperator div (Divergenz) bedeutet

$$\mathrm{div}\,\mathbf{w} = \frac{\partial w_x}{\partial x}+\frac{\partial w_y}{\partial y}+\frac{\partial w_z}{\partial z}$$

wobei $\mathbf{w} = \begin{pmatrix} w_x \\ w_y \\ w_z \end{pmatrix}$ ist.

c_p - spezifische Wärme bei konstantem Druck. (1.5) ergibt sich damit zu

$$\varepsilon = c_0 (T - T_0) + \varepsilon_0, \tag{1.6}$$

Setzt man das Fouriersche-Gesetz (1.1) und (1.6) in (1.4) ein, dann erhält man die Wärmeleitungsgleichung

$$\text{div}(\lambda \,\text{grad}\, T) = \rho c \frac{\partial T}{\partial t} - \dot{Q}_V \tag{1.7}$$

oder in kartesischen Koordinaten

$$\frac{\partial}{\partial x}\left(\lambda_x \frac{\partial T}{\partial x}\right) + \frac{\partial}{\partial y}\left(\lambda_y \frac{\partial T}{\partial y}\right) + \frac{\partial}{\partial z}\left(\lambda_z \frac{\partial T}{\partial z}\right) = \rho c \frac{\partial T}{\partial t} - \dot{Q}_V$$

mit λ_x, λ_y, λ_z - Wärmeleitfähigkeiten in den Koordinatenrichtungen x, y, z. Für konstante Werte $\lambda_x = \lambda_y = \lambda_z = \lambda$ gilt:

$$\frac{\partial^2 T}{\partial x^2} + \frac{\partial^2 T}{\partial y^2} + \frac{\partial^2 T}{\partial z^2} = \frac{1}{a}\frac{\partial T}{\partial t} - \frac{\dot{Q}_V}{\lambda} \tag{1.8}$$

mit der Temperaturleitfähigkeit $a = \frac{\lambda}{\rho c}$.

1.2 Filterströmung – Geoströmung – Strömung in porösen Medien

Die treibende Kraft für die Strömung eines Fluids (Flüssigkeit, Gas) ist zumeist ein Druckgefälle oder die Schwerkraft. In der Strömungsmechanik werden diese Prozesse durch die Navier-Stokes-Gleichungen beschrieben [1.2]. Wir beschränken uns auf laminare Strömungsvorgänge, bei denen sich die Fluidteilchen auf Stromlinien bewegen, ohne daß sich Turbulenzen ausbilden. Weiterhin wird zumeist die Beschleunigung des Fluids vernachlässigt. Derartige Strömungsvorgänge treten verbreitet in porösen Feststoffen (poröse Gesteine, verfahrenstechnische Reaktoren, Filter) auf und man bezeichnet sie als *Schleichströmung, Filterströmung, Geoströmung, Filtration* oder *Darcy-Strömung*.

1.2.1 Das Darcy-Gesetz

Das Gesetz von Hagen-Poiseuille gibt einen Zusammenhang zwischen mittlerer Geschwindigkeit und Druckgefälle (Bild 1.2)

$$w = -\frac{r_K^2}{8\eta}\left(\frac{\partial p}{\partial r} + \rho g \frac{\partial z}{\partial r}\right) \tag{1.9}$$

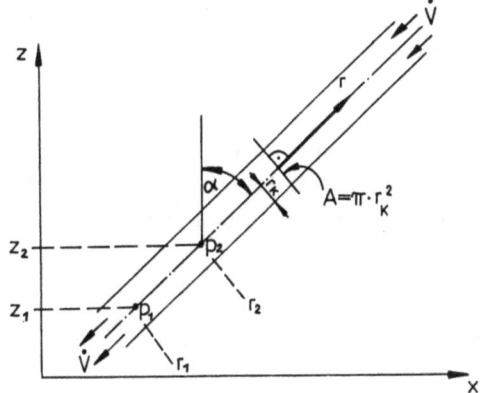

Bild 1.2. Kapillarröhrchen.
$$\frac{\partial p}{\partial r} \approx \frac{p_2 - p_1}{r_2 - r_1};$$
$$g\frac{\partial z}{\partial r} \approx g\frac{z_2 - z_1}{r_2 - r_1} = g\cos\alpha$$

mit w - mittlere Geschwindigkeit im Querschnitt vom Radius r_K, m/s; η - dynamische Viskosität des Fluids, Pa·s; p - Druck, Pa; r-Ortskoordinate, m; ρ - Fluiddichte, kg/m^3 ; g - Erdbeschleunigung, m/s^2 ; z - vertikale Koordinate, m. Für poröse Medien ist (1.9) nicht direkt anwendbar, da sie die unzählig vielen, ineinander verschlungenen Kapillarröhrchen (Porenkanäle) nicht erfassen kann. Der französische Ingenieur Henry d'Arcy entdeckte 1856 für poröse Medien das nach ihm benannte Gesetz

$$w = -\frac{k}{\eta}\left(\frac{\partial p}{\partial r} + \rho g \frac{\partial z}{\partial r}\right). \qquad (1.10)$$

Dabei ist die Durchlässigkeit k des porösen Stoffes (Maßeinheit m^2) eine Stoffeigenschaft und w die fiktive Geschwindigkeit, m/s. Die Geschwindigkeit w tritt real nicht auf, da

$$|w| = \dot{V}/A$$

($\dot{V}$-Volumenstrom, m^3/s ; A-Querschnittsfläche, m^2) ist. Die Fläche A ist die gesamte Querschnittsfläche, d.h. sie besteht aus Feststoffquerschnittsfläche und offener Porenquerschnittsfläche. Die allgemeine Schreibweise des Darcy-Gesetzes ist

$$w = -\frac{k}{\eta}\left(\text{grad }p + \rho g \text{ grad }z\right) \qquad (1.12)$$

Für die Grundwasserströmung (Wasser bei 10° C) sind Viskosität und Dichte nahezu konstant (η = 1,31 mPa·s und ρ = 1000 kg/m^3), so daß man mit der *Standrohrspiegelhöhe*

$$h = \frac{p}{\rho g} + z \qquad (1.13)$$

zu der Schreibweise

$$w = -k_f \text{ grad } h \qquad (1.14)$$

gelangt. Der Durchlässigkeitsbeiwert k_f schließt dabei die oben erläuterten, konstanten Werte mit ein:

$$k_f = \frac{\rho g}{\eta} k \; . \tag{1.15}$$

Die Spiegelhöhe h kann auch als Potential bezeichnet werden. Die Durchlässigkeit k bzw. der Durchlässigkeitsbeiwert k_f sind Stoffparameter; Anhang A gibt Zahlenwerte für einige poröse Medien.

1.2.2 Die Differentialgleichungen der Filterströmung

Das Gesetz der Erhaltung der Masse, auch als Kontinuitätsgleichung bezeichnet, lautet

$$\boxed{\operatorname{div}\left(\dot{m}_A\right) + \frac{\partial(\rho n)}{\partial t} = \dot{m}_V \quad \text{mit} \quad \dot{m}_A = \rho w} \tag{1.16}$$

Dabei ist n der Porenteil eines porösen Mediums; im nichtporösen (freien) Raum ist $n = 1$. Da die Dichte keine direkt meßbare Größe des Prozesses ist, wird (1.16) in der Regel auf isotherme Bedingungen beschränkt, so daß die Dichte durch isotherme Zustandsgleichungen ausgedrückt werden kann. Diese sind für eine *kompressible Flüssigkeit*:

$$\rho(p) = \rho_0 e^{\varkappa_{Fl}(p-p_0)}, \tag{1.17}$$

für den Fall $[\varkappa_{Fl}(p-p_0)] < 0{,}15$ (**Fehler** $\leq 1\%$)

$$\rho(p) = \rho_0 [1 + \varkappa_{Fl}(p-p_0)] \tag{1.18}$$

und für ein *reales Gas*:

$$\rho(p) = \rho_0 \frac{p \, T_0}{p_0 \, T \, z_g(p,T)} \tag{1.19}$$

mit p_0 und T_0 als Bezugsdruck bzw. -temperatur. Die Funktion $z_g(p,T)$ heißt Realgasfaktor und beschreibt die Abweichung vom idealen Gasgesetz.

Die Geschwindigkeit w ist durch die verschiedenen Schreibweisen des Darcy-Gesetzes gegeben.

Strömung einer homogenen, kompressiblen Flüssigkeit: Man betrachtet näherungsweise nur geringkompressible Flüssigkeiten nach (1.18) unter der zusätzlichen Voraussetzung, daß der Druckgradient sehr viel größer ist als der Schweregradient (Bild 1.3).

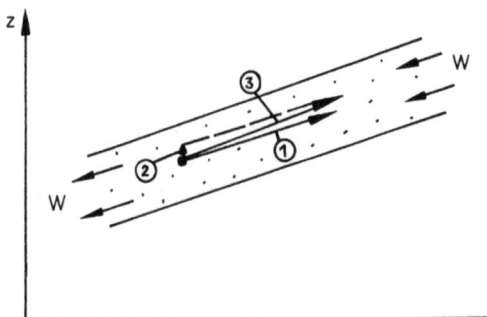

Bild 1.3. Vernachlässigung des Schweregradienten bei der Strömung einer kompressiblen Flüssigkeit,
① $\operatorname{grad} p \approx \operatorname{grad}(p + \rho gz)$ ③;
② $\operatorname{grad}(\rho gz)$

Dann gilt nach (1.12) vereinfacht

$$\mathbf{w} = -\frac{k}{\eta} \operatorname{grad} p . \tag{1.20}$$

Die zeitliche Ableitung $\frac{\partial(\rho n)}{\partial t}$ in (1.16) wird umgeformt zu

$$\frac{\partial(\rho n)}{\partial t} = n \frac{\partial \rho}{\partial t} + \rho \frac{\partial n}{\partial t} = n \frac{d\rho}{dp} \frac{\partial p}{\partial t} + \rho \frac{dn}{dp} \frac{\partial p}{\partial t} . \tag{1.21}$$

Die Druckabhängigkeit der Porosität n wird durch die Porenraumkompressibilität $\varkappa_f$ ausgedrückt:

$$\varkappa_f = \frac{1}{n} \frac{dn}{dp} . \tag{1.22}$$

Aus (1.17) folgt durch Differentiation nach p:

$$\varkappa_{Fl} = \frac{1}{\rho} \frac{d\rho}{dp} . \tag{1.23}$$

Beide Gleichungen in (1.21) eingesetzt, ergibt

$$\frac{\partial(\rho n)}{\partial t} = \rho n \varkappa \frac{\partial p}{\partial t} \tag{1.24}$$

mit der Gesamtkompressibilität $\varkappa = \varkappa_{Fl} + \varkappa_f$. Setzt man (1.20) und (1.24) in (1.16) ein, folgt

$$\operatorname{div}\left(\rho \frac{k}{\eta} \operatorname{grad} p\right) = \rho n \varkappa \frac{\partial p}{\partial t} - \dot{m}_V . \tag{1.25}$$

Die linke Seite wird weiter vereinfacht, indem die örtliche Dichteänderung vernachlässigt wird ($\operatorname{grad} \rho = 0$). Damit ergibt sich die Differentialgleichung (1.25) zu

$$\operatorname{div}\left(\frac{k}{\eta} \operatorname{grad} p\right) = n \varkappa \frac{\partial p}{\partial t} - \dot{V}_V \tag{1.26}$$

und für konstante Koeffizienten in kartesischen Koordinaten

$$\frac{\partial^2 p}{\partial x^2} + \frac{\partial^2 p}{\partial y^2} + \frac{\partial^2 p}{\partial z^2} = \frac{1}{a} \frac{\partial p}{\partial t} - \frac{\eta}{k} \dot{V}_V \tag{1.27}$$

mit der Druckleitfähigkeit $a = \frac{k}{n \varkappa \eta}$.

Grundwasserströmung : Die Strömung von Wasser in geringer Tiefe und mit konstanter Zusammensetzung (Süßwasser) bei annähernd konstanter Temperatur (ca. $10^{o}C$) wird als Grundwasserströmung bezeichnet. Sie ist ein einfacher Spezialfall der Strömung einer kompressiblen Flüssigkeit, wobei der Dichtegradient praktisch verschwindet. Hingegen ist die Vernachlässigung des Schweregradienten, wie in Bild 1.3, nicht mehr zulässig. Man benutzt die Standrohrspiegelhöhe h nach (1.13) und das Darcy-Gesetz (1.14). Für die gespannte Grundwasserströmung (Bild 1.4a) ergibt sich

$$\text{div} \left(k_f \ \text{grad} \ h \right) = S_o \frac{\partial h}{\partial t} - \dot{V}_V \qquad (1.28)$$

wobei der spezifische Speicherkoeffizient $S_o = \rho g n x$ ist. Die ungespannte Grundwasserströmung nach Bild 1.4b unterscheidet sich von der gespannten Grundwasserströmung dadurch, daß der obere Rand des Strömungsraumes die gesuchte Lösung h selbst ist. Sie ist deshalb nur maximal zweidimensional, nicht aber dreidimensional, erklärt. Für die horizontal-ebene Strömung gilt

$$\text{div} \left(k_f \ h \ \text{grad} \ h \right) = S \frac{\partial h}{\partial t} - \dot{V}_A \qquad (1.29)$$

wobei der Speicherkoeffizient $S = n + S_o h \approx n$ ist (Näherung gilt für übliche Bedingungen mit einem Fehler kleiner 1 %). Da

$$h \frac{\partial h}{\partial x} = \frac{1}{2} \frac{\partial h^2}{\partial x}$$

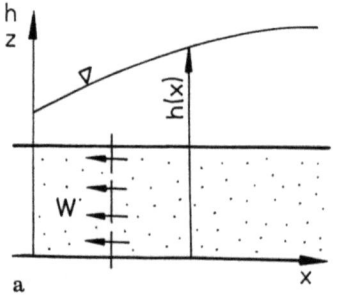
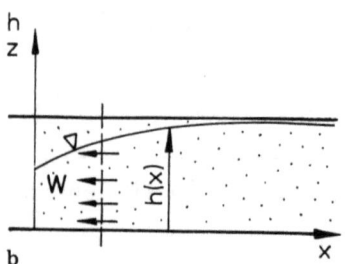

Bild 1.4. Gespannte (a) und ungespannte (b) Grundwasserströmung

ist, lautet (1.29) für konstante Koeffizienten und $S = n$ näherungsweise

$$\frac{\partial^2 h^2}{\partial x^2} + \frac{\partial^2 h^2}{\partial y^2} = \frac{2H}{a} \frac{\partial h}{\partial t} - \frac{2\dot{V}_A}{k_f} \qquad (1.30)$$

mit der Druckleitfähigkeit $a = k_f H / n$. Dabei ist H die wassergefüllte Mächtigkeit im Ruhezustand, d. h. $H = h_a$ (Anfangsspiegelhöhe). Gl.(1.30) gilt exakt für stationäre Bedingungen; die Näherung für instationäre Verhältnisse besteht in der Voraussetzung, daß $|H - h(x, y, t)| / H \le 0,1$ ist.

Isotherme Strömung eines realen Gases: Auch hierbei wird, wie bei der Flüssigkeitsströmung, in physikalisch guter Näherung der Schweregradient im Darcy-Gesetz (1.12) vernachlässigt und dafür Gl.(1.20) gesetzt. Die zeitliche Ableitung in der Kontinuitätsgleichung (1.16) wird nach (1.21) umgeformt. Der Ausdruck $\frac{d\rho}{dp}$ in (1.21) wird aus der Differentiation der Zustandsgleichung (1.19) nach dem Druck p bei isothermen Bedingungen gewonnen:

$$\frac{d\rho}{dp} = \rho_0 \frac{T_0}{T p_0} \frac{d\left(\frac{p}{z_g(p)}\right)}{dp} = \rho_0 \frac{T_0}{T p_0} \frac{p}{z_g(p)} \left(\frac{1}{p} - \frac{1}{z_g(p)} \frac{dz_g}{dp}\right).$$

Der Ausdruck

$$\varkappa_g = \left(\frac{1}{p} - \frac{1}{z_g(p)} \frac{dz_g}{dp}\right) \qquad (1.31)$$

wird als isotherme Gaskompressibilität $\varkappa_g$ bezeichnet. Dieses Ergebnis in (1.21) eingesetzt, ergibt analog (1.24) den Ausdruck

$$\frac{\partial(\rho n)}{\partial t} = \rho_0 n \varkappa \frac{T_0}{T p_0} \frac{p}{z_g(p)} \frac{\partial p}{\partial t} \qquad (1.32)$$

mit der Gesamtkompressibilität $\varkappa = \varkappa_g + \varkappa_f$. Gl. (1.16) führt mit (1.32) nach Division durch $\rho_0 \frac{T_0}{T p_0}$ zur Differentialgleichung der Realgasströmung

$$\mathrm{div}\left(\frac{k}{\eta} \frac{p}{z_g} \mathrm{grad}\, p\right) = \frac{n \varkappa p}{z_g} \frac{\partial p}{\partial t} - \dot{V}_{V_0} \frac{p_0 T}{T_0} \qquad (1.33)$$

In der Regel wird bei der Gasströmung als Bezugszustand (p_0, T_0) der Standardzustand (p_{st}, T_{st}) gewählt, mit dem Standarddruck $p_{st} = 0{,}10134$ MPa (Absolutdruck) und der Standardtemperatur

T_{st} = 288 K ($\approx 15^0$ C). Der auf das Volumen bezogene Gasvolumenstrom bei Standardbedingungen $\dot{V}_{V_{st}}$ tritt dann in (1.33) an die Stelle von $\dot{V}_{V_0}$. Die Differentialgleichung (1.33) besitzt druckabhängige Koeffizienten, da die Gasviskosität η (p), der Realgasfaktor $z_g(p)$ und die Kompressibilität $\varkappa_g(p)$ Funktionen des Druckes sind.

Bei Drücken p ≥ 10 MPa und für geringe Gesamtdruckdifferenzen über Ort und Zeit gilt für Erdgas (p-Linearisierung):

$$\frac{p}{\eta\, z_g} \approx \text{konst und} \quad \frac{\varkappa p}{z_g} \approx \text{konst}.$$

Damit schreibt sich (1.33) für konstantes k in kartesischen Koordinaten

$$\frac{\partial^2 p}{\partial x^2} + \frac{\partial^2 p}{\partial y^2} + \frac{\partial^2 p}{\partial z^2} = \frac{1}{a}\frac{\partial p}{\partial t} - \dot{V}_{V_{st}} \frac{p_{st}\,T}{k\,T_{st}} \left(\frac{\eta\, z_g}{p}\right)_{\text{konst}} \quad (1.34)$$

mit der Druckleitfähigkeit $a = k / (n \varkappa \eta)$.

Eine andere Form der Vereinfachung geht davon aus, daß bei geringen Drücken $p \leq 5$ MPa näherungsweise gilt (p^2-Linearisierung): $\eta (p) \approx$ konst; $z_g(p) \approx$ konst; $\varkappa_f \ll \varkappa_g$ und nach Gl.(1.31) $\varkappa_g \approx 1/p$. Für diesen Fall und für konstantes k gilt näherungsweise:

$$\frac{\partial^2 p^2}{\partial x^2} + \frac{\partial^2 p^2}{\partial y^2} + \frac{\partial^2 p^2}{\partial z^2} = \frac{2 p_a}{a}\frac{\partial p}{\partial t} - \dot{V}_{V_{st}} \frac{2\,p_{st}\,T}{k\,T_{st}} \left(\eta\, z_g\right)_{\text{konst}} \quad (1.35)$$

mit der Druckleitfähigkeit $a = k p_a / (n \eta)$ und $p_a > 0$ als konstantem Druckwert, z.B. dem Anfangsdruck. Die Näherung entspricht der bei Gl.(1.30). Die thermodynamischen Stoffeigenschaften: Realgasfaktor $z_g(p, T)$, dynamische Gasviskosität $\eta (p, T)$ und die Gaskompressibilität $\varkappa_g(p, T)$ sind Funktionen von Druck, Temperatur und der Gaszusammensetzung. Zahlenwerte und Korrelationen sind in Anhang A, [1.3,1.4] und vielen anderen Quellen zu finden.

1.3 Isotherme Diffusion

1.3.1 Das Ficksche Gesetz der Diffusion

Physikalische Ursache der Diffusion ist die in jedem Fluid und Feststoff mit einer Temperatur über dem absoluten Nullpunkt enthaltene thermische Energie, die sich in einer regellosen Bewegung, der Brownschen Molekularbewegung, äußert. Diese Bewegung führt immer zu einem Ausgleich vorhandener Unterschiede in der Dichte oder Konzentration des Stoffgemisches. Der Massentransport infolge Diffusion ist also nur dann von Interesse, wenn durch andere Einflüsse oder durch einen gegebenen Anfangszustand ein Konzentrationsgefälle vorhanden ist; nur dann führt sie zu einem gerichteten Massentransport, zu einem Massenstrom (Bild 1.5). Das 1. Ficksche Gesetz gibt den Zusammenhang zwischen Strom und Gefälle

$$\dot{m}_A = - D_m \frac{\partial \rho}{\partial r} = - D_m \, \text{grad} \, \rho \qquad (1.36)$$

mit $\dot{m}_A$ - Massenstrom je Flächeneinheit, kg/(m²s); ρ - Dichte des Fluids, kg/m³; D_m - molekularer Diffusionskoeffizient, m²/s. Zumeist benutzt man die Konzentration und nicht die Dichte zur Kennzeichnung unterschiedlicher Gehalte einzelner Komponenten eines Stoffgemisches:

- *Massenkonzentration:* $\qquad\qquad\qquad C_{Mi} = m_i / m_t$, (1.37)
- *Volumenkonzentration* (oder Teildichte): $C_i = m_i / V_t$

mit m_i - Masse der i-ten Komponente, kg; m_t - Gesamtmasse (totale Masse) aller Komponenten N des Gemisches, kg; V_t - Gesamtvolumen (totales Volumen) aller Komponenten N des Gemi-

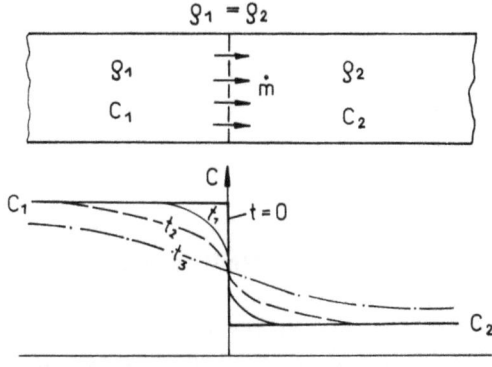

Bild 1.5. Rohrleitung mit einem ruhenden Fluid unterschiedlicher Konzentration (z.B. Methangas mit 0,01 % H₂S links, reines Methangas rechts), Konzentrationsausgleich durch molekulare Diffusion für verschiedene Zeitpunkte

sches, m³. Wir erkennen sofort, daß

$$\sum_{i=1}^{N} C_{Mi} = 1, \quad \sum_{i=1}^{N} C_i = \rho_t$$

ist, mit der totalen Gemischdichte $\rho_t = m_t / V_t$.
Mit der Volumenkonzentration schreibt sich (1.36) zu

$$\dot{m}_{Ai} = -D_{mi} \operatorname{grad} C_i \quad (\text{für } i = 1, 2, \ldots, N). \tag{1.38}$$

Der Diffusionskoeffizient D_m ist eine Stoffeigenschaft, Anhang A enthält Zahlenwerte für verschiedene fluide Medien.

1.3.2 Die Diffusionsgleichung

Das Massenerhaltungsgesetz (1.16) gilt, wenn wir Stoffumwandlungen ausschließen, für jede Komponente i eines Stoffgemisches

$$\operatorname{div}\left(\dot{m}_{Ai}\right) + \frac{\partial C_i}{\partial t} = \dot{m}_{Vi}, \tag{1.39}$$

wobei $\dot{m}_{Ai}$ ein Massenstrom je Flächeneinheit durchströmter Fläche ist und $\dot{m}_{Vi}$ der Massenstrom je Volumeneinheit (Quellen und Senken) ist. Mit (1.38) ergibt sich

$$\boxed{\operatorname{div}\left(D_{mi} \operatorname{grad} C_i\right) = \frac{\partial C_i}{\partial t} - \dot{m}_{Vi}} \tag{1.40}$$

als Diffusionsgleichung für die Komponente i. Für konstanten Diffusionskoeffizienten lautet (1.40) in kartesischen Koordinaten:

$$\frac{\partial^2 C_i}{\partial x^2} + \frac{\partial^2 C_i}{\partial y^2} + \frac{\partial^2 C_i}{\partial z^2} = \frac{1}{a_i} \frac{\partial C_i}{\partial t} - \frac{\dot{m}_{Vi}}{D_{mi}} \tag{1.41}$$

mit $a_i \equiv D_{mi}$.

1.3.3 Räumliche Verteilung und Diffusion von Neutronen

Wir betrachten die räumliche Verteilung von Neutronen in Bauteilen eines Kernreaktors [1.5]. Beim Durchgang durch schwere Materie, z.B. die Bleiabschirmung oder einen Cadmium-Moderator, treten nahezu elastische Wechselwirkungsstöße auf, so daß das Energieniveau der Neutronen erhalten bleibt. Die Verteilung der Neutronen folgt dabei der Diffusionsgleichung (1.40) in der Schreibweise:

$$\text{div}(D_N \text{ grad } N) = \frac{\partial N}{\partial t} - \dot{Q}_N \ , \qquad (1.42)$$

wobei N - Neutronendichte (Anzahl der Neutronen je Volumeneinheit); D_N - Diffusionskoeffizient, m²/s; $\dot{Q}_N$ - Quelle/Senke für Neutronen, (Anzahl je Volumen- und Zeiteinheit). Der Quell-Senkenterm $\dot{Q}_N$ setzt sich dabei zusammen aus einem Anteil *Neutronenerzeugung* je m³ und Sekunde und einem Anteil *Neutronenabsorption* $-N/\tau$, wobei τ die mittlere Lebensdauer der Neutronen bedeutet. Die Differentialgleichung (1.42) gilt für Neutronen beliebiger Energie in schwerer Materie und für thermische Neutronen in beliebiger Materie ohne allzu große Absorption [1.5].

Für andere Bedingungen muß die Fermische Differentialgleichung betrachtet werden. Beim Neutronenfluß in leichter Materie, z. B. Graphit, in der eine Bremsung der Neutronen auftritt, verlieren die Neutronen ständig an Energie. Betrachtet man eine schmale Bandbreite des Energiespektrums, dann gilt für ein homogenes Medium:

$$\text{div grad } v = \frac{\partial v}{\partial \tau} \qquad (1.43)$$

mit $v(x,y,z,t)$ - Verteilungsfunktion und $\tau = \int D_N \, dt$. Die Größe τ wird als Alter des Neutrons bezeichnet und hier als unabhängig von der Energie angenommen. Die Verteilungsfunktion v ist die Zahl der Neutronen, die pro Zeiteinheit die betrachtete Energiebandbreite passiert und kann ausgedrückt werden durch

$$v(E) = N(E) \frac{w \, \xi}{\lambda_w E} \qquad (1.44)$$

mit E - Mittelwert der Energie des Neutrons; w - Geschwindigkeit; ξ - mittleres logarithmisches Dekrement des Energieverlustes je Stoß; λ_w - mittlere freie Weglänge.

1.4 Stofftransport

Transportprozesse unterscheiden sich von den Strömungsprozessen, die bisher behandelt wurden, durch das gleichzeitige Wirken von Wärmeleitung bzw. Diffusion und der Konvektion. Diese Begriffsdeutung ist zugegebenermaßen nicht vollständig und beschränkt sich auf die Prozesse und Bedingungen, welche in diesem Buch behandelt werden.

Die Transportgleichungen ergeben sich ebenso wie die Strömungsgleichungen aus den Erhaltungssätzen für die Energie (1.3) bzw. für die Masse (1.16). Der Physiker mag deshalb fragen, warum die Unterscheidung in *Strömung* und *Transport* getroffen wurde. Wir geben zu, daß sie auch entfallen könnte. Zwei Gründe lassen uns an der Trennung festhalten:
1. Die Gleichungen sind mathematisch unterschiedlich (parabolisch die Strömungsgleichung; im wesentlichen hyperbolisch die Transportgleichung) und mit teilweise unterschiedlichen mathematischen Methoden lösbar.
2. In den Anwendungen ergibt sich eine deutliche Trennung in Prozesse der Strömung (Wärmeleitung, Diffusion und Filterströmung) und in solche mit gekoppelter Wirkung (Transport).

1.4.1 Konvektion und Dispersion

Unter konvektivem oder advektivem Transport verstehen wir den Transport von Masse oder Wärme durch eine Fluidbewegung mit der mittleren Geschwindigkeit **w**. Als Dispersion (Zerstreuung) bezeichnen wir solche Prozesse, die durch die statistische Verteilung der Geschwindigkeit im Inneren des Strömungsraumes hervorgerufen werden.

Konvektion: Die konvektive Bewegung eines Fluides kann in der Regel zwei Ursachen haben:
1. erzwungene Konvektion infolge eines Druck- oder Schweregradienten (allgemein: eines Potentialgradienten),
2. freie Konvektion infolge eines Temperaturgradienten.
Der Temperaturgradient ruft über die Abhängigkeit der Fluiddichte von der Temperatur einen Dichte- und Druckgradienten hervor, welcher z.B. nach Gl. (1.10) eine Geschwindigkeit bewirkt. Die freie Konvektion spielt im wesentlichen nur dort eine Rolle, wo keine erzwungene Konvektion vorhanden ist, z. B. bei der Luftbewegung in hohen, geschlossenen Räumen oder in Industrieöfen. Ihre Berechnung erfordert immer die gekoppelte Betrachtung des Temperatur- und Geschwindigkeitsfeldes.
Im weiteren Verlauf beschränken wir uns auf die erzwungene Konvektion. Der dadurch hervorgerufene Massenstrom der i-ten Komponente ist (Bild 1.6)

$$\dot{m}_{A1} = \mathbf{w}\, C_i \,. \qquad (1.45)$$

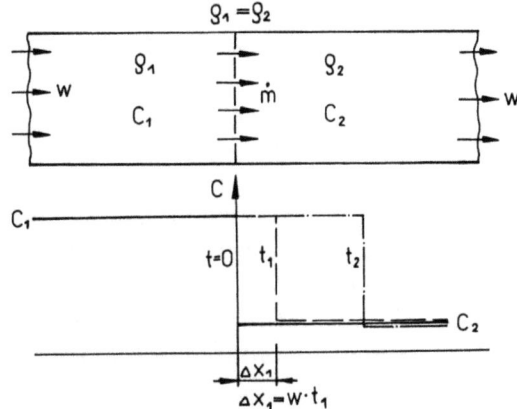

Bild 1.6. Pipeline mit zwei bewegten Ölen unterschiedlicher Konzentration (z.B. schwefelhaltiges Erdöl links, Dieselöl rechts), Konzentrationsverschiebung durch erzwungene Konvektion (Pfropfenströmung) zu verschiedenen Zeitpunkten

Mechanische Dispersion: Die mechanische Dispersion tritt auf, wenn durch die besondere Konfiguration des Strömungsraumes die Geschwindigkeit eine statistische Verteilung besitzt. In keinem Punkt des Strömungsraumes kann der lokale Wert der Geschwindigkeit und ihre lokale Richtung determiniert werden; es existiert jedoch eine gewisse Wahrscheinlichkeit für das Eintreten konkreter Werte (Bild 1.7). Dieser Sachverhalt tritt bei der Durchströmung von porösen Medien besonders hervor, da die Porenkanäle in Größe und Richtung ein breites Spektrum besitzen; ihre Verteilung im Inneren des Strömungsraumes ist statistischer Natur. In [1.6 - 1.8] wird z. B. gezeigt, daß die mechanische Dispersion in porösen Medien mit dieser Hypothese ausreichend genau erklärt werden

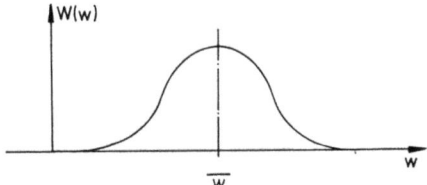

Bild 1.7. Wahrscheinlichkeit $W(w)$ für das Auftreten der Geschwindigkeit w in einem Punkt des Strömungsraumes. Es gilt:

$$\int_{-\infty}^{\infty} W(w)\, dw = 1 \quad , \quad \int_{-\infty}^{\infty} w\, W(w)\, dw = \bar{w} \, . \quad (\bar{w} - \text{mittlere Geschwindigkeit})$$

kann und die bisher übliche Dispersivität [1.3, 1.9 - 1.12] ersetzen könnte. Aus zwei Gründen soll jedoch die mechanische Dispersion als eigenständiger Prozeß hier erläutert werden:
1. Der Begriff der Dispersion beschreibt die Verteilung, das Auseinanderdriften der Fluidteilchen, physikalisch vorstellbar und prinzipiell richtig.
2. Die mathematische Darstellung und Verarbeitung analog der Diffusion bzw. Wärmeleitung ist weitverbreitet und nutzt die Ergebnisse jahrzehntelanger Forschung.

Die mechanische Dispersion wirkt in allen Richtungen. Betrachten wir ein Hauptrichtungssystem, in dem die Stromlinie die longitudinale Richtung x darstellt und die Senkrechte dazu als transversale Richtung y bezeichnet wird. Die Dispersion wirkt in beiden Richtungen, wie in Bild 1.8 dargestellt ist. Die mathematische Beschreibung der Stoffdispersion ist analog der Diffusion nach (1.38)

$$\dot{m}_{A1} = - D^* \operatorname{grad} C_i \qquad (1.46)$$

mit D^* - mechanischer Dispersionskoeffizient, m^2/s.

Spätestens hier wird ersichtlich, woran diese Theorie krankt - an der Vorstellung, daß der Dispersionskoeffizient D^* eine Stoffeigenschaft analog dem Diffusionskoeffizienten sein soll. Da die Dispersion eine Folge der statistisch verteilten Geschwindigkeit ist, kann der Dispersionskoeffizient kein Stoffwert sein. Er ist abhängig von der Struktur der Inhomogenitäten des Transportraumes, die wiederum Ursache der Vielfalt der Geschwindigkeiten ist. Eine erste praktikable Näherung ist nach [1.9] die Definition der Dispersivität mit

$$D^* = \delta |\mathbf{w}|^\nu . \qquad (1.47)$$

In der Regel gilt $\nu = 1$. Die Dispersivität, Maßeinheit m, untergliedert sich in einen longitudinalen Wert δ_L und einen transversalen

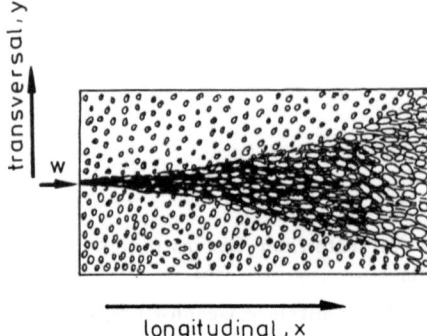

Bild 1.8. Darstellung der longitudinalen und transversalen Dispersion in einem porösen Probekörper

Wert δ_T. Beides sind keine Stoffwerte, da sie abhängig sind von den Inhomogenitäten, die auf dem betrachteten Fließweg wirksam werden; je länger der Fließweg ist, desto größer sind die Dispersivitäten. Eine Korrelation dieses Zusammenhanges für die longitudinale Dispersivität ist in Bild 1.9 dargestellt. Aus ihr kann näherungsweise ein lineares Verhalten der Form

$$\delta_L = 0{,}017 \; x \qquad (1.48)$$

geschlußfolgert werden. Die longitudinale Dispersivität kann direkt aus der Varianz s der Geschwindigkeitsverteilung berechnet werden [1.7]:

$$\delta_L = \frac{s^2}{2\,\bar{w}^2} \; x \qquad (1.49)$$

mit $\bar{w}$ - Mittelwert der Filtergeschwindigkeit, m/s, x - Fließweglänge, m. Die Daten in Bild 1.9 entsprechen im Mittel einer Streuung der Geschwindigkeit von ca. 20 %.

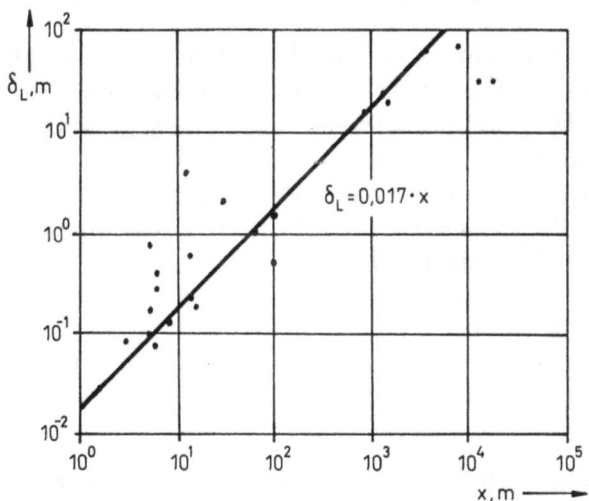

Bild 1.9. Korrelation der Maßstabsabhängigkeit der longitudinalen Dispersivität, nach [1.3]

1.4.2 Die Stofftransportgleichung

Die Transportgleichung für die Komponente i eines Stoffgemisches aus ($i = 1, \ldots, N$) - Komponenten, das mit der Geschwindigkeit $\bar{w}$ strömt, ergibt sich aus dem Massenerhaltungssatz (1.16) für diese

Komponente, falls keine Komponentenumwandlung (z. B. infolge radioaktiven Zerfalls) vorliegt. Für einen porösen Strömungsraum ist der Porenanteil n in Gl.(1.16) kleiner als 1, für den freien Raum (z. B. Transport in einem Rohr) ist $n = 1$. Der flächenbezogene Massenstromvektor $\dot{m}_A$ ist jetzt nicht mehr allein der konvektive Anteil $(\rho w)_i$, sondern die Summe der Anteile von Konvektion, molekularer Diffusion und der mechanischen Dispersion (falls es sich um einen porösen Transportraum handelt). Ohne Dispersion ergibt sich aus der Kontinuitätsgleichung (1.16):

$$\operatorname{div}\left(n\, D_{mi}\, \operatorname{grad} C_i - w\, C_i \right) = n\frac{\partial C_i}{\partial t} - \dot{m}_{Vi} \qquad (1.50)$$

für die Komponente i eines Gemisches.

Dabei wird der Porenanteil n als zeitlich konstant betrachtet. Läuft der Transportprozeß in einem porösen Medium mit nicht vernachlässigbarer Dispersion ab, dann tritt zum Massenstromvektor $\dot{m}_{Ai}$ in (1.45) noch der Dispersionsanteil (1.46) hinzu:

$$\dot{m}_{Ai} = w\, C_i - \left(n\, D_{mi} + D^* \right) \operatorname{grad} C_i . \qquad (1.51)$$

Im allgemeinen Fall ist zu beachten, daß der Diffusionskoeffizient D_m und der Dispersionskoeffizient D^* Tensorgrößen sind. Wir betrachten zunächst den Diffusionskoeffizienten in einem anisotropen Medium. Für den üblichen Fall, daß das kartesische Koordinatensystem so ausgerichtet ist, daß es mit den Hauptachsen der Anisotropie (Richtungen der Parameterveränderlichkeit) zusammenfällt, schreibt sich der Diffusionstensor D_m:

$$D_m = \begin{pmatrix} D_{m,x} & 0 & 0 \\ 0 & D_{m,y} & 0 \\ 0 & 0 & D_{m,z} \end{pmatrix}, \qquad (1.52)$$

wobei $D_{m,x}$, $D_{m,y}$ und $D_{m,z}$ die Diffusionskoeffizienten in x, y, z-Richtung sind. Falls die Koordinatenachsen nicht mit den Hauptachsen der Anisotropie übereinstimmen, können auch die Außerdiagonalelemente des Tensors ungleich Null sein.

Der Dispersionstensor D^* wird durch die Matrix

$$D^* = \begin{pmatrix} D^*_{xx} & D^*_{xy} & D^*_{xz} \\ D^*_{yx} & D^*_{yy} & D^*_{yz} \\ D^*_{zx} & D^*_{zy} & D^*_{zz} \end{pmatrix} \qquad (1.53)$$

dargestellt [1.13]. Für ein isotropes Medium berechnen sich die

Komponenten der Matrix nach dem Ansatz (1.47) aus:

$$D_{xx}^* = \delta_L \frac{w_x^2}{|\boldsymbol{w}|} + \delta_T \frac{w_y^2 + w_z^2}{|\boldsymbol{w}|},$$

$$D_{yy}^* = \delta_L \frac{w_y^2}{|\boldsymbol{w}|} + \delta_T \frac{w_x^2 + w_z^2}{|\boldsymbol{w}|},$$

$$D_{zz}^* = \delta_L \frac{w_z^2}{|\boldsymbol{w}|} + \delta_T \frac{w_x^2 + w_y^2}{|\boldsymbol{w}|},$$

$$D_{xy}^* = D_{yx}^* = (\delta_L - \delta_T) \frac{w_x w_y}{|\boldsymbol{w}|}, \quad (1.54)$$

$$D_{xz}^* = D_{zx}^* = (\delta_L - \delta_T) \frac{w_x w_z}{|\boldsymbol{w}|},$$

$$D_{yz}^* = D_{zy}^* = (\delta_L - \delta_T) \frac{w_y w_z}{|\boldsymbol{w}|}$$

mit

$$\boldsymbol{w} = (w_x, w_y, w_z)^T \quad (1.55)$$

und

$$|\boldsymbol{w}| = \sqrt{w_x^2 + w_y^2 + w_z^2}.$$

Die allgemeine Transportgleichung lautet analog (1.50)

$$\boxed{\operatorname{div}\left[(n\boldsymbol{D}_{mi} + \boldsymbol{D}^*)\operatorname{grad} C_i - \boldsymbol{w}\, C_i\right] = n\frac{\partial C_i}{\partial t} - \dot{m}_{Vi}} \quad (1.56)$$

Der Index i für i-te Komponente wird nachfolgend weggelassen.

Wir betrachten ein zweidimensionales, orthogonales Koordinatensystem (Bild 1.10), das genau so orientiert ist, daß seine x-Richtung mit einer Stromlinie zusammenfällt. Eine Stromlinie ist dadurch ausgezeichnet, daß ihre Richtung stets der Richtung des Geschwindigkeitsvektors $\boldsymbol{w}$ entspricht, d.h. auf der Stromlinie gilt in unserem Falle:

$$\boldsymbol{w} = \begin{pmatrix} w_x \\ 0 \end{pmatrix}.$$

Ein solches Koordinatensystem, das im allgemeinen Fall auch krummlinig sein kann, nennt man Hauptrichtungssystem [1.14]. Die Transportgleichung lautet dafür:

$$\frac{\partial}{\partial x}\left[(nD_{m,x} + D_{xx}^*)\frac{\partial C}{\partial x} - w_x C\right]$$

$$+ \frac{\partial}{\partial y}\left[(nD_{m,y} + D_{yy}^*)\frac{\partial C}{\partial y}\right] = n\frac{\partial C}{\partial t} - \dot{m}_V. \quad (1.57)$$

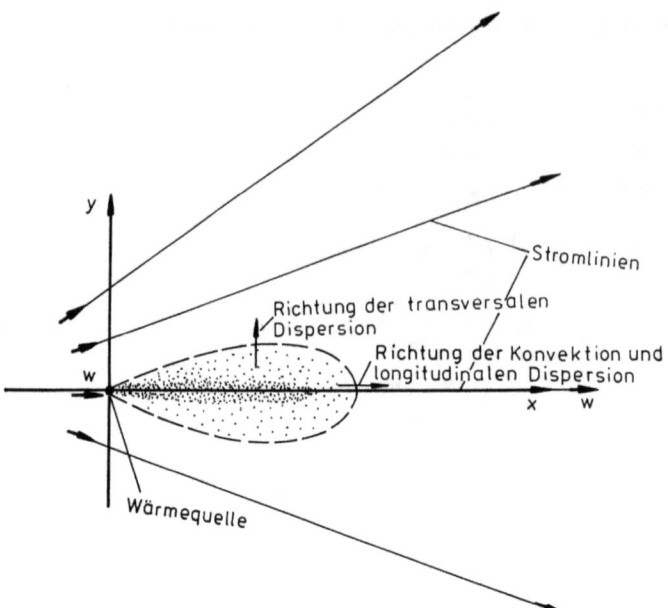

Bild 1.10. Stofftransport in einem stromlinien-orientierten Koordinatensystem (Hauptrichtungssystem)

Nach (1.54) ist $D^*_{xx} = D^*_L = \delta_L w_x$ der longitudinale Dispersionskoeffizient und $D^*_{yy} = D^*_T = \delta_T w_x$ der transversale Wert.

1.5 Wärmetransport

Der Wärmetransport muß genau wie der Wärmeleitprozeß den Energieerhaltungssatz (1.3) erfüllen. Zusätzlich zu den Voraussetzungen in Abschnitt 1.1.2 werden die Trägheitskräfte vernachlässigt. In Gl.(1.3) soll jetzt gelten:

$$w^2/2 \ll \omega = \varepsilon.$$

Damit erhält man aus (1.3):

$$\mathrm{div}\left(\rho \varepsilon \mathbf{w} + \dot{\mathbf{Q}}_A\right) + \rho \frac{\partial \varepsilon}{\partial t} = \dot{Q}_V. \tag{1.58}$$

Setzt man das Fouriersche Wärmeleitgesetz (1.1) ein und nutzt Gl.(1.6) mit $T_0 = \varepsilon_0 = 0$, dann ergibt (1.58):

$$\mathrm{div}\left(\boldsymbol{\lambda}\,\mathrm{grad}\,T - \rho c \mathbf{w}\right) = \rho c \frac{\partial T}{\partial t} - \dot{Q}_V \tag{1.59}$$

wobei der Leitfähigkeitstensor λ analog (1.52) durch die Matrix

$$\lambda = \begin{pmatrix} \lambda_x & 0 & 0 \\ 0 & \lambda_y & 0 \\ 0 & 0 & \lambda_z \end{pmatrix} \qquad (1.60)$$

beschrieben werden kann. Dabei sind λ_x, λ_y, λ_z die Wärmeleitfähigkeitswerte in den entsprechenden Richtungen.

Betrachtet man den Wärmetransportprozeß in einem porösen Medium, dann tritt, wie beim Stofftransport im porösen Medium, mechanische Dispersion auf (s. Abschnitt 1.4.1). Ebenso ist zu beachten, daß die spezifische Wärmekapazität (ρc) auf der linken Seite der Gl.(1.59) die des Fluids ist, auf der rechten Seite von (1.59) jedoch der mittleren spezifischen Wärmekapazität des Gesamtsystemes poröser Stoff-Fluid entspricht. Diese Formulierung wird als *konzentrierte Wärmekapazität* bezeichnet und setzt voraus, daß der Transport der Wärme nur im Fluid geschieht, die Speicherung jedoch im Gesamtsystem Fluid-Feststoff. Die Geschwindigkeit des Temperaturausgleiches zwischen Fluid und Feststoff ist dabei in der Regel unvergleichlich höher als die der Ausgleichsvorgänge im Fluid, so daß der Temperaturausgleich Fluid-Feststoff als unendlich schnell idealisiert werden kann. Für einen Wärmetransportraum mit mechanischer Dispersion lautet die Transportgleichung analog (1.56) deshalb:

$$\text{div}\left[\left(\lambda + (\rho c)_{Fl} D^*\right) \text{grad } T - (\rho c)_{Fl} \mathbf{w} T\right] = (\rho c)_t \frac{\partial T}{\partial t} - \dot{Q}_V \qquad (1.61)$$

mit $(\rho c)_t = n(\rho c)_{Fl} + (1-n)(\rho c)_M$, wobei n - der fluidgefüllte Porenanteil und $(\rho c)_{Fl}$, $(\rho c)_M$ - die spezifischen Wärmekapazitäten des Fluids und der Porenmatrix sind. Für ein Hauptrichtungssystem, wie bei Gl. (1.57), lautet die Wärmetransportgleichung:

$$\frac{\partial}{\partial x}\left[\left(\lambda_x + (\rho c)_{Fl} D^*_{xx}\right)\frac{\partial T}{\partial x} - (\rho c)_{Fl} w_x T\right]$$
$$+ \frac{\partial}{\partial y}\left[\left(\lambda_y + (\rho c)_{Fl} D^*_{yy}\right)\frac{\partial T}{\partial y}\right] = (\rho c)_t \frac{\partial T}{\partial t} - \dot{Q}_V. \qquad (1.62)$$

1.6 Quellen und Senken

Quellen bzw. Senken sind der mathematische Ausdruck für Zu- bzw. Abführungen von Masse oder Wärme zu dem betrachteten System (Quellen) bzw. aus dem betrachteten System (Senken). Quellen/Senken sind Massen- oder Volumenströme oder Wärmeströme je Volumeneinheit des Transportraumes. Diese volumenbezogenen Ströme können unabhängig von Konzentration bzw. Temperatur oder von ihnen abhängig sein. Typische unabhängige Quellen sind der Zustrom einer Schadstoffkomponente in einen Transportraum oder die Zuführung von Wärme durch Einpressen eines heißen Fluides in das Innere eines Transportraumes.

Die mathematische Darstellung solcher Quellen erfolgt für den Stofftransport (für den Massenstrom der i-ten Stoffkomponente) nach:

$$\dot{m}_{Vi} = \dot{V}_V C_{Qi} \quad \text{mit} \quad \dot{V}_V = \dot{m}_V / \rho_t$$

bzw. für den Wärmetransport:

$$\dot{Q}_V = \dot{V}_V (\rho c)_{Fl} T_Q \qquad (1.63)$$

$\dot{V}_V$ ist dabei der Volumenstrom der Quelle je Transportraum-Volumeneinheit, $\dot{m}_{Vi}$ - der Massenstrom je Volumeneinheit und ρ_t die totale Dichte (Gemischdichte): C_{Qi} bzw. T_Q sind die Konzentration bzw. Temperatur der Quelle.

Eine typische *unabhängige Senke* in einem Wärmetransportprozeß kann die konstante Wärmeabfuhr je m³ Volumen infolge eines chemischen Umsetzungsprozesses sein.

Abhängige Quellen/Senken sind Funktionen der Konzentration bzw. der Temperatur. Ein typisches Beispiel ist der radioaktive Stoffzerfall:

$$\dot{m}_{Vi} = -\lambda_{zi} C_i \qquad (1.64)$$

mit λ_{zi} - Zerfallskonstante der i-ten Komponente. Sie berechnet sich aus der Halbwertszeit t_{HZi} nach $\lambda_{zi} = \ln(2/t_{HZi})$.

Ein weiteres typisches Beispiel für eine abhängige Stoffsenke ist die Abführung von schadstoffbelastetem Fluid aus dem Transportraum (z. B. durch eine Ausströmungsöffnung) nach:

$$\dot{m}_{Vi} = \dot{V}_V C_i \quad \text{mit} \quad \dot{V}_V < 0. \qquad (1.65)$$

Die Wärmezu- bzw. -abfuhr durch Heiz- bzw. Kühlschlangen im Inneren eines verfahrenstechnischen Reaktors kann für einen Punkt des Reaktors formuliert werden durch:

$$\dot{Q}_V = k_Q (T_Q - T) \qquad (1.66)$$

mit k_Q - Übergangskoeffizient der Quelle/Senke, W/(m³ K).

Eine Wärmesenke entsteht auch, analog (1.65), durch Abfuhr von Fluid der Temperatur T nach:

$$\dot{Q}_V = \dot{V}_V\,(\rho c)_{Fl}\,T \quad \text{mit} \quad \dot{V}_V < 0. \tag{1.67}$$

Die bisher dargestellten abhängigen Quellen/Senken sind *linear abhängig* von der Konzentration bzw. Temperatur. Sehr viele Abbau- und Wechselwirkungsprozesse können jedoch nicht so einfach dargestellt werden. Ihre Modellierung führt auf nichtlineare Beziehungen. Als Beispiel führen wir den Wärmeverlust durch Wärmestrahlung an. Falls die Wärmestrahlung beim Wärmetransport nicht allzu groß ist, kann sie durch eine Senke modelliert werden. Dafür gilt das Stephan-Boltzmannsche Gesetz

$$\dot{Q}_A = -k_S\,T^4,$$

wobei $\dot{Q}_A$ - der Wärmestrom je Oberflächeneinheit des Körpers (W/m^2) und k_S - die Strahlungszahl W/(m^2 K^4) sind. Die Senke $\dot{Q}_V$ ist dann:

$$\dot{Q}_V = \dot{Q}_A \,\frac{\text{strahlende Oberfläche des Körpers}}{\text{Volumen des Körpers}}.$$

Beim Stofftransport im Grundwasser kann Nitrat abgebaut werden (Denitrifikation). Dieser Prozeß folgt einer nichtlinearen Kinetik der Art:

$$\dot{m}_V = -\frac{k_1}{k_2 + C}\,C$$

mit k_1 (kg/(m^{3}s)) und k_2 (kg/m^3) als Abbaukoeffizienten. Der Abbau kann als nichtlineare Stoffsenke modelliert werden.

1.7 Koordinatensysteme

Die Berechnung eines Transportvorganges erfordert die Definition eines festen (Eulerschen) oder beweglichen (Lagrangeschen) Koordinatensystemes. Wir beziehen uns hier nur auf feste Systeme. Das kartesische Koordinatensystem mit den Richtungen x, y, z ist nach Bild 1.11 definiert. Zylinderkoordinaten sind charakterisiert durch den Radius r, den ebenen Winkel φ und die Längenkoordinate z (s. Bild 1.12). Spezialfälle davon sind der zylindersymmetrische Fall (r, z) und der radialsymmetrische Fall (r). Kugelkoordinaten beschreiben den Raum mit dem Radius r, dem ebenen Winkel φ und dem Raumwinkel ϑ; ein wichtiger Spezialfall ist die Kugelsymmetrie (Bild 1.13).

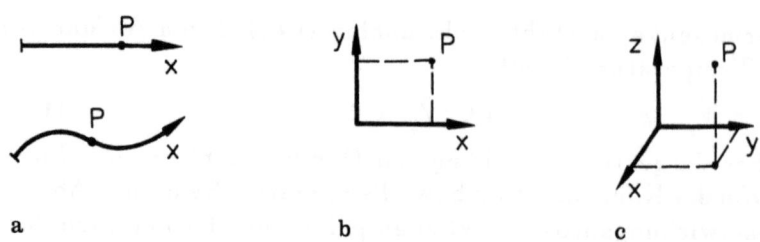

Bild 1.11. Kartesische Koordinaten; a) eindimensional (auch krummlinig), b) zweidimensional (eben), c) dreidimensional (räumlich)

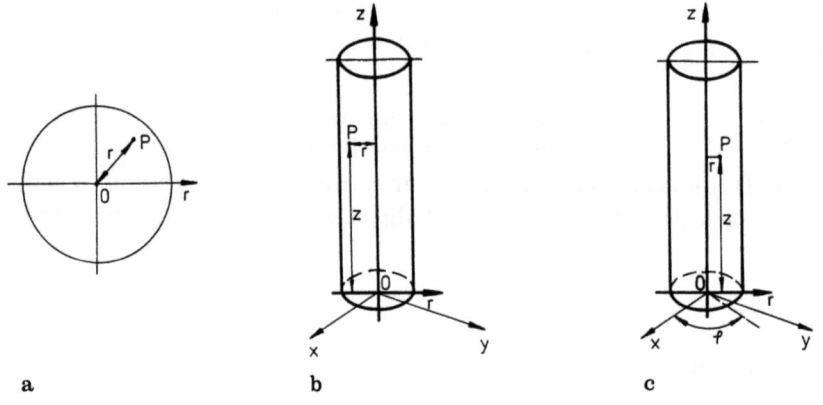

Bild 1.12. Zylinderkoordinaten; a) eindimensional (radialsymmetrisch), b) zweidimensional (zylindersymmetrisch), c) dreidimensional

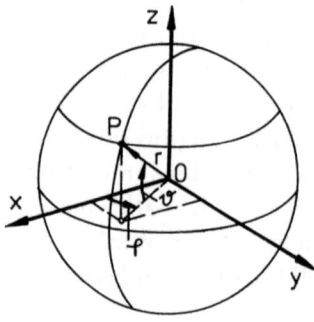

Bild 1.13. Kugelkoordinaten

1.8 Die partiellen Differentialgleichungen für die Strömung und den Transport

Aus den bisherigen mathematischen Darstellungen der verschiedenen Strömungs- und Transportprozesse läßt sich unschwer eine Analogie der Prozesse erkennen, die sich in der Übereinstimmung der Prozeßgleichungen äußert. Zur einheitlichen Darstellung der Differentialgleichungen der Strömung und des Transportes führen wir eine allgemeine Symbolik ein.

1.8.1 Die Strömungsgleichung

Die in den Abschnitten 1.1 bis 1.3 behandelten Prozesse der Wärmeleitung, Filterströmung und der Diffusion sind physikalisch analog, so daß die Prozeßgleichungen (1.7), (1.26), (1.28), (1.29), (1.33), (1.40) und (1.42) mathematisch gleich sind: partielle Differentialgleichungen 2. Ordnung und parabolischen Typs. Wir stellen sie dar durch die allgemeine Strömungsgleichung:

$$\text{div} \left(D \text{ grad } u \right) = S \frac{\partial u}{\partial t} - q \qquad (1.68)$$

Dabei ist D der Leitfähigkeitstensor analog (1.52) bzw. (1.60). Für konstante Koeffizienten lautet die allgemeine Strömungsgleichung:

$$\text{div grad } u = \frac{1}{a} \frac{\partial u}{\partial t} - \frac{q}{D} \qquad (1.69)$$

Die Bedeutung der allgemeinen Symbole in (1.68) und (1.69) ist in Tabelle 1.1 erläutert.

Zur Kennzeichnung einiger Eigenschaften der Gleichungen sind folgende Begriffe üblich:

- *Linearität*: Die Gleichung ist linear, wenn die Lösungsfunktion $u(x,y,z,t)$ nur in der 1. Potenz auftritt, d.h. wenn die Koeffizienten D, S, a und q nicht von u abhängen bzw. q nur von u in der 1. Potenz abhängig ist.
- *Homogenität* liegt vor, wenn $q \equiv 0$ ist.

Tabelle 1.1. Allgemeine Strömungsgleichung (1.69) – Symbolbedeutung

$$\text{div grad } u = \frac{1}{a}\frac{\partial u}{\partial t} - \frac{q}{D}$$

Strömungsvorgang	u	a	q
Wärmeleitung	Temperatur T	Temperaturleitfähigkeit $a = \frac{\lambda}{\rho c}$ $D=\lambda;\ S=\rho c$	Wärmestrom je Volumeneinheit $= \dot{Q}_V$
Filterströmung kompressible Flüssigkeit	Druck p	Druckleitfähigkeit $a = \frac{k}{n \times \eta}$ $D = k/\eta;\ S = nx$	Volumenstrom je Volumeneinheit $= \dot{V}_V$
Grundwasser (gespannt)	Spiegelhöhe h (Druckhöhe)	Druckleitfähigkeit $a = k_f/S_0$ $D = k_f;\ S = S_0$	Volumenstrom je Volumeneinheit $= \dot{V}_V$
Grundwasser (ungespannt, horizontaleben)	Spiegelhöhe h (Wasserstand)	$a = k_f H/n$ $D = k_f h;\ S = n$	Volumenstrom je Flächeneinheit $= \dot{V}_A$
reales Gas	Druck p	Druckleitfähigkeit $a = \frac{k}{n \times \eta}$ $D = k/\eta,\ S = nx$	$= \dot{V}_{st} \frac{p_{st} T \eta z_q}{T_{st}\ p}$
isotherme Diffusion	Volumenkonzentration c	Diffusionskoeffizient $a \equiv D$ $D = D_m;\ S \equiv 1$	Massenstrom je Volumeneinheit $= \dot{m}_V$

– *Stationär – Instationär – Quasistationär* : Die Gleichungen (1.68) bzw. (1.69) beschreiben instationäre Prozesse, da die Lösung $u(x,y,z,t)$ unter anderem von der Zeit abhängt. Verschwindet die partielle Zeitableitung, $\frac{\partial u}{\partial t} \equiv 0$, spricht man von einem stationären Prozeß. Der Spezialfall $\frac{\partial u}{\partial t} = M$, ($|M| < \infty$, M = konst) wird als quasistationär bezeichnet.

Für die eindimensionale Strömung in einem homogenen Strömungsraum kann die Differentialgleichung (1.69) sehr einfach in den drei Koordinatensystemen dargestellt werden. Für die lineare Strömung gilt:

$$\frac{\partial^2 u}{\partial x^2} = \frac{1}{a}\frac{\partial u}{\partial t} - \frac{q}{D}.$$ (1.70)

Für die radialsymmetrische Strömung ergibt sich:

$$\frac{\partial^2 u}{\partial r^2} + \frac{1}{r}\frac{\partial u}{\partial r} = \frac{1}{a}\frac{\partial u}{\partial t} - \frac{q}{D}.$$ (1.71)

Die kugelsymmetrische Strömung folgt der Gleichung:

$$\frac{\partial^2 u}{\partial r^2} + \frac{2}{r}\frac{\partial u}{\partial r} = \frac{1}{a}\frac{\partial u}{\partial t} - \frac{q}{D}.$$ (1.72)

Die allgemeine Strömungsgleichung ist in Tabelle 1.2 für die drei Koordinatensysteme dargestellt.

Tabelle 1.2. Allgemeine Strömungsgleichung (1.68)

$$\text{div}\left(D\;\text{grad}\;u\right) = S\frac{\partial u}{\partial t} - q$$

kartesische Koordinaten:

$$\frac{\partial}{\partial x}\left(D_x \frac{\partial u}{\partial x}\right) + \frac{\partial}{\partial y}\left(D_y \frac{\partial u}{\partial y}\right) + \frac{\partial}{\partial z}\left(D_z \frac{\partial u}{\partial z}\right) = S\frac{\partial u}{\partial t} - q$$

Zylinderkoordinaten:

$$\frac{1}{r}\frac{\partial}{\partial r}\left(r\,D_r \frac{\partial u}{\partial r}\right) + \frac{1}{r^2}\frac{\partial}{\partial \varphi}\left(D_\varphi \frac{\partial u}{\partial \varphi}\right) + \frac{\partial}{\partial z}\left(D_z \frac{\partial u}{\partial z}\right) = S\frac{\partial u}{\partial t} - q$$

Kugelkoordinaten:

$$\frac{1}{r^2}\frac{\partial}{\partial r}\left(r^2 D_r \frac{\partial u}{\partial r}\right) + \frac{1}{r^2 \sin^2 \vartheta}\left(D_\varphi \frac{\partial u}{\partial \varphi}\right) + \frac{1}{r^2 \sin \vartheta}\left(\sin\vartheta\, D_\vartheta \frac{\partial u}{\partial \vartheta}\right) = S\frac{\partial u}{\partial t} - q$$

1.8.2 Die Transportgleichung

Die Differentialgleichungen des Stoff- und Wärmetransportes sind partielle Differentialgleichungen 2. Ordnung und gemischten Typs. Der Typ der Gleichungen ist gemischt *parabolisch-hyperbolisch*; da der konvektive Term jedoch zumeist dominiert, wird der Typ häufig nur mit hyperbolisch gekennzeichnet.

Zur allgemeinen Darstellung werden, wie bei der Strömung, allgemeine Symbole benutzt, die in Tabelle 1.3 erläutert werden. Die

Tabelle 1.3. Allgemeine Transportgleichung (1.73) – Symbolbedeutung

$$\mathrm{div}(D\,\mathrm{grad}\,u - \mathbf{w}\,u) - ku = S\frac{\partial u}{\partial t} - q$$

Transport-prozeß	u	D	S	k	q
Wärme-transport Bemerkung: $\mathbf{w} \triangleq$ Fluid-geschwindig-keit mal $(\rho c)_{Fl}$	Tempera-tur T	summarischer Wärmetrans-portkoeff. $= \lambda + D^*(\rho c)_{Fl}$	spezifische Wärme-kapazität $= (\rho c)_t$	Koeffizient abhängiger Quellen u. Senken	auf eine Volumen-einheit bezogener Strom unabhängiger Quellen u. Senken
Stoff-transport	Volumen-konzen-tration c	hydro-dynamischer Dispersions-koeffizient $= D_K + D^*$	Porenanteil $S = n$ im freien Raum: $S \equiv 1$	Koeffizient abhängiger Quellen u. Senken	auf eine Volumen-einheit bezogener Strom unabhängiger Quellen u. Senken

Stofftransportgleichung (1.56) und die Wärmetransportgleichung (1.61) lassen sich darstellen durch

$$\mathrm{div}\left(D\,\mathrm{grad}\,u - \mathbf{w}\,u\right) - ku = S\frac{\partial u}{\partial t} - q \qquad (1.73)$$

Dabei wird der Quell-Senkenterm in (1.56) bzw. (1.61), wie in Abschnitt 1.6 erläutert, in zwei Anteile aufgespalten. Das Symbol q enthält alle Quellen/Senken, die von der Lösungsfunktion u unabhängig sind. Der Term $(-ku)$ stellt eine linear abhängige Senke $(k > 0)$ bzw. Quelle $(k < 0)$ dar, wie sie z. B. mit (1.64) beschrieben wurde.

Der Konvektionsterm in (1.73) bedarf einer Erläuterung. Er lautet:

$$-\mathrm{div}(\mathbf{w}\,u).$$

Nach den Regeln der Feldtheorie ist

$$\mathrm{div}(\mathbf{w}\,u) = \mathbf{w}\,\mathrm{grad}\,u + u\,\mathrm{div}\,\mathbf{w}. \qquad (1.74)$$

Für stationäre Konvektion (Strömung) ohne Quellen und Senken des Massen- bzw. Volumenstromes gilt nach (1.16):

$$\mathrm{div}(\rho\,\mathbf{w}) = \mathbf{w}\,\mathrm{grad}\,\rho + \rho\,\mathrm{div}\,\mathbf{w} = 0. \qquad (1.75)$$

Wie in Abschnitt 1.2.2 beschrieben, wird grad $\rho = 0$ vorausgesetzt, so daß (1.75) nur erfüllt ist, wenn

$$\text{div } \mathbf{w} = 0 \tag{1.76}$$

ist. Daraus resultieren die Schlußfolgerungen:
- Der Konvektionsterm in (1.73) lautet für stationäre Strömung ohne Quellen und Senken des Massen- bzw. Volumenstromes:

$$\text{div}(\mathbf{w}\, u) = \mathbf{w}\,\text{grad}\, u \tag{1.77}$$

und die Transportgleichung:

$$\text{div}(D\,\text{grad}\, u) - \mathbf{w}\,\text{grad}\, u - k\, u = S\frac{\partial u}{\partial t} - q. \tag{1.78}$$

- Die Form (1.74) des Konvektionstermes, d. h. der Anteil u div $\mathbf{w}$, ist bei stationärer Strömung nur dann zu berücksichtigen, wenn die Geschwindigkeit $\mathbf{w}(x,y,z)$ infolge von Quellen und Senken ortsveränderlich ist, nicht aber infolge Änderungen der durchströmten Querschnittsfläche.

Für ein stromlinien-orientiertes, dreidimensionales Koordinatensystem mit der x-Richtung als Stromlinienrichtung und für konstante Koeffizienten D_{xx}, D_{yy}, D_{zz}, w_x, S und q gilt:

$$D_{xx}\frac{\partial^2 u}{\partial x^2} + D_{yy}\frac{\partial^2 u}{\partial y^2} + D_{zz}\frac{\partial^2 u}{\partial z^2} - w_x\frac{\partial u}{\partial x} - k u = S\frac{\partial u}{\partial t} - q. \tag{1.79}$$

Unter Vernachlässigung der transversalen Dispersion gilt im eindimensionalen Fall:

$$D\frac{\partial^2 u}{\partial x^2} - w\frac{\partial u}{\partial x} - k u = S\frac{\partial u}{\partial t} - q \tag{1.80}$$

mit $D = D_{xx}$ und $w = w_x$.

Radialsymmetrie: Für den Transport in einem radialsymmetrischen Raum ohne Massen- bzw. Volumenstromquellen gilt für die stationäre Strömung (s. Bild 1.14):

$$w(r) = \frac{\dot{V}}{2\pi\,\Delta z\, r} \quad \text{mit} \quad \dot{V} = \text{konst.}$$

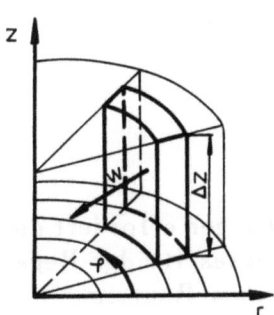

Bild 1.14. Lage des Geschwindigkeitsvektors $\mathbf{w}$ in einem radialsymmetrischen System (Stromröhre)

Aus (1.78) folgt für konstante Koeffizienten ohne transversale Dispersion:

$$D \frac{\partial^2 u}{\partial r^2} - \left(\frac{\dot{V}}{2\pi \Delta z} - D \right) \frac{1}{r} \frac{\partial u}{\partial r} - k u = S \frac{\partial u}{\partial t} - q. \quad (1.81)$$

Stromröhrenkonzept : Wir betrachten eine Stromröhre, d. h. einen Transportraum, der seitlich von Stromlinien begrenzt wird (s. Bild 1.15) und in dem keine Massen- bzw. Volumenstromquellen existieren. In einer solchen Stromröhre ist der Volumenstrom $\dot{V}$ konstant entlang der Koordinate x, d. h.

$$w(x) = \frac{\dot{V}}{A(x)} , \quad A(x) - \text{Querschnittsfläche}.$$

Die Zeit $d\tau$, die ein Stoffteilchen benötigt, um die Strecke dx zurückzulegen, ist

$$d\tau = \frac{S \, dx}{w(x)} = \frac{S \, A(x)}{\dot{V}} \, dx.$$

In einer Anzahl praktischer Fälle kann der dispersive Transport vernachlässigt werden ($D = 0$), ebenso der Abbauterm ($k = 0$), so daß (1.80) lautet

$$- w(x) \frac{\partial u}{\partial x} = S \frac{\partial u}{\partial t} - q$$

bzw.

$$- \frac{\partial u}{S \frac{\partial x}{w(x)}} = \frac{\partial u}{\partial t} - \frac{q}{S},$$

so daß sich formal schreiben läßt [1.15]:

$$- \frac{\partial u}{\partial \tau} = \frac{\partial u}{\partial t} - \frac{q}{S}. \quad (1.82)$$

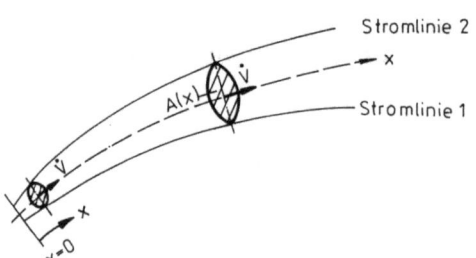

Bild 1.15. Stromröhre in einem zweidimensionalen Feld

1.9 Anfangs- und Randbedingungen

Die Lösung der Strömungs- und Transportgleichungen erfordert die Kenntnis von Bedingungen zu Beginn des Prozesses (in der Regel bei $t = 0$) und an den Rändern des betrachteten Raumes.

1.9.1 Anfangsbedingungen (AB)

Wir unterscheiden homogene bzw. inhomogene Anfangsbedingungen, je nach dem Grad der Ortsabhängigkeit. Die homogene Anfangsbedingung ist (s. Bild 1.16):

$$u(x,y,z,t) = u_a = \text{konst} \quad \text{für} \quad t = 0.$$

Durch Transformation der Lösungsfunktion

$$u^*(x,y,z,t) = u(x,y,z,t) - u_a$$

läßt sich die homogene Anfangsbedingung stets in der Form schreiben:

$$u(x,y,z,t) = 0 \quad \text{für} \quad t = 0 \qquad (1.83)$$

Die inhomogene Anfangsbedingung beinhaltet eine ortsabhängige Verteilung (s. Bild 1.16)

$$u(x,y,z,t) = u_a(x,y,z) \quad \text{für} \quad t = 0. \qquad (1.84)$$

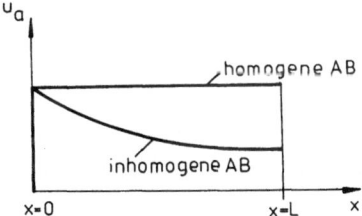

Bild 1.16. Homogene und inhomogene Anfangsbedingungen

1.9.2 Randbedingungen (RB) - Randwerte

Randbedingungen stellen die Kenntnis der Lösungsfunktion u bzw. ihrer Ableitungen an den Rändern des betrachteten Raumes dar. Als Randwerte bezeichnet man die Lösung der jeweiligen Aufgabe auf dem Rand. Wir unterscheiden Randbedingungen 1., 2. und 3. Art.

Randbedingungen 1. Art: Ist die Lösungsfunktion u auf dem Rand für alle Zeiten t bekannt, so liegt eine Randbedingung (RB) 1. Art vor:

$$u(x,y,z,t) = u_R(x,y,z,t) \quad \text{bei} \quad (x,y,z) = \text{Rand} \qquad (1.85)$$

Ist u_R zeitunabhängig, so nennt man die RB stationär.

Randbedingungen 2. Art : Im mathematischen Sinne sind RB 2. Art bekannte Normalenableitungen der Lösungsfunktion in der Form

$$\frac{\partial u(x,y,z,t)}{\partial n} = \text{vorgegebene Funktion bei } (x,y,z) = \text{Rand}$$

mit der Normalenrichtung n (s. Bild 1.17).

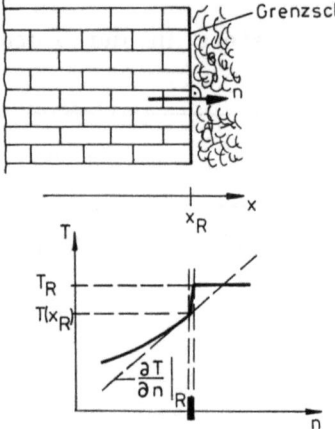

Bild 1.17. Wärmeübergang an einer Mauerwand; der Wärmestrom durch die Grenzschicht ist
$\dot{Q}_A = \alpha(T - T_R)$;
der in das Mauerwerk eindringende Wärmestrom ist
$\dot{Q}_A = -\lambda \frac{\partial T}{\partial n}\big|_{Rand}$

Physikalisch verbirgt sich in der Formulierung stets, daß der Strom (Wärmestrom, Massenstrom, Volumenstrom) über den Rand bekannt ist. Für die Wärmeleitung z. B. ist der Wärmestrom nach (1.1):

$$\dot{Q}_A = -\lambda \frac{\partial T}{\partial n} .$$

Falls wir am Rand diesen Strom kennen (die Wärmeleitfähigkeit muß zur Lösung der Aufgabe ohnehin bekannt sein), ist die RB 2. Art:

$$-\lambda \frac{\partial T}{\partial n}\big|_{Rand} = \dot{Q}_A\big|_{Rand} .$$

Für den Wärmetransport kann der Randwärmestrom noch einen konvektiven Anteil besitzen, so daß gilt:

$$-\lambda \frac{\partial T}{\partial n}\big|_{Rand} + (\rho c)_{Fl}\, w\, T\big|_{Rand} = \dot{Q}_A\big|_{Rand}. \tag{1.86}$$

Analoges gilt für den Stofftransport.

Wir schreiben die Randbedingungen 2. Art für die allgemeine Strömungsgleichung:

$$-D \frac{\partial u(x,y,z,t)}{\partial n}\bigg|_R = Q_A(x,y,z,t)\big|_R \text{ bei } (x,y,z) = \text{Rand} \tag{1.87}$$

wobei Q_A der allgemeine flächenbezogene Strom ist. Für die allgemeine Transportgleichung gilt:

$$-D\left.\frac{\partial u(x,y,z,t)}{\partial n}\right|_R = Q_A(x,y,z,t)\Big|_R - w\, u_R(x,y,z,t)$$
$$\text{bei } (x,y,z) = \text{Rand} \qquad (1.88)$$

In (1.87) und (1.88) sind die rechten Seiten jeweils bekannte Funktionen; sie stellen den Strom infolge Konduktion (Wärmeleitung, Diffusion, Dispersion) dar.

Randbedingungen 3. Art: Randbedingungen 3. Art (auch als gemischte RB bezeichnet) liegen vor, wenn weder Lösungsfunktion noch Normalenableitung gegeben sind, jedoch eine Linearkombination beider bekannt ist. Die physikalischen Sachverhalte, die zu solchen RB führen, sollen kurz erläutert werden.

Randbedingungen 3. Art bei der Wärmeleitung: Beim Übergang der Wärme von einem Medium in ein anderes, z.B. von der strömenden Außenluft in das Mauerwerk eines Gebäudes, bildet sich eine sehr dünne Grenzschicht aus, deren Wärmespeichervermögen vernachlässigbar klein ist, die jedoch einen wesentlichen Wärmeübergangswiderstand aufweisen kann. Der Kehrwert dieses Widerstandes heißt Wärmeübergangskoeffizient α und ist eine Funktion der Temperatur, der Strömungsgeschwindigkeit und anderer Stoffeigenschaften [1.16]. Aus der Gleichheit des Wärmestromes durch die Grenzschicht und des in den Wärmeleitraum eintretenden Stromes (Bild 1.17) folgt

$$-\lambda\left.\frac{\partial T(x,y,z,t)}{\partial n}\right|_R = \alpha\left(T(x,y,z,t)\Big|_R - T_R(x,y,z,t)\right)$$

bei (x,y,z) = Rand, so daß die RB formuliert wird zu

$$\frac{\lambda}{\alpha}\left.\frac{\partial T(x,y,z,t)}{\partial n}\right|_R + T(x,y,z,t)\Big|_R = T_R(x,y,z,t). \qquad (1.89)$$

Dabei ist T_R die am Außenrand vorgegebene Randtemperatur; $T(x,y,z,t)\big|_R$ ist aber die an der inneren Randfläche sich einstellende Temperatur (s. Bild 1.17).

Randbedingungen 3. Art bei der Filterströmung: Bei der Durchströmung poröser Medien können sehr dünne, aber wenig durchlässige Schichten entstehen. Wir können ihre Dicke gegenüber den Abmessungen des gesamten Strömungsraumes vernachlässigen, ebenso ihr Speichervermögen, nicht aber ihren Strömungswiderstand. Ein Beispiel zeigt Bild 1.18 mit der Kolmationsschicht in

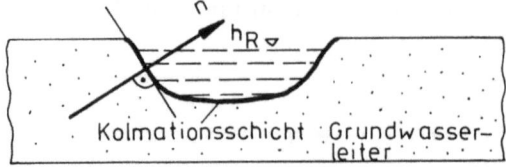

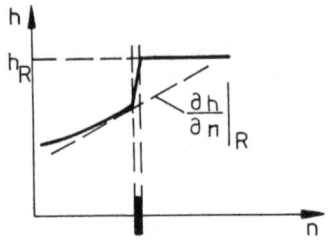

Bild 1.18. Uferfiltration aus einem Flußbett mit einer Kolmationsschicht

einem Flußbett (geringdurchlässige, dünne Schicht Uferschlamm) bei der Grundwasserströmung. Die Randbedingung ergibt sich aus der Gleichheit der Volumenströme $\dot{V}$ durch die Schicht und in den Grundwasserleiter zu:

$$\frac{k_f}{\alpha} \frac{\partial h(x,y,z,t)}{\partial n}\bigg|_R + h(x,y,z,t)\bigg|_R = h_R(x,y,z,t)$$

bei (x,y,z) = Rand mit α - Kolmationsfaktor.

Die Gl.(1.89) bzw. die letzte Gleichung können als allgemeine RB 3. Art für Strömungsvorgänge dargestellt werden:

$$\frac{D}{\alpha} \frac{\partial u(x,y,z,t)}{\partial n}\bigg|_R + u(x,y,z,t)\bigg|_R = u_R(x,y,z,t)$$

$$\text{bei } (x,y,z) = \text{Rand} \quad (1.90)$$

Die Funktion $u_R(x,y,z,t)$ ist die bekannte Randbedingung, zu der jedoch immer auch die Kenntnis des Übergangskoeffizienten α gehört.
Randbedingungen 3. Art bei Transportprozessen: Beim Transport können Wärme bzw. Stoff sowohl durch Leitung/Diffusion/Dispersion als auch durch Konvektion über den Rand fließen. Im Gegensatz zur RB 2. Art, bei der der Konvektionsanteil bekannt ist (z. B. auf dem Einströmungsrand), ist jetzt nur der Gesamtstrom Q_A bekannt (z.B. am ausströmenden Rand). Aus (1.88) folgt die allgemeine Formulierung einer RB 3. Art:

$$-D \frac{\partial u(x,y,z,t)}{\partial n}\bigg|_R - w\, u(x,y,z,t)\bigg|_R = Q_A(x,y,z,t)\bigg|_R$$

$$\text{bei } (x,y,z) = \text{Rand} \quad (1.91)$$

Die Funktion $Q_A(x,y,z,t)|_R$ ist die bekannte Randbedingung in der Bedeutung eines Stromes je Flächeneinheit. Sehr oft wird dieser Strom ersetzt durch
$$Q_A|_R = w\, u_R \quad \text{bzw.} \quad |Q_A|_{Rand} = w_n\, u_R,$$
wobei w_n die Geschwindigkeitskomponente senkrecht zur Randfläche und u_R die bekannte Randbedingung sind.

Diskussion der Randbedingungswahl für Transportprozesse : Bei Transportprozessen ist die physikalisch richtige Wahl der Randbedingungsart oft problematisch. Randbedingungen 2. Art sind nur dann sinnvoll, wenn der Konvektionsterm am Rand vernachlässigbar klein ist ($w_n = 0$). Die Entscheidung, ob in einem konkreten Fall die physikalische Wirklichkeit besser durch eine Randbedingung 1. Art oder 3. Art widergespiegelt wird, hängt von der Art des Prozesses am Rand und von der Definition der Lösungsfunktion u ab.

An einem Einströmungsrand wirken in der Regel beide Mechanismen (Konduktion und Konvektion), so daß eine Randbedingung 3. Art real erscheint. Falls der konvektive Transport überwiegt, ist die Randbedingung 1. Art eine gute Näherung des Prozesses der Einströmung (s. Gl.(1.91) mit $D = 0$). Diese Näherung ist insbesondere dann sinnvoll, wenn in D die Dispersion enthalten ist. Da die Dispersion ihre Ursache in der statistischen Verteilung der Geschwindigkeit w hat (s. Abschn. 1.4.1), entfällt die Dispersion am Einströmungsrand, weil dort die Geschwindkeit noch keine Streuung aufweist (s. auch Gl. (1.48) für $x = 0$).

Am Ausströmungsrand ist die Vorgabe eines physikalisch sinnvollen Stromes $Q_A|_R$ nach (1.91) im allgemeinen nicht möglich, es sei denn, der Ausströmungsrand liege im Unendlichen. Liegt der Ausströmungsrand im Endlichen und ist die konvektive Geschwindigkeit nicht vernachlässigbar klein, dann bilden weder Randbedingungen 1. Art noch 3. Art die physikalische Wirklichkeit richtig ab. In [1.17] wird die sogenannte *Transmissions-Randbedingung* vorgeschlagen, deren physikalischer Inhalt darin besteht, daß der aus dem Inneren ankommende Konduktions- Diffusionsstrom auch über den Rand ausfließt, also
$$-D\frac{\partial u}{\partial x}\bigg|_{x=L-0} = -D\frac{\partial u}{\partial x}\bigg|_{x=L+0},$$
wobei $L-0$ die nach Innen zeigende Seite des Randes $x = L$ und $L+0$ die nach Außen zeigende Seite ist.

Die mathematische Formulierung ist dann

$$\boxed{\operatorname{div}(D\operatorname{grad} u) = 0 \text{ bei } (x, y, z) = \text{Rand}} \qquad (1.92)$$

bzw. für den eindimensionalen Fall

$$\left.\frac{\partial^2 u}{\partial x^2}\right|_{x=R} = 0.$$

In [1.18] wird gezeigt, daß die Definition der Lösungsfunktion u, d. h. der Temperatur bzw. der Konzentration, Einfluß auf die Wahl der Randbedingung hat. Die übliche Definition betrachtet die Lösungsfunktion u im Kontinuum, so daß sie in jedem Punkt des Transportraumes berechenbar (und auch meßbar) ist. Für diese Voraussetzung gelten die obigen Ausführungen.

Sehr oft wird aber bei Transportprozessen im Labor oder in Reaktoren eine mittlere Temperatur/Konzentration betrachtet, die sich aus der Wärmemenge/Stoffmenge ergibt, welche mit dem Fluidvolumenstrom in einer Zeiteinheit eine gegebene Querschnittsfläche (z. B. den Ausströmungsrand) passiert. Diese flußbezogene Lösungsfunktion u_f berechnet sich aus

$$\mathbf{w}\, u_f = \mathbf{Q}_A \quad \text{mit} \quad \mathbf{Q}_A = -D\frac{\partial u}{\partial n} + \mathbf{w}\, u \tag{1.93}$$

und im eindimensionalen Fall nach

$$u_f = u - \frac{D}{w_x}\frac{\partial u}{\partial x}. \tag{1.94}$$

Es ist leicht zu zeigen, daß eine Randbedingung 3. Art für u übergeht in eine Randbedingung 1. Art für u_f und umgekehrt.

1.9.3 Randbedingungen im Unendlichen

Sehr häufig wird eine Randbedingung an einem Ort definiert, der unendlich weit entfernt ist, z. B. bei $x = \infty$. Das ist immer dann sinnvoll, wenn die Erstreckung des Gebietes in dieser Richtung so groß ist, daß im Berechnungszeitraum $0 \leq t \leq t_{max}$ keinerlei Einflüsse aus dem Inneren des Gebietes diesen äußeren Rand erreichen werden.

Für Strömungs- und Transportprozesse bedeutet es, daß der Strom über den äußeren Rand unveränderlich und gleich dem Wert im Anfangszustand ist, d. h.

$$\mathbf{Q}_A(x,y,z,t) \equiv \mathbf{Q}_A(x,y,z,t=0) \tag{1.95}$$

bei (x,y,z) = Rand im Unendlichen, wobei der Strom endlich groß bleiben muß. Zur Erfüllung dieser Bedingung genügt es, die Endlichkeit der Variablen u (RB 1. Art), ihrer Normalenableitung $\frac{\partial u}{\partial n}$ (RB 2. Art) oder einer Linearkombination (RB 3. Art) zu verlangen.

Sowohl für Strömungs- als auch für Transportprobleme kann man für einen Rand im Unendlichen die folgenden Randbedingungen als äquivalent betrachten:

- RB 1. Art nach (1.85)
$$|u(x,y,z,t)| = u_R < \infty, \qquad (1.96a)$$
- RB 2. Art nach (1.87) bzw. (1.88)
$$\left| D \frac{\partial u(x,y,z,t)}{\partial n} \right| = |Q_A| < \infty, \qquad (1.96b)$$
- RB 3. Art nach (1.90) bzw. (1.91)
$$\left| -\frac{D}{\alpha} \frac{\partial u(x,y,z,t)}{\partial n} + u(x,y,z,t) \right| = u_R < \infty \qquad (1.96c)$$
bzw.
$$\left| -D \frac{\partial u(x,y,z,t)}{\partial n} + w_n u(x,y,z,t) \right| = |Q_A| < \infty, \qquad (1.96d)$$
wobei (x,y,z) = Rand im Unendlichen ist.

In den Gln.(1.96) sind die Größen u_R und $|Q_A|$ beliebige Konstanten. In der Regel wählt man $u_R = 0$, $|Q_A| = 0$.

1.9.4 Randwert- und Anfangs-Randwertprobleme

Die in Abschnitt 1.8 beschriebenen Differentialgleichungen sind nur lösbar mit den oben erläuterten Anfangs- und Randbedingungen. Unter einem Randwertproblem versteht man die entsprechende Differentialgleichung mit den zugehörigen Randbedingungen. Randwertaufgaben sind meist stationäre Vorgänge, bei denen eine Anfangsbedingung physikalisch ohne Einfluß ist, z. B. ein Strömungsvorgang nach unendlich langer Zeit. Als Beispiel wird das Randwertproblem der eindimensionalen, stationären Strömung mit Randbedingungen 1. Art formuliert.

DG: $\dfrac{d^2 u}{d x^2} = -\dfrac{q}{D}$ RB: $u = u_o$ bei $x = 0$

$\phantom{DG: \dfrac{d^2 u}{d x^2} = -\dfrac{q}{D}\ \ \ \text{RB:}\ }\ u = u_L$ bei $x = L$

Anfangs-Randwertprobleme ergeben sich für instationäre Strömungs- und Transportprozesse. Sie bestehen aus der Differentialgleichung mit den die Aufgabe charakterisierenden Anfangs- und Randbedingungen. Ein typisches Anfangs-Randwertproblem ist der eindimensionale Transport mit Randbedingungen 1. Art:

> DG: $D \dfrac{\partial^2 u}{\partial x^2} - w \dfrac{\partial u}{\partial x} - ku = S \dfrac{\partial u}{\partial t} - q$
>
> AB: $u = 0$ für $t = 0$ und $x > 0$
>
> RB: $u = u_o$ bei $x = 0$ und $t > 0$
>
> $|u| = u_L < \infty$ bei $x = \infty$ und $t > 0$

In den nachfolgenden Abschnitten werden die Problemstellungen stets in dieser Form angegeben.

2 Einige Lösungsmethoden für Differentialgleichungen

Nachdem in den vorangegangenen Abschnitten die physikalischen Grundlagen der Strömung und des Transportes behandelt wurden, sollen nun einige mathematische Verfahren zur Lösung von *gewöhnlichen* und *partiellen* Differentialgleichungen vorgestellt werden. Dabei gehen wir aber nur auf die Methoden ein, die auch in den nachfolgenden Abschnitten benutzt werden. Den interessierten Leser verweisen wir auf folgende Standardwerke:
- Abschnitte 2.1 und 2.2: [2.1] bis [2.4];
- Abschnitt 2.3: [2.5] bis [2.7];
- Abschnitt 2.4: [2.8] bis [2.12].

2.1 Gewöhnliche Differentialgleichungen 1. und 2. Ordnung

Die Theorie der Lösung von gewöhnlichen Differentialgleichungen wird ausführlich behandelt, weil sie auch die Grundlage für die Lösung von partiellen Differentialgleichungen bildet.

2.1.1 Differentialgleichungen 1. Ordnung

Die lineare Differentialgleichung 1. Ordnung hat die Form

$$\frac{du}{dx} + f(x)u = g(x) \tag{2.1}$$

Gesucht ist eine Funktion $u(x)$, die in einem Intervall $x_0 \leq x \leq L$ der Differentialgleichung (2.1) genügt. Unter sehr allgemeinen Bedingungen existiert für lineare gewöhnliche Differentialgleichungen immer eine Lösung. Man multipliziert die Differentialgleichung (2.1) mit dem *integrierenden Faktor* $\exp(\int f(x)dx)$ und erhält:

$$\frac{d}{dx}\left(u\, e^{\int f(x)dx} \right) = g(x)\, e^{\int f(x)dx}.$$

Die Integration ergibt

$$u(x) = e^{-\int f(x)dx} \left(\int g(x) e^{\int f(x)dx}\, dx + B \right) \qquad (2.2)$$

Dabei bezeichnet B eine willkürliche Konstante.

In vielen Fällen sucht man nicht die allgemeine Lösung von (2.1), sondern eine Funktion $u(x)$, die bei $x = x_0$ einen vorgegebenen Wert $u(x_0) = u_0$ annimmt. Dieses Problem läßt sich lösen, indem man in (2.2) die unbestimmten durch bestimmte Integrale ersetzt und die Konstante B so bestimmt, daß $u(x_0) = u_0$ ist:

$$u(x) = e^{-\int_{x_0}^{x} f(\xi)d\xi} \left(\int_{x_0}^{x} g(\xi) \exp\left(\int_{x_0}^{\xi} f(\eta)d\eta \right) d\xi + u_0 \right) \qquad (2.3)$$

Nun kann die stationäre Lösung der Transportgleichung (1.80) bei vernachlässigbarer Dispersion in kartesischen Koordinaten sofort angegeben werden:

$$\text{DG:} \quad w\frac{du}{dx} + k\,u = q(x)$$
$$\text{RB:} \quad u = u_0 \text{ bei } x = x_0$$

$$u(x) = u_0\, e^{-\frac{k}{w}(x-x_0)} + \frac{1}{w}\int_{x_0}^{x} q(\xi)\, e^{-\frac{k}{w}(x-\xi)}\, d\xi \qquad (2.4)$$

2.1.2 Differentialgleichungen 2. Ordnung

Auch die lineare Differentialgleichung 2. Ordnung mit konstanten Koeffizienten kann durch *Quadratur* gelöst werden. Wenn jedoch die Koeffizienten von der unabhängigen Veränderlichen abhängen, ist das i. allg. nicht der Fall und es müssen andere Lösungsmethoden angewendet werden.

Konstante Koeffizienten: Die stationäre Strömungsgleichung (1.70) und die stationäre Transportgleichung (1.80) in kartesischen Koordinaten sind Beispiele für lineare Differentialgleichungen 2. Ordnung mit konstanten Koeffizienten:

$$D \frac{d^2 u}{dx^2} - w \frac{du}{dx} - k u = - q(x) \qquad (2.5)$$

Wir setzen voraus, daß $D > 0$ und $k \geq 0$ ist. Die Gleichung (2.5) kann auch in der Form

$$\left(\frac{d}{dx} - \mu_1\right)\left(\frac{d}{dx} - \mu_2\right) u = - \frac{q(x)}{D}$$

bzw.

$$\frac{d^2 u}{dx^2} - (\mu_1 + \mu_2) \frac{du}{dx} + \mu_1 \mu_2 u = - \frac{q(x)}{D}$$

geschrieben werden. Der Koeffizientenvergleich ergibt:

$$\mu_1 = \frac{1}{2D} \left(w + \sqrt{w^2 + 4kD} \right),$$
$$\mu_2 = \frac{1}{2D} \left(w - \sqrt{w^2 + 4kD} \right).$$

Wenn man

$$\left(\frac{d}{dx} - \mu_2\right) u = v(x) \qquad (2.6)$$

setzt, erhält man eine Differentialgleichung 1. Ordnung für $v(x)$:

$$\frac{dv}{dx} - \mu_1 v = - \frac{q(x)}{D},$$

deren Lösung im vorangegangenen Abschnitt bestimmt wurde:

$$v(x) = e^{\mu_1 x} \left(B_1 - \frac{1}{D} \int q(x) e^{-\mu_1 x} dx \right). \qquad (2.7)$$

Einsetzen von $v(x)$ in die Differentialgleichung 1. Ordnung (2.6) und die Integration gemäß (2.2) ergibt:

$$u(x) = e^{\mu_2 x} \left(B_2 + \int v(x) e^{-\mu_2 x} dx \right)$$
$$= e^{\mu_2 x} \left[B_2 + B_1 \int e^{(\mu_1 - \mu_2) x} dx \right.$$
$$\left. - \int \left(e^{(\mu_1 - \mu_2) x} \frac{1}{D} \int^x q(\xi) e^{-\mu_1 \xi} d\xi \right) dx \right].$$

Eine für den praktischen Gebrauch günstigere Form erhält man durch partielle Integration des Doppelintegrals:

$$u(x) = e^{\mu_2 x} \left[B_2 + B_1 \int e^{(\mu_1 - \mu_2)x} \, dx \right.$$
$$- \int e^{(\mu_1 - \mu_2)x} \, dx \, \frac{1}{D} \int q(x) e^{-\mu_1 x} \, dx$$
$$\left. + \frac{1}{D} \int \left(q(x) e^{-\mu_1 x} \int^x e^{(\mu_1 - \mu_2)\xi} \, d\xi \right) dx \right].$$

Es müssen nun zwei Fälle unterschieden werden:
- Transportgleichung ($\mu_1 \neq \mu_2$):

$$u(x) = \left[B_1 - \frac{1}{\mu_1 - \mu_2} \int \frac{q(x)}{D} e^{-\mu_1 x} \, dx \right] e^{\mu_1 x} +$$
$$\left[B_2 - \frac{1}{\mu_1 - \mu_2} \int \frac{q(x)}{D} e^{-\mu_2 x} \, dx \right] e^{\mu_2 x} \quad (2.8)$$

- stationäre Strömungsgleichung ($\mu_1 = \mu_2 = 0$):

$$u(x) = B_1 x + B_2 - \left(x \int \frac{q(x)}{D} \, dx - \int \frac{q(x)}{D} x \, dx \right) \quad (2.9)$$

Wegen $D > 0$ und $k \geq 0$ braucht der Fall $\mu_1 = \mu_2 \neq 0$ nicht betrachtet zu werden. Die beiden Konstanten B_1 und B_2 können nun wieder durch Anfangsbedingungen festgelegt werden, wobei aber neben dem Funktionswert auch die Ableitung vorgegeben werden muß. Für unsere Anwendungen interessanter ist die Vorgabe von Randbedingungen.

Randbedingungen bei gewöhnlichen Differentialgleichungen: Gesucht ist die Funktion $u(x)$, für die an den Stellen $x = x_0$ und $x = L$ Funktionswerte, Ableitungen oder eine Linearkombination von Funktionswert und Ableitung vorgegeben sind (Randbedingungen 1., 2. oder 3. Art). Als Anwendung soll die Lösung des stationären Randwertproblems für die Strömung

$$\text{DG}: \quad \frac{d^2 u}{dx^2} = - \frac{q(x)}{D}$$
$$\text{RB}: \quad \frac{du}{dx} = - \frac{Q_A}{D} \quad \text{bei } x = x_0 = 0$$
$$u = u_L \quad \text{bei } x = L \quad (2.10)$$

berechnet werden. Wenn man in (2.9) wieder die unbestimmten durch bestimmte Integrale ersetzt:

$$u(x) = B_1 x + B_2 - \frac{1}{D} \left(x \int_0^x q(\xi) \, d\xi - \int_0^x q(\xi) \xi \, d\xi \right)$$

diese Gleichung differenziert:

$$\frac{du}{dx} = B_1 - \frac{1}{D}\int_0^x q(\xi)\,d\xi$$

und die Randbedingungen einsetzt, erhält man:

$$B_1 = -\frac{Q_A}{D},$$

$$B_2 = u_L + \frac{Q_A}{D}L + \frac{1}{D}\left(L\int_0^L q(\xi)\,d\xi - \int_0^L q(\xi)\xi\,d\xi\right).$$

Damit wird

$$u(x) = u_L + \frac{Q_A}{D}(L-x) + \frac{1}{D}\left[(L-x)\int_0^x q(\xi)\,d\xi + \int_x^L (L-\xi)q(\xi)\,d\xi\right] \quad (2.11)$$

Diese Lösung kann man auch in der Form

$$u(x) = u_L + \frac{Q_A}{D}(L-x) + \int_0^L G(x,\xi)\frac{q(\xi)}{D}\,d\xi$$

mit

$$G(x,\xi) = \begin{cases} L-x & \text{für } x \leq \xi \\ L-\xi & \text{für } x \geq \xi \end{cases}$$

darstellen. Die Funktion $G(x,\xi)$ wird als Greensche Funktion bezeichnet. Sie spielt eine besondere Rolle bei theoretischen Untersuchungen, da mit ihrer Hilfe eine partielle Differentialgleichung in eine äquivalente Integralgleichung überführt werden kann.

Differentialgleichung ohne u(x)-Term: Eine Lösung der linearen Differentialgleichung 2. Ordnung durch Quadratur ist auch möglich, wenn die Koeffizienten von der unabhängigen Variablen x abhängen. In diesem Falle darf die Differentialgleichung aber die gesuchte Funktion $u(x)$ nicht enthalten:

$$\frac{d^2u}{dx^2} + f(x)\frac{du}{dx} = g(x) \quad (2.12)$$

Für die Ableitung bekommt man nach (2.2)

$$\frac{du}{dx} = e^{-\int f(x)\,dx}\left(\int g(x)\,e^{\int f(x)\,dx}\,dx + B_1\right)$$

und durch nochmalige Integration

$$u(x) = \int e^{-\int f(x)\,dx}\left(\int g(\xi)\,e^{\int f(\eta)\,d\eta}\,d\xi + B_1\right)dx + B_2 \quad (2.13)$$

Für die Strömungsgleichung in Zylinderkoordinaten (1.71),

$$\frac{D}{r}\frac{d}{dr}\left(r\frac{du}{dr}\right) = -q(r),$$

die man auch direkt integrieren könnte, ist $f(r) = r$ und $g(r) = -q(r)/D$, so daß

$$u(r) = \int \frac{1}{r}\left(-\int^r \frac{q(\xi)}{D}\xi\,d\xi + B_1\right)dr + B_2.$$

Durch partielle Integration kann das Doppelintegral in zwei einfache Integrale überführt werden:

$$u(r) = B_1 \ln r + B_2 - \frac{1}{D}\left(\ln r \int q(r)\,r\,dr - \int \ln r \; q(r)\,r\,dr\right) \quad (2.14)$$

Die Methode der unbestimmten Koeffizienten: Die allgemeine funktionentheoretische Begründung dieses Verfahrens geht auf Frobenius (vgl. [2.2]) zurück. Mit Hilfe dieser Methode ist die Lösung der linearen Differentialgleichung

$$D(x)\frac{d^2u}{dx^2} - w(x)\frac{du}{dx} - k(x)\,u = -q(x)$$
$$D(x) = \sum_{\mu=0}^{\infty} d_\mu x^\mu, \quad w(x) = \sum_{\mu=0}^{\infty} w_{\mu-1} x^{\mu-1}, \quad k(x) = \sum_{\mu=0}^{\infty} k_{\mu-2} x^{\mu-2} \quad (2.15)$$

möglich, wobei aber für die praktische Anwendung $D(x)$, $w(x)$ und $k(x)$ Polynome möglichst niedriger Ordnung sein sollten.

Die Lösung der homogenen Gleichung (2.15) wird in der Form der verallgemeinerten Taylor-Reihe

$$u(x) = x^\rho \sum_{\mu=0}^{\infty} a_\mu x^\mu$$

gesucht, wobei ρ und a_1, a_2, ... unbekannt sind und a_0 als von Null verschieden vorausgesetzt werden kann. Wenn man nun diese Reihe differenziert und in die Gleichung (2.15) einsetzt, erhält man:

$$D(x)\sum_{\mu=0}^{\infty}(\rho+\mu-1)(\rho+\mu)a_\mu x^{\rho+\mu-2}$$
$$-w(x)\sum_{\mu=0}^{\infty}(\rho+\mu)a_\mu x^{\rho+\mu-1} - k(x)\sum_{\mu=0}^{\infty} a_\mu x^{\rho+\mu} = 0.$$

Für D, w und k konstant, kennen wir die Lösung (vgl. (2.8) und (2.9)). Einsetzen der Polynome D, w und k und die Umordnung nach

Potenzen von x ergibt:

$$\sum_{\lambda=0}^{\infty} \sum_{\nu=0}^{\lambda} \left[d_{\lambda-\nu}(\rho+\nu)(\rho+\nu-1) - w_{\lambda-\nu-1}(\rho+\nu) - k_{\lambda-\nu-2} \right] a_\nu x^{\rho+\lambda-2} = 0,$$

woraus

$$\sum_{\nu=0}^{\lambda} \left[d_{\lambda-\nu}(\rho+\nu)(\rho+\nu-1) - w_{\lambda-\nu-1}(\rho+\nu) - k_{\lambda-\nu-2} \right] a_\nu = 0, \quad \lambda = 0, 1, 2, \ldots \quad (2.16)$$

folgt. Für $\lambda = 0$ erhält man wegen $a_0 \neq 0$ die *determinierende Gleichung*

$$d_0 \rho(\rho-1) - w_{-1} \rho - k_{-2} = 0 \tag{2.17}$$

zur Bestimmung von ρ. Es sind nun drei Fälle zu unterscheiden:
- Die beiden Wurzeln ρ_1 und ρ_2 sind verschieden voneinander und (2.16) erlaubt die Konstruktion von zwei linear unabhängigen Lösungen ($i = 1, 2$):

$$u_i(x) = x^{\rho_i} \sum_{\nu=0}^{\infty} a_\nu(\rho_i) x^\nu . \tag{2.18}$$

$$\left[d_0(\rho_i+\lambda)(\rho_i+\lambda-1) - w_{-1}(\rho_i+\lambda) - k_{-2} \right] a_\lambda(\rho_i) =$$

$$-\sum_{\nu=0}^{\lambda-1} \left[d_{\lambda-\nu}(\rho_i+\nu)(\rho_i+\nu-1) - w_{\lambda-\nu-1}(\rho_i+\nu) - k_{\lambda-\nu-2} \right] a_\nu(\rho_i). \tag{2.19}$$

Die letzte Formel ermöglicht i. allg. die sukzessive Berechnung der $a_\lambda(\rho_i)$ für $\lambda = 1, 2, 3, \ldots$ $a_0(\rho_i)$ ist eine willkürlichen Konstante und wird meist Eins gesetzt.
- Die beiden Wurzeln ρ_1 und ρ_2 sind gleich. Die Formel (2.16) erlaubt dann die Konstruktion einer Lösung

$$u_1(x) = x^{\rho_1} \sum_{\nu=0}^{\infty} a_\nu(\rho_1) x^\nu$$

mit $a_\nu(\rho_1)$ nach (2.19). Die zweite, linear unabhängige Lösung ist

$$u_2(x) = u_1(x) \ln x + x^{\rho_1} \sum_{\nu=0}^{\infty} b_\nu(\rho_1) x^\nu . \tag{2.20}$$

Wenn man diese Formel in die homogene Differentialgleichung (2.15) einsetzt und beachtet, daß $u_1(x)$ eine Lösung dieser homogenen Differentialgleichung ist, bekommt man nach Umordnung nach Potenzen von x

$$\sum_{\lambda=0}^{\infty} \sum_{\nu=0}^{\lambda} \Big\{ \left[d_{\lambda-\nu}(2(\rho_1+\nu)-1) - w_{\lambda-\nu-1} \right] a_\nu(\rho_1)$$

$$+ \left[d_{\lambda-\nu}(\rho_1+\nu)(\rho_1+\nu-1) - w_{\lambda-\nu-1}(\rho_1+\nu) - k_{\lambda-\nu-2} \right] b_\nu(\rho_1) \Big\} x^{\rho_1+\lambda-2} = 0.$$

Für $\lambda = \nu = 0$ sind die Ausdrücke in beiden eckigen Klammern Null, so daß $b_0(\rho_1)$ Eins gesetzt werden kann. Die Koeffizienten $b_\lambda(\rho_1)$ können wieder sukzessiv bestimmt werden:

$$[d_0(\rho_1+\lambda)(\rho_1+\lambda-1) - w_{-1}(\rho_1+\lambda) - k_{-2}] b_\lambda(\rho_1) =$$
$$-[d_0(2(\rho_1+\lambda)-1) - w_{-1}] a_\lambda(\rho_1)$$
$$-\sum_{\nu=0}^{\lambda-1}\{[d_{\lambda-\nu}(\rho_1+\nu)(\rho_1+\nu-1) - w_{\lambda-\nu-1}(\rho_1+\nu) - k_{\lambda-\nu-2}] b_\nu(\rho_1)$$
$$+[d_{\lambda-\nu}(2(\rho_1+\nu)-1) - w_{\lambda-\nu-1}] a_\nu(\rho_1)\}. \qquad (2.21)$$

- Die beiden Wurzeln ρ_1 und ρ_2 unterscheiden sich um eine ganze Zahl und Formel (2.19) ermöglicht nur die Konstruktion einer Lösung, weil für die zweite Lösung der Faktor

$$d_0(\rho_2+\lambda)(\rho_2+\lambda-1) - w_{-1}(\rho_2+\lambda) - k_{-2} = d_0\rho_1(\rho_1-1) - w_{-1}\rho_1 - k_{-2} = 0$$

benötigt wird und Null ist. In [2.2] wird gezeigt, daß auch in diesem Spezialfall mit Hilfe des Logarithmus eine zweite, linear unabhängige Lösung konstruiert werden kann.

Um die allgemeine Lösung von (2.15) zu bestimmen, benötigt man noch eine spezielle Lösung der inhomogenen Differentialgleichung. Diese wird durch *Variation der Konstanten* (vgl. [2.13]) ermittelt:

$$u(x) = B_1(x) u_1(x) + B_2(x) u_2(x).$$

Die Funktionen $B_1(x)$ und $B_2(x)$ können durch Integration bestimmt werden:

$$B_1(x) = -\int \frac{u_2(x) q(x)}{D(x) W(x)} dx, \quad B_2(x) = \int \frac{u_1(x) q(x)}{D(x) W(x)} dx.$$

Dabei bezeichnet $W(x)$ die Wronskische Determinante

$$W(x) = u_1(x) \frac{du_2}{dx} - u_2(x) \frac{du_1}{dx}, \qquad (2.22)$$

die für zwei linear unabhängige Funktionen immer verschieden von Null ist. Damit ist die allgemeine Lösung von (2.15) gefunden:

$$u(x) = \left[B_1 - \int \frac{u_2(x) q(x)}{D(x) W(x)} dx\right] u_1(x) +$$
$$\left[B_2 + \int \frac{u_1(x) q(x)}{D(x) W(x)} dx\right] u_2(x) \qquad (2.23)$$

mit $u_1(x)$ nach (2.18) und $u_2(x)$ nach (2.18) oder (2.20). B_1 und B_2 bezeichnen nun wieder zwei willkürliche Konstanten.

Strömungsgleichung für Kugelsymmetrie im Laplace-Bereich: Als erste Anwendung soll mit der Methode der unbestimmten Koeffizienten die kugelsymmetrische Strömungsgleichung (1.72) im Laplace-Bereich (vgl. auch Abschnitt 2.3) gelöst werden:

$$\frac{d^2\bar{u}}{dr^2} + \frac{2}{r}\frac{d\bar{u}}{dr} - \frac{s}{a}\bar{u} = -\frac{q(r)}{D} \qquad (2.24)$$

Die Koeffizienten der drei Polynome (2.15) sind

$$d_0 = 1, \quad w_{-1} = -2, \quad k_0 = \frac{s}{a},$$

so daß die determinierende Gleichung (2.17)

$$\rho(\rho-1) + 2\rho = 0$$

die Wurzeln $\rho_1 = 0$ und $\rho_2 = -1$ besitzt. (2.19) hat für ρ_1 die Form

$$\lambda(\lambda+1)\, a_\lambda(0) = \frac{s}{a}\, a_{\lambda-2}(0).$$

Folglich wird

$$a_0(0) = 1, \quad a_2(0) = \frac{1}{3!}\frac{s}{a}, \quad a_4(0) = \frac{1}{5!}\left(\frac{s}{a}\right)^2, \ldots,$$

$$a_{2\nu}(0) = \frac{1}{(2\nu+1)!}\left(\frac{s}{a}\right)^\nu$$

und alle ungeraden $a_{2\nu+1}$ sind Null. Als erste Fundamentallösung erhält man so die Reihe

$$\bar{u}_1(r) = 1 + \frac{1}{3!}(pr)^2 + \frac{1}{5!}(pr)^4 + \frac{1}{7!}(pr)^6 + \ldots \longrightarrow \frac{\sinh pr}{r}$$

mit

$$p = \sqrt{\frac{s}{a}}.$$

Beim Übergang von der Potenzreihe zur Funktion wurde der Faktor $1/p$ weggelassen. Für $\rho_2 = -1$ ergibt sich

$$\lambda(\lambda-1)\, a_\lambda(-1) = \frac{s}{a}\, a_{\lambda-2}(-1),$$

$$a_0(-1) = 1, \quad a_2(-1) = \frac{1}{2!}\frac{s}{a}, \quad a_4(-1) = \frac{1}{4!}\left(\frac{s}{a}\right)^2, \ldots,$$

$$a_{2\nu}(-1) = \frac{1}{(2\nu)!}\left(\frac{s}{a}\right)^\nu$$

und wieder sind alle ungeraden $a_{2\nu+1}$ gleich Null, so daß die zweite, linear unabhängige Lösung

$$\bar{u}_2(r) = \frac{1}{r}\left[1 + \frac{1}{2!}(pr)^2 + \frac{1}{4!}(pr)^4 + \frac{1}{6!}(pr)^6 + \ldots\right]$$

$$\longrightarrow \frac{\cosh pr}{r}$$

ist. Damit kennen wir die allgemeine Lösung der homogenen Differentialgleichung (2.24):

$$\bar{u}(r) = B_1' \frac{\sinh pr}{r} + B_2' \frac{\cosh pr}{r} = B_1 \frac{e^{+pr}}{r} + B_2 \frac{e^{-pr}}{r}.$$

Da die Wronskische Determinante

$$W(r) = \frac{e^{+pr}}{r}\left[-\frac{p}{r} - \frac{1}{r^2}\right]e^{-pr} - \frac{e^{-pr}}{r}\left[\frac{p}{r} - \frac{1}{r^2}\right]e^{+pr} = 2\frac{p}{r}$$

ist, ergibt sich als Lösung von (2.24)

$$\bar{u}(r) = \left[B_1 - \frac{1}{2Dp}\int e^{-pr} q(r) r\, dr\right]\frac{e^{+pr}}{r}$$
$$+ \left[B_2 + \frac{1}{2Dp}\int e^{+pr} q(r) r\, dr\right]\frac{e^{-pr}}{r} \qquad (2.25)$$

Zur gleichen Lösung kann man auch gelangen, wenn man in (2.24) $\bar{u}(r) = \bar{u}^*(r)/r$ setzt und die Lösung (2.8) benutzt.

Strömungsgleichung für Zylindersymmetrie im Laplace-Bereich:
Die Differentialgleichung für die zylindersymmetrische Strömung hat im Laplace-Bereich die Form

$$\frac{d^2\bar{u}}{dr^2} + \frac{1}{r}\frac{d\bar{u}}{dr} - \frac{s}{a}\bar{u} = -\frac{q(r)}{D} \qquad (2.26)$$

Die Koeffizienten der drei Polynome (2.15) sind

$$d_0 = 1,\ w_{-1} = -1,\ k_0 = \frac{s}{a}.$$

Die determinierende Gleichung

$$\rho(\rho-1) + \rho = 0$$

hat deshalb die Doppelwurzel $\rho = 0$. Als erste Lösung erhalten wir nach (2.19)

$$\lambda^2 a_\lambda(0) = \frac{s}{a} a_{\lambda-2}(0),$$

so daß

$$a_0(0) = 1,\ a_2(0) = \frac{1}{2^2}\frac{s}{a},\ a_4(0) = \frac{1}{2^2 4^2}\left(\frac{s}{a}\right)^2, \ldots,$$
$$a_{2\nu}(0) = \frac{1}{\nu!^2}\frac{1}{2^{2\nu}}\left(\frac{s}{a}\right)^\nu$$

und alle ungeraden $a_{2\nu+1}$ gleich Null sind. Diese Lösung bezeichnet man als *modifizierte Bessel-Funktion 1. Art, 0. Ordnung*:

$$I_0(pr) = \sum_{\nu=0}^{\infty} \frac{1}{\nu!^2} \left(\frac{pr}{2}\right)^{2\nu} \quad (2.27)$$

mit $p = \sqrt{s/a}$. Die zweite Fundamentallösung ergibt sich nach (2.21):

$$\lambda^2 b_\lambda(0) = -2\lambda a_\lambda(0) + \frac{s}{a} b_{\lambda-2}(0),$$

$$b_0(0) = 1, \; b_2(0) = 0, \; b_4(0) = -\frac{1}{2^2 4^2}\left(\frac{1}{2}\right)\left(\frac{s}{a}\right)^{2\nu},$$

$$b_6(0) = -\frac{1}{2^2 4^2 6^2}\left(\frac{1}{2}+\frac{1}{3}\right)\left(\frac{s}{a}\right)^4, \ldots,$$

$$b_{2\nu}(0) = -\frac{1}{\nu!^2} \frac{1}{2^{2\nu}} \left(\frac{1}{2} + \frac{1}{3} + \ldots + \frac{1}{\nu}\right) \left(\frac{s}{a}\right)^\nu$$

und alle ungeraden $b_{2\nu+1}$ gleich Null. Nach (2.20) ist die zweite, linear unabhängige Lösung der Strömungsgleichung (2.26)

$$\bar{u}_2(pr) = I_0(pr) \ln pr + \sum_{\nu=0}^{\infty} b_\nu(0) \, (pr)^\nu.$$

Damit die zweite Lösung für $r \to \infty$ gegen Null strebt, ist es zweckmäßig, als zweite Fundamentallösung die Linearkombination

$$K_0(pr) = (\ln 2 - C + 1) \, I_0(pr) - \bar{u}_2(pr)$$

zu definieren, wobei $C = 0{,}577\,215\,645$ die Eulersche Konstante bezeichnet:

$$K_0(pr) = -I_0(pr)\left(\ln \frac{pr}{2} + C\right) + \sum_{\nu=1}^{\infty} \frac{1}{\nu!^2}\left(1 + \frac{1}{2} + \ldots + \frac{1}{\nu}\right)\left(\frac{pr}{2}\right)^{2\nu}. \quad (2.28)$$

K_0 bezeichnet man als *modifizierte Besselsche Funktion 2. Art, 0. Ordnung*. Da die Wronskische Determinante den Wert

$$W(r) = I_0(pr)\frac{dK_0}{dr} - K_0(pr)\frac{dI_0}{dr} = -\frac{p}{r}$$

besitzt (s. Anhang B), erhält man nach (2.23) die allgemeine Lösung der zylindersymmetrischen Strömungsgleichung im Laplace-Bereich

$$\bar{u}(r) = \left[B_1 - \frac{1}{Dp} \int K_0(pr) \, q(r) \, r \, dr\right] I_0(pr)$$
$$+ \left[B_2 + \frac{1}{Dp} \int I_0(pr) \, q(r) \, r \, dr\right] K_0(pr) \quad (2.29)$$

Eine Zusammenstellung aller in diesem Abschnitt behandelten gewöhnlichen Differentialgleichungen enthält die Tabelle 2.1.

Tabelle 2.1. Differentialgleichungen und Lösungen

Problem	Differentialgleichung	Lösung
Differentialgleichung 1. Ordnung	$\frac{du}{dx} + f(x) = g(x)$	(2.2)
stationäre Transportgleichung in kartesischen Koordinaten	$D\frac{d^2u}{dx^2} - w\frac{du}{dx} - ku = -q(x)$	(2.8)
stationäre Strömungsgleichung in kartesischen Koordinaten	$\frac{d^2u}{dx^2} = -\frac{q(x)}{D}$	(2.9)
stationäre Strömungsgleichung in Zylinderkoordinaten	$\frac{d^2u}{dr^2} + \frac{1}{r}\frac{du}{dr} = -\frac{q(r)}{D}$	(2.14)
Methode der unbestimmten Koeffizienten	$D(x)\frac{d^2u}{dx^2} - w(x)\frac{du}{dx} - k(x)u = -q(x)$	(2.17) bis (2.23)
Strömungsgleichung in Kugelkoordinaten im Laplace-Bereich	$\frac{d^2\bar{u}}{dr^2} + \frac{2}{r}\frac{d\bar{u}}{dr} - \frac{s}{a}\bar{u} = -\frac{q(r)}{D}$	(2.25)
Strömungsgleichung in Zylinderkoordinaten im Laplace-Bereich	$\frac{d^2\bar{u}}{dr^2} + \frac{1}{r}\frac{d\bar{u}}{dr} - \frac{s}{a}\bar{u} = -\frac{q(r)}{D}$	(2.29)

2.2 Lösung von partiellen Differentialgleichungen mit Hilfe der Fourierschen Methode

Ein besonders bei beidseitig begrenztem Gebiet anwendbares Verfahren zur Lösung linearer, partieller Differentialgleichungen ist die Fouriersche Methode [2.4].

Im ersten Abschnitt wird die Fourier-Methode allgemein dargestellt, in den weiteren erfolgt die Lösung spezieller partieller Differentialgleichungen mit diesem Verfahren. Zum Schluß wird der besonders vorteilhafte Algorithmus "Schnelle Fourier-Transformation" zur Lösung der Transportgleichung eingesetzt.

2.2.1 Allgemeine Darstellung der Methode

Obwohl die Fourier-Methode auch für Probleme mit zeitabhängigen Quellen und Randbedingungen eingesetzt werden kann, sollen hier nur Probleme mit stationären Quellen und Randbedingungen behandelt werden. Die Formeln werden dadurch wesentlich übersichtlicher. Die Verallgemeinerung erfordert kein prinzipiell anderes Herangehen. In diesem Falle hat die Anfangsrandwertaufgabe die Form

$$\text{DG:} \quad D(x)\frac{\partial^2 u}{\partial x^2} - w(x)\frac{\partial u}{\partial x} - k(x)u = S(x)\frac{\partial u}{\partial t} - q(x)$$

$$\text{AB:} \quad u = u_a(x) \qquad \text{für } t = 0 \text{ und } 0 < x < L$$

$$\text{RB:} \quad \beta_{10} u + \beta_{20}\frac{\partial u}{\partial x} = \beta_{30} \qquad \text{bei } x = x_0 \text{ und } t > 0$$

$$\beta_{1L} u + \beta_{2L}\frac{\partial u}{\partial x} = \beta_{3L} \qquad \text{bei } x = x_L \text{ und } t > 0 \qquad (2.30)$$

Gesucht ist eine Funktion $u(x,t)$ im Inneren des durch die Anfangsbedingungen (AB) und die Randbedingungen (RB) begrenzten Gebietes $0 < x < L$ und $t > 0$.

Überführung der inhomogenen in homogene Randbedingungen: Die obige Darstellung der Randbedingungen erlaubt die Vorgabe von Randbedingungen 1., 2. und 3. Art. Mit dem Ansatz

$$u(x,t) = b_1 + b_2 x + \hat{u}(x,t) \qquad (2.31)$$

erhält man homogene Randbedingungen für die Funkion $\hat{u}(x,t)$, wenn man

$$b_1 = \frac{\beta_{30}(\beta_{1L} x_L + \beta_{2L}) - \beta_{3L}(\beta_{10} x_0 + \beta_{20})}{\beta_{10}\beta_{2L} - \beta_{20}\beta_{1L} + \beta_{10}\beta_{1L}(x_L - x_0)} \qquad (2.32)$$

$$b_2 = \frac{\beta_{3L}\beta_{10} - \beta_{30}\beta_{1L}}{\beta_{10}\beta_{2L} - \beta_{20}\beta_{1L} + \beta_{10}\beta_{1L}(x_L - x_0)}. \qquad (2.33)$$

setzt. Der Nenner wird nur Null, wenn Randbedingungen 2. Art an beiden Rändern vorgegeben werden. Dieser Fall ist nur unter zusätzlichen Bedingungen lösbar und soll hier nicht behandelt werden. Durch Einsetzen von (2.31) in die Formeln (2.30) bekommt man

$$\text{DG:} \quad D(x)\frac{\partial^2 \hat{u}}{\partial x^2} - w(x)\frac{\partial \hat{u}}{\partial x} - k(x)\hat{u} = S(x)\frac{\partial \hat{u}}{\partial t} - q(x) + b_2 w(x)$$
$$+ k(x)(b_1 + b_2 x)$$

$$\text{AB:} \quad \hat{u} = u_a(x) - b_1 - b_2 x \qquad \text{für } t = 0 \text{ und } 0 < x < L$$

$$\text{RB:} \quad \beta_{10}\hat{u} + \beta_{20}\frac{\partial \hat{u}}{\partial x} = 0 \qquad \text{bei } x = x_0 \text{ und } t > 0$$

$$\beta_{1L}\hat{u} + \beta_{2L}\frac{\partial \hat{u}}{\partial x} = 0 \qquad \text{bei } x = x_L \text{ und } t > 0 \qquad (2.34)$$

Allgemeine Lösung des homogenen Problemes: Da das Problem linear ist, kann man (2.34) vollständig lösen, indem man zur allgemeinen Lösung der homogenen, partiellen Differentialgleichung $u_1(x,t)$ eine spezielle Lösung der inhomogenen partiellen Differentialgleichung $u_2(x,t)$ addiert:

$$\hat{u}(x,t) = u_1(x,t) + u_2(x,t). \tag{2.35}$$

Gesucht ist also die Funktion $u_1(x,t)$, die die allgemeine Lösung des homogenen Problems (2.34) ist:

$$\text{DG}: D(x)\frac{\partial^2 u_1}{\partial x^2} - w(x)\frac{\partial u_1}{\partial x} - k(x)u_1 = S(x)\frac{\partial u_1}{\partial t}$$

$$\text{AB}: u_1 = u_a(x) - b_1 - b_2 x \quad \text{für } t=0 \quad \text{und } 0 < x < L$$

$$\text{RB}: \beta_{10} u_1 + \beta_{20}\frac{\partial u_1}{\partial x} = 0 \quad \text{bei } x=x_0 \text{ und } t>0$$

$$\beta_{1L} u_1 + \beta_{2L}\frac{\partial u_1}{\partial x} = 0 \quad \text{bei } x=x_L \text{ und } t>0 \tag{2.36}$$

Die Lösung kann man in der Form einer Fourier-Reihe darstellen:

$$u_1(x,t) = \sum_n B_n \varphi_n(x) e^{-\mu_n^2 t}. \tag{2.37}$$

Dabei bezeichnet man die $\varphi_n(x)$ als Eigenfunktionen und die μ_n als Eigenwerte. Einsetzen ergibt

$$\sum_n B_n \left\{ D(x)\frac{d^2\varphi_n}{dx^2} - w(x)\frac{d\varphi_n}{dx} - \left(k(x) - \mu_n^2 S(x)\right)\varphi_n(x) \right\} e^{-\mu_n^2 t} = 0.$$

Da diese Beziehung für alle x und t gelten soll, muß der Ausdruck in den geschweiften Klammern identisch Null sein. Die *Eigenfunktionen* φ_n sind daher Lösungen der gewöhnlichen Differentialgleichung

$$D(x)\frac{d^2\varphi_n}{dx^2} - w(x)\frac{d\varphi_n}{dx} - \left(k(x) - \mu_n^2 S(x)\right)\varphi_n(x) = 0. \tag{2.38}$$

Da die φ_n natürlich den Randbedingungen

$$\left.\begin{array}{l} \beta_{10}\varphi_n + \beta_{20}\dfrac{\partial\varphi_n}{\partial x} = 0 \quad \text{bei } x=x_0 \text{ und } t>0, \\[1ex] \beta_{1L}\varphi_n + \beta_{2L}\dfrac{\partial\varphi_n}{\partial x} = 0 \quad \text{bei } x=x_L \text{ und } t>0 \end{array}\right\} \tag{2.39}$$

genügen müssen, kann die Differentialgleichung (2.38) nur für ganz bestimmte Werte μ_n^2, die *Eigenwerte*, für nichtverschwindende $\varphi_n(x)$ erfüllt werden. Man kann die Eigenfunktionen so bestimmen, daß sie zueinander orthogonal sind:

$$\int_{x_0}^{x_L} \varphi_m(x)\varphi_n(x)\sigma(x)\,dx = \delta_{mn}. \tag{2.40}$$

Das Gewicht $\sigma(x)$ ergibt sich aus der *selbstadjungierten* Form der Differentialgleichung (2.38). Durch Multiplikation von (2.38) mit

$$\sigma(x) = \frac{D(x_0)}{D(x)} \exp\left(-\int \frac{w(x)}{D(x)} dx\right) \qquad (2.41)$$

wird die Differentialgleichung in die selbstadjungierte Darstellung

$$D(x_0)\frac{d}{dx}\left(e^{-\int \frac{w(x)}{D(x)} dx}\frac{d\varphi_n}{dx}\right) - \left(k(x) - \mu_n^2 S(x)\right)\sigma(x)\,\varphi_n(x) = 0$$
$$(2.42)$$

überführt. Man kann zeigen [2.3], daß für einfache Eigenwerte

$$\int_{x_0}^{x_L} \varphi_m(x)\,\varphi_n(x)\,\sigma(x)\,dx = 0$$

für $m \neq n$ ist. Es ist deshalb immer möglich, eventuell unter Benutzung des Orthogonalisierungsverfahrens von Schmidt [2.3], die Eigenfunktionen so zu bestimmen, daß die Orthogonalitätsbedingung (2.40) erfüllt ist.

Durch Multiplikation von (2.37) mit $\varphi_m(x)\sigma(x)$ und gliedweiser Integration ergibt sich auf Grund der Orthogonalitätsbeziehung (2.40)

$$\int_{x_0}^{x_L} u_1(x,t)\,\varphi_m(x)\,\sigma(x)\,dx = \sum_n B_n \int_{x_0}^{x_L} \varphi_m(x)\,\varphi_n(x)\,\sigma(x)\,dx\, e^{-\mu_n^2 t}$$
$$= B_m\, e^{-\mu_m^2 t}\,.$$

Insbesondere ergeben sich aus dieser Beziehung die Koeffizienten B_m zur Erfüllung der Anfangsbedingungen (2.36)

$$B_m = \int_{x_0}^{x_L} \left(u_a(x) - b_1 - b_2 x\right) \varphi_m(x)\,\sigma(x)\,dx\,. \qquad (2.43)$$

Lösung des inhomogenen Problemes: Die Funktion $u_2(x,t)$ ist die spezielle Lösung des inhomogenen Problems mit homogenen Anfangsbedingungen und homogenen Randbedingungen

DG: $D(x)\dfrac{\partial^2 u_2}{\partial x^2} - w(x)\dfrac{\partial u_2}{\partial x} - k(x)\,u_2 = S(x)\dfrac{\partial u_2}{\partial t} - q(x) + b_2\,w(x)$
$\qquad\qquad\qquad\qquad\qquad\qquad\qquad\qquad\qquad\quad + k(x)(b_1 + b_2 x)$

AB: $u_2 = 0 \quad$ für $t = 0$ und $0 < x < L$

RB: $\beta_{10}\,u_2 + \beta_{20}\,\dfrac{\partial u_2}{\partial x} = 0 \quad$ bei $x = x_0$ und $t > 0$

$\quad\;\; \beta_{1L}\,u_2 + \beta_{2L}\,\dfrac{\partial u_2}{\partial x} = 0 \quad$ bei $x = x_L$ und $t > 0 \qquad (2.44)$

Da $u_2(x,t)$ den gleichen Randbedingungen genügen muß wie $u_1(x,t)$, entwickeln wir u_2 und den inhomogenen Teil der rechten Seite von (2.44) in die Fourier-Reihen

$$u_2(x,t) = \sum_n \varphi_n(x)\, T_n(t), \qquad (2.45)$$

$$q(x) - b_2 w(x) - k(x)(b_1 + b_2 x) = \sum_n B'_n\, \varphi_n(x)$$

mit

$$B'_m = \int_{x_0}^{x_L} \left(q(x) - b_2 w(x) - k(x)(b_1 + b_2 x)\, \varphi_m(x)\, \sigma(x)\, dx \right). \qquad (2.46)$$

Einsetzen in (2.44) ergibt unter Berücksichtigung von (2.38)

$$\sum_n \left\{ \mu_n^2 S(x) T_n(t) - S(x)\frac{dT_n}{dt} + B'_n \right\} \varphi_n(x) = 0.$$

Wieder muß der Ausdruck in den geschweiften Klammern identisch Null sein. Die Lösung dieser Differentialgleichung

$$\frac{dT_n}{dt} - \mu_n^2 T_n(t) = -\frac{B'_n}{S}$$

wurde im Abschnitt 2.1 bestimmt (Gl. (2.3) mit der Anfangsbedingung $T_n(0) = 0$):

$$T_n(t) = \frac{B'_n}{S}\left(1 - e^{-\mu_n^2 t}\right). \qquad (2.47)$$

Die allgemeine Lösung: Nun kann die allgemeine Lösung des Problems (2.30) geschlossen angegeben werden:

$$\begin{aligned}
u(x,t) = {}& b_1 + b_2 x \\
& + \sum_n \frac{1}{\mu_n^2} \int_{x_0}^{x_L} \frac{1}{S(x)}\Big[q(x) - b_2 w(x) - k(x)(b_1 + b_2 x) \Big]\varphi_n(x)\sigma(x)\, dx \cdot \varphi_n(x) \\
& + \sum_n \int_{x_0}^{x_L} \left\{ u_a(x) - b_1 - b_2 x - \frac{1}{\mu_n^2 S(x)}\Big[q(x) - b_2 w(x) - k(x)(b_1 + b_2 x) \Big] \right\} \\
& \quad \times \varphi_n(x)\,\sigma(x)\, dx \cdot \varphi_n(x)\, e^{-\mu_n^2 t}
\end{aligned} \qquad (2.48)$$

Die Methode von Fourier reduziert durch die Separation der Variablen x und t die Lösung des Anfangsrandwertproblems (2.30) auf die Lösung des Randwertproblems (2.38, 2.39). Auf Grund der Konstruktion genügt $u(x,t)$ der partiellen Differentialgleichung und erfüllt die Anfangs- und die Randbedingungen. Die Konvergenz der Fourier-Reihen ist aber im speziellen Falle nachträglich zu überprüfen. Mit Hilfe der Greenschen Funktion läßt sich jedoch zeigen, daß unter recht allgemeinen Bedingungen alle hier benötigten Fourier-Reihen gleichmäßig konvergieren [2.4]. Die Konvergenzgeschwindigkeit ist jedoch für die häufig benötigte Ableitung $\frac{\partial u}{\partial x}$ wesentlich schlechter als für u.

Diese Ergebnisse können in folgendem "Kochrezept" zur Berechnung der eindimensionalen Strömungs- und Transportgleichung nach Fourier wie folgt zusammengefaßt werden:

- 1. Schritt: Berechnung der Koeffizienten b_1 und b_2 nach (2.32, 2.33),
- 2. Schritt: Bestimmung der Eigenfunktionen nach (2.38, 2.39), wobei die Eigenfunktionen unter Berücksichtigung des Gewichtes $\sigma(x)$ (2.41) auf Eins zu normieren sind,
- 3. Schritt: Berechnung der in (2.48) vorkommenden Integrale.

2.2.2 Lösung der Strömungsgleichung

Die im vorigen Abschnitt vorgestellte allgemeine Vorgehensweise soll nun zuerst am Beispiel der Strömungsgleichung praktisch angewendet werden. Das Bild 2.1 zeigt die vorgegebenen Randbedingungen.

Bild 2.1

DG: $\frac{\partial^2 u}{\partial x^2} = \frac{1}{a} \frac{\partial u}{\partial t}$

AB: $u = u_a(x)$ für $t = 0$ und $0 < x < L$

RB: $\frac{\partial u}{\partial x} = -\frac{Q_A}{D}$ bei $x = x_0$ und $t > 0$

$u = u_L$ bei $x = x_L$ und $t > 0$ (2.49)

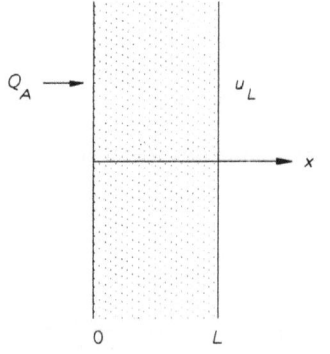

Bild 2.1. Vorgabe von Randbedingungen 2. Art bei $x = 0$ und 1. Art bei $x = L$ für die eindimensionale Strömung

Die drei Schritte sollen beim ersten Beispiel ausführlich dargestellt werden.

1. Schritt: Ein Koeffizientenvergleich der Randbedingungen (2.30) und (2.49) zeigt, daß $\beta_{10} = 0$, $\beta_{20} = 1$, $\beta_{30} = -Q_A/D$, $\beta_{1L} = 1$, $\beta_{2L} = 0$ und $\beta_{3L} = u_L$ sind. Damit kann man die Konstanten b_1 und b_2 nach (2.32, 2.33) berechnen:

$$b_1 = u_L + \frac{Q_A}{D}L, \quad b_2 = -\frac{Q_A}{D}.$$

2. Schritt: Die Eigenwertgleichung (2.38) hat in diesem Falle die Form

$$\frac{d^2\varphi_n}{dx^2} + \mu_n^2 \frac{1}{a} \varphi_n = 0$$

mit $a = D/S$. Die Lösung dieser Differentialgleichung ist

$$\varphi_n(x) = B_{n1}\cos\left(\frac{\mu_n}{\sqrt{a}}x\right) + B_{n2}\sin\left(\frac{\mu_n}{\sqrt{a}}x\right).$$

Die Randbedingungen schränken den Bereich der zulässigen Lösungen ein.

Aus $\frac{d\varphi_n}{dx} = 0$ bei $x = 0$ folgt: $B_{n2} = 0$,

aus $\varphi_n(x) = 0$ bei $x = L$ folgt: $\cos\left(\frac{\mu_n}{\sqrt{a}}L\right) = 0$ bzw.

$$\frac{\mu_n}{\sqrt{a}}L = \frac{(2n-1)\pi}{2}, n = 1, 2, \ldots$$

Die negativen μ_n ergeben prinzipiell keine andere Lösung, weil die $\varphi_n(x)$ noch die willkürlichen Konstanten B_{n1} enthalten. Die Eigenfunktionen

$$\varphi_n(x) = B_{n1}\cos\left(\frac{(2n-1)\pi x}{2L}\right)$$

sind mit dem Gewicht $\sigma(x) = 1$ orthogonal zueinander:

$$\int_0^L \varphi_m(x)\varphi_n(x)\,dx = \begin{cases} B_{n1}\frac{L}{2} & \text{für } m = n \\ 0 & \text{für } m \neq n, \end{cases}$$

so daß $B_{n1} = \sqrt{2/L}$ gesetzt werden muß.

3. Schritt: Zur Bestimmung der allgemeinen Lösung werden die beiden Integrale

$$\int_0^L \cos\left(\frac{(2n-1)\pi x}{2L}\right) dx = -(-1)^n \frac{2L}{(2n-1)\pi},$$

$$\int_0^L x\cos\left(\frac{(2n-1)\pi x}{2L}\right) dx = -\frac{4L^2}{(2n-1)^2\pi^2} - (-1)^n\frac{2L^2}{(2n-1)\pi}$$

benötigt. Einsetzen in (2.48) ergibt

$$u(x,t) = u_L + \frac{Q_A}{D}(L-x)$$

Bild 2.2

$$+ \frac{8L}{D\pi^2} \sum_{n=1}^{\infty} \int_0^L q(x) \cos\frac{(2n-1)\pi x}{2L} dx \; \frac{1}{(2n-1)^2} \cos\frac{(2n-1)\pi x}{2L}$$

$$+ \sum_{n=1}^{\infty} \left[\int_0^L \left(\frac{2}{L} u_a(x) - \frac{8L}{D\pi^2 (2n-1)^2} q(x) \right) \cos\frac{(2n-1)\pi x}{2L} dx \right.$$

$$\left. - \frac{8L}{(2n-1)^2 \pi^2} \frac{Q_A}{D} + (-1)^n \frac{4}{(2n-1)\pi} u_L \right] \cos\frac{(2n-1)\pi x}{2L} e^{-\frac{(2n-1)^2 \pi^2}{4L^2} a t}$$

(2.50)

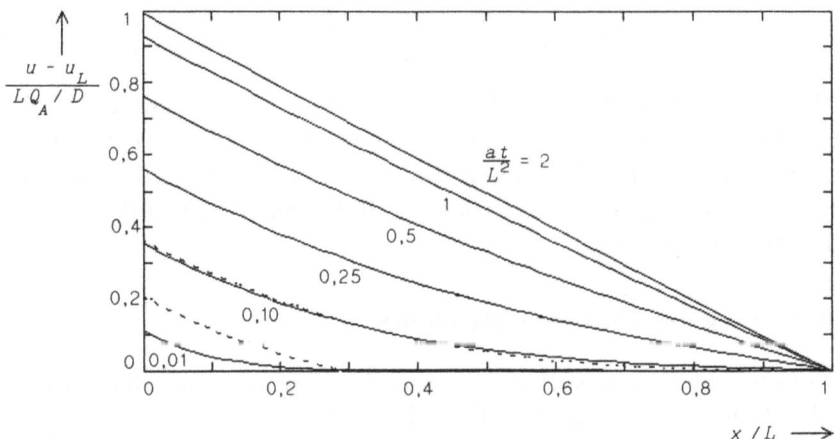

Bild 2.2. Lösung der Strömungsgleichung ohne Quellen, konstante Einspeisung Q_A bei $x = 0$ und $u_a = u_L = 0$. Die gestrichelte Kurve besteht nur aus dem stationären Anteil und dem ersten Glied der Fourier-Reihe (2.57)

Die zeitunabhängigen Terme stellen die stationäre Lösung dar. Die zweite Summe beschreibt den Übergang von der Anfangslösung zur stationären Lösung.

Das Bild 2.2 zeigt einen typischen Ausgleichsvorgang. Am Anfang befindet sich das System im Gleichgewicht: $u_a = 0$. Dann erfolgt vom linken Rand ein Zustrom von Wärme, Wasser oder Gas und das Potential steigt an, bis sich nach einer endlichen Zeit ein neuer stationärer Zustand einstellt.

Auf Grund der in der Fourier-Reihe (2.50) enthaltenen Exponentialfunktion konvergieren die Summen sehr schnell, wenn die Zeit genügend groß ist. In den gestrichelten Kurven des Bildes 2.2 wurde nur das erste Glied der Summe berücksichtigt. Es zeigt sich, daß für $t > \frac{1}{4} L^2 /a$ praktisch keine Abweichung mehr feststellbar ist. Dieses günstige Verhalten der Fourier-Reihen ist typisch für Strömungsprobleme. Die relativ glatten Kurven, die Ausgleichsvorgänge beschreiben, können schon mit wenigen Fourier-Komponenten genügend genau nachgebildet werden.

Interessant ist der Vergleich der stationären Lösung von (2.50)

$$u(x,t \to \infty) = u_L + \frac{Q_A}{D}(L-x)$$

$$+ \frac{8L}{D\pi^2} \sum_{n=1}^{\infty} \int_0^L q(x) \cos\frac{(2n-1)\pi x}{2L} dx \frac{1}{(2n-1)^2} \cos\frac{(2n-1)\pi x}{2L} \quad (2.51)$$

mit der im Abschnitt 2.1.2 gefundenen Lösung (2.11):

$$u(x) = u_L + \frac{Q_A}{L}(L-x) + \frac{1}{D}\left[(L-x)\int_0^L q(\xi) d\xi + \int_0^L (L-\xi) q(\xi) d\xi\right]. \quad (2.52)$$

Man kann zeigen, daß die rechten Seiten von (2.51) und (2.52) die gleiche Funktion $u(x)$ repräsentieren, indem man die eckige Klammer von (2.52) in die Fourier-Reihe (2.51) entwickelt. Die numerische Auswertung von (2.52) ist natürlich wesentlich einfacher als die der Fourier-Reihe.

2.2.3 Lösung der Transportgleichung

Als weitere Anwendung soll die Lösung der eindimensionalen Transportgleichung in kartesischen Koordinaten betrachtet werden:

$$\text{DG:} \quad D\frac{\partial^2 u}{\partial x^2} - w \frac{\partial u}{\partial x} - k u = S \frac{\partial u}{\partial t} - q(x)$$

$$\text{AB:} \quad u = u_a(x) \quad \text{für } t = 0 \text{ und } 0 < x < L$$

$$\text{RB:} \quad u = u_0 \quad \text{bei } x = 0 \text{ und } t > 0$$

$$\qquad u = u_L \quad \text{bei } x = L \text{ und } t > 0 \quad (2.53)$$

Die Konstanten b_1 und b_2 und das Gewicht $\sigma(x)$ sind

$$b_1 = u_0, \quad b_2 = \frac{u_L - u_0}{L}, \quad \sigma(x) = e^{-\frac{w}{D} x}.$$

Die Eigenwerte und die Eigenfunktionen ergeben sich aus

$$D \frac{d^2 \varphi_n}{dx^2} - w \frac{d\varphi_n}{dx} - \left(k - \mu_n^2 S\right) \varphi_n = 0, \quad (2.54)$$

und den Randbedingungen $\varphi_n(0) = 0$, $\varphi_n(L) = 0$ zu

$$\varphi_n(x) = \sqrt{\frac{2}{L}} \, e^{\frac{wx}{2D}} \sin \frac{n\pi x}{L} \, ,$$

$$\mu_n^2 = \frac{n^2 \pi^2}{L^2} \frac{D}{S} + \frac{w^2}{4DS} + \frac{k}{S} \, , \quad n = 1, 2, 3, \ldots \quad (2.55)$$

Es ist sinnvoll, die drei Konstanten

- Leitfähigkeit: $a = \frac{D}{S}$,
- Pecletzahl: $Pe = \frac{wL}{D}$,
- Zerfallszahl: $Ze = \frac{kL^2}{D}$

$\biggr\}$ (2.56)

zu definieren. Dann kann durch Einsetzen der Eigenfunktionen in die Gleichung (2.48) und Auswertung der Integrale die folgende Formel abgeleitet werden:

$$u(x,t) = u_0 \left(1 - \frac{x}{L}\right) + u_L \frac{x}{L}$$

$$+ \sum_{n=1}^{\infty} \left\{ \frac{L^2}{\frac{1}{4}Pe^2 + Ze + n^2\pi^2} \frac{2}{L} \int_0^L \frac{q(x)}{D} \sin\frac{n\pi x}{L} \, e^{-\frac{Pe\, x}{2L}} \, dx \right.$$

$$- \frac{2n\pi}{\frac{1}{4}Pe^2 + n^2\pi^2} \left[Ze \, \frac{u_0 - (-1)^n u_L \, e^{-\frac{Pe}{2}}}{\frac{1}{4}Pe^2 + Ze + n^2\pi^2} \right.$$

$$\left. \left. + Pe\,(u_L - u_0) \, \frac{1 - (-1)^n e^{-\frac{Pe}{2}}}{\frac{1}{4}Pe^2 + n^2\pi^2} \right] \right\} e^{\frac{Pe\, x}{2L}} \sin\frac{n\pi x}{L}$$

$$+ \sum_{n=1}^{\infty} \left\{ \frac{2}{L} \int_0^L u_a(x) \sin\frac{n\pi x}{L} \, e^{-\frac{Pe\, x}{2L}} \, dx - \frac{L^2}{\frac{1}{4}Pe^2 + Ze + n^2\pi^2} \right.$$

$$\left. \times \frac{2}{L} \int_0^L \frac{q(x)}{D} \sin\frac{n\pi x}{L} \, e^{-\frac{Pe\, x}{2L}} \, dx - \frac{2n\pi (u_0 - (-1)^n u_L \, e^{-\frac{Pe}{2}})}{\frac{1}{4}Pe^2 + Ze + n^2\pi^2} \right\}$$

$$\times e^{\frac{Pe\, x}{2L}} \sin\frac{n\pi x}{L} \, e^{-\frac{a}{L^2}\left(\frac{1}{4}Pe^2 + Ze + n^2\pi^2\right) t} \quad (2.57)$$

Im Falle $q(x) = 0$ kann unter Berücksichtigung der stationären Lösung die obige Gleichung auch in folgender Form dargestellt werden:

$$u(x,t) = u_{st}$$

$$+ \sum_{n=1}^{\infty} \left\{ \frac{2}{L} \int_0^L u_a(x) \sin\frac{n\pi x}{L} e^{-\frac{Pe\,x}{2L}} dx - \frac{2n\pi\left(u_0 - (-1)^n u_L e^{-\frac{Pe}{2}}\right)}{\frac{1}{4}Pe^2 + Ze + n^2\pi^2} \right\}$$

$$\times\ e^{\frac{Pe}{2}\frac{x}{L}} \sin\frac{n\pi x}{L}\ e^{-\frac{a}{L^2}\left(\frac{1}{4}Pe^2 + Ze + n^2\pi^2\right)t}$$

mit der stationären Lösung $u_{st} =$

$$\frac{u_0\, e^{\frac{Pe}{2}\frac{x}{L}} \sinh\left(\sqrt{\frac{Pe^2}{4} + Ze}\left(1 - \frac{x}{L}\right)\right) + u_L\, e^{-\frac{Pe}{2}\left(1 - \frac{x}{L}\right)} \sinh\left(\sqrt{\frac{Pe^2}{4} + Ze}\,\frac{x}{L}\right)}{\sinh\sqrt{\frac{Pe^2}{4} + Ze}}$$

(2.58)

Bild 2.3

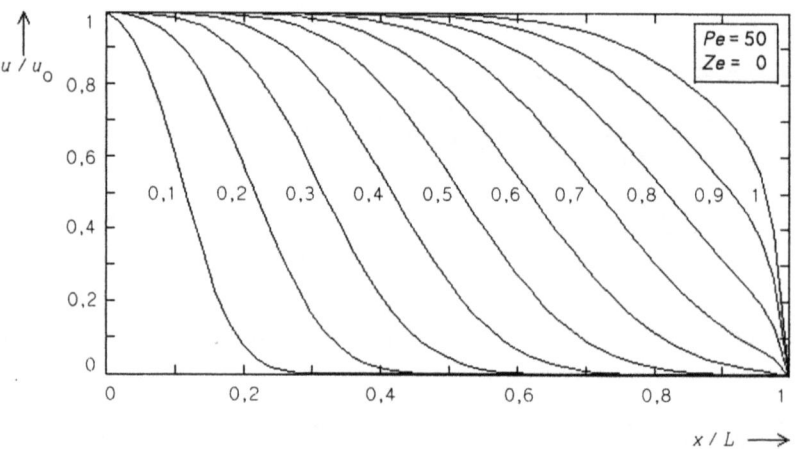

Bild 2.3. Lösung der Transportgleichung, wenn die Front 1/10, 2/10, ..., 9/10 (= $wt/(LS)$) des Strömungsraumes durchquert hat

Das Bild 2.3 zeigt ein typisches Transportproblem. Der konvektive Transport von Schadstoff erfolgt von links nach rechts und ist überlagert von einem Dispersionsprozeß. Am rechten Rand wird der Schadstoff sofort abtransportiert. Die numerische Berechnung erfolgte mit dem auf der Diskette "Wärme- und Stofftransport" zu findenden Programm TRAFOU.

Charakteristisch für Tranportprobleme sind die steilen Kurven, die sich mit der Konvektionsgeschwindigkeit w/S bewegen. Ein Maß für die Steilheit ist die Peclet-Zahl. Sie beschreibt das Verhältnis

Konvektionsgeschwindigkeit zu Dispersionsgeschwindigkeit. Je größer dieses Verhältnis ist, um so steiler sind die Kurven. Für die Approximation solcher Funktionen sind natürlich sehr viele Fourier-Komponenten notwendig. In unserem Falle, bei einer Peclet-Zahl von 50, wurden zwischen 32 und 256 Glieder der Reihe (2.58) berücksichtigt. Die Berechnung des Transportproblemes mit Hilfe von Fourier-Reihen ist nur sinnvoll, wenn die Peclet-Zahl nicht zu groß ist. Für $Pe > 100$ treten auch bei Berechnung mit doppelter Genauigkeit numerische Probleme bei der Summation auf. Im Falle grosser Peclet-Zahlen ist die Konvektion der dominierende Transportmechanismus. In der Gl. (2.30) bedeutet dies:

$$\left| D(x) \frac{\partial^2 u}{\partial x^2} \right| \ll \left| w(x) \frac{\partial u}{\partial x} \right|,$$

so daß eine partielle Differentialgleichung 1. Ordnung angenähert wird. Für partielle Differentialgleichungen 1. Ordnung ist die Fouriersche Methode jedoch nicht geeignet.

2.2.4 Randbedingungen 3. Art für die Strömungsgleichung

Häufig lassen sich Eigenwerte und Eigenfunktionen nicht so einfach bestimmen. Das ist bei der Strömungsgleichung der Fall, wenn Randbedingungen 3. Art vorgegeben werden:

$$\begin{aligned}
&\text{DG:} \quad \frac{\partial^2 u}{\partial x^2} = \frac{1}{a} \frac{\partial u}{\partial t} \\
&\text{AB:} \quad u = u_a(x) \quad \text{für } t = 0 \text{ und } 0 < x < L \\
&\text{RB:} \quad \frac{\partial u}{\partial x} = -\frac{Q_A}{D} \quad \text{bei } x = 0 \text{ und } t > 0 \\
&\quad \frac{D}{\alpha} \frac{\partial u}{\partial x} + u = u_L \quad \text{bei } x = L \text{ und } t > 0
\end{aligned} \quad (2.59)$$

Dieses Problem unterscheidet sich von (2.49) nur durch die Vorgabe der Randbedingungen bei $x = L$. Aus diesem Grunde können wir auf die dort angegebenen Formeln zurückgreifen:

$$b_1 = u_L + \frac{Q_A}{D}\left(L + \frac{D}{\alpha}\right), \quad b_2 = -\frac{Q_A}{D},$$

$$\varphi_n(x) = B_{n1} \cos\left(\frac{\mu_n}{\sqrt{a}} x\right)$$

Die Randbedingungen bei $x = 0$ sind automatisch erfüllt, bei $x = L$ führen sie auf die transzendente Gleichung

$$b \nu_n \sin \nu_n + \cos \nu_n = 0, \quad b = -\frac{D}{\alpha L}, \quad \nu_n = \frac{\mu_n}{\sqrt{a}} L \qquad (2.62)$$

Bild 2.4

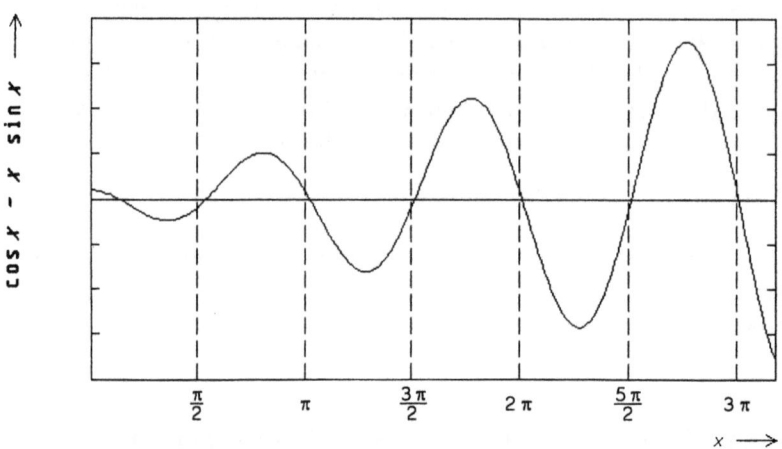

Bild 2.4. Zur Bestimmung der Nullstellen der transzendenten Gleichung $\cos x - x \sin x = 0$

Das Bild 2.4 zeigt, daß es unendlich viele Nullstellen gibt, wobei

$$n\pi < \nu_n < (n+\tfrac{1}{2})\pi, \quad n = 0, 1, 2, \ldots$$

gilt. Die numerische Bestimmung der Eigenwerte kann mit Hilfe des Programmes ZERO (s. Diskette "Wärme- und Stofftransport") erfolgen. Es berechnet die erste Nullstelle, die rechts von einem vorgegebenen Ausgangspunkt x_1 liegt. Der Algorithmus besteht aus 3 Schritten:

- Bestimmung des Endpunktes x_2 des Ausgangsintervalles, der größer als x_1 ist, für die gezielte Nullstellensuche mit der Eigenschaft $f(x_1) \times f(x_2) < 0$.
- Iterative Berechnung der Nullstelle mit Hilfe der "regula falsi":

$$x = x_1 - f(x_1) \frac{x_1 - x_2}{f(x_1) - f(x_2)}$$

- Bestimmung eines neuen Startpunktes rechts der gefundenen Nullstelle für die wiederholte Suche.

Die Berechnung der ersten Eigenwerte (2.62), die in Tabelle 2.2 zusammengestellt sind, erfolgte mit dem Programm ZERO.

Tabelle 2.2. Erste Eigenwerte nach Gleichung (2.62)

b	ν_1	ν_2	ν_3	ν_4	ν_5
0,01	1,55525	4,66577	7,77637	10,88710	13,9981
0,05	1,49613	4,49148	7,49541	10,51170	13,5420
0,10	1,42887	4,30580	7,22811	10,20030	13,2142
0,50	1,07687	3,64360	6,57833	9,62956	12,7223
1,00	0,86033	3,42562	6,43730	9,52933	12,6453
5,00	0,43284	3,20393	6,31485	9,44595	12,5823
10,00	0,31105	3,17310	6,29906	9,43538	12,5743
50,00	0,14094	3,14794	6,28637	9,42690	12,5680
100,00	0,09982	3,14477	6,28478	9,42584	12,5672
500,00	0,04466	3,14223	6,28350	9,42499	12,5665
1000,00	0,03155	3,14191	6,28334	9,42488	12,5665

Nachdem die Eigenwerte berechnet worden sind, kann der Normierungsfaktor bestimmt werden:

$$\int_0^L \varphi_n^2(x)\,dx = B_n^2 \int_0^L \cos^2\frac{\nu_n x}{L}\,dx$$

$$= B_n^2\left(\frac{L}{2} + \frac{L}{2\nu_n}\sin\nu_n \cos\nu_n\right) = 1,$$

$$\varphi_n(x) = \sqrt{\frac{2}{L}}\left(1 + \frac{\sin\nu_n \cos\nu_n}{\nu_n}\right)^{-\frac{1}{2}} \cos\frac{\nu_n x}{L}. \qquad (2.63)$$

Als Lösung erhalten wir schließlich

$$u(x,t) = u_L + \frac{Q_A}{D}\left(L + \frac{D}{\alpha} - x\right)$$

$$+ \sum_{n=0}^{\infty} \frac{\frac{2}{L}\int_0^L u_a(x)\cos\frac{\nu_n x}{L}\,dx - \frac{2L}{\nu_n^2}\frac{Q_A}{D} - 2u_L\frac{\sin\nu_n}{\nu_n}}{1 + \frac{\sin\nu_n \cos\nu_n}{\nu_n}} \cos\frac{\nu_n x}{L}\, e^{-\frac{\nu_n^2}{L^2}at}$$

Näherung für $\frac{\alpha L}{D} \ll n\pi$:

$$\nu_n = n\pi\left(1 + \frac{\alpha L}{D n^2 \pi^2} - \frac{\alpha^2 L^2}{D^2 n^4 \pi^4} + \ldots\right) \qquad (2.64)$$

Für $\frac{D}{\alpha L} = 1$ ergeben sich nach Tabelle 2.2 folgende Eigenwerte:
$\nu_0 = 0{,}27385\pi$, $\nu_1 = 1{,}0904\pi$, $\nu_2 = 2{,}0491\pi$, $\nu_3 = 3{,}0333\pi$, ...
Sie bestätigen die Näherungsformel (2.64).

2.2.5 Die schnelle Fourier-Transformation

Im Gegensatz zur Lösung der Strömungsgleichung mit Hilfe der Fourier-Methode, wo die Reihen sehr schnell konvergieren, benötigt man für die Lösung von Transportproblemen i. allg. mehr als 32 Glieder der Fourier-Reihe (2.58). So liegt der Gedanke nahe, für solche Probleme die schnelle Fourier-Transformation einzusetzen. Mit Hilfe der schnellen Fourier-Transformation wird die komplexe Summe

$$f_k = \sum_{n=0}^{N-1} c_n\, e^{i 2\pi k \frac{n}{N}}$$

sehr effektiv berechnet. Voraussetzungen sind:
- N ist eine Potenz von 2 ($N = 4, 8, 16, 32, 64, \ldots$),
- Es werden alle oder zumindest sehr viele f_k benötigt.

Wie die Tabelle 2.3 zeigt, beträgt der Rechenaufwand für die schnelle Fourier-Transformation dann nur einige Prozent gegenüber der herkömmlichen Berechnung. Der Grund für diese enorme Senkung des Rechenaufwandes ist leicht zu erklären. Es gilt:

$$f_k = \sum_{n=0}^{N-1} c_n\, e^{i 2\pi k \frac{n}{N}}$$

$$= \sum_{n=0}^{N/2-1} c_n\, e^{i 2\pi k \frac{n}{N}} + \sum_{n=N/2}^{N-1} c_n\, e^{i 2\pi k \frac{n}{N}}$$

$$= \sum_{n=0}^{N/2-1} \left(c_n + c_{n+N/2}\, e^{i \pi k} \right) e^{i 2\pi k \frac{n}{N}}$$

Diese Vorgehensweise kann fortgesetzt werden:

$$f_k = \sum_{n=0}^{N/4-1} \left[\left(c_n + c_{n+N/2}\, e^{i \pi k} \right) \right.$$
$$\left. + \left(c_{n+N/4} + c_{n+3N/4}\, e^{i \pi k} \right) e^{i \pi \frac{k}{2}} \right] e^{i 2\pi k \frac{n}{N}},$$

$$f_k = \sum_{n=0}^{N/8-1} \Bigg\{ \left[\left(c_n + c_{n+N/2}\, e^{i \pi k} \right) \right.$$
$$\left. + \left(c_{n+N/4} + c_{n+3N/4}\, e^{i \pi k} \right) e^{i \pi \frac{k}{2}} \right]$$
$$+ \left[\left(c_{n+N/8} + c_{n+5N/8}\, e^{i \pi k} \right) \right.$$
$$\left. + \left(c_{n+3N/8} + c_{n+7N/8}\, e^{i \pi k} \right) e^{i \pi \frac{k}{2}} \right] e^{i \pi \frac{k}{4}} \Bigg\} e^{i 2\pi k \frac{n}{N}}$$

usw. bis $N / 2^s = 1$ ist.

Tabelle 2.3. Rechenaufwand p für die schnelle Fourier-Transformation im Vergleich zur konservativen Berechnung

N	32	64	128	256	512	1024
$p(\%)$	16	10	5,5	3	2	1

Die so erhaltene Darstellung der Fourier-Transformation ermöglicht eine Berechnung der f_k auf Platz der c_k mit einem Rechenaufwand, der proportional $s \times N$ ist. Die Tabelle 2.4 zeigt den Ablauf für $N = 8$:
- Umordnung der c_k,
- 3 Zyklen, wobei die Ergebnisse der Umordnung bzw. des vorangegangenen Zyklus benutzt werden.

Das Ergebnis des 3. Zyklus sind die Fourier-Komponenten f_0, $f_1,\ldots,f_7$.

Tabelle 2.4. Die schnelle Fourier-Transformation für N = 8

Input	Umordnung	1. Zyklus $e^{ik\pi}$	2. Zyklus $e^{ik\pi/2}$	3. Zyklus $e^{ik\pi/4}$
c_0	c_0	$c_0 + c_4$	$(c_0+c_4)+(c_2+c_6)$	$[(c_0+c_4)+(c_2+c_6)]$ $+[(c_1+c_5)+(c_3+c_7)]$
c_1	c_4	$c_0 - c_4$	$(c_0-c_4)+(c_2-c_6)e^{i\frac{\pi}{2}}$	$[(c_0-c_4)+(c_2-c_6)e^{i\frac{\pi}{2}}]$ $+[(c_1-c_5)+(c_3-c_7)e^{i\frac{\pi}{2}}]e^{i\frac{\pi}{4}}$
c_2	c_2	$c_2 + c_6$	$(c_0+c_4)-(c_2+c_6)$	$[(c_0+c_4)-(c_2+c_6)]$ $+[(c_1+c_5)-(c_3+c_7)]e^{i\frac{2\pi}{4}}$
c_3	c_6	$c_2 - c_6$	$(c_0-c_4)-(c_2-c_6)e^{i\frac{\pi}{2}}$	$[(c_0-c_4)-(c_2-c_6)e^{i\frac{\pi}{2}}]$ $+[(c_1-c_5)-(c_3-c_7)e^{i\frac{\pi}{2}}]e^{i\frac{3\pi}{4}}$
c_4	c_1	$c_1 + c_5$	$(c_1+c_5)+(c_3+c_7)$	$[(c_0+c_4)+(c_2+c_6)]$ $-[(c_1+c_5)+(c_3+c_7)]$
c_5	c_5	$c_1 - c_5$	$(c_1-c_5)+(c_3-c_7)e^{i\frac{\pi}{2}}$	$[(c_0-c_4)+(c_2-c_6)e^{i\frac{\pi}{2}}]$ $+[(c_1-c_5)+(c_3-c_7)]e^{i\frac{\pi}{2}}]e^{i\frac{\pi}{4}}$
c_6	c_3	$c_3 + c_7$	$(c_1+c_5)-(c_3+c_7)$	$[(c_0+c_4)-(c_2+c_6)]$ $-[(c_1+c_5)-(c_3+c_7)]e^{i\frac{2\pi}{4}}$
c_7	c_7	$c_3 - c_7$	$(c_1-c_5)-(c_3-c_7)e^{i\frac{\pi}{2}}$	$[(c_0-c_4)-(c_2-c_6)e^{i\frac{\pi}{2}}]$ $-[(c_1-c_5)-(c_3-c_7)e^{i\frac{\pi}{2}}]e^{i\frac{3\pi}{4}}$

Auf der Diskette "Wärme- und Stofftransport" ist dieser Algorithmus nach [2.14] für beliebige $N = 2^s$ zu finden. Die schnelle, reelle Fourier-Transformation, die schnelle Sinus- und die schnelle Cosinus-Transformation werden auf die komplexe Fourier-Transformation zurückgeführt.

Um die schnelle Sinus-Transformation zur Lösung von (2.58) nutzen zu können, müssen die unendlichen Fourier-Reihen näherungsweise durch trigonometrische Polynome ersetzt werden:

unendliche Fourier-Reihe $\longrightarrow$ endliche Fourier-Reihe

$$f(x) = \sum_{n=1}^{\infty} b_n \sin\frac{n\pi x}{L} \quad - \quad \frac{x_k}{L} = \frac{k}{N} \longrightarrow \quad f_k = \sum_{n=1}^{N-1} b_n \sin\frac{n\pi k}{N}$$

$$b_n = \frac{2}{L}\int_0^L f(x) \sin\frac{n\pi x}{L} dx \quad - \quad \text{Trapez-regel} \longrightarrow \quad b_n = \frac{2}{N} \sum_{k=0}^{N-1} f_k \sin\frac{n\pi k}{N}$$

Mit Hilfe der endlichen Fourier-Reihe können die Funktionswerte $f(x_k) = f_k$ an den äquidistanten Stützstellen $x_k = k(L/N)$ näherungsweise berechnet werden. Für $N \to \infty$ konvergiert die Summe über k gegen das Integral auf der linken Seite.

Wenn man die Gleichung (2.58) in der Form

$$(u_k(t) - u_{st,k}) e^{-\frac{Pe\,k}{2N}} \approx$$

$$\sum_{n=1}^{N-1} \left[b_n - \frac{2n\pi(u_0 - (-1)^n u_L e^{-\frac{Pe}{2}})}{\frac{1}{4}Pe^2 + Ze + n^2\pi^2} \right]$$

$$\times\; e^{-\frac{a}{L^2}(\frac{1}{4}Pe^2 + Ze + n^2\pi^2)t} \sin\frac{n\pi k}{N}$$

mit

$$b_n \approx \frac{2}{N} \sum_{k=1}^{N-1} u_{a,k}\, e^{-\frac{Pe\,k}{2N}} \sin\frac{n\pi k}{N},$$

$$u_k(t) = u(k\tfrac{L}{N}, t),\quad u_{st,k} = u_{st}(k\tfrac{L}{N}),\quad u_{a,k} = u_a(k\tfrac{L}{N})$$

schreibt, ist klar, daß der Einsatz der schnellen Sinus-Transformation zu einer wesentlichen Verringerung der Rechenzeit führt. Der Algorithmus besteht aus den fünf Schritten:

- Diskretisierung der Anfangsbedingung:

$$x_k = k\tfrac{L}{N},\quad u_{a,k} = u_a(x_k),\quad k = 1, 2, ..., N-1.$$

- Schnelle inverse Sinus-Transformation der Anfangsbedingungen:

$$b_n \approx \frac{2}{N} \sum_{k=1}^{N-1} u_{a,k}\, e^{-\frac{Pe\,k}{2N}} \sin\frac{n\pi k}{N},\quad n = 1, 2, ..., N-1.$$

- Koeffizientenberechnung (Einfluß der Randbedingungen):

$$B_n = \left[b_n - \frac{2n\pi(u_0 - (-1)^n u_L e^{-\frac{Pe}{2}})}{\frac{1}{4}Pe^2 + Ze + n^2\pi^2} \right] e^{-\frac{a}{L^2}\left(\frac{1}{4}Pe^2 + Ze + n^2\pi^2\right)t},$$
$$n = 1, 2, \ldots, N-1.$$

- Schnelle Sinus-Transformation:

$$f_k = \sum_{n=1}^{N-1} B_n \sin\frac{n\pi k}{N}, \quad k = 1, 2, \ldots, N-1.$$

- Lösung:

$$u(x_k, t) = u_{st}(x_k) + f_k \, e^{\frac{Pe\,k}{2N}}, \quad k = 1, 2, \ldots, N-1.$$

Die Implementierung dieses Algorithmus TRAFFT findet man auf der Diskette "Wärme- und Stofftransport". Da es möglich ist, beliebige Anfangsbedingungen vorzugeben, kann das Programm TRAFFT auch für die Lösung von solchen Problemen benutzt werden, bei denen die Randbedingungen nur stückweise konstant sind. Eine Anwendung zeigt das Bild 2.5: Kurzzeitig ($\Delta t = 0,01\,LS/w$) ist bei $x = 0$ ein Schadstoff mit der normierten Anfangskonzentration 1 freigesetzt worden. Das Bild zeigt die zeitliche Entwicklung der Schadstoffbelastung. In einem ersten Schritt mit den Randbedingungen $u_0 = 1$, $u_L = 0$ wird die Lösung zur Zeit Δt bestimmt. Diese Lösung ist die Anfangsbedingung für den Zeitraum $0,09\,LS/w$ mit den Randbedingungen $u_0 = u_L = 0$. Es ergibt sich die erste

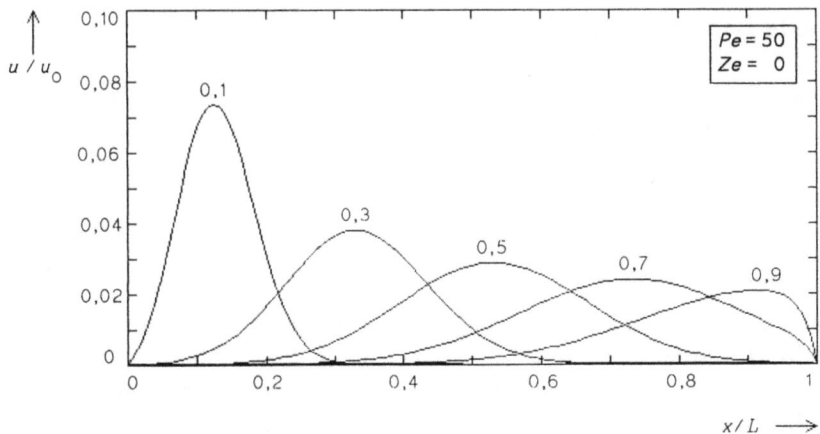

Bild 2.5. Transport eines Schadstoffimpulses der Länge $wt/(LS) = 0,01$, wenn der Impuls 1/10, 3/10, ... 9/10 des Strömungsraumes durchquert hat.

Konzentrationsverteilung zur Zeit $t = 0{,}1 LS/w$. Die weiteren Kurven wurden auf analoge Weise mit einem Zeitschritt $\Delta t = 0{,}2 LS/w$ bestimmt.

2.3 Laplace-Transformation und Laplace-Rücktransformation

Zur Lösung der hier behandelten Wärme- und Stofftransportprobleme wird von Ingenieuren mit Vorliebe die Methode der Laplace-Transformation angewendet, da sie relativ leicht handhabbar ist. Dieser Trend hat sich in den letzten Jahren noch verstärkt, da mit der allgemeinen Einführung der Personal-Computer eine Reihe komplizierter Strömungs- und Transportprobleme mit verhältnismäßig geringem Aufwand berechnet werden kann. Besonders vorteilhaft ist die Anwendung dieser Methode für einseitig begrenzte Gebiete.

Aus den genannten Gründen sollen im folgenden die Strömungs- und die Transportgleichung hauptsächlich mit der Laplace-Methode gelöst werden. Als Voraussetzung dafür werden die für den Gebrauch notwendigen grundlegenden Definitionen und Rechenregeln in diesem Abschnitt angegeben. Auf eine Darlegung der Beweise wurde dabei verzichtet, da sie einerseits für die Anwendung nicht unmittelbar benötigt werden und anderseits in den Werken von Doetsch [2.5, 2.6] und Wagner [2.15] ausführlich dargestellt sind.

2.3.1 Die Laplace-Transformation

Die Transformation einer Funktion $f(t)$ in eine Funktion $\overline{f}(s)$ mit dem Integral

$$\mathcal{L}[f(t)] = \int_0^\infty f(t)\, e^{-st}\, dt = \overline{f}(s) \qquad (2.65)$$

wird als Laplace-Transformation bezeichnet. Die Funktion $f(t)$ muß dabei im Intervall von 0 bis $+\infty$ definiert sein. Für dieses Intervall ist es jedoch erforderlich, daß $f(t)$ stückweise stetig und monoton verläuft und für $t \longrightarrow +\infty$ schwächer gegen Unendlich strebt als die Exponentialfunktion. Im Funktionsverlauf können damit auch Schwingungen und Sprungstellen auftreten. Da praktisch alle physikalischen Vorgänge und insbesondere die hier zu behandelnden Strömungs- und Transportvorgänge diesen Bedingungen genügen, kann die Laplace-Transformation zur Lösung dieser Probleme verwendet werden.

Bei allen hier dargestellten Prozessen wird t immer die Zeit bedeuten. Ansonsten werden wie üblich folgende Bezeichnungen verwendet:
- s : Laplace-Variable,
- $f(t)$: Zeitfunktion oder Originalfunktion,
- $\bar{f}(s)$: Laplace-Transformierte oder Bildfunktion,
- Gesamtheit aller $f(t)$: Zeitbereich oder Originalbereich,
- Gesamtheit aller $\bar{f}(s)$: Laplace-Bereich oder Bildbereich.

Zur Abkürzung der Bezeichnungen wird häufig das Symbol $\mathcal{L}$ verwendet, so daß es heißt: $\mathcal{L}$-Transformation, $\mathcal{L}$-Transformierte, $\mathcal{L}$-Variable und $\mathcal{L}$-Bereich. Dieses Symbol bezeichnet nach Gl. (2.65) den Zusammenhang zwischen der Originalfunktion $f(t)$ und der $\mathcal{L}$-Transformierten $\bar{f}(s)$. Derartige Beziehungen werden auch Korrespondenzen genannt.

Neben der Zeit treten bei Strömungsproblemen und Transportvorgängen noch die Ortskoordinaten x, y, z oder r, φ, z als unabhängige Veränderliche auf. Diese Veränderlichen werden von der $\mathcal{L}$-Transformation nicht beeinflußt, haben also den Charakter von Parametern. So ist z.B.

$$\mathcal{L}[f(x,y,z,t)] = \bar{f}(x,y,z,s). \qquad (2.66)$$

Korrespondenzen von Funktionen mit einer oder mehreren Veränderlichen, die für die Berechnung der hier behandelten Probleme benötigt werden, sind im Anhang C angegeben.

2.3.2 Rechenregeln bei der Laplace-Transformation

Um die $\mathcal{L}$-Transformation praktisch anwenden zu können, muß man, wie bei anderen mathematischen Operationen, Rechenregeln befolgen. Die wichtigsten Regeln sind nachfolgend angeführt.

Konstanter Faktor B: Ist B ein konstanter Faktor bzw. eine zeitunabhängige Funktion, so ist

$$\mathcal{L}[B f(t)] = B\bar{f}(s), \qquad (2.67)$$

denn es gilt:

$$\int_0^\infty B f(t) e^{-st} dt = B \int_0^\infty f(t) e^{-st} dt = B\bar{f}(s).$$

Additionssatz: Ist

$$f(t) = f_1(t) + f_2(t) + \ldots + f_n(t) = \sum_{j=1}^{n} f_j(t)$$

und

$$\mathcal{L}[f_j(t)] = \overline{f}_j(s),$$

so gilt:

$$\mathcal{L}[f(t)] = \mathcal{L}[\sum_{j=1}^{n} f_j(t)] = \sum_{j=1}^{n} \overline{f}_j(s). \tag{2.68}$$

Ähnlichkeitssatz: Mit b als reellem positivem Faktor ist

$$\mathcal{L}[f(bt)] = \frac{1}{b} \overline{f}(\frac{s}{b}) \quad \text{und} \quad \mathcal{L}[f(\frac{t}{b})] = b\,\overline{f}(bs). \tag{2.69}$$

Dies folgt aus

$$\int_0^{\infty} f(bt) e^{-st}\, dt = \int_0^{\infty} f(bt) e^{-s(bt)/b}\, \frac{d(bt)}{b} = \frac{1}{b} \overline{f}(\frac{s}{b}).$$

Der Ähnlichkeitssatz zeigt, sofern man (bt) als neue Zeitvariable und $(\frac{s}{b})$ als neue $\mathcal{L}$-Variable betrachtet, daß kleine Werte der Zeit t große Werte der Laplace-Variablen s entsprechen und umgekehrt. Es ist jedoch nicht möglich für bestimmte endliche Werte von t oder s die jeweils entsprechenden Werte s oder t zu berechnen.

Grenzwerte: Bei den hier zu behandelnden Problemen hat der Grenzwert

$$\mathcal{L}[\lim_{t \to \infty} f(t)] = \lim_{s \to 0} s\,\overline{f}(s) \tag{2.70}$$

eine besondere Bedeutung, denn mit Hilfe dieser Beziehung kann aus der ermittelten Lösung im Laplace-Bereich, ohne die vollständige Lösung zu benötigen, unmittelbar die stationäre Lösung abgeleitet werden. Die Beziehung für den Grenzwert t gegen Null lautet:

$$\mathcal{L}[\lim_{t \to 0} f(t)] = \lim_{s \to \infty} s\,\overline{f}(s). \tag{2.71}$$

Differentiation nach einem Parameter: Hängt die betreffende Funktion von t und von einem Parameter, z.B. von der Raumkoordinate x ab:

$$\mathcal{L}[f(t,x)] = \overline{f}(s,x),$$

so gilt:

$$\mathcal{L}\left[\frac{d}{dx} f(t,x)\right] = \frac{d}{dx} \overline{f}(s,x), \tag{2.72a}$$

$$\mathcal{L}\left[\frac{d^n}{dx^n} f(t,x)\right] = \frac{d^n}{dx^n} \overline{f}(s,x), \tag{2.72b}$$

denn es ist

$$\int_0^\infty \frac{d}{dx} f(t,x) e^{-st} \, dt = \frac{d}{dx} \int_0^\infty f(t,x) e^{-st} \, dt = \frac{d}{dx} \overline{f}(s,x),$$

weil im vorliegenden Falle die Reihenfolge von Differentiation und Integration vertauscht werden kann.

Integration nach einem Parameter: Da die Reihenfolge der Integrationen hier gleichfalls vertauscht werden darf, gilt:

$$\mathcal{L}\left[\int_a^b f(t,x) \, dx \right] = \int_a^b \overline{f}(s,x) \, dx. \tag{2.73}$$

Differentiation im Zeitbereich: Die Ableitung der Originalfunktion nach der Zeit t ergibt

$$\mathcal{L}\left[\frac{df(t)}{dt} \right] = s \, \overline{f}(s) - f(t=0) \tag{2.74}$$

wie die partielle Integration zeigt:

$$\int_0^\infty \frac{df(t)}{dt} e^{-st} \, dt = \left[f(t) e^{-st} \right]_0^\infty + s \int_0^\infty f(t) e^{-st} \, dt$$

$$= -f(t=0) + s \overline{f}(s).$$

Die Gleichung (2.74) wurde besonders gekennzeichnet, weil sie zeigt, daß mit Hilfe der Laplace-Transformation die eindimensionale partielle Strömungs- und Transportgleichung in eine gewöhnliche Differentialgleichung im Bildbereich überführt werden kann. Die Lösung im Bildbereich ist dann häufig einfach.

Die Bildfunktionen höherer Ableitungen erhält man durch Fortsetzung dieser Verfahrensweise:

$$\mathcal{L}\left[\frac{d^2 f(t)}{dt^2} \right] = s^2 \overline{f}(s) - s \, f(t=0) - f'(t=0), \tag{2.75}$$

$$\mathcal{L}\left[\frac{d^n f(t)}{dt^n} \right] = s^n \overline{f}(s) - s^{n-1} f(t=0) - s^{n-2} f'(t=0) - \ldots$$
$$- f^{(n-1)}(t=0) \tag{2.76}$$

Integration im Zeitbereich: Durch partielle Integration erhält man:

$$\int_0^\infty \left(\int_0^t f(\tau) \, d\tau \right) e^{-st} \, dt =$$

$$\left[-\frac{1}{s} e^{-st} \int_0^t f(\tau) \, d\tau \right]_0^\infty + \frac{1}{s} \int_0^\infty f(t) e^{-st} \, dt.$$

Da der erste Ausdruck auf der rechten Seite an beiden Grenzen Null wird, ergibt sich:

$$\mathcal{L}\left[\int_0^t f(\tau)\,d\tau\right] = \frac{1}{s}\overline{f}(s). \qquad (2.77)$$

Differentiation nach s im Laplace-Bereich: Es gilt:

$$\frac{d\overline{f}(s)}{ds} = \mathcal{L}\left[-t\,f(t)\right], \qquad (2.78)$$

weil

$$\frac{d}{ds}\int_0^\infty f(t)\,e^{-st}\,dt = \int_0^\infty f(t)\left(\frac{d}{ds}e^{-st}\right)dt$$

$$= -\int_0^\infty f(t)\,t\,e^{-st}\,dt$$

ist. Die wiederholte Anwendung führt auf

$$\frac{d^2\overline{f}(s)}{ds^2} = \mathcal{L}\left[t^2 f(t)\right] \text{ und } \frac{d^n\overline{f}(s)}{ds^n} = \mathcal{L}\left[(-t)^n f(t)\right]. \qquad (2.79)$$

Integration im Laplace-Bereich: Es ist

$$\int_s^\infty \overline{f}(\sigma)\,d\sigma = \mathcal{L}\left[\frac{f(t)}{t}\right]. \qquad (2.80)$$

Dies ergibt sich unter der Voraussetzung, daß die Integrationsreihenfolge vertauscht werden kann, aus

$$\int_s^\infty \left(\int_0^\infty f(t)\,e^{-\sigma t}\,dt\right)d\sigma = \int_0^\infty f(t)\left(\int_s^\infty e^{-\sigma t}\,d\sigma\right)dt$$

$$= \int_0^\infty \frac{f(t)}{t}\,e^{-st}\,dt.$$

Verschiebung im Zeitbereich (Verschiebungssatz): Ist b eine Zeitdifferenz oder allgemein eine reelle positive Konstante, so ist

$$\mathcal{L}\left[f(t-b)\,E(t-b)\right] = e^{-bs}\,\overline{f}(s) \qquad (2.81)$$

und

$$\mathcal{L}\left[f(t+b)\right] = e^{bs}\left[\overline{f}(s) - \int_0^b f(t)e^{-st}\,dt\right]. \qquad (2.82)$$

Die Funktion $f(t)$ ist um b nach rechts bzw. nach links auf der Zeitskala verschoben. Hierin ist die Einheitssprungfunktion $E(t-b)$ wie folgt definiert:

$$E(t-b) = \begin{cases} 1 & \text{für } t > b \\ 1/2 & \text{für } t = b \\ 0 & \text{für } t < b. \end{cases}$$

Die Regel (2.81) ergibt sich, wenn man die Beziehung

$$\overline{f}(s) = \int_0^\infty f(\tau)\,e^{-s\tau}\,d\tau$$

mit dem Faktor e^{-bs} multipliziert und anschließend $\tau + b = t$ substituiert:

$$e^{-bs}\,\overline{f}(s) = \int_0^\infty f(\tau)\,e^{-s(\tau+b)}\,d\tau$$

$$= \int_b^\infty f(t-b)\,e^{-st}\,dt = \int_0^\infty f(t-b)\,\mathrm{E}(t-b)\,e^{-st}\,dt.$$

Für eine Verschiebung um b nach links, d.h. für die Funktion $f(t+b)$ ergibt sich:

$$\mathcal{L}\bigl[f(t+b)\bigr] = \int_0^\infty f(t+b)\,e^{-st}\,dt = \int_b^\infty f(\tau)\,e^{-s(\tau-b)}\,d\tau$$

$$= e^{bs}\Bigl[\int_0^\infty f(t)\,e^{-st}\,dt - \int_0^b f(t)\,e^{-st}\,dt\Bigr].$$

Ist b eine Konstante, die auch komplex sein kann, so gilt:

$$\mathcal{L}\bigl[e^{-bt}\,f(t)\bigr] = \overline{f}(s+b), \tag{2.83}$$

denn es ist

$$\int_0^\infty f(t)\,e^{-(s+b)t}\,dt = \overline{f}(s+b).$$

Multiplikation im Laplace-Bereich (Faltungssatz): Existieren die Originalfunktionen der Bildfunktionen $\overline{f}_1(s)$ und $\overline{f}_2(s)$, so gilt:

$$\overline{f}_1(s)\cdot\overline{f}_2(s) = \mathcal{L}\Bigl[\int_0^t f_1(\tau)\,f_2(t-\tau)\,d\tau\Bigr]. \tag{2.84}$$

Eine Multiplikation von zwei Bildfunktionen führt im Originalbereich auf die oben dargestellte Integration, die als Faltung $f_1(t) * f_2(t)$ bezeichnet wird. Die Faltung ist kommutativ:

$$f_1(t) * f_2(t) = f_2(t) * f_1(t)$$

und assoziativ:

$$(f_1(t) * f_2(t)) * f_3(t) = f_1(t) * (f_2(t) * f_3(t)).$$

2.3.3 Die Rücktransformation

Bei den hier analytisch zu behandelnden Problemen entstehen als Lösung der Differentialgleichungen mit den Anfangs- und Randbedingungen im Laplace-Bereich Funktionen, die in den Zeitbereich zu überführen sind. Für diese Rücktransformation, inverse Laplace-Transformation, Inversion, $\mathcal{L}^{-1}$-Transformation oder Umkehrung einer Bildfunktion in den Zeitbereich gilt die komplexe Umkehrformel

$$f(t) = \mathcal{L}^{-1}\left[\overline{f}(s)\right] = \frac{1}{2\pi i} \int_{c-i\infty}^{c+i\infty} \overline{f}(s)\, e^{st}\, ds \qquad (2.85)$$

Hierbei wird der Integrand, d.h. die mit e^{st} multiplizierte Bildfunktion $\overline{f}(s)$, in der komplexen s-Ebene längs eines Weges integriert, der durch den Abszissenpunkt c parallel zur imaginären Achse verläuft.

Für die Berechnung der Zeitfunktion $f(t)$ ist die direkte Anwendung der obigen Umkehrformel wenig geeignet, da sie die Kenntnis der Bildfunktion $\overline{f}(s)$ in der komplexen Ebene erfordert. Prinzipiell führt die Anwendung von (2.85) auf Integrale, die analytisch oder nur auf numerischem Wege gelöst werden können. Die analytisch auswertbaren Integrale ergeben Korrespondenzen, von denen eine Vielzahl in der Literatur zusammengestellt ist [2.15, 2.16, 2.17]. Für die hier behandelten Probleme werden die entsprechenden Korrespondenzen im Anhang C angegeben. Lösungen, die auf Integrale führen, die nur graphisch oder numerisch auswertbar sind, werden in der Regel nicht angegeben. In diesen Fällen ist es oft rationeller, die Rücktransformation unmittelbar mit numerischen Verfahren auszuführen. Die Anwendung dieser Methoden wird im Abschnitt 2.3.7 behandelt.

Für eine Vielzahl von Fällen lassen sich jedoch Verfahren der Rücktransformation anwenden, die relativ schnell zur gesuchten Zeitfunktion führen. Man wendet dazu den Cauchyschen Residuensatz an, nach welchem das Integral (2.85) gleich der Summe der Residuen an den k Polstellen des Integranden ist [2.13]:

$$\frac{1}{2\pi i} \int_{c-i\infty}^{c+i\infty} \overline{f}(s)\, e^{st}\, ds = \sum_{n=1}^{k} \mathrm{Res}\left[\overline{f}(s)\, e^{st}\,;\, s_n\right]. \qquad (2.86)$$

Die Residuen können mit Hilfe der Beziehung

$$\mathrm{Res}\left[\overline{f}(s)\, e^{st}\,;\, s_n\right] = \frac{1}{(j-1)!} \lim_{s \to s_n} \frac{d^{j-1}}{ds^{j-1}}\left[(s-s_n)^{j}\overline{f}(s)\, e^{st}\right] \qquad (2.87)$$

berechnet werden, wobei j die Ordnung des Poles bei $s = s_n$ beschreibt.

Die Lösung im Bildbereich habe die Form:

$$\overline{f}(s) = \frac{\overline{g}_1(s)}{\overline{g}_2(s)} \ . \tag{2.88}$$

Die Funktion $\overline{g}_2(s)$ soll einfache Nullstellen bei $s = s_1, s_2, \ldots, s_n$ besitzen. Die Nullstellen der Funktion $\overline{g}_2(s)$ sind Pole der Funktion $\overline{f}(s)$. Entwickelt man den Nenner in der Nähe der Nullstelle s_n in eine Taylor-Reihe, so gilt:

$$\overline{g}_2(s) = \overline{g}_2(s_n) + (s - s_n)\overline{g}_2'(s_n) + \ldots = (s - s_n)\overline{g}_2'(s_n) + \ldots$$

Folglich ist

$$\text{Res}\left[\frac{\overline{g}_1(s)}{\overline{g}_2(s)} e^{st} \ ; \ s_n\right] = \frac{\overline{g}_1(s_n)}{\overline{g}_2'(s_n)} e^{s_n t},$$

so daß für k Pole erster Ordnung die Rücktransformationsformel die Form

$$f(t) = \mathcal{L}^{-1}\left[\frac{\overline{g}_1(s)}{\overline{g}_2(s)} e^{st}\right] = \sum_{n=1}^{k} \frac{\overline{g}_1(s_n)}{\overline{g}_2'(s_n)} e^{s_n t} \tag{2.89}$$

hat. Häufig wird auch der Fall vorkommen, daß

$$\overline{g}_2(s) = s \cdot \overline{h}(s),$$

ist, wobei $h(0) \ne 0$ und $\overline{h}(s)$ selbst bei $s = s_n$ einfache Nullstellen besitzt. Nach (2.89) wird wegen

$$\overline{g}_2'(s) = \overline{h}(s) + s\overline{h}'(s)$$

$$f(t) = \mathcal{L}^{-1}\left[\frac{\overline{g}_1(s)}{s\overline{h}(s)}\right] = \frac{\overline{g}_1(0)}{\overline{h}(0)} + \sum_{n=1}^{k} \frac{\overline{g}_1(s_n)}{s_n \overline{h}'(s_n)} e^{s_n t} \tag{2.90}$$

Diese Formel ist auch gültig, wenn die Funktion $\overline{h}(s)$ unendlich viele Nullstellen besitzt. Sie wird als Heavisidescher Entwicklungssatz bezeichnet.

Es soll nun noch das Residuum für einen Pol zweiter Ordnung bei $s = 0$ nach (2.87) berechnet werden:

$$\text{Res}\left[\frac{\overline{g}_1(s)}{\overline{g}_2(s)} e^{st} \ ; \ 0\right] =$$

$$\lim_{s \to 0} \frac{d}{ds}\left[\overline{g}_1(s) e^{st} \frac{s^2}{\frac{1}{2}\overline{g}_2''(0)s^2 + \frac{1}{6}\overline{g}_2'''(0)s^3 + \ldots}\right] =$$

$$\lim_{s \to 0} \frac{d}{ds}\left[\frac{\overline{g}_1(s) e^{st}}{\frac{1}{2}\overline{g}_2''(0)}\left(1 - \frac{1}{3}\frac{\overline{g}_2'''(0)}{\overline{g}_2''(0)} s + \ldots\right)\right].$$

Nach der Differentiation und der Grenzwertbildung ergibt sich:

$$\operatorname{Res}\left[\frac{\overline{g}_1(s)}{\overline{g}_2(s)} e^{st} ; 0\right] =$$

$$\frac{2}{\overline{g}_2''(0)}\left[\overline{g}_1'(0) + \overline{g}_1(0)\, t - \frac{1}{3}\frac{\overline{g}_1(0)\,\overline{g}_2'''(0)}{\overline{g}_2''(0)}\right].$$

Hat die Funktion $\overline{h}(s)$ bei 0 und $s_1, s_2, \ldots, s_k$ einfache Nullstellen, so gilt wegen

$$\overline{g}_2''(s) = s\,\overline{h}''(s) + 2\overline{h}'(s), \quad \overline{g}_2'''(s) = s\,\overline{h}'''(s) + 3\overline{h}''(s)$$

$$f(t) = \mathscr{L}^{-1}\left[\frac{\overline{g}_1(s)}{s\,\overline{h}(s)}\right] = \qquad (2.91)$$

$$\frac{1}{\overline{h}'(0)}\left[\overline{g}_1'(0) + \overline{g}_1(0)\left(t - \frac{1}{2}\frac{\overline{h}''(0)}{\overline{h}'(0)}\right)\right] + \sum_{n=1}^{k}\frac{\overline{g}_1(s_n)}{s_n\,\overline{h}'(s_n)} e^{s_n t}$$

Hat jedoch die Lösungsfunktion im Laplace-Bereich Pole höherer als zweiter Ordnung, so wird die Berechnung der Residuen sehr aufwendig und man sollte ein numerisches Verfahren für die Rücktransformation wählen.

2.3.4 Berechnung von Korrespondenzen

Korrespondenzen können prinzipiell auf zwei verschiedenen Wegen berechnet werden. Man geht dabei entweder von der Originalfunktion $f(t)$ aus und transformiert sie mit Gl.(2.65) in den Laplace-Bereich oder man invertiert die Bildfunktion $\overline{f}(s)$ mit den vorhergehend dargelegten Verfahren in den Zeitbereich. Für beide Berechnungswege sind nachfolgend einige Beispiele angeführt.

Transformation einer Konstanten B: Die Anwendung von (2.65) ergibt:

$$\mathscr{L}[B] = \int_0^\infty B\,e^{-st}\,dt = \left[-\frac{B}{s}e^{-st}\right]_0^\infty = 0 - \left(-\frac{B}{s}\right) = \frac{B}{s}.$$
(2.92)

Diese Korrespondenz wird z.B. benötigt, wenn Randbedingungen 1. Art zu transformieren sind.

Transformation der Funktion $f(t) = t$: Durch Anwendung von (2.65) und partieller Integration erhalten wir:

$$f(t) = \mathscr{L}[t] = \int_0^\infty t\,e^{-st}\,dt = \left[\frac{e^{-st}}{s^2}(st-1)\right]_0^\infty = \frac{1}{s^2}. \qquad (2.93)$$

Transformation der Funktion $f(t) = e^{-bt}$: Die Anwendung von (2.65) führt auf

$$f(t) = \mathcal{L}\left[e^{-bt}\right] = \int_0^\infty e^{-bt} e^{-st} dt = \int_0^\infty e^{-(b+s)t} dt$$

$$= \left[-\frac{1}{b+s} e^{-(b+s)t}\right]_0^\infty = \frac{1}{s+b} \qquad (2.94)$$

Transformation der Funktion $f(t) = \dfrac{x}{\sqrt{\pi t}}$: Durch Anwendung von (2.65) erhält man:

$$\mathcal{L}\left[\frac{x}{\sqrt{\pi t}}\right] = \int_0^\infty \frac{x}{\sqrt{\pi t}} e^{-st} dt$$

und durch Substitution von

$$\sqrt{st} = v, \quad dv = \frac{1}{2}\sqrt{\frac{s}{t}} dt = \frac{s}{2v} dt$$

wird

$$\overline{f}(s) = \mathcal{L}\left[\frac{x}{\sqrt{\pi t}}\right] = \int_0^\infty \frac{x}{v}\sqrt{\frac{s}{\pi}} e^{-v^2} \frac{2v}{s} dv$$

$$= \frac{x}{\sqrt{s}} \frac{2}{\sqrt{\pi}} \int_0^\infty e^{-v^2} dv = \frac{x}{\sqrt{s}}. \qquad (2.95)$$

Rücktransformation der Funktion $\overline{f}(s) = \dfrac{s}{s^2 - b^2}$: Diese Funktion ist eindeutig in s und besitzt zwei einfache Pole bei $s_1 = b$ und $s_2 = -b$. Somit kann die Beziehung (2.89) angewendet werden. Es ist

$$\overline{g}_1(s) = s, \quad \overline{g}_2(s) = s^2 - b^2, \quad \overline{g}_2' = 2s$$

und folglich

$$f(t) = \mathcal{L}^{-1}\left[\frac{s}{s^2 - b^2}\right] = \sum_{n=1}^2 \frac{\overline{g}_1(s_n)}{\overline{g}'(s_n)} e^{s_n t} = \frac{1}{2}(e^{bt} + e^{-bt})$$

$$= \cosh(bt). \qquad (2.96)$$

Rücktransformation der Funktion $\overline{f}(s) = \dfrac{B \sinh \sqrt{b_1 + b_2 s}\, \xi}{s \sinh \sqrt{b_1 + b_2 s}}$: Die obige Funktion läßt sich in der Form

$$\overline{f}(s) = \frac{\overline{g}_1(s)}{s\, h(s)} = \frac{B \sinh \sqrt{b_1 + b_2 s}\, \xi}{s \sinh \sqrt{b_1 + b_2 s}}$$

darstellen. Aus der Identität

$$\sinh z = \frac{e^z - e^{-z}}{2} = \frac{e^{-i(iz)} - e^{i(iz)}}{2} = -i\frac{e^{i(iz)} - e^{-i(iz)}}{2i}$$
$$= -i\sin(iz)$$

folgt: Die Funktion $\overline{f}(s)$ besitzt nur einfache Pole bei

$$s_0 = 0 \text{ und } i\sqrt{b_1 + b_2 s_n} = n\pi, \ b_2 > 0, \ n = 1, 2, 3, \ldots$$

Negative Werte n können unberücksichtigt bleiben, weil sie zu den gleichen Werten s_n führen:

$$s_n = -(b_1 + n^2\pi^2)/b_2.$$

So kann der Heavisidesche Entwicklungssatz (2.90) angewendet werden. Für den Pol bei $s = 0$ ergibt sich:

$$\frac{\overline{g}_1(0)}{\overline{h}(0)} = \left(\frac{B \sinh\sqrt{b_1 + b_2 s}\,\xi}{\sinh\sqrt{b_1 + b_2 s}}\right)_{s=0} = \frac{B \sinh\sqrt{b_1}\,\xi}{\sinh\sqrt{b_1}}.$$

Für die weiteren Pole wird noch

$$\left(\frac{g_1(s)}{s\overline{h}'(s)}\right)_{s=s_n} = \frac{B \sinh\sqrt{b_1 + b_2 s_n}\,\xi}{\frac{b_2 s_n}{2\sqrt{b_1 + b_2 s_n}} \cosh\sqrt{b_1 + b_2 s_n}}$$

$$= \frac{-iB \sin n\pi \xi}{-(b_1 + n^2\pi^2)\frac{i}{2n\pi}\cos n\pi}$$

$$= (-1)^n \frac{2n\pi}{b_1 + n^2\pi^2} \sin n\pi \xi$$

benötigt. Damit ergibt sich die gesuchte Funktion im Originalbereich:

$$f(t) = \mathcal{L}^{-1}\left[\frac{B \sinh\sqrt{b_1 + b_2 s}\,\xi}{s \sinh\sqrt{b_1 + b_2 s}}\right] = B\frac{\sinh\sqrt{b_1}\,\xi}{\sinh\sqrt{b_1}} - \quad (2.97)$$

$$B \sum_{n=1}^{\infty} (-1)^n \frac{2n\pi}{b_1 + n^2\pi^2} \sin n\pi\xi \ e^{-[(b_1 + n^2\pi^2)/b_2]t}$$

Rücktransformation der Funktion $\overline{f}(s) = \frac{1}{s^3}$: Diese Funktion besitzt bei $s = 0$ einen Dreifachpol. Wir benutzen die Formeln (2.86) und (2.87), um die Funktion $f(t)$ zu bestimmen:

$$f(t) = \mathcal{L}^{-1}\left[\frac{1}{s^3}\right] = \frac{1}{2}\lim_{s\to 0}\frac{d^2}{ds^2}\left[s^3 \frac{1}{s^3} e^{st}\right] = \frac{t^2}{2}. \quad (2.98)$$

2.3.5 Lösung von partiellen Differentialgleichungen mit Hilfe der Laplace-Transformation

Es soll die Lösung einer partiellen Differentialgleichung bei Vorgabe einer Anfangsbedingung und Vorgabe von Randbedingungen bestimmt werden.

In einem ersten Schritt wird dieses gesamte Anfangs-Randwertproblem in den Laplace-Bereich transformiert, wobei die Anfangsbedingung schon bei der Transformation Berücksichtigung findet. Fast alle Probleme, die von uns mit dieser Methode behandelt werden, haben neben der Zeit nur noch eine unabhängige Variable (die x- oder die r-Koordinate). So entsteht im Bildbereich aus der partiellen Differentialgleichung eine gewöhnliche Differentialgleichung, da ja durch die Laplace-Transformation die Ableitungen nach der Zeit durch Polynome in s (vgl. (2.74 - 76)) ersetzt werden.

In einem zweiten Schritt wird diese gewöhnliche Differentialgleichung gelöst, wobei auf die Ergebnisse des Abschnitt 2.1 in einfacher Weise zurückgegriffen werden kann. Die in den Lösungen noch vorhandenen Integrationskonstanten werden so bestimmt, daß die Randbedingungen erfüllt werden.

Die auf diesem Wege ermittelte vollständige Lösung im $\mathcal{L}$-Bereich wird in einem dritten Schritt in den Zeitbereich zurücktransformiert, wobei die entsprechende Methode aus dem Abschnitt 2.3.3 entnommen werden kann. Das Schema (Bild 2.6) verdeutlicht die Vorgehensweise. Im nächsten Abschnitt wird der gesamte Lösungsweg an zwei Beispielen ausführlich erläutert.

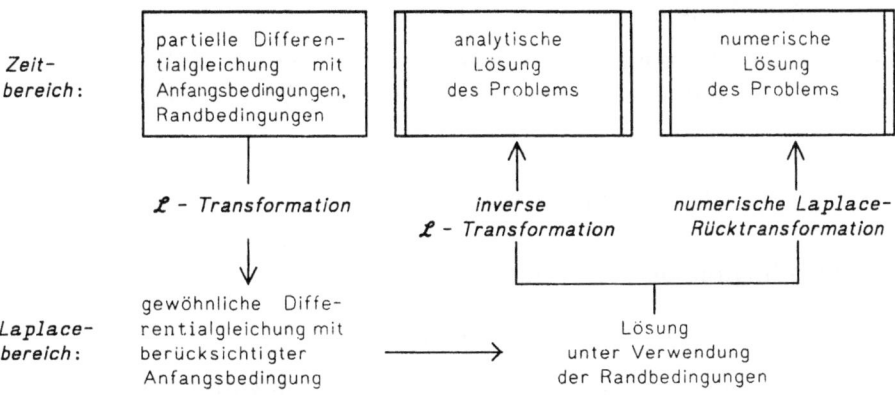

Bild 2.6. Lösung von eindimensionalen partiellen Differentialgleichungen mit Hilfe der Laplace-Transformation

2.3.6 Die praktische Durchführung

Zur Demonstration der Lösung einer partiellen Differentialgleichung mit Hilfe der Laplace-Transformation betrachten wir die Ausbreitung einer punktförmigen Quelle in einem unendlich ausgedehnten Körper. Eine derartige Quelle kann sich allseitig ausbreiten, so daß für die Beschreibung des Ausbreitungsvorganges Kugelkoordinaten verwendet werden müssen, wobei sich die Quelle im Ursprung $r = 0$ befindet. Für diesen Fall gilt die partielle Differentialgleichung (1.72) mit der Anfangsbedingung (1.83) und den Randbedingungen (1.85) und (1.87). Das Anfangs-Randwertproblem lautet somit

$$\text{DG:} \quad \frac{\partial^2 u}{\partial r^2} + \frac{2}{r}\frac{\partial u}{\partial r} = \frac{1}{a}\frac{\partial u}{\partial t}$$

$$\text{AB:} \quad u = 0 \quad \text{für } t = 0 \text{ und } r > 0$$

$$\text{RB:} \quad -r^2\frac{\partial u}{\partial r} = \frac{Q}{4\pi D} \quad \text{bei } r = 0 \text{ und } t > 0$$

$$u = 0 \quad \text{bei } r = \infty \text{ und } t > 0 \tag{2.99}$$

1. Schritt: Laplace-Transformation: Die Anwendung der Laplace-Transformation führt auf das Randwertproblem:

$$\text{DG:} \quad \frac{\partial^2 \bar{u}}{\partial r^2} + \frac{2}{r}\frac{\partial \bar{u}}{\partial r} = \frac{s}{a}\bar{u}$$

$$\text{RB:} \quad -r^2\frac{\partial \bar{u}}{\partial r} = \frac{Q}{4\pi D s} \quad \text{bei } r = 0 \text{ und } \bar{u} = 0 \text{ bei } r = \infty.$$

Bei der Transformation der Zeitableitung nach (2.74) wurde die Anfangsbedingung bereits berücksichtigt.

2. Schritt: Lösung des Randwertproblemes im $\mathcal{L}$-Bereich: Die Lösung der Differentialgleichung lautet (s. Gl. (2.25))

$$\bar{u} = B_1 \frac{e^{pr}}{r} + B_2 \frac{e^{-pr}}{r}.$$

Mit den Randbedingungen können die Konstanten bestimmt werden. Aus $\bar{u}(r = \infty) = 0$ folgt $B_1 = 0$. Damit ist dann die Erfüllung der Randbedingung bei $r = 0$ einfach:

$$-\left(r^2 \frac{d\bar{u}}{dr}\right)_{r=0} = \left(B_2 e^{-pr}(1+pr)\right)_{r=0} = B_2 = \frac{Q}{4\pi D s}.$$

Durch Einsetzen bekommt man schließlich die vollständige Lösung im Laplace-Bereich

$$\bar{u} = \frac{Q}{4\pi D r s} e^{-pr}. \tag{2.100}$$

3. Schritt: Rücktransformation in den Zeitbereich: Die Rücktransformation in den Zeitbereich erfolgt im vorliegenden Fall durch Verwendung einer Korrespondenz (s. Anhang C) und ergibt sofort die gesuchte Lösung im Zeitbereich

$$u(r,t) = \frac{Q}{4\pi D r} \operatorname{erfc} \sqrt{\frac{r^2}{4at}} \qquad (2.101)$$

für die Ausbreitung einer punktförmigen Quelle im unendlich ausgedehnten Körper.

Nicht immer haben die Korrespondenzen eine so einfache Form. Ein Beispiel dafür ist die eindimensionale Transportgleichung in kartesischen Koordinaten (1.80). Bewußt wird dieses Problem auch mit der Laplace-Methode behandelt, um so einen Vergleich der Vor- und Nachteile der verschiedenen Lösungsverfahren zu ermöglichen. Das Anfangs- Randwertproblem lautet:

$$\text{DG:} \quad D\frac{\partial^2 u}{\partial x^2} - w\frac{\partial u}{\partial x} - ku = S\frac{\partial u}{\partial t}$$

$$\text{AB:} \quad u = 0 \quad \text{für } t = 0 \text{ und } 0 < x < L$$

$$\text{RB:} \quad u = u_0 \quad \text{bei } x = 0 \text{ und } t > 0$$

$$\phantom{\text{RB:}} \quad u = u_L \quad \text{bei } x = L \text{ und } t > 0 \qquad (2.102)$$

1. Schritt: Laplace-Transformation: Das Randwertproblem im Laplace-Bereich hat die Form:

$$\text{DG:} \quad D\frac{d^2 \bar{u}}{dx^2} - w\frac{d\bar{u}}{dx} - k\bar{u} = S s \bar{u},$$

$$\text{RB:} \quad \bar{u} = \frac{u_0}{s} \text{ bei } x = 0 \text{ und } \bar{u} = \frac{u_L}{s} \text{ bei } x = L.$$

2. Schritt: Lösung des Randwertproblemes im $\mathcal{L}$-Bereich: Die Lösung der obigen Differentialgleichung lautet (s. Gl. (2.8))

$$\bar{u} = B_1 e^{\mu_1 x} + B_2 e^{\mu_2 x}$$

mit

$$\mu_1 = \frac{1}{2D}\left(w + \sqrt{w^2 + 4(k+Ss)D}\right),$$

$$\mu_2 = \frac{1}{2D}\left(w - \sqrt{w^2 + 4(k+Ss)D}\right).$$

Mit den Randbedingungen können die Konstanten B_1 und B_2 bestimmt werden:

$$\bar{u}_0 = B_1 + B_2 = \frac{u_0}{s}, \quad \bar{u}_L = B_1 e^{\mu_1 L} + B_2 e^{\mu_2 L} = \frac{u_L}{s}.$$

Man erhält

$$B_1 = -\frac{u_0}{s} \frac{e^{\mu_2 L}}{e^{\mu_1 L} - e^{\mu_2 L}} + \frac{u_L}{s} \frac{1}{e^{\mu_1 L} - e^{\mu_2 L}},$$

$$B_2 = \frac{u_0}{s} \frac{e^{\mu_1 L}}{e^{\mu_1 L} - e^{\mu_2 L}} - \frac{u_L}{s} \frac{1}{e^{\mu_1 L} - e^{\mu_2 L}}.$$

Damit bekommt man nach Einsetzen der Konstanten in die obige Gleichung die vollständige Lösung im Laplace-Bereich:

$$\bar{u}(x) = \frac{u_0}{s} \frac{e^{\mu_1 L} e^{\mu_2 x} - e^{\mu_1 x} e^{\mu_2 L}}{e^{\mu_1 L} - e^{\mu_2 L}} + \frac{u_L}{s} \frac{e^{\mu_1 x} - e^{\mu_2 x}}{e^{\mu_1 L} - e^{\mu_2 L}},$$

die durch Einsetzen von μ_1 und μ_2 auch in folgender Form geschrieben werden kann:

$$\bar{u}(x) = \frac{u_0}{s} e^{\frac{Pe}{2}\frac{x}{L}} \frac{\sinh\left(\sqrt{Pe^2/4 + Ze + L^2 s/a}\,(1 - x/L)\right)}{\sinh\sqrt{Pe^2/4 + Ze + L^2 s/a}} +$$

$$\frac{u_L}{s} e^{\frac{Pe}{2}(1-\frac{x}{L})} \frac{\sinh\left(\sqrt{Pe^2/4 + Ze + L^2 s/a}\,x/L\right)}{\sinh\sqrt{Pe^2/4 + Ze + L^2 s/a}}$$

mit den schon früher definierten Konstanten $a = D/S$, $Pe = wL/D$ und $Ze = kL^2/D$.

3. Schritt: Rücktransformation in den Zeitbereich: Für die Rücktransformation kann der Heavisidesche Entwicklungssatz angewendet werden. Die Berechnung wurde im Abschnitt 2.3.4 durchgeführt, Gl.(2.97). Mit $b_1 = Pe^2/4 + Ze$ und $b_2 = L^2/a$ wird

---

Bild 2.3

$$u(x,t) = u_{st} - \sum_{n=1}^{\infty} \frac{2n\pi(u_0 - (-1)^n u_L\, e^{-\frac{Pe}{2}})}{\frac{1}{4}Pe^2 + Ze + n^2\pi^2} e^{\frac{Pe}{2}\frac{x}{L}} \sin\frac{n\pi x}{L}\, e^{-\frac{a}{L^2}(\frac{1}{4}Pe^2 + Ze + n^2\pi^2)t}$$

mit der stationären Lösung $u_{st} =$

$$\frac{u_0\, e^{\frac{Pe}{2}\frac{x}{L}} \sinh\left(\sqrt{\frac{Pe^2}{4} + Ze}\,(1-\frac{x}{L})\right) + u_L\, e^{-\frac{Pe}{2}(1-\frac{x}{L})} \sinh\left(\sqrt{\frac{Pe^2}{4} + Ze}\,\frac{x}{L}\right)}{\sinh\sqrt{\frac{Pe^2}{4} + Ze}}$$

(2.104)

Die Lösung stimmt mit der Gl. (2.58) überein, wenn die Anfangslösung $u_a = 0$ gesetzt wird. Vergleicht man den Aufwand für die Fourier- und die Laplace-Methode, so ergeben sich in unserem Beispiel keine prinzipiellen Vorteile für den einen oder den anderen Lösungsweg. Das Beispiel zeigt aber auch, daß für die Rücktransformation und für die numerische Berechnung der Funktion $u(x,t)$ der größte Aufwand getrieben werden muß. Abhilfe kann hier die numerische Laplace-Rücktransformation schaffen.

2.3.7 Numerische Verfahren zur Rücktransformation

Mit der Einführung der Personalcomputer sind die numerischen Verfahren zur Inversion besonders leicht anwendbar und damit auch attraktiv geworden. Sie ermöglichen es, für eine Anzahl von Wärme- und Stofftransportproblemen, auf relativ bequemem Wege numerische Ergebnisse zu erhalten. Die konsequente analytische Rücktransformation solcher Probleme ist oftmals sehr kompliziert und führt zu mathematischen Ausdrücken, deren Berechnung vielfach einen erheblichen Aufwand erfordert. Sofern anschließend die numerischen Ergebnisse benötigt werden, ist es deshalb sinnvoller, unmittelbar numerische Verfahren zur Rücktransformation anzuwenden.

Verfahren von Schapery: Das wohl einfachste Verfahren zur numerischen Rücktransformation wurde von Schapery [2.18] entwickelt. Wie im Abschnitt 2.2.2 gezeigt wurde, hat die allgemeine Lösung der eindimensionalen Transportgleichung bei zeitunabhängigen Randbedingungen und Quellen die Form:

$$u(x,t) = u_{st}(x) + \sum_n b_n(x) e^{-\beta_n t} . \qquad (2.105)$$

Dabei bezeichnet u_{st} die stationäre Lösung und die Summe beschreibt den exponentiell abklingenden Übergang von dem Anfangszustand in den stationären Endzustand.

Die Laplace-Transformation dieser Lösung führt im Bildbereich auf (s. (2.92) und (2.94)):

$$\mathcal{L}[u(x,t)] = \frac{u_{st}}{s} + \sum_n \frac{b_n(x)}{\beta_n + s} . \qquad (2.106)$$

Beim Schapery-Verfahren werden nun die β_n geeignet gewählt und die Koeffizienten $b_n(x)$ so bestimmt, daß die numerisch zurückzutransformierende Funktion $\bar{u}(x,s)$ möglichst gut durch $\mathcal{L}[u(x,t)]$

approximiert wird (Anpassung im Laplace-Bereich). Klar ist, daß die Variable x hier nur als Parameter fungiert.

Benutzen wir nun nach der Begründung des Verfahrens wieder die Bezeichnungen $f(t)$ und $\bar{f}(s)$ und wählen z.B.

$$\beta_n = 0{,}001;\ 0{,}005;\ 0{,}01;\ \ldots\ ;\ 50;\ 100;\ 500$$

und setzen

$$s_l = \beta_l,\ l = 1, 2, \ldots, N,$$

so erhalten wir für jedes l die Gleichung:

$$\frac{f_{st}}{s_l} + \sum_{n=1}^{N} \frac{b_n}{s_n + s_l} = \bar{f}(s_l),\ l = 1, 2, \ldots, N.$$

Es muß also das Gleichungssystem

$$\begin{pmatrix} \frac{1}{s_1+s_1} & \frac{1}{s_2+s_1} & \cdots & \frac{1}{s_N+s_1} \\ \frac{1}{s_1+s_2} & \frac{1}{s_2+s_2} & \cdots & \frac{1}{s_N+s_2} \\ \vdots & \vdots & \vdots & \vdots \\ \frac{1}{s_1+s_N} & \frac{1}{s_2+s_N} & \cdots & \frac{1}{s_N+s_N} \end{pmatrix} \cdot \begin{pmatrix} b_1 \\ b_2 \\ \vdots \\ b_N \end{pmatrix} = \begin{pmatrix} \bar{f}(s_1) - \frac{f_{st}}{s_1} \\ \bar{f}(s_2) - \frac{f_{st}}{s_2} \\ \vdots \\ \bar{f}(s_N) - \frac{f_{st}}{s_N} \end{pmatrix}$$

(2.107)

gelöst werden. Die auf der rechten Seite benötigte stationäre Lösung erhält man aus der Grenzwertbeziehung (2.70):

$$f_{st} = \lim_{s \to 0} s\bar{f}(s).$$

Mit den so bestimmten Koeffizienten b_n kann die Originalfunktion näherungsweise berechnet werden:

$$f(t) = f_{st} + \sum_{n=1}^{N} b_n e^{-\beta_n t}. \qquad (2.108)$$

Der Aufwand für die numerische Rücktransformation ist nicht groß, wenn man beachtet, daß für eine einmal festgelegte s-Verteilung die obige Koeffizientenmatrix nur einmal zu invertieren ist und daß die Koeffizienten b_n für beliebig viele Zeiten t in (2.108) benutzt werden können.

Auf der Diskette "Wärme- und Stofftransport" befinden sich die Implementierungen aller in diesem Buch vorgestellten Verfahren zur numerischen Laplace-Rücktransformation. Der Schapery-Algorithmus ist dort als Funktion RLAPLS dokumentiert.

Das Bild 2.7 zeigt einen Vergleich zwischen der numerischen Rücktransformation und der exakten Lösung. Zum Abschluß soll aber

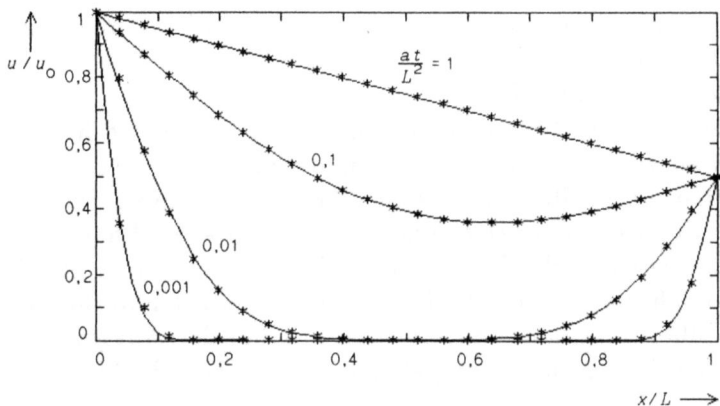

Bild 2.7. Vergleich der Lösung der Strömungsgleichung mit Hilfe der Fourier-Methode (ausgezogene Kurve) und der Laplace-Methode einschließlich numerischer Rücktransformation nach Schapery (∗)

noch darauf hingewiesen werden, daß das Verfahren von Schapery nur anwendbar ist, wenn der zeitliche Funktionsverlauf bekannt ist (vgl. Annahme (2.105)) und einfache Korrespondenzen dafür existieren (s. Gl. (2.106)). Transportprobleme, die eine Vielzahl Summanden in (2.105) erfordern, sollten mit dem Schapery-Verfahren nicht gelöst werden, weil die Kondition der Matrix in (2.107) für $N \geq 20$ sehr schlecht ist.

Verfahren von Stehfest: Der Stehfest-Algorithmus [2.19] berechnet die Funktion $f(t)$ genähert mit

$$f(t) = \mathcal{L}^{-1}\left[\overline{f}(s)\right] = \frac{\ln 2}{t} \sum_{n=1}^{N} V_n \, \overline{f}\left(\frac{\ln 2}{t} n\right), \qquad (2.109)$$

worin die Gewichtsfaktoren V_n durch folgende Beziehungen gegeben sind:

$$V_n = (-1)^{\frac{N}{2}+n} \sum_{k=(n+1)/2}^{\mathrm{Min}(n,N/2)} \frac{k^{N/2}(2k)!}{(N/2-k)!\,k!\,(k-1)!\,(n-k)!\,(2k-n)!} \cdot \qquad (2.110)$$

Die Größe N ist hierin eine ganze Zahl und stellt die Anzahl der Punkte in der Approximation dar. Sie muß in Abhängigkeit von der Anzahl der zur Verfügung stehenden Mantissenstellen gewählt werden. Für die einfache Genauigkeit (6 Dezimalstellen) empfehlen wir $N = 8$ und bei doppelter Genauigkeit (16 Dezimalstellen) $N = 12$. Der Stehfest-Algorithmus wurde als RLAPLE (einfache Genauigkeit, s. Anhang D) und als RLAPLD (Double Precision) implementiert.

Die Anwendungen zeigen, daß dieser Algoritmus robust und sehr schnell ist. Der Funktionsverlauf $f(t)$ muß aber im wesentlichen monoton verlaufen (s. auch Bild 2.9).

Für die Lösung von Strömungsproblemen ist der Stehfest-Algorithmus sehr zu empfehlen. Für Transportprobleme ist er nur bedingt geeignet. Das Bild 2.8 zeigt, daß die Fronten flacher verlaufen als die exakte analytische Lösung. Dieses Phänomen bezeichnet man *numerische Dispersion*. Man kann nämlich ein $\tilde{D} > D$ wählen, so daß die analytische Lösung $u(\tilde{D})$ mit der Stehfest-Lösung $u(D)$ übereinstimmt. Wir werden uns bei der Analyse der numerischen Verfahren noch eingehend mit dieser Problematik beschäftigen.

Verfahren von Zakian : Bei dem Zakian-Algorithmus [2.20] wird $f(t)$ genähert berechnet mit

$$f(t) = \mathcal{L}^{-1}\left[\bar{f}(s)\right] = \frac{1}{t} \sum_{n=1}^{N} K_n \bar{f}\left(\frac{a_n}{t}\right). \qquad (2.111)$$

Die Konstanten K_n und a_n ergeben sich als Lösung von

$$\sum_{n=1}^{N} \frac{K_n k!}{(a_n)^{k+1}} = 1, \quad k = 0, 1, 2, \ldots, N-1. \qquad (2.112)$$

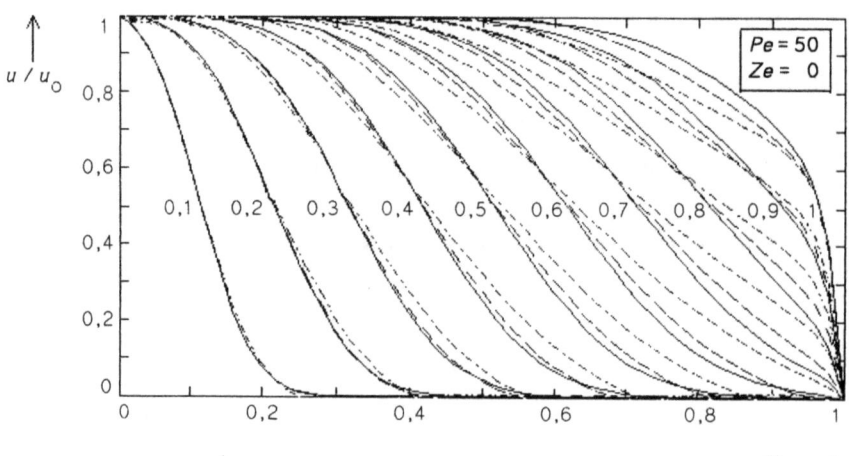

Bild 2.8. Lösung der Transportgleichung mit Hilfe der Laplace-Methode und numerischer Rücktransformation nach Stehfest einfach genau (- · — · -); Stehfest doppelt genau (– – – –) und Zakian (———). Graphisch ist kein Unterschied zwischen der Rücktransformation nach Zakian, nach Talbot und der Fourier-Reihenentwicklung feststellbar.

Da man bei der Lösung von (2.112) komplexe Werte a_n erhält, müssen in (2.111) komplexe Funktionswerte berechnet werden, ein entscheidender Nachteil dieses Verfahrens gegenüber den Algorithmen von Schapery und Stehfest. Dafür kann der Algorithmus aber sowohl zur Lösung von Strömungs- als auch von Transportproblemen eingesetzt werden (vgl. Bild 2.8). Ein Einsatz für stark schwingende Funktionen $f(t)$ führt zu fehlerhaften Ergebnissen (Bild 2.9). Implementiert wurde der Zakian-Algorithmus als Funktion RLAPLC.

Verfahren von Talbot : Bei dem Verfahren von Talbot [2.21] wird zur Rücktransformation das Inversionsintegral (2.85) über einen äquivalenten Integrationsweg, der alle Singularitäten der Funktion $\bar{f}(s)$ einschließt, numerisch integriert. Die numerische Integration wird mit Hilfe der Trapezregel ausgeführt, wobei mit der Erhöhung der Anzahl der Summanden N die Genauigkeit bis hin zu Dreiviertel der Computergenauigkeit gesteigert werden kann. Bei gleichbleibenden Genauigkeitsanforderungen muß für größere Zeiten t, für die eine Funktion zu invertieren ist, die Anzahl N ebenfalls erhöht werden. Für die korrekte Anwendung dieses Rücktransformationsverfahrens ist es weiterhin erforderlich, daß die dominierende Singularität der Funktion $\bar{f}(s)$ vorgegeben wird, wenn Pole in der oberen Halbebene liegen. Die dominierende Singularität $x_D + i y_D$ ist durch folgende Eigenschaft bestimmt:

$$\text{signifikanter Pol} = \underset{n}{\text{Max}} \frac{y_n}{\pi + \tan(x_n/y_n)} ,$$

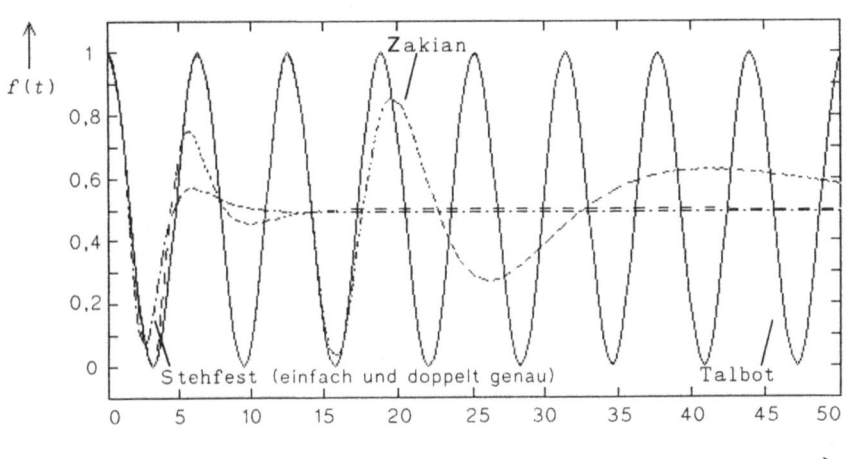

Bild 2.9. Numerische Rücktransformation von schwingenden Problemen nach Stehfest einfach und doppelt genau, Zakian und Talbot, dargestellt am Beispiel $f(t) = (1 + \cos t) / 2$

wobei alle Pole n zu betrachten sind, für die $y_n > 0$ gilt. Existiert kein Pol in der oberen Halbebene, so ist $x_D = y_D = 0$ zu setzen.

Obwohl also neben der komplexen Funktion $\bar{f}(s)$ auch die dominante Singularität vorgegeben werden muß und der Talbot-Algorithmus im Vergleich zu den Verfahren von Stehfest und Zakian langsam ist, sollte die Talbot-Methode angewendet werden, wenn der Funktionsverlauf im Originalbereich unbekannt ist, wenn der Funktionsverlauf im Originalbereich mehrere Schwingungen aufweist oder wenn eine vorgegebene Genauigkeit gefordert wird. Das Bild 2.9 zeigt die Güte der numerischen Rücktransformation nach Talbot.

Auf der Diskette "Wärme- und Stofftransport" findet man den Talbot-Algorithmus als Funktion RLAPLT.

Eine abschließende Bewertung der verschiedenen Verfahren zur numerischen Rücktransformation wird in Tabelle 2.5 vorgenommen.

Tabelle 2.5. Bewertung der numerischen Rücktransformationsmethoden

Verfahren	Anwendung	Vorteile	Nachteile
Schapery	bei bekanntem zeitlichen Funktionsverlauf und dafür vorliegenden Korrespondenzen	schnell, Funktionsberechnung $f(s)$ reell	nicht allgemein anwendbar, für Transportprobleme nicht brauchbar
Stehfest	für glatte Funktionsverläufe $f(t)$	robust, sehr schnell Funktionsberechnung $f(s)$ reell	nicht brauchbar für Transportprobleme mit großen Genauigkeitsforderungen u. für schwingende Probleme
Zakian	für glatte Funktionsverläufe $f(t)$	robust, schnell	Funktionsberechnung $f(s)$ komplex
Talbot	für stetige Funktionsverläufe $f(t)$	robust, sehr genau	Funktionsberechnung $f(s)$ komplex, Bestimmung dominante Polstelle erforderlich, langsam

2.4 Numerische Lösung von partiellen Differentialgleichungen

Viele praktische Probleme sind mit den bisher behandelten analytischen Methoden nicht lösbar, weil die Koeffizienten der partiellen

Differentialgleichung nicht konstant sind oder weil die Probleme nichtlinear sind, wie z.B. die ungespannte Grundwasserströmung. Partielle Differentialgleichungen werden aus diesem Grunde numerisch gelöst.

Die numerische Lösung der parabolischen Strömungsgleichung bereitet keine Probleme. Es werden dafür die Verfahren:
- die Finite-Differenzen-Methode (FDM),
- die Finite-Elemente-Methode (FEM),
- die Bilanzmethode (englisch: Control-volume method, CVM),

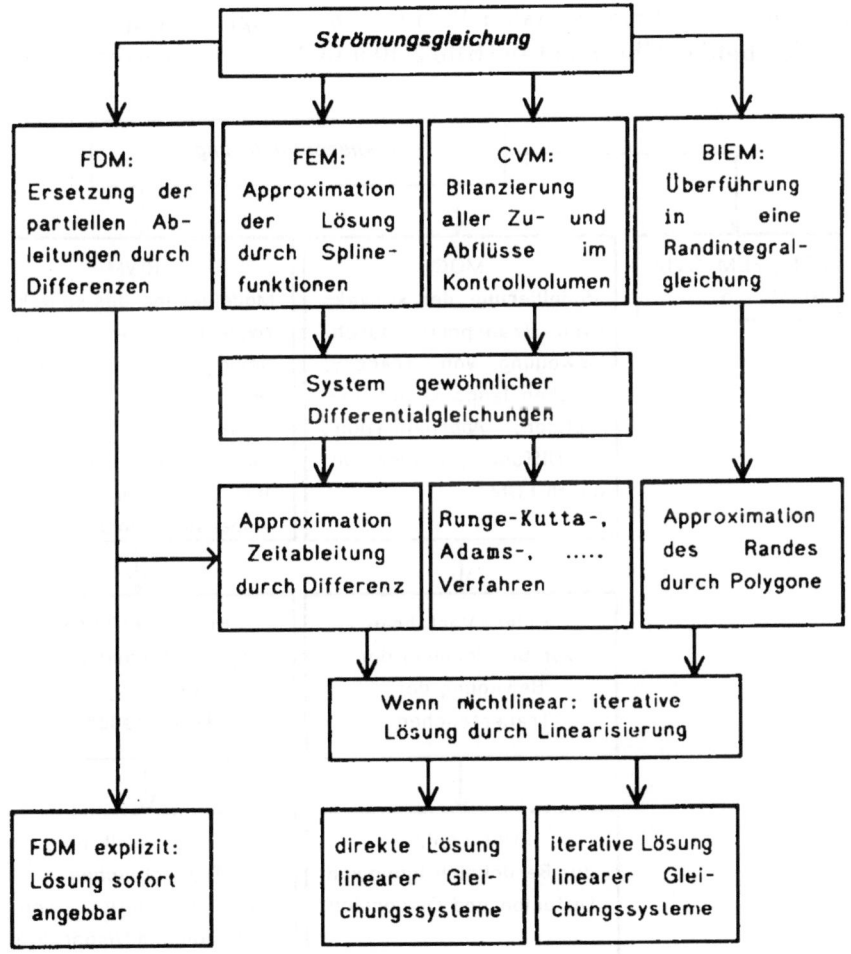

Bild 2.10. Übersicht über numerische Verfahren zur Lösung der Strömungsgleichung (FDM: Finite-Differenzen-Methode, FEM: Finite-Elemente-Methode, CVM: Control-volume-method, BIEM: Boundary-integral-equation-method)

- die Randintegralgleichungsmethode (englisch: Boundary integral equation method, BIEM)

eingesetzt. Auf Grund der hyperbolischen Eigenschaften der Transportgleichung eignen sich obige Methoden nur bedingt für die Lösung dieser partiellen Differentialgleichung. Besser geeignet, dafür aber wesentlich aufwendiger, sind die Charakteristiken-Methode (englisch: Method of characteristics, MOC) und das Random-Walk-Verfahren (RWM).

Alle eben angesprochenen Verfahren sollen in den folgenden Abschnitten am Beispiel der eindimensionalen Strömung bzw. des eindimensionalen Transportes näher erläutert werden. Die Behandlung von mehrdimensionalen Problemen erfolgt im Kapitel 8. Wie aus den beiden Übersichten (Bild 2.10 und 2.11) hervorgeht, ergeben

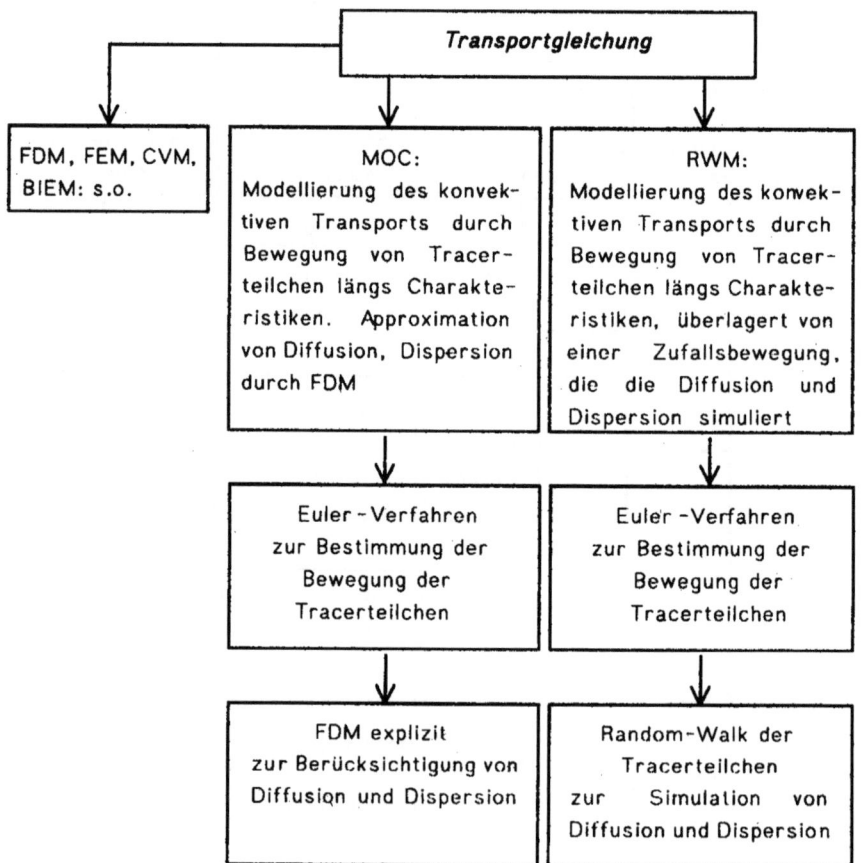

Bild 2.11. Übersicht über numerische Verfahren zur Lösung der Transportgleichung (MOC: Method of characteristics, RWM: Random-walk-method)

sich dabei eine ganze Reihe von mathematischen Problemen. Nicht immer liegen für die Lösung, insbesondere am Personalcomputer, fertige Softwarepakete vor. Aus diesem Grunde werden die Probleme soweit aufbereitet, daß mit den im Anhang D und auf der Diskette "Wärme- und Stofftransport" angegebenen Programmen die numerische Lösung auf einem Personalcomputer möglich ist.

2.4.1 Die Finite-Differenzen-Methode

Die eindimensionale Transportgleichung in kartesischen Koordinaten (1.73)

$$\frac{\partial}{\partial x}\left(D(x,t,u)\frac{\partial u}{\partial x} - w(x,t,u)\, u\right) - k(x,t,u)\, u = S(x,t,u)\frac{\partial u}{\partial x} - q(x,t,u) \quad (2.113)$$

soll mit Hilfe der Finiten-Differenzen-Methode (FDM) gelöst werden. Die Koeffizienten der partiellen Differentialgleichung können von x, t und u abhängen. Da sowohl w als auch k identischNull sein können, beschreibt die Gleichung (2.113) auch die eindimensionale Strömung.

Die Idee des Differenzenverfahrens basiert auf der Definition der partiellen Ableitung:

$$\frac{\partial u}{\partial t} = \lim_{\Delta t \to 0} \frac{u(x,t+\Delta t) - u(x,t)}{\Delta t} \quad (2.114)$$

Wenn u stetig ist, wird die auf der rechten Seite von (2.114) stehende Differenz auch für endliche Δt eine "brauchbare" Approximation der partiellen Ableitung sein. Wenn man $u(x,t+\Delta t)$ in eine Taylor-Reihe entwickelt, kann die Größe der Abweichung angegeben werden:

$$u(x,t+\Delta t) =$$
$$u(x,t) + \frac{\partial u}{\partial t}\frac{\Delta t}{1!} + \frac{\partial^2 u}{\partial t^2}\frac{\Delta t^2}{2!} + \ldots + \frac{\partial^{n-1} u}{\partial t^{n-1}}\frac{\Delta t^{n-1}}{(n-1)!} + R_n \quad (2.115)$$

mit dem Restglied

$$R_n = \frac{\partial^n u}{\partial t^n}\bigg|_{t=\tau} \frac{\Delta t^n}{n!} \quad (t < \tau < t + \Delta t),$$

so daß

$$\left|\frac{u(x,t+\Delta t) - u(x,t)}{\Delta t} - \frac{\partial u}{\partial t}\right| \leq \frac{\Delta t}{2} \max_{t < \tau < t+\Delta t} \left|\frac{\partial^2 u}{\partial t^2}\right|$$

ist. Die zeitliche Vorwärtsdifferenz hat einen Abbruchfehler von der Ordnung $O(\Delta t)$, d.h. der Fehler ist kleiner oder gleich $K \times \Delta t$, wobei K eine beliebige positive Konstante bezeichnet. In unserem Falle ist $K = \text{Max} \left|\partial^2 u/\partial t^2\right| / 2$ im betrachteten Intervall. Auf die gleiche Art und Weise soll der Abbruchfehler für die partielle Ableitung $\partial^2 u / \partial x^2$ bestimmt werden:

$$u(x+\Delta x,t) = u(x,t) + \frac{\partial u}{\partial x}\frac{\Delta x}{1!} + \frac{\partial^2 u}{\partial x^2}\frac{\Delta x^2}{2!} + \frac{\partial^3 u}{\partial x^3}\frac{\Delta x^3}{3!} + \left.\frac{\partial^4 u}{\partial x^4}\right|_{x=\xi}\cdot \frac{\Delta x^4}{24}$$

$$-2\,u(x,t) = -2\,u(x,t)$$

$$+u(x-\Delta x,t) = u(x,t) - \frac{\partial u}{\partial x}\frac{\Delta x}{1!} + \frac{\partial^2 u}{\partial x^2}\frac{\Delta x^2}{2!} - \frac{\partial^3 u}{\partial x^3}\frac{\Delta x^3}{3!} + \left.\frac{\partial^4 u}{\partial x^4}\right|_{x=\xi}\cdot \frac{\Delta x^4}{24}$$

$$\left|\frac{u(x+\Delta x,t) - 2u(x,t) + u(x-\Delta x,t)}{\Delta x^2} - \frac{\partial^2 u}{\partial x^2}\right| \leq \frac{\Delta x^2}{12} \max_{x-\Delta x \leq \xi \leq x+\Delta x}\left|\frac{\partial^4 u}{\partial x^4}\right|$$

In Tabelle 2.6 sind die Differenzenquotinenten für alle in (2.113) vorkommenden partiellen Ableitungen einschließlich der Abbruchfehler zusammengestellt. Es wurden sowohl bei der zeitlichen als auch bei der örtlichen ersten Ableitung Wichtungsfaktoren σ eingeführt. Die Vorwärtsdifferenz ($\sigma = 0$) und die Rückwärtsdifferenz ($\sigma = 1$) ergeben einen Abbruchfehler der $O(\Delta)$. Die zentrale Differenz ($\sigma = 1/2$) dagegen liefert $O(\Delta^2)$.

Tabelle 2.6. Finite Differenzen-Approximation

Differentialquotient	Differenzenquotient	Abbruchfehler
$\frac{\partial u}{\partial t}$ ($0 \leq \sigma_t \leq 1$)	$(1-\sigma_t)\frac{u(x,t+\Delta t)-u(x,t)}{\Delta t} + \sigma_t \frac{u(x,t)-u(x,t-\Delta t)}{\Delta t}$	$\left\|\sigma_t - \frac{1}{2}\right\|\Delta t \max\left\|\frac{\partial^2 u}{\partial t^2}\right\| + \frac{\Delta t^2}{6} \max\left\|\frac{\partial^3 u}{\partial t^3}\right\|$
$\frac{\partial u}{\partial x}$ ($0 \leq \sigma_x \leq 1$)	$(1-\sigma_x)\frac{u(x+\Delta x,t)-u(x,t)}{\Delta x} + \sigma_x \frac{u(x,t)-u(x-\Delta x,t)}{\Delta x}$	$\left\|\sigma_x - \frac{1}{2}\right\|\Delta x \max\left\|\frac{\partial^2 u}{\partial x^2}\right\| + \frac{\Delta x^2}{6} \max\left\|\frac{\partial^3 u}{\partial x^3}\right\|$
$\frac{\partial^2 u}{\partial x^2}$	$\frac{u(x+\Delta x,t)-2u(x,t)+u(x-\Delta x,t)}{\Delta x^2}$	$\frac{\Delta x^2}{12} \max\left\|\frac{\partial^4 u}{\partial x^4}\right\|$

Einsetzen der örtlichen Differenz ergibt im Falle konstanter Parameter D, w und k (beliebige Parameter s. (2.142) und Kapitel 8):

$$\frac{\partial u}{\partial t} = L_\Delta(t) + AF_x$$

mit
$$L_\Delta(t) = \frac{D}{S\Delta x^2}\left(u(x+\Delta x,t) - 2u(x,t) + u(x-\Delta x,t)\right)$$
$$-\frac{w}{S\Delta x}\left((1-\sigma_x)u(x+\Delta x,t) - (1-2\sigma_x)u(x,t) - \sigma_x u(x-\Delta x,t)\right)$$
$$-\frac{k}{S}u(x,t) + \frac{q(x,t)}{S}$$

und dem Abbruchfehler

$$|AF_x| \le \frac{D}{S}\frac{\Delta x^2}{12}\max\left|\frac{\partial^4 u}{\partial x^4}\right|$$
$$+\frac{|w|}{SD}\left(\left|\sigma_x-\frac{1}{2}\right|\Delta x \max\left|\frac{\partial^2 u}{\partial x^2}\right| + \frac{\Delta x^2}{6}\max\left|\frac{\partial^3 u}{\partial x^3}\right|\right),$$
$$|AF_x| \le O\left(\left|\sigma_x-\frac{1}{2}\right|\Delta x + \Delta x^2\right).$$

Man unterscheidet prinzipiell drei verschiedene Möglichkeiten der zeitlichen Zuordnung von $L_\Delta(t)$ zur Ableitung $\frac{\partial u}{\partial t}$:

- *Explizites Differenzenverfahren:*

$$\frac{u(x,t+\Delta t)-u(x,t)}{\Delta t} = L_\Delta(t) + AF_x + AF_t,$$
$$|AF_t| \le \frac{\Delta t}{2}\max\left|\frac{\partial^2 u}{\partial t^2}\right| = O(\Delta t).$$

Diese Formel zeigt, daß $u(x,t+\Delta t)$ explizit angegeben werden kann, wenn $u(x,t)$ bekannt ist.

- *Implizites Differenzenverfahren:*

$$\frac{u(x,t+\Delta t)-u(x,t)}{\Delta t} = L_\Delta(t+\Delta t) + AF_x + AF_t,$$
$$|AF_t| \le \frac{\Delta t}{2}\max\left|\frac{\partial^2 u}{\partial t^2}\right| = O(\Delta t).$$

- *Crank-Nicolson-Schema:*

$$\frac{u(x,t+\Delta t)-u(x,t)}{\Delta t} = L_\Delta\left(t+\frac{\Delta t}{2}\right) + AF_x + AF_t,$$

wobei die zentrale Differenz bei $t+\frac{\Delta t}{2}$ einen maximalen Beitrag von

$$|AF_{t_1}| \le \frac{\Delta t^2}{12}\max\left|\frac{\partial^3 u}{\partial t^3}\right| = O(\Delta t^2)$$

zum Abbruchfehler ergibt. Da nur $u(x,t)$ und $u(x,t+\Delta t)$ bekannt sind, wird $L_\Delta(t+\frac{\Delta t}{2})$ als Mittelwert von $L_\Delta(t)$ und $L_\Delta(t+\Delta t)$ berechnet:

$$\frac{1}{2}\left(L_\Delta(t) + L_\Delta(t+\Delta t)\right) = L_\Delta\left(t+\frac{\Delta t}{2}\right)$$
$$+ \frac{1}{4}\Delta t^2 \frac{\partial}{\partial t^2}L_\Delta(\tau)\Big|_{0<\tau<t+\frac{\Delta t}{2}} + \frac{1}{4}\Delta t^2 \frac{\partial^2}{\partial t^2}L_\Delta(\tau)\Big|_{t+\frac{\Delta t}{2}<\tau<t+\Delta t}.$$

Folglich ist

$$\frac{u(x,t+\Delta t)-u(x,t)}{\Delta t} = \frac{1}{2}\left(L_\Delta(t) + L_\Delta(t+\Delta t)\right) + AF_x + AF_t,$$

$$|AF_t| \leq \Delta t^2 \left(\frac{1}{12} \max \left|\frac{\partial^3 u}{\partial t^3}\right| + \frac{1}{2} \max |L_\Delta(t)|\right) = O(\Delta t^2).$$

Konsistenz: Mit diesen Ergebnissen kann man nun schreiben:

$$\frac{\partial u}{\partial t} - \frac{D}{S}\frac{\partial^2 u}{\partial x^2} + \frac{w}{S}\frac{\partial u}{\partial x} + \frac{k}{S}u - \frac{q}{S} = \frac{u(x,t+\Delta t)-u(x,t)}{\Delta t} -$$
$$- (1-\sigma_t)\left\{\frac{D}{S\Delta x^2}\left[u(x+\Delta x,t) - 2u(x,t) + u(x-\Delta x,t)\right]\right.$$
$$- \frac{w}{S\Delta x}\left[(1-\sigma_x)u(x+\Delta x,t) - (1-2\sigma_x)u(x,t) - \sigma_x u(x-\Delta x,t)\right]$$
$$\left. - \frac{k}{S}u(x,t) + \frac{q}{S}\right\}_{x,t}$$
$$- \sigma_t \left\{\frac{D}{S\Delta x^2}\left[u(x+\Delta x,t+\Delta t) - 2u(x,t+\Delta t) + u(x-\Delta x,t+\Delta t)\right]\right.$$
$$- \frac{w}{S\Delta x}\left[(1-\sigma_x)u(x+\Delta x,t+\Delta t) - (1-2\sigma_x)u(x,t+\Delta t)\right.$$
$$\left.\left. - \sigma_x u(x-\Delta x,t+\Delta t)\right] - \frac{k}{S}u(x,t+\Delta t) + \frac{q}{S}\right\}_{x,t+\Delta t}$$
$$+ O\left(\left|\frac{1}{2} - \sigma_t\right|\Delta t + \Delta t^2\right) + O\left(\left|\frac{1}{2} - \sigma_x\right|\Delta x + \Delta x^2\right)$$

(2.116)

In der obigen Formel wurde nur noch die Ordnung des Abbruchfehlers angegeben. Mit den Abkürzungen *PDG* für partielle Differentialgleichung, *FDG* für finite Differenzengleichung und *AF* für Abbruchfehler kann (2.116) zu *PDG = FDG + AF* zusammengefaßt werden und ermöglicht eine einfache Definition des Begriffes *Konsistenz* :

$$\lim_{(\Delta x,\Delta t)\to 0} (PDG - FDG) = \lim_{(\Delta x,\Delta t)\to 0} AF = 0$$

Eine finite Differenzendarstellung ist mit der partiellen Differentialgleichung konsistent, falls der Abbruchfehler Null wird, wenn Δx und Δt auf irgendeine Weise gegen Null streben. Das angegebene Differenzenschema (2.116) ist daher mit der Transportgleichung (2.113) konsistent. Der Abbruchfehler im Falle der Approximation durch zentrale Differenzen ist von der Ordnung $O(\Delta^2)$ und für Vorwärts- und Rückwärtsdifferenzen $O(\Delta)$.

Am Beispiel des expliziten Differenzenverfahrens wird nun gezeigt, daß ein konsistentes Differenzenschema instabile Lösungen besitzen kann.

Das explizite Differenzenverfahren: Wenn man ein äquidistantes Gitter gemäß Bild 2.12 einführt und

$$u(x_i, t_n) = u(i\Delta x, n\Delta t) = u_i^n \qquad (2.117)$$

bezeichnet, ergibt sich aus (2.116) für $\sigma_t = 0$:

$$\frac{u_i^{n+1} - u_i^n}{\Delta t} - \frac{D}{S\Delta x^2}(u_{i+1}^n - 2u_i^n + u_{i-1}^n) \qquad (2.118)$$
$$+ \frac{w}{S\Delta x}\left[(1-\sigma_x)u_{i+1}^n - (1-2\sigma_x)u_i^n - \sigma_x u_{i-1}^n\right] + \frac{k}{S}u_i^n - \frac{q_i^n}{S} = 0$$

für $i = 1, 2, 3, \ldots, M-1$, $n = 1, 2, 3, \ldots$

Es ist klar, daß n keine Potenz, sondern die Zeitstufe darstellt. Die Auftrennung von Orts- und Zeitindex gestaltet die Formeln, insbesondere im mehrdimensionalen Falle, wesentlich übersichtlicher. Zur vollständigen Beschreibung fehlen noch die Anfangsbedingungen

$$u(i\Delta x, 0) = u_i^0, \; i = 0, 1, 2, \ldots, M \qquad (2.119)$$

und die Randbedingungen

$$u(0, n\Delta t) = u_0^n, \; u(L, n\Delta t) = u_M^n, \; n = 1, 2, 3, \ldots \qquad (2.120)$$

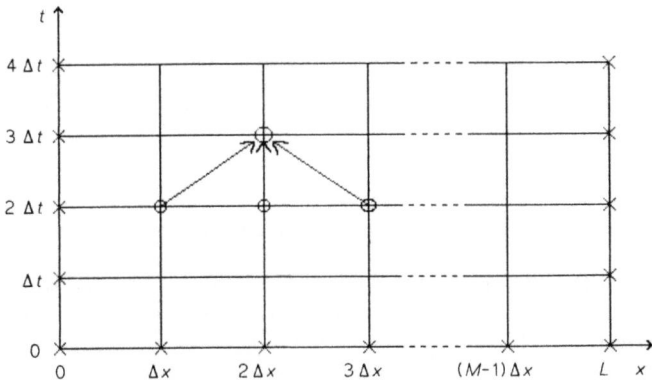

Bild 2.12. Zur Wahl der Netzknoten beim expliziten Differenzenverfahren (x - Anfangs- und Randbedingungen, o - Berechnung von u_2^3 aus den 3 bekannten Werten u_1^2, u_2^2 und u_3^2).

Der Einfachheit halber werden hier nur Randbedingungen 1. Art betrachtet. Die Formeln (2.118 -120) ermöglichen die explizite Berechnung der Funktion $u(x,t)$ an den inneren Stützstellen $i\Delta x$, $n\Delta t$, wobei immer drei Funktionswerte der Zeitebene $n\Delta t$ einen Funktionswert auf der nächsten Ebene ergeben (vgl. Bild 2.12). Wenn man die Gitter-Peclet- Zahl Pe^* und die Gitter-Zerfallszahl Ze^* analog zur Peclet-Zahl und zur Zerfallszahl (s. Abschn. 2.2.3) einführt, wird

$$u_i^{n+1} = u_i^n + \frac{D \Delta t}{S \Delta x^2}\{(1+\sigma_x Pe^*) u_{i-1}^n$$

$$-[2-(1-2\sigma_x)Pe^* + Ze^*]u_i^n + [1-(1-\sigma_x)Pe^*]u_{i+1}^n\} + \frac{q_i}{S}\Delta t$$

Bild 2.13

$i = 1, 2, \ldots, M-1; n = 1, 2, 3, \ldots$

u_i^0 - Anfangsbedingungen, u_0^n, u_M^n - Randbedingungen,

$$\Delta x = \frac{L}{M}, \quad Pe^* = \frac{Pe}{M} = \frac{w\Delta x}{D}, \quad Ze^* = \frac{Ze}{M^2} = \frac{k\Delta x^2}{D} \qquad (2.121)$$

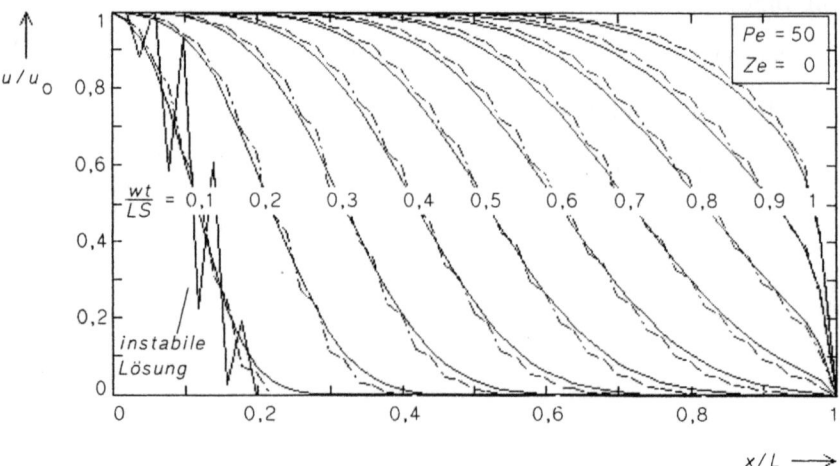

Bild 2.13. Lösung der Transportgleichung mit Hilfe des expliziten Differenzenverfahrens für 50 Netzknoten ($Pe^* = 1$), wenn u_0 1/10, 2/10, ... des Weges vorwärtstransportiert wurde. Die Strich-Punkt-Kurve beschreibt die Lösung, wenn (2.126) gerade erfüllt ist, die ausgezogene Kurve die Lösung für sehr kleine Δt. Sie stimmt mit der analytischen Lösung graphisch überein.

Das Bild 2.13 zeigt die Lösung für den Fall des konvektiven Transportes mit genügend großer Dispersivität bei zentraler Wichtung

$\sigma_x = 1/2$ für verschieden große Zeitschritte Δt. Man sieht, daß das Differenzenschema (2.121) instabil ist, wenn die Zeitschrittweite Δt zu groß gewählt werden. In der Graphik ist die instabile Lösung nur für den Zeitpunkt $wt/(LS) = 0{,}1$ zu sehen, weil die Instabilitäten für die weiteren Zeitpunkte nicht mehr vernünftig darstellbar sind. Auskunft über die Größe des möglichen Zeitschrittes gibt die Fourier-Analyse bzw. Von-Neuman-Analyse [2.12].

Stabilität: Wenn man mit u_i^n die exakte Lösung der Gl. (2.121) und mit $\bar{u}_i^n$ die Lösung bezeichnet, die man auf einem realen Computer mit beschränkter Genauigkeit gewinnt, gilt:

$$u_i^n = \bar{u}_i^n + \varepsilon_i^n$$

mit ε_i^n - Rundungsfehler. Einsetzen in (2.121) ergibt:

$$\bar{u}_i^{n+1} + \varepsilon_i^{n+1} = \bar{u}_i^n + \varepsilon_i^n + \frac{D\Delta t}{S\Delta x^2}\{(1+\sigma_x Pe^*)(\bar{u}_{i-1}^n + \varepsilon_{i-1}^n)$$
$$- [2-(1-2\sigma_x)Pe^* + Ze^*](\bar{u}_i^n + \varepsilon_i^n) + [1-(1-\sigma_x)Pe^*](\bar{u}_{i+1}^n + \varepsilon_{i+1}^n)$$
$$+ \frac{q_i}{S}\Delta t.$$

Der Rundungsfehler ε genügt deshalb der Differenzengleichung:

$$\varepsilon_i^{n+1} = \varepsilon_i^n + \frac{D\Delta t}{S\Delta x^2}\{(1+\sigma_x Pe^*)\varepsilon_{i-1}^n$$
$$- [2-(1-2\sigma_x)Pe^* + Ze^*]\varepsilon_i^n + [1-(1-\sigma_x)Pe^*]\varepsilon_{i+1}^n\}. \qquad (2.122)$$

Zur Zeit $t = 0$ liege eine kleine Störung vor, so wie es das Bild 2.14 zeigt. Wir entwickeln die Störung in die Fourier-Reihe

$$\varepsilon(x_i, t_n) = \sum_{k=1}^{M-1} \hat{\varepsilon}_k(t_n) \sin\frac{k\pi x_i}{L}.$$

Die Anfangsstörung bestimmt $\hat{\varepsilon}_k(0)$. Die zeitliche Entwicklung der Anfangsstörung läßt sich bestimmen, wenn wir

$$\hat{\varepsilon}_k(t_n) = e^{b_k n\Delta t}\left(\frac{1-\sigma_x Pe^*}{1-(1-\sigma_x)Pe^*}\right)^{\frac{k}{2}} \varepsilon_k(0)$$

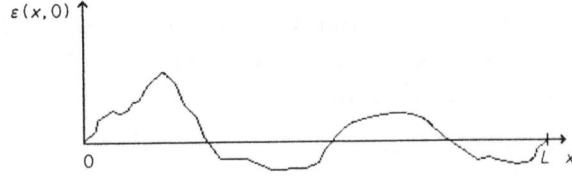

Bild 2.14. Graphische Darstellung einer kleinen Störung.

setzen, denn aus (2.122) folgt:

$$\sum_{k=1}^{M-1} \left\{ e^{b_k \Delta t} - 1 + \frac{D \Delta t}{S \Delta x^2} \left[\sqrt{(1+\sigma_x Pe^*)(1-(1-\sigma_x)Pe^*)} \right. \right.$$
$$\times \frac{\sin(k\pi(i-1)/M)}{\sin(k\pi i/M)} - (2-(1-2\sigma_x)Pe^* + Ze^*)$$
$$\left. \left. + \sqrt{(1+\sigma_x Pe^*)(1-(1-\sigma_x)Pe^*)} \frac{\sin(k\pi(i+1)/M)}{\sin(k\pi i/M)} \right] \right\} \hat{\varepsilon}_k(t) \sin \frac{k\pi i}{M} = 0$$

bzw.

$$e^{b_k \Delta t} = 1 - \frac{D \Delta t}{S \Delta x^2} \left[(2 - (1-2\sigma_x)Pe^* + Ze^*) \right.$$
$$\left. - 2\sqrt{(1+\sigma_x Pe^*)(1-(1-\sigma_x)Pe^*)} \cos \frac{k\pi}{M} \right].$$

Der Faktor $e^{b_k \Delta t}$ beschreibt die Fehlerfortpflanzung:

$$\hat{\varepsilon}_k(t_{n+1}) = e^{b_k \Delta t} \hat{\varepsilon}_k(t_n).$$

Nur wenn der Fehlerfortpflanzungsfaktor betragsmäßig kleiner oder gleich Eins ist, wächst eine zufällige Störung nicht an.

Es soll zuerst die zentrale Wichtung ($\sigma_x = 1/2$) betrachtet werden. Falls die Gitter-Peclet-Zahl Pe^* kleiner oder gleich 2 ist, bleibt der Fortpflanzungsfaktor reell und aus

$$\left| 1 - \frac{D \Delta t}{S \Delta x^2} \left(2 + 2\sqrt{1 - Pe^{*2}/4} + Ze^* \right) \right| \leq 1$$

folgt:

$$\frac{D \Delta t}{S \Delta x^2} \leq \frac{1}{(1 + \sqrt{1 - Pe^{*2}/4}) + Ze^*/2}. \tag{2.123}$$

Überwiegt dagegen der konvektive Transport ($Pe^* > 2$), so wird der Fortpflanzungsfaktor komplex und eine Abschätzung ergibt:

$$\frac{D \Delta t}{S \Delta x^2} \leq \frac{4 + 2Ze^*}{(Pe^* + Ze^*)^2} \tag{2.124}$$

Wenn die Gitter-Peclet-Zahl sehr groß ist, müssen extrem kleine Zeitschritte gewählt werden, um die Stabilitätsbedingung einhalten zu können. Einen Ausweg bietet die 'upwind' -Wichtung:

$$\sigma_x = \frac{1}{2}(1 + \text{sign}(w)). \tag{2.125}$$

Diese Wahl von σ_x bedeutet: Es wird für den konvektiven Transport immer die oberstrom gelegene Konzentration gewählt. Der Fortpflanzungsfaktor bleibt reell und führt auf

$$\frac{D \Delta t}{S \Delta x^2} \left[(2 + |Pe^*| + Ze^*) + 2\sqrt{1 + |Pe^*|} \right] \leq 2$$

und kann wegen

$$2\sqrt{1 + |Pe^*|} + |Pe^*| \leq 2(1 + Pe^*)$$

in der Form

$$\frac{D \Delta t}{S \Delta x^2} \leq \frac{1}{2 + |Pe^*| + Ze^*/2} \qquad (2.126)$$

geschrieben werden. Diese Ungleichung findet man z.B. bei Bear [2.22]. Sie kombiniert die Neumann-Bedingung

$$\frac{D \Delta t}{S \Delta x^2} \leq \frac{1}{2},$$

mit der Courant-Bedingung

$$\frac{|w| \Delta t}{S \Delta x} \leq 1$$

und dem Abbaukriterium

$$\frac{k}{S} \Delta t \leq 2.$$

Physikalisch bedeuten diese Bedingungen: Es kann in einem Zeitschritt nicht mehr Masse oder Wärme durch Dispersion, durch konvektiven Transport und durch Abbau aus einem Gitterelement hinausgetragen werden, als zu Beginn des Zeitschrittes vorhanden ist.

Im Abschnitt 2.4.3 wird gezeigt, daß das implizite Differenzenschema und das Crank-Nicolson-Schema für beliebige Zeitschritte stabil sind.

Konvergenz: Das Äquivalenz-Theorem von Lax [2.11] stellt den Zusammenhang zwischen Konsistenz, Stabilität und Konvergenz her: Die Lösung einer finiten Differenzenapproximation konvergiert gegen die Lösung des Anfangswertproblemes der zugehörigen Differentialgleichung, wenn die Differenzenapproximation mit der Differentialgleichung konsistent ist und wenn die Differenzenapproximation stabil ist:

Konsistenz + Stabilität ⟶ Konvergenz

Bei der Anwendung wird dieses Theorem stillschweigend auch auf nichtlineare Probleme übertragen, obwohl es nirgends bewiesen wurde.

Mit dem obigen Satz ist natürlich noch nichts über die Größe des Diskretisierungsfehlers gesagt. Um eine Vorstellung von der Grössenordnung der auftretenden Fehler zu erhalten, betrachten wir den konvektiven und den dispersiven Transport eines Schadstoffes.

Ankunft einer Schadstoffwolke : Immer mehr Schadstoffe gelangen in das Grundwasser. Die Modellierung der Grundwasserströmung bereitet meist keine Schwierigkeiten. Anders sieht es aus, wenn man eine Sicherheitseinschätzung geben muß. Wesentlich ist dann nämlich die Ankunftszeit und der Ort einer *die Umwelt beeinflußende Konzentration*. Erst zweitrangig sind die maximale Konzentration und die zugehörige Ankunftszeit, sowie das Verbreitungsgebiet mit orts- und zeitabhängiger Konzentration.

Die Ankunftszeit an einem vorgegebenen Ort hängt aber ganz entscheidend von der Höhe der Ankunftskonzentration ab. Man kann davon ausgehen, daß für Sicherheitsbewertungen niemals der Maximalwert relevant sein kann, sondern immer eine Konzentration unterhalb des zulässigen Grenzwertes. Es werden daher an die Rechengenauigkeit sehr unterschiedliche Maßstäbe anzulegen sein, je nachdem, ob der Transport von konservativen Schadstoffen, z.B. von Nitraten oder von hochtoxischen Schadstoffen, z.B. von Radionukliden, zu untersuchen ist.

Nach diesen Vorbemerkungen wollen wir nun das Bild 2.15 betrachten. Solange die Gitter-Peclet-Zahl nicht wesentlich größer als

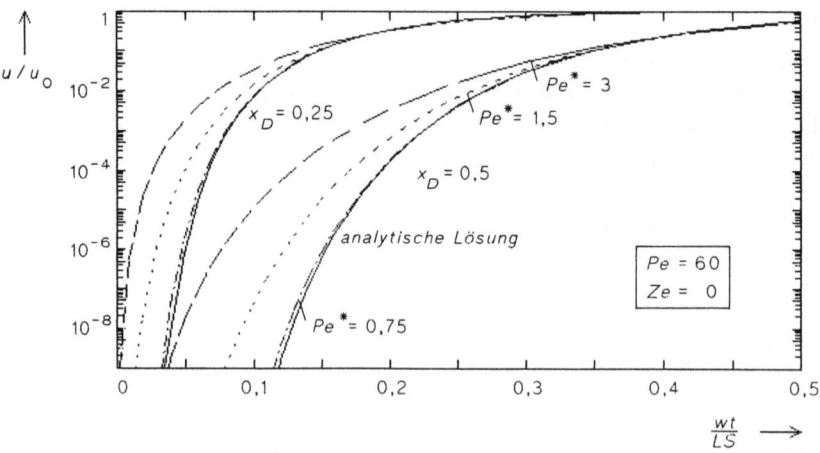

Bild 2.15. Ankunftszeit einer Schadstoffwolke an den Orten $0,25 L$ und $0,5 L$, berechnet mit der expliziten Differenzenmethode und genügend kleinen Zeitschritten

Zwei ist, kann der Transport von konservativen Schadstoffen (Konzentration $u/u_0 \approx 10^{-3}$) mit ausreichender Genauigkeit ausgewiesen werden. Das Verhalten weit vor der Front mit Konzentrationen $u/u_0 < 10^{-8}$ ist aber erst genau genug beschreibbar, wenn Pe^* kleiner als Eins ist. Es kann so eine Abschätzung der Anzahl der notwendigen Netzknoten für dispersive Prozesse im Grundwasser vorgenommen werden. Im Abschnitt 1.4 wurde ein Zusammenhang zwischen dem Dispersionskoeffizienten D^* und dem Fließweg hergestellt:

$$D^* \approx \delta |w| \approx 0,017 \, L \, |w|,$$
$$Pe^* = \frac{|w|\Delta x}{D} \approx 59 \frac{\Delta x}{L} = \frac{59}{M} < 1.$$

Die jeweils drei FDM-Lösungen in Bild 2.15 wurden mit 20, 40 und 80 Netzknoten berechnet. Für zwei- und dreidimensionale Probleme entstehen so 10^4 bis 10^5 Differenzengleichungen, die in angemessener Zeit *nur* mit einem expliziten Verfahren gelöst werden können. Aus diesem Grunde wurde die explizite FDM in Bild 2.10 so hervorgehoben. Diese Abschätzung zeigt aber auch, daß FDM für Transportprozesse mit geringer Dispersion bzw. Diffusion völlig ungeeignet ist.

2.4.2 Die Finite-Element-Methode

Die Differenzenverfahren setzen ein regelmäßiges Gitternetz voraus. Im ebenen und im räumlichen Falle ist so eine dem praktischen Problem angepaßte Wahl des Gitters nur schwer realisierbar. Aus diesem Grunde wurden die Finite–Element–Methode und die Bilanzmethode entwickelt.

Auch die Finite-Element-Methode (FEM) soll am Beispiel der eindimensionalen Transportgleichung in kartesischen Koordinaten (1.73) erläutert werden:

$$L(u) = \frac{\partial}{\partial x}\left(D\frac{\partial u}{\partial x} - w\,u\right) - ku - S\frac{\partial u}{\partial t} + q = 0 \qquad (2.127)$$

Während bei der Differenzenmethode der Funktionswert an den Netzknoten gesucht wird, der repräsentativ für den zugehörigen Abschnitt Δx ist, wird bei der Finite-Element-Methode eine Interpolationsfunktion

$$\hat{u}(x,t) = \sum_{j=0}^{M} u_j(t)\,\omega_j(x) \qquad (2.128)$$

mit den Basisfunktionen $\omega_j(x)$ definiert.

Galerkin-Verfahren: Beim Einsetzen von $\hat{u}$ in den Differentialoperator L wird sich ein Residuum

$$L(\hat{u}) = \varepsilon(x,t)$$

ergeben. Beim Galerkin-Verfahren wird gefordert, daß das Residuum orthogonal zu den Basisfunktionen $\omega_i(x)$ ist:

$$\int_0^L \varepsilon(x,t)\,\omega_i(x)\,dx = \int_0^L L(\hat{u})\,\omega_i(x)\,dx = 0; \quad i = 1, 2, \ldots, M.$$

Mit den Gleichungen (2.127) und (2.128) wird

$$\sum_{j=0}^{M} \int_0^L \left\{ \frac{d}{dx}\left(D\frac{d\omega_j}{dx}\right) - w\,\omega_j \right\} - k\omega_j + q\omega_j \right\} \omega_i \, dx \, u_j(t) =$$

$$\sum_{j=0}^{M} \int_0^L S\,\omega_j\,\omega_i\,dx\,\frac{du_j}{dt}, \quad i = 0, 1, 2, \ldots, M.$$

Durch partielle Integration des ersten Termes erhält man das folgende System gewöhnlicher Differentialgleichungen zur Bestimmung der Zeitfunktionen $u_j(t)$:

$$\sum_{j=0}^{M} S_{ij}\frac{du_j}{dt} + \sum_{j=0}^{M}(D_{ij} + w_{ij} + k_{ij})\,u_j =$$

$$\sum_{j=0}^{M} \left(q_{ij} + \omega_i(x)\left(D\frac{d\omega_j}{dx} - w\,\omega_j\right)\Big|_0^L u_j \right) \quad (2.129)$$

mit

$$S_{ij} = \int_0^L S\,\omega_i\,\omega_j\,dx, \quad D_{ij} = \int_0^L D\,\frac{d\omega_i}{dx}\frac{d\omega_j}{dx}\,dx,$$

$$k_{ij} = \int_0^L k\,\omega_i\,\omega_j\,dx, \quad w_{ij} = \int_0^L w\,\frac{d\omega_i}{dx}\,\omega_j\,dx.$$

Lineare Approximation: Es soll hier nur die lineare Approximation behandelt werden. Als Basisfunktionen $\omega_i(x)$ wählt man die bekannten Hütchenfunktionen (s. Bild 2.16). Die Hütchenfunktion $\omega_i(x)$ nimmt am Knoten i den Wert Eins an und fällt zu den Knoten $i-1$ und $i+1$ auf den Wert Null. Die Hütchenfunktion ist also nur in den beiden zum Netzknoten i benachbarten Elementen verschieden von Null. Es ist deshalb sinnvoll, statt der Hütchenfunktion $\omega_i(x)$ die Elementefunktionen $\Phi_k^i(x)$ einzuführen, die in nur einem Element von Null verschieden sind. Es gilt (vgl. Bild 2.16):

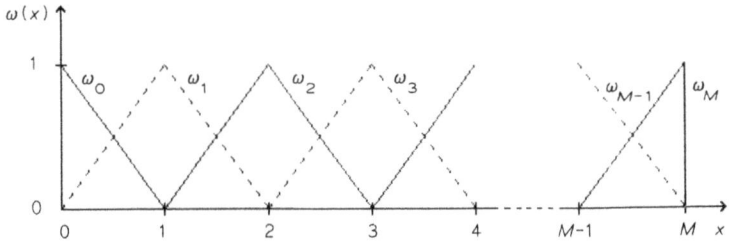

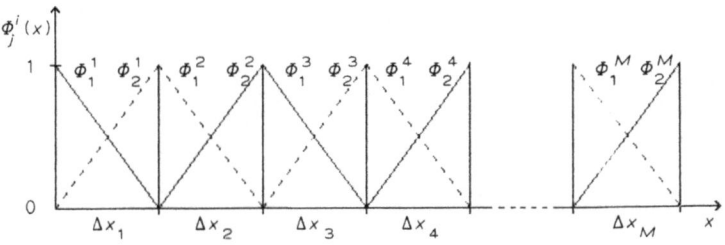

Bild 2.16. Zur Definition der Basisfunktionenen ω_i und der Elementefunktionen Φ_n^i

$$\omega_i(x) = \Phi_2^i(x) + \Phi_1^{i+1}(x), \quad i = 0, 1, 2, \ldots, M, \qquad (2.130)$$

$$\Phi_1^i(x) = \begin{cases} (x_i - x) / \Delta x_i & \text{für } x_{i-1} \le x < x_i \\ 0 & \text{sonst} \end{cases},$$

$$\Phi_2^i(x) = \begin{cases} (x - x_{i-1}) / \Delta x_i & \text{für } x_{i-1} < x \le x_i \\ 0 & \text{sonst} \end{cases}$$

$(\Phi_2^0(x) = 0, \; \Phi_1^M(x) = 0)$.

Mit dieser Definition der Basis- und Elementefunktionen ist die Bestimmung der Koeffizienten von (2.129) möglich:

$$S_{ij} = \int_0^L S\,\omega_i \omega_j \,dx = \delta_{ij} \int_0^L S\left(\Phi_2^i\right)^2 dx + \delta_{ij} \int_0^L S\left(\Phi_1^{i+1}\right)^2 dx$$
$$+ \delta_{i+1\,j} \int_0^L S\,\Phi_1^{i+1} \Phi_2^{i+1}\,dx + \delta_{i-1\,j} \int_0^L S\,\Phi_2^i \Phi_1^i\,dx.$$

(δ_{ij}-Kronecker-Symbol). Durch Einführung lokaler Koordinaten vereinfacht sich die Berechnung der Integrale:

$$\int_0^L S\left(\Phi_2^i\right)^2 dx = S_i \int_{x_{i-1}}^{x_i} \left(\frac{x - x_{i-1}}{\Delta x_i}\right)^2 dx =$$
$$S_i \Delta x_i \int_0^1 \xi^2 \,d\xi = \tfrac{1}{3} S_i \Delta x_i,$$

$$\int_0^L S\left(\Phi_1^{i+1}\right)^2 dx = S_{i+1}\int_{x_i}^{x_{i+1}} \left(\frac{x_{i+1}-x}{\Delta x_{i+1}}\right)^2 dx =$$

$$S_{i+1}\Delta x_{i+1} \int_0^1 \xi^2 d\xi = \frac{1}{3} S_{i+1} \Delta x_{i+1},$$

$$\int_0^L S\Phi_1^{i+1} \Phi_2^{i+1} dx = S_{i+1}\int_{x_i}^{x_{i+1}} \frac{x_{i+1}-x}{\Delta x_{i+1}} \frac{x-x_i}{\Delta x_{i+1}} dx =$$

$$S_{i+1}\Delta x_{i+1} \int_0^1 (1-\xi)\xi\, d\xi = \frac{1}{6} S_{i+1} \Delta x_{i+1},$$

$$\int_0^L S\Phi_2^i \Phi_1^i dx = S_i \int_{x_{i-1}}^{x_i} \frac{x-x_{i-1}}{\Delta x_i} \frac{x_i-x}{\Delta x_i} dx =$$

$$S_i \Delta x_i \int_0^1 \xi(1-\xi)\, d\xi = \frac{1}{6} S_i \Delta x_i$$

und es ergibt sich:

$$S_{ij} = \frac{1}{6} S_i \Delta x_i\, \delta_{i-1\, j}$$
$$+ \frac{1}{3}(S_i \Delta x_i + S_{i+1}\Delta x_{i+1})\, \delta_{ij} + \frac{1}{6} S_{i+1}\Delta x_{i+1}\, \delta_{i+1\, j}.$$

Auf analoge Weise erhält man für die anderen Koeffizienten von (2.129) folgende Beziehungen:

$$D_{ij} = -\frac{D_i}{\Delta x_i}\, \delta_{i-1\, j} + \left(\frac{D_i}{\Delta x_i} + \frac{D_{i+1}}{\Delta x_{i+1}}\right) \delta_{ij} - \frac{D_{i+1}}{\Delta x_{i+1}}\, \delta_{i+1\, j},$$

$$w_{ij} = -\frac{w_i}{2\Delta x_i}\, \delta_{i-1\, j} - \frac{1}{2}\left(\frac{w_i}{\Delta x_i} - \frac{w_{i+1}}{\Delta x_{i+1}}\right) \delta_{ij} + \frac{w_{i+1}}{2\Delta x_{i+1}}\, \delta_{i+1\, j},$$

$$k_{ij} = \frac{1}{6} k_i \Delta x_i\, \delta_{i-1\, j}$$
$$+ \frac{1}{3}(k_i \Delta x_i + k_{i+1}\Delta x_{i+1})\, \delta_{ij} + \frac{1}{6} k_{i+1}\Delta x_{i+1}\, \delta_{i+1\, j},$$

$$q_{ij} = \frac{1}{6} q_i \Delta x_i\, \delta_{i-1\, j}$$
$$+ \frac{1}{3}(q_i \Delta x_i + q_{i+1}\Delta x_{i+1})\, \delta_{ij} + \frac{1}{6} q_{i+1}\Delta x_{i+1}\, \delta_{i+1\, j}.$$

Zuletzt sind die Randflüsse auszuwerten (vgl. Bild 2.16 und (2.130)):

$$\sum_{j=0}^{M} \omega_i(x)\left[D(x)\frac{d\omega_j}{dx} - w(x)\omega_j(x)\right]\bigg|_0^L u_j = \delta_{iM}\, \omega_M$$

$$\times\left[D\frac{d}{dx}(\omega_{M-1} u_{M-1} + \omega_M u_M) - w(\omega_{M-1}u_{M-1} + \omega_M u_M)\right]_L$$

$$- \delta_{i0}\, \omega_0\left[D\frac{d}{dx}(\omega_0 u_0 + \omega_1 u_1) - w(\omega_0 u_0 + \omega_1 u_1)\right]_L =$$

$$\delta_{iM}\left[D_M \frac{u_M - u_{M-1}}{\Delta x_M} - w_M u_M\right] - \delta_{i0}\left[D_1 \frac{u_1 - u_0}{\Delta x_1} + w_1 u_0\right].$$

Obwohl gerade die Flexibilität des Gitternetzes den großen Vorteil der Finiten-Elemente-Methode ausmacht, wollen wir die Gleichung (2.129) nur für den Fall konstanter Parameter und Vorgabe von Randbedingungen 1. Art bei $x = 0$ und L aufschreiben:

$$\frac{1}{6}\frac{du_{i-1}}{dt} + \frac{2}{3}\frac{du_i}{dt} + \frac{1}{6}\frac{du_{i+1}}{dt} = \frac{D}{S\Delta x^2}\left\{(1 + \frac{1}{2}Pe^* - \frac{1}{6}Ze^*)\,u_{i-1}\right.$$
$$\left. -(2 + \frac{2}{3}Ze^*)\,u_i + (1 - \frac{1}{2}Pe^* - \frac{1}{6}Ze^*)\,u_{i+1}\right\} + \frac{q_i}{S},\; i = 1, 2, \ldots, M-1$$
$$\text{AB:}\; u_i = u_i^0 \quad \text{für } t = 0 \text{ und } i = 1, 2, \ldots, M-1$$
$$\text{RB:}\; u_i = u_0 \quad \text{für } i = 0 \text{ und } t > 0$$
$$u_i = u_L \quad \text{für } i = M \text{ und } t > 0 \qquad (2.131)$$

Die Konsistenz mit der partiellen Differentialgleichung (2.127) läßt sich leicht nachweisen, wenn man beachtet, daß

$$\frac{1}{6}u_{i-1} + \frac{2}{3}u_i + \frac{1}{6}u_{i+1} = u(x) + \frac{1}{6}\Delta x^2 \frac{\partial^2 u}{\partial x^2} + \frac{1}{72}\Delta x^4 \frac{\partial^4 u}{\partial x^4} + \ldots$$

$$u_{i-1} - 2u_i + u_{i+1} = \Delta x^2\left(\frac{\partial^2 u}{\partial x^2} + \frac{1}{12}\Delta x^2 \frac{\partial^4 u}{\partial x^4} + \ldots\right),$$

$$\frac{1}{2}(u_{i+1} - u_{i-1}) = \Delta x\left(\frac{\partial u}{\partial x} + \frac{1}{6}\Delta x^2 \frac{\partial^3 u}{\partial x^3} + \frac{1}{120}\Delta x^4 \frac{\partial^5 u}{\partial x^5} + \ldots\right)$$

ist:

$$\frac{D}{\Delta x^2}\left\{(1 + \frac{1}{2}Pe^* - \frac{1}{6}Ze^*)\,u_{i-1} - (2 + \frac{2}{3}Ze^*)\,u_i\right.$$
$$\left. + (1 - \frac{1}{2}Pe^* - \frac{1}{6}Ze^*)\,u_{i+1}\right\}$$
$$- S\left\{\frac{1}{6}\frac{du_{i-1}}{dt} + \frac{2}{3}\frac{du_i}{dt} + \frac{1}{6}\frac{du_{i+1}}{dt}\right\} + q_i =$$
$$\left(1 + \frac{1}{6}\Delta x^2 \frac{\partial^2 u}{\partial x^2}\right)\left(D\frac{\partial^2 u}{\partial x^2} - w\frac{\partial u}{\partial x} - ku - S\frac{\partial u}{\partial t} + q_i\right)$$
$$- \frac{D}{12}\Delta x^2 \frac{\partial^4 u}{\partial x^4} - \frac{w}{120}\Delta x^4 \frac{\partial^5 u}{\partial x^5} \ldots$$

Diese Formel zeigt, daß die Konsistenz von der Ordnung $O(\Delta x^2)$ ist. Außerdem sind im Falle des Überwiegens des konvektiven Transportes bei gleichem Δx wesentlich bessere Ergebnisse als beim finiten Differenzenverfahren zu erwarten.

Die Gleichung (2.131) kann in der Form

$$A\frac{d}{dt}u = Bu + r$$

dargestellt werden. Die Koeffizienten der Matrizen A und B ergeben sich durch Vergleich mit (2.131) und sollen hier nicht extra aufgeführt werden. Durch Multiplikation mit A^{-1} erhält man ein System von gewöhnlichen Differentialgleichungen

$$\frac{d}{dt} u = A^{-1} B u + A^{-1} r,$$

das mit Hilfe von Standardsoftware (z.B. Runge-Kutta-Verfahren [2.14]) gelöst werden kann.

Meist wird jedoch die Lösung analog dem Vorgehen beim finiten Differenzenverfahren durch Ersetzung der Ableitungen durch zeitliche Differenzen gefunden:

$\left(\frac{1}{6} - \sigma_t \frac{D \Delta t}{S \Delta x^2} (1 + \frac{1}{2} Pe^* - \frac{1}{6} Ze^*)\right) u_{i-1}^{n+1}$ **Bild 2.17**

$+ \left(\frac{2}{3} + \sigma_t \frac{D \Delta t}{S \Delta x^2} (2 + \frac{2}{3} Ze^*)\right) u_i^{n+1}$

$+ \left(\frac{1}{6} - \sigma_t \frac{D \Delta t}{S \Delta x^2} (1 - \frac{1}{2} Pe^* - \frac{1}{6} Ze^*)\right) u_{i+1}^{n+1} =$

$\left(\frac{1}{6} + (1 - \sigma_t) \frac{D \Delta t}{S \Delta x^2} (1 + \frac{1}{2} Pe^* - \frac{1}{6} Ze^*)\right) u_{i-1}^{n}$

$+ \left(\frac{2}{3} - (1 - \sigma_t) \frac{D \Delta t}{S \Delta x^2} (2 + \frac{2}{3} Ze^*)\right) u_i^{n}$

$+ \left(\frac{1}{6} + (1 - \sigma_t) \frac{D \Delta t}{S \Delta x^2} (1 - \frac{1}{2} Pe^* - \frac{1}{6} Ze^*)\right) u_{i+1}^{n}$

$+ \frac{\Delta t}{S} \left((1 - \sigma_t) q_i^n + \sigma_t q_i^{n+1}\right)$

für $i = 1, 2, \ldots M-1$ und $n = 0, 1, 2, \ldots$

u_i^0 – Anfangsbedingungen, u_0^n, u_M^n – Randbedingungen

$Pe^* = Pe/M = w\Delta x/D$, $Ze^* = Ze/M^2 = k\Delta x^2/D$ (2.132)

Zum Unterschied zur Finite-Differenzen-Methode existiert bei der Finite-Elemente-Methode keine explizite Darstellung der Lösung. Auch für $\sigma_t = 0$ muß infolge der $\frac{1}{6} - \frac{2}{3}$ - Wichtung des Speichertermes ein lineares Gleichungssytem gelöst werden. Aus diesem Grunde wählt man meist $\sigma_t = 1/2$ und erhält ein Schema, das immer stabil ist und mit $O(\Delta x^2)$ und $O(\Delta t^2)$ gegen die exakte Lösung konvergiert.

Zur Wahl der zeitlichen Wichtung: Das Bild 2.17 zeigt die Lösung der Transportgleichung mit Hilfe von FEM. Da das Stabilitätskriterium (2.126) eingehalten wurde, kommt die Konsistenz $O(\Delta t^2)$ des Crank-Nicolson-Schemas voll zum Tragen. Die Einhaltung dieses Kriteriums fällt beim Transport nicht schwer:

$$\frac{D \Delta t}{S \Delta x^2} = \frac{0{,}017 M \Delta x |w| \Delta t}{S \Delta x^2} \approx M \frac{|w| \Delta t}{SL} < \frac{1}{2 + |Pe^*| + Ze^*/2}$$

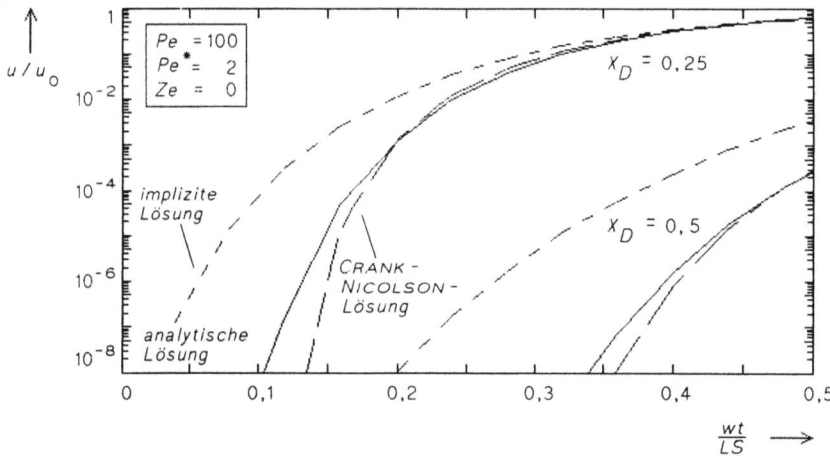

Bild 2.17. Ankunftszeit einer Stoffwolke an den Orten $0{,}25\,L$ und $0{,}5L$, berechnet mit FEM bei zentraler zeitlicher Wichtung und genügend kleinen Zeitschritten

Die implizite Lösung zeigt eine deutliche numerische Dispersion. Die FEM-Lösung mit $\sigma_t = 1$ liefert im Bereich $u/u_0 < 10^{-4}$ völlig unbrauchbare Ergebnisse und wurde deshalb in die Bild 2.17 nicht mit aufgenommen.

Tridiagonale lineare algebraische Gleichungssysteme: In jedem Falle muß zur Lösung von (2.132) ein lineares Gleichungssystem gelöst werden. Wie das Bild 2.10 zeigt, führen fast alle numerischen Verfahren zur Lösung der Strömungs- und der Transportgleichung auf diese Problematik. Aus diesem Grunde wollen wir uns an dieser Stelle kurz mit der Lösung tridiagonaler linearer algebraischer Gleichungssysteme beschäftigen, die bei eindimensionalen Problemstellungen auftreten. Der allgemeine Fall wird im Kapitel 8 behandelt.

Das wohl bekannteste Verfahren zur Lösung linearer Gleichungssysteme ist der Gauß-Algorithmus. Es handelt sich um ein elementares Verfahren, bei dem die erste Gleichung benutzt wird, um die Variable x_1 aus allen anderen Gleichungen zu eliminieren. Danach geschieht das Gleiche mit der zweiten Gleichung, der Variablen x_2 und den noch verbliebenen Gleichungen usw. Wenn so alle Variablen eliminiert sind, ist das sich ergebende Gleichungssystem dem ursprünglichen äquivalent, d.h. es besitzt die gleiche Lösung. Die Berechnung der x_i ist aber für das äquivalente Gleichungssystem mit einer Koeffizientenmatrix in Dreiecksform leicht ausführbar.

Im vorliegenden Falle, wenn die Koeffizientenmatrix eine hauptdiagonaldominante Tridiagonalmatrix ist, hat der Gauß-Algorithmus eine besonders einfache Form:

$$\begin{aligned}
a_{11}x_1 + a_{12}x_2 &= b_1 \\
a_{21}x_1 + a_{22}x_2 + a_{23}x_3 &= b_2 \\
a_{32}x_2 + a_{33}x_3 + a_{34}x_4 &= b_3 \\
&\cdots \\
a_{m\,m-1}x_{m-1} + a_{mm}x_m &= b_m
\end{aligned}$$
(2.133)

Im ersten Schritt wird nur

$$a_{11}^{(1)} = a_{11}, \quad b_1^{(1)} = b_1$$

gesetzt. Durch Multiplikation der ersten Gleichung mit $-a_{21}/a_{11}^{(1)}$ und Addition zur zweiten Gleichung eliminiert man x_1, wobei auf Grund der Hauptdiagonaldominanz $a_{11}^{(1)} \neq 0$ ist und wegen der Tridiagonalform der Matrix sich nur a_{22} und b_2 ändern:

$$\begin{aligned}
a_{11}^{(1)}x_1 + a_{12}x_2 &= b_1^{(1)} \\
+ a_{22}^{(2)}x_2 + a_{23}x_3 &= b_2^{(2)}
\end{aligned}$$

mit

$$a_{22}^{(2)} = a_{22} - \frac{a_{21}a_{12}}{a_{11}^{(1)}} \quad \text{und} \quad b_2^{(2)} = b_2 - \frac{a_{12}}{a_{11}^{(1)}} b_1.$$

Die weitere Vorgehensweise ist klar: Es erfolgt auf die gleiche Weise die Elimination von x_2, x_3, ... Im k-ten Schritt wird die k-te Gleichung mit $-a_{k+1\,k}/a_{kk}^{(k)}$ multipliziert und zur Gleichung $k+1$ addiert:

$$\begin{aligned}
a_{kk}^{(k)}x_k + a_{k\,k+1}x_{k+1} &= b_k^{(k)} \\
a_{k+1\,k+1}^{(k+1)}x_{k+1} + a_{k+1\,k+2}x_{k+2} &= b_{k+1}^{(k+1)}
\end{aligned}$$

mit

$$a_{k+1\,k+1}^{(k+1)} = a_{k+1\,k+1} - \frac{a_{k+1\,k}\,a_{k\,k+1}}{a_{kk}^{(k)}}, \tag{2.134a}$$

$$b_{k+1}^{(k+1)} = b_{k+1} - \frac{a_{k+1\,k}}{a_{kk}^{(k)}} b_k^{(k)}. \tag{2.134b}$$

Nach $m-1$ Eliminationsschritten haben wir ein äquivalentes Gleichungssystem bestimmt, bei dem nur die Diagonale und ein darüber liegendes Element von Null verschieden sind. Auch die Lösung des äquivalenten Systems erfolgt rekursiv:

$$x_m = \frac{b_m^{(m)}}{a_{mm}^{(m)}}, \qquad (2.135a)$$

$$x_k = \frac{b_k^{(k)} - a_{kk+1} x_{k+1}}{a_{kk}^{(k)}}, \quad k = m-1, m-2, \ldots, 1. \qquad (2.135b)$$

Die Voraussetzung für eine Elimination in der natürlichen Reihenfolge, alle $a_{kk}^{(k)} \neq 0$, kann in unserem Falle immer erfüllt werden. Es muß nur der Zeitschritt so klein gewählt werden, daß die Hauptdiagonaldominanz gesichert ist. Bei der Lösung der Strömungsgleichung ist das Gleichungssystem symmetrisch und die Koeffizientenmatrix positiv definit. In diesem Falle kann der Gauß-Algorithmus für beliebige Δt ohne Umordnung ausgeführt werden [2.23].

Dieser Algorithmus wurde auf der Diskette "Wärme- und Stofftransport" als Unterprogramm GAUSS3 implementiert. Es können mit diesem Unterprogramm sowohl symmetrische als auch unsymmetrische hauptdiagonaldominante tridiagonale Gleichungssysteme gelöst werden.

Stoyan-Verfahren: Von Stoyan [2.24] wurde ein auf dem Petrov-Galerkin-Verfahren basierendes FEM-'upwind'-Schema angegeben, das auch für große Peclet-Zahlen geeignet ist:

$$\left(\frac{1}{6} - \sigma_t \frac{D \Delta t}{S \Delta x^2}(1+\frac{1}{2}(1+\sigma_x)Pe^* - \frac{1}{6}Ze^*)\right) u_{i-1}^{n+1}$$

Bild 2.18

$$+ \left(\frac{2}{3} + \sigma_t \frac{D \Delta t}{S \Delta x^2}(2+\sigma_x Pe^* + \frac{2}{3}Ze^*)\right) u_i^{n+1}$$

$$+ \left(\frac{1}{6} - \sigma_t \frac{D \Delta t}{S \Delta x^2}(1-\frac{1}{2}(1-\sigma_x)Pe^* - \frac{1}{6}Ze^*)\right) u_{i+1}^{n+1} =$$

$$\left(\frac{1}{6} + (1-\sigma_t) \frac{D \Delta t}{S \Delta x^2}(1+\frac{1}{2}(1+\sigma_x)Pe^* - \frac{1}{6}Ze^*)\right) u_{i-1}^{n}$$

$$+ \left(\frac{2}{3} - (1-\sigma_t) \frac{D \Delta t}{S \Delta x^2}(2+\sigma_x Pe^* + \frac{2}{3}Ze^*)\right) u_i^{n}$$

$$+ \left(\frac{1}{6} + (1-\sigma_t) \frac{D \Delta t}{S \Delta x^2}(1-\frac{1}{2}(1-\sigma_x)Pe^* - \frac{1}{6}Ze^*)\right) u_{i+1}^{n}$$

$$+ \frac{\Delta t}{S}\left((1-\sigma_t)q_i^n + \sigma_t q_i^{n+1}\right)$$

für $i = 1, 2, \ldots M-1$ und $n = 0, 1, 2, \ldots$

u_i^0 - Anfangsbedingungen, u_0^n, u_M^n - Randbedingungen

$Pe^* = Pe/M = w \Delta x / D$, $Ze^* = Ze/M^2 = k \Delta x^2 / D$,

$$\sigma_x = \coth\left(\frac{Pe^*}{2}\right) - \frac{2}{Pe^*} \qquad (2.136)$$

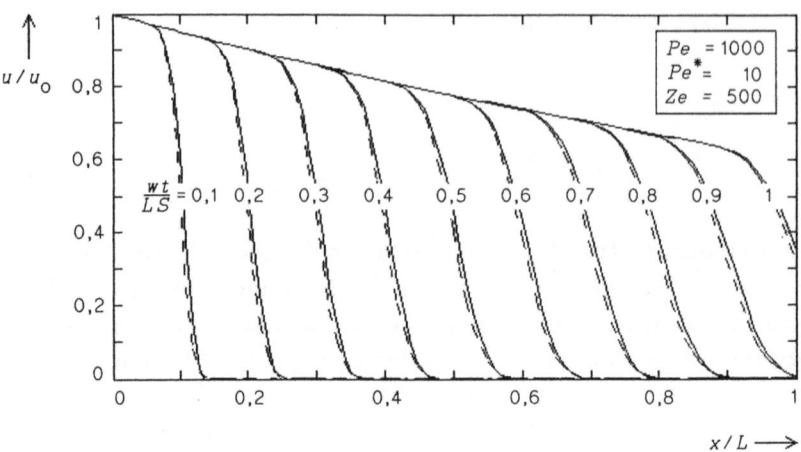

Bild 2.18. Lösung der Transportgleichung nach Stoyan

Im Abschnitt 1.9.2 wurde die Ausströmrandbedingung $\frac{\partial^2 u}{\partial x^2} = 0$ erläutert. Sie ermöglicht die physikalisch richtige Beschreibung des Randabflusses und den Vergleich mit der oft nur im einseitig begrenzten Gebiet bekannten analytischen Lösung. Die Berücksichtigung dieser Randbedingung im Algorithmus ist einfach. Man setzt

$$u_M^n = 2 u_{M-1}^n - u_{M-2}^n, \quad u_M^{n+1} = 2 u_{M-1}^{n+1} - u_{M-2}^{n+1} \qquad (2.137)$$

Kein anderes FDM-, FEM- oder CVM-Schema kann ohne nennenswerte numerische Dispersion für solch große Peclet-Zahlen eingesetzt werden wie das Stoyan-Verfahren. Leider ist es nicht gelungen, diese Ergebnisse auch auf den mehrdimensionalen Fall zu übertragen.

Während der Übergang von der eindimensionalen zur mehrdimensionalen Betrachtung bei der Finite-Differenzen-Methode sehr einfach ist, sind auf Grund der Konstruktion der Lösung bei der Finite-Elemente-Methode einige Besonderheiten zu beachten, auf die wir hier aber nicht näher eingehen können. Dem interessierten Leser empfehlen wir das wissenschaftliche Taschenbuch "Finite-Elemente-Methode" von Goering, Roos und Tobiska [2.25].

2.4.3 Die Bilanzmethode

Die Ableitung von partiellen Differentialgleichungen der mathematischen Physik erfolgt in vielen Fällen mit Hilfe von Bilanzmethoden und Differenzenquotienten. Man betrachtet ein endliches Volumenelement, bilanziert die physikalischen Größen und der Grenzübergang ergibt die partielle Differentialgleichung.

Bei der Bilanzmethode (Control Volume Method: CVM) zur Aufstellung von Differenzengleichungssystemen geht man genau den umgekehrten Weg. Das betrachtete Gebiet V wird in beliebige Bilanzelemente ΔV_i unterteilt und die partielle Differentialgleichung integriert:

- Differentialgleichung (1.73):

$$\text{div}(D \operatorname{grad} u - \mathbf{w} u) - ku = S \frac{\partial u}{\partial t} - q$$

- zugehörige Bilanzgleichung für das i-te Volumenelement:

$$\iiint_{\Delta V_i} \left[\text{div}(D \operatorname{grad} u - \mathbf{w} u) - ku \right] dV = \iiint_{\Delta V_i} \left[S \frac{\partial u}{\partial t} - q \right] dV \qquad (2.138)$$

Durch Anwendung des Gaußschen Satzes [2.13] kann das Volumenintegral in ein Oberflächenintegral umgeformt werden:

$$\iint_{\Delta A_i} (D \operatorname{grad} u - \mathbf{w} u) d\mathbf{A} - \iiint_{\Delta V_i} k u \, dV = \iiint_{\Delta V_i} \left(S \frac{\partial u}{\partial t} - q \right) dV. \qquad (2.139)$$

Der große Vorteil dieser Darstellung liegt in der Unabhängigkeit von dem zu wählenden Koordinatensystem und der Möglichkeit, die Randbedingungen auf einfache Art und Weise in das Bilanzschema einarbeiten zu können.

Da in diesem Abschnitt nur die Prinzipien der numerischen Lösung erläutert werden sollen, betrachten wir auch hier wieder nur die eindimensionale Transportgleichung in kartesischen Koordinaten. Die allgemeine Lösung findet man im Kapitel 8.

Das Bild 2.19 zeigt einen Stab, der in mehrere Abschnitte der Länge Δx unterteilt ist. Nur am Rand sind die Volumenelemente halb so groß, um Randbedingungen 1. und 3. Art auf einfache Art berücksichtigen zu können. Für den eindimensionalen Transport hat die Bilanzgleichung (2.139) im Kontrollvolumen ΔV_i die Form:

$$\left(D \frac{\partial u}{\partial x} - \mathbf{w} u \right) \Delta A \bigg|_{x_i - \frac{\Delta x}{2}}^{x_i + \frac{\Delta x}{2}} - \Delta A \int_{x_i - \frac{\Delta x}{2}}^{x_i + \frac{\Delta x}{2}} k u \, dx =$$

$$\Delta A \int_{x_i - \frac{\Delta x}{2}}^{x_i + \frac{\Delta x}{2}} \left(S \frac{\partial u}{\partial t} - q \right) dx. \qquad (2.140)$$

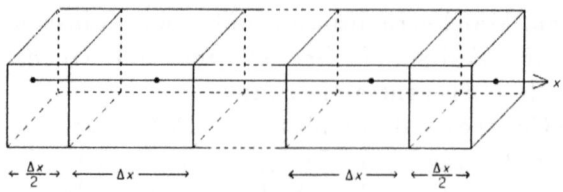

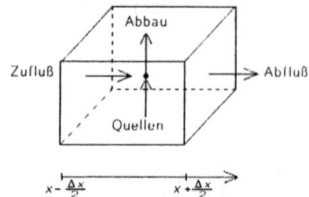

Bild 2.19. Einteilung eines Stabes in Kontrollvolumina

Das Bild 2.19 verdeutlicht noch einmal die Bilanzierung: Die Summe aller Zu- und Abflüsse minus die Verluste durch Abbau ergeben die Vorratsänderung im betrachteten Zeitintervall abzüglich der Quellen.

Es ist klar, daß die partiellen Ableitungen $\frac{\partial u}{\partial x}$ durch die zentralen örtlichen Differenzen ersetzt werden:

$$\frac{\partial u}{\partial x}\bigg|_{x_i + \frac{\Delta x}{2}} = \frac{u(x_{i+1},t) - u(x_i,t)}{\Delta x},$$

$$\frac{\partial u}{\partial x}\bigg|_{x_i - \frac{\Delta x}{2}} = \frac{u(x_i,t) - u(x_{i-1},t)}{\Delta x}.$$

Für die Approximation der Unbekannten u an den Grenzen zu den Nachbarelementen zur Berücksichtigung des konvektiven Transportes bestehen mehrere Möglichkeiten:

$$u(x_i + \frac{\Delta x}{2}, t) = \sigma_{x,i+1/2}\, u(x_i,t) + (1 - \sigma_{x,i+1/2})\, u(x_{i+1},t)$$

$$u(x_i - \frac{\Delta x}{2}, t) = \sigma_{x,i-1/2}\, u(x_{i-1},t) + (1 - \sigma_{x,i-1/2})\, u(x_i,t)$$

mit

$$\sigma_x = \begin{cases} 1/2 & \text{- zentrale Wichtung} \\ (1 + \text{sign}(w))/2 & \text{- 'upwind' - Wichtung} \\ 1/2 - 1/Pe^* + 1/2\,\coth(Pe^*/2) & \text{- Peclet-Zahl-Wichtung} \end{cases}$$

und (2.141)

$$Pe^* = \frac{w \Delta x}{D}.$$

Während bei der zentralen Wichtung immer eine Mittelung zwischen den benachbarten u vorgenommen wird, erfolgt bei der 'upwind'-Wichtung der Einsatz des oberstrom gelegenen u-Wertes. Das Bild 2.20 zeigt, daß die Peclet-Zahl-Wichtung für kleine Gitter-Peclet-Zahlen Pe^* in die zentrale und für betragsmäßig große Pe^* in die 'upwind'-Wichtung übergeht, ein Vorteil, der viel zu wenig genutzt wird.

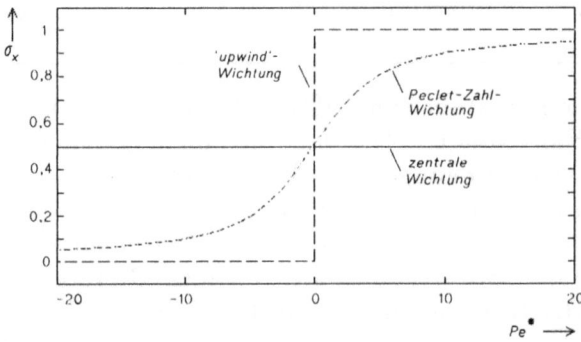

Bild 2.20. Graphische Darstellung verschiedener örtlicher Wichtungen

Einfache Bilanzmethode: Eine Lösung, die mit der FDM-Formel (2.116) übereinstimmt, erhält man, wenn man annimmt, daß alle Parameter und die Funktion u durch ihren Mittelwert u_i im Volumenelement i repräsentiert werden (Subgebietskollokation):

$$D_{i+1/2} \frac{u(x_{i+1},t) - u(x_i,t)}{\Delta x} - D_{i-1/2} \frac{u(x_i,t) - u(x_{i-1},t)}{\Delta x}$$
$$- w_{i+1/2}\left(\sigma_{x,i+1/2}\, u(x_i,t) + (1 - \sigma_{x,i+1/2})\, u(x_{i+1},t)\right)$$
$$+ w_{i-1/2}\left(\sigma_{x,i-1/2}\, u(x_{i-1},t) + (1 - \sigma_{x,i-1/2})\, u(x_i,t)\right)$$
$$- k_i \Delta x\, u(x_i,t) = S_i \Delta x \frac{\partial u_i}{\partial t} - q_i(t)\Delta x, \quad i = 1, 2, \ldots, M-1.$$
(2.142)

Noch deutlicher wird die Übereinstimmung, wenn alle Parameter konstant sind und Randbedingungen 1. Art an beiden Rändern angenommen werden:

$$S \frac{\partial u_i}{\partial t} = D \frac{u(x_{i-1},t) - 2u(x_i,t) + u(x_{i+1},t)}{\Delta x^2} - w\bigl[-\sigma_x u(x_{i-1},t)$$
$$- (1 - 2\sigma_x) u(x_i,t) + (1 - \sigma_x) u(x_{i+1},t)\bigr] - k u(x_i,t) + q_i(t)$$

für $i = 1, 2, \ldots, M-1$

AB: $u(x_i,t) = u_i^0$ für $t = 0$ und $i = 1, 2, \ldots, M-1$

RB: $u(0,t) = u_0$ für $x_i = 0$ und $t > 0$

$\quad\;\; u(L,t) = u_L$ für $x = L$ und $t > 0$ $\qquad$ (2.143)

Diese Formeln stellen ein System von Differentialgleichungen für die $M-1$ unbekannten Funktionen $u_i(t)$ dar. Mit den auch angegebenen Anfangs- und Randbedingungen ist die Berechnung der für ein Volumenelement ΔV_i repräsentativen Funktionswerte $u_i(t)$ ($i = 1, 2, \ldots, M-1$) mit Hilfe numerischer Standardverfahren möglich.

In den allermeisten Fällen wird jedoch die zeitliche Differential durch einen zeitlichen Differenzenquotienten (s. Tabelle 2.6) ersetzt und man bekommt ein lineares Gleichungssystem, das mit dem im vorigen Abschnitt beschriebenen Gauß-Algorithmus gelöst werden kann:

$$-\sigma_t \frac{D\Delta t}{S\Delta x^2} (1 + \sigma_x Pe^*) u_{i-1}^{n+1}$$
$$+ \left(1 - \sigma_t \frac{D\Delta t}{S\Delta x^2} [2 + (1 - 2\sigma_x) Pe^* + Ze^*]\right) u_i^{n+1}$$
$$-\sigma_t \frac{D\Delta t}{S\Delta x^2} (1 - (1-\sigma_x) Pe^*) u_{i+1}^{n+1} =$$
$$(1 - \sigma_t) \frac{D\Delta t}{S\Delta x^2} (1 + \sigma_x Pe^*) u_{i-1}^{n} +$$
$$+ \left(1 - (1-\sigma_t) \frac{D\Delta t}{S\Delta x^2} [2 - (1 - 2\sigma_x) Pe^* + Ze^*]\right) u_i^{n}$$
$$+ (1-\sigma_t) \frac{D\Delta t}{S\Delta x^2} (1 - (1-\sigma_x) Pe^*) u_{i+1}^{n+1}$$
$$+ \frac{\Delta t}{S} \left((1-\sigma_t) q_i^n + \sigma_t q_i^{n+1}\right)$$

für $i = 1, 2, \ldots M-1$ und $n = 0, 1, 2, \ldots$

u_i^0 - Anfangsbedingungen, u_0^n, u_M^n - Randbedingungen

$Pe^* = Pe/M = w\Delta x/D$, $Ze^* = Ze/M^2 = k\Delta x^2/D$ $\qquad$ (2.144)

Bild 2.21

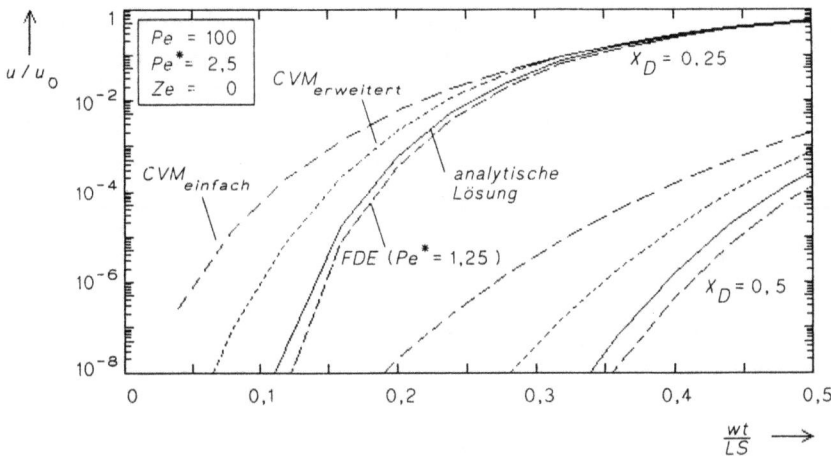

Bild 2.21. Ankunftszeit einer Stoffwolke an den Orten $0{,}25\,L$ und $0{,}5L$, berechnet mit der einfachen und der erweiterten Bilanzmethode bei zentraler zeitlicher Wichtung. Zum Vergleich ist auch die explizite FDM-Lösung, aber mit der doppelten Anzahl von Gitterelementen, graphisch dargestellt.

Ein Vergleich mit dem expliziten Differenzenverfahren (2.121) zeigt, daß die Bilanzmethode für $\sigma_t = 0$ auf die gleiche Formel führt. Auch die implizite Bilanzmethode und die Crank-Nicolson-Lösung stimmen exakt mit der FDM-Lösung überein.

Die Approximation des Funktionsverlaufes durch Spline-Funktionen ergab für die FEM eine höhere Genauigkeit als für die FDM bei gleicher Stützstellenanzahl, wenn bei der letzgenannten Methode nicht zu genaueren Differenzendarstellungen übergegangen wird. Im Falle der Bilanzmethode ist die Ableitung von Formeln mit höherer Genauigkeit relativ einfach [2.26].

Erweiterte Bilanzmethode: Es müssen nämlich nur die in (2.140) auftretenden Integrale mit höherer Genauigkeit ausgewertet werden, z.B. mit Hilfe der Trapezregel [2.13]:

$$\int_{x_i - \frac{\Delta x}{2}}^{x_i + \frac{\Delta x}{2}} k\, u\, dx = \frac{1}{4}\Big(k(x_i - \frac{\Delta x}{2})\, u(x_i - \frac{\Delta x}{2}, t) + 2\, k(x_i)\, u(x_i) + k(x_i + \frac{\Delta x}{2})\, u(x_i + \frac{\Delta x}{2}, t) \Big)\, \Delta x,$$

$$\int_{x_i - \frac{\Delta x}{2}}^{x_i + \frac{\Delta x}{2}} \Big(S \frac{\partial u}{\partial t} - q \Big) dx = \frac{1}{4}\Big(S(x_i - \frac{\Delta x}{2}) \frac{\partial u}{\partial t}\Big|_{x_i - \frac{\Delta x}{2}} + 2\, S(x_i) \frac{\partial u}{\partial t}\Big|_{x_i} + S(x_i + \frac{\Delta x}{2}) \frac{\partial u}{\partial t}\Big|_{x_i + \frac{\Delta x}{2}} \Big)$$
$$- \frac{1}{4}\Big(q(x_i - \frac{\Delta x}{2}) + 2\, q(x_i) + q(x_i + \frac{\Delta x}{2}) \Big)\, \Delta x.$$

Wenn man bei $x_i \pm \Delta x/2$ die arithmetischen Mittelwerte einsetzt, den Fall konstante Parameter und Quellen, Randbedingungen 1. Art bei $x = 0$ und $x = L$ betrachtet und die bekannten Bezeichnungen u_i^n, Pe^* und Ze^* einführt, ergibt sich anstelle von (2.143) das folgende Differentialgleichungssystem:

$$\frac{1}{8}\frac{du_{i-1}}{dt} + \frac{6}{8}\frac{du_i}{dt} + \frac{1}{8}\frac{du_{i+1}}{dt} =$$

$$\frac{D}{S\Delta x^2}\left\{(1+\sigma_x Pe^* - \frac{1}{8} Ze^*)u_{i-1}\right.$$

$$-(2-(1-2\sigma_x)Pe^* + \frac{1}{8} Ze^*)u_i$$

$$\left.+(1-(1-\sigma_x)Pe^* - \frac{1}{8} Ze^*)u_{i+1}\right\} + \frac{q_i}{S}$$

$i = 1, 2, ..., M-1$

AB: $u_i = u_i^0$ für $t = 0$ und $i = 1, 2, ..., M-1$

RB: $u_i = u_0$ für $i = 0$ und $t > 0$

$u_i = u_L$ für $i = M$ und $t > 0$ \hfill (2.145)

Diese Formel unterscheidet sich nur durch die etwas anderen Wichtungsfaktoren von der FEM-Gleichung. Die Lösungsmöglichkeiten wurden im vorangegangenen Abschnitt ausführlich beschrieben. Aus diesem Grunde gehen wir hier nicht näher darauf ein.

Während in der üblichen graphischen Darstellung von Strömung und Transport kaum Unterschiede zwischen der einfachen und der erweiterten Bilanzmethode feststellbar sind, zeigt die Darstellung der Ankunft einer Stoffwolke sowohl die Vorzüge als auch die Nachteile der erweiterten gegenüber der einfachen CVM. Die analytische und die erweiterte CVM-Lösung stimmen im Bereich bis $u/u_0 \approx 10^{-4}$ recht genau überein, so daß mit dieser Methode die Vorhersage der Ankunft eines konservativen Schadstoffes schon mit relativ wenigen Kontrollelementen erfolgen kann. Die gleiche Genauigkeit ist bei der einfachen Bilanzmethode nur zu erreichen, wenn wesentlich mehr Bilanzelemente betrachtet werden. Dann kann aber auch die Ankunft im Bereich bis $u/u_0 \approx 10^{-8}$ sicher bestimmt werden. Ein Hinweis sei angebracht: $FDM_{explizit}$ und $CVM_{einfach,explizit}$ unterscheiden sich nicht.

Konvergenz der Bilanzmethode: Es ist möglich, die Konvergenz des Bilanzschemas (2.144) nachzuweisen, indem die Lösung explizit berechnet wird und mit der Fourier-Lösung (2.57) verglichen wird. Der Lösungsweg kann nur skizziert werden, da er sehr aufwendig ist.

Ausgehend von der Matrixschreibweise der Gleichung (2.144)

$$\left(I + \sigma_t \frac{D\Delta t}{S\Delta x^2} A\right) u^{n+1} = \left(I - (1-\sigma_t) \frac{D\Delta t}{S\Delta x^2} A\right) u^n + r \Delta t, \quad (2.146)$$

mit
I - Einheitsmatrix,

$A =$
$$\begin{pmatrix} 2-(1-2\sigma_x)Pe^*+Ze^* & -1+(1-\sigma_x)Pe^* & 0 & \cdots & 0 \\ -1-\sigma_x Pe^* & 2-(1-2\sigma_x)Pe^*+Ze^* & -1+(1-\sigma_x)Pe^* & \cdots & 0 \\ \vdots & \vdots & \vdots & \ddots & \vdots \\ 0 & 0 & 0 & \cdots & 2-(1-2\sigma_x)Pe^*+Ze^* \end{pmatrix},$$

$u^{n+1} = (u_1^{n+1}, u_2^{n+1}, \ldots, u_{M-1}^{n+1})^T$, $\quad u^n = (u_1^n, u_2^n, \ldots, u_{M-1}^n)^T$, $\quad r =$
$\frac{1}{S}\left\{q_1 + \frac{D}{\Delta x^2}(1+\sigma_x Pe^*)u_0, q_2, q_3, \ldots, q_{M-1} + \frac{D}{\Delta x^2}(1-(1-\sigma_x)Pe^*)u_L\right\}^T$

kann mit den Hilfsmitteln der Matrizenrechnung die folgende Lösung abgeleitet werden:

$$u_i^n = \sum_{j=1}^{M-1} P_{ij} \left[\left(\frac{1 - (1-\sigma_t)\frac{D\Delta t}{S\Delta x^2}\mu_j}{1 + \sigma_t \frac{D\Delta t}{S\Delta x^2}\mu_j} \right)^n \sum_{k=1}^{M-1} P_{jk}^{-1}\left(u_k^0 - \frac{S\Delta x^2}{D\mu_j} r_k\right) \right. \\ \left. + \frac{S\Delta x^2}{D\mu_j} \sum_{k=1}^{M-1} P_{jk}^{-1} r_k \right] \quad (2.147)$$

Dabei wurde angenommen, daß eine Matrix P existiert, so daß die zu A ähnliche Matrix

$$P^{-1} A P = (\mu_i \delta_{ij})$$

die Diagonalmatrix darstellt.

Die Gleichung (2.147) besteht aus den zwei Anteilen:
- zeitliche Änderung der Differenz: Anfangswerte minus stationäre Lösung,
- stationäre Lösung.

Nur wenn die zeitliche Änderung nicht mit jedem Zeitschritt anwächst, ergibt sich eine stabile Lösung:

$$\left| \frac{1 - (1-\sigma_t)\frac{D\Delta t}{S\Delta x^2}\mu_j}{1 + \sigma_t \frac{D\Delta t}{S\Delta x^2}\mu_j} \right| < 1 .$$

Diese Beziehung stellt nur für die explizite CVM eine Beschränkung dar:

$$\frac{D}{S\Delta x^2}|\mu_j|_{max} \Delta t \le 2$$

Mit Hilfe des Satzes von Gerschgorin [2.27] :

$$|\mu - a_{ii}| \le \sum_{j \ne i}|a_{ij}|,$$

(a_{ij} - Koeffizienten der Matrix A (2.146)), kann eine Abschätzung für den maximalen Eigenwert gefunden werden:

$$|\mu - 2 + (1 - 2\sigma_x)Pe^* - Ze^*| \le |1 + \sigma_x Pe^*| + |1 - (1 - \sigma_x)Pe^*|.$$

Es folgt:

$$|\mu| \le 4 + 2Pe^* + Ze^*$$

und so das schon bekannte Stabilitätskriterium:

$$\frac{D\Delta t}{S\Delta x^2} \le \frac{1}{2 + |Pe^*| + Ze^*/2} . \qquad (2.148)$$

Auf die physikalische Bedeutung wurde schon im Abschnitt 2.4.1 eingegangen. Es soll nun gezeigt werden, daß die Stabilitätsbedingung auch für das implizite und das Crank-Nicolson-Schema eine herausragende Rolle spielt.

Ersetzt man nämlich in der Formel (2.147) die n-te Potenz durch

$$\left(\frac{1 - (1-\sigma_t)\frac{D\Delta t}{S\Delta x^2}\mu_j}{1 + \sigma_t \frac{D\Delta t}{S\Delta x^2}\mu_j}\right)^n = \exp\left[n \ln \frac{1 - (1-\sigma_t)\frac{D\Delta t}{S\Delta x^2}\mu_j}{1 + \sigma_t \frac{D\Delta t}{S\Delta x^2}\mu_j}\right]$$

und entwickelt den Logarithmus nach Potenzen von Δt, so wird

$$\left(\frac{1 - (1-\sigma_t)\frac{D\Delta t}{S\Delta x^2}\mu_j}{1 + \sigma_t \frac{D\Delta t}{S\Delta x^2}\mu_j}\right)^n =$$

$$\exp\left\{-\frac{Dn\Delta t}{S\Delta x^2}\mu_j\left[1 + \frac{1}{2}((1-\sigma_t)^2 - \sigma_t^2)\frac{D\Delta t}{S\Delta x^2}\mu_j\right.\right.$$
$$\left.\left. + \frac{1}{3}((1-\sigma_t)^3 + \sigma_t^3)\left(\frac{D\Delta t}{S\Delta x^2}\mu_j\right)^2 + \ldots\right]\right\}. \qquad (2.149)$$

Diese Darstellung zeigt die Konvergenz der n-ten Potenz gegen den Grenzwert $\exp[-(Dt\mu_j/(S\Delta x^2))]$. Die Konvergenz ist für das explizite und das implizite Schema $O(\Delta t)$ und für das Crank-Nicolson-Schema $O(\Delta t^2)$. In Bild 2.22 ist der Fehler

$$e[(Dt\mu_j/(S\Delta x^2))] = \left| \exp[-(Dt\mu_j/(S\Delta x^2))] - \left(\frac{1 - (1-\sigma_t)\frac{D\Delta t}{S\Delta x^2}\mu_j}{1 + \sigma_t \frac{D\Delta t}{S\Delta x^2}\mu_j} \right)^n \right|$$

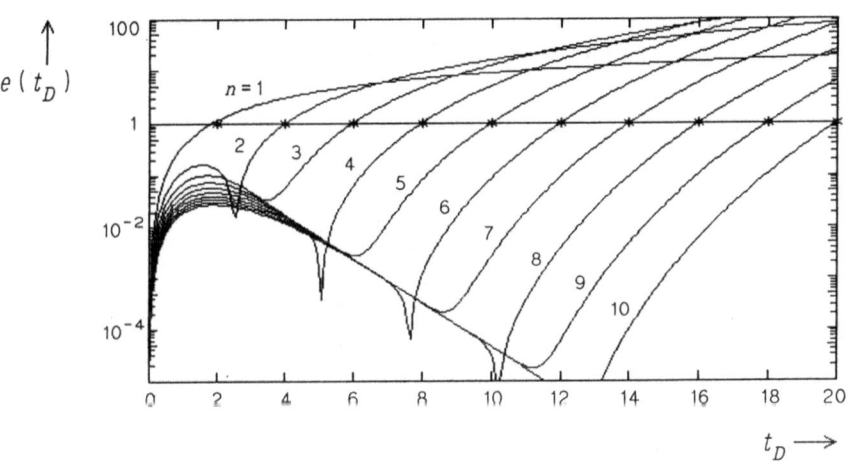

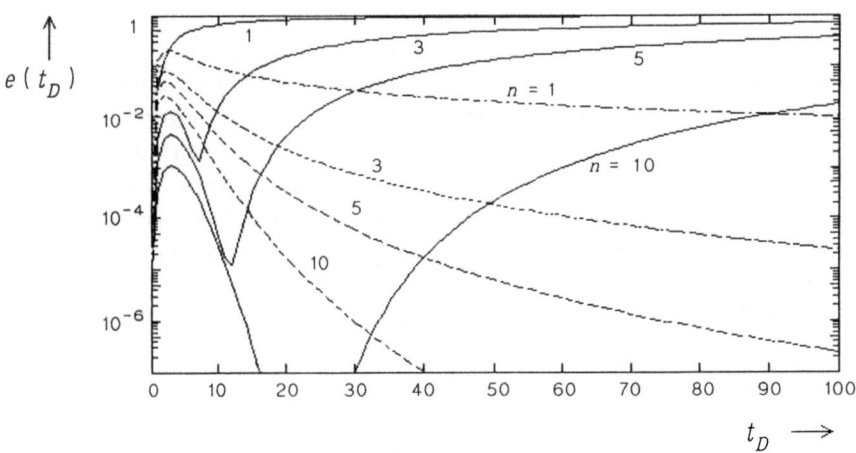

Bild 2.22. Abweichung $e(t_D)$ infolge der Zeitschrittdiskretisierung, wenn man die dimensionslose Zeit t_D in n Zeitschritten überbrückt (oben: explizite CVM, unten: implizite CVM (———), Crank-Nicolson-Schema (- - - -))

für die drei Wichtungen graphisch dargestellt. Im oberen Bild 2.22 ist das instabile Gebiet des expliziten Differenzenschemas deutlich zu erkennen. Nur wenn

$$t_D = \frac{D\mu t}{S\Delta x^2} \leq 2n$$

ist, bleibt $e(t_D)$ kleiner als Eins.
Um die Brauchbarkeit des expliziten Verfahrens für die Lösung der Strömungs- und Transportgleichung einschätzen zu können, benötigt man eine Vorstellung von der Größenordnung der Beobachtungszeit. Aus Bild 2.2 entnimmt man für Strömungsprobleme die Größenordnung $at/L^2 \approx 0{,}05$. Beim Transport sollte $wt/(LS) \approx 0{,}1$ sein. Zusammen mit dem Stabilitätskriterium erhält man so einen Anhaltspunkt über die Anzahl der benötigten Zeitschritte NT:
- Strömung:

$$NT\,\Delta t \approx 0{,}05\, L^2 \frac{S}{D} = 0{,}05\, M^2 \left(\frac{D}{S\Delta x^2}\right)^{-1} \geq 0{,}1\, M^2\, \Delta t \,,$$

- Transport:

$$NT\,\Delta t \approx 0{,}1\, L\frac{S}{|w|} = 0{,}1\, M \frac{D}{|w|\Delta x}\left(\frac{D}{S\Delta x^2}\right)^{-1} \geq$$

$$0{,}1\, M\left(1 + \frac{2}{|Pe^*|} + \frac{Ze^*}{2|Pe^*|}\right)\Delta t \,,$$

Es folgt:

$$NT > \begin{cases} 0{,}1\, M^2 & \text{für Strömungsprobleme} \\ 0{,}1\, M & \text{für Transportprobleme} \,. \end{cases}$$

Diese Abschätzung zeigt, daß nur Transportprobleme mit einem expliziten Verfahren gelöst werden sollten. Für Strömungsprobleme, insbesondere wenn man die stationäre Lösung sucht, müßten ca. 10 M^2 Zeitschritte ausgeführt werden. Als Ausweg bietet sich die implizite Auflösung an. Wenn man nämlich sehr große Zeitschritte ausführt, kann man eine brauchbare Lösung mit wenigen Teilzeitschritten erhalten. Neben dieser Tatsache verdeutlicht das untere Bild 2.22 aber auch die um eine Zehnerpotenz größere Genauigkeit des Crank-Nicolson-Schemas. Deshalb sollte dieses Schema für Transportprobleme bei Einhaltung des Stabilitätskriteriums verwendet werden.
  Um auch Aussagen über den Ortsschrittdiskretisierungsfehler machen zu können, muß nun die spezielle Struktur der Matrix A berücksichtigt werden. Mit den Eigenwerten

$$\mu_j = \qquad\qquad\qquad\qquad\qquad\qquad\qquad\qquad (2.150)$$
$$2 - (1-2\sigma_x)Pe^* - 2\sqrt{(1+\sigma_x Pe^*)(1-(1-\sigma_x)Pe^*)}\cos\frac{j}{M}\pi + Ze^*$$

und der Matrix

$$P_{ij} = B^i \sqrt{\frac{2}{M}}\sin\frac{ij}{M}\pi \,,\; P_{ij}^{-1} = B^{-j}\sqrt{\frac{2}{M}}\sin\frac{ij}{M}\pi \,,\; B = \sqrt{\frac{1 + \sigma_x Pe^*}{1 - (1-\sigma_x)Pe^*}}$$

erhält man die folgende Lösung:

$$
\begin{aligned}
u_i{}^n &= u_0 \left(1 - \frac{i}{M}\right) + u_L \frac{i}{M} \\
&+ \sum_{j=1}^{M-1} \Bigg\{ \frac{L^2}{M^2 \mu_j} \frac{2}{L} \sum_{k=1}^{M-1} \frac{q_k}{D} B^{-k} \sin\left(\frac{jk}{M}\pi\right) \Delta x \\
&\quad - \frac{2\sqrt{(1+\sigma_x Pe^*)(1-(1-\sigma_x)Pe^*)}\, M \sin\frac{j}{M}\pi}{M^2 (\mu_j - Ze^*)} \Bigg[Ze^* \frac{u_0 - (-1)^j u_L B^{-M}}{M^2 \mu_j} \\
&\quad + \frac{Pe^*}{M}(u_L - u_0) \frac{1 - (-1)^j B^{-M}}{\mu_j} \Bigg] \Bigg\} B^i \sin\left(\frac{ij}{M}\pi\right) \\
&+ \sum_{j=1}^{M-1} \Bigg\{ \frac{2}{L} u_k{}^0 B^{-k} \sin\left(\frac{jk}{M}\pi\right) \Delta x \\
&\quad - \frac{L^2}{M^2 \mu_j} \frac{2}{L} \sum_{k=1}^{M-1} \frac{q_k}{D} B^{-k} \sin\left(\frac{jk}{M}\pi\right) \Delta x \\
&\quad - \frac{2\sqrt{(1+\sigma_x Pe^*)(1-(1-\sigma_x)Pe^*)}\, M \sin\frac{j}{M}\pi}{M^2 \mu_j} (u_0 - (-1)^j u_L B^{-M}) \Bigg\} \\
&\times B^i \sin\left(\frac{ij}{M}\pi\right) \left(\frac{1 - (1-\sigma_t) \frac{D\Delta t}{S\Delta x^2} \mu_j}{1 + \sigma_t \frac{D\Delta t}{S\Delta x^2} \mu_j} \right)^n \quad (2.151)
\end{aligned}
$$

Diese Formel ist genauso aufgebaut wie die analytische Lösung (2.57), die mit Hilfe der Fourier-Methode ermittelt wurde. So ist ein Vergleich der beiden Lösungen möglich und beweist die Konvergenz der Bilanzmethode. Für $\Delta x \to 0$ gehen alle Terme von (2.151) in die entsprechenden Terme der Fourier-Entwicklung über:

$$\lim_{\Delta x \to 0} M^2 \mu_j =$$

$$\lim_{\Delta x \to 0} M^2 \left(2 - (1-2\sigma_x) Pe^* - 2\sqrt{(1+\sigma_x Pe^*)(1-(1-\sigma_x)Pe^*)} \cos\frac{j}{M}\pi + Ze^* \right) =$$

$$\lim_{\Delta x \to 0} \left(\frac{L}{\Delta x}\right)^2 \Bigg\{ 2 - (1-2\sigma_x) \frac{w\Delta x}{D} - 2\left[1 - \frac{1}{2}(1-2\sigma_x)\frac{w\Delta x}{D} - \frac{1}{8}\frac{w^2 \Delta x^2}{D^2} - \cdots \right] $$
$$\times \left[1 - \frac{j^2 \pi^2}{2}\left(\frac{\Delta x}{L}\right)^2 + \frac{j^4 \pi^4}{24}\left(\frac{\Delta x}{L}\right)^4 - \cdots \right] + \frac{k\Delta x^2}{D} \Bigg\} =$$

$$\frac{1}{4} Pe^2 + Ze + j^2 \pi^2 + \begin{cases} O(\Delta x) & \text{für } \sigma_x = 1 \\ O(\Delta x^2) & \text{für } \sigma_x = \frac{1}{2} \end{cases}, \; Pe\text{-Wichtung.}$$

Für $\sigma_x = 1/2$ und 1 gilt:

$$B^{\pm i} = \left(\frac{1+\sigma_x Pe^*}{1-(1-\sigma_x)Pe^*}\right)^{\pm i}$$

$$= e^{\pm\frac{i}{2}[\ln(1+\sigma_x Pe^*) - \ln(1-(1-\sigma_x)Pe^*)]},$$

$$\lim_{\Delta x \to 0} B^{\pm i} =$$

$$\exp\left\{\pm\frac{wi\Delta x}{2D}[1+\frac{1}{2}((1-\sigma_x)^2-\sigma_x^2)\frac{w\Delta x}{D}+\frac{1}{3}((1-\sigma_x)^3-\sigma_x^3)\frac{w^2\Delta x^2}{D^2}+\ldots]\right\},$$

$$\lim_{\Delta x \to 0} B^{\pm i} = \begin{cases} \exp\left[\pm\frac{wx_i}{2D}(1+O(\Delta x^2))\right] & \text{für } \sigma_x = 1/2 \\ \exp\left[\pm\frac{wx_i}{2D}(1+O(\Delta x))\right] & \text{für } \sigma_x = 1 . \end{cases}$$

Im Falle der Peclet-Zahl-Wichtung ist

$$B^{\pm i} = \exp\left(\pm\frac{wx_i}{2D}\right).$$

Die Entwicklung der Wurzel und des Sinus ergibt:

$$\lim_{\Delta x \to 0} 2\sqrt{(1+\sigma_x Pe^*)(1-(1-\sigma_x)Pe^*)} \, M \sin\frac{j}{M}\pi =$$

$$2\left(1-\frac{1}{2}(1-2\sigma_x)\frac{w\Delta x}{D}+\frac{1}{8}\frac{w^2\Delta x^2}{D^2}\right)\frac{L}{\Delta x}\left(j\pi\frac{\Delta x}{L}-\frac{1}{6}j^3\pi^3\frac{\Delta x^3}{L^3}+\ldots\right)=$$

$$2j\pi + \begin{cases} O(\Delta x^2) & \text{für } \sigma_x = 1/2 \\ O(\Delta x) & \text{für } \sigma_x = 1, \text{ Pe-Wichtung}. \end{cases}$$

Die Summen über k approximieren die entsprechenden Integrale der Fourier-Entwicklung mit einer Genauigkeit $O(\Delta x^2)$ (Trapezformel für die angenäherte Integration [2.13]). Zusammen mit der Formel (2.149) ergibt sich so die in Tabelle 2.7 zusammengestellte Konvergenzordnung.

Wenn man die Formel (2.151) für das Strömungsproblem mit $q = 0$, $u_a = 0$ und für $\Delta t \longrightarrow 0$ aufschreibt, erkennt man sehr gut den engen Zusammenhang zwischen der CVM- und der Fourier-Lösung.

$$u_i(t) = u(x_i,t) = u_0 + (u_L - u_0)\frac{x_i}{L} - \sum_{j=1}^{M-1}\frac{2}{j\pi}\left(\frac{j\pi}{2M}\cot\frac{j\pi}{2M}\right)$$

$$\times(u_0 - (-1)^j u_L)\sin\left(j\pi\frac{x_i}{L}\right)\exp\left[-\frac{a}{L^2}j^2\pi^2\left(\frac{\sin\frac{j\pi}{2M}}{\frac{j\pi}{2M}}\right)^2 t\right] \quad (2.152)$$

Nun sind auch die guten Konvergenzeigenschaften der numerischen Verfahren im Falle der Strömung zu verstehen. Das Bild 2.2 zeigte, daß die Fouriersche Grundschwingung ausreicht, um den Aus-

Tabelle 2.7. Orts- und Zeitschrittdiskretisierungsfehler

	$\sigma_x = 1/2$	$\sigma_x = 1$	$\sigma_x = 1/2 - 1/Pe^*$ $+1/2 \coth(Pe^*/2)$
$\sigma_t = 0$	$O(\Delta x^2, \Delta t)$	$O(\Delta x, \Delta t)$	$O(\Delta x^2, \Delta t)$
$\sigma_t = 1/2$	$O(\Delta x^2, \Delta t^2)$	$O(\Delta x, \Delta t^2)$	$O(\Delta x^2, \Delta t^2)$
$\sigma_t = 1$	$O(\Delta x^2, \Delta t)$	$O(\Delta x, \Delta t)$	$O(\Delta x^2, \Delta t)$

gleichsvorgang i.allg. genügend genau zu beschreiben. Die Grundschwingung und die ersten Oberwellen werden aber von (2.152) sehr genau approximiert:

$$\frac{j\pi}{2M} \cot \frac{j\pi}{2M} = 1 - \frac{1}{3}\left(\frac{j\pi}{2M}\right)^2 - \frac{1}{45}\left(\frac{j\pi}{2M}\right)^4 - \dots$$

$$\left(\frac{\sin\frac{j\pi}{2M}}{\frac{j\pi}{2M}}\right)^2 = 1 - \frac{1}{3}\left(\frac{j\pi}{2M}\right)^2 + \frac{2}{45}\left(\frac{j\pi}{2M}\right)^4 - \dots$$

Numerische Dispersion: Schon bei der Lösung der Transportgleichung mit Hilfe der Fourier-Methode wurde darauf hingewiesen, daß zur Abbildung scharfer Fronten sehr viele Fourier-Komponenten benötigt werden. Das trifft natürlich auch auf die CVM-Lösung (2.151) zu. Wenn zu wenige Gitterpunkte gewählt werden, verlaufen die Fronten flacher und spiegeln eine größere Dispersion vor:

$$u_i^n(D)\big|_{\text{nach (2.151)}} \approx u(x_i, n\Delta t, \tilde{D})\big|_{\text{nach (2.57)}},$$
$$\tilde{D} = D + D_{\text{numerisch}}.$$

Wie das Bild 2.23 zeigt, ist die numerische Dispersion besonders groß, wenn die 'upwind'-Wichtung gewählt wird, in unserem Beispiel:

$$\frac{Pe_{CVM}}{Pe_{\text{analytisch}}} = \frac{\tilde{D}}{D} = \frac{D + D_{\text{numerisch}}}{D} = \frac{75}{25},$$
$$D_{\text{numerisch}} = 2D.$$

Wenn man diese Tatsache bei der Parameteridentifikation nicht berücksichtigt, erhält man eine völlig falsche Interpretation des dem Transportprozeß zugrunde liegenden physikalischen Phänomens.

Oszillationen: Sie treten bei zentralen Differenzen immer auf, wenn die Zeit- oder die Ortsschrittweite zu groß gewählt werden.

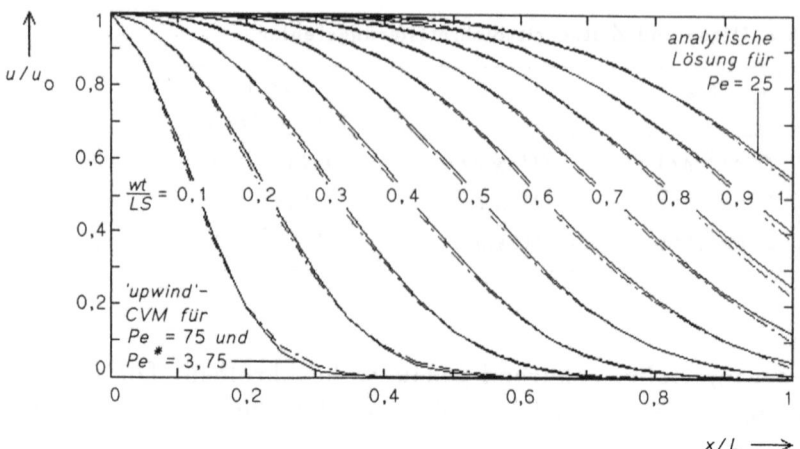

Bild 2.23. Graphische Bestimmung der numerischen Dispersion für die einfache Bilanzmethode bei 'upwind'-Wichtung

Der Term $\left[\left(1 - \frac{1}{2}\frac{D\Delta t}{S\Delta x^2}\mu_j\right) / \left(1 + \frac{1}{2}\frac{D\Delta t}{S\Delta x^2}\mu_j\right)\right]^n$ wechselt das Vorzeichen von Zeitschritt zu Zeitschritt, falls Δt zu groß gewählt wird. Wenn $Pe^* > 2$ ist, werden die Eigenwerte der Matrix A komplex:

$$\mu_j = 2 + Ze^* - 2i\sqrt{\frac{Pe^{*2}}{4} - 1}\cos\frac{j}{M}\pi.$$

Addiert man nun j-te und die $(M-j)$-te Komponente der Formel (2.151)

$$(a_j + i b_j) e^{-kt} \exp\left[-\frac{2D}{L^2} M^2 \left(1 - i\sqrt{\frac{Pe^{*2}}{4} - 1}\cos\frac{j}{M}\pi\right)\right] +$$
$$(a_j - i b_j) e^{-kt} \exp\left[-\frac{2D}{L^2} M^2 \left(1 + i\sqrt{\frac{Pe^{*2}}{4} - 1}\cos\frac{j}{M}\pi\right)\right] =$$
$$2\sqrt{a_j^2 + b_j^2}\exp\left(-(k+\mu)t\right)\sin\left(\omega_j t + \beta_j\right)$$

mit

$$\mu = \frac{2D}{SL^2} M^2$$
$$\omega_j = \frac{2D}{SL^2} M^2 \sqrt{\frac{Pe^{*2}}{4} - 1}\cos\frac{j}{M}\pi = \frac{w}{S\Delta x}\sqrt{1 - \frac{4}{Pe^{*2}}}\cos\frac{j}{M}\pi,$$
$$\beta_j = \arctan(a_j / b_j), \quad j = 1, 2, \ldots, \left\{\frac{M}{2}\right\}_{ganz} - 1,$$

stellt man fest, daß die einzelnen Komponenten mit einer Frequenz ω_j oszillieren und eine einheitliche Dämpfung aufweisen. Diese Schwingungen sind nur stark gedämpft, wenn $(k+\mu)\frac{2}{\omega_j} > 2$ ist. Für

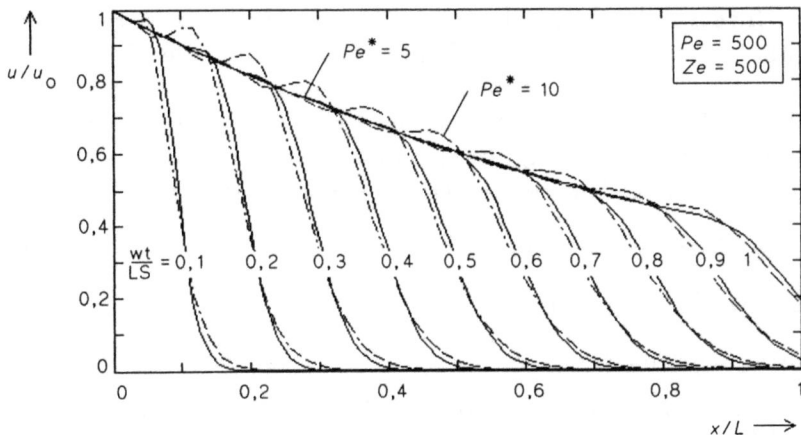

Bild 2.24. Oszillationen infolge zu großer Ortsschrittweite bei der einfachen Bilanzmethode

$k = 0$ folgt daraus: $Pe^* < 2\sqrt{1+\pi^2}$. Das Bild 2.24 zeigt die Oszillationen infolge zu großer Δx bei zentraler örtlicher Wichtung. Bei $Pe^* = 5$ sind sie nur für die ersten beiden Zeitpunkte feststellbar. Ist die Gitter-Peclet-Zahl jedoch doppelt so groß, wird dieses Überschwingen sehr deutlich.

Zusammenfassend können wir folgende Empfehlungen ableiten:
- Strömungsprobleme sollten implizit gelöst werden. Die Gitterpunktsanzahl muß der physikalischen Aufgabenstellung angepaßt werden. Besondere Beschränkungen für die Orts- und die Zeitschrittweite müssen i.allg. nicht beachtet werden.
- Transportprobleme sollten möglichst genau gelöst werden. Deshalb empfehlen wir die Anwendung von zentraler zeitlicher und örtlicher Wichtung bei Einhaltung des Stabilitätskriteriums (2.148) und des Überwiegens des dispersiven Transportes $Pe^* < 1$.

2.4.4 Die Randintegralgleichungsmethode

Die numerische Lösung von partiellen Differentialgleichungen erfolgte bis Mitte der 70er Jahre fast ausschließlich mit FDM und FEM. Von Kupradze [2.28] und von Jaswon und Symm [2.29] wurden erstmals Integralgleichungen zur Lösung von Ingenieurproblemen eingesetzt. Seitdem hat eine stürmische Entwicklung der Randintegralgleichungsmethode (englisch: Boundary integral equation method, BIEM) eingesetzt [2.30].

Die Randintegralgleichung: In jedem Lehrbuch der theoretischen Physik über elektrodynamische Felder findet man die Grundgleichung der Randintegralmethode: Berechnung des Potentials bei vorgegebener Verteilung von Raum- und Flächenladungsdichte mit Hilfe einer Integralgleichung. Bezeichnet man mit u die Lösung der inhomogenen selbstadjungierten Differentialgleichung

$$\operatorname{div}(D\operatorname{grad} u) - k\,u = q \tag{2.153}$$

und mit v die Lösung von

$$\operatorname{div}(D\operatorname{grad} v) - k\,v = 0, \tag{2.154}$$

so ergibt sich nach Multiplikation von (2.153) mit v und von (2.154) mit u und Subtraktion

$$u\operatorname{div}(D\operatorname{grad} v) - v\operatorname{div}(D\operatorname{grad} u) = q\,v$$

bzw.

$$\operatorname{div}\left(uD\operatorname{grad} v - vD\operatorname{grad} u\right) = q\,v.$$

Die Integration über das Gebiet Ω ergibt

$$\iiint_{\Omega} \operatorname{div}\left(uD\operatorname{grad} v - vD\operatorname{grad} u\right) dV = \iiint_{\Omega} q\,v\,dV.$$

Schließlich führt die Anwendung des Gaußschen Satzes auf

$$\iint_{\Gamma} D(u\operatorname{grad} v - v\operatorname{grad} u)\,d\mathbf{A} = \iiint_{\Omega} q\,v\,dV.$$

(s. Bild 2.25). Wenn man nun als Lösung von (2.154) die *singuläre Grundlösung* $v(P,Q)$ wählt, für die v überall stetig ist, aber

$$\lim_{\varepsilon \to 0} \iint_{\Gamma_\varepsilon} \operatorname{grad} v\,d\mathbf{A} = -\frac{1}{D} \tag{2.155}$$

gilt (zur Definition von Γ_ε s. Bild 2.25), so wird

$$\iint_{\Gamma_k} D(u\operatorname{grad} \mathbf{v} - v\operatorname{grad} \mathbf{u})\,d\mathbf{A}$$
$$+ \lim_{\varepsilon \to 0} \iint_{\Gamma_\varepsilon} D(u\operatorname{grad} \mathbf{v} - v\operatorname{grad} \mathbf{u})\,d\mathbf{A} = \iiint_{\Omega} q\,v\,dV.$$

Auf Grund der Stetigkeit von v und der Beziehung (2.155) ergibt sich die Grundgleichung der Randintegralgleichungsmethode

$$\boxed{u(P) = \iint_{\Gamma_k} D\left(u\operatorname{grad} v - v\operatorname{grad} u\right) d\mathbf{A} - \iiint_{\Omega} q\,v\,dV} \tag{2.156}$$

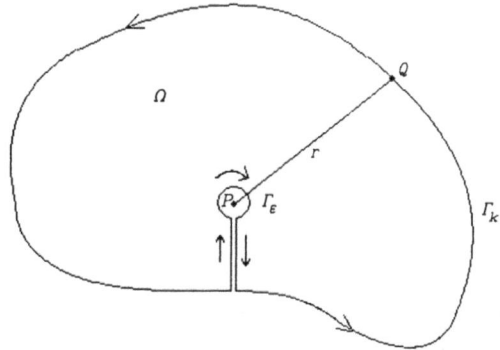

Bild 2.25. Zur Ableitung der Grundgleichung der Randintegralgleichungsmethode

Die singuläre Grundlösung v, die man auch als Greensche Funktion des unendlichen Raumes bezeichnet, ist bekannt (s. Tabelle 2.8), ebenso die Quellen und Senken q. So stellt (2.156) eine Beziehung zwischen den Randwerten u und grad u und der Funktion u im Inneren des Gebietes her. Weil aber u und grad u auf dem Rand Γ_k nicht gleichzeitig bekannt sind, kann die Integralgleichung (2.156) auch benutzt werden, um die fehlenden Daten zu bestimmen, indem der Aufpunkt P in die Nähe des Randes gelegt wird.

Die Randintegralgleichungsmethode ist attraktiv, weil sie die Dimension des Problems um Eins erniedrigt, denn die Funktion $u(P)$ wird nur von den Randwerten $u\big|_\Gamma$ und grad $u\big|_\Gamma$ bestimmt.

Tabelle 2.8. Die Greensche Funktion des unendlichen Raumes für die Strömungsgleichung und die Laplace-transformierte Strömungsgleichung

Differentialgleichung	$\Delta v = 0$	$\Delta v - p^2 v = 0$
eindimensional $r = \|x - \xi\|$	$\frac{1}{2} r$	$\frac{1}{2} p\, e^{-pr}$
zweidimensional $r = \sqrt{(x-\xi)^2 + (y-\eta)^2}$	$\frac{1}{2\pi} \ln r$	$\frac{1}{2\pi} K_0(pr)$
dreidimensional $r = \sqrt{(x-\xi)^2 + (y-\eta)^2 + (z-\zeta)^2}$	$-\frac{1}{4\pi r}$	$-\frac{1}{4\pi} \frac{\cos pr}{pr}$

Die instationäre Randintegralgleichung: BIEM wird hauptsächlich zur Berechnung stationärer Prozesse eingesetzt. Aber auch instationäre Prozesse können mit Hilfe der Randintegralgleichungsmethode gelöst werden:

$$\operatorname{div}(D\operatorname{grad} u) - ku = S\frac{\partial u}{\partial t} - q \qquad (2.157)$$

Man ersetzt nun $\frac{\partial u}{\partial t}$ durch die zeitliche Rückwärtsdifferenz und bekommt

$$\operatorname{div}\left(D\operatorname{grad} u^{n+1}\right) - \left(k + \frac{S}{\Delta t}\right)u^{n+1} = -\left(\frac{S}{\Delta t}u^n + q\right),$$

für $n = 0, 1, 2, \ldots$

Dabei bezeichnet n den Zeitschritt und $u^0 = u_a$ die Anfangslösung. Die Randintegralgleichung hat dann die Form

$$u^{n+1}(P) = \iint_{\Gamma_k} D\left(u^{n+1}\operatorname{grad} v - v\operatorname{grad} u^{n+1}\right) dA$$

$$- \iiint_{\Omega} \left(\frac{S}{\Delta t}u^n + q\right) dV$$

Die singuläre Grundlösung v findet man in Tab. 2.8. Für jeden Zeitschritt muß $u^{n+1}(P)$ im gesamten Gebiet Ω bestimmt werden, damit das auf der rechten Seite stehende Gebietsintegral berechnet werden kann.

Günstiger ist deshalb der Einsatz der Laplace-Transformation

$$\mathcal{L}\left[\operatorname{div}(D\operatorname{grad} u) - ku\right] = \mathcal{L}\left[S\frac{\partial u}{\partial t} - q\right].$$

Im einfachsten Falle zeitkonstanter Randwerte und Quellen wird (s. Abschnitt 2.3.2)

$$\operatorname{div} D\operatorname{grad} \bar{u} - (k + Ss)\bar{u} = -\left(Su_a + \frac{q}{s}\right)$$

mit den Randwerten

$$\bar{u}\big|_{\Gamma_k} = \frac{u}{s}\big|_{\Gamma_k}, \quad \operatorname{grad}\bar{u}\big|_{\Gamma_k} = \frac{\operatorname{grad} u}{s}\big|_{\Gamma_k}.$$

Man erhält so

$$\bar{u}(P) = \iint_{\Gamma_k} D\left(\bar{u}\operatorname{grad} v - v\operatorname{grad}\bar{u}\right) dA$$

$$- \iiint_{\Omega} \left(Su_a + \frac{q}{s}\right) dV$$

Das Gebietsintegral braucht bei Benutzung der Laplace-Transformation nur für die Anfangslösung berechnet zu werden. Die Rücktransformation wird numerisch durchgeführt (s. Abschnitt 2.3.7).

Die Randgleichung für die eindimensionale Strömung : Die Lösung der eindimensionalen Strömungsgleichung mit Hilfe von BIEM ist relativ einfach. Sie trägt aber gerade deshalb wesentlich zum Verständnis bei.

Die Greensche Funktion des unendlichen Raumes der Strömungsgleichung

$$\frac{d^2 u}{dx^2} = -\frac{q}{D} \qquad (2.158)$$

ist

$$v(x, \xi) = \frac{1}{2} |x - \xi|.$$

Die Funktion $v(x, \xi)$ genügt der homogenen Strömungsgleichung (2.158), ist stetig und wegen

$$\frac{\partial v}{\partial \xi} = \begin{cases} -1/2 \text{ für } x > \xi \\ +1/2 \text{ für } x < \xi \end{cases}$$

besitzt v die charakteristische Singularität (2.155)

$$\lim_{\varepsilon \to 0} \frac{\partial v}{\partial \xi} \Big|_{x-\varepsilon}^{x+\varepsilon} = -1.$$

Die Formel (2.156) geht im eindimensionalen Falle in eine Randgleichung über:

$$u(x) = \left(u(\xi) \frac{\partial v}{\partial \xi}(x, \xi) - \frac{1}{2} |x - \xi| \frac{du}{d\xi} \right) \Big|_{\xi=0}^{L}$$
$$- \frac{1}{2D} \int_0^L q(\xi) |x - \xi| d\xi. \qquad (2.159)$$

Wählt man für x die Randpunkte $0 + \varepsilon$ und $L - \varepsilon$, so ergeben sich zwei Gleichungen zur Berechnung der zwei unbekannten Randwerte. Man beachte, daß durch ε die Werte von $\frac{\partial v}{\partial \xi}(\varepsilon, 0)$ und $\frac{\partial v}{\partial \xi}(L - \varepsilon, \varepsilon)$ eindeutig bestimmt sind:

$$\frac{1}{2} u(0) - \frac{1}{2} u(L) + \frac{L}{2} \frac{du}{dx}\Big|_L = -\frac{1}{2D} \int_0^L q(\xi) \xi \, d\xi$$
$$-\frac{1}{2} u(0) + \frac{1}{2} u(L) - \frac{L}{2} \frac{du}{dx}\Big|_0 = -\frac{1}{2D} \int_0^L q(\xi)(L - \xi) \, d\xi \qquad (2.160)$$

Nehmen wir nun an, daß an beiden Rändern Randbedingungen 1. Art vorgegeben sind und daß die Quell-Senken-Belegung konstant ist. Dann gilt

$$\frac{du}{dx}\bigg|_0 = \frac{u_L - u_0}{L} + \frac{qL}{2D} , \quad \frac{du}{dx}\bigg|_L = \frac{u_L - u_0}{L} - \frac{qL}{2D}$$

und nach (2.159)

$$u(x) = u_0 + (u_L - u_0)\frac{x}{L} + \frac{q}{2D} x(L-x) \qquad (2.161)$$

Man verifiziert leicht, daß $u(x)$ Lösung der stationären Strömungsgleichung (2.158) ist und die Randbedingungen 1. Art bei $x = 0$ und L erfüllt.

Diskretisierung des Randes: Im mehrdimensionalen Falle kann die Gleichung (2.156) nur für regelmäßige Konturen exakt gelöst werden. Durch eine Diskretisierung des Randes ist die numerische Berechnung möglich. Die Vorgehensweise soll am Beispiel der Grundwasserströmung durch einen Damm (Bild 2.26) erläutert werden. Die Berechnung wurde mit einem Programm durchgeführt, das die Randelementmethode zur Simulation der unterirdischen Strömung einsetzt[3].
Zur Randintegralgleichungsmethode kommt man, wenn man die folgenden Annahmen trifft:
- Der Rand wird durch ein Polygonzug approximiert (*—*——* in Bild 2.26),

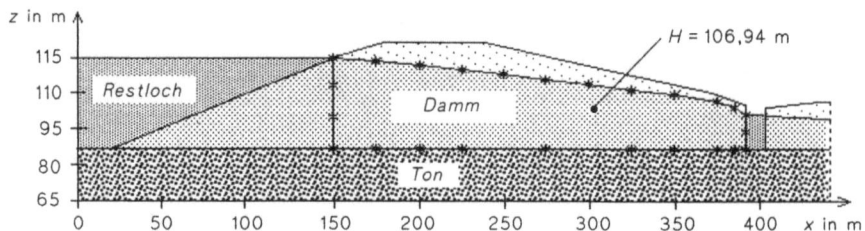

Bild 2.26. Berechnung der Strömung durch einen Damm mit der Randintegralgleichungsmethode

---

[3] Von Schwartz und Tiemer wurde im ehemaligen Institut für Wasserwirtschaft Berlin die Randelementmethode für die unterirdische Strömung als PC-Programm BESSY-REMUS implementiert. Die Autoren danken Herrn Döring für die Durchführung der Berechnung.

- Sowohl das Potential u als auch die Normalenableitung $\frac{\partial u}{\partial n}$ verändern sich auf den einzelnen Randstrecken linear (oder auch quadratisch).

Einsetzen der Funktion $v(x,\xi)$ aus Tabelle 2.8 in die Gl. (2.156) ergibt

$$u(x,z) = \frac{1}{2\pi} \int_{\Gamma_k} \left(u \, \text{grad} \, \ln r - \ln r \, \text{grad} \, u \right) ds$$

$$- \frac{1}{2\pi} \iint_\Omega q \ln r \, d\xi \, d\zeta \; ,$$

$$u(x,z) \approx \frac{1}{2\pi} \sum_{j=1}^{M-1} \int_{P_j}^{P_{j+1}} \left(u \, \text{grad} \, \ln r - \ln r \, \text{grad} \, u \right) ds$$

$$- \frac{1}{2\pi} \iint q \ln r \, d\xi \, d\zeta . \qquad (2.162)$$

Die Integrale können ausgewertet werden. Wenn man (x,z) der Reihe nach in die Nähe der Randpunkte P_j legt, erhält man M Beziehungen zwischen den Randpotentialen u_j und den Normalenableitungen $\left(\frac{\partial u}{\partial n}\right)_j$. Mit Hilfe dieses vollbesetzten linearen Gleichungssystems können die nicht vorgegebenen Randwerte berechnet werden. In unserem Beispiel der Berechnung der Potentialverteilung in einem Damm hat das Gleichungssystem 25 Unbekannte: am linken Rand den Zufluß vom Restloch, am unteren Rand das Potential, am rechten Rand den Abfluß und am oberen Rand die Lage der freien Oberfläche. Die Bestimmung der Lage der freien Oberfläche erfolgte iterativ bis die berechnete Standrohrspiegelhöhe u_j mit der Koordinate z_j übereinstimmt. Ein ganz großer Vorteil von BIEM ist die Möglichkeit der Bestimmung des Potentials an jedem beliebigen inneren Punkt nach (2.161), so wie es auch in Bild 2.26 schematisch gezeigt wird.

Obwohl die Grundgleichung von BIEM den Fall nichtkonstanter Parameter einschließt, wird i.allg. mit konstantem D und k gerechnet, weil man die singuläre Grundlösung kennt. Die Ortsabhängigkeit der Parameter wird durch Rayonierung berücksichtigt. Die Stetigkeitsforderungen an den Grenzen der Rayons ergeben dann die notwendige Anzahl Gleichungen. Ein Nachteil hat diese Vorgehensweise: Es entsteht ein vollbesetztes lineares Gleichungssystem mit einigen Hundert Unbekannten, dessen Lösung sehr aufwendig ist.

2.4.5 Die Charakteristikenmethode

Für große Peclet-Zahlen versagen i.allg. die bisher behandelten numerischen Verfahren. Mit gutem Erfolg wird für solche Probleme die Charakteristikenmethode (MOC: Method of Characteristics) eingesetzt.

Durch Entkopplung von konvektivem und dispersivem Transport ist eine numerische Lösung mit ausreichender Genauigkeit möglich. Betrachtet man das totale Differential

$$du = \frac{\partial u}{\partial x} dx + \frac{\partial u}{\partial y} dy + \frac{\partial u}{\partial z} dz + \frac{\partial u}{\partial t} dt$$

$$= \left(\frac{\partial u}{\partial x} \frac{dx}{dt} + \frac{\partial u}{\partial y} \frac{dy}{dt} + \frac{\partial u}{\partial z} \frac{dz}{dt} + \frac{\partial u}{\partial t} \right) dt$$

$$= \left(\frac{1}{S} \mathbf{w} \operatorname{grad} u + \frac{\partial u}{\partial t} \right) dt,$$

so kann die Transportgleichung (1.78) auch in der Form

$$\boxed{\operatorname{div}\left(D \operatorname{grad} u\right) - ku + q = S\left(\frac{\partial u}{\partial t} + \frac{1}{S} \mathbf{w} \operatorname{grad} u \right) = \frac{du}{dt}} \tag{2.163}$$

geschrieben werden. Die rechte Seite beschreibt die zeitliche Änderung der Variablen u in einem Kontrollvolumen, das sich auf einer Charakteristik $(x(t), y(t), z(t))$ bewegt. Ursachen für die zeitliche Änderung sind Diffusion, Dispersion, Abbau, Quellen und Senken, die das Kontrollvolumen auf seiner Bahn antrifft.

Die wohl am meisten verbreitete Implementierung der Charakteristikenmethode ist das Wanderpunktverfahren. Im Strömungsfeld bewegen sich Tracerteilchen mit der Geschwindigkeit $\mathbf{w}(x,y,z,t)$ vom Ort $r_p(t)$ zum Ort $r_p(t+\Delta t)$. Die Tracerteilchen sind Indikatoren für die Eigenschaft u und werden im gesamten Modellgebiet eingesetzt.

Vorbereitung:
- Wie bei der Bilanzmethode definiert man genügend viele Kontrollvolumenelemente.
- In jedem Kontrollvolumen installiert man zu Beginn der Berechnung einige Wanderpunkte. Sie befinden sich am Ort $r_p(t)$ und erhalten als Funktionswert $u_p(t)$ den Mittelwert im Kontrollvolumen.

Für jeden Zeitschritt Δt:
- Bestimmung des zurückgelegten Weges für alle Wanderpunkte P:

$$r_p(t+\Delta t) = r_p(t) + \frac{w_{i(p)}}{S_{i(p)}} \Delta t \tag{2.164}$$

($w_{i(p)}$ und $S_{i(p)}$ bezeichnen die Geschwindigkeit und den Para-

meter S im i-ten Gitterelement, in welchem sich das Tracerteilchen p befindet).
- Berechnung der mittleren Funktionswerte pro Gitterelement i:

$$\overline{u}_i = \sum_{p \in i} u_p(t+\Delta t) \Big/ \sum_{p \in i} 1.$$

- Berücksichtigung von Diffusion, Dispersion, Abbau, Quellen und Senken durch explizite oder implizite FDM-Lösung der partiellen Differentialgleichung (2.163) für den Zeitschritt Δt und der Anfangsbedingung $\overline{u}_i$. Die Änderung $\Delta u_i = u_i(t+\Delta t) - \overline{u}_i(t)$ wird jedem Wanderpunkt p im Gitterelement i mitgegeben. Für $p \in i$:

$$u_p(t+\Delta t) = u_p(t+\Delta t) + \Delta u_i.$$

Man beachte: Jeder Wanderpunkt erhält nur die Änderung Δu_i als Ergebnis der FDM-Berechnung. So bleiben scharfe Fronten erhalten.

Einige Bemerkungen zur Implementierung: Der hier beschriebene Algorithmus erscheint sehr einfach. Für den linearen Fall, konstante Geschwindigkeit und keine Quellen ist die Implemetierung auch nicht sehr aufwendig, wie das Unterprogramm TRAMOC auf der Diskette "Wärme- und Stofftransport" zeigt. Im allgemeinen Falle jedoch ergeben sich eine ganze Reihe von Problemen. Da pro Gitterelement zwischen fünf und zehn Wanderpunkte eingesetzt werden müssen, sind die Bahnlinien von mehreren Tausend Tracerteilchen zu verfolgen. Partikel an Senken und Ausströmrändern sind zu entfernen. Neue Teilchen sind an Quellen und an Einströmrändern einzusetzen. An undurchlässigen Rändern ist darauf zu achten, daß kein Wanderpunkt das zulässige Gebiet verläßt. Einer Anhäufung von Partikeln in gewissen Gebieten ist durch die Entfernung überflüssiger Teilchen zu begegnen. In Zellen, die zu wenig oder gar keine Tracerteilchen mehr enthalten, sind Wanderpunkte nachzusetzen. Und schließlich muß noch die Größe des Zeitschrittes so gewählt werden, daß die Tracerteilchen nur von einem Element in ein benachbartes Element wandern können.

Zum Schluß sei noch darauf hingewiesen, daß Oszillationen unvermeidlich auftreten, da nur wenige Wanderpunkte Träger der Information $u_p(t)$ sind und nur die Mittelung dieser Information den Funktionswert im betrachteten Gitterelement ergibt. Trotz dieses Nachteiles empfehlen wir die Charakteristikenmethode zur Modellierung von Transportvorgängen bei Überwiegen des konvektiven Transportes (s. Bild 2.27), da sie mit vertretbarem Aufwand brauchbare Ergebnisse liefert.

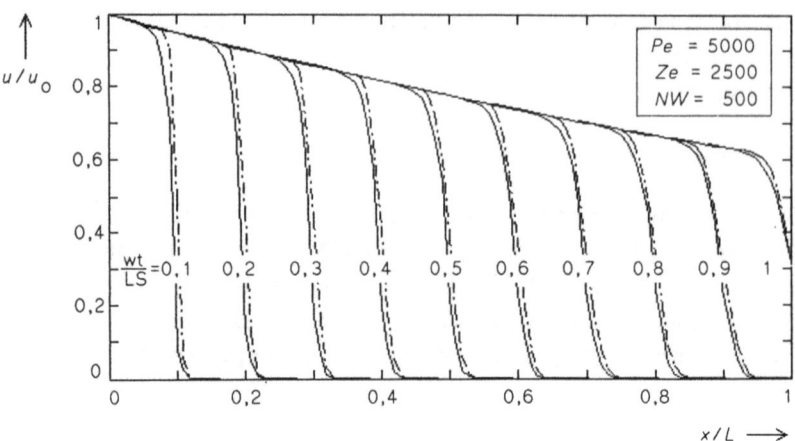

Bild 2.27. Lösung der Transportgleichung mit Hilfe von MOC bei 100 Gitterelementen (MOC: ———, analytische Lösung: — · — · —)

2.4.6 Die Random-Walk-Methode

Ebenso wie beim Charakteristikenverfahren werden bei der Random-Walk-Methode Tracerteilchen eingesetzt. Zum Unterschied zur Charakteristikenmethode sind jedoch die Tracerteilchen Träger der Eigenschaft u. Jedes Tracerteilchen transportiert eine gewisse Menge Δu. In Gebieten, in denen die Eigenschaft u nicht vorhanden ist, existieren somit auch keine Wanderpunkte. Die Konvektion wird wieder durch die Wanderung der Partikel modelliert. Die Diffusion und die Dispersion jedoch ergeben sich aus einer den konvektiven Transport überlagernden Zufallsbewegung (*Random walk*). Betrachtet man nämlich den Transport eines anfänglich vorhandenen Impulses m_A/S bei $x = 0$ in einem unendlich ausgedehnten eindimensionalen Gebiet (vgl. Aufgabenstellung (6.17)), so kann die örtliche und zeitliche Verteilung

$$u(x,t) = \frac{m_A/S}{\sqrt{4\pi Dt/S}} \exp\left(-\frac{(x - \frac{W}{S}t)^2}{4Dt/S}\right) \qquad (2.165)$$

als eine Normalverteilung bezüglich x um den Mittelwert

$$\overline{x} = \frac{W}{S} t$$

und der Standardabweichung

$$\sigma = \sqrt{2Dt/S}$$

für ein festen Zeitpunkt t angesehen werden:

$$u(x) = \frac{m_A/S}{\sqrt{2\pi}\,\sigma} \exp\left(-\frac{(x-\bar{x})^2}{2\sigma^2}\right). \tag{2.166}$$

Diese Verteilung kann auch stochastisch erzeugt werden, indem man

$$x = \frac{w}{S} t + Z\sqrt{2Dt/S} \tag{2.167}$$

für viele verschiedene normalverteilte Zufallszahlen Z mit dem Mittelwert Null und der Standardabweichung Eins berechnet. Wenn man die Anzahl der x nach (2.167), die in das Intervall $x \ldots x + \Delta x$ fallen, zählt und normiert, so ergibt sich die in Bild 2.28 dargestellte stochastisch erzeugte Normalverteilung. Sie zeigt, daß eine große Anzahl von Versuchen notwendig ist, um eine Normalverteilung zu erhalten. Erst bei 100 000 Versuchen ist graphisch kaum ein Unterschied zwischen (2.165) und einer stochastisch erzeugten Normalverteilung feststellbar.

Es muß auch darauf hingewiesen werden, daß an den Pseudozufallszahlengenerator hohe Anforderungen zu stellen sind. Aus diesem Grunde ist auf der Diskette "Wärme- und Stofftransport" auch der Code zur Implementierung eines portablen Zufallszahlengenerators (Funktion RANNOR) zu finden.

Bei der Untersuchung inhomogener Probleme muß die Geschwindigkeit w durch den Ausdruck

$$w' = w + \frac{\partial D}{\partial x}$$

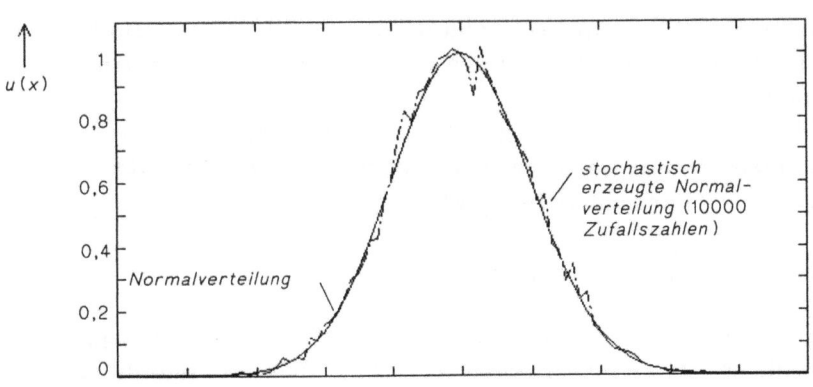

Bild 2.28. Stochastisch bestimmte Normalverteilung

ersetzt werden. Den Abbau berücksichtigt man am günstigsten durch die Multiplikation der Eigenschaft u mit $\exp(-(k/S)t)$ [2.31]. Die Berechnung verläuft analog zur Charakteristikenmethode, wobei aber zu beachten ist, daß im Unterschied zu MOC die Anzahl der am Anfang eingesetzten Tracerteilchen proportional zur Anfangskonzentration u_i^0 zu wählen ist und daß die durch Quellen eingetragene Menge durch eine entsprechende Anzahl neuer Teilchen simuliert werden muß.

Für den linearen Fall findet man auf der schon oben erwähnten Diskette das Unterprogramm TRARWM, mit dem auch das Bild 2.29 berechnet wurde. Sie zeigt zum Einen die typischen Oszillationen, die bei der Random-Walk-Methode immer auftreten, weil man nur eine beschränkte Anzahl von Wanderpunkten einsetzen kann. Zum Anderen zeigt der Vergleich mit der analytischen Lösung aber auch, daß RWM geeignet ist, den Tranport genügend genau zu simulieren. Dabei soll nicht unerwähnt bleiben, daß die Random-Walk-Methode den großen Vorzug besitzt, den stochastischen Prozeß der Diffusion und Dispersion auch mit stochastischen Mitteln zu berechnen. Zum Schluß sei noch darauf hingewiesen, daß nur mit Hilfe der Random-Walk-Methode eine wegabhängige Dispersivität modelliert werden kann . Welch großen Einfluß diese Abhängigkeit auf den Transport eines Impulses besitzt, zeigt ein Vergleich der beiden Bilder 2.29.

2.4.7 Resumé

Jedes der dargestellten numerischen Verfahren zur Lösung der Strömungs- und Transportgleichung hat sowohl Vor- als auch Nachteile. Trotzdem sollen hier einige Empfehlungen für den Anwender gegeben werden.

Im Abschnitt 2.4.3 wurde gezeigt, daß die Beobachtungszeit für Strömungsprobleme i.allg. sehr groß gegen das durch die Stabilitätsbedingung bestimmte Zeitintervall

$$\Delta t_S = \frac{S \Delta x^2}{D} \frac{1}{2 + |Pe^*| + Ze^*/2}$$

ist. Bei Transportproblemen dagegen liegt die Beobachtungszeit in der Größe des Zeitintervalles Δt_S. Aus diesem Grunde sollten Strömungsprobleme implizit, Transportprobleme aber möglichst mit zentraler Wichtung gelöst werden. Im zweiten Falle ist das Stabilitätskriterium einzuhalten, um Oszillationen zu vermeiden (vgl. Tabelle 2.9).

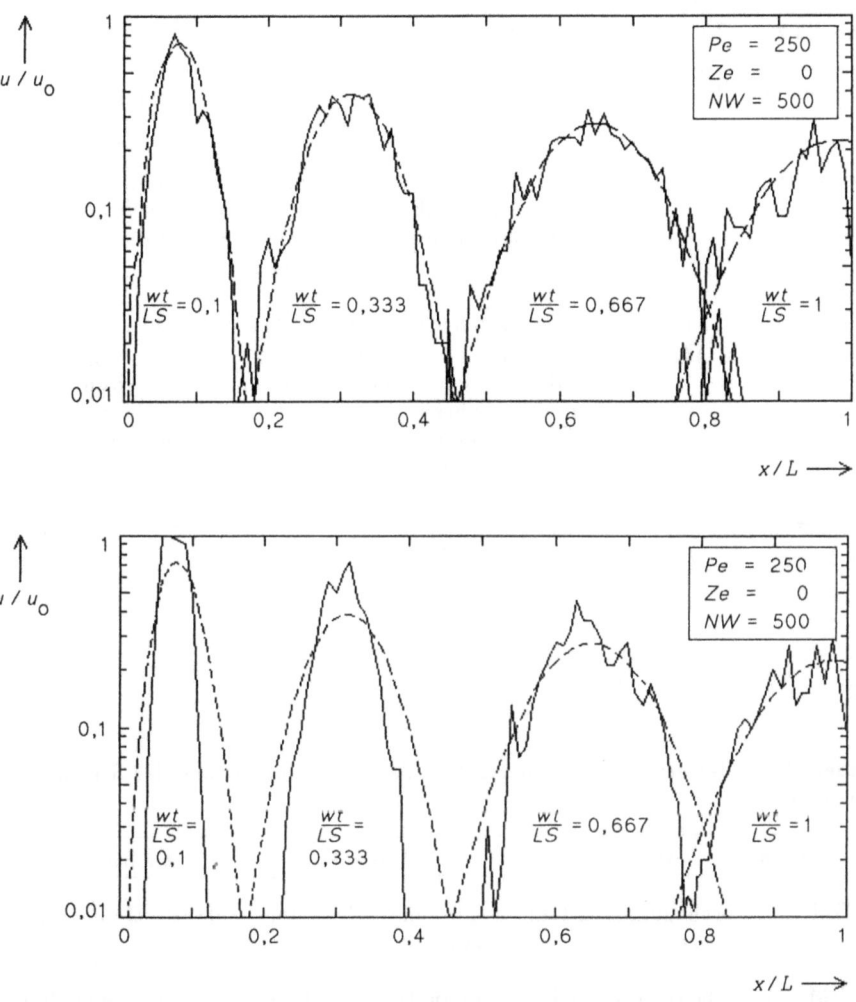

Bild 2.29. Transport eines Impulses der Länge $\frac{wt}{LS} = 0{,}05$ nach RWM (———) und als analytische Lösung (- - - -). Das obere Bild wurde mit konstantem Dispersionskoeffizienten D, die untere Graphik mit dem ortsabhängigen Dispersionskoeffizienten $D\frac{x}{L}$ berechnet.

In der Tabelle 2.10 werden die verschiedenen Verfahren auf Eignung zur Lösung der Strömungsgleichung untersucht. Besonders empfehlen wollen wir die einfache Bilanzmethode und die Finite-Element-Methode. Die Tabelle 2.11 schließlich enthält den Vergleich für den Transport. Empfehlenswert für kleine Peclet-Zahlen ist die explizite Finite-Differenzen-Methode oder die explizite einfache Bilanzmethode und für große Peclet-Zahlen das Charakteristiken- oder das Random-Walk-Verfahren.

Tabelle 2.9. Zur Wahl der Art der Zeitschrittdiskretisierung

Gleichung	Beobachtungszeit	explizit in der Zeit	Crank-Nicolson-Schema	implizit in der Zeit
Strömung	$\Delta t_B >> \Delta t_S$	sehr stark zeitschrittbeschränkt, nicht empfehlenswert	zeitschrittbeschränkt, exakte Simulation des Ausgleiches	nicht zeitschrittbeschränkt, empfehlenswert
Transport	$\Delta t_B \approx \Delta t_S$	stark zeitschrittbeschränkt, empfehlenswert für Verfahren ohne Gleichungslöser: FDM, $CVM_{einf.}$	zeitschrittbeschränkt, empfehlenswert mit $\Delta t \approx \Delta t_S$	nicht empfehlenswert wegen der (Δt^2)-Konvergenz des Crank-Nicolson-Schemas

Tabelle 2.10. Bewertung der numerischen Verfahren zur Lösung der Strömungsgleichung

Verfahren	Anwendung	Vorteil	Nachteil
FDM	orthogonale Gitternetze	einfache Programmierung	starre Geometrie
$CVM_{einf.}$	relativ regelmäßige Gitternetze	bilanztreu im Kontrollvolumen	relativ regelmäßige Geometrie
$CVM_{erw.}$	relativ regelmäßige Gitternetze	Genauigkeit	großer HS-Bedarf für den Solver
FEM	unregelmäßige Gitternetze	exakte Modellierung unregelmäßiger Geometrie	aufwendige Programmierung, grosser HS-Bedarf für den Solver
BIEM	Berechnung von Problemen mit freiem Rand, vorzugweise stationär	Berechnung des Potentials an beliebigen Aufpunkten im Inneren des Gebiets	großer Programmieraufwand, numerische Probleme bei der Lösung des vollbesetzten linearen Gleichungssystems

Tabelle 2.11. Bewertung der numerischen Verfahren zur Lösung der Transportgleichung

Verfahren	Anwendung	Vorteil	Nachteil
FDM	orthogonale Gitternetze, $Pe < \approx 100$	Programmierung einfach, explizit anwendbar für große Gitter und extreme Genauigsforderungen	starre Geometrie
$CVM_{einf.}$	relativ regelmäßige Gitternetz, $Pe < \approx 100$	Programmierung einfach, explizit anwendbar für große Gitter und extreme Genauigsforderungen	relativ regelmäßige Geometrie
$CVM_{erw.}$	relativ regelmäßige Gitternetz, $Pe < \approx 100$	genau bis $u/u_0 \approx 10^{-4}$	aufwendige Programmierung, großer HS-Bedarf für den Solver
FEM	unregelmäßige Gitternetze $Pe < \approx 100$	genau bis $u/u_0 \approx 10^{-4}$	aufwendige Programmierung, großer HS-Bedarf für den Solver
Stoyan-Verfahren	eindimensionale Probleme	auch anwendbar für große Pe	mehrdimensional nicht anwendbar
MOC	bei großen Pe	Transport mehrerer Eigenschaften pro Wanderpunkt	großer HS-Bedarf, große Rechenzeiten
RWM	bei großen Pe	Berücksichtigung wegabhängiger Dispersivitäten	großer HS-Bedarf, große Rechenzeiten

Die Diskette "Wärme- und Stofftransport" enthält die Implementierung aller im Kapitel 2 beschrieben Verfahren zur Lösung der eindimensionalen Strömungs- und Transportgleichung in kartesischen Koordinaten und der Vorgabe von Randbedingungen 1. Art bei $x = 0$. Bei $x = L$ können i.allg. Randwerte 1.Art oder die Ausströmrandbedingung angegeben werden. In einigen Fällen können nur homogene Anfangsbedingungen gewählt werden. Innere Quellen sind nicht zulässig. Die Graphiken dieses Kapitels wurden mit den Unterprogrammen erzeugt, die in Tabelle 2.12 zusammengestellt sind.

Tabelle 2.12. Auf der Diskette "Wärme- und Stofftransport" implementierte Unterprogramme zur Berechnung der Transportgleichung in kartesischen Koordinaten

Unter-programm	Verfahren	Anfangs- und Randbedingung	zusätzliche Parameter
TRAANA	analytische Lösung	$u(x,0) = u_a$ $\partial^2 u/\partial x^2\vert_L = 0$	u_a
TRAFOU	Fourier-Reihe	$u(x,0) = u_a$ $u(L,0) = 0$	u_a
TRAFFT	schnelle Fourier-Transformation	$u(x,0) = u_a(x)$ $u(L,0) = 0$	
TRALAP	Laplace-Methode	$u(x,0) = u_a$ $u(L,0) = 0$ oder $\partial^2 u/\partial x^2\vert_L = 0$	numerisches Verfahren Rücktransformation
TRAFDE	explizite Differenzenmethode	$u(x,0) = u_a(x)$ $u(L,0) = 0$ oder $\partial^2 u/\partial x^2\vert_L = 0$	σ_x
TRAFDM	Differenzenmethode (einfache Bilanzmethode)	$u(x,0) = u_a(x)$ $u(L,0) = 0$ oder $\partial^2 u/\partial x^2\vert_L = 0$	σ_x, σ_t
TRAFEM	Finite-Elemente-Mehode	$u(x,0) = u_a(x)$ $u(L,0) = 0$ oder $\partial^2 u/\partial x^2\vert_L = 0$	σ_t
TRACVM	erweiterte Bilanzmethode	$u(x,0) = u_a(x)$ $u(L,0) = 0$ oder $\partial^2 u/\partial x^2\vert_L = 0$	σ_x, σ_t
TRASTO	Stoyan-Verfahren	$u(x,0) = u_a$ $u(L,0) = 0$ oder $\partial^2 u/\partial x^2\vert_L = 0$	σ_t
TRAMOC	Charakteristiken-Methode	$u(x,0) = u_a(x)$ $u(L,0) = 0$ oder $\partial^2 u/\partial x^2\vert_L = 0$	Wanderpunktanzahl
TRARWM	Random-Walk-Methode	$u(x,0) = 0$ $\partial^2 u/\partial x^2\vert_L = 0$	Wanderpunktanzahl $D(x)$

3 Typische Beispiele aus Arbeits- und Umwelt

Die Kluft zwischen praktischer Aufgabenstellung in der Physik sowie in den Ingenieurwissenschaften und den entsprechenden mathematischen Lösungen wird aufgrund des Zuwachses an Wissen und der zunehmenden Spezialisierung immer größer. Anliegen dieses Abschnittes ist es, den Zusammenhang zwischen praktischer Aufgabenstellung, mathematischem Lösungsweg und numerischer Auswertung an typischen Problemen aus der Arbeits- und Umwelt zu demonstrieren. Für diesen vollständigen Arbeitsablauf findet der Leser nachfolgend einige Beispiele, die eine Nutzung der Kapitel 4 bis 9 zeigen.

3.1 Wärmeleitung durch eine Hauswand

Die rationelle Energieanwendung erfordert vom Bauingenieur ständig neue Überlegungen, Baumaterialien zweckentsprechend einzusetzen. Wir betrachten den Wärmeverlust durch eine Hauswand aus Ziegelmauerwerk, aus Gasbetonformsteinen, aus Leichtbaustoffen (Wärmedämmstoffen) und einer Kombination aus Ziegelmauerwerk und Wärmedämmstoff (Altbausanierung). Im Zeitraum von 0 bis t wird der Raum geheizt, so daß ein konstanter Wärmestrom Q_A je Flächeneinheit die Hauswand erwärmt. Danach wird die Heizung abgestellt. Zu Anfang herrscht innen und außen die gleiche Temperatur u_L. Gesucht ist der zeitliche Verlauf der Temperatur an der Innenseite der Wand. Zur Vereinfachung treffen wir folgende Annahmen:
- Die Hauswand besteht aus homogenem und isotropem Material.
- In y- und z-Richtung sei die Hauswand unendlich ausgedehnt.

Dann kann diese Problemstellung wie folgt formuliert werden
(vgl. Abschnitte 1.1 und 1.9):

$$DG: \frac{\partial^2 u}{\partial x^2} = \frac{1}{a}\frac{\partial u}{\partial t}$$

Bild 3.1, 3.2

$$AB: u(x) = u_L \quad \text{für } t = 0 \text{ und } 0 < x < L$$

$$RB: -\frac{\partial u}{\partial x} = \frac{Q_A}{D} \quad \text{bei } x = 0 \text{ und } 0 < t \le t_H$$

$$-\frac{\partial u}{\partial x} = 0 \quad \text{bei } x = 0 \text{ und } t > t_H$$

$$u = u_L \quad \text{bei } x = L \text{ und } t > 0 \text{ für die Materialien}$$
Ziegel, Gasbeton und Wärmedämmstoff

$$-\frac{D}{\alpha}\frac{\partial u}{\partial x} + u = u_L \quad \text{bei } x = L \text{ und } t > 0 \text{ für die Kombination}$$
Ziegel und Wärmedämmstoff (3.1)

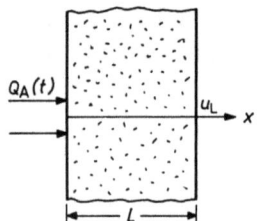

Bild 3.1. Wärmeleitung durch eine Hauswand

Tabelle 3.1: Materialparameter $(D = \lambda, \; a = \lambda/(\rho c))$

Nr.	Material	ρ $\frac{kg}{m^3}$	c $\frac{J}{kg\,K}$	λ $\frac{W}{m\,K}$	L m	$\beta_m = L/\lambda$ $\frac{m^2 K}{W}$	$(a/L^2)_m$ $\frac{1}{s}$
1	Ziegelmauerwerk	1875	800	0,79	0,24	0,304	$9{,}14 \cdot 10^{-6}$
2	Ziegelmauerwerk	1875	800	0,79	0,36	0,456	$4{,}06 \cdot 10^{-6}$
3	Gassilikatbeton	600	700	0,197	0,24	1,22	$8{,}14 \cdot 10^{-6}$
4	Wärmedämmstoff	120	350	0,041	0,05	1,22	$3{,}90 \cdot 10^{-6}$
5	Ziegelmauerwerk und	1875	800	0,79	0,24	$2L/\lambda$ =	$9{,}14 \cdot 10^{-6}$
	Wärmedämmstoff	120	350	0,041	0,0125	0,609	

Die Materialparameter sind in Tabelle 3.1 zusammengestellt. Die
Lösung dieses Problems wurde im Abschnitt 2.2 mit Hilfe der

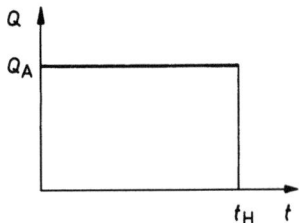

Bild 3.2. Zeitabhängigkeit der Randbedingung 2. Art bei $x=0$

Fourierschen Methode gefunden. Für den Fall der Randbedingungen 1. Art bei $x = L$ ergibt sich nach (2.50) für $t \leq t_H$:

$$u_1(x,t) = u_L + \frac{Q_A}{D}(L-x) + \sum_{n=1}^{\infty}\left[\frac{2}{L}\int_0^L u_L \cos\frac{(2n-1)\pi x}{2L}\,dx\right.$$
$$\left. - \frac{8L}{(2n-1)^2\pi^2}\frac{Q_A}{D} + \frac{4(-1)^n}{(2n-1)\pi}u_L\right]\cos\frac{(2n-1)\pi x}{2L}\,e^{-\frac{(2n-1)^2\pi^2}{4L^2}at} \quad (3.2a)$$

Auch für $t > t_H$ kann die Lösung (2.50) angewendet werden, nur ist $Q_A = 0$ und $u_a(x) = u_1(x,t_H)$ zu setzen:

$$u_2(x,t) = u_L + \sum_{n=1}^{\infty}\left[\frac{2}{L}\int_0^L u_1(x,t_H)\cos\frac{(2n-1)\pi x}{2L}\,dx + \frac{4(-1)^n}{(2n-1)\pi}u_L\right]$$
$$\times \cos\frac{(2n-1)\pi x}{2L}\,e^{-\frac{(2n-1)^2\pi^2}{4L^2}a(t-t_H)}$$

$$= u_L + \frac{Q_A}{D}L\frac{8}{\pi^2}\sum_{n=1}^{\infty}\frac{1}{(2n-1)^2}\cos\frac{(2n-1)\pi x}{2L}$$
$$\times \left(e^{\frac{(2n-1)^2\pi^2}{4L^2}at_H} - 1\right)e^{-\frac{(2n-1)^2\pi^2}{4L^2}at} \quad (3.2b)$$

Die zweite Problemstellung – Randbedingungen 2. Art bei $x = 0$ und Randbedingungen 3. Art bei $x = L$ – wurde im Abschnitt 2.2.4 behandelt.

Nach (2.64) gilt für $t < t_H$

$$u_1(x,t) = u_L + \frac{Q_A}{D}(L + \frac{D}{\alpha} - x) +$$

$$\sum_{n=0}^{\infty}\frac{\frac{2}{L}\int_0^L u_L\cos\frac{\nu_n x}{L}\,dx - \frac{2L}{\nu_n^2}\frac{Q_A}{D} - 2u_L\frac{\sin\nu_n}{\nu_n}}{1 + \frac{\sin\nu_n\cos\nu_n}{\nu_n}}\cos\frac{\nu_n x}{L}\,e^{-\frac{\nu_n^2}{L^2}at}$$

$$= u_L + \frac{Q_A}{D}(L + \frac{D}{\alpha} - x) -$$
$$2\frac{Q_A}{D}L\sum_{n=0}^{\infty}\frac{1}{\nu_n(\nu_n + \sin\nu_n\cos\nu_n)}\cos\frac{\nu_n x}{L}\,e^{-\frac{\nu_n^2}{L^2}at}$$
$$(3.3a)$$

Wie oben wird für $t > t_H$ die Lösung $u_1(x,t_H)$ als Anfangsbedingung in (2.64) eingesetzt:

$$u_2(x,t) = u_L + \sum_{n=0}^{\infty} \frac{\frac{2}{L}\int_0^L u_1(x,t_H) \cos\frac{\nu_n x}{L} dx - 2u_L \frac{\sin\nu_n}{\nu_n}}{1 + \frac{\sin\nu_n \cos\nu_n}{\nu_n}} \cos\frac{\nu_n x}{L}\, e^{-\frac{\nu_n^2}{L^2} a(t-t_H)}$$

$$= u_L + 2\frac{Q_A}{D} L \sum_{n=0}^{\infty} \frac{1}{\nu_n(\nu_n + \sin\nu_n \cos\nu_n)} \cos\frac{\nu_n x}{L}$$

$$\times \left(e^{\frac{(2n-1)^2 \pi^2}{4L^2} a t_H} - 1 \right) e^{-\frac{(2n-1)^2 \pi^2}{4L^2} a t}. \qquad (3.3b)$$

Die Eigenwerte sind in (2.64) zu finden. Für $n \geq 1$ wird die angegebene Näherung verwendet. Der Fehler ist kleiner als 1%.

Die Temperaturerhöhung an der Innenwand, dividiert durch den Wärmestrom pro Flächeneinheit, kann nun einheitlich dargestellt werden:

Bild 3.3, 3.4

$$\frac{u(0,t)-u_L}{Q_A} = \beta_m \sum_{n=0}^{\infty} b_n \begin{cases} \left(1 - e^{-\nu_n^2 (a/L^2)_m t}\right) & \text{für } t \leq t_H \\ \left(e^{\nu_n^2 (a/L^2)_m t_H} - 1\right) e^{-\nu_n^2 (a/L^2)_m t} & \text{für } t > t_H \end{cases}$$

$$b_0 = \begin{cases} 0 & \text{für RB 1. Art bei } x = L \\ 0{,}8582 & \text{für RB 3. Art bei } x = L \end{cases}$$

$$b_n = \begin{cases} \dfrac{8}{(2n-1)^2 \pi^2} & \text{für RB 1. Art bei } x = L \\ \dfrac{1}{\nu_n(\nu_n + \sin\nu_n \cos\nu_n)} & \text{für RB 3. Art bei } x = L \end{cases}$$

$\nu_0 = 0{,}2738\,\pi$

$$\nu_n = \begin{cases} (2n-1)\pi & \text{für RB 1. Art bei } x = L \\ n\pi\left(1 + \dfrac{1}{n^2\pi^2} - \dfrac{1}{n^4\pi^4}\right) & \text{für RB 3. Art bei } x = L \end{cases}$$

β_m, $(a/L^2)_m$ - Materialparameter (s. Tabelle 3.1) **(3.4)**

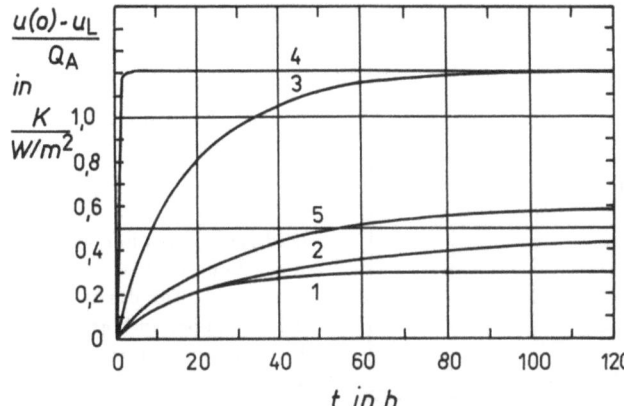

Bild 3. 3. Zeitlicher Verlauf der Temperatur an der Innenwand für die in Tab. 3.1 angegebenen Materialien bei Dauerheizung

Bild 3.3 zeigt den zeitlichen Verlauf der Temperatur an der Innenwand für die in Tabelle 3.1 zusammengestellten Materialien, wenn die Heizung einen längeren Zeitraum betrieben wird (>140h). Es fallen sofort die beträchtlichen Unterschiede in der Wärmedämmung auf. Um die Temperatur um 1 Grad zu erhöhen sind für
- Ziegelmauerwerk   (L=24cm) : 3,29 W/m^2 ,
- Ziegelmauerwerk   (L=36cm) : 2,19 W/m^2 ,
- Gasbetonformsteine (L=24cm) : 0,82 W/m^2 ,
- Wärmedämmstoff   (L= 5cm) : 0,82 W/m^2 .
- Ziegelmauerwerk (24cm) und
  Wärmedämmstoff   (L=1,25cm): 1,64 W/m^2

erforderlich.

Die Altbausanierung lohnt sich: Durch das Anbringen einer zusätzlichen Wärmedämmung halbieren sich die Heizungskosten!

Beachtenswert ist auch die relativ große Zeitspanne, die vergeht, bis sich der stationäre Zustand einstellt. Das hat natürlich auch Auswirkungen, wenn die Heizdauer nur ein paar Stunden beträgt, wie es bei der Nutzung von Bungalows zum Wochenende der Fall ist. Das Bild 3.4 zeigt, daß die Energie nur bei Bungalows in Leichtbauweise rationell genutzt wird, weil nicht unnötig Energie zum Erwärmen der Wand benötigt wird. Der große Vorteil der Wände mit einer großen Wärmekapazität liegt in ihrer Pufferwirkung. Nach Abstellen der Heizung bleibt das Zimmer noch lange warm und im Sommer bleibt es angenehm kühl.

Es soll nun der umgekehrte Fall untersucht werden. Durch Sonneneinstrahlung wird die Wand aufgeheizt. Der von der Innen-

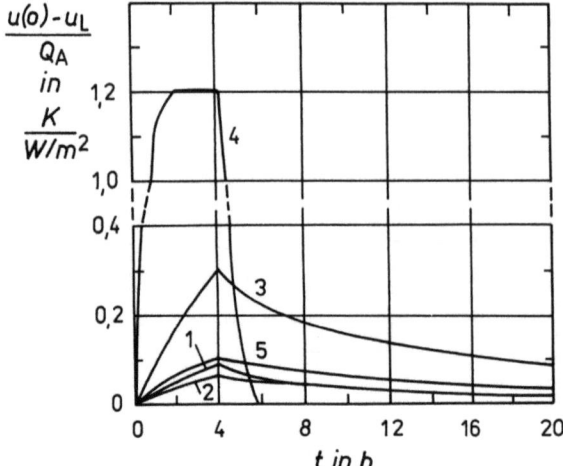

Bild 3.4. Zeitlicher Verlauf der Temperatur an der Innenwand für die in Tab. 3.1 angegebenen Materialien bei einer Heizungsdauer von 4 Stunden

wand abgestrahlte Wärmestrom ist durch

$$Q(L,t) = -D\frac{\partial u}{\partial x}\bigg|_{x=L} \tag{3.5}$$

gegeben. Dieser Wärmestrom führt zu einer Erhöhung der Raumtemperatur. Den Einfluß der Temperaturerhöhung auf die Größe des Wärmestromes wollen wir vernachlässigen. Nach (3.1) bis (3.4) gilt:

Bild 3.5

$$\frac{Q(L,t)}{Q_A} = \sum_{n=0}^{\infty} b_n \begin{cases} \left(1 - e^{-\nu_n^2 (a/L^2)_m t}\right) & \text{für } t \le t_H \\ \left(e^{\nu_n^2 (a/L^2)_m t_H} - 1\right) e^{-\nu_n^2 (a/L)_m t} & \text{für } t > t_H \end{cases}$$

$$b_0 = \begin{cases} 0 & \text{für RB 1. Art bei } x = L \\ 1{,}1191 & \text{für RB 3. Art bei } x = L \end{cases}$$

$$b_n = \begin{cases} \dfrac{4(-1)^{n+1}}{(2n-1)\pi} & \text{für RB 1. Art bei } x = L \\ \dfrac{2\sin\nu_n}{\nu_n + \sin\nu_n \cos\nu_n} & \text{für RB 3. Art bei } x = L \end{cases}$$

$$\nu_0 = 0{,}2738\,\pi$$

$$\nu_n = \begin{cases} (2n-1)\pi & \text{für RB 1. Art bei } x = L \\ n\pi\left(1 + \dfrac{1}{n^2\pi^2} - \dfrac{1}{n^4\pi^4}\right) & \text{für RB 3. Art bei } x = L \end{cases}$$

$(a/L^2)_m$ - Materialparameter (s. Tabelle 3.1) \hfill (3.6)

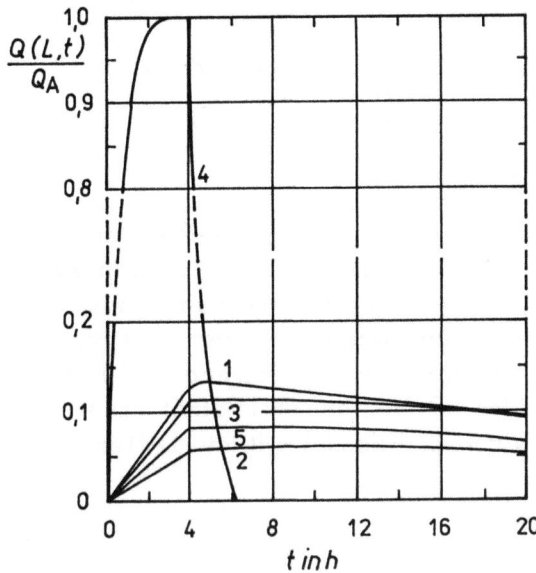

Bild 3.5. Zeitlicher Verlauf der Wärmeströme pro Flächeneinheit $Q(L,t)$ für die in Tab.3.1 angegebenen Materialien bei 4stündiger Heizung oder 4stündiger Sonneneinstrahlung

Während für die Hauswand aus Wärmedämmstoff der Wärmestrom im Innern schon nach einer Stunde fast den Wert Q_A erreicht und so sehr schnell zu gleicher Innen- und Außentemperatur führen wird, ist auf Grund der Pufferwirkung des Ziegelmauerwerkes bzw. des Gassilikatbetons nur ein Bruchteil von Q_A wirksam. Der Bungalow aus Ziegelmauerwerk bzw. Gassilikatbeton hat also auch große Vorteile!

3.2 Diffusion in einem Filterkörper

Diffusionsversuche in Filterkörpern oder an Proben poröser Materialien werden in Laboratorien durchgeführt, um den Diffusionskoeffizienten kontaminierter Fluide durch derartige Körper zu bestimmen. Eine Möglichkeit besteht mit der in Bild 3.6 dargestellten prinzipiellen Anordnung. Hierbei wird der Probenkörper und das nachgeschaltete, abgeschlossene Volumen V mit dem unkontaminierten Fluid der Konzentration $C = 0$ gesättigt bzw. aufgefüllt. Zum Zeitpunkt $t = 0$ des Experimentes wird kontaminiertes Fluid der Konzentration $C = C_0$ an den Probeneingang bei $x = 0$

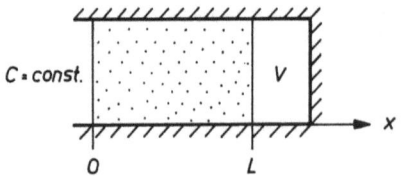

Bild 3.6. Endlicher Filterkörper mit nachgeschaltetem, abgeschlossenem Volumen

gebracht. Während im Verlauf des Experimentes am Probeneingang die Konzentration konstant gehalten wird, verändert sich im nachgeschalteten Volumen bei $x = L$ die Konzentration im Fluid. Wird nun diese Konzentration kontinuierlich gemessen, so kann aus einem Vergleich der Meßwerte mit der nachfolgend abgeleiteten Lösung dieses Problems der Diffusionskoeffizient bestimmt werden. Für den linearen Fall nach Bild 3.6 gilt die Differentialgleichung (1.41)

$$\frac{\partial^2 C}{\partial x^2} = \frac{1}{D_m} \frac{\partial C}{\partial t} \tag{3.7}$$

mit der Anfangsbedingung

$C = 0$ für $t = 0$ und $0 < x < L$ (3.8)

und den Randbedingungen

$C = C_0$ bei $x = 0$ und $t > 0$, (3.9)

$$m(t) = V\bigl(0 - C(L,t)\bigr) = \int_0^t A_w \, D_m \frac{\partial C}{\partial x} \, dt \quad \text{bei } x = L \text{ und } t > 0 \tag{3.10}$$

mit $A_w = nA$ als wassergefüllte Querschnittsfläche des Filterkörpers. Die Randbedingung bei $x = L$ berücksichtigt, daß im Zeitraum von 0 bis t von dem Filterkörper mit der Porosität n und der Fläche A die Masse m der gelösten Substanz in das nachgeschaltete Volumen V diffundiert. Dadurch wird die Konzentration in diesem Volumen von 0 auf $C(L,t)$ erhöht.

Werden nun für diese Gleichungen die folgenden Symbole

$$u = C, \quad u_0 = C_0, \quad a = D_m$$

eingeführt, so ergibt sich die allgemeine Form des zu lösenden Problems:

DG: $\dfrac{\partial^2 u}{\partial x^2} = \dfrac{1}{a} \dfrac{\partial u}{\partial t}$		Bild 3.6
AB: $u = 0$	für $t = 0$ und $0 < x < L$	
RB: $u = u_0$	bei $x = 0$ und $t > 0$	
$-\dfrac{V}{A_w} u = \displaystyle\int_0^t a \dfrac{\partial u}{\partial x} \, dt$	bei $x = L$ und $t > 0$	(3.11)

Durch Anwendung der Laplace-Transformation ergibt sich

$$\frac{d^2\bar{u}}{dx^2} = \frac{s}{a}\bar{u},\qquad(3.12)$$

$$\bar{u} = \frac{u_0}{s} \qquad\text{bei } x = 0,\qquad(3.13)$$

$$-\frac{V}{A_w}\bar{u} = \frac{a}{s}\frac{d\bar{u}}{dx} \qquad\text{bei } x = L,\qquad(3.14)$$

wobei die Anfangsbedingung berücksichtigt wurde.
Die Gleichung (3.12) hat die allgemeine Lösung (s. Abschnitt 2.1.2)

$$\bar{u} = B_1 e^{-px} + B_2 e^{+px} \qquad\text{mit } p = \sqrt{\frac{s}{a}}.\qquad(3.15)$$

Aus den Randbedingungen (3.13) und (3.14) erhält man nun die Bestimmungsgleichungen für die Konstanten B_1 und B_2

$$\frac{u_0}{s} = B_1 + B_2 \qquad\text{bei } x = 0 \text{ und}$$

$$-\frac{V}{A_w}\left(B_1 e^{-pL} + B_2 e^{+pL}\right) = \frac{ap}{s}\left(B_2 e^{-pL} - B_1 e^{+pL}\right) \qquad\text{bei } x = L.$$

Nach Umformung ergeben sich

$$B_1 = \frac{u_0}{s}\left[1 - \frac{1 - \frac{A_w}{pV}}{1 - e^{2pL} - \frac{A_w}{pV}\left(1 + e^{2pL}\right)}\right],\qquad(3.16)$$

$$B_2 = \frac{u_0}{s}\frac{1 - \frac{A_w}{pV}}{1 - e^{2pL} - \frac{A_w}{pV}\left(1 + e^{2pL}\right)}.\qquad(3.17)$$

Durch Einsetzen von B_1 und B_2 in (3.15) erhält man die Lösung im Laplace-Bereich:

$$\frac{\bar{u}}{u_0} = \frac{p \sinh p(L-x) + \frac{A_w}{V}\cosh p(L-x)}{s\left(p \sinh pL + \frac{A_w}{V}\cosh pL\right)} = \frac{q(s)}{sh(s)}.\qquad(3.18)$$

Die Funktion (3.18) besitzt Polstellen (Singularitäten) bei $s = 0$ und bei Werten s, die sich aus den Wurzeln der transzendenten Gleichung

$$p \sinh pL + \frac{A_w}{V}\cosh pL = 0 \qquad(3.19)$$

ergeben. Wenn man $\mu = ipL$ setzt, erhält man die ausführlich im Abschnitt 2.2.4 behandelte Eigenwertgleichung

$$b\,\mu_n \sin \mu_n + \cos \mu_n = 0,\; b = -\frac{V}{A_w L},\qquad(3.20)$$

$$p_n^2 = -\mu_n^2/L^2,\; s_n = -\mu_n^2 a/L^2.\qquad(3.21)$$

Zur Überprüfung des Ordnungsgrades der Pole ist die Ableitung der Funktion $s \cdot h(s)$ im Nenner zu berechnen. Wegen $s = ap^2$ wird

$$\frac{d}{ds}\left(s\,h(s)\right) = h(s) + s\frac{dh}{ds} = h(p) + ap^2\frac{dh(p)}{dp}\frac{1}{2pa} =$$

$$p\sinh pL + \frac{A_w}{V}\cosh pL + \frac{p}{2}\left[\left(1 + \frac{A_w L}{V}\right)\sinh pL + pL\cosh pL\right]$$

Für den Pol $s = 0$, $p = 0$ ist

$$\frac{d}{ds}\left(s\,h(s)\right)_{s=0} = \frac{A_w}{V}$$

Für die weiteren Polstellen nach (3.21) ist

$$\frac{d}{ds}\left(s\,h(s)\right)_{s=s_n} = -\frac{\mu_n}{L}\sin\mu_n + \frac{A_w}{V}\cos\mu_n$$
$$-\frac{\mu_n}{2L}\left[\left(1 + \frac{A_w L}{V}\right)\sin\mu_n + \mu_n\cos\mu_n\right].$$

Unter Berücksichtigung der Eigenwertgleichung (3.20) erhält man

$$\frac{d}{ds}\left(s\,h(s)\right)_{s=s_n} = -\frac{\mu_n}{2L}\left[\left(1 + \frac{A_w L}{V}\right)\sin\mu_n + \mu_n\cos\mu_n\right],$$

(3.22)

$$\frac{d}{ds}\left(s\,h(s)\right)_{s=s_n} = -\frac{\mu_n}{2L}\left[\left(1 + \frac{A_w L}{V}\right) + \mu_n^2\frac{V}{A_w L}\right]\sin\mu_n \neq 0.$$

Da der Ausdruck in den eckigen Klammern immer größer als Null ist, kann die obige Beziehung für den Eigenwert nicht Null sein. Alle Pole sind also Einfachpole, so daß zur Rücktransformation der Heaviside'sche Entwicklungssatz in der Form (2.90) angewendet werden kann.

Für den Pol bei $s = 0$, $p = 0$ erhält man

$$\frac{q(0)}{h(0)} = \left.\frac{p\sinh p(L-x) + \frac{A_w}{V}\cosh p(L-x)}{p\sinh pL + \frac{A_w}{V}\cosh pL}\right|_{p=0} = 1. \quad (3.23)$$

Für die weiteren Pole nach (3.21) wurde der Ausdruck $s\frac{dh}{ds}$ schon berechnet. Damit ergibt sich aus (3.18) mit (3.22) und (3.23) die gesuchte Funktion im Zeitbereich:

$$\left\lVert\;\frac{u(x,t)}{u_0} = 1 - 2\sum_{n=1}^{\infty}\frac{\frac{A_w L}{V}\cos\mu_n\left(1-\frac{x}{L}\right) - \mu_n\sin\mu_n\left(1-\frac{x}{L}\right)}{\mu_n\left[\left(1 + \frac{A_w L}{V}\right)\sin\mu_n + \mu_n\cos\mu_n\right]}e^{-\mu_n^2\,at/L^2}\;\right\rVert$$

$$\text{für } 0 \leq x \leq L \qquad (3.24)$$

Für unser eingangs dargestelltes praktisches Problem benötigen wir den Verlauf der Funktion an der Stelle $x = L$, da nur hier die

Konzentrationsveränderung gemessen werden kann. Aus (3.24) ergibt sich:

$$\frac{u(L,t)}{u_0} = 1 - 2 \sum_{n=1}^{\infty} \frac{\frac{A_w L}{V} e^{-\mu_n^2 a t / L^2}}{\mu_n \left[\left(1 + \frac{A_w L}{V}\right) \sin \mu_n + \mu_n \cos \mu_n \right]} \qquad (3.25)$$

Bild 3.7

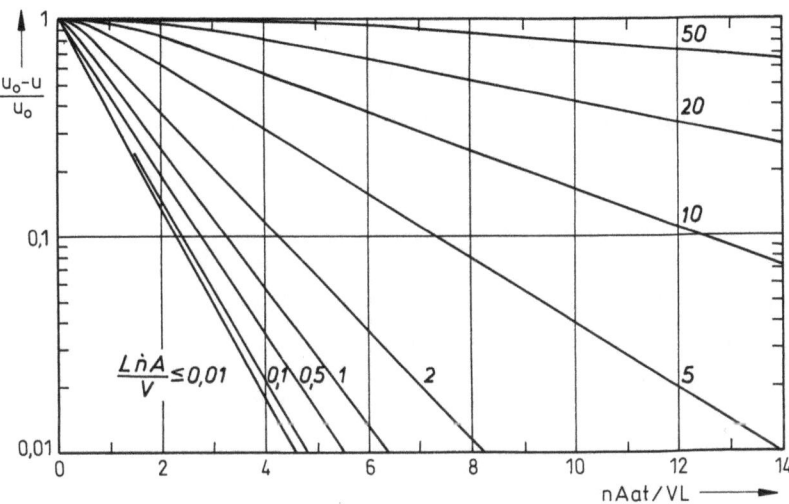

Bild 3.7. Konzentrationsverlauf im abgeschlossenen Volumen am Ende des Filterkörpers (Randbedingung 1. Art bei $x=0$)

Eine graphische Darstellung dieser Funktion ist in Bild 3.7 in dimensionsloser Form angegeben. Die Funktionen (3.24) und (3.25) sind für numerische Rechnungen bei großen Werten at/L^2 gut geeignet, da die Anzahl der benötigten Glieder der Reihe mit wachsenden Werten at/L^2 abnimmt. Für sehr große Werte at/L^2 wird sogar nur noch das erste Glied der Reihe benötigt. Im stationären Endzustand, d.h. für $t \to \infty$ sind alle Glieder der Reihe vernachlässigbar und es ist $u/u_0 = 1$.

Für numerische Berechnungen bei sich verkleinernden Werten at/L^2 werden die Funktionen (3.24) und (3.25) immer ungeeigneter, da eine zunehmende Anzahl von Gliedern der Reihe berücksichtigt werden muß. Es soll deshalb eine Beziehung abgeleitet werden, die für kleine Werte gut geeignet ist. Da im vorliegenden

Fall der Verlauf der Funktion bei $x = L$ von besonderem Interesse ist, formen wir zu diesem Zweck (3.18) um,

$$\frac{\bar{u}}{u_0} = \frac{p\left(e^{+p(L-x)} - e^{-p(L-x)}\right) + \frac{A_w}{V}\left(e^{+p(L-x)} + e^{-p(L-x)}\right)}{s\left[p\left(e^{+pL} - e^{-pL}\right) + \frac{A_w}{V}\left(e^{+pL} + e^{-pL}\right)\right]} \quad (3.26)$$

und erhalten durch Umrechnung für $x = L$

$$\frac{\bar{u}}{u_0} = \frac{2\frac{A_w}{V} e^{-pL}}{s\left[\left(p + \frac{A_w}{V}\right) - \left(p - \frac{A_w}{V}\right) e^{-2pL}\right]}$$

$$= 2\frac{A_w}{sV} \frac{e^{-pL}}{\left(p + \frac{A_w}{V}\right)} \left(1 - \frac{\left(p - \frac{A_w}{V}\right)}{\left(p + \frac{A_w}{V}\right)} e^{-2pL}\right)^{-1} \quad (3.27)$$

$$= 2\frac{A_w}{sV} \frac{e^{-pL}}{\left(p + \frac{A_w}{V}\right)} \left(1 + \frac{\left(p - \frac{A_w}{V}\right)}{\left(p + \frac{A_w}{V}\right)} e^{-2pL} + \frac{\left(p - \frac{A_w}{V}\right)^2}{\left(p + \frac{A_w}{V}\right)^2} e^{-4pL} + \ldots\right)$$

Die gliedweise Rücktransformation dieser Funktion mit Hilfe der Korrespondenzen im Anhang C ergibt

$$\frac{u(L,t)}{u_0} = 2\left[\operatorname{erfc}\frac{L}{2\sqrt{at}} - e^{A_w L/V + (A_w/V)^2 at} \operatorname{erfc}\left(\frac{L}{2\sqrt{at}} + \frac{A_w}{V}\sqrt{at}\right)\right.$$

$$- \operatorname{erfc}\frac{3L}{2\sqrt{at}} + \left(1 - 6\frac{A_w L}{V} - 4\left(\frac{A_w}{V}\right)^2 at\right) e^{3A_w L/V + (A_w/V)^2 at}$$

$$\left. \times \operatorname{erfc}\left(\frac{3L}{2\sqrt{at}} + \frac{A_w}{V}\sqrt{at}\right) + 4\frac{A_w}{V}\sqrt{\frac{at}{\pi}} e^{-9L^2/4at} + \ldots\right]. \quad (3.28)$$

Desweiteren kann noch eine Näherungsbeziehung abgeleitet werden, die für große Zeiten gilt. Für große Zeiten, das bedeutet kleine Laplace-Variablen s, kann die Exponentialfunktion in (3.27) durch die ersten Glieder der Reihe genähert werden und man erhält im Laplace-Bereich

$$\frac{\bar{u}}{u_0} = \frac{1}{s} - \frac{1 + \frac{A_w L}{V} - \frac{A_w x}{2V}}{1 + \frac{A_w L}{2V}} \frac{x/L}{s + \frac{2A_w a}{2VL + A_w L}} + \ldots \quad (3.29)$$

Die Rücktransformation mit Korrespondenzen aus dem Anhang C ergibt

$$\frac{u(x,t)}{u_0} = 1 - \frac{1 + \frac{A_w L}{V} - \frac{A_w x}{2V}}{1 + \frac{A_w L}{2V}} \frac{x}{L} e^{-2A_w at/(2VL + A_w L^2)} \quad (3.30)$$

Wenn $A_w L/V \leq 0{,}1$ ist, beträgt für $(1 - u/u_0)$ der Fehler weniger als 3%. Sollen nun, wie eingangs erwähnt, diese Lösungen zur Bestimmung des Diffusionskoeffizienten aus einer Laboruntersuchung verwendet werden, so wird in folgender Weise vorgegangen:
Es werden die Meßwerte in der Form von Bild 3.7, d.h.
$$\lg(1 - u/u_0) = f(t)$$
dargestellt. Sind für diese Messungen die Bedingungen der Langzeitnäherung (3.30) erfüllt, so ist es zweckmäßig, diese Beziehung zu verwenden, die umgeformt für $x = L$ lautet ($nA = A_w$):

$$\lg(1 - u/u_0) = -\frac{0{,}8686\, nA}{2VL + nAL^2}\, at = -\beta t. \qquad (3.31)$$

Aus der Darstellung der Meßwerte wird nun die Steigung β bestimmt und der Diffusionskoeffizient mit den bekannten Größen n, A, L und V berechnet:

$$D_m = a = 1{,}15\,\beta\,(2VL/nA + L^2). \qquad (3.32)$$

Kann die Langzeitnäherung nicht angewendet werden, so muß das Typkurvenverfahren oder ein Suchverfahren (vgl. Abschnitte 10.2 und 10.3) benutzt werden.

Beim Typkurvenverfahren sind für einen repräsentativen Meßwert $(1 - u/u_0)$ folgende Größen zu ermitteln:
- aus der gemessenen Darstellung: Meßzeit t_M,
- aus der berechneten Darstellung (Bild 3.7) für den bekannten Parameter nAL/V: Abszissenwert $(nAat/VL)_A$.

Der Diffusionskoeffizient kann dann aus

$$D_m = a = \left(\frac{nAat}{VL}\right)_A \frac{VL}{nAt_M} \qquad (3.33)$$

berechnet werden.

Die Anwendung dieser Parameterbestimmungsverfahren soll nachfolgend an einem Beispiel für die Bestimmung des Diffusionskoeffizienten von Phenol durch wassergesättigtes poröses Material demonstriert werden. Alle notwendigen Ausgangsdaten dieses Laborversuches sind in Bild 3.8 angegeben bzw. graphisch in der Form
$$\lg(1 - u/u_0) = f(t)$$
dargestellt.

Obwohl die obige Bedingung für die Anwendung von (3.30) nicht erfüllt ist, kann aus der Steigung der Geraden der Diffusionskoeffizient näherungsweise nach (3.32) zu $D_m = 5{,}4 \cdot 10^{-10}$ m²/s ermittelt werden (vgl. Bild 3.8). Bei der Anwendung des Typkurvenverfahrens ergibt sich ein Diffusionskoeffizient von $4{,}7 \cdot 10^{-10}$ m²/s. Mit Hilfe des Powell-Verfahrens (s. Abschnitt 10.3) kann

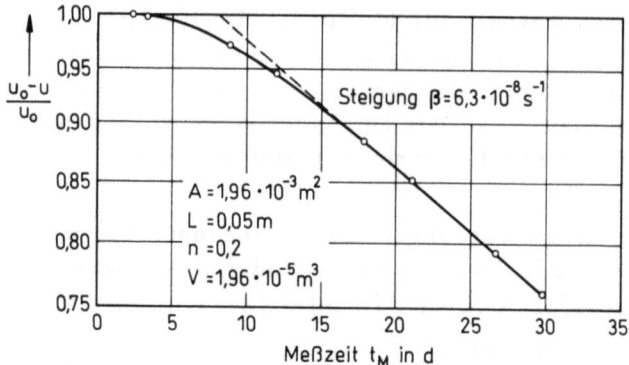

Bild 3.8. Ermittelung des Diffusionskoeffizienten von Phenol in wassergesättigtem Sand (Ausgangskonzentration $C_0 = u_0 = 100$ µg Phenol je Liter Wasser)

Meßwerte:	Zeit t in d	$(u_0-u)/u_0$	Zeit t in d	$(u_0-u)/u_0$
	2,4	1	18,0	0,882
	3,0	0,999	21,0	0,850
	9,0	0,972	27,0	0,788
	12,0	0,945	30,0	0,758

auf Basis von Gl. (3.28) ein repräsentativer Diffusionskoeffizient von $5,1 \cdot 10^{-10}$ m²/s bestimmt werden.

Das hier vorgestellte Beispiel zeigt, daß mit diesem Verfahren zur instationären Bestimmung von Diffusionskoeffizienten wesentlich kürzere Meßzeiten als bei den bekannten stationäeren Methoden möglich sind.

3.3 Anströmung eines Brunnens

Um Wasser aus einer wasserführenden geologischen Schicht fördern zu können, wird in diese Schicht ein Brunnen gebohrt. Auf diese Weise kann ein großer Teil des Wasserbedarfs der Bevölkerung, der Industrie und der Landwirtschaft gedeckt werden. Aber auch der Abbau von Kohlenwasserstofflagerstätten und geothermischen Reservoiren erfolgt durch Bohrungen.

Wir gehen davon aus, daß ein Brunnen einen Grundwasserleiter mit der Mächtigkeit M vollständig durchteuft hat, wie es in Bild 3.9 schematisch dargestellt ist. Dabei soll die gesamte Mächtig-

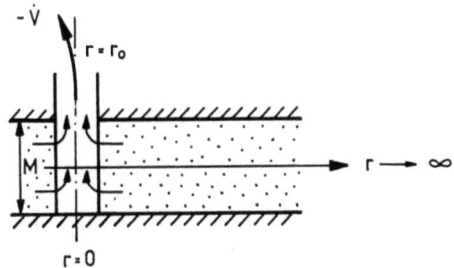

Bild 3.9. Unendlich ausgedehnte Schicht mit Brunnen

keit wassergesättigt sein, so daß es sich um gespanntes Grundwasser ohne freien Wasserspiegel im Grundwasserleiter handelt. Ferner sei vorausgesetzt, daß während des gesamten Strömungsvorganges keine Grenzen des Grundwasserleiters oder Drainagegebiete anderer Brunnen erreicht werden und der Grundwasserleiter somit als unendlich ausgedehnt betrachtet werden kann. Dieses Problem läßt sich unter den genannten Bedingungen durch die Differentialgleichung (1.28) beschreiben:

Differentialgleichung: $\dfrac{\partial^2 h}{\partial r^2} + \dfrac{1}{r}\dfrac{\partial h}{\partial r} = \dfrac{1}{a}\dfrac{\partial h}{\partial t}$, (3.34)

Anfangsbedingung: $h = h_a$ für $t = 0$, $r > r_0$, (3.35)

Randbedingungen: $r\dfrac{\partial h}{\partial r} = \dfrac{-\dot{V}}{2\pi k_f M}[1 - E(t - t_f)]$ bei $r = r_0$, $t > 0$, (3.36)

$h = h_a$ bei $r = \infty$, $t > 0$. (3.37)

Die Randbedingung an der Bohrung (3.36) berücksichtigt die Beendigung des Abpumpens nach der Förderzeit $t = t_f$, so daß für $t > t_f$ der Volumenstrom $\dot{V} = 0$ ist. Diese sprunghafte Änderung des Volumenstroms $\dot{V}$ wird durch die Einheitssprungfunktion $E(t - t_f)$ (s. Anhang B7) berücksichtigt.

Wird nun die Spiegelhöhendifferenz

$u(r,t) = h_a - h(r,t)$

eingeführt, so erhalten wir die Form (1.71) der Differentialgleichung mit den Anfangs- und Randbedingungen:

$$\begin{array}{ll}
\text{DG:} & \dfrac{\partial^2 u}{\partial r^2} + \dfrac{1}{r}\dfrac{\partial u}{\partial r} = \dfrac{1}{a}\dfrac{\partial u}{\partial t} \\
\text{AB:} & u = 0 \qquad \text{für } t = 0,\ r > r_0 \\
\text{RB:} & r\dfrac{\partial u}{\partial r} = \dfrac{\dot{V}}{2\pi k_f M}[1 - E(t - t_f)] \text{ bei } r = r_0,\ t > 0 \\
& u = 0 \qquad \text{bei } r = \infty,\ t > 0
\end{array} \qquad \text{Bild 3.9} \qquad (3.38)$$

Die Anwendung der Laplace-Transformation auf das oben dargestellte Problem ergibt:

$$\frac{d^2\bar{u}}{dr^2} + \frac{1}{r}\frac{d\bar{u}}{dr} = \frac{s}{a}\bar{u}, \qquad (3.39)$$

$$r\frac{d\bar{u}}{dr} = \frac{\dot{V}}{2\pi k_f M s}[1 - e^{-t_f s}] \quad \text{bei } r = r_0, \qquad (3.40)$$

$$\bar{u} = 0 \qquad \text{bei } r = \infty. \qquad (3.41)$$

Die Anfangsbedingung wurde bei der Transformation der Zeitableitung in der partiellen Differentialgleichung berücksichtigt. Die Gleichung (3.39) ist eine Form der Besselschen Differentialgleichung, die die Lösung (2.29) hat:

$$\bar{u} = B_1 I_0(rp) + B_2 K_0(rp) \text{ mit } p = \sqrt{\frac{s}{a}}. \qquad (3.42)$$

Da nach der Randbedingung (3.41) in sehr großer Entfernung von der Bohrung ($r \to \infty$) die Wasserspiegelhöhe sich nicht ändert, d.h. gleich der Anfangsspiegelhöhe bleiben wird, und für diese Bedingung die modifizierte Besselfunktion $I_0 \to \infty$ strebt, muß $B_1 = 0$ sein, um (3.41) zu erfüllen. Die Lösung ist somit im vorliegenden Falle

$$\bar{u} = B_2 K_0(rp). \qquad (3.43)$$

Die Konstante B_2 läßt sich nun mit Hilfe der Bedingung (3.40) an der Bohrung finden

$$\left(r\frac{d\bar{u}}{dr}\right)_{r=r_0} = -B_2 r_0 p K_1(r_0 p) = \frac{\dot{V}}{2\pi k_f M s}[1 - e^{-t_f s}], \qquad (3.44)$$

$$B_2 = -\frac{\dot{V}[1 - e^{-t_f s}]}{2\pi k_f M r_0 s p K_1(r_0 p)}. \qquad (3.45)$$

Durch Einsetzen von B_2 in (3.43) erhält man schließlich die Lösung für die $\bar{u}$-Verteilung um die Bohrung ($r \geq r_0$) im Laplace-Bereich

$$\bar{u} = -\frac{\dot{V}}{2\pi k_f M} \frac{K_0(rp)[1 - e^{-t_f s}]}{r_0 s p K_1(r_0 p)} \qquad (3.46)$$

Die Rücktransformation erfolgt mit Hilfe des Verschiebungssatzes und der ensprechenden Korrespondenz aus Anhang C und ergibt

$$u(r,t) = -\frac{\dot{V}}{2\pi k_f M} \times$$

Bild 3.10

$$\frac{2}{\pi}\int_0^\infty \frac{\left[J_1(v)Y_0(\frac{r}{r_0}v) - Y_1(v)J_0(\frac{r}{r_0}v)\right]\left[1 - e^{-t_D v^2} - E(t_D - t_{Df})(1 - e^{-(t_D - t_{Df})v^2})\right]}{v^2[J_1^2(v) + Y_1^2(v)]} dv$$

$$(3.47)$$

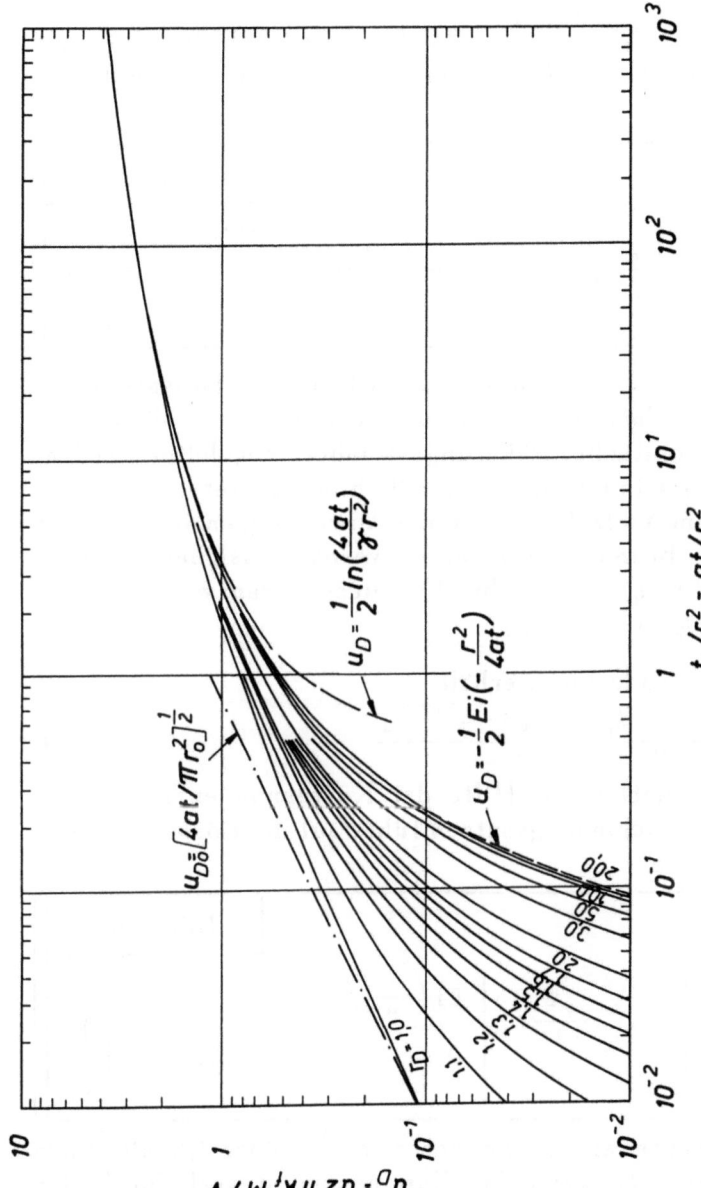

Bild 3.10. Dimensionslose Standrohrspiegelhöhe für einen Brunnen in einem unendlich ausgedehnten Grundwasserleiter (Lösung und Näherungslösungen)

mit $t_D = at/r_0^2$, $t_{Df} = at_f/r_0^2$ und $r_D = r/r_0$. Am Brunnen, bei $r = r_0$, vereinfacht sich Gleichung (3.47) durch Einsetzen des Additionstheorems (B27) zu

$$u(r,t) = -\frac{\dot{V}}{2\pi k_f M} \frac{4}{\pi^2} \int_0^\infty \frac{1 - e^{-t_D v^2} - E(t_D - t_{Df})(1 - e^{-(t_D - t_{Df})v^2})}{v^3 [J_1^2(v) + Y_1^2(v)]} dv \quad (3.48)$$

Bild 3.10

Der Verlauf von (3.47) und (3.48) ist in Bild 3.10 dargestellt. Da beide Funktionen relativ aufwendig zu berechnen sind, sollen nachfolgend einige vereinfachte Näherungsvarianten abgeleitet werden.

Für einen Brunnen in einem als unendlich betrachteten Drainagegebiet kann für eine Vielzahl praktischer Anwendungen angenommen werden, daß der Brunnendurchmesser vernachlässigbar klein ist (Linienquelle), d.h. $r_0 \to 0$ strebt. Für diesen Grenzwert gilt

$$\lim_{r_0 \to 0} K_1(r_0 p) = 1/(r_0 p),$$

so daß (3.46) folgende Form erhält:

$$u = -\frac{\dot{V}}{2\pi k_f M} \frac{K_0(rp)[1 - e^{-t_f s}]}{s} \quad (3.49)$$

Die Rücktransformation mit Hilfe der Korrespondenzen im Anhang C und des Verschiebungssatzes führt auf die Lösung für eine linienförmige Quelle

$$u(r,t) = -\frac{\dot{V}}{4\pi k_f M}\left[-\mathrm{Ei}\left(-\frac{r^2}{4at}\right) + \begin{cases} \mathrm{Ei}\left(-\frac{r^2}{4a(t-t_f)}\right) & \text{für } t > t_f \\ 0 & \text{sonst} \end{cases} \right] \quad (3.50)$$

Bild 3.10

Für kleine Argumente, also große Werte at/r^2 (größer 3,8 mit einem Fehler kleiner als 3%), kann das Exponentialintegral durch den Logarithmus angenähert werden (B75):

$$u(r,t) = -\frac{\dot{V}}{4\pi k_f M}\left[\ln\frac{4at}{\gamma r^2} - \begin{cases} \ln\frac{4a(t-t_f)}{\gamma r^2} & \text{für } t > t_f \\ 0 & \text{sonst} \end{cases} \right] \quad (3.51)$$

Bild 3.10

Betrachten wir weiter nur die Periode nach dem Ende des Abpumpens ($t > t_f$ Spiegelanstiegsperiode), so erhalten wir die bekannte Beziehung nach Theis [3.1] und Horner [3.2]

$$u = - \frac{\dot{V}}{4\pi k_f M} \ln \frac{t}{t - t_f} \quad , \qquad (3.52)$$

die für die Interpretation von Spiegelanstiegs- bzw. Druckaufbaumessungen verwendet wird.

Wurde aus dem Brunnen nur für kurze Zeit gefördert, so läßt sich eine weitere Näherungsbeziehung ableiten. Mit der Bedingung $t_f \ll t$ kann die Exponentialfunktion in (3.49) für kleine Argumente entwickelt werden und wir erhalten im Laplace-Bereich

$$\bar{u} \approx - \frac{\dot{V}}{2\pi k_f M} t_f \, K_0^{\cdot}(rp) \qquad (3.53)$$

und mit den Korrespondenzen aus Anhang C für den Zeitbereich

$$\begin{aligned} u(r,t) &= - \frac{\dot{V}}{2\pi k_f M} \frac{t_f}{t} e^{-r^2/(4at)} \\ u(r,t) &\approx - \frac{\dot{V}}{2\pi k_f M} \frac{t_f}{t} \quad \text{für } at/r^2 \gg 1 \end{aligned} \qquad (3.54)$$

Eine weitere Näherungsbeziehung für u läßt sich für kleine Zeiten, das bedeutet große Laplace-Variable s, ableiten. Für große Argumente können die modifizierten Zylinderfunktionen näherungsweise durch

$$K_n(rp) \approx \sqrt{\frac{\pi}{2rp}} \, e^{-rp} \qquad (3.55)$$

ersetzt werden (B55), so daß man für (3.46)

$$\bar{u} \approx - \frac{\dot{V}}{2\pi k_f M r_0} \sqrt{\frac{r_0}{r}} \, \frac{e^{-p(r-r_0)}}{sp} \, [1 - e^{-t_f s}] \, .$$

erhält. Die Rücktransformation mit den Korrespondenzen aus Anhang C führt auf

Bild 3.10

$$u(r,t) = - \frac{\dot{V}}{\pi k_f M} \sqrt{\frac{r_0}{r}} \sqrt{\frac{a}{r_0^2}} \Bigg[\sqrt{t} \ \text{interfc} \, \frac{r - r_0}{\sqrt{4at}} $$
$$- \begin{cases} \sqrt{t - t_f} \ \text{interfc} \, \dfrac{r - r_0}{\sqrt{4a(t - t_f)}} & \text{für } t > t_f \\ 0 & \text{sonst} \end{cases} \Bigg] $$

$$u_0 = - \frac{\dot{V}}{\pi k_f M} \sqrt{\frac{a}{\pi r_0^2}} \left[\sqrt{t} - \begin{cases} \sqrt{t - t_f} & \text{für } t > t_f \\ 0 & \text{sonst} \end{cases} \right] \quad \text{für } r = r_0 $$

$$(3.56)$$

mit einem Fehler kleiner als 3%, wenn $at/r_0^2 < 0,015$ ist. Die Näherungslösungen (3.50), (3.51) und (3.56) sind zum Vergleich gleichfalls in Bild 3.10 dargestellt.

Die oben abgeleiteten Gleichungen können einerseits für die Berechnung des Strömungsverhaltens um Brunnen verwendet werden, andererseits ermöglichen sie auch die Ermittlung der Parameter eines Grundwasserleiters aus Pumpversuchsdaten, wie nachfolgend an einem Beispiel gezeigt werden kann. Aus einem Brunnen wird 30 Stunden lang mit einer Förderrate von $-\dot{V} = 10^{-2}$ m³/s Wasser gepumpt. In dieser Zeit wurde die Absenkung des Wasserspiegels im Brunnen und in zwei Beobachtungsrohren gemessen, die sich 20 m und 120 m entfernt vom Brunnen befinden. Anschließend wurde der Verlauf des Spiegelanstiegs in den Beobachtungsrohren registriert. Die Auswertung der Absenkungsmessungen erfolgt nach Gleichung (3.51), aus der hervorgeht, daß eine Darstellung der Meßwerte in der Form $u = f(\lg t)$ eine Gerade ergibt, mit der Steigung

$$\beta_t = \frac{-2,3\,\dot{V}}{4\pi k_f M} \;.$$

Die gleiche Steigung ergibt sich aus Gleichung (3.52), wenn die Spiegelanstiegsmessungen in der Form $u = f(\lg(t/(t - t_f)))$ dargestellt werden.

Die Darstellung der Meßwerte in Bild 3.11a und 3.11c liefert eine einheitliche Steigung von $\beta_t = 0,265$ m, so daß durch Umstellen der obigen Beziehung der Durchlässigkeitsbeiwert k_f bzw. das Produkt $k_f M$ berechnet werden kann. Es ergibt sich

$$k_f M = \frac{2,3 \cdot 10^{-2}}{12,57 \cdot 0,265} = 6,9 \cdot 10^{-3}\ \text{m}^2/\text{s}\;.$$

Gleichfalls kann Gl.(3.51) für eine räumliche Auswertung verwendet werden. Eine Darstellung $u = f(\lg r)$ ergibt eine Gerade mit der Steigung

$$\beta_r = \frac{-4,6\,\dot{V}}{4\pi k_f M}\;.$$

Durch Einsetzen der in Bild 3.11b ermittelten Steigungen $\beta_r = 0,53$ m und der Förderrate erhält man gleichfalls

$$k_f M = \frac{4,6 \cdot 10^{-2}}{12,57 \cdot 0,53} = 6,9 \cdot 10^{-3}\ \text{m}^2/\text{s}\;.$$

Die Druckleitfähigkeit a läßt sich ebenfalls durch Umformen von Gleichung (3.51) bestimmen. Für $u = 0$ erhält man

$$a = \frac{\gamma r^2}{4\,t_0}\;.$$

wenn mit t_0 der Schnittpunkt der Geraden mit der Abszisse in der Darstellung $u = f(\lg t)$ bezeichnet wird. Mit den ermittelten Werten

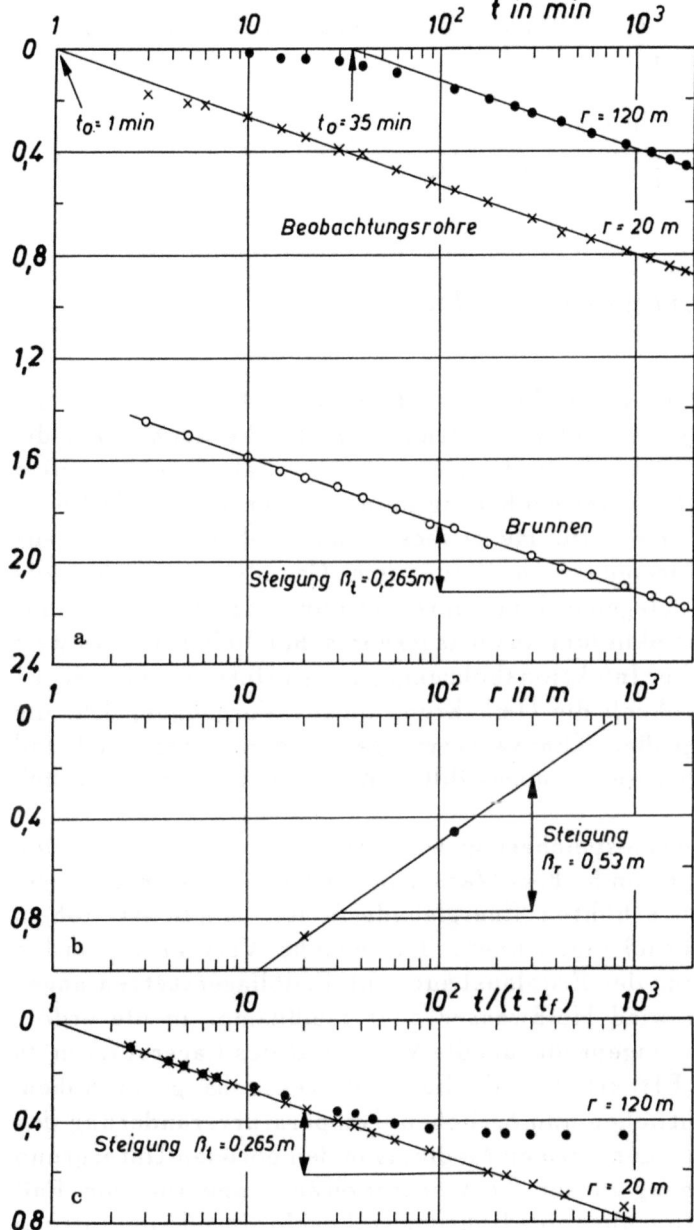

Bild 3.11. Parameterbestimmung durch zeitliche und räumliche Auswertung eines Pumpversuches
a) Zeitlicher Verlauf der Spiegelabsenkungen
b) Räumlicher Verlauf der Spiegelabsenkungen
c) Spiegelwiederanstieg in den Beobachtungsrohren

aus Bild 3.11a ergibt sich für das Beobachtungsrohr bei $r = 20$ m

$$a = \frac{1{,}781 \cdot 400}{4 \cdot 1 \cdot 60} = 2{,}97 \text{ m}^2/\text{s}$$

und für das Beobachtungsrohr bei $r = 120$ m

$$a = \frac{1{,}781 \cdot 14400}{4 \cdot 35 \cdot 60} = 3{,}05 \text{ m}^2/\text{s}.$$

3.4 Wärmetransport in Erdschichten

Die Notwendigkeit, neue Energiequellen zu erschließen sowie die verfügbare Energie effektiver auszunutzen, führte auch dazu, die porösen Schichten des Erduntergrundes sowohl als Energiequellen als auch für die Energiespeicherung zu nutzen. Im ersten Fall wird Wärmeenergie zumeist für Heizzwecke (mit und ohne Zwischenschalten von Wärmepumpen) aus dem Grundwasser oder aus Wässern tiefer gelegener Horizonte gewonnen. Hierbei muß das Wasser nach der Abkühlung aus wasserwirtschaftlichen und Umweltschutzgründen über Injektionsbohrungen in den Untergrund zurückgeleitet werden. Auch die Umkehrung dieses Vorganges, d.h. die Einleitung von großen Kühlwassermengen in den Untergrund und die Gewinnung des wieder abgekühlten Wassers, ist wirtschaftlich von Bedeutung.
Im Fall der Energiespeicherung wird Abwärme aus industriellen Prozessen in Form von heißem Wasser in poröse Schichten injiziert, um sie in Zeiten erhöhten Energiebedarfs mit möglichst hohem Wirkungsgrad zurückzugewinnen. Thermische Verfahren werden auch zur Erhöhung der Erdölausbeute aus Erdöllagerstätten angewendet. Hierbei wird Heißwasser oder Heißdampf in die erdölführende Schicht eingepreßt, um die Viskosität des Lagerstättenöls zu senken. Die Effektivität all dieser Prozesse hängt in hohem Maße von der zeitlichen und örtlichen Temperaturveränderung des injizierten kalten oder warmen Mediums in den porösen Untergrund ab. Zur Berechnung dieser Temperaturveränderung für den Fall der Wasserinjektion über eine Bohrung soll nachfolgend eine Lösung abgeleitet werden. Die Lage der Bohrung in den Schichten und die Lage des Koordinatensystems ist in Bild 3.12 dargestellt.
In der Schicht 1 mit der Mächtigkeit M wird Wasser der Temperatur T_0 bei konstantem Volumenstrom $\dot{V}$ eingepumpt. Es wird angenommen, daß hier stationäre Strömungsverhältnisse vorliegen, daß ferner die Temperatur $T(r,t)$ in z-Richtung konstant ist und die Wärme in r-Richtung hauptsächlich durch Konvektion transportiert

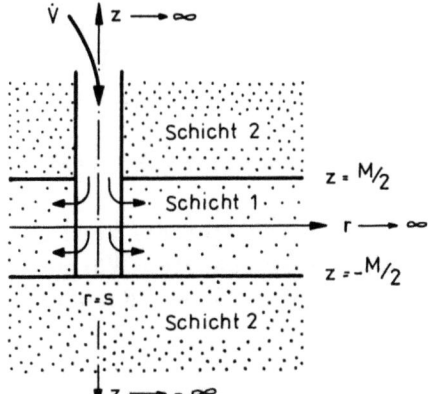

Bild 3.12. Unendlich ausgedehnter Mehrschichtkomplex mit Injektionsbohrung

wird, so daß in dieser Richtung die Wärmeleitung vernachlässigbar ist. Die Schicht 1 ist mit der liegenden und hangenden Schicht 2 durch einen Wärmestrom bei $z = \pm M/2$ gekoppelt, der Wärmetransport erfolgt hier nur durch Wärmeleitung in z-Richtung. Unter initialen bzw. anfänglichen Bedingungen haben alle Schichten die Temperatur T_a.

Dieses Wärmetransportproblem wird allgemein als Lauwerier - Problem bezeichnet (vgl. Lauwerier [3.3] und Abschnitt 7.3.1). Es läßt sich durch folgende Differentialgleichungen mit den Anfangs- und Randbedingungen beschreiben:

Schicht 1:

$$\frac{2\lambda_2}{M}\frac{\partial T_2}{\partial z} - \frac{\dot{V}(\rho c)_{F1}}{2\pi r M}\frac{\partial T_1}{\partial r} = (\rho c)_1 \frac{\partial T_1}{\partial t} \qquad (3.57)$$

für $r > 0, |z| \leq M/2, t > 0$,

Schicht 2:

$$\lambda_2 \frac{\partial^2 T_2}{\partial z^2} = (\rho c)_2 \frac{\partial T_2}{\partial t} \qquad (3.58)$$

für $r > 0, |z| > M/2, t > 0$,

Anfangsbedingung:

$$T_{1,2} = T_a \quad \text{für } t = 0, r > 0, -\infty < z < \infty. \qquad (3.59)$$

Randbedingungen:

$$\left. \begin{array}{llll} T_1 & = T_0 & \text{bei } r = 0, |z| \leq M/2, & t > 0, \\ T_{1,2} & = T_a & \text{bei } r = \infty, -\infty < z < \infty, & t > 0, \\ T_2 & = T_a & \text{bei } r \geq 0, z = \pm\infty, & t > 0, \\ T_1 & = T_2 & \text{bei } r > 0, |z| = M/2, & t > 0. \end{array} \right\} \qquad (3.60)$$

Die Gleichung (3.57) hat in dieser Form folgende Bedeutung:
- Das erste Glied stellt den auf das Volumen bezogenen Wärmestrom (Wärmestromdichte) zwischen Schicht 1 und der liegenden und hangenden Schicht 2 dar.
- Im zweiten Glied wird der durch die Bohrung injizierte konvektive Wärmestrom berücksichtigt.
- Das dritte Glied auf der rechten Seite beinhaltet die zeitliche Änderung der im Volumen von Schicht 1 gespeicherten Wärme.

Für Schicht 2 gilt die Wärmeleitungsgleichung (1.7) in z-Richtung. Werden nun die Symbole

$$u = T - T_a, \quad u_0 = T_0 - T_a, \quad a = \left(\frac{\lambda}{\rho c}\right)_2, \quad v = \frac{\dot{V}(\rho c)_{Fl}}{\lambda_2 M}, \quad \omega = \frac{(\rho c)_1}{(\rho c)_2}$$

eingeführt, so ergibt sich folgende Form für das Anfangsrandwertproblem:

Bild 3.12

DG: $\dfrac{2}{M} \dfrac{\partial u_2}{\partial z}\bigg|_{|z|=M/2} - \dfrac{v}{2\pi r} \dfrac{\partial u_1}{\partial r} = \dfrac{\omega}{a} \dfrac{\partial u_1}{\partial t}$ für $|z| \leq M/2$

$\dfrac{\partial^2 u_2}{\partial z^2} = \dfrac{1}{a} \dfrac{\partial u_2}{\partial t}$ für $|z| > M/2$

AB: $u_{1,2} = 0$ für $t = 0$, $r \geq 0$, $-\infty < z < \infty$

RB: $u_1 = u_0$ bei $r = 0$, $|z| \leq M/2$, $t > 0$,

$u_{1,2} = 0$ bei $r = \infty$, $z = \pm\infty$, $t > 0$,

$u_2 = 0$ bei $r \geq 0$, $|z| = \infty$, $t > 0$,

$u_1 = u_2$ bei $r > 0$, $|z| = M/2$, $t > 0$. (3.61)

Aus Gründen der geometrischen Anschaulichkeit nach Bild 3.12 ist das Problem in Form von zwei Differentialgleichungen mit Anfangs- und Randbedingungen dargestellt. Mathematisch exakter, aber weniger anschaulich, ist die Darstellung als eine Differentialgleichung für $|z| > M/2$ mit den Anfangs- und Randbedingungen, wobei die Differentialgleichung für $|z| \leq M/2$ eine differentielle Randbedingung bildet (vgl. auch Aufgabenstellung (7.48)).

Die Anwendung der Laplace-Transformation auf die Differentialgleichungen mit den Anfangs- und Randbedingungen führt auf

$$\frac{2}{M} \frac{d\bar{u}_2}{dz}\bigg|_{|z|=M/2} - \frac{v}{2\pi r} \frac{d\bar{u}_1}{dr} = \frac{\omega}{a} s \bar{u}_1 \quad \text{für } |z| \leq M/2 \quad (3.62)$$

$$\frac{d^2 \bar{u}_2}{dz^2} = \frac{s}{a} \bar{u}_2 \quad \text{für } |z| > M/2 \quad (3.63)$$

$$\bar{u}_1 = \frac{u_0}{s} \quad \text{bei } r = 0, |z| \le M/2, \tag{3.64}$$

$$\bar{u}_{1,2} = 0 \quad \text{bei } r = \infty, -\infty < z < \infty, \tag{3.65}$$

$$\bar{u}_2 = 0 \quad \text{bei } r \ge 0, z = \pm\infty, \tag{3.66}$$

$$\bar{u}_1 = \bar{u}_2 \quad \text{bei } r > 0, |z| = M/2, \tag{3.67}$$

wobei die Anfangsbedingung berücksichtigt wurde.

Bei der Lösung dieses Problems gehen wir schrittweise vor, wobei zuerst die Differentialgleichung (3.63) für die Schicht 2 gelöst wird. Der Lösungsansatz lautet (s. Abschnitt 2.1):

$$\bar{u}_2 = B_1 e^{+p|z|} + B_2 e^{-p|z|} \tag{3.68}$$

Da bei sehr großer Mächtigkeit der Schicht 2 die Temperatur bei $|z| \to \infty$ sich nicht ändert, d.h. gleich der Anfangstemperatur Null bleibt, muß $B_1 = 0$ sein, damit $\bar{u}_2 = 0$ erfüllt ist. Der Lösungssatz reduziert sich im vorliegenden Fall auf

$$\bar{u}_2 = B_2 e^{-p|z|}.$$

Die Konstante B_2 können wir nun mit Hilfe der Randbedingung (3.67) bei $|z| = M/2$ bestimmen. Es ergibt sich

$$\bar{u}_1 = B_2 e^{-pM/2}, \quad B_2 = \bar{u}_1 e^{+pM/2}.$$

Durch Einsetzen von B_2 bekommt man die Lösung im Laplace-Bereich für die Schicht 2

$$\bar{u}_2 = \bar{u}_1 e^{-p(|z|-M/2)}. \tag{3.69}$$

Im zweiten Schritt wird die Lösung für die Schicht 1 durch Einsetzen der Lösung von Schicht 2 (3.69) in (3.62) für $|z| = M/2$ gesucht. Man erhält die Differentialgleichung

$$\frac{d\bar{u}_1}{dr} + \bar{u}_1 \frac{2\pi r}{v}\left(\frac{2p}{M} + \frac{s\omega}{a}\right) = 0,$$

die folgende allgemeine Lösung hat (s. Gl. (2.2)):

$$\bar{u}_1 = B_3 e^{-\left(\frac{2p}{M} + \frac{s\omega}{a}\right)\frac{\pi r^2}{v}}.$$

Nunmehr kann B_3 mit Hilfe der Randbedingung (3.64) bestimmt werden:

$$B_3 = \frac{u_0}{s}$$

und man erhält als Lösung im Laplace-Bereich für die Schicht 1

$$\bar{u}_1 = \frac{u_0}{s} e^{-\left(\frac{2p}{M} + \frac{s\omega}{a}\right)\frac{\pi r^2}{v}}. \tag{3.70}$$

Wird weiter (3.70) in (3.69) eingesetzt, so erhalten wir schließlich die vollständige Lösung für die Schicht 2 im Laplace-Bereich

$$\bar{u}_2 = \frac{u_0}{s} e^{-p\left(\frac{2\pi r^2}{Mv} + |z| - M/2\right)} e^{-\frac{s\omega\pi r^2}{av}}. \tag{3.71}$$

Zur Rücktransformation wenden wir den Verschiebungssatz und Korrespondenzen aus Anhang C an und erhalten die Lösung :

Bild 3.13

$$u_1(r,t) = u_0 \, \mathrm{erfc} \, \frac{\pi r^2 / M^2}{\sqrt{\frac{v}{M^2}\left(vat - \omega\pi r^2\right)}} \quad \text{für Schicht 1: } |z| \leq \frac{M}{2} \text{ und } vat > \omega\pi r^2$$

$$u_2(r,t) = u_0 \, \mathrm{erfc} \, \frac{2\pi r^2 / M^2 + \left(|z| - \frac{M}{2}\right)\frac{v}{M}}{2\sqrt{\frac{v}{M^2}\left(vat - \omega\pi r^2\right)}} \quad \text{für Schicht 2: } |z| \geq \frac{M}{2} \text{ und } vat > \omega\pi r^2$$

$$\text{für } vat \leq \omega\pi r^2 \text{ gilt: } u_1 = u_2 = 0 \tag{3.72}$$

Eine graphische Darstellung für die Temperaturverteilung in der Schicht 1 $u_1(r,t)$ ist in Bild 3.13 für verschiedene Abstände von der Injektionsbohrung angegeben.

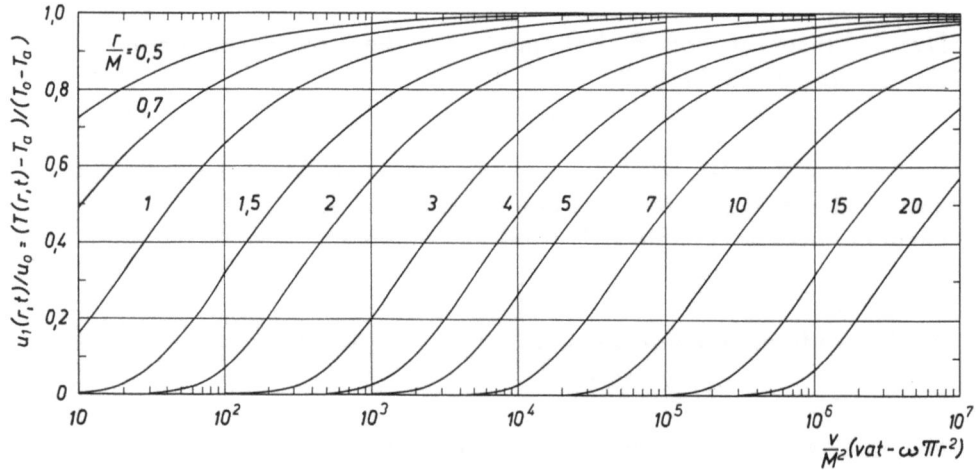

Bild 3.13. Temperaturverlauf in der Injektionsschicht in Abhängigkeit von der Zeit für unterschiedliche Abstände von der Injektionsbohrung

3.5 Grundwasserreinigung in der Bodenzone – Denitrifikation

Das Grundwasser ist heute und in Zukunft in den meisten Ländern die Hauptquelle der Wasserversorgung. Es befindet und bewegt sich in den unendlich vielen Porenkanälen der oberflächennahen Sedimentgesteine der Erdkruste. Seit einigen Jahrzehnten ist die Qualität des Grundwassers zunehmend durch landwirtschaftliche Tätigkeit und durch Industrie- und Siedlungsabfälle gefährdet. Die moderne Landwirtschaft mit ihren hohen Düngereinsatzraten kann zu solcher Qualitätsbeeinträchtigung (Kontamination) führen, daß das Grundwasser in größeren Gebieten nicht mehr zur Trinkwasserversorgung herangezogen werden kann.

Die Ursache dafür liegt in der Tatsache begründet, daß das natürlich vorhandene Selbstreinigungsvermögen der Bodenzone nicht mehr ausreicht, die hohen Schadstoffmengen in dem Zeitraum zwischen Eintrag in das Grundwasser und Ankunft in den Förderbrunnen abzubauen. Nitrate (NO_3^-) und Nitrite (NO_2^-) sind bekannte Wasserschadstoffe, die im wesentlichen durch Auswaschung von Stickstoffdüngemitteln und landwirtschaftlichen Abprodukten (Gülle) aus der Bodenkrume in das Grundwasser gelangen. Es wird eingeschätzt, daß mehr als die Hälfte des ausgebrachten Stickstoffdüngers ohne Nutzen für den Pflanzenwuchs auf diese Weise schädigend wirkt.

Die Berechnung der Transportvorgänge im Grundwasserleiter und des Abbaues der Schadstoffe ist eine notwendige Voraussetzung für die zielgerichtete Bewirtschaftung der Grundwasservorräte. Am Beispiel des Abbaues von Stickstoffverbindungen (Denitrifikation) während des Transportes im Grundwasser kann eine typische Aufgabe der Stofftransportberechnung erläutert werden. Wir betrachten die oberen Meter der Bodenzone (Bild 3.14) in die das Niederschlagswasser unter Aufnahme von Stickstoff versickert. Der NO_3^--Massenverlust infolge Abbau ist nach einer Kinetik 1. Ordnung abhängig von der Konzentration

$$\dot{m}_v = -knC. \qquad (3.73)$$

Der Abbau stellt eine abhängige Senke (s. Abschn. 1.6) dar. Die Transportgleichung für das Modell (Bild 3.14) ist nach Gleichung (1.57) und mit (3.73) für konstante Koeffizienten:

$$nD\frac{\partial^2 C}{\partial x^2} - w_F\frac{\partial C}{\partial x} - knC = n\frac{\partial C}{\partial t} \qquad (3.74)$$

mit der Filtergeschwindigkeit $w_F = wn$ und $D = D_m + \delta_L w$.

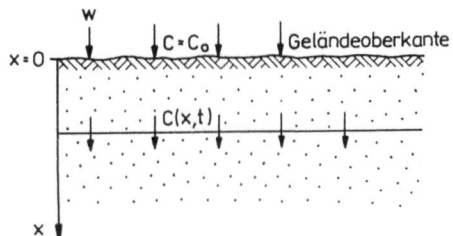

Bild 3.14. Modell des eindimensionalen, vertikalen Nitrattransportes in der Bodenzone

Dabei bedeuten:
- n – Porenanteil des Bodens,
- D_m – molekularer Diffusionskoeffizient für NO_3^- in Wasser, m²/s,
- δ_L – longitudinale Dispersivität, m,
- k – Abbaukoeffizient, 1/s.

Zu Beginn des Vorganges, bei $t = 0$, soll die NO_3^--Konzentration $C(x,t)$ überall Null sein. Die Konzentration an der Bodenoberfläche, bei $x = 0$, sei C_0. Wir können in guter Näherung annehmen, daß der NO_3^--Massenstrom bei $x = 0$ infolge Diffusion vernachlässigbar gegenüber dem konvektiven Strom ist, so daß eine Randbedingung 1.Art vorliegt.

Wir gehen zur allgemeinen Schreibweise nach Tabelle 1.3 über, wobei vorher (3.74) durch n dividiert wurde und erhalten die Aufgabenstellung

---

DG: $D\dfrac{\partial^2 u}{\partial x^2} - w\dfrac{\partial u}{\partial x} - ku = \dfrac{\partial u}{\partial t}$ **Bild 3.14**

AB: $u = 0$ für $t = 0$ und $x > 0$

RB: $u = u_0$ bei $x = 0$ und $t > 0$

$|u| = u_L < \infty$ bei $x = \infty$ und $t > 0$

(u_L – beliebige positive Konstante) (3.75)

Die letzte Randbedingung in (3.75) drückt den physikalisch sinnvollen Sachverhalt aus, daß in sehr großer Entfernung von der Schadstoffquelle die Konzentration endlich groß bleibt, in unserem Falle also $u = u_L = 0$ bei $x = \infty$ ist. Die Laplace-Transformation der Differentialgleichung ergibt

$$D\dfrac{d^2 \bar{u}}{dx^2} - w\dfrac{d\bar{u}}{dx} - (k+s)\bar{u} = 0 \qquad (3.76)$$

mit den Randbedingungen

$$\left.\begin{array}{l} \bar{u} = u_0/s \quad \text{bei } x = 0, \\ \bar{u} = 0 \quad \text{bei } x = \infty. \end{array}\right\} \qquad (3.77)$$

Nach Gl. (2.8) hat (3.76) die Lösung

$$u(x,s) = B_1 e^{\mu_1 x} + B_2 e^{\mu_2 x} \qquad (3.78)$$

mit

$$\mu_{1,2} = \dfrac{1}{2D}\left[w \pm \sqrt{w^2 + 4D(k+s)}\right].$$

Es ist zu beachten, daß $\mu_1 > 0$ und $\mu_2 < 0$ sind.

Die Konstanten B_1 und B_2 bestimmen sich aus den Randbedingungen. Für $x \to \infty$ wächst die Funktion $e^{\mu_1 x}$ über alle Maßen, so daß $B_1 = 0$ gesetzt werden muß, um die Randbedingung im Unendlichen erfüllen zu können. Die Randbedingung bei $x = 0$ ergibt

$$\bar{u} = \frac{u_0}{s} = B_2.$$

Die transformierte Lösung ist somit

$$\bar{u}(x,s) = \frac{u_0}{s} e^{\mu_2 x} \tag{3.80}$$

Die Korrespondenztabellen im Anhang C liefern die Lösung im Originalbereich (s. auch Abschnitt 6.1.1)

Bild 3.15

$$u(x,t) = \frac{u_0}{2} \left[e^{\frac{x(w-v)}{2D}} \operatorname{erfc} \frac{x - vt}{\sqrt{4Dt}} + e^{\frac{x(w+v)}{2D}} \operatorname{erfc} \frac{x + vt}{\sqrt{4Dt}} \right]$$

mit $v = \sqrt{w^2 + 4Dk}$

$$\tag{3.81}$$

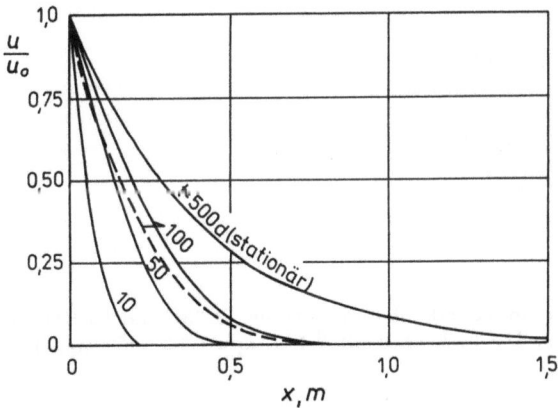

Bild 3.15. Verlauf der Lösung $u(x,t)$ nach Gl.(3.81) bzw. der Näherung (3.82) für ein Beispiel mit $w = 2 \cdot 10^{-8}$ m/s, $D = 3{,}1 \cdot 10^{-9}$ m^2/s, $k = 6{,}8 \cdot 10^{-8}$ 1/s, $u_0 = 50$ mg/l (Denitrifikation in der Bodenzone), —— exakt (3.81), - - - - - Näherung (3.82)

Für die Bedingung $\dfrac{x - vt}{\sqrt{4Dt}} < -1{,}3$ gilt näherungsweise

---

Bild 3.15

$$u(x,t) = \frac{u_0}{2} e^{\frac{x(w-v)}{2D}} \operatorname{erfc} \frac{x - vt}{\sqrt{4Dt}}$$

mit $v = \sqrt{w^2 + 4Dk}$

$$\tag{3.82}$$

wobei der Fehler kleiner 3% ist. Dabei ist der Fehler auf u bezogen, d.h.

$$f = \left| \frac{u(3.82) - u(3.81)}{u(3.81)} \right|.$$

Die stationäre Lösung von (3.75) ergibt sich aus (3.81) für große Zeiten $t \gg x/v$ und lautet

$$u(x) = u_0 \, e^{\frac{x(w-v)}{2D}}$$

$$\text{mit } v = \sqrt{w^2 + 4Dk} \qquad \text{Bild 3.16} \qquad (3.83)$$

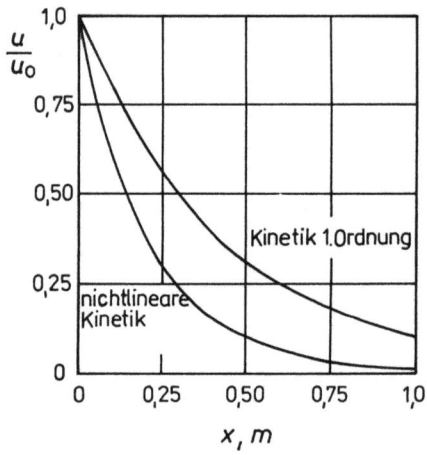

Bild 3.16. Stationärer Stofftransport mit Abbaukinetiken (3.73) und (3.84) für ein Beispiel mit $w = 2 \cdot 10^{-8}$ m/s, $D = 0$, $k = 6{,}8 \cdot 10^{-8}$ 1/s, $k_1 = 1{,}74 \cdot 10^{-5}$ mg/(ls), $k_2 = 210$ mg/l, $u_0 = 50$ mg/l

Die Lösung (3.81) wurde in Bild 3.15 für einen typischen Nitrattransportprozeß in der Bodenzone (Denitrifikation) dargestellt. Nach ca. 1 m Fließweg durch die Bodenzone beträgt die Nitratkonzentration im stationären Zustand nur noch ca. 8% des Wertes am Rande.

Der Denitrifikationsprozeß nach (3.75) modelliert den Stickstoffabbau nach einer Kinetik 1. Ordnung, die eine grobe Näherung des natürlichen Prozesses ist. Eine bessere Möglichkeit ist die nichtlineare Michaelis -Menten -Kinetik; analog (3.73) gilt nach [3.4] :

$$\dot{m}_V = - n \frac{k_1}{k_2 + C} C . \qquad (3.84)$$

Die stationäre Denitrifikation ist erfahrungsgemäß nur unwesentlich durch Diffusion und Dispersion beeinflußt, so daß folgende Formulierung in allgemeiner Symbolik möglich ist:

DG: $-w\dfrac{du}{dx} + \dfrac{k_1}{k_2 + u} u = 0$ mit $k_1 \geq 0$, $k_2 \geq 0$

RB: $u = u_0$ bei $x = 0$ (3.85)

Eine Trennung der Veränderlichen führt auf die implizite Lösung

$$\dfrac{u_0 - u(x)}{\ln \dfrac{u_0}{u(x)}} = k_2 - k_1 \dfrac{x}{w \ln \dfrac{u_0}{u(x)}}$$

Bild 3.16 (3.86)

Sie ist gut geeignet zur Ermittlung der Stoffabbaukoeffizienten k_1 und k_2 aus Konzentrationsmessungen in verschiedenen Punkten einer Durchströmungsapparatur (Lysimeter) bzw. bei verschiedenen Filtergeschwindigkeiten w. Das Bild 3.16 zeigt den stationären Verlauf der Lösungen mit Kinetik 1. Ordnung (3.83) und nichtlinearer Kinetik (3.86), Bild 3.17 zeigt die graphische Auswertung von

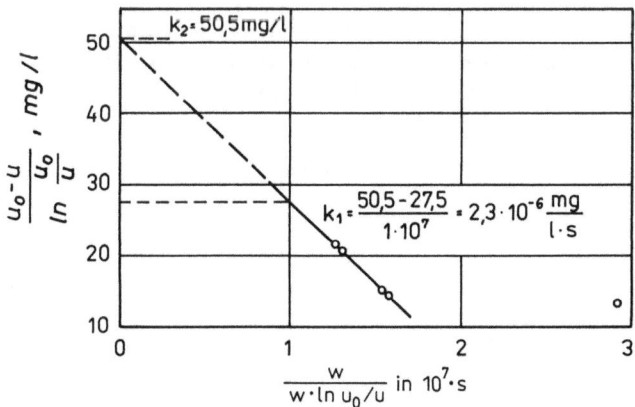

Bild 3.17. Ermittelung der Stoffabbaukoeffizienten k_1 und k_2 der nichtlinearen Michaelsen-Menten-Kinetik nach Gl. (3.86).
Meßwerte sind $u_0 = 50$ mg/l NO_3^-, $x = 1$ m und

w, 10^{-8} m/s	u, mg/l NO_3^-	w, 10^{-8} m/s	u, mg/l NO_3^-
0,94	1,3	3,53	5,8
1,93	1,9	3,90	6,6
2,04	2,1		

Meßergebnissen zur Ermittlung von k_1 und k_2. Der Koeffizient k_1 entspricht der Neigung der Geraden in Bild 3.17, der Koeffizient k_2 dem Schnittpunkt mit der Ordinate. Die Meßwerte gelten für u_0 = 50 mg/l Nitratkonzentration.

3.6 Temperaturspannungen in einem Massenbeton-Fundament

Bei der Herstellung von großen Betonkörpern, z.B. großen Fundamenten, Staumauern oder Betonpfropfen im Bergbau, tritt während des Abbindens des Zementes eine wesentliche Temperaturerhöhung infolge Hydratationswärmeentwicklung auf. Die Wärme entsteht in jedem Massenpunkt durch Freisetzung von ca. 150...350 J/g Zement und führt zu Temperaturerhöhungen um bis zu 70°C im Inneren des Bauwerkes.

Dies führt zu einer ungleichmäßigen Ausdehnung des Betons während der Erhärtungsphase und einer Kontraktion nach der Abkühlung. Im Zuge dieser Vorgänge können erhebliche Zug- und Druckspannungen entstehen, die während oder nach der Erhärtung zu Rissen im Bauwerk führen können bzw. erhöhte Zusatzbelastungen darstellen.

Wir betrachten einen langen, zylinderförmigen Fundamentkörper, der, von einer thermischen Isolationsschicht (z.B. Bitumen) umgeben, im Erdreich eingebettet ist (Bild 3.18).

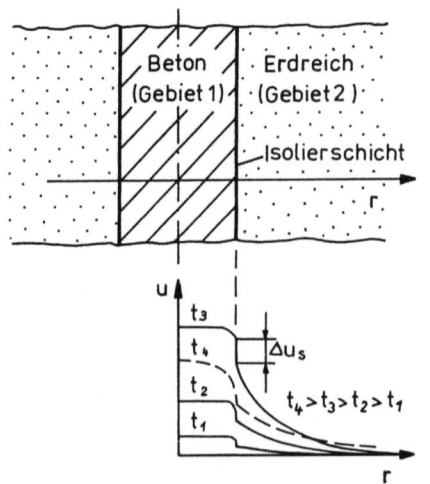

Bild 3.18. Modell eines langen Fundamentkörpers mit schematischer Darstellung der Temperaturen u infolge Hydratationswärme

3.6.1 Temperaturberechnung

Die Wärmeleitungsgleichung, in allgemeiner Symbolik geschrieben mit u als Temperatur, wird Abschnitt 1.8.1 (Tabelle 1.1) entnommen.
Die Hydratationswärme ist eine zeitabhängige Quelle der Form
$$q(t) = q_0 e^{-\gamma t}$$
mit
q_0 - Wärmestrom je Volumeneinheit zur Zeit $t = 0$,
γ - Abbindefaktor.
Entsprechend Bild 3.18 besteht der gesamte Wärmeströmungsraum aus dem Betonzylinder mit dem Radius R (Gebiet 1) und dem unendlich ausgedehnten Erdreich (Gebiet 2). Beide Gebiete sind durch zwei Bedingungen gekoppelt:

1. Bei $r = R$ ist die Differenz der Temperaturen u_1 und u_2 gleich dem Temperaturabfall über der Isolierschicht Δu_s (Bild 3.18)
$$u_1 - u_2 = \Delta u_s = \frac{\dot{Q}_A}{\alpha_s} \quad \text{bei } r = R$$
mit
α_s - Wärmedurchgangszahl der Isolierschicht, $W/(m^2 K)$.

2. Bei $r = R$ sind die Wärmeströme in beiden Gebieten gleich
$$\dot{Q}_A = -\lambda_1 \frac{\partial u_1}{\partial r} = -\lambda_2 \frac{\partial u_2}{\partial r}.$$

Die Aufgabenstellung lautet:

Bild 3.18

DG: $\dfrac{\partial^2 u_1}{\partial r^2} + \dfrac{1}{r}\dfrac{\partial u_1}{\partial r} = \dfrac{1}{a_1}\dfrac{\partial u_1}{\partial t} - \dfrac{q_0}{\lambda_1}e^{-\gamma t}$ für $0 < r \leq R$

$\dfrac{\partial^2 u_2}{\partial r^2} + \dfrac{1}{r}\dfrac{\partial u_2}{\partial r} = \dfrac{1}{a_2}\dfrac{\partial u_2}{\partial t}$ für $r \geq R$

AB: $u_1 = u_2 = u_a = 0$ für $t = 0$ und $r \geq 0$

RB: $\dfrac{\partial u_1}{\partial r} = 0$ bei $r = 0$ und $t > 0$

$u_1 = u_2 - \dfrac{\lambda_1}{\alpha_s}\dfrac{\partial u_1}{\partial r}$ bei $r = R$ und $t > 0$

$\lambda_1 \dfrac{\partial u_1}{\partial r} = \lambda_2 \dfrac{\partial u_2}{\partial r}$ bei $r = R$ und $t > 0$

$u_2 = 0$ bei $r = \infty$ und $t > 0$ \quad (3.87)

Wir führen dimensionslose Größen ein:
$$r_D = \frac{r}{R}, \quad t_D = \frac{a_1 t}{R^2}, \quad \gamma_D = \frac{R^2 \gamma}{a_1}$$
und erhalten mit der Laplace-Transformation die Lösungen

$$\bar{u}_1(r_D, s) = B_1 I_0(\sqrt{s}\, r_D) + \frac{\bar{q}}{s(\gamma_D + s)} \quad \text{für } r_D \leq 1$$

$$\bar{u}_2(r_D, s) = B_2 K_0\left(\sqrt{s\frac{a_1}{a_2}}\, r_D\right) \quad \text{für } r_D \geq 1 \quad (3.88)$$

mit
$$\bar{q} = \frac{q_0 R^2}{\lambda_1}.$$

Die Koeffizienten B_1 und B_2 ergeben sich zu

$$B_1 = -\frac{\bar{q}}{s(\gamma_D + s)}\left[I_0(\sqrt{s}) + \frac{\lambda_1}{\lambda_2 \sqrt{\frac{a_1}{a_2}}} \frac{I_1(\sqrt{s})}{K_1\left(\sqrt{s\frac{a_1}{a_2}}\right)} K_0\left(\sqrt{s\frac{a_1}{a_2}}\right) + \frac{\lambda_1}{\alpha_s R}\sqrt{s}\, I_1(\sqrt{s})\right]^{-1},$$

$$B_2 = \frac{\bar{q}}{s(\gamma_D + s)}$$
$$\times\left[I_0(\sqrt{s})\frac{\lambda_2}{\lambda_1}\sqrt{\frac{a_1}{a_2}}\frac{K_1\left(\sqrt{s\frac{a_1}{a_2}}\right)}{I_1(\sqrt{s})} + K_0\left(\sqrt{s\frac{a_1}{a_2}}\right) + \frac{\lambda_2}{\alpha_s R}\sqrt{s\frac{a_1}{a_2}}\, K_1\left(\sqrt{s\frac{a_1}{a_2}}\right)\right]^{-1}.$$

Im weiteren sind die Mittelwerte der Temperaturen erforderlich. Im Laplace-Bereich ist

$$\bar{u}_m(r_D, s) = \frac{\int_0^{r_D} x\, \bar{u}_1(x,s)\, dx}{\int_0^{r_D} x\, dx} = \frac{2 B_1}{\sqrt{s}\, r_D} I_1(\sqrt{s}\, r_D) + \frac{\bar{q}}{s(\gamma_D + s)} \quad (\text{für } r_D \leq 1),$$
$$\hspace{12cm} (3.89)$$

weil $\int_0^x \xi I_0(\xi)\, d\xi = x I_1(x)$ ist.

3.6.2 Spannungsberechnung

Die Verformung infolge Temperatureinfluß ist
$$\varepsilon = \alpha_T u$$
mit
$\quad \varepsilon \quad$ - Längenänderung je Längeneinheit,
$\quad \alpha_T \quad$ - linearer Temperaturausdehnungskoeffizient, 1/K.

Das differentielle Hooksche Gesetz ist

$$\frac{\partial \sigma}{\partial t} = E(t) \frac{\partial \varepsilon}{\partial t} \qquad (3.90)$$

mit

σ – Spannung, Pa,
$E(t)$ – zeitabhängiger Elastizitätsmodul des Materials, Pa.

Für den ebenen Verzerrungszustand ist die maßgebliche Tangentialspannung

$$\frac{\partial \sigma_\varphi(r,t)}{\partial t} = \frac{\alpha_T}{2(1-\nu)} E(t) \frac{\partial}{\partial t}\left[u_m(R,t) + u_m(r,t) - 2u(r,t)\right] \qquad (3.91)$$

mit

ν – Querdehnungszahl des Materials.

Für den Elastizitätsmodul $E(t)$ gilt nach [3.5] näherungsweise der Ansatz

$$E(t) = E_\infty (1 - e^{-\beta t}) \qquad (3.92)$$

mit

E_∞ – Elastizitätsmodul nach Erstarrungsende, Pa,
β – Zeitfaktor des Moduls, 1/s.

Wir führen auch hier dimensionslose Größen ein:

$$\beta_D = \frac{R^2 \beta}{a_1} \quad \text{und} \quad \sigma_{\varphi D} = \frac{\sigma_\varphi}{E_\infty}.$$

Die Integration der Beziehung (3.91) mit partieller Zerlegung ergibt

$$\boxed{\sigma_{\varphi D}(r_D, t_D) = \frac{\alpha_T}{2(1-\nu)} \left\{ \left(1 - e^{-\beta_D t_D}\right) U(r_D, t_D) - \int_0^{t_D} U(r_D, \tau) e^{-\beta_D \tau} d\tau \right\}} \qquad (3.93)$$

mit

$$U(r_D, t_D) = u_m(1, t_D) + u_m(r_D, t_D) - 2u_1(r_D, t_D).$$

Die $\mathcal{L}$-Transformation von (3.93) liefert

Bild 3.19

$$\boxed{\bar{\sigma}_{\varphi D}(r_D, s) = \frac{\alpha_T}{2(1-\nu)}\left\{ \bar{U}(r_D, s) - \frac{\beta_D + s}{s} \bar{U}(r_D, \beta_D + s) \right\}} \qquad (3.94)$$

mit

$$\bar{U}(r_D, s) = \bar{u}_m(1, s) + \bar{u}_m(r_D, s) - 2\bar{u}_1(r_D, s)$$

nach (3.88) und (3.89). Die Gleichung (3.94) ist die transformierte Lösung unseres Problems.

Die Rücktransformation erfolgt mit einem der numerischen Verfahren aus Abschnitt 2.3.7 für diskrete Werte von r_D und t_D.

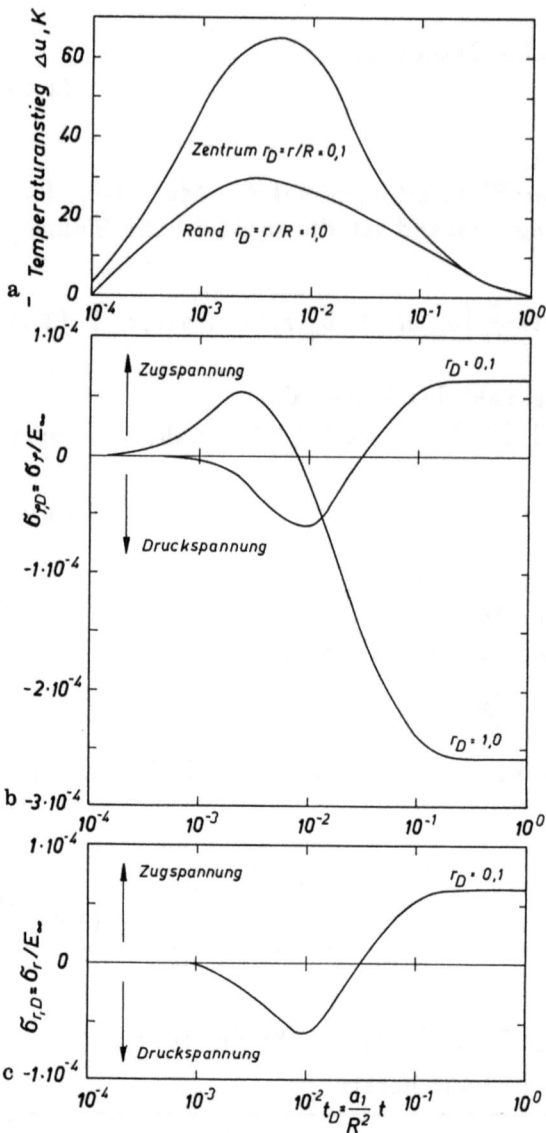

Bild 3.19. Temperaturspannungen in einem zylinderförmigen Massenbetonfundament a) zeitlicher Verlauf des Temperaturanstieges $\Delta u = u_1(r_D, t_D)$ infolge Hydratationswärme, b) der Tangentialspannung $\sigma_{\varphi D}$ und c) der Radialspannung σ_{rD}.

Parameter: $\alpha_T = 1{,}2 \cdot 10^{-5} K^{-1}$, $\alpha_s = 7{,}5$ W/(m²K), $\lambda_1 = \lambda_2 = 1{,}5$ W/(m·K), $(\rho c)_1 = 1{,}7 \cdot 10^6$ J/(m³·K), $(\rho c)_2 = 2{,}2 \cdot 10^6$ J/(m³·K), $\gamma_D = 131$, $\beta_D = 300$, $\nu = 0{,}15$, $\bar{q} = 8480$ K

Analog läßt sich die transformierte Lösung für die dimensionslose Radialspannug $\sigma_{rD} = \sigma_r / E_\infty$ angeben. Für sie gelten die rechten Seiten von (3.93) mit

$$U(r_D, t_D) = u_m(1, t_D) - u_m(r_D, t_D)$$

bzw. die Gleichung (3.94) mit

$$\overline{U}(r_D, s) = \overline{u}_m(1, s) - \overline{u}_m(r_D, s).$$

Dabei wurden die Randbedingungen $\varepsilon_r = 0$ bei r = 0 und $\sigma_r = 0$ bei r = R berücksichtigt. Das Bild 3.19 stellt die Lösungen graphisch dar, wobei die Rücktransformation nach dem Algorithmus von Stehfest erfolgte (s. Abschnitt 2.3.7).

Es ist zu bemerken, daß das hier erläuterte Verfahren auch anwendbar ist für Bauwerke mit komplizierter Geometrie. In diesem Falle können die Temperaturen u_1 und u_2 aber nur mit dreidimensionalen numerischen Verfahren berechnet werden (s.Abschnitt 8.); die Spannungen können durch numerische Integration aus (3.93) ermittelt werden.

3.7 Stofftransport in einem Rieselfilm

In verfahrenstechnischen Apparaten (Rohrkolonnen, Füllkörper und Packungskolonnen) werden Flüssigkeitsfilme an Feststoffoberflächen (Rieselfilme) zur Erzeugung einer möglichst großen Kontaktfläche für den Stoffaustausch zwischen zwei Phasen,z.B. der Flüssigkeitsphase des Filmes und einer Gasphase, genutzt. Der Stoffaustausch durch die Oberfläche des Filmes wird im wesentlichen durch Absorption, Desorption und Verdunstung hervorgerufen [3.6]. Ein typischer Absorptionsprozeß liegt bei einem Wasserfilm vor, der mit einem, lösliche Komponenten enthaltenden, Gasgemisch, z.B. Ammoniak (NH_3) beaufschlagt wird. Bei einem Wasser-Luft-System herrscht die Verdunstung vor. Die gesamte Problematik des Stoffaustausches an Flüssigkeitsfilmen ist außerordentlich komplex infolge der Kompliziertheit der Strömung des Filmes, seiner in der Regel welligen Oberfläche, Turbulenzen im Film und des Einflusses geometrischer Parameter (Krümmung) und der Transportrichtung [3.7]. Nachfolgend wird ein stark vereinfachtes Modell des Stofftransportes nach Brauer [3.6] erläutert und mit den mathematischen Methoden von Kapitel 2 gelöst.

3.7.1 Das verfahrenstechnische Problem

Flüssigkeitsfilme in Rohrkolonnen besitzen eine geringe Dicke Δl, bezogen auf den Rohrradius R. Aus diesem Grunde kann der Film in guter Näherung als eben betrachtet werden und es ergibt sich eine Modellvorstellung nach Bild 3.20 Die Geschwindigkeitsverteilung nach Bild 3.20 setzt im Film einen parabolischen Verlauf (laminare Strömung) voraus

$$w(x) = w_g \left[1 - \left(\frac{x}{\Delta l}\right)^2 \right], \qquad (3.95)$$

wobei w_g die maximale Geschwindigkeit an der Grenzfläche ist, die unter Vernachlässigung einer Scherspannung zwischen Flüssigkeit und Gas gleich der Geschwindigkeit der Gasphase ist. Das nachfolgend benutzte Lösungsverfahren erlaubt auch den Ansatz anderer Geschwindigkeitsverteilungen, z.B. nach dem Potenzgesetz. Das

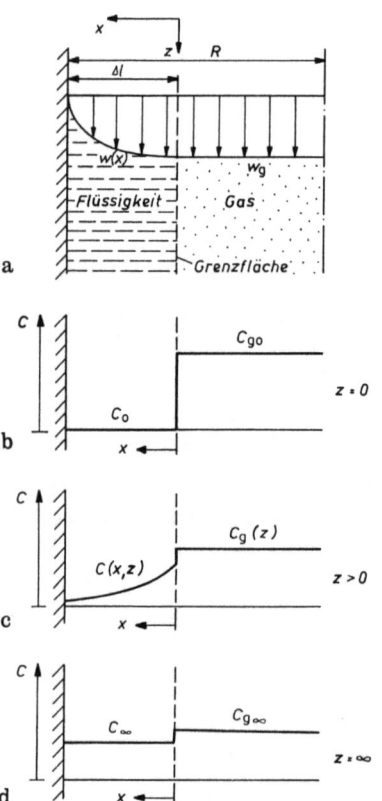

Bild 3.20. Schematische Darstellung des Geschwindigkeits- und Konzentrationsverlaufes in einem Flüssigkeitsfilm (nach [3.6])

verfahrenstechnische Modell soll nur drei wesentliche Mechanismen erfassen:
- die Diffusion im Film in x - Richtung,
- die Konvektion im Film in z - Richtung,
- den Stoffübergang vom Gas in die Flüssigkeit nach dem Henry-Gesetz.

Vernachlässigt werden folgende Effekte:
- Diffusion im Film in z - Richtung (vernachlässigt wegen dominanter Konvektion in z-Richtung),
- Diffusion in der Gasphase in beiden Richtungen (vernachlässigbar wegen turbulenter Vermischung)
- Verdunstung der Flüssigkeitsphase und eventuelle Sättigung der Flüssigkeitsphase.

Die Differentialgleichung für den so idealisierten Transportprozeß folgt aus Gl.(1.41):

$$D\frac{\partial^2 C}{\partial x^2} = S \frac{\partial C}{\partial t} \quad \text{mit } S = 1.$$

Aus $w(x) = \frac{dz}{dt}$ folgt $dt = \frac{1}{w(x)} dz$, so daß

$$D\frac{\partial^2 C}{\partial x^2} = w(x) \frac{\partial C}{\partial z} \tag{3.96}$$

gilt.

Die Anfangsbedingung für $z = 0$, d.h. $t = 0$, ergibt sich aus Bild 3.20 für $0 < x < \Delta l$ zu $C = C_0$. Für alle $z > 0$ lassen sich aus den Bildern 3.20 c,d die beiden Randbedingungen ableiten:

1. Bei $x = \Delta l$ liegt eine Bedingung 2. Art mit verschwindendem Randstrom vor, so daß

$$\frac{\partial C}{\partial x} = 0 \quad \text{bei } x = \Delta l \text{ und } z > 0. \tag{3.97}$$

2. An der Phasengrenzfläche $x = 0$ liegt eine Bilanzbedingung in der Art vor, daß der Strom aus der Gasphase infolge Diffusion in den Flüssigkeitsfilm eintritt, also

$$2\pi(R - \Delta l) D\frac{\partial C}{\partial x}\bigg|_{x=+0} = \pi(R - \Delta l)^2 w_g \frac{\partial C_g}{\partial z}\bigg|_{x=-0} \quad \text{bei } x = 0 \text{ und } z > 0.$$

Die Bilanz über jede Länge des Filmes $z > 0$ erfordert, daß die diffundierende Stoffmenge auf beiden Seiten der Grenzfläche identisch ist, d.h.

$$2\pi(R-\Delta l) D\int_0^z \frac{\partial C}{\partial x}\bigg|_{x=+0} d\xi = \pi(R-\Delta l)^2 w_g \left[C_g(x=-0,z) - C_g(x=-0,0)\right] \tag{3.98}$$

Der Konzentrationssprung über der Phasengrenzfläche $x = 0$ ist bei vorausgesetzten Gleichgewichtsbedingungen durch das Henry-Gesetz erklärt:

$$C_g\big|_{x=-0} = k_1 C\big|_{x=+0} \quad \text{bei } x = 0 \text{ und } z \geq 0,$$

so daß die Bilanzbedingung (3.98) lautet:

$$\int_0^z \frac{\partial C}{\partial x}\Big|_{x=+0} d\xi = \frac{(R-\Delta l)\,w_g}{2D}\left[k_1\, C(x=+0,z) - C_g(x=-0,0)\right]. \quad (3.99)$$

Die Größe k_1 ist dabei der Henry-Verteilungskoeffizient, der von der Art der Flüssigkeit und des diffundierenden Stoffes abhängt und bei isothermen Verhältnissen näherungsweise konstant ist.

3.7.2 Allgemeine Problemstellung und Lösungsweg

Wir gehen nun zur allgemeinen Schreibweise nach Tabelle 1.3 über und erhalten mit den Gl. (3.95), (3.96), (3.97) und (3.99) die Aufgabenstellung

---

DG: $D\dfrac{\partial^2 u}{\partial x^2} = w(x)\dfrac{\partial u}{\partial z}$ Bild 3.20

mit $w(x) = w_g\left[1 - \left(\dfrac{x}{\Delta l}\right)^2\right]$

AB: $u = 0$ für $z = 0$ und $0 < x < \Delta l$

RB: $\int_0^z \dfrac{\partial u}{\partial x}\, d\xi = \dfrac{(R-\Delta l)\,w_g}{2D}\left[k_1\, u(x=0,z) - u_0\right]$ bei $x=0$, $z>0$

$\dfrac{\partial u}{\partial x} = 0$ bei $x=\Delta l$, $z>0$

(3.100)

Dabei entspricht die Variable $u(x,z)$ der Konzentration $C(x,z)$ im Flüssigkeitsfilm und der Anfangskonzentration C_{g0} in der Gasphase. In [3.6] wird die Aufgabe (3.100) mit der Methode der Separation der Variablen (s. Abschnitt 2.2.1) gelöst. Da die Form der Geschwindigkeitsverteilung $w(x)$ sehr vielfältig sein kann, erfordert dieser Lösungsweg stets die erneute analytische Ableitung der Eigenwertberechnung und Reihenentwicklung. Wir nutzen deshalb zur Lösung der Aufgabe (3.100) das Verfahren von Frobenius (s. Abschitt 2.1.2), das für beliebige Geschwindigkeitsverteilungen $w(x)$ in Polynomform anwendbar ist.

Die Teilschritte bestehen dabei in:
- Laplace-Transformation der Aufgabe (3.100) nach der Variablen z,
- Lösung der gewöhnlichen Differentialgleichung nach Frobenius,
- numerische Rücktransformation nach dem Algorithmus von Stehfest (s. Abschnitt 2.3.7).

Die Laplace-Transformation von (3.100) ergibt

$$D \frac{d^2 \overline{u}}{dx^2} - s\, w_g \left[1 - \left(\frac{x}{\Delta l}\right)^2\right] \overline{u} = 0, \tag{3.101}$$

$$\frac{1}{s} \frac{d\overline{u}}{dx} = \frac{(R-\Delta l)\, w_g}{2D} \left[k_1\, \overline{u}(x,s) - \frac{u_0}{s}\right] \quad \text{bei } x = 0 \tag{3.102}$$

$$\frac{d\overline{u}}{dx} = 0 \text{ bei } x = \Delta l.$$

Die gewöhnliche lineare Differentialgleichung (3.101) mit variablen Koeffizienten soll im zweiten Teilschritt für diskrete Werte x und s unter Beachtung der Randbedingungen (3.102) gelöst werden.

3.7.3 Frobenius-Verfahren

Das allgemeine Lösungsverfahren nach Frobenius wurde in Abschnitt 2.1.2 behandelt, wir verweisen auch auf [3.8]. Der prinzipielle Weg soll in Anlehnung an Abschnitt 2.1.2 kurz skizziert werden.

Zur Lösung der Gl.(3.101) dient der Potenzreihenansatz in x:

$$\overline{u}(x,s) \,\hat{=}\, v(x) = x^\rho \sum_{n=0}^{\infty} c_n x^n, \tag{3.103}$$

der zu zwei linear unabhängigen Lösungsfunktionen $F_0(x)$ und $G_0(x)$ (analog den modifizierten Besselfunktionen $I_0(x)$ und $K_0(x)$ in Abschnitt 2.1.2) führt.

Die Lösung von Gl.(3.103) ist dann

$$\overline{u}(x) = B_1\, F_0(x) + B_2\, G_0(x), \tag{3.104}$$

wobei sich die Konstanten B_1 und B_2 aus den Randbedingungen (3.102) zu

$$B_1 = - \frac{b \frac{u_0}{s}}{\frac{1}{s} \frac{dF_0}{dx}\Big|_0 - bk_1 F_0\Big|_0 - \frac{\frac{dF_0}{dx}}{\frac{dG_0}{dx}}\Big|_{\Delta l} \left[\frac{1}{s} \frac{dG_0}{dx}\Big|_0 - bk_1 G_0\Big|_0\right]}$$

$$B_2 = -B_1 \frac{\frac{dF_0}{dx}}{\frac{dG_0}{dx}}\Bigg|_{\Delta l} \qquad b = \frac{(R-\Delta l)\, w_g}{2D}$$

berechnen.

Das Verfahren nach Frobenius wurde allgemein zur Lösung von gewöhnlichen homogenen, linearen Differentialgleichungen 2. Ordnung mit variablen Koeffizienten programmiert. Das Programm ist in FORTRAN für Personalcomputer entwickelt (Umfang ca. 1000 Befehlszeilen). Für den hier vorliegenden speziellen Fall der Gl.(3.101) und (3.102) wurde es in den Stehfest-Algorithmus eingeordnet. Die erforderliche Rechenzeit auf einem 16 Bit-Personalcomputer liegt bei ca. 1 Minute je berechnetem u-Wert.

3.7.4 Darstellung der Lösung an einem Beispiel

Das skizzierte Lösungsverfahren, das auf eine Vielzahl ähnlicher Strömungs- und Transportprobleme mit ortsabhängigen Koeffizienten übertragbar ist, soll an einem in [3.6 , S.542 ff] behandelten Beispiel angewendet werden.

In einer technischen Rohrkolonne mit einem Rohrinnenradius R entsteht an den Innenwänden der Rohre ein Wasserfilm der Dicke Δl, in den eine Gaskomponente aus dem zentralen Gasstrom hineindiffundiert (s. Bild 3.20a). Zu ermitteln ist die Konzentration der Gasphase in der Flüssigkeit in Abhängigkeit von der Eindringtiefe und der Lauflänge z. Zur Darstellung der Ergebnisse werden nach [3.6] dimensionslose Größen definiert:
- dimensionslose Konzentration:

$$u_D(x,z) = \frac{u_\infty - u(x,z)}{u_\infty} \quad , \quad u_\infty = \frac{u_{g0}}{\frac{4}{3}\frac{\Delta l}{R-\Delta l} + k_1}$$

Der Wert u_∞ nach Bild 3.20d ergibt sich aus einer Bilanzbetrachtung.
- Einlaufkennzahl:

$$z_D = \frac{1}{Pe}\frac{z}{\Delta l} \quad , \quad Pe = \frac{2 w_g \Delta l}{3 D} \quad ,$$

- dimensionslose Eindringtiefe:

$$x_D = \frac{x}{\Delta l} \quad ,$$

- Grenzflächenkennzahl:

$$K_p = \frac{k_1}{2}\left(\frac{R}{\Delta l} -1\right).$$

Für eine Grenzflächenkennzahl K_p = 10 werden die Ergebnisse in Bild 3.21 dargestellt. Für kleine Einlaufskennzahlen ist der starke Konzentrationsabfall zu erkennen, da $u_D \rightarrow 1$, d.h. $u \rightarrow 0$ geht. Für Einlaufkennzahlen z_D > 1 ist die dimensionslose Konzentration u_D < 0,035, d.h. die Konzentration u entspricht dem Wert bei unendlicher Einlaufkennzahl bis auf einen Fehler von 3,5%; oder anders ausgedrückt: Gasstrom und Flüssigkeitsfilm befinden sich nahezu im thermodynamischen Gleichgewicht. Der Verlauf der Kurven in Bild 3.21 für kleine x_D und z_D > 0,1 zeigt eine Änderung

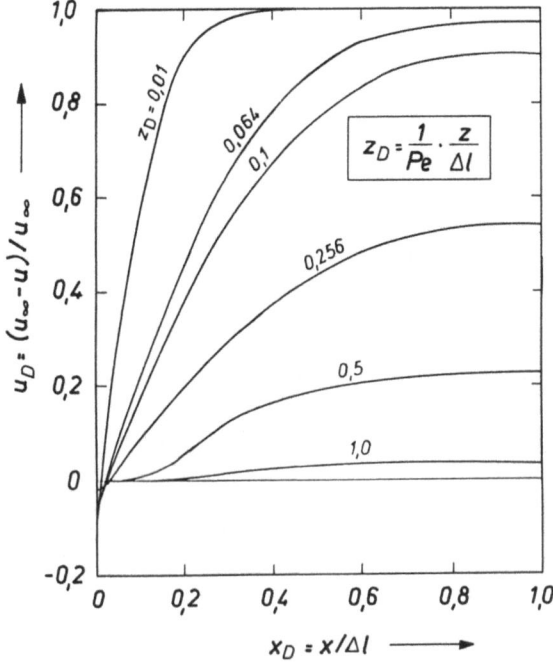

Bild 3.21. Verlauf der dimensionslosen Konzentration u_D über der Eindringtiefe x_D mit der Einlaufkennzahl z_D als Parameter sowie für eine Grenzflächenkennzahl $K_p = 10$

der Krümmung, die den Einfluß der ortsabhängigen Geschwindigkeit $w(x)$ im Flüssigkeitsfilm widerspiegelt. Brauer [3.6 ,S.547] konnte diesen Effekt nicht nachweisen, da die Genauigkeit der Eigenfunktionsberechnung nicht ausreichte.

3.8 Förderung aus einer Erdgasbohrung

Es soll der Fördervolumenstrom aus einer Erdgasbohrung bestimmt werden. Die Bohrung hat einen Radius von 0,1 m und befindet sich in der Mitte eines Kreiszylinders von 1 km Radius. Die gasführende Schicht hat eine Mächtigkeit von 10 m, eine Durchlässigkeit k von 0,01 µm² und eine Porosität n von 0,1 (Bild 3.22).

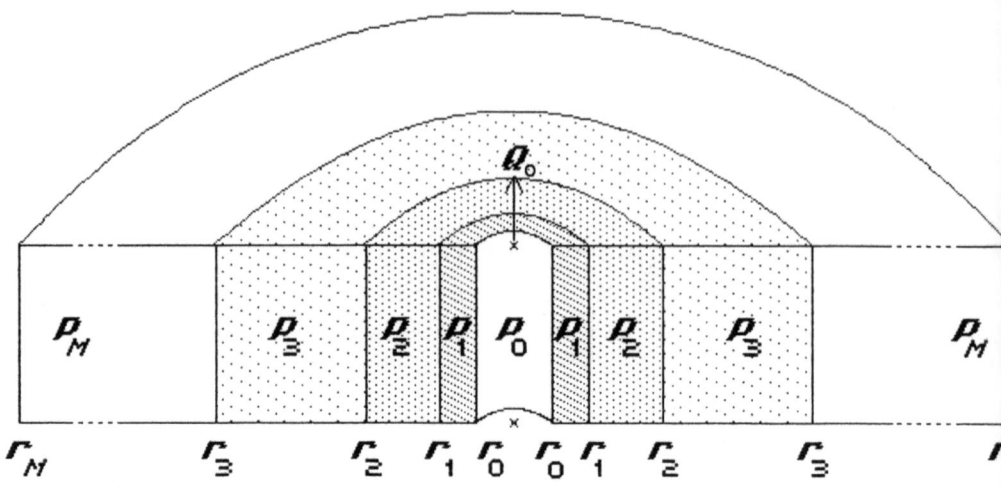

Bild 3.22. Diskretisierung einer gasführenden porösen Schicht mit einer Erdgasbohrung im Zentrum

Nach (1.33) gilt

$$\text{div}\left(\frac{kp}{\eta(p)z_g(p)}\,\text{grad}\,p\right) = \frac{n\varkappa(p)p}{z_g(p)}\frac{\partial p}{\partial t}. \tag{3.105}$$

Im sondennahen Bereich muß diese Formel modifiziert werden, weil im Darcy-Gesetz noch einen Turbulenzanteil berücksichtigt werden muß [3.9]:

$$-\text{grad}\,p = \left(\frac{\eta}{k} + \beta_T \rho\,|\mathbf{w}|\right)\mathbf{w}, \tag{3.106}$$

$$\beta_T = 1{,}3\cdot 10^7\,k^{-1{,}5} \quad (\beta_T\text{ in m, }k\text{ in µm}^2).$$

Der Turbulenzfaktor β_T hat für die Durchlässigkeit $k = 0{,}01$ µm² den Wert $1{,}3\cdot 10^{10}$ m⁻¹. Wenn man

$$b(p) = \left(1 + \frac{k}{\eta(p)}\beta_T\,\rho(p)\,|w(p)|\right) \tag{3.107}$$

setzt, kann (3.106) in einer dem Darcy-Gesetz entsprechenden Form geschrieben werden:

$$\mathbf{w} = -b(p)\,\frac{k}{\eta(p)}\,\text{grad}\,p. \tag{3.108}$$

Die modifizierte partielle Differentialgleichung ist daher:

$$\text{div}\left(b(p)\frac{kp}{\eta(p)z_g(p)}\,\text{grad}\,p\right) = \frac{n\varkappa(p)p}{z_g(p)}\frac{\partial p}{\partial t}. \tag{3.109}$$

Mit

$$D(p) = b(p)\frac{kp}{\eta(p)z_g(p)},\quad S(p) = \frac{n\varkappa(p)p}{z_g(p)} \tag{3.110}$$

erhalten wir das folgende Problem:

> DG: $\mathrm{div}\bigl(D(p)\,\mathrm{grad}\,p\bigr) = S(p)\,\dfrac{\partial p}{\partial t}$ Bild 3.22
>
> AB: $p = p_a$ für $t = 0$ bei $r_0 < r < R$
>
> RB: $p = p_0$ bei $r = r_0$ für $t > 0$
>
> $\dfrac{\partial p}{\partial r} = 0$ bei $r = R$ für $t > 0$ (3.111)

Als Randbedingungen wurden vorausgesetzt:
- Vogabe des Druckes $p=p_0$ im Bohrloch und
- abgeschlossene Kontur am äußeren Rand.

Der Faktor $b(p)$ muß iterativ bestimmt werden. Für Erdgas mit 60% Stickstoffanteil beschreiben die in Tabelle 3.2 angegebenen Formeln die Druckabhängigkeit des Realgasfaktors, der Viskosität, der Kompressibilität und der Dichte bei 400 K.

Eine exakte analytische Lösung kann auf Grund der Nichtlinearitäten nicht angegeben werden. Zur Lösung werden zwei Wege beschritten:
- Linearisierung des Problems und Bestimmung einer analytischen Lösung als Näherung und zur Verifizierung der numerischen Berechnung.
- Numerische Lösung mit Hilfe der einfachen Bilanzmethode.

Tabelle 3.2. Koeffizienten der Funktionen $f(p) = a_0 + a_1 p + a_2 p^2 + a_3 p^3$ für Erdgas mit 60 % Stickstoffanteil bei 400 K (alle Werte in SI-Basiseinheiten)

$f(p)$	a_0	a_1	a_2	a_3
$z_g(p)$	0,9975	$-1,234 \cdot 10^{-10}$	$1,852 \cdot 10^{-16}$	$-1,500 \cdot 10^{-24}$
$\eta(p)$	$1,820 \cdot 10^{-5}$	$1,343 \cdot 10^{-13}$	$3,129 \cdot 10^{-21}$	$1,768 \cdot 10^{-29}$
$\varkappa(p) - \dfrac{1}{p}$	$5,0 \cdot 10^{-10}$	$\dfrac{1,234 \cdot 10^{-10}}{z_g(p)}$	$-\dfrac{3,704 \cdot 10^{-16}}{z_g(p)}$	$\dfrac{4,500 \cdot 10^{-24}}{z_g(p)}$
$\rho(p)$		$\dfrac{6,972 \cdot 10^{-6}}{z_g(p)}$		

3.8.1 Die analytische Lösung

Um eine analytische Lösung von (3.111) ermitteln zu können, muß eine lineare Aufgabenstellung gefunden werden. Meist wird die p-

Linearisierung (s. Abschnitt 1.2.2) angesetzt, d.h.

$$\frac{p}{\eta z_g} = \text{const.}, \quad \frac{\varkappa p}{z_g} = \text{const.}$$

Das Bild 3.23 zeigt, wie problematisch diese Annahme ist, wenn man die Berechnung über einen großen Druckbereich ausführt. Es wird meist

$$D = \frac{k p_a}{\eta(p_a) z_g(p_a)}, \quad S = \frac{n \varkappa(p_a) p_a}{z_g(p_a)} \qquad (3.112)$$

gesetzt. Die Druckleitfähigkeit ist $a = D/S$. Weiterhin muß die Turbulenz unberücksichtigt bleiben. Wenn man

$$u(r,t) = p(r,t) - p_a \qquad (3.113)$$

setzt und den Divergenz-Operator in Zylinderkoordinaten darstellt, bekommt man die Aufgabenstellung in der Standardschreibweise

---

DG: $\dfrac{\partial^2 u}{\partial r^2} + \dfrac{1}{r} \dfrac{\partial u}{\partial r} = \dfrac{1}{a} \dfrac{\partial u}{\partial t}$ Bild 3.22

AB: $u = 0$ für $t = 0$ bei $r_0 < r < R$

RB: $u = u_0 = p_0 - p_a$ bei $r = r_0$ für $t > 0$

$\dfrac{\partial u}{\partial r} = 0$ bei $r = R$ für $t > 0$ (3.114)

Die Laplace-Transformation führt unter Berücksichtigung der Anfangsbedingungen auf die Differentialgleichung (s. Abschn. 2.3.6):

$$\frac{d^2 \bar{u}}{d r^2} + \frac{1}{r} \frac{d \bar{u}}{d r} - \frac{s}{a} \bar{u} = 0.$$

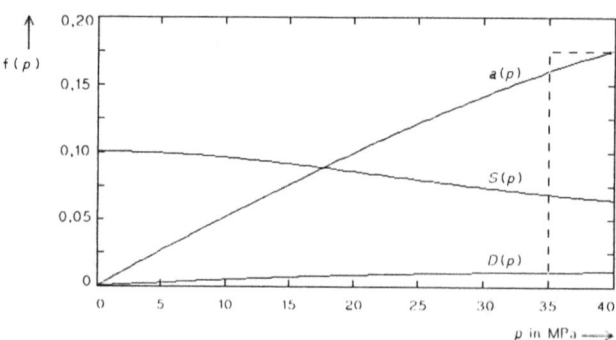

Bild 3.23. Druckabhängigkeit der Parameter a, S und D

Die Lösung ist eine Kombination modifizierter Besselfunktionen 1. und 2. Art (2.29):
$$\bar{u} = B_1 I_0(pr) + B_2 K_0(pr),$$
wobei aber nun p, wie üblich, die Abkürzung $\sqrt{s/a}$ bedeutet. Diese Lösung muß die beiden Randbedingungen (3.114)
$$\frac{u_0}{s} = B_1 I_0(pr_0) + B_2 K_0(pr_0),$$
$$0 = B_1 I_1(pR) - B_2 K_1(pR)$$
erfüllen. Folglich wird

$$\bar{u} = \frac{u_0}{s} \frac{K_1(Rp) I_0(rp) + I_1(Rp) K_0(rp)}{K_1(Rp) I_0(r_0 p) + I_1(Rp) K_0(r_0 p)} \qquad (3.115)$$

Mit Hilfe des Heavisideschen Entwicklungssatzes kann, ähnlich wie im Abschnitt 2.3.4 an einem anderen Beispiel dargestellt, eine unendliche Reihe als Laplace-Rücktransformierte berechnet werden:

Bild 3.24

$$u(r,t) = u_0 \left\{ 1 - \pi \sum_{n=1}^{\infty} \frac{J_1^2(\mu_n R/r_0) e^{-\mu_n^2 at/r_0^2}}{J_1^2(\mu_n R/r_0) - J_0^2(\mu_n)} \right.$$
$$\left. \times \left[J_0(\mu_n r/r_0) Y_0(\mu_n) - J_0(\mu_n) Y_0(\mu_n r/r_0) \right] \right\}$$

Eigenwertgleichung: $J_1(\mu_n R/r_0) Y_0(\mu_n) - J_0(\mu_n) Y_1(\mu_n R/r_0) = 0$
$n = 1, 2, 3, \cdots$ (3.116)

Der unbekannte Randwert bei $r = r_0$,
$$Q_0 = -2\pi r_0 \Delta z D \frac{\partial u}{\partial r}\bigg|_{r=r_0},$$
ergibt sich aus (3.116) zu

$$Q_0(r_0, t) = 2\pi r_0 \Delta z D u_0 \pi \sum_{n=1}^{\infty} \frac{J_1(\mu_n R/r_0) e^{-\mu_n^2 at/r_0^2}}{J_1^2(\mu_n R/r_0) - J_0^2(\mu_n)}$$
$$\times \frac{\mu_n}{r_0} \left[-J_1(\mu_n r/r_0) Y_0(\mu_n) + J_0(\mu_n) Y_1(\mu_n r/r_0) \right]_{r=r_0}.$$

Wenn man nun noch die Beziehung (B27) berücksichtigt, erhält man:

$$Q_0(r_0, t) = 4\pi \Delta z D u_0 \sum_{n=1}^{\infty} \frac{J_1(\mu_n R/r_0) e^{-\mu_n^2 at/r_0^2}}{J_0^2(\mu_n) - J_1^2(\mu_n R/r_0)} \qquad (3.117)$$

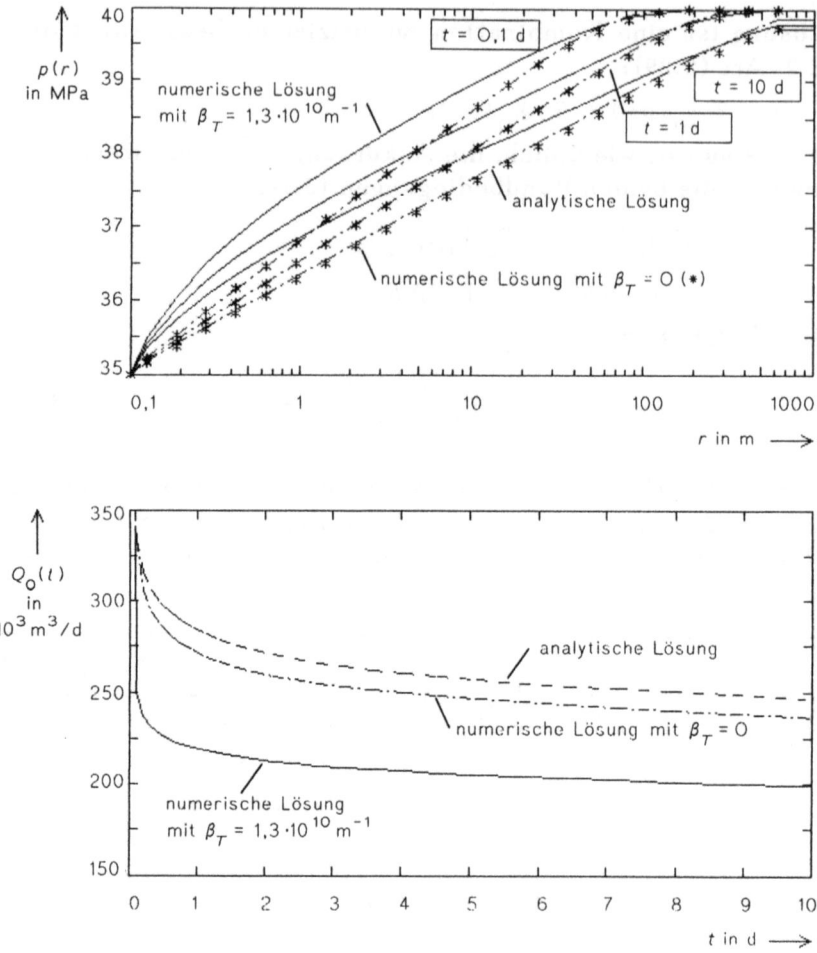

Bild 3.24. Vergleich der analytischen mit der numerischen Lösung
a) Druck in Abhängigkeit vom Radius, b) Förderrate

Die Lösung ist in dieser Form nur von theoretischem Interesse, da der numerische Aufwand für die Berechnung der Summen enorm ist:
- Berechnung der Eigenwerte μ_1, μ_2, μ_3, ... aus der transzendenten Eigenwertgleichung (3.116). Es kann dazu das Programm ZERO (enthalten auf Diskette "Wärme- und Stofftransport") verwendet werden. In Tabelle 3.3 sind die ersten fünf Eigenwerte für verschiedene Verhältnisse R/r_0 angegeben.
- Berechnung der in ZERO und bei der Summation benötigten Bessel-Funktionen,
- Summation (3.116), bis $u(r,t)$ genügend genau approximiert ist.

Tabelle 3.3. Die ersten Eigenwerte der Eigenwertgleichung (3.116)
(Die Zahlen haben Computerformat, da sie direkt vom PC stammen)

R/r_0	1.Eigenwert	2.Eigenwert	3.Eigenwert	4.Eigenwert	5.Eigenwert
1.1	1.5406E+01	4.7025E+01	7.8480E+01	1.0991E+02	1.4134E+02
5.0	2.8235E-01	1.1392E+00	1.9392E+00	2.7312E+00	3.5204E+00
10.0	1.1027E-01	4.9788E-01	8.5543E-01	1.2087E+00	1.5603E+00
50.0	1.5789E-02	8.7928E-02	1.5381E-01	2.1890E-01	2.8369E-01
100.0	7.1669E-03	4.2900E-02	7.5464E-02	1.0766E-01	1.3972E-01
500.0	1.2070E-03	8.2968E-03	1.4732E-02	2.1102E-02	2.7450E-02
1000.0	5.6880E-04	4.1109E-03	7.3203E-03	1.0499E-02	1.3667E-02
5000.0	1.0136E-04	8.1009E-04	1.4498E-03	2.0838E-03	2.7158E-03
10000.0	4.8571E-05	4.0317E-04	7.2277E-04	1.0395E-03	1.3554E-03
50000.0	8.9068E-06	7.9970E-05	1.4381E-04	2.0710E-04	2.7021E-04

Dieser große Rechenaufwand läßt sich umgehen, wenn man die Funktion $\bar{u}$ numerisch rücktransformiert. Da die Lösung einen glatten Funktionsverlauf aufweist, kann der Stehfest-Algorithmus angewendet werden. Mit den auf Diskette angebotenen Unterprogrammen ist die Programmierung sehr einfach:
- Programmierung einer Funktion UQUER(PLAPLA,S) nach Formel (3.115), wobei die Parameter u_0, a, r_0, R und die zu berechnende Stützstelle r in einem Vektor PLAPLA zusammengefaßt sind. UQUER ruft BESI0, BESI1, BESK0 und BESK1 auf.
- Mit jedem Funktionsaufruf
$$U = RLAPLE(UQUER,PLAPLA,T)$$
wird ein Wert $u(r,t)$ berechnet.
(Die hervorgehobenen Namen sind Algorithmen auf der o.g. Diskette).
Der unbekannte Randwert bei $r = r_0$ ergibt sich ebenfalls durch numerische Rücktransformation aus

$$\bar{Q}_0 = -2\pi r_0 \Delta z D \frac{\partial \bar{u}}{\partial r}\bigg|_{r=r_0}$$
$$= -2\pi r_0 \Delta z D u_0 \frac{p}{s} \frac{K_1(Rp)I_1(r_0 p) - I_1(Rp)K_1(r_0 p)}{K_1(Rp)I_0(r_0 p) + I_1(Rp)K_0(r_0 p)}. \quad (3.118)$$

Die Ergebnisse der numerischen Rücktransformation von $p(r)$ und $Q_0(t)$ sind in den Bild 3.24 graphisch dargestellt.

3.8.2 Die numerische Lösung

Auf Grund der Nichtlinearitäten ist die analytische Lösung nicht für einen großen Abbauzeitraum anwendbar. Dem Bild 3.23 entnimmt man, daß D, S und a mit "gutem Gewissen" nur für ein sehr kleines Druckintervall als konstant angenommen werden können (vgl. gestrichelten Bereich). Eine solche Näherung braucht im Falle der numerischen Lösung nicht vorgenommen zu werden. Außerdem ist es möglich, den Turbulenzanteil im Darcy-Gesetz zu berücksichtigen.

Zur numerischen Lösung benutzen wir die im Abschnitt 2.4.3 vorgestellte einfache Bilanzmethode. Die Integration der nichtlinearen, partiellen Differentialgleichung (3.111) über einen Zylinderring (s. Bild 3.22) führt auf

$$\iint_{\Delta A_i} D(u)\,\text{grad}\,u\,d\mathbf{A} = \iiint_{\Delta V_i} S(u)\frac{\partial u}{\partial t}\,dV\,,\ i = 1,\,2,\,...,\,M, \quad (3.119)$$

wobei der Druck p mit u bezeichnet wurde, um zur Standardschreibweise zu kommen. Wenn nun diese Beziehung, so wie im Abschnitt 2.4.3 gezeigt, integriert wird, erhält man

$$D(u)\,\text{grad}\,u\Big|_{r_i} 2\pi r_i \Delta z - D(u)\,\text{grad}\,u\Big|_{r_{i-1}} 2\pi r_{i-1} \Delta z =$$
$$S(u_i)\frac{du_i}{dt}\pi(r_i^2 - r_{i-1}^2)\Delta z\,,\ i = 1,\,2,\,...,\,M-1 \quad (3.120)$$

mit

$$u(r_0) = u_0,$$
$$u(r_i) = u_i\frac{r_{i+1} - r_i}{r_{i+1} - r_{i-1}} + u_{i+1}\frac{r_i - r_{i-1}}{r_{i+1} - r_i}\,,\ i = 1,\,2,\,...,\,M-1,$$
$$\text{grad}\,u\Big|_{r_0} = 2\frac{u_1 - u_0}{r_1 - r_0}\,,\quad \text{grad}\,u\Big|_{r_M} = 0,$$
$$\text{grad}\,u\Big|_{r_i} = 2\frac{u_{i+1} - u_i}{r_{i+1} - r_{i-1}}\,,\ i = 1,\,2,\,...,\,M-1.$$

Bei r_M ist der Gradient Null, weil wir eine geschlossene äußere Kontur angenommen haben. Der bei r_0 fließende Volumenstrom ist

$$Q_0 = -2\pi r_0 \Delta z\,D\frac{\partial u}{\partial r}\Big|_{r=r_0} = -4\pi r_0 \Delta z\,D(u_0)\frac{u_1 - u_0}{r_1 - r_0}\,. \quad (3.121)$$

Um bei der Zeitschrittwahl nicht zu große Schwierigkeiten zu erhalten, sollte die implizite Auflösung angewandt werden. Wenn man den bekannten Druck zur Zeit t (zu Beginn eines Zeitschrittes) mit u_j^a und eine Näherungslösung zur Zeit $t+\Delta t$ mit u_j^0 bezeichnet, erhält man die folgende Berechnungsvorschrift:

$$CR_O u_1 \quad\quad + CS_1 u_1 + CR_1(u_1-u_2) = CS_1^a u_1^a + CR_O u_O$$

$$CR_{i-1}(u_i - u_{i-1}) + CS_i u_i + CR_i(u_i - u_{i+1}) = CS_i^a u_i^a \quad (i = 2,3,\ldots,M-1)$$

$$CR_{M-1}(u_M - u_{M-1}) + CS_M u_M \quad\quad = CS_M^a u_M^a$$

mit

$$CR_O = D(u_O) 4\pi \frac{r_O \Delta z}{r_1 - r_O}$$

$$CR_i = D(u^O(r_i)) 4\pi \frac{r_i \Delta z}{r_{i+1} - r_{i-1}}$$

$$u^O(r_i) = u_i^O \frac{r_{i+1} - r_i}{r_{i+1} - r_{i-1}} + u_{i+1}^O \frac{r_i - r_{i-1}}{r_{i+1} - r_{i-1}}$$

$$CS_i = S(u_i^O) \pi (r_i^2 - r_{i-1}^2) \frac{\Delta z}{\Delta t},$$

$$CS_i^a = S(u_i^a) \pi (r_i^2 - r_{i-1}^2) \frac{\Delta z}{\Delta t} \quad \text{(für } i = 1, 2, \ldots, M\text{-1)} \quad (3.122)$$

Gleichung (3.120) wird auf diese Weise durch "Nachschleppen" der abhängigen Koeffizienten linearisiert. Der große Vorteil dieser Art der Linearisierung liegt in der Bilanztreue des Verfahrens:

$$\sum_{i=1}^{M} CS_i u_i = \sum_{i=1}^{M} CS_i^a u_i^a + CR_O (u_O - U_1),$$

$$\frac{\text{Vorrat}(t+\Delta t)}{\Delta t} = \frac{\text{Vorrat}(t)}{\Delta t} + \text{Randvolumenstrom}.$$

Es soll nun noch kurz der Algorithmus zur Lösung der Bilanzgleichung (3.122) skizziert werden. Er ist typisch für nichtlineare Probleme, die mit Hilfe numerischer Verfahren gelöst werden:
- Vorgabe der Anfangsbedingung u_i^a.
- Zyklus über alle vom Anwender festgelegten Zeitpunkte t_n (eventuell auch im Dialog).
- Zeitschrittunterteilung, wenn der vom Anwender gewählte Berechnungszeitraum $t_n - t_{n-1}$ größer als Δt_{max} (z.B. 10 Tage) ist:
    . Anfangslösung als Näherung übernehmen: $u_i = u_i^a$.
    . Näherung zur Zeit $t+\Delta t$ setzen: $u_i^O = u_i$.
    . Aufstellung des linearisierten Gleichungssystems (3.122).
    . Die Lösung des dreidiagonalen Gleichungssystems ergibt u_i.
    . Vergleich der Lösung mit der Näherung u_i^O.
    Falls $\max|u_i - u_i^O| > \varepsilon$ für irgend ein i ist, müssen die vier letzten Schritte wiederholt werden. Im anderen Falle: Ende des "Δt_{max}- Zyklus": die neue Anfangslösung ist $u_i^a = u_i$.

- Auswertung der Lösung zum vom Anwender vorgegebenen Zeitpunkt t_n, insbesondere Berechnung des unbekannten Randwertes $Q_0(t_n)$.
- Ende des Zyklus über die vorgegebenen Berechnungszeitpunkte.

Das Unterprogramm TRAFDM (s. Diskette "Wärme- und Stofftransport") für die Lösung der Strömungsgleichung in kartesischen Koordinaten ist auf diese Art programmiert worden. Es fehlt nur der innerste Zyklus zur Berücksichtigung der Nichtlinearitäten.

3.8.3 Vergleich der analytischen und der numerischen Lösung

Das Bild 3.24 enthält neben der analytischen Lösung auch die numerische Lösung sowohl ohne als auch unter Berücksichtigung der Turbulenz. Für den kurzen Zeitraum von 10 Tagen Förderung und bei der nur geringen Absenkung des Druckes im Bohrloch stimmen analytische und numerische Lösung ohne Berücksichtigung der Turbulenz recht gut überein. Das Bild 3.24 zeigt aber auch, welch großen Einfluß β_T besitzt.

Im Bild 3.25 ist die Förderrate Q_0 graphisch dargestellt. Der Unterschied zwischen den Lösungen mit $\beta_T = 1{,}3 \cdot 10^{10}$ m^{-1} und 0 ist sofort einsehbar: die Turbulenz stellt einen zusätzlichen Widerstand dar, so daß sich bei gleichem Druckgradienten im Falle turbulenter Strömung eine kleinere Ausströmgeschwindigkeit ergibt. Aber auch für den Unterschied zwischen der analytischen Lösung und der numerischen Lösung mit $\beta_T = 0$ findet man schnell eine Erklärung: Die Förderrate ist nach (3.121) proportional $D(u_0)$. Nach (3.112) geht aber nur die Konstante $D(u_a)$ in die Berechnung ein. So ist die analytisch berechnete Förderrate um den Faktor

$$\frac{D(u_a)}{D(u_0)} = \frac{0{,}0113}{0{,}0110} = 1{,}027$$

größer als die numerisch berechnete.

In Bild 3.24 sind die Unterschiede zwischen der analytischen und der numerischen Lösung mit $\beta_T = 0$ gering. Auch wenn man die Anzahl der Netzknoten erhöht oder erniedrigt, ändert sich die Graphik nur wenig. Anders sieht es aus, wenn man den Randvolumenstrom Q_0 vergleicht. Die Förderrate wird vom Gradienten bei $r = r_0$ bestimmt. Nur eine sehr genaue Bestimmung dieses Gradienten ermöglicht die genaue Ermittlung der Förderrate. Die analytische Lösung kann zur Verifizierung herangezogen werden. In der Bild 3.25 ist die Abhängigkeit des Förderrate von der Netzknotenanzahl graphisch dargestellt. Es veranschaulicht, welch

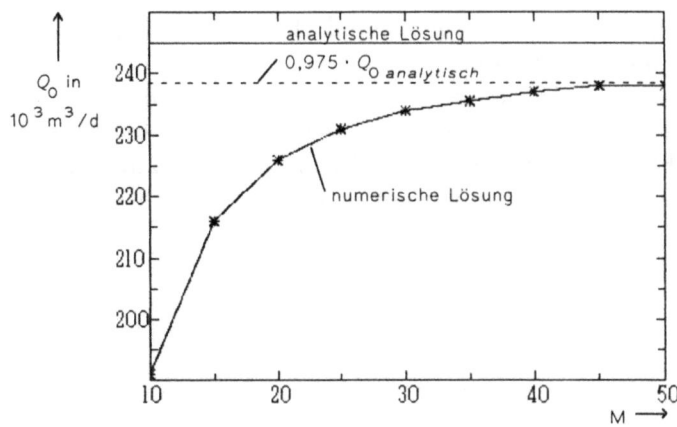

Bild 3.25. Abhängigkeit des berechneten Randvolumenstromes Q_0 bei $r=r_0$ von der Anzahl der Netzknoten zur Zeit $t=10$ Tage

großer Diskretisierungsfehler entsteht, wenn die Ortsschrittweite zu groß gewählt wird. Die Bilanz hingegen ist in allen Fällen erfüllt.

In Bild 3.26 wird die Langzeitlösung in einer in der Gaswirtschaft gebräuchlichen Darstellung gezeigt. Durch das Auftragen von Q_0 über der kumulativen Fördermenge $Q_{kumulativ}$ kann durch Extrapolation der förderbare Vorrat ermittelt werden. Die Graphik zeigt deutlich, welchen großen Einfluß die Turbulenz hat. Diese Tatsache und die bei langen Förderzeiträumen eintretende große Druckabsenkung (z.B. 40 MPa auf 4 MPa) sind Ursachen dafür, daß

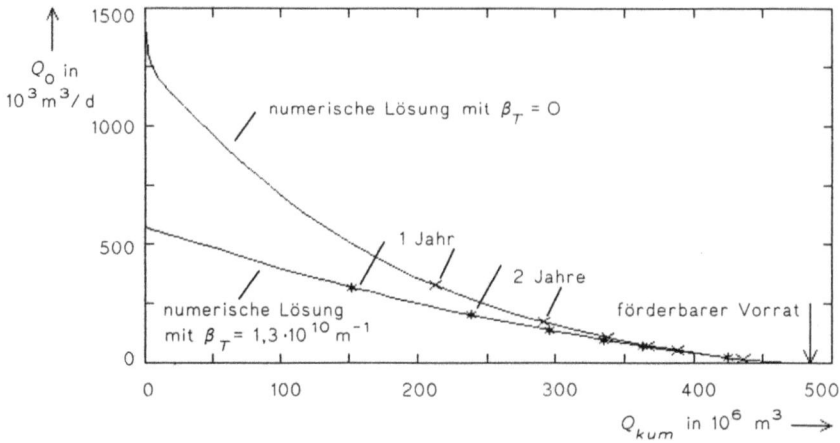

Bild 3.26. Einfluß der Turbulenz auf die Förderrate

analytische Lösungen nicht brauchbar sind. Das Langzeitproblem ist sinnvoll nur numerisch lösbar.

Zum Abschluß noch ein Hinweis zu den benötigten Rechenzeiten der numerische Lösung im Vergleich zur analytischen Lösung mit numerischer Rücktransformation nach Stehfest und zur analytischen Lösung nach (3.116). Sie verhalten sich wie 1 : 2 : 4.

4 Eindimensionale Strömung, Wärmeleitung und Diffusion

Nachdem im vorhergehenden Abschnitt einige Beispiele aus den verschiedensten Fachgebieten ausführlich behandelt worden sind, soll nun ein Anzahl von Lösungen, die nur von einer Ortskoordinate abhängen, in kurzer, einheitlicher Form dargestellt werden. Dabei wird im allgemeinen ein Bezug auf den physikalischen Hintergrund vermieden, da dieser unterschiedlichster Art sein kann. Die Lösungen sind damit über Tabelle 1.1 aus Abschnitt 1.8 auf das vom Nutzer jeweils benötigte Fachgebiet anwendbar.

Die vorliegende Sammlung, die keineswegs Anspruch auf Vollständigkeit erhebt, wurde hauptsächlich nach der Art des Koordinatensystems und der Art der Randbedingungen gegliedert. Besondere Probleme, die sich in dieses Ordnungsprinzip nicht gut einordnen ließen, wurden deshalb separat angeführt.

4.1 Aufgaben ohne Quellen

Im vorliegenden Abschnitt sollen ausschließlich Probleme für Gebiete mit homogenen Parametern (einheitliche Stoffwerte) behandelt werden; darüber hinaus sollen konstante Anfangs- und Randbedingungen gelten.

4.1.1 Aufgaben in kartesischen Koordinaten in einseitig begrenzten Gebieten

Randbedingungen 3. oder 1. Art:

Bild 4.1

DG: $\dfrac{\partial^2 u}{\partial x^2} = \dfrac{1}{a}\dfrac{\partial u}{\partial t}$

AB: $u=0$ für $t=0$, $x \geq 0$

RB: $u=0$ bei $x=\infty$, $t>0$

$\dfrac{D}{\alpha}\dfrac{\partial u}{\partial x} = u - u_o$ bei $x=0$, $t>0$ \hfill (4.1)

Lösung im $\mathcal{L}$-Bereich:

$$\bar{u}(x,s) = u_o \frac{e^{-px}}{s(p\,D/\alpha + 1)} \tag{4.2}$$

mit $p = \sqrt{s/a}$.

Die Rücktranformation mit den entsprechenden Korrespondenzen aus Anhang C führt auf

$$u(x,t) = u_o\left[\operatorname{erfc}\frac{x}{\sqrt{4at}} - e^{\alpha x/D + (\alpha/D)^2 at}\operatorname{erfc}\left(\frac{x}{\sqrt{4at}} + \frac{\alpha}{D}\sqrt{at}\right)\right] \tag{4.3}$$

Desweiteren ist auch der sich ergebende Strom bei $x=0$ von Interesse. Diesen erhält man mit der Beziehung

$$Q = -DA\frac{\partial u}{\partial x} \quad \text{bei } x=0.$$

Die Berechnung führt im $\mathcal{L}$-Bereich auf

$$\bar{Q}(0,s) = u_o \frac{\alpha A}{a\,p(p+\alpha/D)} \tag{4.4}$$

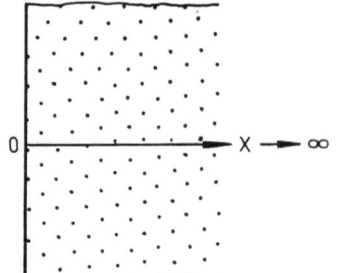

Bild 4.1. Einseitig begrenztes Gebiet in kartesischen Koordinaten

Durch anschließende Rücktransformation mit der betreffenden Korrespondenz aus Anhang C erhält man die gesuchte Lösung

$$Q(0,t) = u_o \alpha A \left[e^{(\alpha/D)^2 at} \text{ erfc } \frac{\alpha}{D}\sqrt{at} \right] \quad (4.5)$$

Der kumulative bzw. integrale Strom bei $x=0$ ist gegeben durch

$$Q_{kum}(0,t) = \int_0^t Q(0,\tau) d\tau .$$

Beim vorliegenden Problem führt man die Berechnung am bequemsten im $\mathcal{L}$-Bereich durch. Aus (4.4) ergibt sich

$$\bar{Q}_{kum}(0,s) = u_o \frac{\alpha A}{asp(p+\alpha/D)} \quad (4.6)$$

Die Rücktransformation kann wiederum unter Verwendung von Anhang C erfolgen. Man erhält

$$Q_{kum}(0,t) = u_o AS \left[\sqrt{4at/\pi} - \frac{D}{\alpha} + \frac{D}{\alpha} e^{(\alpha/D)^2 at} \text{erfc } \frac{\alpha}{D}\sqrt{at} \right] \quad (4.7)$$

Bei der Berechnung der Funktionen für die beiden Ströme kann man auch so verfahren, daß zuerst die Zeitfunktion für den kumulativen Strom Q_{kum} berechnet und daraus anschließend durch zeitliche Differentiation der Verlauf des Stromes Q ermittelt wird.

Für die Randbedingung 1. Art
$$u = u_o \quad \text{bei } x=0 , \quad t>0$$
ergeben sich die gesuchten Lösungen in diesem Fall aus denen für die Randbedingung 3. Art durch Grenzübergang $\alpha \to \infty$.

Aus (4.2) ergibt sich die Lösung im $\mathcal{L}$-Breich

$$\bar{u}(x,s) = u_o \frac{e^{-px}}{s} \quad (4.8)$$

und mit der geltenden Korrespondenz aus Anhang C die Lösung im Zeitbereich

$$u(x,t) = u_o \text{ erfc} \frac{x}{\sqrt{4at}} \quad (4.9)$$

Lösung für den Strom im $\mathcal{L}$-Bereich:

$$\bar{Q}(0,s) = u_o \frac{DA}{ap} \quad (4.10)$$

und im Zeitbereich

$$Q(0,t) = u_o DA \sqrt{\frac{1}{\pi at}} . \quad (4.11)$$

Die zeitliche Integration von (4.11) liefert schließlich die Lösungsfunktion für den kumulativen Strom

$$Q_{kum}(0,t) = u_o \frac{DA}{a} \sqrt{4at/\pi} . \quad (4.12)$$

Randbedingung 2. Art:

DG: $\dfrac{\partial^2 u}{\partial x^2} = \dfrac{1}{a}\dfrac{\partial u}{\partial t}$ **Bild 4.1**

AB: $u=0$ für $t=0$, $x \geq 0$

RB: $u=0$ bei $x=\infty$, $t>0$

$\dfrac{\partial u}{\partial x} = -\dfrac{Q}{DA}$ bei $x=0$, $t>0$ (4.13)

Lösung im $\mathcal{L}$-Bereich:

$$\bar{u}(x,s) = \dfrac{Q}{DA}\dfrac{e^{-px}}{sp} \qquad (4.14)$$

Die Lösung im Zeitbereich ergibt sich mit der entsprechenden Korrespondenz aus Anhang C

$$u(x,t) = \dfrac{Q}{DA}\sqrt{4at}\ \text{int erfc}\dfrac{x}{\sqrt{4at}} \qquad (4.15)$$

Aus (4.15) ergibt sich folgende Beziehung für die Lösung bei $x=0$:

$$u(0,t) = \dfrac{Q}{DA}\sqrt{4at/\pi}\ . \qquad (4.16)$$

4.1.2 Aufgaben in kartesischen Koordinaten in beidseitig begrenzten Gebieten

Randbedingungen 1. Art an beiden Rändern:

DG: $\dfrac{\partial^2 u}{\partial x^2} = \dfrac{1}{a}\dfrac{\partial u}{\partial t}$ **Bild 4.2**

AB: $u=0$ für $t=0$, $0 \leq x \leq L$

RB: $u=u_o$ bei $x=0$, $t>0$

$u=u_L$ bei $x=L$, $t>0$ (4.17)

Lösung im $\mathcal{L}$-Bereich:

$$\bar{u}(x,s) = \dfrac{u_o \sinh p(L-x) + u_L \sinh px}{s \sinh pL} \qquad (4.18)$$

Die Lösung hat Einfachpole bei $s=0$ und bei $s_n = -\mu_n^2 a/L^2$, $p_n = i\mu_n/L$ mit der Bestimmungsgleichung für die Eigenwerte

$\tan \mu_n = 0$ mit $\mu_n = \pi n$ ($n = 1, 2, 3, \ldots$).

Die Lösung im Zeitbereich erhält man mit dem Entwicklungssatz von Heaviside.

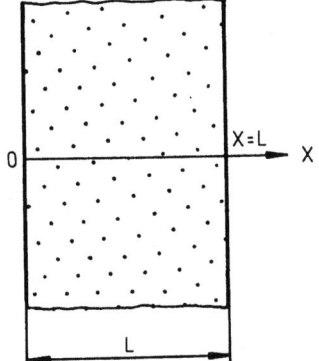

Bild 4.2. Beidseitig begrenztes Gebiet in kartesischen Koordinaten

Bild 4.3

$$u(x,t) = u_o \frac{L-x}{L} + u_L \frac{x}{L} - 2\sum_{n=1}^{\infty} \frac{u_o - (-1)^{n-1} u_L}{\pi n} \sin(n\pi x/L) e^{-n^2\pi^2 at/L^2} \quad (4.19)$$

Hierbei sind die ersten beiden Glieder von Gl.(4.19) die stationäre Lösung des Problems.

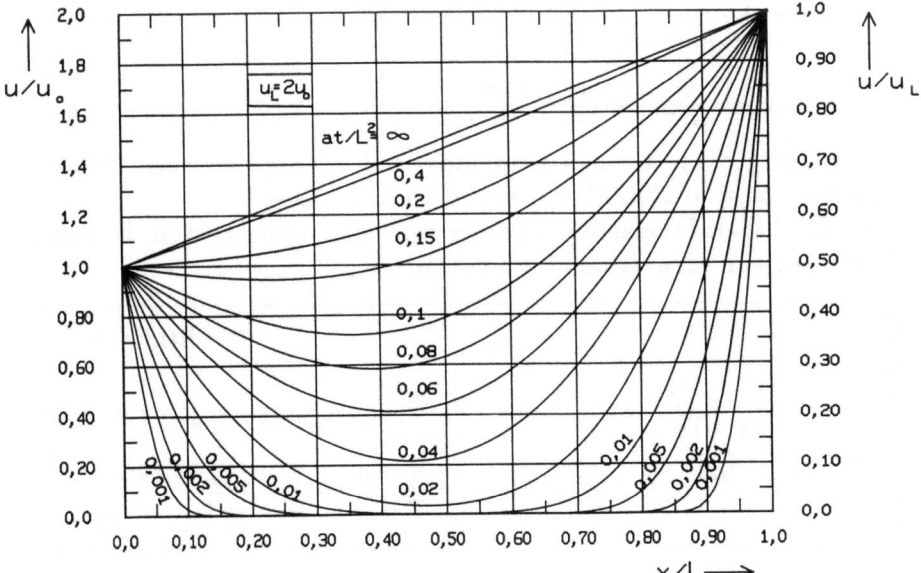

Bild 4.3. Lösung für ein beidseitig begrenztes Gebiet der Länge L – Randbedingungen 1. Art an beiden Rändern

Lösungen im $\mathcal{L}$-Bereich für den kumulativen Strom:

$$\bar{Q}_{kum}(0,s) = \frac{DA}{a} \frac{u_0 \cosh pL - u_L}{sp \sinh pL} ,$$

$$\bar{Q}_{kum}(L,s) = \frac{DA}{a} \frac{u_0 - u_L \cosh pL}{sp \sinh pL} .$$

Lösungen für den kumulativen Strom im Zeitbereich:

$$Q_{kum}(0,t) = \frac{DAL}{a}\left[(u_0-u_L)(at/L^2 - 1/6) + \frac{u_0}{2} + 2\sum_{n=1}^{\infty} \frac{u_0+u_L}{(-1)^n n^2\pi^2} e^{-n^2\pi^2 at/L^2}\right],$$

$$Q_{kum}(L,t) = \frac{DAL}{a}\left[(u_0-u_L)(at/L^2 - 1/6) - \frac{u_L}{2} + 2\sum_{n=1}^{\infty} \frac{u_L+u_0}{(-1)^n n^2\pi^2} e^{-n^2\pi^2 at/L^2}\right].$$

Die Beziehungen für den Verlauf des Stromes können wiederum durch zeitliche Ableitung der oberen Gleichungen erhalten werden.

Randbedingungen 2. Art an beiden Rändern:

			Bild 4.2
DG:	$\dfrac{\partial^2 u}{\partial x^2} = \dfrac{1}{a}\dfrac{\partial u}{\partial t}$		
AB:	$u=0$	für $t=0$, $0 \le x \le L$	
RB:	$\dfrac{\partial u}{\partial x} = -\dfrac{Q_0}{DA}$	bei $x=0$, $t>0$	
	$\dfrac{\partial u}{\partial x} = +\dfrac{Q_L}{DA}$	bei $x=L$, $t>0$	(4.20)

Lösung im $\mathcal{L}$-Bereich:

$$\bar{u}(x,s) = \frac{Q_0 \cosh p(L-x) + Q_L \cosh px}{DA \; sp \sinh pL} \qquad (4.21)$$

Die Lösung besitzt einen Doppelpol bei $s=0$ und weitere Einfachpole bei $s_n = -n^2\pi^2 a/L^2$, $p_n = n\pi/iL$ ($n=1, 2, 3, \cdots$).
Zur Rücktransformation wenden wir den erweiterten Entwicklungssatz von Heaviside an und erhalten

	Bild 4.4
$u(x,t) = \dfrac{Q_0 L}{DA}\left[\dfrac{at}{L^2} + \dfrac{(L-x)^2}{2L^2} - \dfrac{1}{6} - \dfrac{2}{\pi^2}\sum_{n=1}^{\infty}\dfrac{1}{n^2}\cos(n\pi x/L)\, e^{-n^2\pi^2 at/L^2}\right]$	
$+ \dfrac{Q_L L}{DA}\left[\dfrac{at}{L^2} + \dfrac{x^2}{2L^2} - \dfrac{1}{6} - \dfrac{2}{\pi^2}\sum_{n=1}^{\infty}\dfrac{(-1)^n}{n^2}\cos(n\pi x/L)\, e^{-n^2\pi^2 at/L^2}\right]$	(4.22)

Näherungslösung für kleine Zeiten:

$$\bar{u}(x,s) = \frac{Q_0}{DA \; sp}\left(e^{-px} + e^{-p(2L-x)} + \cdots\right) + \frac{Q_L}{DA \; sp}\left(e^{-p(L-x)} + e^{-p(L+x)} + \cdots\right),$$

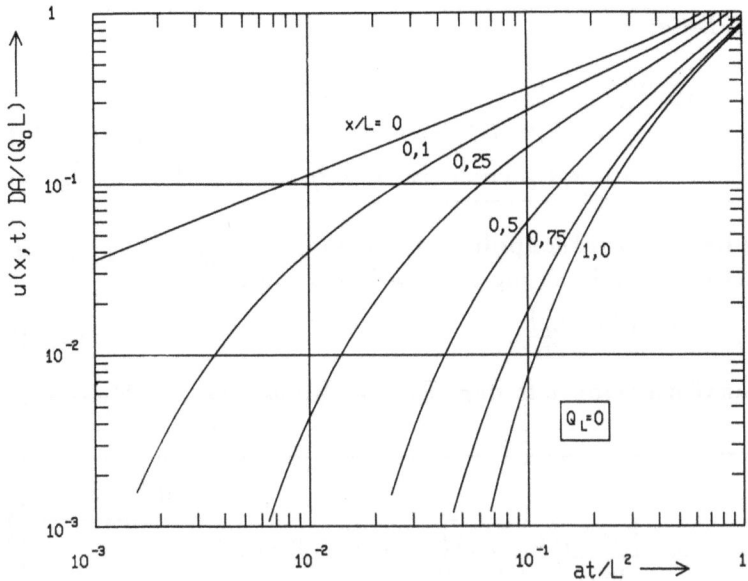

Bild 4.4. Lösung für ein beidseitig begrenztes Gebiet
  – Randbedingungen 2. Art an beiden Rändern

$$u(x,t) = \frac{\sqrt{4at}}{DA}\left(Q_o \text{ int erfc}\frac{x}{\sqrt{4at}} + Q_L \text{int erfc}\frac{L-x}{\sqrt{4at}} + Q_o\text{int erfc}\frac{2L-x}{\sqrt{4at}} + Q_L\text{int erfc}\frac{L+x}{\sqrt{4at}} + \cdots\right).$$

Lösung für große Zeiten (quasi-stationäre Lösung):

$$u(x,t) = \frac{(Q_o+Q_L)L}{DA}\left(\frac{at}{L^2} + \frac{x^2}{2L^2} - \frac{1}{6}\right) + \frac{Q_oL}{DA}\left(\frac{1}{2} - \frac{x}{L}\right).$$

Durch örtliche Integration der quasi-stationären Lösung und Division durch die Gesamtlänge L des Körpers ergibt sich der zeitliche Verlauf der mittleren Lösungsfunktion

$$u_m(t) = \frac{(Q_o + Q_L)at}{DAL}.$$

Randbedingungen 3. Art an beiden Rändern:

DG: $\frac{\partial^2 u}{\partial x^2} = \frac{1}{a}\frac{\partial u}{\partial t}$		**Bild 4.2**
AB: $u=0$	für $t=0$, $0 \leq x \leq L$	
RB: $\frac{D}{\alpha_o}\frac{\partial u}{\partial x} = u-u_o$	bei $x=0$, $t>0$	
$\frac{D}{\alpha_L}\frac{\partial u}{\partial x} = -(u-u_L)$	bei $x=L$, $t>0$	**(4.23)**

Lösung im $\mathcal{L}$-Bereich:

$$\bar{u}(x,s) = \frac{u_o \alpha_o/D \left[p \cosh p(L-x) + \alpha_L/D \ \sinh p(L-x) \right]}{s\left[(p + \alpha_o \alpha_L/D) \sinh pL + p(\alpha_o/D + \alpha_L/D) \cosh pL \right]} + \longrightarrow$$

$$+ u_L \alpha_L/D \left[p \cosh px + \alpha_o/D \sinh px \right] \quad (4.24)$$

Die Lösung besitzt Einfachpole bei $s=0$ und $s_n = -\mu_n^2 a/L^2$, $p_n = \mu_n/iL$ mit der Bestimmungsgleichung für die Eigenwerte

$$\tan \mu = \frac{\mu L/D (\alpha_o + \alpha_L)}{\mu^2 - \alpha_o \alpha_L L^2/D^2} \quad (4.25)$$

Die Rücktransformation mit dem Entwicklungssatz von Heaviside führt auf

---

Bild 4.5

$$u(x,t) = \frac{u_o \alpha_o \left[1 + \alpha_L(L-x)/D\right] + u_L \alpha_L (1 + \alpha_o x/D)}{\alpha_o \alpha_L L/D + \alpha_o + \alpha_L}$$

$$-2 \sum_{n=1}^{\infty} \frac{u_o \alpha_o L/D \left[\mu_n \cos \mu_n(1-x/L) + \alpha_L L/D \sin \mu_n (1-x/L) \right. \longrightarrow}{\mu_n \left[2 + L/D (\alpha_o + \alpha_L) \mu_n \sin \mu_n \right]}$$

$$\frac{+ u_L \alpha_L L/D \left[\mu_n \cos \mu_n x/L + \alpha_o L/D \sin \mu_n x/L \right]}{+ \left[\mu_n^2 - \alpha_o \alpha_L L/D - L/D(\alpha_o + \alpha_L) \right] \cos \mu_n} \ e^{-\mu_n^2 a t/L^2}$$

$$(4.26)$$

Der stationäre Endzustand der Lösung wird durch den ersten Term von (4.26) beschrieben.

Für kleine Zeiten erhält man folgende Näherungslösung im $\mathcal{L}$-Bereich:

$$\bar{u}(x,s) = u_o \alpha_o/D \left[\frac{e^{-px}}{s(p+\alpha_o/D)} + \frac{(p-\alpha_L/D) \ e^{-p(L-x)}}{s(p+\alpha_o/D)(p+\alpha_L/D)} \pm \ldots \right]$$

$$+ u_L \alpha_L/D \left[\frac{e^{-p(L-x)}}{s(p+\alpha_L/D)} + \frac{(p-\alpha_o/D) \ e^{-p(L+x)}}{s(p+\alpha_o/D)(p+\alpha_L/D)} \pm \ldots \right]$$

Wird jeweils nur das erste Glied der Reihen mit der entsprechenden Korrespondenz aus Anhang C rücktransformiert, so ergibt sich

$$u(x,t) = u_o \left[\mathrm{erfc} \frac{x}{\sqrt{4at}} - e^{[\alpha_o/D(x + \alpha_o^2 at/D^2)]} \ \mathrm{erfc}\left(\frac{x}{\sqrt{4at}} + \frac{\alpha_o}{D}\sqrt{at} \right) \right]$$

$$+ u_L \left[\mathrm{erfc} \frac{L-x}{\sqrt{4at}} - e^{[\alpha_L/D(L-x) + \alpha_L^2 at/D^2]} \ \mathrm{erfc}\left(\frac{L-x}{\sqrt{4at}} + \frac{\alpha_L}{D}\sqrt{at} \right) \right]$$

Lösung für den kumulativen Strom im $\mathcal{L}$-Bereich bei $x=0$

$$\bar{Q}_{kum}(0,s) = \frac{\alpha_o A}{a} \ \frac{u_o (p \sinh pL + \alpha_L/D \cosh pL) - u_L \alpha_L/D}{sp\left[(p^2 + \alpha_o \alpha_L/D^2) \sinh pL + p(\alpha_o/D + \alpha_L/D) \cosh pL\right]}$$

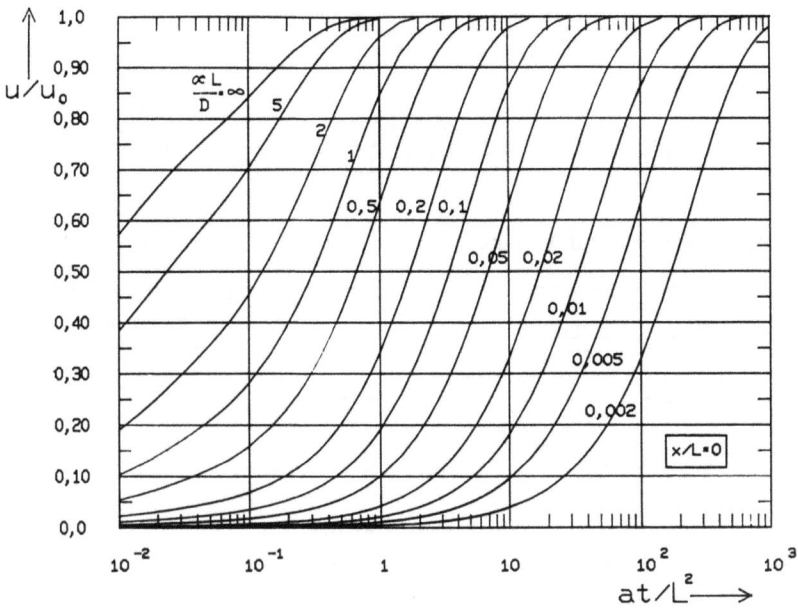

Bild 4.5. Lösung für ein beidseitig begrenztes Gebiet der Länge L
— Randbedingungen 3. Art an beiden Rändern, $(\alpha_0 = \alpha_L = \alpha, \ u_0 = u_L)$

und bei $x=L$

$$\bar{Q}_{kum}(L,s) = \frac{\alpha_L A}{a} \frac{u_0 \alpha_0/D - u_L(p \sinh pL + \alpha_0/D \cosh pL)}{sp\left[(p^2 + \alpha_0 \alpha_L/D^2)\sinh pL + p(\alpha_0/D + \alpha_L/D)\cosh pL\right]}.$$

Da bei $s=0$ ein Doppelpol vorliegt, erfolgt die Rücktransformation mit dem erweiterten Entwicklungssatz von Heaviside.
Man erhält bei $x=0$ und $x=L$

$$Q_{kum}(0,t) = \frac{DAL}{a}\left\{\frac{\alpha_0}{\alpha_0 \alpha_L L/D + \alpha_0 + \alpha_L}\left[B(u_0 - u_L)\alpha_L L/D - u_0(1 + \alpha_L L/2D)\right]\right.$$
$$\left. -2\sum_{n=1}^{\infty}\frac{1}{C_n}\left[u_L \alpha_L L/D + u_0(\mu_n \sin \mu_n - \alpha_L L/D \cos \mu_n)\right]e^{-\mu_n^2 at/L^2}\right\},$$

$$Q_{kum}(L,t) = \frac{DAL}{a}\left\{\frac{\alpha_L}{\alpha_0 \alpha_L L/D + \alpha_0 + \alpha_L}\left[B(u_0 - u_L)\alpha_0 L/D - u_L(1 + \alpha_0 L/2D)\right]\right.$$
$$\left. +2\sum_{n=1}^{\infty}\frac{1}{C_n}\left[u_0 \alpha_0 L/D + u_L(\mu_n \sin \mu_n - \alpha_0 L/D \cos \mu_n)\right]e^{-\mu_n^2 at/L^2}\right\}$$

mit $\quad B = at/L^2 - \dfrac{6 + \alpha_o \alpha_L L/D + 3(\alpha_o + \alpha_L)}{6(\alpha_o \alpha_L L/D + \alpha_o + \alpha_L)}$

und $\quad C_n = \mu_n^2 \left[\left(\alpha_o L/D + \alpha_L L/D\right)\left(\dfrac{\mu_n}{\sin \mu_n} - \cos \mu_n\right) + 2\mu_n \sin \mu_n \right]$.

Randbedingungen 3. und 1. Art:

	Bild 4.2
DG: $\dfrac{\partial^2 u}{\partial x^2} = \dfrac{1}{a}\dfrac{\partial u}{\partial t}$	
AB: $\quad u = 0 \quad$ für $\quad t=0,\ 0 \le x \le L$	
RB: $\dfrac{D}{\alpha}\dfrac{\partial u}{\partial x} = u - u_o \quad$ bei $\quad x=0,\ t>0$	
$\quad u = u_L \quad$ bei $\quad x=L,\ t>0$	(4.27)

Lösung im $\mathcal{L}$-Bereich:

$$\bar{u}(x,s) = \dfrac{u_o \alpha_o/D\ p \cosh p(L-x) + u_L \left[p \cosh px + \alpha_o/D \sinh px\right]}{s\left[\alpha_o/D\ \sinh pL + p \cosh pL\right]} \quad (4.28)$$

Die obere Gleichung läßt sich aus dem Fall für Randbedingungen 3. Art an beiden Rändern ableiten, wenn man α_L gegen unendlich gehen läßt. Für die Gleichung zur Ermittlung der Eigenwerte ergibt sich dadurch

$$\tan \mu = -\mu D / \alpha_o L.$$

In gleicher Weise erhält man aus (4.26) folgende Lösung im Zeitbereich:

	Bild 4.6
$u(x,t) = \dfrac{u_o \alpha_o (L-x)/D + u_L(1 + \alpha_o x/D)}{\alpha_o L/D + 1} - 2\displaystyle\sum_{n=1}^{\infty} e^{-\mu_n^2 at/L^2}$	
$\times\ \dfrac{u_o \alpha_o L/D \sin \mu_n(1-x/L) + u_L\left[\mu_n \cos \mu_n x/L + \alpha_o L/D \sin \mu_n x/L\right]}{\mu_n^2 \sin \mu_n - \left[\alpha_o L/D + 1\right] \cos \mu_n}$	
	(4.29)

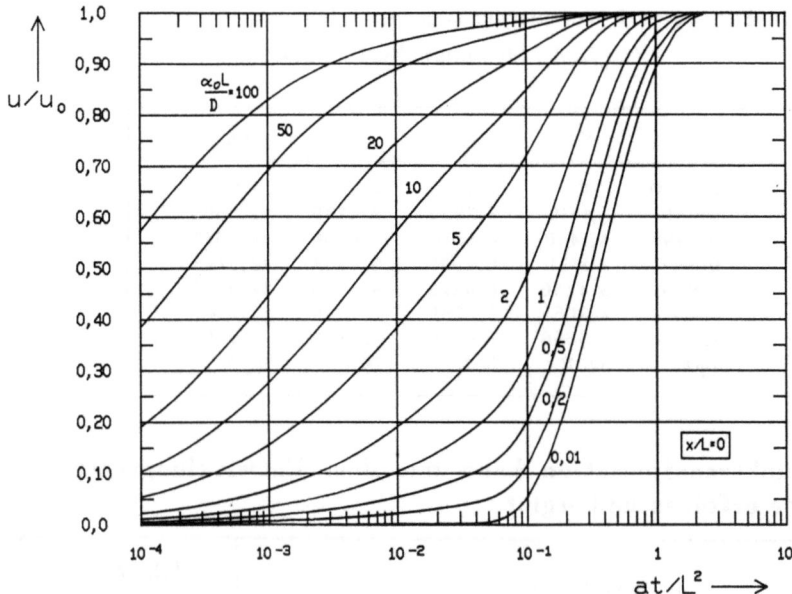

Bild 4.6. Lösung für ein beidseitig begrenztes Gebiet der Länge L -Randbedingung 1. Art bei $x = L$, ($u_o = u_L$)

Randbedingungen 3. und 2. Art:

			Bild 4.2
DG:	$\dfrac{\partial^2 u}{\partial x^2} = \dfrac{1}{a}\dfrac{\partial u}{\partial t}$		
AB:	$u = 0$	für $t = 0$, $0 \leq x \leq L$	
RB:	$\dfrac{D}{\alpha}\dfrac{\partial u}{\partial x} = u - u_o$	bei $x = 0$, $t > 0$	
	$\dfrac{\partial u}{\partial x} = \dfrac{Q_L}{DA}$	bei $x = L$, $t > 0$	(4.30)

Lösung im $\mathcal{L}$-Bereich

$$\bar{u}(x,s) = \frac{u_o \alpha_o/D \; \cosh p(L-x) + \dfrac{Q_L}{DAp}\left[p \cosh px + \alpha_o/D \; \sinh px\right]}{s\left[\alpha_o/D \; \cosh pL + p \sinh pL\right]}$$

(4.31)

mit den Polstellen bei $s = 0$ und $s_n = -\mu_n^2 a/L^2$, $p_n = \mu_n/iL$ (alles Einfachpole) und der Bestimmungsgleichung für die Eigenwerte μ_n

$$\cot \mu = \mu/(\alpha_o L/D).$$

Die ersten 5 Wurzeln der Eigenwertgleichung sind für einige Werte $\alpha_o L/D$ in Tabelle 4.1 angegeben.

Tabelle 4.1. Die ersten 5 Wurzeln der Eigenwertgleichung
$\cot \mu = \mu / (\alpha_o L/D)$ für einige Werte $\alpha_o L/D$

$\alpha_o L/D$	μ_1	μ_2	μ_3	μ_4	μ_5
0	0,0000	π	2π	3π	4π
0,001	0,0316	3,1419	6,2833	9,4249	12,5665
0,01	0,0998	3,1448	6,1848	9,4258	12,5672
0,1	0,3111	3,1731	6,2991	9,4354	12,5743
1,	0,8603	3,4256	6,4373	9,5293	12,6453
10,	1,4289	4,3055	7,2281	10,1003	13,2142
100,	1,5552	4,6658	7,7764	10,8871	13,9981
∞	$1/2\pi$	$3/2\pi$	$5/2\pi$	$7/2\pi$	$9/2\pi$

Die Rücktransformation kann mit dem Entwicklungssatz von Heaviside erfolgen und ergibt

$$u(x,t) = u_o + \frac{Q_L(D+x\alpha_o)}{DA\alpha_o} - 2\sum_{n=1}^{\infty} \frac{u_o \sin \mu_n + Q_L L/(DA\mu_n)}{\mu_n + \sin \mu_n \cos \mu_n} \cos \mu_n (1-x/L) \, e^{-\mu_n^2 at/L^2}$$

Bild 4.7

(4.32)

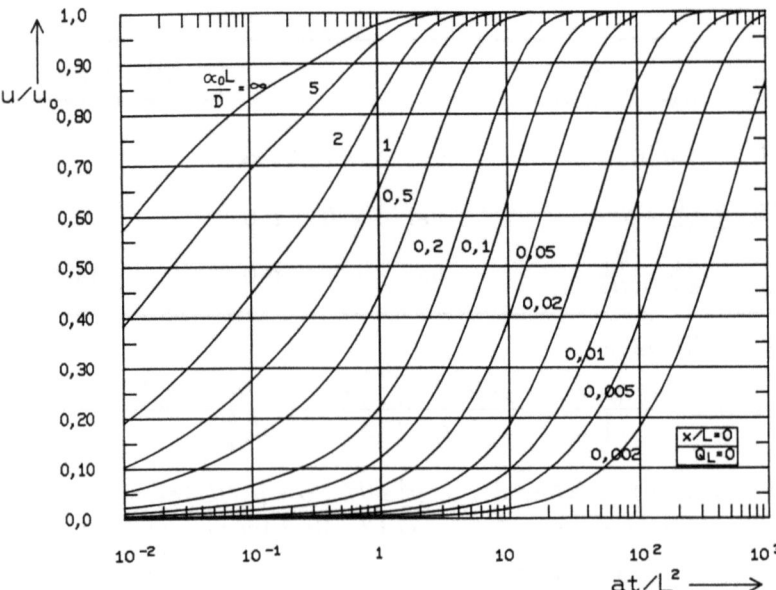

Bild 4.7. Lösung für ein beidseitig begrenztes Gebiet der Länge L
- Randbedingungen 3. Art bei $x=0$ und 2. Art bei $x=L$

Für große Werte at/L^2 kann die unendliche Reihe gegen die ersten beiden Terme vernachlässigt werden.

Für den Verlauf des Stromes erhalten wir bei x=0 im $\mathcal{L}$-Bereich

$$\bar{Q}_{kum}(0,s) = \alpha_0 A \frac{u_0 p \sinh pL - Q_L/DA}{s(p \sinh pL + \alpha_0/D \cosh pL)}$$

mit den Polstellen und Eigenwerten wie oben. Da sich hier bei $s=0$ ein Doppelpol befindet, wird zur Rücktransformation der erweiterte Entwicklungssatz von Heaviside angewendet. Man erhält für x=0

$$Q_{kum}(0,t) = \frac{DAL}{a}\left[u_0\left(1 - 2\sum_{n=1}^{\infty} \frac{\sin^2 \mu_n}{\mu_n(\mu_n + \sin \mu_n \cos \mu_n)} e^{-\mu_n^2 at/L^2}\right)\right.$$

$$\left. - \frac{Q_L L}{DA}\left(\frac{at}{L^2} - \frac{D}{\alpha_0 L} - \frac{1}{2} + \sum_{n=1}^{\infty} \frac{\sin \mu_n}{\mu_n^2(\mu_n + \sin \mu_n \cos \mu_n)} e^{-\mu_n^2 at/L^2}\right)\right.$$

und für x=L

$$Q_{kum}(L,t) = -Q_L t \ .$$

4.1.3 Radialsymmetrische Aufgaben in einseitig begrenzten Gebieten

Zylindrischer Hohlraum mit Randbedingung 1. Art:

		Bild 4.8
DG: $\frac{\partial^2 u}{\partial r^2} + \frac{1}{r}\frac{\partial u}{\partial r} = \frac{1}{a}\frac{\partial u}{\partial t}$		
AB: $u=0$	für $t=0$, $r \geq r_0$	
RB: $u = u_0$	bei $r = r_0$, $t > 0$	
$u = 0$	bei $r = \infty$, $t > 0$	(4.33)

Lösung im $\mathcal{L}$-Bereich

$$\bar{u}(r,s) = \frac{u_0 K_0(rp)}{s K_0(r_0 p)} \quad \text{mit } p = \sqrt{s/a} \ . \tag{4.34}$$

Die Lösung im Zeitbereich erhält man unter Verwendung der betreffenden Korrespondenz aus Anhang C.

		Bild 4.9
$u(r,t) = u_0 A(t_D, r/r_0)$	mit $t_D = at/r_0^2$	(4.35)

Die Funktion $A(t_D, r/r_0)$ ist in Anhang C definiert.

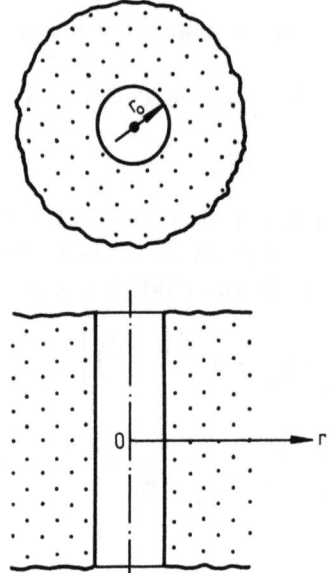

Bild 4.8. Zylinderischer Hohlraum in einem Gebiet

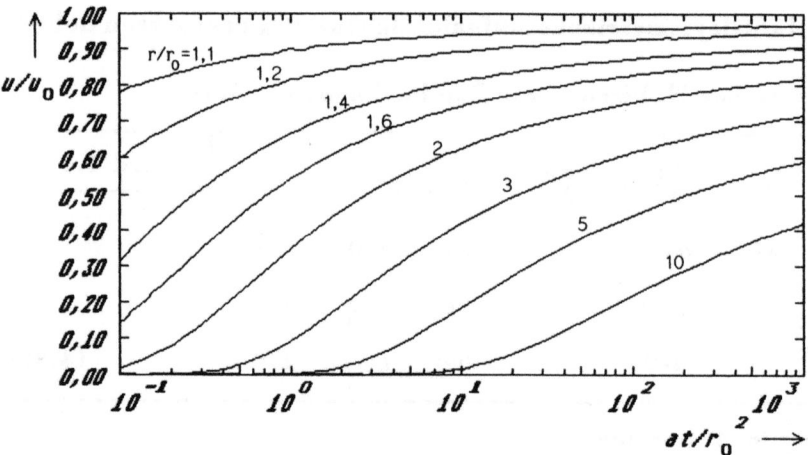

Bild 4.9. Lösung für den zylindrischen Hohlraum
- Randbedingungen 1. Art

Für den Strom bei $r = r_0$ erhält man die Lösung im $\mathcal{L}$-Bereich

$$\overline{Q}(r_0, s) = 2\pi r_0 u_0 \frac{D \Delta z}{a} \frac{K_1(r_0 p)}{p\, K_0(r_0 p)} \quad .$$

Die Zeitfunktion ergibt sich wiederum durch Verwendung der Korrespondenzen aus Anhang C oder durch Berechnung der Beziehung

$$Q(r_0, t) = -2\pi r_0 u_0 D\, \Delta z\, \frac{\partial u}{\partial x} \qquad \text{bei } r = r_0$$

und lautet:

$Q(r_0, t) = 2\pi u_0 D \, \Delta z \, G(t_D)$ (Funktion $G(t_D)$ siehe Anhang C).

Den integralen Strom erhält man durch Division der Bildfunktion durch s und anschließender Rücktransformation oder durch zeitliche Integration von $Q(r_0, t)$.

Zylindrischer Hohlraum mit Randbedingung 2. Art: Die Lösung dieser Aufgabe ist ausführlich im Abschnitt 3.3 dargestellt.

Vollzylinder mit Randbedingung 1. Art:

			Bild 4.10
DG:	$\dfrac{\partial^2 u}{\partial r^2} + \dfrac{1}{r}\dfrac{\partial u}{\partial r} = \dfrac{1}{a}\dfrac{\partial u}{\partial t}$		
AB:	$u = 0$	für $t = 0$, $0 \leq r \leq R$	
RB:	$u = u_0$	bei $r = R$, $t > 0$	
	$\dfrac{\partial u}{\partial r} = 0$	bei $r = 0$, $t > 0$	(4.36)

Lösung im $\mathcal{L}$-Bereich:

$$\bar{u}(r,s) = \frac{u_R I_0(rp)}{s \, I_0(Rp)} \qquad (4.37)$$

mit einfachen Polstellen bei $s = 0$ und $s_n = -\mu_n^2 a/R^2$ $p_n = \mu_n/iR$ sowie der Bestimmungsgleichung für die Eigenwerte μ_n

$J_0(\mu) = 0$.

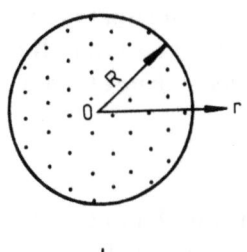

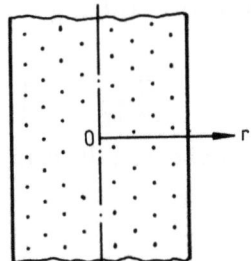

Bild 4.10. Lage der r-Koordinate in einem Vollzylinder

Tabelle 4.2. Die ersten 20 Wurzeln der transzendenten Gleichung
$$J_0(\mu)=0$$

n	μ_n	n	μ_n	n	μ_n	n	μ_n
1	2,4048	6	18,0711	11	33,7758	16	49,4826
2	5,5201	7	21,2116	12	36,9171	17	52,6241
3	8,6537	8	24,3525	13	40,0584	18	55,7655
4	11,7915	9	27,4935	14	43,1998	19	58,9070
5	14,9309	10	30,6346	15	46,3412	20	62,0485

Die ersten 20 Wurzeln dieser transzendenten Gleichung sind in Tabelle 4.2 angeben oder können mit Gl. (B18) berechnet werden. Die Rücktransformation mit dem Heavisideschen Entwicklungssatz führt auf

Bild 4.11

$$u(r,t)= u_R\left[1 -2\sum_{n=1}^{\infty} \frac{J_0(\mu_n r/R)}{\mu_n J_1(\mu_n)} e^{-\mu_n^2 at/R^2}\right] \quad \text{für } 0 \le r \le R. \quad (4.38)$$

Die Reihe in (4.38) konvergiert für große Werte at/R^2 sehr schnell, so daß nur noch das erste Glied der Reihe benötigt wird. Für $r=0$ erhält man damit folgende einfache Näherungsbeziehung

$$u(0,t)= u_R[1- 1{,}602 \exp-(5{,}783\ at/R^2)]. \quad (4.39)$$

Für kleine Werte at/R^2 ist es zweckmäßig, eine Näherunglösung abzuleiten. Gleichung (4.37) wird deshalb unter Verwendung der asymptotischen Entwicklungen für die Bessel-Funktionen (s. Anhang B) umgeformt zu

$$\bar{u}(r,s) = u_R \sqrt{R/r}\, \frac{1}{s} e^{-p(R-r)}\left[1 + \frac{R-r}{8prR} + \cdots\right].$$

Die entsprechende Zeitfunktion erhält man durch Rücktransformation mit den entsprechenden Korrespondenzen aus Anhang C. Sie lautet für $r>0$

$$u(r,t) = u_R \sqrt{R/r}\left[\operatorname{erfc}\frac{R-r}{\sqrt{4at}} + \frac{R-r}{4r}\sqrt{\frac{at}{R^2}}\ \text{int}\ \operatorname{erfc}\frac{R-r}{\sqrt{4at}} + \cdots\right].$$

Für den kumulativen Strom an der Zylinderoberfläche erhält man im $\mathcal{L}$-Bereich

$$\bar{Q}_{kum}(R,s) = -2\pi R u_R \frac{DL}{a} \frac{I_1(Rp)}{sp\, I_0(Rp)}$$

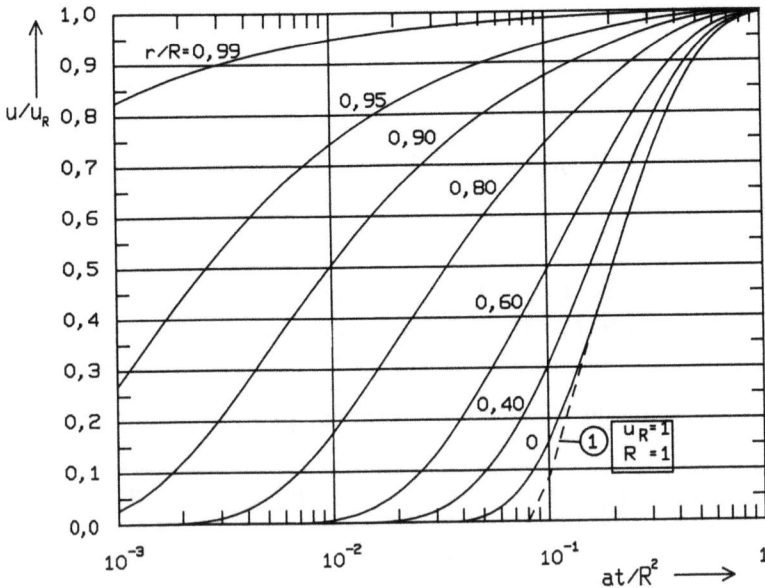

Bild 4.11. Lösung für einen Vollzylinder mit dem Radius R
— Randbedingung 1. Art (1 Näherungslösung Gl.(4.39))

und mit dem Entwicklungssatz von Heaviside im Zeitbereich

$$Q_{kum}(R,t) = -\pi R^2 u_R \frac{DL}{a} \left[1 - 4 \sum_{n=1}^{\infty} \frac{1}{\mu_n^2} e^{-\mu_n^2 a t/R^2} \right] \; .$$

Durch Differentiation von Q_{kum} nach der Zeit ergibt sich die folgende Beziehung für den Verlauf des Stromes:

$$Q(R,t) = \frac{dQ_{kum}}{dt} = -4\pi DL u_R \sum_{n=1}^{\infty} e^{-\mu_n^2 a t/R^2} \; .$$

Vollzylinder mit Randbedingung 2.Art:

			Bild 4.10
DG:	$\dfrac{\partial^2 u}{\partial r^2} + \dfrac{1}{r}\dfrac{\partial u}{\partial r} = \dfrac{1}{a}\dfrac{\partial u}{\partial t}$		
AB:	$u=0$	für $t=0$, $0 \leq r \leq R$	
RB:	$r\dfrac{\partial u}{\partial r} = \dfrac{Q}{2\pi \Delta z D}$	bei $r=R$, $t>0$	
	$\dfrac{\partial u}{\partial r} = 0$	bei $r=0$, $t>0$	(4.40)

Lösung im ℒ-Bereich

$$\bar{u}(r,s) = \frac{Q}{2\pi \Delta z DR} \frac{I_0(rp)}{sp\, I_1(Rp)} \tag{4.41}$$

mit einem Doppelpol bei $s=0$ und weiteren Einfachpolen bei $s_n = -\mu_n^2 a/R^2$, $p_n = \mu_n/iR$ sowie der Bestimmungsgleichung für die Eigenwerte μ_n

$$J_1(\mu) = 0 \ .$$

Die ersten 10 Wurzeln dieser Gleichung sind in Tabelle 4.3 angegebe oder können mit Gl. (B22) berechnet werden.

Tabelle 4.3. Die ersten 10 Wurzeln der Gleichung $J_1(\mu)=0$

n	μ_n	n	μ_n	n	μ_n	n	μ_n	n	μ_n
1	3,8317	3	10,1735	5	16,4706	7	22,7001	9	29,0468
2	7,0156	4	13,3237	6	19,6159	8	25,9037	10	32,1897

Die Rücktransformation mit dem erweiterten Entwicklungssatz von Heaviside ergibt

Bild 4.12

$$u(r,t) = \frac{Q}{2\pi \Delta z D}$$
$$\times \left[\frac{2at}{R^2} + \frac{r^2}{2R^2} - \frac{1}{4} - 2\sum_{n=1}^{\infty} \frac{J_0(\mu_n r/R)}{\mu_n J_0(\mu_n)} e^{-\mu_n^2 at/R^2} \right] \tag{4.42}$$

Für große Werte at/R^2 wird der quasistationäre Zustand erreicht und $u(r,t)$ kann mit dem ersten Summanden berechnet werden. Für kleine Werte at/R^2 kann die Lösung im ℒ-Bereich (4.41) umgeformt werden zu

$$\bar{u}(r,s) = \frac{Q}{2\pi \Delta z DR} \sqrt{R/r}$$
$$\times \left[1 + \frac{R+3r}{8rRp} + \frac{3a(3R^2+2rR+11r^2)}{128 s\, r\, R} + \ldots \right] \frac{e^{-p(R-r)}}{sp} \ .$$

Die Rücktransformation ist mit Korrespondenzen aus Anhang C möglich und ergibt für die ersten zwei Summanden für $r>0$

$$u(r,t) = \frac{Q}{2\pi \Delta z D} \sqrt{\frac{4at}{rR}}$$
$$\times \left[\text{int erfc} \frac{R-r}{\sqrt{4at}} + \frac{R+3r}{8r} \sqrt{\frac{4at}{R^2}} \text{int}^2 \text{erfc} \frac{R-r}{\sqrt{4at}} \right].$$

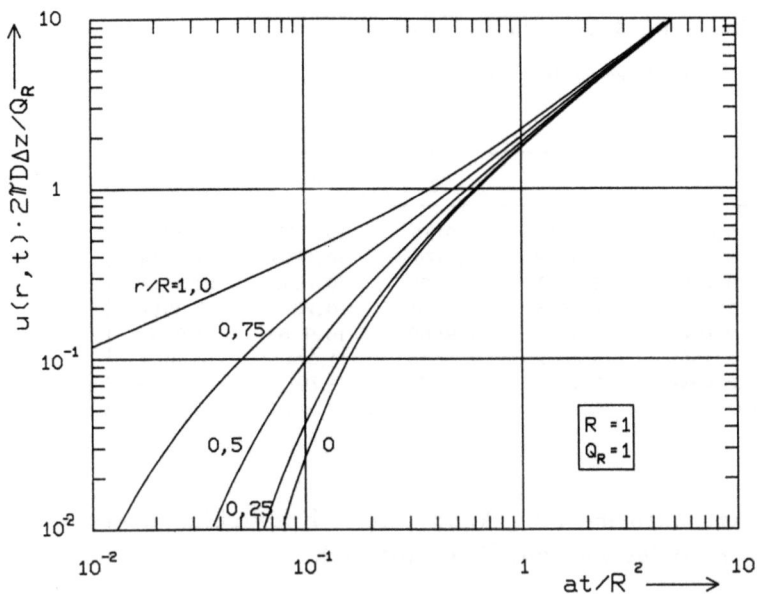

Bild 4.12. Lösung für einen Vollzylinder mit dem Radius R
— Randbedingung 2. Art

Vollzylinder mit Randbedingung 3. Art:

				Bild 4.10
DG:	$\dfrac{\partial^2 u}{\partial r^2} + \dfrac{1}{r}\dfrac{\partial u}{\partial r}$	$= \dfrac{1}{a}\dfrac{\partial u}{\partial t}$		
AB:	$u=0$	für	$t=0$, $0 \leq r \leq R$	
RB:	$\dfrac{D}{\alpha_R}\dfrac{\partial u}{\partial r} = u_R - u$	bei	$r=R$, $t>0$	
	$\dfrac{\partial u}{\partial r} = 0$	bei	$r=0$, $t>0$	(4.43)

Lösung im $\mathcal{L}$-Bereich:

$$\bar{u}(r,s) = u_R \frac{I_0(rp)}{s[I_0(Rp) + p(D/\alpha_R)\,I_1(Rp)]} \qquad (4.44)$$

Die Funktion hat einfache Polstellen bei $s=0$ und bei $s_n = -\mu_n^2 a/R^2$;
$p_n = \mu_n/iR$ sowie die Bestimmungsgleichung für die Eigenwerte μ_n

$$\frac{\mu D}{\alpha_R R} = \frac{J_0(\mu)}{J_1(\mu)}$$

Die ersten 5 Eigenwerte sind für ausgewählte Werte $\alpha_R R/D$ in Tabelle 4.4 angegeben.

Tabelle 4.4. Die ersten 5 Wurzeln der Gleichung
$\frac{\mu D}{\alpha_R R} = \frac{J_0(\mu)}{J_1(\mu)}$ für ausgewählte Werte $\alpha_R R/D$

$\alpha_R R/D$	μ_1	μ_2	μ_3	μ_4	μ_5
0	0,0000	3,8317	7,0156	10,1735	13,3237
0,01	0,1412	3,8343	7,0170	10,1745	13,3244
0,1	0,4417	3,8577	7,0298	10,1833	13,3312
1	1,2558	4,0795	7,1558	10,2710	13,3984
10	2,1795	5,0332	7,9569	10,9363	13,9580
100	2,3809	5,4652	8,5678	11,6747	14,7834
∞	2,4048	5,5201	8,6537	11,7915	14,9309

Zur Rücktransformation kann der Entwicklungssatz von Heaviside verwendet werden. Es ergibt sich

Bild 4.13

$$u(r,t) = u_R \times \left[1 - 2\alpha_R R/D \sum_{n=1}^{\infty} \frac{J_0(\mu_n r/R)}{\mu_n [\mu_n J_0(\mu_n) + \alpha_R R/D \, J_1(\mu_n)]} e^{-\mu_n^2 a t/R^2} \right]$$

für $0 \le r \le R$ \hfill (4.45)

Für kleine Werte at/R^2 kann die Funktion im $\mathcal{L}$-Bereich durch Entwicklung der Bessel-Funktionen in Potenzreihen (s. Anhang B) umgeformt werden. Man erhält

$$\bar{u}(r,s) = \frac{u_R \alpha_R}{D} \sqrt{R/r} \, \frac{e^{-p(R-r)}}{sp} \left[1 + \frac{1}{p}\left(\frac{1}{8r} + \frac{3}{8R} - \frac{\alpha_R}{D}\right) + \cdots \right].$$

Die Rücktransformation mit den entsprechenden Korrespondenzen aus Anhang C führt dann für $r>0$ auf

$$u(r,t) = \frac{2 u_R \alpha_R}{D} \sqrt{atR/r} \left[\text{int erfc} \frac{R-r}{\sqrt{4at}} \right.$$
$$\left. + \left(\frac{1}{8r} + \frac{3}{8R} - \frac{\alpha_R}{D}\right) \sqrt{4at} \, \text{int}^2 \text{erfc} \frac{R-r}{\sqrt{4at}} + \cdots \right].$$

Für den kumulativen Strom bei $r=R$ erhält man im $\mathcal{L}$-Bereich folgende Beziehung

$$\bar{Q}_{kum}(R,s) = -\frac{2\pi RLDu_R}{a} \frac{I_1(pR)}{sp[I_0(pR) - p(D/\alpha_R) I_1(pR)]}$$

mit den Polstellen und der Bestimmungsgleichung für die Eigenwerte wie oben.

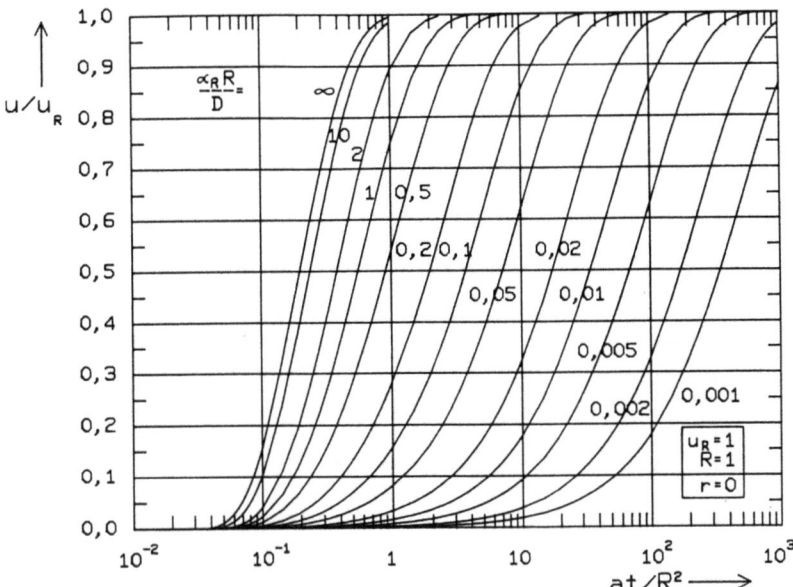

Bild 4.13. Lösung für einen Vollzylinder mit dem Radius R
- Randbedingung 3.Art

Die Rücktransformation mit dem Entwicklungssatz von Heaviside ergibt

$$Q_{kum}(R,t) = -\pi R^2 L D u_R / a \left[1 - \sum_{n=1}^{\infty} A_n e^{-\mu_n^2 a t / R^2} \right]$$

mit $\quad A_n = \dfrac{4 J_1^2(\mu_n)}{\mu_n^2 [J_0^2(\mu_n) + J_1^2(\mu_n)]} = \dfrac{4(\alpha_R R/D)^2}{\mu_n^2 [\mu_n^2 + (\alpha_R R/D)^2]}$.

Aus dieser Beziehung kann der Verlauf des Stromes Q leicht durch zeitliche Differentiation berechnet werden.

4.1.4 Radialsymmetrische Aufgaben in beidseitig begrenzten Gebieten

Randbedingungen 3. Art an beiden Rändern:

			Bild 4.14
DG:	$\dfrac{\partial^2 u}{\partial r^2} + \dfrac{1}{r}\dfrac{\partial u}{\partial r}$	$= \dfrac{1}{a}\dfrac{\partial u}{\partial t}$	
AB:	$u = 0$	für $t=0$, $r_o \le r \le R$	
RB:	$\dfrac{D}{\alpha_o}\dfrac{\partial u}{\partial r} = u - u_o$	bei $r=r_o$, $t>0$	
	$\dfrac{D}{\alpha_R}\dfrac{\partial u}{\partial r} = u_R - u$	bei $r=R$, $t>0$	**(4.46)**

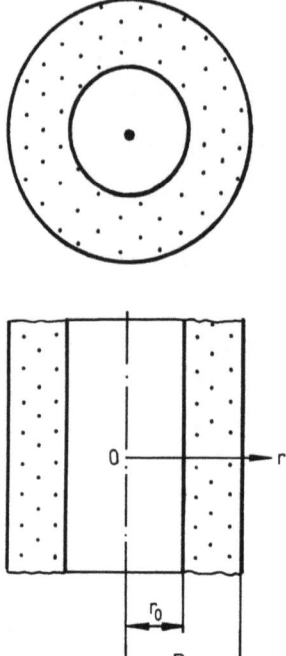

Bild 4.14. Lage der r-Koordinate in einem Hohlzylinder

Lösung im $\mathcal{L}$-Bereich:

$\bar{u}(r,s)=$

$$\frac{u_o\left[I_o(rp)K_o(Rp)-K_o(rp)I_o(Rp)\right] - u_o Dp/\alpha_R\left[I_o(rp)K_1(Rp)+K_o(rp)I_1(Rp)\right]}{s\left\{\frac{p^2 D^2}{\alpha_o \alpha_R}\left[K_1(Rp)I_1(r_op)-K_1(r_op)I_1(Rp)\right]-\frac{pD}{\alpha_R}\left[I_1(r_op)K_1(Rp)-I_1(Rp)K_1(r_op)\right]\right.}$$

$$\rightarrow \frac{+u_R\left[I_o(r_op)K_o(rp)-K_o(r_op)I_o(rp)\right]- u_R Dp/\alpha_R\left[I_o(rp)K_1(r_op)+K_o(rp)I_1(r_op)\right]}{\left.-\frac{pD}{\alpha_o}\left[I_o(Rp)K_1(r_op)+I_1(r_op)K_o(Rp)\right]+\left[I_o(r_op)K_o(Rp)-I_o(Rp)K_o(r_op)\right]\right\}}$$

(4.47)

Die Lösung hat einfache Polstellen bei $s=0$ und $s_n=-\mu_n^2 a/r_o^2$, $p_n=\mu_n/ir_o$ mit der Bestimmungsgleichung für die Eigenwerte μ_n

$$\frac{\mu^2 D^2}{r_o^2 \alpha_o \alpha_R}\left[J_1(\mu R/r_o)Y_1(\mu)-J_1(\mu)Y_1(\mu R/r_o)\right]$$

$$-\frac{\mu D}{r_o \alpha_R}\left[J_o(\mu)Y_1(\mu R/r_o)-J_1(\mu R/r_o)Y_o(\mu)\right]$$

$$-\frac{\mu D}{r_o \alpha_o}\left[J_o(\mu R/r_o)Y_1(\mu)-J_1(\mu)Y_o(\mu R/r_o)\right]$$

$$-\left[J_o(\mu R/r_o)Y_o(\mu)-J_o(\mu)Y_o(\mu R/r_o)\right]=0$$

Da alle Pole der Lösung Einfachpole sind, kann zur Rücktransformation der Entwicklungssatz von Heaviside angewendet werden. Wir begnügen uns hier mit der Berechnung des Residuums beim Pol $s=0$, das die Lösung im stationären Zustand darstellt.

$$u(r) = \frac{u_o r_o \left[D/\alpha_R + R \ln(R/r) \right] + u_R R \left[D/\alpha_o + r_o \ln(r/r_o) \right]}{r_o D/\alpha_R + RD/\alpha_o + r_o R \ln(r/R)} \quad (4.48)$$

Zur Berechnung des Verlaufs der Lösung für kleine Zeiten wird auf die Anwendung der numerischen Inversionsverfahren verwiesen, da diese hier weniger Rechenaufwand als die Auswertung der Lösung im Zeitbereich erfordern. Bild 4.15 zeigt den Verlauf der Lösung für spezielle Werte α_o und α_R.

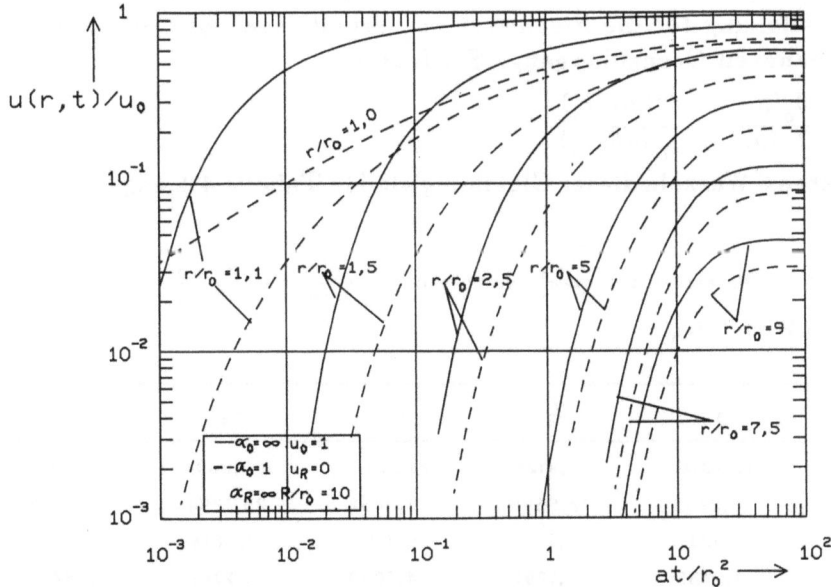

Bild 4.15. Lösungen für den Hohlzylinder
- Randbedingung 3. Art an beiden Rändern

Randbedingungen 1. Art an beiden Rändern: Aus der angegebenen Lösung (4.47) lassen sich durch Grenzübergang $\alpha_o \to \infty$ und/oder $\alpha_R \to \infty$ in einfacher Weise Lösungen mit der Randbedingung 1. Art an dem betreffenden Rand ableiten. Für Randbedingungen 1. Art an beiden Rändern wollen wir anschließend die Lösung in dieser Weise ableiten. Die Problemstellung lautet für diesen Fall

DG und AB wie Gl. (4.46)				Bild 4.14
RB:	$u = u_o$	bei $r = r_o$,	$t > 0$	
	$u = u_R$	bei $r = R$,	$t > 0$	(4.49)

Durch den genannten Grenzübergang erhält man für die Lösung im $\mathcal{L}$-Bereich

$$\bar{u}(r,s) = \frac{u_o\left[I_o(rp)\,K_o(Rp) - K_o(rp)I_o(Rp)\right] + u_R\left[I_o(r_o p)\,K_o(rp) - K_o(r_o p)I_o(rp)\right]}{s\left[I_o(r_o p)K_o(Rp) - I_o(Rp)K_o(r_o p)\right]} \quad (4.50)$$

mit den Polstellen wie oben und der Rücktransformation unter Verwendung des Entwicklungssatzes von Heaviside. Die Bestimmungsgleichung für die Eigenwerte μ_n erhält man ebenfalls durch den genannten Grenzübergang. Sie lautet

$$\frac{J_o(\mu)}{Y_o(\mu)} = \frac{J_o(\mu R/r_o)}{Y_o(\mu R/r_o)} \; .$$

Die ersten 5 Wurzeln dieser Gleichung sind in Tabelle 4.5 angegeben.

Tabelle 4.5. Die ersten 5 Wurzeln der Gleichung $\frac{J_0(\mu)}{Y_0(\mu)} = \frac{J_0(\mu R/r_0)}{Y_0(\mu R/r_0)}$
für einige Werte R/r_0

R/r_0	μ_1	μ_2	μ_3	μ_4	μ_5
1,2	15,7014	31,4126	47,1217	62,8304	78,5385
1,5	6,2702	12,5598	18,8451	25,1294	31,4133
2	3,1230	6,2734	9,4182	12,5614	15,7040
3	1,5485	3,1291	4,7038	6,2767	7,8487
4	1,0244	2,0809	3,1322	4,1816	5,2301

Damit erhält man die Lösung im Zeitbereich

$$u(r,t) = \frac{u_o \ln R/r + u_R \ln r/r_o}{\ln R/r_o} + \sum_{n=1}^{\infty} \frac{u_o J_o(\mu_n R/r_o) - u_R J_o(\mu_n)}{J_o^2(\mu_n R/r_o) - J_o^2(\mu_n)}$$
$$\times \left[J_o(\mu_n)\,Y_o(\mu_n r/r_o) - J_o(\mu_n r/r_o)\,Y_o(\mu_n)\right] J_o(\mu_n R/r_o)\, e^{-\mu_n^2 a t/r_o^2}$$

für $r_o \leq r \leq R$ \hfill (4.51)

Randbedingungen 2. Art an beiden Rändern:

> DG und AB wie Gl. (4.46) **Bild 4.14**
> RB: $\quad r\dfrac{\partial u}{\partial r} = -\dfrac{Q_0}{2\pi D\Delta z}\quad$ bei $r=r_0,\quad t>0$
> $\quad\quad r\dfrac{\partial u}{\partial r} = \dfrac{Q_R}{2\pi D\Delta z}\quad$ bei $r=R,\quad t>0\quad\quad$ (4.52)

Lösung im $\mathcal{L}$-Bereich:

$$\bar{u}(r,s) = \dfrac{1}{2\pi D\Delta z} \times \tag{4.53}$$

$$\dfrac{Q_0 R\left[I_0(rp)K_1(Rp)+I_1(Rp)K_0(rp)\right] + Q_R r_0\left[I_0(rp)K_1(r_0 p)+I_1(r_0 p)K_0(rp)\right]}{sp\left[I_1(Rp)K_1(r_0 p) - I_1(r_0 p)K_1(Rp)\right]R r_0}$$

mit einem Doppelpol bei $s=0$ und weiteren Einfachpolen bei $s_n = -\mu_n^2 a/r_0^2$, $p_n = \mu_n/ir_0$ sowie der Bestimmungsgleichung für die Eigenwerte μ_n

$$\dfrac{J_1(\mu)}{Y_1(\mu)} = \dfrac{J_1(\mu R/r_0)}{Y_1(\mu R/r_0)}.$$

Die ersten beiden Wurzeln dieser Gleichung sind in Tab. 4.6 angegeben. Die Rücktransformation mit dem erweiterten Entwicklungssatz von Heaviside ergibt dann

> **Bild 4.16**
> $$u(r,t) = \dfrac{1}{2\pi D\Delta z(R^2 - r_0^2)}$$
> $$\times\left[(Q_0+Q_R)\left[2at + \dfrac{r^2}{2} - \dfrac{1}{4}(R^2+r_0^2) + \dfrac{R^2+r_0^2}{R^2-r_0^2}\ln R/r_0\right]\right.$$
> $$-Q_0 R^2\left(\dfrac{1}{2} - \ln R/r\right) + Q_R r_0^2\left(\dfrac{1}{2} - \ln r/r_0\right)$$
> $$-\pi(R^2-r_0^2)\sum_{n=1}^{\infty}\dfrac{Q_0 J_1(\mu_n R/r_0) + Q_R r_0/R \, J_1(\mu_n)}{\mu_n[J_1^2(\mu_n R/r_0) - J_1^2(\mu_n)]}$$
> $$\left.\times J_1(\mu_n)\left(J_0(\mu_n r/r_0)Y_1(\mu_n) - J_1(\mu_n)Y_0(\mu_n r/r_0)\right)e^{-\mu_n^2 at/r_0^2}\right]$$
> für $r_0 \leq r \leq R$. $\quad\quad$ (4.54)

Für große Werte at/r_0^2 wird der quasistationäre Zustand erreicht. In diesem Zustand kann das Glied mit der unendlichen Reihe vernachlässigt werden.

Tabelle 4.6. Die ersten 2 Wurzeln der Gleichung $\frac{J_1(\mu)}{Y_1(\mu)} = \frac{J_1(\mu R/r_0)}{Y_1(\mu R/r_0)}$ für einige Werte R/r_0

R/r_0	μ_1	μ_2
1,5	6,3235	11,924
2	3,1965	6,3118
3	1,6358	3,1787
5	0,8472	1,6112
10	0,3940	0,733

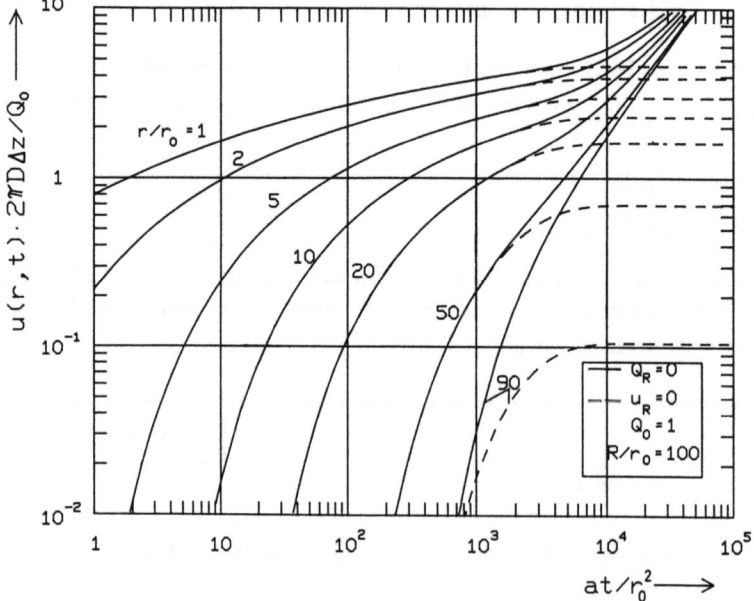

Bild 4.16. Lösungen für den Hohlzylinder
 – Randbedingung 2. Art bei $r = r_0$ sowie Randbedingungen 1. und 2. Art bei $r = R$

Randbedingungen 2. und 3. Art:

DG und AB wie Gl. (4.46)	**Bild 4.14**
RB: $\quad r\dfrac{\partial u}{\partial r} = -\dfrac{Q_0}{2\pi D\Delta z} \quad$ bei $r=r_0$, $\;t>0$	
$\quad\quad\dfrac{D}{\alpha_R}\dfrac{\partial u}{\partial r} = u_R - u \quad$ bei $r=R$, $\;t>0$	**(4.55)**

Lösung im $\mathcal{L}$-Bereich:

$$\bar{u}(r,s) = \frac{Q_0/(2\pi D\Delta z r_0)}{sp}$$

$$\times \frac{Dp/\alpha_R\left[I_1(Rp)K_0(rp)+I_0(rp)K_1(Rp)\right]+I_0(Rp)K_0(rp)-I_0(rp)K_0(Rp)}{Dp/\alpha_R\left[I_1(Rp)K_1(r_0p)+I_1(r_0p)K_1(Rp)\right]}$$

$$\rightarrow \quad \frac{+u_Rp\left[I_1(r_0p)K_0(rp)-I_0(rp)K_1(r_0p)\right]}{+I_0(Rp)K_1(r_0p)+I_1(r_0p)K_0(Rp)} \qquad (4.56)$$

mit einfachen Polstellen bei $s=0$ und $s_n = -\mu_n^2 a/r_0^2$, $p_n = \mu_n/ir_0$ sowie der Bestimmungsgleichung für die Eigenwerte μ_n

$$\frac{\mu D}{\alpha_R R} = \frac{J_0(\mu R/r_0)Y_1(\mu)-J_1(\mu)Y_0(\mu R/r_0)}{J_1(\mu R/r_0)Y_1(\mu)-J_1(\mu)Y_1(\mu R/r_0)}.$$

Die Rücktransformation mit dem Entwicklungssatz von Heaviside führt auf

---

Bild 4.17, 4.18

$$u(r,t) = u_R + \frac{Q_0}{2\pi D\Delta z}\left(\ln\frac{R}{r} + \frac{D}{\alpha_R R}\right)$$

$$-2\sum_{n=1}^{\infty}\frac{\left(Q_0/(2\pi D\Delta z)\right)r_0/R - u_R\mu_n^2 A_n}{\mu_n\left[4r_0/(\pi^2 R) - \mu_n^2 R/r_0(A_n^2+B_n^2)\right]} \qquad (4.57)$$

$$\times\left[J_0(\mu_n r/r_0)\,Y_1(\mu_n) - J_1(\mu_n)\,Y_0(\mu_n r/r_0)\right]e^{-\mu_n^2 at/r_0^2}$$

für $r_0 \le r \le R$ und mit $A_n = J_1(\mu_n R/r_0)\,Y_1(\mu_n) - J_1(\mu_n)\,Y_1(\mu_n R/r_0)$

sowie $B_n = J_0(\mu_n R/r_0)\,Y_1(\mu_n) - J_1(\mu_n)\,Y_0(\mu_n R/r_0)$

Randbedingungen 2. und 1. Art:

Bild 4.14

DG und AB wie Gl. (4.46)

RB: $\quad r\dfrac{\partial u}{\partial r} = -\dfrac{Q_0}{2\pi D\Delta z}\quad$ bei $r=r_0$, $\quad t>0$

$\qquad\quad u = u_R \qquad\qquad$ bei $r=R$, $\quad t>0 \qquad (4.58)$

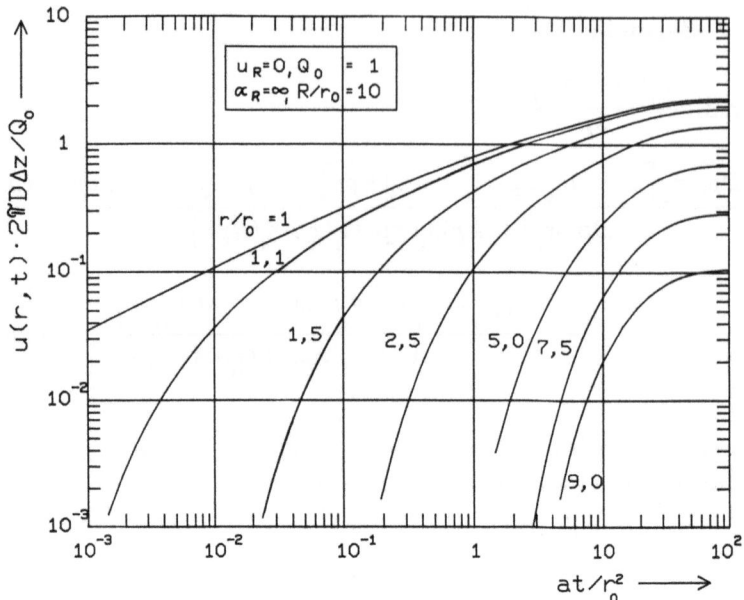

Bild 4.17. Lösung für den Hohlzylinder
— Randbedingung 2. Art bei $r = r_0$ und Randbedingung 1. Art bei $r = R$

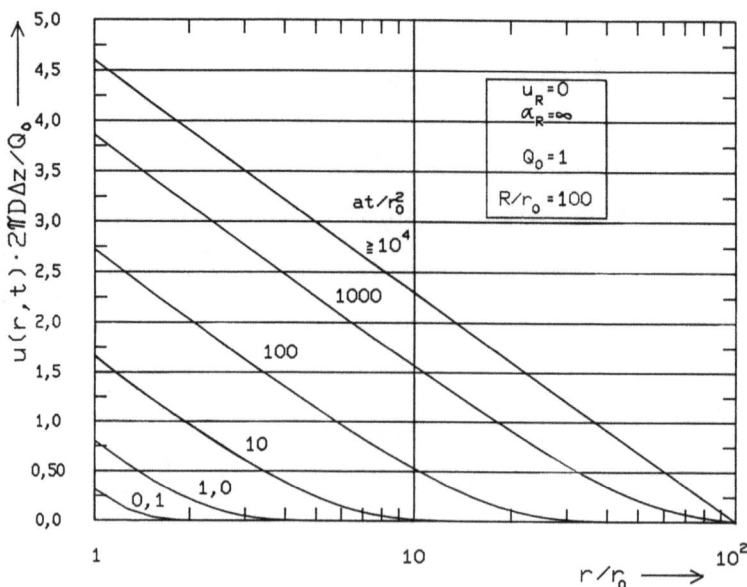

Bild 4.18. Lösung für den Hohlzylinder
— Randbedingung 2. Art bei $r = r_0$ und Randbedingung 1. Art bei $r = R$

Lösung im $\mathcal{L}$-Bereich

$$\bar{u}(r,s) = \frac{Q_o}{2\pi D\Delta z r_o}$$

$$\times \frac{I_o(Rp)K_o(rp) - I_o(rp)K_o(Rp) + u_R p\left[I_1(r_o p)K_o(rp) + I_o(rp)K_1(r_o p)\right]}{sp\left[I_o(Rp)K_o(r_o p) - I_1(r_o p)K_o(Rp)\right]} \quad (4.59)$$

mit einfachen Polstellen bei $s=0$ und $s_n = -\mu_n^2 a/r_o^2$, $p_n = \mu_n/ir_o$ sowie der Bestimmungsgleichung für die Eigenwerte μ_n

$$\frac{J_1(\mu)}{Y_1(\mu)} = \frac{J_o(\mu R/r_o)}{Y_o(\mu R/r_o)}$$

Die ersten beiden Eigenwerte dieser Gleichung sind in Tab. 4.7 angegeben.

Tabelle 4.7. Die ersten 2 Wurzeln der Gleichung $\frac{J_1(\mu)}{Y_1(\mu)} = \frac{J_o(\mu R/r_o)}{Y_o(\mu R/r_o)}$ für einige Werte R/r_o

R/r_o	μ_1	μ_2
1,5	3,4029	9,5207
2	1,7940	4,8021
4	0,6670	1,6450
10	0,2448	0,5726
20	0,09648	0,2223
50	0,04813	0,1106

Die Rücktransformation mit dem Entwicklungssatz von Heaviside ergibt

Bild 4.16 – 4.18

$$u(r,t) = u_R + \frac{Q_o}{2\pi D\Delta z}\ln\frac{R}{r} - \pi\sum_{n=1}^{\infty}\left\{\left[\frac{Q_o}{2\pi D\Delta z}J_o(\mu_n R/r_o) - u_R\mu_n J_1(\mu_n)\right]\right.$$

$$\left.\times\frac{J_1(\mu_n)}{A_n\mu_n}\left[J_o(\mu_n r/r_o)Y_o(\mu_n R/r_o) - Y_o(\mu_n r/r_o)J_o(\mu_n R/r_o)\right]e^{-\mu_n^2 at/r_o^2}\right\}$$

und für den inneren Rand des Zylindes bei $r = r_o$

$$u(r_o,t) = u_R + \frac{Q_o}{2\pi D\Delta z}\ln\frac{R}{r_o}$$

$$+ 2\sum_{n=1}^{\infty}\left[\frac{Q_o}{2\pi D\Delta z}J_o(\mu_n R/r_o) - u_R\mu_n J_1(\mu_n)\right]J_o(\mu_n R/r_o)\frac{1}{A_n}$$

mit $A_n = \mu_n\left[J_o^2(\mu_n R/r_o) - J_1^2(\mu_n)\right]$ \hfill (4.60)

Der stationäre Zustand ist durch die Summanden vor der unendlichen Reihe gegeben.

4.1.5 Kugelsymmetrische Aufgaben in einseitig begrenzten Gebieten
Kugelförmiger Hohlraum mit Randbedingung 1. Art.

Bild 4.19

DG: $\dfrac{\partial^2 u}{\partial r^2} + \dfrac{2}{r}\dfrac{\partial u}{\partial r} = \dfrac{1}{a}\dfrac{\partial u}{\partial t}$

AB: $u=0$ für $t=0$, $r \geq r_0$

RB: $u=0$ bei $r=\infty$, $t>0$

$u=u_0$ bei $r=r_0$, $t>0$ (4.61)

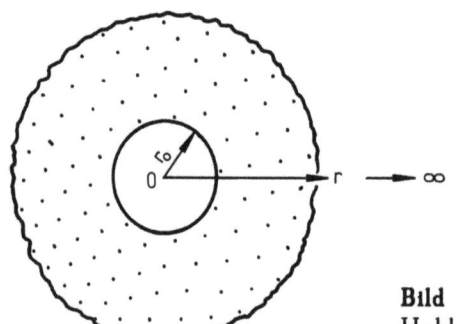

Bild 4.19. Kugelförmiger Hohlraum in einem Gebiet

Lösung im $\mathcal{L}$-Bereich:

$$\bar{u}(r,s) = u_0 \frac{r_0}{r} \frac{e^{-p(r-r_0)}}{s} \qquad (4.62)$$

Lösung im Zeitbereich:

$$u(r,t) = u_0 \frac{r_0}{r} \operatorname{erfc} \frac{r-r_0}{\sqrt{4at}} \quad \text{für } r_0 \leq r \leq \infty. \qquad (4.63)$$

Für den Strom bei $r=r_0$ erhält man die Bildfunktion

$$\bar{Q}(r_0,s) = 4\pi D u_0 r_0 \left(\frac{1}{s} + \frac{r_0}{ap}\right)$$

und die Zeitfunktion

$$Q(r_0,t) = 4\pi D u_0 r_0 \left(1 + 2\sqrt{r_0^2/(\pi a t)}\right) \quad \text{bei } r=r_0.$$

Für den kumulativen Strom ergibt sich die Bildfunktion

$$\bar{Q}_{kum}(r_0,s)\ \ 4\pi D u_0 r_0 \left(\frac{1}{s^2} + \frac{r_0}{asp}\right)$$

und die Zeitfunktion
$$Q_{kum0}(r_0,t) = 4\pi D u_0 r_0 \left(t + \sqrt{4 r_0^2 t/(a\pi)}\right) = 4\pi S r_0^3 u_0 \left(\frac{at}{r_0^2} + \sqrt{\frac{4at}{\pi r_0^2}}\right).$$

Kugelförmiger Hohlraum mit Randbedingung 2. Art:

Bild 4.19

DG: $\quad \dfrac{\partial^2 u}{\partial r^2} + \dfrac{2}{r}\dfrac{\partial u}{\partial r} = \dfrac{1}{a}\dfrac{\partial u}{\partial t}$

AB: $\quad u=0 \quad$ für $\quad t=0 \ , r \geq r_0$

RB: $\quad u=0 \quad$ bei $\quad r=\infty \ , t>0$

$\quad r^2 \dfrac{\partial u}{\partial r} = -\dfrac{Q}{4\pi D} \quad$ bei $\quad r=r_0 \ , t>0 \qquad$ (4.64)

Lösung im $\mathcal{L}$-Bereich:

$$\bar{u}(r,s) = \frac{Q}{4\pi Dr} \frac{e^{-p(r-r_0)}}{s(pr_0+1)} \qquad (4.65)$$

Die Rücktransformation mit der entsprechenden Korrespondenz aus Anhang C führt auf

$$u(r,t) = \frac{Q}{4\pi Dr}\left[\operatorname{erfc}\frac{r-r_0}{\sqrt{4at}} - e^{(r/r_0-1)+at/r_0^2}\operatorname{erfc}\left(\frac{r-r_0}{\sqrt{4at}} + \sqrt{\frac{at}{r_0^2}}\right)\right]$$

(4.66)

An der Oberfläche des kugelförmigen Hohlraumes, d.h. bei $r=r_0$, lautet die Lösung

$$u(r_0,t) = \frac{Q}{4\pi Dr_0}\left[1 - e^{at/r_0^2}\operatorname{erfc}\sqrt{at/r_0^2}\right].$$

Die entsprechende Lösung des Problems mit der Randbedingung 2. Art bei $r_0 = r = 0$, d.h. für eine im Koordinatenursprung bei $r=0$ sich befindende Quelle (Punktquelle) ist im Abschnitt 2.3 zu finden.

Kugelförmiger Hohlraum mit Randbedingung 3. Art:

Bild 4.19

DG: $\quad \dfrac{\partial^2 u}{\partial r^2} + \dfrac{2}{r}\dfrac{\partial u}{\partial r} = \dfrac{1}{a}\dfrac{\partial u}{\partial t}$

AB: $\quad u=0 \quad$ für $\quad t=0 \ , r \geq r_0$

RB: $\quad u=0 \quad$ bei $\quad r=\infty \ , t>0$

$\quad \dfrac{D}{\alpha}\dfrac{\partial u}{\partial r} = u - u_0 \quad$ bei $\quad r=r_0 \ , t>0 \qquad$ (4.67)

Lösung im $\mathcal{L}$-Bereich:

$$\bar{u}(r,s) = u_0 \frac{\alpha r_0}{Dr} \frac{e^{-p(r-r_0)}}{s(p+\alpha/D+1/r_0)} \qquad (4.68)$$

Die Rücktransformation erfolgt mit den entsprechenden Korrespondenzen aus Anhang C und ergibt

$$u(r,t) = u_0 \frac{r_0^2}{r(r_0 + D/\alpha)}$$
$$\times \left[\operatorname{erfc} \frac{r-r_0}{\sqrt{4at}} - e^{(r_0\alpha/D+1)(r/r_0-1) + (r_0\alpha/D+1)^2 at/r_0^2} \right.$$
$$\left. \times \operatorname{erfc}\left(\frac{r-r_0}{\sqrt{4at}} + (r_0\alpha/D+1)\sqrt{\frac{at}{r_0^2}}\right) \right] \qquad (4.69)$$

Für den kumulativen Strom erhält man im $\mathcal{L}$-Bereich bei $r=r_0$

$$\bar{Q}_{kum}(r_0,s) = u_0 \frac{4\pi r_0 \alpha(1+r_0 p)}{s^2(p+\alpha/D+1/r_0)} = u_0 4\pi r_0^2 \alpha \left(\frac{1}{s^2} - \frac{\alpha/D}{s^2(p+\alpha/D+1/r_0)} \right).$$

Mit den entsprechenden Korrespondenzen aus Anhang C ergibt sich die Zeitfunktion

$$Q_{kum}(r_0,t) = u_0 \frac{4\pi \alpha r_0^4}{a(r_0\alpha/D+1)} \left\{ \frac{at}{r_0^2} + \frac{r_0\alpha/D}{(r_0\alpha/D+1)^2} \left[(r_0\alpha/D+1)\sqrt{4at/\pi r_0^2} \right. \right.$$
$$\left. \left. -1 + e^{(r_0\alpha/D+1)^2 at/r_0^2} \operatorname{erfc}\left((r_0\alpha/D+1)\sqrt{at/r_0^2}\right) \right] \right\} \text{ bei } r=r_0.$$

Die Beziehung für den Strom kann durch zeitliche Ableitung der oberen Gleichung berechnet werden.

Vollkugel mit Randbedingung 1. Art:

				Bild 4.20
DG:	$\frac{\partial^2 u}{\partial r^2} + \frac{2}{r}\frac{\partial u}{\partial r} = \frac{1}{a}\frac{\partial u}{\partial t}$			
AB:	$u=0$	für	$t=0$, $0 \leq r \leq R$	
RB:	$u=u_R$	bei	$r=R$, $t>0$	
	$\frac{\partial u}{\partial r}=0$	bei	$r=0$, $t>0$	(4.70)

Lösung im $\mathcal{L}$-Bereich:

$$\bar{u}(r,s) = u_R \frac{R \sinh pr}{rs \sinh pR} \qquad (4.71)$$

Die Lösung hat bei $s=0$ und bei $s_n = -n^2\pi^2 a/R^2$, $p_n = n\pi/iR$ Einfachpole.

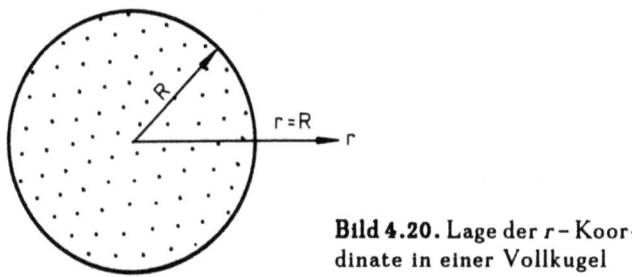

Bild 4.20. Lage der r-Koordinate in einer Vollkugel

Die Rücktransformation mit dem Entwicklungssatz von Heaviside führt damit zu

Bild 4.21

$$u(r,t) = u_R \left[1 - 2 \sum_{n=1}^{\infty} (-1)^{n-1} \frac{\sin(n\pi r/R)}{n\pi r/R} e^{-n^2\pi^2 at/R^2} \right] \quad (4.72)$$

Die Berechnung des Stromverlaufes bei $r=R$ führt im $\mathcal{L}$-Bereich auf

$$\bar{Q}(R,s) = -4\pi R D u_R \frac{pR \cosh pR - \sinh pR}{s \sinh pR}$$

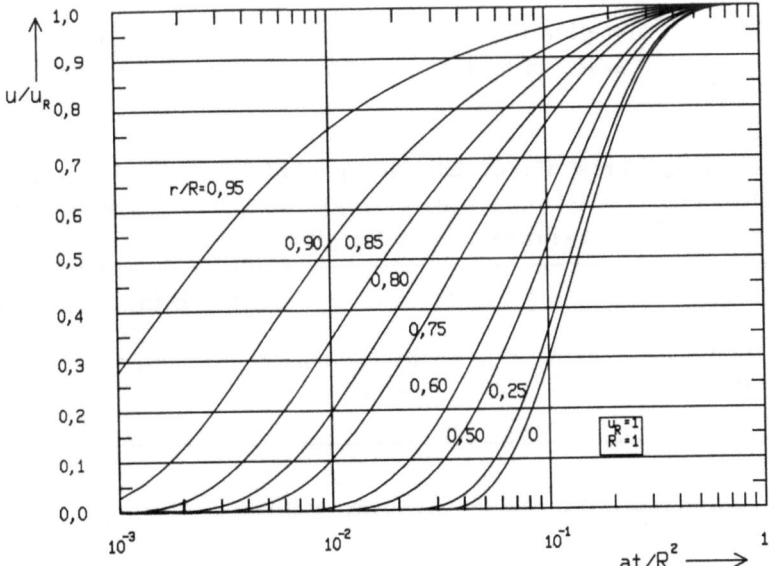

Bild 4.21. Lösung für die Vollkugel mit dem Radius R
- Randbedingung 1. Art

und mit dem oben genannten Verfahren zur Rücktransformation auf

$$Q(R,t) = -8\pi RD\, u_R \sum_{n=1}^{\infty} e^{-n^2\pi^2 a t/R^2} \quad \text{bei} \quad r=R.$$

Die Lösung für den kumulative Strom ergibt sich durch zeitliche Integration der oberen Lösung für den Strom

$$Q_{kum} = \int_0^t Q\, d\tau\ .$$

Man erhält

$$Q_{kum}(R,t) = -\frac{4}{3}\pi R^3 S u_R \left[1 - \frac{6}{\pi^2}\sum_{n=1}^{\infty}\frac{1}{n^2} e^{-n^2\pi^2 a t/R^2}\right] \quad \text{bei} \quad r=R.$$

Vollkugel mit Randbedingung 2. Art:

```
                                                              Bild 4.20
DG:     ∂²u/∂r² + (2/r) ∂u/∂r = (1/a) ∂u/∂t
AB:     u = 0                   für   t=0 , 0 ≤ r ≤ R
RB:     -r² ∂u/∂r = -Q/(4πD)    bei   r=R , t>0
        ∂u/∂r = 0               bei   r=0 , t>0       (4.73)
```

Lösung im $\mathcal{L}$-Bereich:

$$\bar{u}(r,s) = \frac{Q}{4\pi Dr}\, \frac{\sinh pr}{s(pR\cosh pR - \sinh pR)} \quad . \tag{4.74}$$

Die Lösung hat Polstellen bei $s=0$ (Doppelpol) und Einfachpole bei $p_n = \mu_n/iR$, $s_n = -\mu_n^2 a/R^2$ mit der Bestimmungsgleichung für die Eigenwerte μ_n

$$\tan \mu = \mu.$$

Die ersten Eigenwerte dieser Gleichung sind in Tab. 4.8 angegeben. Die Rücktransformation erfolgt mit dem erweiterten Heavisideschen Entwicklungssatz und ergibt

```
                                                         Bild 4.22
u(r,t) = Q/(4πRD) [3at/R² + r²/(2R²) - 3/10
         - 2 Σ(n=1..∞) sin(μ_n r/R)/((μ_n r/R) μ_n sin μ_n) · e^(-μ_n² a t/R²)]
                                                              (4.75)
```

Tabelle 4.8. Die ersten 5 Wurzeln der Gleichung $\tan \mu = \mu$

μ_1	μ_2	μ_3	μ_4	μ_5
4,4934	7,7253	10,9041	14,0662	17,2208

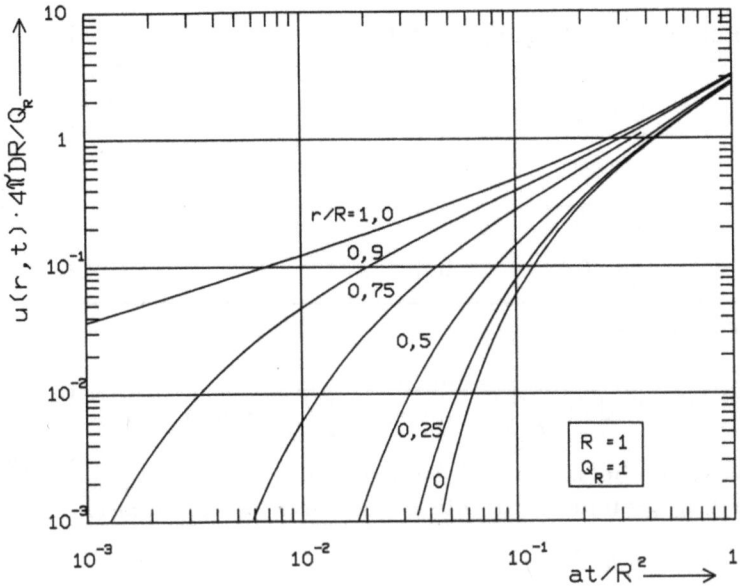

Bild 4.22. Lösung für die Vollkugel mit dem Radius R
 – Randbedingung 2. Art

Für große Werte at/R^2 wird der quasistationäre Zustand erreicht. Ist das der Fall, so kann zur Berechnung von $u(r,t)$ die unendliche Reihe gegen die ersten drei Glieder vernachlässigt werden. Für kleine Werte at/R^2 ist die Berechnung von (4.75) aufwendig, so daß es zweckmäßiger ist, dafür eine spezielle Beziehung abzuleiten. Gleichung (4.74) wird dazu in folgender Weise umgeformt:

$$\bar{u}(r,s) = \frac{Q}{4\pi Dr} \frac{e^{-p(R-r)} - e^{-p(R+r)}}{s[(pR-1)+(pR+1)e^{-2pR}]}$$

$$= \frac{Q}{4\pi Dr} \left[\frac{e^{-p(R-r)}}{sR(p-1/R)} - \frac{e^{-p(R+r)}}{sR(p+1/R)} \right] \sum_{n=0}^{\infty} \left(-\frac{pR+1}{pR-1}\right)^n e^{-2npR}.$$

Die Rücktransformation kann nun mit den entsprechenden Korrespondenzen aus Anhang C erfolgen und ergibt für die ersten zwei Glieder

$$u(r,t) = \frac{Q}{4\pi Dr} \left[e^{at/R^2 - (1-r/R)} \operatorname{erfc}\left(\frac{R-r}{\sqrt{4at}} - \sqrt{\frac{at}{R^2}}\right) - \operatorname{erfc}\frac{R-r}{\sqrt{4at}} \right.$$
$$\left. + e^{at/R^2 + (1+r/R)} \operatorname{erfc}\left(\frac{R+r}{\sqrt{4at}} + \sqrt{\frac{at}{R^2}}\right) - \operatorname{erfc}\frac{R+r}{\sqrt{4at}} + \cdots \right].$$

Vollkugel mit Randbedingung 3. Art:

				Bild 4.20
DG:	$\dfrac{\partial^2 u}{\partial r^2} + \dfrac{2}{r}\dfrac{\partial u}{\partial r} = \dfrac{1}{a}\dfrac{\partial u}{\partial t}$			
AB:	$u=0$	für	$t=0$, $0 \leq r \leq R$	
RB:	$\dfrac{D}{\alpha_R}\dfrac{\partial u}{\partial r} = u_R - u$	bei	$r=R$, $t>0$	
	$\dfrac{\partial u}{\partial r} = 0$	bei	$r=0$, $t>0$	(4.76)

Lösung im $\mathcal{L}$-Bereich:

$$\bar{u}(r,s) = u_R \, \frac{R}{r} \, \frac{\sinh pr}{s\left[\left(1 - \dfrac{D}{\alpha_R R}\right) \sinh pR + \dfrac{pD}{\alpha_R}\cosh pR\right]} \quad (4.77)$$

Einfache Polstellen befinden sich bei $s=0$ und $p_n = \mu_n/iR$, $s_n = -\mu_n^2 a/R^2$. Die Bestimmungsgleichung für die Eigenwerte lautet damit:

$$\tan \mu = \frac{\mu}{1 - \alpha_R R/D}$$

Die ersten 5 Eigenwerte für einige Werte $\alpha_R R/D$ sind in Tab. 4.9 angegeben.

Tabelle 4.9. Die ersten 5 Wurzeln der Gleichung $\tan \mu = \dfrac{\mu}{1 - \alpha_R R/D}$ für ausgewählte Werte $\alpha_R R/D$

$\alpha_R R/D$	μ_1	μ_2	μ_3	μ_4	μ_5
0	0,0000	4,4934	7,7253	10,9041	14,0662
0,01	0,1730	4,4956	7,7265	10,9050	14,0669
0,1	0,5423	4,5157	7,7382	10,9153	14,0733
1	$\pi/2$	$3\pi/2$	$5\pi/2$	$7\pi/2$	$9\pi/2$
11	2,8628	5,7606	8,7083	11,7027	14,7335
101	3,1105	6,2211	9,3317	12,4426	15,5537
∞	π	2π	3π	4π	5π

Die Rücktransformation mit dem Entwicklungssatz von Heaviside führt auf

	Bild 4.23
$u(r,t) = u_R \left[1 - 2\dfrac{R}{r}\displaystyle\sum_{n=1}^{\infty}\dfrac{A_n}{\mu_n}\sin \mu_n r/R \; e^{-\mu_n^2 a t/R^2}\right]$	
mit $A_n = \dfrac{R}{\dfrac{D}{\alpha_R}\mu_n \sin \mu_n - R \cos \mu_n} = \dfrac{\sin \mu_n - \mu_n \cos \mu_n}{\mu_n - \sin \mu_n \cos \mu_n}$	(4.78)

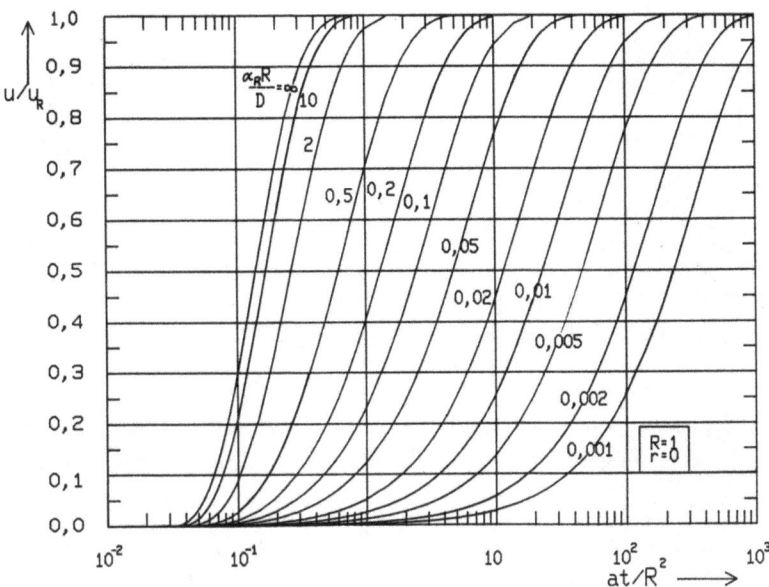

Bild 4.23. Lösung für die Vollkugel mit dem Radius R
- Randbedingung 3. Art

4.1.6 Kugelsymmetrische Aufgaben in beidseitig begrenzten Gebieten

Randbedingungen 3. Art an beiden Rändern:

DG:	$\dfrac{\partial^2 u}{\partial r^2} + \dfrac{2}{r}\dfrac{\partial u}{\partial r} = \dfrac{1}{a}\dfrac{\partial u}{\partial t}$			**Bild 4.24**
AB:	$u=0$	für	$t=0$, $r_o \geq r \geq R$	
RB:	$\dfrac{D}{\alpha_o}\dfrac{\partial u}{\partial r} = u - u_o$	bei	$r=r_o$, $t>0$	
	$\dfrac{D}{\alpha_R}\dfrac{\partial u}{\partial r} = u_R - u$	bei	$r=R$, $t>0$	(4.79)

Lösung im $\mathcal{L}$-Bereich:

$$\bar{u}(r,s) = \frac{u_o \alpha_o r_o /R \left[pR \cosh p(R-r) + (\alpha_R R/D - 1) \sinh p(R-r) \right] + \longrightarrow}{Drs\left[\left(p^2 - \dfrac{\alpha_o}{RD} + \dfrac{\alpha_R}{r_o D} + \dfrac{\alpha_o \alpha_R}{D^2} - \dfrac{1}{r_o R}\right) \sinh p(R-r_o) + \longrightarrow\right.}$$

$$\frac{u_R \alpha_R R/r_o \left[pr_o \cosh p(r-r_o) + (\alpha_o r_o/D + 1) \sinh p(r-r_o) \right]}{\left. \left(\dfrac{\alpha_o}{D} + \dfrac{\alpha_R}{D} + \dfrac{R-r_o}{r_o R}\right) p \cosh p(R-r_o) \right]} \quad (4.80)$$

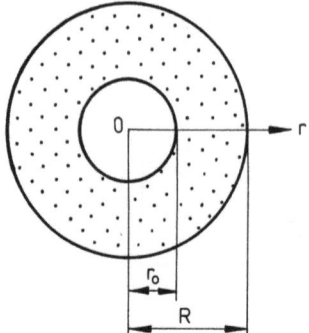

Bild 4.24. Lage der r-Koordinate in einer Hohlkugel

Die Gleichung hat ausschließlich Einfachpole bei $s=0$ und $s_n = -\mu_n^2 a/R^2$, $p_n = \mu_n/iR$. Damit ergibt sich die Bestimmungsgleichung für die Eigenwerte

$$\mu \cot \mu = \frac{\mu^2 - \alpha_R R^2/(Dr_0) + \alpha_o R/D - \alpha_o \alpha_R R^2/D^2 + R/r_0}{\alpha_o R/D + \alpha_R R/D + R/r_0 - 1}.$$

Die Rücktransformation mit dem Entwicklungssatz von Heaviside ergibt

$$
\begin{aligned}
u(r,t) = & \frac{u_o \alpha_o r_0/r \left[r/R + \alpha_R (R-r)/D \right] + u_R \alpha_R R/r \left[r/r_0 + \alpha_o (r-r_0)/D \right]}{\alpha_o r_0/R + \alpha_R R/r_0 + \alpha_o \alpha_R (R-r_0)/D} \\
& - 2\frac{R}{r} \sum_{n=1}^{\infty} \frac{u_o \alpha_o r_0/D \left[\mu_n \cos \mu_n (1-r/R) + (\alpha_R R/D - 1) \sin \mu_n (1-r/R) \right] +\longrightarrow}{\mu_n^2 (R-r_0) \left[\alpha_o/D + \alpha_R/D + 1/r_0 - 1/R + 2/(R-r_0) \right] \sin \mu_n (1-r_0/R) + \to} \\
& \frac{u_R \alpha_R R^2/r_0 \left[\mu_n r_0/R \cos \mu_n (r-r_0)/R + (\alpha_o r_0/D + 1) \sin \mu_n (r-r_0)/R \right]}{\mu_n \left[\mu_n D(1-r_0/R) - \alpha_o r_0 - \alpha_R R^2/r_0 - \alpha_o \alpha_R R(R-r_0)/D \right] \cos \mu_n (1-r_0/R)} e^{-\mu_n^2 a t/R^2}
\end{aligned}
$$

für $r_0 \leq r \leq R$ \hfill (4.81)

Randbedingungen 1. Art an beiden Rändern:

				Bild 4.24
DG:	$\dfrac{\partial^2 u}{\partial r^2} + \dfrac{2}{r}\dfrac{\partial u}{\partial r}$	$= \dfrac{1}{a}\dfrac{\partial u}{\partial t}$		
AB:	$u=0$	für	$t=0$, $r_0 \leq r \leq R$	
RB:	$u=u_o$	bei	$r=r_0$, $t>0$	
	$u=u_R$	bei	$r=R$, $t>0$	(4.82)

Aus der Lösung für die Randbedingungen 3. Art (4.80) erhält man durch Grenzübergang $\alpha_0 \to \infty$ und $\alpha_R \to \infty$ die Lösung im $\mathcal{L}$-Bereich

$$\bar{u}(r,s) = \frac{u_0 r_0 \sinh p(R-r) + u_R R \sinh p(r-r_0)}{sr \sinh p(R-r_0)} \quad (4.83)$$

mit der Bestimmungsgleichung für die Eigenwerte μ_n
$\tan \mu = 0$.
In gleicher Weise erhält man aus (4.81) die Lösung im Zeitbereich

$$u(r,t) = u_0 \frac{R/r-1}{R/r_0-1} + u_R \frac{1-r_0/r}{1-r_0/R}$$

$$- \frac{2R}{\pi r(R-r_0)} \sum_{n=1}^{\infty} \frac{1}{n} \left(u_0 r_0 - \frac{u_R R}{\cos n\pi(1-r_0/R)} \right) \sin\left(n\pi \frac{r-r_0}{R}\right) e^{-n^2 \pi^2 a t/R^2}$$

für $r_0 \leq r \leq R$ **Bild 4.25** (4.84)

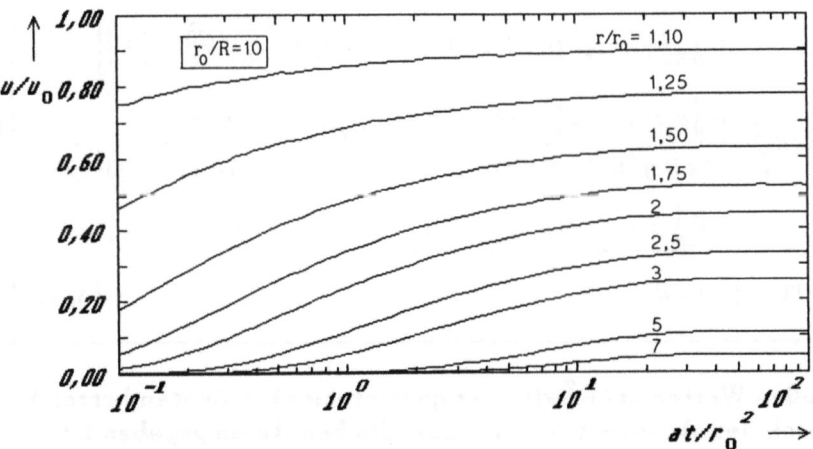

Bild 4.25. Verlauf der Lösung für eine Hohlkugel mit $u_0 = 1$ und $u_R = 0$
– Randbedingungen 1. Art

Randbedingungen 2. Art an beiden Rändern:

				Bild 4.24
DG:	$\frac{\partial^2 u}{\partial r^2} + \frac{2}{r}\frac{\partial u}{\partial r}$	$= \frac{1}{a}\frac{\partial u}{\partial t}$		
AB:	$u=0$		für $t=0$, $r_0 \leq r \leq R$	
RB:	$r^2 \frac{\partial u}{\partial r} = -\frac{Q_0}{4\pi D}$		bei $r=r_0$, $t>0$	
	$r^2 \frac{\partial u}{\partial r} = \frac{Q_R}{4\pi D}$		bei $r=R$, $t>0$	(4.85)

Lösung im $\mathcal{L}$-Bereich:

$$\bar{u}(r,s) = \frac{1}{4\pi Dr} \frac{Q_0\bigl[pR\cosh p(R-r) - \sinh p(R-r)\bigr] + \longrightarrow}{s\bigl[p(R-r_0)\cosh p(R-r_0) + (p^2 r_0 R - 1)\sinh p(R-r_0)\bigr]}$$

$$\frac{+ Q_R\bigl[pr_0 \cosh p(r-r_0) + \sinh p(r-r_0)\bigr]}{} \qquad (4.86)$$

Die Lösung besitzt einen Doppelpol bei s=0 und weitere Einfachpole bei $s_n = -\mu_n^2 a/R^2$, $p_n = \mu_n/iR$. Hieraus ergibt sich die Bestimmungsgleichung für die Eigenwerte

$$\mu \cot \mu = 1 + \mu^2 r_0/R.$$

Die Rücktransformation erfolgt mit dem erweiterten Entwicklungssatz von Heaviside und führt auf

$$u(r,t) = \frac{(R-r_0)^2}{(R^2+r_0^2)-Rr_0} \left\{ \frac{Q_0+Q_R}{4\pi D(R-r_0)} \left[\frac{3at}{(R-r_0)^2} - \frac{3}{10} \frac{(R+r_0)^2 + Rr_0}{(R+r_0)^2 - Rr_0} \right] \right.$$

$$\left. + \frac{1}{4\pi D(R-r_0)}\left[Q_0(R-r)^2(\tfrac{R}{r}+\tfrac{1}{2}) + Q_R(r-r_0)^2(\tfrac{r_0}{r}+\tfrac{1}{2})\right] \right\}$$

$$-2R \sum_{n=1}^{\infty} \frac{Q_0\bigl[\mu_n R \cos \mu_n(1-r/R) - R \sin \mu_n(1-r/R)\bigr] + \longrightarrow}{4\pi Dr\mu_n^2\bigl[(R^2+r_0^2)\sin \mu_n(1-r_0/R) + \mu_n(R-r_0)r_0 \cos \mu_n(1-r_0/R)\bigr]}$$

$$\frac{Q_R\bigl[\mu_n r_0 \cos[\mu_n(r-r_0)/R] + R \sin[\mu_n(r-r_0)/R]\bigr]}{} e^{-\mu_n^2 at/R^2}$$

für $r_0 \leq r \leq R$ \hfill (4.87)

Bei großen Werten at/R^2 wird der quasistationäre Zustand erreicht, der durch den Ausdruck vor der unendlichen Reihe gegeben ist.

Randbedingungen 2. und 3. Art:

				Bild 4.24
DG:	$\dfrac{\partial^2 u}{\partial r^2} + \dfrac{2}{r}\dfrac{\partial u}{\partial r}$	$= \dfrac{1}{a}\dfrac{\partial u}{\partial t}$		
AB:	$u=0$	für	$t=0$, $r_0 \leq r \leq R$	
RB:	$r^2\dfrac{\partial u}{\partial r} = -\dfrac{Q_0}{4\pi D}$	bei	$r=r_0$, $t>0$	
	$\dfrac{D}{\alpha_R}\dfrac{\partial u}{\partial r} = u_R - u$	bei	$r=R$, $t>0$	(4.88)

Lösung im $\mathcal{L}$-Bereich

$$\bar{u}(r,s) = \frac{1}{4\pi Dr} \frac{Q_0\left[pR \cosh p(R-r) + (\alpha_R R/D - 1) \sinh p(R-r)\right] + \longrightarrow}{s\left[(pr_0 R\alpha_R/D + p(R-r_0)) \cosh p(R-r_0) + \longrightarrow\right.}$$

$$\frac{4\pi R^2 \alpha_R u_R\left[pr_0 \cosh p(r-r_0) + \sinh p(r-r_0)\right]}{\left.(p^2 r_0 R + \alpha_R R/D - 1) \sinh p(R-r_0)\right]} \quad (4.89)$$

mit einfachen Polstellen bei $s=0$ und $s_n = -\mu_n^2 a/R^2$, $p_n = \mu_n/iR$ und der Bestimmungsgleichung für die Eigenwerte μ_n

$$\mu \cot \mu = \frac{\mu^2 r_0 D/\alpha_R - R^2 + DR/\alpha_R}{Rr_0 + DR/\alpha_R}. \quad (4.90)$$

Die Rücktransformation mit dem Entwicklungssatz von Heaviside führt dann auf

---

$$u(r,t) = u_R + \frac{Q_0}{4\pi D}\left(\frac{R-r}{Rr} + \frac{D}{\alpha_R R^2}\right) \qquad \text{Bild 4.26}$$

$$-2\sum_{n=1}^{\infty} \frac{\frac{Q_0}{4\pi D}\left[\mu_n D/\alpha_R \cos \mu_n(1-r/R) + (R - D/\alpha_R) \sin \mu_n(1-r/R)\right] + \longrightarrow}{\frac{r}{R}\mu_n\left[(\mu_n^2 D(1-r_0/R)r_0/\alpha_R - R^2) \cos \mu_n(1-r_0/R) + \longrightarrow\right.}$$

$$\frac{u_R R^2\left[\mu_n r_0/R \cos(\mu_n(r-r_0)/R) + \sin(\mu_n(r-r_0)/R)\right]}{\left.(r_0(R-r_0) + 2Dr_0/\alpha_R + DR(1-r_0/R)^2/\alpha_R)\mu_n \sin \mu_n(1-r_0/R)\right]} e^{-\mu_n^2 a t/R^2}$$

für $r_0 \leq r \leq R$ \hfill (4.91)

Randbedingungen 2. und 1. Art: Wird in (4.88) die Randbedingung

$$u = u_R \quad \text{bei } r = R, \ t > 0$$

berücksichtigt, so kann man durch den Grenzübergang $\alpha_R \to \infty$ aus (4.90) und (4.91) die entsprechende Lösung im Zeitbereich berechnen. Man erhält

---

$$u(r,t) = u_R + \frac{Q_0}{4\pi D} \frac{R-r}{Rr}$$

$$-2\sum_{n=1}^{\infty} \frac{\left[u_R R - \frac{Q_0}{4\pi D} \cos \mu_n(1-r_0/R)\right]\left[\mu_n r_0/R \cos(\mu_n(r-r_0)/R) + \longrightarrow\right.}{r\mu_n\left[\mu_n r_0(R-r_0)/R^2 \sin \mu_n(1-r_0/R) - \longrightarrow\right.}$$

$$\frac{\sin(\mu_n(r-r_0)/R)\Big]}{\cos \mu_n(1-r_0/R)\Big]} e^{-\mu_n^2 a t/R^2} \quad (4.92)$$

für $r_0 \leq r \leq R$ und mit der Bestimmungsgleichung für die

Eigenwerte $\qquad \tan \mu = -\mu r_0/R$

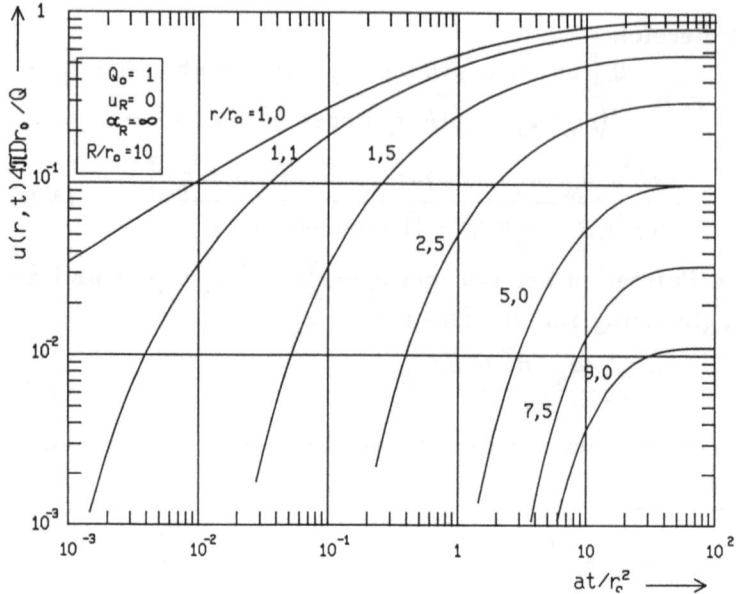

Bild 4.26. Verlauf der Lösung für eine Hohlkugel
– Randbedingung 2. Art bei $r = r_0$ und 3. Art bei $r = r_R$

4.2 Aufgaben mit Quellen

In diesem Abschnitt werden Quellen nach physikalischen und nicht nach mathematischen Gesichtspunkten geordnet, weil andernfalls, vor allem bei Verwendung von Zylinder- und Kugelkoordinaten, der physikalische Begriff irreführend wäre. Alle hier betrachteten Quellen sind im mathematischen Sinne Punktquellen.

4.2.1 Punktquellen

Quellen, die in allen Richtungen der räumlichen Koordinaten eine vernachlässigbare Abmessung gegenüber dem Körper haben, in dem sie sich befinden, können als Punktquellen betrachtet werden.

Punktquelle in einem unbegrenzten Gebiet: Die Lösung dieses Problems ist im Abschnitt 2.3.6 ausführlich dargestellt.

Punktquelle im Mittelpunkt einer Kugel mit der Randbedingung 3., 1. oder 2. Art: Die Lösungen für eine punktförmige Quelle der

Stärke Q_0 im Mittelpunkt einer Kugel lassen sich prinzipiell in gleicher Weise wie in den vorhergehend dargestellten Fällen ableiten. Sofern jedoch die Lösungen für eine Hohlkugel mit Randbedingungen 2. Art am Hohlraum vorhanden sind, geht man am zweckmäßigsten von diesen aus und erhält die gesuchten Lösungen durch den Grenzübergang
$r_0 \to 0$.

Für die *Randbedingung 3. Art*

$$\frac{D}{\alpha_R} \frac{\partial u}{\partial r} = u_R - u \quad \text{bei } r=R, \; t>0 \tag{4.93}$$

erhält man durch den genannten Grenzübergang aus (4.89) die Lösung im $\mathcal{L}$-Bereich

$$\bar{u}(r,s) = \frac{\frac{Q_0}{4\pi D}\left[pRD/\alpha_R \cosh p(R-r) + (R-D/\alpha_R)\sinh p(R-r)\right] + u_R R^2 \sinh pr}{rs\left[pRD/\alpha_R \cosh pR + (R-D/\alpha_R)\sinh pR\right]} \tag{4.94}$$

Die Lösung enthält ausschließlich Einfachpole, so daß die entsprechende Zeitfunktion mit dem Entwicklungssatz von Heaviside berechnet werden kann. Man gelangt jedoch gleichfalls durch den Grenzübergang $r_0 \to 0$ zum Ziel, wenn von der entsprechenden Lösung im Zeitbereich für die Hohlkugel ausgegangen wird. Beschreitet man den zweiten Weg, so ergibt sich aus (4.90) die Bestimmungsgleichung für die Eigenwerte

$$\mu \cot \mu = 1 - \frac{R\alpha_R}{D} \tag{4.95}$$

und aus (4.91) die gesuchte Zeitfunktion

$$u(r,t) = u_R + \frac{Q_0}{4\pi D}\left(\frac{R-r}{Rr} + \frac{D}{R^2 \alpha_R}\right) - 2\sum_{n=1}^{\infty} e^{-\mu_n^2 at/R^2}$$

$$\times \frac{\frac{Q_0}{4\pi D}\left[\mu_n D/\alpha_R \cos \mu_n(1-r/R) + (R-D/\alpha_R)\sin \mu_n(1-r/R)\right] + u_R R^2 \sin \mu_n r/R}{r\mu_n\left[\mu_n D/\alpha_R \sin \mu_n - R \cos \mu_n\right]}$$

die sich unter Verwendung von (4.95) umformen läßt zu

$$u(r,t) = u_R + \frac{Q_0}{4\pi D}\left(\frac{R-r}{Rr} + \frac{D}{R^2 \alpha_R}\right)$$

$$-2\sum_{n=1}^{\infty} \frac{\frac{Q_0 \mu_n}{4\pi D} + u_R R(\sin \mu_n - \mu_n \cos \mu_n)}{r\mu_n(\mu_n - \sin \mu_n \cos \mu_n)} \sin(\mu_n r/R) e^{-\mu_n^2 at/R^2}$$

für $0 \leq r \leq R$ \hfill (4.96)

Wird die Lösung für die *Randbedingung 1. Art*

$u = u_R$ bei $r=R$, $t>0$

gesucht, so erhält man diese in einfacher Weise aus (4.95) und (4.96) mit $\alpha_R \to \infty$

$$u(r,t) = u_R + \frac{Q_0}{4\pi D} \frac{R-r}{Rr}$$

$$- 2\sum_{n=1}^{\infty}\left(\frac{Q_0}{4\pi D} + u_R R(-1)^{n+1}\right)\frac{\sin(n\pi r/R)}{n\pi r} e^{-n^2\pi^2 at/R^2} \quad (4.97)$$

Gilt die **Randbedingung 2. Art**

$$r^2 \frac{\partial u}{\partial r} = \frac{Q_R}{4\pi D} \quad \text{bei } r=R,\ t>0\ ,$$

so erhält man aus (4.87) wiederum durch Grenzübergang $r_0 \to 0$ die gesuchte Lösung

$$u(r,t) = \frac{Q_0 + Q_R}{4\pi DR}\left[\frac{3at}{R^2} - \frac{3}{10}\right] + \frac{1}{4\pi DR^3}\left[Q_0(R-r)^2 \frac{2R+r}{2r} + Q_R \frac{r^2}{2}\right]$$

$$- 2\frac{R}{r}\sum_{n=1}^{\infty} \frac{Q_0\left[\mu_n R \cos\mu_n(1-r/R) - R\sin\mu_n(1-r/R)\right] + Q_R R\sin\mu_n r/R}{4\pi DR^2 \mu_n^2 \sin\mu_n}$$

$$\times\ e^{-\mu_n^2 at/R^2} \quad (4.99)$$

für $0 \leq r \leq R$

Die Bestimmungsgleichung für die Eigenwerte von (4.99) lautet

$$\tan \mu = \mu\ .$$

Die ersten 5 Wurzeln der oberen Gleichung sind in Tabelle 4.8 angegeben.

4.2.2 Linienquellen

Quellen, die nur in einer Richtung ausgedehnt sind und in den beiden anderen Richtungen vernachlässigbare Abmessungen gegenüber dem betrachteten Körper haben, lassen sich als linienförmige Quellen behandeln.

Linienquellen in einem unbegrenzten Gebiet: Die Lösung für eine Linienquelle wurde im Abschnitt 3.3 aus der Lösung für den zylinderförmigen Hohlraum (Brunnen) in einem unendlich ausgedehnten Gebiet durch den bekannten Grenzübergang $r_0 \to 0$ abgeleitet und lautet in allgemeiner Symbolik

$$u(r,t) = -\frac{Q_0}{4\pi D \Delta z} \operatorname{Ei}\left(-\frac{r^2}{4at}\right)\ . \quad (4.100)$$

Linienquelle in der Achse eines Zylinders mit der Randbedingung 3., 1. oder 2. Art : Zur Ermittlung der Lösungen benutzen wir in Analogie zur Punktquelle die bereits berechneten Lösungen für den Hohlzylinder mit der inneren Randbedingung 2. Art und führen den genannten Grenzübergang $r_0 \to 0$ aus.

Für die *Randbedingung 3. Art*

$$\frac{D}{\alpha_R} \frac{\partial u}{\partial r} = u_R - u \quad \text{bei } r=R, \; t>0 \tag{4.101}$$

ergibt sich auf dem genannten Wege aus (4.56) durch nachfolgende Rücktransformation die Bestimmungsgleichung für die Eigenwerte

$$\frac{\mu D}{\alpha_R R} = \frac{J_0(\mu)}{J_1(\mu)}$$

und die Lösung im Zeitbereich

$$u(r,t) = u_R + \frac{Q_0}{2\pi D \Delta z}\left(\ln \frac{R}{r} + \frac{D}{\alpha_R R}\right)$$

$$- 2 \sum_{n=1}^{\infty} \frac{\frac{Q_0}{2\pi D \Delta z} + u_R \mu_n J_1(\mu_n)}{\mu_n^2 [J_0^2(\mu_n) + J_1^2(\mu_n)]} J_0(\mu_n \frac{r}{R}) e^{-\mu_n^2 a t / R^2} \tag{4.102}$$

Für die *Randbedingung 1. Art*

$$u = u_R \quad \text{bei } r=R, \; t>0 \tag{4.103}$$

erhält man die gesuchte Lösung am einfachsten aus der obigen Beziehung mit $\alpha_R \to \infty$. Es ergibt sich die Bestimmungsgleichung für die Eigenwerte μ_n

$$J_0(\mu) = 0$$

und die Lösung

$$u(r,t) = u_R + \frac{Q_0}{2\pi D \Delta z} \ln \frac{R}{r}$$

$$- 2 \sum_{n=1}^{\infty} \frac{\frac{Q_0}{2\pi D \Delta z} + u_R \mu_n J_1(\mu_n)}{\mu_n^2 \; J_1^2(\mu_n)} J_0(\mu_n \frac{r}{R}) e^{-\mu_n^2 a t / R^2} \tag{4.104}$$

mit den Eigenwerten aus Tabelle 4.2 oder Gl. (B 18).

Für die *Randbedingung 2. Art*

$$r \frac{\partial u}{\partial r} = \frac{Q_R}{2\pi D \Delta z} \quad \text{bei } r=R, \; t>0 \tag{4.105}$$

ergibt sich aus (4.53) durch den Grenzübergang $r_0 \to 0$ und anschließender Rücktransformation die Lösung

$$u(r,t) = \frac{1}{2\pi D\Delta z}\left[(Q_0+Q_R)\left(\frac{2at}{R^2} + \frac{r^2}{2R^2} - \frac{1}{4}\right) - Q_0\left(\frac{1}{2} - \ln\frac{R}{r}\right)\right.$$
$$\left. -2\sum_{n=1}^{\infty} \frac{Q_0+Q_R}{\mu_n^2} \frac{J_0(\mu_n)}{J_0^2(\mu_n)} J_0(\mu_n r/R)\, e^{-\mu_n^2 at/R^2}\right] \quad (4.106)$$

mit den Eigenwerten μ_n aus $J_1(\mu) = 0$. Die Eigenwerte sind Tab. 4.3 zu entnehmen bzw. mit Gl. (B 22) zu berechnen.

4.2.3 Flächenquellen

Quellen, die in zwei Richtungen ausgedehnt sind und in der dritten Richtung eine vernachlässigbare Abmessung gegenüber dem betrachteten Körper aufweisen, können als flächenförmige Quellen behandelt werden. Sie können sowohl eine ebene als auch eine gekrümmte Form haben. Nachfolgend wollen wir solche Probleme betrachten, in denen die Quellen durch eine ebene, eine zylinderförmige und eine kugelförmige Fläche gebildet werden.

Ebene Flächenquelle in einem unbegrenzten Gebiet: Das zu berechnende Problem ist in Bild 4.27 dargestellt. Die x-Achse zeigt darin in Richtung der Flächennormalen von der vorliegenden Quelle. Das gesamte Gebiet ist bei $x=0$ in zwei Teilgebiete getrennt. Jedes dieser Teilgebiete hat bei $x=0$ eine Randbedingung 2. Art, so daß sich der Gesamtstrom Q_0 der Quelle aus der Summe der Teilströme Q_1 und Q_2 zusammensetzt, d.h.

$$Q_0 = Q_1 + Q_2.$$

Da ferner dieses Problem völlig symmetrisch ist, folgt

$$Q_1 = Q_2 = \frac{1}{2} Q_0.$$

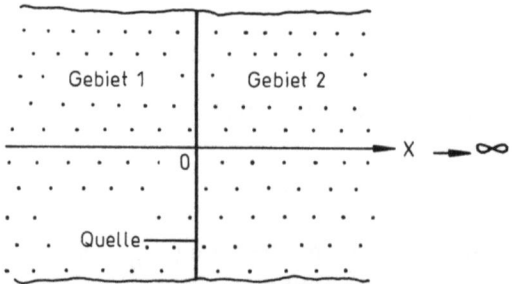

Bild 4.27. Ebene Flächenquelle in einem unbegrenzten Gebiet

Unter Verwendung der bereits bekannten Lösung für die Randbedingung 2. Art (4.15) erhalten wir damit für die Teilgebiete

$$u_1(x,t) = \frac{Q_0}{DA} \sqrt{at} \text{ int erfc } \frac{x}{\sqrt{4at}} \quad \text{für} \quad 0 \leq x < \infty \quad (4.107a)$$

$$u_2(x,t) = \frac{Q_0}{DA} \sqrt{at} \text{ int erfc } \frac{|x|}{\sqrt{4at}} \quad \text{für} \quad -\infty < x \leq 0 \quad (4.107b)$$

Ebene Flächenquelle in einem beidseitig begrenzten Gebiet mit Randbedingungen 1. Art an beiden Rändern:

Bild 4.28

DG: $\dfrac{\partial^2 u_1}{\partial x^2} = \dfrac{1}{a}\dfrac{\partial u_1}{\partial t}$ für $L_1 \leq x \leq 0$

$\dfrac{\partial^2 u_2}{\partial x^2} = \dfrac{1}{a}\dfrac{\partial u_2}{\partial t}$ für $0 \leq x \leq L_2$

AB: $u=0$ für $t=0$, $-L_1 \leq x \leq L_2$

RB: $\left.\begin{array}{l}\dfrac{\partial u_1}{\partial x} = \dfrac{Q_1(t)}{DA} \\[4pt] \dfrac{\partial u_2}{\partial x} = -\dfrac{Q_2(t)}{DA}\end{array}\right\}$ bei $x=0$, $t>0$

$u=0$ bei $x=-L_1$, $t>0$

$u=0$ bei $x=L_2$, $t>0$ (4.108)

Für die zeitlich nicht konstanten Teilströme ergeben sich die Lösungen im $\mathcal{L}$-Bereich

$$\bar{u}_1(x,s) = \frac{\bar{Q}_1}{DA} \frac{\sinh p(L_1+x)}{p \cosh pL_1}, \quad \bar{u}_2(x,s) = \frac{\bar{Q}_2}{DA} \frac{\sinh p(L_2-x)}{p \cosh pL_2}.$$

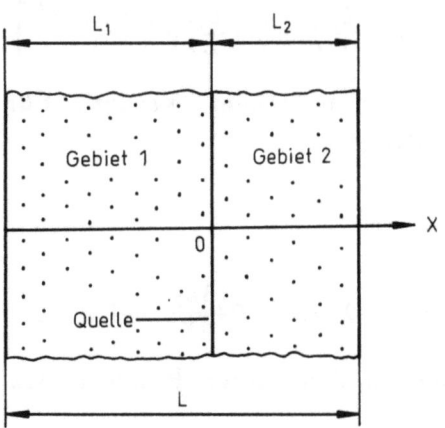

Bild 4.28. Ebene Flächenquelle in einem beidseitig begrenzten Gebiet

Unter Voraussetzung, daß bei $x=0$

$$\bar{u}_1(x,s) = \bar{u}_2(x,s)$$

ist, ergibt sich mit $Q_0/s = \bar{Q}_1 + \bar{Q}_2$ und $L = L_1 + L_2$ bei $x=0$

$$\bar{Q}_1 = \frac{Q_0}{s} \frac{\sinh pL_2 \cosh pL_1}{\sinh pL} \quad \text{und} \quad \bar{Q}_2 = \frac{Q_0}{s} \frac{\sinh pL_1 \cosh pL_2}{\sinh pL}.$$

Werden diese Beziehungen in die oberen Gleichungen für $\bar{u}_1$ und $\bar{u}_2$ eingesetzt, so erhält man

$$\bar{u}_1(x,s) = \frac{Q_0}{DA} \frac{\sinh pL_2 \sinh p(L_1+x)}{sp \sinh pL} \quad . \tag{4.109a}$$

$$\bar{u}_2(x,s) = \frac{Q_0}{DA} \frac{\sinh pL_1 \sinh p(L_2-x)}{sp \sinh pL} \quad . \tag{4.109b}$$

Die Rücktransformation mit dem Entwicklungssatz von Heaviside ergibt schließlich

Bild 4.29

$$u_1(x,t) = \frac{Q_0 L}{DA} \left[\frac{L_2(L_1+x)}{L^2} - \frac{2}{\pi^2} \sum_{n=1}^{\infty} \frac{(-1)^{n-1}}{n^2} \sin\left(n\pi \frac{L_2}{L}\right) \sin\left(n\pi \frac{L_1+x}{L}\right) \right.$$
$$\left. \times e^{-n^2\pi^2 at/L^2} \right] \quad \text{für } -L_1 \leq x \leq 0 \tag{4.110a}$$

$$u_2(x,t) = \frac{Q_0 L}{DA} \left[\frac{L_1(L_2-x)}{L^2} - \frac{2}{\pi^2} \sum_{n=1}^{\infty} \frac{(-1)^{n-1}}{n^2} \sin\left(n\pi \frac{L_1}{L}\right) \sin\left(n\pi \frac{L_2-x}{L}\right) \right.$$
$$\left. \times e^{-n^2\pi^2 at/L^2} \right] \quad \text{für } 0 \leq x \leq L_2 \tag{4.110b}$$

Die Rücktransformation der Ströme führt auf die Zeitfunktion

$$Q_1(0,t) = Q_0 \left[\frac{L_2}{L} - \frac{2}{\pi} \sum_{n=1}^{\infty} \frac{(-1)^{n-1}}{n} \sin\left(n\pi \frac{L_2}{L}\right) \cos\left(n\pi \frac{L_1}{L}\right) e^{-n^2\pi^2 at/L^2} \right].$$

Weiterhin kann $Q_2(0,t) = Q_0 - Q_1(0,t)$ berechnet werden. Für stationäre Bedingungen ergibt sich damit

$$Q_1 = Q_0 \frac{L_2}{L} \quad \text{und} \quad Q_2 = Q_0 \frac{L_1}{L} \quad .$$

Bei Verwendung der Beziehungen

$$Q_1(x,t) = DA \frac{\partial u_1}{\partial x} \text{ bei } x = -L_1 \quad \text{und} \quad Q_2(x,t) = -DA \frac{\partial u_2}{\partial x} \text{ bei } x = L_2$$

lassen sich aus (4.110) die Ströme an den beiden Rändern des Gebietes ermitteln. Man erhält

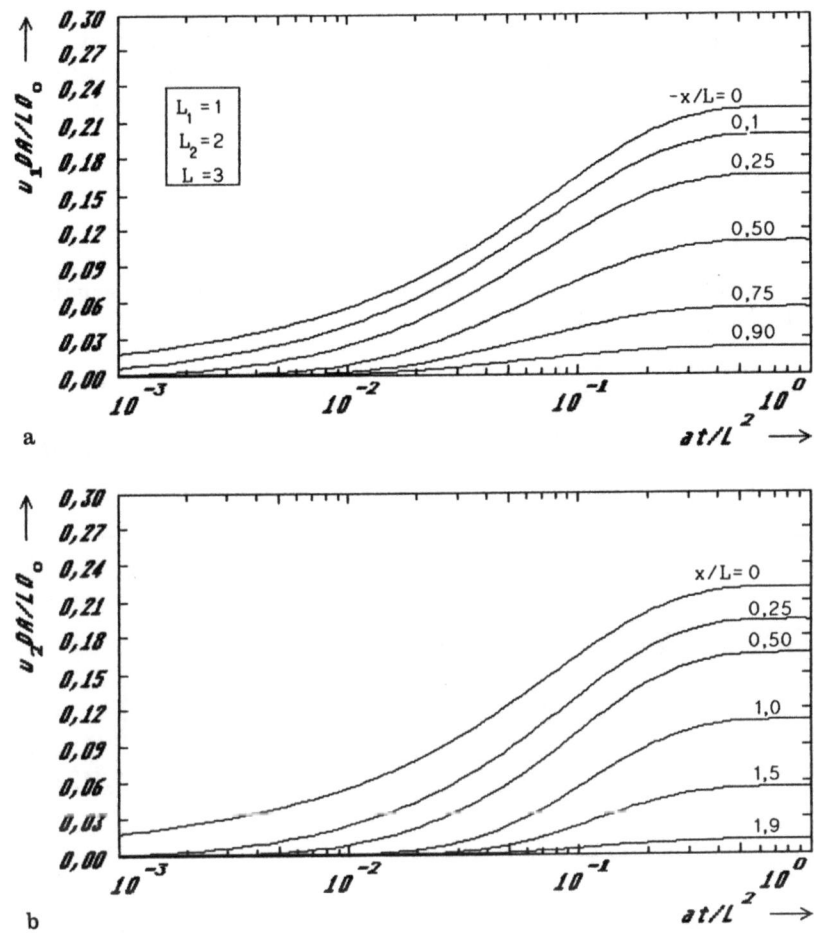

Bild 4.29. Lösung für a) das Gebiet 1 und b) das Gebiet 2 einer ebenen Flächenquelle in einem beidseitig begrenzten Gebiet
– Randbedingungen 1. Art bei $x = -L_1$ und bei $x = L_2$

$$Q_1(-L_1, t) = Q_0 \left[\frac{L_2}{L} - \frac{2}{\pi} \sum_{n=1}^{\infty} \frac{(-1)^{n-1}}{n} \sin n\pi \frac{L_2}{L} \, e^{-n^2\pi^2 at/L^2} \right]$$

$$Q_2(L_2, t) = Q_0 \left[\frac{L_1}{L} - \frac{2}{\pi} \sum_{n=1}^{\infty} \frac{(-1)^{n-1}}{n} \sin n\pi \frac{L_1}{L} \, e^{-n^2\pi^2 at/L^2} \right].$$

Aus dem Vergleich der Ströme bei $x=0$ mit denen an den Rändern des Gebietes erkennt man, daß diese sich in der instationären Anlaufphase unterscheiden, jedoch unter stationären Verhältnissen proportional den Längen L_1 bzw. L_2 sind.

Ebene Flächenquelle in einem beidseitig begrenzten Gebiet mit Randbedingungen 1. und 2. Art: Gegenüber der Problemstellung (4.108) sollen nun folgende Bedingungen an den äußeren Rändern gelten:

$$u = 0 \quad \text{bei } x = -L_1, \ t > 0,$$

$$\frac{\partial u}{\partial x} = 0 \quad \text{bei } x = L_2, \ t > 0.$$

Auf dem gleichen Wege, wie vorhergehend beschrieben, ergeben sich die Lösungen im $\mathcal{L}$-Bereich

$$\bar{u}_1(x,s) = \frac{Q_0}{DA} \frac{\cosh pL_2 \ \sinh p(L_1+x)}{sp \cosh pL}, \qquad (4.111a)$$

$$\bar{u}_2(x,s) = \frac{Q_0}{DA} \frac{\sinh pL_1 \ \cosh p(L_2-x)}{sp \cosh pL} \quad \text{mit } L = L_1 + L_2 \qquad (4.111b)$$

und die Lösungen im Zeitbereich

Bild 4.30

$$u_1(x,t) = \frac{Q_0 L}{DA} \left[\frac{L_1+x}{L} - \frac{8}{\pi^2} \sum_{n=1}^{\infty} \frac{(-1)^{n-1}}{(2n-1)^2} \cos\left(\frac{2n-1}{2L} L_2 \pi\right) \right.$$

$$\left. \times \sin\left(\frac{(2n-1)(L_1+x)}{2L}\pi\right) \exp\left(-(n-\tfrac{1}{2})^2 \pi^2 a t / L^2\right) \right]$$

für $-L_1 \leq x \leq 0$ \hfill (4.112a)

$$u_2(x,t) = \frac{Q_0 L}{DA} \left[\frac{L_1}{L} - \frac{8}{\pi^2} \sum_{n=1}^{\infty} \frac{(-1)^{n-1}}{(2n-1)^2} \sin\left(\frac{2n-1}{2L} L_1 \pi\right) \right.$$

$$\left. \times \cos\left(\frac{(2n-1)(L_2-x)}{2L}\pi\right) \exp\left(-(n-\tfrac{1}{2})^2 \pi^2 a t / L^2\right) \right]$$

für $0 \leq x \leq L_2$ \hfill (4.112b)

Für den Strom ergibt sich auf analogem Wege bei $x=0$

$$Q_1(0,t) = Q_0 \left[1 - \frac{4}{\pi} \sum_{n=1}^{\infty} \frac{(-1)^{n-1}}{2n-1} \cos\left(\frac{2n-1}{2L} L_2 \pi\right) \cos\left(\frac{2n-1}{2L} L_1 \pi\right) \right.$$

$$\left. \times \exp\left(-(n-\tfrac{1}{2})^2 \pi^2 a t / L^2\right) \right],$$

$$Q_2(0,t) = Q_0 - Q_1(0,t)$$

und bei $x = -L_1$ sowie $x = L_2$

$$Q_1(-L_1,t) = Q_0 \left[1 - \frac{4}{\pi} \sum_{n=1}^{\infty} \frac{(-1)^{n-1}}{2n-1} \cos\left(\frac{2n-1}{2L} L_2 \pi\right) \exp\left(-(n-\tfrac{1}{2})^2 \pi^2 a t / L^2\right) \right],$$

$$Q_2(L_2,t) = 0.$$

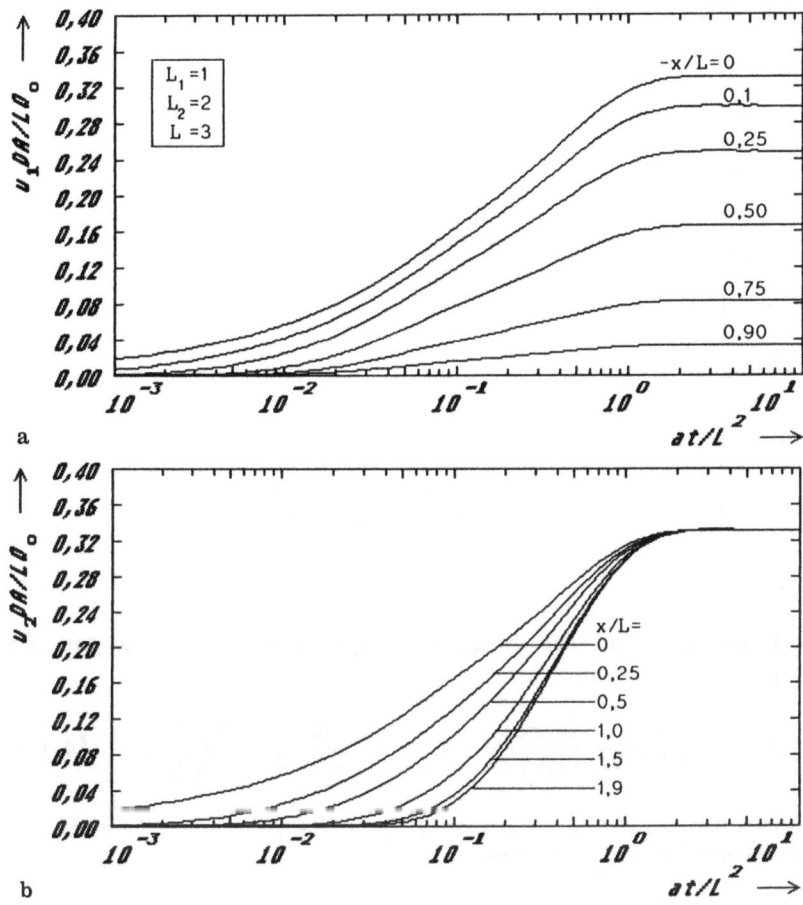

Bild 4.30. Lösung für a) das Gebiet 1 und b) das Gebiet 2 einer ebenen Flächenquelle in einem beidseitig begrenzten Gebiet
– Randbedingung 1. Art bei $x = -L_1$ und 2. Art bei $x = L_2$

Quelle in Form einer Zylinderoberfläche in einem unbegrenzten Gebiet:

			Bild 4.31
DG:	$\dfrac{\partial^2 u_1}{\partial r^2} + \dfrac{1}{r}\dfrac{\partial u_1}{\partial r} = \dfrac{1}{a}\dfrac{\partial u_1}{\partial t}$	für $0 \leq r \leq r_1$	
	$\dfrac{\partial^2 u_2}{\partial r^2} + \dfrac{1}{r}\dfrac{\partial u_2}{\partial r} = \dfrac{1}{a}\dfrac{\partial u_2}{\partial t}$	für $r_1 \leq r < \infty$	
AB:	$u = 0$	für $t=0$, $0 \leq r < \infty$	
RB:	$\dfrac{\partial u}{\partial r} = 0$	bei $r=0$, $t>0$	
	$\left. \begin{array}{l} r\dfrac{\partial u_1}{\partial r} = \dfrac{Q_1}{2\pi D \Delta z} \\ r\dfrac{\partial u_2}{\partial r} = -\dfrac{Q_2}{2\pi D \Delta z} \end{array} \right\}$	bei $r=r_1$, $t>0$	
	$u_1 = u_2$	bei $r=r_1$, $t>0$	
	$u = 0$	bei $r=\infty$, $t>0$	**(4.113)**

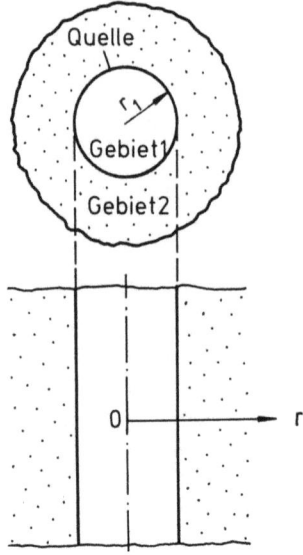

Bild 4.31. Lage einer Quelle in Form einer Zylinderoberfläche in einem unbegrenzten Gebiet

Das Problem hat für die beiden Teilgebiete die Lösungen im $\mathcal{L}$-Bereich

$$\bar{u}_1(r,s) = \frac{\bar{Q}_1}{2\pi D\Delta z r_1} \frac{I_0(rp)}{p I_1(r_1 p)} \quad , \quad \bar{u}_2(r,s) = \frac{\bar{Q}_2}{2\pi D\Delta z r_1} \frac{K_0(rp)}{p K_1(r_1 p)} \quad . \quad (4.114)$$

woraus sich mit $Q_0/s = \bar{Q}_1 + \bar{Q}_2$ und $\bar{u}_1(r_1,s) = \bar{u}_2(r_1,s)$ die Lösungen für die Teilströme bei $r = r_1$ ergeben

$$\bar{Q}_1(r_1,s) = \frac{Q_0}{s} r_1 p K_0(r_1 p) I_1(r_1 p) \quad ,$$

$$\bar{Q}_2(r_1,s) = \frac{Q_0}{s}\left[1 - r_1 p K_0(r_1 p) I_1(r_1 p)\right] = \frac{Q_0}{s} r_1 p I_0(r_1 p) K_1(r_1 p).$$

Werden diese Beziehungen in (4.114a,b) eingesetzt, so erhält man

$$\bar{u}_1(r,s) = \frac{Q_0}{2\pi D\Delta z} \frac{1}{s} I_0(rp) K_0(r_1 p) \quad ,$$

$$\bar{u}_2(r,s) = \frac{Q_0}{2\pi D\Delta z} \frac{1}{s} I_0(r_1 p) K_0(rp) \quad .$$

Die Rücktransformation ist mit der entsprechenden Korrespondenz möglich und ergibt

$$u_1(r,t) = \frac{Q_0}{4\pi D\Delta z} \int_0^t \exp\left(-\frac{r^2 + r_1^2}{4a\tau}\right) I_0\left(\frac{rr_1}{2a\tau}\right) \frac{d\tau}{\tau}$$

$$u_2(r,t) = u_1(r,t)$$

Bild 4.32

(4.115)

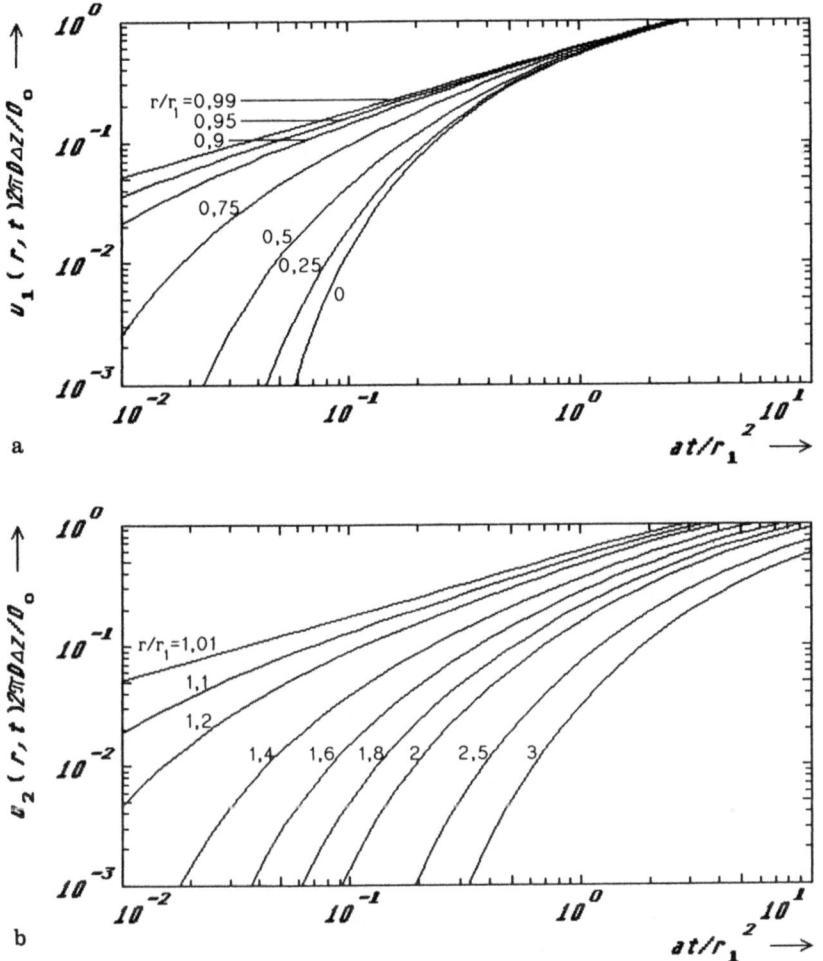

Bild 4.32. Lösung für a) das Gebiet 1 und b) das Gebiet 2 einer Quelle in Form einer Zylinderoberfläche in einem unendlichen Gebiet

Für den Verlauf des Stromes lassen sich durch Verwendung der ersten Glieder der Bessel-Funktionen Näherungslösungen finden. Für kleine Werte at/r_1^2 ergibt sich bei $r=r_1$ im $\mathcal{L}$-Bereich

$$\bar{Q}_1(r_1,s) = \frac{Q_0}{2s}\left[1 - \frac{1}{2r_1 p} - \cdots\right] \quad \text{sowie} \quad \bar{Q}_2(r_1,s) = \frac{Q_0}{2s}\left[1 + \frac{1}{2r_1 p} + \cdots\right]$$

und im Zeitbereich

$$Q_1(r_1,t) = \frac{Q_0}{2}\left[1 - \sqrt{\frac{at}{\pi r_1^2}} - \cdots\right],$$

$$Q_2(r_1,t) = \frac{Q_0}{2}\left[1 + \sqrt{\frac{at}{\pi r_1^2}} + \cdots\right].$$

Dagegen erhält man für große Zeiten im $\mathcal{L}$-Bereich

$$\bar{Q}_1(r_1,s) = -Q_0 \left[\frac{r_1^2}{4a} \ln\left(\frac{\gamma^2 r_1^2}{4a} s\right) + \cdots \right],$$

$$\bar{Q}_2(r_1,s) = Q_0 \left[\frac{1}{s} + \frac{r_1^2}{4a} \ln\left(\frac{\gamma^2 r_1^2}{4a} s\right) - \cdots \right].$$

Mit den Korrespondenzen aus Anhang C erhalten wir schließlich

$$Q_1(r_1,t) = Q_0 \left[\frac{r_1^2}{4at} - \cdots \right] \quad \text{und} \quad Q_2(r_1,t) = Q_0 \left[1 - \frac{r_1^2}{4at} + \cdots \right].$$

Aus den Beziehungen läßt sich erkennen, daß in der stationären Endphase die Teilströme Null bzw. Q_0 betragen.

Quelle in Form einer Kugeloberfläche in einem unbegrenzten Gebiet:

Bild 4.33

DG: $\quad \dfrac{\partial^2 u_1}{\partial r^2} + \dfrac{2}{r}\dfrac{\partial u_1}{\partial r} = \dfrac{1}{a}\dfrac{\partial u_1}{\partial t} \quad$ für $0 \leq r \leq r_1$

$\quad\quad \dfrac{\partial^2 u_2}{\partial r^2} + \dfrac{2}{r}\dfrac{\partial u_2}{\partial r} = \dfrac{1}{a}\dfrac{\partial u_2}{\partial t} \quad$ für $r_1 \leq r < \infty$

AB: $\quad u = 0 \quad$ für $t=0,\ 0 \leq r < \infty$

RB: $\quad \dfrac{\partial u}{\partial r} = 0 \quad$ bei $r=0,\ t>0$

$\left.\begin{array}{l} r^2 \dfrac{\partial u_1}{\partial r} = \dfrac{Q_1}{4\pi D} \\ r^2 \dfrac{\partial u_2}{\partial r} = -\dfrac{Q_2}{4\pi D} \end{array}\right\}$ bei $r=r_1,\ t>0$

$\quad u_1 = u_2 \quad$ bei $r=r_1,\ t>0$

$\quad u = 0 \quad$ bei $r=\infty,\ t>0 \qquad$ (4.116)

Das Problem (4.116) hat die Lösungen im $\mathcal{L}$-Bereich

$$\bar{u}_1(r,s) = \frac{Q_0}{4\pi D r_1} \frac{1}{rsp} \left(e^{-p(r_1-r)} - e^{-p(r_1+r)} \right) \qquad (4.117a)$$

$$\bar{u}_2(r,s) = \frac{Q_0}{4\pi D r_1} \frac{1}{rsp} \left(e^{-p(r-r_1)} - e^{-p(r_1+r)} \right) \qquad (4.117b)$$

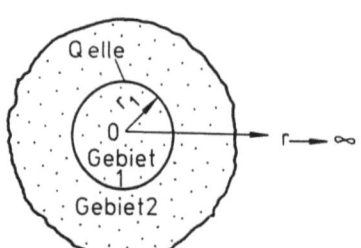

Bild 4.33. Lage einer Quelle in Form einer Kugeloberfläche in einem unendlichen Gebiet

Die Rücktransformation mit der entsprechenden Korrespondenz ergibt

$$u_1(r,t) = \frac{Q_0}{4\pi D r_1} \sqrt{\frac{at}{r^2}} \left[\text{int erfc} \frac{r_1-r}{\sqrt{4at}} - \text{int erfc} \frac{r_1+r}{\sqrt{4at}} \right]$$
$$\text{für } 0 \leq r \leq r_1 \quad (4.118a)$$

$$u_2(r,t) = \frac{Q_0}{4\pi D r_1} \sqrt{\frac{at}{r^2}} \left[\text{int erfc} \frac{r-r_1}{\sqrt{4at}} - \text{int erfc} \frac{r_1+r}{\sqrt{4at}} \right]$$
$$\text{für } r_1 \leq r < \infty \quad (4.118b)$$

Für den Strom bei $r=r_1$ erhält man die Lösungen

$$Q_1(r_1,t) = Q_0 \left[1 - \sqrt{\frac{4at}{\pi r_1^2}} \left(1 - e^{-r_1^2/at}\right) - \text{erfc} \frac{r_1}{\sqrt{at}} \right],$$

$$Q_2(r_1,t) = Q_0 \left[1 + \sqrt{\frac{4at}{\pi r_1^2}} \left(1 - e^{-r_1^2/at}\right) + \text{erfc} \frac{r_1}{\sqrt{at}} \right]$$

mit $Q_0 = Q_1 + Q_2$.

4.2.4 Innere homogene Quellen

Aufgaben in kartesischen Koordinaten in einseitig begrenzten Gebieten mit der Randbedingung 3., 1. oder 2. Art:

			Bild 4.1
DG:	$\frac{\partial^2 u}{\partial x^2} = \frac{1}{a} \frac{\partial u}{\partial t} - \frac{q}{D}$		
AB:	$u = 0$	für $t=0$, $0 \leq x \leq \infty$	
RB:	$\frac{D}{\alpha} \frac{\partial u}{\partial x} = u - u_0$	bei $x=0$, $t>0$	
	$u = 0$	bei $x=\infty$, $t>0$	(4.119)

Lösung im $\mathcal{L}$-Bereich:

$$\bar{u}(x,s) = \frac{u_0}{s} \frac{e^{-px}}{pD/\alpha+1} + \frac{q}{s^2 S} \left[1 - \frac{e^{-px}}{pD/\alpha+1} \right] . \quad (4.120)$$

Der prinzipielle Aufbau dieser Lösungsfunktion zeigt, daß sie sich aus einer Summe von zwei Teillösungen zusammensetzt, d.h.

$$\bar{u} = \bar{u}_1 + \bar{u}_2.$$

Während der erste Summand $\bar{u}_1$ die quellenfreie Lösung darstellt, die bereits im Abschnitt 4.1 angegeben wurde, berücksichtigt $\bar{u}_2$ die ausschließliche Wirkung der Quelle, da sie sich aus (4.120) mit $u_0 = 0$ ergibt.

Zur Lösung des Gesamtproblems ist es somit nur erforderlich, die Zeitfunktion von $\bar{u}_2$ zu ermitteln und zur bereits bekannten

Lösung zu addieren:

$$u(x,t) = u_1(x,t) + u_2(x,t).$$

Diese Verfahrensweise heißt Superposition und wird in der Regel bei den Beispielen dieses Abschnittes möglich sein.

Aus (4.120) erhält man auf diese Weise mit der entsprechenden Korrespondenz aus Anhang C die Lösung im Zeitbereich

$$u(x,t) = u_1(x,t) + \frac{qt}{S} - \frac{qD}{\alpha^2}\left[e^{\alpha(x+\alpha t/D)/D}\operatorname{erfc}\left(\frac{x}{\sqrt{4at}} + \frac{\alpha}{D}\sqrt{at}\right)\right.$$

$$- \operatorname{erfc}\frac{x}{\sqrt{4at}} + \frac{\alpha}{D}\sqrt{4at}\; \operatorname{int\,erfc}\frac{x}{\sqrt{4at}}$$

$$\left. + 4at\alpha^2/D^2\; \operatorname{int}^2\operatorname{erfc}\frac{x}{\sqrt{4at}}\right]$$

mit (4.3) für $u_1(x,t)$ (4.121)

Für den Strom erhält man bei $x=0$ die Lösung im $\mathcal{L}$-Bereich

$$\bar{Q}(0,s) = q\frac{A}{ap(p/\alpha + 1/D)} - q\frac{A}{sp(pD/\alpha + 1)}\, .$$

Die Lösung setzt sich, wie vorhergehend beschrieben, aus zwei Teillösungen zusammen. Damit ist es ebenfalls nur erforderlich, die Lösung im Zeitbereich für den zweiten Summanden zu ermitteln. Unter Verwendung der Korrespondenzen aus Anhang C ergibt sich

$$Q(0,t) = Q_1(0,t) - qA\left[\sqrt{\frac{4at}{\pi}} - D/\alpha + D/\alpha\; e^{(\alpha/D)^2 at}\operatorname{erfc}\frac{\alpha}{D}\sqrt{at}\right]$$

mit $Q_1(0,t)$ aus (4.5).

Für den kumulativen Strom erhält man im $\mathcal{L}$-Bereich

$$\bar{Q}_{kum}(0,s) = q\frac{A}{asp(p/\alpha + 1/D)} - q\frac{A}{s^2 p(pD/\alpha + 1)}$$

und nach Rücktransformation in den Zeitbereich

$$Q_{kum}(0,t) = Q_{kum,1}(0,t) - q\frac{AD^2 S}{\alpha^3}$$

$$\times\left[e^{(\alpha/D)^2 at}\operatorname{erfc}\frac{\alpha}{D}\sqrt{at} - 1 - \left(\frac{\alpha}{D}\right)^2 at + 2\frac{\alpha}{D}\sqrt{\frac{at}{\pi}}\left(1 + \frac{2}{3}\frac{\alpha^2}{D^2}at\right)\right]$$

mit $Q_{kum,1}(0,t)$ aus (4.7).

Die Lösung für die *Randbedingung 1. Art*

$$u = u_0 \quad \text{bei } x=0,\; t>0 \tag{4.122}$$

erhält man aus den vorhergehend abgeleiteten Lösungen durch den bekannten Grenzübergang $\alpha \to \infty$. Es ergeben sich die Zeitfunktionen

Bild 4.34

$$u(x,t) = u_0 \operatorname{erfc}\frac{x}{\sqrt{4at}} + \frac{qt}{S}\left(1 - 4\operatorname{int}^2\operatorname{erfc}\frac{x}{\sqrt{4at}}\right) \tag{4.123}$$

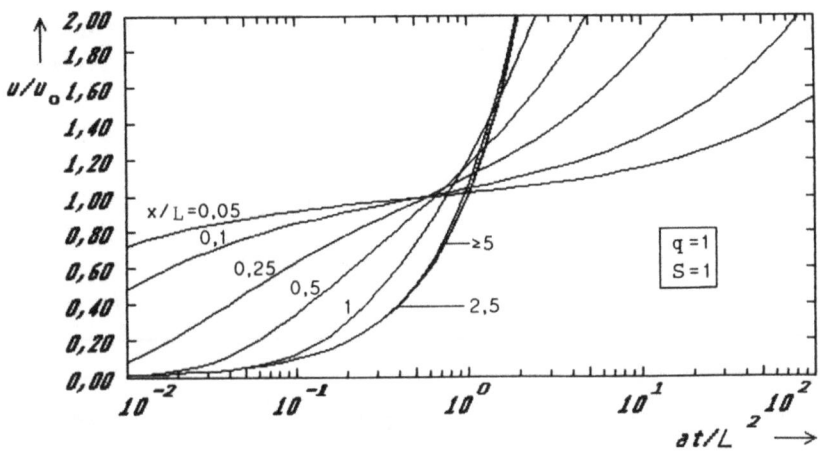

Bild 4.34. Lösung für eine homogene Quelle im einseitig begrenzten Gebiet in kartesischen Koordinaten (L - beliebige Länge, $q \hat{=} qL^2/(Du_0)=1$, $u_0=1$)

für den Strom bei $x=0$

$$Q(0,t) = u_0 AD \sqrt{\frac{1}{\pi a t}} - qA \sqrt{\frac{4at}{\pi}}$$

und für den kumulativen Strom bei $x=0$

$$Q_{kum}(0,t) = A\sqrt{\frac{4at}{\pi}} \left(u_0 S - \frac{2}{3} qt\right).$$

Gilt die *Randbedingung 2. Art*

$$\frac{\partial u}{\partial x} = -\frac{Q_0}{AD} \quad \text{bei } x=0, \ t>0, \tag{4.124}$$

so ergibt sich im $\mathcal{L}$-Bereich die Lösung

$$\bar{u}(x,s) = \frac{q}{s^2 S} + \frac{Q_0}{A\,sp} e^{-px}. \tag{4.125}$$

Die Rücktransformation von (4.125) führt auf folgende Lösung im Zeitbereich:

$$u(x,t) = \frac{qt}{S} + u_1(x,t) \quad \text{mit } u_1(x,t) \text{ aus (4.15)}$$

$$= \frac{qt}{S} + \frac{Q_0}{A}\sqrt{4at}\ \text{interfc}\frac{x}{\sqrt{4at}} \tag{4.126}$$

Wie aus (4.126) zu ersehen ist, ergibt sich für die Randbedingung 2. Art die Gesamtlösung immer aus der Summe der bereits bekannten Lösung und dem Term qt/S. Die Gesamtlösung läßt sich damit in einfacher Weise erzeugen, so daß weiterhin eine separate Darstellung nicht erforderlich ist.

Aufgaben in kartesischen Koordinaten in einem beidseitig begrenzten Gebiet mit Randbedingungen 1. Art an beiden Rändern:

			Bild 4.2
DG:	$\dfrac{\partial^2 u}{\partial x^2} = \dfrac{1}{a}\dfrac{\partial u}{\partial t} - \dfrac{q}{D}$		
AB:	$u = 0$	für $t=0$, $0 \leq x \leq L$	
RB:	$u = u_0$	bei $x=0$, $t>0$	
	$u = u_L$	bei $x=L$, $t>0$	(4.127)

Lösung im $\mathcal{L}$-Bereich:

$$\bar{u}(x,s) = \bar{u}_1(x,s) + \frac{q}{s^2 S}\left[1 - \frac{\sinh p(L-x) + \sinh px}{\sinh pL}\right] \qquad (4.128)$$

mit $\bar{u}_1(x,s)$ aus (4.18).

Die Lösung im Zeitbereich für den zweiten Summanden erhält man durch Anwendung des Entwicklungssatzes von Heaviside für einen Doppelpol bei $s=0$. Die vollständige Lösung lautet dann

$$u(x,t) = u_1(x,t) + \frac{qL^2}{D}\left[\frac{x}{2L} - \frac{x^2}{2L^2} + 4\sum_{n=1}^{\infty}\frac{(-1)^n}{n^3 \pi^3}\sin\left(\frac{n\pi x}{L}\right)e^{-n^2\pi^2 a t/L^2}\right]$$

mit $u_1(x,t)$ aus (4.19) \hfill (4.129)

Radialsymmetrische Aufgaben in einseitig begrenzten Gebieten:

Zylindrischer Hohlraum mit der Randbedingung 1. Art:

			Bild 4.8
DG:	$\dfrac{\partial^2 u}{\partial r^2} + \dfrac{1}{r}\dfrac{\partial u}{\partial r} = \dfrac{1}{a}\dfrac{\partial u}{\partial t} - \dfrac{q}{D}$		
AB:	$u = 0$	für $t=0$, $r_0 \leq r < \infty$	
RB:	$u = u_0$	bei $r=r_0$, $t>0$	
	$u = 0$	bei $r=\infty$, $t>0$	(4.130)

Lösung im $\mathcal{L}$-Bereich:

$$\bar{u}(r,s) = \frac{u_0 K_0(rp)}{s\, K_0(r_0 p)} + \frac{q}{s^2 S}\left[1 - \frac{K_0(rp)}{K_0(r_0 p)}\right]. \qquad (4.131)$$

Die Lösung läßt sich mit Hilfe der Korrespondenzen aus Anhang C und den Rechenregeln zur $\mathcal{L}$-Transformation invertieren. Man erhält

	Bild 4.35
$u(r,t) = u_0\, A(t_D, r/r_0) + \dfrac{qt}{S} - \dfrac{q}{S}\displaystyle\int_0^{t_D} A(\tau, r/r_0)\,d\tau$	(4.132)
mit $t_D = at/r_0^2$	

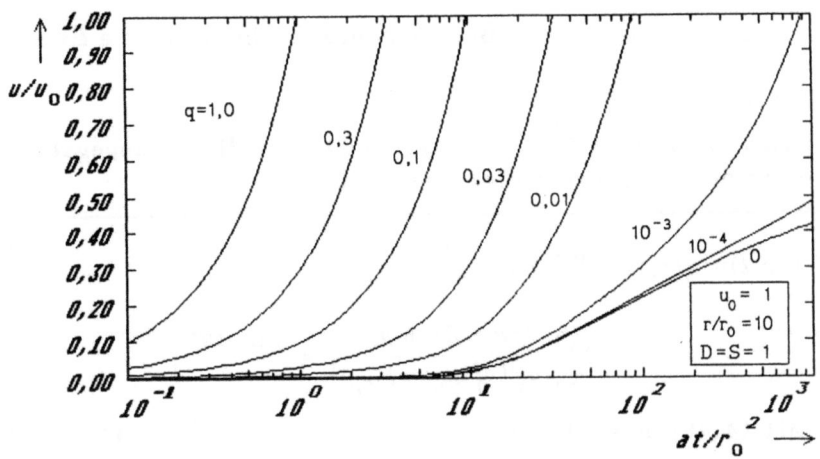

Bild 4.35. Lösung für ein Gebiet mit zylindrischem Hohlraum und homogener Quelle - Randbedingung 1. Art ($q \hat{=} qr_0^2/(Du_0)=1$, $u_0=1$)

Für kleine Zeiten, d.h. große Werte s, läßt sich unter Verwendung von

$$K_0(rp) \approx \sqrt{\frac{\pi}{2rp}}\, e^{-pr}$$

(s. Anhang B) folgende Näherungslösung im $\mathcal{L}$-Bereich ableiten:

$$\bar{u}(r,s) = \frac{q}{s^2 S} + \sqrt{r_0/r}\left(\frac{u_0}{s} - \frac{q}{s^2 S}\right) e^{-p(r-r_0)}.$$

Die Rücktransformation mit den entsprechenden Korrespondenzen ergibt dann die Näherungslösung für kleine Zeiten

$$u(r,t) = \frac{qt}{S} + \sqrt{r_0/r}\left[u_0 \,\mathrm{erfc}\,\frac{r-r_0}{\sqrt{4at}} - \frac{4qt}{S}\,\mathrm{int}^2\mathrm{erfc}\,\frac{r-r_0}{\sqrt{4at}}\right].$$

Radialsymmetrische Aufgaben in einseitig begrenzten Gebieten:

Vollzylinder mit der Randbedingung 3. oder 1. Art:

DG:	$\dfrac{\partial^2 u}{\partial r^2} + \dfrac{1}{r}\dfrac{\partial u}{\partial r} = \dfrac{1}{a}\dfrac{\partial u}{\partial t} - \dfrac{q}{D}$		**Bild 4.10**
AB:	$u = 0$	für $t=0$, $0 \le r \le R$	
RB:	$\dfrac{\partial u}{\partial r} = 0$	bei $r=0$, $t>0$	
	$\dfrac{D}{\alpha_R}\dfrac{\partial u}{\partial r} = u_R - u$	bei $r=R$, $t>0$	**(4.133)**

Lösung im $\mathcal{L}$-Bereich:

$$\bar{u}(r,s) = \bar{u}_1(r,s) + \frac{q}{s^2 S}\left[1 - \frac{I_0(rp)}{I_0(Rp) + I_1(Rp)\,D/\alpha_R}\right] \qquad (4.134)$$

mit $\bar{u}_1(r,s)$ aus (4.44) und der Bestimmungsgleichung für die Eigenwerte

$$J_0(\mu)/J_1(\mu) = \mu D/(\alpha_R R).$$

Die ersten 5 Eigenwerte der Gleichung sind in Tabelle 4.4 angegeben. Die Lösung der Aufgabenstellung lautet dann

$$u(r,t) = u_1(r,t) + \frac{qR^2}{D}\left[\frac{1}{4} - \frac{r^2}{4R^2} + \frac{D}{2\alpha_R R} - 2\sum_{n=1}^{\infty} \frac{J_0(\mu_n r/R)\, J_1(\mu_n)}{\mu_n^3 [J_0^2(\mu_n) + J_1^2(\mu_n)]}\, e^{-\mu_n^2 a t/R^2}\right]$$

mit **(4.45)** als $u_1(r,t)$ \hfill (4.135)

Gilt in (4.133) die *Randbedingung 1. Art*

$$u = u_R \quad \text{bei } r = R,\ t > 0, \hfill (4.136)$$

so erhält man aus (4.135) durch Grenzübergang $\alpha_R \to \infty$ die Lösung

Bild 4.36

$$u(r,t) = u_1(r,t) + \frac{qR^2}{D}\left[\frac{1}{4} - \frac{r^2}{4R^2} - 2\sum_{n=1}^{\infty} \frac{J_0(\mu_n r/R)}{\mu_n^3\, J_1(\mu_n)}\, e^{-\mu_n^2 a t/R^2}\right]$$

(4.137)

mit $u_1(r,t)$ aus **(4.38)** und den Eigenwerten μ_n aus $J_0(\mu)=0$ (siehe Tabelle 4.2)

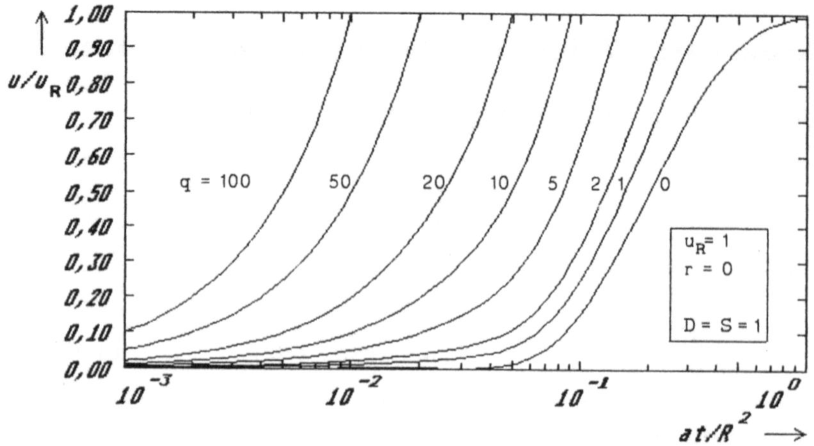

Bild 4.36. Lösungsverlauf in einem Zylinder mit homogener Quelle – Randbedingung 1. Art ($q \hat{=} qR^2/(Du_R) = 1$, $u_R = 1$)

Radialsymmetrische Aufgabe in einem beidseitig begrenzten Gebiet mit Randbedingungen 1. Art an beiden Rändern:

			Bild 4.14
DG:	$\dfrac{\partial^2 u}{\partial r^2} + \dfrac{1}{r}\dfrac{\partial u}{\partial r} = \dfrac{1}{a}\dfrac{\partial u}{\partial t} - \dfrac{q}{D}$		
AB:	$u = 0$	für $t=0$, $r_0 \leq r \leq R$	
RB:	$u = u_0$	bei $r = r_0$, $t > 0$	
	$u = u_R$	bei $r = R$, $t > 0$	(4.138)

Lösung im $\mathcal{L}$-Bereich:

$$\bar{u}(r,s) = \bar{u}_1(r,s) +$$
$$+ \frac{q}{s^2 S}\left[1 - \frac{K_0(Rp)I_0(rp) - K_0(rp)I_0(Rp) + K_0(rp)I_0(r_0 p) - K_0(r_0 p)I_0(rp)}{K_0(Rp)I_0(r_0 p) - K_0(r_0 p)I_0(Rp)}\right]$$

mit $\bar{u}_1(r,s)$ aus (4.50). (4.139)

Mit Hilfe der Korrespondenzen aus Anhang C und des erweiterten Entwicklungssatzes von Heaviside erhält man aus (4.139) die Zeitfunktion

$$u(r,t) = u_1(r,t) - \frac{q}{4D\ln(R/r_0)}\left[(R^2 - r^2)\ln\frac{R}{r} + (r^2 - r_0^2)\ln\frac{r}{r_0} - (R^2 - r_0^2)\ln\frac{R}{r_0}\right]$$
$$- \frac{q\pi r_0^2}{D}\sum_{n=1}^{\infty}\frac{J_0(\mu_n R/r_0) - J_0(\mu_n)}{\mu_n^2[J_0^2(\mu_n R/r_0) - J_0^2(\mu_n)]}$$
$$\times \left[J_0(\mu_n)Y_0(\mu_n r/r_0) - J_0(\mu_n r/r_0)Y_0(\mu_n)\right]J_0(\mu_n R/r_0)\, e^{-\mu_n^2 a t/r_0^2}$$

(4.140)

für $r_0 \leq r \leq R$, mit $u_1(r,t)$ aus (4.51) und mit den Eigenwerten μ_n aus $J_0(\mu)/Y_0(\mu) = J_0(\mu R/r_0)/Y_0(\mu R/r_0)$
(Zahlenwerte für μ_n siehe Tab. 4.5)

Kugelsymmetrische Aufgaben in einseitig begrenzten Gebieten:

Kugelförmiger Hohlraum mit der Randbedingung 3. oder 1. Art:

			Bild 4.19
DG:	$\dfrac{\partial^2 u}{\partial r^2} + \dfrac{2}{r}\dfrac{\partial u}{\partial r} = \dfrac{1}{a}\dfrac{\partial u}{\partial t} - \dfrac{q}{D}$		
AB:	$u = 0$	für $t=0$, $r_0 \leq r < \infty$	
RB:	$\dfrac{D}{\alpha}\dfrac{\partial u}{\partial r} = u - u_0$	bei $r = r_0$, $t > 0$	
	$u = 0$	bei $r = \infty$, $t > 0$	(4.141)

Lösung im $\mathcal{L}$-Bereich:

$$\bar{u}(r,s) = \frac{q}{s^2 S} + \frac{\alpha r_0}{Dr}\left(\frac{u_0}{s} - \frac{q}{s^2 S}\right)\frac{e^{-p(r-r_0)}}{p + \alpha/D + 1/r_0}. \qquad (4.142)$$

Unter Verwendung der Korrespondenzen aus Anhang C erhält man die Zeitfunktion

$$\begin{aligned}
u(r,t) = & \; u_1(r,t) + \frac{qt}{S} - \frac{q\alpha r r_0^2}{D^2(1+r_0\alpha/D)^3} \\
& \times \left\{ \left[(r-r_0)\alpha/D - r/r_0 + \tfrac{1}{2}(r/r_0-1)^2(r_0\alpha/D+1)^2 \right.\right. \\
& \left. + (r_0\alpha/D+1)^2 at/r_0^2 \right]\operatorname{erfc}\frac{r-r_0}{\sqrt{4at}} - (r_0\alpha/D+1)\left[1+r/r_0+(r-r_0)\alpha/D\right] \\
& \times \sqrt{\frac{at}{\pi r_0^2}}\exp\!\left(-\frac{(r-r_0)^2}{4at}\right) - \exp\!\left((r_0\alpha/D+1)(r/r_0-1)+(r_0\alpha/D+1)^2 at/r_0^2\right) \\
& \left. \times \operatorname{erfc}\!\left(\frac{r-r_0}{\sqrt{4at}} + (r_0\alpha/D+1)\sqrt{\frac{at}{r_0^2}}\right)\right\} \quad \text{mit (4.69) für } u_1(r,t)
\end{aligned}$$
$$(4.143)$$

Für die *Randbedingung 1. Art*

$$u = u_0 \quad \text{bei } r = r_0,\ t > 0$$

vereinfacht sich (4.142) durch Grenzübergang $\alpha \to \infty$ zu

$$\bar{u}(r,s) = \frac{q}{s^2 S} + \left(\frac{u_0}{s} - \frac{q}{s^2 S}\right)\frac{r_0}{r}e^{-p(r-r_0)} \qquad (4.144)$$

und führt auf die Lösung im Zeitbereich

$$u(r,t) = u_1(r,t) + \frac{qt}{S}\left[1 - 4\frac{r_0}{r}\operatorname{int}^2\operatorname{erfc}\frac{r-r_0}{\sqrt{4at}}\right] \qquad (4.145)$$

mit (4.63) für $u_1(r,t)$

Vollkugel mit der Randbedingung 3. oder 1. Art:

			Bild 4.20
DG:	$\dfrac{\partial^2 u}{\partial r^2} + \dfrac{2}{r}\dfrac{\partial u}{\partial r} = \dfrac{1}{a}\dfrac{\partial u}{\partial t} - \dfrac{q}{D}$		
AB:	$u = 0$	für $t=0,\ 0 \leq r \leq R$	
RB:	$\dfrac{D}{\alpha}\dfrac{\partial u}{\partial r} = u_R - u$	bei $r = R,\ t > 0$	
	$\dfrac{\partial u}{\partial r} = 0$	bei $r = 0,\ t > 0$	(4.146)

Lösung im $\mathcal{L}$-Bereich:

$$\bar{u}(r,s) = \bar{u}_1(r,s) + \frac{q}{s^2 S}\left[1 - \frac{R^2 \sinh pr}{r[pRD/\alpha \cosh pR + (R+D/\alpha)\sinh pR]}\right]$$
(4.147)

mit (4.77) als $\bar{u}_1(r,s)$.

Aus (4.147) erhält man die Lösung im Zeitbereich

$$u(r,t) = u_1(r,t) + \frac{qR^2}{D}\left[\frac{1}{6} - \frac{r^2}{6R^2} + \frac{D}{3\alpha R}\right.$$

$$\left. -2\frac{R}{r}\sum_{n=1}^{\infty}\frac{\sin\mu_n - \mu_n\cos\mu_n}{\mu_n^3(\mu_n - \sin\mu_n\cos\mu_n)}\sin(\mu_n r/R)e^{-\mu_n^2 at/R^2}\right]$$
(4.148)

mit (4.78) als $u_1(r,t)$ und mit den Eigenwerten μ_n aus

$$\tan\mu = \frac{\mu}{1-\alpha R/D} \quad \text{(siehe Tab. 4.9)}$$

Für die *Randbedingung 1. Art*

$$u = u_R \quad \text{bei } r=R,\ t>0 \tag{4.149}$$

ergibt sich durch Grenzübergang $\alpha \to \infty$ aus (4.148) die Lösung

$$u(r,t) = u_1(r,t) + \frac{qR^2}{D}\left[\frac{1}{6} - \frac{r^2}{6R^2}\right.$$

$$\left. - \frac{2R}{\pi^3 r}\sum_{n=1}^{\infty}\frac{(-1)^{n-1}}{n^3}\sin\frac{n\pi r}{R}e^{-n^2\pi^2 at/R^2}\right]$$

mit (4.72) als $u_1(r,t)$ (4.150)

Kugelsymmetrische Aufgabe in einem beidseitig begrenzten Gebiet mit Randbedingungen 1. Art an beiden Rändern:

DG:	$\frac{\partial^2 u}{\partial r^2} + \frac{2}{r}\frac{\partial u}{\partial r} = \frac{1}{a}\frac{\partial u}{\partial t} - \frac{q}{D}$		Bild 4.24
AB:	$u=0$	für $t=0$, $r_0 \le r \le R$	
RB:	$u=u_0$	bei $r=r_0$, $t>0$	
	$u=u_R$	bei $r=R$, $t>0$	(4.151)

Lösung im $\mathcal{L}$-Bereich:

$$\bar{u}(r,s) = \bar{u}_1(r,s) + \frac{q}{s^2 S}\left[1 - \frac{r_0 \sinh p(R-r) + R\sinh p(r-r_0)}{r\sinh p(R-r_0)}\right] \tag{4.152}$$

mit $\bar{u}_1(r,s)$ aus (4.83).

Durch Nutzung der Korrespondenzen aus Anhang C und des Entwicklungssatzes von Heaviside für einen Doppelpol bei $s=0$ erhält man

$$u(r,t) = u_1(r,t) + \frac{q(R-r_0)^2}{D}\left[1 - \frac{r_0(R-r)^3}{6r(R-r_0)^3} - \frac{R(R-r_0)^3}{6r(R-r_0)^3}\right]$$

$$- \frac{2qR^3}{\pi^3 Dr(r-R)} \sum_{n=1}^{\infty} \frac{1}{n^3}\left[r_0 - \frac{R}{\cos n\pi(1-r_0/R)}\right]\sin\frac{n\pi(r-r_0)}{R} e^{-n^2\pi^2 at/R^2}$$

mit (4.84) als $u_1(r,t)$ für $r_0 \leq r \leq R$ \hfill (4.153)

4.2.5 Ortsabhängige innere Quellen

Aufgaben in kartesischen Koordinaten in einseitig begrenzten Gebieten mit der Randbedingung 3. oder 1. Art:

DG: $\quad \frac{\partial^2 u}{\partial x^2} = \frac{1}{a}\frac{\partial u}{\partial t} - \frac{q_0}{D} e^{-kx}$ \hfill Bild 4.1

AB: $\quad u = 0 \quad$ für $t=0$, $0 \leq x \leq \infty$

RB: $\quad \frac{D\partial u}{\alpha \partial x} = u - u_0 \quad$ bei $x=0$, $t>0$

$\qquad u = 0 \quad$ bei $x=\infty$, $t>0$ \hfill (4.154)

Lösung im $\mathcal{L}$-Bereich:

$$\bar{u}(x,s) = \bar{u}_1(x,s) + \frac{q_0}{s}\left[\frac{e^{-kx}}{s(s-ak^2)} - \frac{(kD/\alpha + 1) e^{-px}}{s(pD/\alpha+1)(s-ak^2)}\right] \quad (4.155)$$

mit (4.2) für $\bar{u}_1(x,s)$.

Die Rücktransformation mit den Korrespondenzen aus Anhang C ergibt

$$u(x,t) = u_1(x,t) + \frac{q_0}{Dk^2}\left\{e^{-kx}(e^{k^2 at} - 1) + (1+kD/\alpha)\,\text{erfc}\,\frac{x}{\sqrt{4at}}\right.$$

$$+ \frac{k^2 D^2}{\alpha^2 - \alpha Dk} e^{\alpha(x+\alpha at/D)/D}\,\text{erfc}\left(\frac{x}{\sqrt{4at}} + \frac{\alpha}{D}\sqrt{at}\right)$$

$$+ \frac{1}{2}e^{k^2 at}\left[\frac{kD+\alpha}{kD-\alpha} e^{kx}\,\text{erfc}\left(\frac{x}{\sqrt{4at}} + k\sqrt{at}\right)\right.$$

$$\left.\left. - e^{-kx}\,\text{erfc}\left(\frac{x}{\sqrt{4at}} - k\sqrt{at}\right)\right]\right\}$$

für $kD/\alpha \neq 1$ und mit $u_1(x,t)$ aus (4.3) \hfill (4.156)

Für stationäre Bedingungen, d.h. für $t \to \infty$ bzw. $s \to 0$ erhält man im $\mathcal{L}$-Bereich

$$\bar{u}(x, s \to 0) = \frac{u_0}{s} + \frac{q_0}{Dk^2 s}\left[1 + \frac{kD}{\alpha} - e^{-kx}\right]$$

und im Zeitbereich

$$u(x) = u_0 + \frac{q_0}{Dk^2}\left[1 + \frac{kD}{\alpha} - e^{-kx}\right] \quad \text{für } t \to \infty, \ x < \infty.$$

Für die *Randbedingung 1. Art*

$$u = u_0 \quad \text{bei } x = 0, \ t > 0 \tag{4.157}$$

erhält man aus (4.155) durch Grenzübergang $\alpha \to \infty$ mit anschließender Rücktransformation die Lösung

---

Bild 4.37

$$u(x,t) = u_1(x,t) + \frac{q_0}{Dk^2}\left\{e^{-kx}(e^{k^2at} - 1) + \text{erfc}\frac{x}{\sqrt{4at}}\right.$$
$$\left. - \frac{1}{2}e^{k^2at}\left[e^{kx}\text{erfc}\left(\frac{x}{\sqrt{4at}} + k\sqrt{at}\right)\right.\right.$$
$$\left.\left. + e^{-kx}\text{erfc}\left(\frac{x}{\sqrt{4at}} - k\sqrt{at}\right)\right]\right\}$$

mit $u_1(x,t)$ aus (4.9) \hfill (4.158)

Für stationäre Bedingungen erhält man

$$u(x) = u_0 + \frac{q_0}{Dk^2}\left(1 - e^{-kx}\right) \quad \text{für } t \to \infty, \ x < \infty.$$

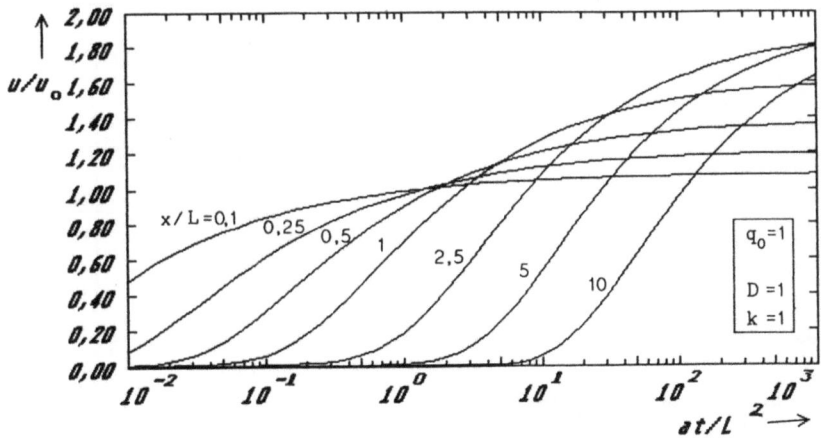

Bild 4.37. Lösungsfunktion bei Wirkung einer ortsabhängigen Quelle in einem einseitig begrenzten Gebiet in kartesischen Koordinaten – Randbedingung 1. Art ($q_0 \triangleq q_0 L^2/(Du_0) = 1$, $u_0 = 1$, $k \triangleq kL = 1$)

Kugelsymmetrische Aufgabe in einem einseitig begrenzten Gebiet mit der Randbedingung 1. Art:

DG: $\dfrac{\partial^2 u}{\partial r^2} + \dfrac{2}{r}\dfrac{\partial u}{\partial r} = \dfrac{1}{a}\dfrac{\partial u}{\partial t} - \dfrac{q_0}{D}e^{-kx}$ **Bild 4.19**

AB: $u = 0$ für $t=0$, $r_0 \leq r < \infty$

RB: $u = u_0$ bei $r = r_0$, $t > 0$

$u = 0$ bei $r = \infty$, $t > 0$ (4.159)

Lösung im $\mathcal{L}$-Bereich:

$$\bar{u}(r,s) = \bar{u}_1(r,s) + \dfrac{q_0}{S}\left[\dfrac{e^{-kr}}{s[s-ka(k-2/r)]} - \dfrac{e^{-kr_0}\,e^{-p(r-r_0)}}{s[s-ka(k-2/r_0)]}\dfrac{r_0}{r}\right]$$

mit $\bar{u}_1(r,s)$ aus (4.62). (4.160)

Die Rücktransformation erfolgt mit den Korrespondenzen aus Anhang C und ergibt

$$u(r,t) = u_1(r,t) + \dfrac{q_0 e^{-kr}}{Db}\left[e^{bat} - 1\right]$$ **Bild 4.38**

$$+ \dfrac{q_0 r_0 e^{-kr_0}}{Db_0 r}\left\{\operatorname{erfc}\dfrac{r-r_0}{\sqrt{4at}} - \dfrac{1}{2}e^{b_0 at}\left[e^{r\sqrt{b_0}}\operatorname{erfc}\left(\dfrac{r-r_0}{\sqrt{4at}} + \sqrt{b_0 at}\right)\right.\right.$$

$$\left.\left. + e^{-r\sqrt{b_0}}\operatorname{erfc}\left(\dfrac{r-r_0}{\sqrt{4at}} - \sqrt{b_0 at}\right)\right]\right\}$$

mit $u_1(r,t)$ aus (4.63) sowie mit $b = k(k-2/r)$
und $b_0 = k(k-2/r_0)$ für $b > 0$ und $b_0 > 0$ (4.161)

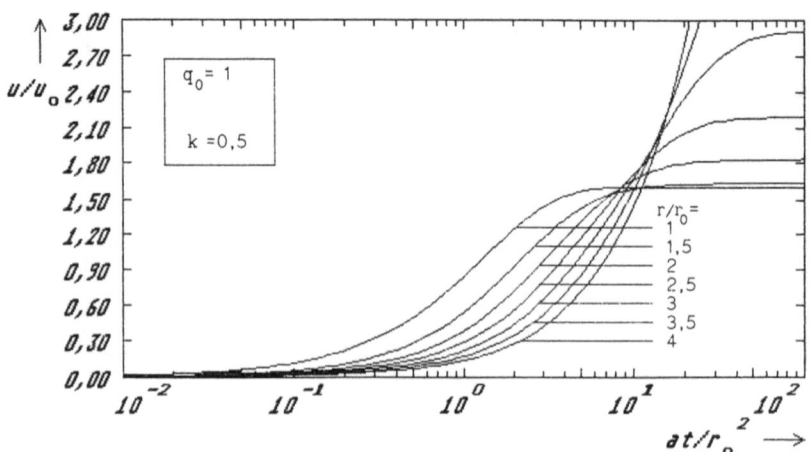

Bild 4.38. Lösungsfunktion bei Wirkung einer ortsabhängigen Quelle in einem einseitig begrenzten kugelsymmetrischen Gebiet – Randbedingung 1. Art
($q_0 \triangleq q_0 r_0^2/(Du_0)=1$, $u_0=1$, $k \triangleq kr_0=0,5$)

4.3 Aufgaben mit ortsabhängigen Anforderungsbedingungen

Bisher wurden Aufgabenstellungen betrachtet, die im gesamten Untersuchungsgebiet konstante, d.h. ortsunabhängige Anfangsbedingungen aufweisen. Anstelle dieser in der Praxis oft anzutreffenden und einfach zu handhabenden Voraussetzung sollen jetzt ortsabhängige Anfangsbedingungen berücksichtigt werden. Prinzipiell können derartige Anfangsbedingungen einen stetigen oder sprunghaften, d.h. stückweise stetigen Verlauf haben. Für beide Fälle wird anschließend eine Auswahl von Lösungen angegeben.

4.3.1 Aufgaben in kartesischen Koordinaten in einseitig begrenzten Gebieten

Zwei sich berührende Gebiete mit unterschiedlichen Stoffwerten und Anfangsbedingungen:

Bild 4.39

$$DG: \quad \frac{\partial^2 u_1}{\partial x^2} = \frac{1}{a_1}\frac{\partial u_1}{\partial t} \quad , \; x<0$$

$$\frac{\partial^2 u_2}{\partial x^2} = \frac{1}{a_2}\frac{\partial u_2}{\partial t} \quad , \; x>0$$

$$AB: \quad u_1 = u_a \qquad \text{für } t=0, \; x<0$$

$$u_2 = 0 \qquad \text{für } t=0, \; x>0$$

$$RB: \quad \left. \begin{array}{l} D_1\dfrac{\partial u_1}{\partial x} = D_2\dfrac{\partial u_2}{\partial x} \\ u_1 = u_2 \end{array} \right\} \quad \text{bei } x=0, \; t>0$$

$$\left. \begin{array}{l} u_1 = u_a \quad \text{bei } x=-\infty \\ u_2 = 0 \quad \text{bei } x= \infty \end{array} \right\}, \; t>0 \qquad (4.162)$$

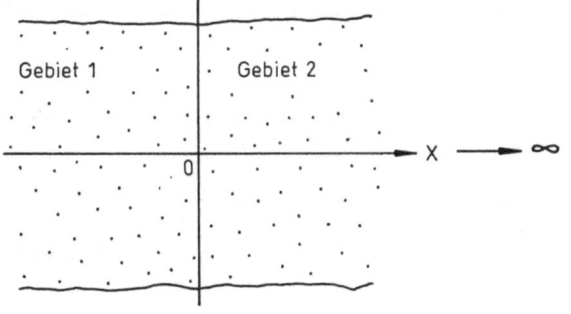

Bild 4.39. Zwei halbunendliche, sich berührende Gebiete in kartesischen Koordinaten

Lösung im $\mathcal{L}$-Bereich:

$$\bar{u}_1(x,s) = \frac{u_a}{s} - \frac{u_a}{s[1+(D_1/D_2)\sqrt{a_2/a_1}]} e^{p_1 x}, \qquad (4.163a)$$

$$\bar{u}_2(x,s) = \frac{u_a}{s[1+(D_2/D_1)\sqrt{a_1/a_2}]} e^{-p_2 x} \quad \text{mit } p_i = \sqrt{\frac{s}{a_i}},\ i=1,2. \quad (4.163b)$$

Die Rücktransformation führt auf die Lösung im Zeitbereich

$$u_1(x,t) = u_a - \frac{u_a}{1+(D_1/D_2)\sqrt{a_2/a_1}} \operatorname{erfc} \frac{-x}{\sqrt{4 a_1 t}} \quad \text{für } x \leq 0 \quad (4.164a)$$

$$u_2(x,t) = \frac{u_a}{1+(D_2/D_1)\sqrt{a_1/a_2}} \operatorname{erfc} \frac{x}{\sqrt{4 a_2 t}} \quad \text{für } x > 0 \quad (4.164b)$$

Für $a_1 = a_2$ und $D_1 = D_2$ können die Lösungen zusammengefaßt werden zu

$$u(x,t) = \frac{u_a}{2} \operatorname{erfc} \frac{x}{\sqrt{4 a t}}.$$

Zwei sich berührende Gebiete mit unterschiedlichen Stoffwerten und Anfangsbedingungen sowie der Randbedingung 2. Art:

DG: $\quad \dfrac{\partial^2 u_1}{\partial x^2} = \dfrac{1}{a_1} \dfrac{\partial u_1}{\partial t}, \quad 0 \leq x \leq L$ \hfill **Bild 4.40**

$\qquad \dfrac{\partial^2 u_2}{\partial x^2} = \dfrac{1}{a_2} \dfrac{\partial u_2}{\partial t}, \quad L \leq x < \infty$

AB: $\quad u_1 = u_a \qquad$ für $t=0,\ x < L$

$\qquad u_2 = 0 \qquad$ für $t=0,\ x > L$

RB: $\quad \left. \begin{array}{l} D_1 \dfrac{\partial u_1}{\partial x} = D_2 \dfrac{\partial u_2}{\partial x} \\ u_1 = u_2 \end{array} \right\}$ bei $x = L,\ t > 0$

$\qquad \left. \begin{array}{l} \dfrac{\partial u_1}{\partial x} = 0 \quad \text{bei } x = 0 \\ u_2 = 0 \quad \text{bei } x = \infty \end{array} \right\},\ t > 0 \qquad (4.165)$

Lösung im $\mathcal{L}$-Bereich:

$$\bar{u}_1(x,s) = \frac{u_a}{s}\left[1 - \frac{\cosh p_2 L}{\cosh p_2 L + (D_1/D_2)\sqrt{a_2/a_1}\, \sinh p_2 L}\right] \qquad (4.166a)$$

$$\bar{u}_2(x,s) = \frac{u_a}{s} e^{-p_2(x-L)}\left[1 - \frac{\cosh p_2 L}{\cosh p_2 L + (D_1/D_2)\sqrt{a_2/a_1}\, \sinh p_2 L}\right]$$

$$(4.166b)$$

mit $\quad p_i = \sqrt{s/a_i},\ i=1,2.$

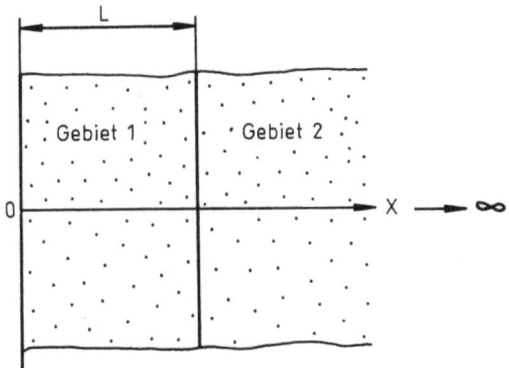

Bild 4.40. Zwei sich berührende Gebiete mit endlicher und halbunendlicher Ausdehnung – Randbedingung 2. Art

Für $a_1 = a_2$ und $D_1 = D_2$ vereinfacht sich (4.166) zu

$$\bar{u}_1(x,s) = \frac{u_a}{2s}\left[2 - e^{-p(x-L)} - e^{-p(x+L)}\right],$$

$$\bar{u}_2(x,s) = \frac{u_a}{2s}\left[e^{-p(x-L)} - e^{-p(x+L)}\right].$$

Nach Rücktransformation mit den entsprechenden Korrespondenzen aus Anhang C kann man beide Lösungen umformen und zusammenfassen zu

$$u(x,t) = \frac{u_a}{2}\left[\operatorname{erfc}\frac{x-L}{\sqrt{4at}} - \operatorname{erfc}\frac{x+L}{\sqrt{4at}}\right] \quad \text{für } x \geq 0 \qquad (4.167)$$

Exponentielle Anfangsbedingung mit der Randbedingung 3., 1. oder 2. Art:

			Bild 4.1
DG:	$\dfrac{\partial^2 u}{\partial x^2} = \dfrac{1}{a}\dfrac{\partial u}{\partial t}$		
AB:	$u = u_a\, e^{-kx}$	für $t=0$, $0 \leq x < \infty$	
RB:	$u - \dfrac{D}{\alpha}\dfrac{\partial u}{\partial x} = 0$	bei $x=0$, $t>0$	
	$u = 0$	bei $x=\infty$, $t>0$	(4.168)

Lösung im $\mathcal{L}$-Bereich:

$$\bar{u}(x,s) = \frac{u_a}{s - ak^2}\left[e^{-kx} - \frac{\alpha/D + k}{\alpha/D + p}\, e^{-px}\right] \qquad (4.169)$$

Mit den entsprechenden Korrespondenzen aus Anhang C ergibt sich die Lösung im Zeitbereich

$$u(x,t) = \frac{u_a}{2}\left[2e^{k(kat-x)} - e^{k(kat-x)}\mathrm{erfc}\left(\frac{x}{\sqrt{4at}} - k\sqrt{at}\right)\right.$$
$$- \frac{\alpha + kD}{\alpha - kD} e^{k(kat+x)} \mathrm{erfc}\left(\frac{x}{\sqrt{4at}} + k\sqrt{at}\right)$$
$$\left. + \frac{2\alpha}{\alpha - kD} e^{\alpha(at\alpha/D+x)/D} \mathrm{erfc}\left(\frac{x}{\sqrt{4at}} + \frac{\alpha}{D}\sqrt{at}\right)\right] \quad (4.170)$$

Für die *Randbedingung 1. Art*

$$u = u_a \text{ bei } x=0, \; t>0 \quad (4.171)$$

erhält man aus (4.170) durch Grenzübergang $\alpha \to \infty$ die Lösung

Bild 4.41

$$u(x,t) = \frac{u_a}{2}\left[2e^{k(kat-x)} - e^{k(kat-x)}\mathrm{erfc}\left(\frac{x}{\sqrt{4at}} - k\sqrt{at}\right)\right.$$
$$\left. - e^{k(kat+x)}\mathrm{erfc}\left(\frac{x}{\sqrt{4at}} + k\sqrt{at}\right)\right] \quad (4.172)$$

Mit der *Randbedingung 2. Art*

$$\frac{\partial u}{\partial x} = -\frac{Q}{DA} \text{ bei } x=0, \; t>0 \quad (4.173)$$

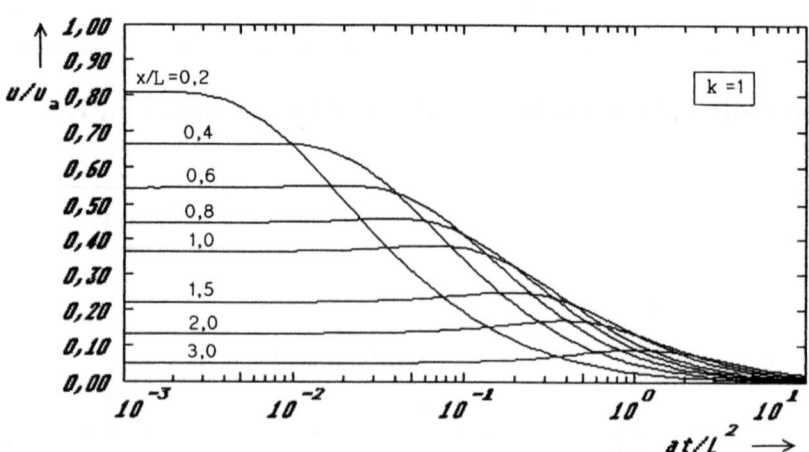

Bild 4.41. Lösung für exponentielle Anfangsbedingung in einem einseitig begrenzten Gebiet in kartesischen Koordinaten-Randbedingung 1. Art ($k \hat= kL=1$)

erhält man die Lösung im $\mathcal{L}$-Bereich

$$\bar{u}(x,s) = \frac{Q}{DA}\frac{e^{-px}}{sp} + \frac{u_a e^{-kx}}{s - ak^2}\left(1 - \frac{k}{p}e^{-px}\right) \qquad (4.174)$$

Die Rücktransformation mit entsprechenden Korrespondenzen ergibt

$$u(x,t) = \frac{2Q}{DA}\sqrt{at}\,\text{int}\,\text{erfc}\,\frac{x}{\sqrt{4at}}$$
$$+ u_a e^{-k(x-akt)}\left\{1 - \frac{1}{2k}\left[e^{-xk}\,\text{erfc}\left(\frac{x}{\sqrt{4at}} - k\sqrt{at}\right)\right.\right.$$
$$\left.\left. - e^{xk}\,\text{erfc}\left(\frac{x}{\sqrt{4at}} + k\sqrt{at}\right)\right]\right\} \qquad (4.175)$$

4.3.2 Aufgaben in kartesischen Koordinaten in beidseitig begrenzten Gebieten mit linearer Anfangsbedingung und der Randbedingung 3. oder 1. Art

Bild 4.42

DG: $\quad \dfrac{\partial^2 u}{\partial x^2} = \dfrac{1}{a}\dfrac{\partial u}{\partial t}$

AB: $\quad u = u_a x/L \qquad$ für $t=0$, $-L \leq x \leq L$

RB: $\quad u - \dfrac{D}{\alpha}\dfrac{\partial u}{\partial x} = 0 \qquad$ bei $x=-L$, $t>0$

$\quad\quad u + \dfrac{D}{\alpha}\dfrac{\partial u}{\partial x} = 0 \qquad$ bei $x=L$, $t>0 \qquad (4.176)$

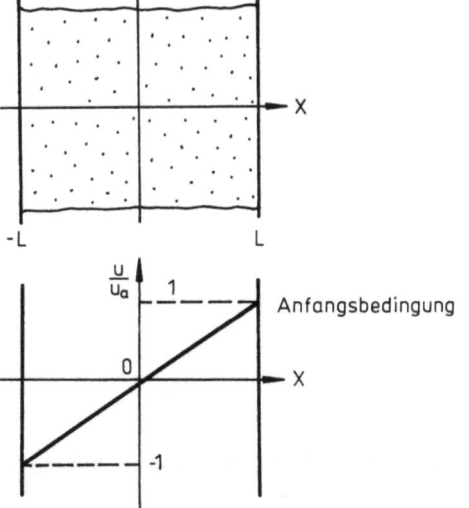

Bild 4.42. Beidseitig begrenztes Gebiet in kartesischen Koordinaten mit linearer Anfangsbedingung

Lösung im $\mathcal{L}$-Bereich:

$$\bar{u}(x,s) = \frac{u_a}{s}\left[\frac{x}{L} - \left(\frac{1}{L} + \frac{\alpha}{D}\right)\frac{\sinh px}{p\cosh pL + \alpha/D \sinh pL}\right]. \qquad (4.177)$$

Im Zeitbereich lautet die Lösung

$$u(x,t) = 2u_a \sum_{n=1}^{\infty} \frac{\mu_n \cos\mu_n - \sin\mu_n}{\mu_n(\sin\mu_n \cos\mu_n - \mu_n)} \sin(\mu_n x/L)\, e^{-\mu_n^2 at/L^2}$$

mit μ_n aus $\cot\mu = \mu D/(\alpha L)$ \qquad (4.178)

Für die *Randbedingung 1. Art*

$$u = 0 \quad \text{bei } x = \pm L,\ t > 0 \qquad (4.179)$$

ergibt sich aus (4.178) durch Grenzübergang $\alpha \to \infty$ die Lösung

$$u(x,t) = \frac{2u_a}{\pi}\sum_{n=1}^{\infty} \frac{(-1)^{n-1}}{n}\sin(n\pi x/L)\, e^{-n^2\pi^2 at/L^2} \qquad \text{Bild 4.43} \qquad (4.180)$$

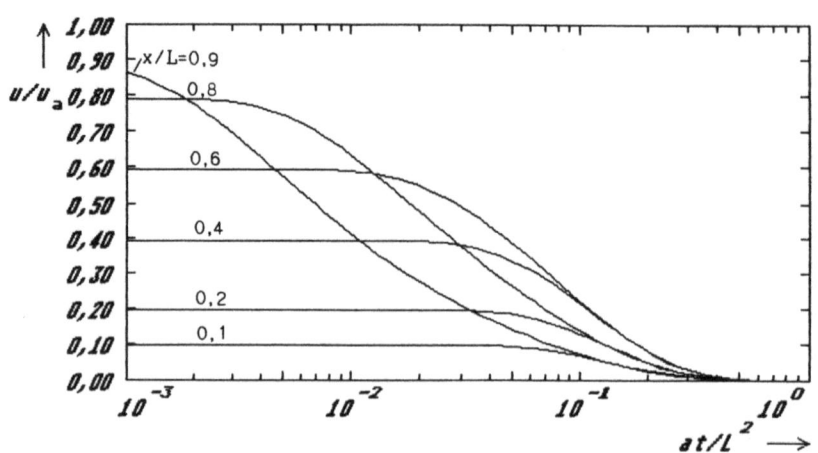

Bild 4.43. Lösung für ein beidseitig begrenztes Gebiet mit linearer Anfangsbedingung

4.3.3 Radialsymmetrische Aufgabe in einem unbegrenzten Gebiet mit stückweise konstanter Anfangsbedingung

DG: $\dfrac{\partial^2 u_1}{\partial r^2} + \dfrac{1}{r}\dfrac{\partial u}{\partial r} = \dfrac{1}{a}\dfrac{\partial u_1}{\partial t}$ für $0 \le r \le r_1$

$\dfrac{\partial^2 u_2}{\partial r^2} + \dfrac{1}{r}\dfrac{\partial u}{\partial r} = \dfrac{1}{a}\dfrac{\partial u_2}{\partial t}$ für $r_1 \le r \le \infty$

AB: $u_1 = u_a$ für $t=0$, $0 \le r \le r_1$
$u_2 = 0$ für $t=0$, $r_1 \le r \le \infty$

RB: $\left.\begin{array}{l}\dfrac{\partial u_1}{\partial r} = \dfrac{\partial u_2}{\partial r}\\ u_1 = u_2\end{array}\right\}$ bei $r = r_1$, $t > 0$

$\left.\begin{array}{l}\dfrac{\partial u_1}{\partial r} = 0 \quad \text{bei } r=0\\ u_2 = 0 \quad \text{bei } r = \infty\end{array}\right\}$, $t > 0$ \qquad (4.181)

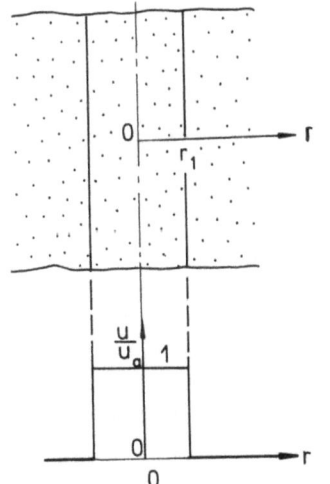

Bild 4.44. Radialsymmetrisches Gebiet mit stückweise konstanter Anfangsbedingung

Lösung im $\mathcal{L}$-Bereich:

Bild 4.45

$$\bar{u}_1(r,s) = \dfrac{u_a}{s}\left[1 - \dfrac{I_0(rp)\, K_1(r_1 p)}{I_1(r_1 p)\, K_0(r_1 p) + I_0(r_1 p)\, K_1(r_1 p)}\right] = \dfrac{u_a}{s}\left[1 - r_1 p\, I_0(rp)\, K_1(r_1 p)\right]$$
(4.182a)

$$\bar{u}_2(r,s) = \dfrac{u_a}{s}\dfrac{I_1(r_1 p)\, K_0(rp)}{I_1(r_1 p)\, K_0(r_1 p) + I_0(r_1 p)\, K_1(r_1 p)} = \dfrac{u_a}{s}\, r_1 p\, I_1(r_1 p)\, K_0(rp)$$
(4.182b)

Die Rücktransformation erfolgt zweckmäßigerweise auf numerischem Wege mit dem Verfahren von Stehfest. Die Ergebnisse sind in Bild 4.45 dargestellt.

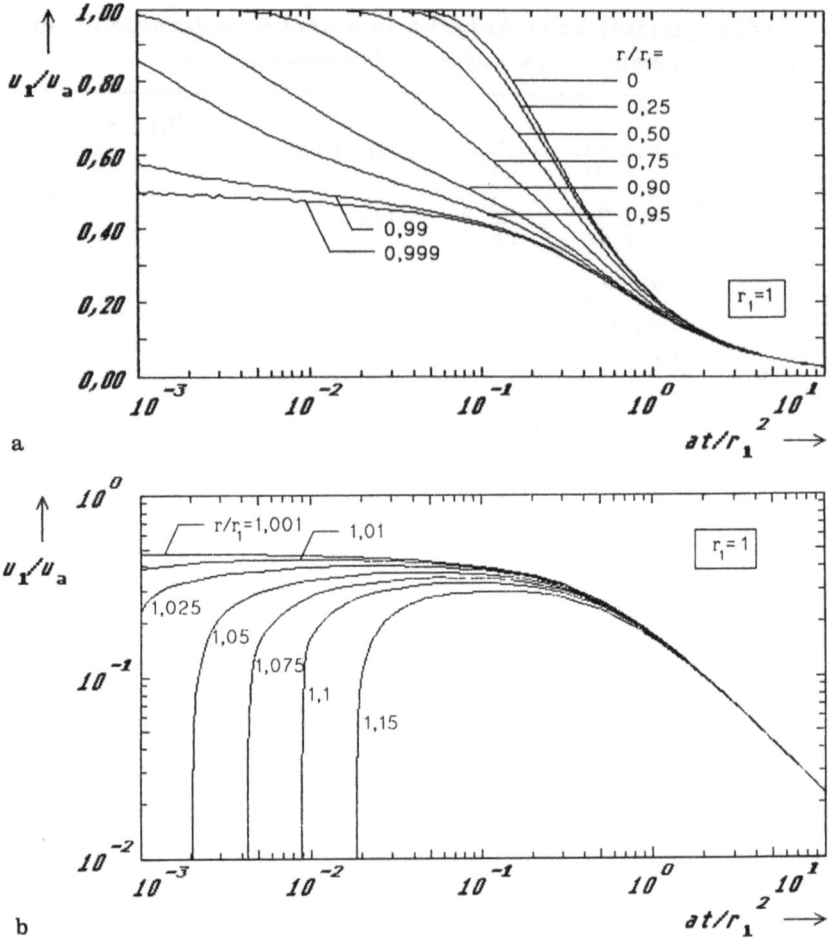

Bild 4.45. Lösungsverlauf in einem radialsymmetrischen Gebiet mit stückweise konstanter Anfangsbedingung – a) für $r < r_1$, b) für $r > r_1$

4.3.4 Radialsymmetrische Aufgaben in einseitig begrenzten Gebieten

Vollzylinder mit parabolischer Anfangsbedingung und der Randbedingung 3. oder 1. Art:

			Bild 4.10
DG:	$\dfrac{\partial^2 u}{\partial r^2} + \dfrac{1}{r}\dfrac{\partial u}{\partial r} = \dfrac{1}{a}\dfrac{\partial u}{\partial t}$		
AB:	$u = u_a (r/R)^2$	für $t=0$, $0 \le r \le R$	
RB:	$\dfrac{\partial u}{\partial r} = 0$	bei $r=0$, $t>0$	
	$u + \dfrac{D}{\alpha}\dfrac{\partial u}{\partial r} = 0$	bei $r=R$, $t>0$	(4.183)

Lösung im $\mathcal{L}$-Bereich:

$$\bar{u}(r,s) = \frac{u_a}{s}\left[\frac{r^2}{R^2} + \frac{4a}{sR^2} - \left(1 + \frac{2D}{\alpha R} + \frac{4a}{sR^2}\right)\frac{I_0(rp)}{I_0(Rp) + pD/\alpha\, I_1(Rp)}\right] \quad (4.184)$$

mit Einfach- und Doppelpolen bei $s=0$ und weiteren Einfachpolen bei $p_n = \mu_n/(iR)$, $s_n = -\mu_n^2 a/R^2$ sowie der Bestimmungsgleichung für die Eigenwerte

$$J_0(\mu)/J_1(\mu) = \mu D/(\alpha R).$$

Die ersten 5 Eigenwerte sind in Tabelle 4.4 angegeben.

Die Rücktransformation ergibt

$$u(r,t) = 2u_a \sum_{n=1}^{\infty}\left[\mu_n^2\left(1 + \frac{2D}{\alpha R}\right) - 4\right]\frac{J_0(\mu_n r/R)\, J_1(\mu_n)}{\mu_n^3[J_0^2(\mu_n) + J_1^2(\mu_n)]}\, e^{-\mu_n^2 a t/R^2} \quad (4.185)$$

Für die **Randbedingung 1. Art**

$$u = 0 \quad \text{bei } r = R, \ t > 0 \quad (4.186)$$

erhält man aus (4.185) durch Grenzübergang $\alpha \to \infty$

$$u(r,t) = 2u_a \sum_{n=1}^{\infty}(\mu_n^2 - 4)\frac{J_0(\mu_n r/R)}{\mu_n^3\, J_1(\mu_n)}\, e^{-\mu_n^2 a t/R^2} \quad \boxed{\text{Bild 4.46}}$$

mit μ_n aus $J_0(\mu) = 0$ \hfill (4.187)

(Die Eigenwerte sind in Tabelle 4.2 angegeben.)

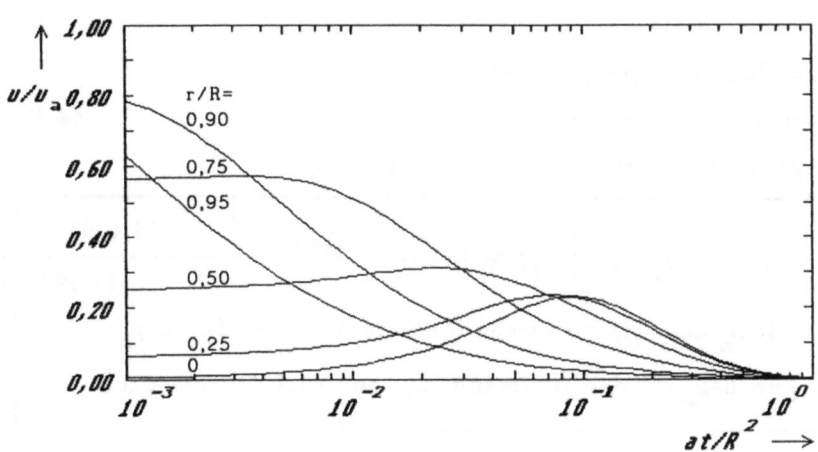

Bild 4.46. Lösungsverlauf in einem Zylinder mit parabolischer Anfangsbedingung – Randbedingung 1. Art

Vollzylinder mit der Anfangsbedingung in Form einer Bessel-Funktion und der Randbedingung 3. oder 1. Art :

DG: $\dfrac{\partial^2 u}{\partial r^2} + \dfrac{1}{r}\dfrac{\partial u}{\partial r} = \dfrac{1}{a}\dfrac{\partial u}{\partial t}$ **Bild 4.10**

AB: $u = u_a J_0(br/R)$ für $t=0$, $0 \le r \le R$

RB: $\dfrac{\partial u}{\partial r} = 0$ bei $r=0$, $t>0$

$u + \dfrac{D}{\alpha}\dfrac{\partial u}{\partial r} = 0$ bei $r=R$, $t>0$ (4.188)

Lösung im $\mathcal{L}$-Bereich:

$$\bar{u}(r,s) = \dfrac{u_a}{s + ab^2/R^2}\left[J_0(br/R) - \dfrac{I_0(rp)[J_0(b) - J_1(b)\,bD/(\alpha R)]}{I_0(Rp) - pD/\alpha\,I_1(Rp)}\right].$$
(4.189)

Aus (4.189) erhält man die Lösung im Zeitbereich

$$u(r,t) = 2u_a \sum_{n=1}^{\infty} \dfrac{bJ_0(\mu_n)J_1(b) - \mu_n J_0(b)J_1(\mu_n)}{[b^2 - \mu_n^2][J_0^2(\mu_n) + J_1^2(\mu_n)]} J_0(\mu_n r/R)\, e^{-\mu_n^2 at/R^2}$$
(4.190)

für $b \ne \mu_n$ und mit μ_n aus $J_0(\mu)/J_1(\mu) = \mu D/(\alpha R)$, (s. **Tab. 4.4**)

Für $b = \mu_m$ ist in die Summe der Summand

$u_m = u_a J_0(\mu_m r/R)\, e^{-\mu_m^2 at/R^2}$ einzusetzen.

Mit der *Randbedingung 1. Art*

$u = 0$ bei $r=R$, $t>0$ (4.191)

ergibt sich aus (4.190) für $\alpha \to \infty$ die Lösung

$u(r,t) = 2u_a J_0(b)\displaystyle\sum_{n=1}^{\infty} \dfrac{\mu_n J_0(\mu_n r/R)}{J_1(\mu_n)[\mu_n^2 - b^2]}\, e^{-\mu_n^2 at/R^2}$ **Bild 4.47**

(4.192)

mit μ_n aus $J_0(\mu) = 0$ (siehe Tabelle 4.2) und für $b \ne \mu_n$.

Für $b = \mu_m$ ist der Summand u_m aus (4.190) einsetzen.

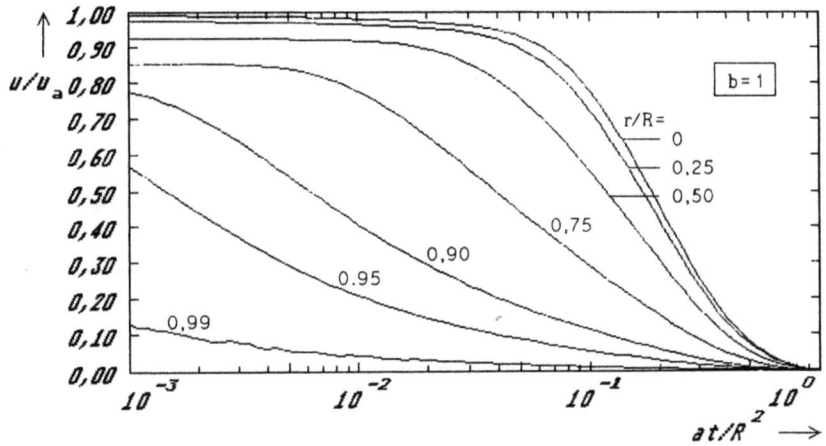

Bild 4.47 Lösungsverlauf in einem Zylinder mit der Anfangsbedingung $u = u_a J_0(br/R)$ - Randbedingung 1. Art

4.3.5 Radialsymmetrische Aufgaben in beidseitig begrenzten Gebieten mit logarithmischer Anfangsbedingung und Randbedingungen 1. Art an beiden Rändern oder Randbedingungen 2. und 1. Art

			Bild 4.14
DG:	$\dfrac{\partial^2 u}{\partial r^2} + \dfrac{1}{r}\dfrac{\partial u}{\partial r} = \dfrac{1}{a}\dfrac{\partial u}{\partial t}$		
AB:	$u = u_a \ln r/r_0$	für $t=0$, $r_0 \leq r \leq R$	
RB:	$u = 0$	bei $r = r_0$, $t > 0$	
	$u = 0$	bei $r = R$, $t > 0$	(4.193)

Lösung im $\mathcal{L}$-Bereich:

$$\bar{u}(r,s) = \frac{u_a}{s}\left[\ln\frac{r}{r_0} + \ln\frac{R}{r_0}\frac{I_0(r_0 p)K_0(rp) - I_0(rp)K_0(r_0 p)}{I_0(Rp)K_0(r_0 p) - I_0(r_0 p)K_0(Rp)}\right]. \quad (4.194)$$

Die Lösung hat Einfachpole bei $s=0$ und $p_n = \mu_n/ir_0$, $s_n = -\mu_n^2 a/R^2$ sowie die Bestimmungsgleichung für die Eigenwerte μ_n

$$J_0(\mu)/Y_0(\mu) = J_0(\mu R/r_0)/Y_0(\mu R/r_0).$$

Einige Eigenwerte sind in Tabelle 4.5 angegeben.

Die Rücktransformation von (4.194) führt auf

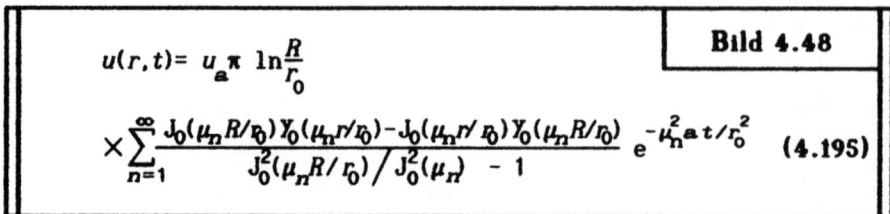

$$u(r,t) = u_a \pi \ln\frac{R}{r_0}$$
$$\times \sum_{n=1}^{\infty} \frac{J_0(\mu_n R/r_0) Y_0(\mu_n r/r_0) - J_0(\mu_n r/r_0) Y_0(\mu_n R/r_0)}{J_0^2(\mu_n R/r_0)/J_0^2(\mu_n) - 1} e^{-\mu_n^2 at/r_0^2} \quad (4.195)$$

Bild 4.48

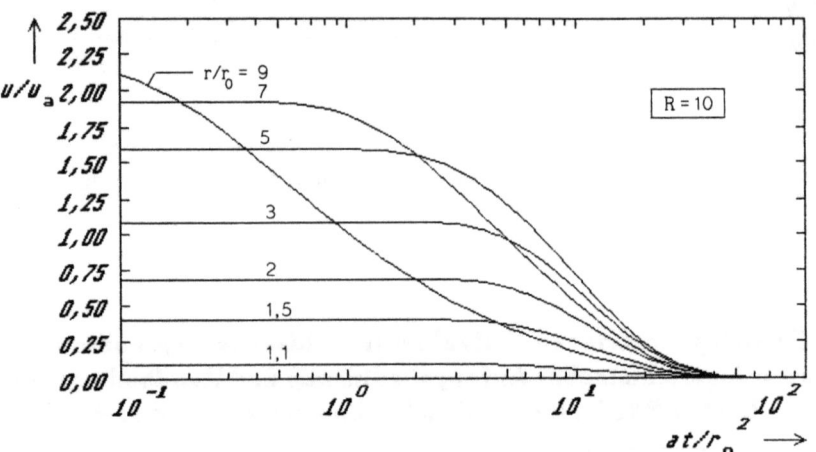

Bild 4.48. Lösung für einen Hohlzylinder mit logarithmischer Anfangsbedingung – Randbedingung 1. Art an beiden Rändern

Gelten gegenüber (4.193) die **Randbedingungen**

$$\frac{\partial u}{\partial r} = 0 \quad \text{bei } r = r_0, \ t > 0$$

und $\quad u = u_a \ln R/r_0 \quad$ bei $r = R, \ t > 0,$ (4.196)

so ergibt sich die Lösung im $\mathcal{L}$-Bereich

$$\bar{u}(r,s) = \frac{u_a}{s}\left[\ln\frac{r}{r_0} + \frac{I_0(Rp)K_0(rp) - I_0(rp)K_0(Rp)}{r_0 p[I_1(r_0 p) K_0(Rp) + I_0(Rp)K_1(r_0 p)]}\right] \quad (4.197)$$

mit einem Doppelpol bei $s=0$ und weiteren Einfachpolen bei $p_n = \mu_n/ir_0$ $s_n = -\mu_n^2 a/r_0^2$ sowie der Bestimmungsgleichung für die Eigenwerte

$$J_1(\mu)/Y_1(\mu) = J_0(\mu R/r_0)/Y_0(\mu R/r_0).$$

Einige Eigenwerte sind in Tabelle 4.6 angegeben.

Als Lösung im Zeitbereich erhält man

$$u(r,t) = u_a \left[\ln\frac{R}{r} - \pi \sum_{n=1}^{\infty} \frac{J_0(\mu_n r/r_0) Y_0(\mu_n R/r_0) - J_0(\mu_n R/r_0) Y_0(\mu_n r/r_0)}{\mu_n [J_0(\mu_n R/r_0)/J_1(\mu_n) - J_1(\mu_n)/J_0(\mu_n R/r_0)]} e^{-\mu_n^2 a t/r_0^2} \right]$$

Bild 4.49

und am inneren Rand des Hohlzylinders bei $r=r_0$

$$u(r_0,t) = u_a \left[\ln\frac{R}{r_0} + 2 \sum_{n=1}^{\infty} \frac{1}{\mu_n^2 [1 - J_1^2(\mu_n)/J_0^2(\mu_n)]} e^{-\mu_n^2 a t/r_0^2} \right]$$

(4.198)

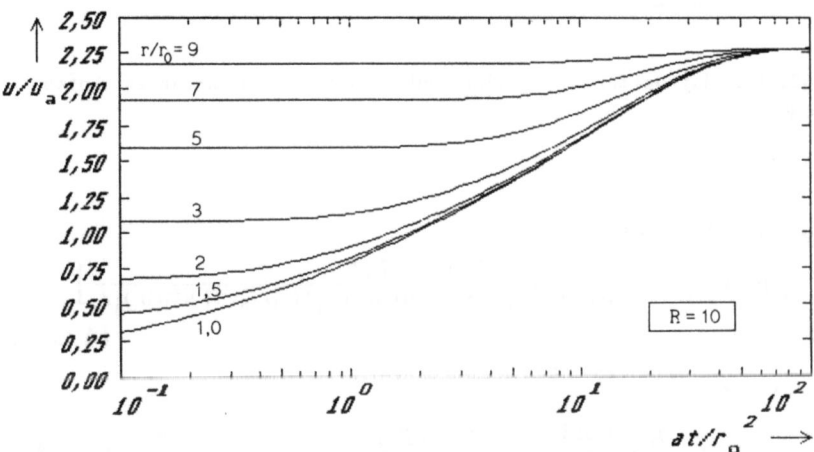

Bild 4.49. Lösung für einen Hohlzylinder mit logarithmischer Anfangsbedingung – Randbedingung 2. Art bei $r=r_0$ und 2. Art bei $r=R$

4.3.6 Kugelsymmetrische Aufgabe in einem unbegrenzten Gebiet mit stückweise konstanter Anfangsbedingung

DG:	$\dfrac{\partial^2 u_1}{\partial r^2} + \dfrac{2}{r}\dfrac{\partial u}{\partial r} = \dfrac{1}{a_1}\dfrac{\partial u_1}{\partial t}$	für $0 \leq r \leq r_1$		**Bild 4.50**
	$\dfrac{\partial^2 u_2}{\partial r^2} + \dfrac{2}{r}\dfrac{\partial u}{\partial r} = \dfrac{1}{a_2}\dfrac{\partial u_2}{\partial t}$	für $r_1 \leq r \leq \infty$		
AB:	$u_1 = u_a$	für $t=0$, $0 \leq r \leq r_1$		
	$u_2 = 0$	für $t=0$, $r_1 \leq r \leq \infty$		
RB:	$\left. \begin{array}{l} D_1 \dfrac{\partial u_1}{\partial r} = D_2 \dfrac{\partial u_2}{\partial r} \\ u_1 = u_2 \end{array} \right\}$	bei $r=r_1$, $t>0$		
	$\dfrac{\partial u_1}{\partial r} = 0$	bei $r=0$	$\left. \begin{array}{l} \\ \end{array} \right\}$, $t>0$	(4.199)
	$u_2 = 0$	bei $r=\infty$		

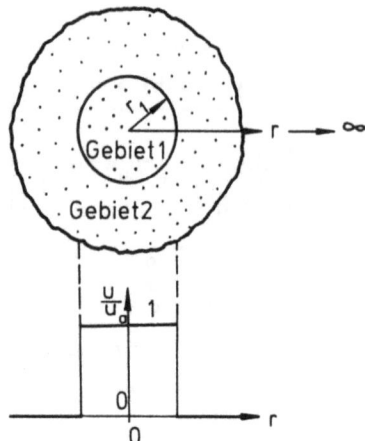

Bild 4.50. Kugelsymmetrisches Gebiet mit stückweise konstanter Anfangsbedingung

Lösung im $\mathcal{L}$-Bereich:

$$\bar{u}_1(r,s) = \frac{u_a}{s}\left[1 - \frac{r_1/r \ \sinh p_1 r}{p_1 r_1 \cosh p_1 r_1 + p_2 r_1 \sinh p_1 r_1 + (D_1/D_2 - 1)\sinh p_1 r_1}\right], \quad (4.200a)$$

$$\bar{u}_2(r,s) = \frac{u_a r_1}{sr} e^{-p_2(r-r_1)}$$
$$\times \left[\frac{p_1 r_1 \cosh p_1 r_1 - \sinh p_1 r_1}{p_1 r_1 \cosh p_1 r_1 + p_2 r_1 \sinh p_1 r_1 + (D_1/D_2 - 1)\sinh p_1 r_1}\right] \quad (4.200b)$$

mit $p_i = \sqrt{s/a_i}$, $i = 1, 2$.

Für gleiche Parameter in beiden Gebieten, d.h. $a_1 = a_2$ und $D_1 = D_2$ vereinfachen sich die Lösungen zu

$$\bar{u}(r,s) = \frac{u_a}{2sr}\left[\left(r_0 - \frac{1}{p}\right)e^{-p(r-r_1)} + \left(r_0 + \frac{1}{p}\right)e^{-p(r+r_1)}\right]$$

$$= \frac{u_a}{2s}\left[2 - \left(\frac{r_0}{r} + \frac{1}{pr}\right)\left(e^{-p(r_1-r)} - e^{-p(r_1+r)}\right)\right].$$

Die Rücktransformation ist mit den Korrespondenzen aus Anhang C möglich und ergibt nach Umformung für beide Gebiete

$$\boxed{u(r,t) = u_a\left[\sqrt{\frac{at}{\pi^2 r^2}}\left(e^{-(r_1+r)^2/(4at)} - e^{-(r_1-r)^2/(4at)}\right) + \frac{1}{2}\left(\operatorname{erfc}\frac{r_1+r}{\sqrt{4at}} + \operatorname{erfc}\frac{r_1-r}{\sqrt{4at}}\right)\right] \quad \text{für } r \geq 0 \quad (4.201)}$$

4.3.7 Kugelsymmetrische Aufgaben in einseitig begrenzten Gebieten mit parabolischer Anfangsbedingung und der Randbedingung 3. oder 1. Art

DG: $\dfrac{\partial^2 u}{\partial r^2} + \dfrac{2}{r}\dfrac{\partial u}{\partial r} = \dfrac{1}{a}\dfrac{\partial u}{\partial t}$ Bild 4.20

AB: $u = u_a (r/R)^2$ für $t=0$, $0 \le r \le R$

RB: $\dfrac{\partial u}{\partial r} = 0$ bei $r=0$, $t>0$

$u + \dfrac{D}{\alpha}\dfrac{\partial u}{\partial r} = 0$ bei $r=R$, $t>0$ (4.202)

Lösung im $\mathcal{L}$-Bereich:

$$\bar{u}(r,s) = \dfrac{u_a}{s}\left\{\left(\dfrac{r}{R}\right)^2 + \dfrac{6a}{pR^2} - \left[2 + \dfrac{\alpha}{D}\left(R + \dfrac{6a}{pR}\right)\right]\dfrac{\sinh pr}{r[p\cosh pR + (\alpha/D - 1/R)\sinh pR]}\right\}.$$
(4.203)

mit einem Einfach- und Doppelpol bei $s=0$ und weiteren Einfachpolen bei $p_n = \mu_n/iR$, $s_n = -\mu_n^2 a/R^2$. Damit ergibt sich die Lösung

$$u(r,t) = 2u_a \dfrac{R}{r}$$
$$\times \sum_{n=1}^{\infty} \dfrac{2\mu_n^2 \sin\mu_n + (\sin\mu_n - \mu_n\cos\mu_n)(\mu_n^2 - 6)}{\mu_n^3(\mu_n - \sin\mu_n \cos\mu_n)} \sin\left(\mu_n \dfrac{r}{R}\right) e^{-\mu_n^2 a t/R^2}$$

mit den Eigenwerten μ_n aus $\tan\mu = \mu/(1 - \alpha R/D)$ (4.204)

Gilt gegenüber (4.202) die *Randbedingung 1. Art*

$u = 0$ bei $r = R$, $t > 0$, (4.205)

so ergibt sich aus (4.204) durch Grenzübergang $\alpha \to \infty$ die Lösung

$$u(r,t) = 2u_a \dfrac{r}{\pi^3 R} \sum_{n=1}^{\infty} \dfrac{(-1)^{n-1}(n^2\pi^2 - 6)}{n^3} \sin(n\pi r/R) e^{-n^2\pi^2 a t/R^2} \quad (4.206)$$

4.4 Aufgaben mit zeitabhängigen Randbedingungen

Bisher wurden bei den Berechnungen immer zeitlich konstante Randbedingungen vorausgesetzt. Nachfolgend wollen wir von dieser Voraussetzung abgehen und Vorgänge mit Randbedingungen betrachten, die von der Zeit abhängen.

4.4.1 Randbedingungen in Form eines zeitabhängigen Polynoms

Zuerst soll eine Randbedingung folgender Form betrachtet werden:

$$u_R = b_1 + b_2 t + b_3 t^2 + \cdots \quad \text{bei} \quad x=x_R \quad \text{oder} \quad r=r_R,$$

$$\mathcal{L}\{u_R\} = \bar{u}_R = \frac{b_1}{s} + \frac{b_2}{s^2} + \frac{b_3}{s^3} + \cdots.$$

Gilt bei einer derartigen Randbedingung nur das erste Glied des Polynoms, so sieht man sofort, daß mit $b_1 = u_R$ die vorhergehend abgeleiteteten Lösungen gelten, die wir an dieser Stelle mit u_1 bezeichnen wollen. Ist hingegen nur das zweite Glied wirksam, so erhält man unter Beachtung der Rechenregeln der $\mathcal{L}$-Transformation die Lösung u_2 durch Integration

$$u_2 = \frac{b_2}{b_1} \int_0^t u_1(b_1, \tau) d\tau,$$

falls u_1 bekannt ist.

Allgemein ergibt sich damit die Lösung für jedes Glied der Randbedingung in folgender Weise:

$$u_n = (n-1) \frac{b_n}{b_{n-1}} \int_0^t u_{n-1}(b_{n-1}, \tau) d\tau \quad \text{mit } n \geq 2.$$

Die gesamte Lösung eines Problems setzt sich dann aus den einzelnen Lösungen der berücksichtigten Glieder zusammen. Das gilt in gleicher Weise, wenn zeitabhängige Randbedingungen 2. und 3. Art vorliegen. Man kann jedoch die Lösungen auf dem gleichen Wege berechnen, wie es in den vorhergehenden Abschnitten erfolgte. Nachfolgend soll auf beide Möglichkeiten zurückgegriffen werden, wobei wir uns auf die Berücksichtigung zeitproportionaler Randbedingungen

1. Art $\quad u_R = bt,$

2. Art $\quad \dfrac{\partial u}{\partial x} = -\dfrac{bt}{D A} \quad \text{mit } Q = bt \quad$ und

3. Art $\quad u - \dfrac{D}{\alpha} \dfrac{\partial u}{\partial x} = bt$

beschränken wollen.

Aufgaben in kartesischen Koordinaten in einseitig begrenzten Gebieten mit der Randbedingung 3., 1. oder 2. Art:

DG:	$\dfrac{\partial^2 u}{\partial x^2} = \dfrac{1}{a} \dfrac{\partial u}{\partial t}$		Bild 4.1
AB:	$u = 0$	für $t=0$, $x \geq x_0$	
RB:	$u - \dfrac{D}{\alpha} \dfrac{\partial u}{\partial x} = bt$	bei $x = x_0$, $t > 0$	
	$u = 0$	bei $x = \infty$, $t > 0$	(4.207)

Hierin ist b eine beliebige Konstante, die die zeitliche Veränderung der Randbedingung bestimmt. Die Randbedingung wirkt im Gegensatz zu Bild 4.1 hier bei $x=x_0$.

Die Lösung im $\mathcal{L}$-Bereich lautet

$$\bar{u}(x,s) = \frac{b}{s^2} \frac{e^{-p(x-x_0)}}{1+pD/\alpha} \quad . \tag{4.208}$$

Mit der betreffenden Korrespondenz aus Anhang C ergibt sich für den Zeitbereich die Lösung

$$u(x,t) = bt\left\{4\operatorname{int}^2\operatorname{erfc}\frac{x-x_0}{\sqrt{4at}} - \frac{2D}{\alpha\sqrt{at}}\operatorname{int}\operatorname{erfc}\frac{x-x_0}{\sqrt{4at}}\right.$$
$$\left. +\frac{D^2}{\alpha^2 at}\left[\operatorname{erfc}\frac{x-x_0}{\sqrt{4at}} - e^{(\alpha/D)(x+\alpha at/D)}\operatorname{erfc}\left(\frac{x-x_0}{\sqrt{4at}} - \frac{\alpha}{D}\sqrt{at}\right)\right]\right\}$$
für $x \geq x_0$ \hfill (4.209)

Gilt die zeitabhängige *Randbedingung 1. Art*
$$u=bt \quad \text{bei } x=x_0, \ t>0, \tag{4.210}$$
so erhält man aus (4.208) durch Grenzübergang $\alpha \to \infty$ die Lösung im $\mathcal{L}$-Bereich
$$\bar{u}(x,s) = \frac{b}{s^2} e^{-p(x-x_0)} \tag{4.211}$$
und im Zeitbereich

$$u(x,t) = 4bt\operatorname{int}^2\operatorname{erfc}\frac{x-x_0}{\sqrt{4at}}$$

Bild 4.51 \hfill (4.212)

Desweiteren läßt sich der Verlauf des Stromes bei $x=x_0$ berechnen.

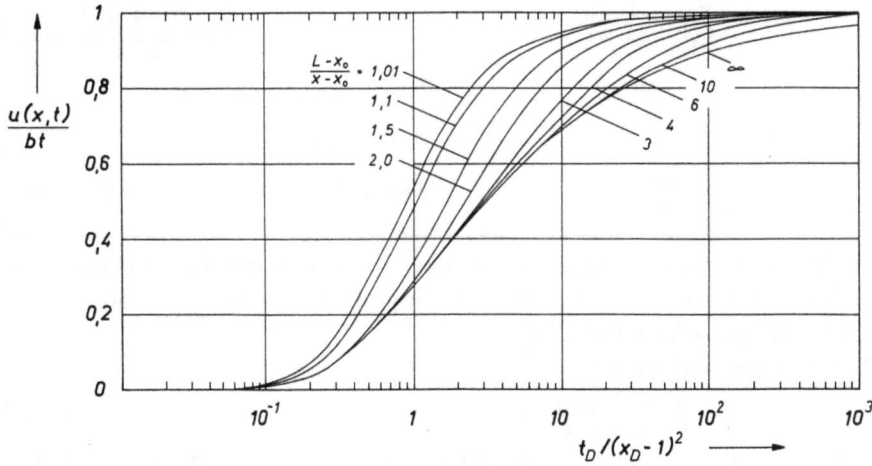

Bild 4.51. Lösungen für einseitig und beidseitig begrenzte Gebiete in kartesischen Koordinaten mit zeitabhängiger Randbedingung ($x_D = x/x_0$, $t_D = at/x_0^2$)

Mit der Beziehung
$$Q = -DA\frac{\partial u}{\partial x} \quad \text{bei } x = x_0$$
ergibt sich mit (4.211) die Lösung im $\mathcal{L}$-Bereich
$$\bar{Q} = \frac{bDA}{s\sqrt{sa}}$$
und im Zeitbereich
$$Q = bDA\sqrt{4t/(a\pi)} \quad \text{bei } x = x_0.$$
Die zeitliche Integration des Stromes führt auf den kumulativen Strom
$$Q_{kum} = \frac{4}{3} bDA \sqrt{t^3/(a\pi)} = \frac{4}{3} bSA \sqrt{at^3/\pi} \quad \text{bei } x = x_0.$$
Für die *Randbedingung 2. Art*
$$\frac{\partial u}{\partial x} = -\frac{bt}{DA} \quad \text{bei } x = x_0, \ t > 0 \tag{4.213}$$
erhält man die Lösung im $\mathcal{L}$-Bereich
$$\bar{u}(x,s) = \frac{b}{DA} \frac{e^{-p(x-x_0)}}{s^2 p} \tag{4.214}$$
und mit den Korrespondenzen aus Anhang C die Lösung im Zeitbereich

$$u(x,t) = \frac{8b}{DAa} (at)^{3/2} \operatorname{int}^3 \operatorname{erfc} \frac{x-x_0}{\sqrt{4at}} \tag{4.215}$$

Aufgabe in kartesischen Koordinaten in beidseitig begrenzten Gebieten mit Randbedingungen 1. und 2. Art:

			Bild 4.2
DG:	$\frac{\partial^2 u}{\partial x^2} = \frac{1}{a}\frac{\partial u}{\partial t}$		
AB:	$u = 0$	für $t=0$, $x_0 \leq x \leq L$	
RB:	$u = bt$	bei $x = x_0$, $t > 0$	
	$\frac{\partial u}{\partial x} = 0$	bei $x = L$, $t > 0$	(4.216)

Hierin ist b eine beliebige Konstante, die die zeitliche Veränderung der Randbedingung bestimmt. Im Gegensatz zu Bild 4.2 wirkt die Randbedingung hier bei $x = x_0$.

Lösung im $\mathcal{L}$-Bereich:
$$\bar{u}(x,s) = \frac{b \cosh p(L-x)}{s^2 \cosh p(L-x_0)} \tag{4.217}$$

Die Lösung hat einen Doppelpol bei $s = 0$ und weitere Einfachpole bei
$$p_n = \frac{(2n-1)\pi}{i(L-x_0)2}, \quad s_n = -\frac{a(2n-1)^2\pi^2}{(L-x_0)^2 4} \quad \text{mit } n = 1, 2, 3, \cdots.$$

Die Rücktransformation erfolgt mit dem Entwicklungssatz für Mehrfachpole von Heaviside und ergibt

	Bild 4.51
$u(x,t) = \dfrac{b}{2a}\Big[2at+(L-x)^2-(L-x_0)^2$ $+32\sum\limits_{n=1}^{\infty}\dfrac{(-1)^{n-1}(L-x_0)^2}{(2n-1)^3\pi^3}\cos\Big(\dfrac{\pi}{2}(2n-1)\dfrac{L-x}{L-x_0}\Big)\exp\Big(-\dfrac{(2n-1)^2\pi^2 at}{4(L-x_0)^2}\Big)\Big]$	(4.218)

Für $L\to\infty$ kann (4.218) durch (4.212) genähert werden. Diese Näherungslösung gilt für kleine Zeiten, d.h. für $at/(L-x_0)^2 < 0{,}1$ in einem beidseitig begrenzten Gebiet (siehe Bild 4.52).

Radialsymmetrische Aufgaben in einseitig begrenzten Gebieten mit Randbedingungen 1. oder 2. Art:

			Bild 4.8
DG:	$\dfrac{\partial^2 u}{\partial r^2} + \dfrac{1}{r}\dfrac{\partial u}{\partial r} = \dfrac{1}{a}\dfrac{\partial u}{\partial t}$		
AB:	$u = 0$	für $t=0$, $r \geq r_0$	
RB:	$u = bt$	bei $r=r_0$, $t>0$	
	$u = 0$	bei $r=\infty$, $t>0$	(4.219)

Hierin ist b eine beliebige Konstante, die die zeitliche Veränderung der Randbedingung bestimmt.

Lösung im $\mathcal{L}$-Bereich [4.1]:

$$\bar{u}(r,s) = \dfrac{b\, K_0(rp)}{s^2\, K_0(r_0 p)} \,. \qquad (4.220)$$

Die Rücktransformation erfolgt mit den Korrespondenzen aus Anhang C sowie den Rechenregeln der $\mathcal{L}$-Tansformation und ergibt

	Bild 4.52
$u(r,t) = b\displaystyle\int_0^{t_D} A\Big(\tau, \dfrac{r}{r_0}\Big)\,d\tau \quad$ mit $\quad t_D = at/r_0^2$	
(Funktion $A(\tau, r/r_0)$ nach Anhang C)	(4.221)

Da für die Berechnung der Lösung ein Rechner benötigt wird, ist es zweckmäßiger, die Lösung im Zeitbereich unmittelbar aus (4.220) mit dem numerischen Verfahren von Stehfest (s. Abschn. 2.3) zu ermitteln.

Für kleine Zeiten, d.h. große Werte s, läßt sich für (4.221) eine Näherungslösung finden, wenn das erste Glied der asymptotischen Reihe von $K_0(x)$ verwendet wird. Mit

$$K_0(rp) \approx \sqrt{\dfrac{\pi}{2rp}}\; e^{-rp}$$

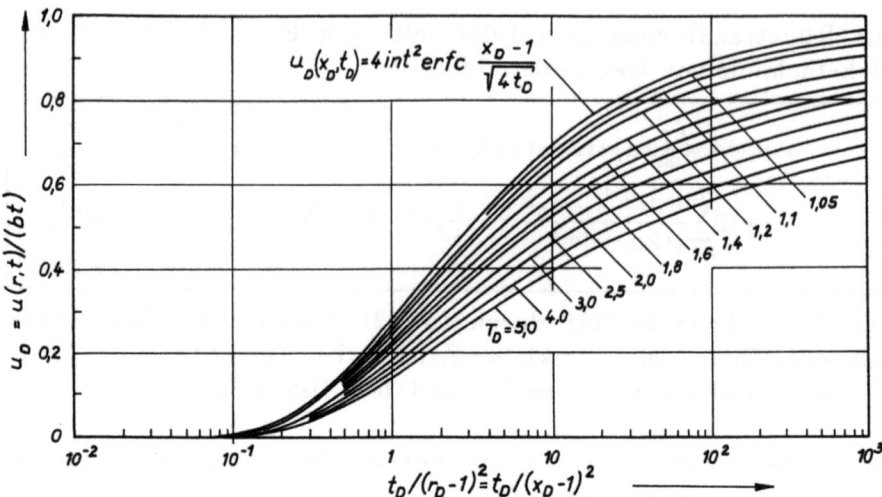

Bild 4.52. Lösungen u/u_0 für eine Randbedingung in einseitig begrenzten Gebieten bei $r = r_0$ oder $x = x_0$ ($r_D = r/r_0$, $x_D = x/x_0$, $t_D = at/r_0^2 = at/x_0^2$)

erhält (4.220) die Form

$$\bar{u}(r,s) = \frac{b}{s^2} \sqrt{r_0/r}\; e^{-p(r-r_0)}.$$

Die Rücktransformation mit der entsprechenden Korrespondenz aus Anhang C ergibt die Näherungslösung für kleine Zeiten

$$u(r,t) = \sqrt{r_0/r}\; 4bt\; \text{int}^2\text{erfc}\frac{r-r_0}{\sqrt{4at}}.$$

Ein Vergleich mit (4.212) zeigt, daß diese Näherungslösung prinzipiell die gleiche Form wie die Lösung für den entsprechenden Fall in kartesischen Koordinaten hat.

Gilt statt (4.219) die *Randbedingung 2. Art*

$$r\frac{\partial u}{\partial r} = -\frac{bt}{2\pi D \Delta z} \quad \text{bei } r=r_0,\; t>0, \tag{4.222}$$

so erhält man im $\mathcal{L}$-Bereich die Lösung

$$\bar{u}(r,s) = \frac{b}{2\pi D \Delta z\, r_0} \frac{K_0(rp)}{s^2 p\, K_1(r_0 p)}. \tag{4.223}$$

Der Verlauf dieser Lösung im Zeitbereich kann auf numerischem Wege mit dem Verfahren von Stehfest (s. Abschnitt 2.3) berechnet werden. Darüber hinaus läßt sich die innere Randbedingung durch eine Linienquelle bei $r=r_0$ näherungsweise ersetzen. In (4.223) kann die Besselfunktion $K_1(r_0 p) \approx 1/(r_0 p)$ genähert werden, so daß sich ergibt

$$\bar{u}(r,s) = \frac{b}{2\pi D \Delta z}\, \frac{K_0(rp)}{s^2}$$

und mit der betreffenden Korrespondenz aus Anhang C für den Zeitbereich

$$u(r,t) = \frac{bt}{4\pi D\Delta z}\left\{\left[-\text{Ei}\left(-\frac{r^2}{4at}\right)\right]\left[1+\frac{r^2}{4at}\right] - \exp\left(-\frac{r^2}{4at}\right)\right\} \quad (4.224)$$
für $r>0$

Radialsymmetrische Aufgabe in einem beidseitig begrenzten Gebiet mit Randbedingungen 1. und 2. Art:

DG: $\quad \dfrac{\partial^2 u}{\partial r^2} + \dfrac{1}{r}\dfrac{\partial u}{\partial r} = \dfrac{1}{a}\dfrac{\partial u}{\partial t}$ $\qquad$ **Bild 4.14**

AB: $\quad u=0 \qquad$ für $t=0$, $r_0 \leq r \leq R$

RB: $\quad u = bt \qquad$ bei $r=r_0$, $t>0$

$\quad \dfrac{\partial u}{\partial r}=0 \qquad$ bei $r=R$, $t>0 \qquad (4.225)$

Hierin ist b eine beliebige Konstante, die die zeitliche Veränderung der Randbedingung bei $r=r_0$ bestimmt.

Lösung im $\mathcal{L}$-Bereich:

$$\bar{u}(r,s) = \frac{b[I_0(rp)K_1(Rp) + K_0(rp)I_1(Rp)]}{s^2[I_0(r_0 p)K_1(Rp)+K_0(r_0 p)I_1(Rp)]} \quad (4.226)$$

mit einem Doppelpol bei $s=0$ und weiteren Einfachpolen bei $s_n = -\mu_n^2 a/r_0^2$, und $p_n = \mu_n/ir_0$ sowie der Bestimmungsgleichung für die Eigenwerte

$$\frac{J_0(\mu)}{Y_0(\mu)} = \frac{J_1(\mu R/r_0)}{Y_1(\mu R/r_0)}.$$

Durch Rücktransformation mit dem erweiterten Entwicklungssatz von Heaviside erhält man die Lösung im Zeitbereich

$$u(r,t) = \frac{b}{2a}\bigg\{2at + R^2\ln\frac{R}{r_0} - \frac{1}{2}(r^2-r_0^2)$$
Bild 4.53
$$-2\pi r_0^2 \sum_{n=1}^{\infty}\frac{J_1^2(\mu_n R/r_0)}{J_0^2(\mu_n)-J_1^2(\mu_n R/r_0)}\Big[J_0\Big(\mu_n\frac{r}{r_0}\Big)Y_0(\mu_n)-J_0(\mu_n)Y_0\Big(\mu_n\frac{r}{r_0}\Big)\Big]e^{-\mu_n^2 at/r_0^2}\bigg\}$$
für $r_0 \leq r \leq R \qquad (4.227)$

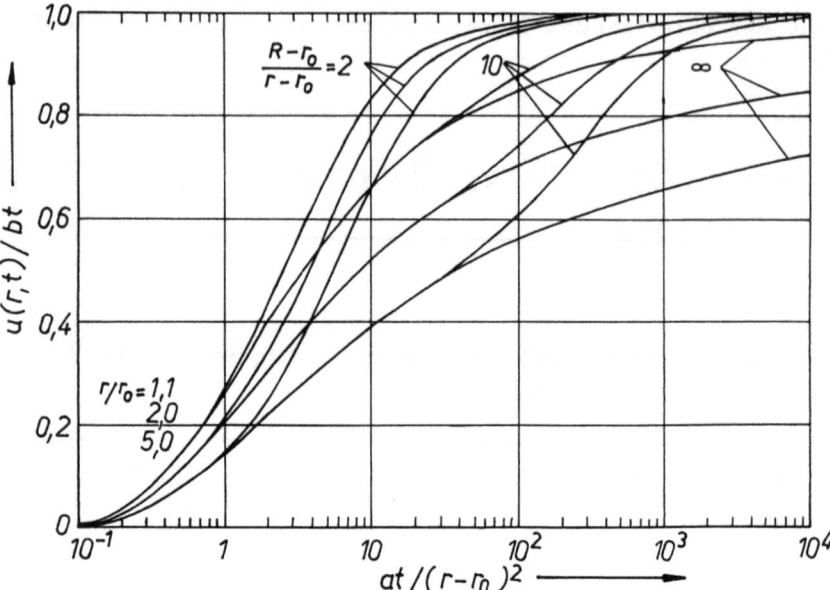

Bild 4.53. Lösungsverlauf für ein- und beidseitig begrenzte radialsymmetrische Gebiete mit zeitabhängiger Randbedingung bei $r = r_0$

Kugelsymmetrische Aufgaben in einseitig begrenzten Gebieten mit Randbedingungen 1. oder 2. Art:

			Bild 4.19
DG:	$\frac{\partial^2 u}{\partial r^2} + \frac{2}{r}\frac{\partial u}{\partial r} = \frac{1}{a}\frac{\partial u}{\partial t}$		
AB:	$u = 0$	für $t=0$, $r_0 \leq r < \infty$	
RB:	$u = bt$	bei $r = r_0$, $t > 0$	
	$u = 0$	bei $r = \infty$, $t > 0$	(4.228)

Hierin ist b eine beliebige Konstante, die die zeitliche Veränderung der Randbedingung bestimmt.

Lösung im $\mathcal{L}$-Bereich:

$$\bar{u}(r,s) = \frac{br_0}{s^2 r} e^{-p(r-r_0)} . \qquad (4.229)$$

Die Lösung im Zeitbereich ergibt sich mit der entsprechenden Korrespondenz aus Anhang C und lautet

$$u(r,t) = 4bt\, r/r_0 \; \text{int}^2 \text{erfc} \frac{r-r_0}{\sqrt{4at}} . \qquad (4.239)$$

Für den Strom bei $r=r_0$ erhält man im $\mathcal{L}$-Bereich

$$\bar{Q} = 4\pi Dr_0 b \left(\frac{1}{s^2} + \frac{r_0}{asp}\right)$$

und im Zeitbereich

$$Q = 4\pi Dr_0 b \left(t + \sqrt{4tr_0^2/(a\pi)}\right).$$

Durch zeitliche Integration der Gleichung für den Strom ergibt sich die Lösung für den kumulativen Strom bei $r=r_0$

$$Q_{kum} = 4\pi Dr_0 b \left(\frac{t^2}{2} + \frac{4}{3}\sqrt{t^3 r_0^2/(a\pi)}\right).$$

Wirkt hingegen die *Randbedingung 2. Art*

$$r^2 \frac{\partial u}{\partial r} = -\frac{bt}{4\pi D} \quad \text{bei } r=r_0, \ t>0, \tag{4.231}$$

so ergibt sich im $\mathcal{L}$-Bereich die Lösung

$$\bar{u}(r,s) = \frac{b}{4\pi Dr} \frac{e^{-p(r-r_0)}}{s^2(pr_0+1)}$$

und im Zeitbereich erhalten wir

$$u(r,t) = \frac{b}{4\pi Dr}\left\{\frac{r_0^2}{a}\left[\left(\frac{r}{r_0} + \frac{(r-r_0)^2}{2r_0^2} + \frac{at}{r_0^2}\right)\operatorname{erfc}\frac{r-r_0}{\sqrt{4at}}\right.\right.$$
$$\left.\left. - \exp\left(\frac{r}{r_0}-1+\frac{at}{r_0^2}\right)\operatorname{erfc}\left(\frac{r-r_0}{\sqrt{4at}} + \sqrt{at/r_0^2}\right)\right] - (r+r_0)\sqrt{\frac{t}{\pi a}}\exp\left(-\frac{(r-r_0)^2}{4at}\right)\right\}$$
$$\tag{4.232}$$

4.4.2 Randbedingungen mit exponentiellem Verlauf

Als zweiter Fall sollen Randbedingungen berücksichtigt werden, die sich nach dem Exponentialgesetz verändern. Dabei werden sowohl eine exponentielle Vergrößerung

$$u = u_R e^{bt}, \quad Q = Q_R e^{bt}$$

als auch eine exponentielle Verkleinerung

$$u = u_R e^{-bt}, \quad Q = Q_R e^{-bt}$$

betrachtet.

Aufgaben in kartesischen Koordinaten in einseitig begrenzten Gebieten mit der Randbedingung 1. oder 2. Art:

			Bild 4.1
DG:	$\frac{\partial^2 u}{\partial x^2} = \frac{1}{a}\frac{\partial u}{\partial t}$		
AB:	$u=0$	für $t=0$, $x>0$	
RB:	$u=u_0 e^{bt}$	bei $x=0$, $t>0$	
	$u=0$	bei $x=\infty$ $t>0$	(4.233)

Lösung im $\mathcal{L}$-Bereich:

$$\bar{u}(x,s) = u_0 \frac{e^{-px}}{s-b} \quad . \tag{4.234}$$

Die Rücktransformation erfolgt mit der betreffenden Korrespondenz aus Anhang C und ergibt

$$u(x,t) = \frac{u_0}{2} e^{bt} \left[e^{\sqrt{b/a}\, x} \operatorname{erfc}\left(\frac{x}{\sqrt{4at}} + \sqrt{bt}\right) + e^{-\sqrt{b/a}\, x} \operatorname{erfc}\left(\frac{x}{\sqrt{4at}} - \sqrt{bt}\right) \right] \quad \text{für } b \geq 0 \tag{4.235}$$

Gelten *Randbedingungen 2. Art*

$$\frac{\partial u}{\partial x} = -\frac{Q_0 e^{bt}}{DA} \quad \text{bei } x=0,\ t>0, \tag{4.236}$$

so ergibt sich die Lösung im $\mathcal{L}$-Bereich

$$\bar{u}(x,s) = \frac{Q_0}{DA} \frac{e^{-px}}{p(s-b)} \tag{4.237}$$

und die Lösung im Zeitbereich

$$u(x,t) = \frac{Q_0}{2DA} \sqrt{\frac{a}{b}}\, e^{bt} \left[e^{-\sqrt{b/a}\, x} \operatorname{erfc}\left(\frac{x}{\sqrt{4at}} - \sqrt{bt}\right) - e^{\sqrt{b/a}\, x} \operatorname{erfc}\left(\frac{x}{\sqrt{4at}} + \sqrt{bt}\right) \right] \quad \text{für } b>0 \tag{4.238}$$

Radialsymmetrische Aufgabe in einem einseitig begrenzten Gebiet mit der Randbedingung 2. Art:

DG:	$\frac{\partial^2 u}{\partial r^2} + \frac{1}{r}\frac{\partial u}{\partial r} = \frac{1}{a}\frac{\partial u}{\partial t}$		**Bild 4.14**
AB:	$u=0$	für $t=0$, $r_0 \leq r \leq \infty$	
RB:	$r\frac{\partial u}{\partial r} = -\frac{Q_0 e^{bt}}{2\pi D \Delta z}$	bei $r=r_0$, $t>0$	
	$u=0$	bei $r=\infty$, $t>0$	(4.239)

Lösung im $\mathcal{L}$-Bereich:

$$\bar{u}(r,s) = \frac{Q_0}{2\pi D \Delta z\, r_0} \frac{K_0(rp)}{p(s-b) K_1(r_0 p)} \quad . \tag{4.240}$$

Für $r_0 \to 0$ (s. Abschnitt 4.2.2) erhalten wir die Lösung für eine Linienquelle

$$\bar{u}(r,s) = \frac{Q_0}{2\pi D \Delta z} \frac{K_0(rp)}{s-b} \quad , \tag{4.241}$$

die mit der entsprechenden Korrespondenz aus Anhang C auf die Lösung im Zeitbereich führt

$$u(r,t) = \frac{Q_0 e^{bt}}{4\pi D\Delta z} W(\alpha, \beta) \quad \text{mit} \quad \alpha = \frac{r^2}{4at}, \; \beta = r\sqrt{b/a}. \quad (4.242)$$

Liegt dagegen die *Randbedingung*

$$r\frac{\partial u}{\partial r} = -\frac{Q_0 e^{-bt}}{2\pi D\Delta z} \quad \text{bei} \quad r = r_0, \; t > 0 \quad (4.243)$$

vor, so ergibt sich auf dem oben dargestellten Wege die entsprechende Lösung für eine Linienquelle im $\mathcal{L}$-Bereich

$$\bar{u}(r,s) = \frac{Q_0}{2\pi D\Delta z} \frac{K_0(rp)}{s+b} \quad (4.244)$$

und im Zeitbereich

$$u(r,t) = \frac{Q_0 e^{-bt}}{4\pi D\Delta z} \int_\alpha^\infty \exp\left(-v + \frac{\beta^2}{4v}\right)\frac{dv}{v}$$

$$\text{mit} \quad \alpha = \frac{r^2}{4at}, \; \beta = r\sqrt{b/a}. \quad (4.245)$$

Kugelsymmetrische Aufgabe in einem einseitig begrenzten Gebiet mit der Randbedingung 1. Art im einem kugelförmigen Hohlraum:

DG: $\dfrac{\partial^2 u}{\partial r^2} + \dfrac{2}{r}\dfrac{\partial u}{\partial r} = \dfrac{1}{a}\dfrac{\partial u}{\partial t}$ \hfill Bild 4.19

AB: $u = 0$ \hfill für $t = 0$, $r_0 \leq r < \infty$

RB: $u = u_0 e^{bt}$ \hfill bei $r = r_0$, $t > 0$

$u = 0$ \hfill bei $r = \infty$, $t > 0$ \hfill (4.246)

Lösung im $\mathcal{L}$-Bereich:

$$\bar{u}(r,s) = u_0 \frac{r_0}{r} \frac{e^{-p(r-r_0)}}{s-b}. \quad (4.247)$$

Mit den entsprechenden Korrespondenzen aus Anhang C erhält man aus (4.247) die Lösung im Zeitbereich

$$u(r,t) = u_0 \frac{r_0}{2r} e^{bt} \left[e^{\sqrt{b/a}(r-r_0)} \operatorname{erfc}\left(\frac{r-r_0}{\sqrt{4at}} + \sqrt{bt}\right) \right.$$

$$\left. + e^{-\sqrt{b/a}(r-r_0)} \operatorname{erfc}\left(\frac{r-r_0}{\sqrt{4at}} - \sqrt{bt}\right) \right] \quad (4.248)$$

Kugelsymmetrische Aufgabe in einem einseitig begrenzten Gebiet mit der Randbedingung 1. Art:

			Bild 4.20
DG:	$\dfrac{\partial^2 u}{\partial r^2} + \dfrac{2}{r}\dfrac{\partial u}{\partial r} = \dfrac{1}{a}\dfrac{\partial u}{\partial t}$		
AB:	$u = 0$	für $t=0$, $0 \leq r \leq R$	
RB:	$\dfrac{\partial u}{\partial r} = 0$	bei $r=0$, $t>0$	
	$u = u_R e^{-bt}$	bei $r=R$, $t>0$	(4.249)

Lösung im $\mathcal{L}$-Bereich:

$$\bar{u}(r,s) = u_R \frac{R}{r} \frac{\sinh pr}{(s+b)\sinh pR} \quad . \tag{4.250}$$

Der Verlauf dieser Lösung im Zeitbereich läßt sich in rationeller Weise mit dem numerischen Inversionsverfahren von Stehfest (s. Abschnitt 2.3) berechnen.

4.4.3 Randbedingungen mit periodischem Verlauf

Zeitabhängige Randbedingungen mit periodischem Verlauf können z.B. in folgenden Formen auftreten:

Randbedingung 1. Art: $\quad u = u_R \cos \omega t \quad$ oder
Randbedingung 2. Art: $\quad Q = Q_0 \sin \omega t \quad$ bzw. $\quad Q = Q_0 \cos \omega t$.

Wir wollen anschließend jeweils ein Beispiel mit diesen Randbedingungen betrachten.

Radialsymmetrische Aufgaben in einseitig begrenzten Gebieten mit Randbedingungen 2. Art:

			Bild 4.14
DG:	$\dfrac{\partial^2 u}{\partial r^2} + \dfrac{1}{r}\dfrac{\partial u}{\partial r} = \dfrac{1}{a}\dfrac{\partial u}{\partial t}$		
AB:	$u = 0$	für $t=0$, $r_0 \leq r < \infty$	
RB:	$r\dfrac{\partial u}{\partial r} = -\dfrac{Q_0 \sin \omega t}{2\pi D \Delta z}$	bei $r = r_0$, $t>0$	
	$u = 0$	bei $r = \infty$, $t>0$	(4.251)

Lösung im $\mathcal{L}$-Bereich für die Näherung durch eine Linienquelle $(r_0 \to 0)$:

$$\bar{u}(r,s) = \frac{Q_0}{2\pi D \Delta z} \frac{\omega K_0(rp)}{s^2 + \omega^2} \quad . \tag{4.252}$$

Die Rücktransformation mit den entsprechenden Korrespondenzen aus Anhang C führt auf

$$u(r,t) = \frac{Q_0}{4\pi D \Delta z}\Big[2\,\mathrm{ker}(r\sqrt{\omega/a})\sin\omega t + 2\,\mathrm{kei}(r\sqrt{\omega/a})\cos\omega t + \frac{1}{\omega t}e^{-r^2/(4at)}\Big] \quad (4.253)$$

Für Parameter $r\sqrt{\omega/a} < 0{,}1$ können die Kelvin-Funktionen genähert werden durch (s. Anhang B)

$$\mathrm{ker}(x) \approx \ln(1{,}123/x), \quad \mathrm{kei}(x) \approx -\pi/4$$

und man erhält aus (4.253)

$$u(r,t) = \frac{Q_0 \sin\omega t}{4\pi D \Delta z}\Big[\ln\frac{1{,}26a}{r^2\omega} - \frac{\pi}{2}\cot\omega t + \frac{1}{\omega t \sin\omega t}e^{-r^2/(4at)}\Big]. \quad (4.254)$$

Hat dagegen die *Randbedingung* die Form

$$r\frac{\partial u}{\partial r} = -\frac{Q_0 \cos\omega t}{2\pi D \Delta z} \quad \text{bei } r \to 0,\ t > 0, \quad (4.255)$$

so ergibt sich für die Lösung im $\mathcal{L}$-Bereich

$$\bar{u}(r,s) = \frac{Q_0}{2\pi D \Delta z} \frac{s K_0(rp)}{s^2 + \omega^2} \quad (4.256)$$

und im Zeitbereich

$$u(r,t) = \frac{Q_0}{4\pi D \Delta z}\Big[2\,\mathrm{ker}(r\sqrt{\omega/a})\cos\omega t - 2\,\mathrm{kei}(r\sqrt{\omega/a})\sin\omega t +$$
$$+ \Big(1 - \frac{r^2}{4at}\Big)\frac{1}{\omega^2 t^2} e^{-r^2/(4at)}\Big] \quad \text{für } \omega t \geq 2\pi \quad (4.257)$$

Kugelsymmetrische Aufgabe in einem einseitig begrenzten Gebiet mit der Randbedingung 1. Art:

			Bild 4.20
DG:	$\frac{\partial^2 u}{\partial r^2} + \frac{2}{r}\frac{\partial u}{\partial r} = \frac{1}{a}\frac{\partial u}{\partial t}$		
AB:	$u = 0$	für $t=0$, $0 \leq r \leq R$	
RB:	$\frac{\partial u}{\partial r} = 0$	bei $r=0$, $t>0$	
	$u = u_R \cos\omega t$	bei $r=R$, $t>0$	(4.258)

Da die Randbedingung bei $r=R$ in der oben angegebenen Form für die Berechnung nicht praktikabel ist, wird die Lösung mit der Randbedingung

$$u = u_R(\cos\omega t + i\sin\omega t) = u_R e^{i\omega t}$$

berechnet und anschließend, wie in der Aufgabenstellung (4.258) gefordert, nur der Realteil betrachtet. Die Lösung im $\mathcal{L}$-Bereich lautet damit

$$\bar{u}(r,s) = u_R \frac{R \sinh pr}{r(s - i\omega) \sinh pR} \qquad (4.259)$$

Die Lösung besitzt ausschließlich Einfachpole bei $s=i\omega$, $p=\sqrt{i\omega/a}$ und

$$p_n = \frac{\pi}{iR}(2n-1),$$

so daß Gl.(2.89) für die Rücktransformation verwendet werden kann. Man erhält

$$u(r,t) = u_R \frac{R}{r} \left\{ \sqrt{\frac{b_r^2 + k_r^2}{b_R^2 + k_R^2}} \cos(\omega t + \alpha) \right.$$
$$\left. -2 \sum_{n=1}^{\infty} \frac{(-1)^{n-1} n^3 \sin(n\pi r/R)}{R^4 \omega^2/(a\pi)^2 + n^4} e^{-n^2 \pi^2 a t/R^2} \right\} \qquad 4.260)$$

mit $\alpha = \arctan\left(\frac{b_R k_r - b_r k_R}{b_r b_R + k_r k_R}\right)$,

$b_r = \sinh r\sqrt{\omega/2a} \cos r\sqrt{\omega/2a}$, $b_R = \sinh R\sqrt{\omega/2a} \cos R\sqrt{\omega/2a}$,

$k_r = \cosh r\sqrt{\omega/2a} \sin r\sqrt{\omega/2a}$, $k_R = \cosh R\sqrt{\omega/2a} \sin R\sqrt{\omega/2a}$

4.4.4 Differentielle Randbedingungen

Nachfolgend werden eine Reihe von Problemen betrachtet, bei denen zeitabhängige Randbedingungen der folgenden prinzipiellen Form gelten:

$$\frac{\partial u}{\partial x} = \frac{B}{a} \frac{du}{dt}.$$

Aufgaben in kartesischen Koordinaten in einseitig begrenzten Gebieten mit Randbedingungen differentieller Art oder differentieller und 2. Art:

DG: $\dfrac{\partial^2 u}{\partial x^2} = \dfrac{1}{a} \dfrac{\partial u}{\partial t}$ **Bild 4.54**

AB: $u=0$ für $t=0$, $x>0$

  $u=u_0$ für $t=0$, $x=0$

RB: $\dfrac{\partial u}{\partial x} = \dfrac{VS_V}{ASa} \dfrac{du}{dt}$ bei $x=0$, $t>0$

  $u=0$ bei $x=\infty$, $t>0$ (4.261)

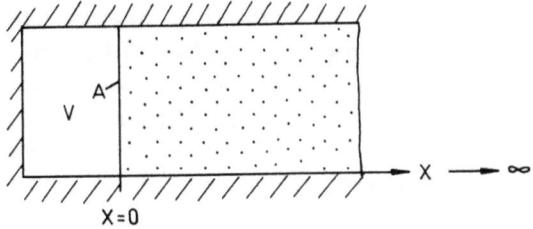

Bild 4.54. Schematische Darstellung eines einseitig begrenzten Gebietes in kartesischen Koordinaten mit differentiellen Randbedingungen

Lösung im $\mathcal{L}$-Bereich:

$$\bar{u}(x,s) = \frac{u_0}{ap(p+1/B)} e^{-px} \quad \text{mit } B = VS_V/(AS). \tag{4.262}$$

Mit der entsprechenden Korrespondenz aus Anhang C erhält man die Lösung im Zeitbereich

$$u(x,t) = u_0 \exp(x/B + at/B^2) \operatorname{erfc}\left(\frac{x}{\sqrt{4at}} + \sqrt{at/B^2}\right) \tag{4.263}$$

Für den Strom bei $x=0$ erhält man die Bildfunktion

$$\bar{Q} = \frac{u_0 DA}{a(p + 1/B)}$$

und die Zeitfunktion

$$Q = \frac{u_0 DA}{B}\left[\sqrt{B^2/(\pi a t)} - e^{at/B^2} \operatorname{erfc}\sqrt{at/B^2}\right] \quad \text{bei } x=0.$$

Für den integralen bzw. kumulativen Strom erhalten wir die Lösung

$$Q_{kum} = u_0 VS_V\left[1 - e^{at/B^2} \operatorname{erfc}\sqrt{at/B^2}\right] \quad \text{bei } x=0$$

Gelten in (4.261) die *Anfangsbedingungen und Randbedingungen differentieller und 2. Art*

AB: $u=0$ für $t=0$, $x \geq 0$,

RB: $\dfrac{\partial u}{\partial x} = \dfrac{VS_V}{ASa}\dfrac{du}{dt} - \dfrac{Q_0}{DA}$ bei $x=0$, $t>0$,

        $u=0$ bei $x=\infty$, $t>0$,   (4.264)

so erhält man die Bildfunktion

$$\bar{u}(x,s) = \frac{Q_0}{DAB}\frac{e^{-px}}{sp(p+1/B)} \tag{4.265}$$

und unter Verwendung der Korrespondenzen die Zeitfunktion

$$u(x,t) = \frac{Q_0 B}{DA}\left[\sqrt{4at/(\pi B)^2}\, e^{-x^2/(4at)} - (1+\frac{x}{B})\operatorname{erfc}\frac{x}{\sqrt{4at}} \right.$$
$$\left. + e^{x/B + at/B^2}\operatorname{erfc}\left(\frac{x}{\sqrt{4at}} + \sqrt{at/B^2}\right)\right] \tag{4.266}$$

Aufgaben in kartesischen Koordinaten in beidseitig begrenzten Gebieten mit differentiellen Randbedingungen an beiden Rändern:

DG: $\dfrac{\partial^2 u}{\partial x^2} = \dfrac{1}{a}\dfrac{\partial u}{\partial t}$ **Bild 4.55**

AB: $u = 0$ für $t=0$, $0 < x \le L$

$u = u_0$ für $t=0$, $x=0$

RB: $\dfrac{\partial u}{\partial x} = \dfrac{V_1 S_V}{ASa}\dfrac{du}{dt}$ bei $x=0$, $t>0$

$\dfrac{\partial u}{\partial x} = -\dfrac{V_2 S_V}{ASa}\dfrac{du}{dt}$ bei $x=L$, $t>0$ (4.267)

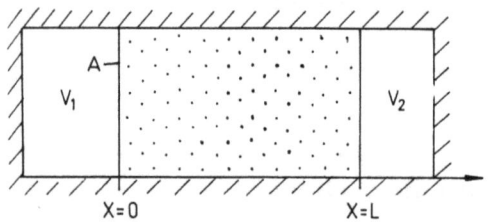

Bild 4.55. Schematische Darstellung eines beidseitig begrenzten Gebietes in kartesischen Koordinaten mit differentiellen Randbedingungen

Die Lösung im $\mathscr{L}$-Bereich mit den Größen $B_1 = V_1 S_V/(AS)$ und $B_2 = V_2 S_V/(AS)$ lautet [4.2]:

$$\bar{u}(x,s) = u_0 \frac{B_1[p\cosh p(L-x) + B_2 p^2 \sinh p(L-x)]}{s[p(B_1+B_2)\cosh pL + (1+p^2 B_1 B_2)\sinh pL]}. \quad (4.268)$$

Die Lösung hat Einfachpole bei $s=0$ und bei $s_n = -\mu_n^2 a/L^2$, $p_n = \mu_n/iL$ mit der Bestimmungsgleichung für die Eigenwerte μ_n

$$\tan \mu = \frac{(B_2/B_1+1)\mu}{\mu^2 B_2/L - L/B_1}.$$

Die Rücktransformation mit dem Entwicklungssatz von Heaviside ergibt

$u(x,t) = \dfrac{u_0}{1+L/B_1 + B_2/B_1}$ **Bild 4.56**

$+ 2\displaystyle\sum_{n=1}^{\infty} \frac{[\cos\mu_n(1-x/L) - (\mu_n B_2/L)\sin\mu_n(1-x/L)] e^{-\mu_n^2 a t/L^2}}{(1+L/B_1+B_2/B_1-\mu_n^2 B_2/L)\cos\mu_n - (1+B_2/B_1+2B_2/L)\mu_n\sin\mu_n}$

für $0 \le x \le L$ (4.269)

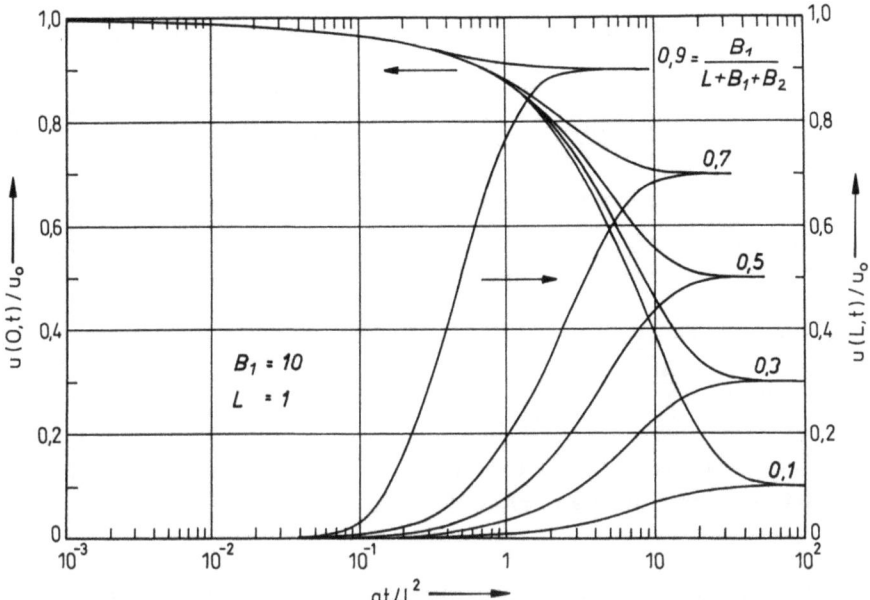

Bild 4.56. Lösungsverlauf für ein einseitig begrenztes Gebiet mit kartesischen Koordinaten mit differentiellen Randbedingungen

Das erste Glied von Gl.(4.269) beschreibt den stationären Endzustand.
Aufgaben in kartesischen Koordinaten in beidseitig begrenzten Gebieten mit Randbedingungen differentieller und 2. Art: Gelten in (4.267) die Randbedingungen

$$\frac{\partial u}{\partial x} = \frac{V_1 S_V}{ASa} \frac{du}{dt} \qquad \text{bei } x=0, \ t>0,$$

$$\frac{\partial u}{\partial x} = 0 \qquad \text{bei } x=L, \ t>0, \tag{4.270}$$

so ergibt sich die Lösung aus (4.269), wenn $V_2=0$ gesetzt wird.

Aufgaben in kartesischen Koordinaten in beidseitig begrenzten Gebieten mit Randbedingungen differentieller und 1. Art: Gelten in (4.267) die Randbedingungen

$$\frac{\partial u}{\partial x} = \frac{V_1 S_V}{ASa} \frac{du}{dt} \qquad \text{bei } x=0, \ t>0,$$

$$u=0 \qquad \text{bei } x=L, \ t>0, \tag{4.271}$$

so erhält man mit $B = V S_V/(AS)$ die Lösung im $\mathcal{L}$-Bereich

$$\bar{u}(x,s) = u_0 \frac{B p \sinh p(L-x)}{s[B p \sinh pL + \cosh pL]}. \tag{4.272}$$

Durch Anwendung des Entwicklungssatzes von Heaviside ergibt sich

$$u(x,t) = 2 \sum_{n=1}^{\infty} \frac{\sin \mu_n (1 - x/L)}{(1 + L/B) \sin \mu_n + \mu_n \cos \mu_n} e^{-\mu_n^2 a t / L^2} \quad \text{für } 0 \leq x \leq L$$

mit der Bestimmungsgleichung für die Eigenwerte μ_n

$$\cot \mu = \mu B / L \tag{4.273}$$

Die Lösung vereinfacht sich bei $x=0$ zu

$$u(0,t) = 2 \sum_{n=1}^{\infty} \frac{1}{1 + L/B + \mu_n^2 B/L} e^{-\mu_n^2 a t / L^2}.$$

Für kleine Werte at/L^2 kann (4.273) in der bekannten Weise genähert werden und man erhält (4.263).

Aufgabe in kartesischen Koordinaten in beidseitig begrenzten Gebieten mit Randbedingungen 1. und differentieller Art: Für die Aufgabenstellung (4.267) mit den Randbedingungen

$$u = u_0 \quad \text{bei } x=0, \ t>0,$$
$$\frac{\partial u}{\partial x} = \frac{V S_V}{A S a} \frac{du}{dt} \quad \text{bei } x=L, \ t>0, \tag{4.274}$$

ist die Lösung im Abschnitt 3.2 an einem praktischen Beispiel ausführlich dargestellt.

Radialsymmetrische Aufgabe in einem einseitig begrenzten Gebiet mit differentieller Randbedingung:

			Bild 4.8
DG:	$\frac{\partial^2 u}{\partial r^2} + \frac{1}{r} \frac{\partial u}{\partial r} = \frac{1}{a} \frac{\partial u}{\partial t}$		
AB:	$u = 0$	für $t=0$, $r_0 < r < \infty$	
	$u = u_0$	für $t=0$, $r = r_0$	
RB:	$u = 0$	bei $r = \infty$, $t>0$	
	$r \frac{\partial u}{\partial r} = \frac{V S_V}{2 \pi S \Delta z a} \frac{du}{dt}$	bei $r = r_0$, $t>0$	
	$u(r_0 - 0, t) = u(r_0 + 0, t) - S_D r \frac{\partial u}{\partial r}$	bei $r = r_0$, $t>0$	(4.275)

(zusätzlicher "Sprung" bei $r = r_0$;
$r_0 - 0$ ist linke Seite und $r_0 + 0$ rechte Seite des Randes)

Lösungen im $\mathcal{L}$-Bereich [4.17]:

$$\bar{u}(r,s) = \frac{u_0 r_0^2 B_D K_0(rp)}{r_0^2 B_D s\, K_0(r_0 p) + a r_0 p K_1(r_0 p)},$$
(4.276a)

$$\bar{u}(r_0-0,s) = \frac{u_0 r_0 B_D [K_0(r_0 p) + S_D r_0 p K_1(r_0 p)]}{r_0^2 B_D s[K_0(r_0 p) + S_D r_0 p K_1(r_0 p)] + a r_0 p K_1(r_0 p)}$$
(4.276b)

mit $B_D = VS_V / (2\pi S \Delta z\, r_0^2)$.

Bild 4.57

Die Rücktransformation der Lösungen führt in beiden Fällen auf Funktionen in Form unendlicher Integrale, die numerisch zu berechnen sind. Es ist somit zweckmäßiger, unmittelbar numerische Inversionsverfahren, z.B. das Verfahren von Stehfest anzuwenden. Die Zeitfunktion von (4.276b) ist außerdem in [4.3] ausführlich tabelliert und auszugsweise in Bild 4.57 dargestellt.

Bisher wurde vorausgesetzt, daß die Größe B_D konstant ist. Wir wollen nun diese Voraussezung fallen lassen und B_D als veränderlich betrachten. Es sei:

$B_D = B_{D1}$ für $u_0 \le u(r_0-0,t) \le u_1(r_0-0,t)$,

$B_D = B_{D2}$ für $u_1(r_0-0,t) < u(r_0-0,t) \le u_2(r_0-0,t)$,

$\vdots$

$B_D = B_{Dn}$ für $u_{n-1}(r_0-0,t) < u(r_0-0,t) \le u_n(r_0-0,t)$.

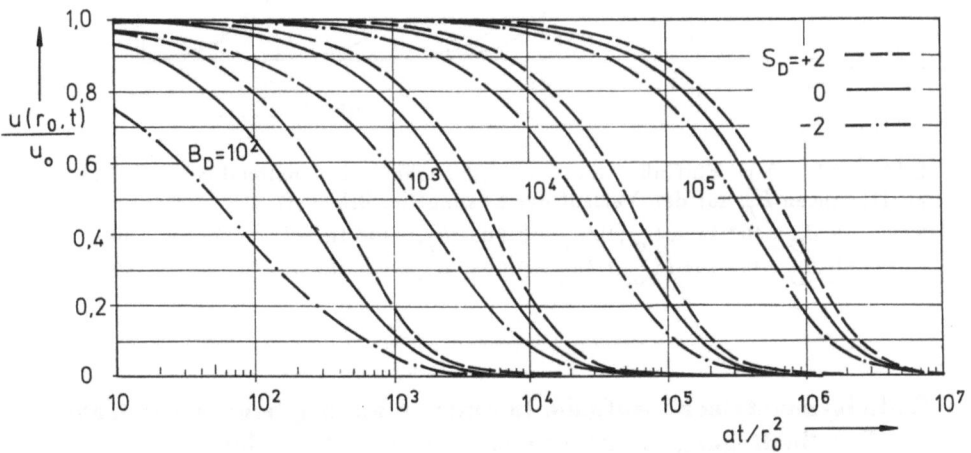

Bild 4.57. Lösungsverlauf für einen zylindrischen Hohlraum mit dimensionslosem Skinfaktor S_D und differentieller Randbedingung

Wird diese Abhängigkeit in der Randbedingung bei $r=r_0$ berücksichtigt, so erhält man für die n-te Zeitstufe im $\mathcal{L}$-Bereich

$$\sum_{i=0}^{n-1} \frac{u_i}{s} \left(B_{Di} - B_{Di+1}\right) + \bar{u}_n B_{Dn} = \frac{a}{r_0} \frac{du}{dr}\bigg|_{r=r_0} \quad \text{mit } B_{D0}=0. \quad (4.277)$$

Unter Berücksichtigung von (4.277) ergibt sich im $\mathcal{L}$-Bereich die Lösung

$$\bar{u}(r_0-0,s) = \frac{K_0(r_0 p) + S_D r_0 p K_1(r_0 p)}{r_0^2 B_{Dn} s [K_0(r_0 p) + S_D r_0 p K_1(r_0 p)] + a r_0 p K_1(r_0 p)} \sum_{i=0}^{n-1} u_i r_0^2 \left(B_{Di+1} - B_{Di}\right)$$

mit $B_{D0} = 0$. (4.278)

Die Zeitfunktion kann ebenfalls mit dem Inversionsverfahren von Stehfest berechnet werden. Ein Beispiel dazu ist in Bild 4.58 angegeben.

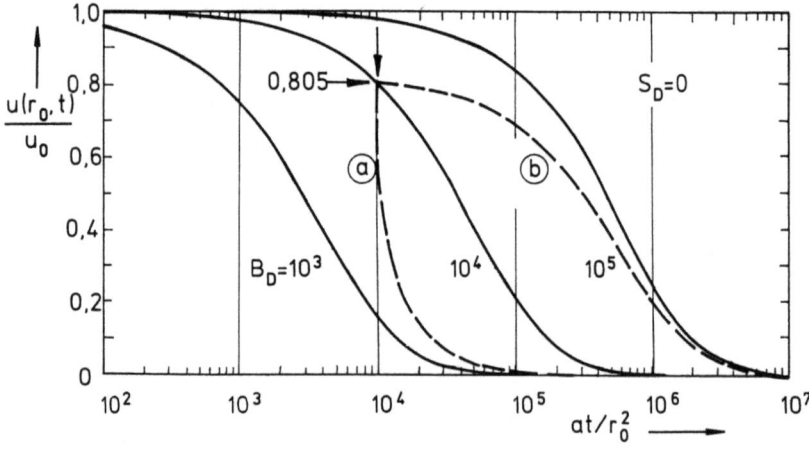

Bild 4.58. Der Einfluß eines veränderlichen dimensionslosen Speicherkoeffizienten B_D auf den Verlauf der Lösung von Bild 4.57
Kurve a): $B_D = 10^4$ für $u(r_0,t)/u_0 = 0{,}805$, $B_D = 10^3$ für $u(r_0,t)/u_0 < 0{,}805$
Kurve b): $B_D = 10^4$ für $u(r_0,t)/u_0 = 0{,}805$, $B_D = 10^5$ für $u(r_0,t)/u_0 < 0{,}805$

Radialsymmetrische Aufgabe in einem einseitig begrenzten Gebiet mit Randbedingungen differentieller und 2. Art: Gelten in (4.275) die Anfangs- und Randbedingungen

AB: $u=0$ für $t=0$, $r_0 < r < \infty$

RB: $\quad r\dfrac{\partial u}{\partial r} = \dfrac{V S_V}{2\pi S \Delta z a}\dfrac{du}{dt} - \dfrac{Q_0}{2\pi D \Delta z} \quad$ bei $r=r_0$, $t>0$

$u(r_0-0,t) = u(r_0+0,t) - S_D r\dfrac{\partial u}{\partial r} \quad$ bei $r=r_0$, $t>0$, (4.279)

so ergeben sich die Lösungen im $\mathcal{L}$-Bereich [4.4]:

$$\bar{u}(r,s) = \dfrac{Q_0}{2\pi D\Delta z}\dfrac{a\,K_0(rp)}{s[\,r_0^2 B_D s\,K_0(r_0 p) + a r_0 p K_1(r_0 p)]},\quad (4.280a)$$

$$\bar{u}(r_0-0,s) = \dfrac{Q_0}{2\pi D\Delta z}\dfrac{a[\,K_0(r_0 p) + S_D r_0 p K_1(r_0 p)]}{s\{r_0^2 B_D s[\,K_0(r_0 p) + S_D r_0 p K_1(r_0 p)] + a r_0 p K_1(r_0 p)\}}$$
(4.280b)

mit $B_D = VS_V/(2\pi S\Delta z\, r_0^2)$

Für die Rücktransformation dieser Lösungen gelten die gleichen Bemerkungen wie beim vorhergehenden Beispiel. Die Zeitfunktion von (4.280b) ist in [4.5] ausführlich tabelliert und und in Bild 4.59 dargestellt.

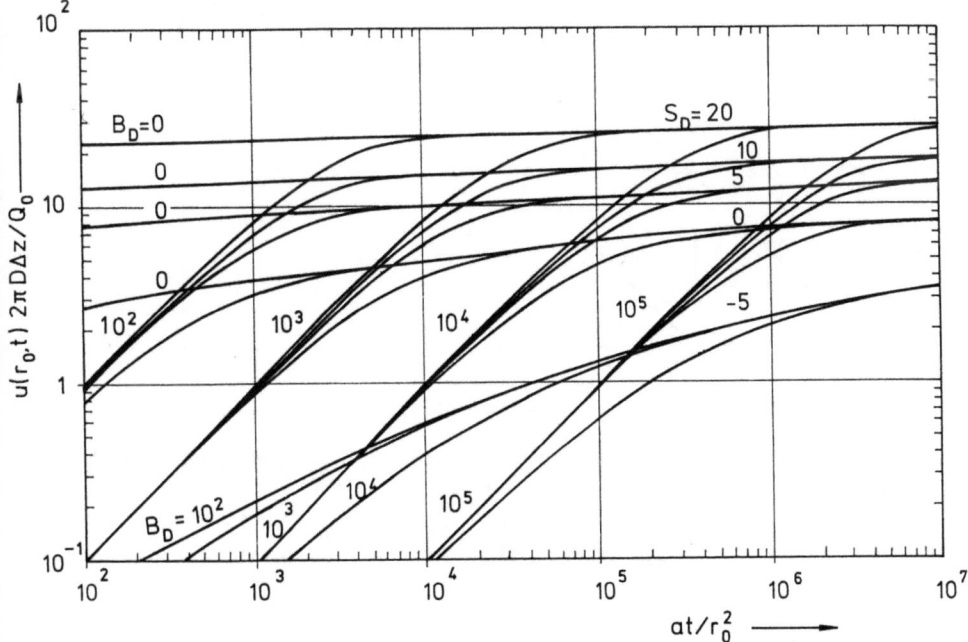

Bild 4.59. Lösungsverlauf für einen zylindrischen Hohlraum mit dimensionslosem Skinfaktor S_D und der kombinierten Randbedingung 2. und differentieller Art (Die Ordinate $u(r_0,t)$ entspricht dem linksseitigen Randwert $u(r_0-0,t)$)

Die Lösungen (4.280) sollen, wie es auch beim vorhergehenden Beispiel geschehen ist, für eine veränderliche Größe B_D dargestellt werden. Verändert sich B_D in folgender Weise:

$B_D = B_{D1}$ für $\quad\quad 0 \leq u(r_0-0,t) \leq u_1(r_0-0,t)$,

$B_D = B_{D2}$ für $\quad u_1(r_0-0,t) < u(r_0-0,t) \leq u_2(r_0-0,t)$,

$\vdots$

$B_D = B_{Dn}$ für $\quad u_{n-1}(r_0-0,t) < u(r_0-0,t) \leq u_n(r_0-0,t)$,

so ergibt sich die Lösung im $\mathcal{L}$-Bereich

$$\bar{u}(r_0-0,s) = \frac{Q_0}{2\pi D \Delta z} \frac{K_0(r_0 p) + S_D r_0 p K_1(r_0 p)}{r_0^2 B_D s[K_0(r_0 p) + S_D r_0 p K_1(r_0 p)] + a r_0 p K_1(r_0 p)}$$

$$\times \left[\frac{a}{s} + \sum_{i=1}^{n-1} u_i r_0^2 (B_{Di+1} - B_{Di}) \right]. \quad (4.281)$$

Die Zeitfunktion von (4.281) kann rationell ebenfalls mit Hilfe numerischer Inversionsverfahren berechnet werden. In Bild 4.60 ist ein Beispiel für die Vergrößerung und die Verkleinerung von B_D dargestellt.

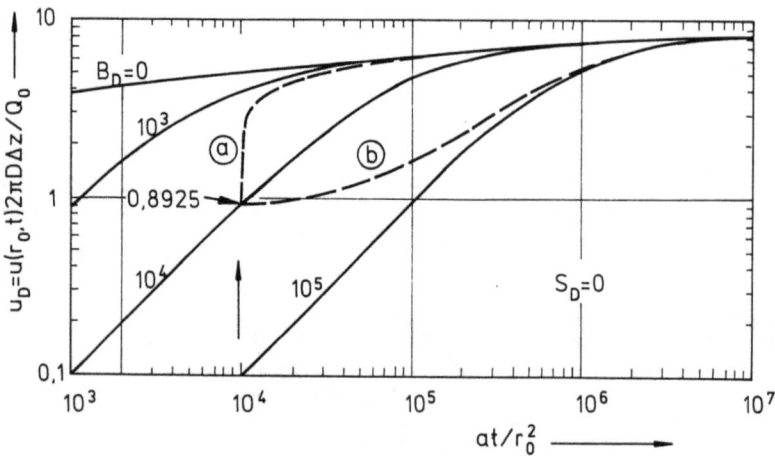

Bild 4.60. Der Einfluß eines veränderlichen dimensionslosen Speicherkoeffizienten B_D auf den Verlauf der Lösung von Bild 4.59
Kurve a): $B_D = 10^4$ für $u_D = 0,8925$, $B_D = 10^3$ für $u_D > 0,8925$
Kurve b): $B_D = 10^4$ für $u_D = 0,8925$, $B_D = 10^5$ für $u_D > 0,8925$

Radialsymmetrische Aufgabe in einem einseitig begrenzten Gebiet mit Berücksichtigung von Trägheitskräften: Trägheitskräfte wirken nur bei der Bewegung von Masse. Die folgende Aufgabenstellung tritt somit ausschließlich bei der Strömung von Flüssigkeit auf.

$$
\begin{array}{ll}
\text{DG:} & \dfrac{\partial^2 u}{\partial r^2} + \dfrac{1}{r}\dfrac{\partial u}{\partial r} = \dfrac{1}{a}\dfrac{\partial u}{\partial t} \\[4pt]
\text{AB:} & u = z = 0 \quad\text{für } t=0,\; r_0 < r < \infty \\[4pt]
\text{RB:} & u = 0 \quad\text{bei } r=\infty,\; t>0 \\[4pt]
& 2\pi D r \dfrac{\partial u}{\partial r} = \pi\, r_R^2 \dfrac{dz}{dt} \quad\text{bei } r=r_0,\; t>0 \\[4pt]
& u(r_0-0,t) = u(r_0+0,t) - S_D r \dfrac{\partial u}{\partial r} \quad\text{bei } r=r_0,\; t>0 \\[4pt]
\text{mit} & z = -z_0 \quad\text{für } t=0,\; r=r_0 \\[4pt]
& \dfrac{d^2 z}{dt^2} + \dfrac{g}{z_e} z = \dfrac{g}{z_e} u(r_0-0,t) \\[4pt]
\text{mit} & \dfrac{dz}{dt} = 0 \quad\text{für } t=0 \\[4pt]
\text{und} & z_e = z_R + \dfrac{r_0^2}{r_R^2}\dfrac{\Delta z}{2}\;.
\end{array}
\qquad (4.282)
$$

Bild 4.61

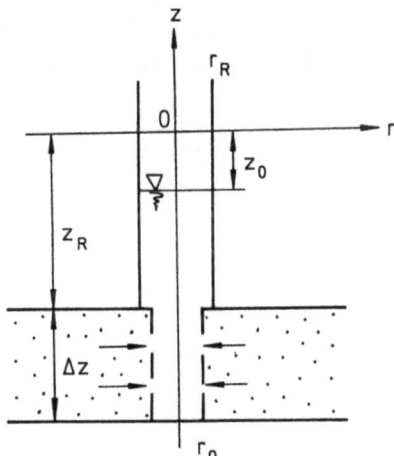

Bild 4.61. Schematische Darstellung der radialsymmetrischen Aufgabe mit differentieller Randbedingung und Berücksichtigung von Trägheitskräften

Zur Lösung des Problems ist es zweckmäßig, folgende dimensionslose Größen einzuführen:

$$
\begin{aligned}
u_D(r_D, t_D) &= u(r,t)/z_0, & r_D &= r/r_0, & b &= r_R^2/(2 r_0^2 S), \\
u_D(1, t_D) &= u(r_0,t)/z_0, & t_D &= a t/r_0^2, & \beta &= \dfrac{z_e}{g}\left(\dfrac{a}{r_0^2}\right)^2, \\
z_D &= z(r_R,t)/z_0.
\end{aligned}
$$

Mit diesen Größen ergeben sich folgende Lösungen im $\mathcal{L}$-Bereich [4.6]:

$$\bar{u}_D(r_D, s) = -b\,(s\,z_D + 1)\,\frac{K_0(r_D\sqrt{s})}{\sqrt{s}\,K_1(\sqrt{s})} \qquad (4.283a)$$

$$\bar{u}_D(1-0, s) = -b\,(s\,z_D + 1)\left[\frac{K_0(\sqrt{s})}{\sqrt{s}\,K_1(\sqrt{s})} + S_D\right] \qquad (4.283b)$$

$$\bar{z}_D(s) = -\frac{(s\beta + bS_D)\sqrt{s}\,K_1(\sqrt{s}) + b\,K_0(\sqrt{s})}{(s^2\beta + sbS_D + 1)\sqrt{s}\,K_1(\sqrt{s}) + sb\,K_0(\sqrt{s})} \qquad (4.283c)$$

Bild 4.62

Die oberen Lösungen sind für eine analytische Rücktransformation nicht geeignet, so daß zur Berechnung der Zeitfunktionen numerische Inversionsverfahren anzuwenden sind. Bei der Wahl des Verfahrens ist zu beachten, daß je nach Größe der Parameter b und β die Zeitfunktionen die Form gedämpfter aperiodischer oder periodischer Schwingungen haben. Für periodische Fälle ist das häufig benutzte Verfahren von Stehfest [4.7] nicht geeignet (s. Abschnitt 2.3). Aus diesem Grunde wird das Talbot-Verfahren [4.8] empfohlen. Die Ergebnisse der Berechnung sind in Bild 4.62 dargestellt.

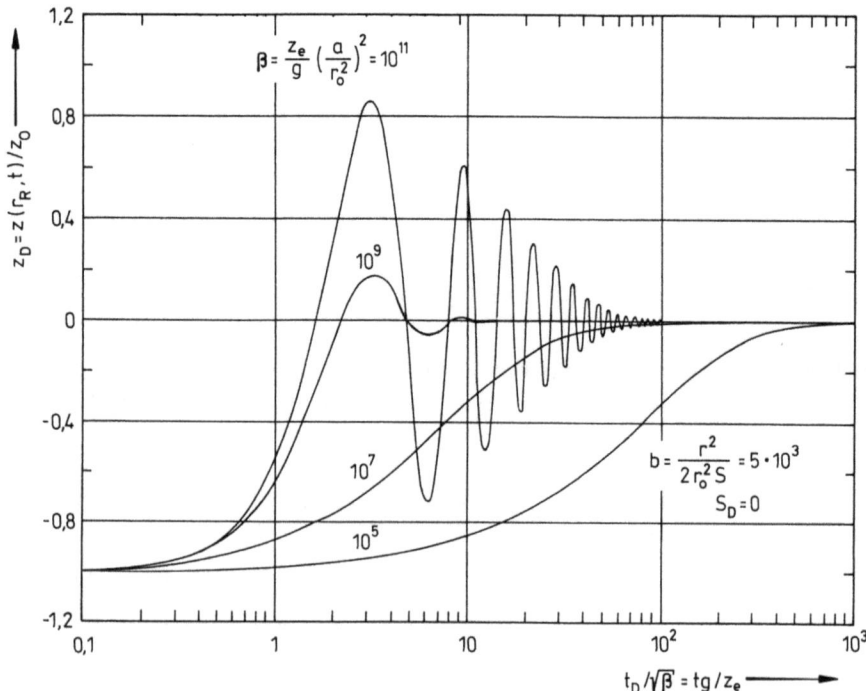

Bild 4.62. Zeitfunktion der Lösung (4. 283c) für eine radialsymmetrische Aufgabe mit Berücksichtigung von Trägheitskräften bei differentieller Randbedingung

4.5 Aufgaben mit ortsabhängigen Stoffwerten

In den vorhergehenden Abschnitten wurden in der Regel die Berechnungen für Gebiete mit konstanten Stoffwerten durchgeführt. Da diese Voraussetzung bei praktischen Problemstellungen oftmals nicht gegeben ist, soll nachfolgend an einigen Beispielen gezeigt werden, daß mit den bisher angewendeten analytischen und halbanalytischen Verfahren auch Aufgaben mit ortsabhängigen Stoffwerten lösbar sind. Dabei werden sowohl Gebiete mit stufenweiser als auch mit stetiger Veränderung der Stoffwerte betrachtet.

4.5.1 Aufgaben in kartesischen Koordinaten in einseitig begrenzten Gebieten

Zwei sich berührende Gebiete mit unterschiedlichen Stoffwerten und der Randbedingung 3., 1. oder 2. Art:

Bild 4.28

$$\text{DG:} \quad \frac{\partial^2 u_1}{\partial x^2} = \frac{1}{a_1}\frac{\partial u_1}{\partial t} \qquad -L_1 \leq x \leq 0$$

$$\frac{\partial^2 u_2}{\partial x^2} = \frac{1}{a_2}\frac{\partial u_2}{\partial t} \qquad 0 \leq x < \infty$$

AB: $\quad u=0 \qquad\qquad$ für $t=0$, $\quad -L_1 \leq x < \infty$

RB: $\quad \frac{D_1}{\alpha}\frac{\partial u}{\partial x} = u_1 - u_L \qquad$ bei $x=-L_1$, $\quad t>0$

$\qquad u=0 \qquad\qquad$ bei $x=L_2=\infty$, $\quad t>0 \qquad$ (4.284)

Lösungen im $\mathcal{L}$-Bereich:

Bild 4.63

$$\bar{u}_1(x,s) = u_L \frac{\alpha}{sD_1 N}\left[(W-1)e^{P_1 x} + (W+1)e^{-P_1 x}\right] \qquad (4.285a)$$

$$\bar{u}_2(x,s) = u_L \frac{2\alpha W}{sD_1 N} e^{-P_2 x} \qquad (4.285b)$$

mit $\qquad N = (\alpha/D_1 + P_1)(W+1)e^{P_1 L_1} + (\alpha/D_1 - P_1)(W-1)e^{-P_1 L_1}$

und $\qquad W = \sqrt{D_1 S_1}/\sqrt{D_2 S_2}$, $\quad p_i = \sqrt{s/a_i}$ ($i=1, 2$)

Die Funktionen sind nicht eindeutig in p, so daß die hier dargestellten analytischen Verfahren zur Rücktransformation nicht anwendbar sind. Es wird deshalb das numerische Inversions-

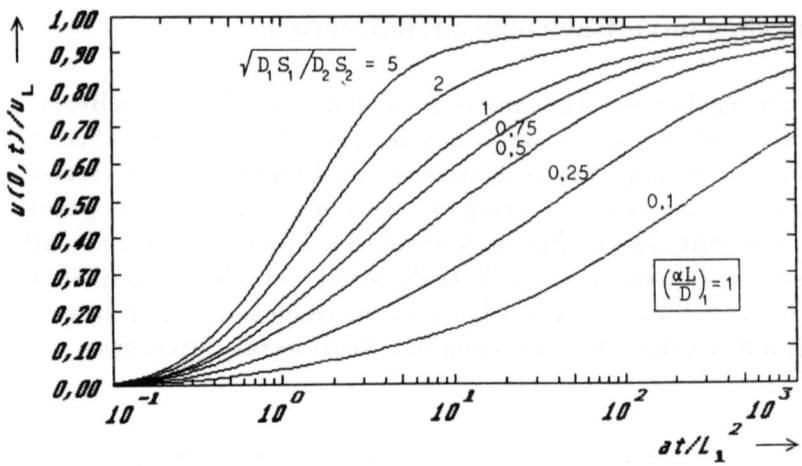

Bild 4.63. Lösungsverlauf für zwei sich berührende Gebiete mit unterschiedlichen Stoffwerten - Randbedingungen 3. Art

verfahren von Stehfest angewendet. Ein Beispiel für den Verlauf der Zeitfunktion ist in Bild 4.63 dargestellt.

Mit der *Randbedingung 1. Art*

$$u = u_L \quad \text{bei} \quad x = -L_1, \ t > 0 \qquad (4.286)$$

ergeben sich aus (4.285) durch Grenzübergang $\alpha \to \infty$ die Lösungen im $\mathcal{L}$-Bereich

$$\bar{u}_1(x,s) = u_L \frac{(W-1)e^{P_1 x_1} + (W+1)e^{-P_1 x_1}}{s\left[(W+1)e^{P_1 L_1} + (W-1)e^{-P_1 L_1}\right]}, \qquad (4.287a)$$

$$\bar{u}_2(x,s) = 2u_L \frac{W \, e^{-P_2 x}}{s\left[(W+1)e^{P_1 L_1} + (W-1)e^{-P_1 L_1}\right]}. \qquad (4.287b)$$

Wird in beiden Funktionen der erste Summand des Nenners ausgeklammert und dann ohne diesen Faktor Zähler durch Nenner dividiert, so erhält man

$$\bar{u}_1(x,s) = u_L \left[\sum_{n=0}^{\infty} \left(\frac{1-W}{1+W}\right)^n \frac{1}{s} \exp\{-P_1[(2n+1)L_1 + x]\} \right.$$
$$\left. - \sum_{n=0}^{\infty} \left(\frac{1-W}{1+W}\right)^{n+1} \frac{1}{s} \exp\{-P_1[(2n+1)L_1 - x]\}\right],$$

$$\bar{u}_2(x,s) = u_L \frac{2W}{W+1} \sum_{n=0}^{\infty} \left(\frac{1-W}{1+W}\right)^n \frac{1}{s} \exp\{-P_1[\sqrt{a_2/a_1}(2n+1)L_1 + x]\}.$$

Die Rücktransformation kann nun mit den Korrespondenzen aus Anhang C erfolgen und ergibt

$$u_1(x,t) = u_L \left[\sum_{n=0}^{\infty} \left(\frac{1-W}{1+W}\right)^n \text{erfc} \frac{(2n+1)L_1+x}{\sqrt{4a_1 t}} - \left(\frac{1-W}{1+W}\right)^{n+1} \text{erfc} \frac{(2n+1)L_1-x}{\sqrt{4a_1 t}} \right]$$

für $-L_1 \leq x \leq 0$, (4.288a)

$$u_2(x,t) = u_L \frac{2W}{W+1} \sum_{n=0}^{\infty} \left(\frac{1-W}{1+W}\right)^n \text{erfc} \frac{\sqrt{a_2/a_1}\,(2n+1)L_1+x}{\sqrt{4a_2 t}}$$

für $0 \leq x \leq \infty$ (4.288b)

Für die Randbedingungen 2. Art

$$\frac{\partial u_1}{\partial x} = -\frac{Q_L}{D_1 A} \quad x=-L_1,\ t>0 \tag{4.289}$$

erhält man die Lösung im $\mathcal{L}$-Bereich

$$\bar{u}_1(x,s) = \frac{Q_L}{D_1 A} \left[\sum_{n=0}^{\infty} \left(\frac{W-1}{W+1}\right)^n \frac{1}{s p_1} \exp\{-p_1[(2n+1)L_1+x]\} \right.$$
$$\left. + \sum_{n=0}^{\infty} \left(\frac{W-1}{W+1}\right)^{n+1} \frac{1}{s p_1} \exp\{-p_1[(2n+1)L_1-x]\} \right], \tag{4.290a}$$

$$\bar{u}_2(x,s) = \frac{2 Q_L W}{D_1 A(W+1)} \sum_{n=0}^{\infty} \left(\frac{W-1}{W+1}\right)^n \frac{\sqrt{a_1/a_2}}{s\, p_2} \exp\{-p_2[\sqrt{a_2/a_1}(2n+1)L_1+x]\}. \tag{4.290b}$$

Die Lösungen im Zeitbereich lauten dann

$$u_1(x,t) = \frac{2 Q_L}{D_1 A} \sqrt{a_1 t} \left[\sum_{n=0}^{\infty} \left(\frac{W-1}{W+1}\right)^n \text{int erfc} \frac{(2n+1)L_1+x}{\sqrt{4a_1 t}} \right.$$
$$\left. + \left(\frac{W-1}{W+1}\right)^{n+1} \text{int erfc} \frac{(2n+1)L_1-x}{\sqrt{4a_1 t}} \right] \quad \text{für } -L_1 \leq x \leq 0, \quad (4.291a)$$

$$u_2(x,t) = \frac{4 Q_L}{D_2 A(W+1)} \sqrt{a_2 t} \sum_{n=0}^{\infty} \left(\frac{W-1}{W+1}\right)^n \text{int erfc} \frac{\sqrt{a_2/a_1}\,(2n+1)L_1+x}{\sqrt{4a_2 t}}$$

für $0 \leq x \leq \infty$ (4.291b)

Zwei sich berührende Gebiete mit unterschiedlichen Stoffwerten und Anfangsbedingungen: Die Aufgabe ist in Abschnitt 4.3.1, Gl.(4.162), angegeben.

Zwei sich berührende Gebiete mit unterschiedlichen Stoffwerten und Anfangsbedingungen sowie der Randbedingung 2. Art: Die Aufgabe ist in Abschnitt 4.3.1, Gl.(4.165), angegeben.

4.5.2 Aufgaben in kartesischen Koordinaten in beidseitig begrenzten Gebieten mit gebietsweise unterschiedlichen Stoffwerten

Randbedingungen 1. Art an beiden Rändern:

DG: $\dfrac{\partial^2 u_1}{\partial x^2} = \dfrac{1}{a_1}\dfrac{\partial u_1}{\partial t}$ $\qquad -L_1 \leq x \leq 0$ $\qquad$ **Bild 4.28**

$\dfrac{\partial^2 u_2}{\partial x^2} = \dfrac{1}{a_2}\dfrac{\partial u_2}{\partial t}$ $\qquad 0 \leq x \leq L_2$

AB: $\quad u = 0 \qquad$ für $t=0$, $-L_1 \leq x \leq L_2$

RB: $\quad u_1 = u_{L1} \qquad$ bei $x = -L_1$, $t>0$

$\qquad u_2 = u_{L2} \qquad$ bei $x = L_2$, $t>0$ $\qquad$ (4.292)

Bei dieser Aufgabenstellung ist die in Bild 4.28 dargestellte Quelle nicht vorhanden.

Lösungen im $\mathcal{L}$-Bereich:

$$\bar{u}_1(x,s) = \frac{1}{sN}\Big[u_{L1}\big(W \sinh p_2 L_2 \cosh p_1 x - \cosh p_2 L_2 \sinh p_1 x \big)$$
$$+ u_{L2} \sinh p_1(L_1 + x) \Big], \qquad (4.293a)$$

$$\bar{u}_2(x,s) = \frac{1}{sN}\Big[u_{L1} W \sinh p_2 (L_2 - x)$$
$$+ u_{L2}\big(W \cosh p_1 L_1 \sinh p_2 x + \sinh p_1 L_1 \cosh p_2 x \big) \Big] \qquad (4.293b)$$

mit $\quad N = W \cosh p_1 L_1 \sinh p_2 L_2 + \sinh p_1 L_1 \cosh p_2 L_2$, $W = \sqrt{D_1 S_1}/\sqrt{D_2 S_2}$.

Die Lösungen haben einfache Pole bei $s=0$ und bei $p_{1n} = U\mu_n / iL_1$,

$p_{2n} = \mu_n / iL_2$, $\quad s_{1n} = -a_1(U\mu_n/L_1)^2$, $\quad s_{2n} = -\mu_n^2 a_2 / L_2^2$

mit $\quad U = L_1 p_1 /(L_2 p_2) = \dfrac{L_1}{L_2}\sqrt{a_2/a_1}$

und mit der Bestimmungsgleichung für die Eigenwerte

$\qquad W \tan \mu = -\tan U\mu$.

Die Rücktransformation erfolgt mit dem Entwicklungssatz von Heaviside und ergibt

$$u_1(x,t) = \frac{u_{L1}W + u_{L2}U}{W+U} - U\frac{u_{L1}-u_{L2}}{W+U}\frac{x}{L_1} \qquad (4.294a)$$

$$-2\sum_{n=1}^{\infty} E_n \sin \mu_n \sin[U\mu_n(1+x/L_1)]\, e^{-U^2\mu_n^2 a_1 t/L_1^2} \quad \text{für } -L_1 \le x \le 0,$$

$$u_2(x,t) = \frac{u_{L1}W + u_{L2}U}{W+U} - W\frac{u_{L1}-u_{L2}}{W+U}\frac{x}{L_2} \qquad (4.294b)$$

$$-2\sum_{n=1}^{\infty} E_n \sin[U\mu_n]\sin[\mu_n(1-x/L_2)]\, e^{-\mu_n^2 a_2 t/L_2^2} \quad \text{für } 0 \le x \le L_2$$

$$\text{mit } E_n = \frac{u_{L1}\cos\mu_n - u_2\cos(U\mu_n)}{U\mu_n\sin\mu_n\cos\mu_n - \mu_n\sin(U\mu_n)\cos(U\mu_n)}$$

Gebietsweise unterschiedliche Anfangsbedingungen und Randbedingungen 1. Art an beiden Rändern:

Bild 4.28

DG: $\dfrac{\partial^2 u_1}{\partial x^2} = \dfrac{1}{a_1}\dfrac{\partial u_1}{\partial t}$ $-L_1 \le x \le 0$

$\dfrac{\partial^2 u_2}{\partial x^2} = \dfrac{1}{a_2}\dfrac{\partial u_2}{\partial t}$ $0 \le x \le L_2$

AB: $u = u_{01}$ für $t=0$, $-L_1 \le x \le 0$

$u = u_{02}$ für $t=0$, $0 \le x \le L_2$

RB: $u_1 = 0$ bei $x = -L_1$, $t > 0$

$u_2 = 0$ bei $x = L_2$, $t > 0$ $\qquad$ (4.295)

Bei dieser Aufgabenstellung ist die in Bild 4.28 dargestellte Quelle nicht vorhanden.

Lösungen im $\mathcal{L}$-Bereich:

$$\bar{u}_1(x,s) = \frac{u_{01}}{s} - \frac{1}{sN}\Big[u_{01}\big(W\sinh p_2 L_2 \cosh p_1 x - \cosh p_2 L_2 \sinh p_1 x\big)$$
$$+\big(u_{01}-u_{02}\big)\cosh p_2 L_2 \sinh p_1(L_1+x) + u_{02}\sinh p_1(L_1+x)\Big]$$
$$\qquad (4.296a)$$

$$\bar{u}_2(x,s) = \frac{u_{02}}{s} - \frac{1}{sN}\Big[u_{02}W\cosh p_1 L_1 \sinh p_2 x + \sinh p_1 L_1 \cosh p_2 x$$
$$-\big(u_{01}-u_{02}\big)W\cosh p_1 L_1 \sinh p_2(L_2-x) + u_{01}W\sinh p_2(L_2-x)\Big]$$
$$\qquad (4.296b)$$

mit $\quad N = \sinh p_1 L_1 \cosh p_2 L_2 + W\sinh p_2 L_2 \cosh p_1 L_1$.

Durch Rücktransformation erhält man im Zeitbereich die Lösungen

$$u_1(x,t) = 2\sum_{n=1}^{\infty} E_n \sin \mu_n \sin[U\mu_n(1+x/L_1)]\, e^{-U^2\mu_n^2 a_1 t/L_1^2}$$

für $-L_1 \leq x \leq 0$ \hfill (4.297a)

$$u_2(x,t) = 2\sum_{n=1}^{\infty} E_n \sin[U\mu_n] \sin[\mu_n(1-x/L_2)]\, e^{-\mu_n^2 a_2 t/L_2^2}$$

für $0 \leq x \leq L_2$ \hfill (4.297b)

mit $E_n = \dfrac{u_{02}(1-\cos\mu_n)\cos(U\mu_n) - u_{01}[1-\cos(U\mu_n)]\cos\mu_n}{\mu_n \sin(U\mu_n)\cos(U\mu_n) - U\mu_n \sin\mu_n \cos\mu_n}$

$U = \dfrac{L_1}{L_2}\sqrt{a_2/a_1}$

und den Eigenwerten aus $W \tan\mu = -\tan(\mu U)$

4.5.3 Radialsymmetrische Aufgaben mit gebietsweise unterschiedlichen Stoffwerten

Zusammengesetzter Hohlzylinder mit Randbedingungen 1. und 2. Art an beiden Rändern: Es sei vorausgesetzt, daß ein Hohlzylinder aus zwei unterschiedlichen Stoffen zusammengesetzt ist, wie es schematisch in Bild 4.64 dargestellt ist. Dieses Problem läßt sich durch folgende Gleichungen beschreiben:

DG: $\dfrac{\partial^2 u_1}{\partial r^2} + \dfrac{1}{r}\dfrac{\partial u_1}{\partial r} = \dfrac{1}{a_1}\dfrac{\partial u_1}{\partial t}$ \quad für $r_0 \leq r \leq r_1$ \hfill Bild 4.64

$\dfrac{\partial^2 u_2}{\partial r^2} + \dfrac{1}{r}\dfrac{\partial u_2}{\partial r} = \dfrac{1}{a_2}\dfrac{\partial u_2}{\partial t}$ \quad für $r_1 \leq r \leq R$

AB: $u = 0$ \quad für $t = 0$, $r_0 \leq r \leq R$

RB: $\left.\begin{array}{l} u_1 = u_2 \\ D_1\dfrac{\partial u_1}{\partial r} = D_2\dfrac{\partial u_2}{\partial r} \end{array}\right\}$ bei $r = r_1$, $t > 0$ \hfill (4.298)

Weitere Randbedingungen folgen!

Unter Berücksichtigung der Anfangsbedingung haben die oberen Differentialgleichungen im $\mathcal{L}$-Bereich die Lösungen

$$\bar{u}_1(r,s) = A_1 I_0(rp_1) + B_1 K_0(rp_1), \quad (4.299a)$$

$$\bar{u}_2(r,s) = A_2 I_0(rp_2) + B_2 K_0(rp_2) \quad (4.299b)$$

mit $p_1 = \sqrt{s/a_1}$ und $p_2 = \sqrt{s/a_2}$.

Aus diesen Gleichungen können für die entsprechenden Randbedingungen die Konstanten A_i und B_i bestimmt werden.

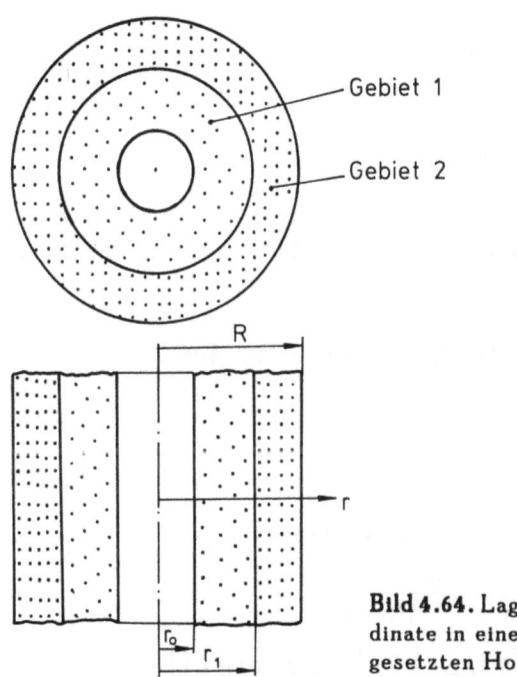

Bild 4.64. Lage der r-Koordinate in einem zusammengesetzten Hohlzylinder

Für die *Randbedingungen 1. Art*
$u = u_0$ bei $r = r_0$, $t > 0$,
$u = u_R$ bei $r = R$, $t > 0$ (4.300)

haben die Konstanten der Lösung (4.299) folgende Form:

$$A_1 = \frac{1}{I_0(r_0 p_1)} \left[\frac{u_0}{s} - B_1 K_0(r_0 p_1) \right],$$

$$B_1 = \left\{ u_R \frac{a_2 p_2}{a_1 p_1} I_0(r_0 p_1) \left[I_0(r_1 p_2) H_1 - I_1(r_1 p_2) F_1 \right] \right.$$

$$\left. - u_0 I_0(R p_2) \left[\frac{a_2 p_2}{a_1 p_1} I_0(r_1 p_1) H_1 - I_1(r_1 p_1) F_1 \right] \right\}$$

$$\times \left\{ s I_0(R p_2) \left[G_1 F_1 + \frac{a_2 p_2}{a_1 p_1} H_1 E_1 \right] \right\}^{-1}.$$

$$A_2 = \frac{1}{I_0(R P_2)} \left[\frac{u_R}{s} - B_2 K_0(R P_2) \right],$$

$$B_2 = \left\{ u_R I_0(r_0 P_1) \left[\frac{a_2 P_2}{a_1 P_1} I_1(r_1 P_2) E_1 + I_0(r_1 P_2) G_1 \right] \right.$$
$$\left. - u_0 I_0(R P_2) \left[I_1(r_1 P_1) E_1 + I_0(r_1 P_1) G_2 \right] \right\}$$
$$\times \left\{ s I_0(r_0 P_1) \left[G_1 F_1 + \frac{a_2 P_2}{a_1 P_1} H_1 E_1 \right] \right\}^{-1}$$

mit den Abkürzungen

$$E_1 = I_0(r_0 P_1) K_0(r_1 P_1) - I_0(r_1 P_1) K_0(r_0 P_1),$$
$$F_1 = I_0(r_1 P_2) K_0(R P_2) - I_0(R P_2) K_0(r_1 P_2),$$
$$G_1 = I_1(r_1 P_1) K_0(r_0 P_1) + I_0(r_0 P_1) K_1(r_1 P_1),$$
$$H_1 = I_1(r_1 P_2) K_0(R P_2) + I_0(R P_2) K_1(r_1 P_2).$$

Die Rücktransformation dieser Beziehungen erfolgt zweckmäßigerweise mit dem numerischen Verfahren von Stehfest (s. Abschnitt 2.3).

Gelten an beiden Rändern *Randbedingungen 2. Art*

$$r \frac{\partial u_1}{\partial r} = - \frac{Q_0}{2\pi D_1 \Delta z} \quad \text{bei } r = r_0, \; t > 0,$$
$$r \frac{\partial u_2}{\partial r} = \frac{Q_R}{2\pi D_2 \Delta z} \quad \text{bei } r = R, \; t > 0, \qquad (4.301)$$

so ergeben sich folgende Konstanten für (4.299):

$$A_1 = \frac{1}{s I_1(r_0 P_1)} \left[s B_1 K_1(r_0 P_1) - \frac{Q_0}{2\pi D_1 \Delta z \, r_0 P_1} \right],$$

$$B_1 = \left\{ \frac{Q_0}{2\pi D_1 \Delta z \, r_0 P_1} I_1(R P_2) \left[I_1(r_1 P_1) F_2 - \frac{a_2 P_2}{a_1 P_1} H_2 I_1(R P_2) \right] \right.$$
$$\left. + \frac{Q_R}{2\pi D_2 \Delta z R P_2} \frac{a_2 P_2}{a_1 P_1} I_1(r_0 P_1) \left[I_1(r_1 P_2) F_2 - I_0(r_1 P_2) H_2 \right] \right\}$$
$$\times \left\{ s I_1(R P_2) \left[G_2 F_2 - \frac{a_2 P_2}{a_1 P_1} E_2 H_2 \right] \right\}^{-1},$$

$$A_2 = \frac{1}{s I_1(R P_2)} \left[s B_2 K_1(R P_2) + \frac{Q_R}{2\pi D_2 \Delta z R P_2} \right],$$

$$B_2 = \left\{ \frac{Q_0}{2\pi D_1 \Delta z \, r_0 P_1} I_1(R P_2) \left[I_1(r_1 P_1) E_2 - I_0(r_1 P_1) G_2 \right] \right.$$
$$\left. + \frac{Q_R}{2\pi D_2 \Delta z R P_2} I_1(r_0 P_1) \left[\frac{a_2 P_2}{a_1 P_1} I_1(r_1 P_2) E_2 - I_0(r_1 P_2) G_2 \right] \right\}$$
$$\times \left\{ s I_1(r_0 P_1) \left[G_2 F_2 - \frac{a_2 P_2}{a_1 P_1} E_2 H_2 \right] \right\}^{-1}$$

mit den Abkürzungen

$$E_2 = I_0(r_1 p_1) K_1(r_0 p_1) + I_1(r_0 p_1) K_0(r_1 p_1),$$

$$F_2 = I_0(r_1 p_2) K_1(R p_2) + I_1(R p_2) K_0(r_1 p_2),$$

$$G_2 = I_1(r_1 p_1) K_1(r_0 p_1) - I_1(r_0 p_1) K_1(r_1 p_1),$$

$$H_2 = I_1(r_1 p_2) K_1(R p_2) - I_1(R p_2) K_1(r_1 p_2).$$

Die Rücktransformation sollte hier gleichfalls mit dem numerischen Verfahren von Stehfest erfolgen.

Zylindrischer Hohlraum mit der Randbedingung 2. Art: Werden die Ergebnisse der Lösungen (4.299) mit (4.301) nur für Q_R=0 im instationären Zeitbereich ($a_2 t/R^2 < 0,3$) benötigt, so ist es weniger aufwendig, die Aufgabenstellung (4.298) mit folgenden Randbedingungen zu berechnen:

$$r\frac{\partial u_1}{\partial r} = -\frac{Q_0}{2\pi D_1 \Delta z} \quad \text{bei } r=r_0, \ t>0,$$

$$u_2 = 0 \quad \text{bei } r=\infty, \ t>0. \qquad (4.302)$$

Für diesen Fall haben die Konstanten in (4.299) folgende Form:

$$A_1 = \frac{Q_0}{2\pi D_1 \Delta z r_0} \frac{1}{sp_1 N} \left[W K_0(r_1 p_2) K_1(r_1 p_1) - K_0(r_1 p_1) K_1(r_1 p_2) \right],$$

$$B_1 = \frac{Q_0}{2\pi D_1 \Delta z r_0} \frac{W}{sp_1 N} \left[I_0(r_1 p_1) K_1(r_1 p_2) + I_1(r_1 p_1) K_0(r_1 p_2) \right],$$

$$A_2 = 0,$$

$$B_2 = \frac{Q_0}{2\pi D_1 \Delta z r_0} \frac{W}{sp_1 N} \left[I_1(r_1 p_1) K_0(r_1 p_1) + I_0(r_1 p_1) K_1(r_1 p_1) \right]$$

mit $\quad N = \left[E_2 K_1(r_1 p_2) + W G_2 K_0(r_1 p_2) \right]\ $ und $\ W = \sqrt{D_1 S_1}/\sqrt{D_2 S_2}$.

Die Lösungen im Zeitbereich sind wiederum zweckmäßigerweise mit dem numerischen Inversionsverfahren von Stehfest zu berechnen. Für die Bedingung $S_1 = S_2$ wurde dieses Problem von Loucks und Guerrero [4.9] gelöst.

4.5.4 Kugelsymmetrische Aufgabe mit gebietsweise unterschiedlichen Stoffwerten und Anfangsbedingungen

Diese Aufgabenstellung wurde in Abschnitt 4.3.6 behandelt und dort sowohl für unterschiedliche Stoffwerte als auch für unterschiedliche Anfangsbedingungen gelöst.

4.5.5 Radialsymmetrische Aufgaben mit stetig veränderlichen Stoffwerten

In diesem Abschnitt werden einige Probleme behandelt, bei denen vorrangig die Leitfähigkeit in Form einer stetigen analytischen Funktion und nicht stufenweise, wie es vorhergehend vorausgesetzt wurde, von der Ortskoordinate abhängen soll. Für kartesische Koordinaten wurden einige Aufgaben dieser Art von [4.10] gelöst. Für zylindersymmetrische Probleme sei die Ortsabhängigkeit der Leitfähigkeit durch folgende allgemeine hyperbolische Funktion

$$D_r = D_0 (r_0/r)^n \quad \text{für } n \geq 0 \text{ und mit } D_r = D_0 \text{ bei } r = r_0$$

berücksichtigt.

Um für diese Abhängigkeit die entsprechende Differentialgleichung abzuleiten, gehen wir von der allgemeinen Strömungsgleichung in Tabelle 1.2 mit Berücksichtigung der radialen Abhängigkeit aus

$$\frac{1}{r}\frac{\partial}{\partial r}\left(r D_r \frac{\partial u}{\partial r}\right) = S \frac{\partial u}{\partial t},$$

setzen die oben angegebene Funktion ein und erhalten nach der Differentiation

$$\left(\frac{r_0}{r}\right)^n \left(\frac{\partial^2 u}{\partial r^2} + \frac{1-n}{r} \frac{\partial u}{\partial r}\right) = \frac{S}{D_0} \frac{\partial u}{\partial t}.$$

Diese Differentialgleichung ist nicht für jeden Exponenten $n \geq 0$ lösbar, jedoch lassen sich für $n=2$ Lösungen berechnen, die nachfolgend dargestellt werden sollen.

Zylindrischer Hohlraum mit der Randbedingung 1. Art:

			Bild 4.8
DG:	$\frac{\partial^2 u}{\partial r^2} - \frac{1}{r}\frac{\partial u}{\partial r} = \frac{S r^2}{D_0 r_0^2}\frac{\partial u}{\partial t}$		
AB:	$u=0$	für $t=0$, $r_0 \leq r < \infty$	
RB:	$u=u_0$	bei $r=r_0$, $t>0$	
	$u=0$	bei $r=\infty$, $t>0$	(4.303)

Die Aufgabenstellung hat im $\mathcal{L}$-Bereich die Lösung [4.11]

$$\bar{u}(r,s) = B_0 \cosh\left(\frac{r^2}{2r_0} p\right) + B_2 \sinh\left(\frac{r^2}{2r_0} p\right)$$

mit $\quad p = \sqrt{s/a_0} = \sqrt{sS/D_0} \quad$ und $\quad a_0 = D_0/S.$

Die Randbedingungen führen auf

$$B_1 = -B_2 \quad \text{und} \quad B_2 = \frac{u_0}{s} e^{pr_0/2}$$

und ergeben für $\bar{u}(r,s)$ und für den Strom $\bar{Q}(r_0,s)$ die Lösungen im $\mathcal{L}$-Bereich

$$\bar{u}(r,s) = \frac{u_0}{s} e^{-pr_0^*(r_D^2-1)/2} \quad \text{mit} \quad r_D = r/r_0, \qquad (4.304)$$

$$\bar{Q}(r_0,s) = 2\pi D_0 \Delta z \, \xi \, u_0 \frac{1}{a_0 p}. \qquad (4.305)$$

Die Rücktransformation erfolgt mit den Korrespondenzen aus Anhang C und führt auf

$$u(r,t) = u_0 \, \text{erfc} \, \frac{r_D^2 - 1}{4\sqrt{a_0 t/r_0^2}} \quad \text{mit} \quad r_D = r/r_0, \qquad (4.306)$$

$$Q(r_0,t) = 2\pi D_0 \Delta z \, u_0 \sqrt{r_0^2/(\pi a_0 t)} \qquad (4.307)$$

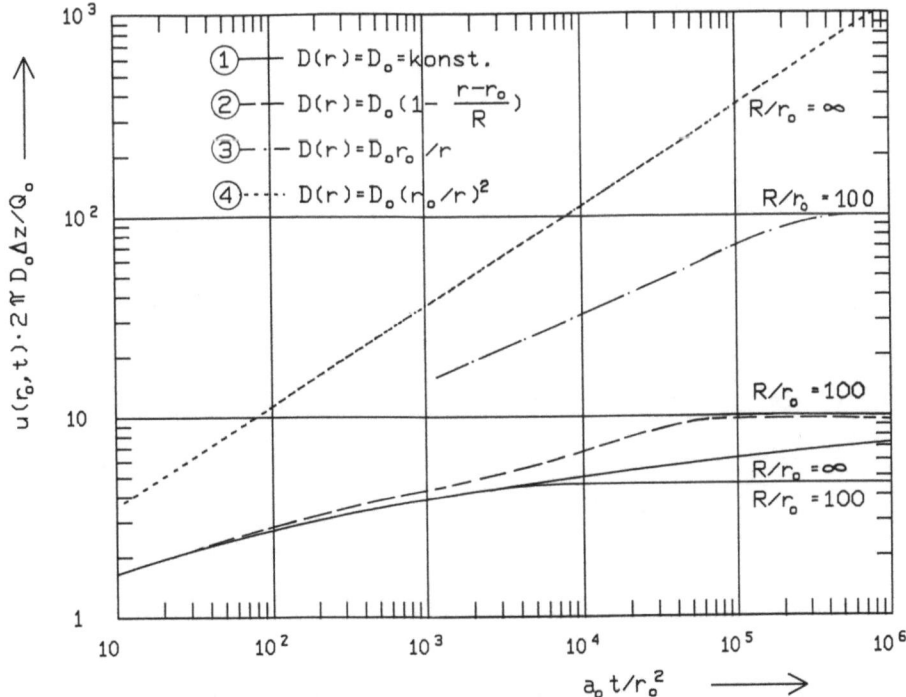

Bild 4.65. Lösungen für den Hohlzylinder mit unterschiedlichen Funktionen $D = D(r)$; Kurven: 1 – nach Gl.(4.100);
2, 3 – mit der Frobenius-Methode;
4 – nach Gl.(4.310)

Zylindrischer Hohlraum mit der Randbedingung 2. Art: Gilt in (4.303) die Randbedingung

$$r\frac{\partial u}{\partial r} = -\frac{Q_0}{2\pi D_0 \Delta z} \quad \text{bei } r=r_0, \ t>0 \tag{4.308}$$

so erhält man die Lösung im $\mathcal{L}$-Bereich

$$\bar{u}(r,s) = \frac{Q_0}{2\pi D_0 \Delta z} \frac{1}{spr_0} e^{-pr_0(r_D^2-1)/2}. \tag{4.309}$$

Mit der betreffenden Korrespondenz aus Anhang C erhält man die Lösung im Zeitbereich

	Bild 4.65
$u(r,t) = \frac{Q_0}{2\pi D_0 \Delta z} \sqrt{4a_0 t/r_0^2} \ \text{int erfc} \ \frac{r_D^2-1}{4\sqrt{a_0 t/r_0^2}}$	(4.310)
und bei $r=r_0$	
$u(r_0,t) = \frac{Q_0}{2\pi D_0 \Delta z} \sqrt{4a_0 t/(\pi r_0^2)}$	

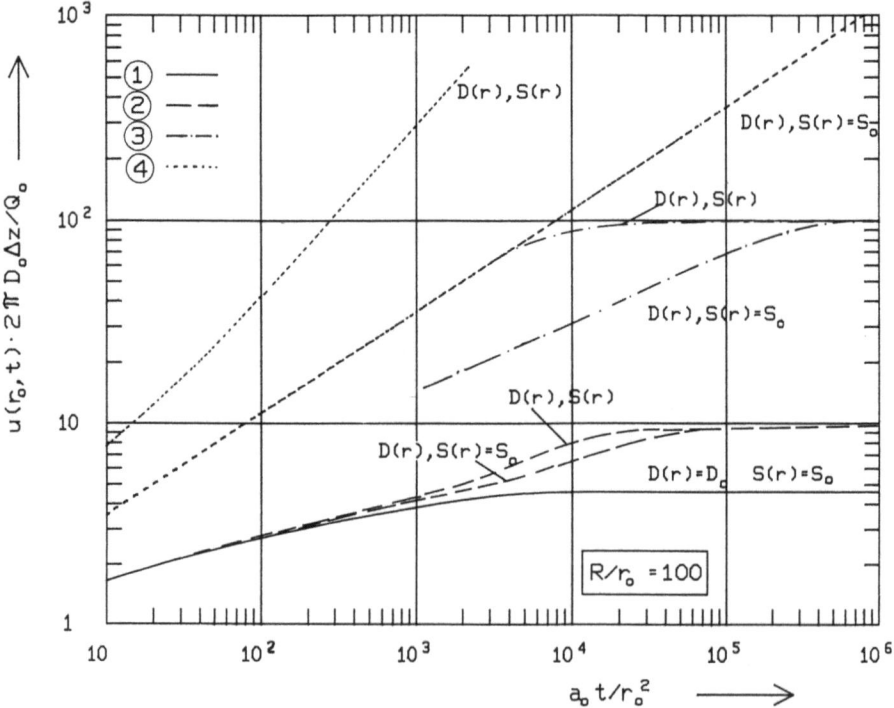

Bild 4.66. Lösungen für den Hohlzylinder mit unterschiedlichen Funktionen $D = D(r)$ und $S = S(r)$; (Funktion $D(r)$ und $S(r)$ wie in Bild 4.65)
Kurven: 1 – nach Gl.(4.100);
2,3 – mit der Frobenius-Methode;
4 – für $D(r)$ und $S(r)$ mit der Frobenius-Methode;
für $D(r)$ und $S(r) = S_0$ analytisch nach Gl.(4.310)

Der Verlauf der Lösung (4.310) ist in Bild 4.65 gemeinsam mit den Ergebnissen von weiteren Funktionen $D=f(r)$ dargestellt, für die jedoch keine analytische Lösung gefunden werden konnte. Für die Berechnung dieser Probleme wurde die Methode von Frobenius (vgl. Abschnitt 2.1.2) angewendet. Diese Methode ermöglicht darüberhinaus auch die zusätzliche Berücksichtigung gleichartig ortsabhängiger Funktionen $S=f(r)$. Die Berechnungsergebnisse dafür sind in Bild 4.66 dargestellt. Es muß dabei bemerkt werden, daß für die Darstellung der Ergebnisse die gleiche Signatur wie in Bild 4.65 verwendet wurde.

4.6 Spezielle Lösungen in einseitig begrenzten Gebieten

Bisher wurden ausschließlich Probleme mit unbeweglichen Rändern behandelt, die sich außerdem durch lineare Differentialgleichungen beschreiben ließen. Wir wollen diese Voraussetzungen fallen lassen und anschließend einige nichtlineare Aufgaben sowie einige Aufgaben mit beweglichem Rand behandeln.

4.6.1 Nichtlineare radialsymmetrische Aufgaben

Anwendung der Boltzmann-Transformation: Zur Lösung der nichtlinearen Probleme wollen wir die Boltzmann-Transfomation [4.12] anwenden. Um die Anwendung dieses Verfahrens kennenzulernen, soll zuerst die Lösung für eine Linienquelle (4.100) abgeleitet werden, der folgende Aufgabenstellung zugrunde liegt:

$$
\begin{aligned}
&\text{DG:} & &\frac{\partial^2 u}{\partial r^2} + \frac{1}{r}\frac{\partial u}{\partial r} = \frac{1}{a}\frac{\partial u}{\partial t} & & \\
&\text{AB:} & &u = 0 & &\text{für } t=0,\ 0<r<\infty \\
&\text{RB:} & &r\frac{\partial u}{\partial r} = -\frac{Q_0}{2\pi D \Delta z} & &\text{bei } r\to 0,\ t>0 \\
& & &u = 0 & &\text{bei } r=\infty,\ t>0 \quad (4.311)
\end{aligned}
$$

Die obige Aufgabenstellung erhält durch Anwendung der Boltzmann-Transformation mit $v=r^2/(4at)$ folgende Form:

$$\frac{d^2 u}{dv^2} + \frac{du}{dv}\left(\frac{1}{v} + 1\right) = 0, \qquad (4.312)$$

$$u = 0 \qquad \text{für } v = \infty,$$

$$\frac{du}{dv} = -\frac{Q_0}{4\pi D \Delta z}\frac{1}{v} \qquad \text{für } v \to 0.$$

Zur Lösung der Differentialgleichung substituieren wir $u' = du/dv$ und erhalten

$$\frac{du'}{dv} + u'\left(\frac{1}{v} + 1\right) = 0 \quad . \tag{4.313}$$

Nach Trennung der Veränderlichen und Integration erhält man weiter

$$u' = \frac{du}{dv} = B \frac{e^{-v}}{v} .$$

Aus der Randbedingung bei $v \to 0$ ergibt sich die Integrationskonstante

$$B = - \frac{Q_0}{4\pi D \Delta z}$$

und damit ferner

$$\frac{du}{dv} = - \frac{Q_0}{4\pi D \Delta z} \frac{e^{-v}}{v}. \tag{4.314}$$

Die Integration von Gl. (4.314) führt dann auf

$$u = - \frac{Q_0}{4\pi D \Delta z} \int_\infty^v \frac{e^{-v}}{v} dv + B_1 = \frac{Q_0}{4\pi D \Delta z} \int_v^\infty \frac{e^{-v}}{v} dv + B_1$$

und mit der Definition der Exponentialintegralfunktion (s. Anhang B) auf

$$u = - \frac{Q_0}{4\pi D \Delta z} \mathrm{Ei}(-v) + B_1 .$$

Da aufgrund der weiteren Bedingung in (4.312) $B_1 = 0$ ist, erhält man schließlich die Linienquellenlösung (s. Abschnitt 4.2.2)

$$u(r,t) = - \frac{Q_0}{4\pi D \Delta z} \mathrm{Ei}\left(- \frac{r^2}{4at}\right) \tag{4.315}$$

Abhängigkeit der Leitzahl a von der Lösungsfunktion:

DG: $\quad \dfrac{\partial^2 u}{\partial r^2} + \dfrac{1}{r}\dfrac{\partial u}{\partial r} = \dfrac{1}{a(u)}\dfrac{\partial u}{\partial t}$

AB: $\quad u = 0 \qquad\qquad$ für $t = 0$, $0 < r < \infty$

RB: $\quad r\dfrac{\partial u}{\partial r} = - \dfrac{Q_0}{2\pi D \Delta z} \quad$ bei $r \to 0$, $t > 0$

$\qquad\quad u = 0 \qquad\qquad$ bei $r = \infty$, $t > 0 \qquad$ (4.316)

Zur Lösung dieses nichtlinearen Problems wird die obere Differentialgleichung umgeformt in

$$r \frac{\partial}{\partial r}\left(\frac{1}{r}\frac{\partial u}{\partial r}\right) - \frac{\partial u}{\partial t}\frac{1}{a_0}\left(1 + \frac{a_0 - a(u)}{a(u)}\right) = 0.$$

Wird nun die Boltzmann-Transformation mit $v = r^2/(4at)$ angewendet, so erhält man

$$\frac{d^2 u}{dv^2} + \left(\frac{1}{v} + 1\right)\frac{du}{dv} + \alpha(u)\frac{du}{dv} = 0 \quad \text{mit} \quad \alpha(u) = \frac{a_0 - a(u)}{a(u)} . \tag{4.317}$$

Für eine konstante Leitzahl $a(u) = a_0 =$ konst. ist $\alpha(u) = 0$, und es ergibt sich die bekannte lineare Differentialgleichung in transformierter Form

$$\frac{d^2 u}{d v^2} + \left(\frac{1}{v} + 1\right)\frac{d u}{d v} = 0. \quad (4.318)$$

Ein Vergleich von Gl.(4.317) und Gl.(4.318) zeigt, daß für

$$\alpha(u) \ll \left(\frac{1}{v} + 1\right)$$

das letzte Glied von (4.317) als Störung von (4.318) behandelt werden kann.

Die Lösung von (4.318) mit den Anfangs- und Randbedingungen ist die bekannte Linienquellenlösung

$$u_1(r,t) = -\frac{Q_0}{4\pi D \Delta z} \operatorname{Ei}(-v) = -\frac{Q_0}{4\pi D \Delta z} \operatorname{Ei}\left(-\frac{r^2}{4at}\right), \quad (4.319)$$

so daß als formale Lösung der nichtlinearen Differentialgleichung

$$u(r,t) = u_1(r,t) + u_2(r,t) \quad (4.320)$$

geschrieben werden kann.

Wird nun in (4.317) die formale Lösung (4.320) substituiert, so ergibt sich

$$\frac{d^2 u_1}{d v^2} + \frac{d^2 u_2}{d v^2} + \left(\frac{1}{v} + 1\right)\left(\frac{d u_1}{d v} + \frac{d u_2}{d v}\right) + \alpha(u)\left(\frac{d u_1}{d v} + \frac{d u_2}{d v}\right) = 0.$$

Werden ferner Terme zweiter und höherer Ordnung $\alpha(u)\frac{d u_2}{d v}$ und $\frac{d^2 u_2}{d v^2}$ vernachlässigt, so erhält man unter Berücksichtigung von Gl.(4.318)

$$\left(\frac{1}{v} + 1\right)\frac{d u_2}{d v} + \alpha(u)\frac{d u_1}{d v} = 0.$$

Durch Umformung ergibt sich ferner

$$\frac{d u_2}{d v} = -\left(\frac{v}{1+v}\right)\alpha(u)\frac{d u_1}{d v}. \quad (4.321)$$

Nun kann in (4.321) die Ableitung der bekannten Linienquellenlösung eingesetzt werden und man erhält

$$\frac{d u_2}{d v} = -\left(\frac{v}{1+v}\right)\alpha(u)\frac{d}{d v}\left[-\frac{Q_0}{4\pi D \Delta z}\operatorname{Ei}(-v)\right] = -\frac{Q_0}{4\pi D \Delta z}\left(\frac{\alpha(u)}{1+v}\right)e^{-v}.$$

Die anschließende Integration führt auf die gesuchte Einflußgröße infolge der Nichtlinearität

$$u_2 = -\frac{Q_0}{4\pi D \Delta z} \int_{\infty}^{r^2/4at} \left(\frac{\alpha(u)}{1+v}\right) e^{-v} dv. \quad (4.322)$$

Die Integrationsgrenzen ergeben sich aus der Tatsache, daß für $t=0$ die Größe $v = \infty$ und $u_2 = 0$ ist.

Die vollständige Lösung lautet damit

$$u(r,t) = -\frac{Q_0}{4\pi D \Delta z}\left\{ \operatorname{Ei}\left(-\frac{r^2}{4at}\right) + \int_{\infty}^{r^2/4at} \left(\frac{\alpha(u)}{1+v}\right) e^{-v} dv \right\} \quad (4.323)$$

Strömungsgesetz in Form einer quadratischen Funktion:

DG: $\frac{\partial}{\partial r} w + \frac{1}{r} w = -S\frac{\partial u}{\partial t}$

mit dem nichtlinearen Strömungsgesetz $-\frac{\partial u}{\partial r} = \frac{1}{D} w + b w^2$

AB: $\quad u = 0 \quad$ für $t=0$, $0 < r < \infty$

RB: $\quad 2\pi r \Delta z \, w = Q_0 \quad$ bei $r \to 0$, $t > 0$

$\quad u = 0 \quad$ bei $r = \infty$, $t > 0 \quad (4.324)$

Durch Anwendung der Boltzmann-Transformation mit $\bar{v} = r/\sqrt{4t}$ ergibt sich aus der obigen Aufgabenstellung

DG: $\frac{dw}{d\bar{v}} + \left(\frac{2S\bar{v}}{D} + \frac{1}{\bar{v}}\right) w + 2Sb\bar{v}\, w^2 = 0, \quad (4.325a)$

AB: $\quad w = 0 \quad$ für $\bar{v} = \infty$, $\quad (4.325b)$

RB: $\quad w = \dfrac{Q_0}{2\pi r \Delta z} \quad$ bei $\bar{v} = 0$, $\quad (4.325c)$

$\quad w = 0 \quad$ für $\bar{v} = \infty$. $\quad (4.325d)$

Gleichung (4.325a) ist als Bernoullische Differentialgleichung bekannt [4.13] und läßt sich mit der Transformation $\bar{w} = 1/w$ in eine lineare Differentialgleichung überführen

$$\frac{d\bar{w}}{d\bar{v}} - \left(\frac{2S\bar{v}}{D} + \frac{1}{\bar{v}}\right)\bar{w} - 2Sb\bar{v} = 0. \quad (4.326)$$

Die Lösung dieser inhomogenen Differentialgleichung mit anschließender Rücktransformation führt auf folgende allgemeine Lösung von (4.325a)

$$w = \frac{e^{-\bar{v}^2/a}}{\bar{v}[B + bS\sqrt{\pi a}\ \operatorname{erf}\sqrt{\bar{v}^2/a}\,]} \quad \text{mit } a = D/S.$$

Nach Bestimmung der Integrationskonstanten B mit der Randbedingung (4.325c) ergibt sich für die Geschwindigkeit

$$w = \frac{e^{-\bar{v}^2/a}}{\bar{v}[4\pi \Delta z\sqrt{t}/Q_0 + bS\sqrt{\pi a}\ \operatorname{erf}\sqrt{\bar{v}^2/a}\,]}.$$

Wird diese Beziehung nach der Boltzmann-Rücktransformation umgeformt, so erhält man

$$w(r,t) = \frac{Q_0}{2\pi \Delta z \, r} \, f(r,t) \, e^{-r^2/(4at)} \qquad (4.327)$$

mit $\quad f(r,t) = \left[1 + \frac{bQ_0 D}{2\pi \Delta z} \sqrt{\frac{\pi}{4at}} \, \text{erf} \sqrt{r^2/(4at)} \right]^{-1}.$

Wird nun Gl.(4.327) in das Strömungsgesetz eingesetzt und unter Beachtung der Randbedingung (4.325d) integriert, so ergibt sich die Lösung des Problems

$$u(r,t) = -\frac{Q_0}{2\pi D \Delta z} \left\{ \int_r^\infty f(\rho,t) \frac{1}{\rho} e^{-\rho^2/(4at)} d\rho \right.$$

Bild 4.67

$$\left. + \frac{b Q_0 D}{2\pi \Delta z} \int_r^\infty f^2(\rho,t) \frac{1}{\rho^2} e^{-\rho^2/(2at)} d\rho \right\} \qquad (4.328)$$

mit $f(\rho,t)$ aus (4.327).

Wird nur das erste Glied von (4.328) berücksichtigt, d.h. ein lineares Strömungsgesetz mit $b=0$, so ist $f(r,t)=1$, und man erhält nach der Substitution mit $v=r^2/(4at)$ die bekannte Linienquellenlösung (vgl. Gl.(4.315))

$$u(r,t) = -\frac{Q_0}{4\pi D \Delta z} \int_{r^2/(4at)}^\infty e^{-v} \frac{dv}{v} = -\frac{Q_0}{4\pi D \Delta z} \, \text{Ei}\!\left(-\frac{r^2}{4at}\right).$$

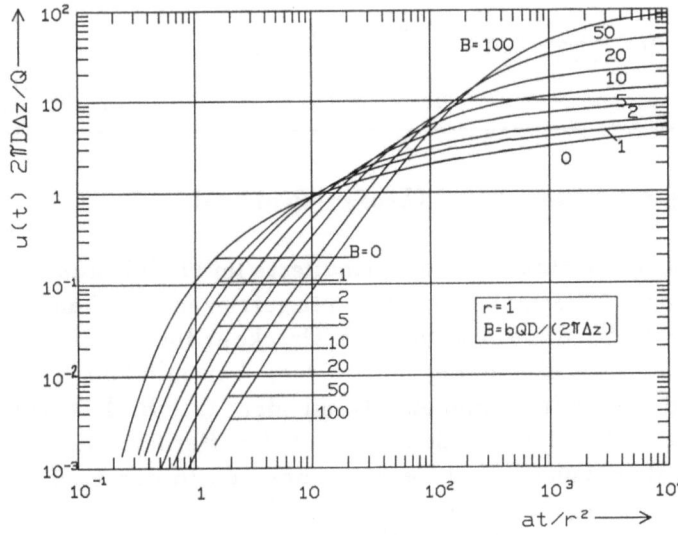

Bild 4.67. Lösungsverlauf für ein Strömungsgesetz in Form einer quadratischen Funktion ; (Die Kurve für $B = 0$ stellt die Linienquellenlösung dar)

4.6.2 Aufgabe mit beweglicher Randbedingung in kartesischen Koordinaten

DG: $\quad \dfrac{\partial^2 u}{\partial x^2} = \dfrac{1}{a}\dfrac{\partial u}{\partial t}$

AB: $\quad u = 0 \quad$ für $t=0$, $x \geq 0$

RB: $\quad u = u_0 \quad$ bei $x \leq wt$, $t > 0$

$\quad\quad\; u = 0 \quad$ bei $x = \infty$, $t > 0$ $\hfill (4.329)$

Zur Lösung der Differentialgleichung wird sustituiert

$$y = x - wt$$

und man erhält

$$\dfrac{\partial^2 u}{\partial y^2} + \dfrac{w}{a}\dfrac{\partial u}{\partial y} = \dfrac{1}{a}\dfrac{\partial u}{\partial t}$$

mit den Anfangs- und Randbedingungen

$u = 0 \quad$ für $t=0$, $y \geq 0$,
$u = u_0 \quad$ bei $y \leq 0$, $t > 0$,
$u = 0 \quad$ bei $y = \infty$, $t > 0$.

Durch Anwendung der $\mathcal{L}$-Transformation erhält man die Lösung

$$\bar{u}(y,s) = \dfrac{u_0}{s} \exp\!\left[-\dfrac{y}{2a}\left(w + \sqrt{w^2 + 4as}\,\right)\right]. \hfill (4.330)$$

Die Rücktransformation mit der entsprechenden Korrespondenz aus Anhang C führt dann auf

$$u(x,t) = \dfrac{u_0}{2}\!\left[\operatorname{erfc}\dfrac{x}{\sqrt{4at}} + e^{-w(x-wt)/a}\operatorname{erfc}\dfrac{x - 2wt}{\sqrt{4at}}\right] \text{ für } x \geq wt,$$

$$u(x,t) = u_0 \qquad\qquad\qquad\qquad\qquad\qquad\;\text{ für } x \leq wt \hfill (4.331)$$

4.6.3 Strömung mit freiem Rand (Stefan-Problem)

Der österreichische Physiker Stefan formulierte im 19. Jahrhundert die nach ihm benannte Wärmeleitaufgabe mit gefrierendem Wasser. Die Frostgrenze (z.B. die zeitabhängige Ortskoordinate mit der Temperatur $T = 0^\circ C$) stellt dabei einen frei beweglichen zeitabhängigen (und prozeßabhängigen) Rand dar (s. Bild 4.68). Derartige Probleme besitzen Bedeutung bei der Berechnung von Estarrungs-, Verdampfungs- und Gefrierprozessen in der Verfahrenstechnik und im Bergbau, aber auch in der Mikroelektronik, bei der Kristallzüchtung (Kristallisation) und der Phasenumwandlung.

Das eindimensionale Stefan-Problem ist nur in Ausnahmefällen geschlossen lösbar. Die numerische Laplace-Rücktransformation

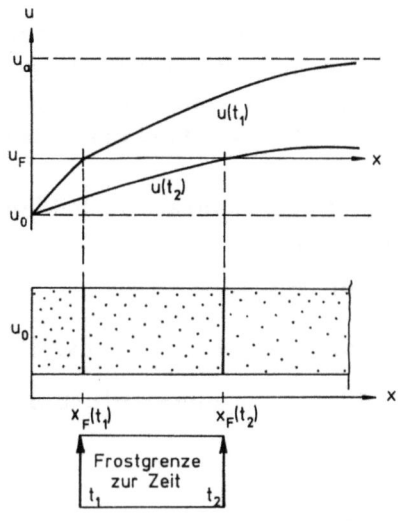

Bild 4.68. Strömung mit freiem Rand (Stefan-Problem) mit Prinzipdarstellung des Lösungsverlaufes

eröffnet jedoch Möglichkeiten, verschiedene Problemstellungen sehr einfach halbanalytisch lösen zu können.

Zuerst soll eine geschlossene Lösung nach Lamé und Clapeyron (zit. in [4.10]) aus dem Jahre 1831 bzw. ihre Ableitung nach F. Neumann (zit. in [4.10, 4.14]) aus dem Jahre 1889 dargestellt werden.

Die Problemstellung für *Randbedingungen 1. Art* ist:

DG: $\dfrac{\partial^2 u_1}{\partial x^2} = \dfrac{1}{a_1}\dfrac{\partial u_1}{\partial t}$ für $0 < x < x_F(t)$, $t > 0$ **Bild 4.68**

$\dfrac{\partial^2 u_2}{\partial x^2} = \dfrac{1}{a_2}\dfrac{\partial u_2}{\partial t}$ für $x_F(t) < x < \infty$, $t > 0$

AB: $u_1 = u_2 = u_a = 0$ für $t=0$, $x > 0$

RB: $u_1 = u_0$ bei $x=0$, $t > 0$

$u_2 = 0$ bei $x = \infty$, $t > 0$

Übergangsbedingungen bei $x = x_F(t)$:

$$\left. \begin{array}{l} u_1(x,t) = u_2(x,t) = u_F \\ D_1 \dfrac{\partial u_1}{\partial x} - D_2 \dfrac{\partial u_2}{\partial x} = q_F \dfrac{d x_F}{d t} \end{array} \right\} \text{ bei } x = x_F(t),\ t > 0 \quad (4.332)$$

(q_F ist dabei die latente Wärme beim Phasenübergang; beim Erstarren, Kondensieren: $q_F > 0$, beim Schmelzen, Verdampfen: $q_F < 0$)

Die Lösung beruht auf der Erkenntnis, daß in beiden Teilgebieten $0 < x < x_F$ und $x > x_F$ ein Strömungsproblem mit Randbedingungen 1. Art vorliegt. Die Aufgabe unterscheidet sich vom Strömungsproblem Gl. (4.1) nur durch die (folgenschwere) Tatsache, daß der Rand $x = x_F(t)$ zeitlich veränderlich ist.

Neumann, zitiert in [4.14], wählte als Lösungsansatz in beiden Teilbereichen den Typ der Gleichung (4.9):

$$u_1(x,t) = B_{11} + B_{12} \operatorname{erfc} \frac{x}{\sqrt{4a_1 t}} \qquad \text{für } x \leq x_F(t)$$

$$u_2(x,t) = B_{21} + B_{22} \operatorname{erfc} \frac{x}{\sqrt{4a_2 t}} \qquad \text{für } x \geq x_F(t) \qquad (4.333)$$

Die Randbedingungen bei $x=0$, $x=x_F$ und $x=\infty$ ergeben sofort die Konstanten

$$B_{11} = u_0 - \frac{u_0 - u_F}{1 - \operatorname{erfc} \frac{x_F(t)}{\sqrt{4a_1 t}}}, \qquad B_{12} = \frac{u_0 - u_F}{1 - \operatorname{erfc} \frac{x_F(t)}{\sqrt{4a_1 t}}},$$

$$B_{21} = 0, \qquad B_{22} = \frac{u_F}{\operatorname{erfc} \frac{x_F(t)}{\sqrt{4a_2 t}}}. \qquad (4.334)$$

Die Größen B_{11}, B_{12} und B_{22} sind nur dann konstannt, wenn für $x_F(t)$ eine Abhängigkeit der Form

$$x_F(t) = K\sqrt{t} \qquad (K > 0 - \text{Konstante}) \qquad (4.335)$$

gilt.

Die Bilanz am freien Rand $x = x_F(t)$ liefert eine transzendente Gleichung für die Konstante K

$$-\frac{D_1(u_0 - u_F)}{\sqrt{\pi a_1}} \frac{e^{-K^2/(4a_1)}}{\left[1 - \operatorname{erfc} \frac{K}{\sqrt{4a_1}}\right]} + \frac{D_2}{\sqrt{\pi a_2}} \frac{u_F}{\operatorname{erfc} \frac{K}{\sqrt{4a_2}}} e^{-K^2/(4a_2)} = \frac{q_F K}{2}, \qquad (4.336)$$

die mit dem Programm ZERO (enthalten auf der Diskette "Wärme- und Stofftransport") gelöst wurde.

Die Lösung des Stefan-Problems (4.332) lautet mit (4.335) und (4.336) somit

Bild 4.69

$$u(x,t) = u_0 - \frac{u_0 - u_F}{1 - \operatorname{erfc} \frac{K}{\sqrt{4a_1}}} \left[1 - \operatorname{erfc} \frac{x}{\sqrt{4a_1 t}}\right] \qquad \text{für } x \leq x_F(t)$$

$$= \frac{u_F}{\operatorname{erfc} \frac{K}{\sqrt{4a_2 t}}} \operatorname{erfc} \frac{x}{\sqrt{4a_2}} \qquad \text{für } x \geq x_F(t)$$

$$(4.337)$$

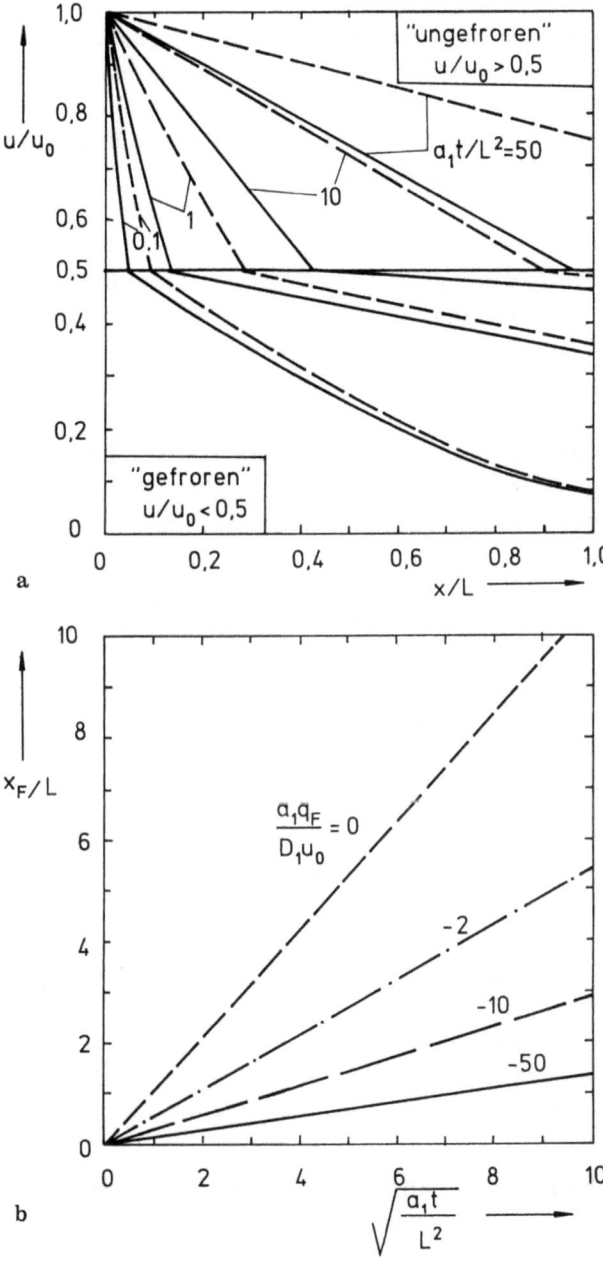

Bild 4.69. Exakte Lösung des Stefan - Problems nach Gl. (4.337)
a) Verlauf der Lösung für zwei verschiedene Werte $a_1 q_F/(D_1 u_0) = -50$: ——— $= -10$: - - -
b) Zeitliches Fortschreiten des freien Randes $x_F(t)$
  (Zahlenwerte: $u_F/u_0 = 0.5$; $D_1 = 1$; $D_2 = 1.5$; $a_1 = 1$; $a_2 = 2.3$)

In Bild 4.69a ist der typische Verlauf der Lösung dargestellt. Das prozeßabhängige Fortschreiten des freien Randes $x_F(t)$ ("Frostgrenze") führt zu einer deutlichen Abweichung der Lösung gegenüber der Strömung mit festem Rand (s. Bild 4.3). Bild 4.69b zeigt das Fortschreiten des freien Randes $x_F(t)$.

Stefan-Problem bei Randbedingung 2. Art: Eindimensionale Stefan-Probleme mit einer Randbedingung 2. Art in einem einseitig begrenzten Raum und bei kostanten Parametern D und a können nach einer von Evans [4.15] und Sestini [4.16] entwickelten Methode gelöst werden. Wir folgen der Darstellung in [4.14]. Im Gegensatz zur vorangegangenen Lösung kann diese Lösungsmethode für beliebige Koordinatensysteme genutzt werden. Sie soll hier für eindimensionale Zylinderkoordinaten vereinfacht dargestellt werden.

DG: $\dfrac{1}{r}\dfrac{\partial}{\partial r}\left(r\dfrac{\partial u}{\partial r}\right) = \dfrac{1}{a}\dfrac{\partial u}{\partial t}$

AB: $u = u_a = 0$ für $t=0$, $r > r_0$

RB: $2\pi \Delta z r_0 D \dfrac{\partial u}{\partial r} = -Q_0(t)$ bei $r = r_0$, $t > 0$

$u = 0$ bei $r = \infty$, $t > 0$

Übergangsbedingungen bei $r = r_F(t)$:

$\left.\begin{array}{l} u(r,t) = u_F = 0 \\ D\dfrac{\partial u}{\partial r} = q_F \dfrac{d r_F}{dt} \end{array}\right\}$ bei $r = r_F(t)$, $t > 0$ (4.338)

$q_F > 0$: Erstarren, Kondensieren;
$q_F < 0$: Schmelzen, Verdampfen

Die Differentialgleichung wird über den Raum und die Zeit integriert

$$\int_0^t \int_{r_0}^{r_F(t)} r\left[\dfrac{1}{r}\dfrac{\partial}{\partial r}\left(r\dfrac{\partial u}{\partial r}\right) - \dfrac{1}{a}\dfrac{\partial u}{\partial \tau}\right] dr\, d\tau = 0 \,. \qquad (4.339)$$

Der erste Term führt mit dem Integralsatz von Gauss auf

$$J_1 = \int_0^t \int_{r_0}^{r_F} \dfrac{\partial}{\partial r}\left(r\dfrac{\partial u}{\partial r}\right) dr\, d\tau = \int_0^t \left[\left.r\dfrac{\partial u}{\partial r}\right|_{r=r_F} - \left.r\dfrac{\partial u}{\partial r}\right|_{r=r_0}\right] d\tau$$

und mit den Rand- und Übergangsbedingungen auf

$$J_1 = \frac{q_F}{D} \int_0^t r_F \frac{dr_F}{dt} d\tau + \frac{1}{2\pi \Delta z D} \int_0^t Q_0(\tau) d\tau = \frac{q_F}{2D}[r_F^2(t) - r_0^2] + \frac{V_0(t)}{2\pi \Delta z D}$$

mit $V_0(t) = \int_0^t Q_0(\tau) d\tau$.

Der zweite Term von (4.339) ist mit $b \le r_F(t)$ und der Vertauschung der Integrationsfolge

$$J_2 = -\frac{1}{a} \int_0^t \int_{r_0}^{r_F(t)} r \frac{\partial u}{\partial \tau} dr d\tau = -\frac{1}{a} \int_0^b r \int_0^t r \frac{\partial u}{\partial \tau} d\tau dr - \frac{1}{a} \int_b^{r_F(t)} r \int_{\tau \text{ mit} \atop r = r_F(\tau)}^{t} \frac{\partial u}{\partial \tau} d\tau dr$$

Da $u(r_F(t), t) = u_F = 0$ und $u(r, 0) = u_a = 0$ ist, ergibt sich

$$J_2 = -\frac{1}{a} \int_{r_0}^{r_F(t)} r u(r, t) dr.$$

Das Einsetzen von J_1 und J_2 in Gl. (4.339) führt auf die Bestimmungsgleichung für $r_F(t)$:

$$V_0(t) + \pi \Delta z q_F [r_F^2(t)_0 - r^2] - 2\pi \Delta z S \int_{r_0}^{r_F(t)} r u(r,t) dr = 0$$

mit $S = D/a$ und $V_0(t) = \int_0^t Q_0(\tau) d\tau$ \hfill (4.340)

Man erkennt, daß Gl. (4.340) nichts anderes als die Bilanz über den Raum $r_0 < r < r_F(t)$ zu jeder Zeit t ist. Im Gebiet $r > r_F(t)$ ist die Bilanz identisch Null wegen der Voraussetzung $u_a = u_F = 0$. Gleichung (3.340) ist eine transzendente Gleichung zur Berechnung des freien Randes $r_F(t)$ ("Frostgrenze") zu jeder Zeit $t > 0$. Die Lösung wird hier nicht weiter verfolgt, da sie im wesentlichen identisch mit der vorangegangenen Lösung ist. Sie zeigt jedoch eine Möglichkeit auf, für eine ganze Klasse von Stefan-Problemen ein Näherungsverfahren zu entwickeln.

Das nachfolgende Näherungsverfahren folgt der Vorstellung, daß die Bilanz über den Raum (zu einer festen Zeit t) identisch ist der Bilanz über die Zeit am Rande $r = r_0$, wie auch von Leibenzon (zit. in [4.10]) bereits vorgeschlagen wurde. Es bietet damit eine Möglichkeit zur näherungsweisen Berechnung des freien Randes $r_F(t)$.

Näherungslösung für eindimensionale Stefan-Probleme: Das nachfolgend dargestellte Näherungsverfahren ist anwendbar für
- eindimensionale Strömungsaufgaben mit freiem Rand und
- für Randbedingungen 1., 2. und 3. Art.

Es wird nachfolgend für eindimensionale Zylinderkoordinaten beschrieben.

DG: $\dfrac{1}{r}\dfrac{\partial}{\partial r}\left(r\dfrac{\partial u_1}{\partial r}\right)=\dfrac{1}{a_1}\dfrac{\partial u_1}{\partial t}$ für $r_0 < r < r_F(t)$, $t > 0$

$\dfrac{1}{r}\dfrac{\partial}{\partial r}\left(r\dfrac{\partial u_2}{\partial r}\right)=\dfrac{1}{a_2}\dfrac{\partial u_2}{\partial t}$ für $r_F(t) < r < \infty$, $t > 0$

AB: $u_1 = u_2 = u_a = 0$ für $t=0$, $r > r_0$

RB: $u_1 = u_0$ bei $r = r_0$, $t > 0$ (bzw. andere Typen von RB)

$u_2 = 0$ bei $r = \infty$, $t > 0$

Übergangsbedingungen bei $r = r_F(t)$:

$u_1(r,t) = u_2(r,t) = u_F$ bei $r = r_F(t)$, $t > 0$

Bilanz:

$$V_0(t) + \pi \Delta z\, q_F\left[r_F^2(t) - r_0^2\right]$$
$$- 2\pi \Delta z\left\{S_1\int_{r_0}^{r_F(t)} r\, u_1(r,t)\, dr + S_2\int_{r_F(t)}^{\infty} r\, u_2(r,t)\, dr\right\} = 0 \quad (4.341)$$

$q_F > 0$: Erstarren, Kondensieren;
$q_F < 0$: Schmelzen, Verdampfen

Bei der Entwicklung der Näherungslösung wird von dem Gedanken ausgegangen, das Differentialgleichungssystem (4.341) für jeweils feste Werte r_F^* zu lösen. Indem die Lösung zeitlich diskretisiert wird, kann der Randstrom $Q_0(t)$ diskret ermittelt werden und der integrale Strom $V_0(t)$ für zeitlich veränderliches $r_F(t)$ näherungsweise bestimmt werden.

Die Lösungen für festes r_F^* lauten im $\mathcal{L}$-Bereich (s. Gl.(2.29))

$$\bar{u}_1(r,s) = B_{11}\, I_0(p_1 r) + B_{12}\, K_0(p_1 r) \quad (4.342a)$$

$$\bar{u}_2(r,s) = B_2\, K_0(p_2 r) \quad \text{mit } p_1 = \sqrt{s/a_1} \text{ und } p_2 = \sqrt{s/a_2} \quad (4.342b)$$

und den Konstanten

$$B_{12} = \dfrac{1}{s}\,\dfrac{u_0\, I_0(p_1 r_F^*) - u_F\, I_0(p_1 r_0)}{K_0(p_1 r_0)\, I_0(p_1 r_F^*) - K_0(p_1 r_F^*)\, I_0(p_1 r_0)},$$

$$B_{11} = \dfrac{u_0}{s} - B_{12}\,\dfrac{K_0(p_1 r_0)}{I_0(p_1 r_0)}, \qquad B_2 = \dfrac{u_F}{s}\,\dfrac{1}{K_0(p_1 r_F^*)}$$

Der Randstrom $Q_0(r = r_0, t)$ gilt für feste Werte r_F^* und soll als $Q_0^*(t)$ bezeichnet werden, um anzudeuten, daß er nur für den gewählten festen Wert r_F^* gültig ist. Die Transformierte von $Q_0^*(t)$ ist mit

$$Q_0^*(t) = -2\pi \Delta z D_1 r_0 \frac{\partial u}{\partial r}\bigg|_{r=r_0}$$

$$\bar{Q}_0^*(s) = -2\pi \Delta z D_1 r_0 P_1 \left[B_{11} I_1(P_1 r_0) - B_{12} K_1(P_1 r_0) \right]$$

und das Zeitintegral $V_0^*(t)$ ergibt nach Gl.(4.341) im $\mathcal{L}$-Bereich

$$\bar{V}_0^*(s) = \frac{1}{s} \bar{Q}_0^*(s). \tag{4.343}$$

In der Bilanz (4.341) sind Integrale der Form

$$G_1(t) = \int_{r_0}^{r_F} r\, u_1(r,t)\, dr \quad \text{bzw.} \quad G_2(t) = \int_{r_F}^{\infty} r\, u_2(r,t)\, dr$$

erforderlich.

Mit den Identitäten (B 52)

$$x I_0(x) = x \frac{d I_1(x)}{dx} + I_1(x)$$

und (B 62)

$$x K_0(x) = -\left[x \frac{d K_1(x)}{dx} + K_1(x) \right]$$

ergeben sich die Transformierten $\bar{G}_1(s)$ und $\bar{G}_2(s)$

$$\bar{G}_1(s) = \frac{B_{11}}{P_1} \left[r_F I_1(P_1 r_F) - r_0 I_1(P_1 r_0) \right] - \frac{B_{12}}{P_1} \left[r_F K_1(P_1 r_F) - r_0 K_1(P_1 r_0) \right], \tag{4.344a}$$

$$\bar{G}_2(s) = \frac{B_2}{P_2} K_1(P_2 r_F). \tag{4.344b}$$

Die Lösungen (4.343) und (4.344) werden für vorgegebene Zeiten t numerisch rücktransformiert und ergeben die Werte $V_0^*(t)$, $G_1(t)$ und $G_2(t)$.

Der Algorithmus zur näherungsweisen Lösung des Stefan-Problems besteht aus den folgenden Schritten:

1. Ermittlung des freien Randes $r_F(t)$ für eine feste Zeit t durch Nullstellenbestimmung der Bilanz (4.341):

$$V_0^*(t) + \pi \Delta z q_F \left[r_F^2(t) - r_0^2 \right] - 2\pi \Delta z \left[S_1 G_1(t) + S_2 G_2(t) \right] = 0 \tag{4.345}$$

2. Berechnung der Lösungen $u_1(r,t)$ und $u_2(r,t)$ durch numerische Rücktransformation der Gl.(4.342).

Der Algorithmus ist in Tabelle 4.10 skizziert. Er ist numerisch stabil und schnell, da die sonst aufwendigen Integrationen auf analytischem Wege erfolgen. Dieses Näherungsverfahren kann für jede eindimensionale Geometrie mit beliebigen Randbedingungen entwickelt werden, wobei die Genauigkeit bei betragsmäßig großen Werten von $2 q_F / [u_0 (S_1 + S_2)]$ besser ist als bei kleinen Werten.

Als Richtwert gilt, daß die Abweichung der Lösung

$$f_u = \frac{u - u_{exakt}}{u_{exakt}} \cdot 100\%$$

kleiner als 4% ist für $\left| 2q_F / [u_0(S_1+S_2)] \right| \geq 50$.

Die Bilder 4.70 zeigen den Vergleich der Näherungslösung mit der exakten Lösung (4.337) für verschiedene Zeitschrittunterteilungen. In Bild 4.70b ist die Abweichung der Lösung dargestellt. Sie nimmt mit kleiner werdenden Beträgen $aq_F/(Du_0)$ zu, wobei zu beachten

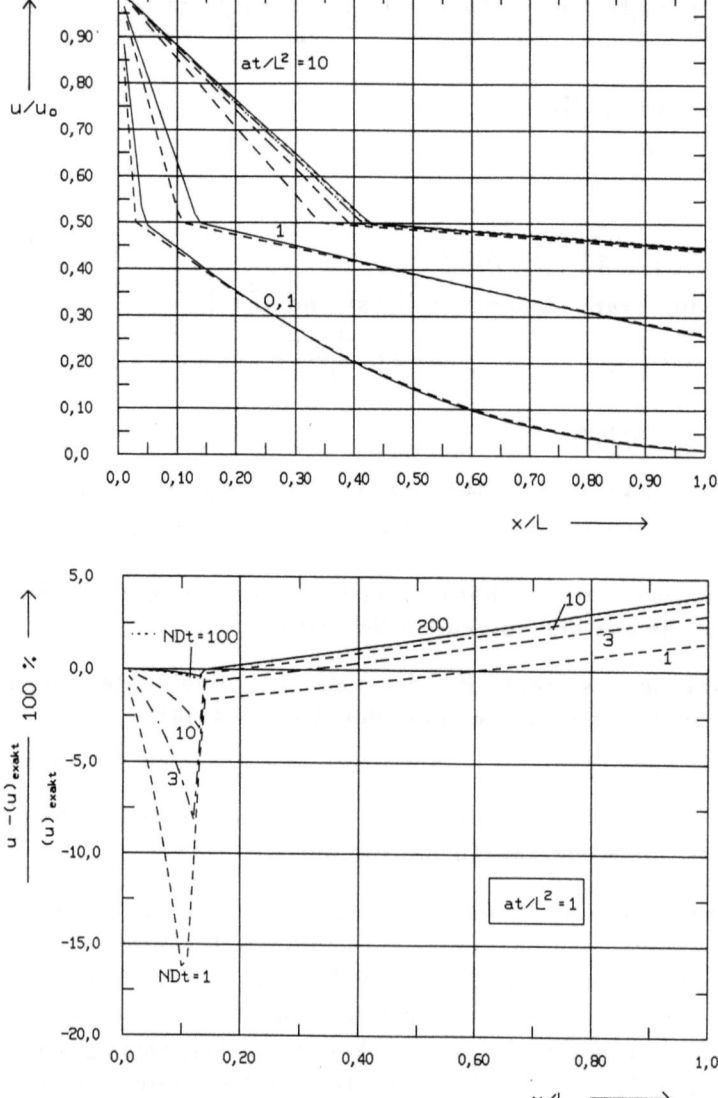

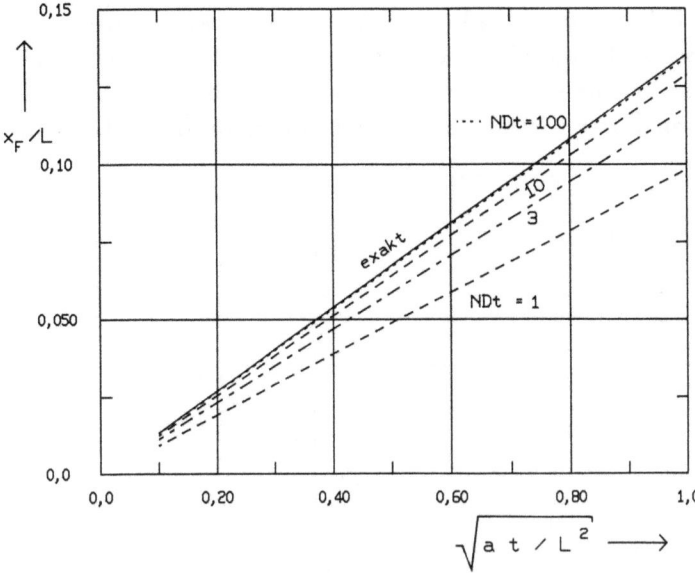

Bild 4.70. Genauigkeit des Näherungsverfahrens zur Lösung von Strömungs- und Transportproblemen mit freiem Rand im Vergleich mit der exakten Lösung (4.337)
a) Lösung als Funktion des Ortes für verschiedene Zeitschrittunterteilungen NDt.
  exakte Lösung: ─────
  NDt = 1   : ─ ─ ─ ─ ─
  NDt = 3   : ── ─ ── ─
  NDt = 10   : ── ·· ── ··
  NDt = 100   : ········
b) Prozentuale Abweichung der Lösung für verschiedene Zeitschrittunterteilungen.
c) Zeitliches Fortschreiten des freien Randes $x_F(t)$
  (Zahlenwerte: $a_1 = a_2 = a$; $D_1 = D_2 = D$; $aq_F/(Du_0) = -50$; $u_F/u_0 = 0{,}5$)

ist, daß die steigenden Abweichungen für große x/L relativ zu betrachten sind, da die Lösung u_{exakt} für große Werte x/L gegen Null geht (s. Bild 4.70a). Es ist festzustellen, daß das Näherungsverfahren für $|aq_F/(Du_0)| \geq 50$ eine Abweichung von weniger als 4% aufweist und die auf u_0 bezogene Abweichung

$$\frac{u - u_{exakt}}{u_0} \cdot 100\%$$

ebenfalls in dieser Größenordnung bleibt, wenn die Lösung für $x \gg x_F(t)$ zu berechnen ist. Das Näherungsverfahren ist mit Fehlern bis 10% behaftet, wenn $|aq_F/(Du_0)| \approx 10$ ist.

Bild 4.70 c zeigt den zeitlichen Verlauf des freien Randes und im Vergleich dazu die Näherungslösung mit verschiedenen Zeitschrittunterteilungen. Der Vergleich zeigt in Übereinstimmung mit

Bild 4.70a und Bild 4.70b , daß eine Zeitschrittunterteilung von $NDt=100$ eine ausreichende Genauigkeit ergibt. Es ist sinnvoll, mit abgestuft größer werdenden Zeitschritten zu arbeiten, um den Fehler bei kleinen Zeiten (und damit nach wenigen Zeitschritten)

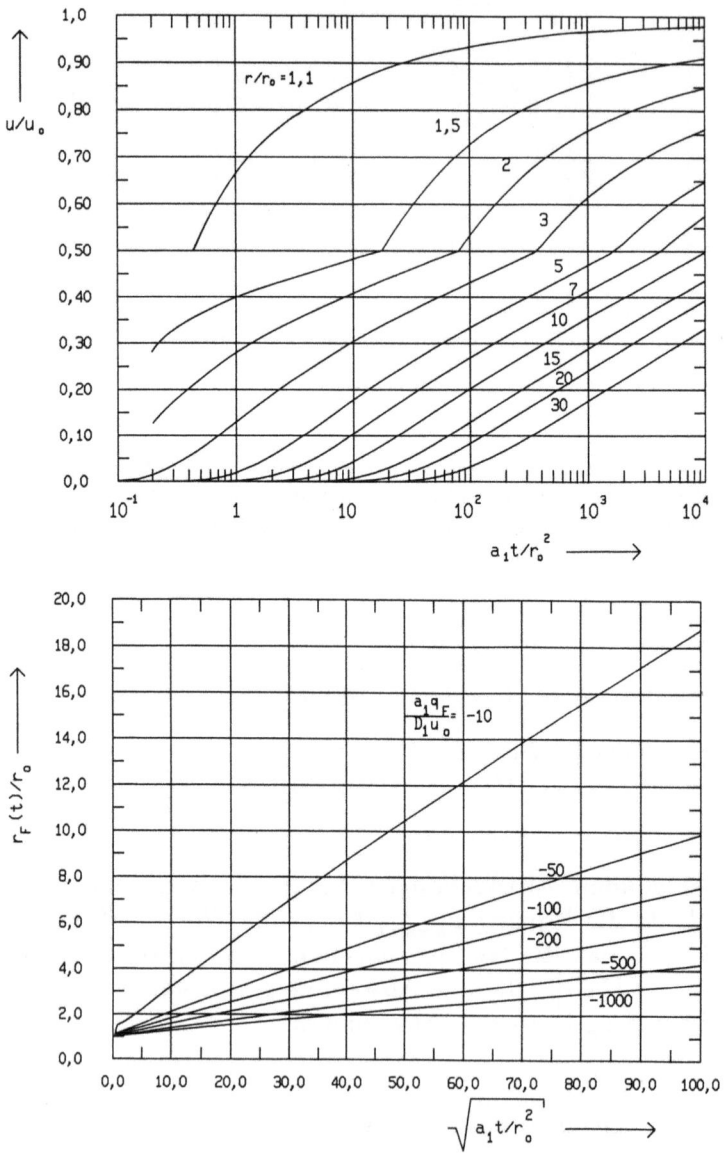

Bild 4.71. Radialsymmetrische Strömung mit freiem Rand
a) Zeitlicher Verlauf der Lösung für $a_1 q_F/(D_1 u_0) = -50$
b) Fortschreiten des freien Randes $r_F(t)$
   (Zahlenwerte: $a_2 = 2,3 \cdot a_1$; $D_2 = 1,5 \cdot D_1$; $u_F/u_0 = 0,5$)

zu verringern. Der Algorithmus ist so wenig rechenzeitintensiv, daß ohne weiteres auch $NDt > 100$ realisierbar ist (ein Zeitschritt erfordert auf 16 Bit Personalcomputern weniger als 1 Sekunde Rechenzeit).

In den Bildern 4.71 ist die Lösung für das in Aufgabe (4.341) formulierte Problem dargestellt. Bild 4.71a zeigt den Einfluß des freien Randes bei $u_F/u_0 = 0,5$. Aus Bild 4.71b ist zu erkennen, daß das Fortschreiten des freien Randes mit guter Näherung der Gesetzmäßigkeit (4.335) für eine lineare Geometrie gehorcht. Der Einfluß der Radialsymmetrie wird nur für kleine Zeiten $a_1 t/r_0^2 < 10$ feststellbar.

5 Zweidimensionale Strömung, Wärmeleitung und Diffusion

In analoger Weise wie im Kapitel 4 sollen hier Aufgabenstellungen und deren Lösungen in kurzer und einheitlicher Form dargestellt werden. Jedoch werden diese nicht mehr von einer Ortskoordinate, sondern von mehreren Koordinaten im Raum abhängen. Dabei sind Probleme von praktischem Interesse, die sowohl einheitliche als auch gebietsweise unterschiedliche Stoffwerte aufweisen. Da die sich ergebenden Lösungen von Haus aus recht umfangreich und kompliziert sind, wurde auf die Berücksichtigung zusätzlicher Bedingungen, wie sie für den eindimensionalen Fall in den Abschnitten 4.2 bis 4.4 betrachtet wurden, in der Regel verzichtet. Solche Lösungen können jedoch bei Bedarf auf dem angegebenen Wege berechnet werden.

5.1 Aufgaben in einseitig begrenzten, geschichteten Gebieten

Nachfolgend sollen Lösungen für Gebiete entwickelt werden, die aus drei aneinandergrenzenden Teilgebieten (Schichten) bestehen, wie es Bild 5.1 zeigt. Hierbei ist in den äußeren Schichten 1 und 2 nur Konduktion in x-Richtung zugelassen, während in der Zwischenschicht Konduktion in z-Richtung möglich ist, die die beiden äußeren Schichten miteinander koppelt. Aus Gründen der besseren Übersicht wollen wir ausschließlich einseitig begrenzte Gebiete betrachten. Die Berücksichtigung eines zweiten Randes ist jedoch ohne weiteres möglich.

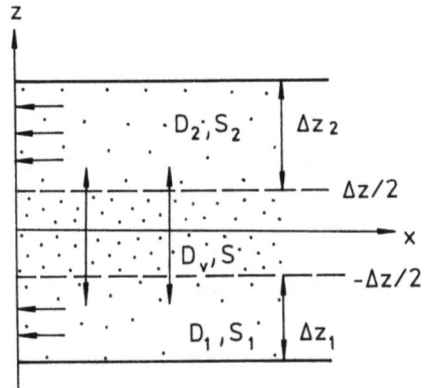

Bild 5.1. Geschichtetes Gebiet in kartesischen Koordinaten

5.1.1 Kartesische Koordinaten mit quasistationärem Austausch

Randbedingung 1. Art:

$$\text{DG:} \quad D_1 \Delta z_1 \frac{\partial^2 u_1}{\partial x^2} = S_1 \Delta z_1 \frac{\partial u_1}{\partial t} + q$$

$$D_2 \Delta z_2 \frac{\partial^2 u_2}{\partial x^2} = S_2 \Delta z_2 \frac{\partial u_2}{\partial t} - q$$

$$q = -\frac{D_v}{\Delta z}(u_2 - u_1)$$

AB: $u_1 = u_2 = 0$ für $t=0$, $x>0$

RB: $u_1 = u_2 = u_0$ bei $x=0$, $t>0$

$u_1 = u_2 = 0$ bei $x=\infty$, $t>0$ (5.1)

Zur Vereinfachung der Ableitung ist es zweckmäßig, folgende dimensionslose Größen einzuführen:

$$u_{Dj} = u_j/u_0, (j=1,2), \quad x_D = x/\Delta z, \quad t_D = \frac{(D_1 \Delta z_1 + D_2 \Delta z_2)\, t}{(S_1 \Delta z_1 + S_2 \Delta z_2)\Delta z^2},$$

$$K = \frac{D_1 \Delta z_1}{D_1 \Delta z_1 + D_2 \Delta z_2}, \quad \sigma = \frac{S_1 \Delta z_1}{S_1 \Delta z_1 + S_2 \Delta z_2}, \quad K_v = \frac{D_v \Delta z}{D_1 \Delta z_1 + D_2 \Delta z_2}.$$

Die Aufgabenstellung erhält damit die Form

$$\text{DG:} \quad K \frac{\partial^2 u_{D1}}{\partial x_D^2} = \sigma \frac{\partial u_{D1}}{\partial t_D} - K_v(u_{D2} - u_{D1})$$

$$(1-K)\frac{\partial^2 u_{D2}}{\partial x_D^2} = (1-\sigma)\frac{\partial u_{D2}}{\partial t_D} + K_v(u_{D2} - u_{D1})$$

AB: $u_{D1} = u_{D2} = 0$ für $t_D = 0$, $x_D \geq 0$

RB: $u_{D1} = u_{D2} = 1$ bei $x_D = 0$, $t_D > 0$

       $u_{D1} = u_{D2} = 0$ bei $x_D = \infty$, $t_D > 0$

und hat unter Berücksichtigung der Anfangsbedingungen und der Bedingungen am äußeren Rand im $\mathcal{L}$-Bereich die Lösungen

$$\bar{u}_{D1} = A_1 e^{-\mu x_D}, \qquad \bar{u}_{D2} = A_2 e^{-\mu x_D} \qquad (A_1, A_2 \text{- Konstanten}).$$

Wird dieser Lösungsansatz in die Differentialgleichung eingesetzt, so erhält man

$$K \alpha^2 A_1 e^{-\mu x_D} = s \sigma A_1 e^{-\mu x_D} - K_v (A_2 - A_1) e^{-\mu x_D},$$
$$(1-K) \alpha^2 A_2 e^{-\mu x_D} = s(1-\sigma) A_2 e^{-\mu x_D} + K_v (A_2 - A_1) e^{-\mu x_D} \tag{5.2}$$

oder

$$\begin{bmatrix} K \mu^2 - s\sigma - K_v \end{bmatrix} A_1 + K_v A_2 = 0,$$
$$\begin{bmatrix} (1-K)\mu^2 - s(1-\sigma) - K_v \end{bmatrix} A_2 + K_v A_1 = 0. \tag{5.3}$$

Noch weiter zusammengefaßt erhält man

$$\begin{bmatrix} K \mu^2 - s\sigma - K_v \end{bmatrix} \begin{bmatrix} (1-K)\mu^2 - s(1-\sigma) - K_v \end{bmatrix} - K_v^2 = 0,$$

so daß sich schließlich ergibt

$$\mu^4 - \left[\frac{s\sigma + K_v}{K} + \frac{s(1-\sigma) + K_v}{1-K}\right] \mu^2 + \frac{[s\sigma + K_v][s(1-\sigma) + K_v] - K_v^2}{K(1-K)} = 0.$$

Dieses Polynom hat zwei positive Lösungen für μ^2.

$$\mu^2_{1,2} = \frac{1}{2} \left\{ \left[\frac{s\sigma + K_v}{K} + \frac{s(1-\sigma) + K_v}{1-K}\right] \pm \left[\left(\frac{s\sigma + K_v}{K} - \frac{s(1-\sigma) + K_v}{1-K}\right)^2 + \frac{4 K_v^2}{K(1-K)}\right]^{1/2} \right\}. \tag{5.4}$$

Werden nun diese Lösungen wieder in (5.2) bzw. (5.3) eingesetzt, so ergeben sich

$$\bar{u}_{D1}(x_D, s) = \beta_1 B_1 e^{-\mu_1 x_D} + \beta_2 B_2 e^{-\mu_2 x_D},$$
$$\bar{u}_{D2}(x_D, s) = B_1 e^{-\mu_1 x_D} + B_2 e^{-\mu_2 x_D} \tag{5.5}$$

mit

$$\beta_1 = 1 + (1/K_v) \left[s(1-\sigma) - (1-K)\mu_1^2\right],$$
$$\beta_2 = 1 + (1/K_v) \left[s(1-\sigma) - (1-K)\mu_2^2\right].$$

Die Bestimmung der Konstanten B_1, B_2 führt bei Verwendung der Randbedingung bei $x_D = 0$ auf

$$B_1 = -(1-\beta_2) / [s(\beta_2 - \beta_1)],$$
$$B_2 = (1-\beta_1) / [s(\beta_2 - \beta_1)].$$

so daß man schließlich folgende Lösungen im $\mathcal{L}$-Bereich erhält

Bild 5.2

$$\bar{u}_{D1}(x_D, s) = \frac{1}{s(\beta_2 - \beta_1)} \left[\beta_2(1-\beta_1) e^{-\mu_2 x_D} - \beta_1(1-\beta_2) e^{-\mu_1 x_D} \right] \quad (5.6\,a)$$

$$\bar{u}_{D2}(x_D, s) = \frac{1}{s(\beta_2 - \beta_1)} \left[(1-\beta_1) e^{-\mu_2 x_D} - (1-\beta_2) e^{-\mu_1 x_D} \right] \quad (5.6\,b)$$

Gelten gegenüber (5.1.) die *Randbedingungen*

$$\left.\begin{array}{l} u_1 = u_0 \\ \dfrac{\partial u_2}{\partial x} = 0 \end{array}\right\} \quad \text{bei } x = 0, \ t > 0, \qquad (5.7)$$

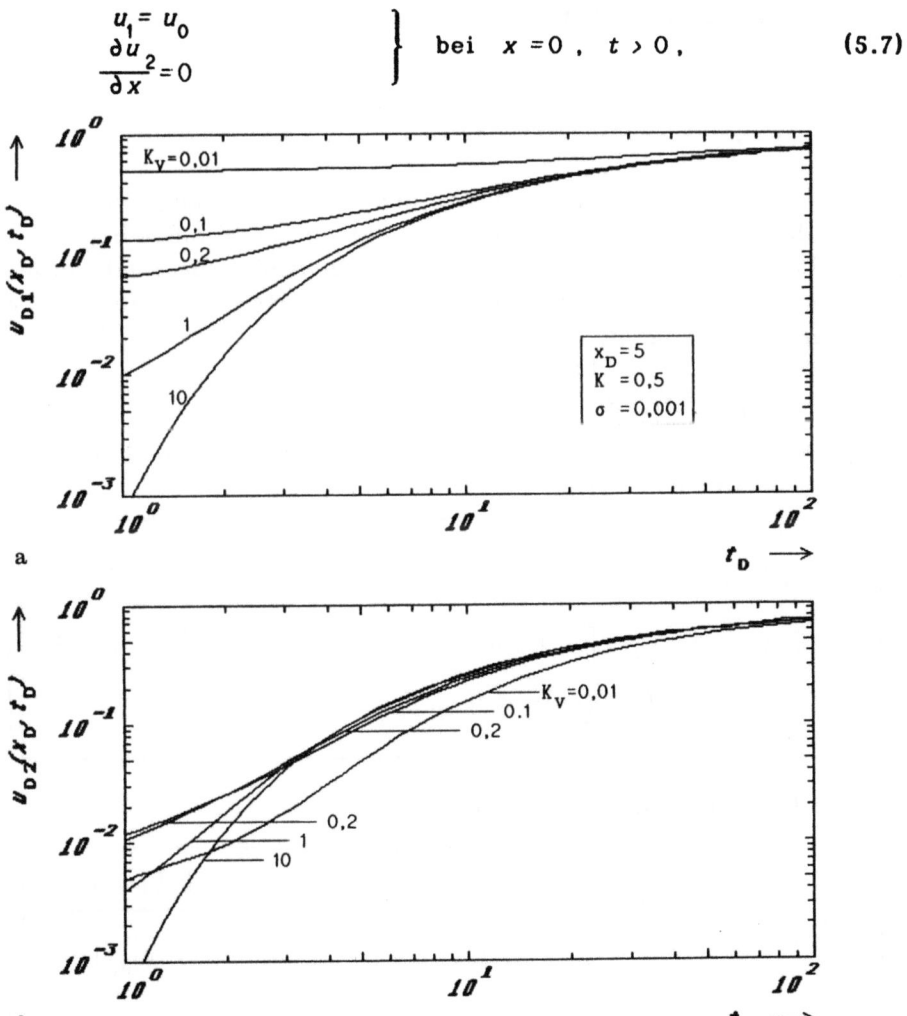

Bild 5.2. Lösung in kartesischen Koordinaten bei quasistationärem Austausch, a) für Schicht 1 und b) für Schicht 2 – Randbedingungen 1. Art bei $x=0$

so ergeben sich die Lösungen im $\mathcal{L}$-Bereich

$$\bar{u}_{D1}(x_D, s) = \frac{1}{s(\alpha_1\beta_2 - \alpha_2\beta_1)} \left[\beta_2\alpha_1 e^{-\mu_2 x_D} - \beta_1\alpha_2 e^{-\mu_1 x_D} \right] \quad (5.8\,a)$$

$$\bar{u}_{D2}(x_D, s) = \frac{1}{s(\alpha_1\beta_2 - \alpha_2\beta_1)} \left[\alpha_1 e^{-\mu_2 x_D} - \alpha_2 e^{-\mu_1 x_D} \right] \quad (5.8\,b)$$

mit $\mu_{1,2}$ aus (5.4) und $\beta_{1,2}$ nach (5.5)

Randbedingungen 2. Art:

$$\left. \begin{array}{l} u_1 = u_2 \\ D_1 \Delta z_1 \dfrac{\partial u_1}{\partial x} + D_2 \Delta z_2 \dfrac{\partial u_2}{\partial x} = -Q_0/B \end{array} \right\} \quad \text{bei } x=0,\ t>0 \qquad (5.9)$$

(Hierin ist B eine beliebige Breite des Untersuchungsgebietes.)

Bei der Ableitung der Lösung für die oberen Randbedingungen wird in gleicher Weise wie beim vorhergehenden Beispiel vorgegangen. Es werden ebenfalls die dort definierten dimensionslosen Größen mit Ausnahme von

$$u_{Dj} = \frac{D_1 \Delta z_1 + D_2 \Delta z_2}{Q_0 \Delta z / B} u_j \quad (j=1,\ 2)$$

verwendet. In den dimensionslosen Größen haben die Lösungen im $\mathcal{L}$-Bereich folgende Form:

$$\bar{u}_{D1}(x_D, s) = \frac{1}{b} \left[\beta_2(1-\beta_1) e^{-\mu_2 x_D} - \beta_1(1-\beta_2) e^{-\mu_1 x_D} \right] \quad (5.10\,a)$$

$$\bar{u}_{D2}(x_D, s) = \frac{1}{b} \left[(1-\beta_1) e^{-\mu_2 x_D} - (1-\beta_2) e^{-\mu_1 x_D} \right] \quad (5.10\,b)$$

mit $b = s\left[(1-\beta_1)(K\beta_2 + 1 - K)\mu_2 - (1-\beta_2)(K\beta_1 + 1 - K)\mu_1 \right]$

Bei $x=0$ vereinfachen sich (5.10 a,b) zu

Bild 5.3

$$\bar{u}_D(0,s) = \frac{\beta_2 - \beta_1}{b} = \frac{\beta_2 - \beta_1}{s\left[(1-\beta_1)(K\beta_2 + 1 - K)\mu_2 - (1-\beta_2)(K\beta_1 + 1 - K)\mu_1\right]} \qquad (5.11)$$

mit $\mu_{1,2}$ aus (5.4) und $\beta_{1,2}$ aus (5.5)

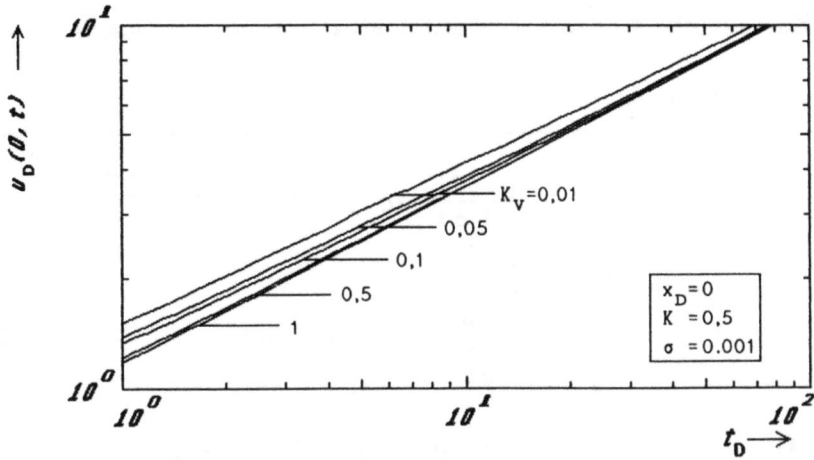

Bild 5.3. Lösung bei $x=0$ in kartesischen Koordinaten mit quasistationärem Austausch - Randbedingungen 2. Art bei $x=0$

Werden gemischte *Randbedingungen* der Form

$$\left. \begin{array}{ll} u_1 = u_{01} & u_2 = u_{02} \\ \eta \, \Delta z_1 \dfrac{\partial u_1}{\partial x} = -Q_0/B \,, & \dfrac{\partial u_2}{\partial x} = 0 \end{array} \right\} \quad \text{bei } x=0, \ t>0 \qquad (5.12)$$

verwendet, so ergeben sich auf gleichem Wege folgende Lösungen im $\mathcal{L}$-Bereich

$$\bar{u}_{D1}(x_D, s) = \frac{1}{s \, K(\beta_2 - \beta_1)} \left[\frac{\beta_2}{\mu_2} e^{-\mu_2 x_D} - \frac{\beta_1}{\mu_1} e^{-\mu_1 x_D} \right] \qquad (5.13\,a)$$

$$\bar{u}_{D2}(x_D, s) = \frac{1}{s \, K(\beta_2 - \beta_1)} \left[\frac{1}{\mu_2} e^{-\mu_2 x_D} - \frac{1}{\mu_1} e^{-\mu_1 x_D} \right] \qquad (5.13\,b)$$

mit $\mu_{1,2}$ aus (5.4) und $\beta_{1,2}$ aus (5.5)

Zur Rücktransformation dieser Lösungen ist das numerische Verfahren von Stehfest anzuwenden.

5.1.2 Kartesische Koordinaten mit instationärem Austausch

Randbedingung 1. Art:

DG: $\quad D_j \Delta z_j \dfrac{\partial^2 u_j}{\partial x^2} = S_j \Delta z_j \dfrac{\partial u_j}{\partial t} + q_j \quad , \; j = 1, 2$ $\qquad$ **Bild 5.1**

$\qquad\qquad D_v \dfrac{\partial^2 u}{\partial z^2} = S \dfrac{\partial u}{\partial t}$

$\qquad\qquad q_1 = -D_v \dfrac{\partial u}{\partial z} \qquad$ bei $z = -\Delta z / 2$

$\qquad\qquad q_2 = +D_v \dfrac{\partial u}{\partial z} \qquad$ bei $z = \Delta z / 2$

AB: $\qquad u_1 = u_2 = u = 0 \qquad$ für $t = 0 \quad , \; x > 0$

RB: $\qquad u_1 = u_2 = u_0 \qquad$ bei $x = 0 \quad , \; t > 0$

$\qquad\qquad u = u_1 \qquad\qquad$ bei $z = -\Delta z/2, \; t > 0, \; x > 0$

$\qquad\qquad u = u_2 \qquad\qquad$ bei $z = \Delta z/2, \; t > 0, \; x > 0$

$\qquad\qquad u_1 = u_2 = u = 0 \qquad$ bei $x = \infty \quad , \; t > 0 \qquad$ **(5.14)**

Zur Lösung des Problems werden zunächst wieder die dimensionslosen Größen

$$u_{Dj}, \; x_D, \; t_D, \; K, \; \sigma, \; K_v$$

wie bei Aufgabenstellung (5.1) eingeführt.
Weiter gilt:

$$z_D = z/\Delta z \; , \qquad K_v q_{Dj} = \dfrac{q_j \Delta z^2}{(D_1 \Delta z_1 + D_2 \Delta z_2) u_0} \; , \qquad \varepsilon = \dfrac{(D_1 \Delta z_1 + D_2 \Delta z_2) S}{(S_1 \Delta z_1 + S_2 \Delta z_2) D_v} \; .$$

Nach Substitution dieser Größen in (5.14) wird zuerst die Differentialgleichung für die z-Koordinate gelöst. Man erhält für den dimensionslosen Strom im $\mathcal{L}$-Bereich

$$\overline{q}_{D1}(x_D, s) = s\left[\overline{h}\, \overline{u}_{D2}(x_D, s) - \overline{g}\, \overline{u}_{D1}(x_D, s)\right]$$

$$\overline{q}_{D2}(x_D, s) = s\left[\overline{h}\, \overline{u}_{D1}(x_D, s) - \overline{g}\, \overline{u}_{D2}(x_D, s)\right]$$

mit den Bildfunktionen

$$\overline{h} = \dfrac{\sqrt{\varepsilon s}}{s \sinh\sqrt{\varepsilon s}} \; , \qquad \overline{g} = \dfrac{\sqrt{\varepsilon s}}{s \tanh\sqrt{\varepsilon s}} \; . \qquad (5.14a)$$

Setzt man diese Lösungen für den Strom in die beiden gekoppelten Differentialgleichungen ein und löst diese, so ergibt sich folgende allgemeine Lösung des Problems:

$$\left.\begin{aligned}\bar{u}_{D_1}(x_D,s) &= \beta_1 B_1 e^{-\mu_1 x_D} + \beta_2 B_2 e^{-\mu_2 x_D} \\ \bar{u}_{D_2}(x_D,s) &= B_1 e^{-\mu_1 x_D} + B_2 e^{-\mu_2 x_D}\end{aligned}\right\} \quad (5.14b)$$

mit $\beta_1 = \dfrac{\bar{q}}{h} + \dfrac{1}{s\, K_v \bar{h}}\Big[s(1-\sigma)-(1-K)\mu_1^2\Big]$,

$\beta_2 = \dfrac{\bar{q}}{h} + \dfrac{1}{s\, K_v \bar{h}}\Big[s(1-\sigma)-(1-K)\mu_2^2\Big]$

und

$$\mu_{1,2}^2 = \frac{s}{2}\left\{\left[\frac{\sigma+K_v\bar{g}}{K} + \frac{(1-\sigma)+K_v\bar{g}}{1-K}\right] \pm \left[\left(\frac{\sigma+K_v\bar{g}}{K} - \frac{(1-\sigma)+K_v\bar{g}}{1-K}\right)^2 + \frac{(2K_v\bar{h})^2}{K(1-K)}\right]^{1/2}\right\}.$$

Werden schließlich die Konstanten B_1 und B_2 aus den Randbedingungen bestimmt, so erhält man die gesuchten Lösungen im $\mathcal{L}$-Bereich

$$\bar{u}_{D_1}(x_D,s) = \frac{1}{b}\Big[\beta_2(1-\beta_1)e^{-\mu_2 x_D} - \beta_1(1-\beta_2)e^{-\mu_1 x_D}\Big] \quad (5.15\,a)$$

$$\bar{u}_{D_2}(x_D,s) = \frac{1}{b}\Big[(1-\beta_1)e^{-\mu_2 x_D} - (1-\beta_2)e^{-\mu_1 x_D}\Big] \quad (5.15\,b)$$

mit $b = s(\beta_2 - \beta_1)$

Randbedingungen 2. Art: Für die Randbedingungen

$$\left.\begin{aligned}u_1 &= u_2 \\ D_1 \Delta z_1 \frac{\partial u_1}{\partial x} + D_2 \Delta z_2 \frac{\partial u_1}{\partial x} &= -\frac{Q_0}{B}\end{aligned}\right\} \text{ bei } x=0,\ t>0 \quad (5.16)$$

(B — beliebige Breite des Untersuchungsgebietes)
erhält man auf dem vorhergehend beschrittenem Wege ebenfalls die Lösung im $\mathcal{L}$-Bereich.

Gleichungen (5.15 a) und (5.15 b) mit

$$b = s\Big[(1-\beta_1)(K\beta_2 + 1-K)\mu_2 - (1-\beta_2)(K\beta_1 + 1-K)\mu_1\Big] \quad (5.17)$$

sowie $\bar{u}_{Dj}(x_D,s) = \dfrac{D_1\Delta z_1 + D_2\Delta z_2}{Q_0\Delta z/B}\,\bar{u}_j(x,s)$ und $K_v q_{Dj} = \dfrac{q_j \Delta z^2}{(D_1\Delta z_1 + D_2\Delta z_2)}$

5.1.3 Radialsymmetrische Aufgaben

Bild 5.4

DG: $\dfrac{\partial^2 u_j}{\partial r^2} + \dfrac{1}{r}\dfrac{\partial u_j}{\partial r} = \dfrac{1}{a_j}\dfrac{\partial u_j}{\partial t} + \left(\dfrac{q}{D\Delta z}\right)_j$, $j = 1, 2$

$D_v \dfrac{\partial^2 u}{\partial z^2} = S \dfrac{\partial u}{\partial t}$

$q_1 = -D_v \dfrac{\partial u}{\partial z}$ bei $z = -\Delta z/2$

$q_2 = +D_v \dfrac{\partial u}{\partial z}$ bei $z = \Delta z/2$

AB: $u_1 = u_2 = u = 0$ für $t=0$, $r > r_0$

RB: $u = u_1$ bei $z = -\Delta z/2$, $t > 0$, $r > r_0$

$u = u_2$ bei $z = \Delta z/2$, $t > 0$, $r > r_0$

$u_1 = u_2 = u = 0$ bei $r = \infty$, $t > 0$

Die Randbedingungen bei $r = r_0$ sind in
Verbindung mit der Lösung dargestellt (5.18)

Für die Lösung des oben dargestellten Problems ist es zweckmäßig, folgende dimensionslose Größen zu benutzen:

$u_{Dj} = u_j/u_0$, $q_{Dj} = \dfrac{q_j \Delta z}{D_v u_0}$ für RB 1. Art bei $r = r_0$

$u_{Dj} = \dfrac{2\pi(D_1 \Delta z_1 + D_2 \Delta z_2)}{Q_{01} + Q_{02}} u_j$, $q_{Dj} = \dfrac{q_j \Delta z}{D_v}$ für RB 2. Art bei $r = r_0$

$K = \dfrac{D_1 \Delta z_1}{D_1 \Delta z_1 + D_2 \Delta z_2}$, $K_v = \dfrac{D_v r_0^2}{(D_1 \Delta z_1 + D_2 \Delta z_2)\Delta z}$, $r_D = r/r_0$, $z_D = z/\Delta z$,

$\sigma = \dfrac{S_1 \Delta z_1}{S_1 \Delta z_1 + S_2 \Delta z_2}$, $t_D = \dfrac{(D_1 \Delta z_1 + D_2 \Delta z_2) t}{(S_1 \Delta z_1 + S_2 \Delta z_2) r_0^2}$, $\varepsilon = \dfrac{(D_1 \Delta z_1 + D_2 \Delta z_2) S \Delta z^2}{(S_1 \Delta z_1 + S_2 \Delta z_2) D_v r_0^2}$.

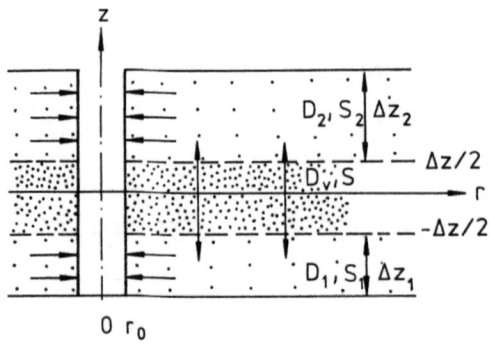

Bild 5.4. Geschichtetes Gebiet in Zylinderkoordinaten

Unter Verwendung dieser Größen ergeben sich die allgemeinen Lösungen des Problems

$$\bar{u}_{D1}(r_D, s) = B_1 \beta_1 K_0(r_D \mu_1) + B_2 \beta_2 K_0(r_D \mu_2) \quad (5.19\,a)$$

$$\bar{u}_{D2}(r_D, s) = B_1 \; K_0(r_D \mu_1) + B_2 \; K_0(r_D \mu_2) \quad (5.19\,b)$$

mit den Funktionen im $\mathcal{L}$-Bereich g und h nach (5.14a) sowie B_1, B_2 und $\mu_{1,2}^2$ nach (5.14b).

Die Funktionen $\bar{g}$ und $\bar{h}$ führen für kleine $\mathcal{L}$-Variable s, d.h. für große Zeiten $\left(t > \frac{\varepsilon}{2} \text{ oder } t > \frac{\Delta z^2}{2a}\right)$ im quasistationären Zustand auf

$$\bar{g} = \bar{h} = 1/s.$$

Im Abschnitt 5.1.1 erfolgte für kartesische Koordinaten eine separate Darstellung von Aufgaben unter Voraussetzung dieses Zustandes.

Zur Lösung des Problems können nun die Konstanten B_1 und B_2 in (5.19 a) und (5.19 b) für die betreffenden Randbedingungen bei $r = r_0$ bestimmt werden.

Randbedingungen 1.Art: Mit den Randbedingungen

$$u_1 = u_2 = u_0 \quad \text{bei} \quad r = r_0, t > 0$$

oder $\quad u_{D1} = u_{D2} = 1 \quad$ bei $\quad r_D = 1, t_D > 0$

ergeben sich die Lösungen im $\mathcal{L}$-Bereich

> Gleichungen (5.19 a) und (5.19 b) (5.20 a)
> (5.20 b)
> mit den Kostanten $B_1 = -\frac{1-\beta_2}{s(\beta_2-\beta_1) K_0(\mu_1)}$, $B_2 = \frac{1-\beta_1}{s(\beta_2-\beta_1) K_0(\mu_2)}$

Die Lösung ist für quasistationäre Austauschbedingung, d.h. für $\bar{g} = \bar{h} = 1/s$ in Bild 5.5 dargestellt.

Randbedingungen 1. und 2. Art: Bei Verwendung der Randbedingungen

$$\left.\begin{array}{l} u_1 = u_0 \\ \dfrac{\partial u_2}{\partial r} = 0 \end{array}\right\} \quad \text{bei } r = r_0, \; t > 0$$

erhält man die Lösungen im $\mathcal{L}$-Bereich

> Gleichungen (5.19 a) und (5.19 b) (5.21 a)
> (5.21 b)
> mit den Kostanten $B_1 = -\frac{1}{b} \mu_2 K_1(\mu_2)$, $B_2 = \frac{1}{b} \mu_1 K_1(\mu_1)$
> sowie $b = s\left[\beta_2 \mu_1 K_0(\mu_2) K_1(\mu_1) - \beta_1 \mu_2 K_0(\mu_1) K_1(\mu_2)\right]$

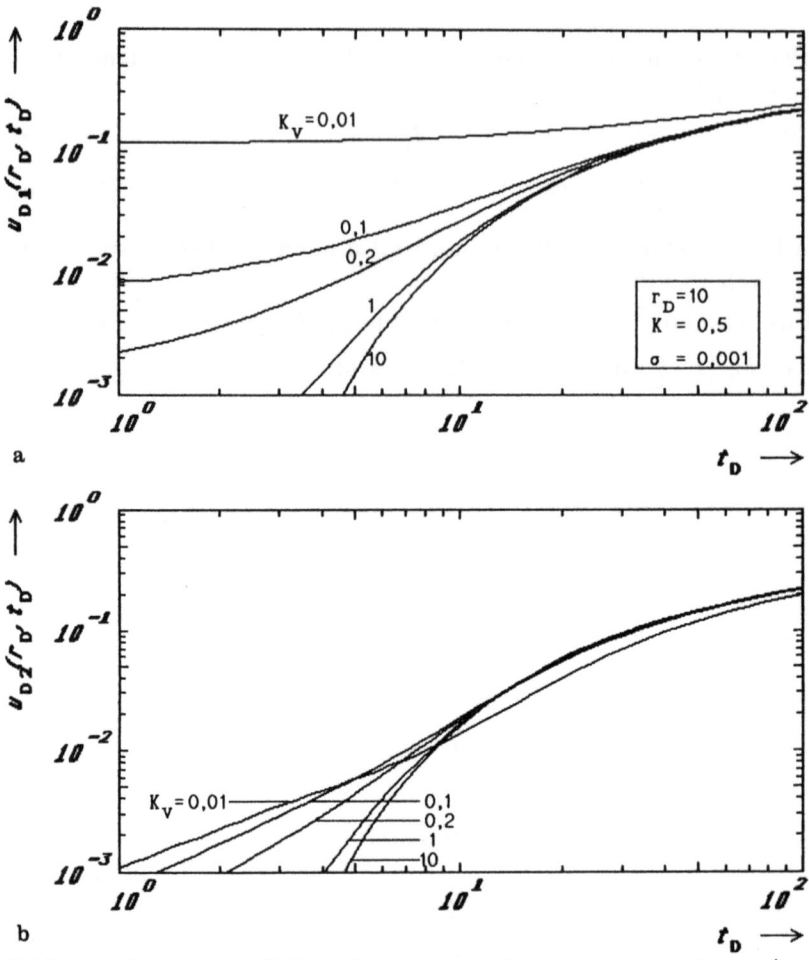

Bild 5.5. Lösung in Zylinderkoordinaten bei quasistationärem Austausch. a) für Schicht 1 und b) für Schicht 2 – Randbedingungen 1. Art bei $r=r_0$

Randbedingungen 2. Art: Für die Randbedingungen

$$\left. \begin{array}{c} u_1 = u_2 \\ r\left(D_1 \Delta z_1 \dfrac{\partial u_1}{\partial r} + D_2 \Delta z_2 \dfrac{\partial u_2}{\partial r}\right) = -\dfrac{Q_0}{2\pi} \end{array} \right\} \quad \text{bei } r = r_0, \; t > 0$$

mit $Q_0 = Q_{01} + Q_{02}$

ergeben sich die Lösungen im $\mathcal{L}$-Bereich

Gleichungen (5.19 a) und (5.19 b)	(5.22 a)
	(5.22 b)
mit den Konstanten $B_1 = -\dfrac{1}{b}(1-\beta_2)\,K_0(\mu_2),\; B_2 = \dfrac{1}{b}(1-\beta_1)\,K_0(\mu_1)$	
sowie $b = s\left[(1-\beta_1)(\beta_2 K+1-K)\mu_2\, K_0(\mu_1)\,K_1(\mu_2)\right.$	
$\left. -(1-\beta_2)(\beta_1 K+1-K)\mu_1\, K_0(\mu_2)\,K_1(\mu_1)\right]$	

Diese Lösungen sind für quasistationäre Austauschverhältnisse zwischen Schicht 1 und Schicht 2, d.h. für $\bar{g}=\bar{h}=1/s$, bei Bourdet [5.1] angegeben und für die gleichen Bedingungen auszugsweise in Bild 5.6 dargestellt.

Randbedingungen 2. Art können auch in folgender Form vorliegen:

$$u_1 = u_{01} \quad u_2 = u_{02}$$
$$D_1 \Delta z_1 \frac{\partial u_1}{\partial r} = -\frac{Q_{01}}{2\pi}, \quad \frac{\partial u_2}{\partial r} = 0 \quad \bigg\} \quad \text{bei } r = r_0, \ t > 0.$$

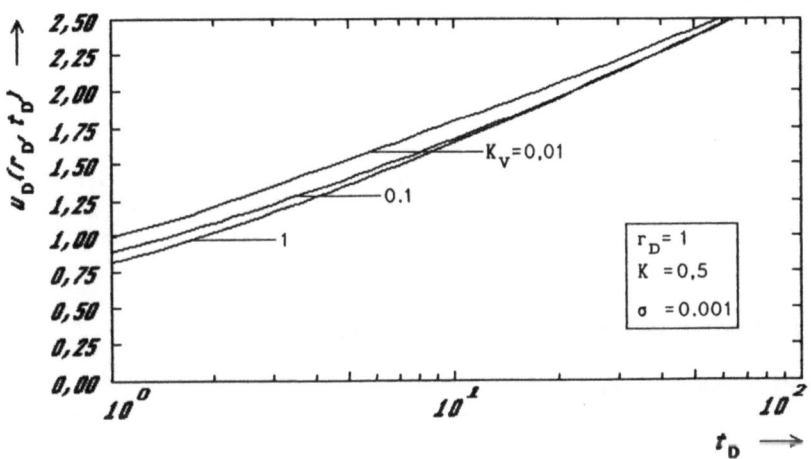

Bild 5.6. Lösung in Zylinderkoordinaten bei $r=r_0$ mit quasistationärem Austausch – Randbedingung 2. Art

Diese Randbedingungen führen auf folgende Lösungen im $\mathcal{L}$-Bereich (vgl. [5.2])

Gleichungen (5.19 a) und (5.19 b)	(5.23 a)
mit den Kostanten $B_1 = -\dfrac{1}{sK(\beta_2-\beta_1)\,\alpha_1 K_1(\mu_1)}$	(5.23 b)
$B_2 = -\dfrac{1}{sK(\beta_2-\beta_1)\,\mu_2 K_1(\mu_2)}$	

5.2 Aufgaben in geschichteten Gebieten mit gebietsweise geringen Leitfähigkeiten

Eine Reihe von praktischen Aufgaben ist dadurch gekennzeichnet, daß sich eine Hauptschicht mit guter Leitfähigkeit in Kontakt mit

Nebenschichten befindet, die vergleichsweise sehr geringe Leitfähigkeiten aufweisen. Eine derartige Konfiguration ist in Bild 5.7 schematisch dargestellt und führt dazu, daß der dominierende Vorgang in der Hauptschicht stattfindet und die Nebenschichten als orts- und zeitabhängige Quellen fungieren. Die Lösung solcher Aufgaben soll anschließend behandelt werden.

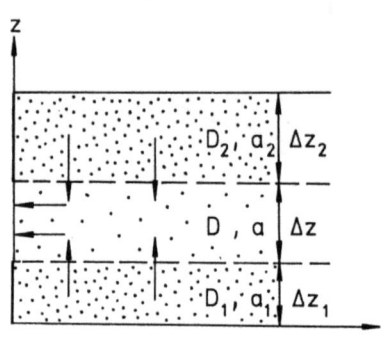

Bild 5.7. Geschichtetes Gebiet in kartesischen Koordinaten mit geringen Leitfähigkeiten in Schicht 1 und 2

5.2.1 Aufgaben in kartesischen Koordinaten

Randbedingung 1. Art:

Hauptschicht: Bild 5.7

DG: $\dfrac{\partial^2 u}{\partial x^2} - \dfrac{D_1}{D\Delta z}\dfrac{\partial u_1}{\partial z} + \dfrac{D_2}{D\Delta z}\dfrac{\partial u_2}{\partial z} = \dfrac{1}{a}\dfrac{\partial u}{\partial t}$, $x>0$ (5.24)

AB: $u = u_1 = u_2 = 0$ für $t=0$, $x>0$, $0 \le z \le \Delta z + \Delta z_1 + \Delta z_2$

RB: $u = u_0$ bei $x=0$, $t>0$

$u = 0$ bei $x=\infty$, $t>0$

Nebenschichten: für $x>0$, $t>0$

DG: $\dfrac{\partial^2 u_j}{\partial z^2} = \dfrac{1}{a_j}\dfrac{\partial u_j}{\partial t}$ $\begin{cases} j=1 : 0 \le z \le \Delta z_1 \\ j=2 : \Delta z_1 + \Delta z \le z \le \Delta z_1 + \Delta z + \Delta z_2 \end{cases}$

RB: $u_j = u$ bei $z = \Delta z_1$ für $j=1$

           bei $z = \Delta z_1 + \Delta z$ für $j=2$

$u_j = 0$ bei $z=0$ und $z = \Delta z + \Delta z_1 + \Delta z_2$ (Fall 1)

$\dfrac{\partial u_j}{\partial z} = 0$ bei $z=0$ und $z = \Delta z + \Delta z_1 + \Delta z_2$ (Fall 2)

$u_1 = 0$ bei $z=0$

$\dfrac{\partial u_2}{\partial z} = 0$ bei $z = \Delta z + \Delta z_1 + \Delta z_2$ (Fall 3)

Für die Nebenschichten erhält man aus den entsprechenden Lösungen, die im Kapitel 4 zu finden sind, die benötigten Beziehungen für die Quellterme im $\mathcal{L}$-Bereich

$$\frac{1}{D}(\bar{q_1}+\bar{q_2}) = \frac{D_1}{D\Delta z}\frac{\partial \bar{u}_1}{\partial z} - \frac{D_2}{D\Delta z}\frac{\partial \bar{u}_2}{\partial z} = \bar{g_i}\,\bar{u} \quad \text{mit } i=1,2,3.$$

Für die betrachteten Fälle haben die Funktionen $\bar{g_i}$ folgende Form:

Fall 1: $\quad \bar{g}_1 = \frac{1}{D\Delta z}\left[\, D_1\,p_1\coth(p\Delta z)_1 + D_2\,p_2\coth(p\Delta z)_2 \,\right] \quad$ (5.25)

Fall 2: $\quad \bar{g}_2 = \frac{1}{D\Delta z}\left[\, D_1\,p_1\tanh(p\Delta z)_1 + D_2\,p_2\tanh(p\Delta z)_2 \,\right] \quad$ (5.26)

Fall 3: $\quad \bar{g}_3 = \frac{1}{D\Delta z}\left[\, D_1\,p_1\coth(p\Delta z)_1 + D_2\,p_2\tanh(p\Delta z)_2 \,\right]. \quad$ (5.27)

Werden diese Quellterme in die Differentialgleichung der Hauptschicht eingesetzt, so erhält man

$$\frac{\partial^2 \bar{u}}{\partial x^2} = \bar{u}\,(p^2+\bar{g_i})$$

und unter Berücksichtigung der Randbedingung bei $x=0$ die Lösung im $\mathcal{L}$-Bereich

$$\bar{u}(x,s) = \frac{u_0}{s}\exp-\left(x\sqrt{p^2+\bar{g_i}}\right) \quad , \; i=1,2,3 \qquad (5.28)$$

mit $\bar{g_i}$ nach (5.25), (5.26) oder (5.27).
Die Zeitfunktionen sind für dieses Problem nicht vorhanden, so daß das numerische Inversionsverfahren von Stehfest anzuwenden ist. Das Ergebnis der Berechnung ist in Bild 5.8 für die dort angegebenen Parameter dargestellt. Außerdem ist es jedoch möglich, Näherungslösungen abzuleiten.

Näherungslösung für kleine Zeiten: Für kleine Zeiten, d.h. große Variable s, werden die Werte der Hyperbelfunktionen eins, so daß (5.28) für alle drei Fälle in die Form

$$\bar{u}(x,s) = \frac{u_0}{s}\exp-\left(\frac{x}{\sqrt{a}}\sqrt{s+b\sqrt{s}}\,\right)$$

mit $\qquad b = \frac{a}{D\Delta z}\left(\frac{D_1}{\sqrt{a_1}} + \frac{D_2}{\sqrt{a_2}}\right)$

übergeht. Die Rücktransformation mit den entsprechenden Korrespondenzen ergibt dann

$$u(x,t_D) = u_0 \int_{1/4t_D}^{\infty} \frac{e^{-v}}{\sqrt{\pi v}}\,\operatorname{erfc}\left[\frac{bx/\sqrt{a}}{4\sqrt{v(4vt_D-1)}}\right] dv$$

$$\text{mit } \quad t_D = at/x^2 \qquad\qquad\qquad (5.29)$$

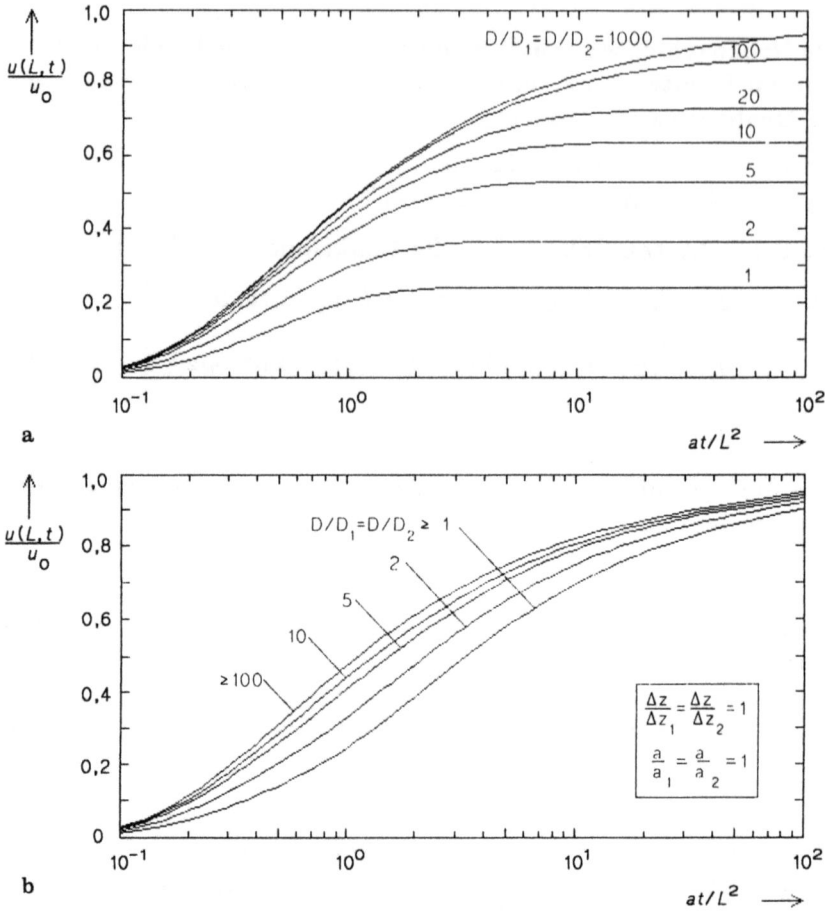

Bild 5.8. Lösungen eines geschichteten Gebietes nach Bild 5.7
– Randbedingung 1. Art bei $x=0$
a) Fall 1 : Randbedingungen 1. Art bei $z=0$ und $z = \Delta z_1 + \Delta z + \Delta z_2$
b) Fall 2 : Randbedingungen 2. Art bei $z=0$ und $z = \Delta z_1 + \Delta z + \Delta z_2$

Näherungslösung für große Zeiten: **Für kleine Variable s kann näherungsweise geschrieben werden**

$$y \coth y \approx 1 + y^2/3 \quad \text{und} \quad \tanh y \approx y,$$

so daß sich (5.28) umformen läßt zu

$$\bar{u}(x,s) = \frac{u_0}{s} \exp\left(-x \sqrt{\mu_i \frac{s}{a} + \beta_i}\right) \quad (5.30)$$

mit folgenden Größen für die betrachteten drei Fälle $i=1, 2, 3$:

Fall 1: $\mu_1 = 1 + \frac{a}{3D\Delta z}\left[\left(\frac{D\Delta z}{a}\right)_1 + \left(\frac{D\Delta z}{a}\right)_2\right]$, $\beta_1 = \frac{1}{D\Delta z}\left[\left(\frac{D}{\Delta z}\right)_1 + \left(\frac{D}{\Delta z}\right)_2\right]$ (5.31)

Fall 2: $\mu_2 = 1 + \frac{a}{D\Delta z}\left[\left(\frac{D\Delta z}{a}\right)_1 + \left(\frac{D\Delta z}{a}\right)_2\right]$, $\beta_2 = 0$ (5.32)

Fall 3: $\mu_3 = 1 + \frac{a}{D\Delta z}\left[\left(\frac{D\Delta z}{3a}\right)_1 + \left(\frac{D\Delta z}{a}\right)_2\right]$, $\beta_3 = \frac{D_1}{D\Delta z \Delta z_1}$. (5.33)

Die Rücktransformation mit den Korrespondenzen aus Anhang C führt auf

Fall 1 und 3:

$$u(x,t) = \frac{u_0}{2}\left[e^{-x\sqrt{\beta_i}}\operatorname{erfc}\left(\frac{x}{\sqrt{4at/\mu_i}} - \sqrt{\beta_i at/\mu_i}\right)\right.$$

$$\left. + e^{x\sqrt{\beta_i}}\operatorname{erfc}\left(\frac{x}{\sqrt{4at/\mu_i}} + \sqrt{\beta_i at/\mu_i}\right)\right] \quad (5.34)$$

mit $i=1$ für den Fall 1 und $i=3$ für den Fall 3

Fall 2:

$$u(x,t) = u_0 \operatorname{erfc}\frac{x}{\sqrt{4at/\mu_2}} \quad (5.35)$$

Weiterhin lassen sich Beziehungen für den Strom bei $x=0$ ableiten. Man erhält im $\mathcal{L}$-Bereich

$$\bar{Q}(0,s) = \frac{DA}{s}\sqrt{\mu_i \frac{s}{a} + \beta_i} \quad (5.36)$$

und im Zeitbereich

$$Q(0,t) = DA\left[\frac{1}{\sqrt{\pi at/\mu_i}}e^{-at\beta_i/\mu_i} + \sqrt{\beta_i}\left(1 - \operatorname{erfc}\sqrt{at\beta_i/\mu_i}\right)\right]. \quad (5.37)$$

Randbedingung 2. Art: Mit der Randbedingung

$$\frac{\partial u}{\partial x} = -\frac{Q_0}{DA} \qquad \text{bei} \quad x=0, \ t>0 \quad (5.38)$$

erhält man die Lösung im $\mathcal{L}$-Bereich

$$\bar{u}(x,s) = \frac{Q_0}{DA}\frac{1}{s\sqrt{p^2 + \bar{q}_i}}\exp\left(-x\sqrt{p^2 + \bar{q}_i}\right) \quad ,(\ i=1, 2, 3) \quad (5.39)$$

mit $\bar{g}_i$ für den jeweiligen Fall aus (5.25), (5.26) oder (5.27). Die vollständige Rücktransformation erfolgte wiederum numerisch und ist in Bild 5.9 für spezielle Parameter dargestellt.

Für kleine Zeiten lassen sich keine Näherungslösungen ableiten, jedoch ist dies für große Zeiten möglich.

Näherungslösung für große Zeiten: Für kleine Variable s erhält man im $\mathcal{L}$-Bereich

$$\bar{u}(x,s) = \frac{Q_0}{DA}\frac{1}{s\sqrt{\mu_i \frac{s}{a} + \beta_i}}\exp\left(-x\sqrt{\mu_i \frac{s}{a} + \beta_i}\right) . \quad (5.40)$$

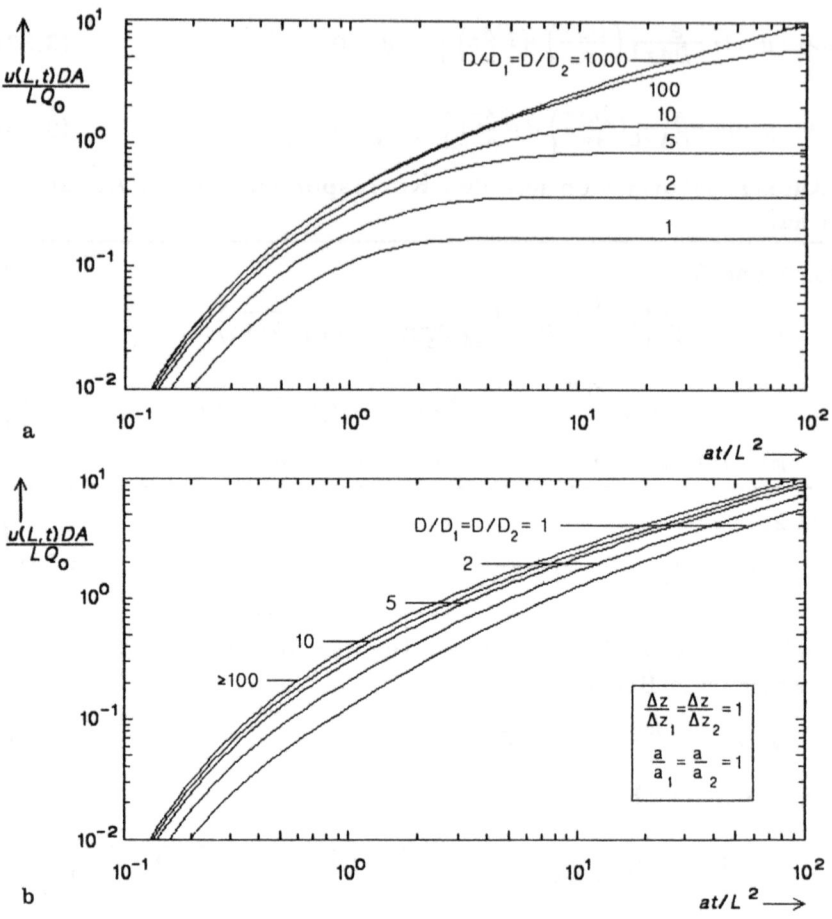

Bild 5.9. Lösung eines geschichteten Gebietes nach Bild 5.7
-Randbedingung 2. Art bei $x=0$
a) Fall 1 : Randbedingungen 1. Art bei $z=0$ und $z=\Delta z_1 + \Delta z + \Delta z_2$
b) Fall 2 : Randbedingungen 2. Art bei $z=0$ und $z=\Delta z_1 + \Delta z + \Delta z_2$

Mit den entsprechenden Korrespondenzen aus Anhang C ergeben sich die gesuchten Zeitfunktionen

Fall 1 und 3:
$$u(x,t) = \frac{Q_0}{2DA\sqrt{\beta_i}}\left[e^{-x\sqrt{\beta_i}}\mathrm{erfc}\left(\frac{x}{\sqrt{4at/\mu_i}} - \sqrt{\beta_i at/\mu_i}\right) + e^{x\sqrt{\beta_i}}\mathrm{erfc}\left(\frac{x}{\sqrt{4at/\mu_i}} + \sqrt{\beta_i at/\mu_i}\right)\right] \quad (5.41)$$

mit $i=1$ für den Fall 1 und $i=3$ für den Fall 3
sowie mit den μ_i und β_i aus (5.31) bzw. (5.33)

Fall 2:
$$u(x,t) = \frac{Q_0}{DA}\sqrt{at/\mu_2}\,\mathrm{int\ erfc}\,\frac{x}{\sqrt{4at/\mu_2}} \quad (5.42)$$

mit μ_2 aus (5.32)

5.2.2 Radialsymmetrische Aufgaben

Randbedingungen 1. Art:

Hauptschicht: Bild 5.10

DG: $\dfrac{\partial^2 u}{\partial r^2} + \dfrac{1}{r}\dfrac{\partial u}{\partial r} - \dfrac{D_1}{D\Delta}\dfrac{\partial u_1}{\partial z} + \dfrac{D_2}{D\Delta z}\dfrac{\partial u_2}{\partial z} = \dfrac{1}{a}\dfrac{\partial u}{\partial t}$, $r > r_0$

AB: $u = u_1 = u_2 = 0$ für $t=0$, $r > r_0$, $0 \leq z \leq \Delta z + \Delta z_1 + \Delta z_2$

RB: $u = u_0$ bei $r = r_0$, $t > 0$

     $u = 0$ bei $r = \infty$, $t > 0$

Nebenschichten: für $r > r_0$, $t > 0$

DG: $\dfrac{\partial^2 u_j}{\partial z^2} = \dfrac{1}{a}\dfrac{\partial u_j}{\partial t}$ $\left.\begin{array}{l} j = 1 : 0 \leq z \leq \Delta z_1 \\ j = 2 : \Delta z_1 + \Delta z \leq z \leq \Delta z_1 + \Delta z + \Delta z_2 \end{array}\right.$

RB: $u_j = u$ bei $z = \Delta z_1$ für $j=1$

                bei $z = \Delta z + \Delta z_1$ für $j=2$

    $u_j = 0$ bei $z = 0$ und $z = \Delta z + \Delta z_1 + \Delta z_2$ (Fall 1)

    $\dfrac{\partial u_j}{\partial z} = 0$ bei $z = 0$ und $z = \Delta z + \Delta z_1 + \Delta z_2$ (Fall 2)

    $u_1 = 0$ bei $z = 0$ (Fall 3)

    $\dfrac{\partial u_2}{\partial z} = 0$ bei $z = \Delta z + \Delta z_1 + \Delta z_2$ (5.43)

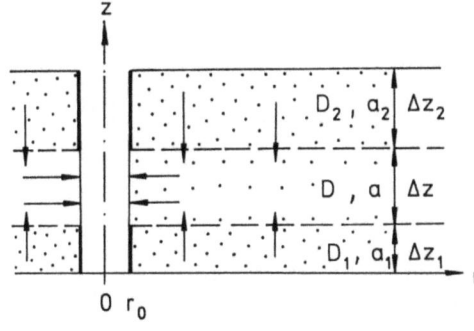

Bild 5.10. Geschichtetes Gebiet in Zylinderkoordinaten mit geringen Leitfähigkeiten in Schicht 1 und 2

Auf dem gleichen Wege, wie es im Abschnitt 5.2.1 ausführlich dargestellt wurde, ergibt sich für diese Aufgabenstellung folgende Lösung im $\mathcal{L}$-Bereich (vgl. [5.3]):

$$\bar{u}(r,s) = u_0 \dfrac{K_0\left(r\sqrt{p^2 + \bar{g}_i}\right)}{s K_0\left(r_0\sqrt{p^2 + \bar{g}_i}\right)} \quad \text{mit } i = 1, 2, 3. \qquad (5.44)$$

Für die betrachteten Fälle haben die Funktionen $\bar{g}_i$ die Form (5.25) bis (5.27).

Inverse analytische Funktionen sind für diese Probleme nicht verfügbar, so daß die numerische Inversion der gesamten Lösung erforderlich ist. In Bild 5.11 sind Ergebnisse dieser Berechnung für die Fälle 1 und 2 dargestellt. Für große Zeiten lassen sich jedoch brauchbare Näherungslösungen ableiten.

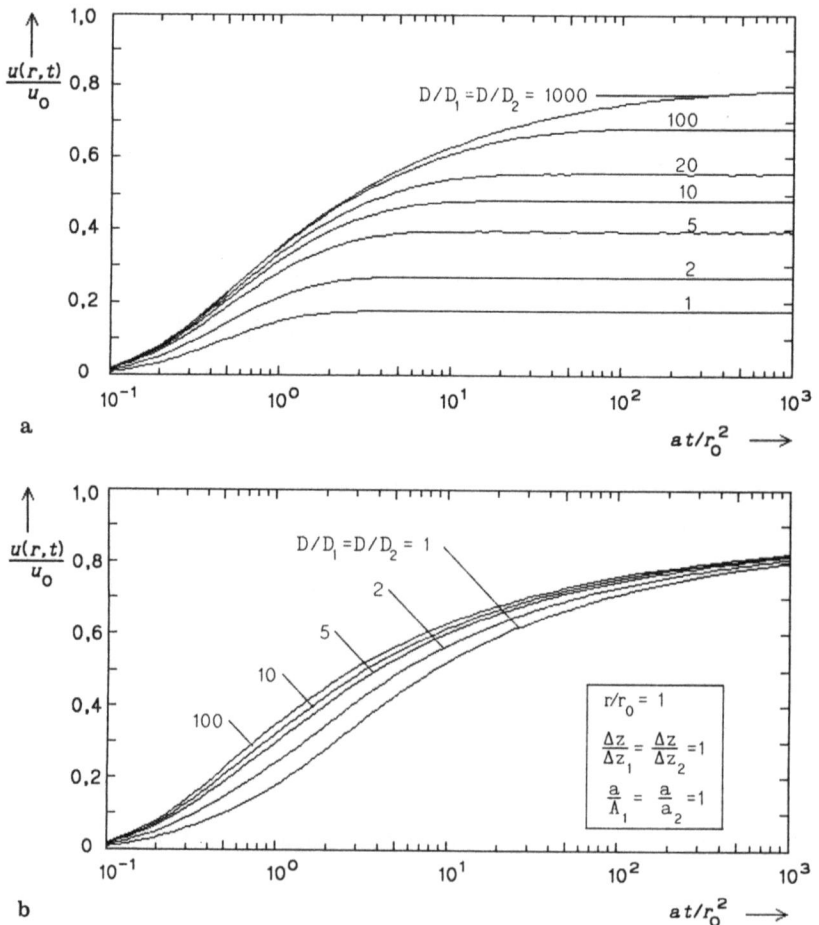

Bild 5.11. Lösung eines geschichteten Gebietes nach Bild 5.10
- Randbedingung 1. Art bei $r=r_0$
a) Fall 1 : Randbedingungen 1. Art bei $z=0$ und $z=\Delta z_1+\Delta z+\Delta z_2$
b) Fall 2 : Randbedingungen 2. Art bei $z=0$ und $z=\Delta z_1+\Delta z+\Delta z_2$

Näherungslösung für große Zeiten: Für kleine Variable s ergibt sich aus (5.44)

$$\bar{u}(r,s) = u_0 \frac{K_0\left(r\sqrt{\mu_i s/a + \beta_i}\right)}{s K_0\left(r_0\sqrt{\mu_i s/a + \beta_i}\right)} \tag{5.45}$$

mit den Größen μ_1, μ_2 und μ_3 nach Gl. (5.31) bis (5.33).

Die Lösungen im Zeitbereich ergeben sich bei Verwendung der entsprechenden Korrespondenzen und lauten für

Fall 1 und 3:

$$u(r_D, t_D) = u_0 Z\left(t_D/\mu_i, r_D, r_0 \beta_i\right) \tag{5.46}$$

mit $t_D = at/r_0^2$, $r_D = r/r_0$ und μ_i, β_i aus (5.31) bzw. (5.33)

Weiterhin kann genähert werden

$$u(r_D, t_D) = u_0 \frac{W\left(r_D^2 \mu_i/(4t_D), r_D r_0 \sqrt{\beta_i}\right)}{W\left(\mu_i/(4t_D), r_0 \sqrt{\beta_i}\right)} \quad \text{für } t_D r_0^2 \beta_i/\mu_i > 1. \tag{5.47}$$

Für den stationären Endzustand, d.h. für $t_D = \infty$, vereinfacht sich (5.47) zu

$$u(r_D, \infty) = u_0 K_0\left(r\sqrt{\beta_i}\right)/K_0\left(r_0\sqrt{\beta_i}\right) . \tag{5.48}$$

Für den Fall 2 erhält man mit Hilfe von Anhang C im Zeitbereich

Fall 2:

$$u(r_D, t_D) = u_0 A\left(t_D/\mu_2, r_D\right) \quad \text{mit } \mu_2 \text{ aus } (5.32) \tag{5.49}$$

Weiterhin ergibt sich aus (5.49)

$$u(r,t) = u_0 \frac{\text{Ei}\left(-r^2 \mu_2/(4at)\right)}{\text{Ei}\left(-r_0^2/(4at)\right)} \quad \text{für } at/r^2 > 500. \tag{5.50}$$

Aus (5.45) erhält man für den Strom bei $r = r_0$ im $\mathcal{L}$-Bereich für die Fälle 1 bis 3

$$\bar{Q}(r_0, s) = 2\pi \, D\Delta z \frac{r_0\sqrt{\mu_i s/a + \beta_i} \; K_1\left(r_0\sqrt{\mu_i s/a + \beta_i}\right)}{s K_0\left(r_0\sqrt{\mu_i s/a + \beta_i}\right)}$$

und mit Hilfe von Anhang C im Zeitbereich

$$Q(r_0, t_D) = 2\pi \, D\Delta z \; G\left(t_D/\mu_i, r_0\sqrt{\beta_i}\right)$$

mit den Größen μ_i und β_i aus (5.31) bis (5.33) für die Fälle 1 bis 3.

Randbedingungen 2. Art: Wird in (5.43) die Randbedingung 2. Art in der Form

$$r \frac{\partial u}{\partial r} = -\frac{Q_0}{2\pi D \Delta z} \quad \text{bei} \quad r=r_0, \quad t>0$$

zugrunde gelegt, so ergeben sich die Lösungen im $\mathcal{L}$-Bereich [5.3]

$$\bar{u}(r,s) = \frac{Q_0}{2\pi D \,\Delta z} \frac{K_0\left(r\sqrt{p^2+\bar{g}_i}\right)}{s\; r_0\sqrt{p^2+\bar{g}_i}\; K_1\left(r_0\sqrt{p^2+\bar{g}_i}\right)} \qquad (5.51)$$

mit $\bar{g}_i$ für den jeweiligen Fall aus (5.25) bis (5.27).

Die Rücktransformation von (5.51) erfolgt numerisch mit dem Verfahren von Stehfest (s. Abschnitt 2.3). Ergebnisse dieser Berechnung sind für die Fälle 1 und 2 in Bild 5.12 dargestellt. Weiterhin können Näherungslösungen abgeleitet werden.

Näherungslösung für kleine Zeiten: Für große Werte s erhält man mit den asymptotischen Beziehungen für die Hyperbelfunktionen (s. Abschnitt 5.2.1) und mit der Bedingung $r_0 \to 0$ (Linienquelle)

$$r_0\sqrt{p^2+\bar{g}_i}\; K_1\left(r_0\sqrt{p^2+\bar{g}_i}\right)=1$$

die Lösung im $\mathcal{L}$-Bereich

$$\bar{u}(r,s) = \frac{Q_0}{2\pi D \,\Delta z} K_0\left(r\sqrt{p^2+b\sqrt{s}}\right) \qquad (5.52)$$

mit $b = \frac{1}{D\Delta z}\left[\left(\frac{D}{\sqrt{a}}\right)_1 + \left(\frac{D}{\sqrt{a}}\right)_2\right]$

und mit der entsprechenden Korrespondenz aus Anhang C die Lösung im Zeitbereich

$$u(r,t) = \frac{Q_0}{2\pi D \Delta z} H\left(\frac{r^2}{4at}, \frac{r}{4}\sqrt{a}\,b\right) \qquad (5.53)$$

Näherungslösung für große Zeiten: Für kleine Werte s ergibt sich aus (5.51)

$$\bar{u}(r,s) = \frac{Q_0}{2\pi D \,\Delta z} \frac{K_0\left(r\sqrt{\mu_i s/a+\beta_i}\right)}{s\, r_0 \sqrt{\mu_i s/a+\beta_i}\; K_1\left(r_0 \sqrt{\mu_i s/a+\beta_i}\right)} \qquad (5.54)$$

mit den Größen μ_i und β_i aus (5.31) bis (5.33) für die Fälle 1 bis 3.

Die Rücktransformation ist mit der entsprechenden Korrespondenz aus Anhang C unter Annahme einer Linienquelle möglich, d.h. für $r_0 \to 0$ ist $r_0\sqrt{\mu p^2+\beta}\; K_1\left(r_0\sqrt{\mu p^2+\beta}\right)=1$ und ergibt für alle drei Fälle

$$u(r,t) = \frac{Q_0}{4\pi D \Delta z} W\left(\frac{r^2 \mu_i}{4at}, r\sqrt{\beta_i}\right) \qquad (5.55)$$

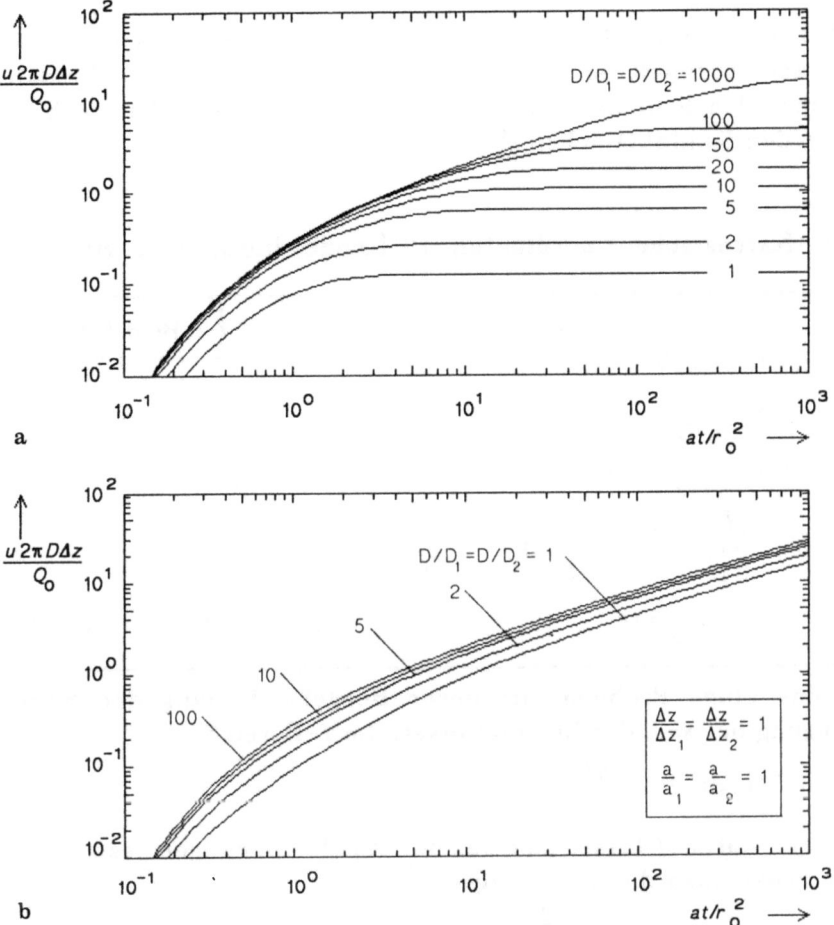

Bild 5.12. Lösung eines geschichteten Gebietes nach Bild 5.10
–Randbedingung 2. Art bei $r=r_0$
a) Fall 1 : Randbedingungen 1. Art bei $z=0$ und $z=\Delta z_1+\Delta z+\Delta z_2$
b) Fall 2 : Randbedingungen 2. Art bei $z=0$ und $z=\Delta z_1+\Delta z+\Delta z_2$

Im Fall 2 kann (5.55) mit $\beta_2=0$ auch in der Form

$$u(r,t) = -\frac{Q_0}{4\pi D \Delta z} \text{Ei}\left(-\frac{r^2 \mu_2}{4 a t}\right)$$

dargestellt werden.

5.3 Aufgaben in geschichteten Gebieten mit verhindertem Austausch zwischen den Schichten

In diesem Abschnitt wollen wir Gebiete betrachten, die aus mehreren Schichten mit unterschiedlichen Parametern zusammengesetzt

sind. Dabei soll im Gegensatz zu den Aufgaben, die in den vorhergehenden Abschnitten behandelt worden sind, keine Verbindung zwischen den Schichten über die Kontaktfläche bestehen, d.h. es gilt an den Kontaktflächen $\frac{\partial u}{\partial z} = 0$.

5.3.1 Kartesische Koordinaten mit Randbedingungen 2. Art

DG: $\frac{\partial^2 u_j}{\partial x^2} = \frac{1}{a_j}\frac{\partial u_j}{\partial t}$, $j=1, 2, \cdots, N$ Bild 5.13

AB: $u_j = 0$ für $t=0$, $x \geq 0$

RB: $u_j = u(0,t)$ bei $x=0$, $t>0$

$\sum_{j=1}^{N}(DA)_j \frac{\partial u_j}{\partial x} = -\sum_{j=1}^{N} Q_j = -Q_0$ bei $x=0$, $t>0$

$u_j = 0$ bei $x=\infty$, $t>0$ (5.56)

Für das obige Problem gilt unter Berücksichtigung der Randbedingung bei $x=\infty$ der Lösungsansatz im $\mathcal{L}$-Bereich

$$\bar{u}_j(x,s) = B_j\, e^{-p_j x}$$

Die Konstanten B_j lassen sich aus den Randbedingungen bestimmen. Dazu erhält man die Gleichungen

$$\bar{u}(0,s) = B_j \quad , \quad \sum_{j=1}^{N}(BDAp)_j = Q_0/s \quad .$$

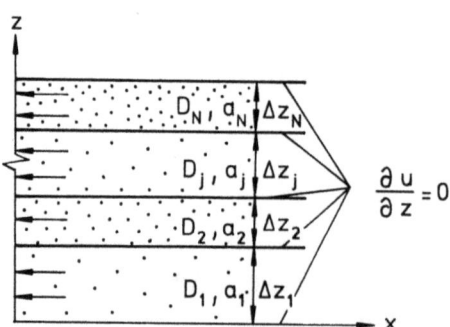

Bild 5.13. Mehrschichtgebiet in kartesischen Koordinaten mit verhindertem Austausch zwischen den Schichten

so daß sich folgende Lösungen im $\mathcal{L}$-Bereich ergeben:

$$\bar{u}_j(x,s) = \frac{Q_0}{\sum_{j=1}^{N}(DA/\sqrt{a})_j} \frac{e^{-p_j x}}{s\sqrt{s}} , \qquad (5.57)$$

$$\bar{Q}_j(0,s) = Q_0 \frac{(DA/\sqrt{a})_j}{s\sum_{j=1}^{N}(DA/\sqrt{a})_j} . \qquad (5.58)$$

Unter Verwendung der Korrespondenzen aus Anhang C erhält man schließlich die gesuchten Zeitfunktionen

$$u_j(x,t) = \frac{Q_0}{\sum_{j=1}^{N}(DA/\sqrt{a})_j} \sqrt{4t} \ \text{int erfc} \ \frac{x}{\sqrt{4a_j t}} \qquad (5.59)$$

und bei $x=0$

$$u(0,t) = \frac{Q_0}{\sum_{j=1}^{N}(DA/\sqrt{a})_j} \sqrt{4t/\pi}$$

$$Q_j(0,s) = Q_0 \frac{(DA/\sqrt{a})_j}{\sum_{j=1}^{N}(DA/\sqrt{a})_j} \qquad (5.60)$$

Wird in der Aufgabenstellung die *Randbedingung*

$$\frac{\partial u_j}{\partial x} = 0 \quad \text{bei} \quad x=L, \ t>0$$

verwendet, so ergeben sich die Lösungen im $\mathcal{L}$-Bereich

$$\bar{u}_j(x,s) = Q_0 \frac{\cosh p_j(L-x)}{s \cosh(p_j L) \sum_{j=1}^{N}(DAp)_j \tanh(p_j L)} , \qquad (5.61)$$

$$\bar{Q}_j(0,s) = Q_0 \frac{(DAp)_j \tanh(p_j L)}{\sum_{j=1}^{N}(DAp)_j \tanh(p_j L)} \qquad (5.62)$$

mit einem Doppel- bzw. Einfachpol bei $s=0$ und weiteren Einfachpolen bei $\sqrt{s_n} = \mu_n/i$, $s_n = -\mu_n^2$ sowie der Bestimmungsgleichung für die Eigenwerte μ_n

$$\sum_{j=1}^{N}(DA/\sqrt{a})_j \tanh\left(\mu L/\sqrt{a_j}\right) = 0 .$$

Die Rücktransformation erfolgt mit den entsprechenden Entwicklungssätzen von Heaviside und ergibt

Bild 5.14

$$u_j(x,t) = \frac{Q_0 L}{2\sum_{j=1}^{N}(DA/a)_j}\left[\frac{2t}{L^2} + \frac{(L-x)^2}{L^2 a} + \sum_{j=1}^{N}\frac{1}{a_j} - \frac{1}{a_j}\frac{\sum_{j=1}^{N}(DA/a)_j^2}{\sum_{j=1}^{N}(DA/a)_j}\right]$$

$$- 2Q_0\sum_{n=1}^{\infty}\frac{\cos\left[\mu_n(L-x)/\sqrt{a_j}\right] e^{-\mu_n^2 t}}{\mu_n \cos(\mu_n L/\sqrt{a_j})\sum_{j=1}^{N}\left[(DA/\sqrt{a})_j \tan(\mu_n L/\sqrt{a_j}) - \mu_n L/\sqrt{a_j}\right]}$$

(5.63)

$$Q_j(0,t) = Q_0 \frac{(DA/a)_j}{\sum_j (DA/a)_j} + \sum_{n=1}^{\infty}\frac{(DA/\sqrt{a})_j \tan(\mu_n L/\sqrt{a_j}) e^{-\mu_n^2 t}}{\sum_{j=1}^{N}\left[(DA/\sqrt{a})_j \tan(\mu_n L/\sqrt{a_j}) - \mu_n L/\sqrt{a_j}\right]}$$

(5.64)

Die Lösung für $u(0,t)$ läßt sich leicht aus (5.61) mit der Randbedingung $u_j(x,t) = u(0,t)$ bei $x=0$ ermitteln.

Im quasistationären Endzustand sind die Lösungen durch die jeweiligen Glieder vor der unendlichen Summe gegeben. Für hinreichend kleine Zeiten gelten dagegen die Lösungen des vorhergehenden Abschnittes.

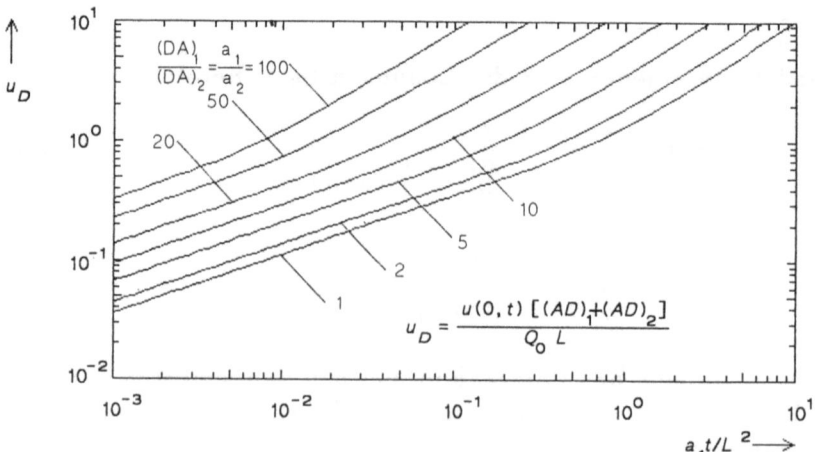

Bild 5.14. Lösung für ein beidseitig begrenztes Zweischichtgebiet in kartesischen Koordinaten – Randbedingung 2. Art bei $x=0$

5.3.2 Radialsymmetrische Aufgaben mit Randbedingungen 2. Art

Bild 5.15

$$DG: \frac{\partial^2 u_j}{\partial r^2} + \frac{1}{r}\frac{\partial u_j}{\partial r} = \frac{1}{a_j}\frac{\partial u_j}{\partial t} \quad , \quad j=1, 2, \cdots, N$$

AB: $u_j = 0$ \quad für $t=0$, $r_0 \leq r < \infty$

RB: $u_j = u(r_0, t)$ \quad bei $r = r_0$, $t > 0$

$$2\pi \sum_{j=1}^{N}(D\Delta z)_j r \frac{\partial u_j}{\partial r} = -\sum_{j=1}^{N} Q_j = -Q_0 \quad \text{bei} \quad r=r_0, \, t>0$$

$u_j = 0$ \quad bei $r=\infty$, $t>0$ \quad (5.65)

Die Lösung dieser Aufgabenstellung wurde von Horner (zitiert in [5.4]) abgeleitet und lautet im $\mathcal{L}$-Bereich

$$\bar{u}(r_0,s) = \frac{Q_0}{2\pi r_0 s}\left[\sum_{j=1}^{N}\frac{(D\Delta z p)_j K_1(r_0 p_j)}{K_0(r_0 p_j)}\right]^{-1} \quad (6.66)$$

$$\bar{u}_j(r,s) = \frac{K_0(r p_j)}{K_0(r_0 p_j)} \bar{u}(r_0,s) \quad (5.67)$$

$$\bar{Q}_j(r_0,s) = 2\pi r_0 (D\Delta z p)_j \frac{K_1(r_0 p_j)}{K_0(r_0 p_j)} \bar{u}(r_0,s) \quad (5.68)$$

Die Rücktransformation dieser Gleichungen liefert Zeitfunktionen in Form unendlicher Integrale. Da diese schwer zu berechnen sind, ist es zweckmäßig, numerische Inversionsverfahren anzuwenden. Der Charakter dieser Funktionen ermöglicht die Anwendung des Verfahrens von Stehfest.

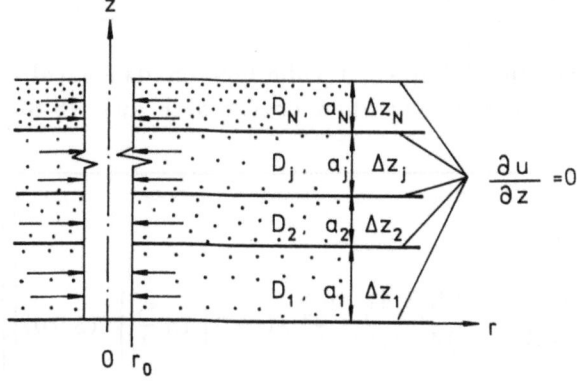

Bild 5.15. Mehrschichtgebiet in Zylinderkoordinaten mit verhindertem Austausch zwischen den Schichten

Setzt sich das gesamte Gebiet lediglich aus zwei Teilgebieten (Schichten) zusammen, d.h. $N=2$, so lassen sich jedoch brauchbare Näherungslösungen finden. Dazu werden die modifizierten Bessel-Funktionen in Potenzreihen entwickelt (s. Anhang B). Bei Verwendung des jeweils ersten Gliedes ergibt sich aus (5.68)

$$\bar{Q}(r_0,s) = Q_0 \frac{D_1 \Delta z_1}{s(D_1\Delta z_1 + D_2 \Delta z_2)} + \frac{D_1 \Delta z_1 D_2 \Delta z_2}{(D_1 \Delta z_1 + D_2 \Delta z_2)^2} \ln \frac{a_1}{a_2} \cdot \frac{1}{s \ln(s-b)}$$

$$\text{mit } b = -\frac{D_1 \Delta z_1 \ln[\gamma^2 r_0^2/(4a_2)] + D_2 \Delta z_2 \ln[\gamma^2 r_0^2/(4a_1)]}{D_1 \Delta z_1 + D_2 \Delta z_2}.$$

Die Rücktransformation erfolgt mit den Korrspondenzen aus Anhang C und führt dann schließlich auf

$$Q(r_0,t) = Q_0 \frac{D_1 \Delta z_1}{(D_1\Delta z_1 + D_2 \Delta z_2)} - \frac{D_1 \Delta z_1 D_2 \Delta z_2}{(D_1\Delta z_1+D_2\Delta z_2)^2} \ln \frac{a_1}{a_2} F(te^b)$$

$$\text{mit } F(te^b) = e^{(te^b)} - \int_0^\infty \frac{(te^b)^\nu}{\Gamma(\nu+1)} d\nu \qquad (5.69)$$

Tabelle 5.1. Werte der Funktion $F(te^b)$

te^b	$F(te^b)$	te^b	$F(te^b)$	te^b	$F(te^b)$	te^b	$F(te^b)$
1	0,452	$1\cdot 10^2$	0,1792	$1\cdot 10^4$	0,1003	$1\cdot 10^6$	0,0690
2	0,392	$2\cdot 10^2$	0,1608	$2\cdot 10^4$	0,0939	$2\cdot 10^6$	0,0659
4	0,337	$4\cdot 10^2$	0,1456	$4\cdot 10^4$	0,0883	$4\cdot 10^6$	0,0631
10	0,277	$1\cdot 10^3$	0,1291	$1\cdot 10^5$	0,0818	$1\cdot 10^7$	0,0597
20	0,240	$2\cdot 10^3$	0,1189	$2\cdot 10^5$	0,0775		
40	0,210	$4\cdot 10^3$	0,1101	$4\cdot 10^5$	0,0736		

Die Funktion $F(te^b)$ ist in Tabelle 5.1 tabellarisch dargestellt. Unter den gleichen Bedingungen wie oben ergibt sich aus (5.66) die Zeitfunktion

$$u(r_0,t) = \frac{Q_0}{4\pi(D_1\Delta z_1 + D_2 \Delta z_2)}$$

$$\times \left\{ \ln\frac{4a_1 t}{\gamma r_0^2} - \left[\frac{D_2 \Delta z_2}{D_1\Delta z_1 + D_2\Delta z_2} + \frac{D_1\Delta z_1 D_2 \Delta z_2 \ln\frac{a_1}{a_2}}{(D_1\Delta z_1 + D_2\Delta z_2)^2} F(te^b) \right] \ln\frac{a_1}{a_2} \right\} \quad (5.70)$$

Gilt in der Aufgabenstellung (5.65) am äußeren Rand die *Randbedingung*

$$\frac{\partial u_j}{\partial r}=0 \qquad r=R, \; t>0,$$

so ergeben sich nach [5.4] die Lösungen im $\mathcal{L}$-Bereich

$$\bar{u}(r_0,s)=\frac{Q_0}{2\pi r_0 s}\left[\sum_{j=1}^{N}(D\Delta z\,p)_j\,\frac{G_j(s)}{F_j(s)}\right]^{-1}, \qquad (5.71)$$

$$\bar{u}(r,s)=\frac{E_j(s)}{F_j(s)}\,\bar{u}(r_0,s), \qquad (5.72)$$

$$\bar{Q}_j(r_0,s)=2\pi r_0\,(D\Delta z\,p)_j\,\frac{G_j(s)}{F_j(s)}\,\bar{u}(r_0,s) \qquad (5.73)$$

mit $E_j(s) = K_0(r\,p_j)\,I_1(R\,p_j) + I_0(r\,p_j)\,K_1(R\,p_j)$,

$F_j(s) = K_0(r_0\,p_j)\,I_1(R\,p_j) + I_0(r_0\,p_j)\,K_1(R\,p_j)$,

$G_j(s) = K_1(r_0\,p_j)\,I_1(R\,p_j) - I_1(r_0\,p_j)\,K_1(R\,p_j)$.

Da die vollständige analytische Rücktransformation dieser Lösungen nicht praktikabel ist, wird das Inversionsverfahren von Stehfest angewendet. Ergebnisse der Berechnung sind in Bild 5.16 dargestellt. Außerdem können Näherungslösungen abgeleitet werden. Für kleine Zeiten gelten die für das einseitig begrenzte Gebiet abgeleiteten Näherungslösungen. Die Lösungen für große Zeiten, d.h. für den quasistationären Endzustand, ergeben sich durch Entwicklung der Bildfunktionen um den Pol $s=0$ mit

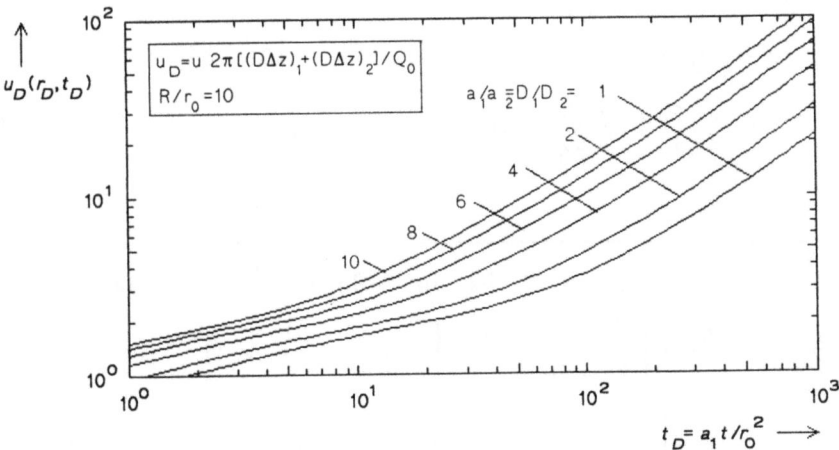

Bild 5.16. Lösung für ein beidseitig begrenztes Zweischichtgebiet in Zylinderkoordinaten – Randbedingung 2. Art bei $r=r_0$

anschließender Rücktransformation nach dem im Abschnitt 2.3 angegebenen Verfahren. Man erhält

$$u(r_0,t) = \frac{Q_0}{2\pi(R^2-r_0^2)} \sum_{j=1}^{N}\left(\frac{a}{D\Delta z}\right)_j$$

$$\times \left\{2t + \sum_{j=1}^{N}\left(\frac{a}{D\Delta z}\right)_j \sum_{j=1}^{N}\left(\frac{D\Delta z}{a^2}\right)_j \left[\frac{r_0^2-3R^2}{4} + \left(\frac{R^2 r_0^2}{R^2-r_0^2}+R^2\right)\ln\frac{R}{r_0}\right]\right\} \quad (5.74)$$

$$u_j(r,t) = \frac{Q_0}{2\pi(R^2-r_0^2)} \frac{1}{a_j \sum_{j=1}^{N}(S\Delta z)_j}$$

$$\times \left\{2a_j t + \frac{r^2}{2} - \frac{r_0^2+3R^2}{4} + \frac{R^2 r_0^2}{R^2-r_0^2}\ln\frac{R}{r_0} + R^2 \ln\frac{R}{r}\right\} \quad (5.75)$$

$$Q_j(r_0) = \frac{Q_0(S\Delta z)_j}{\sum_{j=1}^{N}(S\Delta z)_j} \quad (5.76)$$

5.3.3 Radialsymmetrische Aufgabe in einem beidseitig begrenzten Gebiet mit logarithmischer Anfangsbedingung

DG: $\dfrac{\partial^2 u_j}{\partial r^2} + \dfrac{1}{r}\dfrac{\partial u_j}{\partial r} = \dfrac{1}{a_j}\dfrac{\partial u_j}{\partial t}$, $j=1, 2, \cdots, N$ Bild 5.15

AB: $u_j = u_R - u_a \ln(R/r)$ für $t=0$, $r_0 \leq r \leq R$

RB: $u_j = u(r_0, t)$ bei $r=r_0$, $t>0$

$\sum_{j=1}^{N} r\dfrac{\partial u_j}{\partial r} = -\dfrac{1}{2\pi}\sum_{j=1}^{N}\left(\dfrac{Q}{D\Delta z}\right)_j = 0$ bei $r=r_0$, $t>0$

$u_j = u_R$ bei $r=R$, $t>0$ (5.77)

Die Aufgabenstellung (5.77) hat im $\mathcal{L}$-Bereich die Lösungen

$$\bar{u}(r_0,s) = \frac{u_a}{s} N\left[\sum_{j=1}^{N} r_0 P_j \frac{G_{1j}(s)}{F_{1j}(s)}\right]^{-1} + \frac{1}{s}\left[u_R - u_a \ln(R/r_0)\right] \quad , \quad (5.78)$$

$$\bar{u}_j(r,s) = \frac{E_{1j}(s)}{F_{1j}(s)}\left[\bar{u}(r_0,s) - \frac{1}{s}\left[u_R - u_a \ln(R/r_0)\right]\right] + \frac{1}{s}\left[u_R - u_a \ln(R/r)\right] , \quad (5.79)$$

$$\bar{Q}_j(r_0,s) = 2\pi(D\Delta z)_j\left\{\frac{u_a}{s} - r_0 P_j \frac{G_{1j}(s)}{F_{1j}(s)}\left[\bar{u}(r_0,s) - \frac{1}{s}\left[u_R - u_a \ln(R/r_0)\right]\right]\right\}. \quad (5.80)$$

mit $E_{1j}(s) = K_0(rp_j) \, I_0(Rp_j) - I_0(rp_j) \, K_0(Rp_j)$,

$F_{1j}(s) = K_0(r_0 p_j) \, I_0(Rp_j) - I_0(r_0 p_j) \, K_0(Rp_j)$,

$G_{1j}(s) = K_1(r_0 p_j) \, I_0(Rp_j) + I_1(r_0 p_j) \, K_0(Rp_j)$.

Bei der Rücktransformation wird in analoger Weise wie bei den vorangegangenen Beispielen verfahren. Darüber hinaus lassen sich wiederum Näherungslösungen ableiten. Für kleine Zeiten und zwei Schichten (N=2) ergeben sich im Zeitbereich (vgl. Abschn. 5.3.2)

$$u(r_0, t) = \frac{u_a}{2} \left\{ \ln \frac{4 a_1 t}{\gamma r_0^2} - \frac{1}{2} \ln \frac{a_1}{a_2} \left[1 + \ln \frac{a_1}{a_2} F(t e^b) \right] \right\} + u_R - \ln R / r_0 . \quad (5.81)$$

$$Q(r_0, t) = u_a \pi D_1 \Delta z_1 \ln \frac{a_1}{a_2} F(t e^b) \quad (5.82)$$

$$\text{mit} \quad b = \ln\left(\gamma^2 r_0^2 / 4 a_1\right) + \ln\left(\gamma^2 r_0^2 / 4 a_2\right)$$

Für große Zeiten, d.h. für den stationären Endzustand, erhält man dagegen

$$u(r_0, \infty) = u_R \qquad Q_j(r_0, \infty) = 0 \quad (5.83)$$

5.3.4 Kartesische Koordinaten in einem einseitig begrenzten Gebiet mit unterschiedlichen Anfangsbedingungen und Randbedingungen 2. Art

Bild 5.13

DG: $\dfrac{\partial^2 u_j}{\partial x^2} = \dfrac{1}{a_j} \dfrac{\partial u_j}{\partial t}$, $j=1, 2$.

AB: $\left. \begin{array}{l} u_1 = u_{a1} \\ u_2 = u_{a2} \end{array} \right\}$ für $t=0$, $x \geq 0$

RB: $u_1 = u_2$ bei $x=0$, $t>0$

$D_1 A_1 \dfrac{\partial u_1}{\partial x} + D_2 A_2 \dfrac{\partial u_2}{\partial x} = - \begin{cases} 0 \\ Q_0 \end{cases}$ $\begin{array}{l} \text{bei } x=0, \ 0 < t \leq t_0 \\ \text{bei } x=0, \quad t > t_0 \end{array}$

$\left. \begin{array}{l} u_1 = u_{a1} \\ u_2 = u_{a2} \end{array} \right\}$ bei $x=\infty$, $t>0$ (5.84)

Die obige Aufgabenstellung hat die Lösungen im $\mathcal{L}$-Bereich

$$\bar{u}_1(x,t) = \frac{u_{a1}}{s} + \left[Q_0 e^{-st_0} - (DAp)_2(u_{a1} - u_{a2})\right]\frac{e^{-p_1 x}}{sN} \qquad (5.85)$$

$$\bar{u}_2(x,t) = \frac{u_{a2}}{s} + \left[Q_0 e^{-st_0} + (DAp)_1(u_{a1} - u_{a2})\right]\frac{e^{-p_2 x}}{sN} \qquad (5.86)$$

mit $\qquad N = (DAp)_1 + (DAp)_2$.

Die Rücktransformation mit Hilfe der Korrespondenzen aus Anhang C ergibt

---

für $t \leq t_0$

$$u_1(x,t) = u_{a1} - (u_{a1} - u_{a2}) \frac{(DA/\sqrt{a})_2}{(DA/\sqrt{a})_1 + (DA/\sqrt{a})_2} \, \mathrm{erfc} \frac{x}{\sqrt{4a_1 t}} \qquad (5.87)$$

$$u_2(x,t) = u_{a2} + (u_{a1} - u_{a2}) \frac{(DA/\sqrt{a})_1}{(DA/\sqrt{a})_1 + (DA/\sqrt{a})_2} \, \mathrm{erfc} \frac{x}{\sqrt{4a_2 t}} \qquad (5.88)$$

und für $t > t_0$

$$u_1(x,t) = \left[\mathrm{Gl.}(5.87)\right] + \frac{Q_0 \sqrt{4(t-t_0)}}{(DA/\sqrt{a})_1 + (DA/\sqrt{a})_2} \, \mathrm{int\,erfc} \frac{x}{\sqrt{4a_1(t-t_0)}}$$
$$\qquad (5.89)$$

$$u_2(x,t) = \left[\mathrm{Gl.}(5.88)\right] + \frac{Q_0 \sqrt{4(t-t_0)}}{(DA/\sqrt{a})_1 + (DA/\sqrt{a})_2} \, \mathrm{int\,erfc} \frac{x}{\sqrt{4a_2(t-t_0)}}$$
$$\qquad (5.90)$$

Für den Strom bei $x=0$ erhält man im $\mathcal{L}$-Bereich

$$\bar{Q}_1(0,s) = \frac{(DA/\sqrt{a})_1}{s(DA/\sqrt{a})_1 + (DA/\sqrt{a})_2}\left[Q_0 e^{-st_0} - (u_{a1} - u_{a2})(DAp)_2\right]$$

und im Zeitbereich für $t \leq t_0$

$$Q_1(0,t) = -\frac{(DA/\sqrt{a})_1 (DA/\sqrt{a})_2}{(DA/\sqrt{a})_1 + (DA/\sqrt{a})_2} (u_{a1} - u_{a2}) \sqrt{4t/\pi} \; ,$$

$$Q_2(0,t) = -Q_1(0,t)$$

und für $t > t_0$

$$Q_1(0,t) = \frac{(DA/\sqrt{a})_1}{(DA/\sqrt{a})_1 + (DA/\sqrt{a})_2}\left[Q_0 - (u_{a1} - u_{a2})(DA/\sqrt{a})_2 \sqrt{4t/\pi}\right] \; ,$$

$$Q_2(0,t) = Q_0 - Q_1(0,t).$$

5.3.5 Radialsymmetrische Aufgabe in einem einseitig begrenzten Gebiet mit unterschiedlichen Anfangsbedingungen und Randbedingungen 2. Art

Bild 5.15

DG: $\dfrac{\partial^2 u_j}{\partial r^2} + \dfrac{1}{r}\dfrac{\partial u_j}{\partial r} = \dfrac{1}{a_j}\dfrac{\partial u_j}{\partial t}$, $j=1, 2.$

AB: $\left.\begin{array}{l} u_1 = u_{a1} \\ u_2 = u_{a2} \end{array}\right\}$ für $t=0,\ r \geq r_0$

RB: $u_1 = u_2$ bei $r = r_0,\ t > 0$

$r\left(D_1 \Delta z_1 \dfrac{\partial u_1}{\partial r} + D_2 \Delta z_2 \dfrac{\partial u_2}{\partial r}\right) = -\begin{cases} 0 & \text{bei } r=r_0,\ 0 < t \leq t_0 \\ Q_0/(2\pi) & \text{bei } r=r_0,\ t > t_0 \end{cases}$

$\left.\begin{array}{l} u_1 = u_{a1} \\ u_2 = u_{a2} \end{array}\right\}$ bei $r = \infty,\ t > 0$ (5.91)

Die Aufgabenstellung hat die Lösungen im $\mathcal{L}$-Bereich (vgl. Papadopulos [5.5])

$$\bar{u}_1(r,s) = \dfrac{u_{a1}}{s} + \left[\dfrac{Q_0}{2\pi r_0} e^{-st_0} K_0(r_0 p_2) - D_2 \Delta z_2 (u_{a1} - u_{a2}) p_2 K_1(r_0 p_2)\right] \dfrac{K_0(r p_1)}{sN}$$
(5.92)

$$\bar{u}_2(r,s) = \dfrac{u_{a2}}{s} + \left[\dfrac{Q_0}{2\pi r_0} e^{-st_0} K_0(r_0 p_1) + D_1 \Delta z_1 (u_{a1} - u_{a2}) p_1 K_1(r_0 p_1)\right] \dfrac{K_0(r p_2)}{sN}$$
(5.93)

mit $N = [D\Delta z p]_1 K_0(r_0 p_2) K_1(r_0 p_1) + [D\Delta z p]_2 K_0(r_0 p_1) K_1(r_0 p_2)$

Die Rücktransformation der oberen Lösungen führt auf unendliche Integrale, deren numerische Berechnung kompliziert ist. Aus diesem Grunde ist es zweckmäßiger, unmittelbar das numerische Inversionsverfahren von Stehfest (s. Abschnitt 2.3) anzuwenden. Ergebnisse dieser Berechnung sind in Bild 5.17 dargestellt.

Darüber hinaus lassen sich für kleine Werte von r_0 mit

$$K_0(r_0 p) \approx -\ln(\gamma r_0 p/2),\quad K_1(r_0 p) \approx \dfrac{1}{r_0 p}$$
(5.94)

folgende Näherungsbeziehungen ableiten:

$$\bar{u}_1(r,s) = \dfrac{u_{a1}}{s} - \left[\dfrac{Q_0 e^{-st_0}}{2\pi D_2 \Delta z_2}\left(1 + \dfrac{D_2 \Delta z_2 \ln(a_1/a_2)}{2(D_1 \Delta z_1 + D_2 \Delta z_2)\ln(\gamma r_0 b p_1/2)}\right)\right.$$

$$\left. - \dfrac{u_{a1} - u_{a2}}{\ln(\gamma r_0 b p_1/2)}\right] \dfrac{D_2 \Delta z_2 K_0(r p_1)}{(D_1 \Delta z_1 + D_2 \Delta z_2)s},$$

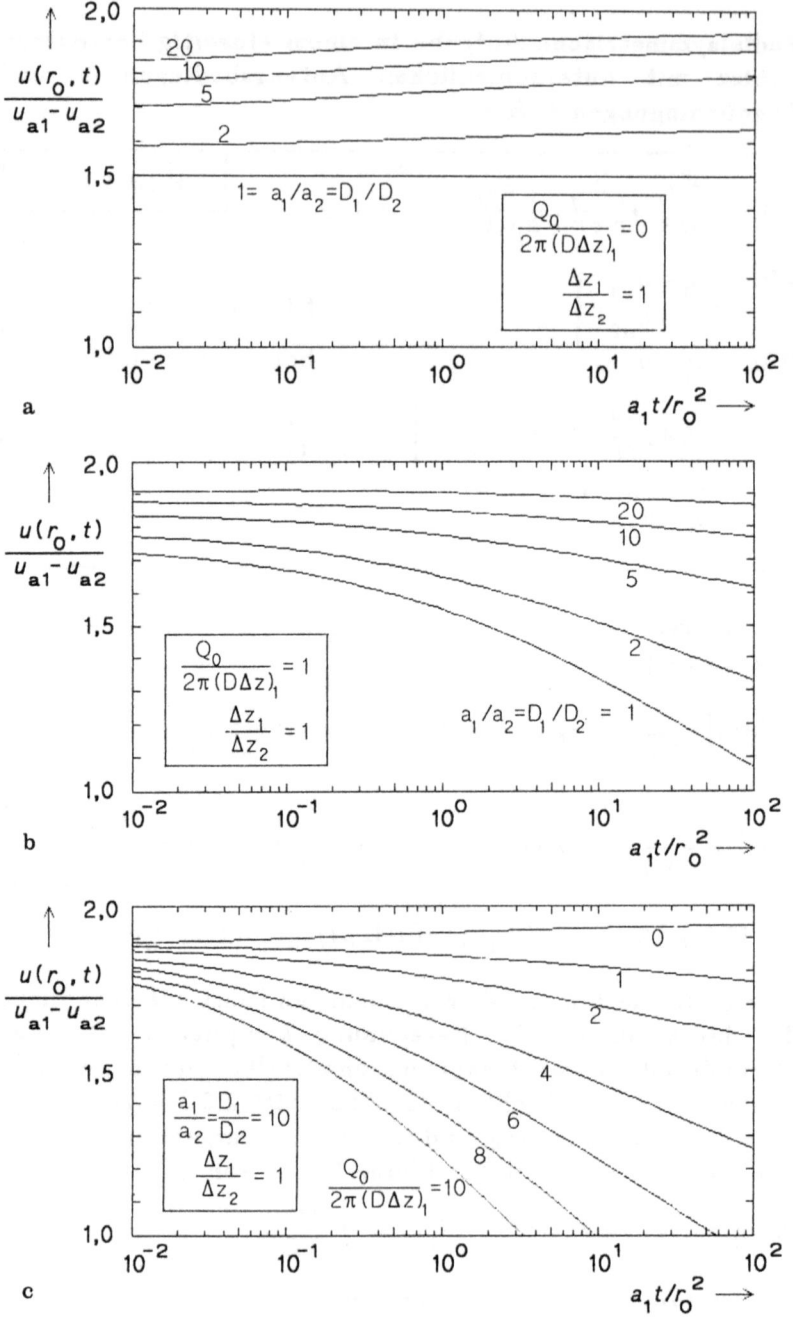

Bild 5.17. Lösungen für ein einseitig begrenztes Zweischichtgebiet mit unterschiedlichen Anfangsbedingungen $u_{a1}=2$ und $u_{a2}=1$ für $t_0=0$ – Randbedingungen 2. Art bei $r=r_0$

$$\bar{u}_2(r,s) = \frac{u_{a2}}{s} - \left[\frac{Q_0 e^{-st_0}}{2\pi D_1 \Delta z_1} \left(1 - \frac{D_1 \Delta z_1 \ln(a_1/a_2)}{2(D_1 \Delta z_1 + D_2 \Delta z_2) \ln(\gamma_0 b p_1/2)} \right) \right.$$
$$\left. + \frac{u_{a1} - u_{a2}}{\ln(\gamma_0 b p_1/2)} \right] \frac{D_1 \Delta z_1 K_0(rp_2)}{(D_1 \Delta z_1 + D_2 \Delta z_2) s}$$

mit $\quad b = \left(\frac{a_1}{a_2}\right)^{[D_1 \Delta z_1 / (2D_1 \Delta z_1 + 2D_2 \Delta z_2)]}$

Die Rücktransformation kann unter Berücksichtigung von (5.94) mit den Korrespondenzen aus Anhang C erfolgen und ergibt

---

für $t \leq t_0$

$$u_1(r,t) = u_{a1} - (u_{a1} - u_{a2}) \frac{D_2 \Delta z_2}{D_1 \Delta z_1 + D_2 \Delta z_2} A\left(t_{D1}/b^2, \frac{r}{r_0 b}\right) \quad (5.95)$$

$$u_2(r,t) = u_{a2} + (u_{a1} - u_{a2}) \frac{D_1 \Delta z_1}{D_1 \Delta z_1 + D_2 \Delta z_2} A\left(t_{D1}/b^2, \sqrt{\frac{a_1}{a_2}} \frac{r}{r_0 b}\right)$$
$$(5.96)$$

und für $t > t_0$

$$u_1(r,t) = [Gl.(5.95)] - \frac{Q_0}{4\pi(D_1 \Delta z_1 + D_2 \Delta z_2)} \left[Ei\left(-\frac{r^2}{4r_0^2 t_{D1}^*}\right) \right.$$
$$\left. + \frac{2 D_2 \Delta z_2 \ln(a_1/a_2)}{D_1 \Delta z_1 + D_2 \Delta z_2} A\left(t_{D1}^*/b^2, \frac{r}{r_0 b}\right) \right] \quad (5.97)$$

$$u_2(r,t) = [Gl.(5.96)] - \frac{Q_0}{4\pi(D_1 \Delta z_1 + D_2 \Delta z_2)} \left[Ei\left(-\frac{r^2}{4r_0^2 t_{D1}^*} \frac{a_1}{a_2}\right) \right.$$
$$\left. - \frac{2 D_1 \Delta z_1 \ln(a_1/a_2)}{D_1 \Delta z_1 + D_2 \Delta z_2} A\left(t_{D1}^*/b^2, \sqrt{\frac{a_1}{a_2}} \frac{r}{r_0 b}\right) \right] \quad (5.98)$$

mit $\quad t_{D1} = a_1 t / r_0^2 \quad$ und $\quad t_{D1}^* = a_1 (t - t_0)/r_0^2 \quad$.

Auf gleichem Wege erhält man für den Strom bei $r = r_0$ für $t \leq t_0$

$$Q_1(r_0, t) = -2\pi \frac{D_1 \Delta z_1 \, D_2 \Delta z_2}{D_1 \Delta z_1 + D_2 \Delta z_2} (u_{a1} - u_{a2}) \, G\left(t_{D1}/b^2\right) \quad (5.99)$$

und für $t > t_0$

$$Q_1(r_0, t) = [Gl.(5.99)]$$
$$- \frac{Q_0 D_1 \Delta z_1}{(D_1 \Delta z_1 + D_2 \Delta z_2)} \left[\exp\left(-\frac{1}{4t_{D1}^*}\right) - \frac{D_2 \Delta z_2 \ln(a_1/a_2)}{D_1 \Delta z_1 + D_2 \Delta z_2} G\left(t_{D1}^*/b^2\right) \right]. \quad (5.100)$$

Der Strom für die zweite Schicht ergibt sich dann für $t \leq t_0$ aus

$$Q_2(r_0, t) = - Q_1(r_0, t)$$

und für $t > t_0$

$$Q_2(r_0, t) = Q_0 - Q_1(r_0, t) \, .$$

5.4 Aufgaben in mehrdimensionalen Gebieten

Neben den vorhergehend behandelten Problemen in geschichteten Gebieten kann die zu lösende Aufgabe auch ein Gebiet betreffen, das zwar einheitliche Stoffwerte hat, an dem jedoch in mehr als einer Koordinatenrichtung Randbedingungen vorliegen. Geometrisch kann man sich die Entstehung derartiger mehrdimensionaler Gebiete als Schnitte von eindimensionalen Gebieten vorstellen, die senkrecht aufeinanderstehen. So läßt sich z.B. ein Würfel oder Quader geometrisch als Schnitt von drei beidseitig begrenzten Gebieten in kartesischen Koordinaten erzeugen.

Die Lösungen für diese Aufgabenstellungen erhält man durch Superposition von bekannten eindimensionalen Lösungen, wie sie in Kapitel 4 zusammengestellt sind. Wir werden an dieser Stelle die am häufigsten auftretenden Aufgaben mit gleichartigen Randbedingungen an allen Rändern behandeln. Treten unterschiedliche Randbedingungen an einzelnen Randabschnitten auf, so sind Lösungswege zu beschreiben, die in [5.6] angegeben sind.

5.4.1 Prinzipielle Formen der Lösungen

Am Beispiel einer Aufgabenstellung in kartesischen Koordinaten sollen hier die prinzipiellen Formen der Lösungen dargestellt werden. Man geht deshalb von der Differentialgleichung

$$\frac{\partial^2 u}{\partial x^2} + \frac{\partial^2 u}{\partial y^2} + \frac{\partial^2 u}{\partial z^2} = \frac{1}{a}\frac{\partial u}{\partial t} \qquad (5.101)$$

aus, die in Tab. 1.2 angegeben ist.

Randbedingungen 3. oder 1. Art: Für den Fall eines Quaders sei vorausgesetzt, daß an allen Oberflächenteilen die Randbedingung 3. Art mit gleichem Randwert u_R, jedoch unterschiedlichem Randbedingungskoeffizienten α gilt

$$\frac{D}{\alpha_{xO}}\frac{\partial u}{\partial x}=u-u_R \text{ bei } x=0 , \quad \frac{D}{\alpha_{xL}}\frac{\partial u}{\partial x}=u-u_R \text{ bei } x=L_x,$$

$$\frac{D}{\alpha_{yO}}\frac{\partial u}{\partial y}=u-u_R \text{ bei } y=0 , \quad \frac{D}{\alpha_{yL}}\frac{\partial u}{\partial y}=u-u_R \text{ bei } y=L_y, \quad (5.102)$$

$$\frac{D}{\alpha_{zO}}\frac{\partial u}{\partial z}=u-u_R \text{ bei } z=0 , \quad \frac{D}{\alpha_{zL}}\frac{\partial u}{\partial z}=u-u_R \text{ bei } z=L_z.$$

Dabei kann an einigen oder allen Rändern der Randbedingungskoeffizient α gegen unendlich gehen, so daß dann dort eine Randbedingung 1. Art vorliegt.

Betrachtet man vorerst jede Koordinatenrichtung für sich, so ergeben sich für den jeweils eindimensionalen Fall mit der Anfangsbedingung $u_a=0$ Lösungen, die die prinzipielle Form haben (vgl. Kapitel 4)

$$u(x,t) = u_R[1 - f(x,t)],$$
$$u(y,t) = u_R[1 - g(y,t)], \quad (5.103)$$
$$u(z,t) = u_R[1 - h(z,t)].$$

Es läßt sich nun nachweisen, daß unter den genannten Bedingungen

$$u(x,y,z,t) = u_R [1 - f(x,t) \, g(y,t) \, h(z,t)], \quad (5.104)$$

die allgemeine Lösngsfunktion für den dreidimensionalen Fall ist. Da in (5.104) die eindimensionalen Lösungsfunktionen aus Kapitel 4 bekannt sind, können in einfacher Weise die Lösungen für dreidimensionale Probleme ermittelt werden oder aus

$$u(x,y,t) = u_R [1 - f(x,t) \, g(y,t)] \quad (5.105)$$

sind die Lösungen für zweidimensionale Aufgaben zu ermitteln.

Randbedingungen 2. Art: Gelten an allen Oberflächenteilen des genannten Quaders Randbedingungen 2. Art in der Form

$$D\frac{\partial u}{\partial x} = -\left(\frac{Q}{A}\right)_{xO} \text{ bei } x=0, \quad D\frac{\partial u}{\partial x} = \left(\frac{Q}{A}\right)_{xL} \text{ bei } x=L_x,$$

$$D\frac{\partial u}{\partial y} = -\left(\frac{Q}{A}\right)_{yO} \text{ bei } y=0, \quad D\frac{\partial u}{\partial y} = \left(\frac{Q}{A}\right)_{yL} \text{ bei } y=L_y, \quad (5.106)$$

$$D\frac{\partial u}{\partial z} = -\left(\frac{Q}{A}\right)_{zO} \text{ bei } z=0, \quad D\frac{\partial u}{\partial z} = \left(\frac{Q}{A}\right)_{zL} \text{ bei } z=L_z,$$

so lassen sich mit der Anfangsbedingung $u_a = 0$ die Lösungen für den jeweiligen eindimensionalen Fall in der Form

$$u(x,t)= f(x,t), \quad u(y,t)= g(y,t), \quad u(z,t)= h(z,t), \quad (5.107)$$

darstellen. Durch örtliche Superposition dieser eindimensionalen Lösungen ergibt sich für das genannte dreidimensionale Problem folgende allgemeine Lösungsfunktion:

$$u(x,y,z,t) = f(x,t) + g(y,t) + h(z,t) . \quad (5.108)$$

Wird dagegen die Lösung für eine zweidimensionale Aufgabenstellung gesucht, so ist in (5.108) die eindimensionale Lösungsfunktion für die nicht vorhandene Koordinate zu streichen.

Die so an dem Beispiel eines Quaders abgeleiteten prinzipiellen Lösungsfunktionen gelten aber auch für Gebiete oder Körper, wie z.B. Zylinder oder Hohlzylinder, für die eindimensionale Lösungen in radialsymmetrischen und kartesischen Koordinaten zu benutzen sind.

5.4.2 Lösung für einen halbunendlichen Zylinder mit Randbebedingungen 1. Art an Grundfläche und Mantel

$$\text{DG:} \quad \frac{\partial u^2}{\partial r^2} + \frac{1}{r}\frac{\partial u}{\partial r} + \frac{\partial u^2}{\partial z^2} = \frac{1}{a}\frac{\partial u}{\partial t} \qquad \text{Bild 5.18}$$

AB: $u = 0$ für $t=0$, $0 \leq r \leq R$, $z \geq 0$

RB: $u = u_R$ bei $r=R$, $z=0$,
und $z=0$, $0 \leq r \leq R$, $t > 0$

$\frac{\partial u}{\partial r} = 0$ bei $r=0$, $t > 0$

$u = 0$ bei $z = \infty$, $0 \leq r \leq R$, $t > 0$ \qquad (5.109)

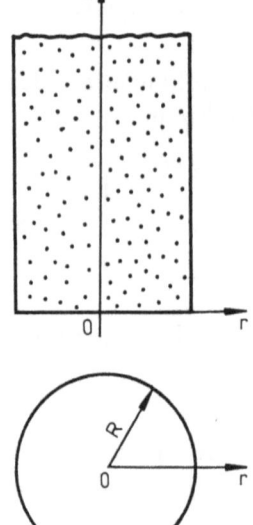

Bild 5.18. Lage des Koordinatensystems für einen halbunendlichen Zylinder

Zur Lösung dieses zweidimensionalen Problems benutzt man die eindimensionale Lösung für die z-Koordinate aus Abschnitt 4.1.1, Gl. (4.9)

$$u(z,t) = u_R \; \mathrm{erfc} \frac{z}{\sqrt{4at}} = u_R \left[1 - \mathrm{erf} \frac{z}{\sqrt{4at}}\right]$$

und für Zylinderkoordinaten aus Abschnitt 4.1.3, Gl. (4.38)

$$u(r,t) = u_R \left[1 - 2\sum_{n=1}^{\infty} \frac{J_0(\mu_n r/R)}{\mu_n J_1(\mu_n)} e^{-\mu_n^2 at/R^2}\right].$$

Werden nun diese Lösungen in (5.105) eingesetzt, so ergibt sich die vollständige Lösung des zweidimensionalen Problems

Bild 5.19

$$u(r,z,t) = u_R \left[1 - 2\sum_{n=1}^{\infty} \frac{J_0(\mu_n r/R)}{\mu_n J_1(\mu_n)} e^{-\mu_n^2 at/R^2} \mathrm{erf} \frac{z}{\sqrt{4at}}\right] \quad (5.110)$$

mit den Eigenwerten aus $J_0(\mu) = 0$ bzw. aus Gl. (B 18).

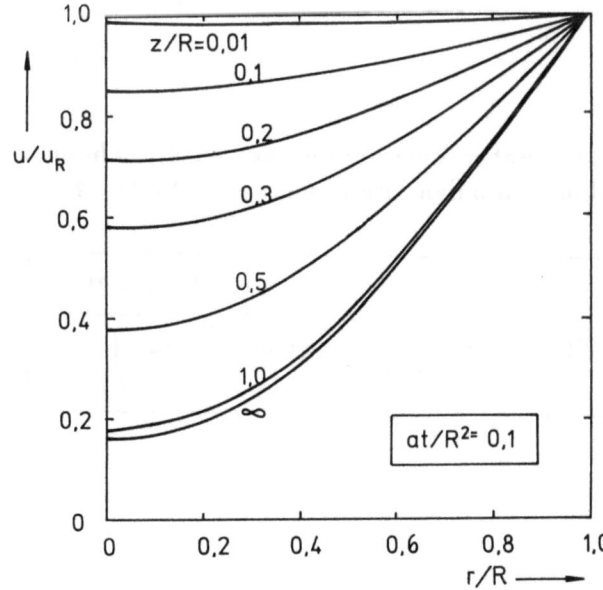

Bild 5.19. Verlauf der Lösung für einen halbunendlichen Zylinder –Randbedingungen 1. Art

5.4.3 Lösung für eine Ecke mit Randbedingungen 2. Art

		Bild 5.20
DG:	$\dfrac{\partial^2 u}{\partial x^2} + \dfrac{\partial^2 u}{\partial y^2} = \dfrac{1}{a}\dfrac{\partial u}{\partial t}$	
AB:	$u = 0$ für $t=0$, $x \geq 0$, $y \geq 0$	
RB:	$\dfrac{\partial u}{\partial x} = \dfrac{\partial u}{\partial y} = -\dfrac{Q_R}{DA}$ bei $x=y=0$, $t>0$	
	$u = 0$ bei $x=y=\infty$, $t>0$	(5.111)

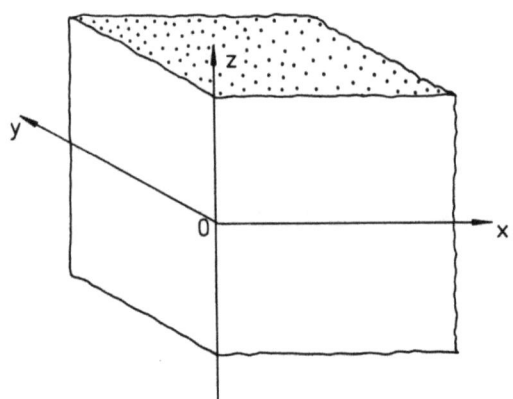

Bild 5.20. Lage einer Ecke in kartesischen Koordinaten

Die Nutzung von Gl.(5.108) unter Verwendung der entsprechenden Lösung für den eindimensionalen Fall aus Abschnitt 4.1.1, Gl.(4.15), führt auf

Bild 5.21

$$u(x,y,t) = \frac{Q_R}{DA}\sqrt{4at}\left[\operatorname{int\,erfc}\frac{x}{\sqrt{4at}} + \operatorname{int\,erfc}\frac{y}{\sqrt{4at}}\right] \quad (5.112)$$

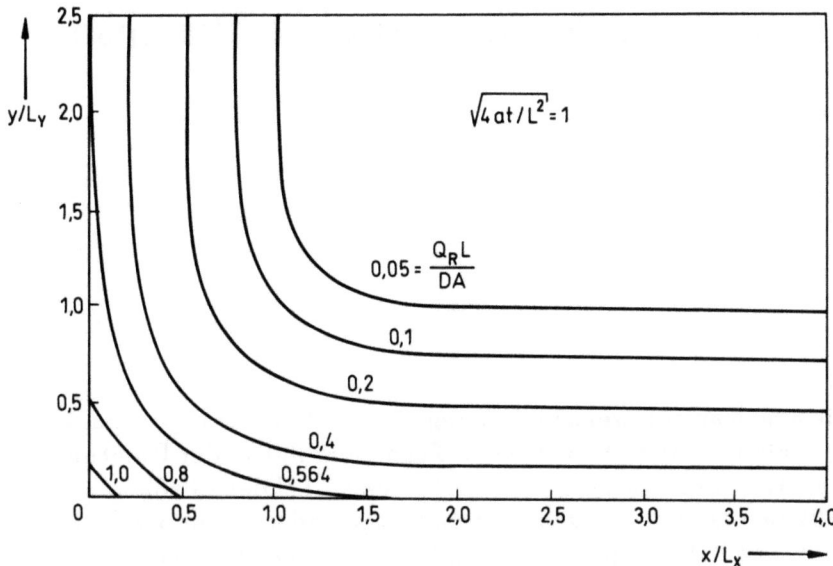

Bild 5.21. Verlauf der Lösung für eine Ecke mit Randbedingungen 2. Art ($L_x = L_y = L$ sind beliebig zu wählende Längen)

6 Eindimensionaler Wärme- und Stofftransport

In diesem Kapitel werden Lösungen der Transportgleichung auf Stromlinien behandelt, wobei der Transport nur in der Richtung der konvektiven Geschwindigkeit w erfolgen soll. Diese Problemgruppe umfaßt kartesische Aufgaben (geradlinige und krummlinige x-Koordinate), radialsymmetrische und kugelsymmetrische Aufgaben (r-Koordinate).

6.1 Aufgaben in kartesischen Koordinaten in einseitig begrenzten bzw. unendlichen Gebieten

Die Mehrzahl der Transportprobleme ist durch eine dominierende Konvektion gekennzeichnet, so daß die Randbedingung am Ausströmungsrand physikalisch untergeordnete Bedeutung besitzt (s. Abschn. 1.9.3). Eine gute Näherung ist die Annahme, daß das Gebiet unendlich lang erstreckt sei und der Ausströmungsrand selbst unendlich weit vom Einströmungsrand entfernt liege [6.1].

6.1.1 Randbedingungen 1. Art

Als erstes Problem dieser Gruppe betrachten wir den Transport ohne Quellen bei zeitlich konstanter Randbedingung. Die Aufgabe wurde bereits in Abschn. 3.5 behandelt.

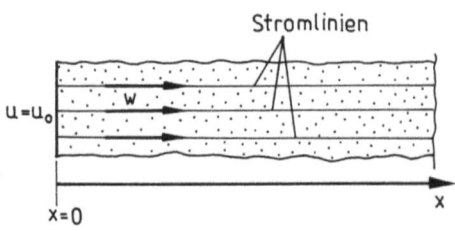

Bild 6.1. Eindimensionaler Transportraum

> DG: $D \dfrac{\partial^2 u}{\partial x^2} - w \dfrac{\partial u}{\partial x} - k u = S \dfrac{\partial u}{\partial t}$ **Bild 6.1**
>
> AB: $u = u_a = 0 \quad$ für $t = 0$ und $x > 0$
>
> RB: $u = u_0 \quad\quad$ bei $x = 0$ und $t > 0$
>
> $\quad\quad |u| = u_L < \infty \quad$ bei $x = \infty$ und $t > 0$ $\hfill (6.1)$

Die Laplace-Transformation führt analog (3.76) auf

$$D \frac{d^2 \overline{u}}{dx^2} - w \frac{d\overline{u}}{dx} - (k + S s) \overline{u} = 0. \tag{6.2}$$

Diese Gleichung ist nur mit (3.76) identisch, wenn man eine Zeitvariable $t' = t/S$ einführt, wodurch die Laplace-Transformation nicht mehr über der Zeit t, sondern über t' erfolgt und eine Laplace-Variable $s' = s \times S$ entsteht:

$$\overline{u}(x,s') = \int_0^\infty e^{-s't'} u(x,t') \, dt'.$$

Die direkte Nutzung der Korrespondenzformeln in Anhang C wird oft durch diese kleine Umformung erleichtert. Durch $s' = s \times S$ ergibt sich (6.2) zu

$$D \frac{d^2 \overline{u}}{dx^2} - w \frac{d\overline{u}}{dx} - (k + s') \overline{u} = 0.$$

Die Lösung finden wir in Gl. (2.8) für $q \equiv 0$:

$$\overline{u}(x,s') = B_1 e^{\mu_1' x} + B_2 e^{\mu_2' x}$$

mit

$$\mu_{1,2}' = \frac{1}{2D} \left(w \mp \sqrt{w^2 + 4D(k + s')} \right)$$

und unter Einbeziehung der Randbedingungen

$$\overline{u}(x,s') = \frac{u_0}{s'} e^{\mu_1' x}.$$

Mit Hilfe der Korrespondenztabellen in Anhang C findet man die Lösung im Originalbereich zu:

$$u(x,t') = \frac{u_0}{2}$$
$$\times \left(e^{\frac{x(w-v)}{2D}} \operatorname{erfc} \frac{x - v t'}{\sqrt{4 D t'}} + e^{\frac{x(w+v)}{2D}} \operatorname{erfc} \frac{x + v t'}{\sqrt{4 D t'}} \right)$$

mit

$$v = \sqrt{w^2 + 4Dk}$$

Ersetzt man $t' = t/S$, dann ergibt sich die Formel zu

$$u(x,t) = \frac{u_0}{2}$$
$$\times \left(e^{\frac{x(w-v)}{2D}} \operatorname{erfc} \frac{x - vt/S}{\sqrt{4Dt/S}} + e^{\frac{x(w+v)}{2D}} \operatorname{erfc} \frac{x + vt/S}{\sqrt{4Dt/S}} \right)$$

oder

$$u(x,t) = u_0 P_0(x, t/S, v) \text{ mit } v = \sqrt{w^2 + 4Dk} \qquad (6.3)$$

Bild 6.2

die bereits in [6.2] angegeben wurde. Die komplementäre Fehlerfunktion erfc(x) ist im Anhang B definiert. Man beachte, daß die Kopplung der Exponential- mit der Fehlerfunktion in Gl.(6.3) in der Regel nur dann numerisch auswertbar ist, wenn sie als neue Funktion zweier Veränderlicher erc(a,b) = erfc(a)×exp(b) berechnet wird (s. Anhang B).

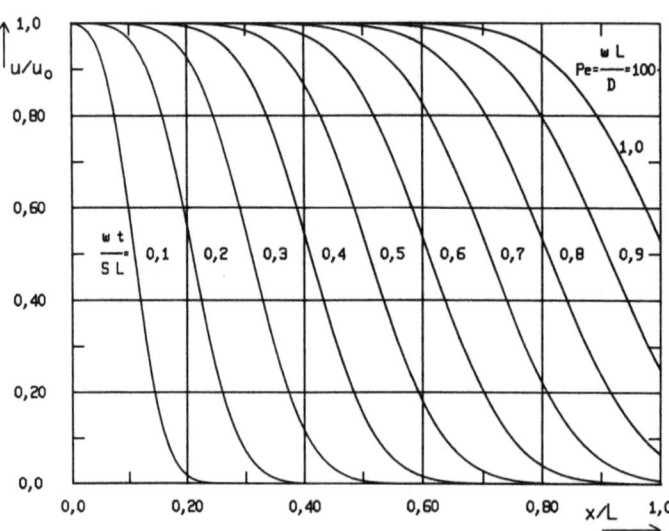

a

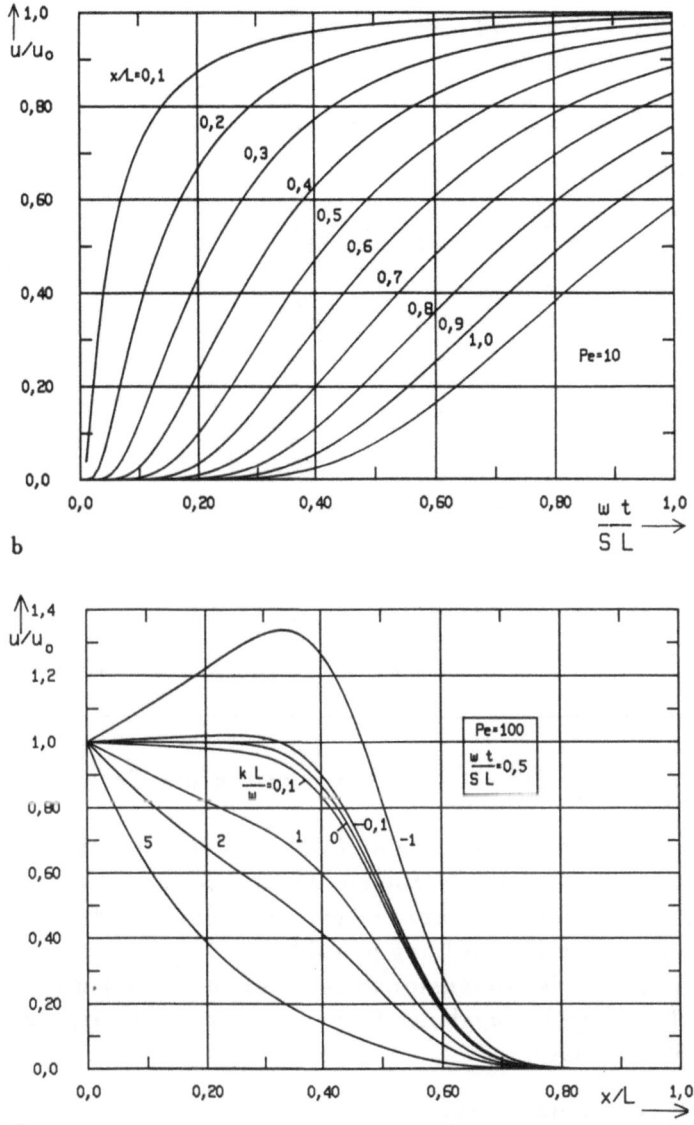

Bild 6.2. Lösung für konstante Randbedingung 1.Art nach Gl.(6.3)
a) in Abhängigkeit vom Ort x/L und der Zeit $wt/(SL)$ bei $Pe=100$ und $k=0$
b) in Abhängigkeit von der Zeit $wt/(SL)$ und dem Ort x/L bei $Pe=10$ und $k=0$
c) in Abhängigkeit vom Ort x/L und der Abbauzahl kL/w bei $Pe=100$ und $wt/(SL)=0,5$
(L ist dabei eine beliebige Bezugslänge, z.B. die maximale x-Koordinate)

Die Funktion $P_0(x,t/S,v)$ und weitere häufig gebrauchte spezielle Funktionen sind wie folgt definiert:

$$P_0(x,t/S,v) = \frac{1}{2}\left(P_{0-}(x,t/S,v) + P_{0+}(x,t/S,v)\right)$$

$$P_{0-}(x,t/S,v) = e^{\frac{x(w-v)}{2D}}\, \text{erfc}\, \frac{x-vt/S}{\sqrt{4Dt/S}}$$

$$P_{0+}(x,t/S,v) = e^{\frac{x(w+v)}{2D}}\, \text{erfc}\, \frac{x+vt/S}{\sqrt{4Dt/S}}$$

$$P_t(x,t/S,v) = \frac{1}{2}\left[\left(\frac{t}{S} - \frac{x}{v}\right) P_{0-}(x,t/S,v) + \left(\frac{t}{S} + \frac{x}{v}\right) P_{0+}(x,t/S,v)\right]$$

$$P_Q(x,t/S,v) = \frac{1}{k}\left[\left(1 - P_0(x,t/S,v)\right) - e^{-kt/S}\left(1 - P_0(x,t/S,w)\right)\right] \quad \text{für } k \neq 0$$

$$P_Q(x,t/S,v) = \frac{t}{S} - P_t(x,t/S,w) \qquad \text{für } k = 0 \qquad (6.4)$$

Als konstante Parameter dieser Funktionen gelten die Größen w, D und k.

Die graphische Darstellung der Lösung (6.3) soll, wie in Bild 6.2, in dimensionslosen Koordinaten erfolgen. Da die Konvektion zumeist gegenüber der Konduktion überwiegt, wird eine auf die Geschwindigkeit w bezogene Darstellung gewählt.

Es ist sinnvoll, folgende dimensionslose Größen zu definieren (L ist dabei eine beliebige Bezugslänge im betrachteten Gebiet, z.B. die maximale x-Koordinate):

- dimensionslose Koordinate: $x_D = \frac{x}{L}$,
- dimensionslose Zeit: $t_D = \frac{wt}{SL}$,
- dimensionslose Lösung: $u_D(x_D, t_D) = \frac{u(x,t) - u_a}{u_0 - u_a}$,
- Peclet-Zahl: $Pe = \frac{wL}{D}$,
- dimensionslose Abbau- oder Zerfallszahl: $k_D = \frac{kL}{w}$.

Die Aufgabenstellung (6.1) lautet dann

$$\text{DG: } \frac{1}{Pe} \frac{\partial^2 u_D}{\partial x_D^2} - \frac{\partial u_D}{\partial x_D} - k_D u_D = \frac{\partial u_D}{\partial t_D}$$

AB: $u_D = 0$ \quad für $t_D = 0$ und $x_D > 0$

RB: $u_D = 1$ \quad bei $x_D = 0$ und $t_D > 0$

$|u_D| = u_L < \infty$ bei $x_D = \infty$ und $t_D > 0$ \hfill (6.1a)

mit der Lösung

$u_D(x_D, t_D) =$ \hfill Bild 6.2

$$\frac{1}{2} \left[\exp\left(\frac{x_D}{2}(Pe - \widetilde{Pe})\right) \text{erfc} \frac{x_D - \widetilde{Pe}\, t_D/Pe}{\sqrt{4 t_D/Pe}} \right.$$

$$\left. + \exp\left(\frac{x_D}{2}(Pe + \widetilde{Pe})\right) \text{erfc} \frac{x_D + \widetilde{Pe}\, t_D/Pe}{\sqrt{4 t_D/Pe}} \right]$$

mit

$\widetilde{Pe} = Pe \sqrt{1 + 4 k_D/Pe}$ \hfill (6.3a)

Die Lösung (6.3) besitzt für $\dfrac{x - vt/S}{\sqrt{4Dt/S}} < -1{,}3$ die Näherung

$u(x,t) = \dfrac{u_0}{2} e^{\frac{x(w-v)}{2D}} \text{erfc} \dfrac{x - vt/S}{\sqrt{4Dt/S}}$ \hfill Bild 6.2

mit $v = \sqrt{w^2 + 4Dk}$ \hfill (6.5)

(Fehler kleiner 3%) und die stationäre Lösung

$$u(x) = u_0\, e^{\frac{x(w-v)}{2D}}$$

Der transportierte Wärme- bzw. Stoffstrom $Q_A(x,t)$ ergibt sich aus Gl. (1.91) und ist am Rand ($x = 0$)

$Q_A(x=0, t) =$ \hfill Bild 6.3

$\dfrac{u_0}{2}\left[(w+v) - v\, \text{erfc} \sqrt{\dfrac{v^2 t}{4DS}} + \sqrt{\dfrac{4DS}{\pi t}}\, \exp\left(-\dfrac{v^2 t}{4DS}\right)\right]$ (6.6)

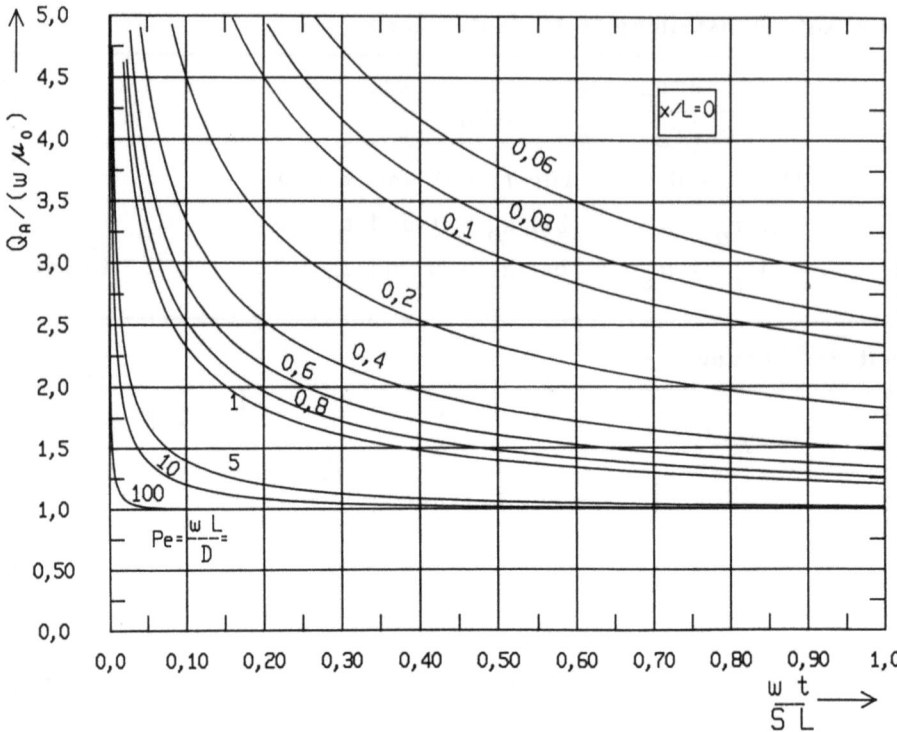

Bild 6.3. Zeitlicher Verlauf des Randstromes bei $x=0$ für Randbedingung 1.Art nach Gl.(6.6) (weitere Zahlenwerte: $k=q=0$)

Eine mit der Aufgabenstellung (6.1) durchaus physikalisch vergleichbare Aufgabenstellung betrachtet den Transportprozeß im linear unendlichen Raum nach Bild 6.4:

$$DG:\ D\frac{\partial^2 u}{\partial x^2} - w\frac{\partial u}{\partial x} = S\frac{\partial u}{\partial t}$$

Bild 6.4

$$AB:\ \begin{array}{ll} u = u_0 & \text{für } -\infty < x < 0 \\ u = u_0/2 & \text{für } x = 0 \\ u = 0 & \text{für } 0 < x < \infty \end{array} \Biggr\} \text{ und } t = 0$$

$$RB:\ \begin{array}{ll} u = u_0 & \text{bei } x = -\infty \\ u = 0 & \text{bei } x = \infty \end{array} \Biggr\} \text{ und } t > 0$$

(6.7)

Die Aufgabe wird näherungsweise dadurch gelöst, daß eine bewegte Koordinate

$$\xi = x - wt/S$$

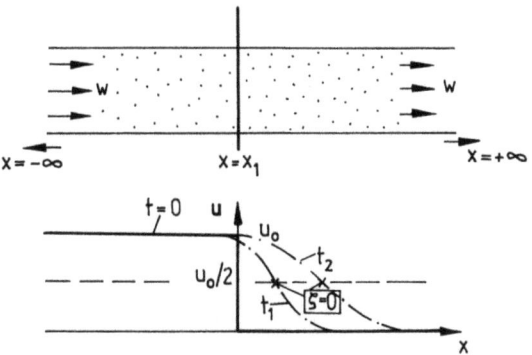

Bild 6.4. Unendlich ausgedehnter, eindimensionaler Transportraum mit stufenförmiger Anfangsbedingung ($\xi = x - wt/S$, $0 < t_1 < t_2$)

eingeführt wird. Der Koordinatenursprung $\xi = 0$ bewegt sich mit der Geschwindigkeit w/S entlang der x-Achse und besitzt stets den Mittelwert

$$u = \frac{1}{2}(u_0 + 0)$$

der Randbedingungen. Bei dieser Formulierung entfällt der Konvektionsterm in Aufgabe (6.7) und die neue Aufgabe ist

	Bild 6.4
DG: $D\dfrac{\partial^2 u}{\partial \xi^2} = S\dfrac{\partial u}{\partial t}$	
AB: $u = 0$ für $t = 0$ und $\xi > 0$	
RB: $u = u_0/2$ bei $\xi = 0$ und $t > 0$	
$u = 0$ bei $\xi = \infty$ und $t > 0$	(6.8)

Die Differentialgleichung (6.8) ist vom Typ der Strömungsgleichung und hat die Lösung (4.9)

$$u(\xi, t) = \frac{u_0}{2}\, \text{erfc}\, \frac{\xi}{\sqrt{4Dt/S}}$$

Ersetzen wir ξ, so ergibt sich die Lösung zu

	Bild 6.5
$u(x, t) = \dfrac{u_0}{2}\, \text{erfc}\, \dfrac{x - wt/S}{\sqrt{4Dt/S}}$	(6.9)

die für $k = 0$ mit der Näherung (6.5) identisch ist.

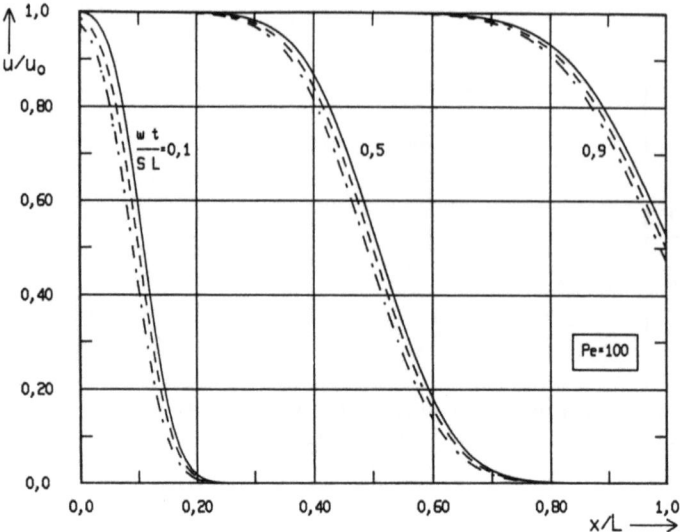

Bild 6.5. Näherungslösungen für Randbedingungen 1.Art (Zahlenwerte: $k=q=0$)
───── exakte Lösung nach Gl.(6.3)
── ── ── Näherung nach Gl.(6.9)
──·── ──·── Näherung durch eine Quelle bei $x=0$ nach Gl.(6.26)

Eine physikalisch mit den Aufgabenstellungen (6.1) bzw. (6.7) vergleichbare Aufgabe ergibt sich, wenn man die Störung der Lösung nicht infolge einer Randbedingung 1. Art bei $x = 0$ hervorruft, sondern durch eine stufenförmige Anfangsbedingung nach Bild 6.4.

Ortsabhängige Anfangsbedingung als Stufenfunktion:

		Bild 6.4
DG: $D \dfrac{\partial^2 u}{\partial x^2} - w \dfrac{\partial u}{\partial x} - k u = S \dfrac{\partial u}{\partial t}$		
AB: $u = u_a$	für $t = 0$ und $0 < x \leq x_1$	
$u = 0$	für $t = 0$ und $x > x_1$	
RB: $u = 0$	bei $x = 0$ und $t > 0$	
$\|u\| = u_L < \infty$	bei $x = \infty$ und $t > 0$	(6.10)

Für den Fall $x < x_1$ lautet die Laplace-transformierte Lösung

$$\bar{u}(x,s) = \frac{u_a}{k+sS} \left(1 - e^{\mu_1 x} \right) \tag{6.11}$$

mit

$$\mu_1 = \frac{1}{2D} \left(w - \sqrt{w^2 + 4D(k+sS)} \right)$$

Nach Anhang C ergibt sich die Originallösung für $x < x_1$ zu

$$u(x,t) = u_a \, e^{-kt/S} \left(1 - P_0(x,t/S,w) \right) \qquad (6.12)$$

Die Lösung im Gebiet $x > x_1$ kann durch örtliche Superposition der Anfangsbedingung erhalten werden.

Man kann sich diese Überlagerung zweier Lösungen anschaulich derart vorstellen, daß die erste Lösung im gesamten Gebiet $0 < x < \infty$ die Anfangsbedingung $u = u_a$ besitzt. Die zweite Lösung soll jedoch nur im Gebiet $x > x_1$ gelten und dort die Anfangsbedingung $u = -u_a$ besitzen. Die Addition beider Lösungen besitzt dann die stufenförmige Anfangsbedingung nach (6.10).

Die zweite Lösung ist analog Gl. (6.12) mit der Ortskoordinate $\xi = x - x_1$

$$u_2(x,t) = -u_a \, e^{-kt/S} \left(1 - P_0(\xi,t/S,w) \right)$$

Die Addition mit Gl. (6.12) führt auf die Gesamtlösung im Gebiet $x > x_1$

$$u(x,t) = u_a \, e^{-kt/S} \left(P_0(x-x_1,t/S,w) - P_0(x,t/S,w) \right) \qquad (6.13)$$

Bild 6.6

mit der Funktion P_0 nach Gl.(6.4).

Für große Werte x_1 und $\xi = x - x_1 > 0$ zeigt der Vergleich mit Gl.(6.3) Übereinstimmung für den Fall $k = 0$, da die Funktion $P_0(x,t,v)$ für große Werte x verschwindet. Für $k = \beta S \neq 0$ besteht Übereinstimmung mit dem Fall einer zeitabhängigen Randbedingungen 1. Art (Exponentialfunktion) nach Gl.(6.50).

Man erkennt aus der Ableitung der Lösung für $x > x_1$, daß nach der gleichen Vorschrift weitere Lösungen für beliebig stufenförmige Anfangsbedingung konstruiert werden können. So lautet z.B. die Lösung für die Anfangsbedingung

$$u = \left\{ \begin{array}{ll} u_{a1} & \text{für } 0 < x \leq x_1 \\ u_{a2} & \text{für } x_1 < x \leq x_2 \\ u_{a3} & \text{für } x_2 < x < \infty \end{array} \right\} \text{ und } t = 0$$

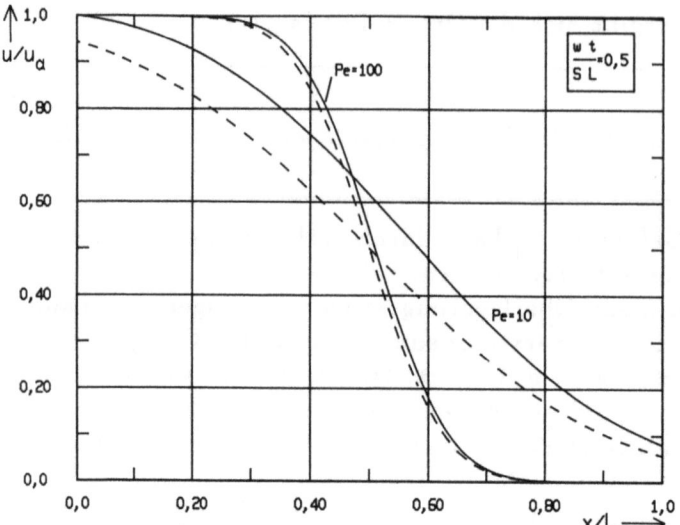

Bild 6.6. Stufenförmige Anfangsbedingung u_a im einseitig begrenzten und beidseitig unbegrenzten Gebiet, (weitere Zahlenwerte: $k=q=0$)
———— einseitig begrenztes Gebiet, Gl.(6.13)
— — — beidseitig unbegrenztes Gebiet, Gl.(6.14)

$$u(x,t) = e^{-kt/S} \Big[u_{a1}\big(1 - P_0(x,t/S,w)\big)$$
$$+ (u_{a2} - u_{a1})\big(1 - P_0(x-x_1,t/S,w)\big)$$
$$+ (u_{a3} - u_{a2})\big(1 - P_0(x-x_2,t/S,w)\big) \Big]$$
$$\text{für } x > x_2 \tag{6.13a}$$

und für beliebig viele Stufen i mit

$$u = u_{ai} \text{ für } x_{i-1} < x < x_i, \; i = 1,2,3\ldots,N$$

gilt für $x > x_{N-1}$:

$$u(x,t) = e^{-kt/S} \sum_{i=1}^{N} (u_{ai} - u_{ai-1})\big(1 - P_0(x-x_{i-1},t/S,w)\big) \tag{6.13b}$$

wobei $x_0 = u_{a0} = 0$ gesetzt wird und P_0 durch Gl.(6.4) definiert ist. Wenn man Aufgabe (6.10) auf den gesamten Raum $-\infty < x < \infty$ ausdehnt und die Anfangsbedingung

$$u = u_a \quad \text{für } t = 0 \text{ und } -L < x < L$$
$$u = 0 \quad \text{sonst,}$$

sowie die Randbedingungen
$$|u| = u_L < \infty \text{ bei } x = \pm\infty \text{ und } t > 0$$
wählt, ergibt sich nach [6.3] für $k = 0$ die Lösung

$$u(x,t) = \frac{u_a}{2}\left(\text{erfc }\frac{x - wt/S - L}{\sqrt{4Dt/S}} - \text{erfc }\frac{x - wt/S + L}{\sqrt{4Dt/S}}\right) \quad \text{Bild 6.6} \quad (6.14)$$

Ortsabhängige Anfangsbedingung als Polygonzug:

$$\text{DG: } D\frac{\partial^2 u}{\partial x^2} - w\frac{\partial u}{\partial x} - ku = S\frac{\partial u}{\partial t}$$

$$\begin{aligned}
\text{AB: } & u = u_a x & & \text{für } t = 0 \text{ und } 0 < x \leq x_1 \\
& u = 0 & & \text{für } t = 0 \text{ und } x > x_1 \\
\text{RB: } & u = 0 & & \text{bei } x = 0 \text{ und } t > 0 \\
& |u| = u_L < \infty & & \text{bei } x = \infty \text{ und } t > 0
\end{aligned} \quad (6.15)$$

Die Grundlösung im Bildbereich der Laplace-Transformation lautet für $x < x_1$:

$$\bar{u}(x,s) = \frac{u_a}{k + sS}\left[x - \frac{w}{k + sS}\left(1 - e^{\mu_1 x}\right)\right]$$

mit μ_1 nach (6.11).

Die Lösung für $x \leq x_1$ ergibt sich aus Anhang C, die Lösung für $x > x_1$ durch Superposition zu:

$$\begin{aligned}
u(x,t) = u_a e^{-kt/S} & \Big[(x - vt/S)\big(1 - P_{0-}(x, t/S, w)\big) \\
& + (x + vt/S)P_{0+}(x, t/S, w)\Big] \\
& \text{für } x \leq x_1 \\
u(x,t) = u_a e^{-kt/S} & \Big\{\Big[(x - vt/S)\big(1 - P_{0-}(x, t/S, w)\big) \\
& + (x + vt/S)P_{0+}(x, t/S, w)\Big] \\
& - \Big[(x - x_1 - vt/S)\big(1 - P_{0-}(x - x_1, t/S, w)\big) \\
& + (x - x_1 + vt/S)P_{0+}(x - x_1, t/S, w)\Big]\Big\} \\
& \text{für } x > x_1
\end{aligned}$$

mit $v = \sqrt{w^2 + 4Dk}$ und P_0 nach (6.4) \hfill (6.16)

Ortsabhängige Anfangsbedingung als Dirac-Verteilung:

DG: $D \dfrac{\partial^2 u}{\partial x^2} - w \dfrac{\partial u}{\partial x} - ku = S \dfrac{\partial u}{\partial t}$

AB: $u = \dfrac{m_A}{S} \delta(x)$ für $t = 0$ und $-\infty < x < \infty$

($\delta(x)$ - Dirac-Funktion nach Anhang B)

RB: $u = 0$ bei $x = \pm \infty$ und $t > 0$ (6.17)

Die Anfangsbedingung unterscheidet diese Aufgabe von Aufgabenstellung (6.10) in der Form, daß nur im Punkt $x = 0$ eine Anfangsmasse bzw. -wärmemenge m_A je Querschnittsflächeneinheit vorhanden ist. Im Unterschied zu den später folgenden, gleichartigen Aufgabenstellungen (6.43) und (6.70) im Gebiet $0 \leq x < \infty$ tritt in (6.17) im Gebiet $-\infty < x < \infty$ ein Transport sowohl in negativer als auch in positiver x-Richtung auf.

Die exakte Lösung der Aufgabe wurde erstmals in [6.3] mit Hilfe der Distributionentheorie abgeleitet. Die Lösung ist:

$$u(x,t) = \dfrac{m_A}{S\sqrt{4\pi Dt/S}} \exp\left(\dfrac{(x - wt/S)^2}{4Dt/S} - kt/S \right) \quad \text{Bild 6.7} \quad (6.18)$$

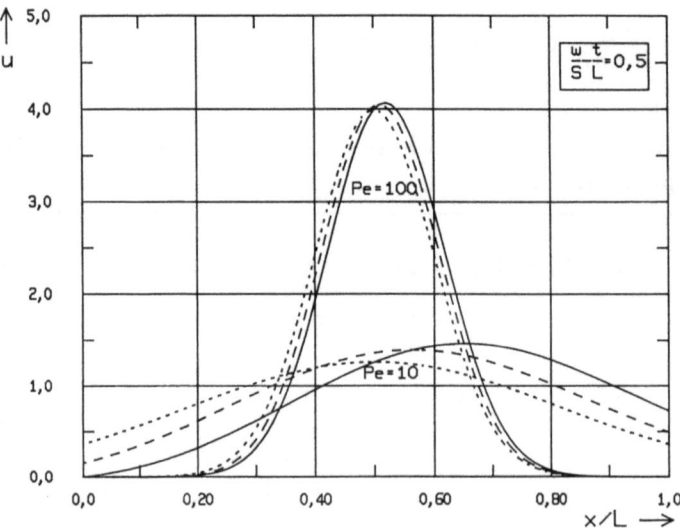

Bild 6.7. Transportprozeß mit Dirac-impulsförmiger Randbedingung bei $wt/(SL) = 0,5$ und $Pe = 10$ bzw. 100 (weitere Zahlenwerte: $k=0$, $m_A=1$)
——— Dirac-Impuls-Randbedingung 1.Art, nach Gl.(6.46)
— — — Anfangsbedingung als Punktquelle bei x=0, nach Gl.(6.18)
—·—·— Dirac-Impuls-Randbedingung 3.Art, nach Gl.(6.72)

Zeitlich konstante Randbedingung mit Quelle:

DG: $D \dfrac{\partial^2 u}{\partial x^2} - w \dfrac{\partial u}{\partial x} - ku = S \dfrac{\partial u}{\partial t} - q$	Bild 6.1
AB: $u = 0$ für $t = 0$ und $x > 0$	
RB: $u = u_0$ bei $x = 0$ und $t > 0$	
$\quad\;\; \vert u \vert = u_L < \infty$ bei $x = \infty$ und $t > 0$	
(u_L - beliebige Konstante)	(6.19)

Die transformierte Lösung ist mit Gl.(2.8)

mit
$$\bar{u}(x,s') = B_1 e^{\mu_1 x} + B_2 e^{\mu_2 x} + \frac{1}{\mu_1 - \mu_2}\left(\frac{q}{s'D\mu_1} - \frac{q}{s'D\mu_2}\right)$$

$$\mu_{1,2} = \frac{1}{2D}\left(w \mp \sqrt{w^2 + 4D(k+s')}\right)$$

Der letzte Summand wird vereinfacht durch

$$\frac{q}{s'D}\frac{1}{\mu_1 - \mu_2}\left(\frac{1}{\mu_1} - \frac{1}{\mu_2}\right) = -\frac{q}{s'D\mu_1\mu_2} = \frac{q}{s'(k+s')}$$

so daß sich

$$\bar{u}(x,s') = B_1 e^{\mu_1 x} + B_2 e^{\mu_2 x} + \frac{q}{s'(k+s')}$$

ergibt. Die Randbedingungen führen auf

$$\bar{u}(x,s') = \frac{u_0}{s'} e^{\mu_1 x} + \frac{q}{s'(k+s')}\left(1 - e^{\mu_1 x}\right). \tag{6.20}$$

Mit Hilfe der Tabellen in Anhang C ergibt sich die Lösung zu:

$u(x,t) = u_0 P_0(x, t/S, v) + q P_Q(x, t/S, v)$	Bild 6.8
mit $v = \sqrt{w^2 + 4Dk}$ und den Funktionen	
$P_0(x, t/S, v)$, $P_Q(x, t/S, v)$ nach (6.4)	(6.21)

Das Bild 6.8 zeigt den Einfluß einer Quelle im Vergleich zu Bild 6.2. Die Gl.(6.21) ist für $q = 0$ identisch mit (6.3).

Die stationäre Lösung ergibt sich für $t \to \infty$ zu

$u(x) = u_0 e^{\frac{x(w-v)}{2D}} + \dfrac{q}{k}\left(1 - e^{\frac{x(w-v)}{2D}}\right)$ für $k \neq 0$	
$u(x) = u_0 + \dfrac{q}{w} x$ für $k = 0$	(6.22)

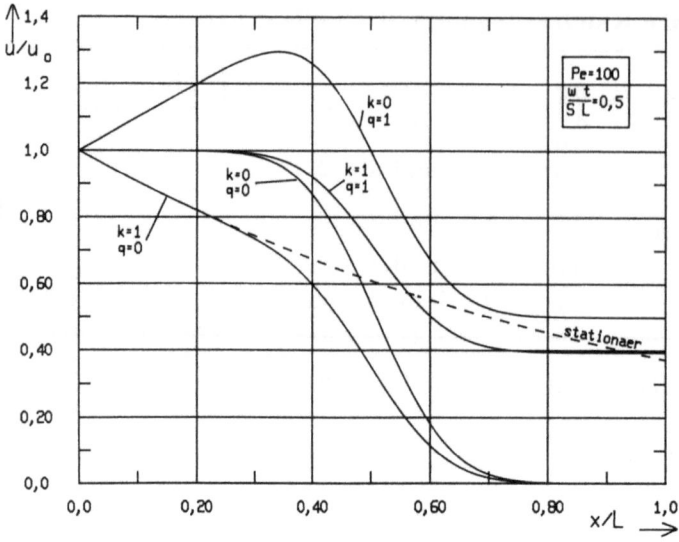

Bild 6.8. Lösungen für Randbedingungen 1.Art mit Quelle und abhängiger Senke nach Gl.(6.21), (im Bild entspricht $k \hat{=} kL/w$ und $q \hat{=} qL/w$)

Diese Gleichung ist eine Näherung für (6.21) bei großen Zeiten t und $\dfrac{x - vt/S}{\sqrt{4Dt/S}} < -3$.

Punktquelle im unendlichen Gebiet:

$$
\begin{aligned}
&\text{DG: } D\frac{\partial^2 u}{\partial x^2} - w\frac{\partial u}{\partial x} - ku = S\frac{\partial u}{\partial t} - q(x) \\
&q(x) = \dot{m}_A \delta(x) \; (-\infty < x < \infty, \; \delta(x) - \text{Dirac-Funktion} \\
&\text{AB: } u = 0 \quad \text{für } t = 0 \quad \text{und } -\infty < x < \infty \quad \text{nach Anhang B)} \\
&\text{RB: } u = 0 \quad \text{bei } x = \pm\infty \text{ und } t > 0
\end{aligned}
\qquad (6.23)
$$

Zur Lösung wird der Ansatz

$$z(x,t) = u(x,t) \exp\left(\frac{w^2 t/S}{4D} + kt/S - \frac{xw}{2D}\right) \qquad (6.24)$$

benutzt, der zur Gleichung

$$D\frac{\partial^2 z}{\partial x^2} = S\frac{\partial z}{\partial t} - \dot{m}_A \delta(x) \exp\left(\frac{w^2 t/S}{4D} + kt/S - \frac{xw}{2D}\right)$$

führt. Die Laplace-Transformation über t/S führt auf

$$\overline{z}(x,s') = \frac{\dot{m}_A}{2\sqrt{s'D}\left(s' - \frac{w^2}{4D} - k\right)} \exp\left(-x\sqrt{s'/D}\right)$$

und Rücktransformation nach Anhang C auf

$$u(x,t) = \frac{\dot{m}_A}{2v}$$
$$\times \left(e^{\frac{x(w-v)}{2D}} \operatorname{erfc} \frac{x - vt/S}{\sqrt{4Dt/S}} - e^{\frac{x(w+v)}{2D}} \operatorname{erfc} \frac{x + vt/S}{\sqrt{4Dt/S}} \right)$$

mit $v = \sqrt{w^2 + 4Dk}$ \hfill (6.25)

Wenn die Quelle zeitabhängig ist nach $q = \dot{m}_A\, e^{-\beta t/S}\, \delta(x)$, gilt in Gl.(6.25): $v = \sqrt{w^2 + 4D(k-\beta)}$.

Man erkennt, daß für $\beta = k$ gilt: $v = w$ und $\dot{m}_A / w = u_0$

$u(x,t) =$	Bild 6.5
$\dfrac{u_0}{2}\left(\operatorname{erfc} \dfrac{x - wt/S}{\sqrt{4Dt/S}} - e^{\frac{xw}{D}} \operatorname{erfc} \dfrac{x + wt/S}{\sqrt{4Dt/S}}\right)$	(6.26)

Ein Vergleich mit der physikalisch ähnlichen Aufgabe (6.1) zeigt einen signifikanten Unterschied zwischen den Lösungen (6.3) und (6.25) bzw. (6.26). In Bild 6.5 ist der Unterschied bei kleinen Werten x und t deutlich erkennbar, der auf den diffusiven/konduktiven Transport in negativer x-Richtung bei Aufgabe (6.23) zurückzuführen ist.

Randbedingung 1. Art, mit zeit- und ortsabhängiger Quelle (als Stufenfunktion):

DG: $D\dfrac{\partial^2 u}{\partial x^2} - w\dfrac{\partial u}{\partial x} - ku = S\dfrac{\partial u}{\partial t} - q(x,t)$

$q(x,t) = \begin{cases} q_0 & \text{für } 0 < x \leq x_1 \text{ und } 0 < t \leq t_1 \\ 0 & \text{für } x > x_1 \text{ oder } t > t_1 \end{cases}$

AB: $u = 0$ \quad für $t = 0$ und $x > 0$

RB: $u = u_0 = 0$ bei $x = 0$ und $t > 0$

$|u| = u_L < \infty$ bei $x = \infty$ und $t > 0$

(u_L - beliebige Konstante) \hfill (6.27)

Die Lösung der Aufgabe erfolgt durch Superposition, auf der Grundlage der Gl.(6.21) :

Für $x \leq x_1$ und $t \leq t_1$ gilt:
$$u(x,t) = q\, P_Q(x,t/S,v)$$
für $x \leq x_1$ und $t > t_1$ gilt:
$$u(x,t) = q\left(P_Q(x,t/S,v) - P_Q(x,(t-t_1)/S,v) \right)$$
für $x > x_1$ und $t \leq t_1$ gilt:
$$u(x,t) = q\left(P_Q(x,t/S,v) - P_Q(x-x_1,t/S,v) \right)$$
für $x > x_1$ und $t > t_1$ gilt:
$$u(x,t) = q\Big[\left(P_Q(x,t/S,v) - P_Q(x-x_1,t/S,v) \right)$$
$$- \left(P_Q(x,(t-t_1)/S,v) - P_Q(x-x_1,(t-t_1)/S,v) \right) \Big]$$
mit $v = \sqrt{w^2 + 4Dk}$ und Funktion P_Q nach (6.4) (6.28)

Mit Hilfe solcher Superpositionslösungen können Formeln für beliebige orts- und zeitabhängige Stufenfunktionen abgeleitet werden. Dabei muß aber darauf hingewiesen werden, daß die Differenzenbildung der Grundlösung bei kleinen x_1 bzw. t_1 (d.h. bei kurzen Impulsen) u.U. zu erheblichen numerischen Fehlern führen kann.

Für sehr kleine Werte x_1/x bzw. t_1/t muß immer geprüft werden, ob sich die berechneten Grundfunktionen $P_Q(x,t,v)$ noch um eine ausreichend signifikante Stellenzahl unterscheiden.

Das Bild 6.9 zeigt als typisches Beispiel den Einfluß einer Quelle geringer Ausdehnung ($0 < \frac{x}{L} < 0{,}1$), die während des kurzen Zeitintervalles $0 < \frac{wt}{SL} < 0{,}1$ die Stärke q_0 besitzt. Im Vergleich dazu wurde diese Quelle als Dirac-Impuls bei einer Randbedingung 1. Art nach Aufgabenstellung (6.43) betrachtet.

Zeitabhängige Randbedingung mit Quelle:

DG: $D\dfrac{\partial^2 u}{\partial x^2} - w\dfrac{\partial u}{\partial x} - ku = S\dfrac{\partial u}{\partial t} - q$ Bild 6.1

AB: $u = 0$ für $t = 0$ und $x > 0$

RB: $u = u_0 + \dfrac{\Delta u_0}{\Delta t} t$ bei $x = 0$ und $t > 0$ (s. Bild 6.10)

$|u| = u_L < \infty$ bei $x = \infty$ und $t > 0$

(u_L - beliebige Konstante)   (6.29)

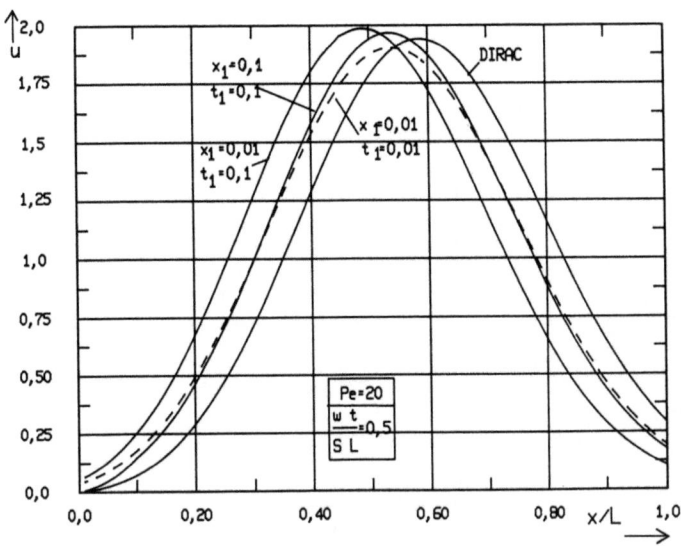

Bild 6.9. Einfluß einer Quelle mit der dimensionslosen Länge $x_1 = \Delta x_Q/L$ (Δx_Q-Länge der Quelle), der dimensionslosen Wirkungszeit $t_1 = w\Delta t_0/(SL)$ (Δt_0-Wirkungszeit, Impulsdauer der Quelle) und der Quellstärke $q = m_A w/(x_1 t_1 SL^2)$ nach Gl.(6.28) und Vergleich mit Dirac-Impuls-Randbedingung 1.Art nach Gl.(6.46), (weitere Zahlenwerte: $k=0$, $m_A = q \Delta t_0 \Delta x_Q = 1$)

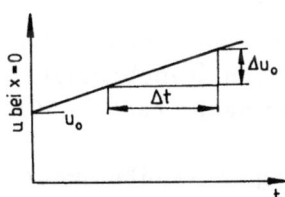

Bild 6.10. Zeitlicher Verlauf einer Randbedingung 1.Art

Lösung im Laplace-Bereich für $s' = sS$:

$$\overline{u}(x,s') = \frac{u_0}{s'} e^{\mu_1 x} + \frac{\Delta u_0}{\Delta t} S \frac{e^{\mu_1 x}}{s'^2} + \frac{q}{s'(s'+k)}\left(1 - e^{\mu_1 x}\right),$$

$$\mu_1 = \frac{1}{2D}\left(w - \sqrt{w^2 + 4D(s'+k)}\right). \tag{6.30}$$

Die Rücktransformation nach Anhang C ergibt:

$$u(x,t) = u_0 P_0(x,t/S,v) + \frac{\Delta u_0}{\Delta t} S P_t(x,t/S,v) + q P_Q(x,t/S,v) \tag{6.31}$$

Bild 6.11

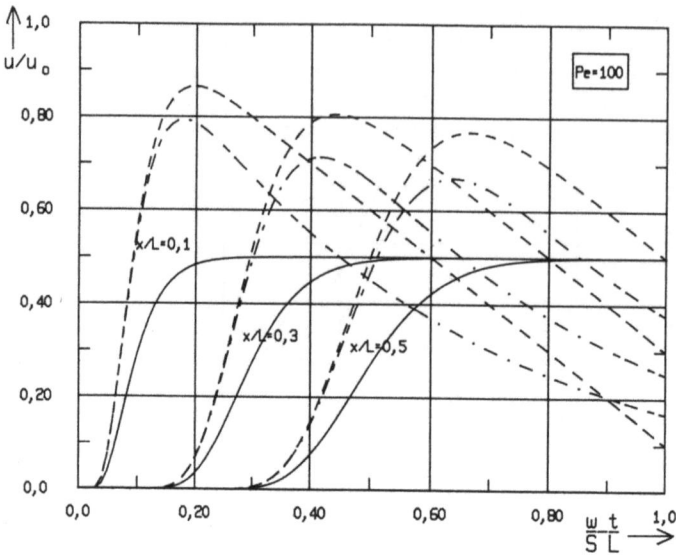

Bild 6.11. Einfluß einer linear zeitabhängigen Randbedingung 1.Art für $x/L=1$ und $k=q=0$ für

────── $u(x=0,t) = u_0/2 =$ konstant , nach Gl.(6.3),(6.31)
── ── ── $u(x=0,t) = u_0\bigl[1 - w\,t/(SL)\bigr]$, nach Gl.(6.31)
──·──·── $u(x=0,t) = u_0 \exp\bigl[-2wt/(SL)\bigr]$, nach Gl.(6.50)

Das Bild 6.11 zeigt den Einfluß der linear veränderlichen Randbedingung 1. Art gegenüber einer zeitlich konstanten Randbedingung bzw. einer exponentiell veränderlichen Randbedingung nach (6.50).

Superposition von Basislösungen für zeitabhängige Randbedingungen 1. Art bzw. ortsabhängige Quellen: Wie im Abschnitt 6.1 bereits mehrfach erwähnt, erlaubt die Superposition von Basislösungen die Erfassung von zeit- bzw. ortsabhängigen Bedingungen. Bei Gl.(6.28) wurde bereits daraufhingewiesen, daß die Superposition numerisch unproblematisch ist, wenn die Basislösung auch für $x \to \infty$ bzw. $t \to \infty$ beschränkt ist. Das ist z.B. immer dann der Fall, wenn die veränderliche Größe als Stufenfunktion dargestellt wird (s. auch Aufgabenstellungen (6.10) ,(6.27)). Bei monoton wachsenden Funktionen, wie z.B. der Anfangsbedingung in Aufgabenstellung (6.15) , ist die Superposition nur dann numerisch möglich, wenn alle superponierten Basislösungen und ihre Summe ausreichend genau berechnet werden können (Beachte: kleine Differenz großer Zahlen!). Die Aufgabenstellung (6.29) und ihre Lösung

(6.31) zeigt im Vergleich mit der Aufgabenstellung (6.1) und (6.19) den einfachen additiven Aufbau beim Wirken verschiedener "Störeffekte", der aus der Linearität der Transportgleichung herrührt. Als solche, das Lösungsfeld $u(x,t)$ beeinflussende "Störeffekte", bezeichnen wir die zeitlich konstante Randbedingung 1. Art u_0, den Koeffizienten $\Delta u_0 / \Delta t$ und die Quellstärke q. Die drei Effekte sind mit den charakteristischen Funktionen P_0, P_t und P_Q nach Gl.(6.4) verbunden.

Es soll nachfolgend eine Superpositionslösung für zeitabhängige Randbedingungen 1. Art und orts- und zeitabhängige Quellen angegeben werden. Die Aufgabenstellung dazu ist:

$$\text{DG: } D \frac{\partial^2 u}{\partial x^2} - w \frac{\partial u}{\partial x} - ku = S \frac{\partial u}{\partial t} - q(x,t)$$

$$q(x,t) = \begin{cases} q_{ij} & \text{für } x_{i-1} < x \leq x_i \text{ und } t_{j-1} < t \leq t_j \\ 0 & \text{sonst} \end{cases}$$

$$(i = 1, 2, \ldots, N; \ j = 1, 2, \ldots M)$$

AB: $u = 0 \quad$ für $t = 0$ und $x > 0$

$$\text{RB: } u = \left\{ \begin{matrix} u_{0j} + \left(\frac{\Delta u_0}{\Delta t}\right)_j t & \text{für } t_{j-1} < t \leq t_j \\ 0 & \text{sonst} \end{matrix} \right\} \text{ bei } x = 0$$

$|u| = u_L < \infty$ bei $x \to \infty$ und $t > 0$

(u_L - beliebige Konstante) \hfill (6.32)

Die Superposition der Basislösung (6.31) führt für $x > x_{N-1}$ und $t > t_{M-1}$ auf:

$$u(x,t) = \sum_{j=1}^{M} \left(u_{0j} - u_{0\,j-1} \right) P_0(x, (t - t_{j-1})/S, v)$$

$$+ S \sum_{j=1}^{M} \left[\left(\frac{\Delta u_0}{\Delta t}\right)_j - \left(\frac{\Delta u_0}{\Delta t}\right)_{j-1} \right] P_t(x, (t - t_{j-1})/S, v)$$

$$+ \sum_{j=1}^{M} \sum_{i=1}^{N} \left[(q_{ij} - q_{i-1,j}) - (q_{i,j-1} - q_{i-1,j-1}) \right]$$

$$\times P_Q(x - x_{i-1}, (t - t_{j-1})/S, v)$$

mit $v = \sqrt{w^2 + 4Dk}$ und vereinbarungsgemäß

$x_0 = t_0 = u_{0,0} = \left(\frac{\Delta u_0}{\Delta t}\right)_0 = q_{0,0} = 0$ und $q_{i,0} = q_{0,j} = 0$

für $i = 1, 2, \ldots, N$ und $j = 1, 2, \ldots, M$ \hfill (6.33)

Näherungslösung für $D = 0$: Aus den Lösungen der Transportgleichung mit Diffusion/Konduktion ($D > 0$) ist es nicht möglich, Näherungen für verschwindende Diffusion/Konduktion ($D = 0$) abzuleiten. Solche Näherungen sind für dominante Konvektion, d.h. für sehr große Peclet-Zahlen ($Pe > 1000$) oder auch bei Prozessen mit starken Quellen ($q \gg D \frac{\partial^2 u}{\partial x^2}$) nützlich. Wir untersuchen deshalb die Aufgabe (6.29) mit $D = 0$.

Bild 6.1

$$\text{DG: } -w \frac{\partial u}{\partial x} - ku = S \frac{\partial u}{\partial t} - q$$

AB: $u = 0$ für $t = 0$ und $x > 0$

RB: $u = u_o + \frac{\Delta u_o}{\Delta t} t$ bei $x = 0$ und $t > 0$ (6.34)

Die Lösung im Laplace-Bereich ist ($s' = sS$):

$$u(x, s') = \frac{u_o}{s'} e^{\mu_1 x} + \frac{\Delta u_o}{\Delta t} S \frac{e^{\mu_1 x}}{s'^2} + \frac{q}{s'(s'+k)}\left(1 - e^{\mu_1 x}\right),$$

$$\mu_1 = -\frac{s' + k}{w} \qquad (6.35)$$

und im Originalbereich:

Bild 6.12

$$u(x,t) = \begin{cases} \frac{q}{k}\left(1 - e^{-kt/S}\right) & \text{für } t \leq Sx/w \\ \left(u_o + \frac{\Delta u_o}{\Delta t}(t - Sx/w)\right)e^{-kx/w} \\ + \frac{q}{k}\left(1 - e^{-kt/S}\right)\left(1 - e^{-kx/w}\right) & \text{für } t > Sx/w \end{cases}$$

Für $k = 0$ lautet die Lösung:

$$u(x,t) = \begin{cases} qt/S & \text{für } t \leq Sx/w \\ u_o + \frac{\Delta u_o}{\Delta t}(t - Sx/w) + qx/w & \text{für } t > Sx/w \end{cases}$$

(6.36)

Die stationären Lösungen sind nur sinnvoll für $\frac{\Delta u_o}{\Delta t} = 0$ und ergeben sich für $t \to \infty$ aus Gleichung (6.36) zu:

$$u(x,t) = \begin{cases} u_o\, e^{-kx/w} + \frac{q}{k}\left(1 - e^{-kx/w}\right) & \text{für } k \neq 0 \\ u_o + qx/w & \text{für } k = 0 \end{cases} \qquad (6.37)$$

Die Gl.(6.37) ist eine Näherungslösung für Gl.(6.36) bei $t > Sx/w$ und $kt/S > 3$ mit einem maximalen Fehler von 5%.

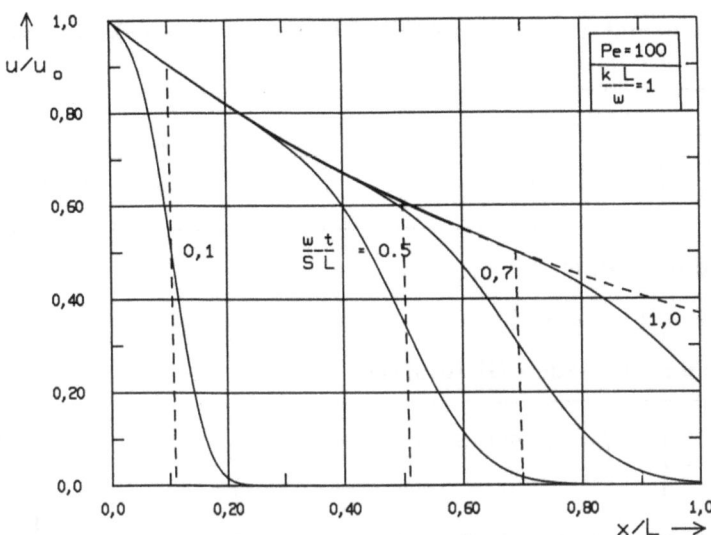

Bild 6.12. Transport mit Randbedingung 1.Art, Vergleich mit der Näherung bei vernachlässigbarer Diffusion/Wärmeleitung ($D=0$)
————— exakte Lösung nach Gl.(6.31)
— — — Näherungslösung nach Gl.(6.36)

In Bild 6.12 wird der Grad der Näherung bei vernachlässigter Diffusion dargestellt. Dazu wird ein typisches Beispiel mit dominanter Konvektion und zeitlich konstanter Randbedingung ($\frac{\Delta u_o}{\Delta t}=0$) ausgewählt und mit den Gl.(6.31) und (6.36) gelöst.

Beliebige zeitabhängige Randbedingung:

$$\text{DG:} \quad -w\frac{\partial u}{\partial x} - ku = S\frac{\partial u}{\partial t}$$

$$\text{AB:} \quad u = 0 \quad \text{für } t = 0 \text{ und } x > 0$$

$$\text{RB:} \quad u = f(\beta t) \quad \text{bei } x = 0 \text{ und } t > 0 \tag{6.38}$$

Hierbei ist die Funktion $f(\beta t)$ eine beliebige zeitabhängige Funktion mit einem reellen, positiven Faktor β.
Die Lösung des Problems lautet im Laplace-Bereich

$$\overline{u}(x,s) = \frac{1}{\beta}\overline{f}(s/\beta)\, e^{-\frac{x}{w}(sS+k)} \tag{6.39}$$

Die Rücktransformation mit dem Ähnlichkeits- und Verschiebungssatz führt auf

$$u(x,t) = \begin{cases} f\left(\beta t - \frac{S}{w}\beta x\right) e^{-kx/w} & \text{für } t > Sx/w \\ 0 & \text{für } t \leq Sx/w \end{cases} \quad (6.40)$$

Für eine Randbedingung

$$f(\beta t) = u_0\left(1 - e^{-\beta t}\right)$$

lautet die Lösung (s. auch Gl.(6.51)):

$$u(x,t) = \begin{cases} u_0\left(1 - e^{-\beta(t-Sx/w)}\right) e^{-kx/w} & \text{für } t > Sx/w \\ 0 & \text{für } t \leq Sx/w \end{cases}$$
$$(6.41)$$

und eine schwingende Funktion

$$f(t) = u_{max} \sin(\omega t + \beta)$$

führt auf

$$u(x,t) = \begin{cases} u_{max}\sin\left(\omega(t-Sx/w)+\beta\right) e^{-kx/w} & \text{für } t > Sx/w \\ 0 & \text{für } t \leq Sx/w. \end{cases}$$
$$(6.42)$$

Randbedingung als Dirac-Impuls:

DG: $D\dfrac{\partial^2 u}{\partial x^2} - w\dfrac{\partial u}{\partial x} - ku = S\dfrac{\partial u}{\partial t}$

AB: $u = 0$ für $t = 0$ und $x > 0$

RB: $u = \dfrac{m_A}{wS}\delta(t-\Delta t_0)$ bei $x = 0$ und $t > 0$

$|u| = u_L < \infty$ bei $x = \infty$ und $t > 0$

($\Delta t_0 > 0$, beliebig klein, u_L - beliebige Konstante)   (6.43)

Die Funktion $\delta(t-\Delta t_0)$ ist die Dirac-Impulsfunktion nach Anhang B. Die Randbedingung bei $x = 0$ drückt den physikalischen Sachverhalt aus, daß im (unendlich kleinen) Zeitintervall Δt_0 eine Masse bzw. Wärmemenge m_A je Randflächeneinheit über den Rand fließt. Wenn diese Masse/Wärmemenge die Eigenschaft $u(x=0,t) = u_0$ besitzt, dann gibt der Grenzwert

$$\lim_{\Delta t_0 \to 0} \left(S\, w\, u(x=0,t)\, \Delta t_0\right) = \lim_{\Delta t_0 \to 0} \left(S\, w\, u_0\, \Delta t_0\right) = m_A. \quad (6.44)$$

Die Laplace-Transformation der Dirac-Deltafunktion ist mathematisch nicht unproblematisch. Nach der Definition der Dirac-Deltafunktion im Anhang B ist für $\Delta t_0 > 0$ (Δt_0 aber beliebig klein):

$$\overline{\delta}(s) = \int_0^\infty e^{-st} \, \delta(t-\Delta t_0) \, dt = \exp(-s \, \Delta t_0). \tag{6.45}$$

Für $\Delta t_0 \to 0$ nähert sich damit die Laplace-Transformierte der Dirac-Funktion $\delta(t-\Delta t_0)$ beliebig nahe der Funktion $\overline{\delta}(s) = 1$.
Die transformierte Lösung ist dann

$$\overline{u}(x,s) = \frac{m_A}{wS} e^{\mu_1 x}$$

(μ_1 nach Gl. (6.30)) und nach Anhang C

Bild 6.7, 6.13

$$u(x,t) = \frac{m_A \, x}{wt \sqrt{4\pi Dt/S}} \exp\left(-\frac{(x-wt/S)^2}{4Dt/S} - kt/S\right) \tag{6.46}$$

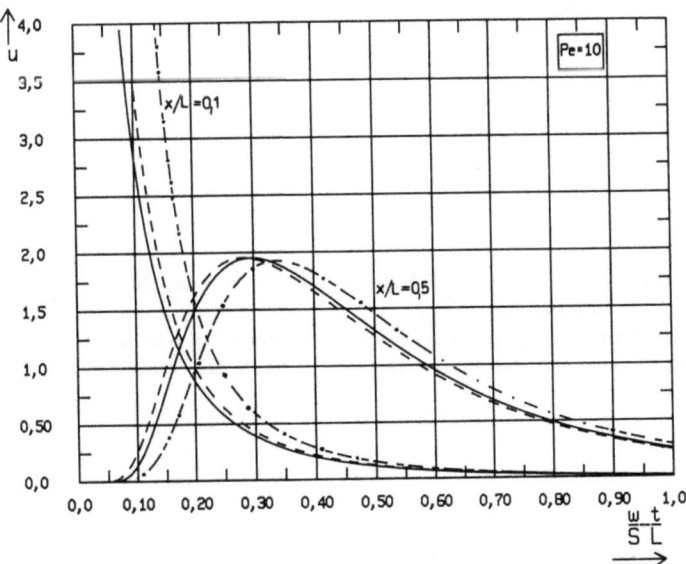

Bild 6.13. Vergleich für Randbedingungen 1. Art als Dirac-Impuls und als endlicher Impuls. Zahlenwerte sind: $m_A = u_0 S \Delta t_0 = 1$; $k=0$; L – beliebige Bezugslänge.
——— Dirac-Impuls nach Gl. (6.46)
– – – endlicher Impuls mit $[w \Delta t_0/(SL)] = 0{,}025$ nach Gl. (6.48)
–·–·– endlicher Impuls mit $[w \Delta t_0/(SL)] = 0{,}1$

Der endlich lange Impuls (mit der Impulsdauer Δt_0, wobei Δt_0 eine, auch praktisch gesehen, endlich lange Zeitdauer ist) ergibt sich aus der Superpositionslösung (6.33) (s. Bild 6.14).

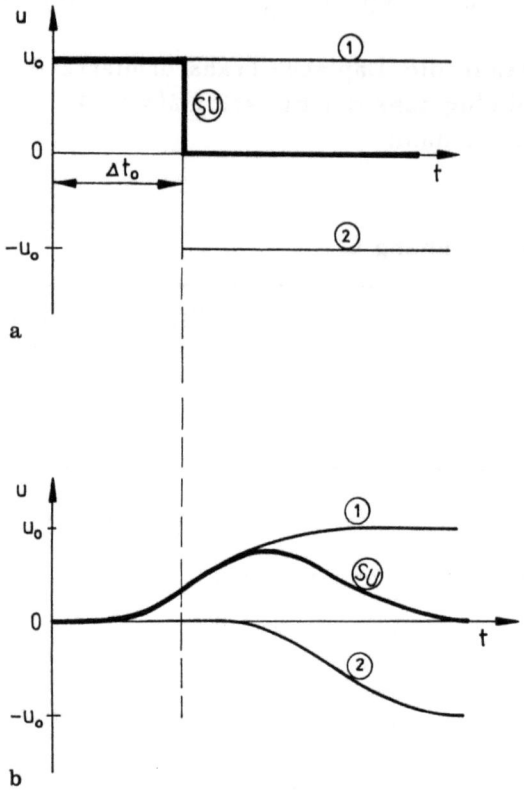

Bild 6.14. Schematische Darstellung der Superposition für eine Impuls-Randbedingung 1.Art mit der Impulsdauer Δt_0.
a) Superposition der Randbedingungen ,(Kurve 1 + Kurve 2 = Kurve SU)
b) Superposition der Lösungen der Prozesse 1 und 2 nach der Vorschrift:
$u_1 + u_2 = u_{SU}$.

Für den endlichen Impuls gilt Gl.(6.44) analog

$$S\, w\, u_0\, \Delta t_0 = m_A$$

bzw. daraus:

$$u_0 = \frac{m_A}{S\, w\, \Delta t_0} \qquad (6.47)$$

Die Gleichung (6.33) ergibt für $N = 2$, $u_{01} = u_0$, $u_{02} = 0$ und $t_1 = \Delta t_0$

$$u(x,t) = u_0 \left(P_0(x,t/S,v) - P_0(x,(t-\Delta t_0)/S,v) \right) \quad (6.48)$$

für $t > \Delta t_0$ und $v = \sqrt{w^2 + 4Dk}$ mit der Funktion P_0 nach (6.4). Die numerische Auswertung der Gl.(6.48) kann für sehr kurze Impulse $\Delta t_0 / t < 0,01$ problematisch werden. Für solche Fälle ist die Dirac-Randbedingung nach (6.43) eine günstige Näherung. Die Gl. (6.46) ist eine Näherung für (6.48) mit einem Fehler von maximal 3% für die Bedingungen $\Delta t_0 / t < 0,01$.

Zeitabhängige Randbedingung (Exponentialfunktion), mit Quelle:

		Bild 6.1
DG: $D \dfrac{\partial^2 u}{\partial x^2} - w \dfrac{\partial u}{\partial x} - ku = S \dfrac{\partial u}{\partial t} - q$		
AB: $u = 0$	für $t = 0$ und $x > 0$	
RB: $u = u_0 e^{-\beta t}$	bei $x = 0$ und $t > 0$	
$\|u\| = u_L < \infty$	bei $x = \infty$ und $t > 0$	
	(u_L - beliebige Konstante)	(6.49)

Die Lösung ist nach [6.4]:

	Bild 6.11
$u(x,t) =$ $u_0 e^{-\beta t} P_0(x,t/S,v^*) + q\, P_Q(x,t/S,v)$	
mit $v = \sqrt{w^2 + 4Dk}$ und $v^* = \sqrt{w^2 + 4D(k-\beta S)}$	(6.50)

Die Funktionen P_0 und P_Q sind in (6.4) definiert. Für $k = \beta S$ ergibt sich $v^* = w$. Für $(w^2 + 4Dk) < 4D\beta S$ wird das Argument v^* der Funktion $P_0(x,t,v^*)$ komplex. Obwohl der Formelapparat für die Berechnungen der Funktionen im komplexen Zahlenbereich verfügbar ist, ist es jedoch zweckmäßig, in solchen Fällen die Randbedingung durch einen Polygonzug zu approximieren.

Wählt man in der Aufgabenstellung (6.49) die Randbedingung zu

$$u = u_0 \left(1 - e^{-\beta t}\right) \quad \text{bei } x = 0 \text{ und } t > 0,$$

so führt das nach [6.4] auf die Lösung

$$u(x,t) = u_0 \left(P_0(x,t/S,v) - e^{-\beta t} P_0(x,t/S,v^*) \right) + q\, P_Q(x,t/S,v)$$
$$(6.51)$$

Zeitabhängige Randbedingung, ortsabhängige Geschwindigkeit $w(x)$, mit Quelle:

> DG: $\frac{\partial}{\partial x}\left(D(x)\frac{\partial u}{\partial x} - w(x)u\right) - ku = S\frac{\partial u}{\partial t} - q$ Bild 6.15
>
> $w(x) = w_0 + w_1 x$, $w(x) > 0$, $w_0 > 0$, $w_1 \neq 0$
>
> $D(x) = \frac{\delta}{\overline{w}} w^2(x)$ (Dispersionsansatz), $\overline{w} = w_0 + \frac{w_1}{2}x$
>
> AB: $u = 0$ für $t = 0$ und $x > 0$
>
> RB: $u = u_0 + \frac{\Delta u_0}{\Delta t} t$ bei $x = 0$ und $t > 0$
>
> $|u| = u_L < \infty$ bei $x = \infty$ und $t > 0$
>
> (u_L – beliebige Konstante)   (6.52)

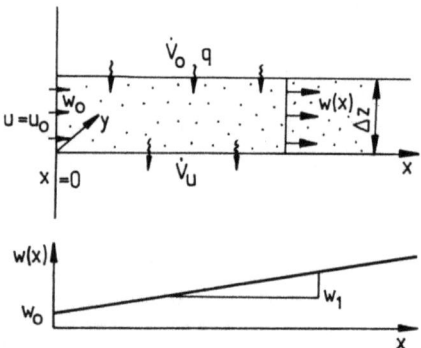

Bild 6.15. Linear veränderliche Geschwindigkeit infolge Quellen/Senken $\left(w_1 = (\dot{V}_0 - \dot{V}_u)/(A \Delta z)\right.$, $A = \Delta x \Delta y$ – Einwirkungsfläche der Quelle $\dot{V}_0$ bzw. Senke $\left.\dot{V}_u\right)$

Einsetzen der Funktionen $D(x)$ und $w(x)$ in die Differentialgleichung (6.52) ergibt

$$D(x)\frac{\partial^2 u}{\partial x^2} - \left(w(x) - \frac{dD}{dx}\right)\frac{\partial u}{\partial x} - (k + w_1)u = S\frac{\partial u}{\partial t} - q \quad (6.53)$$

Die Darstellung (6.53) setzt voraus, wie in Abschnitt 1.8.2 erwähnt, daß die ortsabhängige Geschwindigkeit $w(x)$ eine Folge von Quellen und/oder Senken der Massenströmung ist. Daraus folgt für die Aufgabenstellung (6.52), daß die Geschwindigkeitszunahme die Folge einer Volumen- bzw. Massenstromquelle der Stärke w_1

ist. Die Größe q wird deshalb zumeist spezifiziert durch

$$q = w_1 u_q$$

(u_q - Eigenschaft der Quelle).

Ist dagegen die Ortsabhängigkeit von $w(x)$ eine Folge der Geometrie des Transportraumes (z.B. durch sich verringernden Durchflußquerschnitt), dann entfällt nach Gl.(1.77) der Term $\frac{dw}{dx} u = w_1 u$ in (6.53) und die Quelle q besitzt keinen Einfluß auf die Geschwindigkeit $w(x)$. Der Term $(k+w_1)$ in Gl.(6.53) wird deshalb wie folgt geschrieben:

$$K = \begin{cases} k + w_1 & \text{für quellen-induzierte } w\text{-Änderung} \\ k & \text{für geometrie-induzierte } w\text{-Änderung} \end{cases} \quad (6.54)$$

Die Gl.(6.53) lautet dann:

$$\frac{\delta}{\overline{w}} w^2(x) \frac{\partial^2 u}{\partial x^2} - \left(1 - \frac{2\delta w_1}{\overline{w}}\right) w(x) \frac{\partial u}{\partial x} - K u = S \frac{\partial u}{\partial t} - q$$

Die Laplace-Transformation über $t' = t/S$ führt auf:

$$\frac{\delta}{\overline{w}} w^2(x) \frac{d^2 \overline{u}}{dx^2} - \left(1 - \frac{2\delta w_1}{\overline{w}}\right) w(x) \frac{d\overline{u}}{dx} - (K + s')\overline{u} = -\frac{q}{s'}$$

(6.55)

mit den Randbedingungen

$$\overline{u} = \frac{u_0}{s'} + \frac{\Delta u_0}{\Delta t} S \frac{1}{s'^2} \quad \text{bei } x = 0,$$

$$|u| = \frac{u_L}{s'} < \infty \quad \text{bei } x = \infty.$$

Die Gleichung (6.55) ist vom Eulerschen Typ und führt mit der Transformation

$$e^z = w_0 + w_1 x = w(x) \; ; \; z = \ln w(x)$$

auf die Differentialgleichung

$$\frac{w_1^2 \delta}{\overline{w}} \frac{d^2 \overline{u}}{dz^2} - \left(1 - \frac{2\delta w_1}{\overline{w}}\right) w_1 \frac{d\overline{u}}{dz} - (K + s')\overline{u} = -\frac{q}{s'},$$

deren Lösung

$$\overline{u}(z,s') = B_1 e^{\mu_1 z} + B_2 e^{\mu_2 z} + \frac{q \overline{w}}{s' \mu_1 \mu_2 \delta w_1^2} \quad (6.56)$$

ist, wobei

$$\mu_{1,2} = \frac{1}{2\delta w_1} \left((\overline{w} - 2\delta w_1) \mp \sqrt{(\overline{w} - 2\delta w_1)^2 + 4\delta \overline{w}(K + s')} \right)$$

sind. Die Rückführung der Euler-Transformation und Einsetzen des Produktes $\mu_1\,\mu_2$ ergibt

$$\bar{u}(x,s') = B_1\,w(x)^{\mu_1} + B_2\,w(x)^{\mu_2} + \frac{q}{s'(K+s')},$$

$$B_1 = \left(\frac{u_O}{s'} + \frac{\Delta u_O}{\Delta t}\,S\,\frac{1}{s'^2} - \frac{q}{s'(K+s')}\right)w_O^{-\mu_1},$$

$$B_2 = 0,$$

so daß die transformierte Lösung die Form

$$\bar{u}(x,s') = \frac{u_O}{s'}\left(\frac{w(x)}{w_O}\right)^{\mu_1} + \frac{\Delta u_O}{\Delta t}\,S\,\frac{1}{s'^2}\left(\frac{w(x)}{w_O}\right)^{\mu_1}$$
$$+ \frac{q}{s'(K+s')}\left[1 - \left(\frac{w(x)}{w_O}\right)^{\mu_1}\right] \qquad (6.57)$$

hat. Die Laplace-Rücktransformation mit den Korrespondenzen nach Anhang C ergibt die Lösung

---

$u(x,t) =$	Bild 6.16-6.18
$u_O\,\tilde{P}_O(\xi,t/S,v) + \dfrac{\Delta u_O}{\Delta t}\,S\,\tilde{P}_t(\xi,t/S,v) + q\,\tilde{P}_Q(\xi,t/S,v)$	
	(6.58)

Dabei ist anstelle des Abbauparameters k die in Gl.(6.54) definierte Größe K zu setzen.

In der Lösung (6.58) gilt:

$$\xi = \frac{\bar{w}}{w_1}\ln\frac{w(x)}{w_O} \quad \text{und} \quad \bar{w} = w_O + \frac{w_1}{2}x.$$

Die Funktionen $\tilde{P}_O$, $\tilde{P}_t$ und $\tilde{P}_Q$ sind analog den Funktionen P_O, P_t und P_Q in Gl.(6.4) definiert zu:

$$\tilde{P}_O(\xi,t/S,v) = \tfrac{1}{2}\left(\tilde{P}_{O-}(\xi,t/S,v) + \tilde{P}_{O+}(\xi,t/S,v)\right),$$

$$\tilde{P}_{O-}(\xi,t/S,v) = e^{\frac{\xi(\omega-v)}{2\delta\bar{w}}}\;\text{erfc}\,\frac{\xi - vt/S}{\sqrt{4\delta\bar{w}t/S}},$$

$$\tilde{P}_{O+}(\xi,t/S,v) = e^{\frac{\xi(\omega+v)}{2\delta\bar{w}}}\;\text{erfc}\,\frac{\xi + vt/S}{\sqrt{4\delta\bar{w}t/S}},$$

$$\tilde{P}_t(\xi,t/S,v) = \tfrac{1}{2}\left[\left(\tfrac{t}{S} - \tfrac{\xi}{v}\right)\tilde{P}_{O-}(\xi,t/S,v) + \left(\tfrac{t}{S} + \tfrac{\xi}{v}\right)\tilde{P}_{O+}(\xi,t/S,v)\right],$$

$$\tilde{P}_Q(\xi,t/S,v) = \tfrac{1}{K}\left[\left(1 - \tilde{P}_O(\xi,t/S,v)\right) - e^{-Kt/S}\left(1 - \tilde{P}_O(\xi,t/S,\omega)\right)\right] \text{ für } K \neq 0,$$

$$\tilde{P}_Q(\xi,t/S,v) = \frac{t}{S} - \tilde{P}_t(\xi,t/S,\omega) \qquad \text{für } K = 0,$$

$$\omega = \bar{w} - 2\delta w_1, \quad v = \sqrt{\omega^2 + 4\delta\bar{w}K}, \quad K \text{ nach (6.54)}. \tag{6.59}$$

Die Form der Lösung (6.58) zeigt schon vom Aufbau her Übereinstimmung mit (6.31) für den Fall konstanter Geschwindigkeit w. In

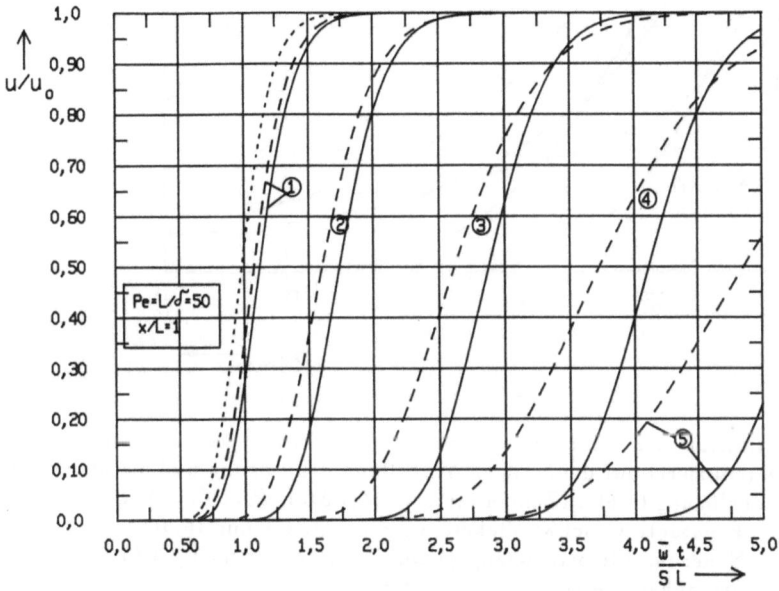

Bild 6.16. Vergleich der Lösungen für linear veränderliche Geschwindigkeit (geometrie-induziert) und für (mittlere) konstante Geschwindigkeit. (Zum Vergleich sind w_0 und w_1 so gewählt, daß die mittlere Geschwindigkeit $\bar{w}$ im Bereich $0 < x/L < 1$ für alle Kurven $\bar{w} = 1$ ist.)

.... konstante Geschwindigkeit $w_0 = \bar{w} = 1$, Lösung (6.3)

— — — ortsabhängige Geschwindigkeit gemittelt, $\bar{w} = w_0 + w_1 x/2$, Lösung nach Gl.(6.3)

——— ortsabhängige Geschwindigkeit nach Gl.(6.58)

Die Kurven 1 - 5 sind durch folgende Zahlenwerte charakterisiert:

	w_0	w_1
Kurve 1:	0,5	1
2:	0,1	1,8
3:	0,01	1,98
4:	0,001	1,998
5:	0,0001	1,9998

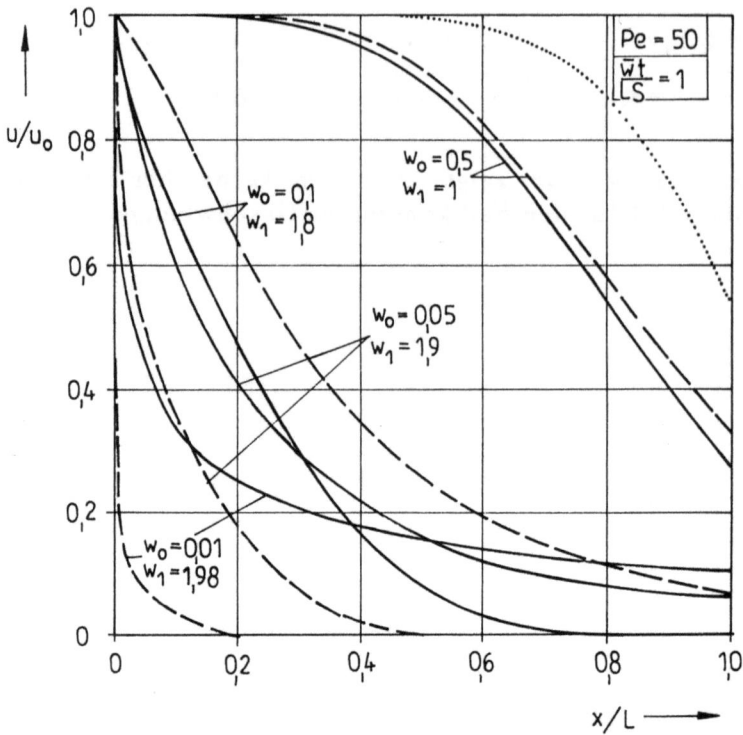

Bild 6.17. Einfluß der linear veränderlichen Geschwindigkeitsverteilung $w(x)$ (geometrie-induziert) auf die örtliche Verteilung der Lösung und Vergleich mit der Näherungslösung (6.61). (Zahlenwerte: $\bar{w}t/(LS)=1$, $Pe=L/\delta=50$, $D_K=k=q=0$)

.... konstante Geschwindigkeit $w_o = \bar{w} = 1$, Lösung (6.3)

— — — Näherung für ortsabhängige Geschwindigkeit nach Gl.(6.61)

——— ortsabhängige Geschwindigkeit nach Gl.(6.58)

Bild 6.16 ist ein Vergleich der Lösung (6.58) mit der für eine mittlere konstante Geschwindigkeit dargestellt. Eine befriedigende Näherung des Transportproblems mit linear veränderlicher Geschwindigkeit durch eine Mittelung der Geschwindigkeit ist innerhalb eines Fehlerbereiches von ca. 5% nur für ein Verhältnis von $(w_1 x/\bar{w}) < 1$ möglich (z.B. für $w_o = 0,5$ und $w_1 = 1$ bei $x = 1$). Je grösser die örtliche Geschwindigkeitsänderung w_1 ist, desto größer wird der Fehler (s. Kurven 2-5 in Bild 6.16). Die Bilder 6.17 und 6.18 zeigen den Vergleich mit der Näherung nach (6.61). Die Genauigkeit dieser Näherung ist nicht wesentlich besser als die einer Geschwindigkeitsmittelung, wobei insbesondere die örtliche Verteilung für $w_1 x/\bar{w} > 1$ große Fehler aufweist.

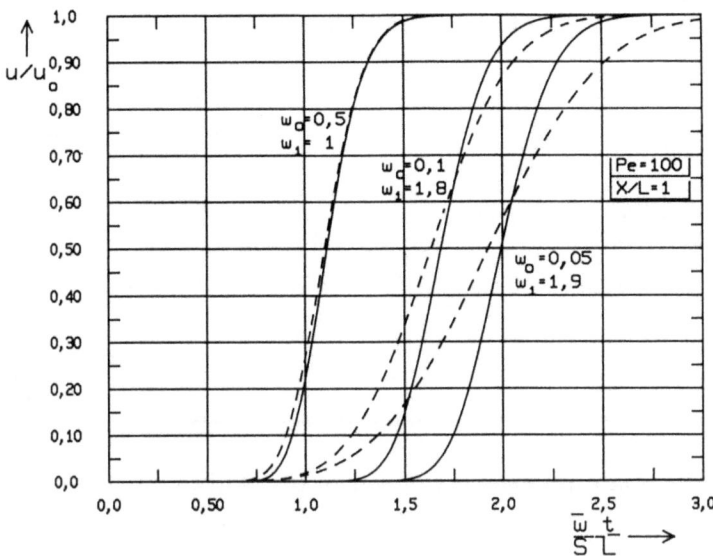

Bild 6.18. Vergleich der Näherungslösung (6.61) mit der exakten Lösung (6.58) für eine lineare Geschwindigkeitsverteilung $w(x) = w_0 + w_1 x$. Weitere Zahlenwerte: $k = q = 0$.
——— exakte Lösung (6.58); – – – – Näherungslösung (6.61)

Näherungslösung für beliebig ortsabhängige Geschwindigkeit $w(x)$:

$$\text{DG: } \frac{\partial}{\partial x}\left(D(w)\frac{\partial u}{\partial x}\right) - w(x)\frac{\partial u}{\partial x} = S\frac{\partial u}{\partial t} \quad \text{für } -\infty < x < \infty$$

x – Stromlinienkoordinate

$$w(x) > 0, \quad D(w) = D_K + \delta w(x)$$

AB: $u = u_0$ für $t = 0$ und $x \leq x_0$

$u = 0$ für $t = 0$ und $x > x_0$

RB: $u = u_0$ bei $x = -\infty$ und $t > 0$

$u = 0$ bei $x = \infty$ und $t > 0$ \hfill (6.60)

Die Lösung erfolgt nach [6.5] unter den Voraussetzungen:
- $\delta/L \ll 1$, wobei L die maximale Fließweglänge eines Fluidteilchens zur Zeit t ist.
- $D_K < \delta \bar{w}$, wobei $\bar{w}$ die mittlere Geschwindigkeit im Bereich $x_0 < x < L$ ist.

Analog der Lösung (6.9) ergibt sich eine Näherungslösung der Form:

$$u(x,t) = \frac{u_0}{2} \operatorname{erfc} \frac{\tau - t/S}{\sqrt{4\delta\omega}} \qquad \text{Bild 6.17, 6.18}$$

$$\text{mit } \tau = \int_{x_0}^{x} \frac{d\xi}{w(\xi)} \text{ und } \omega(t) = \int_{x_0}^{x_F} \frac{w(\xi) + D_K/\delta}{w^3(\xi)} d\xi,$$

wobei x_F die Koordinate der Konvektionsfront ist:

$$\int_{x_0}^{x_F} \frac{d\xi}{w(\xi)} = \frac{t}{S} \qquad (6.61)$$

Diese Lösung gilt auch näherungsweise für die Anfangsbedingung $u = 0$ für $t = 0$ und $x > 0$ sowie die Randbedingung $u = u_0$ bei $x = x_0$ und $t > 0$.

Die numerische Auswertung der Lösung (6.61) geschieht am einfachsten derart, daß die Lösung u als Funktion $u(x,x_F)$ bestimmt wird und anschließend durch Integration die zu x_F gehörende Zeit t ermittelt wird. Die Integrale können z.B. mittels Romberg-Integration (s. Diskette "Wärme- und Stofftransport") berechnet werden.

Aus den Bildern 6.17 und 6.18 ist abzuschätzen, daß die integrale Näherung nach Gl.(6.61) Geschwindigkeitsänderungen bis ca. (3...5) w_0 genügend genau erfaßt. Ein Vorteil der Näherung besteht darin, daß ein beliebiger Geschwindigkeitsverlauf berücksichtigt werden kann.

Halbanalytische Lösung für ortsabhängige Koeffizienten und Randbedingungen 1., 2. und 3. Art: Das nachfolgend beschriebene Lösungsverfahren nutzt Teile einer analytischen Lösungsmethode nach Frobenius (s. Abschn. 2.1.2), die aber numerisch realisiert wird.

$$\text{DG: } D(x)\frac{\partial^2 u}{\partial x^2} - w(x)\frac{\partial u}{\partial x} - k(x)u = S(x)\frac{\partial u}{\partial t}$$

($D(x)$, $w(x)$, $k(x)$, $S(x)$ - Polynome von x)

AB: $u = 0$ für $t = 0$ und $x > 0$

RB: $u = g_0(t)$ bei $x = 0$ und $t > 0$

$\qquad u = g_L(t)$ bei $x = L$ und $t > 0$ ($L < \infty$) $\qquad$ (6.62)

Die transformierte Differentialgleichung ist:

$$D(x)\frac{d^2\bar{u}}{dx^2} - w(x)\frac{d\bar{u}}{dx} - \left(k(x)+S(x)s\right)\bar{u} = 0 \qquad (6.63)$$

Die Lösung dieser Gleichung wurde bereits in Abschn. 2.1.2. behandelt. Die dort angegebene gewöhnliche Differentialgleichung (2.15) ist vom gleichen Typ wie Gl.(6.63) und besitzt deshalb zwei linear unabhängige Lösungen. Die Gesamtlösung der Gl.(6.63) kann deshalb in der Form

$$\bar{u}(x,s) = B_1\,\bar{u}_1(x,s) + B_2\,\bar{u}_2(x,s) \qquad (6.64)$$

geschrieben werden.

Im allgemeinen Fall sind die Funktionen $\bar{u}_1$ und $\bar{u}_2$ nicht durch bekannte mathematische Funktionen zu ersetzen, sondern können nur für diskrete Argumente x und s numerisch berechnet werden. Dazu wurde eine FORTRAN-Routine entwickelt, die für vorgegebene Koeffizientenpolynome die beiden Lösungen $\bar{u}_1(x,s)$ und $\bar{u}_2(x,s)$ für vorgegebene diskrete Werte x und s ermittelt. Mit Gl. (6.64) und den jeweiligen Randbedingungen wird die transformierte Lösung $\bar{u}$ für x und s berechnet, die anschließend mit dem Stehfest-Algorithmus (s. Abschn. 2.3.7) numerisch rücktransformiert wird, so daß eine diskrete Lösung $u(x,t)$ entsteht. Das Bild 6.19 zeigt den Programmablaufplan.

Das FORTRAN-Unterprogramm besteht aus ca. 1000 Zeilen Quelltext, so daß eine Darstellung im Rahmen dieses Buches nicht möglich ist.

Die Anwendung des Verfahrens unterliegt gewissen Beschränkungen, die durch die Kopplung eines Reihenansatzes und des Stehfest-Algorithmus verstärkt werden. Das Verfahren konvergiert in der Regel bei Strömungs- und Transportproblemen, wenn
- die Aufgaben in Zylinderkoordinaten gestellt sind,
- in kartesischen und Kugelkoordinaten kleine Peclet-Zahlen vorliegen, d.h. $Pe = \frac{wL}{D}$ bzw. $Pe = \frac{wR}{D}$ kleiner als 10,
- die Lösung bei kleinen Werten x/L, bzw. r/R (L,R sind die Randkoordinaten) gesucht wird, wobei die Stabilität der Lösung für kleine Zeiten schlechter ist als für große Zeiten.

Andere Bedingungen erfordern eine Erprobung. Zur Kennzeichnung der Anwendbarkeit der Methode sei angeführt, daß die Aufgabenstellung (6.52) z.B. nur für Peclet-Zahlen kleiner als 5 befriedigend genau gelöst werden kann.

Transport zweier Stoffe mit Zerfall: Wird mit dem Fluid ein Stoff transportiert, der dem radioaktiven Zerfall unterliegt, so wirkt auf

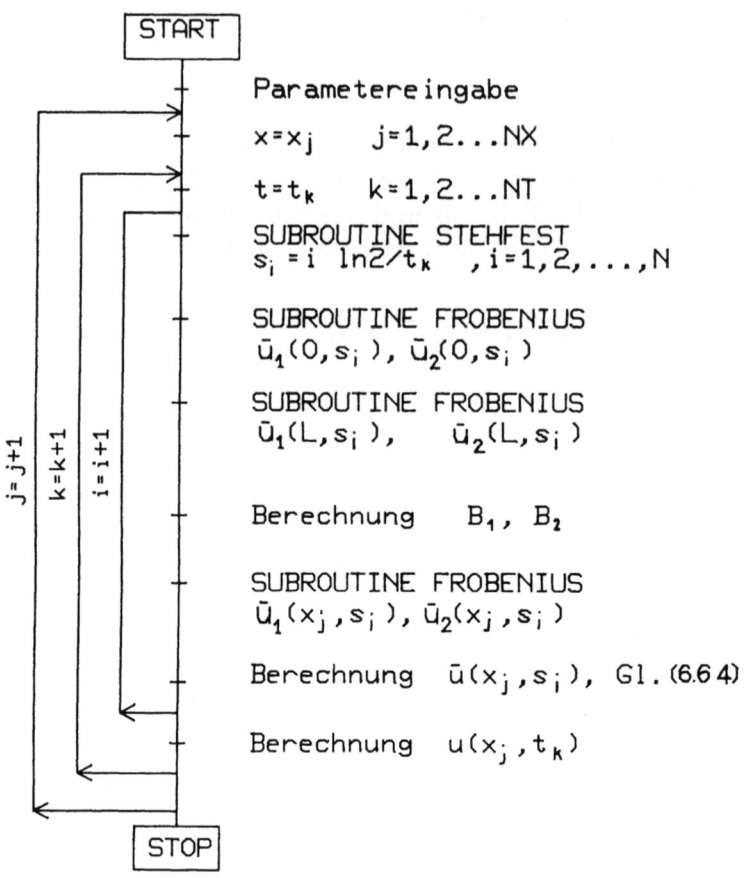

Bild 6.19. Schematischer Berechnungsablauf für die Lösung der Strömungs- und Transportgleichung mit der Methode der unbestimmten Koeffizienten nach Frobenius und numerischer Laplace - Rücktransformation nach Stehfest.

den Stoff 1 der Zerfall als abhängige Senke ($-k_1 u_1$). Dabei entsteht jedoch der Stoff 2 in Form einer abhängigen Quelle ($+k_1 u_1$), der wiederum dem Zerfall ($-k_2 u_2$) unterliegt. Ein typischer Transportvorgang dieser Art tritt z.B. bei der Strömung von radioaktiv kontaminiertem Grundwasser auf, wenn das einströmende Nuklid während des Transportes in seine Tochternuklide zerfällt, z.B. ^{238}Uran $\rightarrow$ Radium $\rightarrow$ Polonium $\rightarrow$ Blei (Uran-Radium-Zerfallsreihe). Ähnliche Vorgänge entstehen bei der Mineralisierung von Stickstoffdüngemittel oder der Metabolisierung von Pestiziden im Grundwasserbereich.

Die Lösung solcher Aufgaben werden am Beispiel einer zweigliedrigen Kette gezeigt; die Methodik ist auf mehrgliedrige Zerfallsketten übertragbar.

$$
\begin{aligned}
\text{DG: } & D\frac{\partial^2 u_1}{\partial x^2} - w\frac{\partial u_1}{\partial x} - k_1 u_1 = S_1 \frac{\partial u_1}{\partial t} \\
& D\frac{\partial^2 u_2}{\partial x^2} - w\frac{\partial u_2}{\partial x} + k_1 u_1 - k_2 u_2 = S_2 \frac{\partial u_2}{\partial t} \quad \text{für } x > 0 \\
\text{AB: } & u_i = 0 \quad \text{für } t = 0 \text{ und } x > 0, \ i = 1, 2 \\
\text{RB: } & u_i = u_{0i} \quad \text{bei } x = 0 \text{ und } t > 0 \\
& |u_i| = u_L < \infty \quad \text{bei } x = \infty \text{ und } t > 0 \\
& \quad (u_L - \text{beliebige Konstante})
\end{aligned}
\quad (6.65)
$$

Die Laplace-Transformation führt für den Stoff 1 ($\bar{u}_1$) auf die Lösung (6.20). Für den Stoff 2 ($\bar{u}_2$) ergibt sich die transformierte Gleichung

$$D\frac{d^2\bar{u}_2}{dx^2} - w\frac{d\bar{u}_2}{dx} + (k_2 + sS_2)\bar{u}_2 = -\frac{k_1 u_{01}}{s} e^{\mu_1 x}$$

mit

$$\mu_i = \frac{1}{2D}\left(w - \sqrt{w^2 + 4D(k_i + sS_i)}\right), \ i = 1, 2.$$

Die Lösung im Laplace-Bereich ist für $S_1 \neq S_2$ und $k_1 \neq k_2$

$$\bar{u}_2(x,s) = \frac{u_{02}}{s} e^{\mu_2 x} + \frac{k_1 u_{01}}{s(S_1 - S_2)} \frac{1}{s + \frac{k_1 - k_2}{S_1 - S_2}} \left(e^{\mu_2 x} - e^{\mu_1 x}\right)$$

Die gesamte Lösung der Aufgabe ergibt sich mit den Korrespondenzen nach Anhang C zu (s.[6.6]):

$$u_1(x,t) = u_{01}\, P_0(x,t\,/\,S_1,v_1)$$

für $k_1 \neq k_2$ und $S_1 \neq S_2$ gilt:

$$u_2(x,t) = u_{02}\, P_0(x,t\,/\,S_2,v_2)$$
$$+ \frac{k_1 u_{01}}{k_1 - k_2}\Big[P_0(x,t\,/\,S_2,v_2) - P_0(x,t\,/\,S_1,v_1)$$
$$- \exp\!\left(-\frac{k_1 - k_2}{S_1 - S_2} t\right)\!\Big(P_0(x,t\,/\,S_2,v_z) - P_0(x,t\,/\,S_1,v_z) \Big)\Big]$$

für $k_1 \neq k_2$ und $S_1 = S_2 = S$ gilt:

$$u_2(x,t) = u_{02}\, P_0(x,t\,/\,S,v_2)$$
$$+ \frac{k_1 u_{01}}{k_1 - k_2}\Big[P_0(x,t\,/\,S,v_2) - P_0(x,t\,/\,S,v_1) \Big]$$

für $k_1 = k_2 = k$ und $S_1 \neq S_2$ gilt:

$$u_2(x,t) = u_{02}\, P_0(x,t\,/\,S_2,v_2)$$
$$+ \frac{k\, u_{01}}{S_1 - S_2} S_2\Big[P_t(x,t\,/\,S_2,v) - P_t(x,t\,/\,S_1,v) \Big]$$

mit

$$v_i = \sqrt{w^2 + 4D k_i}\,,\ i = 1, 2;\ \ v_i = v\ \text{für } k_i = k;$$
$$v_z = \sqrt{w^2 + 4D\big((S_1 k_2 - S_2 k_1)/(S_1 - S_2)\big)} \tag{6.66}$$

Die Funktionen P_0 und P_t berechnen sich nach (6.4).

6.1.2 Randbedingungen 3. Art

Randbedingungen 3. Art führen sehr oft auf ähnliche Lösungen wie die 1. Art. Bei Strömungsproblemen kann man eine Randbedingung 3. Art nach Gl.(1.90) mit $\alpha \to \infty$ in eine solche 1. Art überführen. Bei Transportvorgängen ist das nicht mehr möglich, so daß Lösungen für Randbedingungen 3. Art zur Einschätzung physikalischer Sachverhalte am Rand wichtig sind.

Zeitabhängige Randbedingung (Exponentialfunktion):

DG: $D \dfrac{\partial^2 u}{\partial x^2} - w \dfrac{\partial u}{\partial x} - ku = S \dfrac{\partial u}{\partial t}$ **Bild 6.1**

AB: $u = 0$ für $t = 0$ und $x > 0$

RB: $-D \dfrac{\partial u}{\partial x} + wu = Q_A(t) = wu_0 e^{-\beta t}$ bei $x = 0$ und $t > 0$

$\quad\; -D \dfrac{\partial u}{\partial x} + wu = 0$ bei $x = \infty$ und $t > 0$

$$\hspace{10cm} (6.67)$$

Die Lösung des Problems wird nach [6.7] dargestellt. Im Laplace-Bereich ist mit $s' = sS$:

$$\overline{u}(x,s) = 2 \, \frac{w u_0}{s' + \beta S} \, \frac{e^{\mu_1 x}}{w + \sqrt{w^2 + 4D(k + s')}} \qquad (6.68)$$

mit μ_1 nach Gl.(6.30). Die Lösung ist:

$u(x,t) = \dfrac{w u_0}{4D(k - \beta S)} e^{-\beta t}$ **Bild 6.20**

$\times \Big[2w \exp\big((xw)/D - (k - \beta S)t/S\big) \, \mathrm{erfc} \, \dfrac{x + wt/S}{\sqrt{4Dt/S}}$

$\quad - (w - v) \, e^{-\frac{x}{2D}(w - v)} \, \mathrm{erfc} \, \dfrac{x - v t/S}{\sqrt{4Dt/S}}$

$\quad - (w + v) \, e^{-\frac{x}{2D}(w + v)} \, \mathrm{erfc} \, \dfrac{x + v t/S}{\sqrt{4Dt/S}} \Big]$

mit $v = \sqrt{w^2 + 4D(k - \beta S)}$ für $D > 0$, $(k - \beta S) \neq 0$ und $w^2 + 4D(k - \beta S) \geq 0$. Für $k = \beta S$ gilt:

$u(x,t) = u_0 \, e^{-kt/S} \Big[\dfrac{1}{2} \, \mathrm{erfc} \, \dfrac{x - wt/S}{\sqrt{4Dt/S}}$

$\quad - \dfrac{1}{2} \Big(1 + \dfrac{xw}{D} + \dfrac{w^2 t}{DS} \Big) e^{\frac{xw}{D}} \, \mathrm{erfc} \, \dfrac{x + wt/S}{\sqrt{4Dt/S}}$

$\quad + w \sqrt{\dfrac{t}{\pi DS}} \, \exp\Big(- \dfrac{(x - wt/S)^2}{4Dt/S} \Big) \Big]$ $\hspace{2cm} (6.69)$

In Bild 6.20 ist der physikalisch begründete Unterschied zwischen einer Randbedingung 1. und 3. Art erkennbar. Je größer die Peclet-Zahl ist, desto weniger unterscheiden sich die Lösungen ($Pe > 100$, Abweichung kleiner 10%). Bei $Pe < 100$ ist die Wahl der für das jeweilige Problem gültigen Randbedingung allein aus physikalischer

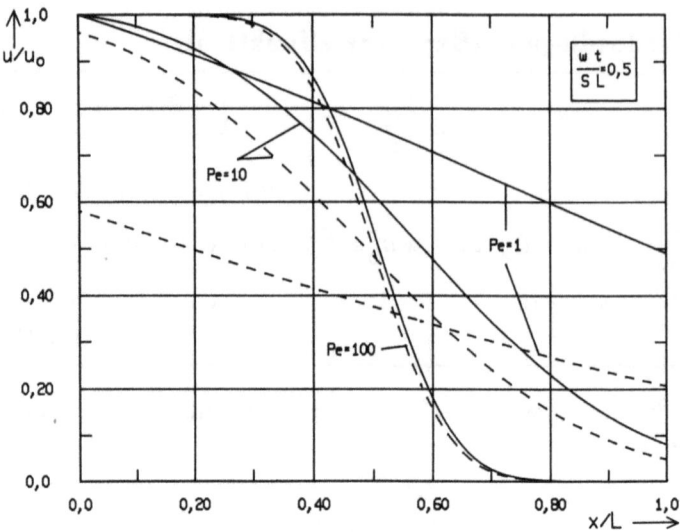

Bild 6.20. Vergleich der Lösungen mit Randbedingungen 1. und 3.Art bei $Pe = 1$, 10, 100, weitere Zahlenwerte: $k = q = 0$.
———— Randbedingung 1.Art nach Gl.(6.3)
– – – Randbedingung 3.Art nach Gl.(6.69)

Sicht zu entscheiden (s. Abschn.1.9.2). Bei Stoff- bzw. Wärmetransport mit molekularer Diffusion bzw. Wärmeleitung ohne mechanische Dispersion ist die Randbedingung 3. Art adäquat den Wirkungsmechanismen im Inneren des Transportraumes. Bei Vorhandensein einer starken mechanischen Dispersion bzw. nach der Korrelation (1.48) erscheint jedoch eine Randbedingung 1. Art als physikalisch zutreffender, da die Dispersion am Einströmungsrand verschwindet.

Randbedingung als Dirac-Impuls:

$$\text{DG:}\ D\frac{\partial^2 u}{\partial x^2} - w\frac{\partial u}{\partial x} - ku = S\frac{\partial u}{\partial t}$$

AB: $u = 0$ \qquad für $t = 0$ und $x > 0$

RB: $-D\dfrac{\partial u}{\partial x} + wu = Q_A(t) = \dfrac{m_A}{S}\delta(t-\Delta t_0)$ bei $x = 0$ und $t > 0$

(mit $\Delta t_0 > 0$, beliebig klein)

$-D\dfrac{\partial u}{\partial x} + wu = 0$ \qquad bei $x = \infty$ und $t > 0$

(6.70)

Für die Formulierung der Randbedingung bei $x = 0$ wird auf die Erläuterungen im Begleittext der Aufgabe (6.43) verwiesen.

Die Bildfunktion ist bei Laplace-Transformation über $t' = t/S$:

$$\bar{u}(x,s') = \frac{2m_A}{S(w+\mu)} e^{\frac{x(w-\mu)}{2D}} \tag{6.71}$$

mit

$$\mu = \sqrt{w^2 + 4D(k+s')}$$

Mit Hilfe der Korrespondenzen in Anhang C und anschließender Differentiation nach der Zeit ergibt sich die Lösung zu

Bild 6.7

$$u(x,t) = \frac{m_A}{S} e^{-kt/S} \left[\frac{1}{\sqrt{\pi Dt/S}} \exp\left(-\frac{(x-wt/S)^2}{4Dt/S}\right) - \frac{w}{2D} e^{\frac{xw}{D}} \operatorname{erfc} \frac{x+wt/S}{\sqrt{4Dt/S}} \right] \tag{6.72}$$

Der zweite Summand in der Klammer kann mit der Näherungsformel für $\operatorname{erc}(a,b) = e^b \operatorname{erfc} a$ nach Anhang B abgeschätzt werden. Für einen maximalen Fehler von 3% ergibt sich daraus die Bedingung $x > (45wt/S - 6\sqrt{Dt/S} \approx 45\,wt/S$ für die Näherung

$$u(x,t) = \frac{m_A}{S\sqrt{\pi Dt/S}} \exp\left(-\frac{(x-wt/S)^2}{4Dt/S} - kt/S\right) \tag{6.73}$$

Die Näherung ist nur weit vor der Konvektionsfront gültig. Die Gleichung (6.72) ist eine gute Näherung für den endlichen Impuls, sofern, wie bei Aufgabenstellung (6.43), die Impulsdauer kurz ist ($\Delta t_0 / t < 0{,}01$). Das Bild 6.7 zeigt den Einfluß der Randbedingungen 3. Art gegenüber einer 1. Art. Danach ist die Geschwindigkeit des Fortschreitens des Peaks der Lösung bei einer Randbedingung 3. Art immer geringer. Für Peclet-Zahlen $wL/D > 100$ ist der Unterschied der beiden Lösungen kleiner als 10%.

Äquivalenz von Randbedingung 3. Art und Bilanzbedingung: An der Aufgabenstellung (6.70) läßt sich die Äquivalenz der Dirac-Randbedingung 3. Art mit der des öfteren benutzten integralen oder Bilanz-Randbedingung demonstrieren.

Wir formulieren dazu die Bilanz von Masse/Wärme am Rand $x = 0$ zur Zeit $t > 0$:

– eingespeiste Masse/Wärme:

$$m_A A \int_0^t \delta(\tau - \Delta t_0)\, d\tau = m_A A \cdot$$

(A-Querschnittsfläche, senkrecht zur Koordinatenrichtung x; $0 < \Delta t_0 < t$),
- durch Zerfall/Abbau verlorene Masse/Wärme:

$$(1-e^{-kt/S})m_A A \int_0^t \delta(\tau-\Delta t_0)\,d\tau = (1-e^{-kt/S})m_A A,$$

- Differenzbetrag:

$$e^{-kt/S} m_A A.$$

Die verbleibende Masse/Wärme muß im Transportraum enthalten sein, d.h.

$$e^{-kt/S} m_A A = AS \int_0^\infty u(x,t)\,dx, \qquad (6.74)$$

wobei $u(x,t=0) = 0$ vorausgesetzt wurde. Die Laplace-Transformation von Gl.(6.74) über $t' = t/S$ ergibt

$$\int_0^\infty \bar{u}(x,s')\,dx = \frac{m_A}{S(k+s')} \; ; \; s' = sS$$

und führt mit der Lösung

$$\bar{u}(x,s') = B_1 e^{\mu_1 x}$$

(μ_1 nach Gl.(6.30)) auf

$$B_1 = -\frac{m_A \mu_1}{S(k+s')}$$

und auf die transformierte Lösung:

$$\bar{u}(x,s') = -\frac{m_A \mu_1}{S(k+s')} e^{\mu_1 x} = -\frac{m_A}{S} \frac{d}{dx}\left(\frac{e^{\mu_1 x}}{k+s'}\right) \qquad (6.75)$$

Die Rücktransformation nach Anhang C und eine anschließende Differentiation nach x liefert (6.72).

Zeitabhängige Randbedingung mit Quelle:

DG: $D\dfrac{\partial^2 u}{\partial x^2} - w\dfrac{\partial u}{\partial x} - ku = S\dfrac{\partial u}{\partial t} - q$

AB: $u = 0$ \hfill für $t=0$ und $x>0$

RB: $-D\dfrac{\partial u}{\partial x} + wu = w\left(u_0 + \dfrac{\Delta u_0}{\Delta t}t\right)$ \hfill bei $x=0$ und $t>0$

(mit $\Delta t_0 > 0$, beliebig klein)

$|u| = u_L < \infty$ bei $x = \infty$ und $t>0$ \hfill und $t>0$

(u_L - beliebige Konstante) \hfill (6.76)

Die Laplace-Transformation ergibt:

$$\overline{u}(x,s) = \left[\frac{wu_0}{s(w-D\mu_1)} + \frac{\Delta u_0}{\Delta t} \frac{w}{s^2(w-D\mu_1)} \right] e^{\mu_1 x}$$

$$+ \frac{q}{s(k+sS)} \left(1 - \frac{w}{(w-D\mu_1)} e^{\mu_1 x} \right)$$

$$\text{mit } \mu_1 = \frac{1}{2D} \left(w - \sqrt{w^2 + 4D(k+sS)} \right) \qquad (6.77)$$

$u(x,t)$ ergibt sich durch numerische Rücktransformation

6.1.3 Eindimensionaler Transport bei inhomogenen Parametern

Das Transportproblem läßt sich in der Regel nur für homogene Eigenschaften geschlossen lösen. Einige Ausnahmen, wie die Aufgabenstellungen (6.27), (6.52) und (6.60) bestätigen diese Regel. Eine einfache halbanalytische Lösung läßt sich durch Hintereinanderschaltung analytischer Lösungen konstruieren; sie entspricht einem speziellen expliziten Bilanzverfahren (Differenzenprinzip).

Wir demonstrieren das Verfahren an Hand der Aufgabenstellung (6.29).

$$\text{DG: } D_i \frac{\partial^2 u}{\partial x^2} - w_i \frac{\partial u}{\partial x} - k_i u = S_i \frac{\partial u}{\partial t} - q_i$$

für $x_{i-1} < x \leq x_i$ $(i = 1, ..., M)$

AB: $u = 0$ für $t = 0$ und $x > 0$

RB: $u = u_0 + \frac{\Delta u_0}{\Delta t} t$ bei $x = 0$ und $t > 0$

$|u| = u_L < \infty$ bei $x = \infty$ und $t > 0$

(u_L - beliebige Konstante)   (6.78)

Bild 6.21

Wie Bild 6.21 andeutet, soll die Differentialgleichung in jedem Abschnitt i (Element i) $x_{i-1} < x \leq x_i$ gelten, wobei jedes Element homogene Eigenschaften D_i, k_i, q_i, S_i und eine konstante Geschwindigkeit w_i aufweist. Die Aneinanderkopplung der Elemente geschieht dadurch, daß das Ergebnis $u(x_{i-1}, t)$ die zeitabhängige Randbedingung 1. Art für das nachfolgende Element i bildet. Die in Aufgabe (6.29) formulierte linear veränderliche Randbedingung bildet die zeitlich veränderlichen Randbedingungen der Elemente $i > 1$ nähe-

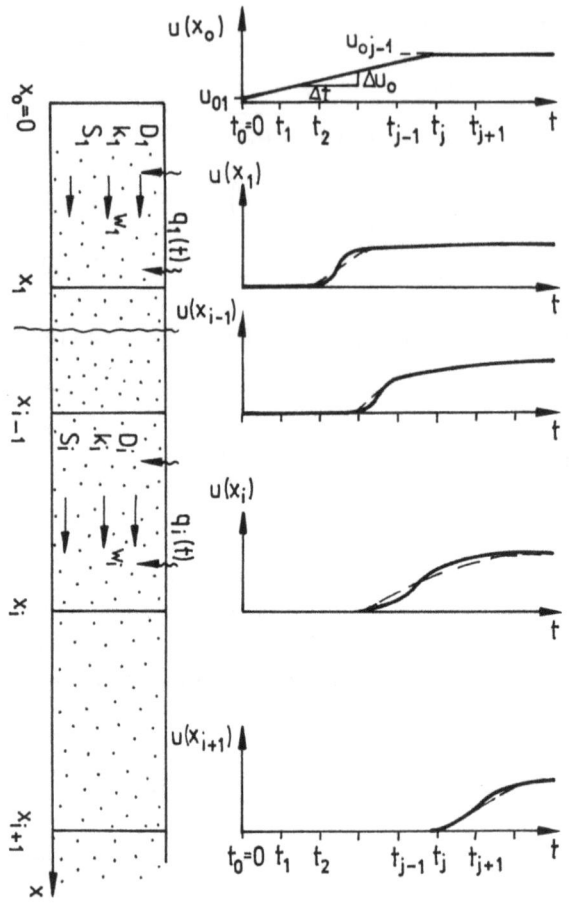

Bild 6.21. Schematische Darstellung der Elementeeinteilung und Randbedingungszuordnung beim Differenzenprinzip

rungsweise nach, wie das in Bild 6.21 dargestellt ist, insbesondere in den Zeitintervallen, in denen der Frontdurchgang geschieht.

Da sowohl die Randbedingungsgrößen u_o, $\frac{\Delta u_o}{\Delta t}$ als auch die Quellen $q_i(t)$ Zeitfunktionen in Form von Treppenfunktionen sind, ist die zeitliche Superposition der Basislösung erforderlich. Als Basislösung dient die Lösung der Problemstellung (6.29) in Form der Gleichung (6.31). Das Ergebnis im Punkt x_{i-1} ist $u(x_{i-1},t) \mathrel{\hat=} u_{i-1}(t)$ und dient als Randbedingung für das Element i. Die zeitlich superponierte Lösung für das Element i lautet dann analog Gl.(6.33):

$$u(x,t) =$$
$$\sum_{j=1}^{M} \left\{ \left(\Delta u^*_{i-1,j} - \Delta u^*_{i-1,j-1} \right) P_O^{(i)}(x-x_{i-1},(t-t_{j-1})/S_i,v_i) \right.$$
$$+ S_i \left[\left(\frac{\Delta u}{\Delta t}\right)_{i-1,j+\frac{1}{2}} - \left(\frac{\Delta u}{\Delta t}\right)_{i-1,j-\frac{1}{2}} \right]$$
$$\times P_t^{(i)}(x-x_{i-1},(t-t_{j-1})/S_i,v_i) + \left[q_{ij} - q_{i,j-1} \right]$$
$$\left. \times P_Q^{(i)}(x-x_{i-1},(t-t_{j-1})/S_i,v_i) \right\}$$
$$\text{für } x_{i-1} < x \leq x_i, \ t > t_{M-1}$$
$$v_i = \sqrt{w_i^2 + 4 D_i k_i} \ , \ P_O, P_t, P_Q \text{ nach (6.4)} \quad (6.79)$$

Der hochgestellte Index (*i*) deutet an, daß alle ortsabhängigen Parameter im Bereich $x_{i-1} < x < x_i$ zu nehmen sind. Die Größe Δu^* ist nur ungleich Null, wenn die Randbedingung einen Sprung besitzt (s. Bild 6.22). Für *i* = 1 ist

$$\Delta u^*_{0,0} = u_0,$$

sonst gilt

$$\Delta u^*_{0,j} = u_0(t_j+0) - u_0(t_j-0),$$

so daß Δu^* für einen stetigen zeitlichen Verlauf der Randbedingung stets Null ist. Dies gilt immer an allen Punkten $x_i > 0$. Die Größen $\Delta u/\Delta t$ berechnen sich nach

$$\left(\frac{\Delta u}{\Delta t}\right)_{i-1,j+\frac{1}{2}} = \frac{u_{i-1,j-1} - u_{i-1,j}}{t_{j+1} - t_j}$$

$$\left(\frac{\Delta u}{\Delta t}\right)_{i-1,j-\frac{1}{2}} = \frac{u_{i-1,j} - u_{i-1,j-1}}{t_j - t_{j-1}}$$

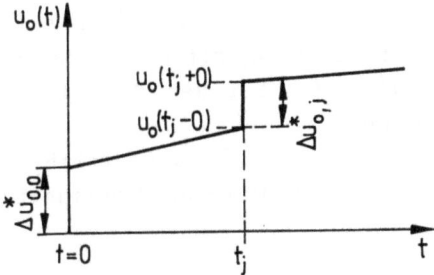

Bild 6.22. Zeitlicher Verlauf der Randbedingung bei *x* = 0

Die Summation in Gl.(6.79) läßt erkennen, daß jedes Element in seinem zeitlichen Verlauf vollständig berechnet werden sollte, ehe zum nächsten Element übergegangen wird.

Die Größe der Zeitschritte $\Delta t_j = t_j - t_{j-1}$ hängt nur ab von der angestrebten Genauigkeit bei der Übergabe der Lösung an den Elementgrenzen (s.Bild 6.21). Wenn mit großen Elementabmessungen Δx gearbeitet wird und scharfe Fronten der Durchbruchskurven erwartet werden, müssen die Δt_j entsprechend klein sein. Als Empfehlung gilt eine Courant-Zahl $Co < 0,2$, d.h.

$$\underset{j}{\text{Max}}\ \Delta t_j \leq 0,2\ \underset{i}{\text{Min}}\left(\Delta x_i\, S_i\, /\, w_i\right) \tag{6.80}$$

mit

$$\Delta x_i = x_i - x_{i-1}$$

Im Gegensatz zu rein numerischen Lösungen (s. Abschn.2.4) ist zugunsten des halbanalytischen Verfahrens zu erwähnen, daß
- die Elementabmessung beliebig groß sein kann, nur abhängig vom Grad der Inhomogenität, nicht aber von der Peclet-Zahl.
- die Lösung $u(x,t)$ kontinuierlich in jedem Punkt x des Transportraumes zu jeder Zeit t berechnet werden kann.

Das Bild 6.23 zeigt einen Vergleich der halbanalytisch berechneten mit den exakten Ergebnissen nach Gl.(6.3) für den Fall $k = q = 0$ und homogene Eigenschaften. Das Bild 6.23a zeigt, daß die Abweichung von der exakten Lösung stark von der gewünschten Sensitivität der Lösung abhängt. Eine praktisch zumeist ausreichende Sensitivität von 0,01 (=1%) kann bei einem maximalen Fehler kleiner 10% nur mit Courant-Zahlen von 0,1...0,2 reproduziert werden (s. Bild 6.23c). Der entscheidende Vorteil der halbanalytischen Lösung gegenüber vollständig numerischer Lösungen besteht in der Unabhängigkeit des Fehlers von der Peclet-Zahl, so daß die Aussage des Bildes 6.23 für alle Peclet-Zahlen gültig ist.

6.1.4 Transport mit freiem Rand (Stefan-Problem)

Analog zur Strömung mit freiem Rand nach Abschn. 4.6.3 kann auch beim Transport ein freier Rand auftreten. Derartige Probleme entstehen beim Gefrieren von Baugrund durch Injektion von kalten Flüssigkeiten (z.B. Flüssigstickstoff) oder bei der Aufheizung eines porösen Füllkörpers mit Heißdampf.

Wir nutzen das in Abschn.4.6.3 erläuterte Näherungsverfahren und demonstrieren es am Transport in einem linearen Transportraum (s. Bild 6.24).

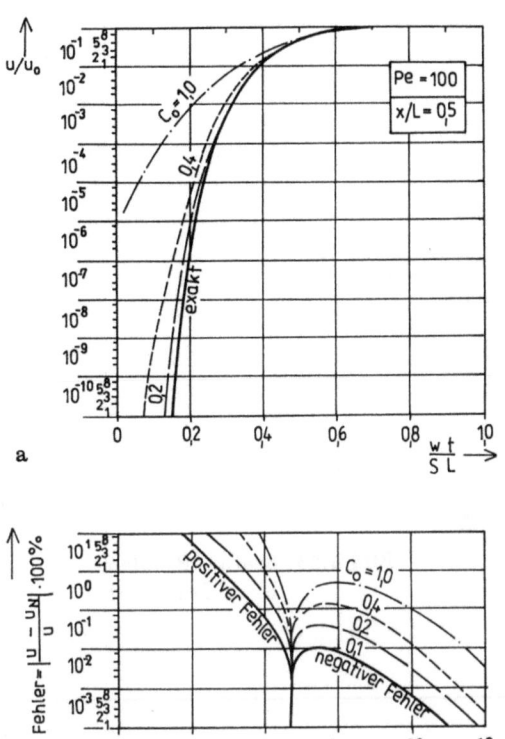
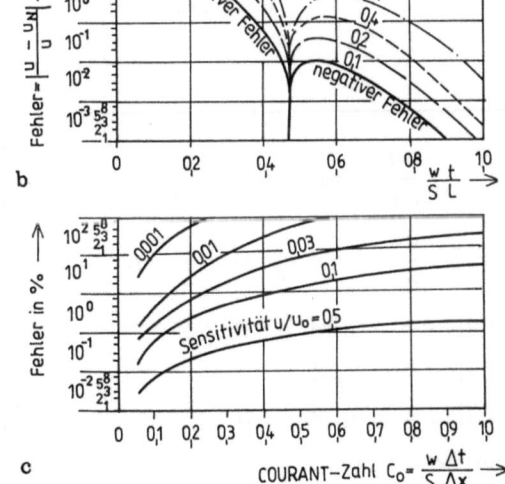

Bild 6.23. Genauigkeit der halbanalytischen Lösung (6.79) im Vergleich mit der exakten Lösung (6.3)
a) Exakte und halbanalytische Lösung für eine Peclet-Zahl $Pe = 100$ bei verschiedenen Courant-Zahlen
———— exakte Lösung
—·—·— ; — — — ; ——— Näherungslösungen für verschiedene Courant-Zahlen
b) Fehler der halbanalytischen Lösung bei verschiedenen Courant-Zahlen
c) Abhängigkeit des maximalen Fehlers der halbanalytischen Lösung von der Courant-Zahl (wobei nur der Teil der Lösung betrachtet wird, der oberhalb der Sensitivität u/u_0 liegt)

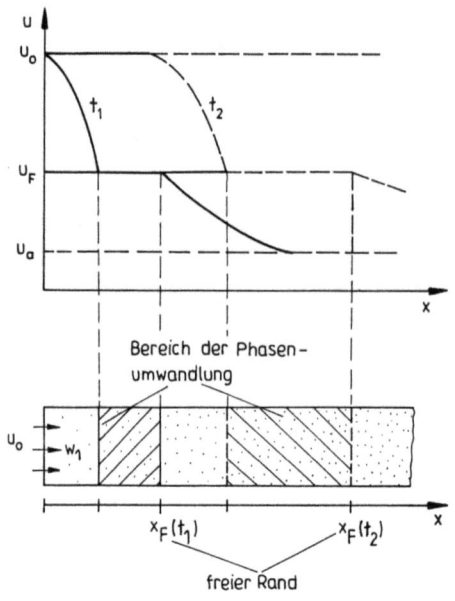

Bild 6.24. Stefan-Problem beim Transport

DG: $D_1 \dfrac{\partial^2 u_1}{\partial x^2} - w_1 \dfrac{\partial u_1}{\partial x} = S_1 \dfrac{\partial u_1}{\partial t}$ für $0 < x < x_F(t)$

$D_2 \dfrac{\partial^2 u_2}{\partial x^2} - w_2 \dfrac{\partial u_2}{\partial x} = S_2 \dfrac{\partial u_2}{\partial t}$ für $x_F(t) < x < \infty$

AB: $u_1 = u_2 = u_a = 0$ für $t = 0$ und $x > 0$

RB: $u_1 = u_0$ bei $x = 0$ und $t > 0$

$u_2 = 0$ bei $x = \infty$ und $t > 0$

Übergangsbedingung bei $x = x_F(t)$:

$u_1(x,t) = u_2(x,t) = u_F$ bei $x = x_F(t)$ und $t > 0$

Bilanz:

$$V_0(t) + q_F x_F(t) - S_1 \int_0^{x_F(t)} u_1(x,t)\,dx - S_2 \int_{x_F(t)}^{\infty} u_2(x,t)\,dx = 0$$

mit $V_0(t) = w_1 u_0 t - D_1 \int_0^t \dfrac{\partial u_1}{\partial x}\bigg|_{x=0} d\tau$

($q_F > 0$: Erstarren, Kondensieren;

$q_F < 0$: Schmelzen, Verdampfen)   (6.81)

Analog der Verfahrensweise in Abschn. 4.6.3 wird die Aufgabe für festes x_F^* durch Laplace-Transformation gelöst. Die Bilanz (6.81) wird dafür abgekürzt geschrieben.

$$V_0(t) + q_F x_F(t) - S_1 G_1(t) - S_2 G_2(t) = 0. \quad (6.82)$$

Die transformierten Lösungen sind:

$$\left. \begin{array}{l} \bar{u}_1(x,s) = B_{11} e^{\mu_{11} x} + B_{12} e^{\mu_{12} x} \\ \bar{u}_2(x,s) = B_2 e^{\mu_2 x} \end{array} \right\} \quad (6.83)$$

mit

$$\left. \begin{array}{l} \mu_{11} \\ \mu_{12} \end{array} \right\} = \frac{1}{2D_1} \left(w_1 \mp \sqrt{w_1^2 + 4 D_1 s S_1} \right),$$

$$\mu_2 = \frac{1}{2D_2} \left(w_2 - \sqrt{w_2^2 + 4 D_2 s S_2} \right)$$

und

$$B_{12} = \frac{1}{s} \frac{u_0 e^{\mu_{11} x_F} - u_F}{e^{\mu_{11} x_F} - e^{\mu_{12} x_F}}, \quad B_{11} = \frac{u_0}{s} - B_{12},$$

$$B_2 = \frac{u_F}{s} e^{-\mu_2 x_F}.$$

Die anderen Größen ergeben sich zu

$$\bar{V}_0(s) = \frac{w_1 u_0}{s} - \frac{D_1}{s} (B_{11} \mu_{11} + B_{12} \mu_{12}),$$

$$\bar{G}_1(s) = \frac{B_{11}}{\mu_{11}} \left(e^{\mu_{11} x_F} - 1 \right) + \frac{B_{12}}{\mu_{12}} \left(e^{\mu_{12} x_F} - 1 \right),$$

$$\bar{G}_2(s) = \frac{B_2}{\mu_2} e^{-\mu_2 x_F}.$$

Die Aufgabe wird analog Abschn. 4.6.3 derart gelöst, daß die Werte $V_0(t)$, $G_1(t)$ und $G_2(t)$ für eine vorgegebene Zeit t durch numerische Rücktransformation so ermittelt werden, daß die Bilanz (6.82) für einen Wert $x_F(t)$ erfüllt ist. Mit diesem Wert $x_F(t)$ wird die Lösung (6.83) berechnet und ebenfalls numerisch rücktransformiert. Der Algorithmus folgt Tabelle 4.10. In Bild 6.25 ist eine typische Aufgabe der Aufheizung eines porösen Füllkörpers mit Heißdampf gelöst. Bild 6.25a stellt den zeitlichen Verlauf der Lösung dar, Bild 6.25b das Fortschreiten der "Kondensationsgrenze" $x_F(t)$ über die Zeit für verschiedene Werte der Verdampfungswärme q_F. Das Bild 6.25a zeigt deutlich den Einfluß der Verdampfungswärme q_F bei der dimensionslosen Siedetemperatur $u_F/u_0 = 0,5$. Bei der Deutung der dimensionslosen Kurven für das praktische Beispiel der Heißdampfeinleitung sei auf Tabelle 1.3 verwiesen.

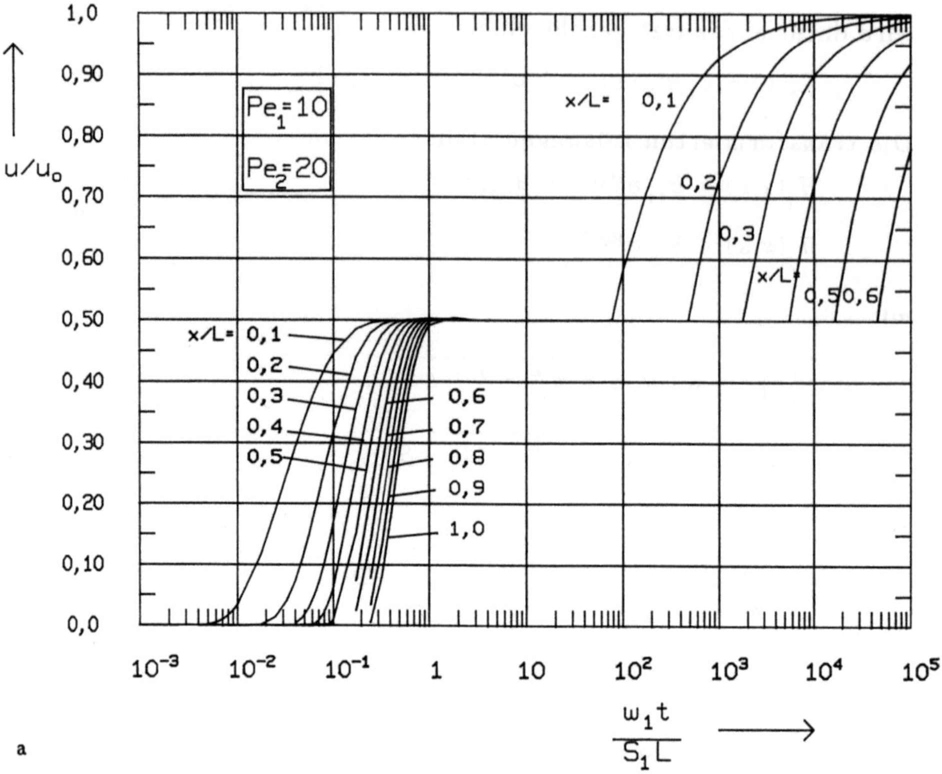

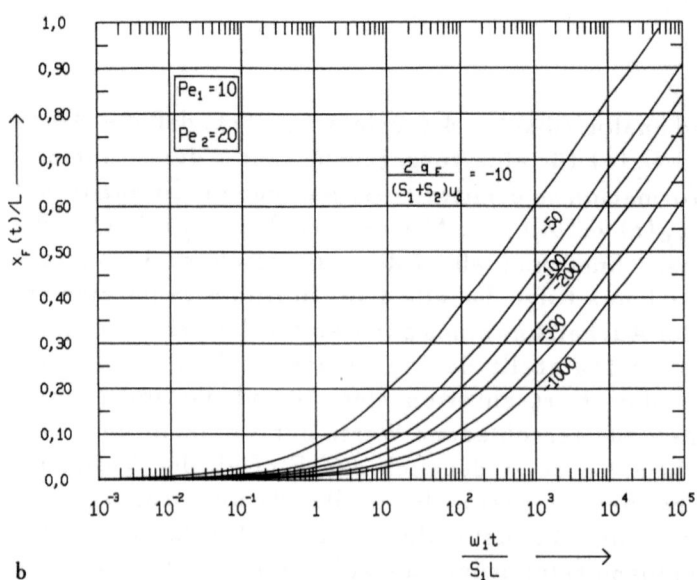

a

b

Das Näherungsverfahren ist anwendbar für beliebige eindimensionale Koordinaten und für Randbedingungen 1., 2. und 3. Art. Es ist jedoch zu bemerken, daß der Fehler der Näherung für kleine Werte $\left|\dfrac{2q_F}{(S_1+S_2)u_0}\right|$ ansteigt. Als Richtwert für Fehler der Lösung kleiner als 4% soll $\left|\dfrac{2q_F}{(S_1+S_2)u_0}\right| > 50$ dienen.

6.2 Zweiseitig begrenztes Gebiet

Analytische Lösungen der Transportgleichung sind in einem zweiseitig begrenzten Gebiet nur selten noch so darstellbar, daß sie übersichtlich bleiben und asymptotische bzw. stationäre Lösungen erkennen lassen. Van Genuchten und Alves [6.1] geben in einer Sammlung analytischer Lösungen eine ganze Anzahl solcher Resultate an. Bis auf wenige Ausnahmen werden deshalb hier halbanalytische Lösungsverfahren genutzt, die bereits früher erläutert wurden.

◀ **Bild 6.25.** Aufheizung eines porösen, wassergefüllten Mediums durch Einleiten von Heißdampf der Temperatur u_0.

a) Zeitlicher Verlauf der Lösung für $2\,q_F/((S_1+S_2)u_0) = -500$ (Verdampfungswärme)

b) zeitlicher Verlauf der Kondensationsgrenze $x_F(t)$ für verschiedene Werte q_F.
Zahlenwerte: $u_a = 0$, $u_F/u_0 = 0{,}5$, $D_1 = D_2$, $S_1 = S_2$, $w_2 = 2\,w_1$, L - Bezugslänge.
Die Symbolik kann nach Tab.1.3 für ein System Dampf-Wasser-Feststoff gedeutet werden. Danach besitzen die allgemeinen Koeffizienten folgende physikalische Bedeutung:

für das Teilsystem Dampf-Feststoff
$w_1 = (\rho c w)_{Dampf}$, $S_1 = (1-n)\,(\rho c)_{Feststoff} + n\,(\rho c)_{Dampf}$, n -Porenanteil
$D_1 = \lambda$ - Wärmeleitfähigkeit des Teilsystems

für das Teilsystem Wasser-Feststoff
$w_2 = (\rho c w)_{Wasser}$, $S_2 = (1-n)\,(\rho c)_{Feststoff} + n\,(\rho c)_{Wasser}$
$D_2 = \lambda$ - Wärmeleitfähigkeit des Teilsystems.

Zeitabhängige Randbedingungen 1. Art und Transmissionsrandbedingung

$$DG: D\frac{\partial^2 u}{\partial x^2} - w\frac{\partial u}{\partial x} - ku = S\frac{\partial u}{\partial t} - q_0 e^{-\beta_Q t}$$

$AB: u = 0 \quad$ für $t = 0$ und $0 < x < L$

$RB: u = u_0 e^{-\beta_0 t}$ bei $x = 0$ und $t > 0$

$\frac{\partial^2 u}{\partial x^2} = 0 \quad$ bei $x = L$ und $t > 0$ \hfill (6.84)

Die Lösung im Laplace-Bereich ist

Bild 6.26

$$\bar{u}(x,s) = B_1 e^{\mu_1 x} + B_2 e^{\mu_2 x} - \frac{q_0}{D(s+\beta_Q)}\frac{1}{\mu_1 \mu_2}$$

mit

$$B_1 = \frac{\frac{u_0}{s+\beta_0} + \frac{q_0}{D\mu_1\mu_2(s+\beta_Q)}}{1 - \frac{\mu_1^2}{\mu_2^2}e^{(\mu_1-\mu_2)L}}, \quad B_2 = -B_1 \frac{\mu_1^2}{\mu_2^2}e^{(\mu_1-\mu_2)L}$$

$$\mu_{1,2} = \frac{1}{2D}\left(w \mp \sqrt{w^2 + 4D(k+sS)}\right) \hfill (6.85)$$

$u(x,t)$ ergibt sich durch numerische Rücktransformation

Zur Rücktransformation werden die Algorithmen von Talbot oder Zakian (s. Abschn. 2.3.7) empfohlen. Die Methode von Stehfest und z.T. auch die von Zakian divergieren bei Peclet-Zahlen größer als 20. Das Bild 6.26 belegt die vermutete Tatsache, daß die Lösung im einseitig begrenzten Gebieten nahezu identisch ist mit der im zweiseitig begrenzten Gebiet mit einer Transmissions-Randbedingung am Ausströmungsrand (s. auch Abschn. 1.9.2 und 1.9.3).

Weitere Aufgaben für andere Anfangs- und Randbedingungen sind nach der gleichen Methode im Laplace-Bereich lösbar. Am Ausströmungsrand bildet die Transmissions-Randbedingung in der Regel die physikalische Wirklichkeit am besten ab.

Randbedingung 1. Art (Dirac-Impuls) bei $x = 0$ und 1. Art bei $x = L$:
Dabei gilt die Aufgabenstellung (6.84), jedoch mit folgenden Randbedingungen:

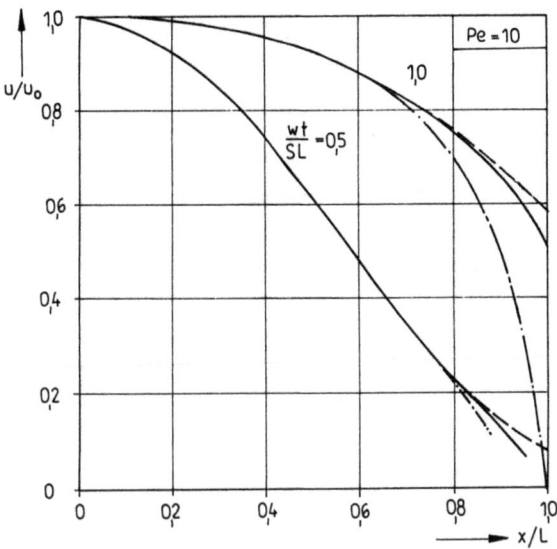

Bild 6.26. Lösung für ein endliches Gebiet, RB 1.Art bei $x=0$ und Transmissionsrandbedingung bzw. RB 1.Art bei $x=L$, Vergleich mit einem einseitig unendlichem Gebiet. Weitere Zahlenwerte: $Pe = 10$, $k=\beta_0=\beta_L=\beta_Q=u_L=0$

———— zweiseitig berandetes Gebiet, Transmissionsrandbedingung bei $x=L$
—·—·—·— zweiseitig berandetes Gebiet, RB 1.Art bei $x=L$
— — — — einseitig unendliches Gebiet

$$u = \frac{m_A}{Sw}\delta(t-\Delta t_0) \quad \text{bei } x = 0 \text{ und } t > 0$$
$$(\Delta t_0 > 0, \text{ beliebig klein}),$$
$$u = 0 \qquad \text{bei } x = L \text{ und } t > 0.$$

In [6.8] wird eine Lösung für diese Aufgabe referiert.

$$u(x,t) = \frac{m_A\, e^{-kt/S}}{wt\sqrt{4\pi Dt/S}}\left[\, x\exp\!\left(-\frac{(x-wt/S)^2}{4Dt/S}\right)\right.$$
$$+(x-L)\exp\!\left(+\frac{wL}{D}-\frac{(x-L-wt/S)^2}{4Dt/S}\right)$$
$$\left.+(x+L)\exp\!\left(-\frac{wL}{D}-\frac{(x+L-wt/S)^2}{4Dt/S}\right)\right] \quad (6.86)$$

Ortsabhängige Koeffizienten bei beliebigen Randbedingungen: Das halbanalytische Lösungsverfahren mit dem Frobenius-Potenzansatz ist für beidseitig begrenzte Gebiete vorteilhaft anwendbar. Die

Anwendung für eine breite Klasse von Aufgabenstellungen in beidseitig begrenzten Gebieten ist in Abschn.6.1.1 an einer Aufgabe demonstriert und kann hier ganz analog übernommen werden (Bei Vorhandensein einer Quelle $q(x,t)$ bzw. einer inhomogenen Anfangsbedingung $u_a(x)$ ist diese Methode nicht nutzbar).

Ein typisches Beispiel aus der Reaktionskinetik wurde in Abschn. 3.7 behandelt. Nachfolgend wird ein stationäres Transportproblem in einem kegelstumpfartigen Reaktor mit Abbau (z.B. durch Oxidation im Gegenstrom) gelöst.

$$\text{DG: } D \frac{d^2 u}{dx^2} - w(x) \frac{du}{dx} - k(x) = 0$$

Bild 6.27

$$\text{mit } w(x) = w_0 + w_1 x$$
$$k(x) = k_0 + k_1 x + k_2 x^2$$

$$\text{RB: } u = u_0 \text{ bei } x = 0$$
$$\frac{du}{dx} = 0 \text{ bei } x = L \tag{6.87}$$

Analog der Verfahrensweise in Abschn. 6.1.1 wird die Aufgabe mit der Frobenius-Methode bearbeitet.

Die Lösung hat die Form der Gl. (6.64)

$$u(x) = B_1 u_1(x) + B_2 u_2(x)$$
$$B_1 = \frac{u_0}{u_1(0) - u_1'(L) u_2(0) / u_2'(L)}, \quad B_2 = B_1 - u_1'(L) / u_2'(L) \tag{6.88}$$

Dabei bedeutet der Strich die Ableitung von u nach x: $u' = \frac{du}{dx}$.

Bei der numerischen Lösung der Aufgabe ist zu beachten, daß für diesen stationären Prozeß die Laplace-Transformation nicht notwendig ist, so daß das in Bild 6.19 enthaltene Unterprogramm Stehfest zur numerischen Rücktransformation entfällt.

Das Bild 6.27 stellt die Lösung eines Beispieles im Vergleich zu einem Reaktor mit konstanten Parametern w und k dar (Kurve 1). Es wird dabei vorausgesetzt, daß in allen Kurven das Volumen des Reaktors und die Verweilzeit des Fluids im Reaktor gleich seien. Die Verweilzeit ergibt sich aus

$$\tau = \int_0^L \frac{dx}{w(x)} = \frac{1}{w_1} \ln \frac{w_0 + w_1 L}{w_0} .$$

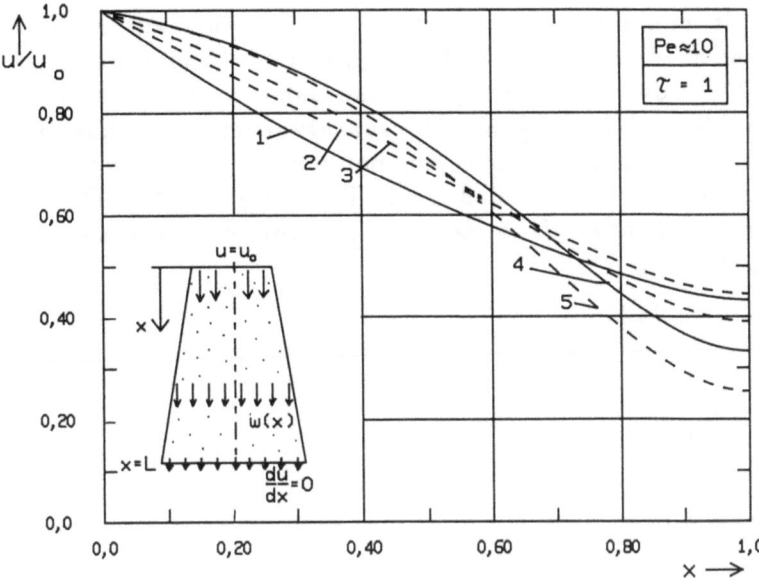

Bild 6.27. Beispiel für Stofftransport mit Stoffaustausch (Sorption, Stoffwandlung) in einem Reaktor der Länge $L=1$ bei ortsabhängiger Geschwindigkeit und orts- bzw. geschwindigkeitsabhängigen Stoffaustauschparametern.
Zahlenwerte: $Pe = \bar{w}L/D \approx 10$, Verweilzeit $\tau = 1$

Kurve	w_0	w_1	k_0	k_1	k_2	$\bar{w}$
1	1,0	0	1,0	0	0	1,00
2	1,58	-1,0	1,0	0	0	1,08
3	1,58	-1,0	0,6	1,0	0	1,08
4	2,31	-2,0	0,4	1,9	0	1,31
5	2,31	-2,0	0,4	0,9	1,0	1,31

Die Kurven 2 und 3 berücksichtigen eine geringe Änderung der Geschwindigkeit, wobei Kurve 3 gegenüber Kurve 2 den Einfluß einer geschwindigkeitsabhängigen Reaktionskinetik zeigt. Die Kurven 4 und 5 erfassen eine größere Geschwindigkeitsänderung mit zwei verschiedenen Ansätzen für $k(x)$.

6.3 Radialsymmetrische Probleme

6.3.1 Quellenfreie Aufgabenstellungen

Bei zylinder- und radialsymmetrischen Transportprozessen ist die Geschwindigkeit in der Regel hyperbolisch verteilt (s. Bild 1.14), d.h. sie fällt von einem Maximalwert im Zentrum auf Null am äußeren Rand ab. Deshalb ist die Abhängigkeit des Dispersionskoeffizienten D von der Geschwindigkeit und damit vom Radius nicht mehr vernachlässigbar. Folgende Voraussetzungen sind sinnvoll:

– Diffusion/Wärmeleitung sind gegenüber der mechanischen Dispersion vernachlässigbar, so daß nach Tab.1.3 gilt: $D \approx D^*$ (für Stofftransport) bzw. $D \approx D^*$ $(\rho c)_{Fl}$ (für Wärmetransport),

– Nach Gl. (1.47) und

$$w(r) = \frac{|\dot{V}|}{2\pi \Delta z \, r} = \frac{G}{r}$$

mit

$$G = \frac{|\dot{V}|}{2\pi \Delta z}$$

gilt

$$D(r) = \delta G / r. \qquad (6.89)$$

Randbedingung 1. Art bei vernachlässigbarer Diffusion/Wärmeleitung: Unter dieser Bedingung ergibt sich aus Gl.(1.78) mit $k = q = 0$ die Aufgabenstellung:

DG: $\frac{1}{r}\frac{\partial}{\partial r}\left(rD(r)\frac{\partial u}{\partial r}\right) - w(r)\frac{\partial u}{\partial r} = S\frac{\partial u}{\partial t}$	Bild 6.28
mit $w(r) = G/r$ und $D(r) = \delta G/r$	für $r > r_0$
AB: $u = 0$ für $t = 0$ und $r > r_0$	
RB: $u = u_0$ bei $r = r_0$ und $t > 0$	
$\|u\| = u_R < \infty$ bei $r = \infty$ und $t > 0$	(6.90)

Nach [6.9] ist die Laplace-transformierte Lösung

$$\bar{u}(r,s) = \frac{u_0}{s} \exp\left(\frac{r - r_0}{2\delta}\right) \frac{Ai(Y)}{Ai(Y_0)} \qquad (6.91)$$

Dabei ist $Ai(Y)$ die Airy-Funktion erster Art (s. Anhang B) und

$$Y = \frac{\frac{1}{4} + \frac{\delta S r}{G}s}{\left(\frac{\delta^2 S}{G}s\right)^{2/3}}, \quad Y_0 = Y(r_0).$$

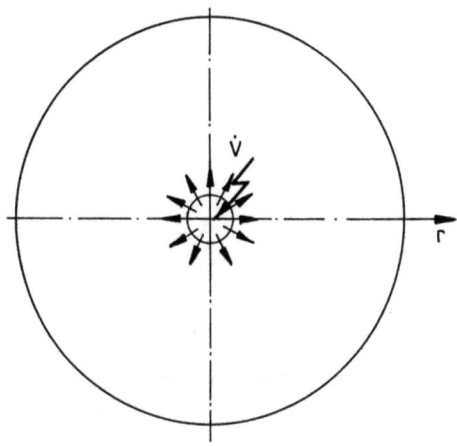

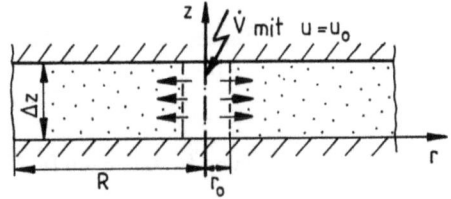

Bild 6.28. Radialsymmetrischer Transportraum

Die Lösung im Originalbereich ist

$$u(r,t) = u_0\left(1 - \int_0^\infty F(v)\,dv\right)$$

mit

$$F(v) = \frac{1}{\pi v}\exp\left(-\frac{v^2 G}{\delta^2 S}\,t + \frac{r-r_0}{2\delta}\right)\frac{\text{Ai}(\xi)\,\text{Bi}(\xi_0) - \text{Ai}(\xi_0)\,\text{Bi}(\xi)}{\left(\text{Ai}(\xi_0)\right)^2 + \left(\text{Bi}(\xi_0)\right)^2}$$

und

$$\xi = \frac{1 - 4v^2 r/\delta}{4v^{4/3}}\;,\quad \xi_0 = \xi(r=r_0) \tag{6.92}$$

Bild 6.29

Bi(x) ist die Airy-Funktion zweiter Art (s. Anhang B).

Die numerische Auswertung von (6.92) bereitet Schwierigkeiten, da der Integrand F(v) eine gedämpfte Schwingung darstellt. In [6.9] wurde die Lösung tabelliert und im Bild 6.29 dargestellt. Eine Näherungslösung für (6.92) ist nach [6.10]:

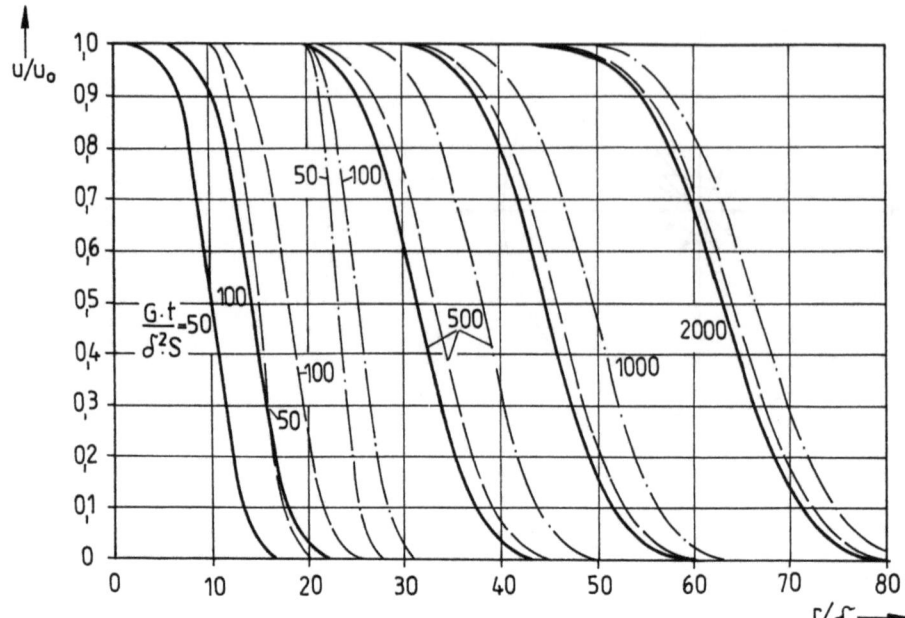

Bild 6.29. Radialsymmetrischer Transport, analytische Lösung (6.92), nach [6.9]
——— $r_o/\delta = 1$; ----- $r_o/\delta = 10$; —·—·— $r_o/\delta = 20$

Bild 6.30

$$u(r,t) = \frac{u_0}{2} \, \text{erfc} \, \frac{r_F^2 \ln(r/r_F)}{\sqrt{\frac{4}{3} \delta (r_F^3 - r_o^3)}} \qquad (6.93)$$

mit dem Radius der konvektiven Front

$$r_F(t) = \sqrt{2Gt/S + r_o^2} \approx \sqrt{(|\dot{V}|t)/(\pi \Delta z S)} \qquad (6.94)$$

Die Näherungslösung

Bild 6.30

$$u(r,t) = \frac{u_0}{2} \, \text{erfc} \, \frac{r^2 - r_F^2}{\sqrt{\frac{16}{3} \delta (r_F^3 - r_o^3)}} \qquad (6.95)$$

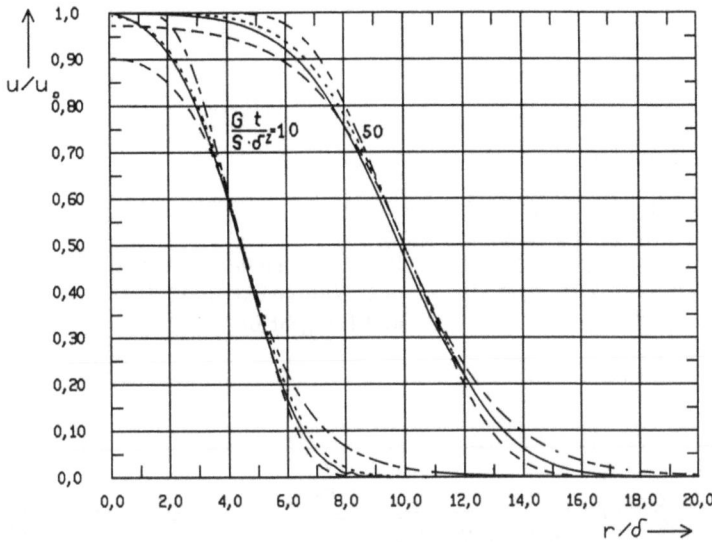

Bild 6.30. Vergleich von Näherungslösungen des radialsymmetrischen Transportproblems (6.90) mit den exakten Lösungen (6.91) bzw.(6.92)
Zahlenwerte: $r_0/\delta = 0,1$
———— exakte Lösung nach Gl.(6.91) bzw. (6.92)
— — — Näherungslösung (6.93)
—·—·—·— Näherungslösung (6.95)
— — — — Näherungslösung (6.96)

ist in [6.5] zu finden. Josselin de Jong gibt nach [6.11] die Näherung

	Bild 6.30
$u(r,t) = \dfrac{u_0}{2} \operatorname{erfc} \dfrac{r - r_F}{\sqrt{\dfrac{4}{3} \delta r_F}}$	(6.96)

an, wobei auch ein zeitlich veränderlicher Volumenstrom $\dot{V}(t)$ bei $r = r_0$ zulässig ist:

$$r_F^2 = \frac{1}{\pi \Delta z\, S}\, V(t),\ V(t) = \int_0^t \dot{V}(\tau)\, d\tau \qquad (6.97)$$

(s. Bild 6.31).

Der technisch interessante Fall, daß zuerst ein Volumenstrom $\dot{V}(t) > 0$ mit $u = u_0$ über den inneren Rand $r = r_0$ einströmt und anschließend der Vorgang sich umkehrt, so daß der Volumenstrom $\dot{V}(t) < 0$ ausströmt, wurde von Mercado und Bear , zitiert in [6.12], näherungsweise gelöst mit

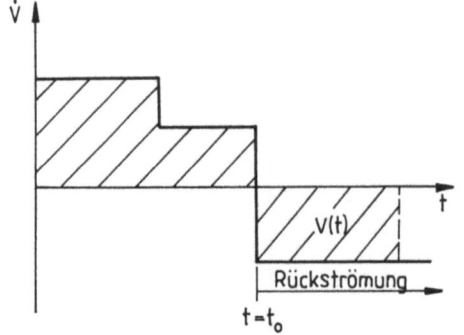

Bild 6.31. Zeitlicher Verlauf des Volumenstroms $V(t)$ und Integration

$$u(r,t) = \frac{u_0}{2} \operatorname{erfc} \frac{r - r_F}{\sqrt{\frac{4}{3} \delta R [2(R/r_F)^2 - (r/R)^2]}} \quad (6.98)$$

für $t > t_0$, $\dot V(t) > 0$

wobei r_F die jeweilige Entfernung der u_0-Front vom Zentrum ist und nach (6.97) unter Beachtung des Vorzeichens von $\dot V(t)$ zu ermitteln ist. R ist dabei der Maximalwert für r_F bei $t = t_0$ (s. Bild 6.31). Die Gleichung (6.98) ist nur gültig für den Zeitraum der Rückströmung, d.h wenn $\dot V(t) < 0$ ist (s. Bild 6.31), wobei jedoch das Volumen $V(t) > 0$ bleiben muß.

Randbedingung 1.Art mit Diffusion/Wärmeleitung:

DG: $\frac{1}{r}\frac{\partial}{\partial r}\left(rD(r)\frac{\partial u}{\partial r}\right) - w(r)\frac{\partial u}{\partial r} = S\frac{\partial u}{\partial t}$

Bild 6.28

für $r > r_0$

mit $w(r) = G/r$ und $D(r) = \delta G/r + D_K$

AB: $u = 0$ für $t = 0$ und $r > r_0$

RB: $u = u_0$ bei $r = r_0$ und $t > 0$

$u = 0$ bei $r = \infty$ und $t > 0$ \hfill (6.99)

Unter den Voraussetzungen
- $\delta/R \ll 1$, wobei R die maximale Fließweglänge eines Fluidteilchens ist,
- der Einfluß der molekularen Diffusion/Wärmeleitung soll kleiner dem Einfluß der Dispersion sein, d.h. $D_K \leq \delta \bar w$, $\bar w$ - mittlere Geschwindigkeit im Bereich $r_0 \leq r \leq R$

wurde in [6.5] Lösungen mit Hilfe der Störungstheorie abgeleitet. Die Lösung für $\dot{V} > 0$ ist

$$u(r,t) = \frac{u_O}{2} \operatorname{erfc} \frac{r^2 - r_F^2}{\sqrt{16\delta\left[\frac{(r_F^3 - r_O^3)}{3} + \frac{D_K}{\delta G}\frac{(r_F^4 - r_O^4)}{4}\right]}}$$

mit r_F nach (6.94) \hfill (6.100)

Für $D_K = 0$ ergibt sich sofort Gl.(6.95). Für den Fall einer Rückströmungsperiode, den bereits (6.98) beschreibt, gilt hier die Lösung:

$$u(r,t) = \frac{u_O}{2} \operatorname{erfc} \frac{r^2 - r_F^2}{\sqrt{F(r_F)}}$$

mit
$$F(r_F) = 16\delta\left\{ \frac{2R^3 - r_F^3 - r_O^3}{3} + \frac{D_K}{4\delta G_2}\left[R^4 + \frac{G_2}{G_1}(R^4 - r_O^4) - r_F^4\right]\right\}$$

für $r_O < r_F < R,\ t > t_O$ \hfill (6.101)

Dabei ist der Volumenstrom in der Einströmungsphase $\dot{V}_1 > 0$ und $G_1 = \dot{V}_1 / (2\pi\Delta z)$ und in der Rückströmungsphase $\dot{V}_2 < 0$ mit $G_2 = |\dot{V}_2|/(2\pi\Delta z)$. Der Frontradius r_F ist analog (6.94)

$$r_F = \sqrt{R^2 - |\dot{V}_2|(t - t_O)/(\pi\Delta z S)}$$

mit
$$R = \sqrt{\dot{V}_1 t_O / (\pi\Delta z S)}$$

(t_O - Gesamtzeit der Einströmungsphase).

Zeitabhängige Randbedingungen (Dirac -Impuls):

DG: $D(r)\frac{\partial^2 u}{\partial r^2} - w(r)\frac{\partial u}{\partial r} = S\frac{\partial u}{\partial t}$ für $r > r_O$

mit $w(r) = G/r$ und $D(r) = \delta G/r$

AB: $u = 0$ für $t = 0$ und $r > r_O$

RB: $u = -D(r)\frac{\partial u}{\partial r} + w(r)u = \frac{m}{2\pi\Delta z S r_O}\delta(t - \Delta t_O)$

bei $r = r_O$ und $t > 0$

$|u| = u_R < \infty$ bei $r = \infty$ und $t > 0$ \hfill (6.102)

Dabei ist m die Masse bzw. die Wärmemenge, die bei $r = r_0$ während der beliebig kleinen Impulsdauer Δt_0 in den Transportraum eintritt.
Die transformierte Lösung ist:

$$\bar{u}(r,s) = \frac{m}{\dot{V}S} \exp\left(\frac{r-r_0}{2\delta}\right) \frac{Ai(Y)}{\frac{1}{2} Ai(Y_0) - (\delta^2 s S / G)^{1/3} Ai'(Y_0)}$$

mit

$$Ai'(Y) = \frac{dAi}{dY}$$

$u(r,t)$ ergibt sich durch numerische Rücktransformation

Bild 6.32

(6.103)

Für Y und Y_0 gilt Gl.(6.91).
Für eine Dirac-Randbedingung 1. Art bei $r = r_0$ der Form

$$u = \frac{m}{\dot{V}S} \delta(t - \Delta t_0) \quad \text{bei } r = r \text{ und } t > 0$$

ergibt sich als transformierte Lösung

$$\bar{u}(r,s) = \frac{m}{\dot{V}S} \exp\left(\frac{r-r_0}{2\delta}\right) \frac{Ai(Y)}{Ai(Y_0)}$$

$u(r,t)$ ergibt sich durch numerische Rücktransformation

Bild 6.32

(6.104)

(Y, Y_0 werden nach Gl.(6.91) berechnet).

Ortsabhängige Anfangsbedingungen:

DG: $w(r)\frac{\partial u}{\partial r} - ku = S\frac{\partial u}{\partial t}$ für $r > r_0$

mit $w(r) = G/r$

AB: $u = u_0\left[1 - \exp(-\beta((r/r_0)^2 - 1))\right]$ für $t = 0$, $r > r_0$

RB: $u = u_0 \exp(-kt/S)$ bei $r = \infty$, $t > 0$

Bild 6.33

(6.105)

Das Bild 6.33 zeigt, daß gegenüber den bisher dargestellten Fällen die Geschwindigkeit eine entgegengesetzte Richtung hat und damit zum Koordinatenursprung gerichtet ist.
Die Lösung im Laplace-Bereich ist:

$$\bar{u}(r,s) = \frac{u_a}{k+sS} - \frac{u_a}{k+sS+2\beta G/r_0^2} \exp\left[-\beta\left((r/r_0)^2 - 1\right)\right]$$

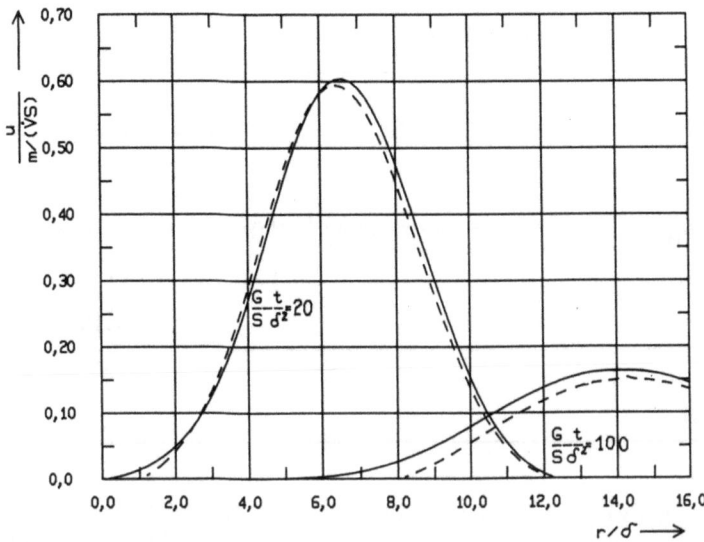

Bild 6.32. Radialsymmetrischer Transport mit Dirac-Randbedingung 1. und 3.Art
——— RB 1.Art nach Gl.(6.104); − − − − − RB 3.Art nach Gl.(6.103)

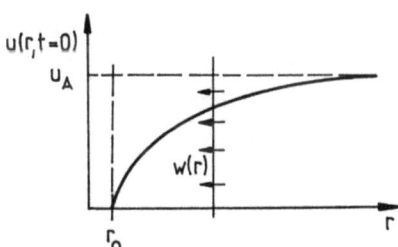

Bild 6.33. Ortsabhängige Anfangsbedingung (z.B. nach einer Abkühlphase) in einem radialsymmetrischen Transportraum

Die Rücktransformation mit den Korrespondenzen nach Anhang C führt auf:

$$u(r,t) = u_0 \exp(-kt/S) \left\{ 1 - \exp\left[-\beta\left(\frac{r^2}{r_0^2} + \frac{2Gt}{Sr_0^2} - 1\right)\right]\right\}$$

(6.106)

Eine weitere Aufgabe dieser Art ist:

> DG: $w(r)\dfrac{\partial u}{\partial r} - ku = S\dfrac{\partial u}{\partial t}$ für $r > r_0$ **Bild 6.34**
>
> mit $w(r) = G/r$
>
> AB: $u = u_0\left[1 - \exp(-\beta(1-(r/r_E)^2))\right]$ für $t = 0$, $r > r_0$
>
> RB: $u = 0$ bei $r = r_E$, $t > 0$
>
> (6.107)

Die Lösung ist:

> $$u(r,t) = u_0 \exp(-kt/S)\left\{1 - \exp\left[-\beta\left(1 - \dfrac{r^2}{r_E^2} - \dfrac{2Gt}{Sr_E^2}\right)\right]\right\}$$
> für $t < S(r_E^2 - r^2)/(2G)$
>
> $u(r,t) = 0$ sonst
>
> (6.108)

Beliebige ortsabhängige Anfangsbedingung:

> DG: $\dfrac{1}{r}\dfrac{\partial}{\partial r}\left(rD(r)\dfrac{\partial u}{\partial r}\right) + w(r)\dfrac{\partial u}{\partial r} = S\dfrac{\partial u}{\partial t}$ **Bild 6.34**
>
> für $r > r_0$
>
> Für $w(r) = G/r$ und $D(r) = \delta G/r$ ergibt sich
>
> $$\dfrac{\partial^2 u}{\partial r_D^2} + \dfrac{\partial u}{\partial r_D} = \dfrac{\partial u}{\partial t_D}$$
>
> mit $r_D = r/\delta$, $t_D = Gt/(\delta^2 S)$
>
> AB: $u = u_a(r_D)$ für $t_D = 0$ und $r_D > r_0/\delta$
>
> RB: $\dfrac{\partial u}{\partial r_D} = 0$ bei $r_D = r_0/\delta$ und $t_D > 0$
>
> $u = 0$ bei $r_D = \infty$ und $t_D > 0$ (6.109)

In [6.13] wird erstmals eine geschlossene Lösung für das Problem angegeben, das bereits in den Aufgaben (6.105) und (6.107) näherungsweise (für $\delta = 0$) behandelt wurde. Dabei wird vorausgesetzt, daß die Anfangsbedingung $u_a(r_D)$ für große Radien verschwindet, d.h. mit der Randbedingung bei $r_D = \infty$ verträglich ist.

Die Bearbeitung erfolgt mit Laplace-Transformation über t_D und führt nach [6.13] auf die transformierte Lösung:

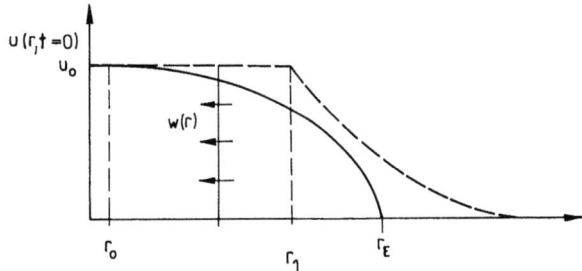

Bild 6.34. Ortsabhängige Anfangsbedingungen (z.B. nach einer Stoffinjektions- oder Aufheizphase) in einem radialsymmetrischen Transportraum
– – – – für Aufgabenstellung (6.109) ; ——— für Aufgabenstellung (6.107)

Bild 6.35

$$\bar{u}(r_D, s) = e^{-r_D/2}$$

$$\times \left[\int_{r_0/\delta}^{r_D} \xi \, e^{\xi/2} g_2(r_D, s, \xi) u_a(\xi) \, d\xi \right.$$

$$\left. + \int_{r_D}^{\infty} \xi \, e^{\xi/2} g_1(r_D, s, \xi) u_a(\xi) \, d\xi \right]$$

mit

$$g_1(r_D, s, \xi) = \frac{\pi}{s^{1/3}} \operatorname{Ai}(p) \left(\operatorname{Bi}(y) - X_0 \operatorname{Ai}(y) \right),$$

$$g_2(r_D, s, \xi) = \frac{\pi}{s^{1/3}} \operatorname{Ai}(y) \left(\operatorname{Bi}(p) - X_0 \operatorname{Ai}(p) \right),$$

$$X_0 = \frac{s^{1/3} \operatorname{Bi}'(y_0) - \frac{1}{2} \operatorname{Bi}(y_0)}{s^{1/3} \operatorname{Ai}'(y_0) - \frac{1}{2} \operatorname{Ai}(y_0)}, \quad p = s^{1/3}\left(\xi + \frac{1}{4s}\right),$$

$$y = s^{1/3}\left(r_D + \frac{1}{4s}\right), \quad y_0 = s^{1/3}\left(\frac{r_0}{\delta} + \frac{1}{4s}\right)$$

$u(r_D, t_D)$ ergibt sich durch numerische Rücktransformation (6.110)

Als Anfangsbedingung kann prinzipiell jede Verteilung vorausgesetzt werden, die endlich bleibt und für große Radien verschwindet. Das Bild 6.35 zeigt eine sinnvolle Verteilung der Art

$$u_a(r_D) = \begin{cases} u_0 & \text{für } r_0/\delta < r_D \leq r_{D1} \\ u_0 \exp(-\beta(r_D - r_{D1})^2) & \text{für } r_D > r_{D1} \end{cases} \quad (6.111)$$

wie sie sich nach der Injektion von Stoff bzw. Wärme in einen radialsymmetrischen Raum einstellt. Dazu ist die Lösung $u(r_D, t_D)$ für verschiedene dimensionslose Zeiten in Bild 6.35 eingezeichnet.

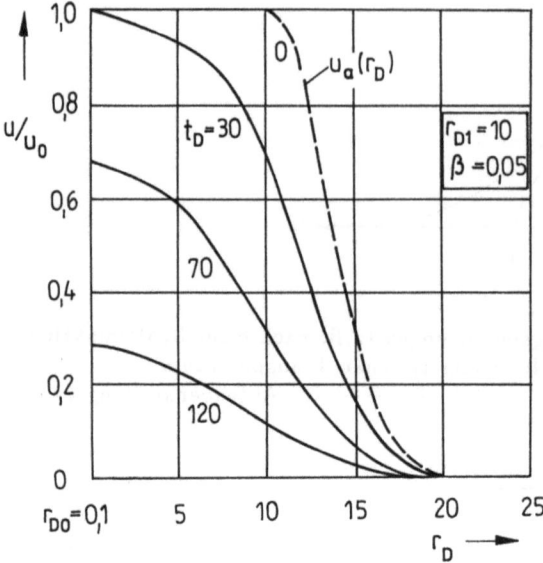

Bild 6.35. Lösung $u(r_D, t_D)$ der Aufgabe (6.109) für eine Anfangsbedingung des Typs (6.111), nach [6.13]

Ortsabhängige Parameter: Aufgabenstellungen mit beliebigen ortsabhängigen Koeffizienten sind einer analytischen Lösung nur schwer zugänglich. Die in den Abschnitten 2.1.2 und 6.1.1 erläuterte halbanalytische Lösungsmethode nach Frobenius ist für radialsymmetrische Probleme besonders gut geeignet, da die Form der Transportgleichung der Frobenius-Normalform sehr ähnlich ist. Wir betrachten die folgende Aufgabenstellung:

DG: $\dfrac{1}{r}\dfrac{\partial}{\partial r}\left(r D(r)\dfrac{\partial u}{\partial r}\right) - w(r)\dfrac{\partial u}{\partial r} - k(r)u = S(r)\dfrac{\partial u}{\partial t}$

mit $w(r) = G/r$, $G > 0$,

$D(r), k(r), S(r)$ – Polynome von r

AB: $u = 0$ für $t = 0$, $r_0 < r < R$

RB: 1., 2. oder 3. Art bei $r = r_0$ und $r = R$, $t > 0$ \hfill (6.112)

Die gesamte Lösung der jeweiligen Aufgabe gliedert sich in Einzelteile, die bereits in Abschn. 6.1.1 behandelt wurden (s. Bild 6.19).

Als ein typisches Beispiel wird Aufgabenstellung (6.99) gelöst und im Vergleich mit der Näherungslösung (6.100) in Bild 6.36 dargestellt.

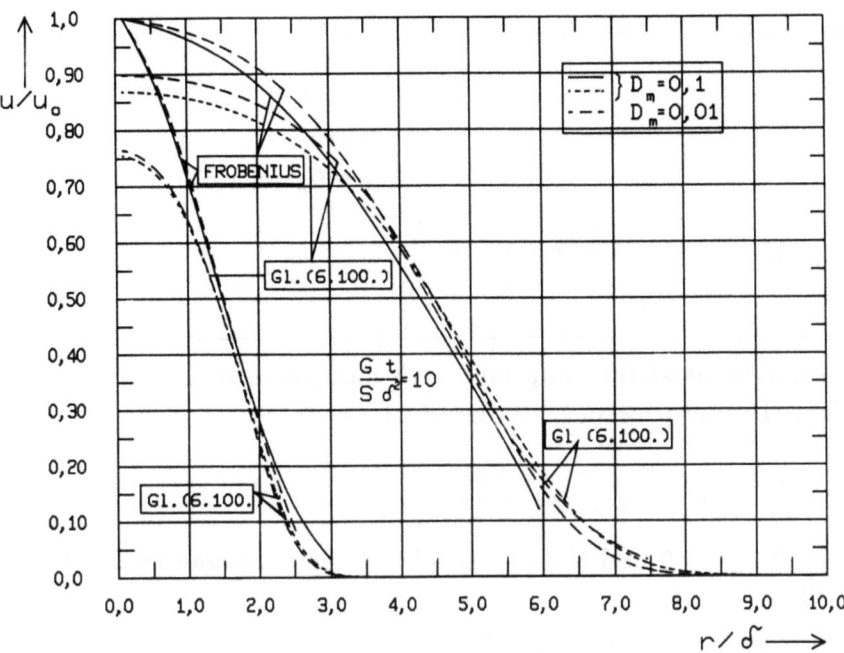

Bild 6.36. Radialsymmetrisches Transportproblem mit RB 1.Art nach Aufgabenstellung (6.99), Vergleich mit der Näherungslösung (6.100)
Zahlenwerte: $k = 0$, $r_0 = 0,1$

Zusammenfassende Bewertung der Güte von Näherungslösungen für das radialsymmetrische Transportproblem: Für das radialsymmetrische Transportproblem werden sehr häufig analytisch überschaubare Lösungen benötigt, die jedoch stets nur näherungsweise gelten. In den Bildern 6.30 und 6.36 sind Vergleiche mit der exakten (Frobenius-)Lösung dargestellt, die eine Vorstellung von der Güte der Näherung ermöglichen. Für kleine und große Radien bzw. große Dispersivität ist die Abweichung der Näherungslösungen größer als in dem mittleren Bereich (in der Nähe der Front). Ebenso gilt, daß die Näherung bei großen Zeiten besser ist. Die Näherungslösung (6.96) ergibt die beste Genauigkeit unter allen Näherungsformeln, wobei der Fehler wenige Prozent nicht übersteigt.

Ein spezielles Dispersionsproblem: Das folgende Problem mit dem Ansatz für die Dispersivität nach Gl.(1.48), das insbesondere für den Schadstofftransport im Untergrund von Interesse ist, wurde bisher analytisch nicht gelöst.

> DG: $\frac{1}{r}\frac{\partial}{\partial r}\left(rD(r)\frac{\partial u}{\partial r}\right) - w(r)\frac{\partial u}{\partial r} - ku = S\frac{\partial u}{\partial t}$ für $r > r_0$
> mit $w(r) = G/r$, $\delta(r) = \gamma r$ (s. (1.48)),
> $D(r) = \delta(r)w(r) + D_K = \gamma G + D_K$, $\gamma = 0{,}017$
> AB: $u = 0$ für $t = 0$, $r > r_0$
> RB: $u = u_0$ bei $r = r_0$, $t > 0$
> $u = u_R$ bei $r = R$, $t > 0$ (6.113)

Die Differentialgleichung läßt sich umformen und es kann eine Laplace-Transformation durchgeführt werden:

$$\frac{d^2\bar{u}}{dr^2} + \frac{1}{r}\left(1 - \frac{G}{D_K + \gamma G}\right)\frac{d\bar{u}}{dr} - \frac{k + sS}{D_K + \gamma G}\bar{u} = 0$$

Für $k = 0$, $r_0 \to 0$ und $R = \infty$ geben [6.14] eine Lösung im Laplace-Bereich an:

$$\bar{u}(r,s) = u_0 \frac{2^{1-b}}{\Gamma(b)}\frac{(cr)^b}{s}K_b(cr) \qquad (6.114)$$

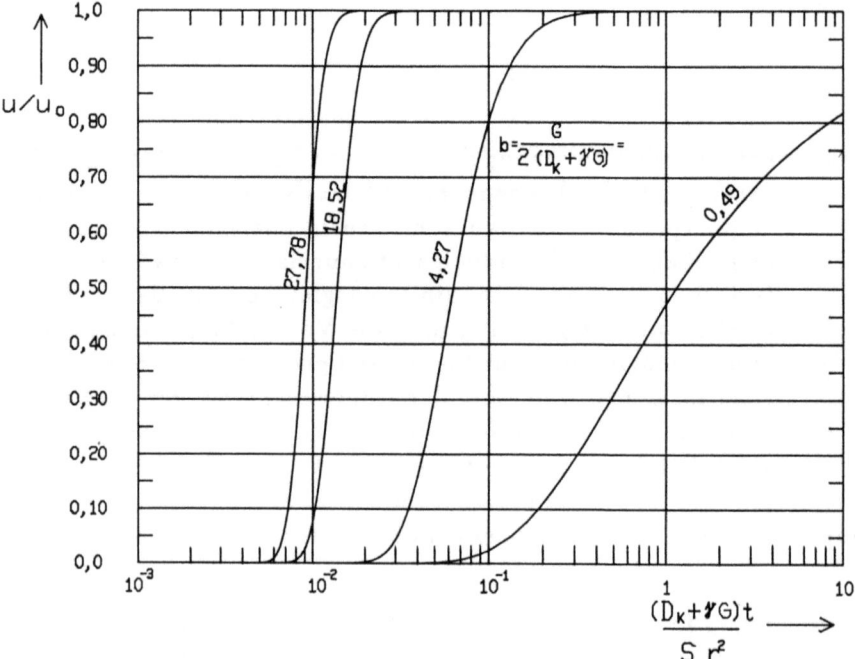

Bild 6.37. Lösung eines speziellen radialsymmetrischen Dispersionsproblems mit ortsabhängiger Dispersivität bzw. konstanter Leitfähigkeit D, nach Gl. (6.115)

mit
$$b = \frac{G}{2(D_K + \gamma G)}, \quad c = \sqrt{sS/(D_K + \gamma G)}.$$

Die modifizierte Besselfunktion $K_b(x)$ der Ordnung b, wobei die Zahl $b \gg 1$ ist, kann nach Anhang B mit den Additionstheoremen der Besselfunktionen berechnet werden. Die Lösung im Originalbereich ist nach [6.14]:

Bild 6.37

$$u(r,t) = u_0 \left[1 - P\left(\frac{r^2 S}{4(D_K + \gamma G)}, b\right) \right] \qquad (6.115)$$

Dabei ist $P(a,b)$ die normierte, unvollständige Gammafunktion nach Anhang B.

6.3.2 Aufgabenstellungen mit Quellen

Probleme mit orts- und zeitabhängiger Quelle führen auf Laplacetransformierte Lösungen, die analytisch nicht mehr rückführbar sind.

Wir betrachten folgende Aufgabe:

DG: $D(r)\dfrac{\partial^2 u}{\partial r^2} - w(r)\dfrac{\partial u}{\partial r} = S\dfrac{\partial u}{\partial t} - q e^{-\beta t}$ für $r > r_0$

mit $w(r) = G/r$, $D(r) = \delta w(r)$

AB: $u = 0$ für $t = 0$, $r > r_0$
RB: $u = u_0$ bei $r = r_0$, $t > 0$
$|u| = u_R < \infty$ bei $r = \infty$, $t > 0$ \hfill (6.116)

Die transformierte Lösung lautet:

Bild 6.38

$$\bar{u}(r,s) = \left[\frac{u_0}{s} - \frac{q}{sS(s+\beta)}\right] \exp\left(\frac{r-r_0}{2\delta}\right) \frac{\text{Ai}(Y)}{\text{Ai}(Y_0)}$$

mit Y und Y_0 nach (6.91) \hfill (6.117)

$u(r,t)$ ergibt sich durch numerische Rücktransformation

Für eine Randbedingung 3. Art der Form
$$-D(r)\frac{\partial u}{\partial r} + w(r) u = w(r) u_0 \quad \text{bei } r = r_0 \text{ und } t > 0$$

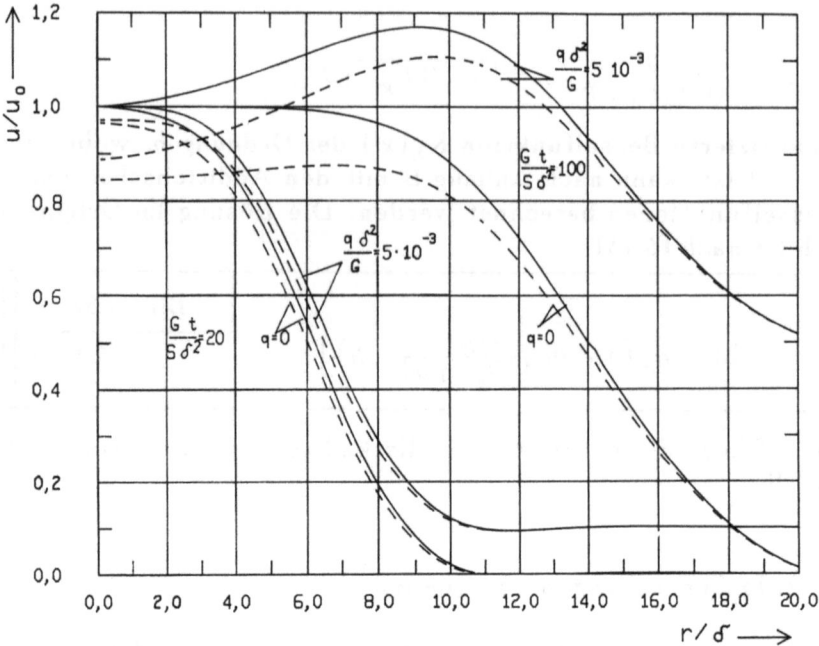

Bild 6.38. Radialsymmetrischer Transport mit Quellen bei RB 1. und 3.Art
Zahlenwerte: β = 0
─────── RB 1.Art nach Gl.(6.117) ;   ─ ─ ─ ─ ─   RB 3.Art nach Gl.(6.118)

lautet die transformierte Lösung:

$$\bar{u}(r,s) = \left[\frac{u_0}{s} - \frac{q}{sS(s+\beta)}\right] \exp\left(\frac{r-r_0}{2\delta}\right)$$

$$\times \frac{\text{Ai}(Y)}{\frac{1}{2}\text{Ai}(Y_0) - (\delta^2 sS/G)^{1/3} \text{Ai}'(Y_0)} + \frac{q}{sS(s+\beta)}$$

mit Y und Y_0 nach (6.91) und $\text{Ai}'(Y) = \frac{d\text{Ai}}{dY}$ (6.118)

$u(r,t)$ ergibt sich durch numerische Rücktransformation

6.4 Kugelsymmetrische Probleme

Die Einführung von Kugelkoordinaten führt zumeist auf komplizierte analytische Ausdrücke, deren numerische Auswertung bzw. ihre Laplace-Rücktransformation unübersichtlich wird. Transportprozesse im dreidimensionalen, homogenen Raum lassen sich jedoch häufig dadurch idealisieren, daß die Anregung des Transportprozesses, z.B. durch eine innere Randbedingung bei $r = r_0$ oder durch eine Quelle, auf einer Kugeloberfläche mit einem kleinen Radius r_0 vorstellbar ist. Ziel der Modellierung ist dann die Berechnung der Lösungsverbreitung $u(r,t)$ im dreidimensionalen Raum (s. Bild 6.39). Eine derartige Betrachtung setzt voraus, daß der Prozeß nur vom Radius r (und von der Zeit t) abhängig ist.

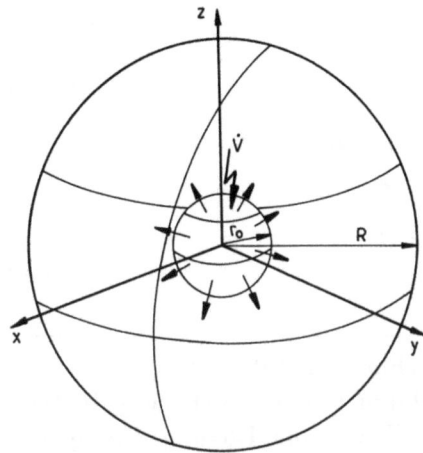

Bild 6.39. Kugelsymmetrischer Transportprozeß

Näherungslösung für einseitig begrenztes Gebiet mit Randbedingung 1. Art:

DG: $\dfrac{1}{r^2} \dfrac{\partial}{\partial r} \left(r^2 D(r) \dfrac{\partial u}{\partial r} \right) - w(r) \dfrac{\partial u}{\partial r} = S \dfrac{\partial u}{\partial t}$ für $r > r_0$

mit $w(r) = G_K / r^2$, $G_K = \dot{V} / (4\pi)$, $D(r) = D_K + \delta w(r)$

AB: $u = 0$ für $t = 0$ und $r > r_0$

RB: $u = u_0$ bei $r = r_0$ und $t > 0$

$|u| = u_R < \infty$ bei $r = \infty$ und $t > 0$ (6.119)

Nach [6.5] gilt unter den gleichen Voraussetzungen wie bei Aufgabe (6.99):

$$u(r,t) = \dfrac{u_0}{2} \operatorname{erfc} \dfrac{r^3 - r_F^3}{\sqrt{36\delta\left(\dfrac{r_F^5 - r_0^5}{5} + \dfrac{D_K}{\delta G} \dfrac{r_F^7 - r_0^7}{7}\right)}}$$

mit

$$r_F(t) = \left(\dfrac{3\dot{V}t}{4\pi S} + r_0^3\right)^{1/3} \qquad (6.120)$$

Transportprobleme mit ortsabhängigen Parametern: Mit der Methode der unbestimmten Koeffizienten nach Frobenius lassen sich eine Reihe von kugelsymmetrischen Problemen lösen (s. Abschn. 2.1.2 und 6.1.1). Wir betrachten eine zu (6.112) analoge Aufgabenstellung der Form:

DG: $\dfrac{1}{r^2} \dfrac{\partial}{\partial r} \left(r^2 D(r) \dfrac{\partial u}{\partial r} \right) - w(r) \dfrac{\partial u}{\partial r} - k(r) u = S(r) \dfrac{\partial u}{\partial t}$

für $r > r_0$

mit $w(r) = G_K / r^2$

$D(r), k(r), S(r)$ - Polynome von r

AB: $u = 0$ für $t = 0$ und $r > r_0$

RB: $u = u_0$ bei $r = r_0$ und $t > 0$

$u = u_R$ bei $r = \infty$ und $t > 0$ \hfill (6.121)

Die Aufgabe wird nach dem Algorithmus in Bild 6.19 gelöst. Das Bild 6.40 stellt die Lösung im Vergleich mit der Näherung (6.120) dar. Es ist zu bemerken, daß die Frobenius-Lösung für große Peclet-Zahlen nicht stabil ist.

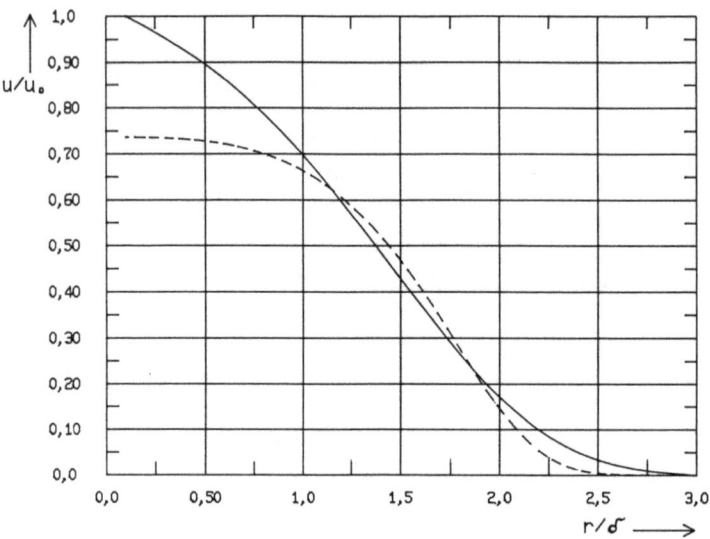

Bild 6.40. Lösung des kugelsymmetrischen Transportproblems
Zahlenwerte: $G_K t / (S \delta^3) = 1$, $r_0 / \delta = 0{,}1$, $D_K = 0$

——— Frobenius - Lösung nach Bild 6.19

– – – – Näherungslösung (6.120)

6.5 Eindimensionaler Transport mit Wechselwirkungen zwischen unterschiedlichen Phasen

6.5.1 Wechselwirkungsmodelle

Bisher haben wir stets nur Transportvorgänge in einem Raum betrachtet, in dem sich eine Phase, das Fluid, befindet. Falls eine zweite Phase, z.B. die Feststoffphase, vorhanden ist, so war sie bisher inert (s. Bild 6.41).

Nunmehr soll die Wechselwirkung zwischen der fluiden Phase und der ruhenden Phase, z.B. der inneren Oberfläche des umgebenden Feststoffes, einbezogen werden. Typische Transportvorgänge mit derartigen Wechselwirkungen können in verfahrenstechnischen Reaktoren, in Grundwasserleitern mit Schadstofftransport, beim Wärmetransport u.ä. auftreten. Das Bild 6.41 zeigt die Austauschrate Q_V zwischen beiden Phasen (Massen- oder Wärmestrom), wobei sie von der Konzentration bzw. Temperatur in beiden Phasen abhängen kann. Die Modellierung solcher gekoppelter Prozesse in zwei (oder mehr) Phasen erfordert die Erfüllung der Massen- bzw. Energiebilanzgleichung in jeder Phase. Für die fluide Phase gilt die Transportgleichung (1.73), wobei Q_V die Austauschrate zwischen beiden Phasen ist. Für die ruhende Phase gilt (1.73) ebenfalls, jedoch mit $D = w = 0$. Dabei gehen wir davon aus, daß der Abstrom $-Q_V$ aus der fluiden Phase betragsmäßig stets gleich dem Zustrom $+Q_V$ in die ruhende Phase ist.

Wir bezeichnen die Konzentration/Temperatur in der fluiden Phase mit u; die Konzentration/Temperatur in der ruhenden Phase (Feststoffphase) soll mit u_F bezeichnet werden. Man unterscheidet drei Wechselwirkungsmodelle:
- Wechselwirkungen nullter Ordnung:

$$Q_V(x,t) = -q(x,t) \text{ oder } Q_V = -q = \text{konst.}$$

Diese Formulierung wurde bereits als Quelle/Senke behandelt (s.Abschn. 1.6).

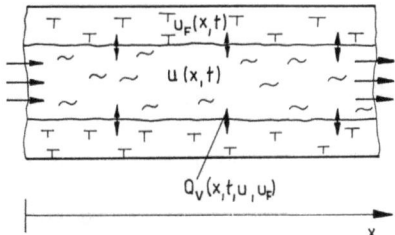

Bild 6.41. Transport mit Austausch zwischen zwei Phasen (Fluid und Feststoff)

- Wechselwirkungen erster Ordnung:
Das (Henry-Isothermen-) *Gleichgewichtskonzept* setzt einen unendlich schnellen Wechselwirkungsprozeß (z.B. einen sofortigen Stoffübergang von der Fluid- zur Feststoffphase) voraus, wobei Q_V identisch Null ist und u und u_F sich im Gleichgewicht befinden:

$$Q_V \equiv 0, \quad u_F = k_1 u \tag{6.122}$$

(Der Koeffizient k_1 heißt beim Stoffübergang *Verteilungskoeffizient*). Das einfachste *Nichtgleichgewichtskonzept* wird beschrieben durch:

$$Q_V = k_2(u - k_2' u_F) \tag{6.123}$$

(stationäres oder lineares Nichtgleichgewichtskonzept).
- Wechselwirkungen höherer Ordnung:

$$Q_V = k_3\left[\left(1 - u_F/u_{Ft}\right)u - k_3'\left(1 - u/u_t\right)u_F\right] \tag{6.124}$$

(nichtlineares Nichtgleichgewichtskonzept).
Dabei bedeuten k_1, k_2, k_2', k_3 und k_3' Konstanten des jeweiligen Wechselwirkungsprozesses und u_t und u_{Ft} die totalen (maximalen) Werte, oft auch die Sättigungswerte.

Man erkennt sofort, daß (6.124) für $u_F \ll u_{Ft}$ und $u \ll u_t$ in (6.123) übergeht. Weiterhin ist darauf hinzuweisen, daß beim Abstrom aus der Phase u (d.h. bei $u > k_2' u_F$) die Rate $Q_V > 0$ ist. Die Transportgleichungen für beide Phasen gelten für konstante Parameter D, w, S, k_u und k_F (wobei k_u der allgemeine Abbaukoeffizient für die Phase u und k_F für die Phase u_F sind; ebenso die Speicherkoeffizienten S_u und S_F):

$$\left.\begin{aligned} D\frac{\partial^2 u}{\partial x^2} - w\frac{\partial u}{\partial x} - k_u u &= S_u \frac{\partial u}{\partial t} - q_u \\ -k_F u_F &= S_F \frac{\partial u_F}{\partial t} - q_F \end{aligned}\right\} \tag{6.125}$$

Wie bereits erwähnt, muß die Austauschrate zwischen beiden Phasen betragsmäßig gleich sein; wir definieren:

$$Q_V = -q_u = +q_F \tag{6.126}$$

Die Gleichungen (6.125) lauten somit

$$\boxed{\begin{aligned} D\frac{\partial^2 u}{\partial x^2} - w\frac{\partial u}{\partial x} - k_u u &= S_u \frac{\partial u}{\partial t} + Q_V(x,t,u,u_F) \\ -k_F u_F &= S_F \frac{\partial u_F}{\partial t} - Q_V(x,t,u,u_F) \\ \text{mit } Q_V \text{ nach } (6.122 - 6.124) & \end{aligned}} \tag{6.127}$$

6.5.2 Wechselwirkungen nach dem Gleichgewichtskonzept

Setzt man (6.122) in (6.127) ein und addiert die beiden Gleichungen (6.127), so ergibt sich

$$D\frac{\partial^2 u}{\partial x^2} - w\frac{\partial u}{\partial x} - (k_u + k_1 k_F)u = (S_u + k_1 S_F)\frac{\partial u}{\partial t} \quad (6.128)$$

und als zweite Gleichung (6.122).

Man erkennt, daß Gleichung (6.128) völlig analog der einphasigen Transportgleichung ist, wenn man setzt:
- Abbaukoeffizient $= k_u + k_1 k_F$,
- Speicherkoeffizient $= S_u + k_1 S_F$,

so daß sich weitere Untersuchungen erübrigen.

Es sei erwähnt, daß in der Regel in einem Transportraum mit innerer Oberfläche (Reaktor, poröses Medium) für die Speicherkoeffizienten gilt:

$$S_u + S_F = 1 \implies S_F = 1 - S_u$$

und der Abbaukoeffizient

$$k_F = \frac{S_F}{S_u} k_u = \frac{1 - S_u}{S_u} k_u$$

ist. Wählt man wieder die Schreibweise für nur eine Phase ($S_u = S$, $k_u = k$), dann läßt sich der Retardationsfaktor R definieren mit:

$$R = 1 + \frac{1-S}{S} k_1 \quad (6.129)$$

Der Retardationsfaktor (Verzögerungsfakor) drückt aus, um wieviel mal geringer die Transportgeschwindigkeit des Stoffes bzw. der Wärme gegenüber der konvektiven Geschwindigkeit w ist. Mit dieser Definition schreibt sich die Transportgleichung (6.128)

$$D\frac{\partial^2 u}{\partial x^2} - w\frac{\partial u}{\partial x} - kRu = SR\frac{\partial u}{\partial t} \, . \quad (6.130)$$

6.5.3 Wechselwirkungen nach dem stationären oder linearen Nichtgleichgewichtskonzept

Mit Gleichung (6.123) und (6.127) ergibt sich folgende Aufgabenstellung:

$$\boxed{\begin{aligned}D\frac{\partial^2 u}{\partial x^2} - w\frac{\partial u}{\partial x} - k_u u &= S_u \frac{\partial u}{\partial t} + k_2(u - k_2' u_F) \\ -k_F u_F &= S_F \frac{\partial u_F}{\partial t} - k_2(u - k_2' u_F) \\ \text{AB: } u = u_F &= 0 \quad \text{für } t = 0 \text{ und } x > 0 \\ \text{RB: } u &= u_0 \quad \text{bei } x = 0 \text{ und } t > 0 \\ |u| = u_R &< \infty \quad \text{bei } x = \infty \text{ und } t > 0\end{aligned}} \quad (6.131)$$

Die Laplace-Transformation des Differentialgleichungssystems führt auf die transformierte Lösung:

Bild 6.42

$$\bar{u}(x,s) = \frac{u_0}{s} \exp(\mu_1 x)$$

mit

$$\mu_1 = \frac{1}{2D}\left[w - \sqrt{w^2 + 4D\left(k_u + k_2 + sS_u - \frac{k_2^2 k_2'}{k_F + k_2 k_2' + s S_F}\right)} \right]$$

$$\bar{u}_F(x,s) = \frac{k_2}{k_F + k_2 k_2' + s S_F} \bar{u}(x,s) \qquad (6.132)$$

Die Lösung ergibt sich mit Hilfe der Korrespondenzen in Anhang C:

Bild 6.42

$$u(x,t) = \frac{u_0 x}{\sqrt{4\pi D / S_u}}$$

$$\times \int_0^t \frac{1}{\sqrt{\tau^3}} \exp\left[\frac{xw}{2D} - \frac{x^2 S_u}{4D\tau} - \left(\beta_1 - \frac{\beta_2}{\beta_3}\right)\tau\right] J\left(\frac{\beta_2}{\beta_3}\tau, \beta_3(t-\tau)\right) d\tau$$

für $\beta_3 \neq 0$

mit

$$\beta_1 = \frac{1}{S_u}\left(k_u + k_2 + \frac{w^2}{4D}\right), \; \beta_2 = \frac{k_2^2 k_2'}{S_u S_F}, \; \beta_3 = \frac{1}{S_F}\left(k_F + k_2 k_2'\right)$$

Für $\beta_3 = 0$ gilt:

$$u(x,t) = \frac{u_0 x}{\sqrt{4\pi D / S}}$$

$$\times \int_0^t \frac{1}{\sqrt{\tau^3}} \exp\left[\frac{xw}{2D} - \frac{x^2 S_u}{4D\tau} - \beta_1 \tau\right] I_0\left(2\sqrt{\beta_2 \tau(t-\tau)}\right) d\tau$$

$$(6.133)$$

Dabei ist $J(a,b)$ die Goldsteinsche J-Funktion und $I_0(x)$ die modifizierte Besselfunktion 1. Art, nullter Ordnung nach Anhang B.

Die zu (6.131) analoge Problemstellung mit Randbedingungen 3. Art ist

$$\left.\begin{array}{l} \text{DG:} \\ \text{AB:} \end{array}\right\} \text{s. (6.131)}$$

RB: $-D\frac{\partial u}{\partial x} + wu = w u_0$ bei $x = 0$ und $t > 0$

$\phantom{\text{RB: }}-D\frac{\partial u}{\partial x} + wu = 0$ bei $x = \infty$ und $t > 0$ $\qquad (6.134)$

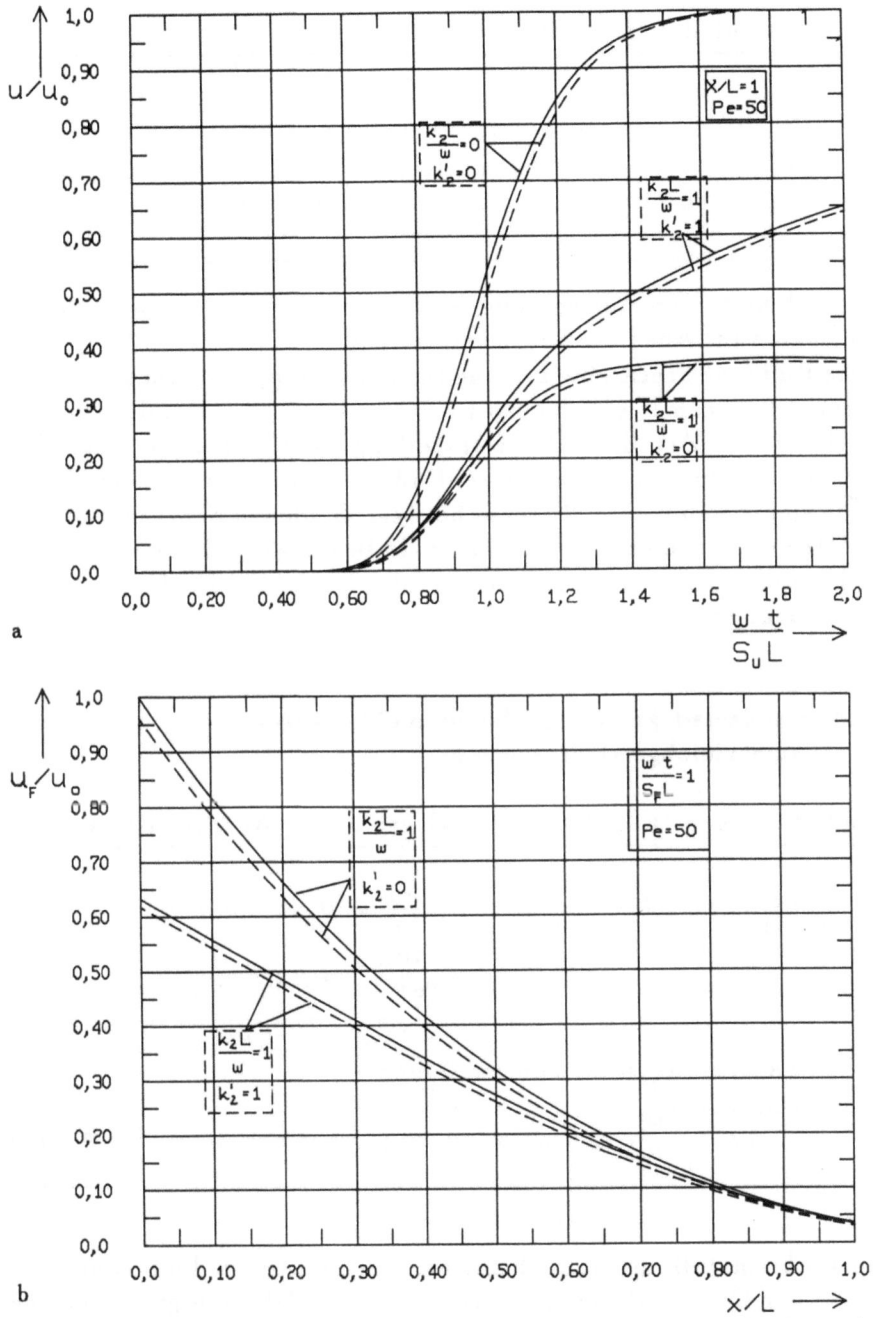

Bild 6.42. Transportproblem in zwei Phasen mit linearem Nichtgleichgewichtsaustausch und RB 1. und 3. Art
Zahlenwerte: $x/L=1$, $q=k_u=k_F=0$, $S_u=S_F$, L-beliebige Bezugslänge
——— RB 1.Art nach Gl.(6.132),(6.133)
– – – – RB 3.Art nach Gl.(6.135)
a) Verlauf der Lösung $u(x,t)$ in der Fluidphase
b) Verlauf der Lösung $u_F(x,t)$ in der Feststoffphase

und führt auf die transformierte Lösung

> $$\bar{u}(x,s) = \frac{u_0}{s(1 - \mu_1 D/w)} \exp(\mu_1 x)$$
>
> Bild 6.42
>
> mit μ_1 und $\bar{u}_F(x,s)$ nach (6.132). Die Lösung $u(x,t)$ ergibt sich durch numerische Rücktransformation. (6.135)

Zur zahlenmäßigen Auswertung der Lösungen wird der Algorithmus von Zakian (s. Abschn. 2.3.7) empfohlen.

Das Bild 6.42 stellt eine Lösung für ein Zweiphasentransportproblem mit linearem Nichtgleichgewichtsaustausch für Randbedingungen 1. und 3. Art dar. Die Darstellung über der Zeit zeigt das typische Verhalten beim Durchfluß von stoffbeladenem Fluid durch einen chemischen Reaktor bei verschiedenen Stoffaustauschkoeffizienten k_2 und k_2' (Bild 6.42a). In Bild 6.42b ist die Verteilung der Lösung $u_F(x,t)$ in der Feststoffphase über der Entfernung vom Einströmungsrand x dargestellt.

6.5.4 Wechselwirkungen nach dem nichtlinearen Nichtgleichgewichtskonzept

Problemstellung (6.127) mit (6.124) ergibt die Aufgabenstellung:

> $$D\frac{\partial^2 u}{\partial x^2} - w\frac{\partial u}{\partial x} - k_u u = S_u \frac{\partial u}{\partial t} + Q_V(x,t,u,u_F)$$
>
> $$- k_F u_F = S_F \frac{\partial u_F}{\partial t} - Q_V(x,t,u,u_F)$$
>
> ($Q_V(x,t,u,u_F)$ nach (6.124))
>
> AB: $u = u_F = 0$ für $t = 0$ und $x > 0$
> RB: $u = u_0$ bei $x = 0$ und $t > 0$
> $|u| = u_R < \infty$ bei $x = \infty$ und $t > 0$ (6.136)

Die Problemstellung ist nichtlinear, wie sich beim Ineinandereinsetzen der Differentialgleichungen zeigt, so daß eine geschlossene Lösung der Aufgabe nicht möglich ist. Die analytische Lösung von Teilaufgaben erfordert:
- die Entkopplung der beiden Differentialgleichungen,
- die Linearisierung der Aufgabe,
- anschließende iterative Kopplung der Teillösungen.

Durch iterative Lösung mit Q_V als ortskonstante, unabhängige Quelle/Senke entkoppelt man (und linearisiert damit) die beiden Differentialgleichungen, indem $Q_V(x,t,u,u_F)$ genähert wird durch $Q_{Vm}(t)$. Bezüglich dem Ort x stellen $Q_{Vm}(t)$ und $u_F(t)$ Mittelwerte im Bereich 0 bis x dar.

Die analytische Lösung der Differentalgleichung für u wurde bereits als Aufgabenstellung (6.19) behandelt. Die Lösung ergibt sich aus Gleichung (6.21) unter Beachtung, daß $Q_{Vm} = -q$ ist.

Bild 6.43

$$u(x,t) = u_0 P_0(x, t/S_u, v) - Q_{Vm} P_Q(x, t/S_u, v)$$

mit $v = \sqrt{w^2 + 4Dk_u}$, den Funktionen P_0 und P_Q nach (6.4) und

$$u_F(t) = \frac{Q_{Vm}}{k_F}\left[1 - \exp(-k_F t/S_F)\right] \quad \text{für } k_F \neq 0$$

$$u_F(t) = Q_{Vm} t/S_F \quad \text{für } k_F = 0 \quad (6.137)$$

Der gesamte Lösungsweg ist:
- zeitliche Superposition der Lösungen (6.137) mit $Q_{Vm}(t)$,
- Iteration der beiden superponierten Lösungen $u(x,t)$ und $u_F(t)$ mit $Q_{Vm}(t,u,u_F)$ bis zur Erfüllung der Abbruchbedingungen.

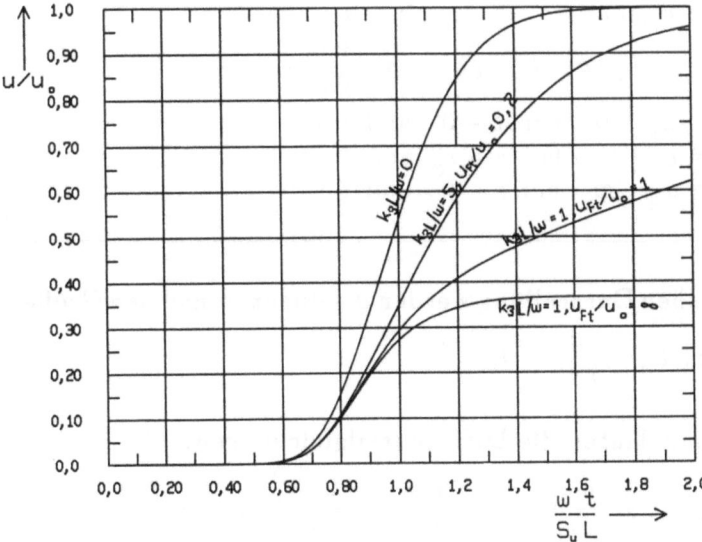

Bild 6.43. Transportproblem in zwei Phasen mit nichtlinearem Nichtgleichgewichtsaustausch und RB 1.Art, Iteration der Lösungen (6.137)
Zahlenwerte: $x/L=1$, $q=k_u=k_F=0$, $S_u=S_F$, $k_3'=0$

Das Bild 6.43 zeigt die Ergebnisse für einen Transportprozeß, der dadurch gekennzeichnet ist, daß die Aufnahmekapazität der festen Phase (Sorptionskapazität), ausgedrückt in der Größe u_{Ft}, beschränkt ist. Das Beispiel unterscheidet sich von Bild 6.42 nur durch diese Tatsache.

6.5.5 Wechselwirkungen nach dem stationären oder linearen Nichtgleichgewichtskonzept bei radialsymmetrischem Transport

Nachfolgend wird das mathematische Modell des Transportes mit Wechselwirkungen vorausgesetzt, das bereits für lineare Geometrie in Abschnitt 6.5.3 erläutert wurde. Es ist darauf hinzuweisen, daß der Diffusions-/ Dispersionsterm

$$\frac{1}{r}\frac{\partial}{\partial r}\left(rD(r)\frac{\partial u}{\partial r}\right) = D(r)\frac{\partial^2 u}{\partial r^2}$$

ist für $D(r) = \delta\, w(r)$. Deshalb lautet die Aufgabenstellung für Randbedingung 1. Art:

$$\begin{aligned}
\text{DG: } & D(r)\frac{\partial^2 u}{\partial r^2} - w(r)\frac{\partial u}{\partial r} = S_u \frac{\partial u}{\partial t} + k_2(u - k_2' u_F) \\
& \qquad\qquad\qquad\qquad\qquad\qquad\qquad\qquad \text{für } r > r_o \\
\text{mit } & w(r) = G/r,\ G = \dot{V}/(2\pi\Delta z),\ D(r) = \delta G/r \\
& k_2(u - k_2' u_F) = S_F \frac{\partial u_F}{\partial t} \\
\text{AB: } & u = u_F = 0 \quad \text{für } t = 0 \quad \text{und } x > 0 \\
\text{RB: } & u = u_o \qquad\ \text{bei } r = r_o \quad \text{und } t > 0 \\
& |u| = u_R < \infty \quad \text{bei } r = \infty \quad \text{und } t > 0
\end{aligned} \qquad (6.138)$$

Zur übersichtlichen Darstellung werden die dimensionslosen Größen

$$r_D = \frac{1}{\delta} r,\ t_D = \frac{G}{\delta^2 S_u} t$$

eingeführt. Damit lauten die Differentialgleichungen:

$$\frac{1}{r_D}\frac{\partial^2 u}{\partial r_D^2} - \frac{1}{r_D}\frac{\partial u}{\partial r_D} = \frac{\partial u}{\partial t_D} + \frac{k_2 \delta^2}{G}(u - k_2' u_F)$$

$$\frac{k_2 \delta^2}{G}\frac{S_u}{S_F}(u - k_2' u_F) = \frac{\partial u_F}{\partial t_D}$$

Die Laplace-Transformation über t_D ergibt mit $s_D = s\delta^2 S_u/G$

$$\overline{u}_F(r_D,s_D) = \frac{k_2 \delta^2 S_u / (G S_F)}{s_D + k_2 k_2' \delta^2 S_u / (G S_F)} \, \overline{u}(r_D,s_D) \quad (6.139)$$

und für $\overline{u}(r_D,s_D)$ die Differentialgleichung

$$\frac{1}{r_D}\frac{d^2\overline{u}}{dr_D^2} - \frac{1}{r_D}\frac{d\overline{u}}{dr_D} - s_D B \overline{u} = 0, \quad (6.140)$$

$$B = 1 + \frac{k_2 \delta^2}{s_D G}\left(1 - \frac{k_2' S_u / S_F}{s_D + k_2 k_2' \delta^2 S_u / (G S_F)}\right)$$

Mit $Z = r_D + 1/(4Bs_D)$ ergibt sich für die Gl. (6.140)

$$\frac{d^2\overline{u}}{dZ^2} - \frac{d\overline{u}}{dZ} - \left(s_D B Z - \frac{1}{4}\right)\overline{u} = 0,$$

und nach [6.15] die Lösung

$$\overline{u}(r_D,s_D) = \sqrt{Z}\exp(Z/2)\left(B_1 I_{1/3}(\xi) + B_2 K_{1/3}(\xi)\right) \quad (6.141)$$

mit $I_{1/3}$ und $K_{1/3}$ – modifizierte Besselfunktionen 1. und 2. Art der Ordnung 1/3 und

$$\xi = \frac{2}{3}\sqrt{s_D B Z^3}.$$

Mit den Randbedingungen (6.138) und der Äquivalenz der Funktionen $K_{1/3}(\xi)$ und $Ai(\xi)$ nach Anhang B ergibt sich als transformierte Lösung

Bild 6.44

$$\overline{u}(r_D,s_D) = \frac{u_0}{s_D}\exp\left(\frac{Z-Z_0}{2}\right)\frac{Ai\left(s_D^{1/3} B^{1/3} Z\right)}{Ai\left(s_D^{1/3} B^{1/3} Z_0\right)}$$

mit

$Z = r_D + \dfrac{1}{4Bs_D}$, $Z_0 = \dfrac{r_0}{\delta} + \dfrac{1}{4Bs_D}$ und B nach (6.140)

Die Lösung $u(r_D,t_D)$ ergibt sich durch numerische Rücktransformation (6.142)

Bei der numerischen Rücktransformation der Gleichungen (6.139) und (6.142) ist zu beachten, daß die Laplace-Transformation über der dimensionslosen Zeit t_D erfolgte, so daß im Stehfest-Algorith-

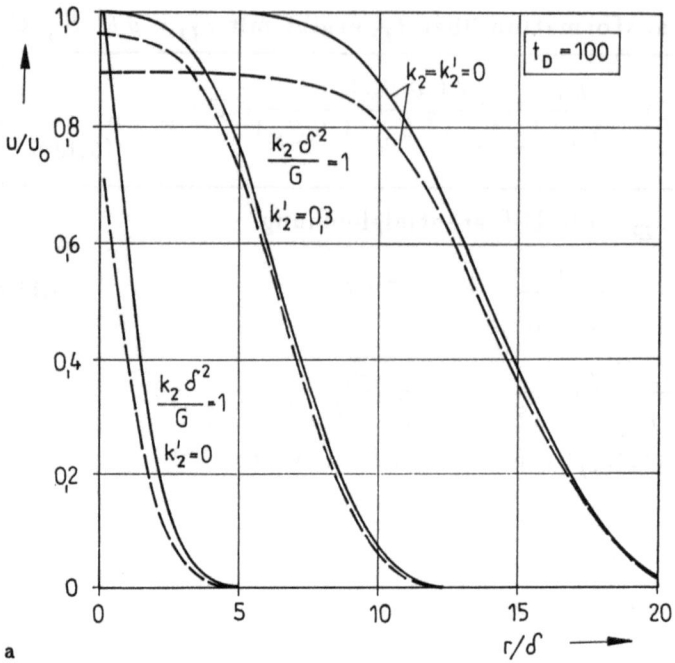

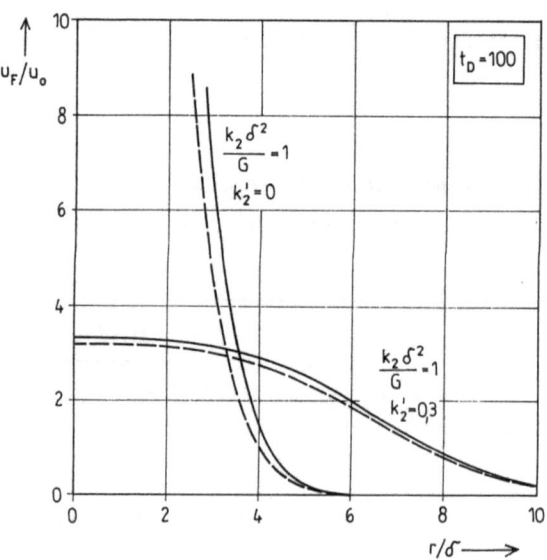

Bild 6.44. Transportproblem in zwei Phasen mit linearem Nichtgleichgewichtsaustausch und RB 1. und 3. Art
Zahlenwerte: $S_u = S_F$, $r_0/\delta = 0{,}1$

——— RB 1.Art nach Gl.(6.142)
– – – – RB 3.Art nach Gl.(6.143)

a) Verlauf der Lösung $u(x,t)$ in der Fluidphase
b) Verlauf der Lösung $u_F(x,t)$ in der Feststoffphase

mus mit diesen Zeiten zu rechnen ist. Für $k_2 = 0$, d.h. keine Wechselwirkungen, ergibt sich folgerichtig Gleichung (6.91).

Für eine Randbedingung 3. Art der Form

$$-D(r)\frac{\partial u}{\partial r} + w(r) u = w(r) u_0 \quad \text{bei } r = r_0 \text{ und } t > 0$$

ergeben sich die Lösungen (6.139) und

Bild 6.44

$$\bar{u}(r_D, s_D) = \frac{u_0}{s_D} \exp\left(\frac{Z - Z_0}{2}\right)$$

$$\times \frac{\text{Ai}\left(s_D^{1/3} B^{1/3} Z\right)}{\frac{1}{2}\text{Ai}\left(s_D^{1/3} B^{1/3} Z_0\right) - (s_D B)^{1/3} \text{Ai}'\left(s_D^{1/3} B^{1/3} Z_0\right)}$$

mit $\text{Ai}'(x) = \frac{d}{dx}\left(\text{Ai}(x)\right)$

Die Lösung $u(r_D, t_D)$ ergibt sich durch numerische
Rücktransformation (6.143)

Zeitabhängige Randbedingungen 1. und 3. Art (Dirac-Impuls): Für die Aufgabenstellung (6.138) wird eine impulsförmige Randbedingung 1. Art formuliert

$$u = \frac{m}{\dot{V} S_u} \delta(t - \Delta t_0) = \frac{m}{2\pi \Delta z G S_u} \delta(t - \Delta t_0) \quad \text{bei } r = r_0$$

mit m als Wärmemenge/Masse, die in den Raum während des Impulses einströmt.

Die Laplace-Transformation über t_D mit der Dirac-Funktion

$$\delta(t - \Delta t_0) = \frac{G}{\delta^2 S_u} \delta(t_D - \Delta t_{D0})$$

(für die Definition der dimensionslosen Zeit s. bei Gl.(6.138))
ergibt analog (6.45)

$$\bar{u} = \frac{m}{2\pi \Delta z \, \delta^2 S_u^2} \quad \text{bei } r = r_0$$

und führt auf die transformierte Lösung

Bild 6.45

$$\bar{u}(r_D, s_D) = \frac{m}{2\pi \Delta z \, \delta^2 S_u^2} \exp\left(\frac{Z - Z_0}{2}\right) \frac{\text{Ai}\left(s_D^{1/3} B^{1/3} Z\right)}{\text{Ai}\left(s_D^{1/3} B^{1/3} Z_0\right)}$$

Die Lösung $u(r_D, t_D)$ ergibt sich durch numerische
Rücktransformation (6.144)

Für eine Dirac-Randbedingung 3. Art

$$-\frac{D(r)}{w(r)}\frac{\partial u}{\partial r} + u = \frac{\dot{m}}{\dot{V}}\,\delta(t - \Delta t_o) \quad \text{bei } r = r_o$$

gilt:

> $$\bar{u}(r_D, s_D) = \frac{\dot{m}}{2\pi \Delta z\, \delta^2 S_u^2}\, \exp\!\left(\frac{Z - Z_o}{2}\right)$$
>
> $$\times \frac{\mathrm{Ai}\!\left(s_D^{1/3} B^{1/3} Z\right)}{\tfrac{1}{2}\mathrm{Ai}\!\left(s_D^{1/3} B^{1/3} Z_o\right) - (s_D B)^{1/3}\,\mathrm{Ai}'\!\left(s_D^{1/3} B^{1/3} Z_o\right)}$$
>
> mit $\mathrm{Ai}'(x) = \frac{d}{dx}\bigl(\mathrm{Ai}(x)\bigr)$
>
> Die Lösung $u(r_D, t_D)$ ergibt sich durch numerische Rücktransformation   (6.145)
>
> Bild 6.45

Für beide Lösungen sind die Bemerkungen bei Gl. (6.142) bezüglich der Zeit t_D und der Laplace-Variablen s_D zu beachten. Die Lösungen für die Feststoffphase ergeben sich jeweils aus Gl. (6.139). Die Lösungen (6.144) und (6.145) werden an einem Beispiel illustriert. Das Bild 6.45 zeigt den Einfluß zweier Fälle mit unterschiedlicher Austauschintensität.

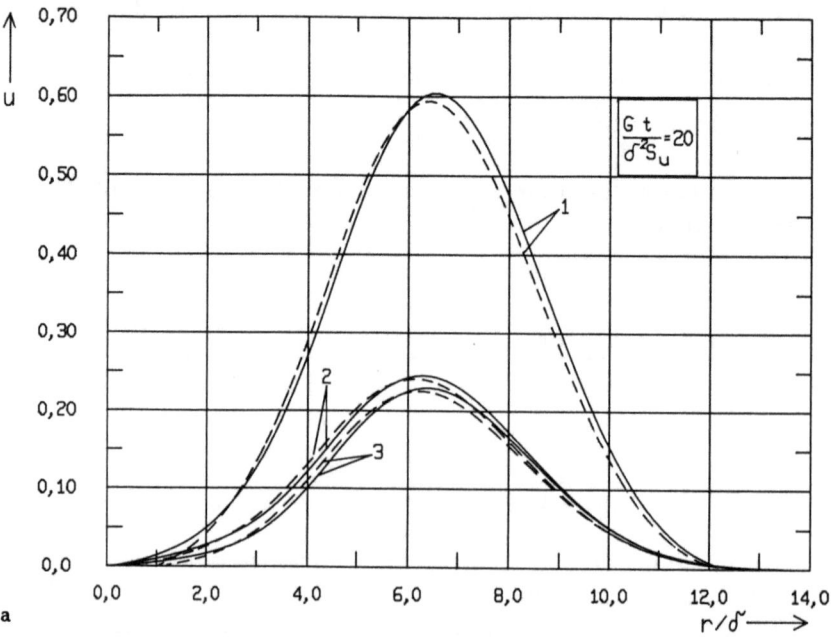

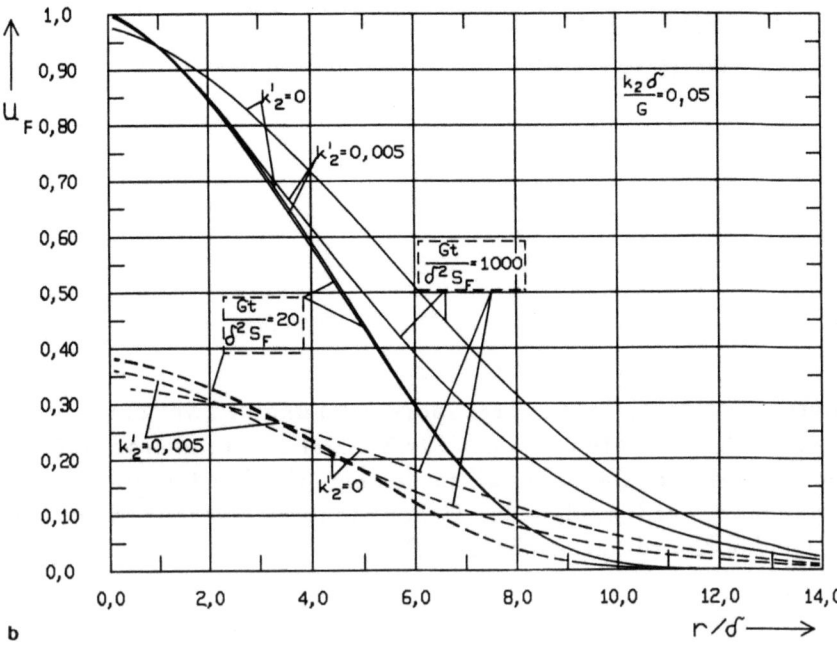

Bild 6.45. Transportproblem in zwei Phasen mit linearem Nichtgleichgewichtsaustausch und Dirac-Randbedingung 1.Art und 3.Art
Zahlenwerte: $S_u = S_F = S$, $G=20$, $m/(2\pi\Delta z) = 1$

——— RB 1.Art nach Gl.(6.144)
– – – – RB 3.Art nach Gl.(6.145)

a) Verlauf der Lösung $u(x,t)$ in der Fluidphase
   Kurven 1: $k_2 = k_2' = 0$
         2: $k_2 \delta/G = 0{,}05$, $k_2' = 0$
         3: $k_2 \delta/G = 0{,}05$, $k_2' = 0{,}005$
b) Verlauf der Lösung $u_F(x,t)$ in der Feststoffphase

7 Mehrdimensionaler Wärme- und Stofftransport

Analytische Lösungen der Transportgleichung in zwei bzw.- dreidimensionalen Gebieten sind nur für Spezialfälle in überschaubarer Form darstellbar. Deshalb soll in diesem Abschnitt grundsätzlich angenommen werden, daß der Geschwindigkeitsvektor **w** parallel zu einer der Koordinatenachsen verläuft.

7.1 Punktquellen im Raum

Wir betrachten einen zwei- oder auch dreidimensionalen Raum mit einer Wärme- bzw. Stoffquelle im Ursprung des Koordinatensystems. Die Abmessungen der Quelle bzw. Senke sind klein gegenüber den Abmessungen des beeinflußten Raumes, so daß sie als Punkt angesehen werden kann (s. Bild 7.1). Dabei entsteht

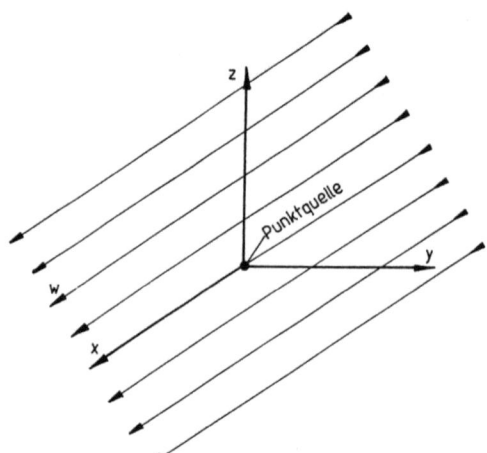

Bild 7.1. Dreidimensionaler Raum mit Punktquelle im Ursprung

das Problem, wie auch bei Aufgabenstellung (6.24) für den eindimensionalen Fall, daß der Rand, über den ein Zu- bzw. Abstrom eintritt, durch diese Punktquellen-Idealisierung entfallen ist. Das mathematische Modell erfaßt den gesamten Raum

$$-\infty \leq \begin{pmatrix} x \\ y \\ z \end{pmatrix} \leq +\infty \quad .$$

Die fehlende Randbedingung wird, wie in Abschnitt 6.1, durch eine Bilanzbedingung ersetzt (s. auch Aufgabe (6.70) mit den anschließenden Bemerkungen zur Äquivalenz von Rand-und Integralbedingungen).

7.1.1 Unendlicher zweidimensionaler Raum, Punktquelle im Ursprung

Bild 7.1

DG: $D_L \dfrac{\partial^2 u}{\partial x^2} + D_T \dfrac{\partial^2 u}{\partial y^2} - w\dfrac{\partial u}{\partial x} - ku = S\dfrac{\partial u}{\partial t}$

x - Stromlinienrichtung

AB: $u=0$ für $t=0$ und $r>0$, $r=\sqrt{x^2+y^2}$

RB: $|u|=u_R < \infty$ bei $r=\infty$ und $t>0$

Bilanz: $m(t) = \Delta z S \iint_A u(x,y,t)\,dx\,dy = e^{-kt/S} \int_0^t m_0 \delta(\tau - \Delta t_0)\,d\tau$

$= m_0\, e^{-kt/S}$ für $t>0$

($\Delta t_0 > 0$ - Impulsdauer, beliebig klein,
Δz - Abmessung in z-Richtung)   (7.1)

Aufgabe (7.1) beschreibt den Transport im zweidimensionalen Raum, wobei die x-Koordinate eine Stromlinie darstellt, auf der eine konstante Geschwindigkeit w vorliegt. Im Ursprung $x=y=r=0$ sei eine Dirac-Punktquelle vorhanden, die während einer beliebig kurzen Impulsdauer Δt_0 die Masse/Wärmemenge m_0 freisetzt.
Die in (7.1) formulierte Dirac-Bilanzbedingung drückt aus, daß die während des Impulses $\Delta t_0 > 0$ eingebrachte Masse bzw. Wärmemenge m_0 erhalten bleibt. Dabei ist jedoch zu beachten, daß im Transportraum infolge abhängiger Quellen/Senken Masse bzw. Wärme entnommen wird (in Aufgabenstellung (7.1) ist der Masse-/Wärmestrom je Volumeneinheit = $-ku$), so daß die im Raum verbleibende Masse/Wärmemenge nicht mehr m_0, sondern nur

$$m(t) = m_0 \, e^{-kt/S}$$

ist.

Der Lösungsweg ist exemplarisch für ähnliche Probleme und soll deshalb ausführlicher behandelt werden.

Wir transformieren die Differentialgleichung (7.1) mit $t' = t/S$ in den Laplace-Bereich ($s' = s \cdot S$):

$$D_L \frac{d^2 \bar{u}}{dx^2} + D_T \frac{d^2 \bar{u}}{dy^2} - w \frac{d\bar{u}}{dx} - (k+s')\bar{u} = 0 \, . \qquad (7.2)$$

Mit den Koordinaten $\quad x_v = x/\sqrt{D_L}$, $\quad y_v = y/\sqrt{D_T}$, $\quad r_v = \sqrt{x_v^2 + y_v^2}$

und dem Ansatz $\quad v(x_v, y_v, s') = u(x_v, y_v, s') \exp\left[-\frac{w\, x_v}{2\sqrt{D_L}}\right]$

ergibt sich

$$\frac{d^2 \bar{v}}{dx_v^2} + \frac{d^2 \bar{v}}{dy_v^2} - \left(k+s' + \frac{w^2}{4 D_L}\right) \bar{v} = 0 \, . \qquad (7.3)$$

Die Gl.(7.3) ist radialsymmetrisch in den Koordinaten x_v und y_v und kann deshalb auch nach Tab. 1.2 geschrieben werden als

$$\frac{d^2 \bar{v}}{dr_v^2} + \frac{1}{r_v}\frac{d\bar{v}}{dr_v} - \left(k+s' + \frac{w^2}{4 D_L}\right) \bar{v} = 0 \, . \qquad (7.4)$$

Nach (2.29) ist die Lösung

$$\bar{v}(r_v, s') = B_1 \, K_0(b\, r_v) + B_2 \, I_0(b\, r_v) \qquad (7.5)$$

mit $\quad b = \sqrt{k+s' + w^2/(4 D_L)}$.

Wiedereinsetzen führt auf die Laplace-transformierte Lösung von (7.2)

$$\bar{u}(x,y,s') = e^{x w/(2 D_L)} \left[B_1 \, K_0(b\, r_v) + B_2 \, I_0(b\, r_v) \right] \, . \qquad (7.6)$$

Die Konstante B_2 muß Null sein, wenn die Bedingung bei $r_v = \infty$ in (7.1) erfüllt werden soll.

Die Konstante B_1 ergibt sich aus der Bilanzbedingung (7.1), die Laplace-transformiert lautet:

$$\bar{m}(s') = \Delta z \, S \int_{-\infty}^{\infty}\int_{-\infty}^{\infty} \bar{u}(x,y,s') \, dx\, dy = \frac{m_0}{k+s'} \, . \qquad (7.7)$$

Wir führen Polarkoordinaten r_v und φ ($x_v = r_v \cdot \cos\varphi$) ein

$$\frac{\bar{m}(s')}{\Delta z\, S} = \sqrt{D_L D_T} \int_{-\infty}^{\infty}\int_{-\infty}^{\infty} \bar{u}(x_v, y_v, s')\, dx_v\, dy_v = \sqrt{D_L D_T} \int_0^{2\pi}\int_0^{\infty} r_v\, \bar{u}(r_v, \varphi, s')\, dr_v\, d\varphi$$

und erhalten mit der Integraldarstellung der modifizierten Bessel-Funktion [7.1]

$$K_0(b\,r_v) = \int_0^\infty \frac{1}{\sqrt{\xi^2+b^2}} \exp\left[-r_v\sqrt{\xi^2+b^2}\right] d\xi$$

nach Vertauschung der Integrationsreihenfolge und Nutzung der Symmetrie im Kreis:

$$\frac{\bar{m}(s')}{\Delta z\,S} = 2B_1\sqrt{D_L D_T} \int_0^\infty \int_0^\pi \int_0^\infty \exp\left[-r_v\sqrt{\xi^2+b^2} + \frac{r_v w \cos\varphi}{2\sqrt{D_L}}\right] \frac{r_v\,dr_v\,d\varphi\,d\xi}{\sqrt{\xi^2+b^2}}$$

Nach Ausführung der Integration ergibt sich

$$\frac{\bar{m}(s')}{\Delta z\,S} = 2\pi B_1 \sqrt{D_L D_T}\, \frac{1}{k+s'} \qquad (7.8)$$

und mit den Gl.(7.6) und (7.7):

$$\bar{u}(x,y,s') = \frac{\dot{m}_0}{2\pi\,\Delta z\,S\sqrt{D_L D_T}}\, e^{xw/(2D_L)}\, K_0(b\,r_v)\ . \qquad (7.9)$$

Nach den Korrespondenztabellen in Anhang C und $t' = t/S$ ergibt sich die Lösung

Bild 7.2

$$u(x,y,t) = \frac{\dot{m}_0}{4\pi\,\Delta z\,t\sqrt{D_L D_T}} \exp\left[-\frac{(x-wt/S)^2}{4D_L t/S} - \frac{y^2}{4D_L t/S} - kt/S\right] \qquad (7.10)$$

Bild 7.2 zeigt den Verlauf der zweidimensionalen Lösung und den Vergleich mit der dreidimensionalen Lösung.

Zeitlich konstante Punktquelle mit/ohne Abbau: Die kontinuierliche Punktquelle setzt im Ursprung $r=0$ je Zeiteinheit den Massen-/Wärmestrom $\dot{m}(t)$ frei. Unter der Voraussetzung, daß die Quelle selbst dem gleichen Abbau wie im Transportraum unterliegt mit $\dot{m}(t) = \dot{m}_0\, e^{-kt/S}$ gilt nach (7.1):

$$m(t) = \Delta z\,S \iint_A u(x,y,t)\,dx\,dy = e^{-kt/S} \int_0^t \dot{m}_0\,d\tau = e^{-kt/S} \dot{m}_0\, t \qquad (7.11)$$

und transformiert analog (7.7)

$$\bar{m}(s') = \Delta z \int_{-\infty}^\infty \int_{-\infty}^\infty \bar{u}(x,y,s')\,dx\,dy = \frac{\dot{m}_0}{(k+s')^2}\ . \qquad (7.12)$$

Die transformierte Lösung ist mit (7.8):

$$\bar{u}(x,y,s') = \frac{\dot{m}_0}{2\pi\,\Delta z\,\sqrt{D_L D_T}}\, e^{xw/(2D_L)}\, \frac{K_0(b\,r_v)}{k+s'}\ . \qquad (7.13)$$

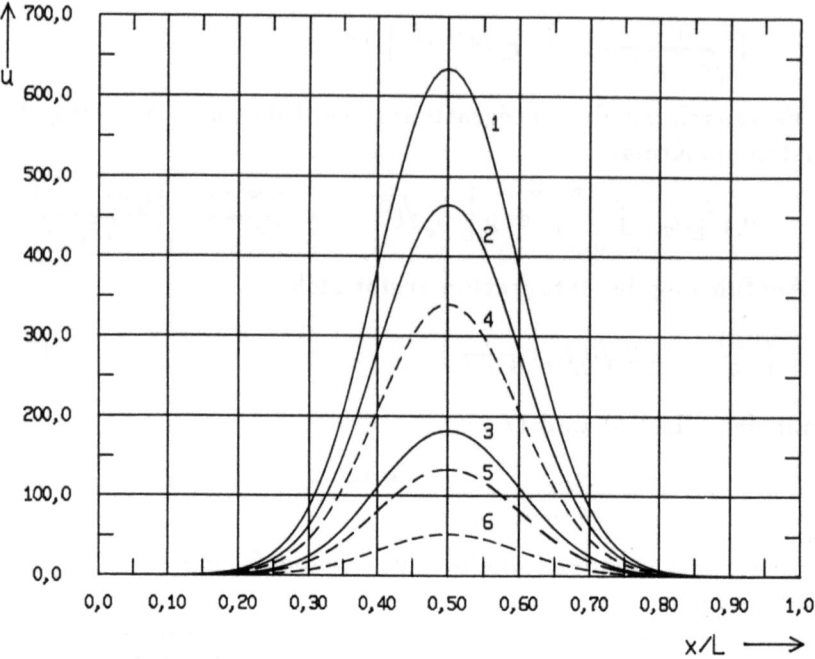

Bild 7.2. Impuls-Punktquelle (Dirac-Punktquelle) im zwei- und dreidimensionalen Raum nach Gl.(7.10),(7.21)
Zahlenwerte: $m_0 = w = S = L = 1$; $t=0,05$; $D_L=0,01$; $D_T=0,001$; $k=0$, $\Delta z=0,07297$
zweidimensionaler Raum, Kurven 1,2,3 mit $y/L = 0$; 0,025; 0,05
dreidimensionaler Raum, Kurven 1,2,3 mit $y/L = 0$; 0,025; 0,05
$z/L = 0$ (z ist mit y vertauschbar)
Kurve 4 mit $y/L = z/L = 0,025$; Kurve 5 mit $y/L = 0,025$; $z/L = 0,05$
Kurve 6 mit $y/L = z/L = 0,05$

und die Originallösung mit der Hantush-Funktion $W(\sigma,\beta)$ nach Anhang B:

$$u(x,y,t) = \frac{\dot{m}_0}{4\pi \, \Delta z \, \sqrt{D_L D_T}} \, e^{\left[xw/(2D_L) - kt/S\right]} \, W(\sigma,\beta)$$

$$\text{mit } \sigma = \frac{x^2/D_L + y^2/D_T}{4t/S} \quad \text{und} \quad \beta = \frac{w}{2\sqrt{D_L}} \sqrt{x^2/D_L + y^2/D_T} \qquad (7.14)$$

Für den Fall einer *konstanten Quellstärke* $\dot{m}_0$ ohne Abbau gilt die Bilanz

$$m(t) = \Delta z \, S \iint_A u(x,y,t) \, dx \, dy = \int_0^t \dot{m}_0 \, e^{-k(t-\tau)/S} \, d\tau = \frac{\dot{m}_0 \, S}{k}\left(1 - e^{-kt/S}\right) \qquad (7.15)$$

woraus sich Laplace-transformiert und unter Beachtung von (7.8) ergibt:

$$\bar{m}(s') = \frac{\dot{m}_0 S}{s'(k+s')} = 2\pi \Delta z\, S\, B_1 \sqrt{D_L D_T}\, \frac{1}{k+s'}\,.$$

Die transformierte Lösung ist mit b und r_v nach Gl.(7.5) und (7.6)

$$\bar{u}(x,y,s') = \frac{\dot{m}_0}{2\pi \Delta z \sqrt{D_L D_T}}\, e^{xw/(2D_L)}\, \frac{K_0(br_v)}{s'}$$

und die Originallösung

Bild 7.3

$$u(x,y,t) = \frac{\dot{m}_0}{4\pi \Delta z \sqrt{D_L D_T}}\, e^{xw/(2D_L)}\, W(\sigma, \beta)$$

mit $\quad \sigma = \dfrac{x^2/D_L + y^2/D_T}{4t/S}$

und $\quad \beta = \dfrac{w}{2\sqrt{D_L}} \sqrt{x^2/D_L + y^2/D_T}\, \sqrt{1 + 4D_L k/w^2}$ \hfill (7.16)

In Bild 7.3 ist die Lösung (7.16) als Isoliniendarstellung angegeben.

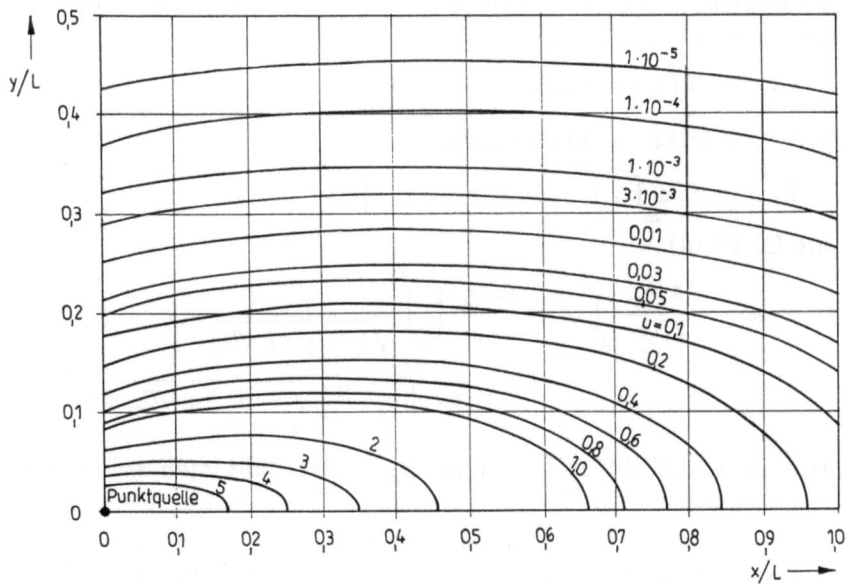

Bild 7.3. Zeitlich konstante Punktquelle im zweidimensionalen Raum nach Gl.(7.16). Zahlenwerte: $\dot{m}_0/\Delta z = 1$; $t/S = 0{,}5$; $w=1$; $D_L=0{,}1$; $D_T=0{,}01$; $k=0{,}1$; $L=1$

7.1.2 Unendlicher dreidimensionaler Raum, Punktquelle im Ursprung

Bild 7.1

DG: $\quad D_L \dfrac{\partial^2 u}{\partial x^2} + D_T \dfrac{\partial^2 u}{\partial y^2} + D_T \dfrac{\partial^2 u}{\partial z^2} - w \dfrac{\partial u}{\partial x} - ku = S \dfrac{\partial u}{\partial t}$

$x-$ Stromlinienrichtung x

AB: $\quad u=0 \quad$ für $t=0$ und $\xi > 0$ mit $\xi = \sqrt{x^2/D_L + r^2/D_T}$

$\qquad\qquad\qquad\qquad\qquad\qquad\qquad\qquad r = \sqrt{x^2 + y^2}$

RB: $\quad |u| = u_R < \infty \qquad$ bei $\xi = \infty$ und $t > 0$

Bilanz: $\quad m(t) = S\int_V u(x,y,z,t) dV = e^{-kt/S} \int_0^t m_0 \delta(\tau - \Delta t_0) d\tau$

$\qquad\qquad\;\; = m_0 e^{-kt/S} \qquad$ für $t > \Delta t_0 > 0 \qquad\qquad (7.17)$

Der Lösungsweg wurde [7.2] entnommen; die transformierte Lösung ist:

$$\bar{u}(x,y,z,s') = \frac{B_1}{\xi \sqrt{D_L}} \exp\left[\frac{wx}{2D_L} + \xi \mu_1\right] + \frac{B_2}{\xi \sqrt{D_L}} \exp\left[\frac{wx}{2D_L} + \xi \mu_2\right]$$

mit $\qquad \mu_{1/2} = \mp \sqrt{w^2/(4D_L) + k + s'} \quad .\qquad\qquad (7.18)$

Die Konstante B_2 ist $B_2 = 0$, um die Bedingung bei $\xi = 0$ zu erfüllen. Die Konstante B_1 ergibt sich aus der Bilanzbedingung, die Laplace-transformiert über t/S lautet:

$$\bar{m}(s') = S \int_V u(x,y,z,s') \, dx \, dy \, dz \quad .$$

Mit $dV = 2\pi \, r \, dr \, dx$ schreibt sich

$$\bar{m}(s') = 2\pi S \int_{-\infty}^{\infty} \left[\int_0^{\infty} r \, u(x,r,s') \, dr\right] dx$$

und mit Gl.(7.18)

$$\bar{m}(s') = \frac{2\pi B_1 S}{\sqrt{D_L}} \int_{-\infty}^{\infty} e^{wx/(2D_L)} \left\{ \int_0^{\infty} \frac{r}{\sqrt{x^2/D_L + r^2/D_T}} \right.$$

$$\left. \times \exp\left[\mu_1 \sqrt{D_L} \sqrt{x^2/D_L + r^2/D_T}\right] dr \right\} dx \quad .$$

Beachtet man, daß $d\xi = \dfrac{r \, dr}{\xi D_T}$ und $\mu_1 < 0$ ist, läßt sich schreiben:

$$\bar{m}(s') = \frac{2\pi B_1 S D_T}{\sqrt{D_L}} \int_{-\infty}^{\infty} e^{wx/(2D_L)} \left\{ \int_{|x/\sqrt{D_L}|}^{\infty} \exp[\mu_1 \sqrt{D_L}\, \xi] d\xi \right\} dx$$

$$= \frac{4\pi B_1 S D_T}{k + s'} \quad . \qquad\qquad (7.19)$$

Mit der rechten Seite der Bilanz (7.17)

$$\bar{\dot{m}}(s') = \frac{\dot{m}_0}{k+s'}$$

ergibt sich

$$B_1 = \frac{\dot{m}_0}{4\pi D_T S}$$

Die transformierte Lösung lautet:

$$\bar{u}(x,y,z,s') = \frac{\dot{m}_0}{4\pi \xi S D_T \sqrt{D_L}} \exp\left[\frac{wx}{2D_L} - \xi\sqrt{w^2/(4D_L) + k + s'}\right]. \tag{7.20}$$

Die Rücktransformation mit den Korrespondenzen des Anhang C ergibt:

Bild 7.3

$$u(x,y,z,t) = \frac{\dot{m}_0}{8 D_T t \sqrt{\pi^3 D_L t/S}} \exp\left[-\frac{(x-wt/S)^2}{4 D_L t/S} - \frac{y^2+z^2}{4 D_T t/S} - kt/S\right] \tag{7.21}$$

Die Analogie zur Dirac-Punktquellenlösung (6.18) im eindimensionalen Raum und (7.10) im zweidimensionalen Raum ist unverkennbar.

Zeitlich konstante Punktquelle mit/ohne Abbau: Wir betrachten die Aufgabenstellung (7.17), wobei jedoch die Punktquelle im Ursprung keine Dirac-Quelle ist, sondern eine kontinuierliche zeitabhängige Quelle der Stärke

$$\dot{m}(t) = \dot{m}_0 \, e^{-kt/S}$$

wobei $\dot{m}_0$ der Wärme/Massenstrom der Quelle zur Zeit $t=0$ ist. Die Bilanzbedingung in (7.17) wird für zwei typische Fälle formuliert. Der erste Fall ist, daß die Quelle den gleichen Abbau/Zerfallsterm wie das Fluid hat. Die Bilanz lautet wie in Gl.(7.11):

$$m(t) = S\int_V u(x,y,z,t)\,dV = e^{-kt/S} \int_0^t \dot{m}_0 \, d\tau = \dot{m}_0 \, t \, e^{-kt/S}.$$

Die Integrationskonstanten ergeben sich mit Gl.(7.19) zu

$$B_1 = \frac{\dot{m}_0}{4\pi D_T (k+s')}, \qquad B_2 = 0$$

und führen mit (7.18) und mit Hilfe der Korrespondenzen in Anhang C auf die Lösung:

$$u(x,y,z,t) = \frac{\dot{m}_0}{8\pi\eta} \frac{e^{-kt/S}}{D_T} \left\{ \exp\left[\frac{w(x-\eta)}{2D_L}\right] \operatorname{erfc} \frac{\eta - wt/S}{\sqrt{4D_L t/S}} \right.$$

$$\left. + \exp\left[\frac{w(x+\eta)}{2D_L}\right] \operatorname{erfc} \frac{\eta + wt/S}{\sqrt{4D_L t/S}} \right\}$$

$$\text{mit} \quad \eta = \sqrt{x^2 + (y^2+z^2) D_L/D_T} \tag{7.22}$$

Der zweite Fall setzt eine Quelle konstanter Stärke
$$\dot{m}(t) = \dot{m}_0$$
voraus.
Analog Gl.(7.15) ist

$$m(t) = S \int_V u(x,y,z,t)\,dV = \frac{\dot{m}_0 S}{k}\left(1 - e^{-kt/S}\right).$$

Die Konstante B_1 ist mit (7.19)
$$B_1 = \frac{\dot{m}_0}{4\pi D_T S}.$$

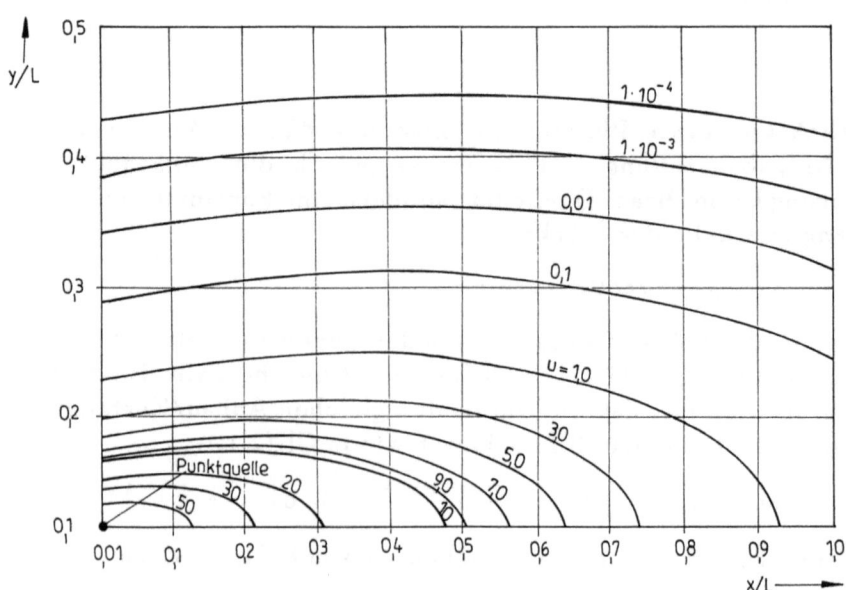

Bild 7.4. Zeitlich konstante Punktquelle im dreidimensionalen Raum nach Gl.(7.23). Zahlenwerte: $\dot{m}_0 = 1$; $z = 0$; $t/S = 0{,}5$; $w = 1$; $D_L = 0{,}1$; $D_T = 0{,}01$; $k = 0{,}1$; $L = 1$

und mit Gl.(7.18) und den Korrespondenzen in Anlage C ergibt sich die Lösung

---

Bild 7.4

$$u(x,y,z,t) = \frac{\dot{m}_0}{8\pi \eta D_T} \left\{ \exp\left[\frac{wx - v\eta}{2D_L}\right] \text{erfc} \frac{\eta - vt/S}{\sqrt{4 D_L t/S}} \right.$$

$$\left. + \exp\left[\frac{wx + v\eta}{2D_L}\right] \text{erfc} \frac{\eta + vt/S}{\sqrt{4 D_L t/S}} \right\}$$

mit η nach (7.22) und $v = \sqrt{w^2 + 4 D_L k}$ \hfill (7.23)

In Bild 7.4 ist die Lösung für die zeitlich konstante Punktquelle dargestellt.

7.2 Linien-, Flächen- und Volumenquellen

Wir betrachten die Aufgabenstellung (7.1) im zweidimensionalen Raum bzw. die Aufgabenstellung (7.17) im dreidimensionalen Raum mit einer Änderung: die Masse/Wärmemenge m_0 wird nicht in einem Punkt freigesetzt (Punktquelle), sondern auf einer Linie (Linienquelle), einer Fläche (Flächenquelle) oder in einem Volumen (Volumenquelle), wie es in Bild 7.5 dargestellt ist. Die Stärken dieser Quellen sind dann für $x_2 > x_1$, $y_2 > y_1$, $z_2 > z_1$:

Linienquelle: $\quad m_L = \dfrac{m_0}{x_2 - x_1} \quad$ bzw. $\quad m_L = \dfrac{m_0}{y_2 - y_1}$

Flächenquelle: $\quad m_A = \dfrac{m_0}{(x_2 - x_1)(y_2 - y_1)} \quad$ bzw. $\quad m_A = \dfrac{m_0}{(y_2 - y_1)(z_2 - z_1)}$

bzw. $\quad m_A = \dfrac{m_0}{(x_2 - x_1)(z_2 - z_1)}$ \hfill (7.24)

Volumenquelle: $\quad m_V = \dfrac{m_0}{(x_2 - x_1)(y_2 - y_1)(z_2 - z_1)}$.

Für Quellen vom Dirac-Typ wird die Masse/Wärmemenge m_0 zum Zeitpunkt $t=0$ freigesetzt. Kontinuierliche Quellen setzen den zeitlich konstanten Strom $\dot{m}_0$ voraus, (bei einer Quelle ohne Abbau) bzw. den Strom

$$\dot{m}(t) = \dot{m}_0 \, e^{-kt/S}$$

bei einer Quelle mit Abbau. In (7.24) ist m_0 durch $\dot{m}_0$, m_L durch $\dot{m}_L$, m_A durch $\dot{m}_A$ und m_V durch $\dot{m}_V$ zu ersetzen.

Die Lösungen der o.g. Aufgabenstellungen für die in (7.24) beschriebenen Quellen lassen sich aus den entsprechenden Lösungen für die Punktquelle nach dem örtlichen Superpositionsprinzip (s. Abschnitt 2.3) herleiten.
Bezeichnen wir die Punktquellenlösungen im zweidimensionalen Raum (7.10), (7.14) und (7.16) mit $u_2(x,y,t)$, dann berechnen sich die anderen Lösungen aus:
Linienquelle in x-Richtung (Bild 7.5a)

$$u(x,y,t) = \int_{x_1}^{x_2} u_2(x-x',y-y_0,t) \, dx' \tag{7.25}$$

Linienquelle in y-Richtung (Bild 7.5a)

$$u(x,y,t) = \int_{y_1}^{y_2} u_2(x-x_0,y-y',t) \, dy' \tag{7.26}$$

Flächenquelle (Bild 7.5b)

$$u(x,y,t) = \int_{y_1}^{y_2} \int_{x_1}^{x_2} u_2(x-x',y-y',t) \, dx' \, dy' \tag{7.27}$$

Es sollen weiterhin die Lösungen (7.21) bis (7.23) für die Punktquelle im dreidimensionalen Raum mit $u_3(x,y,z,t)$ bezeichnet werden. Dann ergeben sich für die Linienquelle in x-Richtung (Bild 7.5c)

$$u(x,y,t) = \int_{x_1}^{x_2} u_3(x-x',y-y_0,z-z_0,t) \, dx' \tag{7.28}$$

Linienquelle in y- bzw. z-Richtung (transversale Richtungs. Bild 7.5c)

$$u(x,y,t) = \int_{y_1}^{y_2} u_3(x-x_0,y-y',z-z_0,t) \, dy' \tag{7.29}$$

(y ist mit z vertauschbar)

Flächenquelle in der x-y-Ebene (Bild 7.5d)

$$u(x,y,t) = \int_{y_1}^{y_2} \int_{x_1}^{x_2} u_3(x-x',y-y',z-z_0,t) \, dx' \, dy' \tag{7.30}$$

(y ist mit z vertauschbar)

Flächenquelle in der y-z-Ebene

$$u(x,y,t) = \int_{z_1}^{z_2} \int_{y_1}^{y_2} u_3(x-x_0,y-y',z-z',t) \, dy' \, dz' \tag{7.31}$$

Volumenquelle (Bild 7.5e)

$$u(x,y,t) = \int_{z_1}^{z_2} \int_{y_1}^{y_2} \int_{x_1}^{x_2} u_3(x-x',y-y',z-z',t) \, dx' \, dy' \, dz'. \tag{7.32}$$

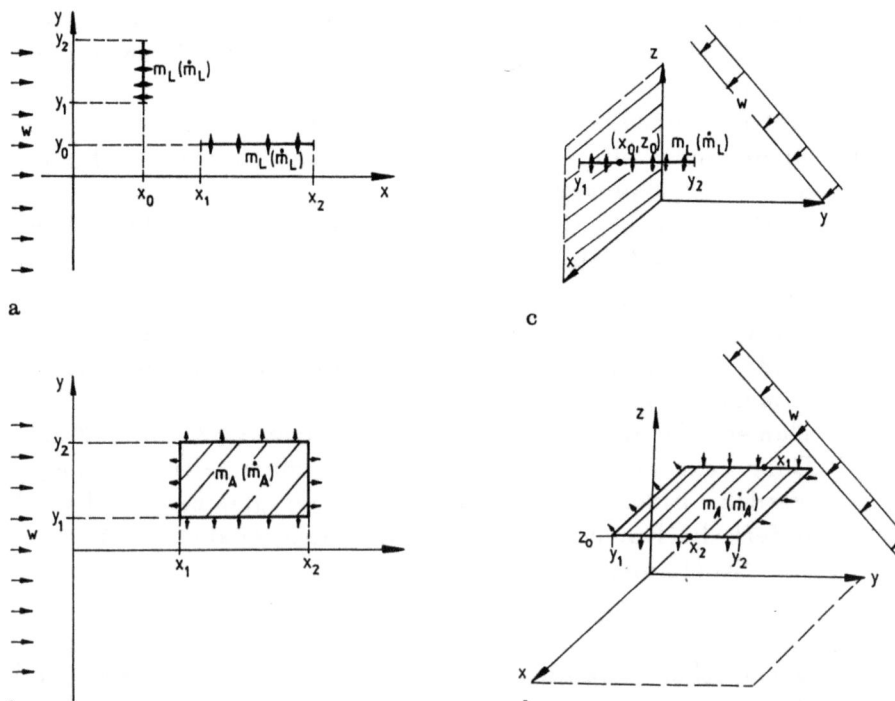
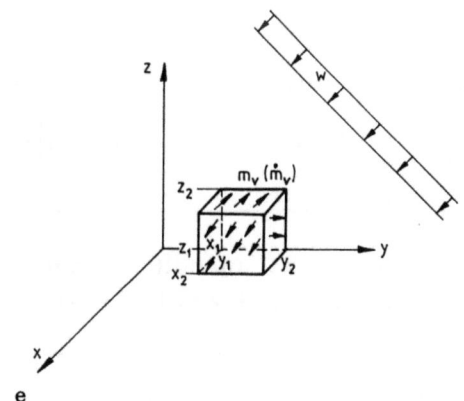

Bild 7.5. Linien-, Flächen- und Volumenquellen im Raum
a) Linienquellen im zweidimensionalen Raum
b) Flächenquelle im zweidimensionalen Raum
c) Linienquellen im dreidimensionalen Raum
d) Flächenquellen im dreidimensionalen Raum
e) Volumenquelle im dreidimensionalen Raum

In einigen Fällen lassen sich die Integrationen in den Gl.(7.25) bis (7.32) analytisch ausführen und ergeben praktikable Formeln, die nachfolgend angegeben sind.

Für kontinuierliche Quellen ist die analytische Integration in der Regel nicht mehr sinnvoll. Zur Behandlung solcher Aufgaben bieten sich zwei Lösungswege:

- Örtliche Superposition der entsprechenden Punktquellenlösungen im Laplace-Bereich nach den Beziehungen (7.25) bis (7.32), wobei für $u_2(x,y,t)$ bzw. $u_3(x,y,z,t)$ die transformierten Lösungen $\bar{u}_2(x,y,s)$ bzw. $\bar{u}_3(x,y,z,s)$ zu nehmen sind. Die Rücktransformation muß dann in der Regel numerisch erfolgen.
- Numerische Integration der Beziehungen (7.25) bis (7.32). Dazu kann im einfachsten Fall die Simpson-Regel benutzt werden. Eine höhere Genauigkeit bei gleichem Aufwand liefert die Romberg-Integration (siehe Diskette "Wärme- und Stofftransport")

7.2.1 Unendlicher zweidimensionaler Raum mit Linien- und Flächenquellen

$$\text{DG:} \quad D_L \frac{\partial^2 u}{\partial x^2} + D_T \frac{\partial^2 u}{\partial y^2} - w\frac{\partial u}{\partial x} - ku = S\frac{\partial u}{\partial t} \qquad \text{Bild 7.5}$$

x- Stromlinienrichtung, $\quad r_v = \sqrt{x^2/D_L + y^2/D_T}$

AB: $u=0$ $\qquad$ für $t=0$ $\qquad$ und $r_v > 0$

RB: $|u| = u_R < \infty$ $\qquad$ bei $r_v = \infty$ $\qquad$ und $t > 0$

Bilanz: $S \int_V u(x,y,t)\,dV = m_0\, e^{-kt/S}$ $\quad$ für $t > 0$ $\qquad$ (7.33)

Die Lösung dieser Aufgabe einer endlich bzw. unendlich langen Dirac-Linienquelle parallel zur x-Achse ergibt sich aus (7.25) zu:

$$u(x,y,t) = \frac{m_L}{4\Delta z\, S\sqrt{\pi D_T t/S}} \exp\left[-\frac{(y-y_0)^2}{4 D_T t/S} - kt/S\right]$$

$$\times \left[\operatorname{erfc} \frac{x-x_2 - wt/S}{\sqrt{4 D_L t/S}} - \operatorname{erfc} \frac{x-x_1 - wt/S}{\sqrt{4 D_L t/S}}\right]$$

m_L - siehe Gleichung (7.24) $\hfill$ (7.34)

Wenn die Dirac-Linienquelle unendliche Länge hat, dann ist m_L die Masse/Wärmemenge, die pro Längeneinheit freigesetzt wird und (7.34) führt mit $x_2 = \infty$ und $x_1 = -\infty$ zu

$$u(x,y,t) = \frac{m_L}{2\Delta z \, S\sqrt{\pi D_T t/S}} \exp\left[-\frac{(y-y_0)^2}{4 D_T t/S} - kt/S\right] \quad (7.35)$$

Für den Fall, daß die Dirac-Linienquelle parallel zur y-Achse (transversal) verläuft, gilt (7.26) und es ergibt sich mit m_L nach Gleichung (7.24):

$$u(x,y,t) = \frac{m_L}{4\Delta z \, S\sqrt{\pi D_L t/S}} \exp\left[-\frac{(x-x_0-wt/S)^2}{4 D_L t/S} - kt/S\right]$$

$$\times \left[\operatorname{erfc}\frac{y-y_2}{\sqrt{4 D_T t/S}} - \operatorname{erfc}\frac{y-y_1}{\sqrt{4 D_T t/S}}\right] \quad (7.36)$$

Für eine Dirac-Flächenquelle nach Bild 7.5b gilt (7.27). Die Quellstärke je Flächeneinheit ist m_A nach (7.24).

Die Integration ergibt:

$$u(x,y,t) = \frac{m_A}{4\Delta z \, S} e^{-kt/S}$$

$$\times \left[\operatorname{erfc}\frac{x-x_2-wt/S}{\sqrt{4 D_L t/S}} - \operatorname{erfc}\frac{x-x_1-wt/S}{\sqrt{4 D_L t/S}}\right]$$

$$\times \left[\operatorname{erfc}\frac{y-y_2}{\sqrt{4 D_T t/S}} - \operatorname{erfc}\frac{y-y_1}{\sqrt{4 D_T t/S}}\right] \quad (7.37)$$

Kontinuierliche Quellen: Bei kontinuierlichen Quellen mit zeitlich konstantem oder zeitlich exponentiell abklingendem Verlauf ist eine analytische Integration nach Gl. (7.25) bis (7.27) nicht möglich.

Als Beispiel wird eine zeitlich konstante Linienquelle parallel zur y-Achse behandelt. Die Lösung ergibt sich aus (7.26) und (7.16) zu

Bild 7.6

$$u(x,y,t) = \frac{\dot{m}_L}{4\pi \Delta z \sqrt{D_L D_T}} \exp\left[\frac{(x-x_0)w}{2 D_L}\right] \int_{y_1}^{y_2} W(\sigma,\beta)\, dy'$$

$$\text{mit} \quad \sigma = \frac{(x-x_0)^2/D_L + (y-y')^2/D_T}{4\, t/S}$$

$$\text{und} \quad \beta = \frac{w}{2\sqrt{D_L}} \sqrt{(x-x_0)^2/D_L + (y-y')^2/D_T} \sqrt{1 + 4 D_L k/w^2}$$

$$(7.38)$$

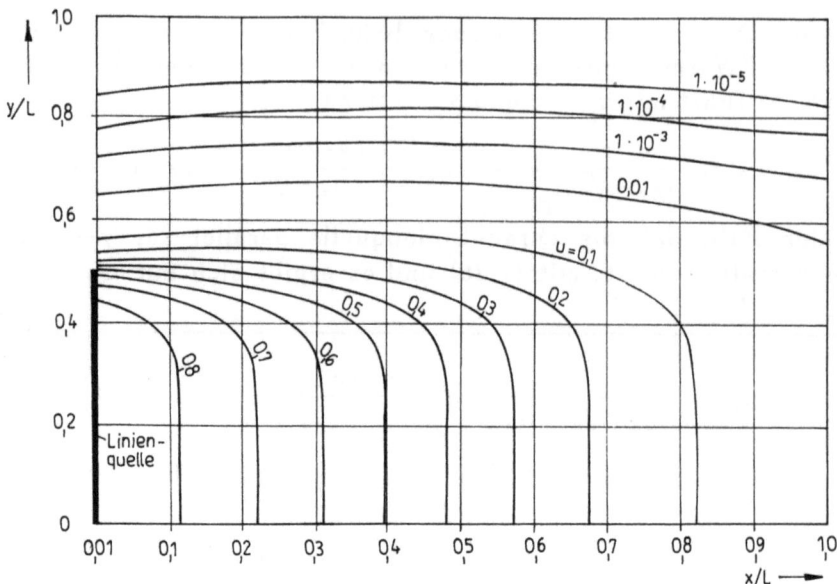

Bild 7.6. Konstante Linienquelle im zweidimensionalen Raum.
Zahlenwerte: $\dot{m}_L=1$; $y_1/L= -0,5$; $y_2/L=0,5$; $t/S=0,5$; $w=1$; $D_L=0,1$; $D_T=0,01$; $k=0$; $L=1$

In Bild 7.6 ist die Lösung für ein typisches Beispiel dargestellt. Die numerische Integration erfolgte nach dem Romberg-Algorithmus (siehe Diskette "Wärme- und Stofftransport").

Ausgleichsproblem an einer Trennfläche:

$$\begin{array}{ll}
\text{DG:} & D_L \dfrac{\partial^2 u}{\partial x^2} + D_T \dfrac{\partial^2 u}{\partial y^2} - w \dfrac{\partial u}{\partial x} = S \dfrac{\partial u}{\partial t} \qquad \text{Bild 7.7}\\[2mm]
\text{AB:} & u=0 \quad \text{für } t=0 \text{ und } y \leq x \tan\beta \\
 & u=u_0 \quad \text{für } t=0 \text{ und } y > x \tan\beta \quad\Big\}\; 0<\beta\leq\dfrac{\pi}{2}\\[2mm]
\text{RB:} & u=0 \quad \text{bei } x\tan\beta = +\infty \\
 & u=u_0 \quad \text{bei } x\tan\beta = -\infty \qquad\qquad (7.39)
\end{array}$$

In [7.3] ist für dieses Problem die Näherungslösung angegeben

$$u(x,y,t) = \frac{u_0}{2}\,\text{erfc}\,\frac{(x - w\,t/S)\sin\beta - y\cos\beta}{\sqrt{4\left(D_L \sin^2\beta + D_T \cos^2\beta\right)t/S}} \qquad (7.40)$$

Der Grad der Näherung entspricht dem der Gl.(6.9) gegenüber (6.3) beim eindimensionalen Transport.

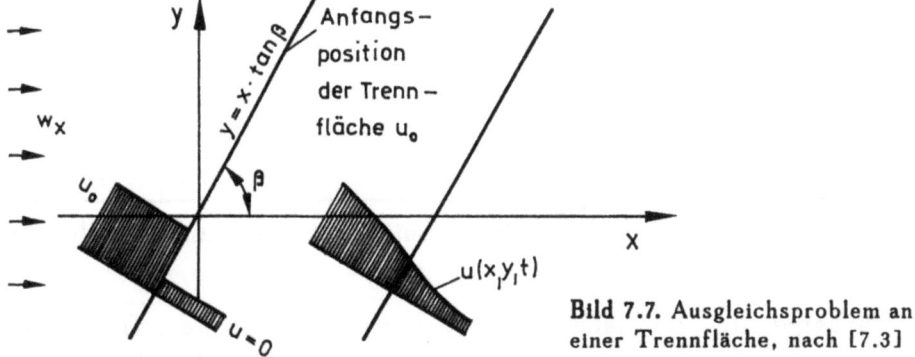

Bild 7.7. Ausgleichsproblem an einer Trennfläche, nach [7.3]

7.2.2 Unendlicher dreidimensionaler Raum mit Linien-, Flächen- und Volumenquellen von Dirac-Typ (Impulsquellen)

Bild 7.5

DG: $D_L \dfrac{\partial^2 u}{\partial x^2} + D_T \dfrac{\partial^2 u}{\partial y^2} + D_T \dfrac{\partial^2 u}{\partial z^2} - w \dfrac{\partial u}{\partial x} - ku = S \dfrac{\partial u}{\partial t}$

AB: $u = 0$ für $t=0$ und $\xi > 0$ mit $\xi = \sqrt{x^2/D_L + r^2/D_T}$
$r = \sqrt{y^2 + z^2}$

RB: $|u| = u_R < \infty$ bei $\xi = \infty$ und $t > 0$

Bilanz: $S \int_V u(x,y,z,t) \, dV = m_0 \, e^{-kt/S}$ für $t > 0$ (7.41)

Linienquelle: Die Linienquelle sei parallel zur x-Achse; sie setzt die Masse/Wärmemenge $m_L = m_0/(x_2 - x_1)$ je Längeneinheit frei. Die Lösung ergibt sich aus (7.28) zu:

$$u(x,y,t) = \dfrac{m_L}{8\pi D_T t} \exp\left[-\dfrac{(y-y_0)^2 + (z-z_0)^2}{4 D_T t/S} - kt/S\right]$$
$$\times \left[\operatorname{erfc} \dfrac{x-x_2 - wt/S}{\sqrt{4 D_L t/S}} - \operatorname{erfc} \dfrac{x-x_1 - wt/S}{\sqrt{4 D_L t/S}}\right] \quad (7.42)$$

Dabei ist der Punkt (y_0, z_0) der Schnittpunkt der Linienquelle mit der $(y-z)$-Ebene.
Für den Fall, daß die Linienquelle parallel zu einer der transversalen Richtungen y oder z verläuft, gilt (7.29). Da beide Transversalrichtungen gleichberechtigt sind, zeigen wir die Lösung nur für die y-Richtung. Die Linienquelle setzt die Masse/Wärmemenge $m_L = m_0/(y_2 - y_1)$ je Längeneinheit frei. Die Lösung ist

$$u(x,y,t) = \frac{m_L}{8\pi t \sqrt{D_L D_T}} \exp\left[-\frac{(z-z_0)^2}{4D_T t/S} - \frac{(x-x_0-wt/S)^2}{4D_L t/S} - kt/S\right]$$

$$\times \left[\operatorname{erfc} \frac{y-y_2}{\sqrt{4D_T t/S}} - \operatorname{erfc} \frac{y-y_1}{\sqrt{4D_T t/S}}\right] \quad (7.43)$$

Dabei ist der Punkt (x_0, z_0) der Schnittpunkt der Linienquelle mit der $(x-z)$-Ebene.

Flächenquelle: Die Flächenquelle sei in der x-y-Ebene aufgespannt (Bild 7.5d). Die Integration nach (7.30) mit der Punktquellenlösung (7.21) führt auf

$$u(x,y,t) = \frac{m_A}{8S\sqrt{\pi D_T t/S}} \exp\left[-\frac{(z-z_0)^2}{4D_T t/S} - kt/S\right]$$

$$\times \left[\operatorname{erfc} \frac{x-x_2-wt/S}{\sqrt{4D_L t/S}} - \operatorname{erfc} \frac{x-x_1-wt/S}{\sqrt{4D_L t/S}}\right]$$

$$\times \left[\operatorname{erfc} \frac{y-y_2}{\sqrt{4D_T t/S}} - \operatorname{erfc} \frac{y-y_1}{\sqrt{4D_T t/S}}\right] \quad (7.44)$$

Die Transversalrichtungen y und z sind vertauschbar.
Eine Flächenquelle in der y-z-Ebene ergibt:

$$u(x,y,t) = \frac{m_A}{8S\sqrt{\pi D_T t/S}} \exp\left[-\frac{(x-x_0-wt/S)^2}{4D_L t/S} - kt/S\right]$$

$$\times \left[\operatorname{erfc} \frac{y-y_2}{\sqrt{4D_T t/S}} - \operatorname{erfc} \frac{y-y_1}{\sqrt{4D_T t/S}}\right]$$

$$\times \left[\operatorname{erfc} \frac{z-z_2}{\sqrt{4D_T t/S}} - \operatorname{erfc} \frac{z-z_1}{\sqrt{4D_T t/S}}\right] \quad (7.45)$$

Volumenquelle: Die Quelle nach Bild 7.5e erfordert die Lösung der Gl.(7.32) und führt auf

$$u(x,y,t) = \frac{m_V}{8S} e^{-kt/S} \left[\operatorname{erfc} \frac{x-x_2-wt/S}{\sqrt{4D_L t/S}} - \operatorname{erfc} \frac{x-x_1-wt/S}{\sqrt{4D_L t/S}}\right]$$

$$\times \left[\operatorname{erfc} \frac{y-y_2}{\sqrt{4D_T t/S}} - \operatorname{erfc} \frac{y-y_1}{\sqrt{4D_T t/S}}\right]$$

$$\times \left[\operatorname{erfc} \frac{z-z_2}{\sqrt{4D_T t/S}} - \operatorname{erfc} \frac{z-z_1}{\sqrt{4D_T t/S}}\right]$$

$$(7.46)$$

7.3 Transport in geschichteten Medien

In Abschnitt 3.4 ist ein typisches Transportproblem in geschichteten Medien dargestellt. Bild 7.8 zeigt die Verhältnisse in Darstellung x-z, wobei die x-Richtung stets die Stromrichtung ist. Der physikalische Inhalt des Attributes "geschichtet" soll darin bestehen, daß zwischen den Schichten kein konvektiver Transport auftritt, sondern nur Wärmeleitung, Diffusion bzw. Dispersion.

Die Transportgleichungen sind für jede Schicht analog Gl.(1.79) zu formulieren und durch die Kompatibilitätsbedingungen zu koppeln. Die Aufgabenstellung lautet:

Bild 7.8

DG: $D_{x1}\dfrac{\partial^2 u}{\partial x^2} + D_{z1}\dfrac{\partial^2 u}{\partial z^2} - w_1\dfrac{\partial u}{\partial x} - k_1 u = S_1 \dfrac{\partial u}{\partial t}$

(Schicht 1, $-\Delta z < z < 0$)

$D_{x2}\dfrac{\partial^2 u}{\partial x^2} + D_{z2}\dfrac{\partial^2 u}{\partial z^2} - w_2\dfrac{\partial u}{\partial x} - k_2 u = S_2 \dfrac{\partial u}{\partial t}$

(Schicht 2, $z > 0$)

Kompatibilitätsbedingungen bei $z=0$, $x>0$, $t>0$:
($z=-0$ entspricht der Lösung bei $z=0$ in Schicht 1;
$z=+0$ entspricht der Lösung bei $z=0$ in Schicht 2)

$u(x, z=-0, t) = u(x, z=+0, t)$

$D_{z1}\dfrac{\partial u}{\partial z}\bigg|_{z=-0} = D_{z2}\dfrac{\partial u}{\partial z}\bigg|_{z=+0}$

AB: $u = 0$ für $t=0$, $-\Delta z < z < \infty$
RB: $u = u_0$ bei $x=0$, $-\Delta z \leq z \leq 0$, $t>0$
  $u = 0$ bei $x=0$, $z>0$, $t>0$
  $|u| = u_R < \infty$ bei $x=\infty$ bzw. $z=\infty$, $t>0$
  $\dfrac{\partial u}{\partial z} = 0$ bei $z=-\Delta z$, $x>0$, $t>0$ (7.47)

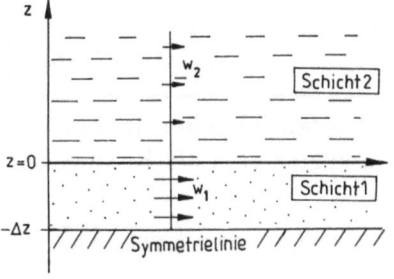

Bild 7.8. Transport in geschichteten Medien, x-z-Geometrie

Die analytische bzw. halbanalytische Lösung dieser Aufgabe ist nicht mehr praktikabel, so daß nur eine numerische Bearbeitung in Frage kommt. Bei einer Reihe praktisch wichtiger Aufgaben sind jedoch physikalisch begründbare Näherungen sinnvoll, die zu vereinfachten Modellen führen.

7.3.1 Lauwerier-Probleme

Die Klasse der Lauwerier-Probleme (siehe auch Abschn.3.4) ist gekennzeichnet durch folgende Vereinfachungen. In Schicht 1 wird eine Mittelung der Lösung u über die z-Koordinate durchgeführt, physikalisch vorstellbar durch die Annahme $D_{z1} \to \infty$. Weiterhin wird die longitudinale Wärmeleitung, Diffusion bzw. Dispersion gegenüber der Konvektion vernachlässigt, ebenso der Abbau ($D_{x1}=k_1=0$). In Schicht 2 wird von allen Mechanismen nur die transversale Wärmeleitung/Diffusion zugelassen ($D_{x2}=w_2=k_2=0$).

Integriert man die erste Differentialgleichung in (7.47) über z und betrachtet

$$\frac{1}{\Delta z} \int_{-\Delta z}^{0} u(x, z, t) \, dz = u_m(x, t)$$

als Mittelwert, dann ergibt sich für die Aufgabenstellung von Lauwerier eine neu zu definierende Lösungsfunktion $u(x,z,t)$

$$u(x,z,t) = \begin{cases} u_m(x,t) & \text{für } -\Delta z < z \leq 0 \\ u(x,z,t) & \text{für } z \geq 0 \end{cases}$$

Dabei wird die erste Differentialgleichung in (7.47) zu einer Randbedingung bei $z=0$. Die Aufgabe lautet jetzt:

Bild 7.8

DG: $\quad D_z \dfrac{\partial^2 u}{\partial z^2} = S_2 \dfrac{\partial u}{\partial t}\quad$ für $z>0$ mit $D_z = D_{z2}$

AB: $\quad u=0 \qquad\qquad\qquad$ für $t>0,\ x>0, z>0$

RB: $\quad -w_1 \dfrac{\partial u}{\partial x} = S_1 \dfrac{\partial u}{\partial t} - \dfrac{D_z}{\Delta z}\dfrac{\partial u}{\partial z}\quad$ bei $z=0,\ x>0,\ t>0$

$\qquad\quad u = u_0 \qquad\qquad\qquad$ bei $x=0,\ z=0,\ t>0$

$\qquad\quad |u| = u_R < \infty \qquad\qquad$ bei $z=\infty,\ x>0,\ t>0 \qquad$ (7.48)

Die Kompatibilitätsbedingungen (7.47) wurden dabei bereits berücksichtigt. Nach Laplace-Transformation ergibt sich als Lösung der Differentialgleichung

$$\bar{u}(x,z,s) = B_1(x) \exp\left(-\sqrt{s\, S_2/D_z}\; z\right) + B_2(x) \exp\left(\sqrt{s\, S_2/D_z}\; z\right).$$

Die Randbedingung bei $x = \infty$ wird nur erfüllt, wenn $B_2(x) \equiv 0$ ist. Die differentielle Randbedingung bei $z = 0$, $x > 0$ ergibt

$$B_1(x) = B_3 \exp\left[-\left(s S_1/w + \frac{D_z}{\Delta z}\sqrt{s S_2/D_z}\right) x\right]$$

und mit der Randbedingung bei $x = 0$, $z = 0$

$$\bar{u}(x,z,s) = \frac{u_0}{s} \underbrace{\exp\left[-\left(\frac{D_z x}{\Delta z\, w} + z\right)\sqrt{s S_2/D_z}\right]}_{\bar{f}_1(s)} \underbrace{\exp\left[-s S_1 x/w\right]}_{\bar{f}_2(s)} \quad (7.49)$$

Der in Gl. (7.49) mit $\bar{f}_2(s)$ gekennzeichnete Term bewirkt nach dem Verschiebungssatz der Laplace-Transformation (Abschn. 2.3.2) nur eine Zeitverschiebung, so daß sich die Lösung ergibt

Bild 7.9

$$u(x,z,t) = \begin{cases} 0 & \text{für } t \leq S_1 x/w \\ u_0 \,\text{erfc}\, \dfrac{z + D_z x/(w \Delta z)}{\sqrt{4 D_z (t - S_1 x/w)/S_2}} & \text{für } t > S_1 x/w \end{cases} \quad (7.50)$$

Für den Fall, daß in der Aufgabe (7.47) ein Abbau auftritt, d.h. für

$$\text{DG: } D_z \frac{\partial^2 u}{\partial z^2} - k_2 u = S_2 \frac{\partial u}{\partial t} \qquad \text{für } z > 0$$

$$\text{RB: } -w \frac{\partial u}{\partial z} - k_1 u = S_1 \frac{\partial u}{\partial t} - \frac{D_z}{\Delta z}\frac{\partial u}{\partial z} \quad \text{bei } z = 0 \quad (7.51)$$

(andere Bedingungen wie in Aufgabenstellung (7.48))

gilt die Lösung:

Bild 7.9a

$$u(x,z,t) = 0 \qquad \text{für } t \leq S_1 x/w$$

$$u(x,z,t) = u_0\, e^{-k_1 x/w} \left\{ \exp\left[-\sqrt{k_2/D_z}\left(\frac{D_z x}{\Delta z\, w} + z\right)\right] \right.$$

$$\times \text{erfc}\, \frac{z + D_z x/(w \Delta z) - \sqrt{4 D_z k_2}\left((t - S_1 x/w)/S_2\right)}{\sqrt{4 D_z (t - S_1 x/w)/S_2}}$$

$$+ \exp\left[\sqrt{k_2/D_z}\left(\frac{D_z x}{\Delta z\, w} + z\right)\right]$$

$$\left. \times \text{erfc}\, \frac{z + D_z x/(w \Delta z) + \sqrt{4 D_z k_2}\left((t - S_1 x/w)/S_2\right)}{\sqrt{4 D_z (t - S_1 x/w)/S_2}} \right\}$$

$$\text{für } t > S_1 x/w \quad (7.52)$$

Zylindersymmetrisches Lauwerier-Problem mit Abbau:

Bild 7.10

DG: $D_z \dfrac{\partial^2 u}{\partial z^2} - k_2 u = S_2 \dfrac{\partial u}{\partial t}$ für $z > 0$

AB: $u = 0$ für $t > 0$, $r > r_0$, $z \geq 0$

RB: $-w(r)\dfrac{\partial u}{\partial r} - k_1 u = S_1 \dfrac{\partial u}{\partial t} - \dfrac{D_z}{\Delta z}\dfrac{\partial u}{\partial z}$ bei $z = 0$, $r > r_0$, $t > 0$

$u = u_0$ bei $r = r_0$, $z = 0$, $t > 0$

$|u| = u_R < \infty$ bei $z = \infty$, $r > r_0$, $t > 0$ (7.53)

Die radiale Geschwindigkeit $w(r)$ ist

$$w(r) = \dfrac{\dot V}{2\pi r \Delta z} = \dfrac{G^*}{2r} \quad \text{mit} \quad G^* = \dfrac{\dot V}{\pi \Delta z} \tag{7.54}$$

wobei $\dot V$ der Volumenstrom ist, der bei $r = r_0$ und $-\Delta z \leq z \leq 0$ über den Rand in den Raum einfließt.

Man erkennt die Analogie zu Aufgabe (7.51), wenn man beachtet, daß

$$w(r)\dfrac{\partial u}{\partial r} = G^* \dfrac{\partial u}{2r \partial r} = G^* \dfrac{\partial u}{\partial r^2}$$

und wenn man die Abmessung r_0 vernachlässigt ($r_0 = 0$). Dann können die Formeln (7.50) und (7.52) sofort als Lösungen der

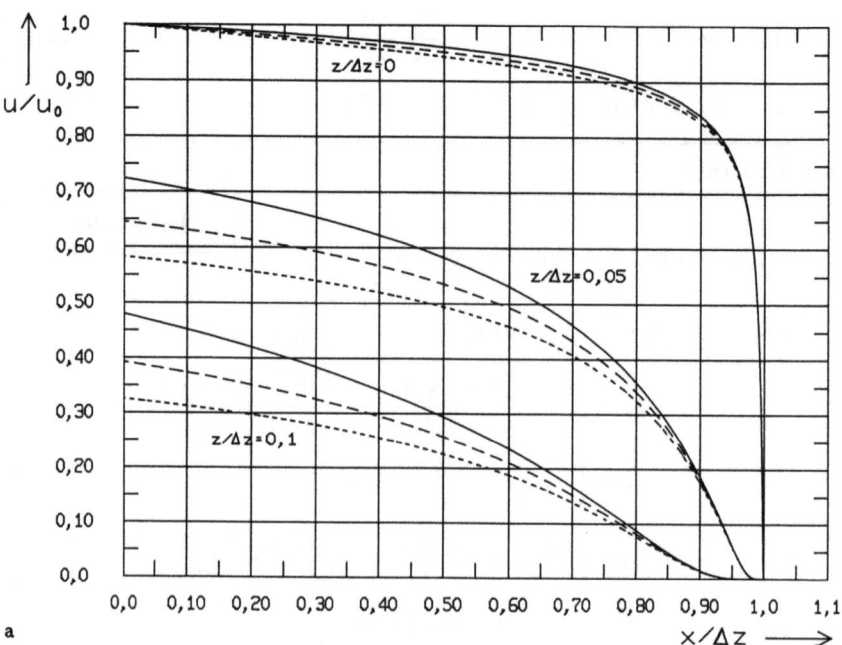

a

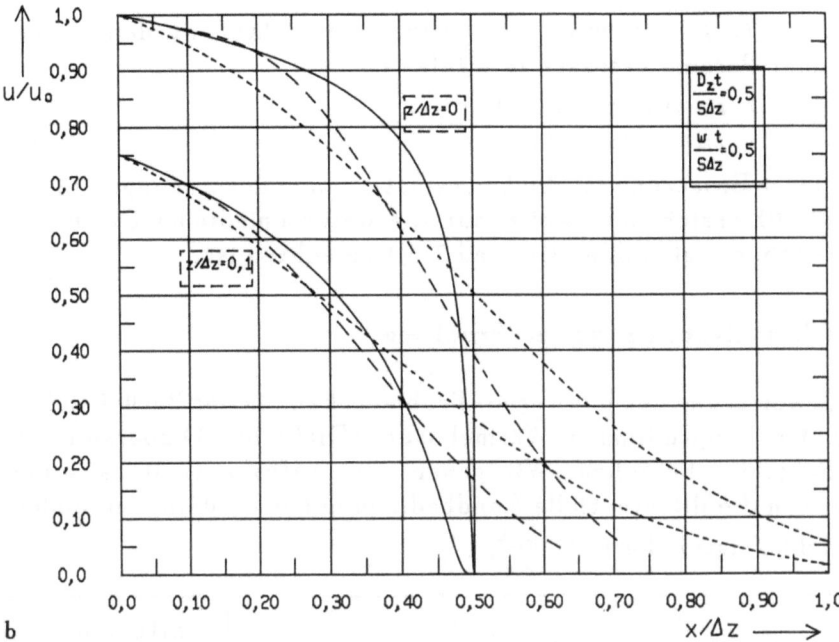

b

Bild 7.9. Vergleich der verschiedenen Lauwerier -Lösungen
a) mit Abbau in Schicht 2, Gl.(7.52)

─────── $k_2 \Delta z S_1 / (w S_2) = 0$
─ ─ ─ ─ $= 0,5$
· · · · · · · · $= 1,0$

weitere Zahlenwerte: $k_1 = 0$; $wt/(\Delta z S_1) = 1$; $D_z t/(\Delta z^2 S_2) = 0,01$

b) mit longitudinaler Leitfähigkeit, Gl.(7.56)

─────── $D_x = 0$; $w \Delta z / D_x = \infty$
─ ─ ─ ─ $w \Delta z / D_x = 100$
· · · · · · $w \Delta z / D_x = 10$

weitere Zahlenwerte: $k_1 = k_2 = 0$; $S_1 = S_2 = S$

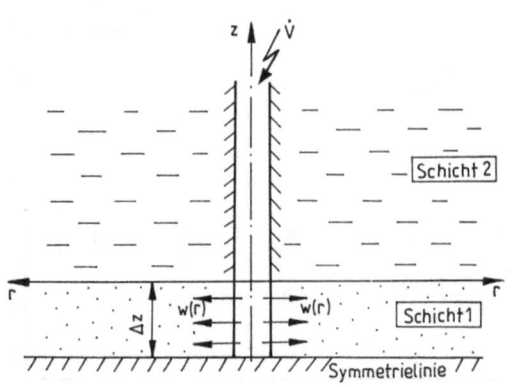

Bild 7.10. Transport in geschichteten Medien mit den Annahmen von Lauwerier, (r-z-Geometrie)

Aufgabe (7.53) mit bzw. ohne Abbau betrachtet werden, wobei folgender Parameterersatz zu wählen ist:
- x zu ersetzen durch r^2
- w zu ersetzen durch G^*. (7.54a)

Mit dieser Ersetzung ist die Übereinstimmung der Lösungen (3.72) mit (7.50) ersichtlich, wobei auf die unterschiedliche Definition der z-Achse (vgl. Bilder 3.12 und 7.8) zu achten ist.

7.3.2 Erweiterte Lauwerier-Probleme

Die Erweiterung des Lauwerier-Problems kann in der Berücksichtigung der longitudinalen Wärmeleitung/Diffusion/Dispersion D_x der Schicht 1 bestehen. Wir gehen von Aufgabe (7.51) aus und erweitern die differentielle Randbedingung bei $z = 0$ um den bisher vernachlässigten Term $D_x \dfrac{\partial^2 u}{\partial x^2}$.

Bild 7.8

DG: $D_z \dfrac{\partial^2 u}{\partial z^2} - k_2 u = S_2 \dfrac{\partial u}{\partial t}$ für $z > 0$

AB: $u = 0$ für $t = 0$, $z > 0$, $x > 0$

RB: $D_x \dfrac{\partial^2 u}{\partial x^2} - w \dfrac{\partial u}{\partial x} - k_1 u = S_1 \dfrac{\partial u}{\partial t} - \dfrac{D_z}{\Delta z} \dfrac{\partial u}{\partial z}$ bei $z = 0$, $x > 0$, $t > 0$

$u = u_0$ bei $x = 0$, $z = 0$, $t > 0$

$|u| = u_R < \infty$ bei $z = \infty$, $x \geq 0$, $t > 0$ und
$x = \infty$, $z \geq 0$, $t > 0$ (7.55)

Laplace-Transformation und Behandlung nach dem gleichen Schema wie bei Aufgabe (7.48) ergibt die transformierte Lösung:

Bild 7.9b

$\overline{u}(x,z,s) = \dfrac{u_0}{s} \exp\left(\mu_1 x - \sqrt{(k_2 + sS_2)/D_z}\; z\right)$

mit

$\mu_1 = \dfrac{1}{2D_x}$

$\times \left\{ w - \left[w^2 + 4D_x \left(k_1 + sS_1 + \dfrac{1}{\Delta z} \sqrt{(k_2 + sS_2)\, D_z} \right) \right]^{\frac{1}{2}} \right\}$

(Die Lösung $u(x,z,t)$ ergibt sich durch numerische Rücktransformation) (7.56)

Das Bild 7.9b zeigt einen Vergleich der Lauwerier-Lösungen ohne und mit Berücksichtigung der longitudinalen Leitfähigkeit.

Eine zweite Erweiterung des Lauwerier-Problems ist in Bild 7.11 dargestellt. Wir gehen dabei von Aufgabe (7.48) aus und berücksichtigen die Geometrie und die Randbedingungen des Bildes 7.11.

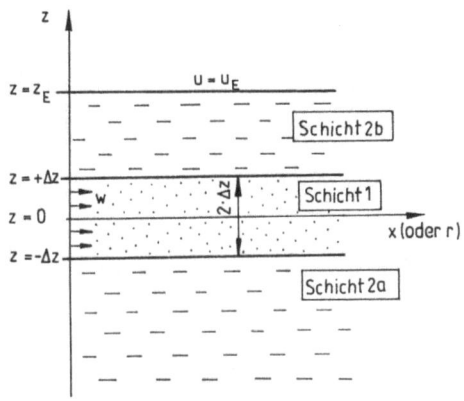

Bild 7.11. Dreischichtiges Lauwerier- Problem mit endlicher Deckschicht

---

Bild 7.11

DG: Schicht 2a: $D_{2A} \dfrac{\partial^2 u}{\partial z^2} = S_{2A} \dfrac{\partial u}{\partial t}$ für $-\infty \leq z \leq -\Delta z$

Schicht 2b: $D_{2B} \dfrac{\partial^2 u}{\partial z^2} = S_{2B} \dfrac{\partial u}{\partial t}$ für $\Delta z \leq z \leq z_E$

Schicht 1: $-w \dfrac{\partial u}{\partial x} = S_1 \dfrac{\partial u}{\partial t}$

$+ \dfrac{D_{2A}}{2\Delta z} \dfrac{\partial u}{\partial z}\Big|_{z=-\Delta z} - \dfrac{D_{2B}}{2\Delta z} \dfrac{\partial u}{\partial z}\Big|_{z=\Delta z}$

für $-\Delta z \leq z \leq \Delta z$ (insbesondere $z = 0$)

AB: $u = 0$ für $t = 0$, $x > 0$, $-\infty < z < z_E$

RB: $u = u_0$ bei $x = 0$, $-\Delta z \leq z < \Delta z$, $t > 0$

$u = u_E$ bei $z = z_E$, $x > 0$, $t > 0$

$|u| = u_R < \infty$ bei $z = -\infty$, $x > 0$, $t > 0$ (7.57)

Die Lösung dieser Aufgabe im Laplace- transformierten Bereich wird hier nur für $z = 0$ (d.h. für den Bereich $-\Delta z \leq z \leq \Delta z$, $x > 0$, $t > 0$) angegeben:

$$\bar{u}(x,s) = \frac{u_E}{s} \bar{F}_2(s) \quad \text{für } t \leq S_1 x/w \qquad \boxed{\text{Bild 7.12}}$$

$$\bar{u}(x,s) = \frac{u_E}{s} \bar{F}_2(s) + \left[\frac{u_0}{s} - \frac{u_E}{s}\bar{F}_2(s)\right]\bar{F}_1(x,s)\,e^{-sS_1 x/w}$$

$$\text{für } t > S_1 x/w$$

mit

$$\bar{F}_1(x,s) = \exp\left\{-\frac{x}{2w\Delta z}\left[\sqrt{(DS)_{2A}\,s} + \sqrt{(DS)_{2B}\,s}\right.\right.$$

$$\left.\left. + \frac{\sqrt{(DS)_{2B}\,s}}{\exp\left(\sqrt{(S/D)_{2B}\,s}\,(z_E-\Delta z)\right)\sinh\left(\sqrt{(S/D)_{2B}\,s}\,(z_E-\Delta z)\right)}\right]\right\}$$

$$\bar{F}_2(s) = \frac{1}{2\Delta z}\exp\left(\sqrt{(S/D)_{2B}\,s}\,(z_E-\Delta z)\right)$$

$$\times \frac{\dfrac{\sqrt{(DS)_{2B}\,s}}{\sinh\left(\sqrt{(S/D)_{2B}\,s}\,(z_E-\Delta z)\right)} - \sqrt{(DS)_{2A}\,s} - \sqrt{(DS)_{2B}\,s}}{sS_1 + \dfrac{1}{2\Delta z}\left\{\sqrt{(DS)_{2A}\,s} + \sqrt{(DS)_{2B}\,s} + \dfrac{\sqrt{(DS)_{2B}\,s}}{\sinh\left(\sqrt{(S/D)_{2B}\,s}\,(z_E-\Delta z)\right)}\right\}}$$

(Die Lösung $u(x,t)$ ergibt sich durch numerische Rücktransformation) \hfill (7.58)

Die transformierten Lösungen für die Bereiche 2A ($z < -\Delta z$) und 2B ($\Delta z < z < z_E$) nach Bild 7.11 können auf die gleiche Weise abgeleitet werden. Die Rücktransformation der Gl.(7.58) kann nur numerisch erfolgen, wobei der Verschiebungssatz anzuwenden ist.

Die Lösung (7.58) kann mit dem Parameterersatz (7.54a) sofort auch für Zylindersymmetrie genutzt werden.

Asymptotische Näherungen der Aufgabe (7.57) für kleine und große Zeiten wurden in [7.4] abgeleitet. Das Bild 7.12 zeigt den Einfluß einer endlichen Schichtdicke durch Vergleich mit der Lauwerier-Lösung (7.50).

Lauwerier-Probleme mit ortsabhängiger Anfangsbedingung: Diese Aufgabe ist dann von Interesse, wenn am Ende eines Transportvorganges sich eine Verteilung $u(x,t)$ einstellt, die durch entgegengesetzte Konvektionsströmung "rückgewonnen" werden soll. Wir betrachten diese Verteilung als Anfangsbedingung eines neuen Prozesses mit entgegengesetzt gerichteter Geschwindigkeit.

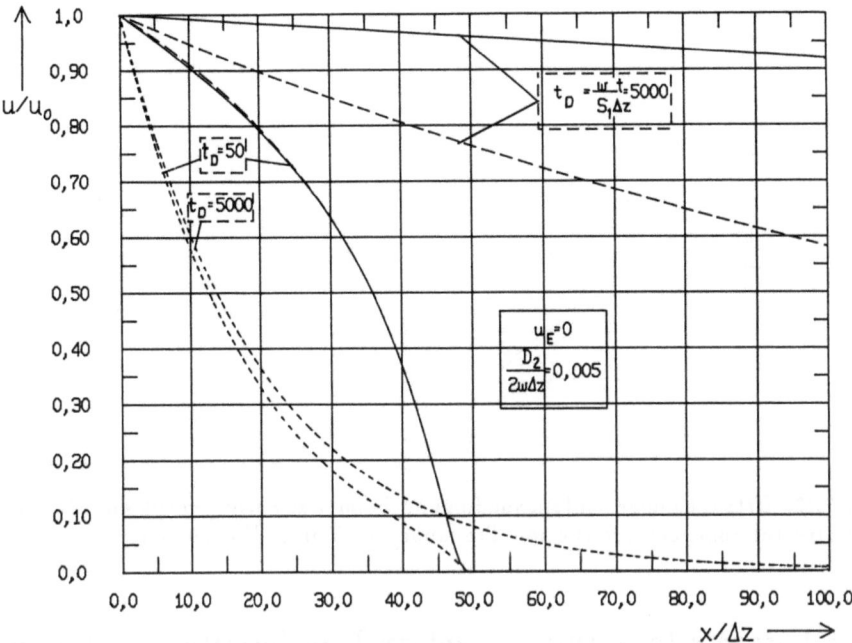

Bild 7.12. Vergleich von Lösungen des Lauwerier -Problems mit unendlich und und endlich ausgedehnter Deckschicht nach Gln.(7.50) und (7.58)

———————— unendliche Deckschichtdicke $z_E = \infty$
— — — —   endliche Deckschichtdicke, $D_2/((z_E - \Delta z)w) = 0,01$
· · · · · · · · ·   endliche Deckschichtdicke, $= 0,1$

Die Anfangsverteilung wird als Exponentialfunktion approximiert. Die Aufgabenstellung lautet somit

> DG: $D_z \dfrac{\partial^2 u}{\partial z^2} = S \dfrac{\partial u}{\partial t}$ für $z > 0$ **Bild 7.13**
>
> AB: $u = u_0 \left[1 - \exp\left(-\beta_x(1 - x/x_F)\right)\right] \exp\left(-\beta_z z\right)$
> für $t = 0$ und $0 < x \leq x_F$, $z \geq 0$
>
> $u = 0$ für $t = 0$ und $x > x_F$, $z \geq 0$
>
> RB: $w \dfrac{\partial u}{\partial x} = S \dfrac{\partial u}{\partial t} - \dfrac{D_z}{\Delta z} \dfrac{\partial u}{\partial z}$ bei $z = 0$, $x > 0$, $t > 0$
>
> $u = 0$ bei $z \geq 0$, $x \geq x_F$, $t > 0$
>
> $|u| = u_R < \infty$ bei $z = \infty$, $x > 0$, $t > 0$
>
> (7.59)

Dabei ist x_F die maximale Ausdehnung der Anfangsverteilung; β_x und β_z sind Koeffizienten, die empirisch aus der vorher berechneten oder gemessenen Verteilung approximiert werden.

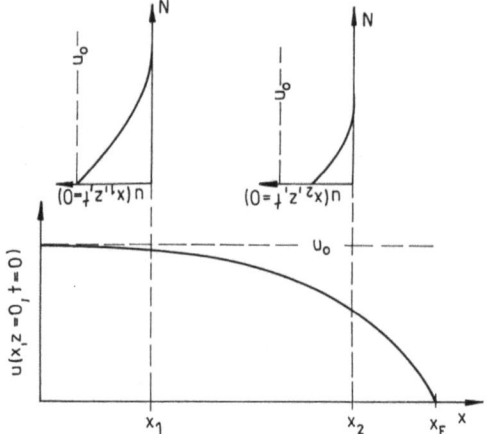

Bild 7.13. Ortsabhängige Anfangsbedingung beim Lauwerier -Problem (Exponentialverteilung), typisch für den Transport nach einer Einspeisung

Die Lösung erfolgt mittels Laplace-Transformation, wobei sie als Faltungsintegral darstellbar ist. Numerisch einfacher gewinnt man diskrete Ergebnisse jedoch durch numerische Rücktransformation nach dem Stehfest-Algorithmus mit folgender transformierter Lösung:

$$\bar{u}(x,z,s) = u_0 \frac{1 - \exp(-\beta_x(1-x/x_F))}{s - D_z \beta_z^2 / S}$$

$$\times \left\{ \exp(-\beta_z z) - \frac{\frac{D_z \beta_z}{S} \left(\frac{1}{\Delta z} + \beta_z\right) \exp\left(\sqrt{sS/D}\, z\right)}{s + \sqrt{sD/(S \Delta z^2)}} \right\}$$

für $t < S(x_F - x)/w$ und $x < x_F$
(Die Lösung $u(x,z,t)$ ergibt sich durch numerische Rücktransformation).
Näherungsweise gilt:
$u(x,z,t) = 0$ für $t \geq S(x_F - x)/w$ oder $x \geq x_F$ \qquad (7.60)

Für den zylindersymmetrischen Fall ersetzt man wieder die Größen x und w nach Gl.(7.54a).

Geothermische Anfangsverteilung:

$$\text{DG: } D_x \frac{\partial^2 u}{\partial x^2} = S_2 \frac{\partial u}{\partial t} \quad \text{für } x > 0$$

$$\text{AB: } u = b_0 + b_1 z \quad \text{für } t = 0,\, z > 0,\, x > 0$$

$$\text{RB: } -w \frac{\partial u}{\partial z} = S_1 \frac{\partial u}{\partial t} - \frac{D_x}{\Delta x} \frac{\partial u}{\partial x} \quad \text{bei } x = 0,\, z > 0,\, t > 0$$

$$u = u_0 \quad \text{bei } x = 0,\, z = 0,\, t > 0$$

$$|u| = u_R < \infty \quad \text{bei } x = \infty,\, z > 0,\, t > 0$$

Bild 7.14

(7.61)

Diese Aufgabe ist typisch für den Wärmetransport in der Erdkruste, in der die geothermische Temperaturverteilung in guter Näherung als lineare Funktion dargestellt werden kann. Die Lösung erfolgt analog der Aufgabenstellung (7.48) und führt mit den Korrespondenzen nach Anhang C auf die Lösung:

$$u(x,z,t) = b_0 + b_1 z + \frac{b_1 w \Delta x^2 S_1}{D_x S_2}$$

$$\times \left\{ \left(1 + \frac{S_2 x}{S_1 \Delta x}\right) \text{erfc} \frac{x}{\sqrt{4 D_x t / S_2}} \right.$$

$$- \frac{2\sqrt{D_x S_2}}{\sqrt{\pi} \Delta x S_1} \sqrt{t/S_2} \exp\left(-\frac{x^2}{4 D_x t/S_2}\right)$$

$$\left. - \exp\left(\frac{S_2 x}{S_1 \Delta x} + \frac{D_x S_2^2}{(S_1 \Delta x)^2} t/S_2\right) \text{erfc} \frac{x + \frac{4 D_x S_2}{S_1 \Delta x} t/S_2}{\sqrt{4 D_x t / S_2}} \right\}$$

$$+ u_K(x,z,t)$$

Bild 7.15

(7.62)

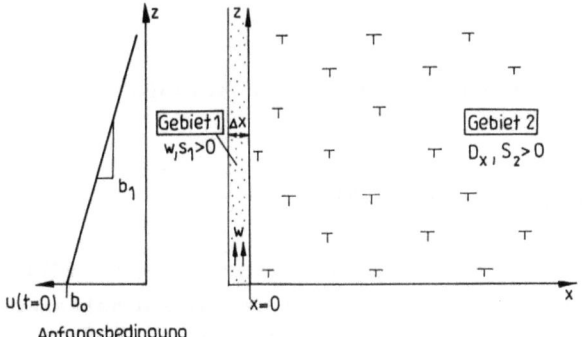

Bild 7.14. Linear ortsabhängige Anfangsbedingung beim Lauwerier -Problem (geothermische Anfangsverteilung)

mit der Funktion $u_K(x,z,t)$ nach

$$u_K(x,z,t) = 0 \text{ für } t \le S_1 z / w$$

$$u_K(x,z,t) = (u_0 - b_0)\,\text{erfc}\,\frac{x + \dfrac{D_x z}{w\Delta x}}{\sqrt{4 D_x (t/S_2 - S_1 z/(S_2 w))}}$$

$$-\frac{b_1 w \Delta x^2 S_1}{D_x S_2}\left\{\left[1 + \frac{S_2}{S_1 \Delta x}\left(x + \frac{D_x z}{w \Delta x}\right)\right]\right.$$

$$\times\,\text{erfc}\,\frac{x + \dfrac{D_x z}{w\Delta x}}{\sqrt{4 D_x (t/S_2 - S_1 z/(S_2 w))}} - \frac{2\sqrt{D_x}\,S_2}{\sqrt{\pi}\,S_1 \Delta x}$$

$$\times \sqrt{t/S_2 - S_1 z/(S_2 w)}\,\exp\left(-\frac{\left(x + \dfrac{D_x z}{w\Delta x}\right)^2}{4 D_x (t/S_2 - S_1 z/(S_2 w))}\right)$$

$$-\exp\left[\frac{S_2}{S_1 \Delta x}\left(x + \frac{D_x z}{w\Delta x}\right) + \frac{D_x S_2^2}{(S_1 \Delta x)^2}\left(t/S_2 - \frac{S_1 z}{S_2 w}\right)\right]$$

$$\left.\times\,\text{erfc}\,\frac{x + \dfrac{D_x z}{w\Delta x} + \dfrac{4 D_x S_2}{S_1 \Delta x}\left(t/S_2 - \dfrac{S_1 z}{S_2 w}\right)}{\sqrt{4 D_x (t/S_2 - S_1 z/(S_2 w))}}\right\}$$

Das Bild 7.15 zeigt den Verlauf der Lösung entlang der Koordinate z an verschiedenen Punkten. Es ist dabei zu bemerken, daß die Aufgabe (7.61) die Wärmeleitung in z-Richtung vernachlässigt. Diese Voraussetzung ist nur sinnvoll, wenn die Störung des Temperaturfeldes in x-Richtung wesentlich größer ist als in z-Richtung:

$$\left|\frac{\partial u}{\partial x}\right| \gg \left|\frac{\partial u}{\partial z}\right|$$

d.h. wenn die linear in z-Richtung veränderliche Anfangsbedingung nicht den Gesamtprozeß prägt.

7.3.3 Dreidimensionale Lauwerier-Probleme

Das in Aufgabe (7.48) beschriebene Problem kann für ausgewählte Strömungsvorgänge in der Schicht 1 auf drei Ortskoordinaten erweitert werden. Dazu wird das in Abschnitt 1.8.2 erläuterte Stromröhrenkonzept herangezogen.

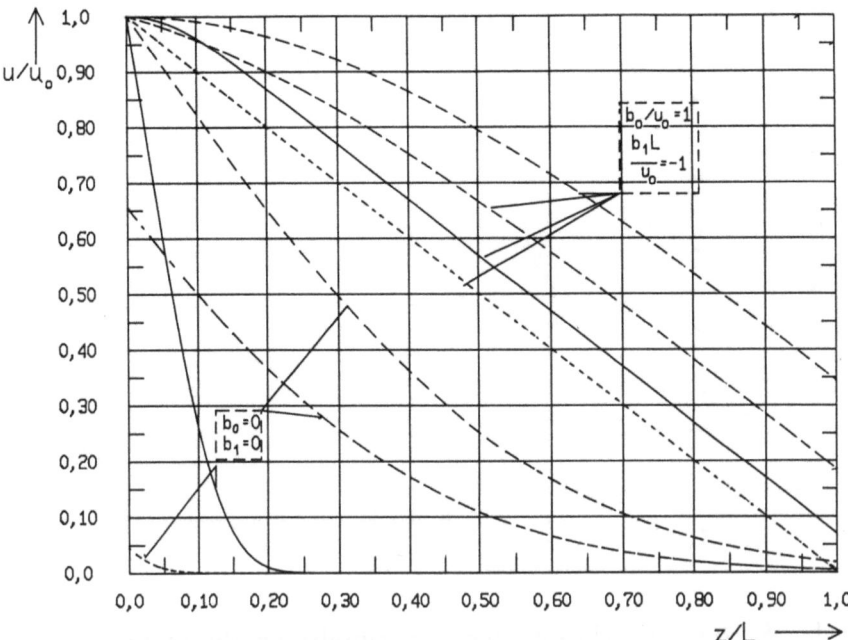

Bild 7.15. Lauwerier -Lösung mit linear ortsabhängiger Anfangsbedingung nach Gl.(7.62) im Vergleich mit einer konstanten Anfangsbedingung.
Zahlenwerte: $\Delta x = D_x = 0{,}01$; $S_1 = S_2 = S$

———— $x/L = 0$; $w\,t/(SL) = 0{,}5$
– – – – $x/L = 0$; $w\,t/(SL) = 10$
· · · · · · $x/L = 0{,}2$; $w\,t/(SL\,) = 0{,}5$
–·–·–·– $x/L = 0{,}2$; $w\,t/(SL\,) = 10$

Wir betrachten ein zweischichtiges Medium, das in der x-y-Ebene flächenhaft ausgedehnt ist. Falls es gelingt, die Geschwindigkeitsverteilung **w** als Funktion der Ortskoordinaten (x,y) bzw. (r,φ) analytisch darzustellen, ist eine weitere analytische Behandlung des Transportproblems in Einzelfällen möglich. Das erfordert die Einführung der aus der Strömungsmechanik bekannten Stromfunktion $\Psi(x,y)$.

Zwei Volumenstromquellen in der x-y-Ebene (Schicht 1): Es soll ein Dipol in der Ebene betrachtet werden (Bild 7.16). Bei stationärer Strömung sind die Stromlinien nach Bild 7.16 stets die Bahnen der einzelnen Fluidteilchen.

Die Stromfunktion $\Psi(x,y)$ ist definiert durch

$$\frac{\partial \Psi}{\partial y} = w_x \quad \text{und} \quad \frac{\partial \Psi}{\partial x} = -w_y \quad . \tag{7.63}$$

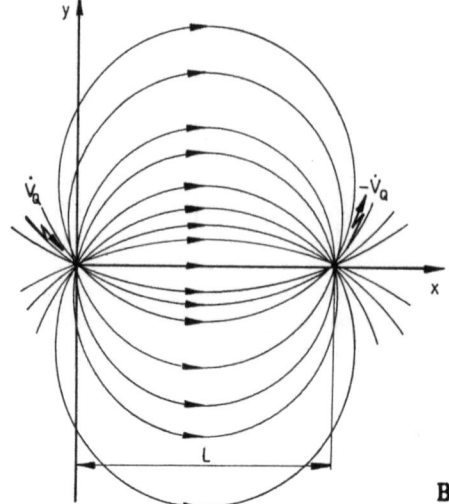

Bild 7.16. Dipol in der x-y-Ebene

Für das Strömungsfeld um eine Punktquelle im Punkt (x_0, y_0) mit der Stärke $\dot{V}_Q$, die entlang der Schichtdicke Δz wirkt, gilt

$$\Psi_Q = \frac{\dot{V}_Q}{2\pi \Delta z} \arctan \frac{y-y_0}{x-x_0} , \qquad (7.64)$$

weil

$$w_x = \frac{\dot{V}_Q}{2\pi \Delta z} \frac{x-x_0}{(x-x_0)^2 + (y-y_0)^2}$$

und

$$w_y = \frac{\dot{V}_Q}{2\pi \Delta z} \frac{y-y_0}{(x-x_0)^2 + (y-y_0)^2}$$

ist. Für den Dipol nach Bild 7.16 ergibt sich das Stromfeld $\Psi(x,y)$ durch die Addition zweier Quellen im Abstand L, wobei eine Quelle positiv ist (Einströmung, $\dot{V}_Q > 0$), die zweite Quelle im Abstand L aber negativ definiert, also eine Senke ist (Ausströmung, $\dot{V}_Q < 0$):

$$\Psi(x,y) = \frac{\dot{V}_Q}{2\pi \Delta z} \left(\arctan \frac{y}{x} - \arctan \frac{y}{x-L} \right)$$

oder mit den Beziehungen zwischen inversen trigonometrischen Funktionen

$$\tan \Psi_D = \frac{yL}{x(L-x) - y^2} \qquad (7.65)$$

mit

$$\Psi_D = 2\pi \Delta z \, \Psi / \dot{V}_Q .$$

Für Polarkoordinaten nach Bild 7.16 ergibt sich daraus mit $r_D = r/L$

$$r_D(\varphi, \Psi_D) = \cos\varphi - \cot\Psi_D \sin\varphi .\qquad(7.66)$$

Die Bogenlänge dl einer Stromlinie mit festem Wert Ψ_D ist

$$\frac{dl}{L} = \sqrt{(dr_D)^2 + (r_D\, d\varphi)^2} = \frac{1}{\sin\Psi_D} d\varphi \quad \text{für } \varphi \neq 0, \pi \qquad(7.67)$$

bzw.

$$\frac{dl}{L} = dr_D \quad \text{für } \varphi = 0, \pi.$$

Der Geschwindigkeitsvektor hat stets die Richtung der Stromlinie, sein Betrag ist

$$|\mathbf{w}| = \sqrt{w_x^2 + w_y^2} = \frac{\dot V_Q}{2\pi\Delta z L} \frac{\sin\Psi_D}{\cos\varphi\sin\varphi - \cot\Psi_D\sin^2\varphi} .\qquad(7.68)$$

Die Länge einer Stromlinie Ψ_D ist nach (7.67)

$$l(\Psi_D, \varphi) = \left|\frac{L}{\sin\Psi_D}(\varphi - \varphi_0)\right|$$

und die Zeit, die das Fluid benötigt, um diesen Weg zurückzulegen (Konvektionszeit nach [7.5]):

$$\tau(\Psi_D, \varphi) = S_1 L \int_{\varphi_0}^{\varphi} \frac{dl(\varphi)}{|w(\varphi)|} = \frac{\pi \Delta z L^2 S_1}{2 \dot V_Q \sin^2\Psi_D}$$

$$\times \Big[\cos(2\varphi_0) + \cot\Psi_D\left(2\varphi_0 - \sin(2\varphi_0)\right)$$

$$-\cos(2\varphi) - \cot\Psi_D\left(2\varphi - \sin(2\varphi)\right) \Big]$$

wobei der Winkel φ_0, unter dem die Stromlinie Ψ_D den Koordinatenursprung verläßt, stets $\varphi_0 = \Psi_D$ ist. (7.69)

Für die Stromlinie $\Psi_D = 0$ (direkte Verbindung der beiden Quellen) gilt:

$$l(\Psi_D = 0, \varphi = 0) = x$$

und

$$\tau(\Psi_D = 0, \varphi = 0) = \frac{\pi\Delta z L^2 S_1}{2\dot V_Q}\left[2(x/L)^2 - \frac{4}{3}(x/L)^3\right].$$

Mit der Konvektionszeit $\tau(\Psi_D, \varphi)$ lassen sich die Lauwerier-Aufgaben (7.48) und (7.51) für den dreidimensionalen Raum nach Bild 7.16 analytisch einfach lösen; wir zeigen die Lösung für den Fall mit Abbau analog Aufgabe (7.51). Die Aufgabenstellung lautet:

DG: $D_z \dfrac{\partial^2 u}{\partial z^2} - k_2 u = S_2 \dfrac{\partial u}{\partial t}$ für $z > 0$, $-\infty \leq x, y \leq \infty$, $t > 0$

AB: $u = 0$ für $t = 0$, $z > 0$, $-\infty \leq x, y \leq \infty$

RB: $-w_x \dfrac{\partial u}{\partial x} - w_y \dfrac{\partial u}{\partial y} - k_1 u = S_1 \dfrac{\partial u}{\partial t} - \dfrac{D_z}{\Delta z} \dfrac{\partial u}{\partial z}$ bei $z = 0$,

$u = u_0$ bei $x = y = z = 0$ (Punktquelle im Ursprung)

$|u| = u_R < \infty$ bei $z = \infty$, $-\infty < x, y < \infty$, $t > 0$ \hfill (7.70)

Die Lösung nutzt die Analogie der Aufgabe zum linearen Transportproblem in der Form, daß die Größe $S_1 x/w$ in (7.50) und (7.52) der Ankunftszeit τ der Konvektionsfront im betrachteten Punkt entspricht. Für einen Punkt der x-y-Ebene, der in Bild 7.16. durch (Ψ_D, φ) eindeutig definiert ist, kann diese Ankunftszeit nach Gl. (7.69) berechnet werden.

Die Lösung des Lauwerier-Transportproblems im Dipol-Feld ist dann analog Gl. (7.52)

$u(\Psi_D, \varphi, z, t) = 0$ für $t \leq \tau(\Psi_D, \varphi)$

$u(x, z, t) = \dfrac{u_0}{2} \exp\left(-k_1 \tau / S_1\right)$

$\times \left\{ \exp\left[-\sqrt{k_2/D_z}\left(z + \dfrac{D_z \tau}{\Delta z S_1}\right)\right] \operatorname{erfc} \dfrac{z + \dfrac{D_z \tau}{\Delta z S_1} - \sqrt{4 D_z k_2} \dfrac{(t-\tau)}{S_2}}{\sqrt{4 D_z (t-\tau)/S_2}} \right.$

$\left. + \exp\left[+\sqrt{k_2/D_z}\left(z + \dfrac{D_z \tau}{\Delta z S_1}\right)\right] \operatorname{erfc} \dfrac{z + \dfrac{D_z \tau}{\Delta z S_1} + \sqrt{4 D_z k_2} \dfrac{(t-\tau)}{S_2}}{\sqrt{4 D_z (t-\tau)/S_2}} \right\}$

für $t > \tau(\Psi_D, \varphi)$ \hfill (7.71)

Der Zusammenhang zwischen den Koordinaten (x,y) und (Ψ_D, φ) ergibt sich aus Gl. (7.66) zu

$$\sqrt{x^2 + y^2} = L(\cos\varphi - \cot\Psi_D \sin\varphi).$$

Ein oft interessierendes Ergebnis ist die Lösung $u(\Psi_D, \varphi, z, t)$ in der Punktsenke bei $x = L$, $y = z = 0$. Dort münden alle Stromröhren, so daß über alle Stromröhren integriert werden muß. Weiterhin gilt im Punkt $x = L$, $y = 0$, daß $r = L$ und $\varphi = 0$ ist.

Das Fluid der Senke hat den zeitlichen Verlauf

$$u_Q(t) = \dfrac{1}{\pi} \int_0^\pi u(\Psi_D, \varphi = 0, z = 0, t) \, d\Psi_D,$$

wobei die Abhängigkeit der Konvektionszeit $\tau(\Psi_D, \varphi = 0)$ zu beachten ist. Die Integration muß numerisch ausgeführt werden. Das Bild 7.17 zeigt einen typischen Fall.

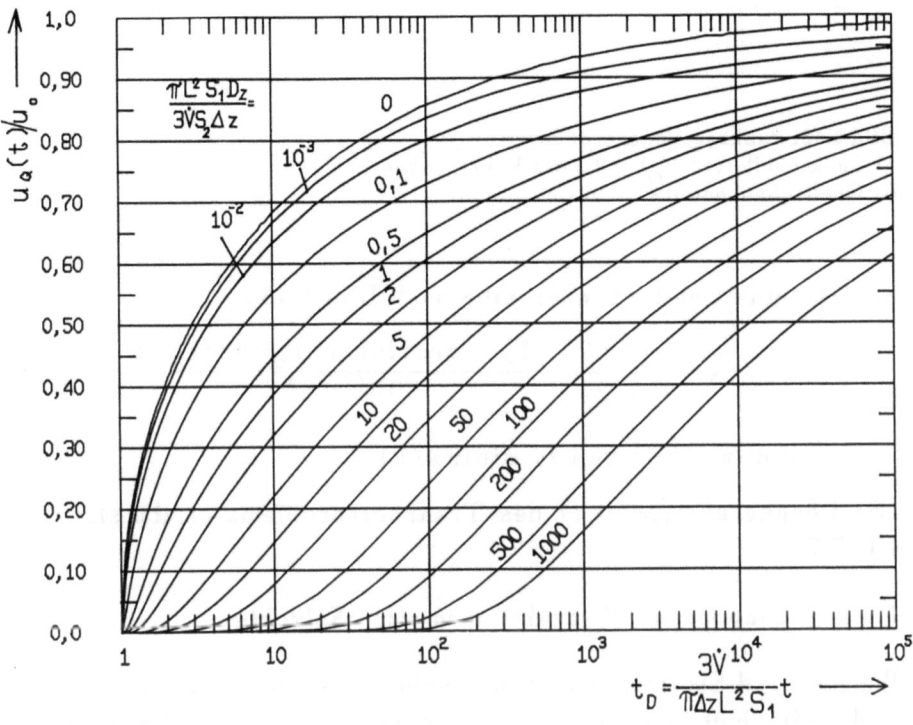

Bild 7.17. Lösung $u_Q(t)$ in der Senke eines Dipols (weitere Zahlenwerte: $k_1 = k_2 = 0$)

Andere Punktquellenanordnungen:

Nach [7.5] gilt für eine Anordnung der Punktquellen nach Bild 7.18a für die Konvektionszeit

$$\tau(\Psi_D, \varphi) = \frac{\pi \Delta z L^2 S_1}{4 \dot{V}_Q} \frac{\cos(2\varphi) - \cos(2\Psi_D)}{\sin^2 \Psi_D}$$

mit

$$\tan(2\Psi_D) = \frac{2L^2 xy}{L^2(x^2 - y^2) - (x^2 + y^2)^2} \qquad (7.73)$$

und

$$\cos(2\varphi) = \frac{x^2 - y^2}{x^2 + y^2}$$

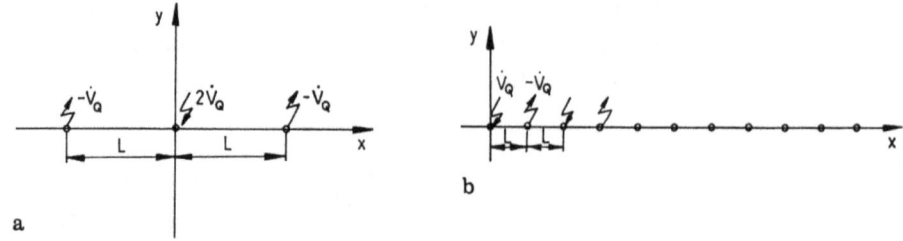

Bild 7.18. Punktquellenanordnungen
a) Punktquelle (+2 $\dot{V}_Q$) mit zwei Punktsenken (−$\dot{V}_Q$)
b) Quell-/Senkenreihe

und für eine Quell-/Senkenreihe nach Bild 7.18b

$$\tau(\Psi_D, x) = \frac{\pi \Delta z\, S_1}{\pi\, \dot{V}_Q} \frac{\Psi_D - \arcsin(\sin\Psi_D\,\cos(\pi x/L))}{\sin(2\Psi_D)} \quad (7.74)$$

mit

$$\sinh(\pi y/L) = \tan\Psi_D\,\sin(\pi x/L).$$

Die Lösung $u(\Psi_D, \varphi, z, t)$ des Transportproblems ergibt sich aus Gl.(7.71).

7.3.4 Transport mit Konvektion in allen Schichten

Wärme- und Stofftransport in geschichteten Medien sind oft nur in der Hinsicht interessant, wie schnell und wie weit Wärme bzw. Stoff in transversaler Richtung transportiert wird. Deshalb kann in longitudinaler Richtung die Wärmeleitung/Diffusion/Dispersion vernachlässigt werden. Ebenso kann man sich oft auf stationäre Verhältnisse beschränken, wobei diese Lösungen stets nur für den Raum hinter der Konvektionsfront gültig sind, d.h. $x \ll wt/S$. Mit diesen Einschränkungen folgt aus der Aufgabe (7.47):

Bild 7.19

$$\text{DG: } D_{z1}\frac{\partial^2 u}{\partial z^2} - w_1\frac{\partial u}{\partial x} = 0 \text{ für } z \leq 0 \; (w_1 = w_{x1})$$

$$D_{z2}\frac{\partial^2 u}{\partial z^2} - w_2\frac{\partial u}{\partial x} = 0 \text{ für } z > 0 \; (w_2 = w_{x2})$$

RB: $u = u_0$ bei $x = 0, z \leq 0$

$u = 0$ bei $x = 0, z > 0$

$|u| = u_R < \infty$ bei $x > 0, z = \pm\infty$ (7.75)

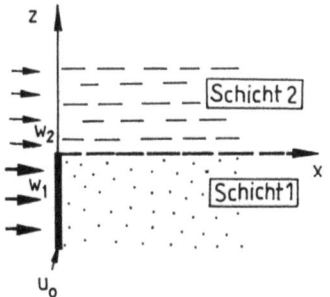

Bild 7.19. Zweischichtanordnung mit Randbedingung 1.Art

Laplace-Transformation über x und Kopplung der Lösungen durch die Kompatibilitätsbedingungen (7.47) ergeben die Lösung

$$u(x,z) = \begin{cases} u_0 \left[1 - \dfrac{1}{1+\sqrt{w_1 D_{z1}/(w_2 D_{z2})}} \; \text{erfc} \; \dfrac{|z|}{\sqrt{4 D_{z1} x/w_1}} \right] & \text{für } z \leq 0 \\ u_0 \dfrac{1}{1+\sqrt{w_2 D_{z2}/(w_1 D_{z1})}} \; \text{erfc} \; \dfrac{z}{\sqrt{4 D_{z2} x/w_2}} & \text{für } z > 0 \end{cases}$$

Bild 7.20

(7.76)

Für den Fall, daß die Randbedingung bei $x = 0$ lautet:

RB: $u = u_0$ bei $x = 0$, $z \leq z_0 < 0$
$u = 0$ bei $x = 0$, $z > z_0$

ergibt sich nach [7.6]:

Bild 7.20

Für $z \leq 0$: $u(x,z) =$

$$\dfrac{u_0}{2}\left[\text{erfc} \; \dfrac{z-z_0}{\sqrt{4 D_{z1} x/w_1}} + \dfrac{1-\sqrt{w_2 D_{z2}/(w_1 D_{z1})}}{1+\sqrt{w_2 D_{z2}/(w_1 D_{z1})}} \; \text{erfc} \; \dfrac{|z+z_0|}{\sqrt{4 D_{z1} x/w_1}} \right],$$

für $z > 0$:

$$u(x,z) = u_0 \dfrac{1}{1+\sqrt{w_2 D_{z2}/(w_1 D_{z1})}} \; \text{erfc} \; \dfrac{z - \sqrt{w_1 D_{z2}/(w_2 D_{z1})}\, z_0}{\sqrt{4 D_{z2} x/w_2}}$$

(7.77)

Das Bild 7.20 zeigt den Verlauf der Lösungen (7.76) bzw. (7.77) in z-Richtung mit $z_0 = 0$ für verschiedene x-Werte.

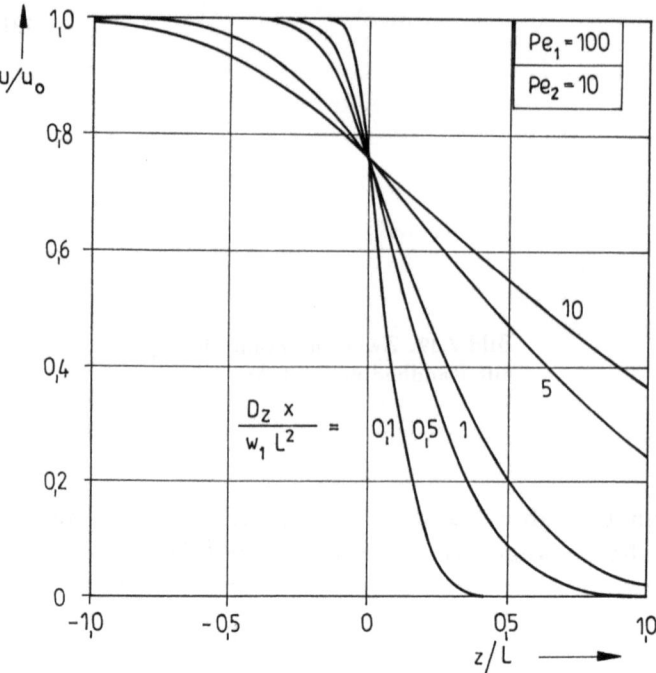

Bild 7.20. Stationärer Transport in einem Zweischichtmedium nach Gl.(7.76) bzw.(7.77). Zahlenwerte: $D_{z1}=D_{z2}=D_z$, $Pe=wL/D_z$ für Schicht 1 und 2, $z_0=0$

Zweischichtmedium mit konstanten Koeffizienten und Abbau

Die Aufgabenstellung ist:

$$\begin{aligned}
\text{DG: } & D_z \frac{\partial^2 u}{\partial z^2} - w \frac{\partial u}{\partial x} - ku = 0 \quad \text{für } -\infty \leq z \leq \infty \\
\text{RB: } & u = u_0 \quad \text{bei } x = 0,\ z \leq 0 \\
& u = 0 \quad \text{bei } x = 0,\ z > 0 \\
& |u| = u_R < \infty \quad \text{bei } x > 0,\ z = \pm\infty
\end{aligned} \tag{7.78}$$

Die Lösung lautet:

$$u(x,z) = \begin{cases} u_0\, e^{-kx/w} \left[1 - \frac{1}{2}\operatorname{erfc} \dfrac{|z|}{\sqrt{4D_z x/w}}\right] & \text{für } z \leq 0 \\[2mm] \dfrac{u_0}{2}\, e^{-kx/w}\, \operatorname{erfc} \dfrac{z}{\sqrt{4D_z x/w}} & \text{für } z > 0 \end{cases} \tag{7.79}$$

Instationärer Transport mit Lauwerier-Bedingung: In [7.5] wird das folgende Transportproblem mit $D_x = 0$ und $w_1 \gg w_2$ behandelt.

Bild 7.8

DG: $D_z \dfrac{\partial^2 u}{\partial z^2} - w_2 \dfrac{\partial u}{\partial x} = S_2 \dfrac{\partial u}{\partial t}$ für $z > 0, x > 0$

AB: $u = 0$ für $t = 0, x > 0, z \geq 0$

RB: $-w_1 \dfrac{\partial u}{\partial x} = S_1 \dfrac{\partial u}{\partial t} - \dfrac{D_z}{\Delta z} \dfrac{\partial u}{\partial z}$ bei $z = 0, x > 0, t > 0$

$u = 0$ bei $x = 0, z \geq 0, t > 0$

$|u| = u_R < \infty$ bei $x > 0, z = \infty, t > 0$ (7.80)

Die Lösung erfolgt durch zweifache Laplace-Transformation über x und t und führt auf:

$u(x,t) = u_1(x,t) + u_2(x,t)$

$u_1(x,t) = \begin{cases} 0 & \text{für } x \geq w_2 t / S_2 \\ u_0(t - S_2 x / w_2) & \text{für } x < w_2 t / S_2 \end{cases}$

$u_2(x,t) = \begin{cases} 0 & \text{für } x < w_2 t/S_2 \text{ oder } x \geq w_1 t/S_1 \\ u_0 \operatorname{erfc} \dfrac{z - \dfrac{D_z}{S_1 \Delta z} \dfrac{w_2 t/S_2 - x}{w_1/S_1 - w_2/S_2}}{\sqrt{4 \dfrac{D_z}{S_2} \dfrac{w_1 t/S_1 - x}{w_1/S_1 - w_2/S_2}}} & \text{für } x \geq w_2 t/S_2 \text{ und } x < w_1 t/S_1 \end{cases}$

(7.81)

Ein ähnliches Problem ohne Lauwerier-Bedingung, jedoch unter Vernachlässigung der longitudinalen Konduktion (analog Aufgabe (7.75)) ist:

Bild 7.8

DG: $D_{z1} \dfrac{\partial^2 u}{\partial z^2} - w_x \dfrac{\partial u}{\partial x} = S \dfrac{\partial u}{\partial t}$ für $z \leq 0$

$D_{z2} \dfrac{\partial^2 u}{\partial z^2} - w_x \dfrac{\partial u}{\partial x} = S \dfrac{\partial u}{\partial t}$ für $z > 0$

AB: $u = 0$ für $t = 0, x > 0, -\infty < z < \infty$

RB: $u = u_0$ bei $x = 0, z \leq 0, t > 0$

$u = 0$ bei $x = 0, z > 0, t > 0$

$|u| = u_R < \infty$ bei $x > 0, z = \pm \infty, t > 0$ (7.82)

Die Lösung erfolgt mittels zweifacher Laplace-Transformation über t und x. Die Lösung ist:

$$u(x, z, t) = 0 \qquad \text{für} \quad t \leq Sx/w_x$$

für $t > Sx/w_x$ gilt:

$$u(x, z, t) = \begin{cases} u_0 \left[1 - \dfrac{1}{1+\sqrt{D_{z1}/D_{z2}}} \operatorname{erfc} \dfrac{|z|}{\sqrt{4 D_{z1} x/w_x}} \right] & \text{für } z \leq 0 \\[1em] u_0 \dfrac{1}{1+\sqrt{D_{z2}/D_{z1}}} \operatorname{erfc} \dfrac{z}{\sqrt{4 D_{z2} x/w_x}} & \text{für } z > 0 \end{cases}$$

(7.83)

Ein Vergleich mit der stationären Aufgabe (7.75) zeigt Übereinstimmung für $t > Sx/w_x$ und $w_x = w_1 = w_2$.

7.3.5 Geschichteter Transportraum in Zylindergeometrie

Die Aufgabe ist in Bild 7.21 skizziert. In allen Schichten wird stationäre Strömung vorausgesetzt, so daß die Geschwindigkeiten $w_r(r)$ in Schicht 1 und $w_z(r)$ in Schicht 2 zeitunabhängig sind. Die Aufgabe wird nach Bild 7.21 so vereinfacht, daß in Schicht 1 Strömung und Transport nur in radialer Richtung, in Schicht 2 jedoch nur in z-Richtung berücksichtigt werden. (Lauwerier-Bedingungen). Deshalb sind die Geschwindigkeiten $w_r(r)$ (Geschwindigkeit in r-Richtung für $-\Delta z_1 \leq z \leq 0$) und $w_z(r)$ (Geschwindigkeit in z-Richtung für $0 \leq z \leq \Delta z_2$) nur Funktionen des Radius, nicht aber der z-Koordinate. Die Geschwindigkeiten $w_r(r)$ und $w_z(r)$ berechnen sich nach [7.7] zu

$$w_r(r) = \frac{\dot{V}}{2\pi b \Delta z_1} K_1(r/b) = \frac{G}{b} K_1(r/b) \qquad (7.84)$$

mit $\quad G = \dot{V}/(2\pi \Delta z_1)$.

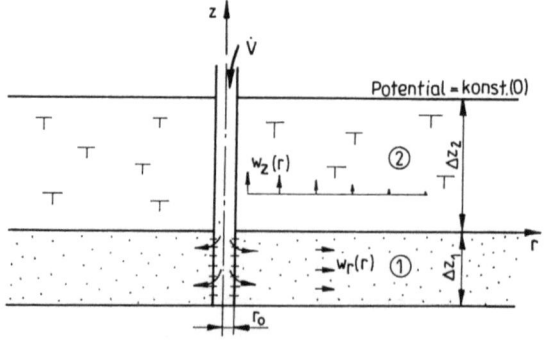

Bild 7.21. Transport in einem Zweischichtmedium in Zylinderkoordinaten

Der Faktor b charakterisiert die hydraulischen Leitfähigkeiten der Schichten durch

$$b = \sqrt{\Delta z_1 \Delta z_2 \left(D_{r1}/D_{z2}\right)_{\text{hydraulisch}}} \quad . \tag{7.85}$$

Die hydraulischen Leitfähigkeiten sind für die verschiedenen Strömungsprozesse in Tab.1.1 erklärt. Es ist zu beachten, daß in Schicht 1 die Leitfähigkeit in r-Richtung, in Schicht 2 jedoch in z-Richtung zu nehmen sind.

Die Geschwindigkeit $w_z(r)$ ist

$$w_z(r) = \frac{\dot{V}}{2\pi b^2} K_0(r/b) = \frac{G \Delta z_1}{b^2} K_0(r/b) \tag{7.86}$$

Die Aufgabenstellung für den Transport lautet dann:

Bild 7.21

DG: $\quad D_z(r)\dfrac{\partial^2 u}{\partial z^2} - w_z(r)\dfrac{\partial u}{\partial z} - k_2 u = S_2 \dfrac{\partial u}{\partial t}$

$\qquad\qquad\qquad\qquad\qquad\qquad$ für $z>0$ mit $D_z(r) = \delta w_z(r)$

AB: $\quad u = 0 \qquad\qquad\qquad\qquad$ für $t=0$, $z \geq 0$

RB: $\quad -w_r(r)\dfrac{\partial u}{\partial r} - k_1 u = S_1 \dfrac{\partial u}{\partial t} - \dfrac{D_z}{\Delta z_1}\dfrac{\partial u}{\partial z} \quad$ bei $z=0$, $r>r_0$, $t>0$

(z-0 entspricht nach dem Lauwerier-Konzept
dem Bereich $-\Delta z_1 \leq z \leq 0$)

$\qquad u = u_0 \qquad\qquad\qquad\qquad$ bei $r=r_0$, $z=0$, $t>0$

$\qquad |u| = u_R < \infty \qquad\qquad\qquad$ bei $z=\infty$, $r>r_0$, $t>0$

$\hfill(7.87)$

In [7.7] wird die Lösung durch Laplace-Transformation ermittelt, die mit den Gl.(7.84) und (7.86) im Bildbereich lautet:

Bild 7.22

$\bar{u}(r, z, s) = \dfrac{u_0}{s} \exp\left[-\bar{B}(r, s) - \left(\mu(r, s) - 1\right)\dfrac{z}{2\delta}\right]$

mit $\mu(r, s) = \sqrt{1 + 4\delta b^2 \dfrac{k_2 + s S_2}{G \Delta z_1 K_0(r/b)}}$

und $\bar{B}(r, s) = \displaystyle\int_{r_0}^{r} \left[b \dfrac{k_1 + s S_1}{G} - \dfrac{K_0(\xi/b)}{2b}\left(1 - \mu(\xi, s)\right)\right] \dfrac{d\xi}{K_1(\xi/b)}$

(Die Lösung $u(r,z,t)$ ergibt sich durch numerische
Rücktransformation)

$\hfill(7.88)$

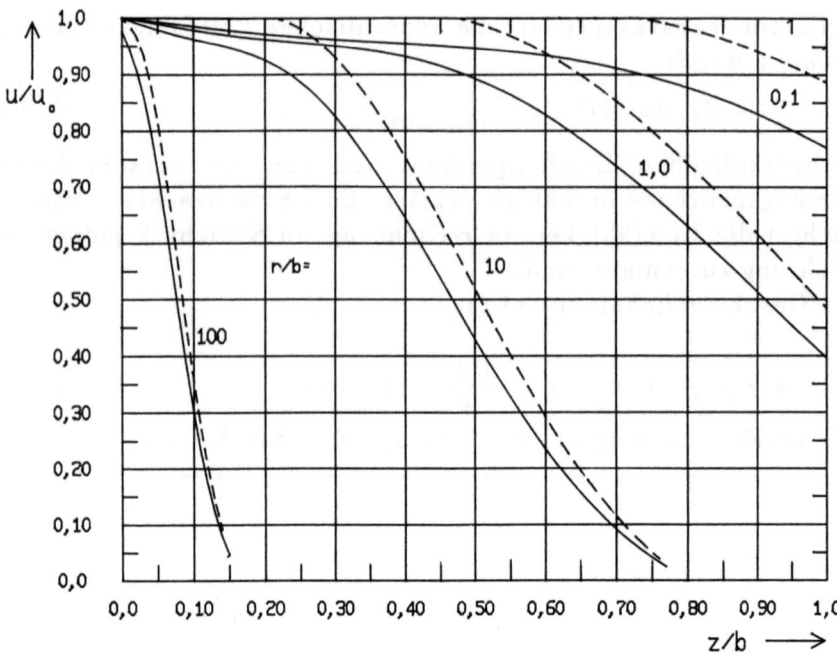

Bild 7.22. Zylindersymmetrischer Transport nach Aufgabenstellung (7.87)
Zahlenwerte: $G t/(S_1 b^2) = 20$; $\delta/b = 0,01$; $r_0/b = 0,1$; $\Delta z_1 S_1/(b S_2) = 0,01$
——— für $k_1 b^2/G = 0,01$ und $k_2 b^3/(G \Delta z_1) = 1,0$
- - - - - für $k_1 = k_2 = 0$

Bild 7.22 zeigt ein Ergebnis in dimensionsloser Darstellung, wobei zu bemerken ist, daß der Stehfest-Algorithmus zu Oszillationen neigt.

8 Numerische Lösung von mehrdimensionalen partiellen Differentialgleichungen

Die Theorie der numerischen Lösung von partiellen Differentialgleichungen wurde am Beispiel der eindimensionalen Transportgleichung im Abschnitt 2.4 eingehend erörtert. Es ist nicht das Ziel dieses Abschnittes, ein mehrdimensionales Strömungs- oder Transportprogramm vollständig vorzustellen. Eine ausführliche Beschreibung wäre zu umfangreich und würde auch nicht viel nützen, da mehrdimensionale Strömungs- und Transportprogramme sehr umfangreiche Codes erfordern und viele "Spezialitäten" enthalten, die auf das spezielle Anwenderproblem zugeschnitten sind: spezielle Randbedingungen, innere Quellen, Nichtlinearitäten... Wir werden hauptsächlich auf die Unterschiede zwischen der eindimensionalen und der mehrdimensionalen Modellierung eingehen: Erweiterung der im Abschnitt 2.4 vorgestellten Kriterien für den mehrdimensionalen Fall, Berechnung des Dispersionstensors und Lösung großer schwachbesetzter Gleichungssysteme.

8.1 Lösung der Strömungsgleichung mit der impliziten Bilanzmethode

Bei der Bilanzmethode (Control Volume Method: CVM) wird das Gebiet in Kontrollvolumenelemente aufgeteilt und die vorgegebene partielle Differentialgleichung integriert. Für das l-te Volumenelement muß dann die Bilanzgleichung (2.138) erfüllt werden:

$$\iiint_{\Delta V_l} \mathrm{div}(D\,\mathrm{grad}\,u)\,\mathrm{d}V = \iiint_{\Delta V_l} \left[S\frac{\partial u}{\partial t} - q \right] \mathrm{d}V \qquad \text{Bild 8.1} \qquad (8.1)$$

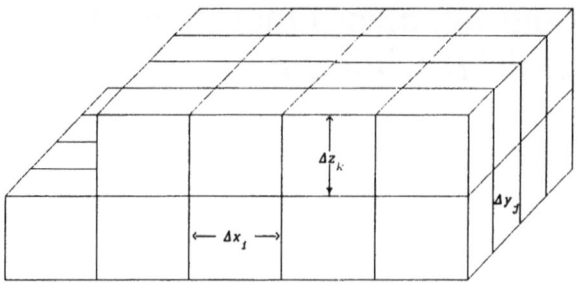

Bild 8.1. Unterteilung des Gebietes Ω in Bilanzelemente mit dem Volumen $\Delta x_i \Delta y_j \Delta z_k$

Durch Anwendung des Gaußschen Satzes [8.1] vereinfacht sich (8.1),

$$\iint_{\Delta A_l} D \,\mathrm{grad}\, u \,\mathrm{d} A = \iiint_{\Delta V_l} \left(S \frac{\partial u}{\partial t} - q \right) \mathrm{d} V. \tag{8.2}$$

Betrachten wir nun ein dreidimensionales Strömungsproblem, so wie es im Bild 8.1 dargestellt ist. In der l-ten Bilanzgleichung für den Netzknoten i, j, k repräsentieren ein S_{ijk}, ein u_{ijk} und ein q_{ijk} die Funktionswerte im Volumenintegral. Die Gradienten sind an den sechs Randflächen des Volumenelementes i, j, k zu bilden. Aus diesem Grunde ergibt die Auswertung der Integrale in (8.2) das folgende Differentialgleichungssystem zur Ermittelung der Funktion $u_{ijk}(t)$:

$$\left\{ \left[-D\,\mathrm{grad}\,u \big|_{i-\frac{1}{2},j,k} + D\,\mathrm{grad}\,u \big|_{i+\frac{1}{2},j,k} \right] \Delta y_j \Delta z_k \right.$$
$$+ \left[-D\,\mathrm{grad}\,u \big|_{i,j-\frac{1}{2},k} + D\,\mathrm{grad}\,u \big|_{i,j+\frac{1}{2},k} \right] \Delta x_i \Delta z_k$$
$$\left. + \left[-D\,\mathrm{grad}\,u \big|_{i,j,k-\frac{1}{2}} + D\,\mathrm{grad}\,u \big|_{i,j,k+\frac{1}{2}} \right] \Delta x_i \Delta y_j \right\} =$$
$$\left[S_{ijk} \frac{\mathrm{d} u_{ijk}}{\mathrm{d} t} - q_{ijk}(t) \right] \Delta x_i \Delta y_j \Delta z_k. \tag{8.3}$$

Dabei bezeichnen die Indices $i \pm \frac{1}{2}$, $j \pm \frac{1}{2}$ und $k \pm \frac{1}{2}$ die Oberflächen des Volumenelementes i, j, k.

Im Abschnitt 2.4 wurde gezeigt, daß mit der impliziten Darstellung von (8.3) ein sehr effektives Verfahren zur Lösung von Strömungsproblemen zur Verfügung steht. Die Zeitableitung wird durch die Rückwärtsdifferenz

$$\frac{\mathrm{d} u_{ijk}}{\mathrm{d} t} = \frac{u_{ijk}^{n+1} - u_{ijk}^n}{\Delta t_n}$$

mit
$$u_{ijk}^{n} = u_{ijk}(t_n), \quad u_{ijk}^{n+1} = u_{ijk}(t_{n+1})$$

und
$$\Delta t_n = t_{n+1} - t_n$$

ersetzt. Die Gradienten in (8.3) werden näherungsweise mit Hilfe der zentralen örtlichen Differenz

$$\operatorname{grad} u_{i-\frac{1}{2},j,k}^{n+1} = \frac{u_{ijk}^{n+1} - u_{i-1,j,k}^{n+1}}{(\Delta x_{i-1} + \Delta x_i)/2},$$

$$\operatorname{grad} u_{i+\frac{1}{2},j,k}^{n+1} = \frac{u_{i+1,j,k}^{n+1} - u_{ijk}^{n+1}}{(\Delta x_i + \Delta x_{i+1})/2}$$

usw. berechnet. Es ergibt sich so das folgende lineare Gleichungssystem zur Ermittlung von u_{ijk}^{n+1}:

$$\left\{ \left[-D_{i-\frac{1}{2},j,k} \frac{u_{ijk}^{n+1} - u_{i-1,j,k}^{n+1}}{(\Delta x_{i-1} + \Delta x_i)/2} + D_{i+\frac{1}{2},j,k} \frac{u_{i+1,j,k}^{n+1} - u_{ijk}^{n+1}}{(\Delta x_i + \Delta x_{i+1})/2} \right] \times \Delta y_j \Delta z_k \right.$$
$$+ \left[-D_{i,j-\frac{1}{2},k} \frac{u_{ijk}^{n+1} - u_{i,j-1,k}^{n+1}}{(\Delta y_{j-1} + \Delta y_j)/2} + D_{i,j+\frac{1}{2},k} \frac{u_{i,j+1,k}^{n+1} - u_{ijk}^{n+1}}{(\Delta y_j + \Delta y_{j+1})/2} \right] \times \Delta x_i \Delta z_k$$
$$\left. + \left[-D_{i,j,k-\frac{1}{2}} \frac{u_{ijk}^{n+1} - u_{i,j,k-1}^{n+1}}{(\Delta z_{k-1} + \Delta z_k)/2} + D_{i,j,k+\frac{1}{2}} \frac{u_{i,j,k+1}^{n+1} - u_{ijk}^{n+1}}{(\Delta z_k + \Delta z_{k+1})/2} \right] \times \Delta x_i \Delta y_j \right\} =$$
$$\left[S_{ijk} \frac{u_{ijk} - u_{ijk}}{\Delta t_n} - q_{ijk}^{n+1} \right] \Delta x_i \Delta y_j \Delta z_k \quad (8.4)$$

für $i = 1, 2, \ldots, M$; $j = 1, 2, \ldots, N$; $k = 1, 2, \ldots, L$ und $n = 1, 2, 3, \ldots$
Die obige Beziehung ist in der angegeben Form nur richtig, wenn alle sechs Nachbarn $i \pm 1, j \pm 1, k \pm 1$ existieren, denn (8.4) berücksichtigt noch keine Randbedingungen. Für durch Ränder begrenzte Gitterpunkte i, j, k sind die den Randfluß beschreibenden Terme in (8.4) entsprechend den nachfolgend angegeben Vorschriften zu modifizieren. Dabei betrachten wir immer nur den linken Rand in x-Richtung, d.h. der Gitterpunkt $i-1, j, k$ liegt außerhalb des betrachteten Gebietes. Die anderen Ränder sind analog zu behandeln:
- Randbedingungen 1. Art (Vorgabe von $u_{R\,i-\frac{1}{2},j,k}^{n+1}$):

$$D_{i-\frac{1}{2},j,k} \frac{u_{ijk}^{n+1} - u_{i-1,j,k}^{n+1}}{(\Delta x_{i-1} + \Delta x_i)/2} \Delta y_j \Delta z_k \longrightarrow$$
$$D_{ijk} \frac{u_{ijk}^{n+1} - u_{R\,i-\frac{1}{2},j,k}^{n+1}}{\Delta x_i / 2} \Delta y_j \Delta z_k.$$

- Randbedingungen 2. Art (Vorgabe von $Q_{R\,i-\frac{1}{2},j,k}^{n+1}$):

$$D_{i-\frac{1}{2},j,k} \frac{u_{ijk}^{n+1} - u_{i-1,j,k}^{n+1}}{(\Delta x_{i-1} + \Delta x_i)/2} \Delta y_j \Delta z_k \longrightarrow -Q_{R\,i-\frac{1}{2},j,k}^{n+1}$$

(Das negative Vorzeichen wurde gewählt, damit die aus dem Gebiet austretende Strömung kleiner als Null ist). Insbesondere zeigt diese Beziehung, daß bei geschlossener Kontur ($Q_{R\,i-\frac{1}{2},j,k}^{n+1} = 0$) der entsprechende Term in (8.4) einfach weggelassen werden kann.

- Randbedingungen 3. Art (Vorgabe von

$$\frac{D_{ijk}}{\alpha_{ijk}} \frac{u_{ijk}^{n+1} - u_{i-\frac{1}{2},j,k}^{n+1}}{\Delta x_i/2} + u_{i-\frac{1}{2},j,k}^{n+1} = u_{R\,i-\frac{1}{2},j,k}^{n+1} \quad , \text{ s. Abschn. 1.9.2}):$$

$$D_{i-\frac{1}{2},j,k} \frac{u_{ijk}^{n+1} - u_{i-1,j,k}^{n+1}}{(\Delta x_{i-1} + \Delta x_i)/2} \Delta y_j \Delta z_k \longrightarrow$$

$$D_{ijk} \frac{u_{ijk}^{n+1} - u_{i-\frac{1}{2},j,k}^{n+1}}{\Delta x_i/2} \Delta y_j \Delta z_k$$

Wenn man die Randbedingung 3. Art nach $u_{i-\frac{1}{2},j,k}^{n+1}$ auflöst, wird

$$u_{i-\frac{1}{2},j,k}^{n+1} = \frac{\frac{D_{ijk}}{\Delta x_i/2} u_{ijk}^{n+1} + \alpha_{ijk} u_{R\,i-\frac{1}{2},j,k}^{n+1}}{\frac{D_{ijk}}{\Delta x_i/2} + \alpha_{ijk}}$$

und folglich

$$D_{i-\frac{1}{2},j,k} \frac{u_{ijk}^{n+1} - u_{i-1,j,k}^{n+1}}{(\Delta x_{i-1} + \Delta x_i)/2} \Delta y_j \Delta z_k \longrightarrow$$

$$\frac{\frac{D_{ijk}}{\Delta x_i/2} \cdot \alpha_{ijk}}{\frac{D_{ijk}}{\Delta x_i/2} + \alpha_{ijk}} (u_{ijk}^{n+1} - u_{R\,i-\frac{1}{2},j,k}^{n+1}) \quad .$$

Ein Vergleich mit den Randbedingungen 1. Art zeigt, daß der Wärmeübergangskoeffizient bzw. der Kolmationsfaktor α_{ijk} nur zu einer modifizierten (verkleinerten) Leitfähigkeit führt, ansonsten aber wie Randbedingungen 1. Art in das Gleichungssystem eingeht. Insbesondere für große Wärmeübergangskoeffizienten bzw. Kolmationsfaktoren $\alpha_{ijk} \gg \frac{D_{ij}}{\Delta x_i/2}$ ergibt sich natürlich das gleiche Ergebnis wie bei der Vorgabe von Randbedingungen 1. Art.

Damit ist das lineare Gleichungssystem vollständig. Weist man nun einem Tripel i, j, k wieder nur einen Index l zu, so kann man die u_{ijk}^n durch u_l^n ersetzen und zu einem Vektor $\boldsymbol{u}^n$ zusammenfassen.

Ebenso kann man eine Diagonalmatrix des Speichertermes S definieren:

$$S_{ll} = S_{ijk} \Delta x_i \Delta y_j \Delta z_k.$$

Die Leitfähigkeit kann als Matrix **A** dargestellt werden. Sie enthält maximal sieben von Null verschiedene Elemente pro Zeile, die Nachbarn in x-, y- und z-Richtung, z.B.

$$A_{ll+1} = -D_{i+\frac{1}{2},j,k} \frac{\Delta y_j \Delta z_k}{(\Delta x_i + \Delta x_{i+1})/2}$$

und die Diagonale als negative Summe aller Außerdiagonalelemente der l-ten Zeile

$$A_{ll} = -A_{ll-1} - A_{ll+1} - \dots$$

Schließlich können noch alle Quellen und Senken und die Randbedingungen in einem Vektor b^{n+1} zusammengefaßt werden. Das Gleichungssystem hat deshalb die Form

$$\left(\frac{1}{\Delta t_n} S + A\right) u^{n+1} = \frac{1}{\Delta t_n} S u^n + b^{n+1} \quad (8.5)$$

und ermöglicht die Ermittelung der gesuchten Funktionswerte u_l^{n+1} an den Stützstellen x_i, y_j, z_k zur Zeit t_{n+1}, wenn u_l^n bekannt ist.

Damit ist die partielle Differentialgleichung (8.1) in ein Gleichungssystem umgewandelt worden. Es ist nichtlinear, wenn der Speicherkoeffizient, die Leitfähigkeit oder die Quell-Senken-Belegung noch von der gesuchten Funktion $u(x,y,z,t)$ abhängen.

Konvergenzuntersuchungen wollen wir nicht durchführen. Man kann jedoch davon ausgehen, daß die für den eindimensionalen Fall angegebenen Kriterien auch im mehrdimensionalen Falle gültig sind:
- Die Ortsschrittdiskretisierung ist für das Strömungsproblem unkritisch.
- Die implizite Auflösung sichert i. allg. eine ausreichende Genauigkeit für beliebige Zeitschritte, insbesondere weil die Beobachtungszeit groß gegen den durch das Neumann-Kriterium festgelegten Zeitschritt

$$\Delta t = \frac{S}{2D}\left(\Delta x^2 + \Delta y^2 + \Delta z^2\right) \quad (8.6)$$

ist.

Die Hauptschwierigkeit liegt in der Lösung der sehr großen Gleichungssysteme (8.5). Die Nichtlinearitäten sind i. allg. "gutartig" und werden meist durch Einsetzen der im vorangegangenen Zeitschritt ermittelten Werte u_l^n berücksichtigt. Bei der Ausführung großer Zeitschritte kann eine iterative Nachbehandlung günstig sein. Im folgenden beschäftigen wir uns nur mit den Algorithmen zur Lösung großer schwachbesetzter linearer Gleichungssysteme.

8.2 Lösung großer, schwach besetzter, diagonaldominanter Gleichungssysteme

Man muß prinzipiell zwei Vorgehensweisen unterscheiden:
- die direkte Lösung, basierend auf dem bekannten Gauß-Algorithmus,
- iterative Verfahren.

Bei den direkten Verfahren wird die Lösung nach einer bekannten Anzahl von Operationen exakt, natürlich nur im Rahmen der Computergenauigkeit, ermittelt. Bei den iterativen Verfahren hängt die Anzahl der Operationen ganz wesentlich von der Näherungslösung ab. Es werden Algorithmen für beide Verfahren vorgestellt und es wird gezeigt, wann direkte und wann iterative Verfahren angewandt werden sollten.

Auf das besonders bei der Finite-Differenzen-Methode viel benutzte ADI-Verfahren (Iterationsverfahren mit Richtungsänderung) soll hier nicht näher eingegangen weren, weil eine starre Gitterstruktur Voraussetzung für die Anwendung ist und bei der Bilanzmethode nicht angenommen werden sollte. In [8.2] ist das ADI-Verfahren ausführlich dargestellt und es ist dort auch eine Implementierung zu finden.

8.2.1 Matrixformulierung des Gauß-Algorithmus

Es ist sinnvoll, bei der Darstellung des Algorithmus zur Lösung von linearen Gleichungssystemen zur Standardschreibweise

$$A x = b \tag{8.7}$$

überzugehen. Bei der Anwendung auf die Gl. (8.5) enthält die Matrix A dann auch den Speicherterm und der Vektor der rechten Seite b den Vorrat zur Zeit t_n.

Im Abschnitt 2.4.2 wurde ein Algorithmus zur Lösung tridiagonaler algebraischer Gleichungssysteme vorgestellt. Der dort angegebene Lösungsweg kann auch in Matrixschreibweise dargestellt werden.

Die ausführliche Schreibweise von (8.7) ist die Gl.(2.133). Nur die Diagonale und die beiden benachbarten Außerdiagonalen sind verschieden von Null. Wenn die Matrix **A** *hauptdiagonaldominant* ist, kann eine LU-Zerlegung der tridiagonalen Matrix vorgenommen werden:

$$A = L\,U,$$

$$L = \begin{pmatrix} 1 & 0 & \cdots & 0 & 0 \\ a_{21}/a_{11}^{(1)} & 1 & \cdots & 0 & 0 \\ 0 & a_{32}/a_{22}^{(2)} & \cdots & 0 & 0 \\ \vdots & \vdots & & \vdots & \vdots \\ 0 & 0 & \cdots & a_{m\,m-1}/a_{m-1\,m-1}^{(m-1)} & 1 \end{pmatrix},$$

$$U = \begin{pmatrix} a_{11}^{(1)} & a_{12} & 0 & \cdots & 0 \\ 0 & a_{22}^{(2)} & a_{23} & \cdots & 0 \\ 0 & 0 & a_{33}^{(3)} & \cdots & 0 \\ \vdots & \vdots & \vdots & & \\ 0 & 0 & 0 & \cdots & a_{mm}^{(m)} \end{pmatrix}$$

mit

$$a_{k+1\,k+1}^{(k+1)} = a_{k+1\,k+1} - \frac{a_{k+1\,k}\,a_{k\,k+1}}{a_{kk}^{(k)}}.$$

Durch Multiplikation der beiden Matrizen **L** und **U** kann die Behauptung leicht verifiziert werden.

Nach erfolgreicher Faktorisierung ist so eine Zerlegung der Matrix **A** in eine untere Dreiecksmatrix **L** und eine obere Dreiecksmatrix **U** gelungen. Diese äquivalente Darstellung des linearen Gleichungssystems ermöglicht die Bestimmung der Lösung auf sehr einfache Art und Weise. Ganz allgemein gilt: Wenn eine Dreieckszerlegung durchgeführt ist, kann die Lösung in zwei Schritten bestimmt werden, denn aus

$$Ax = LUx = L\,(Ux) = b$$

folgt:
- Vorwärts aufrollen: $y = L^{-1}b$.

Auf Grund der Dreiecksstruktur braucht die inverse Matrix nicht berechnet zu werden:

$$y_1 = b_1,\ y_k = b_k - \sum_{i=1}^{k-1} l_{ki}\,y_i,\ k = 2, 3, \ldots, m.$$

- Rückwärts einsetzen: $x = U^{-1}y$.

Die Matrixgleichung ergibt folgende Berechnungsvorschrift:

$$x_m = y_m / u_{mm}, \quad x_k = y_k - \sum_{i=k+1}^{m} u_{ki} x_i, \quad k = m-1, m-2, \ldots, 1.$$

In [8.3] findet man den Satz: Für jede reguläre Matrix $A \in R^{n,n}$ liefert der Gauß-Algorithmus eine LU-Faktorisierung von A gemäß

$$PA = LU, \tag{8.8}$$

$$L = \begin{pmatrix} 1 & 0 & \cdots & 0 & 0 \\ a_{21}^{(1)}/a_{11}^{(1)} & 1 & \cdots & 0 & 0 \\ a_{31}^{(1)}/a_{11}^{(1)} & a_{32}^{(2)}/a_{22}^{(2)} & \cdots & 0 & 0 \\ \vdots & \vdots & & \vdots & \vdots \\ a_{m1}^{(1)}/a_{11}^{(1)} & a_{m2}^{(2)}/a_{22}^{(2)} & \cdots & a_{m\,m-1}^{(m-1)}/a_{m-1\,m-1}^{(m-1)} & 1 \end{pmatrix}, \tag{8.9}$$

$$U = \begin{pmatrix} a_{11}^{(1)} & a_{21}^{(1)} & a_{31}^{(1)} & \cdots & a_{m1}^{(1)} \\ 0 & a_{22}^{(2)} & a_{32}^{(2)} & \cdots & a_{m2}^{(2)} \\ 0 & 0 & a_{33}^{(3)} & \cdots & a_{m3}^{(3)} \\ \vdots & \vdots & \vdots & & \vdots \\ 0 & 0 & 0 & \cdots & a_{mm}^{(m)} \end{pmatrix}, \tag{8.10}$$

Die Matrix P beschreibt die eventuell notwendigen Vertauschungen der Zeilen von A, um zu gewährleisten, daß immer $a_{kk}^{(k)} \neq 0$ ist. Diese Permutationen wurden in der obigen Numerierung von L und U nicht berücksichtigt. Die Koeffizienten werden rekursiv bestimmt:

$$a_{ij}^{(k+1)} = a_{ij}^{(k)} - \frac{a_{ik}^{(k)} a_{kj}^{(k)}}{a_{kk}^{(k)}} \quad \text{für } i > k, j > k. \tag{8.11}$$

Das Programm LUDCMP stellt die Implementierung dieses Algorithmus dar. Die Lösung des Gleichungssystems kann mit Hilfe des Unterprogrammes LUBKSB bekommen werden (s. Diskette "Wärme- und Stofftransport")

Das Lösen großer linearer Gleichungssysteme ist i. allg. eine sehr speicherplatzaufwendige und rechenitensive Operation. Die Anzahl der Rechenoperationen steigt für die LU-Faktorisierung mit m^3 an, die Lösung dagegen nur mit m^2. Wenn wir aber die zuerst betrachtete Faktorisierung der Tridiagonalmatrix untersuchen, sehen wir, daß in diesem Falle die Anzahl der Operationen nur proportional m ist. Es werden jeweils nur eine Außerdiagonale von L

und U berechnet, weil alle anderen von vornherein Null sind. Es liegt daher nahe, bei der Faktorisierung die Struktur der Matrix A zu berücksichtigen, um so den Rechen- und Speicherplatzaufwand zu reduzieren.

8.2.2 Der Algorithmus "Geordnete Elimination"

Die dreidimensionale Strömungsgleichung ist mit dem klassischem Gauß-Algorithmus aus Speicherplatzgründen nicht lösbar, denn nur zur Speicherung der Koeffizientenmatrix (8.5) werden 10 MBytes und mehr benötigt. Wenn man die Matrizen aber kompakt speichert, d.h. es werden nur die von Null verschiedenen Elemente einschließlich der zugehörigen Indices aufbewahrt, reduziert sich der Speicherplatz erheblich.

Betrachten wir nun die Struktur der Koeffizientenmatrix (8.5), wie sie in Bild 8.2 schematisch dargestellt ist. Nur an den gekennzeichneten Stellen hat die Koeffizientenmatrix von Null verschiedene Elemente: in der Diagonalen den Speicherterm und die Summe der Leitfähigkeiten und in den Außerdiagonalen die Leitfähigkeiten zu allen direkt benachbarten Netzknoten $i\pm1$, $j\pm1$ und $k\pm1$. Also nur 7 von m (ca. MNL) Matrixelemente pro Zeile sind verschieden von Null (L, M, N - Anzahl Elemente in x-, y- und z-Richtung). Statt $8(MNL)^2$ Bytes benötigt man bei Kompaktspeicherung nur $12 \cdot 7\, MNL$ Bytes (jeweils 2 Bytes für den Zeilen- und den Spaltenindex und 8 Bytes für das von Null verschiedene Matrixelement). Somit reduziert sich der Speicherplatz für größere Probleme auf weniger als 1% !

Leider bleibt diese schwache Besetzung der Matrix während der Faktorisierung nicht erhalten. Bei der Aufstellung des gestaffelten Systems ergeben sich gemäß (8.11) von Null verschiedene Beiträge für Nullelemente. Beim klassischen Gauß-Algorithmus sind fast alle Elemente innerhalb der äußersten Bänder (vgl. Bild 8.2) nach erfolgter Elimination verschieden von Null.

Ziel des Algorithmus "Geordnete Elimination" ist es nun, die Eliminationsreihenfolge so festzulegen bzw. die Matrix P in (8.8) so zu bestimmen, daß möglichst viele Elemente von L (8.9) und U (8.10) Null sind. Im allgemeinen kollidiert diese Zielsetzung mit der Wahl eines Pivotelementes $a_{kk}^{(k)}$, das betragsmäßig größer als eine gewisse Schranke sein muß, um den korrekten Ablauf des Gauß-Algorithmus zu gewährleisten. Da aber die Koeffizientenmatrix A des Strömungsproblems symmetrisch und positiv definit ist, kann die Elimination in beliebiger Reihenfolge erfolgen. Das im k-ten

$$\left(\frac{1}{\Delta t_n} S + A\right) =$$

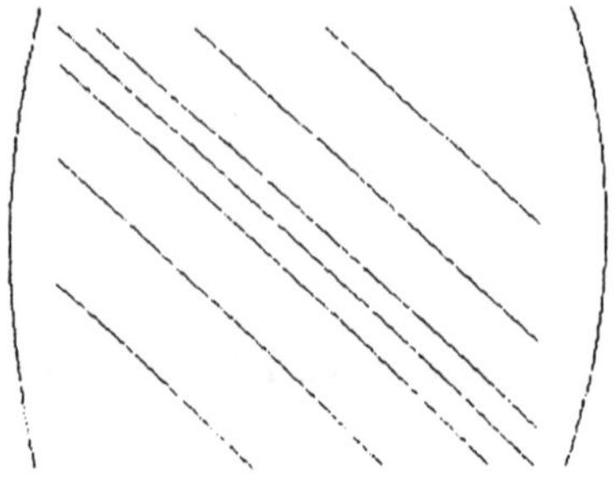

Bild 8.2. Struktur der Koeffizientenmatrix $\left(\frac{1}{\Delta t_n} S + A\right)$

Eliminationsschritt benötigte Diagonalelement $a_{kk}^{(k)}$ ist immer größer als Null [8.3].

In einem ersten Schritt wird einmalig für eine vorgegebene Topologie eine möglichst optimale Eliminationsreihenfolge ermittelt. Die Bestimmung des globalen Optimums ist sehr aufwendig und wird durch eine lokale Optimierung ersetzt: Man wählt bei jedem Eliminationsschritt die Spalte k aus, die die geringste Spaltenbesetzung aufweist. Nach (8.11) können dann auch nur wenige neue Elemente entstehen. Wenn β besetzte Außerdiagonalelemente in der k-ten Spalte unterhalb der Hauptdiagonalen existieren, können maximal $\frac{1}{2} \beta (\beta - 1)$ von Null verschiedene Außerdiagonalbeiträge entstehen. Eine Anfangsbesetzung von $\beta = 1$ führt zu keiner Auffüllung. Die tridiagonalen Gleichungssysteme sind ein Beispiel dafür.

Häufig werden nicht dreidimensionale, sondern mehrschichtige Strömungsprobleme untersucht. Die Anzahl der Diskretisierungselemente ist in z-Richtung kleiner als in x- und y-Richtung, so wie es das Bild 8.1 zeigt. In Bild 8.3 ist die mittlere Besetzung der Matrizen L und U für zweidimensionale ($L = 1$) und mehrschichtige Aufgabenstellungen ($L = 2, 3, 4$ und 5) dargestellt. Die Graphik zeigt deutlich das schnelle Anwachsen der mittleren Zeilenbesetzung bei großen räumlichen Strömungsproblemen.

Nachdem einmalig für das Strömungsproblem die Eliminationsreihenfolge bestimmt wurde, ist die weitere Vorgehensweise klar:
- Speicherung der Matrix A als Kompaktmatrix,
- Umordnung rechte Seite entsprechend Eliminationsreihenfolge,
- Faktorisierung (Operationsanzahl proportional m^2),
- Vorwärts aufrollen, rückwärts einsetzen, Umordnung Lösung entsprechend Eliminationsreihenfolge.

Der hier kurz beschriebene Algorithmus ist auf der Diskette

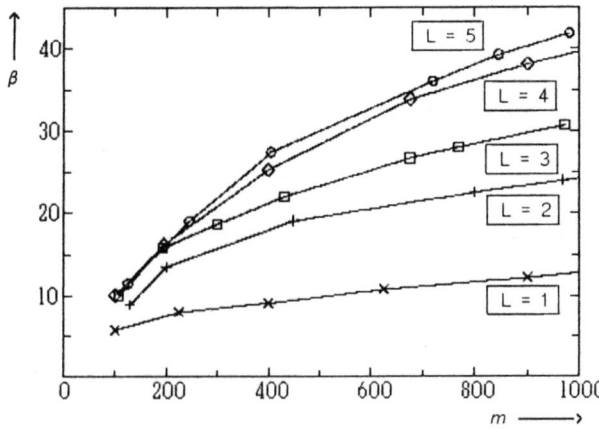

Bild 8.3. Mittlere Zeilenbesetzung der Matrizen L und U für mehrschichtige Strömungsprobleme

"Wärme und Stofftransport" als Unterprogrammpaket GELIM implementiert. Dabei wurde beachtet, daß eine weitere Reduzierung von Rechenzeit und Speicherplatz möglich ist, wenn die Symmetrie der Matrix A berücksichtigt wird (D - Diagonalmatrix) [8.3]:

$$PA = LU = LDL^T \tag{8.12}$$

Die Tabelle 8.1 zeigt den Speicherplatzbedarf und die Rechenzeiten für die Lösung von linearen Gleichungssystemen, so wie sie bei mehrschichtigen Strömungsproblemen entstehen. Dieser Übersicht entnimmt man, daß große Strömungsprobleme mit der "Geordneten Elimination" nicht gelöst werden können, weil durch Auffüllung der Speicherplatz nicht ausreicht und auch die Rechenzeit zu groß ist. Iterative Verfahren sind besser geeignet.

Tabelle 8.1. Speicherplatzbedarf und Rechenzeit für die Lösung linearer Gleichungssysteme mit ca. 1000 Unbekannten, die bei ein-, zwei- und dreischichtigen Strömungsproblemen entstehen, mit Hilfe der "Geordneten Elimination"

Problem	Schichtanzahl	HS-Bedarf (KByte)	PC 386SX 20 MHz	PC 386 33 MHz	PC 486 33 MHz	IBM 3081
Topologie	1	145	24,7s	10,7s	5,5s	2,7s
Lösung			10,6s	4,5s	1,8s	0,6s
Topologie	2	245	54,9s	23,2s	12,6s	6,9s
Lösung			38,0s	15,6s	6,4s	2,3s
Topologie	3	305	77,8s	32,8s	18,1s	9,4s
Lösung			60,0s	24,7s	10,0s	3,4s

8.2.3 Das Restkorrekturverfahren

Wir nehmen an, daß eine Matrix B^{-1} bekannt ist, die näherungsweise der Inversen A^{-1} entspricht:

$$B^{-1}A = I + F \qquad (8.13)$$

mit I - Einheitsmatrix und F - Fehlermatrix. Wenn B^{-1} mit A^{-1} übereinstimmt, ist F die Nullmatrix. Multipliziert man die Gleichung (8.7) mit B^{-1}, so wird:

$$B^{-1}A\,x = (I + F)\,x = x + F\,x = B^{-1}b.$$

Daraus erhält man das Iterationsverfahren:

bzw.
$$x^{(k+1)} = B^{-1}b - F\,x^{(k)}$$

$$x^{(k+1)} = x^{(k)} + B^{-1}(b - A\,x^{(k)}). \qquad (8.14)$$

Der Vektor $b - A\,x^{(k)}$ wird als *Defektvektor* bezeichnet. Das Restkorrekturverfahren ist konvergent, wenn die Fehlermatrix F konvergent ist, denn man kann zeigen, daß

$$x^{(k+1)} = x^{(k)} + F^k(x^{(0)} - A^{-1}b) \longrightarrow x^{(k)} \quad \text{für } F^k \longrightarrow 0.$$

Das Restkorrekturverfahren kann zur Reduzierung der Rundungsfehler, zur Berücksichtigung von Nichtlinearitäten $A(x)$ und auch zur iterativen Lösung von (8.7) angewandt werden.

Nichtlineare Gleichungen löst man, indem man für die nullte Näherung die Faktorisierung

$$A(x^{(0)}) = L(x^{(0)})\,U(x^{(0)})$$

durchführt und eine erste Näherung

$$L(x^{(0)})\,U(x^{(0)})\,x^{(1)} = b$$

berechnet. Alle weiteren Näherungen ergeben sich zu

$$x^{(k+1)} = x^{(k)} + U(x^{(0)})^{-1}\,L(x^{(0)})^{-1}(b - A(x^{(k)})\,x^{(k)}).$$

8.2.4 Der Algorithmus "Unvollständige LU-Zerlegung"

Während bei dem oben vorgestellten Iterationsverfahren die Matrix $A(x^{(0)})$ vollständig in L und U zerlegt wurden, geht man beim Algorithmus "Unvollständige LU-Zerlegung" noch einen Schritt weiter. Man berechnet die Zerlegung nur näherungsweise:

$$B = \tilde{L}\,\tilde{U}.$$

In nullter Näherung kann man für hauptdiagonaldominante Matrizen in (8.9) und (8.10) alle Elemente außerhalb der Diagonalen Null setzen, so daß

$$B = \tilde{L}\tilde{U} = I D = \begin{pmatrix} 1 & 0 & \cdots & 0 \\ 0 & 1 & \cdots & 0 \\ \vdots & \vdots & & \vdots \\ 0 & 0 & \cdots & 1 \end{pmatrix} \begin{pmatrix} a_{11} & 0 & \cdots & 0 \\ 0 & a_{22} & \cdots & 0 \\ \vdots & \vdots & & \vdots \\ 0 & 0 & \cdots & a_{mm} \end{pmatrix}$$

ist. Einsetzen in (8.14) ergibt

$$x^{(k+1)} = x^{(k)} + D^{-1}(b - A x^{(k)})$$

oder in Komponentenschreibweise

$$x_i^{(k+1)} = \frac{1}{a_{ii}} \left(b_i - \sum_{j \neq i} a_{ij} x_j^{(k)} \right) \quad \text{für } i = 1, 2, \ldots, m. \quad (8.15)$$

Das ist aber gerade die Formel für den Jacobi-Algorithmus "Iteration in Gesamtschritten". In [8.4] wird gezeigt, daß (8.15) konvergiert, wenn die Matrix A positiv definit ist. Um eine ausreichende Genauigkeit zu erreichen, sind aber i. allg. sehr viele Iterationen auszuführen.

Ein wesentlich besseres Konvergenzverhalten erhält man, wenn man in erster Näherung in (8.9) und (8.10) die Diagonalelemente entsprechend

$$a_{ii}^{(k+1)} = a_{ii}^{(k)} - \frac{a_{ik}^{(k)} a_{ki}^{(k)}}{a_{kk}^{(k)}} \quad \text{für } i > k \quad (8.16)$$

modifiziert:

$$B = \tilde{L}\tilde{U}, \quad (8.17)$$

$$\tilde{L} = \begin{pmatrix} 1 & 0 & \cdots & 0 & 0 \\ a_{21}/a_{11}^{(1)} & 1 & \cdots & 0 & 0 \\ a_{31}/a_{11}^{(1)} & a_{32}/a_{22}^{(2)} & \cdots & 0 & 0 \\ \vdots & \vdots & & \vdots & \vdots \\ a_{m1}/a_{11}^{(1)} & a_{m2}/a_{22}^{(2)} & \cdots & a_{m\,m-1}/a_{m-1\,m-1}^{(m-1)} & 1 \end{pmatrix},$$

$$\tilde{U} = \begin{pmatrix} a_{11}^{(1)} & a_{21} & a_{31} & \cdots & a_{m1} \\ 0 & a_{22}^{(2)} & a_{32} & \cdots & a_{m2} \\ 0 & 0 & a_{33}^{(3)} & \cdots & a_{m3} \\ \vdots & \vdots & \vdots & & \vdots \\ 0 & 0 & 0 & \cdots & a_{mm}^{(m)} \end{pmatrix} \quad (8.18)$$

Mit den so nur "unvollständig" berechneten Matrizen $\tilde{L}$ und $\tilde{U}$ wird die Restkorrektur

$$x^{(k+1)} = x^{(k)} + \tilde{U}^{-1}\tilde{L}^{-1}(b - A x^{(k)}) \qquad (8.19)$$

bestimmt. Voraussetzung für die Konvergenz ist die Dominanz der Hauptdiagonalelemente der Matrix A.
Der Algorithmus "unvollständige LU-Zerlegung" ist zur Lösung der Strömungsgleichung besonders geeignet,
- da durch geeignete Wahl des Zeitschrittes die Hauptdiagonaldominanz immer gesichert werden kann,
- da es bei der LU-Zerlegung nach (8.16) zu keiner Auffüllung kommt und so die schwache Besetzung erhalten bleibt,
- da auf Grund der Symmetrie nur die Matrix $\tilde{U}$ berechnet und gespeichert werden muß,
- da der Rechenaufwand bei schwach besetzten Matrizen nur proportional mit m anwächst.

Der hier dargestellte Algorithmus ist in den Unterprogammen UNZFAK und UNZLSR auf der Diskette "Wärme- und Stofftransport" implementiert.

Welcher Algorithmus zur Lösung großer Gleichungssysteme eingesetzt wird, hängt von der Problemstellung ab. Die "Unvollständige LU-Zerlegung" ist nur konvergent, wenn der Zeitschritt genügend klein ist. Die "Geordnete Elimination" läßt beliebige Zeitschritte zu. Das Bild 8.4 zeigt einen Rechenzeitvergleich für eine konkrete Problemstellung (vierschichtiges Strömungsproblem, der Berechnungszeitraum ist so groß, daß sich am Ende des Betrachtungszeit-

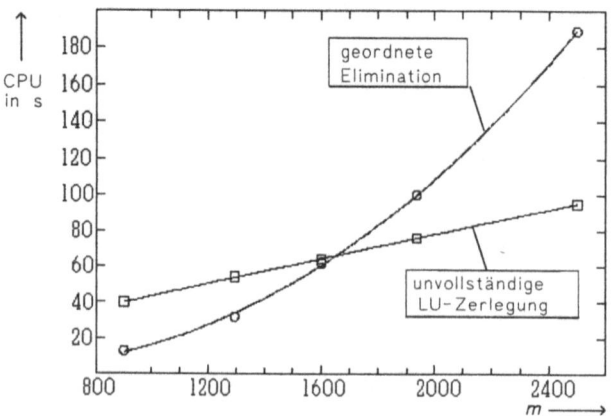

Bild 8.4. Rechenzeitvergleich zwischen "Geordneter Elimination" und "Unvollständiger LU-Zerlegung".

raums ein stationärer Zustand einstellt). Man erkennt deutlich die zur Anzahl der Unbekannten proportionale Rechenzeit bei der "Unvollständigen LU-Zerlegung" und die quadratische Abhängigkeit bei der "Geordneten Elimination". Das Bild 8.4 zeigt auch, daß für dieses Problem und weniger als 1600 Gitterpunkte die "Geordnete Elimination" zur Lösung eingesetzt werden sollte. Andernfalls ist die "Unvollständige LU-Zerlegung" günstiger.

Nach den in diesem Kapitel erläuterten Grundsätzen wurde von einem Konsortium, unter maßgeblicher Mitarbeit des Ingenieurbüros für Grundwasser Leipzig, des Instituts für Bohrtechnik und Fluidbergbau der Bergakademie Freiberg, des Instituts für Energetik Leipzig, des Instituts für Grundwasserwirtschaft der Technischen Universität Dresden, des ehemaligen Instituts für Wasserwirtschaft Berlin und der mitteldeutschen Braunkohlenindustrie, das Programmsystem GEOFIM [8.5] zur Simulation von Strömung und Transport in porösen Medien entwickelt. Der in der Programmiersprache FORTRAN77 geschriebene Quell-Code ist "public domain" und wurde auf Personalcomputern, Workstations und Großrechnern implementiert[4]. Natürlich mußte die Standardein- und -ausgabe dem jeweiligen Rechnertyp angepaßt werden, um ein effektives Pre- und Postprocessing zu gewährleisten.

Das Programmsystem GEOFIM wird u.a. für die großräumige hydrogeologische Modellierung des mitteldeutschen und des Lausitzer Braunkohlenreviers eingesetzt, um notwendige Sanierungsmaßnahmen abzuleiten. Bis zu vier Grundwasserleiter sind mit 80 mal 80 Gitterpunkten belegt, so daß Gleichungssysteme mit bis zu 25000 Unbekannten gelöst werden müssen. In Bild 8.5 ist die auf dem Großrechner IBM 3081 und ca. 2,5 MFlops Gleitkommaleistung benötigte Rechenzeit für die Modellierung eines Jahres in Abhängigkeit von der Netzknotenanzahl graphisch dargestellt. Deutlich ist wieder die zur Netzknotenanzahl proportionale Rechenzeit zu erkennen. Bei 15000 Unbekannten ändert sich der Proportionalitätsfaktor, weil zusätzliche Transfers notwendig sind, da der zur Verfügung stehende Hauptspeicherbereich nicht ausreicht, um alle benötigten Daten intern zu speichern.

---

[4] Eine Implementierung des Programmsystems GEOFIM für 386er bzw. 486er PC mit mindestens 4 MB RAM kann mit beiliegendem Bestellcoupon angefordert werden.

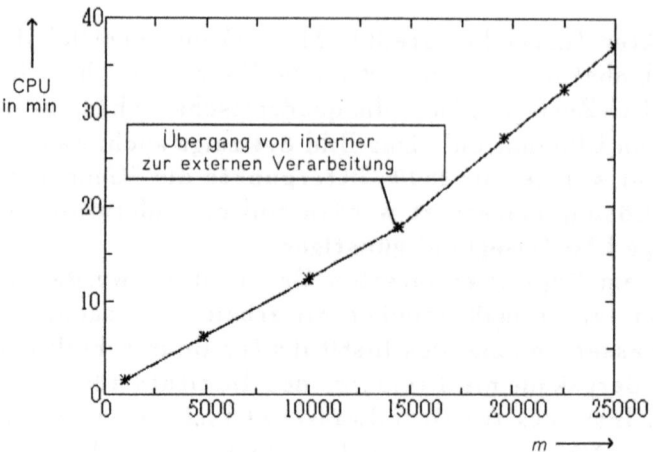

Bild 8.5. Rechenzeit für die hydrogeologische Großraummodellierung in Abhängigkeit von der Problemgröße (berechnet auf einer IBM 3081 mit ca. 2,5 MFlops Gleitkommaleistung)

8.3 Lösung der Transportgleichung mit der expliziten Bilanzmethode

Zwischen der Lösung der Transportgleichung im ein- und im mehrdimensionalen Falle besteht ein prinzipieller Unterschied: Der tensorielle Charakter der Dispersivität kommt erst bei der Lösung in mehreren Dimensionen zum Tragen. Dagegen sind die Unterschiede zwischen der zwei- und der dreidimensionalen Darstellung gering. Da die Formeln aber sehr umfangreich werden, betrachten wir hier nur die Lösung der zweidimensionalen Transportgleichung. Die Verallgemeinerung auf drei Dimensionen bereitet keine besonderen Schwierigkeiten. Die zu (8.2) analoge Integralgleichung für den Transport hat die Form:

$$\iint_{\Delta A_{ij}} (D \operatorname{grad} u - \mathbf{w} u) \, d\mathbf{A} - \iiint_{\Delta V_{ij}} k u \, dV = \iiint_{\Delta V_{ij}} \left(S \frac{\partial u}{\partial t} - q \right) dV. \quad (8.20)$$

Bild 8.6

In der Bilanzgleichung für den Netzknoten i, j repräsentieren ein k_{ij}, ein S_{ij}, ein u_{ij} und ein q_{ij} die Funktionswerte im Volumenintegral. Die Gradienten sind an den 4 Randflächen $i \pm \frac{1}{2}$ und $j \pm \frac{1}{2}$ des

Bild 8.6. Indizierung der Netzknoten bei zweidimensionaler Lösung der Transportgleichung (Draufsicht).

Volumenlementes i, j zu bilden (s. Bild 8.6):

$$\left[D_{xx\,i+\frac{1}{2},j}\left(\frac{\partial u}{\partial x}\right)_{i+\frac{1}{2},j} + D_{xy\,i+\frac{1}{2},j}\left(\frac{\partial u}{\partial y}\right)_{i+\frac{1}{2},j} - w_{x\,i+\frac{1}{2},j}u_{i+\frac{1}{2},j}\right]$$
$$\times \Delta y_j\, M_{i+\frac{1}{2},j}$$
$$-\left[D_{xx\,i-\frac{1}{2},j}\left(\frac{\partial u}{\partial x}\right)_{i-\frac{1}{2},j} + D_{xy\,i-\frac{1}{2},j}\left(\frac{\partial u}{\partial y}\right)_{i-\frac{1}{2},j} - w_{x\,i-\frac{1}{2},j}u_{i-\frac{1}{2},j}\right]$$
$$\times \Delta y_j\, M_{i-\frac{1}{2},j}$$
$$+\left[D_{yy\,i.j+\frac{1}{2}}\left(\frac{\partial u}{\partial y}\right)_{i.j+\frac{1}{2}} + D_{xy\,i.j+\frac{1}{2}}\left(\frac{\partial u}{\partial x}\right)_{i.j+\frac{1}{2}} - w_{y\,i.j+\frac{1}{2}}u_{i.j+\frac{1}{2}}\right]$$
$$\times \Delta x_i\, M_{i.j+\frac{1}{2}}$$
$$-\left[D_{yy\,i.j-\frac{1}{2}}\left(\frac{\partial u}{\partial y}\right)_{i.j-\frac{1}{2}} + D_{xy\,i.j-\frac{1}{2}}\left(\frac{\partial u}{\partial y}\right)_{i.j-\frac{1}{2}} - w_{y\,i.j-\frac{1}{2}}u_{i.j-\frac{1}{2}}\right]$$
$$\times \Delta x_i\, M_{i.j-\frac{1}{2}} - k_{ij}\,u_{ij}\,\Delta x_i\,\Delta y_j\,M_{ij} =$$
$$S_{ij}\frac{du_{ij}}{dt}\Delta x_i\,\Delta y_j\,M_{ij} - q_{ij}\,\Delta x_i\,\Delta y_j\,M_{ij}, \qquad (8.21)$$

wobei die Indices $\pm\frac{1}{2}$ auf die entsprechende Gitzergrenze hinweisen. M_{ij} bezeichnet die Mächtigkeit der Schicht im Netzknoten i, j. Während

$$\left.\begin{aligned}\left(\frac{\partial u}{\partial x}\right)_{i\pm\frac{1}{2},j} &= \pm\frac{u_{i\pm 1,j} - u_{i,j}}{(\Delta x_{i\pm 1}+\Delta x_i)/2}, \\ \left(\frac{\partial u}{\partial y}\right)_{i,j\pm\frac{1}{2}} &= \pm\frac{u_{i,j\pm 1} - u_{i,j}}{(\Delta y_{j\pm 1}+\Delta y_j)/2}\end{aligned}\right\} \quad (8.22)$$

einfach zu bestimmen sind, ergeben sich die beiden übrigen partiellen Ableitungen nur durch Interpolation (vgl. Bild 8.6):

$$\left.\begin{array}{l}\left(\dfrac{\partial u}{\partial x}\right)_{i,j\pm\frac{1}{2}} = \dfrac{u_{i+1,j\pm 1}-u_{i-1,j\pm 1}}{\Delta x_{i-1}+2\Delta x_i+\Delta x_{i+1}} + \dfrac{u_{i+1,j}-u_{i-1,j}}{\Delta x_{i-1}+2\Delta x_i+\Delta x_{i+1}},\\[2mm] \left(\dfrac{\partial u}{\partial y}\right)_{i\pm\frac{1}{2},j} = \dfrac{u_{i\pm 1,j+1}-u_{i\pm 1,j-1}}{\Delta y_{j-1}+2\Delta y_j+\Delta y_{j+1}} + \dfrac{u_{i,j+1}-u_{i,j-1}}{\Delta y_{j-1}+2\Delta y_j+\Delta y_{j+1}}.\end{array}\right\} \quad (8.23)$$

Die Geschwindigkeiten $w_{x\,i\pm\frac{1}{2},j}$ und $w_{y\,i,j\pm\frac{1}{2}}$ sind vom Strömungsproblem her bekannt. Die unbekannte Funktion u und die Mächtigkeit M an den Gittergrenzen ergeben sich aus den arithmetischen Mittelwerten. Auf eine 'upwind'-Wichtung wurde verzichtet, da dann die numerische Dispersion wesentlich größer ist als bei zentraler Wichtung (vgl. Abschnitt 2.4.3).

Die Komponenten des Dispersionstensors können aus der longitudinalen und der transversalen Dispersivität und dem molekularen Diffusionskoeffizienten ermittelt werden (s. Abschnitt 1.4.2):

$$D_{xx\,i\pm\frac{1}{2},j} = \dfrac{\delta_L w^2_{x\,i\pm\frac{1}{2},j} + \delta_T w^2_{y\,i\pm\frac{1}{2},j}}{\sqrt{w^2_{x\,i\pm\frac{1}{2},j} + w^2_{y\,i\pm\frac{1}{2},j}}} + S_{i\pm\frac{1}{2},j}\, D_m, \quad (8.24)$$

$$D_{yy\,i,j\pm\frac{1}{2}} = \dfrac{\delta_L w^2_{y\,i,j\pm\frac{1}{2}} + \delta_T w^2_{x\,i,j\pm\frac{1}{2}}}{\sqrt{w^2_{y\,i,j\pm\frac{1}{2}} + w^2_{x\,i,j\pm\frac{1}{2}}}} + S_{i,j\pm\frac{1}{2}}\, D_m, \quad (8.25)$$

$$D_{xy\,i\pm\frac{1}{2},j} = (\delta_L - \delta_T)\, \dfrac{w_{x\,i\pm\frac{1}{2},j}\, w_{y\,i\pm\frac{1}{2},j}}{\sqrt{w^2_{x\,i\pm\frac{1}{2},j} + w^2_{y\,i\pm\frac{1}{2},j}}} \quad (8.26)$$

mit

$$w_{y\,i\pm\frac{1}{2},j} = \tfrac{1}{4}\left(w_{y\,i\pm 1,j+\frac{1}{2}} + w_{y\,i\pm 1,j-\frac{1}{2}} + w_{y\,i,j+\frac{1}{2}} + w_{y\,i,j-\frac{1}{2}}\right)$$
$$(8.27)$$
$$w_{x\,i,j\pm\frac{1}{2}} = \tfrac{1}{4}\left(w_{x\,i+\frac{1}{2},j\pm 1} + w_{x\,i-\frac{1}{2},j\pm 1} + w_{x\,i+\frac{1}{2},j} + w_{x\,i-\frac{1}{2},j}\right)$$

Wenn man nun diese Beziehungen in die Formel (8.21) einsetzt und die Koeffizienten nach den verschiedenen u_{ij} umordnet, bekommt man das lineare Differentialgleichungssystem

$$\begin{aligned}S_{ij}\dfrac{du_{ij}}{dt}\Delta x_i\, \Delta y_j\, M_{ij} =\;& b^{(1)}_{ij} u_{i-1,j-1} + b^{(2)}_{ij} u_{i-1,j} + b^{(3)}_{ij} u_{i-1,j+1}\\ &+ b^{(4)}_{ij} u_{i,j-1} + b^{(5)}_{ij} u_{i,j} + b^{(6)}_{ij} u_{i,j+1}\\ &+ b^{(7)}_{ij} u_{i+1,j-1} + b^{(8)}_{ij} u_{i+1,j} + b^{(9)}_{ij} u_{i+1,j+1} + b^{(10)}_{ij}. \end{aligned} \quad (8.28)$$

Die Formeln zur Berechnung der Koeffizienten $b_{ij}^{(\nu)}$ sind sehr umfangreich und wurden deshalb nicht angegeben. Sie können mit Hilfe von (8.22-27) jederzeit abgeleitet werden. Auf Grund von Besonderheiten müssen sie i. allg. noch der konkreten Problemstellung angepaßt werden. Die Koeffizienten $b_{ij}^{(\nu)}$ hängen nur von den Parametern und der Geometrie ab. Anders als bei der Strömung beeinflussen auf Grund des Tensors Dispersivität nicht vier, sondern acht Nachbarn die zeitliche Änderung von u_{ij} direkt. Bei der dreidimensionalen Transportgleichung sind es sogar achtzehn Nachbarn.

Auf dem Rand sind nicht alle Nachbarn vorhanden. So wie im Falle der Strömung gezeigt, müssen die in Frage kommenden Terme in (8.21) entsprechend der vorgegebenen Randbedingungen modifiziert werden.

Im Resumé des Abschittes 2.4 wurde erläutert, daß die Transportgleichung sehr günstig mit der expliziten einfachen Bilanzmethode gelöst werden kann. Im zweidimensionalen Falle kann deshalb die Lösung in folgender Form angegeben werden:

Bild 8.7

$$u_{ij}^{n+1} = u_{ij}^{n} + \frac{\Delta t}{S_{ij} \Delta x_i \Delta y_j M_{ij}}$$
$$\times \big[b_{ij}^{(1)} u_{i-1,j-1}^{n} + b_{ij}^{(2)} u_{i-1,j}^{n} + b_{ij}^{(3)} u_{i-1,j+1}^{n}$$
$$+ b_{ij}^{(4)} u_{i,j-1}^{n} + b_{ij}^{(5)} u_{i,j}^{n} + b_{ij}^{(6)} u_{i,j+1}^{n}$$
$$+ b_{ij}^{(7)} u_{i+1,j-1}^{n} + b_{ij}^{(8)} u_{i+1,j}^{n} + b_{ij}^{(9)} u_{i+1,j+1}^{n} + b_{ij}^{(10)} \big]$$

AB: $u_{ij}^{0} = u_{a_{ij}}$ für alle i, j, die zu Ω gehören

RB: Berücksichtigung durch Modifikation obiger Formel, wenn i, j zu Γ gehört. (8.29)

Der zeitliche Verlauf ergibt sich durch sukzessive Anwendung von (8.29) für $n = 1, 2, 3, \ldots$. Wie schon im Abschnitt 2.4.3 gezeigt, müssen bei der expliziten Bilanzmethode spezielle Stabilitätsbedingungen eingehalten werden [8.6]:

- Courant-Kriterium:

$$\frac{|w_x|}{\Delta x} \frac{\Delta t}{S} \leq 1, \quad \frac{|w_y|}{\Delta y} \frac{\Delta t}{S} \leq 1,$$

- Neumann-Kriterium:

$$\left(\frac{D_{xx}}{\Delta x^2} + \frac{D_{yy}}{\Delta y^2} \right) \frac{\Delta t}{S} \leq \frac{1}{2},$$

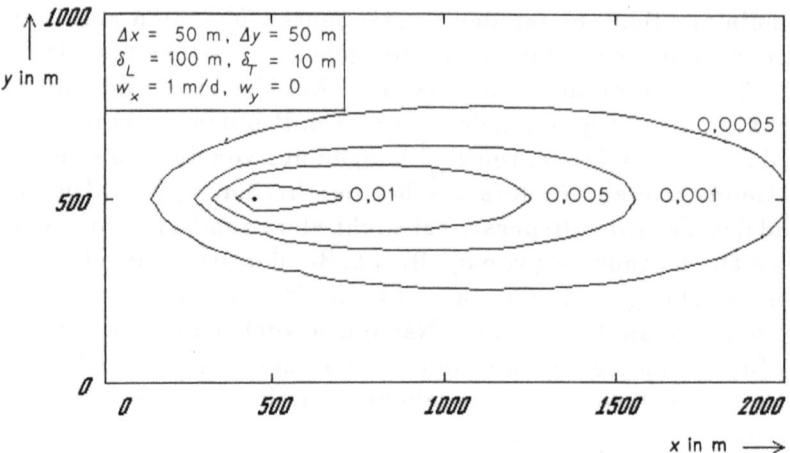

Bild 8.7. Isoliniendarstellung der Konzentration nach 200 Tagen Einspeisung eines Schadstoffes der Konzentration 1.

- Abbaukriterium:

$$k \frac{\Delta t}{S} \leq 2,$$

- Quell-Senken-Kriterium:

$$|q| \frac{\Delta t}{S} = \frac{|Q|}{\Delta x \Delta y M} \frac{\Delta t}{S} \leq 1.$$

Diese Bedingungen sind in jedem Gitterelement zu gewährleisten.

Im Abschnitt 2.4 wurde gezeigt, daß brauchbare Ergebnisse bei Einsatz der Bilanzmethode nur zu erwarten sind, wenn der parabolische Charakter der partiellen Differentialgleichung lokal erhalten bleibt, d.h. wenn die Gitter-Peclet-Zahlen

$$Pe_x^* = \frac{|w_x| \Delta x}{D_{xx}} \leq 2 \text{ und } Pe_y^* = \frac{|w_y| \Delta y}{D_{yy}} \leq 2$$

sind. I. allg. kann D_{xx} und D_{yy} mit $\delta_L |w_x|$ und $\delta_L |w_y|$ abgeschätzt werden, so daß die maximale Gitterabmessung in der Größenordnung der longitudinalen Dispersivität gewählt werden muß.

Bei kleinen Dispersivitäten kommt man so sehr schnell zu 10000 und mehr Netzknoten. Wegen der expliziten Lösungsvorschrift (8.29) bereitet die Ermittlung der u_{ij}^{n+1} keine numerischen Schwierigkeiten. Für sehr kleine Dispersivitäten ist die explizite Bilanzmethode nicht anwendbar und man muß das Charakteristikenverfahren (s. Abschnitt 2.4.5) oder die Random-Walk-Methode (s. Abschnitt 2.4.6) anwenden.

Abschließend wird noch ein mit dem Programmsystem GEOFIM berechnetes Stofftransportbeispiel vorgestellt. Die Implemtierung erfolgte für den ein-, zwei- und dreidimensionalen Fall nach den hier dargelegten Grundsätzen. Es wurde der Tracerfall untersucht: Die bei x = 500 m, y = 500 m eingespeiste Menge ist sehr klein , so daß sie die konvektive Strömung nicht beeinflußt und sie reagiert auch nicht mit ihr. Die in Bild 8.7 nach 200 Tagen dargestellte Lösung stimmt sehr gut mit den Ergebnissen von Kinzelbach [8.6] überein. Alle die Konvergenz beeinflußenden Kriterien wurden eingehalten:

- Courant-Kriterium:

$$\frac{|w_x|}{\Delta x} \frac{\Delta t}{S} = 0,5 \quad \text{und} \quad \frac{|w_y|}{\Delta y} \frac{\Delta t}{S} = 0,$$

- Neumann-Kriterium:

$$\left(\frac{D_{xx}}{\Delta x^2} + \frac{D_{yy}}{\Delta y^2}\right) \frac{\Delta t}{S} = 0,25$$

- Peclet-Zahl-Kriterium:

$$\frac{|w_x|\Delta x}{D_{xx}} = 0,5 \quad \text{und} \quad \frac{|w_y|\Delta y}{D_{yy}} = 0.$$

9 Verfahren zur optimalen Prozeßsteuerung

Alle bisher behandelten Strömungs- und Transportprobleme resultieren aus der physikalisch-technischen Aufgabenstellung, für einen Prozeß, dessen Parameter, Anfangs- und Randbedingungen bekannt und vorgegeben sind, eine eindeutig determinierte Lösung $u(x,y,z,t)$ zu ermitteln. Der Ingenieur, Physiker oder Chemiker steht jedoch meistens vor einer ungleich schwierigeren Aufgabe. Er muß aus einer gewissen, physikalisch und technisch möglichen Menge von Parametern, Anfangs- oder Randbedingungen oder Quellstärken diejenigen ermitteln, die den Prozeß in einer von ihm erstrebten, bestmöglichen (optimalen) Weise beeinflussen. Diese Zielstellung wird mathematisch in einer Zielfunktion formuliert. Die Aufgabenstellung der optimalen Prozeßsteuerung besteht dann in der Suche nach einer solchen eindeutigen Lösung des Transportproblems (aus mehreren, vielen oder auch unendlich vielen Lösungen), die die Zielfunktion einen Extremwert (Maximum oder Minimum) annehmen läßt. Man unterscheidet zwei typische Aufgaben der optimalen Steuerung:
- *Optimale Prozeßsteuerung.* Dabei werden Anfangs- und/oder Randbedingungen und/oder Quellen/Senken gesteuert,
- *Optimale Parametersteuerung* (Parameteridentifikation, Modelleichung), wobei solche Parameter ermittelt werden, die einen gemessenen Prozeß optimal nachbilden (s. Kapitel 10).

Als ein typisches Beispiel für eine Prozeßsteuerung soll der Aufheizungsprozeß eines Werkstückes bei einer Wärmebehandlung betrachtet werden. Zur Vereinfachung wird dabei nur die eindimensionale Wärmeleitung berücksichtigt.

9.1 Optimale Steuerung eines Aufheizprozesses

9.1.1 Zielstellung der Steuerung

Es wird ein zylindrisches oder quaderförmiges Teil betrachtet, das von zwei gegenüberliegenden Seiten aufgeheizt werden soll. Aus Symmetriegründen betrachten wir nur eine Hälfte des Werkstückes (Bild 9.1). Die Aufheizung erfolgt an der Randfläche bei $x = 0$; der Rand bei $x = L$ ist wegen der Symmetrie als wärmedicht zu betrachten. Die Wärmezuführung wird als zeitabhängige Randbedingung 3. Art bei $x = 0$ modelliert und stellt z.B. die Wärmezufuhr durch strömende Heißluft dar. Die Zielstellung des Prozesses kann in zwei Forderungen zusammengefaßt werden:
1. Die Aufheizung des Werkstückes auf die Endtemperatur u_E im gesamten Werkstück soll in geringstmöglicher Zeit erfolgen.
2. Zur Vermeidung unzulässig hoher Wärmespannungen infolge ungleichmäßig starker Wärmeausdehnung soll die Differenz zwischen der volumetrischen Mitteltemperatur und der lokalen Temperatur in jedem beliebigen Punkt zu allen Zeiten den Grenzwert Δu_G nicht überschreiten.

Die Zielfunktion für die Modellierung der ersten Forderung kann dargestellt werden durch

$$J = \int_0^\infty | u_m(t) - u_E | \, dt \to \text{Min.!} \qquad (9.1)$$

oder zur besonderen Bewertung großer Abweichungen durch

$$J = \int_0^\infty \left(u_m(t) - u_E \right)^2 dt \to \text{Min.!} \qquad (9.2)$$

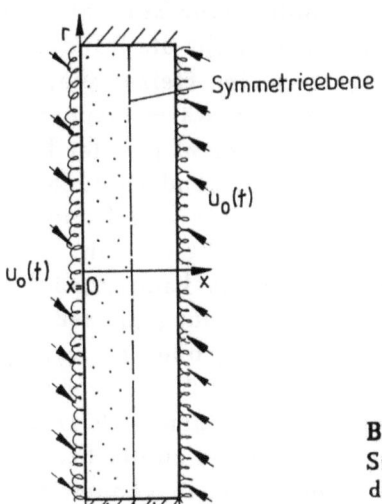

Bild 9.1. Eindimensionale Wärmeleitung in einer Siliziumscheibe bei Erwärmung durch Heißluft

wobei u_E die gewünschte Endtemperatur des Werkstückes und $u_m(t)$ die volumetrische Mitteltemperatur

$$u_m(t) = \frac{1}{L} \int_0^L u(x,t) \, dx \qquad (9.3)$$

ist.

Die zweite Forderung kann als Nebenbedingung formuliert werden, d.h. im gesamten Zeitintervall soll im gefährdetsten Punkt $x = 0$ gelten:

$$\Delta u = \left| u_m(t) - u(x=0,t) \right| \le \Delta u_G \quad \text{für } 0 < t < \infty, \qquad (9.4)$$

wobei Δu_G der Grenzwert der zulässigen Temperaturdifferenz ist.

Die Steuerung der Randtemperatur soll als eine kombinierte Temperatur-Zeitsteuerung realisiert werden. In der Hochfahrphase soll der zeitliche Randtemperaturverlauf bestimmt werden. Die anschließende Konstantphase wird bestimmt durch den Zeitpunkt ihres Beginns. Die Formulierung ist:

$$-\frac{D}{\alpha} \frac{\partial u}{\partial x} + u = u_0(t) \qquad \text{bei } x = 0 \text{ und } t > 0$$

mit

$$\left. \begin{aligned} u_0(t) &= u_1 + \frac{u_2 - u_1}{t_{u1}} t & \text{für } 0 < t \le t_{u1} \\ u_0(t) &= u_2 + \frac{u_E - u_2}{t_{u2} - t_{u1}} (t - t_{u1}) & \text{für } t_{u1} < t \le t_{u2} \\ u_0(t) &= u_E & \text{für } t_{u2} < t \le t_N \end{aligned} \right\} \qquad (9.5)$$

(s. Bild 9.2).

Aus praktischer Sicht ist zu bemerken, daß reale technische Steuerprobleme in der Regel weitaus komplizierter sind als das hier dargestellte Beispiel. So wäre es denkbar, nicht die Randtemperatur zu steuern, sondern den Wärmestrom der Heizquelle, die bei Recycling-Führung der Heißluft von der Vorwärmtemperatur der Luft beeinflußt wird. Auf diese Weise würde nicht nur der Prozeß im Werkstück auf die Steuerung rückwirken, sondern auch die vorangegangene Steuerperiode direkt Einfluß besitzen. Auf solches mehrfaches Feedback soll in dem Beispiel verzichtet werden.

Die Zielstellung des optimalen Steuerprozesses kann zunächst verbal wie folgt beschrieben werden: Der Erwärmungsprozeß des Werkstückes ist durch geeignete Wahl der Steuergrößen u_1, u_2, t_{u1} und t_{u2} so zu steuern, daß die Zielfunktion (9.2) bestmöglich erfüllt wird unter Berücksichtigung der Nebenbedingung (9.4) und weiterer Bedingungen, die aus technischen Gründen an die Steuergrößen zu stellen sind. Solche weiteren Bedingungen können z.B.

sein:
$$(u_1, u_2) \le u_{max}, \quad t_{u1} \le t_{u2}. \tag{9.6}$$

Die Berücksichtigung der Nebenbedingung (9.4) ist nicht ohne weiteres möglich. Eine einfache Methode zur näherungsweisen Einhaltung der Nebenbedingungen stellt das Strafprinzip dar. Die Zielfunktion wird durch einen Term erweitert, der nur dann einen Beitrag liefert, wenn die Nebenbedingung verletzt ist. Die erweiterte Zielfunktion ist in der folgenden Aufgabenstellung (9.7) für das optimale Steuerproblem enthalten.

Bild 9.1, 9.2

DG: $\dfrac{\partial^2 u}{\partial x^2} = \dfrac{1}{a} \dfrac{\partial u}{\partial t}$

AB: $u = u_a = 0$ für $t = 0$ und $0 < x < L$

RB: $-\dfrac{D}{\alpha} \dfrac{\partial u}{\partial x} + u = u_0(t)$ bei $x = 0$ und $t > 0$

mit $u_0(t) = u_1 + \dfrac{u_2 - u_1}{t_{u1}} t$ für $0 < t \le t_{u1}$

$u_0(t) = u_2 + \dfrac{u_E - u_2}{t_{u2} - t_{u1}} (t - t_{u1})$ für $t_{u1} < t \le t_{u2}$

$u_0(t) = u_E$ für $t_{u2} < t \le t_N$

$\dfrac{\partial u}{\partial x} = 0$ bei $x = L$ und $t > 0$

Zielfunktion:
$$J = \int_0^\infty \left(u_m(t) - u_E\right)^2 dt$$
$$+ \gamma \, \text{Max}\left[\left(\Delta u(t) - \Delta u_G\right) E(\Delta u(t) - \Delta u_G)\right] \longrightarrow \text{Min. !}$$

mit $\Delta u(t) = |u_m(t) - u(x=0, t)|$, $\gamma \ge 0$ (Gewichtsfaktor),

$E(x)$ - Einheitssprungfunktion nach Anhang B und

$u_m(t) = \dfrac{1}{L} \int_0^L u(x,t) \, dx$

Steuergrößen: u_1, u_2, t_{u1}, t_{u2}

Zulässiger Steuerbereich: $(u_1, u_2) \le u_{max}$

$\Delta t_\varepsilon \le t_{u1} \le t_N - \Delta t_\varepsilon$

$t_{u1} + \Delta t_\varepsilon \le t_{u2} \le t_N$

mit Δt_ε - erforderliche Umschaltdauer, $\Delta t_\varepsilon \ge 0$ (9.7)

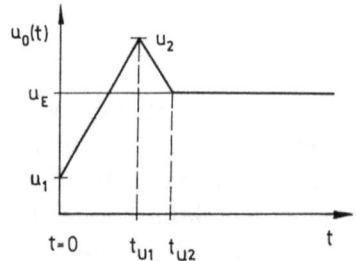

Bild 9.2. Prinzipieller Verlauf der Randtemperatur bei $x=0$

9.1.2 Lösung des Anfangs-Randwertproblems

Die Lösung der Differentialgleichung mit Laplace-Transformation erfolgte bereits in Abschnitt 4.4.1 für verschiedene Randbedingungen. Die Berücksichtigung der Randbedingung bei $x = 0$ kann durch Superposition einer Grundlösung analog Gleichung (4.217) erfolgen. Nachfolgend wird jedoch zuerst die Gesamtlösung im Laplace-Bereich angegeben. Dazu wird die Randbedingung (9.7) bei $x = 0$ mit der Einheitssprungfunktion $E(x)$ nach Anhang B geschrieben (für alle Zeiten $t < \infty$ und $t_{u2} > t_{u1}$):

$$u_0(t) = \left(u_1 + \frac{u_2 - u_1}{t_{u1}} t \right)\left(1 - E(t - t_{u1}) \right)$$

$$+ \left(u_2 + \frac{u_E - u_2}{t_{u2} - t_{u1}} (t - t_{u1}) \right) E(t - t_{u1})\left(1 - E(t - t_{u2}) \right)$$

$$+ u_E \, E(t - t_{u2}).$$

Die Laplace-Transformation führt unter Berücksichtigung von

$$\mathcal{L}[E(t - t_{u1})] = \frac{1}{s} e^{-s t_{u1}},$$

$$\mathcal{L}[t E(t - t_{u1})] = \frac{1}{s} e^{-s t_{u1}} \left(t_{u1} + \frac{1}{s} \right)$$

auf

$$\bar{u}_0(s) = \frac{u_1}{s} + \frac{u_2 - u_1}{s^2 t_{u1}} + \left(\frac{u_E - u_2}{t_{u2} - t_{u1}} - \frac{u_2 - u_1}{t_{u1}} \right) \frac{1}{s^2} e^{-s t_{u1}}$$

$$- \frac{u_E - u_2}{t_{u2} - t_{u1}} \frac{1}{s^2} e^{-s t_{u2}}. \tag{9.8}$$

Die transformierte Lösung der Aufgabe (9.7) ist somit

$$\bar{u}(x,s) = \left(\bar{U}_1(s)\, e^{-st_{u0}} + \bar{U}_2(s)\, e^{-st_{u1}} + \bar{U}_3(s)\, e^{-st_{u2}}\right) B(x,s)$$

mit $\quad (t_{u0} = 0)$

$$\bar{U}_1(s) = \frac{u_1}{s} + \frac{u_2 - u_1}{s^2 t_{u1}}$$

$$\bar{U}_2(s) = \frac{1}{s^2} \left(\frac{u_E - u_2}{t_{u2} - t_{u1}} - \frac{u_2 - u_1}{t_{u1}} \right)$$

$$\bar{U}_3(s) = -\frac{1}{s^2} \frac{u_E - u_2}{t_{u2} - t_{u1}}$$

$$B(x,s) = \frac{\exp(-x\sqrt{s/a}) + \exp(-(2L-x)\sqrt{s/a})}{1 + \frac{D}{\alpha}\sqrt{s/a} + \exp(-2L\sqrt{s/a})\left(1 - \frac{D}{\alpha}\sqrt{s/a}\right)}$$

(9.9)

Die transformierte Form der volumetrischen Mitteltemperatur $u_m(t)$ ergibt sich mit Gleichung (9.3) zu

$$\bar{u}_m(s) = \left(\bar{U}_1(s)\, e^{-st_{u0}} + \bar{U}_2(s)\, e^{-st_{u1}} + \bar{U}_3(s)\, e^{-st_{u2}}\right) B_m(s)$$

$$B_m(s) = \frac{1 - \exp(-2L\sqrt{s/a})}{\sqrt{s/a}\, L\left[1 + \frac{D}{\alpha}\sqrt{s/a} + \exp(-2L\sqrt{s/a})\left(1 - \frac{D}{\alpha}\sqrt{s/a}\right)\right]}$$

(9.10)

Die Rücktransformation der Lösungen (9.9) und (9.10) erfolgt numerisch. Der Stehfest-Algorithmus nach Abschnitt 2.3.7 als einfachste Methode erfordert die Nutzung des Verschiebungssatzes der Laplace-Transformation. Dazu werden die Gleichungen (9.9) und (9.10) in jeweils drei Summanden aufgespalten, die durch $\bar{U}_1$, $\bar{U}_2$ und $\bar{U}_3$ gekennzeichnet sind. Entsprechend des Verschiebungssatzes (2.81) werden die Summanden $\bar{U}_i(s) \times B(x,s)$ bzw. $\bar{U}_i(s) \times B_m(s)$ mit den jeweils neuen Zeitvariablen $(t - t_{u,i-1}) > 0$ (für $i = 1, 2, 3$) nach dem Stehfest-Algorithmus einzeln rücktransformiert und im Originalbereich addiert. Diese Verfahrensweise entspricht einer Superposition im Originalbereich.

Wenn man den Algorithmus von Zakian (s. Absch. 2.3.7) nutzt, kann die jeweilige Gesamtlösung in einem Schritt numerisch rücktransformiert werden.

9.1.3 Lösung des Steuerproblems

Das Optimierungsproblem besteht in der Auswahl gerade solcher Werte aus dem zulässigen Steuerbereich, die mittels Gleichung (9.9) und (9.10) die Zielfunktion (9.7) erfüllen. Ohne die Existenz und Eindeutigkeit einer solchen optimalen Lösung nachweisen zu wollen, nutzen wir ein einfaches Minimierungsverfahren zur Berechnung der Werte u_1, u_2, t_{u1} und t_{u2}. Dazu wird die Zielfunktion J in der Aufgabe (9.7) in eine Summe überführt, die die Wahl eines geeigneten Gewichtsfaktors γ erleichtert.

$$J = \left\{ \sum_{n=1}^{N} \left[u_m(t_n) - u_E \right]^2 (t_n - t_{n-1}) \right.$$
$$\left. + \gamma \frac{t_N}{2} \sum_{n=1}^{N} \left[\Delta u(t_n) - \Delta u_G \right]^2 E(\Delta u(t_n) - \Delta u_G) \right\} \rightarrow \text{Min.!} \quad (9.11)$$
$$(t_0 = 0)$$

Dabei muß die Zeit t_N so groß gewählt werden, daß $t_N > t_{u2}$ mit Sicherheit erfüllt ist.

Um die Abhängigkeit der Funktion J von den Steuergrößen deutlich zu machen, schreibt man

$$J = J\left[u(x,t,u_1,u_2,t_{u1},t_{u2}), u_m(t,u_1,u_2,t_{u1},t_{u2}) \right]$$
$$= J\left[u_1, u_2, t_{u1}, t_{u2} \right].$$

Die Zielfunktion J ist mathematisch ein Funktional, da sie nur mittelbar über die Lösungen $u(x,t)$ und $u_m(t)$ von den Steuergrößen abhängt.

Zur Minimierung des Funktionals (9.11) kann die auf der Diskette "Wärme- und Stofftransport" enthaltene Software zur Minimierung eines mehrdimensionalen Funktionals genutzt werden. Für die Zwecke der Prozeßsteuerung, bei der zumeist ein zulässiger Steuerbereich und Nebenbedingungen durch eine Straffunktion berücksichtigt werden müssen, hat sich das Verfahren nach Powell [9.1] am besten bewährt. Die Gründe dafür sind, daß das Verfahren nahezu immer konvergiert, auch bei sehr ungünstigen Startwerten. Der auf der Diskette veröffentliche Algorithmus wurde gegenüber [9.1] weiterentwickelt und erlaubt die Beschränkung der Parametersuche auf den zulässigen Steuerbereich, ohne die eine störungsfreie rechentechnische Abarbeitung nicht möglich ist. Als ein Beispiel werden in Bild 9.3 und Tabelle 9.1 die Ergebnisse der optimalen Erwärmung eines Siliziumchips dargestellt.

Mit der dimensionslosen Temperatur

$$u(x,t) = \frac{T(x,t) - T_a}{T_E - T_a}$$

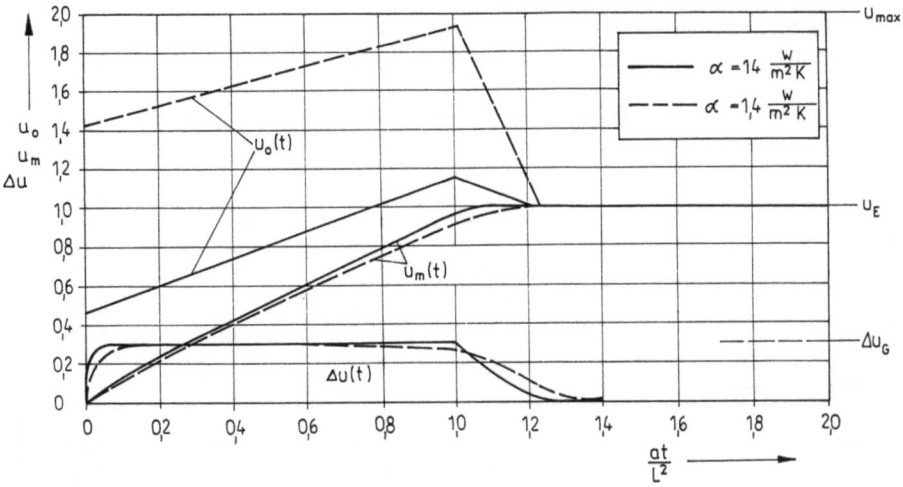

Bild 9.3. Verlauf der optimalen Randsteuerung $u_0(t)$ und der Ergebnisse $u_m(t)$ und $\Delta u(t)$ in Abhängigkeit von der Zeit $\left(u = T-T_a/(T_E-T_a), \Delta u = | u_m - u(x=0) | \right)$

(T_a - Anfangstemperatur, T_E - Endtemperatur) soll vorgegeben werden:

$$u_E = 1, \quad u_{max} = 2, \quad \Delta u_G = 0{,}3.$$

Bei einer halben Chiplänge L = 1 cm und einer Temperaturleitzahl $a = 7 \times 10^{-7}$ m^2/s wird eine maximale Erwärmungszeit t_N von ca. 20 - 30 Minuten und und eine Umschaltdauer von $\Delta t_\varepsilon = 0{,}2$ Minuten angenommen. Die Wärmeleitfähigkeit des Siliziums beträgt D = 1,4 W/(mK), und die Wärmeübergangszahl zu strömender Heißluft soll α = 14 W/(m^{2}K) bzw. α = 1,4 W/(m^{2}K) betragen.

In Tabelle 9.1 werden die Ergebnisse für die Steuerung, berechnet mit dem Suchverfahren nach Powell, zusammengefaßt. Für mehrere, frei gewählte Startparametersätze erhält das Verfahren stets die bestmöglichen Steuergrößen, wobei die Nebenbedingung Δu < 0,3 um maximal 4% überschritten wurde.

In Bild 9.3 ist der Verlauf der optimalen Randtemperatur $u_0(t)$, der mittleren Temperatur $u_m(t)$ im Siliziumchip und der Temperaturdifferenz $\Delta u(t)$ über der Zeit für zwei verschiedene Wärmeübergangszahlen α dargestellt. Der Verlauf zeigt, daß die Steuerung im wesentlichen von der Nebenbedingung Δu < 0,3 beeinflußt ist. Es muß erwähnt werden, daß die zeitlich diskretisierte Form des Funktionals (9.11) dazu führen kann, daß die Minimumsuche nicht eindeutig ist. Dieser Fall tritt dann auf, wenn die Zeitschritte $(t_n - t_{n-1})$ am Ende der Erwärmungszeit (im Beispiel bei $t > 2{,}4$

Tabelle 9.1. Ergebnisse der optimalen Steuerung der Erwärmung eines Siliziumchips mit dem Suchverfahren nach Powell

		1.Versuch	2.Versuch	3.Versuch	4.Versuch
		$\alpha = 14$ W/(m²K)		$\alpha = 1{,}4$ W/(m²K)	
Startwerte	u_1	0,5	1,0	0,5	1,0
	u_2	2,0	2,0	2,0	1,0
	t_{u_1}, Min.	4,75	3,0	4,75	2,38
	t_{u_2}, Min.	6,0	4,0	6,0	4,76
Gewichtsfaktor	γ	1	1	1	1
optimale Steuergrößen	u_1	0,46	0,46	1,43	1,40
	u_2	1,35	1,40	1,93	1,95
	t_{u_1}, Min.	2,37	2,50	2,48	2,30
	t_{u_2}, Min.	2,89	2,74	3,00	3,09
Zielfunktionalwert J, Min.		0,303	0,303	0,328	0,327
erforderliche Anzahl von Funktionalwertberechnungen.		114	366	248	410
erforderliche Erwärmungszeit, (für $u_m \geq 0{,}99$)	Min.	2,50	2,48	2,74	2,78

Bemerkungen:
– verwendete maximale Zeitschrittwerte: $(t_n - t_{n-1}) = 0{,}3 \cdot a/L^2$
– Verringerung der maximalen Zeitschrittwerte bei 2. und 4. Versuch auf $(t_n - t_{n-1}) = 0{,}05 \cdot a/L^2$
– Abbruchtoleranz TOL = $5 \cdot 10^{-3}$ (bei 2. und 4. Versuch $1 \cdot 10^{-4}$)

Minuten) zu groß gewählt wurden. Bei den Startwerten des 2. und 4. Versuches in Tab. 9.1 erschien es notwendig, eine Verkleinerung der Zeitschritte und eine Verkleinerung der Abbruchtoleranz für die Differenz zweier Funktionalwerte vorzunehmen.

9.2 Einige Begriffe und Lösungsmethoden zur optimalen Steuerung

Das Beispiel in Abschnitt 9.1 hat die typische Aufgabenstellung einer optimalen Prozeßsteuerung und einige Begriffe bereits erwähnt. Nachfolgend sollen zuerst die Begriffe definiert werden. Für weitergehendes Studium wird z.B. auf [9.2, 9.3] verwiesen.

9.2.1 Begriffe der optimalen Steuertheorie

Grundlage jeder optimalen Steuerung ist die den Prozeß beschreibende *Zustands- oder Prozeßgleichung*. Bei Strömungs- und Transportproblemen ist die Zustandsgleichung die entsprechende Differentialgleichung. Die abhängige Variable zu der Zustandsgleichung (d.h. ihre Lösung) heißt *Zustandsgröße*.

Die Anfangs- und/oder Randbedingungen der Zustandsgleichung sowie die in ihr möglicherweise auftretenden Quellterme können *Steuergrößen* enthalten, d.h. solche Größen, deren gezielte Veränderung die Zustandsgröße beeinflußt. Wenn man durch Steuergrößen in den Randbedingungen den Prozeß in optimaler Weise lenken will, spricht man von einer *Randsteuerung*. Ebenso kann die Aufgabe darin bestehen, eine optimale Anfangsbedingung (*Anfangswertsteuerung*) oder die optimale örtliche und/oder zeitliche Verteilung von Quellstärken (*Quellsteuerung*) zu ermitteln.

Der Sonderfall, daß die Koeffizienten der Zustandsgleichung (z.B. Wärmeleitfähigkeit, Geschwindigkeit, Abbauzahl o.ä.) in optimaler Weise ermittelt werden sollen, heißt *Parameteridentifikation* (Modelladaption, Modelleichung) und wird in Kapitel 10 behandelt.

Die Bezeichnung *optimale Steuerung* setzt voraus, daß in der Aufgabenstellung ein *Ziel- oder Gütefunktional* definiert ist, das in der Regel eine Extremalbedingung darstellt. Solche Zielfunktionale können in Abhängigkeit von der jeweils betrachteten physikalischen oder technischen Zielstellung Minimum- oder Maximumbedingungen für den Zeit-, Kosten- oder Energieaufwand bzw. gekoppelte Bedingungen sein.

Eine notwendige Bedingung für die physikalisch, technisch oder ökonomisch richtige Modellierung der Zielstellung besteht in der Forderung, daß das Zielfunktional einen oder mehrere Extremwerte besitzt und die Abhängigkeit von den Zustands- und Steuergrößen eindeutig determiniert ist. Die meisten technischen Steuerprobleme können nicht allein durch das Zielfunktional beschrieben werden, weil dadurch z.B. technisch oder physikalisch unmögliche Zustände nicht ausgeschlossen werden.

Das Zielfunktional kann durch *Nebenbedingungen* weiter spezifiziert werden. (s. Gleichung (9.4)), die jedoch keine Extremalbedingung darstellen, sondern in Gleichungen oder Ungleichungen ausdrückbar sind. (Nebenbedingungen sind keine "nebensächlichen", sondern "zusätzliche" Bedingungen an die Prozeßzielstellung.)

Ebenso ist es oft notwendig, an die zu ermittelnden Steuergrößen Forderungen zu stellen, die es ermöglichen, physikalisch, technisch oder ökonomisch nicht erwünschte oder nicht realisierbare Steuergrößen auszuschließen. Es wird deshalb ein zulässiger Bereich für die Steuergrößen (*zulässiger Steuerbereich*) definiert, aus dem die optimalen Steuergrößen zu ermitteln sind.

9.2.2 Bemerkungen zu Existenz und Eindeutigkeit optimaler Lösungen

Eine der Hauptaufgaben des noch jungen mathematischen Fachgebietes "Optimale Steuerung" ist die Klärung der Existenz (bzw. der Bedingungen für die Existenz) und der Eindeutigkeit von optimalen Lösungen. Für die Mehrzahl praktisch wichtiger Steueraufgaben sind die mathematischen Beweise für Existenz und Eindeutigkeit noch nicht geführt, und es liegt auch zumeist nicht im Bereich des für den Ingenieur oder Physiker Möglichen, solche Untersuchungen zu führen. Wir betrachten deshalb die Probleme von Existenz und Eindeutigkeit weniger vom Standpunkt des Mathematikers, sondern nutzen plausible Überlegungen des betreffenden Fachgebietes zu einer empirischen Bewertung von Existenz und Eindeutigkeit. Dabei kann vorausgesetzt werden, daß die Zustandsgleichung mit den Anfangs- und/oder Randbedingungen für alle zulässigen Steuergrößen determinierte Lösungen besitzt.

Dann hängt die Existenz einer *optimalen Lösung* nur von dem Zielfunktional und seinen möglichen Nebenbedingungen ab. Es erscheint eine sinnvolle Forderung an den Ingenieur oder Physiker zu sein, daß die von ihm formulierte Zielstellung so geartet sein muß, daß sie mindestens für einen diskreten Steuervektor existiert. Andernfalls kann man davon ausgehen, daß die Zielstellung physikalisch, technisch oder ökonomisch falsch formuliert wurde.

Die *Eindeutigkeit* einer optimalen Lösung ist für den Anwender eine ungleich wichtigere Frage, die jedoch auch wesentlich schwieriger festzustellen ist. Das Problem der Eindeutigkeit einer Optimallösung ist identisch mit der Fragestellung, ob das Zielfunktional einen globalen Extremwert (Minimum bzw. Maximum) besitzt, dessen zugehörige Steuergrößen die eindeutige Optimallösung darstellen. Ebenso können lokale Extremwerte auftreten, die suboptimale Lösungen darstellen.

Die Problematik kann sehr einfach für eine bzw. zwei Steuergrößen graphisch illustriert werden. Betrachtet man den einfachsten Fall nur einer Steuergröße β, dann ist das Zielfunktional

$$J = J[\beta]$$

mit einem typischen Verlauf nach Bild 9.4. Das globale oder absolute Minimum repräsentiert die optimale Steuergröße β_{opt}. Für einen gewissen Bereich U_{lokal} existiert in Bild 9.4 jedoch ein lokales Minimum mit $(\beta)_{lok.opt.}$, das auf eine völlig andere Lösung unseres Steuerproblems führen würde.

Für das zweidimensionale Steuerproblem (zwei Steuergrößen) läßt sich der Wertebereich des Zielfunktionals

$$J = J[\beta_1, \beta_2]$$

in Isolinien darstellen (s. Bild 9.5).

Das Bild 9.5a stellt die Linien gleichen Zielfunktionalwertes $J_1, J_2, ..., J_i$ dar, die sich um den Minimalwert J_0 scharen. Die Form der Isolinien zeigt die unterschiedliche Sensitivität des Funktionals bezüglich der Steuergrößen β_1 und β_2. Die Größe β_2 hat größeren Einfluß als β_1, und für beide Größen gilt, daß bei großen Zahlenwerten für β_1 und β_2 die Sensitivität geringer ist, wie die wachsenden Abstände zwischen den Isolinien zeigen.

Reale Steuerprobleme weisen zumeist ein zerklüftetes Bild auf, wie es in Bild 9.5b schematisch dargestellt ist. Die beste Vorstel-

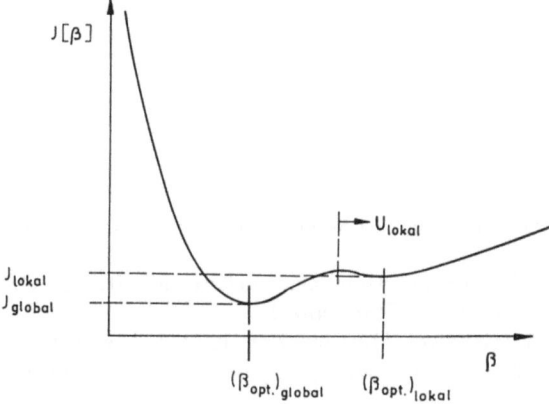

Bild 9.4. Verlauf eines Zielfunktionales J[β] beim eindimensionalen Steuerproblem

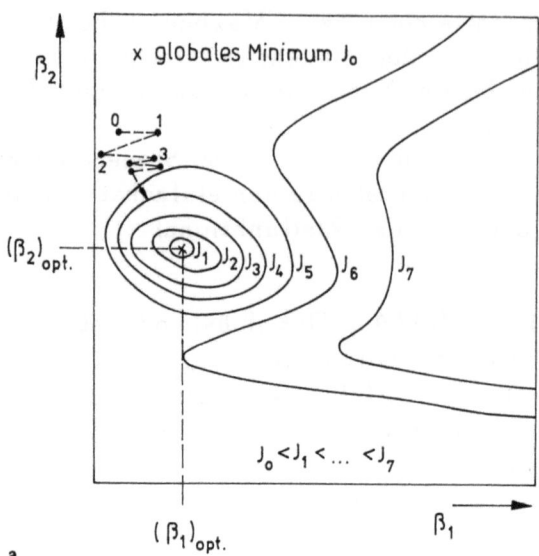

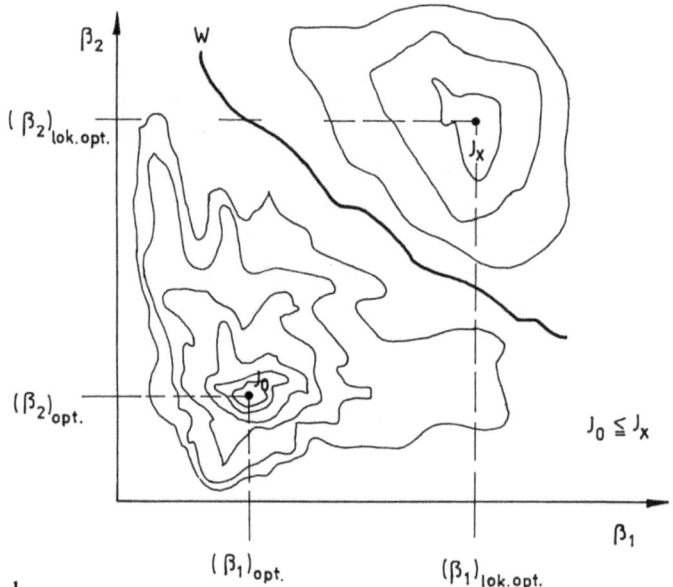

Bild 9.5. Verlauf eines Zielfunktionales $J[\beta_1,\beta_2]$ beim zweidimensionalen Steuerproblem
a) eindeutige Optimallösung in J_0 mit prinzipiellem Verlauf des Iterationsprozesses mittels Gradientenverfahren (0 – Startpunkt)
b) "zerklüftetes" Zielfunktional mit zwei Minima. Für $J_0 < J_x$ besitzt die Aufgabe eine eindeutige Optimallösung in J_0; für $J_0 = J_x$ liegt eine mehrdeutige Aufgabe vor.

lung verschafft das Bild einer zerklüfteten Hochgebirgslandschaft. In Bild 9.5b ist neben dem globalen Minimum J_0 noch ein lokales Minimum J_x dargestellt ($J_0 < J_x$); beide Minimalbereiche sind durch die Isolinie W ("Wasserscheide") getrennt.

Für die praktische Lösung von Steueraufgaben ist die Eindeutigkeit im mathematischen Sinne, d.h. die Existenz eines globalen Minimums (bzw. Maximums), in der Regel gegeben. Die größten Schwierigkeiten bereiten lokale Minima (bzw. Maxima), insbesondere die Feststellung, ob das ermittelte Minimum (bzw. Maximum) tatsächlich der globale Extremwert des Zielfunktionals ist.

9.2.3 Lösung von Steuerproblemen mit Suchverfahren

Die Bilder 9.4 und 9.5 weisen schon daraufhin, daß die Ermittlung von optimalen Steuergrößen so erfolgen kann, daß man im Raum, der durch die Steuergrößen und den Zielfunktionalwert aufgespannt wird, den Extremwert J_0 sucht. Mathematisch bedeutet dies, das Minimierungsproblem

$$J_0 = \underset{\beta_i}{\text{Min}} \left\{ J[\beta_i], \text{ mit Nebenbedingungen} \right\} \quad (9.12)$$
$$(\beta_i - \text{Steuergrößen}, i = 1, 2, ..., N)$$

zu lösen.

Dazu existiert eine Fülle von Verfahren; wir erwähnen hier nur Gradientenverfahren (siehe dazu auch Abschnitt 10.3), Least-Square-Methoden, Richtungs- und stochastische Suchverfahren und empfehlen unter vielen anderen die Literaturquellen [9.1, 9.4-9.7]. Auf der Diskette "Wärme- und Stofftransport" werden drei Methoden als FORTRAN-Programme angeboten, die sich aus der Fülle der Möglichkeiten als besonders vorteilhaft und robust erwiesen haben. Es sind dies
- das Verfahren des steilsten Abstiegs (Gradientenverfahren), [9.1, 9.6],
- das Gauß-Newton-Verfahren [9.4] (Algorithmus s. Anhang D),
- das Verfahren von Powell [9.1].

Die Verfahren unterscheiden sich im Programmieraufwand, im notwendigen Rechenaufwand und auch bezüglich Genauigkeit der Annäherung an das Minimum.

Nachfolgend sollen die drei Methoden kurz charakterisiert werden (siehe Tab. 9.2). Das Gradientenverfahren ist in Abschnitt 10.3 am Beispiel der Parameteridentifikation beschrieben, bezüglich der beiden anderen Verfahren wird auf die o.g. Literatur verwiesen.

Das *Verfahren des steilsten Abstiegs* (Gradientenverfahren) ist numerisch sehr einfach und robust. Es verhält sich wie ein Kind, das sich allein im dunklen Gebirgswald verlaufen hat und sich an die Worte der Eltern erinnert: "Laufe stets bergab, niemals bergauf!". Aus Bild 9.5b sieht man sofort, daß dieses Verfahren, in Abhängigkeit vom Startpunkt $(\beta_i)_{Start}$, in ein lokales Minimum laufen kann und sich aus diesem Bereich nicht mehr herausfindet.

Das Verfahren wird als effektiv eingeschätzt, wenn sich die Steuergrößen noch weit vom Optimum entfernt befinden, in der Regel also zu Beginn eines Suchprozesses. In Bild 9.5a ist ein solcher Suchprozeß in einzelnen Schritten eingezeichnet. Bereits nach der dritten Iteration ist der geringe Fortschritt des Verfahrens zu erkennen (Das Konvergenzverhalten entspricht einer rollenden Kugel in einer schwach geneigten Dachrinne, wenn die Kugel am steilsten Rand der Dachrinne freigelassen wird). Die Tabelle 9.2 faßt Vor- und Nachteile des Verfahrens verbal zusammen und enthält Empfehlungen.

Das *Gauß-Newton-Verfahren* berücksichtigt nicht nur den Funktionalverlauf im jeweiligen Berechnungspunkt (d.h. nicht nur Funktionalwert und -gradient), sondern auch Richtungsänderungen in der Umgebung des Berechnungspunktes. Es besitzt deshalb gegenüber dem Gradientenverfahren grundsätzlich bessere Konvergenzeigenschaften und eine wesentlich höhere Genauigkeit in der Ermittlung des Minimums. Vorbedingung ist jedoch, daß das Zielfunktional quadratischen Typs ist, d.h. ein Integral oder eine Summe von Abweichungsquadraten, wie in den Gl. (9.2) bzw. (9.11), dargestellt. Es ist eine bekannte Tatsache, daß das Verfahren in großer Entfernung vom Minimum divergieren kann, d.h. nicht dem Minimum zustrebt. Es ist deshalb sinnvoll, dem Gauß-Newton-Verfahren eine Suche in den Richtungen der einzelnen Steuergrößen voranzuschalten, deren bestes Ergebnis als Startpunkt für das Gauß-Newton-Verfahren benutzt wird (Algorithmus auf Diskette "Wärme- und Stofftransport"). Erfahrungsgemäß erweist sich das Verfahren dann als das beste (geringster Rechenzeitbedarf bei hoher Genauigkeit), wenn der jeweilige Startpunkt überhaupt zur Konvergenz führt.

Das *Powell-Verfahren* beginnt die Suche in den Koordinatenrichtungen, wobei in der jeweiligen Suchrichtung das lokale Minimum durch Einschachteln und anschließende fortlaufende Verbesserung einer parabolischen Näherung gefunden wird. Die Extrapolation der im letzten Iterationsschritt gefundenen optimalen Suchrichtung führt zu einem neuen Berechnungspunkt. Das Verfahren erfordert keine partiellen Ableitungen ("ableitungsfrei") und ist besonders

Tabelle 9.2. Charakterisierung von drei Minimierungsverfahren

	steilster Abstieg (Gradientenverfahren)	Gauß-Newton (mit Startpunktsuche)	Powell
Vorteile	– geringer Programmieraufwand – ständige Berechnung der Sensitivität (partielle Ableitungen des Funktionals)	– hohe Konvergenzgeschwindigkeit (rel. geringe Anzahl von Funktionalwerten erforderlich) – hohe Genauigkeit der Minimumsuche	– mittlere bis hohe Konvergenzgeschwindigkeit, auch in großer Entfernung vom Minimum, – nahezu keine Neigung zur Divergenz, – ableitungsfreies Verfahren – hohe Genauigkeit der Minimumsuche
Nachteile	– geringe Konvergenzgeschwindigkeit (große Anzahl von Funktionalwertberechnungen erforderlich) – vorzeitiger Abbruch des Verfahrens möglich bei stark unterschiedlichen Sensitivitäten	– relativ hoher Programmieraufwand, – nur anwendbar für quadratische Funktionale, – in großer Entfernung vom Minimum divergentes Verhalten	– hoher Programmieraufwand
empfehlenswert	– zur Einarbeitung in die Problematik – wenn die ersten partiellen Ableitungen des Funktionals analytisch berechenbar sind	– als Standardverfahren, – zum Abschluß eines Suchprozesses	– als Standardverfahren (wobei ein deutlich höherer Rechenzeitbedarf als bei Gauß-Newton zu beachten ist)
durchschnittl. erforderliche Anzahl von Funktionalwertberechnungen	100...1000	20...100	50...500

geeignet für solche Fälle, in denen partielle Ableitungen nicht analytisch zu berechnen sind. In Tabelle 9.2 sind die Eigenschaften des Verfahrens verbal charakterisiert.

Zusammenfassend wird eingeschätzt, daß die beschriebenen mathematischen Suchverfahren für die optimale Steuerung von Strömungs- und Transportprozessen geeignet sind. Als Standardverfahren werden wahlweise das Gauß-Newton- bzw. das Powell-Verfahren vorgeschlagen, wobei das Gauß-Newton-Verfahren die geringere Rechenzeit, jedoch die Gefahr der Divergenz bei ungünstigen Startparametern bietet. Das Powell-Verfahren erfordert wesentlich mehr Rechenzeit, neigt dafür aber auch bei schlechten Startparametern nur wenig zur Divergenz. Das Gradientenverfahren wird nur in Ausnahmefällen, z.B. bei Einarbeitung in das Fachgebiet, empfohlen.

Stochastische Suchverfahren ermöglichen die Berücksichtigung von beliebigen Formen zulässiger Steuerbereiche und sind prinzipiell in der Lage, das globale Minimum auch bei Vorhandensein lokaler Minima zu erreichen, unabhängig von der Lage des Startpunktes. Ein in [9.5, 9.7] angegebenes Verfahren untersucht innerhalb des zulässigen Steuerbereiches zufällig verteilte Steuergrößen und ermittelt daraus eine suboptimale Suchrichtung, die fortlaufend verbessert wird. Bei gleichen Genauigkeitsansprüchen erfordert dieses Verfahren wesentlich mehr Funktionalwertberechnungen als das Powell-Verfahren.

Abschließend sei bemerkt, daß alle bisher erwähnten Minimierungsverfahren von der Voraussetzung ausgehen, daß die Berechnung von einigen Hunderten Funktionalwerten auf dem jeweils verfügbaren Rechner in angemessener Zeit möglich ist. Das ist jedoch z.B. bei der Parameteridentifikation mehrdimensionaler Strömungsprobleme (siehe Kapitel 10) nicht mehr gegeben, weil jede Funktionalwertberechnung die numerische Lösung einer partiellen Differentialgleichung in zwei oder drei Ortskoordinaten erfordert. Für solche Fälle wird auf Abschnitt 10.4 verwiesen, in dem ein problemangepaßtes Gauß-Newton-Verfahren beschrieben wird.

9.3 Beispiel einer Prozeßsteuerung- Steuerung der Temperaturballigkeit von Walzen

9.3.1 Darstellung des mathematischen Modelles

Beim Kaltwalzen von Breitband (Blech), z.B. Stahl oder Aluminium, wird die in Bild 9.6 dargestellte Anordnung von Walzen benutzt.

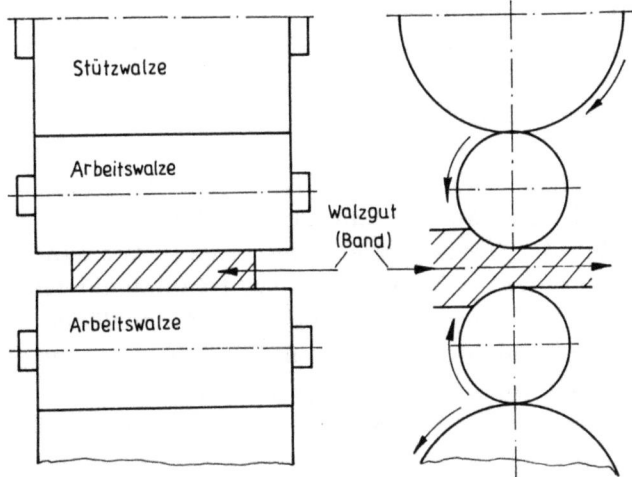

Bild 9.6. Prinzipskizze des Kaltwalzens von Breitband (Blech)

Die Untersuchung des Walzprozesses beinhaltet eine Vielzahl von mechanischen und thermischen Teilproblemen in der instationären (Anfahr- und Abbremsphase) und in der stationären Phase für die Arbeits- und Stützwalzen, das Walzgut und das Walzgerüst. Daran knüpfen sich Fragen der Bandebenheit, der Walzgutgefügestruktur, vielfältige technologische Fragen, um nur einige wenige Aspekte zu nennen.

Nun ist bekannt, daß auch mit höchst genau zylindrisch geschliffenen Arbeitswalzen kein hinreichend ebenes Band erzeugt werden kann, sondern es entstehen z.B. Randwellen oder Mittenwellen. Die Abweichungen des Bandprofils vom gewünschten rechteckigen Querschnitt entstehen hauptsächlich aus der Walzendeformation, die mechanische (z.B. Durchbiegung, Abplattung) und thermische (z.B. Wärmestrom Walzgut - Walze und Walze - Gerüst, Walzenkühlung) Ursachen hat.

Um doch ein hinreichend ebenes Band zu erzeugen, bedient man sich z.B. der Walzenrückbiegung, des Balligschliffes (Einsatz nicht genau zylindrischer Walzen) und mit zunehmenden Qualitätsanforderungen bzgl. Bandebenheit auch der Zonenkühlung.

Letztere besteht in Folgendem. In der Deformationszone des Walzgutes entsteht Wärme (z.B. Umformwärme des Walzgutes, Reibung Walze - Walzgut), die zum Teil in die Arbeitswalzen übergeht. Liegt in der Walze im unbeeinflußten Zustand das Temperaturfeld $T = T_a(r,z)$ vor, dann bewirkt die im Walzspalt entstehende Wärme eine Abänderung dieses konstanten Temperaturfeldes auf ein näherungsweise rotationssymmetrisches Temperaturfeld $T = T(r,z,t)$, was wiederum eine Gestalts- bzw. Konturänderung $V(z,t)$ der Arbeitswalzen hervorruft. Diese Konturänderung wirkt sich schließlich auf die Ebenheit des erzeugten Walzgutes aus. Zur Beeinflussung dieser Konturänderung werden die Arbeitswalzen mit einem Kühl- und Schmiermittel (im einfachsten Fall gleichmäßig verteilt über die Walzenlänge) beaufschlagt. Um zunehmenden Ebenheitsanforderungen an das erzeugte Band zu genügen, kann dieses Kühl- und Schmiersystem über die Walzenlänge in Zonen eingeteilt werden, wobei jeder Zone ihre eigene zugehörige Kühl- und Schmiermittelbeaufschlagung zugeordnet wird.

Es entsteht dann u.a. die Frage: Wie muß die dann z- und t-abhängige Kühl- und Schmiermittelverteilung über die Walzenlänge gewählt werden, um eine bestimmte gegebene Konturänderung $V(z,t)$ (und damit eine Walzspaltgeometrie, die das Entstehen eines hinreichend ebenen Bandes gewährleistet) zu erzeugen?

Als Beispiel für eine optimale Prozeßsteuerung kann die Beantwortung dieser Frage für den stationären Fall dienen [9.8].

Ergebnisse zum instationären Fall bietet [9.9]. Zur näherungsweisen Berechnung der thermischen Verhältnisse in einer Arbeitswalze kann folgendes mathematische Modell benutzt werden:
- Die Walze wird durch einen Körper repräsentiert, der bei der Temperatur $T = T_a$ die Gestalt eines geraden Kreiszylinders (Länge $2L$, Radius R) hat (s. Bild 9.7).

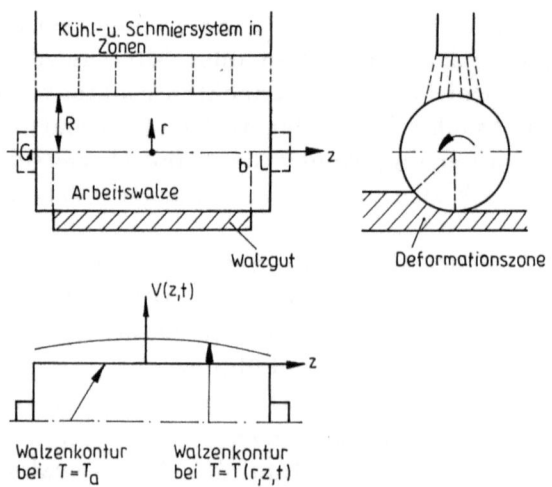

Bild 9.7. Geometrie der Arbeitswalze

- Zwischen den beiden durch $z > 0$ und $z < 0$ charakterisierten Hälften der Walze findet kein Wärmeaustausch statt. Es genügt die Betrachtung des Intervalls $0 < z < L$.
- Es findet nur Wärmeleitung statt (keine Konvektion, keine Strahlung).
- Der Körper ist homogen, isotrop und enthält keine inneren Wärmequellen.
- Die thermische Beeinflussung der Walze wird auf folgende Weise beschrieben (s. Bild 9.8):

Die auf den durch L und δ_K festgelegten Teil der Körpermantelfläche einwirkende Kühlintensität wird durch die Wärmeübergangsfunktion $\alpha^*(z)$ bei der Kühlmitteltemperatur T_K charakterisiert.

Der Wärmestrom Walze - Gerüst wird durch die Wärmeübergangszahl α_D bei der angrenzenden Temperatur T_a beschrieben.

Der Wärmestrom Walzgut - Walze durch den mittels L und δ_S festgelegten Teil der Körpermantelfläche wird durch die Wärmeübergangszahl α_S bei der Walzgutoberflächentemperatur $T_S(z)$ beschrieben.

An die außerhalb der Kühlzone und der Umformzone gelegenen Teile der Zylindermantelfläche grenzt die Temperatur T_a (Wärmeübergangszahl α_a) an.

Die durch T_a, α_a, $T_S(z)$, α_S, T_K, $\alpha^*(z)$ auf den angegebenen Bereichen der Körpermantelfläche charakterisierten thermischen Einflüsse auf den Zylinder werden ersetzt durch den Einfluß des gewogenen Temperaturmittelwertes

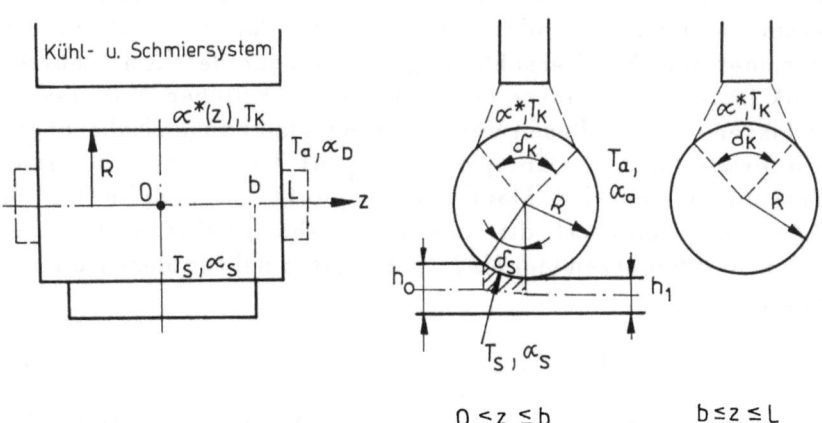

Bild 9.8. Geometrie und Parameter an der Arbeitswalze

$$u_R(z) = \begin{cases} \dfrac{\alpha^*(z)\delta_K T_K + \alpha_S \delta_S T_S(z) + \alpha_a (2\pi - \delta_K - \delta_S) T_a}{\alpha^*(z)\delta_K + \alpha_S \delta_S + \alpha_a (2\pi - \delta_K - \delta_S)} & \text{für } 0 \leq z \leq b \\ \dfrac{\alpha^*(z)\delta_K T_K + \alpha_a (2\pi - \delta_K) T_a}{\alpha^*(z)\delta_K + \alpha_a (2\pi - \delta_K)} & \text{für } b < z \leq L \end{cases} \quad (9.13)$$

auf die gesamte Mantelfläche des Körpers bei der mittleren Wärmeübergangszahl

$$\alpha(z) = \frac{1}{2\pi} \begin{cases} \alpha^*(z)\delta_K + \alpha_S \delta_S + \alpha_a (2\pi - \delta_K - \delta_S) & \text{für } 0 \leq z \leq b \\ \alpha^*(z)\delta_K + \alpha_a (2\pi - \delta_K) & \text{für } b \leq z \leq L \end{cases} \quad (9.14)$$

Die Aufgabenstellung für die Temperaturberechnung in der Walze lautet dann:

Bild 9.8

DG: $\dfrac{\partial^2 T}{\partial r^2} + \dfrac{1}{r}\dfrac{\partial T}{\partial r} + \dfrac{\partial^2 T}{\partial z^2} = 0$

RB: $\dfrac{\partial T}{\partial z} = -k(T - T_a)$ bei $z = L$, $0 \leq r \leq R$

$\dfrac{\partial T}{\partial z} = 0$ bei $z = 0$

$\dfrac{\partial T}{\partial r} = -h(z)(T - u_R(z)) = f(z)$ bei $r = R$, $0 \leq z \leq L$

$|T(r,z)| < \infty$ bei $r = 0$

mit $k = \dfrac{\alpha_D}{\lambda}$, $h(z) = \dfrac{\alpha(z)}{\lambda}$ und $\int\limits_0^L f^2(z)\,dz < \infty$ \hfill (9.15)

Wird in einem endlichen, homogenen, isotropen, geraden Kreiszylinder (Radius R, Länge L) mit dem konstanten Temperaturfeld $T = T_a$ dieses Temperaturfeld auf $T = T(r,z)$ abgeändert, genügen die Verschiebungen in r- und in z-Richtung der Punkte des Zylinders den thermoelastischen Verschiebungsgleichungen der Kontinuumsmechanik [9.10, 9.11]. Unter bestimmten zusätzlichen Voraussetzungen lassen sich aus diesen Verschiebungsgleichungen Näherungsformeln für die durch den Übergang $T = T_a$ auf $T = T(r,z)$ verursachten Verschiebungen der Mantelflächenpunkte des Zylinders in r-Richtung ableiten [9.9], die dann die zugehörige Konturänderung darstellen. Wir benutzen hier als Näherungsformel für diese Konturänderung:

$$V(z) = \frac{2\alpha_T}{R} \int\limits_0^R r(T(r,z) - T_a)\,dr \quad (9.16)$$

(α_T – lineare Wärmeausdehnungszahl des Walzenmaterials). Die Verschiebungen in z-Richtung werden vernachlässigt.

Das Steuerproblem besteht in folgendem: Wie muß die durch $\alpha^*(z)$ charakterisierte Kühlintensitätsverteilung gewählt werden, um eine gegebene gewünschte Konturänderung $V_0(z)$ ("thermische Balligkeit")

$$V(z) = V(\alpha^*(z)) = V_0(z) \tag{9.17}$$

der Walze zu erzeugen? Dabei sollen keine Restriktionen an die Steuergröße $\alpha^*(z)$ gestellt werden.

9.3.2 Lösung des Steuerproblems

Zunächst muß die Randwertaufgabe (9.15) gelöst werden. Mit Hilfe der Fourierschen Methode (s. Abschn. 2.2) ergibt sich die Lösung zu

$$T(r,z) = T_a + \sum_{m=1}^{\infty} \frac{1}{\rho_m I_1(\rho_m R)} f_m I_0(\rho_m r) \varphi_m(z) \tag{9.18}$$

Dabei sind
- ρ_m ($m = 1, 2, \ldots$): die nach wachsender Größe geordneten Lösungen der Eigenwertgleichung

$$\cot(\rho L) = \frac{\rho}{k} \tag{9.19}$$

- $\varphi_m(z)$ ($m = 1, 2, \ldots$): die zugehörigen Eigenfunktionen

$$\varphi_m(z) = \left(\frac{2(k^2 + \rho_m^2)}{(k^2 + \rho_m^2)L + k} \right)^{\frac{1}{2}} \cos(\rho_m z) \tag{9.20}$$

- f_m ($m = 1, 2, \ldots$): die Fourier-Koeffizienten von $f(z)$ bezüglich des Eigenfunktionensystems $\{\varphi_m(z)\}_{m=1,2,\ldots}$

$$f_m = \int_0^L f(z) \varphi_m(z) \, dz \tag{9.21}$$

Denkt man sich in (9.15) an Stelle der Randbedingung bei $r = R$ die Randwerte $T(R,z)$ vorgegeben, so ist $T(r,z)$ ebenfalls mittels der Fourierschen Methode darstellbar in der Form

$$T(r,z) = T_a + \sum_{m=1}^{\infty} \frac{1}{I_0(\rho_m R)} (T_m - T_a k_m) I_0(\rho_m r) \varphi_m(z) \tag{9.22}$$

mit

$$\left. \begin{array}{l} T_m = \int_0^L T(r,z) \varphi_m(z) \, dz \quad (m = 1, 2, \ldots), \\ k_m = \int_0^L \varphi_m(z) \, dz \quad (m = 1, 2, \ldots). \end{array} \right\} \tag{9.23}$$

Aus (9.18) und (9.22) folgt nun:

$$T(R,z) - T_a = \sum_{m=1}^{\infty} \frac{I_0(\rho_m R)}{\rho_m I_1(\rho_m R)} f_m \varphi_m(z)$$

$$= \sum_{m=1}^{\infty} (T_m - T_a k_m) \varphi_m(z) \qquad (9.24)$$

und daraus durch Koeffizientenvergleich:

$$T_m = T_a k_m + f_m \frac{I_0(\rho_m R)}{\rho_m I_1(\rho_m R)} \, . \qquad (9.25)$$

Jetzt wird die Gleichung für $f(z)$ in (9.15) benutzt und dort $f(z)$ und $T(R,z)$ nach $\{\varphi_m(z)\}_{m=1,2,\ldots}$ entwickelt (Fourier-Koeffizienten nach Gleichung (9.21) und (9.23)):

$$-h(z)\left[\sum_{m=1}^{\infty} T_m \varphi_m(z) - u_R(z)\right] = \sum_{j=1}^{\infty} f_j \varphi_j(z) \qquad (9.26)$$

Entwickeln der linken Seite von (9.26) nach $\{\varphi_m(z)\}_{m=1,2,\ldots}$ ergibt:

$$-\sum_{m=1}^{\infty} T_m \sum_{j=1}^{\infty} \left[\int_0^L \left(h(\xi)\varphi_m(\xi)\varphi_j(\xi)\right)d\xi\right] \varphi_j(z)$$
$$+\sum_{j=1}^{\infty} \left[\int_0^L \left(h(\xi)u_R(\xi)\varphi_j(\xi)\right)d\xi\right] \varphi_j(z) = \sum_{j=1}^{\infty} f_j \varphi_j(z). \qquad (9.27)$$

Mit den Bezeichnungen

$$\left.\begin{array}{l} h_{jm} = \int_0^L \left(h(\xi)\varphi_m(\xi)\varphi_j(\xi)\right)d\xi \quad (j,m = 1, 2, \ldots), \\[2mm] h_j^u = \int_0^L \left(h(\xi)u_R(\xi)\varphi_j(\xi)\right)d\xi \quad (j,m = 1, 2, \ldots) \end{array}\right\} \qquad (9.28)$$

ergibt (9.27) mit (9.25) durch Koeffizientenvergleich folgendes unendliche, lineare, algebraische Gleichungssystem für die Zahlen f_m ($m = 1, 2, \ldots$):

$$\boxed{\sum_{m=1}^{\infty} \frac{I_0(\rho_m R)}{\rho_m I_1(\rho_m R)} h_{jm} f_m + f_j = h_j^u - T_a \sum_{m=1}^{\infty} k_m h_{jm}}$$
$$(j = 1, 2, \ldots) \qquad (9.29)$$

Einsetzen der aus (9.29) gewonnenen Folge $\{f_m\}_{m=1,2,\ldots}$ in (9.18) ergibt das gesuchte Temperaturfeld $T(r,z)$.

Um das Steuerproblem zu lösen, hat man $T(r,z)$ in der Form (9.18) in Gl.(9.16) einzusetzen, um das Ziel der Steuerung zu erfüllen:

$$V(z) = \frac{2\alpha_T}{R} \int_0^R r \sum_{m=1}^{\infty} \frac{1}{\rho_m I_1(\rho_m R)} f_m I_0(\rho_m r) \varphi_m(z)\, dr = V_0(z) \tag{9.30}$$

Gliedweise Integration (die gleichmäßige Konvergenz der Reihe in (9.30) läßt sich analog zu [9.8] zeigen) ergibt mit

$$\int_0^R r\, I_0(\rho_m r)\, dr = \frac{R}{\rho_m} I_1(\rho_m R)$$

die Gleichung:

$$2\alpha_T \sum_{m=1}^{\infty} \frac{1}{\rho_m^2} f_m \varphi_m(z) = \sum_{m=1}^{\infty} v_{0m} \varphi_m(z) \tag{9.31}$$

Hierbei wurde vorausgesetzt, daß die Zielgröße $V_0(z)$ nach $\{\varphi_m(z)\}_{m=1,2,...}$ entwickelt wurde, wobei die Fourier-Koeffizienten v_{0m} ($m = 1, 2, ...$) entstehen. Koeffizientenvergleich in (9.31) ergibt die Zahlenfolge $\{f_m\}_{m=1,2,...}$ zu

$$f_m = \frac{1}{2\alpha_T} \rho_m^2 v_{0m} \quad (m = 1, 2, ...) \tag{9.32}$$

Hier wird ersichtlich, daß das Steuerproblem nicht für beliebige $V_0(z)$ lösbar ist, sondern nur für solche $V_0(z)$, deren Fourier-Koeffizientenfolge v_{0m} ($m = 1, 2, ...$) hinreichend stark gegen Null geht, so daß gilt:

$$\sum_{m=1}^{\infty} \rho_m^4 v_{0m}^2 < \infty . \tag{9.33}$$

Dann ist die Folge $\{f_m\}_{m=1,2,...}$ in (9.32) als Fourier-Koeffizientenfolge bzgl. $\{\varphi_m(z)\}_{m=1,2,...}$ der Funktion $f(z)$ interpretierbar und man erhält

$$f(z) = -h(z)\bigl(T(R,z) - u_R(z)\bigr) = \sum_{m=1}^{\infty} f_m \varphi_m(z) \tag{9.34}$$

Mit den Gleichungen (9.18) für $T(R,z)$, (9.14) und (9.15) für $h(z)$ und (9.13) für $u_R(z)$ läßt sich die gesuchte Steuergröße $\alpha^*(z)$ berechnen. Die Steuergröße $\alpha^*(z)$ (Wärmeübergangsfunktion in den Kühlzonen) ist damit genau so bestimmt, daß nach der Zielstellung (9.17) die thermische Balligkeit der Walze $V(z)$ den gewünschten Verlauf annimmt.

9.3.3 Anwendung

Als ein typisches Beispiel wird die Steuerung der Kühlung der Arbeitswalzen beim Walzen von schmalem Feinblech dargestellt. Die Tabelle 9.3 stellt die Zahlenwerte zusammen.

Wir betrachten zunächst die direkte Aufgabe, bei der mit vorgegebenen Daten nach Tab. 9.3 und der die Kühlintensitätsverteilung charakterisierenden Wärmeübergangsfunktion $\alpha^*(z)$ (s. Bild 9.9) das Temperaturfeld $T(r,z)$ in der Walze im stationären Arbeitszustand sowie die zugehörige Konturänderung zu berechnen ist, die sich ergibt, wenn das ursprünglich konstante Temperaturfeld $T = T_a$ auf das durch die oben genannten Größen induzierte Temperaturfeld $T = T(r,z)$ abgeändert wird.

Dann sind zu berechnen: $u_R(z)$ nach (9.13), $\alpha(z)$ nach (9.14) und $h(z)$ nach (9.15). Zur Lösung der Randwertaufgabe (9.15) sind die Eigenwerte ρ_m ($m = 1, ..., M$) nach (9.19) und die Zahlen $h_{j,m}$ und h_j^u nach (9.28) ($j, m = 1, ..., M$) zu berechnen. Eine dem Ingenieur ausreichende Genauigkeit wird für $M = 10$ bis 20 erreicht. Wir wählen $M = 15$ und lösen das Gleichungssystem (9.29). Mit der Lösung ($f_1, ..., f_M$) des Systems (9.29) ist $T(r,z)$ nach (9.18) in jedem beliebigen Punkt (r,z) mit $0 \le r \le R$ und $0 \le z \le L$ berechenbar. Die berechneten Temperaturen für $r = 0$ (Achse), $r = 0{,}04$m und

Tabelle 9.3. Ausgangsdaten für ein praktisches Beispiel der Steuerung der Temperaturballigkeit einer Walze (siehe auch Bild 9.8)

Walzenlänge	$2L = 0{,}5$ m
Walzendurchmesser	$2R = 0{,}16$ m
Walzbandbreite	$2b = 0{,}4$ m
Umgebungstemperatur	$T_a = 30$ °C
Kühlmitteltemperatur	$T_K = 25$ °C
Temperatur im Walzspalt	$T_S(z) = 180$ °C = konst.
Winkel des Kühlmittelaufschlages	$\delta_K = 0{,}53$ ($\hat{=} 30°$)
Kontaktwinkel Walzgut-Walze	$\delta_S = \arccos\left(1-(h_o-h_1)/2R\right)$
	($h_o = 2$mm, $h_1 = 1{,}4$mm)
	$\delta_S = 0{,}087$ ($\hat{=} 5°$)
Wärmeleitfähigkeit des Walzenmaterials	$\lambda = 40{,}7$ Wm^{-1}K^{-1}
linearer Temperaturausdehnungskoeffizient	$\alpha_T = 1{,}2\cdot 10^{-5}$ K^{-1}
Wärmeübergangszahlen	
- Walze - Umgebung (Walzgerüst)	$\alpha_a = \alpha_D = 93$ W m^{-2}K^{-1}
- Walzgut - Walze	$\alpha_S = 11630$ W m^{-2}K^{-1}

Wärmeübergangsfunktion $\alpha^*(z)$ nach Bild 9.9

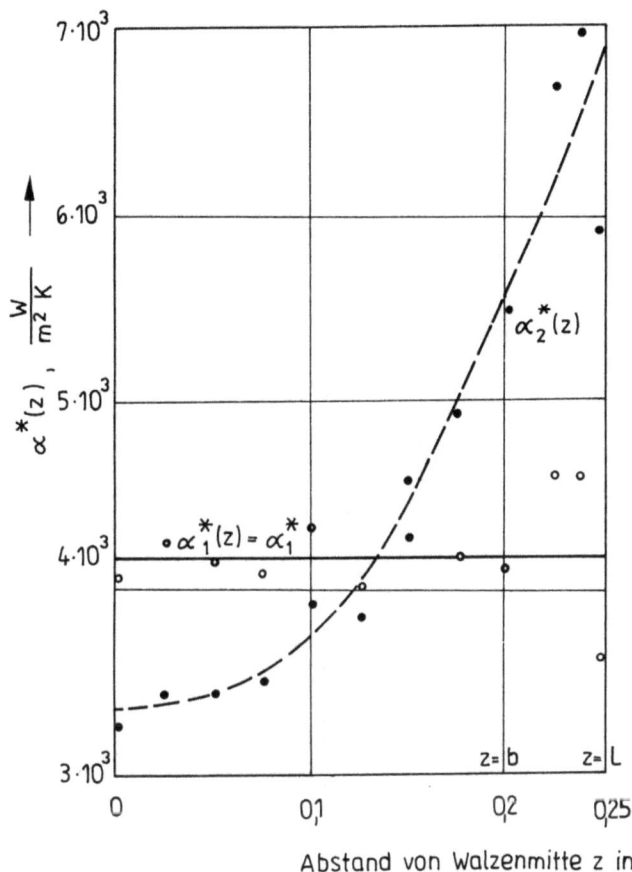

Bild 9.9. Wärmeübergangsfunktion $\alpha^*(z)$ im Kühl- und Schmierbereich der Walze
o o o o o Ergebnisse der optimalen Steuerung von $\alpha_1^*(z)$
········ Ergebnisse der optimalen Steuerung von $\alpha_2^*(z)$

$r = 0,08\,\text{m}$ (Zylindermantel) (jeweils für $0 \le z \le L$) sind aus Bild 9.10 ersichtlich.

Die zu den angegebenen Daten gehörende Konturänderung der Walze wird näherungsweise nach Gleichung (9.16) berechnet. Das zu $\alpha_1^*(z)$ bzw. $\alpha_2^*(z)$ gehörende numerische Resultat $V(z)$ ist in Bild 9.11 graphisch dargestellt.

Nunmehr soll die Lösung des Steuerproblems (inverse Aufgabe) erläutert werden. Zur Illustration betrachten wir die Konturänderung $V_0(z) = V_1(z)$ bzw. $V_0(z) = V_2(z)$ entsprechend Bild 9.11 als gegeben und fragen nach der Funktion $\alpha^*(z)$, die (unter Benutzung der Daten in Tab. 9.3) diese gegebenen Konturänderungen erzeugen.

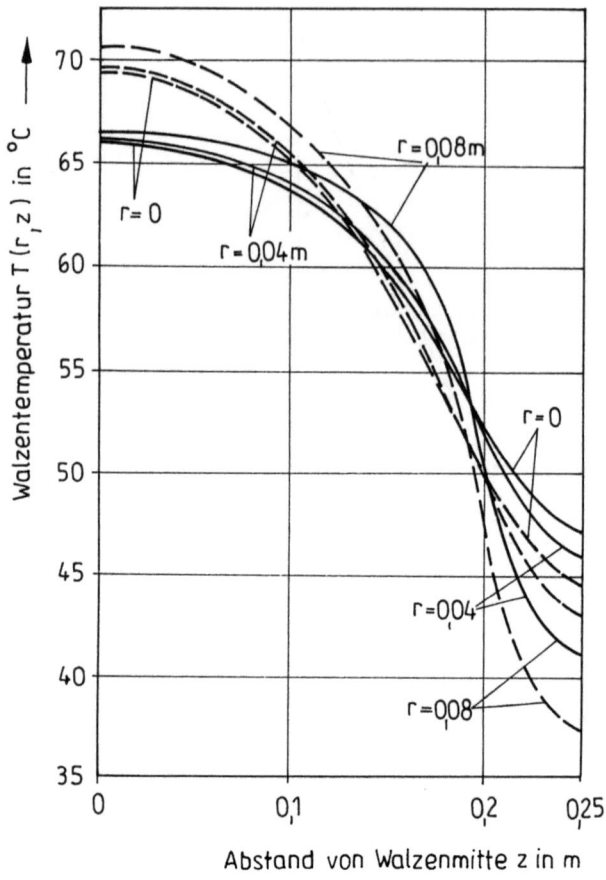

Bild 9.10. Stationäre Temperaturverteilung über der Walzenlänge bei $r = 0$ (Achse), $r = 0,04$ m und $r = 0,08$ m (Walzenoberfläche)
———— mit der Wärmeübergangsfunktion $\alpha_1^*(z)$
– – – – mit der Wärmeübergangsfunktion $\alpha_2^*(z)$

Zur numerischen Lösung dieses inversen Problems entwickelt man $V_0(z)$ nach den Funktionen $\{\varphi_m(z)\}_{m=1,2,\ldots,N}$ und erhält die Zahlenfolge

$$v_{0m} = \int_0^L V_0(z)\varphi_m(z)\,dz \quad (m = 1, 2, \ldots, N). \tag{9.35}$$

Bei dem betrachteten Beispiel hat sich $N = 13$ als günstig erwiesen. Bei der Integration in (9.35) ist zu beachten, daß der Integrand mit wachsendem m zunehmend oszilliert.

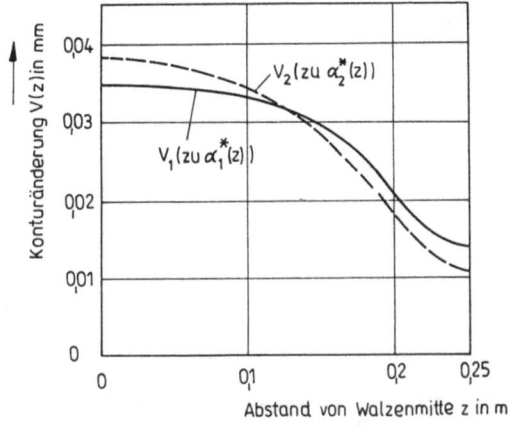

Bild 9.11. Änderung der Walzenkontur über der Walzenlänge

Mit den Zahlen v_{0m} ($m = 1, ..., N$) erhält man aus (9.32) eine Folge f_m ($m = 1, ..., N$) und damit aus (9.34) eine Funktion $f(z)$. Einsetzen von $f(z)$ sowie $h(z)$, $T(R,z)$ und $u_R(z)$ in die Randbedingung bei $r = R$ der Aufgabenstellung (9.15) und Auflösen nach $\alpha^*(z)$ ergibt die gesuchte Wärmeübergangsfunktion $\alpha^*(z)$.

Die Ergebnisse des Steuerproblems für die beiden Zielfunktionen $V_0(z) = V_1(z)$ und $V_0(z) = V_2(z)$ (s. Bild 9.11) sind als Punkte in Bild 9.9 eingetragen. Sie zeigen, daß der erforderliche Verlauf der Kühlintensitätsverteilung in beiden Fällen prinzipiell richtig ermittelt wird. Wie bei allen inversen Aufgaben ist das Ergebnis numerisch sensibel; die Punkte streuen um die exakte Lösung. Es liegt auf der Hand, diese Streuung der Steuergröße $\alpha^*(z)$ zu minimieren, indem als Zielfunktional anstatt Gl. (9.17) folgende Forderung gestellt wird:

$$J\left[\alpha^*(z)\right] = \sum_{i=1}^{K} \left(V(z_i) - V_0(z_i)\right)^2 \to \text{Min.!} \qquad (9.36)$$

Diese Aufgabe kann mit Hilfe eines der in Abschnitt 9.2 erläuterten Suchverfahren gelöst werden.

10 Parameteridentifikation

Die Ermittlung von Kenngrößen von Strömungs- und Transportvorgängen aus einem gemessenen Prozeßverlauf ist eine Aufgabe, die immer wieder vor dem Ingenieur und Physiker steht, wenn er den Verlauf eines Prozesses verstehen und beeinflussen will. Solche Kenngrößen können die Wärmeleitfähigkeit, Durchlässigkeit oder das Speichervermögen eines Feststoffes, die Intensität von Quellen oder Senken, die Abbauzahl oder Wechselwirkungsparameter eines Fluid-Feststoffsystems u.a. sein. Wie im Kapitel 9 bereits erläutert, kann man das Problem als optimale Steueraufgabe betrachten, wobei das Zielfunktional die Übereinstimmung von berechnetem und gemessenem Prozeßverlauf bewerten muß. Diese Problemstellung wird deshalb oft auch als optimale Parametersteuerung, Koeffizientenanpassung (Fitting) oder Modelleichung bezeichnet. Mathematisch gesehen ist sie eine inverse Aufgabe oder Umkehraufgabe.

Die zu ermittelnden Parameter stellen Koeffizienten der Prozeßgleichung bzw. ihrer Randbedingungen dar. Da diese Koeffizienten gewöhnlich mit den Ableitungen der Zustandsgröße u verbunden sind, ist ihre Bestimmung i.a. sehr schwierig. Wenn man zuläßt, daß diese Koeffizienten der Prozeßgleichung auch den Wert Null annehmen können, beinhaltet die Parameteridentifikation sogar eine Identifikation des Typs der Prozeßgleichung, d.h. eine Identifikation der systembeschreibenden Gleichung (Systemidentifikation).

Nachfolgend werden nur Lösungen für die Parameteridentifikation bei vorgegebem Typ der Prozeßgleichung behandelt. Dazu haben sich zwei grundsätzliche Möglichkeiten bewährt:
- Die graphisch-analytische Parameterermittlung basiert stets auf einer analytischen Lösung des jeweiligen Strömungs- bzw. Transportproblems und erfordert eine graphische Darstellung des Prozeßverlaufes mit dem Ziel, einen geradlinigen Verlauf zu erhalten (Geradenverfahren). Sofern die Lösung nicht in Form einer Geraden, sondern nur durch typische (dimensionslose) Kurven gra-

phisch darstellbar ist, nutzt man diese Kurven häufig auch für die Parameterermittelung, indem Meßwertverlauf und typische Kurven nach Augenmaß oder besser mit Hilfe eines Computers verglichen werden (Typkurvenverfahren).
- Die Parameterbestimmung mit Suchverfahren entspricht der Methode bei der Prozeßsteuerung, sie erfordert immer den Einsatz von Rechentechnik.

Im Abschnitt 3.5 wurde die graphisch-analytische Parameterbestimmung bereits für die Ermittelung von Stoffabbaukoeffizienten benutzt.

Nachfolgend wird ein typisches Identifikationsproblem des Stoffaustausches dargestellt.

10.1 Graphisch-analytische Parameterbestimmung (Geradenverfahren)

In einem Laborversuch soll die Adsorption in einem Aktivkohleadsorber untersucht werden. Dazu wird ein mit Aktivkohle gefüllter zylindrischer Reaktor mit schadstoffbeladenem Wasser durchströmt und am Auslauf des Reaktors die zeitabhängige Konzentration gemessen (Bild 10.1). Daraus sollen der Henry-Verteilungskoeffizient k_1 und der Diffusions- bzw. Dispersionskoeffizient D bestimmt werden.

Die theoretischen Grundlagen sind im Abschnitt 6.5.2 dargelegt. Die Gl. (6.130) ist die Transportgleichung bei einem Stoffaustausch nach der Henry-Isotherme.

Die Parameterbestimmung soll unter der Zielstellung erfolgen, daß die berechneten Konzentrationen $u(x,t)$ bestmöglich mit den Meßwerten $u_M(x,t)$ übereinstimmen. Als Zielfunktion wird der aus der Gaußschen Fehlerquadratsumme berechenbare mittlere quadratische Fehler der Konzentration u definiert:

$$\left. \begin{array}{l} J = \sum_{i=1}^{N} \left(u(x,t_i) - u_M(x,t_i) \right)^2 \\ f = \sqrt{\dfrac{J}{N-1}} \longrightarrow \text{Minimum} \end{array} \right\} \quad (10.1)$$

(N - Anzahl der Meßwerte). Die Parameter D und k_1 dürfen aus physikalischen Gründen nicht negativ werden, darüberhinaus ist $D > 0$. Zu Beginn des Versuches ist die Konzentration $u = 0$. Zur Zeit $t = 0$ beginnt die Durchströmung des Reaktors mit Wasser der Konzentration $u_0 = $ konst. über die gesamte Versuchsdauer.

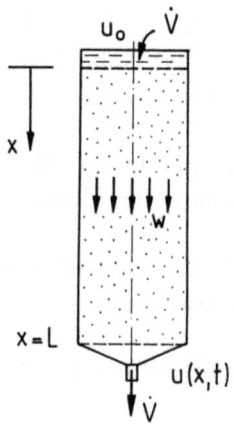

Bild 10.1. Durchflußversuch an einem Aktivkohleadsorber

Die Problematik der Randbedingungen bei $x = L$ wurde im Abschnitt 1.9.2 behandelt. Der Vergleich von Lösungen mit Transmissionsrandbedingung bei $x = L$ mit solcher in einem unendlich ausgedehntem Gebiet, wie ihn Bild 6.26 zeigt, belegt den geringen Einfluß der Randbedingung bei $x = L$ bei dominierender Konvektion, d.h. bei großen Peclet-Zahlen. Es ergibt sich so die folgende Aufgabenstellung für die Parameteridentifikation:

DG: $D \dfrac{\partial^2 u}{\partial x^2} - w \dfrac{\partial u}{\partial x} = R \dfrac{\partial u}{\partial t}$ Bild 10.1

mit $R = 1 + \dfrac{1-S}{S} k_1$

AB: $u = 0$ für $t = 0$ und $x > 0$

RB: $u = u_0$ bei $x = 0$ und $t > 0$

$|u| = u_L < \infty$ bei $x = \infty$ und $t > 0$

Zielfunktional:

$$J[D, k_1] = \sum_{i=1}^{N} \left(u(x, t_i, D, k_1) - u_M(x, t_i) \right)^2 \longrightarrow \text{Minimum}$$

Zulässiger Steuerbereich: $0 < D < \infty$
$0 \le k_1 < \infty$ (10.2)

Dabei ist D der wirksame Dispersionskoeffizient, w die mittlere Fließgeschwindigkeit in den Poren des Adsorbers

$$w = \dfrac{\dot V}{A S}$$

($\dot{V}$ - Volumenstrom, A - Reaktorquerschnittsfläche, $S = n$ = Porosität). Die Aufgabenstellung entspricht der Aufgabe (6.1). Als Lösung wählen wir die Näherung (6.5)

$$u(x,t) = \frac{u_0}{2} \operatorname{erfc} \frac{x - wt/R}{\sqrt{4Dt/R}}$$

Zur graphischen Bestimmung der Parameter D und R wird diese Gleichung umgeformt zu

Bild 10.2

$$\sqrt{t} \ \operatorname{inv} \operatorname{erfc} \frac{2u(x,t)}{u_0} = \frac{x}{2\sqrt{D/R}} - \frac{w}{2\sqrt{D \cdot R}} t \qquad (10.3)$$

Dabei bedeutet das Symbol inv erfc die Inverse der komplementären Fehlerfunktion, d.h.

$$\eta = \operatorname{erfc} \xi \implies \xi = \operatorname{inv} \operatorname{erfc} \eta.$$

Die inverse komplementäre Fehlerfunktion kann entweder "rückwärts" aus einer Tabelle der komplementären Fehlerfunktion erfc ξ abgelesen werden oder es werden mit Hilfe der Programme ZERO und ERFC die Nullstellen ξ der Funktion $f = \operatorname{erfc} \xi - \eta$ für die verschiedenen η berechnet (s. Diskette "Wärme- und Stofftransport").

Aus Gl. (10.3) ist ersichtlich, daß bei der graphischen Darstellung als

Abszisse: t, Ordinate: $\sqrt{t} \ \operatorname{inv} \operatorname{erfc} \frac{2u_M(x,t)}{u_0}$

sich eine Gerade mit der Nullstelle t_0 und einer Neigung m ergeben muß:

$$t_0 = \frac{xR}{w}, \ m = \frac{w}{2\sqrt{DR}}. \qquad (10.4)$$

In Tabelle 10.1 und Bild 10.2 ist ein typisches Laborergebnis in dieser Art dargestellt und führt auf das Ergebnis

Nullstelle: $t_0 = 28{,}2 \cdot 10^3$ s, Neigung: $m = 0{,}0124$ s$^{-1/2}$.

Aus den beiden Gleichungen (10.4) ergibt sich

$$R = \frac{w}{x} t_0, \ D = \frac{wx}{4 t_0 m^2} \qquad (10.5)$$

Mit $x = 100$ cm (Probenlänge) und $w = 1$ cm/min berechnet man $R = 4{,}7$ und $D = 9{,}61 \cdot 10^{-6}$ m^2/s, woraus sich mit $S = 0{,}35$ der Verteilungskoeffizient $k_1 = 1{,}992$ ergibt.

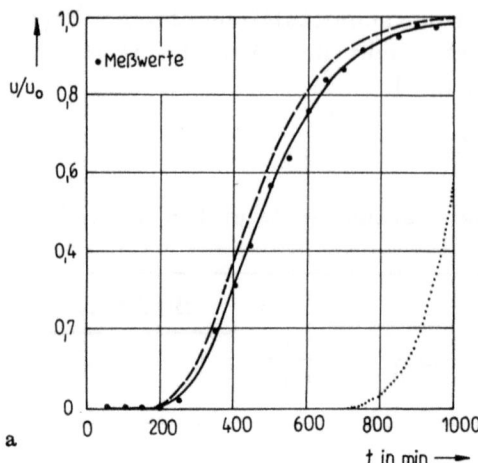

a

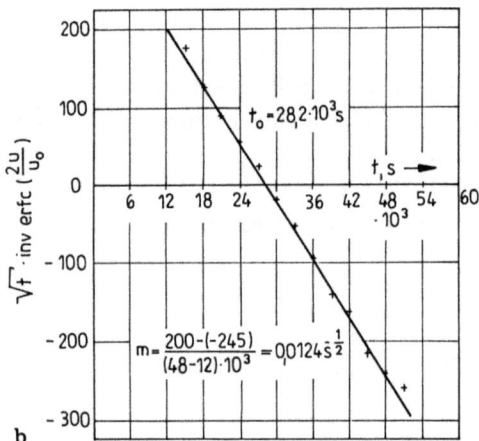

b

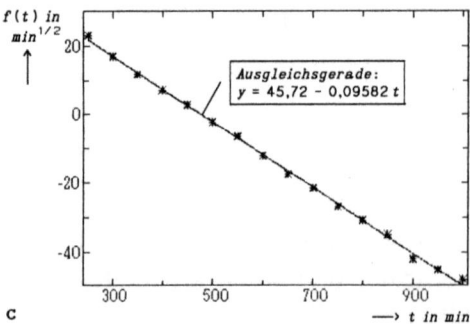

c

Das Bild 10.2b macht deutlich, daß der graphische Fehlerausgleich schnell und sicher ist und darüberhinaus auch sofort ein Gefühl für die Güte des Fehlerausgleichs vermittelt. Die Festlegung der bestmöglichen Geraden zeigt auch die Sensivität der Ergebnisse. Nach der Ausgleichsgeraden in Bild 10.2b kann t_0 im Bereich von $27,5 \cdot 10^3$ s bis $29 \cdot 10^3$ s schwanken, die Neigung m von 0,0117 bis 0,0127. Damit beträgt die Streubreite der Ergebnisse

$$k_1 = 1,992 \pm 0,07 \ , \quad D = (9,61 \pm 1,05) \cdot 10^{-6} \ \text{m}^2/\text{s}.$$

Tabelle 10.1. Meßwerte eines Adsorptionsversuches nach Bild 10.1.
Zahlenwerte: $Q = 1,35$ cm^3/s, $A = 232,0$ cm^2, $S = 0,35$,
$x = L = 100$ cm, $u_0 = 10,0$ mg/l.

t, min	50	100	150	200	250	300	350	400	450	500
u_M, mg/l	0	0	0	0	0,2	0,9	1,9	3,1	4,2	5,7
t, min	550	600	650	700	750	800	850	900	950	1000
u_M, mg/l	6,4	7,6	8,4	8,7	9,2	9,4	9,5	9,8	9,8	10,0

Graphisch-analytische Parameterbestimmung mit Hilfe eines Personalcomputers: Das eben beschriebene Verfahren kann wesentlich effektiver mit Hilfe von Standardsoftware zur Meßwerterfassung und Meßwertanalyse auf Personalcomputern durchgeführt werden.

In einem ersten Schritt werden mit Hilfe einer selbstprogrammierten Routine unter Nutzung der Programme ZERO und ERFC, die auf der Diskette "Wärme- und Stofftransport" zu finden sind,

---

◀ **Bild 10.2.** Ergebnisse der Parameteridentifikation
a) Vergleich der Meßwerte (·) mit der berechneten Kurve mit Verwendung der graphisch-analytisch bestimmten Parameter und der berechneten Kurve unter Benutzung des Powell- bzw. des Gauß-Newton-Verfahrens
······ mit den Startparametern berechnet,
– – – – mit dem vom Geradenverfahren bestimmten Parametern berechnet,
———— mit dem vom Powell- und Gauß-Newton -Verfahren bestimmten Parametern berechnet
b) Geradenverfahren
c) Geradenverfahren mit PC ($f(t) = \sqrt{t}$ inv erfc $\dfrac{2u(x,t)}{u_0}$)

die Werte der Tabelle 10.1 eingegeben und in der Form (10.3),

$$t \text{ und } \sqrt{t} \text{ inv erfc } \frac{2 u_M(x,t)}{u_0}$$

als Datei auf Festplatte oder Diskette abgespeichert.

In einem zweiten Schritt erfolgt die graphische Darstellung durch das Meßwerterfassungspaket. Dieses Paket enthält i.a. auch die Möglichkeit, eine Ausgleichsgerade [10.1] zu berechnen:

$$\sqrt{t} \text{ inv erfc } \frac{2 u_M(x.t)}{u_0} = b_0 - b_1 t$$

Ein Vergleich mit (10.3) ergibt zwei Beziehungen zur Ermittelung der Retardation und des Dispersionskoeffizienten:

$$R = \frac{w}{x} \frac{b_0}{b_1}, \quad D = \frac{w\,x}{4 b_0 b_1} \tag{10.6}$$

Wenn man die Koeffizienten aus Bild 10.2c einsetzt, erhält man für die obigen Werte von x, w und S

$$R = 4{,}77; \; k_1 = 2{,}03; \; D = 5{,}71 \text{ cm}^2/\text{min} = 9{,}52 \cdot 10^{-6} \text{ m}^2/\text{s}.$$

Wenn die Eingabe einmal programmiert worden ist, kann dieses Verfahren in Routine eingesetzt werden. Die Eingabe der Meßwerte, die graphische Darstellung, die Parameteridentifikation und die Dokumentation sind dann in wenigen Minuten erledigt.

Bemerkungen zum Geradenverfahren: Die graphisch-analytische Parameterbestimmung ist ein sehr häufig genutztes Hilfsmittel zur Ermittelung von Stoff- und Prozeßkenngrößen bei Strömungs- und Transportproblemen. Ihre Anwendung erfordert die Voraussetzungen:

- Die jeweilige Zustands- bzw. Prozeßgleichung muß für die Anfangs- und/oder Randbedingungen eine analytische Lösung besitzen.
- Die analytische Lösung muß in irgendeiner graphischen Darstellung auf eine Gerade führen. Die Abszissen- und Ordinatenwerte dieser Darstellung müssen *unabhängig* von den gesuchten Parametern sein.
- Die Anzahl der Parameter kann im Normalfall nicht größer als Zwei sein.

Daraus ist auch ersichtlich, daß analytische Lösungen in der Form von Integraldarstellungen, endlichen bzw. unendlichen Reihen oder Summen von Teillösungen in der Regel *ungeeignet* für die Parameterbestimmung sind.

Die notwendige Geradendarstellung ergibt sich bei vielen stationären Prozessen sofort aus der analytischen Lösung. Andernfalls ist es oft möglich, durch den Übergang zur inversen Funktion (am bekanntesten ist das Logarithmieren bei Exponentialfunktionen) eine Geradengleichung zu erhalten.

Man sollte jedoch einen wichtigen praktischen Aspekt nicht außeracht lassen: die graphisch darzustellenden Größen sollten einen Zusammenhang zu physikalisch vorstellbaren Größen besitzen. Nur auf diese Weise ist der optisch einschätzbare Grad der Fehlerausgleichsqualität sofort ersichtlich.

In der Vergangenheit wurde vorgeschlagen, instationäre Prozesse im Laplace-Bereich durch Geraden auszugleichen. Das hat formal den Vorteil, daß die transformierten Lösungen zumeist mathematisch einfacher strukturiert sind und eine Geradendarstellung erlauben. Durch die erforderliche numerische Transformation der Meßwerte in den Laplace-Bereich geht jedoch der überschaubare Zusammenhang zwischen Meßwertfehlern und Parameterergebnis verloren. Wir empfehlen deshalb in solchen Fällen, zu mathematischen Suchverfahren überzugehen.

In der Physik, Chemie und in den Ingenieurwissenschaften wurde eine Vielzahl von Labor- und Betriebstechnologien erdacht, um Kenngrößen von Stoffen und Prozessen aus Meßwerten graphisch-analytisch zu identifizieren. Aus der Fülle seien nur erwähnt: Wärmeleitfähigkeit und Temperaturleitfähigkeit von Festkörpern, Diffusionskoeffizienten, Speicherkoeffizienten, Dispersivität von porösen Festkörpern, Abbaukennzahlen beim Stofftransport, Durchlässigkeit und Porositätswerte von porösen Feststoffen.

10.2 Parameterbestimmung mit dem Typkurven-Verfahren

Falls das Problem keine als Gerade darstellbare Lösung besitzt oder mehr als zwei Parameter zu ermitteln sind oder ein Suchverfahren nicht angewendet werden soll, bleibt als letzte Möglichkeit die Anwendung des *Typkurven- oder Musterkurvenverfahrens*.

Dazu werden mit der bekannten analytischen Lösung typische Kurvenverläufe für die Standard-Parameterwerte (z.B. alle Parameter gleich Eins) berechnet und graphisch dargestellt. Diese Darstellung wird in der Regel halb- oder doppeltlogarithmisch vorgenommen. Die Parameterbestimmung erfolgt so, daß die gemessene Kurve in der gleichen Darstellung solange parallel zu den Koordinatenachsen der Musterabbildung verschoben wird (auf durchsichtigem Papier gezeichnet oder als PC–Graphik), bis eine passende Musterkurve gefunden ist. Die Eindeutigkeit der Ergebnisse ist oftmals nicht zu bewerten, so daß dieses Verfahren praktisch keine weite Verbreitung gefunden hat.

In Bild 10.3 sind für das im Abschnitt 10.1 behandelte Problem Musterkurven (nach Gl. (6.3) berechnet) dargestellt und die gemessene Kurve ist in einem analogen Koordinatensystem "darübergelegt".

Die Wahl der Typkurven-Darstellung muß so erfolgen, daß der Maßstab der Abszisse und der Ordinate unabhängig ist von den zu bestimmenden Parametern. Man betrachte für die Aufgabe (10.2) die Lösung (6.3) bei $x = L$ mit $k = 0$, d.h. $v = w$. Die Gleichung (6.3) kann dann in der Form

$$\frac{u(L,t)}{u_0} = \frac{1}{2}\left[\,\text{erfc}\,\frac{1 - \frac{wt}{RL}}{\sqrt{4\frac{D}{wL}\frac{wt}{RL}}} + e^{\frac{wL}{D}}\,\text{erfc}\,\frac{1 + \frac{wt}{RL}}{\sqrt{4\frac{D}{wL}\frac{wt}{RL}}}\,\right] \quad (10.7)$$

geschrieben werden. Mit der dimensionslosen Zeit $t_D = \frac{wt}{RL}$ und der dimensionslosen Konzentration $u_D = \frac{u(L,t)}{u_0}$ bleibt als Parameter

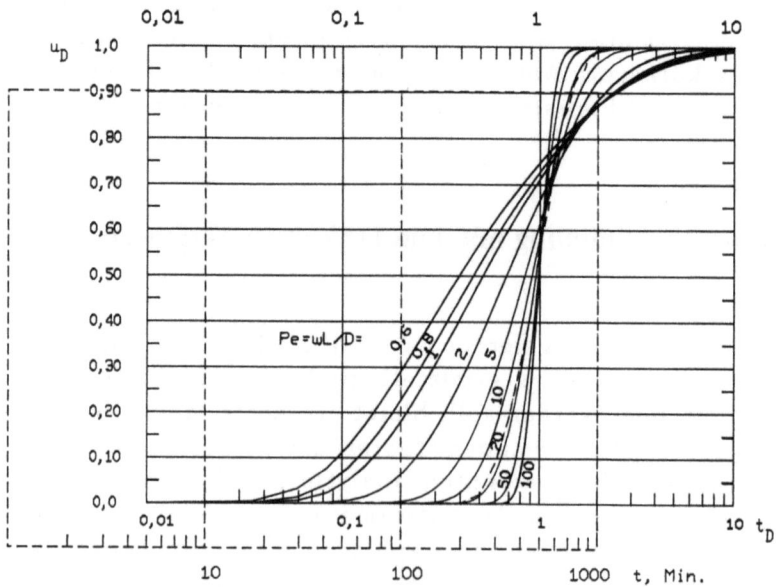

Bild 10.3. Typkurven für die Aufgabenstellung (10.2) zur Ermittlung der Parameter D und R bzw. k_1 und Meßkurve in Typdarstellung

der Gleichung die Peclet-Zahl $Pe = wL/D$, so daß sich

$$u_D(t_D, Pe) = \frac{1}{2}\left[\text{erfc}\frac{1-t_D}{\sqrt{4 t_D Pe}} + e^{Pe}\,\text{erfc}\frac{1+t_D}{\sqrt{4 t_D Pe}}\right] \tag{10.8}$$

ergibt. Wir wählen als Abszisse den Logarithmus der Zeit t_D, da

$$\lg t_D = \lg\frac{wt}{RL} = \lg t + \lg\frac{w}{RL}$$

ist. Damit ist der Maßstab der Abszisse unabhängig von dem unbekannten Parameter R, da er nur in einer additiven Konstanten auftritt, d.h. eine Verschiebung entlang der Abszisse darstellt. Das Bild 10.3 zeigt Typkurven in dieser Darstellung für verschiedene Peclet-Zahlen. Die Meßkurve, in Bild 10.3 gestrichelt im gleichen Maßstab, wird parallel der Zeitachse solange verschoben, bis eine befriedigende Übereinstimmung mit einer der Typkurven eintritt. Man liest zwei übereinanderliegende Werte t_D (obere Achse) und t (untere Achse) ab, in unserem Beispiel $t_D = 1$ und $t = 521$ min $= 31260$ s. Mit $w = 1{,}0$ cm/min $= 1{,}667\cdot 10^{-4}$ m/s und $L = 1$ m ist

$$R = \frac{wt}{Lt_D} = 5{,}2\,;\ k_1 = 2{,}26.$$

Die Auswahl der Typkurve, die der Meßkurve am besten entspricht, ist nicht eindeutig, wir wählen einen Peclet-Zahl-Bereich zwischen

Tabelle 10.2. Parameterbestimmung für einen Adsorptionsversuch
(Startpunkt bei den Suchverfahren: $D = 10^{-6}$ m^2/s, $k_1 = 4{,}8$)

Verfahren	Verteilungs-koeffizient k_1	Diffusions-koeffizient D (m^2/s)	Anzahl Fehler-berechnungen (Rechenzeit XT)
graphisch-analytisch	1,99	$9{,}61\cdot 10^{-6}$	
graphisch-analytisch m. PC	2,03	$9{,}52\cdot 10^{-6}$	
Typkurven	2,26	$(3{,}3\ldots 17)\cdot 10^{-6}$	
Gradienten-verfahren	2,42	$12{,}7\cdot 10^{-6}$	125 (50 s)
Gauss-Newton-Verfahren	2,16	$9{,}77\cdot 10^{-6}$	26 (13 s)
Powell-Verfahren	2,16	$9{,}77\cdot 10^{-6}$	253 (80 s)

Pe = 10 ... 50 aus, so daß sich daraus ein Dispersionskoeffizient

$$D = \frac{wL}{Pe} = (3,3 \cdot 10^{-6} \ldots 1,7 \cdot 10^{-5}) \, m^2/s$$

ergibt. Der Vergleich der Ergebnisse in Tabelle 10.2 belegt die geringe Genauigkeit der Parameterbestimmung bezüglich des Dispersionskoeffizienten D.

10.3 Parameterbestimmung mit mathematischen Suchverfahren

Im Abschnitt 9.2.3 wurden bereits mehrere Suchverfahren diskutiert. Mit Hilfe des Gradientenverfahrens, des Gauß-Newton-Verfahrens und der Methode von Powell (s. Diskette "Wärme- und Stofftransport") wurde das in den vorangegangenen Abschnitten 10.1 und 10.2 behandelte Problem bearbeitet. Dabei wurde als Lösung der partiellen Differentialgleichung (10.2) selbstverständlich die vollständige Lösung (6.3) benutzt. Die Tabelle 10.2 enthält die Ergebnisse und Hinweise auf den Rechenaufwand, das Bild 10.2a zeigt die berechneten Konzentrationsverläufe mit den identifizierten Parametern.

Der Vergleich der Ergebnisse in Tabelle 10.2 und die Kurvenanpassung an die Meßwerte in Bild 10.2a zeigen, daß das graphisch-analytische Verfahren trotz guter Qualität der Ausgleichsgeraden in Bild 10.2b die schlechteste Anpassung liefert - hier jedoch vor allem eine Folge der Näherung (10.3) genüber der exakten Formel (10.7).

Das Gradientenverfahren bricht bei einem noch relativ großen Fehler ab und findet keine Parameterverbesserung mehr. Das Powell- und das Gauß-Newton-Verfahren führen zu identischen Ergebnissen, deren Anpassung nach Bild 10.2a sehr gut ist. Die Methode von Powell erfordert dazu aber die zehnfache Anzahl von Fehlerberechnungen gegenüber dem Gauß-Newton-Verfahren.

10.4 Parameteridentifikation bei mehrdimensionalen Strömungs- und Transportvorgängen

In diesem Abschnitt wird die Nutzung des Gradientenverfahrens und ein spezieller Gauß-Newton-Algorithmus beschrieben. Die Lösung des Strömungs- bzw. des Transportproblems erfolgt numerisch.

10.4.1 Gradientenverfahren

Wir gehen dabei von der typischen Situation aus, daß die Parameter eines mehrdimensionalen Transportprozesses in einem inhomogenen Transportraum ermittelt werden sollen. Es ist in der Regel nicht zu erwarten, daß für solche Bedingungen eine analytische Lösung der Transportgleichung existiert bzw. noch brauchbar ist, so daß die Transportgleichung numerisch gelöst werden muß (vgl. Abschnitte 2.4 und Kapitel 8).

Die Aufgabenstellung der Parameteridentifikation wird für die Transportgleichung dargestellt. Mit $w = k = 0$ beinhaltet sie natürlich auch das Strömungsproblem. Auf eine Besonderheit muß noch hingewiesen werden: Die Quell-Senken-Belegung q kann sowohl vorgegeben als auch identifiziert werden. Im ersten Falle ist eine Zeitabhängigkeit natürlich zulässig. Die Identifikation einer zeitabhängigen Quellstärke ist möglich, soll aber hier nicht betrachtet werden.

DG: $\text{div}\left(D \,\text{grad}\, u - \mathbf{w} u\right) - k u = S \dfrac{\partial u}{\partial t} - q$

mit $D = D(x)$, $k = k(x)$, $S = S(x)$,

$q = \begin{cases} q(x,t) \text{ bei Vorgabe} \\ q(x) \text{ bei Identifikation} \end{cases}$

$x \in \Omega$ - Ortsvektor (ein-, zwei- oder dreidimensional)

AB: $u = u_a(x)$ für $t = 0$

RB: 1., 2., 3. Art oder Transmissionsrandbedingung, möglicherweise orts- und zeitabhängig

Zielfunktional: $J[D, k, S, q] =$

$$\int_0^{t_E} \int_\Omega \left(u(x,t,D,k,S,q) - u_M(x,t)\right)^2 dx\, dt \to \text{Min}\,!$$

Parameterfunktionen: $D(x)$, $k(x)$, $S(x)$, $q(x)$

zulässiger Bereich: $\quad D(x) \subset U_D$
$\quad\quad\quad\quad\quad\quad\quad\quad\quad\; k(x) \subset U_k$
$\quad\quad\quad\quad\quad\quad\quad\quad\quad\; S(x) \subset U_S$
$\quad\quad\quad\quad\quad\quad\quad\quad\quad\; q(x) \subset U_q$

(mit U wird der jeweils zulässige Raum der Funktionen bezeichnet) (10.9)

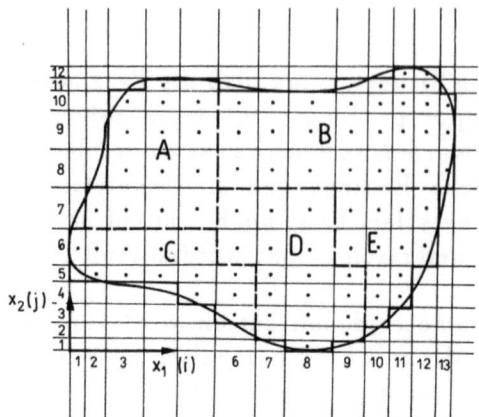

Bild 10.4. Zweidimensionaler Transportraum mit Gittereinteilung

Das Bild 10.4 zeigt einen zweidimensionalen Transportraum, der in endliche Flächenstücke zerlegt ist und in dessen Gitterpunkten eine numerische Lösung $u(x,t)$ der Anfangsrandwertaufgabe berechnet werden kann.

Die gesuchten Parameterfunktionen werden als diskrete Werte in jedem Gitterpunkt dargestellt; sie sind als Mittelwert für das zugehörige Flächenelement zu betrachten. Da die Anzahl der Parameter bei praktischen Aufgabenstellungen (mit bis zu einigen Tausend Gitterpunkten) für eine Parameteridentifikation unzulässig groß würde, ist eine oft auch physikalisch sinnvolle Bereichseinteilung (Rayonierung) in homogene Teilbereiche $A, B, C, D...$ sinnvoll. Auf diese Weise erhält man als Satz der zu suchenden Parameter

Leitfähigkeit in x_1-Richtung $\boldsymbol{D}_{x_1} = \{D_{1A}, D_{1B}, D_{1C}, ...\}$,

Leitfähigkeit in x_2-Richtung $\boldsymbol{D}_{x_2} = \{D_{2A}, D_{2B}, D_{2C}, ...\}$,

Abbauparameter $\quad k = \{k_A, k_B, k_C, ...\}$,

Speicherkoeffizient $\quad S = \{S_A, S_B, S_C, ...\}$,

Quellstärke $\quad q = \{q_A, q_B, q_C, ...\}$.

Wir fassen die Menge aller gesuchten Parameter in der Menge

$$P = \{P_k, (k = 1, ..., K)\} = \{\boldsymbol{D}_{x_1}, \boldsymbol{D}_{x_2}, k, S, q\} \qquad (10.10)$$

zusammen. Für jeden Parameter kann ein zulässiger Bereich angegeben werden:

$$P_{k\,\min} \leq P_k \leq P_{k\,\max}, \quad k = 1, 2, ..., K.$$

Das Zielfunktional in Gl. (10.9) wird ersetzt durch die Fehlerquadratsumme aller vorhandenen Meßwerte:

$$J[P] = \sum_{l=1}^{LM} \left(u_l(P) - u_{M,l}\right)^2 \longrightarrow \text{Min !} \qquad (10.11)$$

Dabei bezeichnet LM die Gesamtzahl der Meßwerte in diskreten, vorgegebenen Punkten und zu vorgegebenen Zeiten.

Die Minimierung des Funktionals mit einem Gradientenverfahren erfordert die Berechnung von grad J :

$$\text{grad } J = \left(\frac{\partial J}{\partial P_1}, \frac{\partial J}{\partial P_2}, \ldots, \frac{\partial J}{\partial P_K}\right)^T$$

mit den partiellen Ableitungen des Funktionals nach den Parametern P_k. Die analytische Berechnung dieser Ableitungen ist meistens nicht möglich, so daß sie als Differenzenquotienten bestimmt werden, also

$$\frac{\partial J}{\partial P_k} = \frac{J[P_1, P_2, \ldots, P_k + \Delta P_k, \ldots, P_K] - J[P_1, P_2, \ldots, P_k, \ldots, P_K]}{\Delta P_k} \qquad (10.12)$$

für $k = 1, 2, \ldots, K$. Wenn die Parameter nicht normiert werden können (weil unterschiedliche physikalische Größen in der Menge P enthalten sind), berechnet man besser eine pseudonormierte Ableitung nach

$$\frac{\widetilde{\partial J}}{\partial P_k} = \frac{J[P_1, P_2, \ldots, P_k(1+\Delta), \ldots, P_K] - J[P_1, P_2, \ldots, P_k, \ldots, P_K]}{\Delta} \qquad (10.13)$$

für $k = 1, 2, \ldots, K$ und mit $0 < \Delta << 1$ und $P_k \neq 0$.

Das einfachste Gradientenverfahren, die Methode das steilsten Abstieges [10.2], errechnet die verbesserten " neuen" Parameter nach

$$P_k^{neu} = P_k^{alt} - \lambda_s \frac{\partial J}{\partial P_k}, \quad k = 1, 2, \ldots, K \qquad (10.14a)$$

bzw.

$$P_k^{neu} = P_k^{alt}\left(1 - \lambda_s \frac{\widetilde{\partial J}}{\partial P_k}\right), k = 1, 2, \ldots, K \qquad (10.14b)$$

mit einer Schrittweite $\lambda_s > 0$. Die Schrittweite kann auf zwei Arten festgelegt werden:
- Der Parameterwert mit der betragsmäßig größten Ableitung $\partial J/\partial P_k$ wird in seiner Veränderung beschränkt. Daraus läßt sich nach Gl. (10.14) die Schrittweite λ_s ermitteln.
- Entlang der Richtung grad J wird das lokale Minimum von J gesucht. Auf der Diskette "Wärme- und Stofftransport" ist ein Algorithmus für das Gradientenverfahren mit lokaler Minimumsuche enthalten. Dem Vorteil des geringen Programmieraufwandes steht der Nachteil

einer geringen Konvergenzgeschwindigkeit gegenüber, d.h. es müssen sehr viele Funktionalberechnungen durchgeführt werden.

10.4.2 Ein spezielles Gauß-Newton-Verfahren

Mehrdimensionale Strömungsprobleme mit vielen zu identifizierenden Parametern (z.B. mehr als fünf) gestatten es aus Rechenzeitgründen in der Regel nicht, die Suchverfahren nach Abschnitt 9.2.3 anzuwenden. Einen Ausweg bietet ein in das Grundproblem integrierter Gauß-Newton-Algorithmus. Die mathematische Theorie ist in [10.3, 10.4] zu finden.

Dieser Algorithmus berücksichtigt die spezielle Form des Gütefunktionals

$$J[P] = \sum_{l=1}^{LM} \left[u_l(P) - u_{M,l} \right]^2 \longrightarrow \text{Min!}$$

$$= \sum_{l=1}^{LM} \left[u_l(P^O) + \sum_{k=1}^{K} \frac{\partial u_l}{\partial P_k} (P_k - P_k^O) + \ldots - u_{M,l} \right]^2 \longrightarrow \text{Min!}$$

Dabei wurde die Funktion $u_l(P)$ in eine TAYLOR-Reihe entwickelt. Die notwendige Bedingung für ein Minimum des Gütefunktionals

$$dJ = 2 \sum_{l=1}^{LM} \left[u_l(P^O) + \sum_{k=1}^{K} \frac{\partial u_l}{\partial P_k} (P_k - P_k^O) + \ldots - u_{M,l} \right]$$

$$\times \sum_{j=1}^{K} \frac{\partial u_l}{\partial P_j} dP_j = 0$$

ergibt so das lineare Gleichungssystem

$$\sum_{j=1}^{K} \sum_{k=1}^{K} \sum_{l=1}^{LM} \frac{\partial u_l}{\partial P_j} \frac{\partial u_l}{\partial P_k} (P_k - P_k^O) =$$

$$- \sum_{j=1}^{K} \frac{\partial u_l}{\partial P_j} \sum_{l=1}^{LM} \left(u_l(P^O) - u_{M,l} \right) \quad (10.15)$$

zur Bestimmung einer verbesserten Parameterverteilung P_k. Es sei noch einmal daran erinnert, daß der Index l sowohl den Meßort als auch die Meßzeit repräsentiert. Ein u_l ist so identisch mit einem speziellen u_i^n des Abschnittes 2.4 bzw. u_{ij}^n oder u_{ijk}^n im Kapitel 8. Somit sind die u_l Lösungen von linearen Gleichungssystemen, die im Falle einer impliziten numerischen Lösungsmethode in der Form

$$\left(\frac{1}{\Delta t_n} S + A \right) u^{n+1} = \frac{1}{\Delta t_n} S u^n + b^{n+1} \quad (10.16)$$

geschrieben werden können. Dabei bezeichnen $S = S(S_A, S_B, S_C, ...)$ die Matrix des Speichertermes, $A = A(D_A, D_B, D_C ....)$ die Matrix der Leitfähigkeit und $b = b(q_A, q_B, q_C, ...)$ einen Vektor, der den Einfluß von Quellen, Senken und von Randbedingungen beschreibt. Das Gleichungssystem (10.16) ist für $n = 0, 1, 2, ...$ zu lösen. u^0 stellt die Anfangsbedingung dar.

Bei einer kleinen Änderung der Parameter P um ΔP werden sich die Matrizen S, A und der Vektor b auch nur wenig ändern, so daß

$$\left(\frac{1}{\Delta t_n}(S+\Delta S)+(A+\Delta A)\right)(u^{n+1}+\Delta u^{n+1}) =$$
$$\frac{1}{\Delta t_n}(S+\Delta S)(u^n+\Delta u^n)+b^{n+1}+\Delta b$$

ist. Δb wurde ohne Zeitindex geschrieben, da nur zeitunabhängige Quellen identifiziert werden sollen. Wenn man nun die Terme zweiter Ordnung vernachlässigt, erhält man unter Berücksichtigung der Ausgangsgleichungen (10.16)

$$\left(\frac{1}{\Delta t_n}S+A\right)\Delta u^{n+1} =$$
$$\frac{1}{\Delta t_n}S\Delta u^n + \{\Delta b - \Delta A\, u^{n+1} - \frac{1}{\Delta t_n}\Delta S(u^{n+1}-u^n)\}. \quad (10.17)$$

Diese Beziehung ist die grundlegende Gleichung des integrierten Gauß-Newton-Verfahrens. Zur Erklärung betrachten wir speziell die Änderung der Quellstärke q um Δq im Rayon X :

$$\Delta b = (0, 0, 1, 0, 1, 0, ..., 0)^T \Delta q_X ,$$

wobei eine Eins an den Netzknoten auftritt, die zum Rayon X gehören. Einsetzen in (10.17) ergibt

$$\left(\frac{1}{\Delta t_n}S+A\right)\left(\frac{\Delta u}{\Delta q_X}\right)^{n+1} = \frac{1}{\Delta t_n}S\left(\frac{\Delta u}{\Delta q_X}\right)^n + (0, 0, 1, 0, 1, 0, ..., 0)^T$$
(10.18)

Wenn man nun diese Beziehung mit der Gl.(10.16) vergleicht, stellt man fest, daß beide Formeln die gleiche Struktur aufweisen und daß die Koeffizientenmatrizen übereinstimmen. Indem man die linearen Gleichungssysteme (10.18) für $n = 0, 1, 2, ...$ löst, erhält man näherungsweise die beim Gauß-Newton-Verfahren benötigten partiellen Ableitungen

$$\frac{\partial u_l}{\partial P_k} = \left(\frac{\Delta u}{\Delta q_X}\right)^n_{i\text{-te Komponente}},$$

wenn der Index l sich auf den Netzknoten i und den Zeipunkt n bezieht. Ebenso werden die Gradienten für D_X (aus der Änderung spezieller Elemente der Matrix ΔA) und S (aus der Änderung spezieller Elemente der Matrix ΔS) ermittelt.

Man könnte nun meinen, damit ergeben sich keine Vorteile in Bezug auf die Rechenzeit, denn es müssen ja nach wie vor $(K+1) \cdot NT$ (NT = Gesamtzahl der Zeitschritte n) lineare Gleichungssysteme gelöst werden, um alle partiellen Ableitungen zu berechnen. Beim integrierten Gauß-Newton-Algorithmus benötigt man aber weniger als ein Zehntel der Rechenzeit, weil die linearen Gleichungsysstme (10.16) und (10.17) simultan gelöst werden. Für jeden Zeitschritt sind folgende Berechnungen durchzuführen:
- Aufstellung der Koeffizientenmatrix $\left(\frac{1}{\Delta t_n} S + A\right)$.
- Einmalige Faktorisierung der Koeffizientenmatrix (s. Kapitel 8).
- Bestimmung der rechten Seite von (10.16) und Vor- und Rücksubstitution zur Ermittelung von u^{n+1}.
- Für alle K zu identifizierenden Parameter: Bestimmung der rechten Seite von (10.17) und Vor- und Rücksubstitution zur Berechnung der für das Gauß-Newton-Verfahren benötigten partiellen Ableitungen.

Bei der simultanen Vorgehensweise werden somit K Aufstellungen der Koeffizientenmatrix (10.17) und K Faktorisierungen dieser Matrix eingespart. Wenn man nun noch bedenkt, daß die Rechenzeit für die Faktorisierung mehr als 10 mal größer ist als für die Vor- und Rückwärtssubstitution (s. Tabelle 8.1), so erkennt man, welche enorme Rechenzeiteinsparungen sich durch den simultanen Gauß-Newton-Algorithmus gegenüber dem konservativen Herangehen – Berechnung von $(K+1)$ Grundproblemlösungen zur Ermittlung der partiellen Ableitungen – ergeben.

Die weitere Vorgehensweise ist:
- Aufstellung des linearen Gleichungssystems (10.15),
- Die Lösung dieses vollbesetzten Gleichungssystems (z.B. mit den Unterprogrammen LUDCMP und LUBKSB, die auf der Diskette "Wärme- und Stofftransport" zu finden sind) ergibt einen neuen Parametersatz

$$P_k^1 = P_k^0 + (P_k - P_k^0), \ k = 1, 2, ..., K.$$

- Falls ein Parameter außerhalb der Grenzen $P_{k\ min} \leq P_k^1 \leq P_{k\ max}$ liegt, wird der am stärksten verletzte Parameter auf den Grenzwert gesetzt. Dann erfolgt eine erneute Bestimmung mit einer um Eins verminderten Dimension (vgl. Programm MINGNW im Anhang D).

Mit den so bestimmten Parametern wird der gesamte Zyklus solange wiederholt, bis entweder die Zielfunktion nicht mehr wesentlich abnimmt oder die Parameter sich nicht mehr wesentlich verändern.

Der hier dargestellte Algorithmus ist in dem schon im Kapitel 8 vorgestellten Programmsystem GEOFIM [10.5] implementiert und mit Erfolg in der Praxis eingesetzt worden. Es folgt ein Beispiel, das mit GEOFIM berechnet wurde.

Naturgemäß kann dieses Beispiel nur problembezogen beschrieben werden, da das Programmsystem GEOFIM für die dreidimensionale Strömung und den dreidimensionalen Transport in porösen Medien erarbeitet wurde. Das Beispiel stellt eine typische Parameterbestimmung im grundwasserdurchflossenen Erdreich dar. Das Bild 10.5 zeigt den Strömungsraum in der Draufsicht. Ein ca. 1 km² Gebiet wird am linken Rand durch ein Gewässer gespeist. In einem Abstand von ca. 200 m befindet sich eine Reihe von Brunnen, aus denen Grundwasser abgepumpt wird. In den durch einen Stern gekennzeichneten Grundwasserbeobachtungsrohren (Pegeln) wurde im Abstand von drei Monaten der Wasserstand u_M gemessen. Es sollen die k_f- Werte in den vier angegebenen Rayons identifiziert werden. Die Anpassung ist besonders deutlich an dem signifikanten Pegel P36 zu sehen (Bild 10.6). Den Verlauf und die Ergebnisse der Parameteridentifikation zeigt die Tabelle 10.3.

Zum Abschluß sei aber noch eine Bemerkung zur Parameteridentifikation gestattet. Ein Identifikationsalgorithmus reagiert natürlich noch viel sensibler auf "Ungereimtheiten" in den Eingabewerten als ein Programm zur Berechnung des Grundproblems. Aus diesem Grunde muß der Ingenieur sich erst mit diesem Hilfsmittel intensiv vertraut machen. Es ergeht ihm sonst wie einem angehenden Hobbykoch, der mit Hilfe eines Kochbuches eine Menue anrichten will und nicht weiß, wieviel Milligramm "etwas" Salz, wie groß eine "Prise" Zucker und wieviel Milliliter ein "Schuß" Weißwein sind.

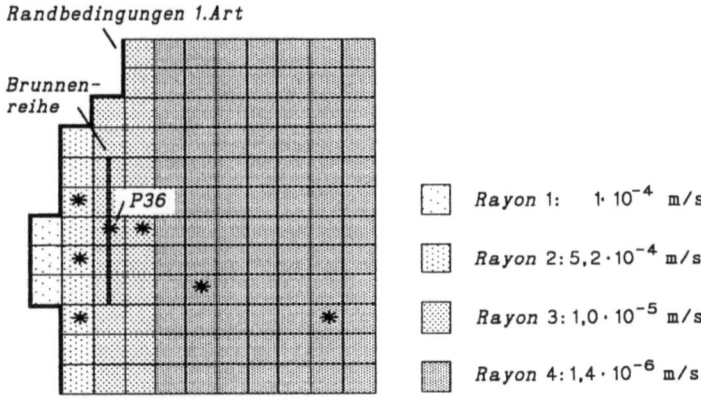

Bild 10.5. Identifikation des Parameters k_f (* - Meßpunkte)

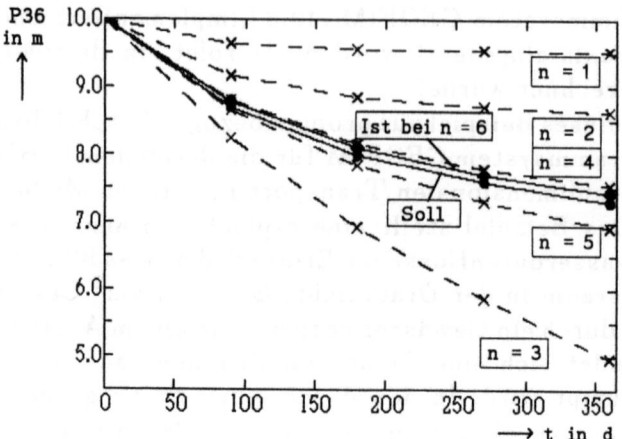

Bild 10.6. Vergleich der gemessenen und der berechneten Spiegelhöhe am Pegel P36 im Verlauf der Anpassung

Tabelle 10. 3. Ergebnisse der Parameteridentifikation

Iteration	0	1	2	3	4	5
G, m^2	14,6	5,0	10,3	0,32	0,32	0,078
k_{f1}, m/s	$1 \cdot 10^{-4}$	$1 \cdot 10^{-4}$	$2 \cdot 10^{-5}$	$8,4 \cdot 10^{-5}$	$1 \cdot 10^{-4}$	$1 \cdot 10^{-4}$
k_{f2}, m/s	$1 \cdot 10^{-4}$	$1 \cdot 10^{-4}$	$2 \cdot 10^{-5}$	$6,0 \cdot 10^{-5}$	$3,2 \cdot 10^{-5}$	$5,2 \cdot 10^{-5}$
k_{f3}, m/s	$1 \cdot 10^{-4}$	$2 \cdot 10^{-5}$	$4 \cdot 10^{-6}$	$1,0 \cdot 10^{-5}$	$8,8 \cdot 10^{-6}$	$1,0 \cdot 10^{-5}$
k_{f4}, m/s	$1 \cdot 10^{-4}$	$2 \cdot 10^{-5}$	$4 \cdot 10^{-6}$	$4,6 \cdot 10^{-6}$	$9,3 \cdot 10^{-7}$	$1,4 \cdot 10^{-6}$

Anhang

A Tabellen physikalischer Stoffwerte

Anhang A
Tabelle A1: Eigenschaften von ausgewählten Feststoffen

Stoff	Dichte ρ kg/m³	Wärmeleit-fähigkeit λ W/(m K)	spez. Wärme c J/(kg K)	Temperatur-leitzahl a 10^{-6} m²/s	lin Temperatur-dehnzahl α_T 10^{-5} K^{-1}	Porosität n	Durchlässigkeit k μm²	Durchlässig-keitsbeiwert k_f m/s
Aluminium	2700	221	896	91,3	2,39			
Blei	11344	35,3	128	24,3	2,90			
Gold	19300	314	125	130,2	1,42			
Silber	10500	458	238	183,3	1,97			
Kupfer	8900	393	390	113,2	1,38			
Stahl	7800-8000	14,5-41,0	460-500	4,0-10,0	1,19			
Gummi	1100	0,13-0,23						
Polyethylen	920-950	0,35-0,45	1800-2150	0,21	20-24			
Polystyrol	1050	0,17	1300	0,12	8			
Polyvinylchlorid	1390	0,17	980	0,12	7-10			
Polyurethan	1200	0,36	1900	0,16	11-21			
Holz	450-700	0,2	1300-1400	0,2-0,3	2 2-4,3			
Wasser - Eis	920	2,2	1930	1,24				
Asbest	770	1,28	816	2,04				
Beton mit	1900-2300	0,8-2,0	840-1050	0,5-0,83	0,8-1,2	0,001-0,2	10^{-7}-10^{-2}	10^{-12}-10^{-7}
mit Trocken-	1000	0,47						
rohdichte	1300	0,72						
	1600	0,87						
	2000	1,20						
Zement								
Portland	3100					(Hydratationswärme: 375-525 J/g)		
Hochofen	3000					(Hydratationswärme: 355-440 J/g)		
Ziegelstein (trocken)	1600-1800	0,38-0,52	835	0,28-0,35		0,1-0,3		
Schamottestein	1700-2000	0,46-1,16	835	0,32-0,7		0,2-0,4		
Silicastein	1700-2000	0,81-1,34	800	0,6-0,84		0,2-0,4		

Fortsetzung Tabelle A1

Stoff		Dichte ρ kg/m³	Wärmeleitfähigkeit λ W/(m K)	spez. Wärme c J/(kg K)	Temperaturleitzahl a 10^{-6} m²/s	lin.Temperaturdehnzahl α_T 10^{-5} K⁻¹	Porosität n	Durchlässigkeit k µm²	Durchlässigkeitsbeiwert k_f m/s
Sandstein		2200-2600	1,3-2,8	710-1080	0,5-1,2		0,08-0,5	10^{-3}-10^1	10^{-8}-10^{-4}
	trocken	2080	0,877	766	0,55		0,196		
	wassergesättigt	2275	2,75	1055	1,15		0,196		
Tonstein		1900-2860					0,005-0,3	$<10^{-6}$	$<10^{-11}$
	trocken	1920	0,685	854	0,42		0,2		
Schieferton		1900-2800					0,01-0,4	10^{-9}-10^{-4}	10^{-14}-10^{-9}
	trocken	2320	1,04	804	0,56		0,07		
	wassergesättigt	2390	1,69	892	0,79		0,07		
Kalkstein		2100-2600					0,005-0,3	10^{-8}-10^{-1}	10^{-13}-10^{-6}
	trocken	2195	1,7	846	0,92		0,186		
	wassergesättigt	2390	3,55	1114	1,33		0,186		
Feinsand									
	trocken	1635	0,627	760	0,50		0,38	10^0-10^2	10^{-5}-10^{-3}
	wassergesättigt	2020	2,75	1419	0,96		0,38		
Grobsand									
	trocken	1745	0,557	766	0,42		0,34	10^1-10^4	10^{-4}-10^{-1}
	wassergesättigt	2080	3,07	1319	1,1		0,34		
Basalt		2650-3000	2,2-3,5	840-920	1,0-1,27		0,001-0,03	$<10^{-5}$	
Granit		2600-2800	2,0-2,2	820-915	0,86-0,94		0,001-0,02	$<10^{-5}$	
Quarz		2650	7,7	740	3,9				
Steinsalz		2130	6,1-7,0	920	3,1-3,6		$<0,01$	10^{-10}-10^{-6}	
Salzgestein		2200	2,9	920	1,43		$<0,01$	10^{-8}-10^{-4}	

Tabelle A2 :   Eigenschaften ausgewählter Flüssigkeiten

Flüssigkeit		Dichte ρ kg/m^3	dyn.Viskosität η mPa s	Wärmeleitfähigkeit λ W/(m K)	spez.Wärme c J/(kg K)	Temperaturleitzahl a 10^{-6} m^2/s	vol.Temperaturdehnzahl α_V 10^{-3} K^{-1}
Wasser	5 °C	1000,0	1,5196	0,5724	4202	0,136	0,0055
	10 °C	999,8	1,3076	0,5820	4192	0,138	0,0823
	50 °C	988,1	0,5471	0,6405	4181	0,155	0,4523
	95 °C	961,7	0,2978	0,6753	4210	0,167	0,7284
Ammoniak	20 °C	609	0,138	0,521	4740	0,180	
(NH$_3$)	50 °C	561	0,103	0,477	5080	0,267	
Benzol	20 °C	879	0,649	0,144	1729	0,0947	1,06
(C$_6$H$_6$)	50 °C	847	0,436	0,134	1821	0,0869	
Ethanol	20 °C	789	1,201	0,173	2395	0,0916	1,1
(C$_2$H$_5$OH)	50 °C	763	0,701	0,165	2801	0,0772	
Phenol	20 °C	1071	11,41		1394		0,834
(C$_6$H$_6$O)	50 °C	1050	3,421	0,156	2244	0,0662	0,850
CaCl$_2$ in	20 °C	1277	3,51	0,554	2783	0,156	
Wasser	-55 °C	1315	55,0	0,456	2600	0,133	
MgCl$_2$ in	20 °C	1183	2,84	0,545	3083	0,149	
Wasser	-33,6 °C	1196	20,0	0,454	2963	0,128	
NaCl in	20 °C	1174	16,9	0,565	3345	0,144	
Wasser	-21,2 °C	1192	72,0	0,514	3300	0,131	
Erdöl		790-960		0,14	2100	0,060-0,084	
Asphalt		2110		0,7	2100	0,158	
Zementsuspension		1800		0,93	840	0,615	

Tabelle A3: Molekulare Diffusionskoeffizienten D_m ausgewählter wäßriger Lösungen (Stoff in Wasser)

Stoff		D_m, 10^{-9} m^2/s
Ammoniak NH$_3$ (als gelöstes Gas)		
0,686-3,55 g/l	4 °C	1,23
	20 °C	1,46
Salpetersäure HNO$_3$ (Nitrat)		
3,0 g/l	7 °C	2,41
Bleinitrat Pb(NO$_3$)$_2$, 0,22 g/l,	12 °C	0,82
Stickstoffoxid NO$_2$	20 °C	1,23
(als gelöstes Gas)		
Harnstoff H$_2$N·CO·NH$_2$, 18 °C	2,0 Vol.%	1,66
	10,5 Vol.%	1,36
Phenol H$_6$H$_5$OH	20 °C	0,89
	50 °C	1,74
Glyzerin C$_3$H$_5$(OH)$_3$		1,1
Ethanol C$_2$H$_5$OH, 3,5 Vol.%	20 °C	1,01
	50 °C	1,05
Kaliumchlorid KCl		1,9
Kalziumchlorid CaCl$_2$, 9 °C,	0,29 g/l	0,79
	1,5 g/l	0,83
Natriumchlorid NaCl, 18 °C,	0,05 g/l	1,26
	1,0 g/l	1,23
	5,0 g/l	1,48
Kobaltchlorid CoCl$_2$, 18 °C,	0,0062 g/l	0,69
	0,0127 g/l	0,73
Salzsäure HCl		1,7
Schwefelsäure H$_2$SO$_4$, 18 °C,	0,005 g/l	1,50
	9,85 g/l	2,73
Kohlendioxid CO$_2$	20 °C	1,60
(als gelöstes Gas)		

Tabelle A4 : Molekulare Diffusionskoeffizienten D_m ausgewählter Gasgemische bei Standarddruck 101,3 kPa

Gas in Gas		D_m, 10^{-5} m²/s
Wasserdampf in Luft,	6 °C	2,82
Kohlendioxid in Luft		1,4
Sauerstoff in Luft		1,8
Ammoniak in Luft,	0 °C	1,98
Jod in Luft,	20 °C	0,81
Ethanol in Luft,	0 °C	1,02
	67 °C	1,48
Benzol in Luft,	0 °C	0,75
	45 °C	1,01
Sauerstoff in Stickstoff,	12,5 °C	2,03
Wasserstoff in Stickstoff,	12,5 °C	7,39
Wasserstoff in Sauerstoff,	14 °C	7,78
Kohlenwasserstoffe in Kohlenwasserstoffen		0,4-3,5

B Spezielle mathematische Funktionen

In diesem Anhang werden spezielle mathematische Funktionen vorgestellt, die i. allg. nicht zum Sprachumfang höherer Programmiersprachen gehören.

Nach der Definition und der graphischen Darstellung der Funktion werden der Definitionsbereich, der Wertebereich, die Nullstellen, die Ableitung, die Reihenentwicklung und die asymptotische Darstellung angegeben. Die FORTRAN77-Programme zur Berechnung der mathematischen Funktionen sind auf der Diskette "Wärme- und Stofftransport" zu finden. Die Computergraphiken in diesem Abschnitt wurden mit Hilfe dieser Programme berechnet.

Folgende Funktionen werden betrachtet:
- die Airy-Funktionen,
- die Bessel- und die modifizierten Bessel-Funktionen,
- die Diracsche Delta-Funktion und die Einheitssprungfunktion,
- das Exponentialintegral,
- die komplementäre Fehlerfunktion und das Integral der komplementären Fehlerfunktion,
- die Goldsteinsche J-Funktion,
- die Hantush-Funktion,
- die Kelvin-Funktionen,
- die unvollständige Gammafunktion.

B.1 Die Airy-Funktionen

Bild B.1, B.2

$$\text{Ai}(x) = \frac{1}{\pi} \int_0^\infty \cos(\frac{t^3}{3} + xt)\, dt,$$

$$\text{Bi}(x) = \frac{1}{\pi} \int_0^\infty \left[\exp(-\frac{t^3}{3} + xt) + \sin(\frac{t^3}{3} + xt) \right] dt \qquad (B.1)$$

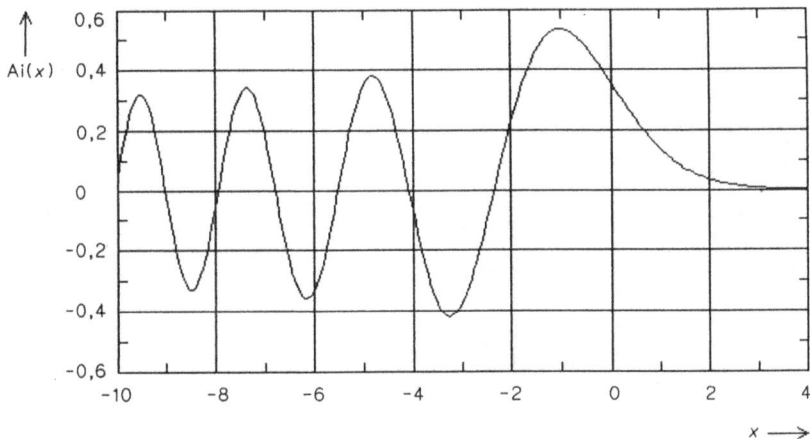

Bild B1. Graphische Darstellung der Airy-Funktion Ai(x)

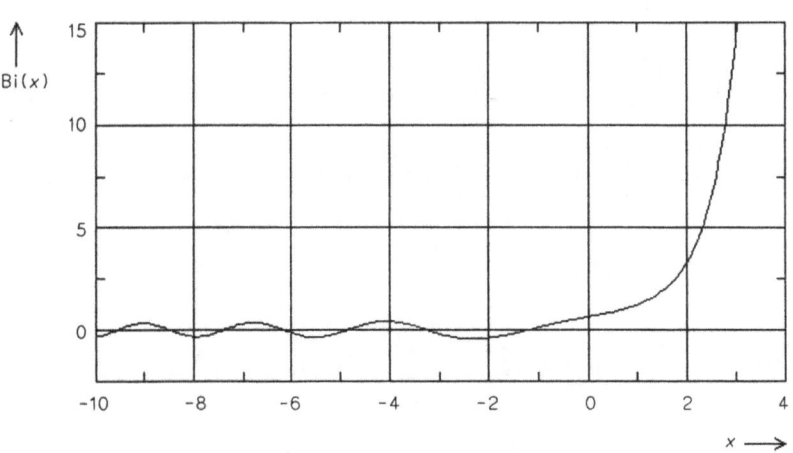

Bild B2. Graphische Darstellung der Airy-Funktion Bi(x)

Definitionsbereich:

$-\infty < x < \infty$,

Wertebereich:

$-0{,}42 < \text{Ai}(x) < 0{,}54$ und $-0{,}46 < \text{Bi}(x) < \infty$,

Nullstellen $\text{Ai}(x_m)$:

$x_m = \ldots, -9{,}021, -7{,}924, -5{,}521, -4{,}088, -2{,}338,$

Nullstellen $Bi(x_m)$:

$$x_m = \ldots, -9{,}537, \ 7{,}374, \ -4{,}831, \ -3{,}271, \ -1{,}174,$$

Reihenentwicklung:

$$Ai(x) = \beta_1 f(x) - \beta_2 g(x), \tag{B.2}$$

$$Bi(x) = \sqrt{3}\,(\beta_1 f(x) + \beta_2 g(x)), \tag{B.3}$$

$$\beta_1 = \frac{1}{\sqrt[3]{9}\ \Gamma(2/3)} = 0{,}355028, \quad \beta_2 = \frac{1}{\sqrt[3]{3}\ \Gamma(1/3)} = 0{,}258819,$$

$$f(x) = 1 + \sum_{k=1}^{\infty} \frac{1 \cdot 4 \cdot 7 \ldots (3k-2)}{(3k)!}\, x^{3k},$$

$$g(x) = x + \sum_{k=1}^{\infty} \frac{2 \cdot 5 \cdot 8 \ldots (3k-1)}{(3k+1)!}\, x^{3k+1},$$

asymptotische Darstellungen:

$$x > 0:\ Ai(x) = \sqrt{\frac{1}{4\pi\sqrt{x}}}\, e^{-\xi}\left(\sum_{k=0}^{n} (-1)^k a_k \xi^{-k} + R_n\right), \tag{B.4}$$

$$Bi(x) = \sqrt{\frac{1}{\pi\sqrt{x}}}\, e^{\xi}\left(\sum_{k=0}^{n} a_k \xi^{-k} + R_n\right), \tag{B.5}$$

$$x < 0:\ Ai(x) = \sqrt{\frac{1}{\pi\sqrt{|x|}}}\left[\sin(\xi+\tfrac{\pi}{4})\left(\sum_{k=0}^{n}(-1)^k a_{2k}\,\xi^{-2k} + R_{2n+1}\right)\right.$$

$$\left. - \cos(\xi+\tfrac{\pi}{4})\left(\sum_{k=0}^{n}(-1)^k a_{2k+1}\,\xi^{-2k-1} + R_{2n+2}\right)\right], \tag{B.6}$$

$$Bi(x) = \sqrt{\frac{1}{\pi\sqrt{|x|}}}\left[\cos(\xi+\tfrac{\pi}{4})\left(\sum_{k=0}^{n}(-1)^k a_{2k}\,\xi^{-2k} + R_{2n+1}\right)\right.$$

$$\left. + \sin(\xi+\tfrac{\pi}{4})\left(\sum_{k=0}^{n}(-1)^k a_{2k+1}\,\xi^{-2k-1} + R_{2n+2}\right)\right], \tag{B.7}$$

$$\xi = \tfrac{2}{3}\,|x|^{3/2},$$

$$a_0 = 1,\ a_k = \frac{(2k+1)(2k+3)\ldots(6k-1)}{216^k\, k!},\ k = 1, 2, 3, \ldots$$

$$|R_n| \leq a_{n+1}\,\xi^{-n-1},$$

Ableitung $(x > 0)$:

$$\frac{dAi}{dx} = -\frac{x}{\pi\sqrt{3}}\, K_{2/3}(\xi), \tag{B.8}$$

$$\frac{dBi}{dx} = \frac{x}{\sqrt{3}}\left(I_{-2/3}(\xi) + I_{2/3}(\xi)\right). \tag{B.9}$$

Die Ableitungen ergeben sich aus dem Zusammenhang mit den modifizierten Bessel-Funktionen $(x > 0)$:

$$\text{Ai}(x) = \sqrt{\frac{x}{3\pi^2}}\, K_{1/3}(\xi), \tag{B.10}$$

$$\text{Bi}(x) = \sqrt{\frac{x}{3}}\left(I_{-1/3}(\xi) + I_{1/3}(\xi) \right). \tag{B.11}$$

Die Airy-Funktionen sind Lösungen der Differentialgleichung

$$\frac{d^2 u}{dx^2} - xu = 0. \tag{B.12}$$

B.2 Die Bessel-Funktionen 1. Art

Bild B.3

$$J_n(x) = \left(\frac{x}{2}\right)^n \sum_{k=0}^{\infty} \frac{(-1)^k}{k!\,(n+k)!} \left(\frac{x}{2}\right)^{2k} \tag{B.13}$$

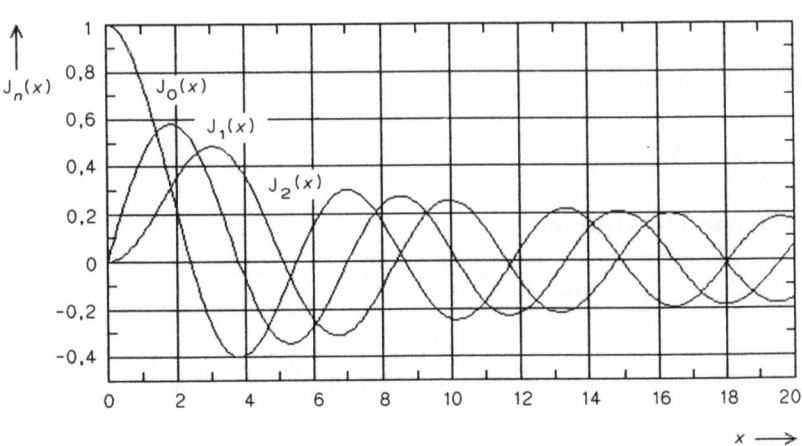

Bild B3. Graphische Darstellung der Bessel-Funktionen 1. Art

Definitionsbereich:

$-\infty < x < \infty,$

Wertebereich:

$-0{,}41 < J_n(x) \leq 1,$

Nullstellen $J_n(x_{n,m})$ [B.1]:

$$x_{n,m} \sim (m + \tfrac{1}{2} n - \tfrac{1}{4}) \pi - \frac{4n^2 - 1}{8(m + \tfrac{1}{2} n - \tfrac{1}{4}) \pi} - \frac{(4n^2 - 1)(28n^2 - 31)}{384 (m + \tfrac{1}{2} n - \tfrac{1}{4})^3 \pi^3} - \ldots, \quad (B.14)$$

$m = 1, 2, 3, \ldots,$

Ableitung:

$$\frac{d}{dx} J_n(x) = J_{n-1}(x) - \frac{n}{x} J_n(x), \quad (B.15)$$

asymptotische Darstellung:

$$J_n(x) = \sqrt{\frac{2}{\pi x}} \left[\cos(x - (n + \tfrac{1}{2})\tfrac{\pi}{2}) + O\left(\tfrac{1}{x}\right) \right], \quad (B.16)$$

Identität:

$$J_{n-1}(x) + J_{n+1}(x) = \frac{2n}{x} J_n(x). \quad (B.17)$$

Bessel-Funktion 1. Art, 0. Ordnung:

Nullstellen $J_0(x_m)$:

$$x_m \sim (4m - 1)\frac{\pi}{4} + \frac{1}{2\pi(4m-1)} - \frac{31}{6\pi^3 (4m-1)^3} - \ldots, \quad (B.18)$$

$m = 1, 2, 3, \ldots,$

Reihenentwicklung:

$$J_0(x) = \sum_{k=0}^{\infty} \frac{(-1)^k}{(k!)^2} \left(\frac{x}{2}\right)^{2k}, \quad (B.19)$$

asymptotische Darstellung:

$$J_0(x) = \sqrt{\frac{2}{\pi x}} \left\{ \cos\left(x - \frac{\pi}{4}\right) \left[1 + \sum_{k=1}^{n} a_{2k} \frac{(-1)^k}{x^{2k}} \right] + \sin\left(x - \frac{\pi}{4}\right) \sum_{k=1}^{n} a_{2k-1} \frac{(-1)^k}{x^{2k-1}} + R_n \right\}, \quad (B.20)$$

$$a_k = \frac{1^2 \cdot 3^2 \ldots (2k-1)^2}{8^k \, k!}, \quad |R_n| \leq a_{2n+1} / |x|^{2n+1}.$$

Ableitung:

$$\frac{d}{dx} J_0(x) = -J_1(x). \quad (B.21)$$

Bessel-Funktionen 1. Art, 1. Ordnung:

Nullstellen $J_1(x_m)$:

$$x_m \sim \frac{\pi}{4} (4m + 1) - \frac{3}{2\pi(4m+1)} + \frac{3}{2\pi^3 (4m+1)^3} - \ldots, \quad (B.22)$$

Reihenentwicklung:
$$J_1(x) = \frac{x}{2} \sum_{k=0}^{\infty} \frac{(-1)^k}{k!(k+1)!} \left(\frac{x}{2}\right)^{2k}. \qquad (B.23)$$

asymptotische Darstellung:
$$J_1(x) = \sqrt{\frac{2}{\pi x}} \left\{ \cos\left(x - \frac{3\pi}{4}\right)\left[1 + \sum_{k=1}^{n} b_{2k} \frac{(-1)^k}{x^{2k}}\right] + \right.$$
$$\left. \sin\left(x - \frac{3\pi}{4}\right) \sum_{k=1}^{n} b_{2k-1} \frac{(-1)^k}{x^{2k-1}} + R_n \right\}, \qquad (B.24)$$
$$b_k = \frac{(4-1^2)(4-3^2)\ldots(4-(2k-1)^2)}{8^k k!}, \; |R_n| \leq a_{2n+1} / |x|^{2n+1}.$$

Ableitung:
$$\frac{d}{dx} J_1(x) = J_0(x) - \frac{1}{x} J_1(x). \qquad (B.25)$$

Die Bessel-Funktionen sind Lösungen der Differentialgleichung:
$$x^2 \frac{d^2 y}{dx^2} + x \frac{dy}{dx} + (x^2 - n^2) = 0. \qquad (B.26)$$

Die zweite Fundamentallösung ist für ganzzahliges n die Bessel-Funktion 2. Art $Y_n(x)$:
$$\begin{vmatrix} J_n & Y_n \\ \frac{dJ_n}{dx} & \frac{dY_n}{dx} \end{vmatrix} = J_n(x) Y_{n-1}(x) - J_{n-1}(x) Y_n(x) = \frac{2}{\pi x} \qquad (B.27)$$

(Wronskische Determinante).

B.3 Die Bessel-Funktionen 2. Art

Bild B.4
$$Y_n(x) = \frac{1}{\pi} \left\{ 2 J_n(x) \left(\ln \frac{x}{2} + C\right) - \left(\frac{2}{x}\right)^n \sum_{k=0}^{n-1} \frac{(n-k-1)!}{k!} \left(\frac{x}{2}\right)^{2k} \right.$$
$$\left. - \left(\frac{x}{2}\right)^n \frac{1}{n!} \sum_{k=1}^{n} \frac{1}{k} - \left(\frac{x}{2}\right)^n \sum_{k=1}^{\infty} \frac{(-1)^k}{k!(n+k)!} \left(\frac{x}{2}\right)^{2k} \left(\sum_{l=1}^{n+k} \frac{1}{l} + \sum_{l=1}^{k} \frac{1}{l}\right) \right\}$$
$$(B.28)$$

Definitionsbereich:
$$0 < x < \infty,$$

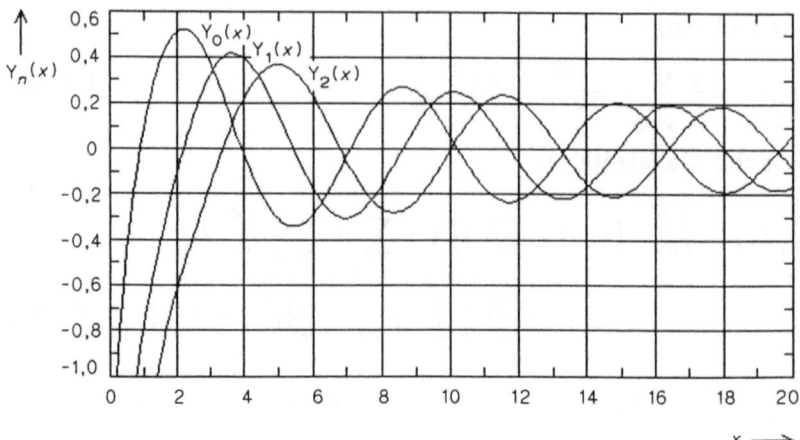

Bild B4. Graphische Darstellung der Bessel-Funktionen 2. Art

Wertebereich:

$$-\infty < Y_n(x) < 0{,}53,$$

Nullstellen $Y_n(x_{n,m})$ [B.1]:

$$x_{n,m} \sim (m + \tfrac{1}{2}n - \tfrac{3}{4})\pi - \frac{4n^2 - 1}{8(m + \tfrac{1}{2}n - \tfrac{3}{4})\pi} - \frac{(4n^2 - 1)(28n^2 - 31)}{384(m + \tfrac{1}{2}n - \tfrac{3}{4})^3 \pi^3} - \ldots, \quad (B.29)$$

$m = 1, 2, 3, \ldots$

Ableitung:

$$\frac{d}{dx} Y_n(x) = Y_{n-1}(x) - \frac{n}{x} Y_n(x), \quad (B.30)$$

asymptotische Darstellung:

$$Y_n(x) = \sqrt{\frac{2}{\pi x}} \left[\sin\left(x - (n + \tfrac{1}{2})\tfrac{\pi}{2}\right) + O\left(\tfrac{1}{x}\right) \right], \quad (B.31)$$

Identität:

$$Y_{n-1}(x) + Y_{n+1}(x) = \frac{2n}{x} Y_n(x). \quad (B.32)$$

Bessel-Funktion 2. Art, 0. Ordnung:

Nullstellen $Y_0(x_m)$:

$$x_1 = 0{,}89358,$$

$$x_m \sim (4m - 3)\frac{\pi}{4} + \frac{1}{2\pi(4m-3)} - \frac{31}{6\pi^3(4m-3)^3} - \ldots, \quad (B.33)$$

$m = 2, 3, 4, \ldots$

Reihenentwicklung:

$$Y_0(x) = \frac{2}{\pi}\left\{ J_0(x)\left(\ln\frac{x}{2} + C\right) - \sum_{k=1}^{\infty} \frac{(-1)^k}{(k!)^2}\left(\frac{x}{2}\right)^{2k} \sum_{l=1}^{k} \frac{1}{l} \right\},$$

$$Y_0(x) = \frac{2}{\pi}\left(\ln x - 0{,}1159\right) + O(x^2), \tag{B.34}$$

asymptotische Darstellung:

$$Y_0(x) = \sqrt{\frac{2}{\pi x}}\left\{\sin\left(x-\frac{\pi}{4}\right)\left[1 + \sum_{k=1}^{n} a_{2k}\frac{(-1)^k}{x^{2k}}\right] - \cos\left(x-\frac{\pi}{4}\right)\sum_{k=1}^{n} a_{2k-1}\frac{(-1)^k}{x^{2k-1}} + R_n\right\}, \tag{B.35}$$

$$a_k = \frac{1^2 \cdot 3^2 \ldots (2k-1)^2}{8^k k!}, \quad |R_n| \le a_{2n+1} / |x|^{2n+1}.$$

Ableitung:

$$\frac{d}{dx} Y_0(x) = -Y_1(x). \tag{B.36}$$

Bessel-Funktion 2. Art, 1. Ordnung:

Nullstellen $Y_1(x_m)$:

$$x_m \sim (4m-1)\frac{\pi}{4} - \frac{3}{2\pi(4m-1)} + \frac{3}{2\pi^3(4m-1)^3} - \ldots, \tag{B.37}$$

$$m = 1, 2, 3, \ldots$$

Reihenentwicklung:

$$Y_1(x) = \frac{2}{\pi}\left\{ J_1(x)\left(\ln\frac{x}{2} + C\right)\right.$$

$$\left. -\frac{1}{x} - \frac{x}{2}\sum_{k=0}^{\infty} \frac{(-1)^k}{k!(k+1)!}\left(\frac{x}{2}\right)^{2k}\left(\sum_{l=1}^{k}\frac{1}{l} + \frac{1}{2(k+1)}\right) \right\}, \tag{B.38}$$

$$Y_1(x) = -\frac{2}{\pi x} + O(x),$$

asymptotische Darstellung:

$$Y_1(x) = \sqrt{\frac{2}{\pi x}}\left\{\sin\left(x-\frac{3\pi}{4}\right)\left[1 + \sum_{k=1}^{n} b_{2k}\frac{(-1)^k}{x^{2k}}\right] + \cos\left(x-\frac{3\pi}{4}\right)\sum_{k=1}^{n} b_{2k-1}\frac{(-1)^k}{x^{2k-1}} + R_n\right\}, \tag{B.39}$$

$$b_k = \frac{(4-1^2)(4-3^2)\ldots(4-(2k-1)^2)}{8^k k!}, \quad |R_n| \le b_{2n+1} / |x|^{2n+1}.$$

Ableitung:

$$\frac{d}{dx} Y_1(x) = Y_0(x) - \frac{1}{x} Y_1(x). \tag{B.40}$$

B.4 Die modifizierten Bessel-Funktionen 1. Art

$$I_n(x) = \left(\frac{x}{2}\right)^n \sum_{k=0}^{\infty} \frac{1}{k!\, \Gamma(n+k+1)} \left(\frac{x}{2}\right)^{2k}$$

$$I_n(x) = i^{-n} J_n(ix)$$

Bild B.5

(B.41)

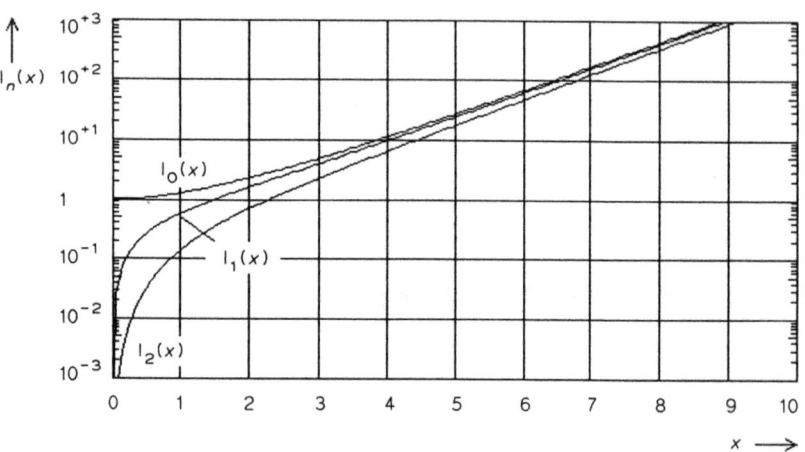

Bild B5. Graphische Darstellung der modifizierten Bessel-Funktionen 1. Art

Definitionsbereich:

$-\infty < x < \infty$,

Wertebereich:

n ganz und gerade: $0 \leq I_n(x) < \infty$,

sonst: $-\infty < I_n(x) < \infty$,

Ableitung:

$$\frac{d}{dx} I_n(x) = I_{n-1}(x) - \frac{n}{x} I_n(x), \tag{B.42}$$

asymptotische Darstellung:

$$I_n(x) = \frac{e^x}{\sqrt{2\pi x}} \left[1 + O\left(\frac{1}{x}\right) \right], \tag{B.43}$$

Identität:

$$I_{n-1}(x) - I_{n+1}(x) = \frac{2n}{x} I_n(x). \tag{B.44}$$

Modifizierte Bessel-Funktion 1. Art, 0. Ordnung:

Reihenentwicklung:
$$I_0(x) = \sum_{k=0}^{\infty} \frac{1}{(k!)^2} \left(\frac{x}{2}\right)^{2k}, \tag{B.45}$$

asymptotische Darstellung:
$$I_0(x) = \frac{e^x}{\sqrt{2\pi x}} \left[1 + \sum_{k=1}^{n} a_k \frac{(-1)^k}{x^k} + R_n \right], \tag{B.46}$$

$$a_k = \frac{1^2 \cdot 3^2 \ldots (2k-1)^2}{8^k \, k!}, \quad |R_n| \leq a_{n+1} / |x|^{n+1}.$$

Ableitung:
$$\frac{d}{dx} I_0(x) = I_1(x). \tag{B.47}$$

Modifizierte Bessel-Funktion 1. Art, 1. Ordnung:

Reihenentwicklung:
$$I_1(x) = \frac{x}{2} \sum_{k=0}^{\infty} \frac{1}{k!(k+1)!} \left(\frac{x}{2}\right)^{2k}, \tag{B.48}$$

asymptotische Darstellung:
$$I_1(x) = \frac{e^x}{\sqrt{2\pi x}} \left[1 + \sum_{k=1}^{n} b_k \frac{(-1)^k}{x^k} + R_n \right], \tag{B.49}$$

$$b_k = \frac{(4-1^2) \cdot (4-3^2) \ldots (4-(2k-1)^2)}{8^k \, k!}, \quad |R_n| \leq b_{n+1} / |x|^{n+1}.$$

Ableitung:
$$\frac{d}{dx} I_1(x) = I_0(x) - \frac{1}{x} I_1(x). \tag{B.50}$$

Die modifizierten Bessel-Funktionen sind Lösungen der Differentialgleichung:
$$x^2 \frac{d^2 y}{dx^2} + x \frac{dy}{dx} - (x^2 + n^2) = 0. \tag{B.51}$$

Die zweite Fundamentallösung ist für ganzzahliges n die modifizierten Bessel-Funktionen 2. Art $K_n(x)$:

$$\begin{vmatrix} I_n & K_n \\ \frac{dI_n}{dx} & \frac{dK_n}{dx} \end{vmatrix} = -\left(I_n(x) K_{n-1}(x) + I_{n-1}(x) K_n(x) \right) = -\frac{1}{x} \tag{B.52}$$

(Wronskische Determinante).

B.5 Die modifizierten Bessel-Funktionen 2. Art

$$K_n(x) = \frac{(-1)^{n+1}}{2}\left\{2I_0(x)\left(\ln\frac{x}{2}+C\right) + \left(\frac{2}{x}\right)^n \sum_{k=0}^{n-1}(-1)^{n-k-1}\frac{n-k-1)!}{k!}\left(\frac{x}{2}\right)^{2k}\right.$$
$$\left. - \left(\frac{x}{2}\right)^n \frac{1}{n!}\sum_{k=1}^{n}\frac{1}{k} - \left(\frac{x}{2}\right)^n \sum_{k=1}^{\infty}\frac{1}{k!(n+k)!}\left(\frac{x}{2}\right)^{2k}\left(\sum_{l=1}^{n+k}\frac{1}{l}+\sum_{l=1}^{k}\frac{1}{l}\right)\right\}$$

$$K_n(x) = \frac{\pi}{2}\left[i(-1)^n I_n(x) - i^n Y_n(ix)\right] \quad (B.53)$$

Bild B.6

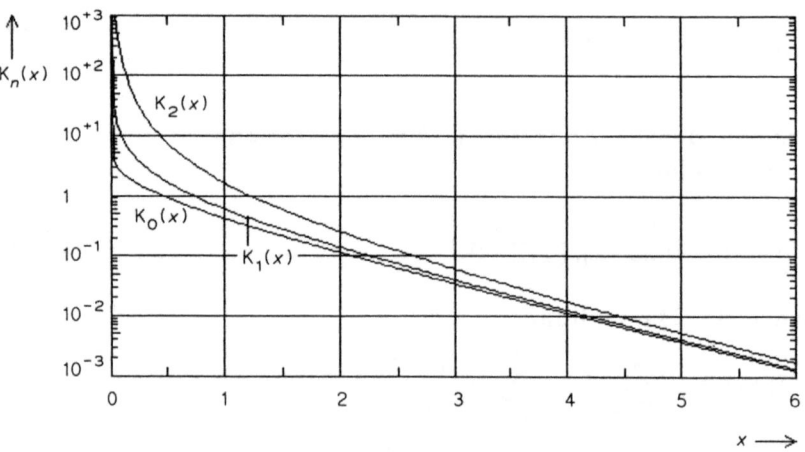

Bild B6 Graphische Darstellung der modifizierten Bessel-Funktionen 2. Art

Definitionsbereich:

$0 < x < \infty$,

Wertebereich:

$0 < K_n(x) < \infty$,

Ableitung:

$$\frac{d}{dx}K_n(x) = -K_{n-1}(x) - \frac{n}{x}K_n(x), \quad (B.54)$$

asymptotische Darstellung:

$$K_n(x) = \sqrt{\frac{\pi}{2x}}\, e^{-x}\left[1 + O\left(\frac{1}{x}\right)\right], \quad (B.55)$$

Identität:
$$K_{n-1}(x) - K_{n+1}(x) = -\frac{2n}{x} K_n(x). \tag{B.56}$$

Modifizierte Bessel-Funktion 2. Art, 0. Ordnung:
Reihenentwicklung:
$$K_0(x) = -I_0(x)\left(\ln\frac{x}{2} + C\right) + \sum_{k=1}^{\infty} \frac{1}{(k!)^2}\left(\frac{x}{2}\right)^{2k} \sum_{l=1}^{k} \frac{1}{l}, \tag{B.57}$$

$$K_0(x) = 0{,}11593 - \ln x + O(x^2),$$

asymptotische Darstellung:
$$K_0(x) = \sqrt{\frac{\pi}{2x}}\, e^{-x}\left(1 + \sum_{k=1}^{n} a_k \frac{(-1)^k}{x^k} + R_n\right), \tag{B.58}$$

$$a_k = \frac{1^2 \cdot 3^2 \ldots (2k-1)^2}{8^k k!}, \quad |R_n| \leq a_{n+1} / x^{n+1},$$

Ableitung:
$$\frac{d}{dx} K_0(x) = -K_1(x). \tag{B.59}$$

Modifizierte Bessel-Funktion 2. Art, 1. Ordnung:
Reihenentwicklung:
$$K_1(x) = I_1(x)\left(\ln\frac{x}{2} + C\right)$$
$$+ \frac{1}{x} - \frac{x}{2}\sum_{k=1}^{\infty} \frac{1}{k!(k+1)!}\left(\frac{x}{2}\right)^{2k}\left(\sum_{l=1}^{k} \frac{1}{l} + \frac{1}{2(k+1)}\right), \tag{B.60}$$

$$K_1(x) = \frac{1}{x} + O(x),$$

asymptotische Darstellung:
$$K_1(x) = \sqrt{\frac{\pi}{2x}}\, e^{-x}\left(1 + \sum_{k=1}^{n} b_k \frac{(-1)^k}{x^k} + R_n\right), \tag{B.61}$$

$$b_k = \frac{(4-1^2)\cdot(4-3^2)\ldots(4-(2k-1)^2)}{8^k k!}, \quad |R_n| \leq b_{n+1} / x^{n+1}.$$

Ableitung:
$$\frac{d}{dx} K_1(x) = -K_0(x) - \frac{1}{x} K_1(x). \tag{B.62}$$

B.6 Die Diracsche Delta-Funktion (Einheitsimpulsfunktion)

Die Diracsche Delta-Funktion $\delta(x)$ ist eine normierte Impulsfunktion, die überall den Wert Null besitzt, ausgenommen in einer gewissen Umgebung des Nullpunktes $x = 0$. Die Funktion kann nur im integralen Sinne definiert werden [B.2] durch:

$$\int_a^b f(\xi)\cdot\delta(\xi-X)\,d\xi = \begin{cases} 0 & \text{für } X < a \text{ oder } X > b \\ \frac{1}{2} f(X) & \text{für } X = a \text{ oder } X = b \\ f(X) & \text{für } a < X < b \end{cases} \quad (B.63)$$
$(a < b)$

wobei $f(x)$ eine beliebige Funktion ist, die im Punkt $x = X$ stetig ist. Weiterhin gelten die Bedingungen:

$$\delta(x) = 0 \text{ für } x \neq 0, \quad (B.64)$$

$$\int_{-\infty}^{\infty} \delta(x)\,dx = 1. \quad (B.65)$$

Es gilt ($E(x)$ - Einheitssprungfunktion):

$$\delta(x) = \frac{dE(x)}{dx}, \quad (B.66)$$

$$\frac{d^r \delta(x)}{dx^r} = (-1)^r\, r!\, \frac{\delta(x)}{x^r}, \quad r = 1, 2, 3, \ldots \quad (B.67)$$

Die Laplace-Transformierte von $\delta(x-X)$ ist

$$\int_0^{\infty} e^{-sx}\,\delta(x-X)\,dx = e^{-sX} \text{ für } 0 < X < \infty. \quad (B.68)$$

B.7 Die Einheitssprungfunktion

Die Einheitssprungfunktion $E(x)$ ist definiert durch

$$E(x-X) = \begin{cases} 0 & \text{für } x < X \\ \frac{1}{2} & \text{für } x = X \\ 1 & \text{für } x > X \end{cases} \qquad \text{Bild B.7} \quad (B.69)$$

Es gelten die Beziehungen [B.2]:

$$E(x) = \lim_{\alpha \to 0} \left(\frac{1}{2} + \frac{1}{\pi} \arctan(\alpha x)\right), \quad (B.70)$$

$$E(x) = \lim_{\alpha \to 0} \frac{1}{2}\left(1 - \text{erfc}(\alpha x)\right), \quad (B.71)$$

$$E(x) = \lim_{\alpha \to 0} \frac{1}{\pi} \int_{-\infty}^{\alpha x} \frac{\sin \xi}{\xi}\,d\xi, \quad (B.72)$$

$$\frac{dE(x)}{dx} = \delta(x). \quad (B.73)$$

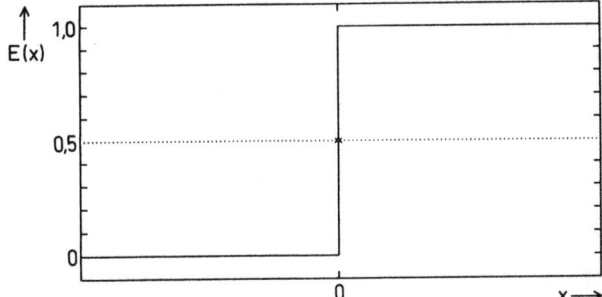

Bild B7. Graphische Darstellung der Einheitssprungfunktion ($X = 0$)

B.8 Das Exponentialintegral

$$\text{Ei}(\xi) = \int_{-\infty}^{\xi} \frac{e^t}{t} \, dt = -\int_{-\xi}^{\infty} \frac{e^{-t}}{t} \, dt \qquad \text{Bild B.8} \qquad \text{(B.74)}$$

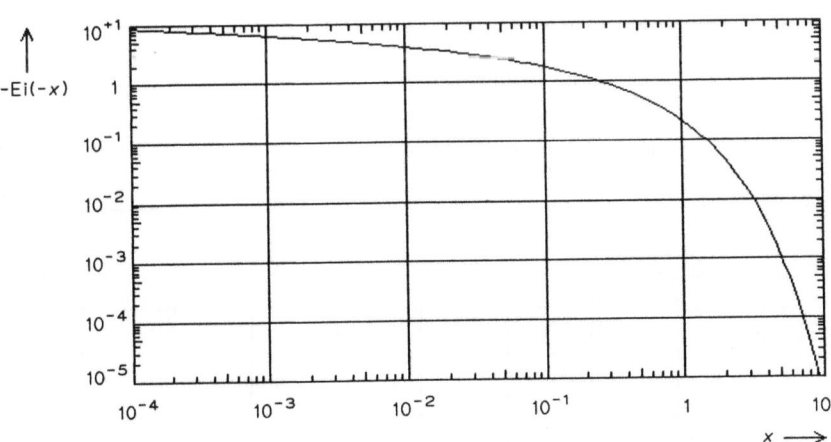

Bild B8. Graphische Darstellung des Exponentialintegrals

Definitionsbereich:

$-\infty < \xi < 0$,

Wertebereich:

$-\infty < \text{Ei}(\xi) < 0$.

Für $\xi = 0$ sind die obigen Integrale divergent. Wenn man für $\xi > 0$ den Hauptwert bei $\xi = 0$ bildet, ist $\text{Ei}(\xi)$ auch für $\xi > 0$ definiert. Da grundsätzlich nur die Funktion für $\xi < 0$ verwendet wird, setzen wir $x = -\xi$.

Reihenentwicklung:

$$\text{Ei}(-x) = C + \ln x + \sum_{k=1}^{\infty} \frac{(-1)^k x^k}{k \cdot k!}, \qquad (B.75)$$

asymptotische Darstellung:

$$\text{Ei}(-x) = e^{-x} \left(\sum_{k=1}^{n} (-1)^k \frac{(k-1)!}{x^k} + R_n \right), \qquad (B.76)$$

$$|R_n| < \frac{n!}{x^{n+1}}.$$

Die Funktion $-\text{Ei}(-x)$ mit $x > 0$ wird häufig auch als *Brunnenfunktion* bezeichnet:

$$W(x) = -\text{Ei}(-x) = \int_x^{\infty} \frac{e^{-t}}{t} dt. \qquad (B.77)$$

B.9 Die komplementäre Fehlerfunktion

$$\text{erfc}(x) = \frac{2}{\sqrt{\pi}} \int_x^{\infty} e^{-t^2} dt$$

$$= 1 - \frac{2}{\sqrt{\pi}} \int_0^x e^{-t^2} dt \qquad (B.78)$$

Bild B.9

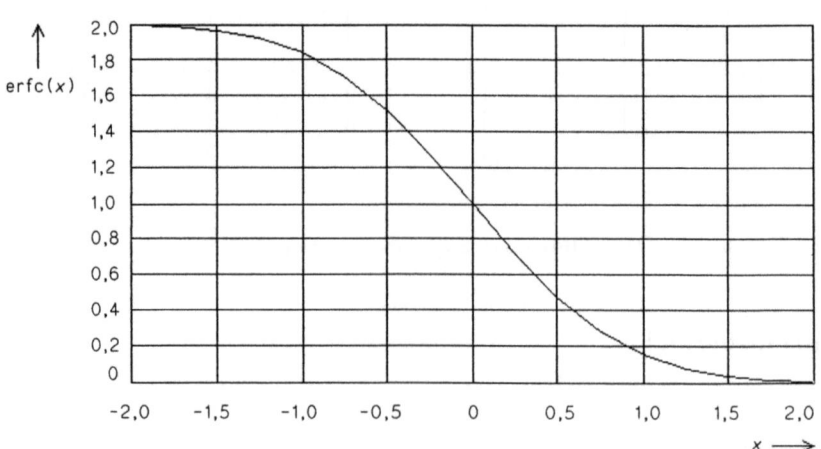

Bild B9. Graphische Darstellung der komplementären Fehlerfunktion

Definitionsbereich:

$$-\infty < x < \infty,$$

Wertebereich:

$$0 \leq \mathrm{erfc}(x) \leq 2,$$

Identität:

$$\mathrm{erfc}(-x) = 2 - \mathrm{erfc}(x), \qquad (B.79)$$

Reihenentwicklung:

$$\mathrm{erfc}(x) = 1 - \frac{2}{\sqrt{\pi}} \sum_{k=1}^{\infty} (-1)^{k+1} \frac{x^{2k-1}}{(2k-1)(k-1)!}, \qquad (B.80)$$

asymptotische Darstellung (für $x > 0$):

$$\mathrm{erfc}(x) = \frac{e^{-x^2}}{\sqrt{\pi}\, x} \left(1 + \sum_{k=1}^{n} (-1)^k \frac{1 \cdot 3 \ldots (2k-1)}{2^k x^{2k}} + R_n \right), \qquad (B.81)$$

$$|R_n| < \frac{1 \cdot 3 \ldots (2n-1)}{2^n x^{2n}}.$$

Bei vielen Anwendungen tritt die Fehlerfunktion in der Kombination $\mathrm{erfc}(x) \cdot \exp(y)$ auf. Von Interesse sind Funktionswerte im Bereich $y \approx x^2$. Es ist deshalb numerisch günstig, die Funktion $\mathrm{erc}(x,y)$ zu definieren:

$$\mathrm{erc}(x,y) = \mathrm{erfc}(x) \cdot \exp(y) \qquad (B.82)$$

B.10 Das Integral der komplementären Fehlerfunktion

$$\mathrm{interfc}(x) = \int_x^{\infty} \mathrm{erfc}(t)\, dt = \frac{e^{-x}}{\sqrt{\pi}} - x \cdot \mathrm{erfc}(x) \qquad (B.83)$$

Bild B.10

Definitionsbereich:

$$-\infty < x < \infty,$$

Wertebereich:

$$0 < \mathrm{interfc}(x) < \infty,$$

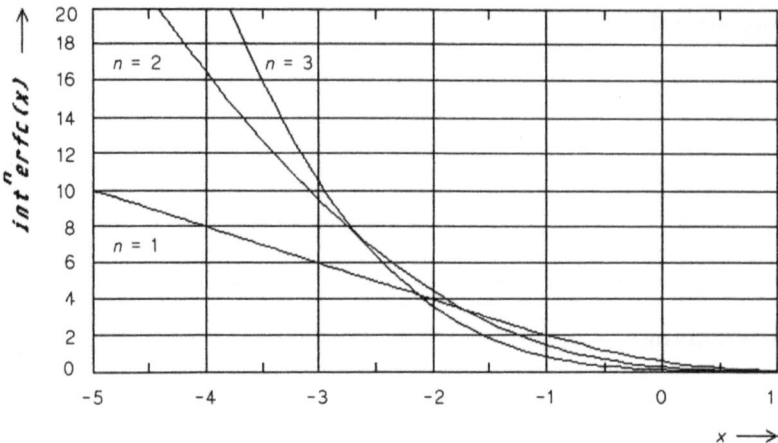

Bild B10. Graphische Darstellung der n-fachen Integrale der komplementären Fehlerfunktion

Reihenentwicklung:

$$\text{interfc}(x) = -x + \frac{2}{\sqrt{\pi}} e^{-x^2} \left(\frac{1}{2} + \sum_{k=1}^{\infty} \frac{2^k x^{2k}}{1 \cdot 3 \dots (2k-1)} \right), \qquad \text{(B.84)}$$

asymptotische Darstellung (für $x > 0$):

$$\text{interfc}(x) = \frac{e^{-x^2}}{\sqrt{\pi}} \left(\sum_{k=1}^{n} (-1)^{k+1} \frac{1 \cdot 3 \dots (2k-1)}{2^k x^{2k}} + R_n \right), \qquad \text{(B.85)}$$

$$|R_n| < \frac{1 \cdot 3 \dots (2n-1)}{2^n x^{2n}}.$$

Für die mehrmalige Integration gilt folgende Rekursionsformel:

$$\text{int}^n \text{erfc}(x) = \frac{1}{2n} \text{int}^{n-2} \text{erfc}(x) - \frac{x}{n} \text{int}^{n-1} \text{erfc}(x)$$

für $n = 2, 3, \dots$

mit $\text{int}^0 \text{erfc}(x) = \text{erfc}(x)$,

$\text{int}^1 \text{erfc}(x) = \text{interfc}(x)$ \hfill **(B.86)**

Numerisch günstig ist die Definition der Funktion

$$\text{int}^n \text{erc}(x, y) = \text{int}^n \text{erfc}(x) \cdot \exp(y) \qquad \text{(B.87)}$$

B.11 Die Goldstein-Funktion

$$J(x,y) = 1 - e^{-y} \int_0^x e^{-\xi} I_0(\sqrt{4y\xi})\, d\xi$$

$$= e^{-y} \int_x^\infty e^{-\xi} I_0(\sqrt{4y\xi})\, d\xi \qquad (B.88)$$

Bild B.11

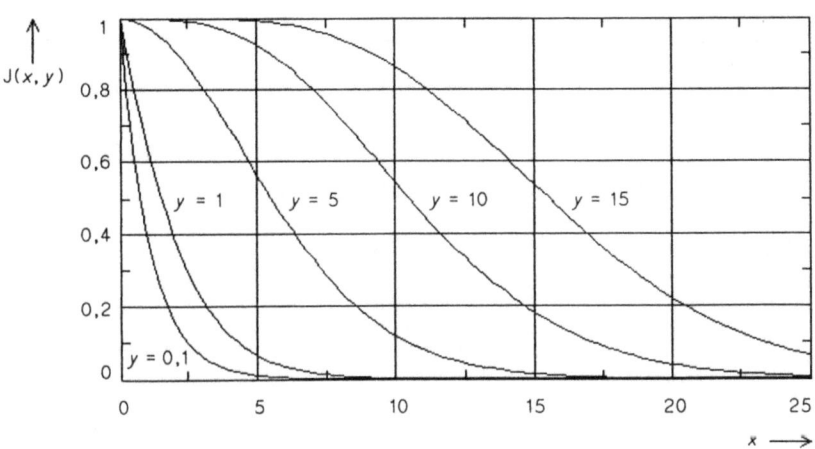

Bild B11. Graphische Darstellung der Goldstein-Funktion

Definitionsbereich:

$$0 \leq x < \infty,\ 0 \leq y < \infty,$$

Wertebereich:

$$0 \leq J(x,y) \leq 1,$$

Reihenentwicklung:

$$J(x,y) = e^{-(x+y)} \sum_{n=0}^{\infty} \frac{y^n}{n!} \sum_{k=0}^{n} \frac{x^k}{k!}, \qquad (B.89)$$

Ableitung:

$$\frac{dJ}{dx} = -e^{-(x+y)} I_0(\sqrt{4xy}), \qquad (B.90)$$

$$\frac{dJ}{dy} = e^{-(x+y)} I_0(\sqrt{4xy}). \qquad (B.91)$$

B.12 Die Hantush-Funktion

$$W(x,y) = \int_x^\infty \frac{1}{t} e^{-(t + \frac{y^2}{4t})} dt \qquad \text{(B.92)}$$

Bild B.12

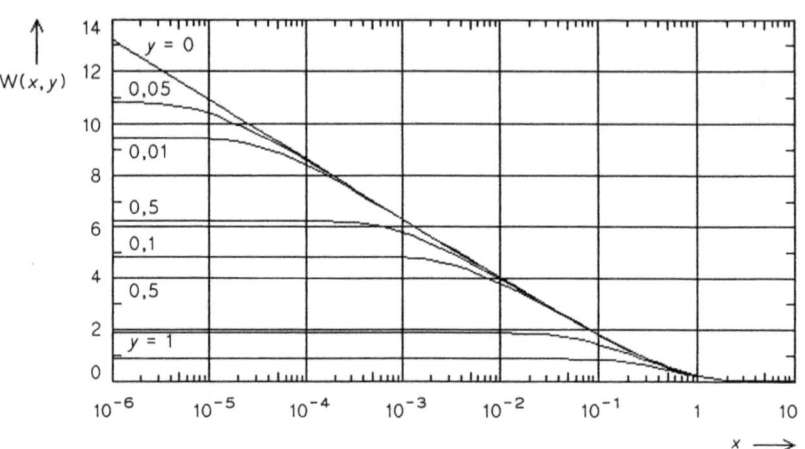

Bild B12. Graphische Darstellung der Hantush-Funktion

Definitionsbereich:

$$0 \le x < \infty, \quad 0 \le y < \infty,$$

Wertebereich:

$$0 < W(x,y) < \infty,$$

Identitäten:

$$W(x,0) = W(x) = -\text{Ei}(-x), \qquad \text{(B.93)}$$

$$W(0,y) = 2 K_0(y), \qquad \text{(B.94)}$$

$$W(x,y) = 2 K_0(y) - W(\frac{y^2}{4x}, y), \qquad \text{(B.95)}$$

Reihenentwicklung:

$$W(x,y) = \qquad \text{(B.96)}$$
$$-\text{Ei}(-x) + \sum_{n=1}^\infty \frac{1}{n!^2} \left(\frac{y}{2}\right)^{2n} \left(e^{-x} \sum_{k=1}^n (-1)^k \frac{(k-1)!}{x^k} - \text{Ei}(-x)\right),$$

Näherungen:
für $x > 2y$ oder $x > 5y^2$, wenn $y < 0{,}1$:

$$W(x,y) \approx W(x),$$

für $x < 0{,}05\, y^2$, wenn $x < 1$:

$$W(x,y) \approx 2K_0(y) - I_0(y)\, W(\tfrac{y^2}{4x}).$$

B.13 Die Kelvin-Funktionen

$$\boxed{\begin{aligned}
&\text{ker } x = \\
&-\ln\left(\tfrac{x}{2}\right) \text{ber } x + \tfrac{\pi}{4} \text{ bei } x + \sum_{k=0}^{\infty} (-1)^k \frac{\Psi(2k+1)}{((2k)!)^2} \left(\tfrac{x^2}{4}\right)^{2k}, \\
&\text{kei } x = \\
&-\ln\left(\tfrac{x}{2}\right) \text{bei } x - \tfrac{\pi}{4} \text{ ber } x + \sum_{k=0}^{\infty} (-1)^k \frac{\Psi(2k+2)}{((2k+1)!)^2} \left(\tfrac{x^2}{4}\right)^{2k+1}, \\
&\text{ber } x = \sum_{k=0}^{\infty} (-1)^k \frac{1}{((2k)!)^2} \left(\tfrac{x^2}{4}\right)^{2k}, \\
&\text{bei } x = \sum_{k=0}^{\infty} (-1)^k \frac{1}{((2k+1)!)^2} \left(\tfrac{x^2}{4}\right)^{2k+1}, \\
&\Psi(1) = -\gamma,\ \Psi(n) = -\gamma + \sum_{k=0}^{n-1} \tfrac{1}{k}\ \text{für } n > 1
\end{aligned}}$$

Bild B.13   (B.97)

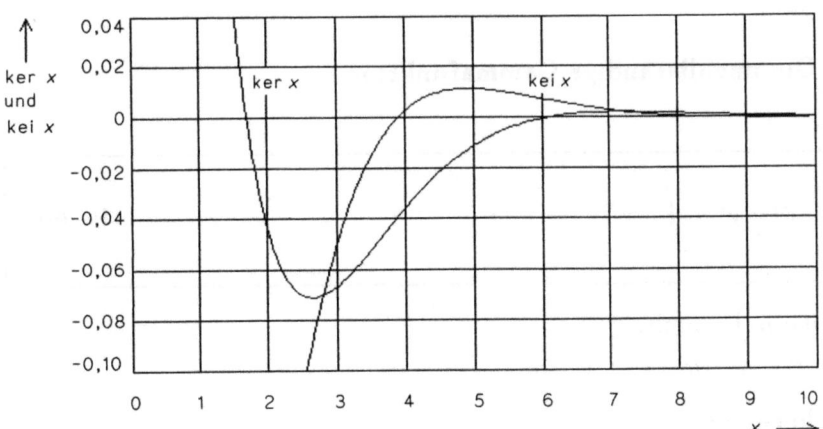

Bild B13. Graphische Darstellung der Kelvin-Funktionen

Definitionsbereich:

$0 < x < \infty$,

Wertebereich:

$-0{,}0711 < \text{ker } x < \infty$,

$-\frac{\pi}{4} < \text{kei } x < 0{,}0113$.

Nullstellen ker x_m:

$x_m = 1{,}71854\,,\ 6{,}12728\,,\ 10{,}56294\,,\ 15{,}00269\,,\ 19{,}44381\ \ldots$,

Nullstellen kei x_m:

$x_m = 3{,}91467\,,\ 8{,}34422\,,\ 12{,}78256\,,\ 17{,}22314\,,\ 21{,}66464\ \ldots$,

asymptotische Darstellung:

$$\text{ker } x = \sqrt{\frac{\pi}{2x}}\ e^{-x/\sqrt{2}}$$
$$\times \left[1 - \frac{1}{8\sqrt{2}}\frac{1}{x} + \frac{1}{256}\frac{1}{x^2} + \frac{399}{6144\sqrt{2}}\frac{1}{x^3} + O\left(\frac{1}{x^4}\right)\right] \quad \text{(B.98)}$$
$$\times \cos\left[\frac{x}{\sqrt{2}} - \frac{\pi}{8} - \frac{1}{8\sqrt{2}}\frac{1}{x} - \frac{1}{16}\frac{1}{x^2} - \frac{25}{384\sqrt{2}}\frac{1}{x^3} + O\left(\frac{1}{x^4}\right)\right],$$

$$\text{kei } x = \sqrt{\frac{\pi}{2x}}\ e^{-x/\sqrt{2}}$$
$$\times \left[1 - \frac{1}{8\sqrt{2}}\frac{1}{x} + \frac{1}{256}\frac{1}{x^2} + \frac{399}{6144\sqrt{2}}\frac{1}{x^3} + O\left(\frac{1}{x^4}\right)\right] \quad \text{(B.99)}$$
$$\times \sin\left[\frac{x}{\sqrt{2}} - \frac{\pi}{8} - \frac{1}{8\sqrt{2}}\frac{1}{x} - \frac{1}{16}\frac{1}{x^2} - \frac{25}{384\sqrt{2}}\frac{1}{x^3} + O\left(\frac{1}{x^4}\right)\right].$$

B.14 Die unvollständige Gammafunktion

$$\Gamma(x,y) = \int_0^y t^{x-1} e^{-t}\, dt \quad \text{(B.100)}$$

Definitionsbereich:

$0 < x < \infty,\ 0 \leq y < \infty$,

Wertebereich:

$0 \leq \Gamma(x,y) < \infty$,

Identität:

$$\Gamma(x) = \Gamma(x,\infty). \tag{B.101}$$

Häufig wird anstelle von $\Gamma(x,y)$ die normierte unvollständige Gammafunktion $P(x,y)$ definiert:

$$P(x,y) = \Gamma(x,y)/\Gamma(x) \tag{B.102}$$

Bild B.14

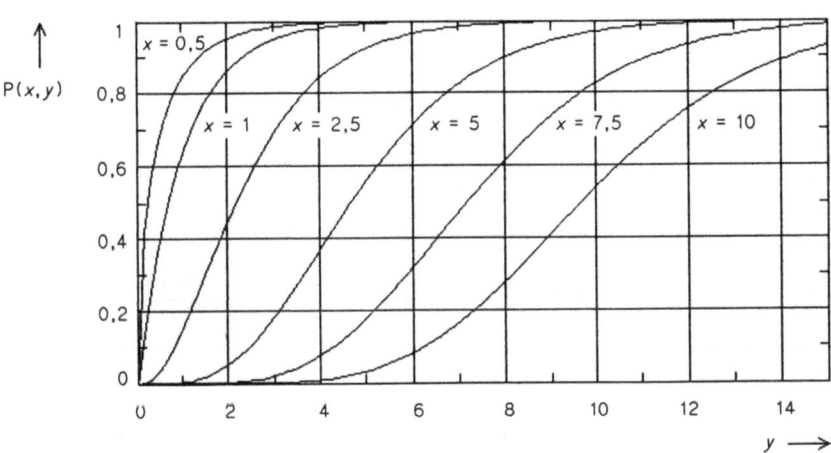

Bild B14. Graphische Darstellung der normierten unvollständigen Gammafunktion

C Korrespondenzen der Laplace-Transformation

Nr.	$\mathcal{L}$-Transformierte $\bar{f}(s)$		Zeitfunktion $f(t)$
1.1.	$\dfrac{1}{s}$		1
1.2.	$\dfrac{1}{s^2}$		t
1.3.	$\dfrac{1}{s^3}$		$\dfrac{t^2}{2}$
1.4.	$\dfrac{1}{s^{n+1}}$		$\dfrac{t^n}{n!}$
2.1.	$\dfrac{1}{p}$	$\boxed{p = \sqrt{\dfrac{s}{a}}}$	$\sqrt{\dfrac{a}{\pi t}}$
2.2.	$\dfrac{1}{sp}$		$2\sqrt{\dfrac{at}{\pi}}$
2.3.	$\dfrac{1}{s^2 p}$		$\dfrac{4}{3}\sqrt{\dfrac{at^3}{\pi}}$
2.4.	$\dfrac{1}{s^n p}$,	$(n=0, 1, 2, 3,\cdots)$	$\sqrt{\dfrac{a}{\pi}}\, t^{(2n-1)/2}\, \dfrac{2^{2n}\, n!}{(2n)!}$
3.1.	$\dfrac{1}{s+b}$		e^{-bt}
3.2.	$\dfrac{1}{s-b}$		e^{bt}
3.3.	$\dfrac{1}{(s-b)^2}$		$t e^{bt}$
3.4.	$\dfrac{1}{(s-b)^n}$,	$(n=1, 2, 3,\cdots)$	$\dfrac{1}{(n-1)!}\, t^{n-1} e^{bt}$
3.5.	$\dfrac{1}{(s-b)(s-k)}$		$\dfrac{1}{b-k}(e^{bt} - e^{kt})$
3.6.	$\dfrac{s}{(s-b)(s-k)}$		$\dfrac{1}{b-k}(be^{bt} - ke^{kt})$
3.7.	$\dfrac{b}{s^2 + b^2}$		$\sin bt$
3.8.	$\dfrac{s}{s^2 + b^2}$		$\cos bt$
3.9.	$\dfrac{b}{s^2 - b^2}$		$\sinh bt$
3.10.	$\dfrac{s}{s^2 - b^2}$		$\cosh bt$
3.11.	$\dfrac{k}{(s+b)^2 + k^2}$		$e^{-bt}\sin kt$

Nr.	$\mathcal{L}$-Transformierte $\overline{f}(s)$	Zeitfunktion $f(t)$
3.12.	$\dfrac{s+b}{(s+b)^2+k^2}$	$e^{-bt}\cos kt$
3.13.	$\dfrac{s}{(s^2+b^2)^2}$	$\dfrac{t}{2b}\sin bt$
3.14.	$\dfrac{s^2-b^2}{(s^2+b^2)^2}$	$t\cos bt$
4.1.	$\dfrac{1}{p+b}$	$\sqrt{\dfrac{a}{\pi t}}-ab\cdot A,\quad \boxed{A=e^{b^2at}\operatorname{erfc} b\sqrt{at}}$
4.2.	$\dfrac{1}{p(p+b)}$	$a\cdot A$
4.3.	$\dfrac{b}{s(p+b)}$	$1-A$
4.4.	$\dfrac{b}{sp(p+b)}$	$\sqrt{\dfrac{4at}{\pi}}-\dfrac{1}{b}(1-A)$
4.5.	$\dfrac{1}{s^2(p+b)}$	$\dfrac{1}{ab^3}\left[A-1+2b\sqrt{\dfrac{at}{\pi}}-b^2 at\right]$
4.6.	$\dfrac{b}{s^2p(p+b)}$	$\dfrac{1}{ab^3}\left[A-1-b^2at+2b\sqrt{\dfrac{at}{\pi}}\left(1+\dfrac{2}{3}b^2at\right)\right]$
4.7.	$\dfrac{1}{s^{n+1}(p+b)},\;(n=1,2,3;\cdots)$	$\dfrac{a}{(-b)^n}\left[A-\sum_{j=0}^{n-1}(-2b\sqrt{at})^j\operatorname{int}^j\operatorname{erfc} 0\right]$
4.8.	$\dfrac{p+\sqrt{b}}{s}$	$\dfrac{1}{\sqrt{\pi at}}e^{-abt}+\sqrt{b}\left[1-\operatorname{erfc}\sqrt{abt}\right]$
5.1.	e^{-bs}	$\delta(t-b)\qquad$ für $\;b>0$
5.2.	$\dfrac{e^{-bs}}{s}$	$\begin{cases}0\\1\end{cases}$ für $0<t\leq b$ für $\;t>b$
5.3.	$\dfrac{e^{-bs}}{s^2}$	$\begin{cases}0\\t-b\end{cases}$ für $0<t\leq b$ für $\;t>b$
5.4.	$\dfrac{e^{-bs}}{s(s+k)}$	$\begin{cases}0\\\dfrac{1}{k}\left(1-e^{-k(t-b)}\right)\end{cases}$ für $0<t\leq b$ für $\;t>b$
6.1.	e^{-xp}	$\dfrac{x}{t\sqrt{4\pi at}}e^{-\frac{x^2}{4at}}$
6.2.	$\dfrac{e^{-xp}}{p}$	$\sqrt{\dfrac{a}{\pi t}}e^{-\frac{x^2}{4at}}$
6.3.	$\dfrac{e^{-xp}}{s}$	$B\qquad\boxed{B=\operatorname{erfc}\dfrac{x}{\sqrt{4at}}}$
6.4.	$\dfrac{e^{-px}}{sp}$	$\sqrt{4at}\cdot\operatorname{int} B\qquad\boxed{\operatorname{int}^n B=\operatorname{int}^n\operatorname{erfc}\dfrac{x}{\sqrt{4at}}}$
6.5.	$\dfrac{e^{-px}}{s^2}$	$at\operatorname{int}^2 B$

Nr.	$\mathcal{L}$-Transformierte $\bar{f}(s)$	Zeitfunktion $f(t)$
6.6.	$\dfrac{e^{-px}}{s^2 p}$	$8t\sqrt{at}\ \text{int}^3 B$
6.7.	$\dfrac{e^{-px}}{s^n p}$, $\quad (n=0, 1, 2, 3,\cdots)$	$\sqrt{a}\,(4t)^{n-1/2}\text{int}^{2n-1} B$
7.1.	$\dfrac{e^{-px}}{s-b}$	$\dfrac{1}{2}e^{bt}\left[e^{x\sqrt{b/a}}\ \text{erfc}\left(\dfrac{x}{\sqrt{4at}}+\sqrt{bt}\right)\right.$ $\left.+\ e^{-x\sqrt{b/a}}\ \text{erfc}\left(\dfrac{x}{\sqrt{4at}}-\sqrt{bt}\right)\right]$
7.2.	$\dfrac{e^{-px}}{p(s-b)}$	$\dfrac{1}{2}e^{bt}\left[e^{-x\sqrt{b/a}}\ \text{erfc}\left(\dfrac{x}{\sqrt{4at}}-\sqrt{bt}\right)\right.$ $\left.-\ e^{x\sqrt{b/a}}\ \text{erfc}\left(\dfrac{x}{\sqrt{4at}}+\sqrt{bt}\right)\right]\sqrt{a/b}$
7.3.	$\dfrac{e^{-px}}{p+b}$	$\sqrt{\dfrac{a}{\pi t}}\ e^{-x^2/4at} - ab\cdot C$
		$\boxed{C = e^{b(x+bat)}\ \text{erfc}\left(\dfrac{x}{\sqrt{4at}}+b\sqrt{at}\right)}$
7.4.	$\dfrac{e^{-px}}{ap(p+b)}$	C
7.5.	$\dfrac{be^{-px}}{s(p+b)}$	$B - C$
7.6.	$\dfrac{e^{-px}}{sp(p+b)}$	$\dfrac{2}{b}\sqrt{\dfrac{at}{\pi}}\ e^{-x^2/4at} - \dfrac{1}{b^2}\left[(1+bx)\,B - C\right]$
7.7.	$\dfrac{e^{-px}}{s^2(p+b)}$	$\dfrac{1}{ab}\left[\left(1+bx+\dfrac{1}{2}b^2 x^2 + b^2 at\right)\cdot B\right.$ $\left.-\ b(2+bx)\sqrt{at/\pi}\ e^{-x^2/4at} - C\right]$
7.8.	$\dfrac{e^{-px}}{s^{n+1}(p+b)}$, $\quad(n=1, 2, 3,\cdots)$	$\dfrac{a}{(-b)^n}\left[C - 2\displaystyle\sum_{j=0}^{n-1}(-b\sqrt{at})^j\ \text{int}^j B\right]$
7.9.	$\dfrac{e^{-px}}{(p+b)(s-k)}$	$-e^{bt}\left[\dfrac{e^{x\sqrt{k/a}}}{b-\sqrt{k/a}}\ \text{erfc}\left(\dfrac{x}{\sqrt{4at}}+\sqrt{kt}\right)\right.$ $\left.+\ \dfrac{e^{-x\sqrt{k/a}}}{b+\sqrt{k/a}}\ \text{erfc}\left(\dfrac{x}{\sqrt{4at}}-\sqrt{kt}\right)\right]$ $-\dfrac{b}{b^2-k/a}\cdot C\ ,\quad \text{für } b^2 \neq k/a$
7.10.	$\dfrac{be^{-px}}{s}\dfrac{p-b}{(p+b)^2}$	$4b\sqrt{at/\pi}\ e^{-x^2/4at} - B$ $+\ (1-2bx-4b\,at)\cdot C$

Nr.	$\mathcal{L}$-Transformierte $\bar{f}(s)$	Zeitfunktion $f(t)$
8.1.	$e^{-x\sqrt{s/a+b}}$	$\dfrac{x}{t\sqrt{4\pi at}} e^{-(x^2/4at + abt)}$
8.2.	$\dfrac{1}{s} e^{-x\sqrt{s/a+b}}$	$\dfrac{1}{2}\Big[e^{-x\sqrt{b}} \operatorname{erfc}\Big(\dfrac{x}{\sqrt{4at}} - \sqrt{abt}\Big)$ $+ e^{x\sqrt{b}} \operatorname{erfc}\Big(\dfrac{x}{\sqrt{4at}} + \sqrt{abt}\Big)\Big]$
8.3.	$\dfrac{\sqrt{s/a+b}}{s} e^{-x\sqrt{s/a+b}}$	$\dfrac{1}{\sqrt{\pi at}} e^{-(x^2/4at + abt)}$ $+ \dfrac{\sqrt{b}}{2}\Big[e^{-x\sqrt{b}} \operatorname{erfc}\Big(\dfrac{x}{\sqrt{4at}} - \sqrt{abt}\Big)$ $+ e^{x\sqrt{b}} \operatorname{erfc}\Big(\dfrac{x}{\sqrt{4at}} + \sqrt{abt}\Big)\Big]$
8.4.	$\dfrac{1}{s\sqrt{s/a+b}} e^{-x\sqrt{s/a+b}}$	$\dfrac{1}{2\sqrt{b}}\Big[e^{-x\sqrt{b}} \operatorname{erfc}\Big(\dfrac{x}{\sqrt{4at}} - \sqrt{abt}\Big)$ $+ e^{x\sqrt{b}} \operatorname{erfc}\Big(\dfrac{x}{\sqrt{4at}} + \sqrt{abt}\Big)\Big]$
8.5.	$\dfrac{1}{s} e^{-x\sqrt{s/a + b\sqrt{s}}}$	$\displaystyle\int_\alpha^\infty \dfrac{e^{-v}}{\sqrt{\pi v}} \operatorname{erfc} \dfrac{\sqrt{a}\,bx}{4\sqrt{v(v/\alpha - 1)}} dv$ mit $\alpha = x^2/4at$

$\boxed{\mu = \dfrac{1}{2a}\Big[w - \sqrt{w^2 + 4a(s+k)}\,\Big]}$

Nr.	$\mathcal{L}$-Transformierte $\bar{f}(s)$	Zeitfunktion $f(t)$
9.1.	$e^{\mu x}$	$\dfrac{x}{t\sqrt{4\pi at}} \exp\Big(-\dfrac{(x-wt)^2}{4at} - kt\Big)$
9.2.	$\dfrac{e^{\mu x}}{w - a\mu}$	$e^{-kt}\Big[\dfrac{1}{\sqrt{\pi at}} \exp\Big(-\dfrac{(x-wt)^2}{4at}\Big)$ $- \dfrac{w}{2a} e^{wx/a} \operatorname{erfc} \dfrac{x+wt}{\sqrt{4at}}\Big]$
9.3.	$\dfrac{1}{s} e^{\mu x}$	$\dfrac{1}{2}\Big[P_{o-}(x,t,\nu) + P_{o+}(x,t,\nu)\Big]$ mit $\nu = \sqrt{w^2 + 4ak}$

$\boxed{P_{o-}(x,t,\nu) = \exp\Big(\dfrac{x}{2a}(w-\nu)\Big) \operatorname{erfc} \dfrac{x-\nu t}{\sqrt{4at}}}$
$\boxed{P_{o+}(x,t,\nu) = \exp\Big(\dfrac{x}{2a}(w+\nu)\Big) \operatorname{erfc} \dfrac{x+\nu t}{\sqrt{4at}}}$

Nr.	$\mathcal{L}$-Transformierte $\bar{f}(s)$	Zeitfunktion $f(t)$
9.4.	$\dfrac{1}{s^2} e^{\mu x}$	$\dfrac{1}{2}\Big[(t - x/\nu) \cdot P_{o-}(x,t,\nu) + (t + x/\nu) \cdot P_{o+}(x,t,\nu)\Big]$ mit $\nu = \sqrt{w^2 + 4ak}$
9.5.	$\dfrac{1}{s+b} e^{\mu x}$	$\dfrac{1}{2} e^{-bt}\Big[P_{o-}(x,t,\nu) + P_{o+}(x,t,\nu)\Big]$ mit $\nu = \sqrt{w^2 + 4a(k-b)}$

Nr.	$\mathcal{L}$-Transformierte $\overline{f}(s)$	Zeitfunktion $f(t)$
10.1.	$\boxed{\mu=\sqrt{w^2+4a(s+k)}}$ $\dfrac{e^{-\mu x/2a}}{(s+b)(w+\mu)}$	**für $k \neq b$, $a>0$** $\dfrac{e^{-bt}}{8a(k-b)}\Big[2w\, e^{[xw/2a-(k-b)t]}$ $\quad \cdot \text{erfc}\,\dfrac{x+wt}{\sqrt{4at}}$ $-(w-\nu)\,e^{\nu x/2a}\text{erfc}\,\dfrac{x-\nu t}{\sqrt{4at}}$ $-(w+\nu)\,e^{\nu x/2a}\text{erfc}\,\dfrac{x+\nu t}{\sqrt{4at}}\Big]$ mit $\nu=\sqrt{w^2+4a(k-b)}$ **für $k=b$, $a>0$** $\dfrac{1}{4w}\,e^{-[xw/2a+kt]}\Big[\text{erfc}\,\dfrac{x-wt}{\sqrt{4at}}$ $-(1+wx/a+w^2 t/a)\,e^{xw/2a}\text{erfc}\,\dfrac{x+wt}{\sqrt{4at}}\Big]$ $+\sqrt{\dfrac{t}{4\pi a}}\,e^{-[x^2/4at+(k+w^2/4a)t]}$
10.2.	$\dfrac{1}{s}\exp\!\left[\dfrac{b_1 b_2}{s+b_3}\right]$	**für $b_3 \neq 0$** $\exp\!\left[\dfrac{b_1 b_2}{b_3}\right]\cdot J\!\left(\dfrac{b_1 b_2}{b_3},\,b_3 t\right)$ **für $b_3 = 0$** $\quad I_0\!\left(\sqrt{4b_1 b_2 t}\right)$
10.3.	$\dfrac{1}{s}\exp\!\left[-x\sqrt{s+b_1-b_2/(s+b_3)}\right]$	**für $b_3 \neq 0$** $\dfrac{x}{2\sqrt{\pi}}\displaystyle\int_0^t \dfrac{1}{\tau^{3/2}}\exp\!\left[-\dfrac{x^2}{4\tau}-\left(b_1-\dfrac{b_2}{b_3}\right)\tau\right]$ $\quad \cdot J\!\left(\dfrac{b_2}{b_3}\tau,\,b_3(t-\tau)\right)d\tau$ **für $b_3=0$** $\dfrac{x}{2\sqrt{\pi}}\displaystyle\int_0^t \dfrac{1}{\tau^{3/2}}\exp\!\left[-\dfrac{x^2}{4\tau}-b_1\tau\right]$ $\quad \cdot I_0\!\left(\sqrt{4b_2(t-\tau)\tau}\right)d\tau$

Nr.	$\mathcal{L}$-Transformierte $\overline{f}(s)$	Zeitfunktion $f(t)$
11.1.	$\ln bs$	$-\dfrac{1}{t}$
11.2.	$s \ln bs$	$+\dfrac{1}{t^2}$
11.3.	$s^2 \ln bs$	$-\dfrac{2}{t^3}$
11.4.	$s^n \ln bs$	$\dfrac{(-1)^{n+1} n!}{t^{n+1}}$
11.4.	$s(\ln bs)^2$	$\dfrac{2}{t^2}\left(1 - \ln\dfrac{\gamma t}{b}\right)$, $\gamma = 1{,}781072\cdots$
12.1.	$K_o(xp)$	$\dfrac{1}{2t}\exp\left(-\dfrac{x^2}{4at}\right)$
12.2.	$\dfrac{K_o(xp)}{s}$	$-\dfrac{1}{2}\,\mathrm{Ei}\left(-\dfrac{x^2}{4at}\right)$
12.3.	$\dfrac{K_o(xp)}{s^2}$	$\dfrac{t}{2}\left\{\left[1 + \dfrac{x^2}{4at}\right]\left[-\mathrm{Ei}\left(-\dfrac{x^2}{4at}\right)\right] - \exp\left(-\dfrac{x^2}{4at}\right)\right\}$
12.4.	$\dfrac{K_o(xp)}{s-k}$ $\quad k \geq 0$	$\dfrac{1}{2} e^{kt} W\left(\dfrac{x^2}{4at},\, x\sqrt{k/a}\right)$
12.5.	$\dfrac{K_o(xp)}{s+k}$	$\dfrac{1}{2} e^{-kt} \displaystyle\int_{\frac{x^2}{4at}}^{\infty} \exp\left(-v + \dfrac{x^2 k/a}{4v}\right) \dfrac{dv}{v}$
12.6.	$K_o\!\left(x\sqrt{p^2+b}\right)$	$\dfrac{1}{2t}\exp\left(-\dfrac{x^2}{4at} - bat\right)$
12.7.	$\dfrac{K_o\!\left(x\sqrt{p^2+b}\right)}{s}$	$\dfrac{1}{2} W\left(\dfrac{x^2}{4at},\, x\sqrt{b}\right)$
12.8.	$\dfrac{K_o\!\left(x\sqrt{s+b+k}\right)}{s+k}$	$\dfrac{1}{2} e^{-kt} W\left(\dfrac{x^2}{4t},\, x\sqrt{b}\right)$
12.9.	$\dfrac{b\, K_o(xp)}{s^2 + k^2}$	$\mathrm{ker}\!\left(x\sqrt{b/a}\right)\sin bt + \mathrm{kei}\!\left(x\sqrt{b/a}\right)\cos bt$ $+ \dfrac{1}{2bt}\exp\left(-\dfrac{x^2}{4at}\right)$
12.10.	$\dfrac{s\, K_o(xp)}{s^2 + k^2}$	für $bt \leq 2\pi$ $\mathrm{ker}\!\left(x\sqrt{b/a}\right)\sin bt + \mathrm{kei}\!\left(x\sqrt{b/a}\right)\cos bt$ $+\left(1 - \dfrac{x^2}{4at}\right)\dfrac{1}{2b^2 t^2}\exp\left(-\dfrac{x^2}{4at}\right)$
12.11.	$I_n(xp)\cdot K_n(yp)\quad,\; x<y$ $I_n(yp)\cdot K_n(xp)\quad,\; x>y$	$\dfrac{1}{2t}\exp\left(-\dfrac{x^2+y^2}{4at}\right) I_n\!\left(\dfrac{xy}{2at}\right)$

Nr.	$\mathcal{L}$-Transformierte $\bar{f}(s)$	Zeitfunktion $f(t)$
13.1.	$\dfrac{K_o(xp)}{s\, K_o(x_1 p)}$	$A\!\left(at/x_1^2,\ x/x_1^2\right)$
13.2.	$\dfrac{xp\, K_1(xp)}{s\, K_o(xp)}$	$G\!\left(at/x^2\right)$
13.3.	$\dfrac{x\sqrt{s/a+b}\ K_1\!\left(x\sqrt{s/a+b}\right)}{s\, K_o\!\left(x\sqrt{s/a+b}\right)}$	$G\!\left(at/x^2,\ x\sqrt{b}\right)$
13.4.	$\dfrac{1}{s}\, K_o\!\left(x\sqrt{s/a+b\sqrt{s}}\right)$	$\dfrac{1}{2}H\!\left(at/x^2,\ xb\sqrt{a}/4\right)$
13.5.	$\dfrac{b\, K_o(xp)+kxp\, K_1(xp)}{sb[K_o(xp)+kxp\, K_1(xp)]+xp\, K_1(xp)}$	$F\!\left(at/x^2,\ b,\ k\right)$
13.6.	$\dfrac{K_o(xp)+kxp\, K_1(xp)}{s^2 b[K_o(xp)+kxp\, K_1(xp)]+sxp\, K_1(xp)}$	$N\!\left(at/x^2,\ b,\ k\right)$
13.7.	$\dfrac{K_o(xp)}{sx_1 p\, K_1(x_1 p)}$	$\dfrac{1}{2}S\!\left(at/x_1^2,\ x/x_1\right)$
13.8.	$\dfrac{K_o\!\left(x\sqrt{s/a+b}\right)}{s\, K_o\!\left(x_1\sqrt{s/a+b}\right)}$	$Z\!\left(at/x_1^2,\ x/x_1,\ x_1\sqrt{b}\right)$

Die Funktionen der Korrespondenzen 13.1 bis 13.8 sind auf den folgenden Seiten definiert!

Definitionen der in den Korrespondenzen 13 angegebenen Zeitfunktionen:

$$A(\tau,\rho) = 1 - \frac{2}{\pi} \int_0^\infty \frac{J_0(v)\, Y_0(\rho v) - Y_0(v)\, J_0(\rho v)}{v[J_0^2(v) - Y_0^2(v)]}\, e^{-\tau v^2}\, dv$$

Die Funktion ist in Bild 4.9 dargestellt und tabelliert in [C.1].
für kleine Werte von τ ($\tau < 0{,}05$):

$$A(\tau,\beta) \approx \frac{1}{\sqrt{\rho}}\left\{ \operatorname{erfc}\frac{\rho-1}{\sqrt{4\tau}} + \frac{\sqrt{\tau}(\rho-1)}{4\rho}\operatorname{int\,erfc}\frac{\rho-1}{\sqrt{4\tau}} \right\}.$$

für große Werte von τ ($\tau > 500$):

$$A(\tau,\beta) \approx \frac{W(\rho^2/4\tau)}{\ln 2{,}246\tau}.$$

$$G(\tau,\beta) = \frac{\beta K_1(\beta)}{K_0(\beta)} + \frac{4}{\pi^2} e^{-\tau\beta^2} \int_0^\infty \frac{v}{[v^2+\beta^2][J_0^2(v)+Y_0^2(v)]}\, e^{-\tau v^2}\, dv$$

$$G(\tau,0) = G(0)$$

Die Funktion ist tabelliert in [C.1] und kann genähert werden
für kleine Werte von τ:

$\tau < 0{,}01$: $\quad G(\tau,\beta) \approx G(\tau,0) = G(\tau)$,

$\tau < 0{,}05$: $\quad G(\tau) \approx 0{,}5 + \dfrac{1}{\sqrt{\pi\tau}}$,

für große Werte von $\tau\beta^2$ bzw. τ:

$\tau\beta^2 > 1$: $\quad G(\tau,\beta) \approx \dfrac{2}{W(1/4\tau,\, \beta)}$.

$\tau > 500$: $\quad G(\tau) \approx \dfrac{2}{\ln 2{,}246\tau}$.

$$H(\tfrac{1}{\tau},\beta) = \int_1^\infty \frac{1}{v}\, e^{-v} \operatorname{erfc}\frac{\beta}{\sqrt{v(\tau v - 1)}}\, dv$$

Die Funktion ist tabelliert in [C.1] und kann genähert werden

für $\dfrac{1}{\tau} > 10^4\beta^2$: $\qquad H(\tfrac{1}{\tau},\beta) \approx W(\tfrac{1}{\tau}) - 4\beta\sqrt{\dfrac{\tau}{\pi}}\left[0{,}258 + 0{,}693\, e^{-1/2\tau}\right]$,

für $\dfrac{1}{\tau} < \dfrac{10^{-5}}{\beta^2}$ und $\dfrac{1}{\tau} < 10^{-4}\beta^2$: $\quad H(\tfrac{1}{\tau},\beta) \approx \tfrac{1}{2}\ln\!\left(0{,}044\dfrac{\tau}{\beta^2}\right)$.

$$F(\tau, b, k) = \frac{4b}{\pi^2} \int_0^\infty \frac{e^{-\tau v^2} \, dv}{v[bv\, J_0(v) - (1-bkv^2)J_1(v)]^2 \; [bv\, Y_0(v) - (1-bkv^2)Y_1(v)]^2}$$

Die Funktion ist in Bild 3.57 dargestellt und tabelliert in [C.2].

Nährungen der Funktion lauten:

für kleine Zeiten: $\quad F(\tau,b,k) \approx 1 - \dfrac{\tau}{bk}$,

für kleine Zeiten und $k=0$: $\quad F(\tau,b,0) \approx 1 - \sqrt{\dfrac{4\tau}{\pi b^2}}$,

füe große Zeiten: $\quad F(\tau,b,k) \approx \dfrac{b}{2\tau}\left[1 + \dfrac{b}{\tau}(2k-1) - \dfrac{1-2b}{2\tau}\ln\dfrac{4\tau}{\gamma}\right]$

$\qquad\qquad\qquad\qquad\qquad$ mit $\gamma = 1{,}781072\cdots$.

$$N(\tau, b, k) = \frac{4}{\pi^2} \int_0^\infty \frac{e^{-\tau v^2} \, dv}{v^3[bv\, J_0(v) - (1-bkv^2)J_1(v)]^2 \; [bv\, Y_0(v) - (1-bkv^2)Y_1(v)]^2}$$

Die Funktion ist in Bild 3.59 dargestellt und tabelliert in [C.3].
Nährungen der Funktion lauten:

für kleine Zeiten: $\quad N(\tau,b,k) \approx \dfrac{\tau}{b}\left[1 - \dfrac{\tau}{2bk}\right]$,

für kleine Zeiten und $k=0$: $\quad N(\tau,b,k) \approx \dfrac{\tau}{b}\left[1 - \dfrac{4}{3}\sqrt{\dfrac{\tau}{\pi b^2}}\right]$,

für großen Zeiten: $\quad N(\tau,b,k) \approx \dfrac{1}{2}\left[\ln\dfrac{4\tau}{\gamma} + 2k\right]$.

$$S(\tau,\rho) = \frac{4}{\pi} \int_0^\infty \frac{[J_1(v)Y_0(\rho v) - Y_1(v)J_0(\rho v)][1 - e^{-\tau v^2}]}{v^2[J_1^2(v) + Y_1^2(v)]} \, dv$$

Die Funktion ist in Bild 3.10 dargestellt und tabelliert in [C.1].
Näherungen der Funktion lauten:

für $\tau < 0{,}015$ und $\rho = 1$: $\quad S(\tau,1) \approx 4\sqrt{\tau/\pi}$,

für $\tau > 20$ oder $\rho > 50$: $\quad S(\tau,\rho) \approx W\!\left(\dfrac{\rho^2}{4\tau}\right)$.

$$Z(\tau,\rho,\beta) = \frac{K_0(\rho\beta)}{K_0(\beta)} + e^{-\tau\beta^2} \frac{2}{\sqrt{\pi}} \int_0^\infty \frac{J_0(\rho v) Y_0(v) - J_0(v) Y_0(\rho v)}{[J_0^2(v) - Y_0^2(v)][v^2 + \beta^2]} e^{-\tau v^2} v \, dv$$

Die Funktion kann genähert werden

für $\tau/\rho^2 < 0{,}05$: $\quad Z(\tau,\rho,\beta) \approx \frac{1}{\sqrt{4\rho}} \{ e^{\beta(\rho-1)} \mathrm{erfc}\left(\beta\sqrt{\rho} + \frac{\rho-1}{\sqrt{4\tau}}\right)$
$$+ e^{-\beta(\rho-1)} \mathrm{erfc}\left(-\beta\sqrt{\rho} + \frac{\rho-1}{\sqrt{4\tau}}\right) \}.$$

für $\rho\beta^2 > 1$: $\quad Z(\tau,\rho,\beta) \approx \frac{W(\rho^2/4\tau,\, \rho\beta)}{W(1/4\tau,\, \beta)}$.

für $\beta = 0$: $\quad Z(\tau,\rho,0) = A(\tau,\rho)$,

für $\tau = \infty$: $\quad Z(\infty,\rho,\beta) = \frac{K_0(\rho\beta)}{K_0(\beta)}$.

D FORTRAN-Programme

Da der Abdruck von ca. 50 Programmen den Umfang des Buches sprengen würde, enthält der Anhang D neben einer Aufstellung der auf der Diskette "Wärme- und Stofftransport" [5] implementierten Algorithmen nur drei typische Beispiele zum Kennenlernen der strukturierten FORTRAN-Programmierung.

Durch die Beschränkung auf den reinen FORTRAN77-Standard, die Nichtanwendung spezifischer FORTRAN-Elemente, wie z.B. COMMON und EQUIVALENCE und die Definition aller benutzten Variablen, bestehen kaum Schwierigkeiten, die Algorithmen in eine andere Programmiersprache, z.B. BASIC, C oder PASCAL umzusetzen. Eine Ausnahme bilden die Programme UNZFAK, UNZLSR und GELIM, bei denen aus Speicherplatzgründen auch die Typvereinbarungen LOGICAL*1 und INTEGER*2 verwendet wurden. Alle Programme sind auf Personalcomputern, Workstations und Großrechnern ohne Einschränkung zu nutzen.

Der Anhang und die oben angeführte Diskette enthalten ausschließlich Algorithmen, die bei der Erarbeitung des Buches benutzt und getestet wurden. Der Sache gemäß entstammen die Algorithmen teilweise der wissenschaftlichen Fachliteratur; insbesondere erwähnen wir das Buch von W.H. Press, B.P. Flannery, S.A. Teukolski und W.T. Vetterling: "Numerical Recipes" [D.1]. Aber auch die aus diesen Quellen stammenden Algorithmen wurden in vielfältiger Art verändert, z.B. durch die Programmstrukturierung, durch eine ausführliche Kommentierung und durch die Berücksichtigung von zulässigen Bereichen in Suchverfahren.

Die Diskette "Wärme- und Stofftranport" enthält nachfolgend aufgeführte Algorithmen als FORTRAN77-Quelltexte, wobei stets eine Kurzbeschreibung der Aufgabe, der die Ein- und Ausgabe und bei Bedarf die Literaturstelle vorangestellt sind. Als Beispiele für den Inhalt der Diskette wird auf die Programme zur Berechnung der Hantush-Funktion HANW(X,Y), zur numerischen Laplace-Rück-

---

[5] Die Diskette "Wärme- und Stofftransport" kann mit beiliegendem Bestellcoupon angefordert werden.

transformation RLAPLE(FKT,PF,T) und zur Minimumsuche nach dem Gauß-Newton-Verfahren MINGNW(...) verwiesen.

Der Inhalt der Diskette "Wärme- und Stofftransport" ist in 9 Abschnitte untergliedert.

D1. Mathematische Funktionen

Die Definition der Funktionen und ihre Näherungslösungen enstammen im wesentlichen [D.2].

AIRY-Funktionen Ai(x) und Bi(x): AI(X) und BI(X).

Bessel-Funktionen 1. Art $J_0(x)$, $J_1(x)$, $J_n(x)$: BESJ0(X), BESJ1(X) und BESJN(X).

Bessel-Funktionen 2. Art $Y_0(x)$, $Y_1(x)$, $Y_n(x)$: BESY0(X), BESY1(X) und BESYN(X).

Modifizierte Bessel-Funktionen 1. Art $I_0(x)$, $I_1(x)$, $I_n(x)$: BESI0(X), BESI1(X) und BESIN(X).

Modifizierte Bessel-Funktionen 2. Art $K_0(x)$, $K_1(x)$, $K_n(x)$: BESK0(X), BESK1(X) und BESKN(X).

Komplementäre Gaußsche Fehlerfunktion erfc(x) : ERFC(X).

Komplementäre Gaußsche Fehlerfunktion mal Exponentialfunktion erfc(x) × exp(y): ERC(X,Y); die Kombination beider Funktionen in einem Algorithmus ist immer dann erforderlich, wenn $y > 30$ ist.

Negativer Wert der Exponentialintegralfunktion Ei(-x) : EI(X); das Argument x kann nur größer als Null sein; das Ergebnis ist immer positiv.

N-malige Integration der komplementären Gaußschen Fehlerfunktion $int^n erfc(x)$: INERFC(N,X).

Goldsteinsche J-Funktion J(x,y) : GOLDJ(X,Y).

Hantush-Funktion W(x,y): HANW(X,Y).

Unvollständige Gamma-Funktion P(x,y): UGAMMP(X,Y).

D2. Spezielle Funktionen

Nullstellenbestimmung einer Funktion $f(x)$: ZERO(F,PF,X,DX).

Normalverteilte Zufallszahl: RANNOR(ISEED).

D3. Numerische Integration

Integration einer Funktion $f(x)$: Romberg-Integration in den Grenzen a und b: QROMB(F,PF,A,B,DXA).

Integration einer Funktion $f(x)$ (uneigentliches Integral): Romberg-Integration in den Grenzen a und b: QROMO(F,PF,A,B,MIDXXX); bei dieser Integration kann entweder eine der Integralgrenzen unendlich werden oder der Integrand in einem Punkt über alle Grenzen wachsen.

D4. Die schnelle Fourier-Transformation

Schnelle Sinus-Transformation: FFTSIN(Y,N,ISIGN).

Schnelle Cosinus-Transformation: FFTCOS(Y,N,ISIGN).

Schnelle reelle Fourier-Transformation: FFTR(Y,N,ISIGN).

Schnelle komplexe Fourier-Transformation: FFTC(Z,NN,ISIGN).

D5. Die numerische Laplace-Rücktransformation

Verfahren nach Zakian: RLAPLC(CFKT,PF,T).

Verfahren nach Stehfest:
Einfache Genauigkeit: RLAPLE(FKT,PF,T),
Doppelte Genauigkeit: RLAPLD(DFKT,PF,T).

Verfahren nach Schapery: RLAPLS(FKT,PF,T).

Verfahren nach Talbot: RLAPLT(CFKT,PF,POL,T,N,DELTA).

D6. Lösung von linearen Gleichungssystemen

LU-Zerlegung: LUDCMP(A,N,INDX) und LUBKSB(A,N,INDX,B); dieser Algorithmus ist zur Lösung von Gleichungssystemen mit voll besetzter Koeffizientenmatrix geeignet.

D7. Lösung von schwachbesetzten linearen Gleichungssystemen

Gaußscher Algorithmus für tridiagonale Gleichungssysteme: GAUSS3(...)

Geordnete Elimination: GELIM(...); das Verfahren ist eine direkte Lösung nach dem Gaußschen Algorithmus unter Ausnutzung der schwachen Besetzung der Koeffizientenmatrix.

Unvollständige Zerlegung: UNZFAK(...); Der Algorithmus basiert auf einer unvollständigen LU-Zerlegung und der Kopplung mit dem Restkorrekturverfahren.

D8. Lösung der eindimensionalen Transportgleichung

Folgende Verfahren wurden implementiert:
- TRAANA : Analytische Lösung,
- TRAFOU : Lösung mittels Fourier-Reihe,
- TRAFFT : Lösung mit der schnelle Fourier-Transformation,
- TRALAP : Lösung mit numerischer Laplace-Rücktransformation,
- TRAFDE : Lösung mit der finiten Differenzenmethode (FDM) explizit,
- TRAFDM: Lösung mit der finiten Differenzenmethode (FDM) implizit bzw. nach dem Crank-Nicolson-Schema (äquivalent der Bilanzmethode einfach ($CVM_{einf.}$)),
- TRACVM: Lösung mit der erweiterten Bilanzmethode ($CVM_{erw.}$),
- TRAFEM: Lösung mit der Finite-Element-Methode (FEM),
- TRASTO : Lösung mit dem Stoyan-Verfahren,
- TRAMOC: Lösung mit dem Charakteristikenverfahren (MOC),
- TRARWM: Lösung mit dem Random-Walk-Verfahren (RWM).

D9. Minimumsuche

Alle Suchverfahren berücksichtigen untere und obere Schranken für die gesuchten Parameter.

Gradientenverfahren: MINGRD(...).

Powell-Verfahren: MINPOW(...).

Gauß-Newton-Verfahren: MINGNW(...); dieses Programm ist im Abschnitt D.12 abgedruckt.

D10. Die Hantush-Funktion

```
      REAL FUNCTION  HANW(X,Y)
* * * * * * * * * * * * * * * * * * * * * * * * * * * * * * * * *
*                                                                *
* HANTUSH-Funktion W(x,y)                                        *
*                                                                *
* Eingabe: X - Argument (X > 0.)                                 *
*          Y - Parameter                                         *
* Ausgabe: Z = HANW(X,Y) - Funktionswert                         *
*                                                                *
* Definition: HANTUSH, M. S.: Hydraulics of wells. Enthalten in: *
*             Advances in hydroscience (Ed. Ven Te CHOW) Vol. 1, *
*             Academic Press, New York / London (1964)           *
*                                                                *
* * * * * * * * * * * * * * * * * * * * * * * * * * * * * * * * *
      INTEGER  IBACK, I, R
      REAL     A, ADD, B, E, EXPMAX, FAK, FM, H, X, XT, T, Y, Y2D4
     1         QG, QU, TINY, TOL, W
      PARAMETER (TINY = 1.E-10, TOL = 1.E-6, EXPMAX = 87.5)
*
* Fälle 1 und 2: x kleiner als Null bzw. x und y gleichzeitig Null
*
      IF (X .LT. 0.) THEN
          PRINT *, ' Error in HANW: x < 0.'
          STOP
      ENDIF
      IF (X .EQ. 0. .AND. Y .EQ. 0.) THEN
          PRINT *, ' Error in HANW: x und y gleichzeitig 0.'
          STOP
      ENDIF
*
* Fall 3: x = 0
*
      IF (X .LT. TINY) THEN
          HANW = 2. * BESK0(ABS(Y))
      ELSE
```

```
*
* Fall 4: y = 0
*
              IF (ABS(Y) .LT. TINY) THEN
                  HANW = -EI(-X)
              ELSE
*
* Fall 5: x > 0, y > 0, y**2/4 < x**2
*
                  Y2D4 = 0.25 * Y**2
                  IF (Y2D4 .LT. X**2) THEN
                      A = X
                      B = Y2D4 / X
                      ASSIGN 110 TO IBACK
                      GOTO 1000
  110                 HANW = W

*
* Fall 6: x > 0, y > 0, y**2/4 > x**2
*
                  ELSE
                      A = Y2D4 / X
                      B = X
                      ASSIGN 120 TO IBACK
                      GOTO 1000
  120                 HANW = 2. * BESK0(ABS(Y)) - W
                  ENDIF
              ENDIF
          ENDIF
*
          RETURN
*
* Internes Unterprogramm: Berechnung von W(A,B) durch Reihenentwicklung
*                         von exp(-B**2/(4A))
 1000     E   = -EI(-A)
          FAK = 1.
          FM  = 0.
          W   = 0.D0
          DO 1010 I = 0, 100
              ADD = FAK * E
              IF (W + ADD .EQ. W) GOTO 1020
              W   = W + ADD
              FM  = FM + 1.
              FAK = -FAK * B / FM
              E   = (EXP(-A) - A * E) / FM
 1010     CONTINUE
          PRINT *, ' Error in HANW: keine Konvergenz'
          STOP
 1020     GOTO IBACK,(110,120)
          END
```

D11. Die numerische Laplace-Rücktransformation nach Stehfest

```
      REAL FUNCTION RLAPLE(FLAPLA, PLAPLA, T)
* * * * * * * * * * * * * * * * * * * * * * * * * * * * * * * * * *
*                                                                  *
* Numerische LAPLACE-Rücktransformation nach STEHFEST einfach genau *
*                                                                  *
* Eingabe: FLAPLA - Name der Funktion im Bildbereich:               *
*                   F = FLAPLE(PLAPLA, S)                           *
*          PLAPLA - Vektor, der die Parameter zur Berechnung von    *
*                   FLAPLA enthält                                  *
*          T      - Zeit                                            *
* Ausgabe: F = RLAPLA(FLAPLA, PLAPLA, T) - Orginalfunktion zur Zeit t *
*                                                                  *
* Algorithmus: Stehfest, H.: Numerical Inversion of LAPLACE Transforms*
*                            Communication of ACM 13(1970)1, 47-49  *
*                                                                  *
* * * * * * * * * * * * * * * * * * * * * * * * * * * * * * * * * *
      EXTERNAL FLAPLA
      INTEGER  I
      REAL     T, PLAPLA(*), S, DS, RLAP, A(8)
      DOUBLE PRECISION DSUM, DPROD
      DATA  A / -0.33333333,    48.333333,    -906.00000, 5464.6667,
     1         -14376.667,     18730.00   ,  -11946.667 , 2986.6667/
*
      RLAPLE = 0.
      IF (T .GT. 0.) THEN
          DSUM = 0.D0
          S    = 0.
          DS   = 0.69314718 / T
          DO 100 I = 1, 8
              S = S + DS
              DSUM = DSUM + DPROD(A(I), FLAPLA(PLAPLA, S))
100       CONTINUE
          RLAPLE = DS * DSUM
      ENDIF
      RETURN
      END
```

D12. Minimumsuche nach dem Gauß-Newton-Verfahren

```
        SUBROUTINE MINGNW(ERRFKT, PF, P, PMIN, PMAX, N, M,
     1                    TOL, TOLP, FMIN)
****************************************************
*                                                  *
* Minimierung der mittleren quadratischen Abweichung unter Ein- *
* beziehungung von Begrenzungen nach dem GAUSS-NEWTON-Verfahren. *
*                                                  *
* Eingabe: ERRFKT  - Name der Funktion ERRFKT(PF, P, N, DU, M), für *
*                    die Minimum in PMIN <= P <= PMAX berechnet wird *
*          PF(*)   - Parametervektor der Funktion FKT *
*          P(N)    - Startpunkt                    *
*          PMIN(N) - untere Schranken              *
*          PMAX(N) - obere Schranken               *
*          N       - Dimension                     *
*          M       - Anzahl Meßpunkte              *
*          TOL     - Genauigkeitsanforderung Funktion *
*          TOLP    - Genauigkeitsanforderung Parameter *
*                                                  *
* Ausgabe: P(N)    - Punkt, an dem das Minimum gefunden wurde *
*          FMIN    - minimaler Funktionswert       *
*                                                  *
* Hinweis: Im Funktionsaufruf von ERRFKT wird neben dem Startpunkt P *
*          auch ein Parametervektor PF übergeben. Ergebnisse sind die *
*          m Abweichungen DU(J) = U(P,J) - UMESS(J) und als Funktions-*
*          wert ERRFKT die Quadratsumme der Abweichungen. ERRFKT ist *
*          im rufenden Programm als EXTERNAL zu vereinbaren. TOL sol-*
*          te nicht kleiner als die Wurzel der Gleitkomma-Genauigkeit *
*          gewählt werden (Vorschlag: 0.005).      *
*          Es werden die UP LUDCMP und LUBKSB für die Lösung eines *
*          linearen Gleichungssystemen  benötigt   *
*                                                  *
****************************************************
        EXTERNAL  ERRFKT
        PARAMETER (NMAX = 10, ITMAX = 100, MMAX = 1000, NE = 5,
     1             TINY = 1.E-15)
        LOGICAL   LKONV, LGRENZ(NMAX)
        INTEGER   N, M, I, J, K, IZYK, IZYKI, INDI, INDJ, INDK,
     1            IGRENZ, NGRENZ, INDX(NMAX)
        REAL      PF(*), PMIN(N), PMAX(N), P(N),
     1            D, DPI, DUMMY, FMIN, FP, F0, PI,
     2            DU(MMAX), DUP(MMAX), DP(NMAX),
     3            A(NMAX*NMAX), C(MMAX*NMAX), X
        DOUBLE PRECISION SUM
*
* Startwerte setzen
*
        IF (N .GT. NMAX) THEN
            PRINT *, ' Error in MINGNW: N zu groß'
            STOP
        ENDIF
        IF (M .GT. MMAX) THEN
            PRINT *, ' Error in MINGNW: M zu groß'
            STOP
        ENDIF
```

```
*
* Minimumsuche
*
        DO 240 IZYK = 1, ITMAX
            FP = F0
            DO 100 I = 1, N
                IF (ABS(PMAX(I) - PMIN(I)) .LT. TOL *
     1              (ABS(PMIN(I))+ ABS(PMAX(I)))) THEN
                    LGRENZ(I) = .TRUE.
                ELSE
                    LGRENZ(I) = .FALSE.
                ENDIF
 100        CONTINUE
            NGRENZ = 0
            DO 190 IZYKI = 1, N
*
* Numerische Berechnung der JACOBIschen Funktionalmatrix
*
                INDI = 0
                DO 130 I = 1, N
                    IF (LGRENZ(I)) THEN
                        DO 110 K = 1, M
                            INDI = INDI + 1
                            C(INDI) = 0.
 110                    CONTINUE
                    ELSE
                        IF (PMAX(I)-P(I) .GT. P(I)-PMIN(I)) THEN
                            IF (ABS(P(I)) .GT. TINY) THEN
                                DPI = 0.01 *
     1                              MIN(PMAX(I)-P(I),ABS(P(I)))
                            ELSE
                                DPI = 0.001 * (PMAX(I)-P(I))
                            ENDIF
                        ELSE
                            IF (ABS(P(I)) .GT. TINY) THEN
                                DPI = -0.01 *
     1                              MIN(P(I)-PMIN(I),ABS(P(I)))
                            ELSE
                                DPI = 0.001*(PMIN(I)-P(I))
                            ENDIF
                        ENDIF
                        P(I) = P(I) + DPI
                        F0 = ERRFKT(PF, P, N, DUP, M)
                        P(I) = P(I) - DPI
                        DO 120 K = 1, M
                            INDI = INDI + 1
                            C(INDI) = (DUP(K) - DU(K)) / DPI
 120                    CONTINUE
                    ENDIF
 130            CONTINUE
```

```
*
* Aufstellung des linearen Gleichungssystems zur Berechnung eines
* GAUSS-NEWTON-Schrittes, Lösung des Gleichungssysrtems
*
                DO 170 I = 1, N
                    DO 150 J = I, N
                        SUM = 0.D0
                        INDI = M * (I - 1)
                        INDJ = M * (J - 1)
                        DO 140 K = 1, M
                            INDI = INDI + 1
                            INDJ = INDJ + 1
                            SUM = SUM + DPROD(C(INDI),C(INDJ))
140                     CONTINUE
                        A(N*(I-1)+J) = SUM
                        A(N*(J-1)+I) = SUM
150                 CONTINUE

                    D = A(N*(I-1)+I)
                    IF (D .EQ. 0.) THEN
                        A(N*(I-1)+I) = 1.
                        DP(I) = 0.
                    ELSE
                        SUM = 0.D0
                        INDI = M * (I - 1)
                        DO 160 K = 1, M
                            INDI = INDI + 1
                            SUM = SUM - DPROD(C(INDI),DU(K))
160                     CONTINUE
                        DP(I) = SUM
                    ENDIF
170             CONTINUE
                CALL LUDCMP(A, N, INDX)
                CALL LUBKSB(A, N, INDX, DP)
*
* Berücksichtigung der Begrenzungen
*
                X = 1.
                IGRENZ = 0
                DO 180 I = 1, N
                    IF (ABS(DP(I)) .GT. TINY) THEN
                        IF (DP(I) .GT. 0.) THEN
                            IF ((PMAX(I)-P(I))/DP(I) .LT. X) THEN
                                X = (PMAX(I) - P(I)) / DP(I)
                                IGRENZ = I
                            ENDIF
                        ELSE
                            IF ((PMIN(I)-P(I))/DP(I) .LT. X) THEN
                                X = (PMIN(I) - P(I)) / DP(I)
                                IGRENZ = I
                            ENDIF
                        ENDIF
                    ENDIF
180             CONTINUE
```

```
                    IF (IGRENZ .EQ. 0) GOTO 200
                    P(IGRENZ) = P(IGRENZ) + X * DP(IGRENZ)
                    LGRENZ(IGRENZ) = .TRUE.
                    NGRENZ = NGRENZ + 1
                    IF (NGRENZ .EQ. N) THEN
                        PRINT *, ' Error in MINGNW: keine Konvergenz'
                        STOP
                    ENDIF
                    F0 = ERRFKT(PF, P, N, DU, M)
  190         CONTINUE
*
* Auswertung der Lösung
*
  200         DO 210 I = 1, N
                    P(I) = P(I) + DP(I)
  210         CONTINUE
              F0 = ERRFKT(PF, P, N, DU, M)
              CALL MININF(IZYK + NE, P, N, F0)
*
* MINGNW ist konvergent
*
              LKONV = .TRUE.
              DO 220 I = 1, N
                    IF (ABS(DP(I)) .GT. TOLP * ABS(P(I))) THEN
                        LKONV = .FALSE.
                        GOTO 230
                    ENDIF
  220         CONTINUE
  230         IF (2.*ABS(FP-F0).LE.TOL*(ABS(FP)+ABS(F0))) LKONV=.TRUE.
              IF (LKONV) THEN
                    FMIN = F0
                    GOTO 1000
              ENDIF
  240         CONTINUE
              PRINT *, ' Error in MINGNW: keine Konvergenz'
              STOP
 1000         RETURN
              END
```

Literatur

Kapitel 1

1.1 Landau, L.D., und E.M.Lifschitz: Lehrbuch der theoretischen Physik, Band VI, Hydrodynamik. 3. Auflage, Akademie-Verlag, Berlin 1974.
1.2 Albring, W.: Angewandte Strömungslehre. Verlag Th. Steinkopff, Leipzig 1962.
1.3 Häfner, F., H.D. Voigt, H.F. Bamberg und M.Lauterbach: Geohydrodynamische Erkundung von Erdöl-, Erdgas- und Grundwasserlagerstätten. Wiss. Techn. Information des Zentr. Geol. Institutes 26 (1985) 1-232.
1.4 Katz, D.L.: Handbook of natural gas engineering. Mc Graw Hill, New York 1959.
1.5 Wlassow, N.A.: Neutronen. Deutscher Verlag der Wissenschaften, Berlin 1959.
1.6 Angermann, L.: Zur Simulation der Migration von Radionukliden im Untergrund. Staatliches Amt für Atomsicherheit und Strahlenschutz, Report SAAS-366, Berlin 1989.
1.7 Rösler, R., und M. Schwan: Bemerkungen zur hydrodynamischen Dispersion in porösen Medien. Zeitschr. angew. Geol. 33 (1987) 4, 96-98.
1.8 Spitz, K.H.: Dispersion in porösen Medien: Einfluß von Inhomogenitäten und Dichteunterschieden. Dissertation, Mitt. des Institutes für Wasserbau der Universität Stuttgart, Heft 60, Eigenverlag, Stuttgart 1985.
1.9 Bear, J.: Dynamics of fluids in porous media. Elsevier Sci. Publ. Co., Amsterdam 1972.
1.10 Fried, J.J.: Groundwater pollution. Elsevier Sci. Pupl. Co., Amsterdam 1975.
1.11 Luckner, L., und W.M. Schestakow: Migrationsprozesse im Boden- und Grundwasserbereich. Deutscher Verlag für Grundstoffindustrie, Leipzig, 1986.

1.12 Marsily, G.de: Hydrogeologie quantitative. Masson, Paris 1981.
1.13 Kinzelbach, W.: Numerische Methoden zur Modellierung des Transportes von Schadstoffen im Grundwasser. R. Oldenburg-Verlag, München, 1987.
1.14 Frind, E.O.: The principal direction technique: A new approach to groundwater contaminant transport modelling. In: Finite Elements in Water Resources, Proc. of the 4. Int. Conf., Hannover, Springer-Verlag, Berlin 1982 , 13/25-13/42.
1.15 Alischaew , M.G., M.D. Rosenberg und E.V. Tesljuk: Nichtisotherme Filtration beim Abbau von Erdöllagerstätten (in russisch). Nedra, Moskau 1985.
1.16 Carslaw, H.S., and J.C. Jaeger: Conduction of heat in solids. 2. Auflage, Oxford University Press, 1959.
1.17 Shamir, U.Y., and D.R.F. Harleman: Numerical solutions for dispersion in porous mediums. Water Resour. Res. $\underline{3}$ (1967) 2, 557-581.
1.18 Parker, J.C., and M.T. van Genuchten: Determining transport parameters from laboratory and field tracer experiments. Bulletin 84-3, Virginia Agricultural Experiment Station, Blacksburg 1984.

Kapitel 2

2.1 Courant, R. : Vorlesungen über Differential- und Integralrechnung. Band I und II, 4. Auflage, Springer-Verlag, Berlin-Göttingen-Heidelberg 1971-1972.
2.2 Kneschke, A.: Differentialgleichungen und Randwertprobleme. Band I-III, BSB B. G. Teubner Verlagsgesellschaft, Leipzig 1962.
2.3 Margenau, H., und G. M. Murphy: Die Mathematik für Physik und Chemie. Band I, BSB B. G. Teubner Verlagsgesellschaft, Leipzig 1964.
2.4 Smirnow, W. I.: Lehrgang der höheren Mathematik. 5 Bände, 14.-9. Aufl. Deutscher Verlag der Wissenschaften, Berlin 1979.
2.5 Doetsch , G.: Handbuch der LAPLACE-Transformationen. 3 Bände, Birkhäuser-Verlag, Basel 1950, 1955, 1956 .
2.6 Doetsch , G : Anleitung zum Gebrauch der LAPLACE-Transformation und der Z-Transformation. 3. neu bearbeitete Auflage von R. Herschel, R.Oldenbourg Verlag, München, Wien 1967 .
2.7 Tautz, H.: Wärmeleitung und Temperaturausgleich. Akademie-Verlag, Berlin 1971 .

2.8 Forsythe, G.E., and W. Wasow: Finite difference methods for partial differential equations. John Wiley, New York 1960.
2.9 Marsal, D.: Die numerische Lösung partieller Differentialgleichungen. Bibliographisches Institut, Mannheim 1976.
2.10 Peaceman, D.W.: Fundamentals of numerical reservoir simulation. Elsevier Sc. Publ. Co. Inc., New York 1977.
2.11 Richtmyer, R.D., and K.W. Morton: Difference methods for initial-value problems. Wiley-Interscience, New York 1967.
2.12 Anderson, D.A., J.C. Tannehill, and R.H. Pletcher: Computational fluid mechanics and heat transfer, Hemisphere Publ. Co. / Mc Graw-Hill Book Comp., New York 1987.
2.13 Bronstein, I.N., und K.A.Semendjajew: Taschenbuch der Mathematik. 23. Auflage, Ergänzungsband. 5. Auflage, BSB B.G. Teubner Verlagsgesellschaft, Leipzig 1987, 1988.
2.14 Press, W.H., B.P.Flannery, S.A. Teukolsky, and W.T. Vetterling: Numerical Recipes. Cambridge University Press, Cambridge 1986.
2.15 Wagner, K.W.: Operatorenrechnung und Laplacesche Transformation. 2. verbesserte Aufl. Johann Ambrosius Barth-Verlag, Leipzig 1950.
2.16 Erdely, A., W. Magnus, F. Oberhettinger, and F.G. Tricomi: Tables of integral transforms. Bateman Manuscript Project. Vol. 1, Mc Graw-Hill Book Comp., New York 1954.
2.17 Fodor, G.: Laplace-transforms in engineering, Akademiai Kiado, Budapest 1965.
2.18 Schapery, R.A.: Approximate methods of transform inversion for viscoelastic stress analysis. Proc. Fourth US Nat. Congr. Appl. Mech. $\underline{2}$ (1962) 1075-85.
2.19 Stehfest, H.: Numerical inversion of Laplace transforms. Communications of the ACM $\underline{13}$ (1970) 1, 47-49.
2.20 Zakian, V.: Numerical inversion of Laplace transform. Electronics Letters $\underline{5}$ (1969)6, 120-121.
2.21 Talbot, A.: The accurate numerical inversion of Laplace transforms. J. Inst. Math. Applics $\underline{23}$ (1979) 97-120.
2.22 Bear, J.: Hydraulics of groundwater. Mc Graw-Hill Inc. New York 1979.
2.23 Kielbasinski, A., und H. Schwetlick: Numerische lineare Algebra, Deutscher Verlag der Wissenschaften, Berlin 1988.
2.24 Stoyan, G.: On a maximum norm stable, monotone and conversative difference appproximation of the one dimensional diffusion- convection equation. Wiss. Konf. zur Simulation der Migrationsprozesse im Boden- und Grundwasser. Technische Universität Dresden (1979) I, 139 -160.

2.25 Goering, H., H.-G. Roos und L. Tobiska: Finite-Element-Methode, Akademie-Verlag, Berlin 1988.
2.26 Heeg, W.: Numerische diskrete Verfahren für Geoströmungsgleichungen. Lehrbrief, Bergakademie Freiberg, 1987.
2.27 Isaacson, E., und H. B. Keller: Analyse numerischer Verfahren, Edition Leipzig 1972.
2.28 Kupradze, V.D.: Potential methods in the theory of elasticity, Israel Program for Scientific Translation, Jerusalem (1965).
2.29 Jaswon, M.A., and G.T. Symm: Integral equation methods in potential theory and elastostatics. Academic Press, New York 1977.
2.30 Liggett, J.A., and P.L.F. Liu: The boundary integral equation method for porous media flow. George Allen and Unwin, London 1983.
2.31 Kinzelbach, W.: Numerische Methoden zur Modellierung des Transportes von Schadstoffen im Grundwasser. R. Oldenburg-Verlag, München, 1987.

Kapitel 3

3.1 Theis, C.V.: The relation between the lowering of the piezometric surface and the rate and duration of discharge for a well using groundwater storage. Trans. Amer. Geophys. Union, Washington 16 (1935) 519-524.
3.2 Horner, D.R.: Pressure build-up in wells. Proc. 3. World Petr. Congress, Section II, Leiden (1951) 503-523.
3.3 Lauwerier, H.A.: The transport of heat in an oil layer caused by the injection of hot fluid. Appl. Sci. Res. Section A (1955) 5, 145-150.
3.4 Schwan, M., D. Kramer und C. Gericke: Simulation des Nitratabbaues im Grundwasser. Acta hydrochim. et hydrobiol. 12 (1984) 2, 163-171.
3.5 Häfner, F., V. Köckeritz, P. Sitz und H.D. Voigt: Berechnung der Temperatureigenspannungen in massigen Betonbauwerken. Bautechnik 66 (1989) 2, 44-49.
3.6 Brauer, H. Stoffaustausch einschließlich chemischer Reaktionen. Verlag Sauerländer, Aarau und Frankfurt/M. 1971.
3.7 Grabbert, G.: Modellvorstellungen zum Impuls-, Stoff- und Wärmetransport in Rieselfilmen und ihre Anwendungsmöglichkeiten auf technische Probleme. Dissertation B, Bergakademie Freiberg 1988
3.8 Kneschke, A.: Differentialgleichungen und Randwertprobleme. Band I-III, BSB B. G. Teubner Verlagsgesellschaft, Leipzig 1962.

3.9 Häfner, F., H.D. Voigt, H.F. Bamberg und M.Lauterbach: Geohydrodynamische Erkundung von Erdöl-, Erdgas- und Grundwasserlagerstätten. Wiss. Techn. Information des Zentr. Geol. Institutes 26 (1985) 1-232.

Kapitel 4

4.1 Voigt, H.D., and A. Astl: Determination of permeability from pressure responses in aquifer wells. Soc. Petr. Eng. Paper 16996, USA, Richardson, TX(1987).
4.2 Hsieh, P.A., J.V. Tracy, C.E.Neuzil, J.D. Bredehoeft, and S.E.Silliman: A transient laboraty method for determining the hydraulic properties of "tight"rocks - I. Theory. Int. J. Rock. Mech. Min. Sci. & Geomech. Abstr. 18 (1981) 3, 245-252.
4.3 Ramey, H.J.,Jr., and R. Agarwal: Annulus unloading rates as influenced by wellbore storage and skin effect. Soc. Petr. Eng. J. (1972) Oct., Trans. AIME 253, 453-462.
4.4 Blackwell, J.H.: A transient-flow method for determination of thermal constants of insulating materials in bulk. J. Appl. Phys. 25 (1954) 2, 137.
4.5 Agarwal, R.G., R. Al-Hussainy, and H.J. Ramey, Jr.: An investigation of wellbore storage and skin effect in unsteady liquid flow, I.Analytical treatment. Soc. Petr. Eng. J. (1970) Sept., Trans. AIME 249 , 279-290.
4.6 Kipp, K.L.,Jr.: Type curve analysis of intertial effects in the response of a well to slug test. Water Resour. Res. 21 (1985) 9, 1397-1408.
4.7 Stehfest, H.: Numerical inversion of Laplace transforms Communications of the ACM 13 (1970) 1, 47-49.
4.8 Talbot, A.: The accurate numerical inversion of Laplace transforms. J. Inst. Math. Applics 23 (1979) 97-120 .
4.9 Loucks, T.L., and E.T.Guerrero: Pressure drop in a composite reservoir. Soc. Petroleum Eng. J. (1961) Sept., Trans. AIME 222 , 170-176.
4.10 Lykov, A. V.: Theorie der Wärmeleitung (in russisch). Hochschulverlag, Moskau, 1967.
4.11 Kamke, E.: Differentialgleichungen, Lösungsmethoden.Teil 1. Gewöhnliche Differentialgleichungen. 8. Auflage, Akadem. Verlagsgesellschaft, Leipzig 1967.
4.12 Boltzmann, L.: Zur Integration der Diffusionsgleichung bei variablen Diffusionskoeffizienten. Ann. Phys. 53, (1894) Leipzig, 959-964.

4.13 Bronstein, I.N., und K.A.Semendjajew: Taschenbuch der Mathematik. 23. Auflage, Ergänzungsband. 5 . Auflage, BSB B.G. Teubner Verlagsgesellschaft, Leipzig 1987, 1988.
4.14 Wolfersdorf, von, L.: Stefan-Probleme. Vorlesung an der Bergakademie Freiberg, Sektion Mathematik, Freiberg 1988.
4.15 Evans, G.W.: A note on the existence of a solution to a problem of Stefan. Quart. Appl. Math. 9 (1951) , 185-193.
4.16 Sestini, G.: Problemi di diffusione lineari e non lineari analogue a quello di Stefan. Conf. Sem. Mat. Univ. Bari 55-56 (1960) 1-26.
4.17 Jaeger, J.C.: Conduction of heat in an infinite region bounded internally by a circular cylinder of a perfect conductor. Austr. J. Phys. 9 (1956) 2, 167.

Kapitel 5

5.1 Bourdet, D.: Pressure behavior of layered reservoirs. Soc. Petr. Eng. Paper 13628, USA, Richardson, TX(1985).
5.2 Wijesinghe, A.M. and I.Kececioglu: Vertical interference pressure testing across a low permeability zone with unsteady crossflow. Soc. Petr. Eng. Paper 15583, USA, Richardson (1986).
5.3 Hantush, M.S.: Hydraulics of wells. Enthalten in: Advances in hydroscience. (Ed. Ven Te Chow) Vol. 1, Academic Press, New York, London 1964.
5.4 Lefkovits, H.C., P. Hazebroek, E.E. Allen, and C.S. Matthews: A study of the behavior of bounded reservoirs composed of stratified layers. Soc. Petr. Eng. J. (1961) March, Trans AIME 222, 43-58.
5.5 Papadopulos, I.S.: Nonsteady flow to multiaquifer wells. J. Geophys. Res. 71 (1966) 20, 4791-4797.
5.6 Tautz, H.: Wärmeleitung und Temperaturausgleich. Akademie-Verlag, Berlin 1971 .

Kapitel 6

6.1 Genuchten, van, M. T. , and W.J. Alves: Analytical solutions of the one-dimensional convective-dispersive solute transport equation. U.S. Department of Agriculture Techn. Bull. No. 1661,
6.2 Ogata, A.: Mathematics of dispersion with linear adsorption isotherm. U.S. Geol. Surv., Prof. Paper 411-H.

6.3 Angermann, L.: Zur Simulation der Migration von Radionukliden im Untergrund. Staatliches Amt für Atomsicherheit und Strahlenschutz, Report SAAS-366, Berlin 1989.
6.4 Marino, M.A.: Distribution of contaminants in porous media flow. Water Resour. Res. $\underline{10}$ (1974) 5, 1013-1018.
6.5 Gelhar, L.W., and M.A. Collins: General analysis of longitudinal dispersion in nonuniform flow. Water Resour. Res. $\underline{7}$ (1971) 6, 1511-1521.
6.6 Misra, G., D.R. Nielsen and J.W. Biggar: Nitrogen transformations in soil during leaching: I. Theoretical considerations. Soil. Sci. Soc. Amer. Proc. $\underline{38}$ (1974) 2, 289-293.
6.7 Lindstrom, F.T., and F. Oberhettinger: A note on a Laplace transform pair associated with mass transport in porous media and heat transport problems. SIAM J. Appl. Math. $\underline{29}$ (1975) 2, 288-292.
6.8 Zappe, D., und M. Petschel: Zur Ausbreitung von Radionukliden im Untergrund. Staatliches Amt für Atomsicherheit und Strahlenschutz, Report SAAS-309, Berlin 1983.
6.9 Hsieh, P.A.: A new formula for the analytical solution of the radial dispersion problem. Water Resour. Res. $\underline{22}$ (1986) 11, 1597-1605.
6.10 Dagan, G.: Perturbation solutions of the dispersion equation in porous medium. Water Resour. Res. $\underline{7}$ (1971) 1, 135-142.
6.11 Valocchi, A.J.: Effect of radial flow on deviations from local equilibrium during sorbing solute transport through homogeneous soils. Water Resour. Res. $\underline{22}$ (1986) 12, 1693-1701.
6.12 Bear, J. : Hydraulics of groundwater. Mc Graw-Hill Inc. New York 1979.
6.13 Chen C.S. and G.D. Woodside: Analytical solution for aquifer decontamination by pumping. Water Resour. Res. $\underline{24}$ (1988) 8, 1329-1338.
6.14 Tang, D.E., and D.W. Peaceman: New analytical and numerical solutions for the radial convection-dispersion problem. Soc. Petr. Eng., Dallas, Prepr. $\underline{16001}$ (1987).
6.15 Hildebrand, F.B.: Advanced calculs for applications. 2. Auflage, Prentice Hall 1976.

Kapitel 7

7.1 Ryshik, I.M., und I.S. Gradstein: Summen-, Produkt- und Integraltafeln. Deutscher Verlag der Wissenschaften, Berlin 1957.

7.2 Carnahan, C.L., and J.S. Remer: Nonequilibrium and equilibrium sorption with a linear sorption isotherm during mass transport through an infinite porous medium: some analytical solutions. J. Hydrol. 73 (1984), 227-258.
7.3 Bear, J. : Hydraulics of groundwater. Mc Graw-Hill Inc. New York 1979.
7.4 Voigt, H.D., und F.Häfner: Heat transfer in aquifers with finite caprock thickness during a thermal injection process. Water Resour. Res. 23 (1987) 12, 2286-2292.
7.5 Alischaew, M.G., M.D. Rosenberg und E.V. Tesljuk: Nichtisotherme Filtration beim Abbau von Erdöllagerstätten (in russisch). Nedra, Moskau 1985.
7.6 Dagan, G.: Perturbation solutions of the dispersion equation in porous medium. Water Resour. Res. 7 (1971) 1, 135-142.
7.7 Chen, C.S.: Solutions approximating solute transport in a leaky aquifer receiving wastewater injection. Water Resour. Res. 25 (1989) 1, 61-72.

Kapitel 8

8.1 Bronstein, I.N., und K.A.Semendjajew: Taschenbuch der Mathematik. 23. Auflage, Ergänzungsband. 5 . Auflage, BSB B.G. Teubner Verlagsgesellschaft, Leipzig 1987, 1988.
8.2 Press, W.H., B.P.Flannery, S.A. Teukolsky, and W.T. Vetterling: Numerical Recipes. Cambridge University Press, Cambridge 1986.
8.3 Kielbasinski, A., und H. Schwetlick: Numerische lineare Algebra, Deutscher Verlag der Wissenschaften, Berlin 1988.
8.4 Isaacson, E., und H. B. Keller: Analyse numerischer Verfahren, Edition Leipzig 1972.
8.5 Both, J., S. Kaden, P. Nillert and D. Sames: The program system GEOFIM for digital simulation of subsurface water movement and transport. Groundwater Monitoring and Management (Proceedings of the Dresden Symposium, March 1987), IAHS 173 (1990) 203 - 211.
8.6 Kinzelbach, W.: Numerische Methoden zur Modellierung des Transportes von Schadstoffen im Grundwasser. R. Oldenburg-Verlag, München, 1987.

Kapitel 9

9.1 Press, W.H., B.P.Flannery, S.A. Teukolsky, and W.T. Vetterling: Numerical Recipes. Cambridge University Press, Cambridge 1986.

9.2 Egorow, A. I. Optimale Steuerung von Wärmeleitungs- und Diffusionsprozessen (in russisch). Nauka, Moskau 1978.
9.3 Hoffman, K.H. (Herausgeber: W. Krabs): Optimal control of partial differential equations. Birkhäuser Verlag, Basel 1984.
9.4 Bronstein, I.N., und K.A.Semendjajew: Taschenbuch der Mathematik. 23. Auflage, Ergänzungsband. 5 . Auflage, BSB B.G. Teubner Verlagsgesellschaft, Leipzig 1987, 1988.
9.5 Damert, K., D. Balzer und G. Reinig: Nichtlineare Optimierung für Modellierung und Prozeßsteuerung. Akademie-Verlag Berlin 1976.
9.6 Erfurth, H., und G. Bieß: Optimierungsmethoden. Deutscher Verlag für Grundstoffindustrie, Leipzig 1975.
9.7 Richter, C.: Optimierungsverfahren und BASIC-Programme. Akademie-Verlag Berlin 1988.
9.8 Evans, G.W.: A note on the existence of a solution to a problem of Stefan. Quart. Appl. Math. 9 (1951) , 185-193.
9.9 Unger, F.: Berechnungen zum Temperaturverhalten und zum thermischen Walzprofil von Kaltwalzen. Freiberger Forschungsheft B 241, Deutscher Verlag für Grundstoffindustrie, Leipzig 1984.
9.10 Melow, E., und H. Parkus: Wärmespannungen infolge instationärer Temperaturfelder, Springer-Verlag, Wien 1953.
9.11 Szabo , J.: Höhere technische Mechanik. Springer-Verlag, Berlin, Göttingen, Heidelberg 1956

Kapitel 10

10.1 Bronstein, I.N., und K.A.Semendjajew: Taschenbuch der Mathematik. 23. Auflage, Ergänzungsband. 5 . Auflage, BSB B.G. Teubner Verlagsgesellschaft, Leipzig 1987, 1988.
10.2 Erfurth, H., und G. Bieß: Optimierungsmethoden. Deutscher Verlag für Grundstoffindustrie, Leipzig 1975.
10.3 Chavent, G.: Identification of functional parameters in partial differential equations. Prepr. Joint Automatic Control Conf., Austin 1974 .
10.4 Häfner, F., und R.J. Giesel: Numerical results of parameter identification in partial differential equations. Abh. Ak. d. Wiss. DDR, Abt. Math.-Naturwiss.-Technik $6N$ (1978) 315-321.
10.5 Both, J., S. Kaden, P. Nillert and D. Sames: The program system GEOFIM for digital simulation of subsurface water movement and transport. Groundwater Monitoring and Management (Proceedings of the Dresden Symposium, March 1987), IAHS 173 (1990) 203 - 211.

Anhang

B.1 Ryshik, I.M., und I.S. Gradstein: Summen-, Produkt- und Integraltafeln. Deutscher Verlag der Wissenschaften, Berlin 1957.

B.2 Korn, G., und T. Korn: Handbuch der Mathematik (in russisch, Übersetzung aus dem Englischen). Nauka, Moskau 1974.

C.1 Hantush, M.S.: Hydraulics of wells. Enthalten in: Advances in hydroscience. (Ed. Ven Te Chow) Vol. 1, Academic Pree, New York, London 1964.

C.2 Ramey, H.J.,Jr., and R. Agarwal: Annulus unloading rates as influenced by wellbore storage and skin effect. Soc. Petr. Eng. J. (1972) Oct., Trans. AIME 253, 453-462.

C.3 Agarwal, R.G., R. Al-Hussainy, and H.J. Ramey, Jr.: An investigation of wellbore storage and skin effect in unsteady liquid flow, I.Analytical treatment. Soc. Petr. Eng. J. (1970) Sept., Trans. AIME 249 , 279-290.

D.1 Press, W.H., B.P.Flannery, S.A. Teukolsky, and W.T. Vetterling: Numerical Recipes. Cambridge University Press, Cambridge 1986.

D.2 Abramowitz, M., and I.A. Stegun: Handbook of Mathematical Functions. Dover Publications Inc., New York 1968.

Sachverzeichnis

Abbaukriterium 103, 516
Abbauzahl 376
Abbruchfehler 95-98
ADI-Verfahren 502
Airy-Funktionen 570-573
Anfangsbedingung 35
Anfangs-Randwertproblem 41-42
Äquivalenz—Theorem von Lax 103
Ausströmrandbedingung
   s. Transmissions-Randbedingung

Basisfunktionen 105-108
Bessel-Funktionen 573-577
   modifizierte 53, 578-582
Bilanzmethode 114-129, 497-502, 512-517
   einfache 117-119
   erweiterte 119-120
Bildbereich 73
Bildfunktion 73
Boltzmann-Transformation 315, 318-319
Boundary integral equation method
   s. Randintegralgleichungsmethode

Charakteristikenmethode 94, 135-138, 516
Control-Volume-Method
   s. Bilanzmethode
Courant-Kriterium 103, 416, 515
Courant-Zahl 416-417
Crank-Nicolson-Schema 97, 110, 122, 142

Darcysches Gesetz 8-10, 188
Defektvektor 508

Denitrifikation 170
Dichte 10, 565-567
Differentialgleichung
   gewöhnliche 43-54
   partielle 54-72
   1. Ordnung 43-44
   2. Ordnung 44-54
Differenzenquotient 96
Differenzenverfahren 95
   explizites 97, 99-104, 119, 144, 413
   implizites 97
Diffusion 14-17
   von Neutronen 16
Diffusionskoeffizient 15, 568-569
Dipol-Strömung 485
Dirac-Funktion 581-582
Dispersion 18
   mechanische 19-21
   numerische 90, 127
Dispersionskoeffizient 20
Dispersionstensor 22, 514
Dispersivität
   longitudinale 20-21, 514
   transversale 20-21, 514
Divergenz 7
Druckleitfähigkeit 11, 13-14, 30
Durchlässigkeit 9, 565-566
Durchlässigkeitsbeiwert 10, 565-566

Eigenfunktion 56-57
Eigenwert 56
Einheits-Impulsfunktion
   s. Dirac-Funktion
Einheitssprungfunktion 582-583
Elastizitätsmodul 179
Energie
   innere 7

Enthalpie
 spezifische 7
Euler-Transformation 399
Exponentialintegralfunktion 583-584

Faktorisierung 504
Faltungssatz 77
Fehlerfunktion
 komplementäre 584
Fermische Differentialgleichung 17
Ficksches Gesetz 14
Filtergeschwindigkeit
 s. Geschwindigkeit, fiktive
Filterströmung 8
Finite-Differenzen-Methode 93-105
Finite-Elemente-Methode 93-94,
 105-111
Flächenquelle 244-253, 465-472
Fourier-Analyse 101-103
Fourier-Reihe 56-57
Fouriersches Gesetz 6
Fouriersche Methode 54-72, 147,
 539-541
Fourier-Transformation
 schnelle 68-72
Frobenius-Verfahren 48-53,
 313-315, 404-406, 424, 436, 442

Galerkin-Verfahren 106
Gamma-Funktion
 unvollständige 590-591
Gauß-Algorithmus 111-113, 502-505
Gauß-Newton-Verfahren 532, 560,
 564, 609-612
GEOFIM 511, 517, 563
Geoströmung s. Filterströmung
Geradenverfahren 547, 552
Geschwindigkeit
 fiktive 9
Gleichgewichtskonzept 445
Gleichungssysteme s. lineare
 algebraische Gleichungssysteme
Goldsteinsche J-Funktion 587
Gradient 6
Gradientenverfahren 532, 557-560

Hagen-Poiseuillesches Gesetz 8
Hantush-Funktion 588-589, 606-607

Heavisidescher Entwicklungssatz
 79-80, 82, 154
Henry-Isotherme 183, 444

Jacobi-Algorithmus 509

Kelvin-Funktionen 589-590
Kolmation 37
Kolmationsfaktor 38
Kompaktspeicherung 505
Kompressibilität
 eines Gases 13
 einer Flüssigkeit 11
 des Porenraumes 11
Konduktion s. Wärmeleitung oder
 Diffusion
Konsistenz 98-99, 103
Kontinuitätsgleichung 10
Konvektion 18
Konvergenz 103-104, 120-127
Konvergenzgeschwindigkeit 533
Konzentration 15, 40
 flußbezogene 40
Koordinatensysteme 27
Korrespondenzen der Laplace-
 transformation 80-82, 592-601
Kugelkoordinaten 27
Kugelsymmetrie 23

Laplace-Bereich s. Bildbereich
Laplace-Korrespondenzen
 s. Korrespondenzen der Laplace-
 transformation
Laplace-Rücktransformation
 s. Rücktransformation
Laplace-Transformation 72-92,
 592-601
Lauwerier-Problem 167-170, 474-485
 dreidimensionales 484-485
 erweitertes 478-484
Lineare algebraische Gleichungssysteme 111-113, 502-511, 605
 schwachbesetzte 502-510, 605
 tridiagonale 111-113, 605
Linienquelle 242-244, 465-472
LU-Zerlegung 503-511
 unvollständige 508-511

Massenkonzentration 15
Methode der unbestimmten Koeffizienten s. Frobenius-Verfahren
Method of Characteristics
 s. Charakteristikenmethode
Minimierung eines Funktionals
 531, 559, 609-612
Musterkurvenverfahren
 s. Typkurvenverfahren

Nebenbedingungen 528
Neumann-Analyse
 s. Fourier-Analyse
Neumann-Kriterium 103, 501, 517
Nichtgleichgewichtskonzept 444-454
Normalverteilung 139
Nullstellenbestimmung 66

Originalbereich 73
Originalfunktion 73
Oszillationen 127-129

Parameterbestimmung 157, 164, 546-564
 graphisch-analytisch 164, 547-553
 mit mathematischen Suchverfahren 157, 556-564
Parameteridentifikation 518-527, 546-564
Peclet-Zahl 63, 100, 376, 405, 416
Peclet-Zahl-Wichtung 116-117
Porosität 10
Potential 10
Powell-Verfahren 532
Punktquelle 240-242, 386-387, 456-465, 486, 489-490

Quellen 26-27, 32
Querdehnungszahl 179

Randbedingungen 35-41, 499-500
 differentielle 292-300
 periodische 290-292
Randintegralgleichungsmethode 94, 129-135
Random-Walk-Methode 138-141
Realgasfaktor 13
Residuum 78

Restkorrekturverfahren 508
Rücktransformation 77-92, 592-601
 numerische 87-92, 604, 608

Schapery-Algorithmus 87-89
Senken 26-27, 32
Singuläre Grundlösung 130
Spannungen
 radiale 181
 tangentiale 179
Speicherkoeffizient 12, 32
 spezifischer 12
Stabilität 101-103
Stabilitätskriterium 122, 515
Standrohrspiegelhöhe 9
Stefan-Problem 320-331, 416-421
Stehfest-Algorithmus 89-91, 608
Stephan-Boltzmannsches Gesetz 27
Steueraufgabe 521
Steuerbereich 528
Steuerung
 optimale 518-534
Stofftransport 17-24
Stoffwerte
 physikalische 565-569
Strafprinzip 521
Stromfunktion 485
Stoyan-Verfahren 113-114, 143-144
Strömungsgleichung 29-31
Strömung
 instationäre 30
 quasistationäre 30
 stationäre 30
Stromröhrenkonzept 34
Suchverfahren 531-534, 556-564
Superposition 367, 381, 390-391, 396-397, 414, 466-468, 522
Systemidentifikation 546

Talbot-Algorithmus 91-92
Taylor-Reihe 95
Teildichte s. Volumenkonzentration
Temperaturdehnzahl 565-567
Temperaturleitfähigkeit 8, 565-567
Temperaturspannung 176-181
Thermische Ausdehnungszahl
 s. Temperaturdehnzahl
Transmissionsrandbedingung 39-40, 114, 422

Transportgleichung 31-34
Typkurven-Verfahren 157, 553-556

'Upwind' -Wichtung 116-117

Variation der Konstanten 50
Verfahren der unbestimmten Koeffizienten s. Frobenius-Verfahren
Verfahren des steilsten Abstiegs s. Gradientenverfahren
Verschiebungssatz 76
Viskosität
   dynamische 9
Volumenkonzentration 15
Volumenquelle 465-468

Wanderpunkte 136-138
Wärmeleitfähigkeit 7, 565-567
Wärmeleitung 6-8

Wärmeleitungsgleichung 7
Wärme
   spezifische 7, 565-567
Wärmetransport 24-25
Wärmeübergangszahl 37, 525
Wechselwirkung Fluid-Feststoff 443-455

Zakian-Algorithmus 90-91
Zeitbereich s. Originalbereich
Zeitfunktion s. Originalfunktion
Zerfallszahl s. Abbauzahl
Zielfunktional 519, 529, 531, 559
Zufallszahlengenerator 139
Zustandsgleichung
   einer kompressiblen Flüssigkeit 10
   eines realen Gases 10
Zylinderkoordinaten 27
Zylindersymmetrie 27

Bestell-Coupon
für die Software zum Buch "Wärme- und Stofftransport"

Ingenieurbüro für Grundwasser GmbH
z. Hd. Herrn Dr. D. Sames
Humboldtstraße 7
O-7010 Leipzig
Deutschland

Ich/wir bestelle(n) (zutreffendes ankreuzen)

Diskette "Wärme- und Stofftransport" zum Preise von 50.– DM (inklusive Versandkosten und Mehrwertsteuer, Einsendung einer Kopie des Bankeinzahlungsbeleges[1] erforderlich) im Format:

- [ ] 5 1/4" double sided double density 40 track 360 KB
- [ ] 5 1/4" double sided double density 80 track 720 KB
- [ ] 5 1/4" double sided high density 80 track 1,2 MB
- [ ] 3 1/2" double sided double density 80 track 720 KB
- [ ] 3 1/2" double sided high density 80 track 1,44 MB

Die Diskette(n) enthalten auch Demo-Anwendungen, wenn Sie einen PC 386SX, 386 oder 486 besitzen:

- [ ] Demo-Anwendungen für PC 386SX, 386 oder 486 mit mindestens 2 MB RAM und VGA-Graphikkarte

- [ ] GEOFIM-Demo für PC 386SX, 386 oder 486 mit mindestens 4 MB RAM und VGA-Graphikkarte

Besteller (bitte in Druckschrift ausfüllen):

Name   : ....
Straße : ....
PLZ   : .... Ort: ....
Land   : ....
Datum   : .... Unterschrift: ....

---

[1] Sparkasse Leipzig, BLZ: 8605 5592, Kontonummer: 301 020 299

U. Grigull, H. Sandner

Wärmeleitung

2. Aufl. 1990. XI, 163 S. 52 Abb.
(Wärme- und Stoffübertragung)
Brosch. DM 48,- ISBN 3-540-52315-4

Die **Wärmeleitung** stellt ein wichtiges Gebiet der „Wärmeübertragung" dar, und ist Thema von Vorlesungen an Technischen Hochschulen; das Buch wendet sich daher an Studenten des Maschinenbaues, der Verfahrenstechnik, der Elektrotechnik, aber auch des Bauingenieurwesens.

Die Einführung in das Thema erfolgt elementar, aber exakt. Gezeigt werden für technisch wichtige Fragestellungen sowohl strenge als auch Näherungslösungen, insbesondere erste Abschätzungen auch komplizierterer Vorgänge.

Exemplarisch wird an Beispielen aus verschiedenen Bereichen das breite Anwendungsgebiet verdeutlicht und die Übertragbarkeit des Vorgehens demonstriert. Ausführliche Tabellen der benötigten Stoffgrößen, insbesondere der Wärme- und Temperaturleitfähigkeit, erleichtern die Anwendung der mitgeteilten Lösungen auf praktische Probleme.

Damit wendet sich das Buch auch gleichzeitig an den Ingenieur in der Praxis.

Springer-Verlag
Berlin
Heidelberg
New York
London
Paris
Tokyo
Hong Kong
Barcelona
Budapest

Tabelle 1.1. Allgemeine Strömungsgleichung (1.69) – Symbolbedeutung

$$\text{div grad } u = \frac{1}{a}\frac{\partial u}{\partial t} - \frac{q}{D}$$

Strömungsvorgang	u	a	q
Wärmeleitung	Temperatur T	Temperaturleitfähigkeit $a = \frac{\lambda}{\rho c}$ $D=\lambda;\ S=\rho c$	Wärmestrom je Volumeneinheit $= \dot{Q}_V$
Filterströmung kompressible Flüssigkeit	Druck p	Druckleitfähigkeit $a = \frac{k}{n\varkappa\eta}$ $D = k/\eta;\ S = n\varkappa$	Volumenstrom je Volumeneinheit $= \dot{V}_V$
Grundwasser (gespannt)	Spiegelhöhe h (Druckhöhe)	Druckleitfähigkeit $a = k_f/S_0$ $D = k_f;\ S = S_0$	Volumenstrom je Volumeneinheit $= \dot{V}_V$
Grundwasser (ungespannt, horizontaleben)	Spiegelhöhe h (Wasserstand)	$a = k_f H/n$ $D = k_f h;\ S = n$	Volumenstrom je Flächeneinheit $= \dot{V}_A$
reales Gas	Druck p	Druckleitfähigkeit $a = \frac{k}{n\varkappa\eta}$ $D = k/\eta,\ S = n\varkappa$	$= \dot{V}_{Vst}\frac{p_{st}}{T_{st}}\frac{T\eta z_q}{p}$
isotherme Diffusion	Volumenkonzentration C	Diffusionskoeffizient $a = D$ $D = D_m;\ S = 1$	Massenstrom je Volumeneinheit $= \dot{m}_V$

Tabelle 1.2. Allgemeine Strömungsgleichung (1.68)

$$\text{div}\left(D \text{ grad } u\right) = S \frac{\partial u}{\partial t} - q$$

---

kartesische Koordinaten:

$$\frac{\partial}{\partial x}\left(D_x \frac{\partial u}{\partial x}\right) + \frac{\partial}{\partial y}\left(D_y \frac{\partial u}{\partial y}\right) + \frac{\partial}{\partial z}\left(D_z \frac{\partial u}{\partial z}\right) = S \frac{\partial u}{\partial t} - q$$

Zylinderkoordinaten:

$$\frac{1}{r}\frac{\partial}{\partial r}\left(r\, D_r \frac{\partial u}{\partial r}\right) + \frac{1}{r^2}\frac{\partial}{\partial \varphi}\left(D_\varphi \frac{\partial u}{\partial \varphi}\right) + \frac{\partial}{\partial z}\left(D_z \frac{\partial u}{\partial z}\right) = S \frac{\partial u}{\partial t} - q$$

Kugelkoordinaten:

$$\frac{1}{r^2}\frac{\partial}{\partial r}\left(r^2 D_r \frac{\partial u}{\partial r}\right) + \frac{1}{r^2 \sin^2 \vartheta}\left(D_\varphi \frac{\partial u}{\partial \varphi}\right) + \frac{1}{r^2 \sin \vartheta}\left(\sin \vartheta \, D_\vartheta \frac{\partial u}{\partial \vartheta}\right) = S \frac{\partial u}{\partial t} - q$$

Tabelle 1.3. Allgemeine Transportgleichung (1.73) – Symbolbedeutung

$$\text{div}(D \text{ grad } u - w\, u) - k u = S \frac{\partial u}{\partial t} - q$$

Transport- prozeß	u	D	S	k	q
Wärme- transport	Tempera- tur T	summarischer Wärmetrans- portkoeff. $= \lambda + D^*(\rho c)_{Fl}$	spezifische Wärme- kapazität $= (\rho c)_t$	Koeffizient abhängiger Quellen u. Senken	auf eine Volumen- einheit bezogener Strom unabhängiger Quellen u. Senken
Bemerkung: $w \triangleq$ Fluid- geschwindig- keit mal $(\rho c)_{Fl}$					
Stoff- transport	Volumen- konzen- tration c	hydro- dynamischer Dispersions- koeffizient $= D_K + D^*$	Porenanteil $S = n$ im freien Raum: $S = 1$	Koeffizient abhängiger Quellen u. Senken	auf eine Volumen- einheit bezogener Strom unabhängiger Quellen u. Senken

MIX
Papier aus verantwortungsvollen Quellen
Paper from responsible sources
FSC® C105338

If you have any concerns about our products,
you can contact us on
ProductSafety@springernature.com

In case Publisher is established outside the EU,
the EU authorized representative is:
**Springer Nature Customer Service Center GmbH
Europaplatz 3, 69115 Heidelberg, Germany**

Printed by Libri Plureos GmbH
in Hamburg, Germany